LE

ONDE

OU

LA DESCRIPTION GENERALE DE SES QVATRE PARTIES.

Composé par PIERRE D'AVITY *Seigneur de Montmartin, Gentilhomme ordinaire de la Chambre du Roy.*

LE MONDE

OU LA DESCRIPTION GENERALE DE SES QVATRE PARTIES.

AVEC TOVS SES EMPIRES, ROYAVMES, ESTATS ET REPVBLIQVES.

Où sont deduits & traictez par ordre leurs noms, assiette, confins, mœurs, richesses, forces, gouuernement & religion ; Et la Genealogie des Empereurs, Roys, & Princes Souuerains, lesquels y ont dominé iusques à nostre temps.

Auec vn DISCOVRS VNIVERSEL, comprenant les considerations generales du Monde celeste & terrestre, & vn estat de tous les Ordres, tant Ecclesiastiques que Militaires, & de toutes les Heresies anciennes & modernes.

Composé par PIERRE D'AVITY *Seigneur de Montmartin, Gentilhomme ordinaire de la Chambre du Roy.*

SECONDE EDITION,

Reueuë, corrigée & augmentée au Tome de la France, par F. RANCHIN natif d'Vsez en Languedoc, Aduocat à Montpellier.

A PARIS,
Chez CLAVDE SONNIVS, & DENYS BECHET, ruë S. Iaques, au Compas d'or, & à l'Escu au Soleil.

M. DC XLIII.
AVEC PRIVILEGE DV ROY.

A MONSEIGNEVR MESSIRE PIERRE SEGVIER CHANCELIER DE FRANCE.

MONSEIGNEVR,

Puis que c'est vne vertu des Chanceliers d'aimer les lettres & les sciences, & vne qualité des grands hommes de prendre plaisir à faire du bien aux autres, j'espere que vous receurés fauorablement ce Liure que je vous presente ; & qu'apres auoir honnoré feu mon Pere d'vne grace qui a rendu sa personne plus recommandable, vous ne refuserez pas à sa memoire cette seconde, qui rendra son ouurage plus illustre. Si dans les fonctions de la Iustice distributiue, qui ordonne les peines & les recompenses, vous auez creu que sa valeur & ses seruices meritoient la faueur que sa Majesté luy a accordée, j'ose me promettre, Monseigneur, que les lumieres de vostre jugement vous feront estimer, que son trauail n'est pas tout à fait indigne de la gloire de vostre prote-

ction; & que vostre propre generosité vous oblige de fauoriser autant son esprit que son courage.

C'est auec regret, Monseigneur, que ie me vois cõtraint de vous parler aduantageusement de mon Pere. Ie sçay que si je dois escouter ses loüanges auec plaisir, je les dois publier auec modestie. Ie preuoy que vous receurez peut-estre, ce que j'en diray, non pas comme le témoignage d'vne personne desinteressée, mais comme la voix du sang & de la nature; & que vous douterez si je luy rends ce que tout le monde luy doit, ou seulement ce que je dois à sa memoire. Mais puis que les qualitez de sa personne ne peuuẽt plus vous estre connuës apres sa mort que par le discours, non plus que les traits de son visage ne le sçauroient estre que par la peinture, permettez-moy de vous dire, Monseigneur, ce que la plus-part des beaux esprits de France sçauent de luy, Que Dieu luy auoit donné vne naissance tres-heureuse pour les arts & les disciplines; & qu'il a cultiué auec vn soin merueilleux ces belles & ces diuines semences. Il a entendu les deux plus fameuses des langues mortes, & les plus celebres des viuantes. Il a sçeu la Poësie, les Mathematiques, la Moralle, la Politique, l'Histoire, la Geographie, la Chronologie; & ces connoissances ont presque embrassé tout ce qui est compris dans ce Cercle de la doctrine, dont parle Quintilien, où toutes les sciences humaines sont enfermées.

Mais la passion qu'il auoit pour les Lettres ne l'a pas empesché de paroistre dans la profession des armes qu'il auoit choisie. Il a allié l'extreme desir de la connoissance des belles chóses à l'amour extraordinaire de la guerre: Et lors que son esprit luy a representé toute la nature, comme l'objet de ses meditations & de ses pensées, son cœur luy a fait regarder les combats, comme le champ de ses trauaux & de son courage. Il ne s'est pas laissé emporter aux abstractions violentes de ces sciences sublimes, qui pour apprendre à vn homme ce qu'il ne sçait pas, luy font presque oublier ce qu'il est luy mesme, & ce que luy sont les autres hommes. Il a vny la froideur de la contemplation la plus tranquille auec l'ardeur des entreprises les plus hazardeuses; Et comme il a tasché par sa suffisance de rẽdre son repos illustre, il s'est aussi efforcé par sa valeur de rendre son agitation glorieuse. Lors que les Espagnols vinrent assieger Cazal sous la conduite du premier homme d'Espagne, vieilly dans les armes & dans les victoires, feu mon Pere courut à l'âge de soixante ans pour se trouuer au secours si fameux de cette Place, sans que ny la douceur de ses estudes, ny l'amour des siens, ny la consideration de sa vieillesse, ny la grandeur du peril le pûssent retenir dans sa maison, aimant mieux la gloire de mourir l'espée à la main en combattant pour son Prince, que celle d'acquerir l'immortalité en acheuant son ouurage.

Ainsi, Monseigneur, sa premiere passion a esté la guerre; sa seconde a esté son Liure. Il a consacré son sang à l'Estat, & son loisir à ce grand Oeuure. Ayant cette ambition loüable de composer vn corps de toutes les parties du monde, il a employé vingt années à ce noble & laborieux trauail. De sorte que c'est le fruict de ses longues veilles, & le thresor qu'il a amassé durant toute sa vie, que je vous offre, Monseigneur; Et puis que ce Liure doit seruir à la recommandation des lettres & à la gloire de la France qui en est la Mere, les considerations publiques aussi bien que les particulieres m'obligeoient à jetter les yeux sur vostre famille si eminente. Car n'estoit-il pas bien raisonnable d'offrir l'abregé de ce qu'il y a de plus beau dans les arts à vne Maison celebre, où les sciences ont fleury auec tant de dignité & tant de pompe, où depuis cent ans Dieu a fait paroistre autant de grãdes lumieres presque en mesme temps; que dans les autres en beaucoup de siecles; où il a multiplié les hommes pour y multiplier les merueilles: Et r'alliant enfin en vostre personne & en vostre dignité, comme dans ces miroirs artificiels, les rayõs qui auoient esté dispersez en plusieurs, a fait rejaillir de vous seul autant d'esclat, que vous en auiez receu de toute la splendeur de vos Ancestres. Que si je vous dois reuerer, Monseigneur, comme le digne successeur de tant de grands hommes, je dois encore respecter en vous vostre charge si esclatante, comme le couronnement de leur vertu, & la recõpense de leur pieté, & reconnoistre auec tout le monde dans le comble de vos honneurs l'accomplissement des vœux de tant d'affligez, des prieres de tant de pauures, des souhaits de tant de veufues, & des benedictions de tant d'orphelins. Mais quand ie ne vous considererois pas, Monseigneur, comme le rejetton d'vne tige si glorieuse; quand je fermerois les yeux pour ne point voir la lumiere que vous auez receüe de vos peres, & celle que vous leur auez donnée, le seul amour que vous portez aux lettres m'obligeroit à vous offrir cet ouurage. Car à qui les personnes sçauantes doiuent elles plustost consacrer leurs liures, qu'à vn souuerain Magistrat; qui fait profession d'aimer toutes les sciẽces; qui ne suspend les fonctions de sa iustice presque tousjours agissante, que pour remplir son esprit des belles idées des anciens Politiques; & qui consulte les grands Oracles des morts pour procurer le salut & la tranquillité de ceux qui viuent. Vous trauaillez sans cesse, Monseigneur, à rendre vostre charge la gloire des Lettres, comme elle est l'ornement des Magistratures. Vous voulez estre Chancelier, aussi bien pour le bon-heur des sages, que pour la felicité des peuples; & vous n'estimez pas vn grand bien de posseder de grands honneurs, mais de pouuoir par vostre autorité rendre la vertu plus heureuse, & la suffisance plus reuerée.

Que si l'estime extraordinaire, dont vous honnorez les hommes sçauans, semble promettre vostre protection à tous leurs ouurages, ie puis dire auec verité; Monseigneur, qu'il y en a peu à qui vous la puissiez donner plus legitimement, qu'à celuy que je vous presente. Car à qui deuois-je plustost dedier vn Liure, qui enferme en soy tous les Royaumes de la terre, qu'au premier Officier de la premiere des Monarchies: dont la dignité est autant esleuée au dessus des autres Magistrats, comme la France l'est au dessus des autres Empires; & dont la magistrature dans l'estendue de son pouuoir, & dans la diuersité de ses fonctions, est vne image de tous les autres Officiers, & vn abregé du Prince mesme, ainsi que les Geographes ont remarqué, que la France dans l'abondance de ses biens, & dans la varieté de ses peuples est comme vne image de toutes les autres nations, & vn abregé de l'vniuers?

Ne deurois-je pas adresser vn portraict de tout le monde à vn Magistrat, qui est esleué sur le Theatre du monde, & regardé de la plus belle partie de l'Europe? vne description de tous les pays à vn de ces hommes excellens, qui sont sous les Roys, comme les Anges sous Dieu, Gouuerneurs des Prouinces, & guides des nations; vn recit de la naissance & de la cheute de tant d'Estats, qui est l'effet de la Prouidence diuine sur les sujets & sur les Monarques, à vn Ministre, qui est l'vn des instrumens de la Prouidence d'vn Monarque sur ses peuples; Et cette representation de ce riche & magnifique spectacle, que Dieu a creé pour le bien de l'homme, à vne personne eminente, qui consacre tous ses soins à la felicité de tant d'hommes?

Que si la Iustice, Monseigneur, tient le mesme rang dans le monde politique, dont mon Pere a fait la peinture, que le Soleil dans l'Elementaire; si elle anime les autres vertus, comme il allume les autres Astres; si elle establit les Loix & les Ordonnances, comme il regle les jours & les saisons; si elle est le bien que les sujets attendent principalement des Roys, comme la lumiere est le thresor & l'amour de la nature; si estant vniuerselle comme le Soleil, elle regne egalement dans la paix & dans la guerre; Et si l'espée mesme de la vaillance n'est que celle de la Iustice, qui de punissante des particuliers deuient vangeresse des nations, n'est-il pas raisonnable, Monseigneur, que je vous adresse ce Recueil de tous les Empires, puis que cette vertu que vous exercez si dignement en est l'ame; & qu'ainsi que Platon semble auoir dedié ses œuures de la Republique à la Iustice, en leur donnant ce tiltre & ce nom, je graue de mesme celuy du Chef de la Iustice de France sur cet ouurage qui traitte du gouuernement de tous les Estats? Et puis que les tableaux ne sçauroient estre exposez à de meilleurs yeux que ceux des excellens Peintres, qui peut encore mieux juger de ce tableau que feu mon Pere a figuré de la Police de tous les peuples, qu'vn Chancelier de France, lequel est du nombre de ces grands Peintres, dont parle vn excellent Philosophe, qui taschent de representer dans les mœurs des Citoyens & des Royaumes les belles idées de leur sagesse, & de rendre cette peinture aussi excellente que son modele? Vous trouuerez dans ce Liure, Monsei-

gneur, des exemples signalez de la decadence des Republiques, faute d'auoir esté bien policées, & d'auoir sçeu ce que les Philosophes ont escrit, & ce que les Chanceliers pratiquent en France durant la paix, Que la vertu & la felicité des Estats sont le premier but de la Politique, & non pas la puissance ny les richesses; Que si c'est vne action heroïque de les deffendre contre la violence estrangere, c'est vne action presque diuine de les purger de leurs vices naturels, & qu'encore que le silence que les armes imposent aux loix soit juste lors qu'il deuient necessaire, & glorieux lors qu'il est suiuy de victoires & de triomphes, neantmoins celuy que les loix imposent aux armes est tousjours plus heureux & plus agreable.

Mais n'est-ce pas vous, Monseigneur, que les traitez Politiques, que mon pere a faits de la religion des peuples, regardent principalement dans l'exercice de vostre charge? Qui doit estre plus persuadé qu'vn Chancelier, que la religion est le fondement le plus asseuré de la subsistance des Empires, de l'execution des loix, de la fidelité des sujets vers les Monarques, de leur reuerence vers les Magistrats, de leur amitié entr'eux, & de leur justice vers tous les hommes? C'est à vous, Monseigneur, à apprendre à tous les Iuges de France, Que si la Politique ne commande pas à la Religion, elle commande pour elle; Et que les Officiers d'vn Prince tres-Chrestien ne sçauroient mieux employer son autorité royale, qu'en faisant adorer à ses peuples celuy qui le fait regner sur eux.

Tant de justes rapports qui se rencontrent entre le sujet de ce Liure, & l'estenduë de vostre charge; & qui vous representant la grandeur de vostre ministere aug-

mentent celle de vos ressentimens vers nostre grand Prince, me font croire, Monseigneur, que vous prendrez plaisir à vous delasser dans cette lecture; & j'ose encore esperer, que vous la trouuerez tres agreable. Car vous y verrez vne image vniuerselle de tout le corps de la nature, vn concours general de tous les peuples, & vne chaisne perpetuelle de tous les siecles. Vous reconnoistrez dans sa suite ce qu'il y a de plus rare dans l'ordre des Cieux, dans la diuision de la terre, dans l'assiette du pays, dans le temperament des Climats, dans la difference des peuples, & enfin ce qu'il y a de plus beau dans ce superbe edifice, dont Dieu seul a pû estre l'Architecte, & dont tous les hommes doiuent estre les admirateurs. Vous reconnoistrez, Monseigneur, auec plaisir, que les Politiques ont soustenu la dignité des grandes Villes, & esleué la bassesse des petites; Que souuent vn seul homme a esté la gloire de toute vne nation; Qu'on a plus estimé les ordonnances de quelques Legislateurs, que les victoires des Conquerans; Que les Heros ont suiuy la fortune, mais que la fortune a suiuy les sages; Que si la vaillance a esté le bras & la main des Empires, la Iustice en a esté l'esprit & le cœur; Et qu'ainsi que les effets de cette vertu souueraine ont mis les Estats au comble de leur bon-heur, aussi ses fonctions ont esleué le merite des grands Magistrats au dessus des loüanges de leur siecle, & leur ont acquis celles de toute la posterité. Ie ne doute point, Monseigneur, que vous ne voyez auec ioye, que les ouurages des lettres ont rēdu les pays plus celebres, que les actions de la guerre: Que la Grece toute petite qu'elle estoit, a esté plus fameuse que le grand Empire des Perses: Que les Muses ont esleué presque

aussi

aussi haut la reputation de leurs protecteurs que celle de leurs enfans mesmes : & qu'elles ont imité en cela la reconnoissance de la nature dans la terre, qui donne des fleurs à celuy qui l'arrouse, & des moissons à celuy qui la cultiue. Ie sçay bien, Monseigneur, que par ce discours je n'entre point dans ce qui deuroit estre le principal objet de mes pensées ; & qu'au lieu de parler de la gloire qu'on a donnée aux hommes illustres, ie deurois parler de celle que vos actions ont meritée. Mais ie suy la loy si seuere que vous auez imposée à la voix publique ; Et comme vn grand Pere de l'Eglise a remarqué, que lors que l'ame empesche ses passions de se porter vers l'objet où elles tendent, elles se portent vers vn autre auec plus d'effort ; aussi estant contraint de me taire dans le desir si juste que j'auois de vous loüer, je m'emporte auec plus d'ardeur dans les Eloges des grands personnages. Ie remarque auec plaisir dans les images de ces hommes excellens les traits & les lineamens de vostre esprit. Ie voy dans les grands exemples que vous imitez, les honneurs que vous deuez attendre de la Iustice de nostre siecle : Et n'osant tracer par mes discours vn tableau qui represente vostre vertu, je vous offre au moins dans leurs actions vn miroir où elle peut se contempler elle mesme. Receuez fauorablement, Monseigneur, ce témoignage que ie vous rends, & de mon Zele pour vostre reputation, & de mon respect pour vos volõtez : Si vous ne permettez pas que comme François je publie les loüanges qui vous sont deuës, permettez au moins, que comme heritier de l'honneur que vous auez procuré à feu mon Pere, je publie vostre grace & vostre bienfait. S'il faut que mon admiration demeure dans le silence, souffrez au moins que ma reconnoissance ne soit pas muette, & que si je ne puis satisfaire à la passion que je dois auoir pour vostre gloire, ie satisfasse au moins à celle que i'ay d'estre toute ma vie,

MONSEIGNEVR,

Vostre tres-humble, tres-obeïssant
& tres-fidelle seruiteur,
CLAVDE D'AVITY.

PREFACE.

E desir de connoistre la verité, & de laisser apres soy des marques de son esprit, estant naturel à tous les hommes, il est arriué par vne suite de cette premiere cause, que de temps en temps ils ont fait paroistre vn grand nombre d'excellens ouurages, & se sont rendus disciples des morts durant leur vie, pour estre les maistres des viuans apres leur mort. Les Philosophes dans leurs escrits, qui ont merité le nom de diuins, ayant apperceu la vanité de leurs Temples, ont découuert l'objet de la Religion veritable, & ont reconnu l'inuisible dans le miroir des choses visibles. Les Politiques se considerans comme parties de la societé humaine, ont voulu joindre la vertu à la science, & les actions à la vertu, & se sont efforcez de donner des sages Magistrats à la Iustice, & des bons Citoyens à leur patrie. Les Historiens ont tasché de conseruer dans leurs liures vne lumiere qui fist voir encore ce qui n'est plus: Ils ont voulu instruire la posterité par la representation de leur siecle, & ont tracé des modelles pour les choses futures dans les images des choses passées. Les Mathematiciens ont fait admirer leur science par les raretez qu'elle a inuentées, & par la contemplation des Cieux dont elle regle les mouuemens. Les Geographes ont figuré le tableau de toute la terre, & regardans le monde comme vne ville, ont voulu le faire cognoistre aux hommes, qui en sont les citoyens. Mais apres tant de productions celebres de tant d'excellens esprits, on me pardonnera bien si ie dis, que le feu Sieur d'Auity merite vne recommandation particuliere, puis qu'il semble faire luy seul ce qu'ont fait tous les autres escriuains ensemble, & que son liure se peut dire vn abregé de ce qui est compris dans la plus grande partie de tous les liures. La Philosophie veritable, qui est la veritable Religion, selon le langage des Peres Grecs, y remarquera les erreurs differentes de la superstition & de l'heresie: la Politique ce qu'il y a de plus considerable dans les Gouuernemens des Empires; les Mathematiques ce qu'il y a de plus beau dans l'ordre des Cieux; l'histoire ce qu'il y a de plus important dans la suite des siecles & des années; & la Geographie ce qu'il y a de plus certain dans la distinction des pays, & de plus agreable dans celle des peuples. De sorte qu'il semble qu'il a esté besoin, ou de plusieurs Autheurs pour pouuoir composer ce seul ouurage, ou de plusieurs esprits pour former vn homme, qui seul en ait pû estre l'Autheur.

Ie ne puis icy passer sous silence ce que ie ne sçaurois dire sans indignation, que depuis quelques années il a paru vn liure à Paris, qui traicte des Estats & des Empires, où par des lettres capitales on a voulu marquer couuertement le nom du feu S[r]. d'Auity, pour satisfaire de cette maniere à l'auarice de quelques-vns, en trompant l'esperance des autres. Mais plusieurs personnes sçauent, que ç'a esté vn corps que l'on a rendu monstrueux en y adjoustant tous-jours des membres, sans regarder la proportion & l'ordre qu'ils deuoient auoir; que c'est vn liure dont les Libraires ont esté les veritables Autheurs; dont on a voulu augmenter les editions sans se soucier d'y multiplier les fautes; & enfin que ce n'est pas le S[r]. d'Auity qui l'a donné au public, mais que l'on a dérobé le nom du S[r]. d'Auity, afin qu'il fust plus recommandable, & que la beauté d'vn titre qui ne luy appartenoit pas, couurist la difformité qui luy estoit naturelle.

Il est vray neantmoins que ce liure semble auoir donné des asseurances de la reception fauorable de celuy-cy, puisque le grand nombre de ses defauts n'a pas empesché qu'il n'ait esté imprimé en diuerses Prouinces de cet Estat, & qu'il n'ait esté mesme traduit en Latin par les Estrangers. De sorte que nostre siecle doit se res-jouyr de voir enfin paroistre vne peinture accomplie des choses qu'il a tesmoigné des-ja luy deuoir estre si agreables, & dont il n'a veu encore que des idées grossieres & imparfaictes. Il recognoistra qu'on n'a gueres mis de liure en lumiere, qui ait traicté plus exactement de tant de matieres si belles & si differentes: Et si on objecte le Botero, qui est celuy des Italiens qui semble en approcher de plus prez, je ne respondray autre chose, Sinon que le feu Sieur d'Auity a bien voulu, que la lecture de l'vn & de l'autre fist juger de la difference qui est entr'eux, puis que c'est luy mesme qui ayant traduit le Botero en nostre langue a donné moyen à tous les François de le lire plus facilement. On ne doit pas croire qu'il ait eu si peu de prudence, que de rendre plus celebre vn ouurage, qui eut pû faire tort à celuy qu'il meditoit depuis tant d'années; mais on doit plustost admirer sa generosité, qui n'a pas craint de donner de la reputation à vn Autheur, qui parle de beaucoup de points, dont il auoit resolu de traicter luy-mesme. Tellement que tant s'en faut que sa reputation doiue estre diminuée par celle du Botero, qu'au contraire c'est ce qui la doit accroistre;

& puis qu'il a voulu rendre François vn Estranger; dont il pouuoit estre si aysement enuieux, il merite bien que l'Italie luy fasse la mesme faueur, & que son liure, qui traicte des langues & des raretez de tous les peuples, trouue des interpretes dans tous les pays.

Le dessein de l'Autheur a esté de faire vn corps de tout ce qui peut seruir à la cognoissance de la Politique. Il represente les objets qu'elle considere, auec les temps & les lieux, qui en sont les plus remarquables circonstances, & les objets principaux de l'Histoire & de la Geographie. Aussi ces deux parties sont si necessaires pour l'intelligence parfaicte des plus belles veritez, qu'il ne faut pas s'estonner si ceux qui ayment les lettres les apprennent auec soin, puis qu'elles sont comme l'entrée & le fondement de toutes les choses dignes d'estre sceuës. Et certes, pour ne point parler en ce lieu de l'Histoire, qui peut douter que la Geographie, qui est le principal sujet de ce liure, & qui n'y est pas traictée toute simple & toute nuë, mais auec la description des loix & des coustumes des peuples, ne soit tres-vtile pour cognoistre Dieu par les creatures selon les idées que trace la sagesse humaine, & encore pour donner des regles à la prudence ciuile? Ce n'est pas seulement dans les Cieux & dans le Soleil, que Dieu s'est rendu visible, mais principalement dans la creature raisonnable qui est son image, & qui est appellée par excellence la creature du monde. Qu'y a-t'il de plus admirable dans les hommes que cette varieté de leurs mœurs, que la Geographie nous represente, & qui est vne marque si sensible de l'infinité du Createur? Que si c'est vn chef-d'œuure dans la peinture, de figurer beaucoup de personnes sans qu'elles ressemblent les vnes aux autres, n'est-ce pas vne merueille, que Dieu face non seulement les visages, mais mesme les esprits des hommes si dissemblables, & que dans vne mesme espece de la nature humaine on trouue presque des diuersitez aussi grandes, que dans les especes differentes des animaux.

Mais comment la prudence ciuile pourroit-elle se conduire dans le monde & dans les affaires sans les lumieres qu'elle reçoit de cette science? Comment portera-t'elle vn jugement asseuré des actions des hommes, si elle n'a découuert auparauant leurs inclinations naturelles, selon lesquelles ils agissent, & qui sont la source de leurs passions, comme l'instinct est le principe de mouuemens necessaires de toutes les bestes. Aussi cela est tellement considerable, que sainct Paul mesme, qui n'estoit pas moins esleué au dessus de cette prudence, que la raison de Dieu l'est au dessus de celle des hommes, sçachant toutefois combien les peuples sont attachez aux impressions qu'ils reçoiuent du lieu de leur origine & de leur naissance, les gouuernoit selon leur humeur, ainsi que remarque excellemment sainct Hierosme, & comme vn sage Architecte il consideroit la nature de la terre, où il vouloit establir le fondement de son edifice. Que si la cognoissance de ces dispositions humaines a esté si vtile dans la conduite mesme des choses celestes & diuines, combien le doit-elle estre dans le reglement des affaires humaines & ciuiles? Car comme il y a eu autrefois vne Philosophie des Legislateurs, qui estoit toute dans les actions, distinguée de celle des Sophistes, qui ne consistoit que dans les paroles, il y en a vne aussi qui considere les actions des hommes dans leurs principes les plus proches, laquelle est distinguée de cette Philosophie commune, qui s'arreste dans des abstractions esloignées, & des considerations vniuerselles. Et quoy que cette derniere tire des conclusions des maximes generales, à qui elle donne mesme vne verité immuable & eternelle, j'ose dire neantmoins qu'elles ne sont point plus asseurées que celles de la Philosophie dont je parle, d'autant que comme le temperament est la source des passions, les passions aussi sont la cause des actions les plus ordinaires des hommes, & leurs effets ne peuuent estre diuertis que par la puissance de la raison, selon ce qui a esté dit autrefois, que le sage commandoit aux Astres. Mais l'experience nous fait voir tous les iours, que la raison est trop foible pour resister à des ennemis, dont la violence mesme luy est agreable, & principalement en ce temps du monde, ou le peu de lumiere qui restoit en la nature, a esté obscurcy par vne clarté infiniment plus grande, & où les vertus Chrestiennes ont banny les Morales & les apparentes. Ainsi considerans les choses humainement, nous pouuons tous-jours conclurre auec certitude dans ces principes, parce qu'ils ne peuuent receuoir d'obstacle que de la main de Dieu seul, & qu'il n'y a que celuy qui fait remonter les fleuues contre leur source, & arrester les Astres dans le Ciel, qui puisse changer le cours des actions des hommes, & retenir l'impetuosité de leurs mouuemens. C'est pourquoy vn grand Philosophe a dit, que le Soleil estoit la forme vniuerselle du monde, parce qu'il n'agit pas dauantage sur les Elemens que sur les hommes, qui sont composez de leur meslange; & que les impressions qu'il cause dans leur temperament sont aussi constantes dans leur varieté, comme celles que les animaux reçoiuent de leur forme sont immuables dans leur nature.

C'est cette excellente Philosophie, que l'Autheur propose à tout le monde par cet ouurage, dans lequel il a tasché de peindre les traits & les lineamens non seulement des corps, mais mesme des esprits des peuples, afin que nous en puissions juger parfaitement, à l'imitation de ce sage Grec, qui ne se contentoit pas de voir vne personne par son visage, mais qui vouloit voir encore son ame par sa parole.

C'a esté dans ce dessein qu'il a descrit exactement ces grandes montagnes, dont la cognoiſſance ſeule fait cognoiſtre preſque tous les pays, qui ſont les cauſes de tant d'effets prodigieux, les limites de tant de Royaumes, & les remparts de tant de nations, & qu'il ſemble que Dieu a voulu faire ſeruir de digues à la fureur des hommes, afin que s'il ne les peut retenir comme les flots de la mer auec vn peu de ſable, il les arreſte au moins par ces grands obſtacles, & les renferme, s'il faut dire ainſi, dans ces murailles eſleuées par les mains meſmes de la nature. Nous y pourrons admirer l'eſtenduë prodigieuſe du mont Atlas, qui dure plus de ſix cens lieuës, celle des Alpes que nous voyons commancer en France, & continuer juſques dans la Thrace; celle du mont Taurus & de tant d'autres, leſquels trauerſans les Climats cauſent vn temperament tout diſſemblable, & par leurs aſpects inegaux entretenans la diuerſité des nations, donnent des faces toutes differentes au Theatre de l'Vniuers. Et pour ne point entrer icy dans la deduction particuliere de ces merueilles, dont la lecture rendra ce liure plus recommandable, que tous les Eloges qu'on luy peut donner, ne trouuons nous pas la preuue de ces conſtantes veritez dans les ſeules montagnes des Pyrenées, par leſquelles nous ſommes ſeparez de la Monarchie, qui a touſ jours eu le plus d'emulation contre la noſtre, & qui ſont comme des barrieres que la valeur de nos Roys a regardé ſouuent auec indignation, & la foibleſſe de leurs ennemis auec eſperance? Car ſans que je parle de nos mœurs plus douces, & du naturel plus altier de cette nation, de peur qu'on ne penſe que durant la guerre qui nous diuiſe d'auec elle, ie ne la conſidere pas tant comme vne portion d'vn autre Climat, que comme l'Ennemie de cè Royaume, nous voyons que ces montagnes apportent vne plus grande diuerſité dans le temperament des peuples qu'elles regardent, que n'eſt celle qui ſe rencontre dans les noms de leurs Prouinces, ſoit que l'on conſidere, ou la beauté du viſage, ou l'adreſſe du corps, ou la violence des paſſions, ou la viuacité de l'eſprit, & ce tableau preſent à nos yeux eſt vne image de la meſme varieté, que les autres montagnes cauſent dans toutes les terres qui leur ſont voiſines. Mais qui peut lire ſans admiration la difference des eſprits ou fort peu habiles, ou extraordinairement ingenieux, qu'apporte le mont Apennin dans deux Prouinces d'Italie, dans leſquelles par vne apparente contrarieté l'eſtat du peuple le moins ſubtil eſt ſans comparaiſon le plus fleuriſſant, & les plus prudens en particulier ſont les moins ſages dans les aſſemblées. Et enfin cette diſtinction de mœurs eſt ſi vniuerſellement eſtenduë dans la nature, que nous pouuons dire auec verité, que dans vne ſeule ville chaque race eſt cõme vne Prouince, & chaque maiſon cõme vn climat: ce que recognoiſſent tous les jours & les Medecins qui gouuernent les corps, & les Magiſtrats qui ſont les Medecins des Empires.

Preface.

Cette diuersité si estrange a poussé autrefois les plus grands personnages de la Grece à sortir de leur patrie qui estoit le champ des arts, & la demeure des Muses, pour aller voir les Prouinces à qui eux mesmes donnoient le nom de barbares, non seulement afin d'y descouurir les secrets que l'Egypte auoit receus des Iuifs, mais encore pour y joindre les cognoissances particulieres aux generales, & pour pouuoir prescrire les formes de gouuernement apres auoir remarqué les differentes inclinations des hommes, comme les Astrologues n'ont pû establir l'ordre des Cieux, qu'apres auoir apperceu la diuersité des mouuemens des Estoilles. Et c'est par cette experience des choses, qu'ils se sont rendus capables, non seulement de composer ces liures pleins d'vne si haute & si sublime intelligence, mais encore de former des idées d'vne parfaicte Republique, & de prescrire les regles de la Morale la plus accomplie, voulans que leur esprit fist dans le monde ce que les yeux font dans le corps, qui ne s'arrestent pas seulement à contempler les beaux objets, mais qui l'esclairent encore dans ses actions, & le conduisent dans ses mouuemens. Aussi toutes les sectes des Philosophes qui les ont suiuis, n'ont point creu de plus grande gloire, que d'estre les ruisseaux de ces sources du raisonnement & du discours, & durant leur vie vn grand Monarque s'est resjouy, de ce que l'instruction de ces hommes excellens pourroit rendre imitateur de leur sagesse celuy que la naissance rendoit heritier de sa Couronne. On a veu les Princes dans leur Eschole apprendre en mesme temps à vaincre & à cognoistre les hommes. Ils se sont rendus dignes de commander aux Roys en suiuant les preceptes de leur Morale, & de disciples d'vn Philosophe ils sont deuenus les dominateurs du monde.

Apres cela il ne faut pas s'estonner, si cette autre Philosophie de speculation ne sort point de l'Eschole où elle est née, & si celle-cy au contraire entre dans les Cours, enseigne les Capitaines, forme les Ministres, gouuerne les Empires, acheue les guerres par les victoires, & couronne l'honneur du triomphe par la felicité de la paix. Et veritablement, si nous voulons considerer les aduantages de cette science, nous auoüerons qu'elle sert & dans l'ombre des estudes, & dans la lumiere des dignitez; qu'elle donne des diuertissemens tres-nobles, & des occupations tres-serieuses; qu'elle est necessaire aux personnes les plus sçauantes, vtile aux plus illustres, & agreable aux moins curieuses. Car qui est-ce qui ne se plairoit dans le recit des merueilles de la nature, puis que nous voyons tous les jours des hommes qui quittent leur patrie & ce qu'ils y ont de plus cher, pour aller apprendre dans les voyages ce que ce liure nous enseigne, & qui courans les terres & les mers se precipitent volontairement dans le danger, ou de perdre la vie par vne fin violente, ou de perdre la liberté par vne condition plus malheureuse que la mort mesme.

C'est pourquoy quand je considere, quel a deu estre celuy qui a pû acheuer ce grand ouurage, il me semble qu'il a fallu, que Dieu qui a soin des moindres choses, ait joint dans son esprit des qualitez difficiles à allier & en quelque façon contraires, celles qui ne naissent que dans vn grand repos, & celles qui ne s'acquierent que dans l'action, & dans vne grande experience du monde. Il ne deuoit pas estre seulement parmy les liures, puis qu'il deuoit cognoistre parfaictement les mœurs des peuples, & la conduite des Roys. Il ne deuoit pas aussi viure seulement dans la Cour, puis qu'il deuoit parler auec suffisance de ce qu'il sçauoit auec certitude. Il deuoit auoir vn iugement tres-solide, vne memoire tres heureuse, & la vigueur de son corps deuoit accompagner les lumieres de son esprit. Aussi je croy pouuoir dire, jugeant des causes par les effets, qu'il a possedé ces qualitez eminentes.

Il a suiuy cette Philosophie ciuile & agissante des anciens Grecs, de laquelle vn des sept Sages, & le plus grand des Legislateurs a esté le Chef, & d'où sont sortis ces grands personnages, qui ont triomphé tant de fois des Roys de Perse, & qui apres auoir esté desfaits en bataille, ont esté jugez dignes par leurs vainqueurs mesmes de gouuerner leur Empire. Il a voulu en mesme temps se trouuer en tous les combats, lire tous les liures, cognoistre tous les pays, escrire de toutes choses. Il n'a espargné ny le temps, ny le bien, ny le trauail, pour se rendre luy-mesme juge de ce qu'auoient dit les autres, & tesmoin de ce qu'il vouloit publier, & enfin s'estant sauué de tant de perils il n'a pû se garentir de ses longues veilles, de sorte que l'on peut dire que sa plume luy a esté plus funeste que les armes, si c'est luy auoir esté funeste, que de luy auoir donné vne vie moins longue pour rendre sa reputation immortelle.

Que si vn Philosophe dit excellemment, que nous ne naissons pas seulement pour nous, & qu'il n'y a que la moindre partie de nous mesmes qui nous appartienne, il semble que l'Autheur ne s'en estoit reserué aucune. Il a trauaillé dans les combats pour sa patrie, dans ses voyages pour son liure, dans ses estudes pour tout le monde; Et s'il n'a pas esté assez heureux pour trouuer la mort en combattant pour le seruice de son Prince, il a eu l'auantage au moins de mourir en escriuant pour la gloire des lettres & de son pays.

Le S[r]. d'Auity nasquit à Tournon en Viuarets en l'année 1573. Il a eu pour pere Pierre d'Auity qui auoit tousjours vescu auec hõneur & auec reputation dans la Prouince, & qui a monstré assez par les alliances qu'il a contractées auec des familles nobles le rang qu'y tenoient sa personne & sa maison. Il fut esleué à Paris dés son bas aage,

& instruict dans tous les arts qui peuuent former le corps & l'esprit d'vn Gentilhomme. Sa viuacité naturelle le rendit en peu de temps capable de toutes les sciences humaines. Il apprit parfaitement la langue Grecque, & la Latine, & il a sçeu depuis l'Italienne & l'Espagnolle iusques à vn tel point, qu'il a fait douter souuent si elles luy estoient estrangeres. Car les qualitez excellentes qu'il possedoit luy ayant acquis l'affection des personnes les plus signalées, il fit à leur priere vne galanterie Espagnolle sur vn accident arriué à la Cour à ceux qui y tenoient les premiers rangs, laquelle il intitula, la lettre de la belle Erocalie au grand Roy Porus; qu'il composa premierement dans vn style si pur & si eloquent, que les plus intelligens en la langue jugerent qu'elle paroistroit trop belle pour estre l'ouurage d'vn veritable Espagnol; tellement que l'ayant escrite vne seconde fois selon le langage naturel & ordinaire du pays, & ayant traduit en François l'vn & l'autre exemplaire, les plus habilles ne pûrent discerner, si l'original de cette lettre estoit sorty de France, ou d'Espagne, & il y eut vn agreable combat entre ces deux nations, chacune d'elles voulant s'attribuer la gloire d'vne si ingenieuse production.

Que s'il a tesmoigné sçauoir si parfaitement cette langue, l'Italienne ne luy a pas esté moins connuë: de sorte qu'ayant mis quelques vers Italiens au deuant de l'vn des premiers & des plus excellens traictez de Monsieur le Garde des Seaux du Vair, qui auoit esté traduit en Italien, il s'acquit par cela seul plus de gloire que le Traducteur par tout son trauail, & effaça cet ouurage par la recommandation mesme qu'il en auoit faite.

Ie pourrois icy parler des vers François qu'il a composez; mais puis qu'ils sont publics, je ne diray autre chose pour leur loüange, sinon qu'on les a jugez assez beaux pour estre mis auec ceux des plus grands Poëtes de nostre siecle. Il a eu auec les aduantages de cet art diuin vne tres-grande facilité d'escrire en prose, & l'on feroit plusieurs volumes des liures qu'il a, ou traduits, ou composez, dans lesquels il a obligé le public par son trauail, en celant leur Autheur par sa modestie. Mais il faut auoüer qu'en cela mesme il a esté assez malheureux: Car sa moderation ayant ainsi donné lieu à quelques-vns de mettre leur nom à ses ouurages, il est arriué que l'on a tasché depuis de mettre le sien à ce liure des Estats & Empires qui ne luy appartenoit pas, & apres que l'on a osé s'attribuer la reputation que luy seul auoit meritée, on n'a pas craint de luy imputer des fautes que les autres auoient commises.

Mais comme il a fait paroistre dans les lettres des marques de son jugement & de son esprit, il a de mesme tous-jours donné dans la guerre des témoignages de sa valeur. Il a passé sa jeunesse dans les premiers exercices des armes, imitant en cela la generosité de la Noblesse Françoise, qui veut se monstrer digne des charges auant qu'elle pense à les acquerir. Il a esté en suite Capitaine dans l'Infanterie. Il a seruy plusieurs fois dans la qualité si honnorable de volontaire. Depuis le siege de Rhinberghe jusques à celuy de Cazal, où il se trouua trois années seulement auant sa mort, il a recherché toutes les occasions de la guerre. Il a tesmoigné par tout vne extreme fidelité dans le seruice de son Prince, jusques à leuer mesme des compagnies de gens de pied à ses despens, lors que la rebellion & l'heresie repandoient encore leur venin dans les entrailles de cet Estat. Monsieur le Connestable de Lesdiguieres l'a honnoré d'vne particuliere bien-veillance. Il a monstré l'estime qu'il faisoit de sa valeur, voulant l'auoir pour compagnon de ses combats, & celle qu'il faisoit de son esprit, ayant desiré que luy seul fist son Panegyrique, qu'il a publié depuis, & qui luy a donné de la gloire en la distribuant aux autres.

Enfin si nous voulons bien considerer ses actions & ses rares qualitez, nous auoüerons qu'il a fait voir vne image de ces premiers Romains, qui estoient en mesme temps Capitaines, Orateurs, & Politiques, & quelqu'vn peut-estre pourroit dire, qu'il semble en vne chose auoir eu quelque aduantage sur les plus anciens de ces grands hommes, puis qu'apres s'estre trouué comme eux dans tous les combats durant la guerre, il trauailloit par ses liures pour la gloire & l'vtilité de la France durant la paix, au lieu que les autres n'employoient lors qu'au vil & inutile exercice de labourer leurs champs, les mesmes mains qui auoient conserué par les armes toutes les terres de leur patrie.

Mais ce que je trouue en luy de plus admirable, est qu'il n'auoit pas seulement vny la valeur à la suffisance, mais encor la pieté à la valeur, & que sa generosité ne ressembloit pas à celle de Brutus, & des autres Stoiciens, dont la Philosophie esleuant l'esprit par l'orgueil, & ne l'assujettissant qu'à luy mesme, vouloit produire la vertu par le plus grand de tous les vices. Il a imité la religieuse vaillance de ce Grec, dont la Sicile à tant honnoré la memoire, qui reueroit autant les Dieux comme il mesprisoit ses ennemis, & qui semble auoir esté conduit, non pas par la main de la fortune, mais par celle de la prouidence mesme, pour estre tous-jours aussi asseuré de vaincre par sa pieté, quoy que fausse, qu'ardant à combattre par son courage. Ie diray seulement vne circonstance particuliere sur ce sujet, que ie trouue considerable en vn homme nourry dans la Cour, & dans les armes, qu'ayant traduit tres-elegamment en prose les amours d'Ouide, pour satisfaire à vn homme de condition qui l'en auoit prié, il les fit voir à l'vn de ses amis qu'il estimoit fort, lequel luy ayant dit qu'il corromproit plus de monde par cette traduction, que le Poëte n'auoit fait par ses vers, il les jetta dans le feu, jugeant qu'vn Chrestien ne pouuoit sans crime publier vn ouurage, qui auoit esté ou la cause ou le pretexte du bannissement d'vn Idolatre. Au reste, comme il auoit l'esprit extremement libre & agreable, il a fait quelques pieces pour se diuertir dans sa jeunesse, qu'il a publiées auec la mesme promptitude qu'il les auoit escrites, de sorte que les ayant depuis considerées d'vne maniere plus serieuse, il ne s'en souuenoit qu'auec mespris, & eust voulu les pouuoir effacer de sa memoire aussi bien que de celle de tous les autres. Il est des hommes comme des terres, qui monstrent aussi bien leur fertilité en produisant les herbes steriles auec force, que les meilleurs bleds auec abondance; Et cette ardeur excessiue de l'esprit est vn presage de sa perfection future, pource qu'elle se tempere auec l'aage par la froideur du jugement, comme la temerité de la jeunesse se change auec le temps en vne prudence genereuse.

Apres auoir parlé de grandes cognoissances, & des nobles inclinations du Sieur d'Auity, j'auoüe que son nom qui visiblement est tiré des Latins, me donne vne pensée, que ie ne croy pas pouuoir taire justement ayant dit tant de choses à sa loüange. Car l'Histoire m'ayāt appris que le grand Alcimus Auitus, Euesque de Vienne, est né dans la mesme Prouince auec le mesme nom, & que tant d'autres hommes illustres de cette ancienne maison ont fait paroistre leur pieté dans l'Eglise, leur esprit dans les sciences, & leur courage dans les armes, je me suis imaginé quelquefois, que Dieu qui fait inuisiblement les suites & les successions des choses par vne chaisne interrompuë deuant les hommes, & continuée dans sa prouidence, a voulu peut-estre apres tant de temps faire sortir vn homme de cette famille, luy donnant les mesmes qualitez qu'elle a possedées aussi bien que le nom, comme nous voyons qu'il fait paroistre certains fleuues bien loin de leur source, apres les auoir tenu long-temps cachez sous la terre. Certes on pardonnera bien à la passion que j'ay pour vn homme de merite, si n'osant contredire à cette opinion qui me flatte, & qui luy est aduantageuse, je me laisse emporter à l'ombre de la vray-semblance sans me mettre en peine de la verité. Ie me res-jouïs neantmoins de voir, que la nature semble nous representer la mesme chose par des images sensibles, puis que c'est en cette façon que les fleurs degenerent peu à peu, & perdent la beauté de leur tige sans alterer la nature de leur semence. Que si Albert le Grand nous asseure qu'il arriue quelquefois, que par vn transport violent des influences d'vn climat en vn autre, vne personne reçoit dans sa naissance vn temperament propre à vne region fort esloignée, & tout contraire à celuy de sa patrie, combien cette pensée qui m'est m'eſt venuë ſemble t'elle moins incroyable, puis que la ſuite des temps entretient la ſucceſſion des races, & que la gloire d'vne famille n'eſt qu'vne qualité exterieure, au lieu que le temperament du corps eſt vne proprieté naturelle. Ie ſçay que pluſieurs Hiſtoires tres-celebres monſtreroient par leurs exemples que cette propoſition n'eſt pas tout à fait extraordinaire; Mais il me ſuffit de dire, que la verité nous enſeigne dans ſes liures, que la race d'vn Prince choiſi de Dieu meſme eſt tombée du comble de la magnificence royalle dans vne ſi extreme baſſeſſe, qu'apres l'eſpace de cinq ou ſix ſiecles on a veu dans la perſonne d'vn pauure artiſan la poſterité de ce grand Monarque, & l'heritier du plus riche de tous les Roys. Les conditions de la fortune pouuoient-elles eſtre plus eſloignées, & neantmoins elles n'ont pas laiſſé de ſe rencontrer dans vne meſme maiſon; au lieu que les dons de la nature n'ont pas eſté fort diſſemblables dans l'Autheur, & dans cette illuſtre famille de qui ie parle. Apres cela je n'oſerois m'arreſter dauantage ſur ce ſujet, de peur que je ne croye tout à fait ce que je ne faiſois que m'imaginer, & que je n'abuſe peut-eſtre les autres apres m'eſtre trompé moy-meſme.

Toutes ces heureuſes circonſtances me font eſperer, que le public receura fauorablement ce liure que ie luy preſente au nom d'vn homme, à qui ie rends ces derniers deuoirs, ſans y eſtre porté, que par les ſentimens de mon amitié, & par les intereſts de ſa gloire. Que ſi ie n'ay pas eſté aſſez heureux pour luy donner des loüanges proportionnées à la grandeur de ſon merite, ie croy que l'on eſtimera au moins la pieté auec laquelle je reuere encore ſes cendres, & qu'en vn temps où les viuans meſmes trouuent ſi peu de veritables amis, on ſe reſ-jouyra peut eſtre de voir honnorer les morts par des ſeruices ſi publics, & par vne ſi conſtante fidelité. Outre cette conſideration ſi puiſſante, la douleur d'vne veufue, dont la naiſſance & la vertu ſont egalement recommandables, & l'affliction d'vn orphelin fils d'vn tel pere, m'ont touché ſenſiblement, & i'ay creu que pour addoucir le regret qu'ils auoient de ce que les eſtudes laborieuſes de l'Autheur auoient auancé ſa mort, je deuois leur faire trouuer dans les eloges de ſa ſuffiſance quelque conſolation de leur infortune. Et enfin me remettant deuant les yeux l'vtilité de cet ouurage, j'ay penſé que ſi la ſeule veuë de l'ordre des Cieux, & de la beauté du monde, auoit eſté la premiere cauſe des plus hautes cognoiſſances, & de la Philoſophie meſme, on pourroit ſans doute conceuoir des penſées plus ſublimes & plus aſſeurées ou de la grandeur de Dieu, ou de la verité des ſciences, ou du gouuernement des hommes, lors que ces choſes mortes & inſenſibles ſeroient comme viuantes & animées par le diſcours, & que cette multitude de merueilles, diuiſées en tant de parties & tant de lieux, ſeroit parfaitement raſſemblée en vn seul corps. Mais quand cet ouurage n'auroit pas toute la beauté que l'on y pourroit desirer, j'espere qu'on y lira toutefois ce qu'il y a de moins parfait auec bien-veillance, comme ce qu'il y a de rare auec plaisir. Les sçauans voyans les escrits d'vn homme de guerre tiendroit à plus d'honneur d'estre ses amis que ses Censeurs, & considereront qu'il est plus loüable d'auoir employé vne partie de sa vie au seruice de son Prince, que s'il l'eust donnée toute entiere à l'embellissement de ce grand œuure. Les François non plus que les estrangers ne luy refuseront pas des Eloges, puis qu'il a trauaillé si long-temps pour l'vtilité des vns & des autres, & nostre siecle tesmoignera sans doute par l'estime de sa personne & de son liure, que comme il est aujourd'huy tres-heureux dans la production des excellens hommes, il est aussi tres-equitable dans la dispensation de la gloire qu'ils ont meritée.

PRIVILEGE DV ROY.

LOVIS PAR LA GRACE DE DIEV ROY DE FRANCE ET DE NAVARRE, à nos amez & feaux Conseillers les gens tenans nos Cours de Parlemens, Maistres des Requestes ordinaires de nostre Hostel, Baillifs Seneschaux, Preuosts, leurs Lieutenans & amez nos iusticiers & Officiers qu'ils appartiendra, Salut. Nostre bien amé CLAVDE SONNIVS Marchand Libraire de nostre bonne ville de Paris, nous a fait remonstrer qu'il a recouuré vn liure intitulé *Le monde entier auec toutes ses parties, Estats, Empires & Gouuernemens.* Composé par le SIEVR D'AVITY, lequel Liure il desireroit faire imprimer, ce qu'il ne peut faire sans auoir sur ce nos lettres humblement requerant icelles. A ces causes desirant fauorablement traicter ledit exposant, nous luy auons permis & permettons par ces presentes de faire Imprimer, vendre & debiter ledit Liure en tous les lieux & terres de nostre obeyssance en telles marges & caracteres & autant de fois qu'il voudra durant le temps de vingt-ans entiers à commencer du iour qu'il sera acheué d'imprimer, faisans deffenses à tous Imprimeurs, Libraires & autres tant estrangers que de nostre Royaume d'imprimer vendre ny distribuer ledit Liure sans le consentement de l'exposant ou de ceux qui auront droit de luy, ny mesme de le contrefaire, sur peine de trois mil liures d'amende applicable vn tiers à nous, vn tiers à l'Hostel Dieu de Paris, & l'autre tiers à l'exposant, de confiscation des exemplaires, & de tous despens, dommages & interests, à la charge qu'il sera mis deux exemplaires dudit Liure dans nostre Bibliotheque publique, & vn autre en celle de nostre cher & feal le sieur Seguier Cheualier Chancellier de France, à peine de nullité de ces presentes, du contenu desquelles nous voulons & vous mandons que vous fassiez iouyr & vser plainement & paisiblement ledit exposant ou ceux qui auront charge de luy, faisant cesser tous troubles & empeschemens. Voulons aussi qu'en mettant au commencement ou à la fin dudit Liure vn extrait des presentes elles soient tenues pour deuëment signifiees, & que foy y soit adioustée comme à l'original. Mandons au premier nostre Huissier ou Sergent sur ce requis de faire pour l'execution des presentes tous exploits necessaires sans demander autre permission. Car tel est nostre plaisir, nonobstant clameur de Haro, chattre Normande, prise à partie & lettres à ce contraire. Donné à Paris le 30. iour de Decembre l'an de grace 1636, & de nostre regne le vingt-septiesme.

Par le Roy en son Conseil.

DE MONCEAVX.

Ledit CLAVDE SONNIVS nommé au susdit Priuilege a consenty que PIERRE BILAINE Marchand Libraire à Paris en iouysse pour vn tiers seulement, & ce conformement à leur conuention.

Aduertiſſement au Lecteur.

A Cauſe du decez de l'Auteur, les parties contenuës en la Preface miſe au commencement de la ſeconde Partie de l'Europe, comprenant la deſcription entiere de la FRANCE, & autres Eſtats, ont eſté compoſées par FRANÇOIS RANCHIN, natif d'Vſez en Languedoc, Aduocat à Montpellier, amy du deffunct, dont il a ſuiuy les Memoires par luy laiſſez pour la deſcription des Prouinces, & y a adiouſté ceux qui luy ont eſté fournis d'ailleurs, ou qu'il a eu le loiſir d'aſſembler, comme il ſera dit plus amplement en la ſuſdite Preface.

DISCOVRS VNIVERSEL

Comprenant les Considerations generales du Monde celeste & terrestre, auec vn estat de tous les Ordres tant Ecclesiastiques que Militaires, & de toutes les Heresies anciennes & modernes.

Commencé par PIERRE D'AVITY *Seigneur de Montmartin, Gentilhomme ordinaire de la Chambre du Roy.*

Et à cause de son decez, & sur le projet de l'Auteur, continué depuis la description de l'homme iusques a la fin par FRANCOIS RANCHIN *natif d'Vzes en Languedoc, Aduocat à Montpellier.*

PIERRE DAVITY S.R DE MONTMARTIN GENTILHOMME ORDINAIRE DE LA CHAMBRE DV ROY
Agé de 45 ans 1617

DISCOVRS VNIVERSEL

CE seroit vn trait d'indiscretion, ou du moins de nonchalance, de laisser legerement engager dans mes discours, sans autre clarté, plusieurs qui voudront les voir, ou pour se desennuyer, ou pour s'instruire. Car il y a fort peu d'apparance, qu'vn esprit qui n'a que du naturel, & non de l'acquis, quoy qu'il soit subtil, puisse bien conceuoir des termes semez en diuers endrois, s'il n'a d'ailleurs l'esclaircissement des choses qu'ils signifient. De sorte que si quelques vns desiroient que cet entretien leur reussist, & leur fust autant vtile, qu'ils se l'imagineront agreable, ils se trouueroient interessez en ce manquement; & leur curiosité seroit comme satisfaite & mécontante en mesme temps, pour diuers regars; voire mesme ils auroient plus de sujet de s'en plaindre, que de s'en loüer.

C'est ce qui m'oblige au dessein de leur offrir, à l'abord, ce qu'ils pourroient souhaiter, & qui fait que ie tasche non seulement de pouruoir à cette necessité selon ma portée; mais encore de chercher leur contentement entier, par le moyen de diuers sujets que ie deduy, dont ils n'eussent sçeu desirer l'instruction, pource qu'ils en ignorent l'importance.

Pour cet effect ie propose aux yeux de tous, comme en vn tableau racourcy, le Monde auec ses plus dignes pieces, ses plus signalez ornements, & les principales considerations qui doiuent l'accompagner, selon mon aduis; & faisant ma descente par degrez depuis le haut du Ciel, iusques à la Terre, où i'étale apres en particulier tous ses Estats & pays, ie m'efforce de rendre tout ce grand obiect present, & de le faire passer de la veuë, ou de l'oüye, dans l'esprit de ceux qui desirent comprendre celuy qui les embrasse.

Que si i'incommode les plus delicats en l'essay de quelques poincts, où ie donne aux curieux le moyen de s'eclaircir, outre qu'il leur est permis de se dispenser de cette couruée, il leur sera bien aisé de voir, que i'ay apporté le plus d'adoucissement qu'il se peut à ce trauail, de peur qu'il appesantisse ou rebute l'esprit, au lieu de le releuer, ou l'entretenir.

Ie demande seulement à tous, apres ces recherches de leur satisfaction, qu'ils me fassent la faueur de ne s'aigrir pas contre mes defauts, mais d'agréer seulement mes soins, & m'accorder pour reuancher leur patience & leur affection, afin que la premiere m'oblige par la peine de lire ce que ie publie, & le long delay d'en iuger à mon desaduantage; & l'autre encore plus par l'approbation entiere de l'œuure.

LE MONDE.

LE Monde est pris quelquefois pour Dieu; mais c'est en couplant ce mot auec celuy d'Archetype, ou d'Intelligible, à cause des formes & modelles de toutes choses, qui sont en l'Entendement diuin; & parfois on se sert du nom de Monde Angelique, pour exprimer les trois Hierarchies & neuf Ordres des Anges; de celuy de Monde celeste, pour marquer les Cieux; & de Monde elementaire, ou pour les Elements, auecque le Ciel, ou les Elements tous seuls, qui reçoiuent aussi le nom de Bas Monde. L'Escriture signifie aussi par le Monde, maintenant la Terre, ou les choses qu'elle contient; tantost les hommes, tant bons que meschans, & par fois les seuls vicieux.

Que c'est que le Monde.

Mais le Monde dont i'entrepren le discours, est l'assemblage du Ciel, des Elements, & des choses qu'ils contiennent, creé par la toute-puissance de Dieu, pour sa gloire & le bien des hommes. La doctrine qui represente sa Sphere, sa figure, & ses parties, a receu des Grecs le nom de Cosmographie, naturalisé parmy nous, signifiant description du Monde; & celle qui considere sa creation, ses causes, proprietez & durée, celuy de Cosmologie, c'est à dire Discours, ou Raisonnement du Monde.

Sa creation.

a Hermes Trismeg. Pimand. Plat. Timæ.

Nostre creance appuyée sur les Saintes lettres nous le fait tenir creé, & l'aueu de quelques habiles anciens [a] dépourueuz de la vraye cognoissance, & toutefois tenus pour diuins, est mesme capable de conuaincre, ou desabuser les mal instruits, qui se sont opiniatrez, ou s'obstinent encor à deffendre qu'il est eternel.

b Diod. Sic. lib. 1. Vitru. Archit. li. 2. c. 1.

Aussi s'il eust esté tel, ceux des plus vieux âges en eussent laissé quelques memoires; & les plus curieux autheurs, [b] qui nous ont depeint les Siecles plus reculez ne nous eussent pas découuert à nu sa naissance, disans, qu'au commencement les hommes se paissoient de la premiere herbe qui s'offroit à eux, ou qu'ils trouuoient à leur goût, & se nourrissoient des fruits des arbres, alloient nuz, & se tenoient seuls dans des cauernes, puis vindrent à dresser des tentes, puis à se huter, & finalement à se rallier contre les attaques des bestes, & bastir des hameaux & des villages, puis des villes.

L'histoire du Monde iusques à nôtre âge, qui ne comprend pas six mil années, si ce n'est que l'on reçoiue le conte des Grecs que vous verrez au discours des Æres, ou les ans d'vn mois, de deux & de quatre, des premiers Egyptiens, pour Solaires, & les bourdes de leurs Roys pour des veritez, les commencemens & crues de diuerses natiõs, que l'on voit dans les autheurs: l'ancienne rudesse de plusieurs peuples maintenant ciuilisez: les mœurs qui se polissent tous les iours: le raffinement des arts & mestiers, qui monte à son plus haut poinct, & les nouuelles inuentions de diuerses choses, qui viennent en auant à tous momens, nous marquent assez, qu'il n'eust paru si enfant & si nouueau, s'il eust esté dés l'eternité.

c Diog. Laër. li. 9. & 10.

Il est encor aisé de iuger, que le Monde tient de Dieu son commencement, aussi bien que sa conseruation, si l'on considere, que donner vn si grand effect à la Nature, c'est rendre trop puissante vne chose, qui tire toute sa vertu de la diuine; ou c'est deguiser seulement le nom, & se rendre mesme odieux à ce grand ouurier, l'aymant mieux appeller Nature, que Dieu: que le Hazard ne peut l'auoir fait, comme quelques vns ont asseuré, [c] pource qu'il feroit aussi bien par fois vne maison, ou bien vne ville, qui est beaucoup moins que de faire vn Monde: que c'est vn abus de dire, qu'il s'est fait luy mesme, pource qu'il eust esté par ce moyen auant qu'il fust, & ce seroit le faire cause de soy mesme, & son effect: que l'auoüer eternel c'est le rẽdre egal à Dieu, sinon en pouuoir, pour le moins en estenduë d'estre: que le Ciel ne peut qu'auoir esté fait par le mesme qui regle son cours, sinon que l'on veuille en former vn Dieu: que la Terre est vne masse trop lourde, pour auoir esté d'elle mesme dés l'eternité: que nous ne nous sommes pas faits nous mesmes, & que nos ayeuls plus eloignez n'õt eu non plus que nous le pouuoir de se former; si bien qu'il faut recourir à quelque premiere cause: que la mesme raison se peut dire des animaux sans raison; & que proceder à l'infiny, cherchant le premier homme, ou toute autre premiere chose d'icy bas, c'est choquer les maximes mesmes d'Aristote, & tomber dans l'impertinence & l'absurdité qu'il fuit, bien qu'il semble soustenir cette eternité [a].

Quant à ce qu'il dit, [b] que si le mouuement a commencé quelquefois, il faut que ç'ait esté par le moyen d'vn autre mouuement; si bien que celuy qu'on nomme premier ne sera pas tel; & ne s'en trouuât aucun qui deuãce tous les autres, il faudra par force accorder, que le mouuement a tousiours esté, & par consequent le mõde, c'est vn abus de se roidir sur cette raison, pource qu'on l'aneantit en repartant, que le mouuement & le mobile, ou la chose mouuable ont commencé, non par la voye de generation qu'il propose, mais par celle de creation ou production du neant, qu'il n'a pas cognuë.

C'est donc Dieu qui sans en auoir besoin, comme content de soy mesme, voulut par vne extreme bonté, faire des creatures qui l'admirassent, & iouyssent de ce Monde, son ouurage merueilleux, puis de sa gloire. Il fit [c] tout ensemble, & dans vn instant en creant de rien les eaux [d] ou la face, & les profondes tenebres de l'abysme, qui contenoient les semences de toutes choses, couuées [e] par l'esprit du Seigneur, selon l'Hebreu, pour en en faire éclorre le Monde. Mais d'autre part il [f] le crea successiuement, desbroüillant cete masse confuse, & tirant delà distinctement toutes choses en leur assignant leur lieu.

C'est le Tohu & le Bohu, ou la [g] matiere sãs forme des Hebreux, le Chaos des anciens [h] Poëtes, où les contraires qualitez cobatoient ensemble, dont Dieu & la Nature demelerent les differens, selon les mesmes. C'est ce Chaos [i], qu'ils nomment commencement de toutes choses, pource qu'il parut, comme ils disent, auant tous les Dieux qui en sortirent, ayans comme pour guide l'Amour, qui fut éclos le premier de tous. C'est l'amas confus [k], qui fut débroüillé par la clemence, ce que les Philosophes appellẽt matiere premiere, & les Rabins cõfusion des quatre Elemẽts.

Temps de la Creation.

Quant au temps de la naissance du Monde, sur ce que l'on conteste, s'il faut tenir qu'elle aduint en nostre Hemisphere au Printemps, ou durant l'Automne, ou bien en Esté, pource qu'aucun ne se l'est iamais imaginée en Hyuer, il y en a qui l'ont [l] establie en Esté, lors que le Soleil est au Lyon, pource qu'ils ont selon mon aduis iugé que les blez, & force fruis, sont alors serrez, ou meurs. Mais cette opinion à peu de raisons qui la soutiennẽt, de mesme que peu de gens qui la reçoiuent. Toutefois ils pourroiẽt se fonder [m] sur ce que Petosiris & Necepso Egyptiẽs tenus comme diuins en Astrologie, suiuans la doctrine d'Esculape & d'Anubes, instruis par Mercure, logerent le Soleil au commencement du Monde, au quinziesme degré du Lyon.

Les autres qui sont en grand nombre, [n] l'ont mise au Printemps, lors que [o] le Soleil entre au Belier. Cette agreable saison, qui semble tres propre à la naissance & à l'entretien des choses, a donné sujet à ceux qui se sont attachez à cette creance de la maintenir, & de rejeter l'opinion de l'Automne, auquel elles commencent souuent à fletrir. Aussi dés que le Monde fut creé, toutes choses vindrent à croistre, & mesme Dieu commanda, que la Terre produisist de l'herbe verte, ce qui semble conuenir plus au Printemps, qu'à l'Automne.

Dauantage les Iuifs receurent [p] commandement de Dieu, de tenir pour premier mois de leur année celuy de Nisan, répondant en partie à nostre Mars, en memoire du temps de leur affranchissement, au lieu que Nisan estoit auparauant le septiesme mois. Ce fut encor au Printemps, que la Vierge conçeut le Sauueur du Monde, & que le mesme souffrit mort & passion, puis resuscita. De sorte que ceux qui sont de ce sentiment, iugent par toutes ces choses, qu'il est vray semblable, que le Monde fut fait en la mesme saison, qu'il fut racheté par la mort de Iesus-Christ.

Ils disent encor que les Astrologues mettent le commencement des signes au premier point du Belier, où le Soleil vient au mois de Mars, & que cela marque assez la naissance du Monde au Printemps.

Que s'ils adioustoient encor qu'en Mesopotamie, où l'on tient, que le Paradis terrestre estoit assis, comme ie fay voir en ce pays-là, il y a plusieurs fruits meurs au Printemps voire mesme que sur la coste de Genes, & en d'autres endrois d'Italie, de mesme qu'en Espagne & ailleurs, il y a lors des oranges bonnes à manger, & des limons & citrons ja meurs, y en ayant d'autres verds sur l'arbre, il sembleroit que ceux-cy seroient fondez sur des raisons pertinentes.

Mais ceux qui la mettent en Automne, s'arrestent sur ce que les Iuifs [p] commencẽt leur année ordinaire, qu'on peut appeller autrement Politique, par la Nouuelle Lune de Septembre, ou la Lune plus proche de l'Equinoxe d'Automne, & mesme estiment que le monde fut fait en ce mois, embrassans l'opinion du Rabin Eliezer

a Arist. Met. li. 12. c. 7. Lact. l. 7. c. 1.
b Arist. Phys. lib. 8. c. 1.
c Ecclesi. 18.
d Gen. 1.
e Hieron. quæst. Hebr. in Genes.
f Genes. 1.
g Sapient. 11.
h Guid Met. lib. 1.
i Hesiod. Theogon.
k Claudian. Paneg. in laud. Stilic.
l Ger. Mercat. Chronol.
m Iul. Firmic. Præf. li. 3. c. 1.
n Cyril. Catec. 14. Athanas. (ep. ad 17 qu. Anth. & qu. 14.
Greg. Naz. orat in Nou. Dominic.
Beda de temp. rat c 4.
o Rabbi Eli. Oriant. Arith.
p Exod. 12.
p Genebr. Chron.

a R. Mose. 2. part. Iad. tra. Kiddusch Hachodesc. c. 9. Munster cõput. Hebra.

[a] contre Rabbi Iosua, qui mettoit le commencement de l'année à la Lune plus proche de l'Equinoxe du Printemps. A raison dequoy la Feste des Trompettes, qu'ils solemnisoient le premier iour de Thisri, ou Septembre, est par eux nommée Rosch haschana, c'est à dire Chef & Commencement de l'année.

Aussi disent-ils que le mois de Nisan, respondant en partie à nôtre Mars, n'est nômé premier des mois en l'Exode, qu'à raison de l'ordre des festes & ceremonies Ecclesiastiques, d'où vient qu'en leurs autres affaires tant publiques que particulieres, & mesme au conte des temps[b], ils commencent par le mois de Tisri.

b Hieron in Ezechiel. ca. 40.
c Ioseph Antiq. lib. 1. ca 5.

C'estoit aussi leur[c] commencement d'année, lors qu'ils demeuroient en Egypte, côme on peut apperceuoir au cômandement qui leur fut fait de tenir Nisan pour le premier mois de leur An; pource qu'ils en auoient vn autre, qui faisoit l'entrée auparauant: si bien que depuis ils ont eu deux sortes d'Ans, dont les vns sont appelez Sacrez, & les autres Politiques ou Ciuils, comme vous pourrez voir plus amplement en mon discours de la Terre saincte.

d Exod. 23. & 34
e Leuit. 23. Numer. 29.

Dauantage la feste des Tabernacles,[d] ou des Pauillons, & de la recolte de fruis, qui fut en Automne, est ordonnée à la fin de l'An. L'Automne fut donc la fin d'vne année, & le commencement de la suiuante. Car cette Feste est[e] commandée au 15. du septiesme mois, ou de Tisri.

f Leuit. 25.

D'autre part[f] l'An du Iubilé, qu'ils auoient chaque cinquantiéme année, commençoit le dixiesme iour du septiesme mois, ou de Tisri, au iour des Expiations; pource que les anciens Iuifs[g] commençoient & finissoient le conte de l'âge du Monde en ce mesme temps, & n'eurent le premier iour de leur année qu'en Automne.

g Abrah. Ezr. Not. ad ca. 7. Daniel. Ionathan. Chald. Scholiast. ad c. 8. li. 1. Reg. Eleazar in Genes.
h Genes. 3.

Ce qui fortifie encor cette opinion, c'est que les fruis sont alors tous meurs, & que s'ils ne l'eussent esté, Dieu n'eust pas[h] permis à Adam de manger de tous les fruis du Paradis terrestre, excepté de celuy de l'Arbre de sciẽce de bien & de mal, qu'on tient auoir esté quelque sorte de figuier, puisque l'Ecriture dit, qu'aussitost apres le peché, Adam & Eue couurirent leur honte de ses feuilles, & qu'il y a de l'apparence, qu'ayant recognu soudain leur faute, ils se seruirẽt promptemẽt des feuilles du plus proche arbre duquel ils auoiẽt cueilly le fruit, combien qu'il semble que l'Ecriture marque deux arbres, nômant l'vn simplement arbre de science de bien & de mal, & l'autre figuier. Que si l'on accorde à ceux qui tiẽnent pour l'Autône, que ce fut de la figue qu'ils mangerent, comme quelques Peres ont tenu[i], il semble que les autres doiuent demeurer sans repartie, pource que c'est vn fruict des derniers meurs.

i Athanas. ad qu. 45. Antio.

k Leon. Afric. p. 9. Linschot Voy. ca. 55 M. de Breues Voy. Ant. de Aranda descr. de la Tierra sancta par. 2. c. 5. Vrreta hist. de Ethiop lib. 1. Relat. de la Cochinch. du P. Borri.
l Postel de Vniuersitat.

Toutefois si ces figues n'estoient autres que celles qu'on nomme Muses, comme plusieurs tiennent[k], pource qu'on les appelle encores figues, & pommes d'Adam, & qu'vne seule feuille de ces arbres, qu'on trouue en Syrie, de mesme qu'en plusieurs autres lieux d'Asie & d'Afrique, peut couurir vn homme entieremẽt, il y aura quelque difficulté, pource que ces arbres portẽt plusieurs fois en vne année du fruit, qui est fort delicieux, & que Postel[l] digne de creance nous asseure qu'en Syrie ces arbres en portent deux fois, voire trois, au lieu que quelques autres leur donnent du fruict nouueau tous les mois.

Et quoy que l'on voulust prendre cette figue pour vne des nôtres ordinaires, si l'on côsidere, que le Paradis terrestre estoit assis dans vne prouince, dont quelques lieux sont tellement auancez vers le Midy, qu'ils ne sont esloignez de l'Equateur, selon Ptolemée que de 33. degrez & quelques minutes, & qu'autour de Marseille ville de Prouẽce, beaucoup plus froide, à raisõ de son assiete, côme celle qui a son Pole eleué de 43. degrez & quelques minutes, il y a certaine sorte de figues, que ceux du païs nômẽt Figues-fleurs, qui sont meures dés le mois de Iuin, & dont l'arbre porte encor du fruit, iusqu'enuiron la fin d'Octobre, l'on trouuera les raisons de ces derniers vn peu affoiblies, leur restant toutefois cette considerable ressource, que tous les fruits ne peuuent pas estre de la sorte, & que Dieu ne mit deuant Adã toutes choses qu'en leur plus grande perfection, puis qu'il est mesme dit en l'Ecriture, que Dieu les trouua toutes fort bonnes, lors qu'il les eut regardées.

m [illegible] lib.

Finalement ce qui fait pour ceux qui tiennent le temps de cette naissance en Automne, c'est[m] que quelques Astrologues ont tenu que la Terre auoit esté faite aux dernieres parties de la Balance.

n [illegible] 8.

Vnité du Monde.

Le Monde[n] est tellement vn en nombre, qu'il n'y en a pas d'autres; pour-ce que sa beauté n'eust peu sembler parfaite, si toutes choses n'eussent esté comprises dans ce grand & merueilleux corps, qui pour sa grandeur & sa figure, est assez capable de toutes les natures & especes, & que c'est en vain qu'on fait par plus ce qui se peut par moins. Mais la plus valable raison est, que l'Escriture nous marque vn seul Monde, non plusieurs; si bien qu'il faut s'affermir sur ce qu'elle dit, sans rechercher plus auant: veu principalement qu'il n'y a raison naturelle, qui puisse preuuer tout à fait, & sans conteste, qu'il n'y a qu'vn Monde, pource que Dieu a peu veritablement en créer plusieurs, aussi bien qu'il en a fait vn, d'autant que sa puissance n'est pas limitée à la creation d'vn Monde, ains est infinie. Mais il n'en a creé qu'vn [a] afin qu'on ne creust que diuers Mondes auoient esté faits par diuers ouuriers, & que n'en voyant qu'vn seul l'on ne luy donnast qu'vn Createur. Il faut aussi considerer, que s'il y eust eu plusieurs Mondes, Moyse en eust fait quelque mention, décriuant les choses creées, & n'eust peu, ny deu taire ces œuures, sans obscurcir & diminuer la gloire de Dieu.

a Athanas. Orat. contra idola.

Entre les anciens Philosophes [b], Democrite & Xenophane tindrent qu'il y auoit vne infinité de Mondes, & Leucippe asseura le mesme, disant, qu'ils se faisoient par le concours de certains atomes, ou petis corps indiuisibles (pareils à ceux que le Soleil semble pousser à trauers les fentes contre nôtre veuë) se lians & accrochans les vns les autres, au vuyde du grand espace de l'Vniuers. Zenon Eleate en creut de mesme plusieurs, & Anaxarque [c] ayant soutenu deuant Alexandre le Grand, qu'il y auoit vne infinité de Mondes, fit plaindre ce Prince, de ce qu'il n'en auoit encor conquis vn entier: Mais tous ces discours n'ont pour fondement que la vanité de leurs pensées, qui semblent n'auoir esté mises en auant, que pour abuser les esprits, & non les instruire.

b Diog. Laërt. passi.

c Plutarque de la tranq. de l'esprit.

Perfection du Monde.

Sa Perfection est aussi telle, qu'il est impossible de trouuer vn meilleur ordre, tant du Monde entier, que des choses qui s'y voyent, ny point de plus belle disposition, ou plus agreable proportion de toutes choses entr'elles, non plus qu'vne plus excellente sorte de gouuernement.

Il faut adjouter à cela, que Dieu le declara parfait, lors qu'il le trouua fort bon [d] pource qu'vne chose ne peut estre dite vrayment bonne, sans estre parfaite; que tous les corps de l'vniuers ont leur iuste quantité; que toutes les especes des corps naturels ont esté creées au nombre qui suffit; qu'il contient toutes les differences generales des choses, comme celles qui ont corps, & qui n'en ont point; les simples, & les composées, ou mélées; les animées, & sans ame; les raisonnables, & celles qui manquent de raison, & ainsi le reste; que tous les corps ont autant de force qu'il est necessaire, pour la conseruation du Monde, l'vsage des hommes, & la gloire de Dieu; que ses parties sont tellement vnies & liées ensemble, & si bien disposées aux lieux qui leur sont propres, qu'elles remplissent le Monde en telle sorte, qu'il ne se trouue aucun vuyde entr'elles; & finalement qu'il est de figure ronde la plus parfaite de toutes, & la plus capable des Isoperimetres, ou qui ont vn tour egal.

d Genes. 1.

Beauté du Monde.

Pour le regard de sa Beauté, nous ne deuons pas nous imaginer, qu'vne si grande puissance & bonté ayt fait aucune chose, qui ne soit fort belle. Car considerant le Ciel, auec cette multitude de beaux Astres, qui découurent à nos yeux tout ce que le Monde a de plus aymable; l'Air auec ses vifs éclairs, les inimitables couleurs de son arc en Ciel, la parfaite blancheur de sa neige, sa douce rosée, & sa manne; & la Mer qui se bigarre de diuerses couleurs, qui se fait admirer au milieu du calme, aussi bien qu'auec les menus replis qu'vn doux vent luy cause; puis encor auec la bizarre, mais merueilleuse diuersité de ses poissons, & coquilles; le nacre, la blancheur & le lustre de ses perles; le poliment naturel de ses rochers, & ses branches de coral, blanc, noir, rouge & verd; & la nompareille odeur de son ambre gris, outre l'alegre transparence du iaune, nous y verrons autant de merueilles qu'il y a d'objets, qui conuient les hommes à receuoir ces contentemens auec transport, & donner en mesme temps vne extreme loüange à leur auteur.

Que si l'on vient apres à la Terre, l'agreable horreur, & l'ombrage des bois & forests, les gays tapis des prairies, le teint & l'odeur des fleurs, la pointe des blez naissans, leur viue verdeur, leur gentil herissement, & leur blond epy; tant de grains, herbes & racines de differentes qualitez, sortes & couleurs; tant de delices de la veuë & du goût qu'on remarque aux fruis; les gommes, resines & larmes de plusieurs arbres, la rare liqueur du baume, les diuers vsages du Cocos, la grace des bois madrez, & le plaisir de ceux de senteur, la force & la douceur des espiceries, & parmy toutes ces choses le rauissant murmure des eaux, leur frizure & les couleurs que le Soleil y fait naître; puis encor les diuerses especes de tant d'animaux dont ceux qui ont moins de corps ont plus de merueille, comme les formis & les abeilles; l'émail mesme des Cantharides, la bigarrure des ailes des papillons, la peau marquetée des Serpents, la viuante opale, & la clarté des vers luysans; les mouchetures des Onces & Tigres, les pommelures des Pantheres, & leur odeur attrayante; la precieuse corne des Licornes; la grandeur & la force des Elefans; la gloire & la noblesse des cheuaux, les luysantes & douces fourrures des Martres; la pure blancheur des hermines, & l'extreme noirceur du bout de leur queuë, le parfum du musc & de la ciuette; l'agreable pennage, & le doux concert & gazoüillement de diuers oyseaux; les mineraux, sucs & terre de prix, les ornemens du lapis, du crystal, de l'albastre, du marbre & du iaspe; la richesse des metaux, que la bienseance, ou la necessité rend aymables, le brillement de la pierrerie & pour comble de perfection parmy nôtre espece, tant de beaux objets qui charment nos sens, & par eux nos cœurs, nous font assez voir, que ceux qui ne trouuent pas ce Monde bien fait, ont l'esprit de mesme qu'ils se le figurent.

Quant à sa cause finale, il ne faut douter que Dieu ne soit sa principale fin, pource que le Monde a premierement esté fait pour sa gloire, afin que l'on cognust & loüast sa bonté, sa sagesse & sa puissance. Cause finale du Monde.

Mais la seconde & moins principale fin du monde, est l'homme, pour le bien & l'vsage duquel tout a esté fait. Le Soleil, la Lune, & les autres Astres ont esté creez, pour seruir à toutes les nations qui sont sous le Ciel. L'Air reçoit les grosses exhalaisons du poulmon & de tout le corps, rafraichit le cœur, & refait tout l'homme. L'eau luy sert aussi de rafraischissement, de boisson & de medecine, outre qu'elle luy fournit du poisson, du coral, des perles & de l'ambre, & luy donne le moyen de se transporter en diuers pays. La Terre luy donne toute sorte de fruis, des herbes pour la santé, pour sa nourriture & pour la tinture: des metaux pour son ornement & diuers vsages des pierres pour ses bastimens, & de la pierrerie pour la parade & les remedes.

a Deuter. 4.

Les animaux luy fournissent leur trauail, leur cuir, leur chair, leur laine & les fourrures. Ils luy donnent aussi du plaisir, comme les singes, guenons, perroquets, & plusieurs oyseaux qui contrefont l'homme auec leur iargon étudié ou bien le rauissent par leur voix. Quelques vns luy seruent à diuers vsage, comme les chiens pour le guet, pour la chasse, & la defense: les chats pour le défaire des rats, & les rats mesmes pour briser la pierre en la vessie: les araignées pour empecher l'importunité des mousches, & les bestes venimeuses pour attirer les mauuaises qualitez, & purger l'air, en moyennant sa santé: la vipere par la theriaque, la ciuette & le musc pour renforcer & rejouyr les esprits, les punaises bien que puantes à l'extremité, pour le deliurer du venin de l'aspic, & de la difficulté d'vrine; & les vermisseaux mesmes, pour adoucir auecque leur huyle les nerfs, & les rejoindre lors qu'ils sont coupez.

Et venant du plus bas au plus haut, les Anges mesmes ont esté créez pour l'homme, & sont apelez en l'Ecriture Esprits seruans, & gardiens, enuoyés à ceux qui doiuent heriter la gloire celeste: de sorte qu'Aristote a bien dit, que tout auoit esté fait pour l'homme, & qu'on le deuoit tenir pour Seigneur, & fin de toutes choses.

b Psal. 91. Heb. c. 1. c Arist. Phys. l. 2. c. 2. & d Polit. li. 1. c. 5

Hippasus a dit, que le Monde auoit vn terme arrété de la durée. Mais les Talmudistes Iuifs, en la tradition de la maison d'Elie, non du Tesbite, mais du Rabbin ainsi nommé, disent, que le Monde doit durer six mil ans, puis estre reduit en feu. De ces six, ils en font passer deux depuis la Creation du Monde, iusqu'à l'ordonnance de la Circoncision, puis écouler deux autres depuis Abraham, & durant la Loy de Moyse; & donnent les deux restans au Messie, adioustant que quelques années de ce conte manqueront & seront retranchées à cause des pechez des hommes. Durée du Monde.

e Diog. Laër. li 8. f Tract. Sanhed. c. 11. tit. Tanah. De beth Elijahu.

Leur Rabbins disent aussi que Dieu a creé, puis détruit, par vne continuelle succession, plusieurs Mondes, à sçauoir la basse region, qui est au dessous de la Lune, toujours à la fin de 7. mille ans; & que durant les six mille ans de ces 7. le Chaos diuise en 4. Elemens, produisoit toutes choses; puis ce temps estant finy, le mesme Chaos venoit à reprendre & ramasser tout, & reposoit au septiéme millier, se renforçant durant ces mille ans restans, & se preparant à produire de nouueau; mais que ce bas Monde ayant esté renouuellé 7. fois les Cieux mesmes seront dissous, apres le cours de 49. mille ans, & toutes choses retourneront au premier Chaos. Qu'alors Dieu ayant receu prés de luy tous les bien-heureux Esprits, donnera repos à cet Vniuers, & que renouuellant apres toutes choses, il fera vn Monde beaucoup plus agreable, & finalement que l'Escriture ne fait mention de la creation des Anges, parmy celle de ce Monde, pource qu'ils estoient restez des precedens.

g Stroz. Cigog. Magi. Omnif.

Les mesmes Rabbins ont dit, que les 6. mille ans de la durée du Monde sont signifiez par les 6. iours de la Creation, & le septieme millier par le septieme iour, auquel Dieu reposa, pource que mille ans ne sont deuant Dieu que comme vn iour. Ils expliquent encore selon leur creance, ou fantaisie, ce qui est dit, qu'ils semeront leurs champs, cultiueront leurs vignes, & recueilliront leur fruis durant 6. ans, & reposeront la septieme année, & de mesme ils approprient à leur opinion le commandemant de la celebration du Iubilé, apres 49. ans passez; & durant la cinquantieme annee, en laquelle chacun reposoit, rentroit dans ses biens & sa famille, les serfs estoient affranchis. & les biens communs. a Psal. 89. D. Petr. 2 c. 3. b Leuit. 25.

Origene l'vn des plus renommez Docteurs de l'Eglise, mais conuaincu d'erreur en plusieurs endroits, a tenu pareillement que ce Monde auoit esté deuancé par quelques autres, & que celuy cy venant à perir, il y en auroit vn qui luy succederoit, & d'autres viendroient apres d'vne longue suite. D'autres ont [d] tenu de mesme des Mondes successifs, s'appuyant auec Origene, comme ie croy, sur ce que Dieu dit par son Prophete,[e] Voicy, ie fay des Cieux nouueaux, & vne Terre nouuelle, & l'on ne se souuiendra plus de ce qui a precedé. c Orig. Periarch. li. 3. d Leo Hebr. de Amor. l. 3. e Isai. c. 65. & 66.

Mais quelques autres [f] mieux approuuez & receus, confirment la durée du Monde de 6. mille ans, auancée par les Rabbins & Talmudistes, & sa fin apres ce temps, se fondans aussi sur l'ouurage des 6. iours, & le repos du septiéme, & sur le mesme dire du Prophete & du Psalmiste, de mille ans egaux à vn iour deuant Dieu; & Cedrent [g] allegant certaine petite Genese, tient que le repos, ou la fin du Monde, doit arriuer en ce mesme temps, disant que les sept premiers iours du Monde ont representé ces 7. mille ans. f Lactant. li. 7. c. 14. g Cedr. Ann.

Que si nous voulions nous attacher à cette tradition, nous trouuerions qu'il y a moins de 400. ans iusques à la fin du Monde, comme vous pourrez voir au discours de l'âge du monde, cōpris en celuy des Æres. Mesme il mãquera des ans de ce côté à cause de nos pechez, suiuãt ces Rabbins, ou bien ces iours [h] serōt abregez, à cause des Eluz, & pource que [i] sãs ce retranchemēt les hōmes viuans alors seroiēt tous perdus. h Marc 13. i Marc. 24.

Mais si nous suyuions le conte [k] de quelques Astrologues, qui mettent trois cens mille ans iusqu'à la fin, ou au renouuellement du Monde, par embrazement, ou par inondation, le terme seroit bien plus long qu'on ne l'établit; ou si nous suyuions le conte des Indiens [l], qui disoient que depuis Denys ou Bacchus, qui les attaqua premierement, iusqu'à Alexandre le Grand, ils auoient eu 154. Roys par l'espace de 5042. ans; ou des Egyptiens [m] qui comptoient 23. mille ans, seulement depuis le regne d'Osiris, iusqu'à celuy du mesme Alexandre; ou des [n] Babyloniens & Chaldéens, qui se vantoient d'auoir des memoires de quatre cens soixante dix mille ans, nous serions deja hors de l'apprehension de ces menaces de la fin du monde apres six mille ans. k Iul. Firmic. l. 3. c. 1. l Plin. li. 17. m Diod. Sic. lib. 1. n Cic. de Vniuer. de Diuin. lib. 1.

Fin du Monde.

Au reste plusieurs dont le denombrement seroit inutile, aussi bien que le rapport de leurs opinions, ont employé leur esprit à deuiner cette durée, comme se guindans plus haut, ou voulans paroitre plus diuins, ou plus subtils que les autres. Mais toutes leurs plus pressantes raisons ne sont que foibles coniectures, qui ne preuuent point; & le meilleur est de ne porter pas sa pensée si auant dans les secrets de Dieu, qui ne seroient plus secrets, s'ils estoient cognus; puis mesme que Iesus-Christ nous enseigne [o], que non seulement les hommes doiuent ignorer ce iour du Fils de l'homme, mais les Anges mesmes. o Matth. 24.

Mais il est certain, qu'il doit prendre fin, puis qu'il a eu commencement, & que ses parties sujettes à se corrompre menacent le tout de mesme euenement, que toutes choses vieillissent, & que le Monde tend au declin insensiblement & peu à peu, tant plus il s'auance en âge, tellement qu'auec le temps il doit perir; combien qu'il s'en trouue qui n'auoüent pas [p], que la Terre vieillisse, & que quelques Rabbins tiennent, que le Monde durera toujours, se fondans sur ce que Dieu a dit [q], qu'il ne maudira iamais plus la Terre à cause des hommes, & ne frapera plus toutes les choses viuantes, comme il a fait. p Columel. de Re Rust. lib. 1 & 2. q Genes. 8.

Mais c'est mal à propos qu'ils s'appuyent là dessus; veu que cette promesse se doit entendre de la maniere de finir. Car Dieu marque seulement que ce Monde ne perira plus par le Deluge outre que disant apres, que tous les iours de la Terre, ou tandis que la Terre durera, le iour & la nuict ne cesseront point, il fait recognoitre qu'ils doiuent cesser & finir vn iour auec elle.

Il est aussi dit [r], que le Ciel & la Terre passeront, ou periront, que [s] les Cieux se plieront comme vn liure, toutes les étoiles du Ciel tomberont comme la feuille de r Luc. 21. Matth. 24. s Psal. 101. Isai. 34. & 51.

la vigne & du figuier les Cieux seront dissous & consumez, la Terre vieillira comme vn habillement, & ses habitans periront aussi; que le Soleil [a] mesme defaudra, quoy que le plus luysant de tous; & S. Iean mesme [b] nous enseigne en ses Reuelations, qu'il vit vn grand throne, auec celuy qui estoit assis dessus, deuant la face duquel le Ciel & la Terre fuyoient, sans qu'il y eust plus de place pour eux.

Les Stoiciens mesmes ont [c] recognu qu'il doit finir, puis qu'il a eu commencement, & qu'il perira de mesme que les animaux & les plantes, au lieu que Pythagore & Platon ont creu, que puis qu'il auoit esté fait, il pouuoit perir, suyuant sa nature, comme vn corps sujet à se dissoudre, mais qu'il seroit conserué par la prouidence & le soin de Dieu.

Cette fin doit arriuer [d] par feu, qui bruslera les Cieux & les Elemens, auec ce qu'ils comprendront, & fera tout fondre; chose que la Sibylle Erythrée [e] a marqué en ses Oracles. Les Payens mesmes [f] ont recognu cette fin par feu, & specialement les Stoiciens, & [g] Heraclite; & pareillement [h] Hystaspe, nommé par quelques vns [i] Hydaspe, & les Chaldeens [k], qui tindrent que cet embrazement deuoit arriuer au concours des Signes celestes & Astres tres-chauds.

Mais cette fin [l] sera comme vn renouuellemẽt de tout, veu [m] qu'il y aura des Cieux nouueaux, & vne Terre nouuelle, sans qu'il y ayt plus de memoire du premier Ciel, ny de la premiere Terre, non plus que de la Mer, qui ne sera plus.

Lors le Ciel [n] ne se mouura plus, & les Elements n'auront plus de changemens & de qualitez corruptibles. Aussi S. Iean [o] nous disant, que l'Ange iura par celuy qui vit à iamais, qu'il n'y aura plus de temps, nous fait assez voir, qu'il n'y aura non plus de mouuement. Et certes il est à propos, que ce mouuement finisse, apres que le nombre des hommes determiné de Dieu sera accomply: puisque les Cieux, ou les Astres, se meuuent principalement pour la generation humaine, & mesme il est encor tres à propos, que le mouuemẽt & le temps cessent, lors qu'on entrera dãs l'eternité de la gloire & de la peine, pour ce qu'alors la distinction du temps seroit inutile.

a Eccles. 17. b Apoc. 10. Petr. 2. c. 1. c Galen de hist. Physic. d Apoc. 8 & 9. Theophyl ad c. 8. epist. ad Rom. e Orac. lib. 2. August. de Ciuit. lib. 18. c. 23. f Cic. de Na. Deor. lib. 2. Ouid. Met. lib. 1. Censor. c. 10. g Arist. Physic. lib. 4 c. 5. h Iust. Mart. Apol. 2. i Lact. l. 7. c. 15 & 18 k Senec. Nat. qu. l. 3. c. 29. l August. de Ciui. l. 10. c. 16. m Petr. 2. c 3. Isai c. 65. Apoc 21. n Aug. de Ciuit. l 10. c. 16. o Apoc. 10.

Quelques vns diuisent le Monde, ou l'vniuers, en 3 regions, ou parties, dont l'vne est Surceleste, demeure des Anges & des ames bien-heureuses; l'autre Celeste, destinée aux Etoiles fixes & Planetes; & la troisiesme Elementaire, reseruée pour les hommes & les animaux. *Diuision du Monde.*

Les autres le diuisent en 5. parties, à sçauoir en Ciel, Feu, Air, Eau & Terre; & d'autres en trois fois quatre, metant au premier rang le Firmament, & les Cieux de Saturne, Iupiter & Mars au second ceux du Soleil, de Venus, de Mercure & de la Lune; puis au troisiesme le Feu, l'Air, l'Eau & la Terre.

Mais il y en a qui pour plus de distinction le diuisent premierement, selon son assiete, & les circonstances des lieux, en parties accidentelles, puis selon ce qu'il contient, en substantielles.

Ses parties accidentelles sont, celle de deuant, qui s'offre premiere vis à vis du Soleil Leuant, & n'est autre que celle d'Occident, à laquelle tous les astres tendent par leur cours iournalier de 24 heures; celle de derriere, qui est l'Orient, que le Soleil & les autres astres laissent derriere, lors qu'ils s'acheminent à celle de deuant: la Droite prise communement pour celle du Nort, comme assise au costé droit de ceux qui regardent le couchant, & la gauche son opposée, pour celle du Midy, répondante au costé gauche de ceux qui sont tournez contre le mesme couchant.

Toutefois il faut considerer, que ces parties sont prises diuersement, veu [p] que Pythagore, Platõ & Aristote ont tenu que l'Orient estoit la partie droite, & l'Occident la gauche, au lieu qu'Empedocle a dit que la Droite estoit vers le Tropique d'Esté, ou de l'Ecreuice, & la gauche vers celuy d'Hyuer, ou du Capricorne.

Ceux qui considerent les Astres [q], comme ayans le visage tourné contre le Midy, & l'Equinoctial, où l'on voit le cours des plus signalez, appellent la partie d'Occident droite, & son opposée gauche. Au contraire les Geographes, qui iettent leur veuë vers le Nort, & le Pole, duquel ils recherchent la hauteur, appellent l'Orient partie droite, pource qu'il est à leur droite. Mais les Poëtes [r] tournez contre le Couchant, pour y remarquer le coucher des Etoiles, & s'en seruir en leurs vers, nomment Droit tout l'Hemisphere, qui est depuis l'Equateur iusqu'au Pole Arctique, & l'autre tirant au Pole Antarctique, Gauche.

Il y a encor deux parties accidentelles du Monde, à sçauoir celle d'enhaut, qui est la partie du Ciel, que nous auons sur nos testes, où que nous soyons; & celle d'enbas, qui est la partie du Ciel opposée, & la Terre que nous foulons, ou pour mieux

p Plutar. des opin des Philos li. 2 c 10. Galen. de hist. phys. q Plin. l. 2. c. 8 r Virg. Geor. li. 1. Ouid. Met. li. 1. Lucan. l. 3.

dire ; ces deux parties sont les deux Hemispheres.

Les Astrologues partagent encore le Monde en 4. Quarts, dont le premier est Oriental, depuis l'angle d'Orient, qu'ils appellent Ascendant, iusques au milieu ou haut du Ciel; le second Occidental, tenant depuis le milieu du Ciel, iusqu'à l'angle d'Occident; le troisiéme Occidental sousterrain, allant de-là iusqu'au bas du Ciel; & le quatriéme Oriental sousterrain, tenant depuis le bas du Ciel iusqu'à l'Orient.

Mais les 4 parties du monde ordinaires, sont l'Orient & l'Occident Equinoctial, où le Soleil se leue & se couche aux Equinoxes, les Septetrion, ou le Nort, & le Midy, ou le Su, son opposé. Mais outre ces parties l'on en met ordinairement autres 4. qui sont l'Orient d'Esté, où le Soleil se leue au solstice d'Esté, entre le Septentrion & l'Orient Equinoctial: l'Orient d'hyuer, ou le leuer du Soleil, au solstice d'hyuer, entre l'Orient Equinoctial & le Midy; l'Occident d'Esté, ou le lieu du coucher du Soleil aux plus grands iours d'Esté, entre l'Occident Equinoctial & le Nort; & l'Occident d'Hyuer, où le Soleil se couche au solstice d'hyuer, ou durant les iours plus courts, entre l'Occident Equinoctial & le Midy; & de cette façon il y a trois sortes d'Orient & d'Occident, à sçauoir des Equinoxes, du solstice d'Esté & de celuy d'Hyuer.

Quant aux principales parties substantielles du Monde, ce sont la Celeste & l'Elementaire, dont la premiere est ordinairement diuisée en plusieurs Spheres: & l'autre en 4 Elements. Voyons maintenant en premier lieu le Ciel, comme la plus haute partie; puis nous descendrons par degrez aux autres.

LE CIEL.

...e c'est ...cie[l]

E Ciel est pris quelquefois[a] pour l'Vniuers; & par fois pour le premier Mobile, ou le Firmament, ou pour toute la masse des Cieux, ou[b] pour tout ce grãd espace qui tient depuis la Terre iusqu'à l'extremité plus haute du Ciel, comme quand il est dit, que Dieu crea le Ciel & la Terre. Il est aussi pris communement pour l'Air, mesme en l'Ecriture, où il est dit, que[c] les cataractes du Ciel c'est à dire de l'Air, furent ouuertes, pour couurir la Terre d'eau; que Dieu[d] couure le Ciel, c'est à dire l'Air, de nuées; que les Cieux[e] donnent leur rosée, & que les[f] Oyseaux du Ciel benissent le Seigneur. Quelques vns entendent seulement par cette parole vne partie du Ciel, ou plustot quelque Climat, ou Horizon sensible, comme quand vn Poëte dit, que pour changer de Ciel on ne change pas d'humeur; & par fois aussi ce mot est pris[g] pour la gloire celeste, où[h] pour la gloire & majesté de Dieu. Mais ceux qui veulent employer proprement ce mot, n'en vsent que pour exprimer la seule estenduë du Ciel, qui contient toutes les etoiles, tant fixes qu'errantes.

a Arist. de Cœlo. li. 1. c. 9.
b Genes. 1 & 24. Isai 45.
c Genes 7.
d Psal. 147.
e Zachar. 8.
f Daniel c. 3.
g Matth. 18.
h Matth. 6.

Le Ciel pris en cette sorte est vn corps naturel; simple tout ce qui se peut, & sans mélange, transparant, trespur & tres delié, parfaitement rond, le plus grand de tous les corps du Monde, entourant les Elements, & seruant de demeure aux Astres.

Matiere du Ciel.

Quant à sa Matiere, quelques vns[i] en ont fait vn corps si simple, qu'ils l'en ont entierement denué, bien qu'on sçache assez que toute chose ne s'expose à nos sens, que par le moyen de sa matiere, & que le Ciel estant tel qu'il s'offre à nos yeux, il le faut auoüer materiel, outre que la quantité, l'epaisseur, & semblables accidens, accompagnans la matiere, se trouuent au Ciel, qui n'en doit par consequent estre depourueu; & que proposer vn corps sans matiere, c'est autant que vouloir figurer quelque songe sans sommeil.

i Auerro. li. 1. de Cœl. tex. 7. & 10.

D'autre part quelques anciens[k] tindrent que le Ciel estoit de substance de feu; cõtre toute sorte d'apparance: veu que s'il eust esté tel, le feu, qui deuore tout, eust ja consumé le Monde. Aristote tint premier,[l] que le Ciel estoit d'vne cinquiéme essence, ou substance, distincte de la nature des Elements, pource que les corps celestes demeurent toûjours en mesme estat; sans se corrompre, au contraire des Elementaires.

k Arist. li. 1. de Cœl. & l. 2. Meteor. c. 3.
l Arist. de Cœl. li. 1.

Mais les mieux entendus de nôtre temps le[m] font auec beaucoup d'apparance d'vne matiere approchante de celle de l'air, transparante, liquide, tres-subtile, & tres-deliée, faisant place comme elle & cedant aussi promptement aux corps mobi-

m Tycho Brahe de Noua stel. li. 1. & Epist. Astr. li. 1.

les, qu'à la lumiere du Soleil & des autres Astres, afin qu'elle descende iusqu'à nous. Au reste, selon ceux qui tiennent cette opinion, cette matiere liquide ne tient pas de l'humidité mere de la corruption, ou de quelque autre qualité qui se trouue au dessous de la Lune; mais d'vne celeste, inestimablement plus claire & mince que celle de l'Air, lors qu'il est mesme plus épuré.

a Genes. 1.

L'Ecriture nous marque encore le mesme, lors qu'elle vse du mot Hebreu de Rakia, [a] signifiant Estenduë, & quelque chose de delié selon les Rabbins & les autres Hebrieux; & bien que l'autheur de la traduction commune explique ce mot par celuy de Firmament. Dauantage la mesme Ecriture le fait manifestement en quelques endroits [b] du tout mince & bien estendu, & mesme comme de fumée, qui s'écarte & cede aysément: puis encor vn [c] des principaux Docteurs de l'Eglise aduoüe sa matiere deliée & sa fermeté semblable à celle de la fumée; [d] & des autheurs prophanes, dont quelques vns furent des plus estimez pour leur sçauoir, le font tout à fait coulant & delié. Que si l'on oppose à cela le passage de Iob [e] où il est dit, que les Cieux sont fondus comme d'airain, ou sont comme d'airain fondu, l'on peut repartir auec raison, qu'il le faut entendre de sa durée & fermeté, non subjette à s'aneantir, ou dissiper, & non pas de sa matiere.

b Isai. 40. & 51.
c Ambr. Hex. lib. 1. c. 6.
d Iamblych. de Myst. Ægypt. Plin. li. 1. c. 5. Ouid Met. lib. 1.
e Iob 37.

Aussi si le Ciel estoit d'vne substance épaisse, dure & solide, les rayons des etoiles passeroient iusques à nous, auec plus d'vne refraction, par des milieux diaphanes, ou transparens, qui differeroient grandement entr'eux, estant beaucoup plus ou moins deliez, & rendant plus ou moins de lumiere; & par ce moyen les etoiles paroitroient hors de leurs vrays lieux, rendant tout à fait l'Astronomie incertaine, au lieu qu'au contraire les Astrologues nous marquent asseurément leurs lieux, & l'on ne recognoit qu'vn simple brisement de rayons sensible, à cause de l'impureté du plus bas air, remply de diuerses vapeurs de la Terre qui l'auoisine.

f Tycho Brahé Progymn. Epist. Astron.

D'autre part Tycho Brahé, Gentilhôme Danois, [f] qui a mis la cognoissance du Ciel à son plus haut poinct, rendant nostre Siecle bien instruit & glorieux pour ce regard, & faisant honte aux plus habiles des âges passez, tant à cause de la multitude & curiosité de ses obseruations, de son sçauoir & de son experience, que de ses excellens & grans instrumẽs, & de ses excessiues dépences, pour paruenir à la plus parfaite conoissance du Ciel que les hommes puissent acquerir, a suffisament remarqué, que les Planetes sont par fois plus proches de la Terre, & tantôt plus eloignez, & montent maintenant, puis tantôt descendent, ce qui ne pourroit se faire, sans rompre la matiere du Ciel, si elle estoit dure; & sans penetration de dimensions, ou de corps, qui ne peut estre receüe en la Nature.

Car Tycho Brahé a curieusement recognu, que Mars estant en son plus bas poinct, ou Perigée, se trouuoit eloigné de la Terre de 1176 demys diametres de la mesme; & le Soleil en son plus haut poinct, ou son Apogée, de 1179; c'est à dire que Mars, lors qu'il est descẽdu le plus qu'il se peut, est plus bas de trois demys diametres de la Terre, ou 2580 lieuẽs d'Alemagne, que le Soleil, lors qu'il est plus eleué; tellement que si ces Cieux estoiẽt durs, & distinguez par grandes voûtes, ou Spheres, que s'entretouchassent, comme ceux de l'autre opinion le disent, Mars entreroit quelquefois dans la Sphere du Soleil. Ceux qui sont de ce sentiment auancent aussi, qu'Albategnis [g], ou Muhamut d'Aracte en Syrie, dit, qu'il a remarqué, que Venus estoit quelquefois plus haute que le Soleil, & Brahé a découuert [h] le mesme, non seulement en Venus, mais en Mercure; si bien que cela causeroit mesme effect qui la bassesse de Mars, si le Ciel n'estoit aussi bien continu, qu'il est liquide & d'vne matiere mince au possible.

g Albategn. Epit. Astrol.
h Tych. Brahé li. 1. de Comet.

L'on a pareillement recognu le passage des Cometes d'vne Sphere à l'autre; chose qui ne pourroit arriuer, si le Ciel estoit solide & dur; pource que cette solidité seroit vne forte barriere, pour les arrester; de sorte que ces considerations font estimer, que cette matiere du Ciel est obeissante claire, deliée & pure tout ce qui se peut.

Mais pource que l'opinion de cette matiere mince renuerse le mouuement des Cieux, en introduisant celuy des Astres, plusieurs la rejetent comme contraire à celle qui est receuë depuis fort long temps. Pour moy ie n'approuueray iamais qu'on opiniastre quelque chose pour le regard de cette matiere liquide, ou solide, & du mouuement; pource que l'entiere cognoissance de la verité n'appartient qu'aux esprits de l'autre Monde qui voyent nuëment ce qui en est, non aux hommes attachez encor à la Terre, dont la veuë ne peut passer à la parfaite consideration de ces choses, non plus que l'esprit à la resolution asseurée; n'y ayant que les obseruations des Astres, dont on puisse faire estat, puis qu'elles rapportent mesme chose auec diuers instrumens; bien que l'on remarque encor quelque petite difference entre ces raports, peut-estre à cause des mesmes instruments, plus ou moins exquis, ou de la force, ou foiblesse de la veuë, ou de la iustesse plus ou moins soigneusement recherchée. De sorte que le meilleur est de proposer simplement les opinions, auec leurs raisons, sans se roidir temerairement pour aucune tout à fait, puisque les plus fortes pressent bien par fois, mais ne conuainquẽt pas; & principalement pource que toutes tendent par diuers moyens à mesme but, qui est de donner les vrays mouuemẽs; si bien qu'il n'importe pas qu'elle route on suiue, pourueu qu'on paruienne à ce qu'on recherche.

Quantité du Ciel.

Quant à la quantité du Ciel c'est le plus grand de tous les corps du Monde, comme les embrassant tous, & logeant mesme les Astres, qui sont aussi des plus grãds. Et toutefois cete grandeur se trouue finie, pource qu'il n'y a point de corps infiny en effect, & qu'on ne peut auoüer la figure en luy, sans luy donner en mesme temps des bornes. Mais nonobstant cete verité, quelques vns voulans montrer la grandeur du Ciel, font voir qu'elle est comme infinie, au respect de la Terre, qui n'est, selon l'estime des sens, qu'vn poinct au regard de cette grãde voûte celeste; ainsi que les obseruations faites par toute la Terre, comme au centre du Monde, auec mesme rencontre, le tesmoignent.

Figure du Ciel.

Sa figure est ronde, comme la plus capable de toutes celles qui ont leur tour egal; veu que deuant embrasser tous les autres corps, il auoit besoin de cete rondeur & capacité, pour les contenir. D'ailleurs le Ciel nous paroist comme par dehors, en forme de voûte ronde; Si bien qu'il y a de l'apparence que le dessus est connexe, ou enleué en rond; puis encor l'Escriture [a] mesme nous marque assez sa rondeur en diuers endrois, & le tour rond que font les estoiles.

a Ecclef. 24. Prouerb. 8. Iob. 38.

La preuue de sa rondeur se peut aussi tirer de ce qu'il est par tout egalement distãt de son centre, qui est la Terre; comme on apperçoit aux estoiles, qui s'offrent toujours à nos yeux de mesme grandeur, soit qu'elles paroissent pres de l'Horison, au Leuant, ou qu'elles soient au milieu du Ciel, ou au couchant: au lieu qu'en vne figure angulaire vne partie seroit plus proche, l'autre plus reculée, & que les choses, qui sont inegalement distantes d'vn milieu changẽt d'apparence de grandeur, pource qu'elles paroissent plus grandes aux lieux plus proches, & moindres aux plus eloignez.

Que si l'on oppose à cela, que les estoiles apparoissent quelquefois plus grandes pres de l'Horison, à leur leuer ou coucher, que lors qu'elles sont au milieu du Ciel, il est aisé de repartir, que c'est par accident qu'on les voit de cette sorte, à cause des vapeurs grossieres qui s'eleuent autour de l'Horizon, entre les estoiles qui s'y trouuent & nostre veuë, & que ces vapeurs causent le brisement de rayons qui nous fait paroistre la chose plus proche, & par consequent plus grande.

Nombre des Spheres & Mouuement des Cieux. 8 Cieux d'Aristote, & d'autres.

Les plus habiles anciens ayans [b] longuement consideré, que les estoiles Fixes gardoient tousiours vn mesme ordre entre elles, & d'ailleurs que les Errantes ou Planetes, n'estoiẽt pas toujours egalement eloignées, non plus des estoiles fixes, qu'entre elles; qu'il y en auoit de plus eleuées les vnes que les autres; que leurs mouuements estoient inegaux, les vns plus tardifs, les autres plus vistes, & qu'elles ne se trouuoiẽt pas en mesme assiete que les fixes, conclurẽt que les premieres estoient dans vn mesme Ciel, qu'ils nommerent Firmament, & qu'on ne deuoit y loger les autres. Tellemẽt qu'à cause de leurs mouuemẽts distincts & diuers, ils donnerẽt vn Ciel à chaque Planete, les mettant tous 7. au dessous de celuy des estoiles fixes & n'y recognoissans que 8. mouuements, ne tindrent aussi que 8. Cieux, prenans le Firmament pour le premier Mobile, qui donnoit le branle à tous les autres, & faisoit le tour du Monde auec eux en 24. heures, les entrainant d'Orient en Occident, tandis qu'ils vsoient d'vne foible resistance par vn mouuement contraire. Et pour mieux imprimer cete opinion de la force du premier Ciel à pousser les autres, (qu'ils creurent solides) & les emmener, ils figurerent des voûtes qui s'entretouchoient, & s'entouroient l'vne l'autre, comme les tours d'vn oignon, ou comme l'aubin d'vn œuf est autour de son moyeu qu'il ioint, sans laisser aucun espace vuyde entr'eux.

b Diod. Sic. l. 1. Plato Timæ. Arist. Met. li. 11. c. 8. Cicer. de Diuin. li. 2. Plin. l. 2. c. 8.

Ils donnerent encor des intelligences ou des Anges assistans à chaque Ciel, pour les mouuoir, bien que l'on ne voye en l'Escriture les Anges employez à faire tourner a Gen. 16. & 18 Iudic 13. Luc 1. b Gen. 16. & 21. Iosu. 5. Iud. 6. Luc. 22. Act. 12. c Gen. 21. & 19 Exod. 14. d Iudith. 13. Daniel. 3. & 6. & 10. e Gen. 19. 24. & 28. f Gen. 19. Exo. 14. 4. Reg 19. g Iosu. c 10 h Ptol. Alma. lib. 7. c. 2.

les Cieux, mais à des Ambassades de la part de Dieu [a], à consoler [b] les tristes & persecutez, à deliurer [c] d'ennuy, ou de misere, ou à preseruer de mal les amis de Dieu; à la garde des [d] Prouinces & des hommes; à conduire [e] les mesmes seruiteurs de Dieu, & punir [f] les meschans, & ses ennemis; mais sur tout ne ce que lors [g] que Iosué vainquit cinq Roys pres de Gabaon, l'Escriture ne dit pas qu'il commanda aux Anges d'arrester les Cieux du Soleil & de la Lune; mais seulement au Soleil & à la Lune de ne bouger point.

Mais Ptolemée plus [h] curieux, s'appuyant en premier lieu sur les obseruations & remarques, celestes d'Asatil, ou d'Aristille, & de Timocares; puis sur celles d'Abrachis ou d'Hipparque, d'Agrias, ou d'Agrippa, & de Menelas, ou Milée, faites en diuers temps, & finalement sur les siennes, qui luy marquoient toutes que les estoiles du Firmament, tenu lors pour premier Mobile, estoient portées par les Poles du Zodiaque, d'Occident en Orient, par vn mouuement du tout tardif, outre le iournalier de 24. heures, fait sur les Poles de l'Equinoctial, ou du Mõde, qui les emmenoit d'Orient en Occident, recognut vn neufiesme Ciel, qu'il establit pour premier Mobile, sans toutefois l'exprimer entierement. Car considerant que nul corps simple ne pouuoit auoir deux mouuements ensemble, qui luy fussent propres & particuliers, & que l'impression de l'vn luy deuoit venir d'ailleurs, il conclud qu'il falloit loger au dessus du Firmament vn autre Ciel, qui tirast auec luy d'Orient en Occident en mesme temps celuy des estoiles fixes; nonobstant qu'il s'acheminast, bien que du tout lentement, d'Occident en Orient, par son mouuement particulier, faisant auancer d'vn degré ces estoiles en cent ans, reduits apres à 66. par les obseruations que fit Albategni. Neuf Cieux.

i Tebith de motu 8. Spher.

Tebith Ben Chorat, [i] ou fils de Chora, suruenant apres, & voulant sauuer habilement ces deux mouuements, & la diuersité de la plus grande declinaison du Soleil, ou du biaisement de l'Ecliptique, auec le deuancement des Equinoxes, inuenta le mouuement de Trepidation, ou chancellement, & tint que les commencemens du Belier & de la Balance, du 8. Ciel, tournoient en de petits cercles, autour des points Equinoctiaux de la 9. Sphere.

Finalement Alfonse Roy d'Espagne, de qui nous auons les Tables, regnant enuiron l'an de grace 3250. ayant consideré le discours de Tebith, & trouuant au 8. Ciel trois mouuements, à sçauoir le iournalier de 24. heures, d'Orient en Occident, le second d'Occident en Orient, & celuy de Chancellement du Midy au Nort, & du Nort au Su, apres auoir pensé que le Ciel des estoiles fixes n'en pouuoit auoir qu'vn particulier, qui estoit celuy de Trepidation, & que les deux autres luy venoient d'ailleurs, mit deux Cieux au dessus du Firmament, assignant au neufiesme le mouuement d'Occident en Orient, & au 10. le iournalier de 24. heures, en faisant le premier Mobile. Dix Cieux.

Ainsi selon leur discours, le 10. Ciel emmene auec luy tous ceux qui sont au dessous, & le Firmament mesme, auec les estoiles fixes, d'Orient en Occident, en 24. heures; le neufiesme entraine de mesme, auec son mouuement particulier d'Occident en Orient, le Firmament, & tous les autres Cieux qui sont au dessous; & le Firmament, ou huictiesme Ciel, est meu du sien particulier de Chancellement. Suiuãt les mesmes discours, le neufiesme Ciel parfait sa reuolution, ou son tour, d'Occident en Orient, selon quelques vns, en 49. mille ans, & selon d'autres en 36. mille, ou 2376. & le Firmament en 7. mille ans.

k Arist. Meta. li. 12. ca. 8.

Mais ils nous ont depeint ces deux Cieux qui sont au dessus du Firmament sans aucune estoile, bien qu'il semble [k] que tout mouuement du Ciel soit à cause de celuy de l'Astre, & de son influence, & que c'est en vain qu'on met au dessus du Firmament plein de tant d'estoiles, le neufiesme & dixiesme Cieux, puis qu'ils sont sans Astres.

l Exod. 26. m psal. 8.

Au reste l'on retient plus communement ce nombre de dix Cieux, tant à cause des dix Sephirots, c'est à dire diuines mesures & denombremens, nommez autrement par les Cabalistes Vestements de la diuinité, à chacun desquels ils attribuent vn des noms de la diuine, les faisant influer à chaque Ciel, par les Ordres des Anges & des Ames bien-heureuses; qu'à raison des dix [l] courtines du Tabernacle, qui representoient autant de Cieux, selon les Rabbins, & de ce que les Cieux sont nommez [m] œuures de ses mains, & que les doigts des mains sont au nombre de dix.

Mais

Onze Cieux.

Mais Magin[a], suiuy de Clauius, ayant remarqué les mouuemens que Copernic attribuë à la Terre, en a recognu quatre diuers au Ciel, à sçauoir deux parfaits, auec leurs tours entiers d'Orient en Occident, & au contraire; & deux imparfaits, & fort tardifs, appellez seulement Librations, ou Balancemens, l'vn du Sud au Nort, & du Nort au Sud; & l'autre d'Orient en Occident, & au contraire; si bien qu'apres auoir veu qu'on auoit esté contraint d'auoüer deux Cieux au dessus de celuy des estoiles fixes, pource qu'on y auoit decouuert trois mouuemens, il a pour mesmes considerations logé trois Cieux mobiles au dessus du Firmament, mettant vn onziéme Ciel pour premier Mobile, & le dixiéme & neufiéme, entre ce premier Mobile & la Sphere des estoiles fixes à laquelle ils communiquent, au dire de Magin & de Clauius, ces deux mouuemens imparfaits, ou Balancemens, tandis que le mesme Firmament emmene auec son mouuement fort tardif les estoiles fixes d'Occident en Orient.

a Magin. Theor. Planet. Claui. com. in 1. c. Spher io. de Sacr. bos.

Mais il y a beaucoup d'hommes aujourd'huy, qui méprisent ces trois Cieux d'en haut, tant comme sans Astres, & par consequent sans lumiere & sans influence, & tout à fait inutiles en apparence, que cõme non exposez à nos yeux, à faute des mesmes. Car ils trouuent impertinẽt d'entasser ainsi des Cieux massifs, les vns sur les autres, pour la moindre raison, & le plus leger sujet qui s'offre; principalement lors qu'on les propose sãs estoiles, & auec des mouuemẽs si imparfaits, obscurs & tardifs. L'on peut dire encor, que dautant que la Nature n'a pas de coustume de passer d'vne extremité à l'autre, sinon par quelques milieux, il y a peu d'apparence, qu'apres ces trois, qui manquent tout a fait d'estoiles, il y en ait vn brillant de tant d'Astres; outre que les mouuemens si tardifs de ces Cieux, qui semblent aller au delà de la durée de ce Monde, principalement celuy de 49 mille ans, & leur incertitude mesme, d'autant que les vns font ce mesme mouuement de 36 mille ans ans, les autres de 23760, les mettent en doute de ces Spheres.

L'on demande encor, comme c'est que les Cieux plus bas peuuent estre emportez par des mouuemens si lents & tardifs des Spheres plus hautes; veu qu'il y a bien de la vray-semblance, que le mouuement rauissant & prompt, tout ce qui se peut, du premier Mobile, les entraine; mais il n'y a nulle apparence qui conuie à croire, que les Cieux plus proches de ce mouuement rapide de 24 heures, auquel ils resistent foiblement, à cause de leur voisinage, comme ils disent, puissent auec leurs mouuemens si languissans, ou bien imparfaits, faire tant d'effort sur les autres, & leur donner quelque impression; veu que si cela estoit, le Ciel de Saturne la donneroit de mesme à ceux qui sont au dessous en les emportant.

Dauantage l'on trouue estrange, qu'vne Sphere fort grande soit faite pour le seul mouuement de Trepidation, si petit & si tardif, qu'on n'apperçoit point de sensible changement par son moyen d'vn fort long temps; puis mesme que l'inuention de ce mouuement est rejetté par les plus habiles.

Tellement que ceux qui reçoiuent la distinction des Spheres, & le mouuement du Ciel, non celuy des Astres, se trouuent souuent conuiez par ces considerations & plusieurs autres, à ne retenir que 8 Cieux, & à rebuter le reste, qui ne peut estre recognu, comme ces 8. remarquez, & distinguez par nostre veuë, selon l'ordre & la disposition de leurs Astres; bien que lon choisisse souuent vn plus grand nombre de Spheres, pour sauuer plus doucement les apparences celestes, sans les conceuoir toutefois réelles, mais imaginaires.

Cieux de Copernic & Mouuement de la Terre.

Le subtil Copernic[b] a desapprouué de mesme ces Cieux éleuez par dess9 les estoiles fixes, cõme superflus & sans Astres, & n'a voulu recognoistre que le Firmamẽt, & les 7 Spheres des Planetes, mais auec des suppositiõs differẽtes. Car plaçant le Soleil au cẽtre du Mõde, il fait demeurer le Ciel immobile, & dõne à la Terre trois mouuemẽs, qui luy sõt propres à sõ dire, dõt le premier est le iournalier d'Occidẽt en Oriẽt, (au lieu que celuy du premier Mobile se parfait d'Oriẽt en Occidẽt) par lequel elle oppose au Soleil en 24 heures, tantost vne de ses moitiez, tãtost l'autre; le secõd aussi d'Occidẽt en Oriẽt, qui se paracheue en vne année, & qui est le mesme qu'on donne cõmunemẽt au Soleil; & le troisiéme celuy du panchemẽt de sõ Aissieu, par le moyẽ duquel elle se meut, tãtost vers le Su, tantost vers le Nort, changeant de declinaison.

b Copet. Reuol. li. 1.

Or cette subtile inuentiõ, par le moyẽ de laquelle il sauue toutes les apparẽces celestes, aussi biẽ que le mouuemẽt du Ciel, ne fut pas premieremẽt dãs sa pẽsée, veu que plusieurs[c] anciẽs Philosophes ont tenu que la Terre se mouuoit en rond, tandis que le Ciel demeuroit immobile. Car Astristarque de[d] Samos publia des hypotheses,

c Senec. qu. nat. qu. 7 c. 2. d Archimed. Arenari.

où il supposoit que le Soleil & les autres Planetes estoient immobiles, & que la Terre tournoit autour du Soleil, qui demeuroit ferme au milieu. Philolac [a] Pythagoricien, qui fut tellemẽt estimé pour sa doctrine, que Platon fit le voyage d'Italie auec le seul dessein de le voir, tint aussi que la Terre se mouuoit en rond autour de son Aissieu; comme encor [b] Hycetas de Syracuse, & pareillement Seleuque [c] & Timée, qui demonstrerent qu'elle se mouuoit sur l'Aissieu du Monde; & plusieurs [d] Pythagoriciens dirent que la Terre estoit vne des estoiles, & faisoit les iours & les nuicts, tournant autour du milieu du Monde.

a Diog. Laërt. li. 3. & 8. Plutar. des opin. des Philosoph. li. 2. c. 13.
c Cic. Acad. qu. lib. 4.
c Plutar. quæst. Platonic. qu. 8.
d Arist. de Cælo li. 2 c. 13.

Toutesfois il y a de grandes oppositions contre leurs raisons; & Tycho Brahé [e] n'a iamais peu gouster cette opinion, & l'a tout à fait rejettée, comme extrauagante, veu qu'il semble qu'elle choque le sens commun, dément nostre veuë & nostre sentiment, & contrarie mesme aux autoritez de l'Escriture, dont les vnes [f] marquent le mouuement du Soleil, de la Lune & des autres Astres; & les autres [g] asseurent, que la Terre demeure ferme, & repose; où il faut considerer aux passages de Salomon, qu'il a parfaitement cognu le cours du Soleil & des estoiles, comme le liure de la Sagesse [h] nous marque; & puis encor la Bulle du Pape Paul V. condamne cette opinion; & toutesfois beaucoup de bons esprits l'autorisent, en la soutenant à mon aduis, tant plus fermement qu'elle a plus de subtilité, & moins d'apparence.

e Progymn. li. 1.
f Ecclef. c. 1. Ecclesiast. ca. 43. Psal 18.
g Ecclef. c. 1. Psal 103. & Iosu. c. 10.
h Sapient. c. 7.

La troisiesme opinion est de Tycho Brahé, [i] qui n'a iamais peu se persuader, qu'il y eust des voûtes, ou Spheres réelles au Ciel, non plus qu'il ne l'a iamais peu croire solide. Car il tient qu'il n'y a qu'vn Ciel continu, non distingué par estages, ou voûtes, où les Astres sont portez d'vn mouuement que la Nature a mis en eux, comme les oyseaux en l'air, & les poissons en l'eau; mais d'vn mouuement certain & regulier, au lieu que celuy des animaux est inconstant.

i Epist. Astrol. li. 1.

Vn seul Ciel. & le Mouuement des Astres.

La subtile & deliée matiere du Ciel, dont i'ay cy-dessus donné l'eclaircissement; le trajet des Cometes, passans d'vne Sphere à l'autre, selon les obseruations du mesme; & ce que i'ay marqué cy-dessus de Mars, qui se trouue plus bas que le Soleil, & de Venus & Mercure, qui paroissent quelquesfois plus hauts que le Soleil, preuuent assez clairement selon le mesme que le Ciel est continu, & que sa matiere liquide, obeissante & mince au possible, fait en telle sorte place aux Astres, qu'ils y font leur cours du tout regulierement & constamment, par vne particuliere vertu, qu'ils ont en eux mesmes, sans auoir besoin d'aucune chose, qui les pousse, ou les soustienne.

Aussi l'Escriture [k] ne donne au Ciel aucun mouuement, leuer ny coucher, arrest ny eculement, ny tour, mais aux Astres seuls, & d'ailleurs l'Eglise, comprenant la pensée de l'Escriture, a tenu [l] pour heretiques ceux qui disoient que les estoiles attachées au Ciel estoient meuës auec luy, pource qu'au contraire les estoiles se meuuent; & l'vn des plus renommez Docteurs de l'Eglise [m] a detesté l'opinion de ceux, qui tenoient que Dieu auoit cõme cloüé les Astres du Ciel, dautant qu'on les voyoit mouuoir d'vn lieu à l'autre: & que le Ciel est immobile, & le Soleil court en iceluy tous les iours auec les autres Astres.

k Iosue 10. Ecclef. 1. Habac. 3. Iob. 38.
l Philast. Capal. Hæref. ca. 83.
m Chrysost. Hom. 6. in Gen. & Hom. 72. ad pop. Antioch.

Mais il faudroit encor, outre dix ou onze Spheres, en mettre encor d'autres pour les nouuelles estoiles qu'on a découuertes, particulieremẽt pour les 4 Planetes, qui vont errant autour de Iupiter, & font regulierement leur cours: & d'ailleurs il n'est pas croyable, que Dieu ait fait vn grand Orbe au Ciel, mal-aysé à remuer, pour faire tourner vne estoile; mais il y a grande apparence, que Dieu, cõme autheur des abregez, a donné plustost vne particuliere vertu au Planete, comme plus propre au mouuement.

L'on peut encor adjouster, que sainct Augustin [n], proposant cette question, si les Astres se meuuent, sans que le Ciel se remuë, ou bien si le Ciel se meut auecque les Astres, repond que l'on peut sauuer toutes les apparences aisement, en faisant reposer le Ciel, & mouuoir les Astres. Au surplus leur mouuement par le Ciel liquide, n'est pas par hazard, ou irregulier, comme celuy des poissons en l'eau; pource que Dieu donna dés le cõmencement à chaque estoile la nature, & la Loy, de suiure telle & telle route, & de se mouuoir de telle & telle sorte; si bien qu'elle suit tousiours en son cours la regle qu'elle a receuë au commencement.

n August. de Gen. ad liter. li. 2. c. 10.

De sorte que toutes ces considerations ont conuié plusieurs des mieux entendus, qui suiuent l'opinion de Brahé, à maintenir ce mouuement des Astres,

& n'approuuer qu'vn Ciel liquide & continu,(receu mesme par plusieurs qui suiuẽt Copernic,sans aucun mouuement des Astres)rejettant les orbes solides,s'entretouchans;laissant toutefois à chacun la liberté des imaginaires,afin de considerer & calculer,auec plus de distinction & commodité,le mouuement des Astres: puis qu'aussi bien il n'est pas necessaire que les hypotheses,ou suppositions des Astronomes soiẽt vrayes, durant qu'il suffit qu'elles puissent demonstrer le mouuement, combien qu'elles soient fort differentes entre elles.

Au reste les plus habiles auoüent qu'on ne sçauroit expliquer & faire entendre nettement aux apprentifs,les apparences & la diuersité des mouuements celestes, sans cette distinction de Spheres,si bien que pour plus d'eclaircissement il est à propos de se seruir de cette multitude de voûtes & d'orbes,qui rendent la cognoissance du Ciel plus aisée,& l'esprit de ceux qui commencent moins embarrassé.

Quant à ce que S. Paul [a] dit, qu'il fut rauy iusques au troisiéme Ciel, les plus habiles tiennent, que par le troisiéme & plus haut de ces Cieux, il a entendu le Ciel Empyrée,demeure des bien-heureux,& comme siege de Dieu;par le second, celuy des estoiles,tant qu'errantes;& par le plus bas,l'Air. a 2.ad Cor.12.

Pour le regard de l'ordre des Spheres,Platon [b] met apres les estoiles fixes,premierement Saturne,puis Iupiter,Mars,Venus,Mercure,& plus bas le Soleil & la Lune. Aristote semble auoir suiuy mesme ordre, combien qu'il ne l'exprime pas bien nettement,en vn endroit [c]; mais au liure du Monde qu'on luy donne communement, bien que plusieurs ne le veulent auoüer pour sien, & qu'on nomme Apulee son autheur,il range auec plusieurs anciens,des mieux entendus aux choses celestes [d], le Firmament au premier lieu,puis de suite en descendant les Spheres de Saturne, Iupiter & Mars,apres lesquelles il met,auec eux,celles du Soleil,de Venus,de Mercure & de la Lune. b Plat. Timæo. Plutar des opin. des Philosoph.li.2 ca. 15. c Arist.li. 2. de Cœlo. ca. 12. d Cic. de diuin.li.1 Macrob in somn. Scipio, li.1. ca.17.

Ptolemée a gardé mesme ordre, logeant neantmoins tacitement, & sans l'exprimer, vne Sphere au dessus des estoiles fixes; & le Roy Alfonse en vsa de mesme, éleuant toutesfois vn dixiéme Ciel au dessus du neufiéme de Ptolemée; puis Magin & Clauius ont agreé cette disposition,mais en nous chargeant encor d'vn grand Ciel solide,& se licentiant d'en adjouster vn onziéme pour premier Mobile; & nos Theologiens ont accreu ce nombre du douziéme, qu'ils nomment Ciel Empyrée, esleué par dessus le reste.

Quant à Copernic, il donne premierement à la Terre la mesme assiete en l'ordre des Spheres celestes, que la commune opinion fait tenir ordinairement au Soleil, & pour cette cause il place au premier lieu, comme centre, le Soleil,& range au second Mercure, au troisiéme Venus, au 4 la Terre, auecque la Lune, au 5 Mars, au 6 Iupiter, au 7 Saturne, & finalement au 8 le Ciel des estoiles fixes.

Mais Tycho Brahé [e] range d'autre façon le Firmament & les Planetes. Car il iuge que le Ciel est conduit en telle sorte, que le Soleil & la Lune, seruans seulement à la distinction des temps & saisons, & pareillement la huictiéme Sphere, la plus esloignée de toutes, regardent la Terre, comme le centre de leurs reuolutions,& les autres cinq Planetes font les leurs autour du Soleil,& le regardent tousiours marcher,au milieu de leur cours;tellement que lors qu'il fait son tour,les cẽtres des orbes ou rõds que ces Planetes décriuent autour de luy,tournẽt aussi tous les ans;chose qu'il a remarquée non seulement en Venus & Mercure, à cause de leurs moindres esloignemẽs du Soleil,mais encor aux trois plus hauts Planetes,qui enferment par leurs reuolutions autour du Soleil,les Elemens,auecque la Lune,qui les auoisine: de sorte qu'il a voulu que le Soleil fust le centre de Mercure, Venus,Mars,Iupiter & Saturne;& la terre seulement le centre de la Lune, du Soleil & du Firmament. e Tych. Br de Mundi Ætherei recent. Phænom.li.2.

Au surplus cette disposition semble du tout receuable, à cause que les nouuelles & curieuses obseruations de Mars,que les soins extremes & les instrumens bien aiustez rendent asseurées s'accordent des mieux auec cette representation de l'ordre des Cieux. Car en cette sorte Mars se trouue en vn endroit plus haut que le Soleil, en l'autre plus bas,pour le moins de trois demy diamettres de la Terre,cõme l'on peut voir en la figure,où le Cercle de Mars entrecoupe celuy du Soleil, chose qu'on a soigneusement remarquée.

D'auãtage cela supposé,Ven⁹ peut tãtost s'éleuer au dess⁹ du Soleil, & tãtost paroistre plus basse; & Mercure en son plus haut poinct, ou son Apogée, peut estre plus haut que Venus en son Perigée, ou plus bas poinct; voire mesme Mercure se trouuera plus haut en son Perigée, que Venus au mesme, & Venus plus haute en son Apogée, que Mercure, tant en son plus bas, qu'en son plus haut poinct.

Quant aux raisons de l'ordre des Spheres, ou des Astres, elles font qu'vn Orbe, ou plustot vn Astre, est d'autant plus haut, qu'il a plus grande diuersité d'aspect, ou regard; si bien que la Lune ayant moindre diuersité que les autres, il la faut mettre plus basse, & l'on peut discourir de mesme de Mercure & des autres: Qu'vn corps est plus proche, lors qu'il fait plus d'ombre; si biẽ que la Lune qui fait plus d'ombre en mesme signe & eleuation, que nul autre Planete, doit estre iugée pour voisine de la Terre; & finalement que l'Astre qui cause l'eclypse d'vn autre est plus bas que celuy qu'il obscurcit. Ainsi la Lune eclipse le Soleil & tous les autres Planetes; & le Soleil, Mars, Iupiter & Saturne; & de mesme Mercure eclipse Venus, & Venus, les Planetes qui sont au dessus, au moins en partie.

Mais bien que l'establissement d'vn seul Ciel, & cete disposition de ses principales pieces, ayent de si bonnes raisons pour appuy, qu'il semble que ce seroit iniustice de les rejeter; ie choisis toutefois le nombre & l'ordre commun, pour plus de facilité, comme essayant de m'accommoder, tant au goust, qu'à la portée de la plus grande partie, & faire glisser doucement cette cognoissance.

CIEL EMPYREE.

NOS Theologiens mettent au plus haut & premier rang le Ciel Empyrée; & ie le mets aussi premier auec eux, pour la seule satisfaction des curieux, d'autant qu'il n'est ny de mon sujet, ny de mon dessein, puisque ie pretens sans plus de traiter des choses visibles. Ce Ciel a receu le nom d'Empyrée, c'est à dire de feu, non à cause de [a] son ardeur, mais de sa lumiere & splendeur extreme, imitant le feu. C'est celuy que l'Escriture [b] appelle Ciel du Ciel, & Cieux [c] des Cieux, bien que Bede [d] tienne que le Ciel a receu ce nom de Cieux des Cieux, afin d'estre distingué de l'Air, nommé pareillement Cieux, & monstrer qu'il est au dessus de luy. Il est [e] aussi nommé Terre des viuans, & [f] troisiéme Ciel, & où S. Paul vit des secrets, qui ne peuuent entrer dans nostre pensée. *Nom.*

a Strab. in Genes.
b Psal. 113.
c Psal. 148. Ecclesi. 16.
d Beda de nat. rer. c. 25.
e Psal. 26.
f 2. ad Cor. 12.
g Apoc. 21.

Quelques vns le tiennent carré, se fondans sur ce que S. Iean dit [g], de la Cité de Ierusalem, c'est à dire de la gloire celeste, qu'il represente carrée; & cete opinion est d'autant plus receuë, que l'on considere qu'au Ciel il y doit auoir quelque ordre, & distinction de rang & de gloire, au lieu qu'en la figure ronde on ne trouue aucun lieu de preseance. *Figure.*

Les autres luy donnent mesme figure qu'aux autres corps celestes, afin de les luy faire embrasser, & à cause aussi que la plus parfaite figure est deuë au corps plus parfait. Mais les hommes ne sçauroient vuider ce differend, pource que leur veuë ne peut percer iusques-là, & la seule reuelation leur en peut enseigner la verité.

Ce Ciel, qui ne peut estre veu des yeux mortels naturellement, est comme le siege de Dieu. Car iaçoit qu'il n'ait besoin, ny soit compris d'aucun lieu, puis qu'il est par tout, il a toutefois choisi ce Ciel, comme pour sa principale demeure, pour estre plus commodement honoré des bien-heureux. C'est le Palais [h] qui luy a esté preparé auant toute chose, le Ciel, d'où l'Ecriture dit [i], qu'il voit & regarde les fils des hommes.

C'est delà que [k] Christ descendit en terre; & c'est où [l] il fut esleué, auec le corps pris icy bas. C'est aussi celuy qui parut ouuert à S. Estienne [m], lors qu'il vit la gloire de Dieu, & le fils de l'homme à sa droite. C'est le Ciel où les ames des iustes [n] s'en vont, estans affranchies de la prison de ce corps, & le mesme où les corps des bien-heureux seront logez à iamais.

h Psal. 33. & 113.
i Psal. 32.
k Ioan. 3.
l Marc. 16. Luc. 24. Act. 1.
m Act. 7.
n Basil. Hom. 2. & 3. in Gen.

Quelques vns le priuent d'influence, pource qu'il semble qu'aucun corps ne peut mouuoir, s'il ne se meut, & qu'on tient que ce Ciel demeure immobile; outre que Dieu l'a fait pour seruir de sejour à la Cour celeste, & non pas pour s'employer aux choses naturelles corruptibles. *Influẽce.*

Mais ces raisons ne sont pas de si grand poids, que les plus habiles [illegible] tiennent[a] qu'il influë icy bas, pource que toutes les parties de l'Vniuers ont certaine liaison entre elles, & comme membres d'vn mesme corps recherchent quelque vnité d'ordre, qui paroist en ce que les corps plus bas sont cōduits par les plus hauts[b]; de sorte que si ce Ciel n'influoit, il ne seroit pas partie de l'Vniuers; ce qui sembleroit impertinent; puisque les Anges mesmes qui sont immateriels, en sont parties. D'ailleurs[c] l'on ne voit aucune apparence d'estalir en l'Vniuers vne substance, (mesmement si noble) oysiue & sans action; principalement, puisque[d] chaque chose est à cause de son operation.

a D. Thom. Quodlib. 6. art. 19. & 1. p. qu. 66. art. 3.
b August. de Trini. li. 3 c. 4.
c Damasc. de fide orthod. li. 2. c. 21.
d Arist. de Cæl. li. 2. c. 3. 1. Ethi. c. 7.

Quelques vns rapportent à ce Ciel la diuersité des effects qu'on voit en quelques endroits de la Terre, assis sous mesme distance de l'Equateur, ou des Poles, disans, que d'autāt que cette diuersité ne peut partir de l'influence des Astres, pource qu'on verroit par leur moyen mesmes effects en mesme Climat, il la faut rapporter à quelque chose ferme & immobile, telle que le Ciel Empyrée. Que si l'on oppose, que ce Ciel a par tout semblable lumiere, & par consequent doit influer en tous lieux egalement, & de mesme sorte, l'on répond qu'il n'agit pas par sa lumiere seule, mais par vne secrette vertu, qui le rend diuers, bien que sa lumiere soit vne & semblable, & l'on peut aussi dire, que cette diuersité d'effects en mesme Climat, vient de diuerses proprietez que Dieu a données à chaque pays, à la naissance du Monde. Mais en fin la decision de ce poinct est fort malaisée à des hommes attachez à la Terre: si bien qu'il suffit de la toucher en passant, de mesme que les autres choses qui nous sont obcures, au lieu de faire le capable en ces poincts, où nous deuons auoüer leur hauteur, & la bassesse de nostre demeure & de nostre esprit.

PREMIER MOBILE.

Noms.

LE premier Mobile est ainsi nommé, pource qu'il se meut luy-mesme premier (selon l'opinion de ceux qui tiennent le Mouuement des Cieux, & non celuy de la Terre, ou des Astres) & emmene auec luy tous les autres Cieux, qui sont appellez seconds Mobiles. Il est aussi le premier en rang, du costé d'enhaut, de tous ceux qui se meuuent. Mais pour le regard des habitans de la Terre, il a le nom d'Onziesme Ciel, pource qu'il tient l'onziesme rang, à commencer par la Lune, puis en s'esleuant d'vne Sphere à l'autre.

Premier mouuement.

Son mouuement qui se fait en 24. heures d'Orient en Occident, par le Midy; puis delà par la mynuict, ou le bas du Ciel, en Orient, sur les Poles du Monde, ou de l'Equateur, est nommé Premier, tant pource qu'il est au premier Mobile, qu'à cause qu'il paracheue premier son tour. C'est aussi, selon Ptolemée, le Mouuement du iour & de la nuict, nommé par les autres iournalier & commun, qui est tout à fait essentiel & propre à ce Ciel, & par accident aux autres qu'il pousse.

L'Equinoctial est la regle & mesure de ce premier mouuement, pource que ce Cercle est egalement esloigné des Poles du Monde, autour desquels se fait ce mouuement, qui est grandement regulier, & se découure clairement aux plus grossiers, au lieu que les autres sont moins manifestes, & seulement cognus de ceux qui se meslent de considerer les Astres.

Par le moyen de ce mouuement, pris seul & sans la compagnie du second, chaque estoile peut tous les iours se leuer en mesme point de l'Horizon, monter tousiours à mesme hauteur, au dessus du mesme, puis encor se coucher en vn mesme point.

Seconds Mobiles, & seconds mouuemens.

Mais les secōds mouuemens particuliers aux autres Cieux, sont plus tardifs, & font que les Planetes ne se leuent ny couchent tous les iours en mesme point de l'Horizon, ne se trouuent pas en mesme hauteur, paruenant au milieu du Ciel, & ne gardent pas mesme assiete & distance, tant auec les estoiles fixes, qu'entre elles. Tellement que selon cette opinion, les Spheres qui sont au dessous resistent en certaine sorte au mouuement du premier Mobile qui les emmene par leur propre mouuement contraire, qui les porte d'Occident par le Midy en Orient, puis de là encor par la my-nuict en Occident, & se fait sur les Poles du Zodiaque, eloignez de ceux du Monde de 23. degrez, & pres de 32. minutes.

CERCLES CELESTES.

MAIS pource qu'il faut conceuoir en ce premier Mobile les Cercles de la Sphere, sans la cognoissance desquels celle de ce Ciel seroit confuse, de mesme que sa doctrine imparfaite, ie me voy comme contraint de vous esclaircir sur ce subjet autant qu'il me sera possible, afin de satisfaire tant à mon dessein, qu'à vostre desir.

Pour cet effet, il est premierement besoin d'entrer en la consideration generale, tant de l'Aissieu, que des Poles; puis de passer à la particuliere des Cercles, & de leurs vsages.

Pour le regard de l'Aissieu, c'est vne ligne droite tirée par le milieu du Monde, & representée au Globe, ou bien en la Sphere materielle, par vne petite verge de fer, ou d'autre metal, qui la trauerse d'vn bout à l'autre, passant par son centre, ou milieu; tellement que le Globe, ou la Sphere, se meut autour de cet Aissieu, qui demeure immobile, de mesme que la rouë autour du sien. L'on appelle cette ligne Diamettre, lors qu'elle est au Cercle. Aissieu.

Or il y a deux principaux Aissieux de la Sphere celeste, l'vn du Monde, ou du premier Mobile; & l'autre du Zodiaque. L'Aissieu du Monde est celuy autour duquel le premier Mobile tourne, d'Orient en Occident, tirant auec luy tous les Seconds Mobiles, qui se meuuent d'ailleurs autour de l'Aissieu du Zodiaque, d'Occident en Orient.

Les deux extremitez, ou derniers points de l'Aissieu, autour desquels la Sphere tourne, sont appellez Poles, outre qu'on leur donne le nom de sommets, & gonds du Ciel, qui tourne sur eux. Mais pource qu'il y a des Poles des Spheres, & des Poles des Cercles, il faut sçauoir, que les derniers sont certains points en la surface de la Sphere, d'où si l'on tire des lignes droites vers la circonference du Cercle, elles se trouuent toutes egales entre elles. Mais combien que tous les grands Cercles ayent leurs propres Poles, toutesfois l'on ne fait communement mention que de ceux de l'Equateur, du Zodiaque, ou de l'Ecliptique, & de l'Horizon. Poles.

Les Poles de l'Equateur, ou du Monde, sont deux points bornans des deux costez l'Aissieu du Monde, ou de l'Equateur, qui tourne autour d'eux, comme regle du mouuement du Ciel. Mais ils sont distinguez en telle façon, que celuy qui paroist tousiours esleué sur nostre Horizon, est appellé Septentrional, & Arctique; & l'autre, qui nous est tousiours caché, Meridional, & Antarctique. Le premier paroissāt tousjours du costé du Nort, ou Septentrion, à ceux qui sont au deçà de l'Equateur, marquant le milieu du Monde, s'eleue tousiours dauantage à ceux qui s'auançent plus vers le Nort; & le mesme s'appelle Arctique, pource qu'il est proche de la derniere estoile qu'on voit en la queuë de la petite Ourse, appellée Arctos, à la Greque; esloignée seulement d'enuiron 3. degrez de ce Pole. Poles du Monde.

L'autre, que l'on nomme Austral, ou Meridional, comme assis du costé du Midy, & Antarctique, ou contr'Arctique, comme opposé à l'Arctique, nous estant tousiours caché, paroist aux habitans de la moitié, qui est au delà de l'Equateur, tendante au Midy, ausquels il s'esleue d'autant plus qu'ils approchent plus du Sud.

Les Poles du Zodiaque sont les bouts, ou derniers points de l'Aissieu du Zodiaque, qui se trouuent autant esloignez des Poles du monde, que l'Ecliptique l'est de l'Equateur, en sa plus grande distance, c'est à dire, en ce temps de 23. degrez, & prés de 32. minutes. L'vn de ces poincts, ou Poles, paroissant tousiours sur nostre Horizon est appellé Septentrional, & l'autre Meridional. Poles du Zodiaque.

Les Poles de l'Horizon sont les deux derniers points de la ligne, tirée du centre du Monde, & par le sommet de chaque lieu, & par le point qui luy est diametralement, ou droitement opposé, nommé par les Arabes Nadir, ou plustot Poles de l'Horizon.

Nathir, au lieu que le point du sommet des lieux est appellé par les mesmes, selon la commune estime, Zenith, mais en vray Arabe Semith.

Proprieté des poles

Au reste le propre de tous les Poles est d'estre eloignez de 90 degrez de leurs Cercles.

Hauteur du Pole.

Quant à la hauteur du Pole du Monde, dont la cognoissance est si necessaire à toutes sortes de gens, principalement aux Geographes, voyageurs & mariniers, il faut premierement sçauoir que cette Hauteur, ou Eleuation, n'est autre chose, qu'vn arc du Cercle Meridien, enclos entre l'Horizon & le Pole, qui se mesure par degrez & minutes.

Pour la trouuer il y a diuers moyens; mais l'ordinaire, & des plus certains, est celuy de chercher au iour de l'Equinoxe, au Midy bien ajusté, la hauteur du Soleil par l'Astrolabe, ou autre instrument, puis oster de 90 degrez, ou du quart du cercle, le nombre des degrez & minutes de cette hauteur du Soleil que l'on a, & le reste sera, la hauteur du Pole, qu'on cherche.

Mais si le Soleil se trouue hors des Equinoxes, il faut chercher dans les Tables, ou par le calcul & le moyen que ie donneray, sa declinaison au Midy de ce iour-là; & si elle est Septentrionale, ou Meridionale. Car si c'est la premiere, il la faut soustraire de la hauteur du Soleil; si la derniere il faut l'ajouter, & le reste, ou la somme totale, sera le nombre de la hauteur de l'Equinoctial, qu'il faut encor tirer de 90 degrez, pour auoir la hauteur du Pole. Mais si vous faisiez vostre operation du costé du Pole Antarctique, il faudroit faire tout au contraire ostant la Declinaison Australe de la hauteur du Soleil, & adioustant la Septentrionale.

Quelques vns voulans auoir plus iustemẽt cette hauteur du Soleil, dõt la cõsideration appartient au discours de l'Horizon, plus iuste, ne se seruent pas de l'Astrolabe, ny de plusieurs autres instruments communs, qui ne raportent pas parfaitement le nõbre qu'on cherche, mais des plus exquis de Brahé, ou d'autres, ou dressẽt seulemẽt à angles droits, ou à plomb, vn petit fer auecque sa pointe, diuisé en quelques parties, comme par exemple en 100, sur vne surface plaine & bien à niueau, & egalement eloignée de l'Horizon; puis ayant veu l'ombre que le Soleil rend, en la mesurant par les parties du style, ou du fer, se seruent de la doctrine des Tringles & des Seins, que ceux qui n'osent pas vser de nostre langue, mais s'attachent tout à fait à la Latine, appellent Sinus, dont les vns sont droits, & les autres tournez, ou renuersez, qu'ils nomment à la Latine Verses; de mesme que *Tangentes* & *Secantes*, les lignes droites, qu'on doit appeller Touchantes & Coupantes, dont il y a force Tables en lumiere.

Ils multiplient donc le nombre entier du style par le rayon, ou le Sein entier, & partagent le produit par les parties de l'ombre, pour auoir la Touchante du nombre qu'ils desirẽt sçauoir, duquel on retranche apres le demy diametre du Soleil de 15. minutes, pour auoir de reste la hauteur de son centre; & ce qui fait qu'on oste ce demy diametre du Soleil, c'est pour ce que l'ombre ne part pas du centre, mais du plus haut bord du Soleil, & que celle que le centre du Soleil cause ne peut estre remarquée. Pour s'asseurer de ce poinct, il faut poser que le style soit de 100 parties, l'ombre de 95, & le Sein entier, ou totale de 100000. En multipliant 100 par 100000, & diuisant le produit par 95, l'on a pour quotient, & Touchante 105263, qui répond a 46 degrez, 28 minutes, dont ayant osté 15 minutes pour le demy diametre du Soleil, à cause que partie de l'ombre vient du plus haut de l'Astre, il reste pour hauteur du centre du Soleil 46 degrez, 13 minutes. Ayãt dõc cette hauteur bien iuste, l'on peut trouuer aysément celle du Pole par le moyen de la Declinaison qu'on oste, ou adjoute, en retranchant apres de 90 degrez la somme, ou le reste. Les anciens[a] pratiquans d'ordinaire l'vsage de ce style, mais vn peu d'autre sorte que nous, trouuerent qu'à Rome, au iour de l'Equinoxe, la neufiéme partie du style manquoit à l'ombre, c'est à dire que le style estant de 9 parties, l'ombre ne fût que de 8. Que si nous multiplions 9 par le Sein total 100000, & partageons le produit 900000 par 8, qui est le nombre de l'ombre, nous aurons au quotient la Touchante de 112500, à laquelle répond l'arc de 84 degrez, 22 minutes, puis retranchant de ce nombre le demy diametre du Soleil de 15 minutes, nous aurons la hauteur du Soleil de 48 degrez, 7 minutes, sur l'Horizon Romain, à l'Equinoxe, & ostant apres ce nombre de 90 degrez, il restera 41 degrez 53 minutes, pour la hauteur du Pole de Rome.

[a] Plin. l. 2. c. 72.

Au reste c'est mesme chose de dire, qu'vn lieu a tant de hauteur, ou d'eleuation de Pole, au dessus de l'Horizon, & qu'il est eloigné de tant de l'Equateur, ou qu'il a tant de latitude, ou largeur; pource que les Geographes ont de coustume d'appeller Latitude, ou Largeur du lieu, la Hauteur du Pole; d'autant que le lieu se trouue autant eloigné de l'Equateur, que le Pole s'eleue sur l'Horizon; & la Latitude d'vn lieu n'est autre chose qu'vn arc compris entre le lieu & l'Equateur terrestre.

Quant aux Cercles celestes, ce ne sont pas des chemins frayez, ou des ornieres, & choses faites veritablement, comme on les figure, mais des lignes circulaires, ou rondes, & des bandes, que l'imagination des bons esprits a logées là haut, pour representer plus distinctement tout l'estat du Ciel, & l'on imagine ces cercles en la surface concaue, ou creuse, du premier Mobile. Cercles.

Ces Cercles sont diuisez en grands & petits. Les grands Cercles sont tellement tirez du centre, ou milieu du Monde, qui est la Terre, autour du premier Mobile, qu'ils l'enuironnent tout, & le diuisent en deux moitiez egales, & chacun de ces grands Cercles est diuisé en ses parties, qu'ils nomment Degrez. Chaque grand Cercle contient 360 de ces degrez, qui sont partagez à 4 quarts de Cercle, dont chacun contient 90 degrez. Le choix qu'on a fait de ce nombre de 360 degrez, vient de la consideration de la perfection du nombre de 6 & de 10, dont 60 & 360 sont composez; de la commodité de cette diuision, pource qu'il n'y a point de nombre plus propre à diuiser que 60, & 360 qui en prouient; de ce que l'on a diuisé le Ciel en 12 Signes; dont le Soleil parcourt chaque espace enuiron en 30 iours, & que 12 fois 30 font 360; que durant ce temps-là le Soleil se ioint à la Lune, ou plustot se rend enuiron sous mesme point que la Lune, douze fois; & que d'vne conionction à l'autre l'on conte pres de 30 iours.

L'on diuise encore chacun de ces degrez en 60 minutes, chaque minute en 60 secondes, & chaque seconde en 60 tierces, & de mesme la tierce en quartes, ou quatriémes, allant de cette sorte iusques aux huictiémes, ou dixiémes; veu qu'vne septiéme fait 60 huictiémes, vne huictiéme 60 neufiémes, & vne neufiéme 60 dixiémes. Il est vray que ceux qui se meslent du calcul des Astres s'arrestent bien souuent aux tierces ou quartes.

Au reste, pour abreger ils marquent les signes par ᵕ, le degré par °, la minute par ′, la seconde par ″, la tierce par ‴, & ainsi du reste; tellement que pour exprimer 2 signes, 59 degrez, 3 minutes, 4 secondes, 5 tierces, 6 quatriémes, 9 cinquiémes, &c, ils mettent 2ᵕ, 59°, 3′, 4″, 5‴, 6⁗ 9′ & ainsi du reste.

Les grands Cercles principaux, & plus communs, representez en la Sphere materielle sont l'Equateur, ou l'Equinoctial, le Zodiaque, les Colures, l'Horizon & le Meridien.

EQVINOCTIAL.

L'EQVINOCTIAL est ainsi nommé, pource que le Soleil arriuant à ce Cercle deux fois l'année, à sçauoir aux Equinoxes du Printemps & de l'Automne, rend les nuicts egales aux iours par toute la Terre, & pour mesme raison les anciens le nommerent[a] Equidial, à cause de l'egalité des iours. Il a pareillement le nom d'Equateur, que nous pouuons exprimer plus intelligiblement par Egaleur, pource que diuisant le Ciel en deux parties egales, il est assis au milieu des deux Poles du Monde, qui sont aussi les siens. Il est encore appellé Cercle du[b] haut solstice; pource que ceux qui demeurent sous l'Equateur ont 4 solstices, à sçauoir deux hauts, quand ils ont le Soleil à plomb sur leurs testes; ce qui leur arriue lors qu'il se trouue en l'Equateur; & deux bas, lors qu'il entre aux commencemens de l'Ecreuisse & du Capricorne, pource qu'il s'eloigne alors de leur sommet le plus qu'il peut. Quelques auteurs[c] l'appellent Cercle d'Orient, & d'Occident, & ligne d'egalité, & nos mariniers simplement la Ligne.

a Festus Pōp.

b Lucan. li. 9.

c Messahala de Element, & orbib coelest. c. 10.

Le Soleil decrit ce Cercle, lors qu'il paruient à l'vn des deux poincts des Equinoxes, & tourne par son mouuement iournalier sous les premiers poincts du Belier & de la Balance.

C'est le plus excellent de tous les Cercles; la regle & mesure de tout le premier Mobile ; & du premier mouuement, pource qu'à chaque heure il y a 15 degrez de ce Cercle qui se leuent, ou montent. Il monstre que ce Ciel se meut d'vne egale vitesse en 24 heures, & que se mouuant sans cesse egalement autour des Poles du Monde, dont il est egalement eloigné, il faut aussi par necessité, que le premier Mobile, qui se meut sur les mesmes Poles, qui sont ceux du Monde, tourne egalement.

C'est aussi la regle du temps, pource que le iour naturel se parfait par vne reuolution de l'Equinoctial, iointe auec la partie de l'Ecliptique, que le Soleil a parcouru cependant de son propre mouuement contre celuy du premier Mobile, selon ceux qui tiennent le mouuement des Cieux.

Il distingue aussi les Equinoxes, entrecoupant le Zodiaque en deux points, ausquels le Soleil se trouuant fait les iours egaux aux nuits, en contant seulement pour iour le temps qui passe depuis le leuer du Soleil iusqu'à son coucher. Au reste il y a deux Equinoxes, l'vn du Printemps, qui se fait, lors que le Soleil se trouue au commencement du Belier, ou au point de l'entrecoupement du Zodiaque & de l'Equateur au Printemps, enuiron le 21 de Mars; & celuy d'Automne, quand le Soleil entre au commencement de la Balance, enuiron le 23 de Septembre en ce Siecle.

Toutefois ces points ne sont pas arrestez, mais s'auancent sous le huictiéme Ciel tous les iours contre la suite des Signes, d'enuiron 8 tierces; tellement qu'ils deuancent les lieux des estoiles fixes. Car le point de l'Equinoxe du Printemps qui deuançoit au temps de Ptolemée la premiere estoile du Belier, de 6 degrez 40 minutes, la passe dés l'an 1600 de 27 degrez, 36 minutes, & pour mesme cause les temps des Equinoxes viennent à reculer tous les ans; si bien que l'Equinoxe du Printemps, qui fut l'an de la natiuité de Nostre Seigneur au 24 de Mars, se trouue maintenant l'onziesme, ou 11 de Mars, selon le vieil style, & celuy d'Automne, autrefois au 24 de Septembre, se rencontre à present, selon le mesme vieil style, au 13 ou 14 du mesme mois; à raison dequoy l'on iugea tres-necessaire la correction Gregorienne, qui a remis le premier au 20 ou 21 de Mars, & l'autre au 23, ou 24 de Septembre.

L'on conte aussi depuis ce Cercle, comme d'vne borne, la Declinaison des parties du Zodiaque, & de toutes les estoiles, qui n'est autre chose que leur éloignement de l'Equateur vers l'vn des Poles du Monde; & la Latitude, ou Largeur des lieux, qui est la distance qu'il y a de ces lieux à l'Equateur.

Ce mesme Cercle fait voir la Longitude, ou longueur de toute la Terre, & de chacun de ses lieux, c'est à dire leur éloignement de l'Occident. Car combien que tous les lieux ne soient pas assis sous l'Equateur, mais hors de ce Cercle, du costé du Nort, ou du Midy, toutefois leur eloignement de l'Occident, qu'on nomme Longitude, ou Longueur, ne se peut trouuer sinon en confrontant à l'Equateur le Parallele qui passe par le sõmet du lieu, d'autant que l'on cognoist seulement la longueur de l'Equateur; & quant aux Cercles qui luy sont Paralleles, pource qu'ils ne sont pas egaux mais plus grands, tant plus ils auoysinent l'Equateur, & plus racourcis, tant plus ils s'en trouuent eloignez, leur grandeur est incognuë; tellemẽt qu'afin de la sçauoir il faut confronter ces Cercles auec l'Equateur. Ce mesme Cercle diuise le Ciel en deux parties, Septentrionale & Meridionale, dont l'vne est au deçà, l'autre au delà de la Ligne; si bien que par son moyen nous pouuons sçauoir quels Astres, & quelles constellations panchent vers le Nord, ou le Midy; & les degrez que les estoiles parcourent, en montant ou descendant, ou, selon le terme commun, en leurs Ascensions & Descensions tant droites qu'obliques, sont mesurez en ce Cercle.

Ce Cercle passe par l'Isle de S. Thomas assise en l'Ocean Ethiopique, puis par l'Ethiopie, partie de l'Afrique, & delà sur la ville d'Arim, mise au milieu du Monde par les Astrologues Iuifs & Arabes, & renommée pour ce sujet ; puis sur l'Ocean Indien l'Isle de Sumatra, Malaca, & grand nombre d'Isles de l'Ocean Oriental, & delà s'estendant sur la Guinée & sur l'Ocean Meridional, par vn long espace, & par les contrées du Perou & du Brasil, s'auance sur l'Ocean Atlantique, & paracheue son tour contre les riuages d'Afrique.

ZODIAQVE.

E Zodiaque est nommé de cette sorte à la Grecque, à cause des figures des animaux qu'il contient. Les Latins l'appellent aussi Porte-signe, pource que tous les douze signes sont compris en sa bande; & les Arabes, Nirac; & plusieurs, le Cercle oblique, ou biaisant, parce qu'il entre-coupe de biais l'Equinoctial & le premier mouuement, & qu'il paroist de biais, au regard des Poles du monde, desquels il n'est pas également esloigné.

Ce biaisement du Zodiaque fait que nous auons des vicissitudes des temps & saisons, que les qualitez & temperamens ne sont pas semblables; & le Soleil parcourant diuers endroits de la terre en ce Cercle biaisãt, cause la diuersité des choses qui naissent; veu que s'il n'y auoit qu'vn mouuement, & si le Soleil & les autres Planetes ne faisoient ainsi leurs cours obliquement, il n'y auroit aucune difference entre les choses qui viendroient à naistre; & la qualité de toute l'année seroit egale, au lieu que le Soleil fait tour à tour les saisons par son moyen.

Les anciens conceurent ce Cercle, pource qu'ayans distingué le Ciel en deux parties par le moyen de l'Equinoctial, & soigneusement consideré le mouuement des Planetes, ou Astres errans, ils virent qu'ils s'escartoient de l'Equinoctial, tantost du costé du Nord, tantost du Midy, puis encor retournoient au mesme Equateur; puis voyant qu'ils tenoient tousiours mesme route, ils marquerent au Ciel cette voye, qui trauersoit le Ciel & l'Equinoctial, de la sorte, & la nommerent Zodiaque.

Ce Zodiaque est vn grand Cercle decrit sur ses Poles, entrecoupé de l'Equinoctial, & diuisé en deux parties egales, dont vne moitié s'escarte du costé du Nort, l'autre du Midy, & ce Cercle est le chemin des Planetes.

C'est le seul Cercle, à qui l'on a donné quelque largeur, tellement que c'est comme vne bande, ou vn baudrier, qu'il represente à peu pres auec son biaisement. On l'a fait ainsi large, pource que tous les Planetes font leur cours sous le Zodiaque, mais non sous mesme partie. Car le Soleil tout seul tient tousiours le milieu de sa largeur, sans s'en écarter iamais: mais tous les autres Planetes se destournent de ce chemin du Soleil, qui est l'Ecliptique, tantost du costé du Nort, tantost du Midy. Tellement qu'afin que ce Cercle embrassast, comme auec vne ceinture, tous les Planetes, tant d'vn costé que d'autre, les anciens luy donnerent la largeur de douze degrez; estimans qu'ils s'éloignoient au plus de six degrez de l'Ecliptique, d'vne part & d'autre. Mais les modernes ayans recognu que Mars & Venus s'en eloignoient dauantage que les Anciens ne tenoient, ont fait cette largeur de seize degrez, en mettant 8. de chaque costé. Mesme à present qu'on a remarqué, que Venus s'écarte de l'Ecliptique de 10. degrez, l'on en veut donner 20. de largeur au Zodiaque.

Les Poles de ce Cercle luy sont particuliers, & differents de ceux du monde, & de l'Equateur, desquels ils sont eloignez de 23. degrez, & pres de 32. minutes.

Or quoy que l'on ne puisse monstrer ny commencement, ny fin au Cercle, toutefois les Astrologues ont mis le commencement du Zodiaque au poinct de l'Equinoxe du Printemps, ou commencement du Belier, suiuant les effects du Soleil, lors qu'il approche de cet endroit; veu qu'il renouuelle alors tout, & rechauffe la Terre glacée par la froideur de l'Hyuer, la faisant comme reuiure, & la rendant capable de produire toute chose; & les mesmes disent[a] qu'ils ont choisi ce commencement, pource qu'en la naissance du Monde le Belier tenoit le milieu, ou plus haut du Ciel, duquel on tire tous les fondemens d'vne natiuité.

[a] Firmic. li. 3. c. 1.

Les Anciens ont diuisé ce Cercle en 12. parties egales, poussez à cela par la consideration de la Lune, qui se ioint 12. fois au Soleil, auant qu'il ayt parcouru tout le Zodiaque. Ptolemée appelle à la Greque ces parties Dodecatemories, que les autres nomment Signes, dont chacun contient 30. degrez, pource que le Soleil passe presque en 30. iours chacun de ces Signes.

Leurs noms sont, le Belier, le Taureau, les Gemeaux, l'Ecreuisse, que plusieurs appellent Cancer, le Lyon, la Vierge, la Balance, le Scorpion, l'Archer, ou le Sagittaire, le Capricorne, ou Bouquetain, le Verseau, & les Poissons, que plusieurs Astrologues & faiseurs d'Almanachs nomment simplement à la Latine, Aries, Taurus, Gemini, Cancer, Leo, Virgo, Libra, Scorpius, Sagittarius, Capricornus, Aquarius, Pisces. Ces Signes sont marquez de suite par ces Caracteres, ♈ ♉ ♊ ♋ ♌ ♍ ♎ ♏ ♐ ♑ ♒ ♓.

Ils sont diuisez en Septentrionaux, contenus en la moitié du Zodiaque, qui s'écarte de l'Equateur, vers le Nort, ayant ces Signes ♈ ♉ ♊ ♋ ♌ ♍, & Meridionaux, compris en l'autre moitié, qui s'eloigne de l'Equateur du costé du Su. Au reste, les premiers sont appellez Commandans, pource que le Soleil s'y trouuant, enuoye icy bas plus de chaleur & de lumiere; & les autres obeyssans, pource que le Soleil est alors plus eloigné de nostre sommet, & agit auec moins de force sur les choses d'icy bas.

Ils sont encor diuisez en Mobiles, au nombre de 4. dont il y en a deux Equinoctiaux; à sçauoir, ♈ ♎, ausquels le Soleil estant rend les iours egaux aux nuicts; & deux Solsticiaux, ♋ & ♑, ausquels les solstices arriuent, & le Soleil fait ses retours; & en 4. Fermes, ou Arrestez, qui sont, ♉ ♌ ♏ ♒, ausquels la condition de l'Air, que le Soleil a commencée aux Signes Mobiles, deuient plus ferme, & dure plus longuement; & finalement en 4. communs, ou ayans deux corps, à sçauoir les Gemeaux, la Vierge tenant vn epy; l'Archer, moitié homme, & moitié cheual, & les deux Poissons; & ces Signes sont ainsi nommez, pource qu'ils ont leurs qualitez communes auec le precedent quart de l'année, & le suiuant, ou qu'ils approchent en leur premiere partie de la condition des precedens Signes; & en l'autre, de celle des suiuans.

Il y a de plus, les Signes du Printemps, ou du premier quart du Cercle, ♈ ♉ ♊; ceux d'Esté, ou du deuxiéme quart, ♋ ♌ ♍; ceux d'Automne, ♎ ♏ ♐, & les 3. d'Hyuer, ou dernier quart, ♑ ♒ ♓, ausquels le Soleil monte derechef vers l'Equateur, apres le Solstice d'Hyuer.

L'on nomme encor les vns Droits, les autres Tortus, ou de longues & courtes ascensions. Les Droits sont ceux qui montent droitement, ou tardiuement, en toute sorte d'assiette de Sphere; & pour cette cause, ils sont nommez Signes de longues ascensions, ou de long monter, comme sont, ♋ ♌ ♍ ♎ ♏ ♐, & les Tortus, ou signes de courtes ascensions, ceux qui montent plus droitement, & plus viste, comme sont, ♑ ♒ ♓ ♈ ♉ ♊.

Ils sont encor diuisez en humains, brutaux & reptiles, ou rampans. Les humains, ou raisonnables, sont les Gemeaux, la Vierge, la Balance, & la premiere partie du ♐, & du Verseau; pource qu'on les peint en forme humaine, ou pource que, selon les Astrologues, ils impriment dans les hommes des affections raisonnables, telles que sont celles de se rendre sociable, la douceur, & la conuersation ciuile. Les Brutaux sont ceux qui ont des noms, ou figures d'animaux, comme le Belier, le Taureau, le Capricorne, la derniere partie du Sagittaire, & le Lyon: Et ceux-cy signifient vne humeur peu sociable, mal-accueillante, cruelle, insolente & rauissante; & finalement les rampans sont, le Scorpion, l'Ecreuisse & les Poissons, qui rampent, comme par terre, & ne marquent ny esprit, ny industrie.

L'on y marque encor les Signes de belle voix, tels que sont ceux qui ont forme humaine, comme ♊ ♍ ♎ ♒, & la premiere moitié du ♐, Ceux de moyenne voix, qui ont figure d'animaux belans, meuglans, ou rugissans, comme ♈ ♉ ♌ ♑, & la derniere moitié du ♐, qui sont aussi nommez Luxurieux, pource qu'ils incitent à la volupté: & les Signes sans voix, tels que sont ♋ ♏ ♓.

Il y a aussi, selon les Astrologues, des Signes Feconds, ou de plusieurs enfans, lesquels estans principalement en l'Occident de la figure d'vne Natiuité, signifient force enfans, comme, ♋ ♏ ♓: Et de mesme, ils marquent les Signes Mediocres, ou de peu d'enfans, tels que, ♈ ♉ ♎ ♐ ♑ ♒, & les Steriles, comme, ♊ ♌ ♍.

Les Signes d'excellente Beauté, sont, ♊ ♎ ♍, & la moitié de deuant du ♐: ceux de moyenne beauté, sont, ♏ ♑ ♓; & les laids, ou difformes, ♈ ♉ ♋, & la partie de derriere du ♐.

Les signes des bons Esprits, sont, ♊ ♍ ♎ ♑ ♒. Mais ♑ les fait plus contrarians, & menteurs, ♒ plus doux & paisibles; & ♊ ♏ & ♎ les font eloquens. Mais le Taureau marque vn esprit lourd & grossier; & quant aux autres Signes, ils ne prometent pas si peu d'esprit.

Les signes seruent aussi de Maisons aux 7. Planetes: mais en telle sorte, que le Soleil a seulement le Lyon, pour sa maison; & la Lune, l'Escreuisse: mais chacun des autres Planetes a deux signes, pour la sienne: comme Saturne a pour sa maison de iour ♒, & pour celle de nuict, ♑; Iupiter, pour sa maison de iour, ♐ & pour celle de nuict ♓. Mars, pour sa maison de iour, ♈, & pour celle de nuict, ♏: Venus, pour celle de iour, ♎, & pour celle de nuict, ♉; & Mercure, pour sa maison de iour, ♊, & pour celle de nuict, la ♍. Ces Maisons sont les premieres & principales dignitez des Planetes, que les Astrologues considerent aux naissances: Et s'ils se trouuent aux signes opposez, ils disent, qu'ils sont en exil & dommage, & mal fortunez. Ils considerent aussi, si celuy pour lequel ils dressent la figure, est né de iour ou de nuict. Et si le Planete se trouue en sa maison de iour, en la figure de celuy qui est né de iour, ils l'estiment plus heureux, que s'il estoit en sa maison de nuict, & reciproquement.

Les Planetes ont aussi leurs Exaltations, ou surhaussemens aux signes, à sçauoir le Soleil au ♈; la Lune, au ♉; Saturne, en la ♎; Iupiter, au ♋; Mars, au ♑; Venus, aux ♓ ☿, en la ♍. Et lors qu'ils se trouuent aux signes opposez, en vne naissance, ils sont en leur cheute. Cette Exaltation est la deuxiéme dignité des Planetes; & la Cheutte, leur seconde foiblesse: de mesme que leur Exil, la premiere.

ECLIPTIQVE.

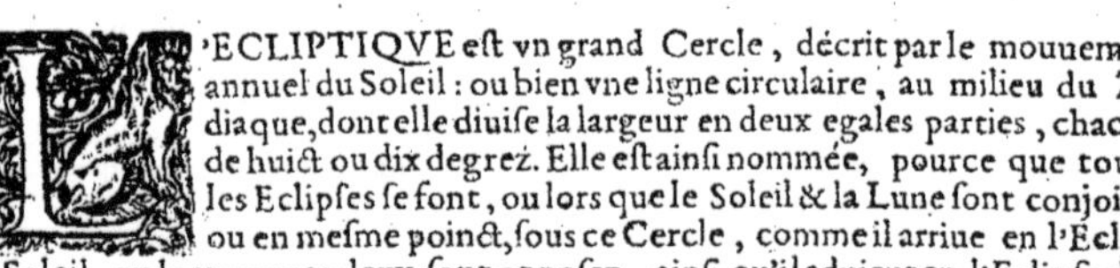

L'ECLIPTIQVE est vn grand Cercle, décrit par le mouuement annuel du Soleil: ou bien vne ligne circulaire, au milieu du Zodiaque, dont elle diuise la largeur en deux egales parties, chacune de huict ou dix degrez. Elle est ainsi nommée, pource que toutes les Eclipses se font, ou lors que le Soleil & la Lune sont conjoints, ou en mesme poinct, sous ce Cercle, comme il arriue en l'Eclipse du Soleil, ou lors que ces deux sont opposez, ainsi qu'il aduient en l'Eclipse de la Lune. Car lors que les conjonctions & oppositions de ces deux lumieres se font loin de ce chemin du soleil, il ne peut arriuer aucune Eclipse. Les Grecs la nomment aussi Cercle du soleil, & les autres, le chemin du mesme; pource qu'il marche tousiours sous ce Cercle: & Ptolemée l'appelle Cercle passant par le milieu des signes.

Au reste, cette Ecliptique, de mesme que le Zodiaque, approche tantost peu à peu de l'Equateur, tantost s'en eloigne; & par ce moyen en a ses distances inegales, qu'on appelle Declinaisons, dont ie mets le discours plus bas en leur Cercle: de mesme que celle de son obliquité, ou de son biaizement, au discours du Dixiéme Ciel. La mesme Ecliptique est diuisée par les poincts des Equinoxes, en moitié Septentrionale, tirant de l'Equateur vers le Pole Arctique, & Meridionale, qui se prend depuis le mesme, tirant au Midy, vers le Pole Antarctique. Elle est aussi partagée par les poincts des Solstices, en moitié montante, qui commence au Capricorne, & comprend auec luy les signes de ♒ ♓ ♈ ♉ ♊, qui sont appellez signes montans, ausquels le soleil & les autres Planetes, montent du Midy au Nort, vers nostre Zenith, & moitié descendante, qui embrasse les signes de ♋ ♌ ♍ ♎ ♏ ♐, qui sont signes descendans, ausquels les Planetes se trouuans, descendent de nostre Zenith du Nort au Midy.

C'est en ce Cercle, que se content les longueurs & largeurs des Estoiles, tant fixes qu'errantes, & pareillement de chaque poinct du Ciel.

Or de mesme que l'Equinoctial est la mesure du premier Mouuement, ainsi le Zodiaque, ou l'Ecliptique est celle des seconds Mobiles, pource qu'ils se reglét tous en leurs mouuemens par ce Cercle & ses Poles. Car le Soleil fait tousiours son cours sous l'Ecliptique, sans s'en écarter, & les Planetes ne s'en eloignent point au delà de leurs limites, qui sont mesme dans la large bande du Zodiaque.

Le biaizement de l'Ecliptique est aussi cause de l'inegalité des iours, tant naturels qu'artificiels, pource que se mouuant inegalement, il faut aussi que le Soleil, cause des temps, qui marche sous elle, fasse les iours inegaux.

Les

Les principaux temps sont aussi marquez par elle, à sçauoir l'Année par le mouuement annuel du Soleil; le Mois par celuy de la Lune, & les 4 saisons de l'Année. A quoy l'on pourroit adjouster la grande Année Platonique, de 49 mil ans, qui doit estre faite vne reuolution des estoiles fixes, sur les Poles de l'Ecliptique, si Dieu permet vne si longue durée à ce Monde.

COLVRES.

L'On appelle generalement Colures tous les grands Cercles, passans par les Poles du Monde, ainsi dits comme imparfaits, & manquans de quelques parties, pource qu'en leur tour du Monde ils ne paroissent iamais entiers. Car les arcs egaux, & opposez des deux costez autour des Poles, ne sont iamais veus ensemble en la Sphere oblique; mais l'vn apparoissant perpetuellement, comme proche du Pole eleué, son opposé demeure toujours sous l'Horizon.

Mais combien qu'on suppose vn Colure passant par chaques deux points opposez de l'Equateur; ou, pour euiter la multitude, au moins par tous les deux degrez opposez du mesme, (d'où vient que les Astronomes content 180 Colures, à sçauoir autant que chaque moitié de l'Equateur a de degrez;) toutefois on n'en represente que deux en la Sphere, dont l'vn est le Colure des Equinoxes; l'autre celuy des Solstices.

Le Colure des Equinoxes est vn des grands Cercles, passant par les Poles du Monde; & les points Equinoctiaux de l'Ecliptique, entrecoupant à angles droits Spheriques le Colure des Solstices, & l'Equateur, qu'il partage en deux moytiez egales.

Le Colure des Solstices est pareillement vn grand Cercle, passant par les Poles du Monde, & par les commencemens de l'Ecreuisse & du Capricorne, qui sont appellez points des Solstices.

HORIZON.

L'Horizon, c'est à dire le Borneur, ainsi nommé, pource qu'il limite la veuë, & separe la partie du Monde qu'on voit, de celle qu'on n'aperçoit point, ou l'Hemisphere d'enhaut de celuy d'enbas, est encor appellé par[a] quelques vns Limite du Ciel, & [b] Cercle de l'Hemisphere: & les Hebreux[c] le nomment Cercle distinguant vn pays de l'autre.

a Macrob. in som. Scip. c. 15.
b Muhamed Alfrag. Elem.
c Munster. in Spheram R. Abraham.

C'est vn des grands Cercles, egalement eloigné du point Vertical, ou du sommet des lieux, ayant le nom Arabe de Zenith, ou plustost de Semith, de mesme que son opposé, gisant sous nos pieds, celuy de Nadir, ou plustot de Nathir, & ces deux points sont les Poles de ce Cercle, dont le centre est le mesme que celuy de la Sphere du Monde.

Au reste il y a autant d'Horizons, que de Meridiens; veu que tous les lieux qui ne peuuent pas auoir mesme Zenith, ne sçauroient non plus auoir mesme Meridien. Et d'autant que le Zenith qui est au Meridien, est le Pole de l'Horizon, & que chaque lieu a son Zenith, & son Meridien particulier, il s'ensuyt que chacun a de mesme son particulier Horizon.

L'on diuise premierement l'Horizon en droit & oblique. Le droit est celuy dont les Poles sont en l'Equinoctial, ou bien aux Poles, duquel l'Equinoctial & le Meridiẽ s'entrecoupent, & qui fait des angles droits auec l'Equateur. C'est cet Horizon, qui fait la Sphere droite, c'est à dire telle que tous les deux Poles s'appuyẽt sur ce Cercle;

& l'vn ny l'autre n'est dessous : & cet Horizon est particulier, & commun à tous ceux qui sont logez sous l'Equateur. Au reste cette assiete du Ciel est nommée Sphere droite, pource que l'aissieu, ou la ligne qui passe par le milieu du Ciel le trauerse droitement d'vn point de l'Horizon à l'autre, ainsi que l'on peut voir au Globe, ou en la Sphere materielle.

l'Horizon oblique, ou non droit, est celuy dont les Poles sont au deça, ou au delà de l'Equateur ; & qui fait des angles inegaux & obliques auecque le mesme. C'est celuy qui fait la Sphere oblique, c'est à dire, rend l'assiete de la Terre telle, au regard du Ciel, qu'vn des Poles demeure eleué sur l'Horizon, & l'autre caché dessous. Ceux qui sont logez hors de l'Equateur, ont tous cet Horizon, bien que plus ou moins approchant du droit, & leur Sphere oblique.

L'on nomme encor Sphere Parallele celle qui se fait par le moyen de l'Horizon Egal, lors qu'il s'éleue autant d'espace du Ciel auec vn des Poles, au dessus de l'Horizon, qu'il s'en baisse dessous auec l'autre. Cet Horizon Parallele est celuy qui s'vnissant au plan de l'Equateur, a mesmes Poles que le Monde, & s'appelle autrement Horizon perpendiculaire, ou a plomb. Les lieux qui sont eloignez de l'Equateur de 90 degrez, & sous les Poles de l'Equateur, ou du Monde, tellement que les deux Poles de l'Horizon & de l'Equateur s'assemblent en vn point, ont cet Horizon ; de sorte que l'Equateur sert aussi d'Horizon, & ces deux Cercles n'en font qu'vn. Il n'y a ny leuer ny coucher des estoiles fixes, pource que la moitié demeure tousjours sur l'Horizon, & l'autre dessous, ny point d'Orient, d'Occident, de Septentrion, ou de Midy. On le nomme Parallele, pource qu'estant vny auec le Cercle Parallele du milieu, qui est l'Equateur, il a mesmes Poles que le Monde, & se trouue Parallele au Cercle du premier mouuement.

Pour conclusion de ces trois assietes du Ciel, tous ceux qui sont épandus le long de l'Equateur terrestre, ou de la ligne, sont habitans de la Sphere droite. Tous ceux qui sont au deça de la ligne Equinoctiale, comme ceux d'Europe, plusieurs peuples d'Afrique, toute l'Asie, en retranchant quelques Isles, qu'on approprie à cette partie, & ceux de l'Amerique Septentrionale, ont la Sphere oblique Septentrionale, exceptez les lieux assiz sous les Poles du Monde, qui l'ont Parallele ; & ceux qui sont au delà de l'Equateur, comme la partie de l'Amerique, qui git au Midy, la nouuelle Guinée, & plusieurs Isles, ont la Sphere oblique Meridionale, en exceptant toutefois les lieux soumis au Pole Antarctique, qui l'ont Parallele.

L'on diuise encor communnement l'Horizon en celuy qui est estably par la raison, qu'ils appellent Rationel, & le visible ; le premier estably par raison & iugement, & non selon nostre veuë, diuise le Ciel, mesme au regard de la Sphere oblique, en deux parties egales, que l'entendement se propose de la sorte, au defaut de l'œil qui ne peut les distinguer.

L'Horizon visible, ou sensible, c'est à dire exposé à nos sens, est cet espace rond, ou ce Cercle, que nostre veuë establit, ne pouuant passer plus outre, tellement qu'il luy semble que c'est en cet endroit que le Ciel se ioint à la Terre. Il est vray qu'en quelque vallée ceinte de montagnes, où la veuë se trouue contrainte, le tour qu'elle fait est moindre, comme au contraire plus grand, lors qu'on regarde de quelque lieu auantageux, comme d'vne montagne fort haute. Mais lors qu'vn homme estant droit en vne plaine, regarde de tous costez, sans aucun empeschement qui soit entre-deux, autant que la veuë se peut estendre, qui est ce qu'on nomme Horizon libre, toute cette circonference dont la cognoissance s'acquiert en multipliant le demy diametre, par 6 $\frac{2}{7}$ selon la doctrine d'Archimede, est communement estimée de 34 lieuës $\frac{8}{14}$ d'Alemagne, ou de 46 lieuës de ce pays, dont il en faut 20 pour vn degré, lors qu'on prend le diametre de la veuë d'onze lieuës d'Alemagne, & le demy diametre de cinq & demy du mesme pays, ou de 7 lieuës & vn tiers de celuy-cy. Mais prenant le demy diamettre, selon la commune estime, de 4 lieuës & demye d'Alemagne, qui en vallent 6 de ce pays, il sera de 28 lieuës $\frac{2}{7}$ d'Alemagne ou de pres de 37 $\frac{1}{2}$ de ce pays, Les anciens [a] ont donné 360 stades, ou 45 mils au diametre de cet Horizon sensible, & 180 stades, ou 22 mils & demy à son demy diametre, qui reuiendroient enuiron a 5 lieuës & demye d'Alemagne, communes, ou à 73 de Daufiné.

[a] Macrob in Som. Scip. li. 1 c. 15.

Doncques si quelqu'vn estant en vne plaine libre, pouuoit regarder d'vn costé iusqu'à la longueur du demy diametre, puis encor autant, dressant son œil d'vn autre costé; pour abreger, s'il se tournoit vers le Leuant, le Midy, le Couchant & le Nort, il verroit toute cette circonference qu'on appelle Horizon sensible.

C'est le plus auant que l'on puisse voir en vne plaine, pource qu'on tient que la force de la veuë ne s'estend communement plus outre en longueur, que de 4. lieuës & demie d'Alemagne, à cause que la rondeur de la Terre s'éleue de la plaine en cet interualle, iusqu'à 150 pieds, au delà desquels il est impossible de voir.

Surquoy l'on remarque l'abus de ceux qui disent, que les habitans de la Sphere droite, ou qui sont logez sous l'Equateur, peuuent apperceuoir les deux Poles sur leur Horizon; puis que la veuë ne peut s'auancer au delà de 7 lieuës de ce pays, bien qu'elle soit des meilleures. D'ailleurs Ian de Lery en son voyage d'Amerique, asseure par experience, qu'on ne voit aucun des deux Poles estant sous la ligne, & que l'on commence seulement d'en voir vn, lors qu'on a passé deux degrez d'vn costé ou d'autre de l'Equateur; & nous aprenons d'vn autre [a] qu'on perd de veuë l'estoile du Nort plus de 200 lieuës auant qu'on paruienne à la ligne Equinoctiale.

[a] Nauig. de Thom. Lopez.

Hauteur du Soleil.

L'on considere encor en ce Cercle combien le Soleil est eleué par dessus l'Horizon, & cette hauteur se trouue par le moyen que vous auez peu voir en la recherche de l'eleuation du Pole, par vn style dressé sur quelque lieu plat. Mais vous la pouuez encor auoir par le moyen du mesme style fiché contre vne muraille droite, qu'on appelle Plan vertical, & diuisé en quelques parties, comme en 100. Car apres auoir remarqué l'estenduë de l'ombre tournée, ou renuersée, qu'ils appellent Verse, il faut multiplier les parties de cet ombre par le sein entier, & les diuiser par toutes les parties du style, pour auoir la Touchante d'vn arc, auquel adioustant le demy diametre du Soleil de 15 minutes, l'on a la hauteur du centre du Soleil.

Nous contons aussi de l'Horizon le Crepuscule du matin, ou le temps de la durée de cette foible clarté, qui deuance le vray iour & le leuer du Soleil (dont ie feray plus ample mention aux Cercles des iours) pource que le Soleil s'approchant pour monter sur nostre Horizon, la plus haute region de l'air commence à deuenir claire, & la premiere pointe, ou le premier point du iour, à paroître, & le Crepuscule à se former, lors que le Soleil se trouue eloigné de 18 ou 19 degrez, contez au Cercle vertical. De mesme le Crepuscule du soir, ou le reste languissant de la lumiere du iour, finit lors que le Soleil s'est baissé d'autant de degrez sous l'Horizon.

Il sert grandement en la Geographie, pource que nous commençons à conter delà l'eleuation du Pole & de l'Equateur, au moyen desquelles nous nous asseurons de la latitude, ou largeur de chaque lieu.

Au reste, pource qu'il y a beaucoup d'Horizons, aussitost que ce Cercle se change, toute la face du Ciel est changée, d'où vient vne si grande diuersité, tant des Astres que des metaux, plantes, animaux, esprits & humeurs des hommes.

MERIDIEN.

E Meridien, ainsi dit à la Latine, à cause du Midy; pource que le Soleil paruenant à ce Cercle par le premier mouuement, en quelque assiete de Sphere que ce soit, fait Midy, & se trouue egalement eloigné du Leuant & du Couchant (d'où vient que le temps qui s'ecoule auant Midy est egal à celuy d'apres) est aussi nommé [b] Cercle du Midy, & du Septentrion; & pareillement Cercle du Milieu du Ciel & de la Terre. Les Astrologues nomment sa partie d'enhaut milieu du Ciel, exprimans ce nom par les lettres. M. C. Ils

[b] Messahala de Elem. & ortu Cœlest. c. 19.

l'apellent encor dixiéme Maison, cœur du Ciel, & sommet du Ciel; & la partie d'en bas, dont ils expriment le nom par les lettres I. C. bas du Ciel, & quatriéme Maison.

C'est vn des grands Cercles, passant par les Poles du Monde, & de l'Horizon, ou par le sommet, ou Zenith de chaque lieu, & le Nadir, ou Nathir son opposé, demeurant immobile au mouuemẽt de la Sphere, & n'estant pas vn par tout; mais particulier à chaque lieu, & distinguant tellement le Ciel, que le Soleil fait le milieu du iour, ou midy, lors qu'il arriue de iour à ce Cercle, & la mynuit lors qu'il y paruient la nuict. Il partage le Ciel en deux, & l'Horizon mesme à angles droits; & ses Poles sont en l'Horizon aux poincts éloignez de deux costez de 90 degrez du Meridien.

Au Globe, le Meridien est ce Cercle de Leton, dans lequel le mesme Globe tourne, separé de l'Horizon. En la Sphere c'est le Cercle, qui est pardessus tous les autres, & les enclôt tous, excepté l'Horizon. Au reste l'on ne voit, tant au Globe, qu'en la Sphere, qu'vn Meridien, de mesme qu'vn seul poinct vertical: mais en l'Astronomie il faut cõceuoir plusieurs Meridiens particuliers, asçauoir autant qu'il y a de Zenits, ou points du sommet de nos testes, ou des lieux, par lesquels le Meridien passe, aussi bien que par les Nathirs opposez sous la terre. Il est vray que le seul Meridien du Globe, ou de la Sphere, satisfait pour tous.

Mais communement les Astronomes, suyuans Ptolemée, donnent de nouueaux Meridiens à tous les lieux, dont le poinct vertical est eloigné du plus proche Zenith de cinq degrez; tellement qu'ils ne mettent en tout le Ciel que 36 Meridiens.

Quant aux Geographes, afin de pouuoir mesurer plus iustement les distances des lieux, ils tirent vn Meridien par tous les degrez opposez de l'Equinoctial, & diuisent en cette sorte tout le ciel & toute la terre per 180 Meridiens; & quelques vns n'en establissent que 90.

Et quant au premier Meridien, il y en a qui le mettent auec Ptolemée aux Isles Fortunées, ou Canaries, que l'on iuge pour ce sujet auoir esté prises pour la fin du Monde du costé d'Occident par les anciens, qui creurent qu'apres ces Isles l'on ne trouuoit qu'vne Mer fort vaste.

Mais les modernes Geographes prennent la pluspart ce commencement aux Isles Açores, plus Occidentales de quelques degrez que les Canaries, entre les Isles de Coruo, & Fayal, ou de l'Isle S. Michel, des mesmes Açores, à 9 degrez du premier Meridien des Canaries; pource que plusieurs tiennent qu'en ces Isles là, l'aiguille de l'ayman ne s'ecarte point, ains regarde precisement le Pole du Monde. Mais les Arabes [a] placent le premier Meriden à Calis, limite de l'Occident fort cognuë & remarquable, proche des Colomnes d'Hercule, au bord & Golfe plus auancé de l'Ocean Atlantique de ce costé là, eloigné de 10 degrez des Canaries, qui sont plus au couchant.

[a] Abilfedea Ismael Geograph. Christmann. in Alfragan. 94.

Pour auoir la difference des Meridiens il faut considerer vne Eclipse de la Lune en cette sorte. Qu'on remarque en diuers lieux le commencement, le milieu ou la fin de quelque Eclipse; puis qu'on en confronte les temps, ostant le moindre du plus grand, pour auoir leur difference. Il faut apres changer cette difference en degrez, & raisonner ainsi, Vne heure donne 15 degrez, combien donnera la difference, exemple de 36 minutes. L'on trouue qu'elle donne 9 degrez, pource que 4 minutes font vn degré. Ainsi vne Eclipse ayant esté veuë en son commencement à Constantinople à 2 heures 28 minutes apres minuit, & à Rome à 1 heure 24 minutes, il y a difference d'vne heure & 4 minutes. Il faut donc dire que le Meridien qui passe par Constantinople est eloigné de celuy de Rome de 16 degrez.

Le Soleil, & tous les astres, paruenant à ce Cercle, sont ou en leur plus grande hauteur de ce iour là, s'ils se trouuent en sa moitié d'enhaut, d'autant qu'ils approchent le plus du Zenith, ou en leur plus grande bassesse, s'ils sont arriuez à la moitié d'enbas; pource qu'alors ils sont plus eloignez du Zenith; tellemẽt qu'ils ne le peuuẽt pas estre dauantage en toute la reuolution du iour; chose qu'on decouure clairement aux estoiles qui paroissent toujours, & ces eleuations remarquées curieusement par les Astronomes, sont appellées Meridiennes.

Ce mesme Cercle monstre la ligne du Midy, qu'on appelle Meridienne, que l'on trouue en dressant vn style à plomb, ou à angles droits, au centre d'vn cercle, ou de plusieurs, & marquant en deux endrois d'vn mesme Cercle la pointe, ou l'extremi- *Ligne Meridienne.*

té de l'ombre, quelques heures auant & apres Midy, puis cherchant le milieu d'entre ces deux ombres, par lequel, & par le centre, il faut tirer vne ligne droite, qui est la Meridienne, fondement des Horloges qu'on fait au Soleil.

Que si l'on veut auoir d'autres Lignes Meridiennes en plusieurs endrois, il faut remarquer quand l'ombre du style se trouue iustement sur la Ligne Meridienne; veu que si l'on tient vn fil delié, auec vn plomb, en quelque autre plan que ce soit, & si l'on marque son ombre au plan, de deux points eloignez, la ligne droite qu'on tirera par ces deux points sera la Ligne Meridienne.

On la trouue aussi promptement par le moyen de l'aiguille des quadrans & des Boussoles, tirant vne grande ligne droite Parallele à la Ligne du Nort & du Midy, qui y est marquée. Mais cette façon n'est pas asseurée, pource que l'aiguille s'écarte souuent du vray Nort & Midy, de quelques degrez.

L'on peut aussi considerer en ce Cercle la Hauteur Meridienne du Soleil, & des autres Astres, ou combien ils sont eleuez sur l'Horizon en leur Midy, ou lors qu'ils sont paruenus au Meridien, que l'on trouue en adjoustant leur declinaison à la hauteur de l'Equinoctial, qui n'est autre que l'accomplissement de celle du Pole, pour aller à 90 degrez, lors qu'ils sont aux signes Septentrionaux depuis le commencement du Belier, iusqu'à la fin de la Vierge, ou bien ostant la declinaison de la mesme éleuation de l'Equateur, lors qu'ils sont aux signes Meridionaux. Ainsi le Soleil estant a Midy dans les 28° 58', 47" du Lyon, qui est vn Signe Septentrional, à la hauteur du Pole de 45 degrez, qui est celle de Moras; si vous adjoustez à la hauteur de l'Equinoctial, qui est aussi de 45 degrez, en ce lieu (comme l'accomplissement de 90) la delinaison de 11°, 52', 25" deüe au lieu du Soleil à Midy, vous aurez 56 degrez, 52', 25" pour sa hauteur Meridienne, dont la cognoissance est requise en plusieurs operations Astronomiques. Au reste pour sçauoir en quelle partie du Monde il sera Midy à l'heure proposée, il faut multiplier les heures qui sont passées depuis vostre Midy par 15, & adiouster le nombre prouenant de cette addition à la longitude, ou aux degrez du Meridien de vostre lieu; puis conter ce nombre sur l'Equateur pour auoir à la fin le Meridien, sous lequel tous les habitans auront Midy à cette heure là, & par ce moyen l'on peut aisément comprendre quel pays a plustost Midy qu'vn autre. Mais il faut prendre garde de retrancher 360 degrez de vostre conte lors qu'il les passera, & se seruir du reste pour trouuer le Meridien.

CERCLES MOINDRES ET PARALLELES.

Les petits Cercles de la Sphere sont ceux qui n'ont pas mesme centre que le Monde & tout le Ciel, & qui se partagent entr'eux, & diuisent le Globe celeste, & les autres Cercles de la Sphere en deux moytiez inégales, & sont autrement nommez Paralleles, pource qu'ils sont egalement éloignez de tous costez les vns des autres. Ceux-cy ont mesmes Poles que le monde, & ne sont nullemét egaux entr'eux, pource que la Sphere s'estrecissant tousjours depuis l'Equateur iusques aux Poles, en forme ronde, il faut aussi que les Paralleles deuiennent moindres, tant plus ils s'éloignent de l'Equateur, & s'approchent des Poles du Monde, & que la proportion soit gardée, selon leur distance du milieu du Monde.

Ces Paralleles sont de deux sortes, veu que les vns se raportent au Zodiaque, en l'aissieu duquel tous leurs centres cõsistent, cõme ceux qui sont décrits par les estoiles fixes, assises hors de l'Ecliptique, & tournantes autour de l'aissieu du Zodiaque, entre tous lesquels le plus grãd est l'Ecliptique: les autres se raportent à l'Equateur, ayãs tous leurs centres en l'Aissieu du Monde, comme estans décrits par les mesmes estoiles, tournantes autour de l'Aissieu du Monde.

Dauantage les Paralleles passans par les sommets des lieux, sont les bornes de leurs largeurs, ou eloignemens de l'Equateur, outre que c'est en eux que l'on conte les longueurs des mesmes lieux.

Les Paralleles raportez à l'Equateur, décrits par les estoiles fixes, ou les Planetes, limitent leurs declinaisons, ou éloignemens de l'Equateur. Mais les Paralleles raportez à l'Ecliptique, décrits par les estoiles fixes, ou par les Planetes, marquent la Latitude, ou Largeur des mesmes, c'est à dire leur éloignement de l'Ecliptique.

Au reste ces petits Cercles ont de mesme que les grands, 360 degrez, mais proportionels à ceux de l'Equateur, selon leur plus grand, ou moindre étrecissement, & leur plus grande, ou moindre distance de l'Equateur, ou de l'Ecliptique.

Mais laissant à cette heure ceux qui sont raportez à l'Ecliptique, & considerant seulement les autres qui sont en egale distance de l'Equateur, quoy qu'il y en ayt plusieurs, les principaux toutefois, & qui paroissent seuls en la Sphere, sont les deux Tropiques & les deux Cercles Polaires, au lieu qu'aux Cartes l'on marque aussi plusieurs autres Paralleles.

Quant à la proportion des Paralleles à l'Equateur, vous verrez la façon de la trouuer au discours des distances des lieux & des Paralleles, où leur cognoissance est necessaire.

LES DEVX TROPIQVES.

Es Tropiques ainsi nommez par les Grecs, à cause du retour du Soleil vers l'Equateur, duquel il s'estoit eloigné, s'auançant vers le Nort, ou le Midy, sont appellez autrement Cercles des solstices, pource qu'il semble que le Soleil s'arreste longuement en mesme lieu, & mesme hauteur, à cause de la grande Declinaison de l'Ecliptique, & de plusieurs degrez que le Soleil est contraint de parcourir sur ses dernieres bornes, de sorte que le changement de degrez ne fait point apperceuoir de sensible changement du lieu de son leuer & coucher, non plus que de l'accroissement & de la diminution des iours; de sa hauteur de Midy, & de son eloignement de l'Equateur; bien que veritablement le Soleil n'arreste qu'vn iour & vne nuit en chacun de ces Cercles Tropiques, s'en éloignant aussi tost; tellement que le lendemain le iour vient à croistre, ou decroistre; bien que nous ne puissions pas le remarquer auant le 12 iour, à sçauoir, ou enuiron la feste de la Visitation de la Vierge en Esté, ou celle des Roys en Hyuer. Mais le vray Solstice d'Esté arriue le 11 ou 12 de Iuin, selon le vieil style, ou le 21 ou 22, selon le nouueau; & celuy d'Hyuer le 11 ou 12 de Decembre selon le vieil style, & le 21 ou 22 selon le nouueau, le iour ou le lendemain de la S. Thomas.

Ces Tropiques touchent l'Ecliptique des deux costez, & marquent le chemin que le Soleil fait par son mouuement iournalier, lors qu'il est plus eloigné de l'Equateur, du costé du Nort, ou du Midy; & marquent aussi sa plus grande declinaison ou distance du mesme Equateur, duquel ils sont egalement eloignez à present de 23° 31' 30'' selon Brahé, de mesme qu'entr'eux de 47° 3', qui se content aux Colures, & des Poles eu Monde 66° 28' 30''.

Ils monstrent les bornes, au delà desquelles le Soleil ne passe iamais, tant au Nort qu'au Sud; le poinct du Ciel, auquel le Soleil nous fait le plus long iour du costé du Nort, ou le plus court de celuy du Sud, & les lieux de l'Ecliptique, où se font les Solstices & retours du Soleil, ou ses plus grandes declinaisons; & finalement enferment en l'espace qui se trouue entr'eux la Zone Torride en la separant des Temperées.

Le Tropique qui est deça l'Equateur, est nommé Tropique de l'Ecreuisse, ou de Cancer à la Latine, pource qu'il est tracé par le premier point, ou commancemēt de l'Ecreuisse, auquel il touche l'Ecliptique. Il est aussi nommé pour nostre regard Tropique d'Esté, ou du Solstice d'Esté, pource que le Soleil y vient durant nostre Esté, & pour mesme respect il est dict nostre Cercle du haut Solstice, pource que le Soleil y estāt, nous paroist le plus haut qu'il se peut, & le plus proche de nostre poinct vertical, ou du sommet de nos testes, & nous fait alors le plus long iour. On l'appelle encor Tropique Septentrional, pource que le Soleil est le plus auancé qu'il se peut vers le Septentrion.

L'autre a le nom de Tropique de Capricorne, pource qu'il est decrit par le premier point du Capricorne qui touche l'Ecliptique. On le nomme aussi Tropique d'Hyuer, pource que le Soleil y vient durant nostre Hyuer, & Tropique du bas Solstice, pource que le Soleil y paruenant, est pour nostre regard en sa moindre hauteur. Il est encor appellé Tropique Meridional, pource que le Soleil est le plus eloigné qu'il se peut de l'Equateur, du costé du Sud, au iour qu'il marque ce Cercle.

C'est en ce mesme temps qu'il est plus eloigné du sommet de ceux qui se tiennent du costé du Nort, & leur donne le plus court iour de l'année, & la plus longue nuit, le plus souuent auec vn grand froid. Au surplus la Zone Torride est logée entre ces deux Cercles; qui sont eloignez tantost plus, tantost moins de l'Equateur, selon la plus grande Declinaison du Soleil, qui reçoit diuers changemens, comme vous verrez aux Cercles des Declinaisons.

LES CERCLES POLAIRES.

Es deux Cercles Polaires sont ceux qui marquent des deux costez vers les Poles du Monde, le lieu des Poles du Zodiaque, ou de l'Ecliptique, & leur distance de l'Equateur & des Poles du Monde, dont ceux de l'Ecliptique sont eloignez d'autāt de degrez qu'il s'en trouue en la plus grande declinaison; de mesme que ces Cercles Polaires, qui ont maintenant leur distance de l'Equateur de 66 degrez, 28' 50"; & des Tropiques de 42°, 57'.

L'vn de ces Cercles, qui se trouue du costé du Nort, appellé Polaire Arctique, à cause des estoiles de la grande & petite Ourse qui s'y voyent comme encloses, est decrit autour du Pole Arctique, & passe presque par le milieu de la teste de la grande Ourse. Et ce Cercle & le Pole qui l'auoysine, enferment & font la Zone Froide, & le mesme auec le Tropique de l'Ecreuisse, enclost nostre Zone Temperée.

L'autre Cercle du costé du Midy, nommé Polaire Antarctique, comme opposé à l'Arctique, est décrit autour du Pole Antarctique, & le mesme, auec le Pole Meridional enferme la Zone Froide, & auec le Tropique du Capricorne, enclost la Zone Temperée, au delà de l'Equateur; & la distance des deux Tropiques fait la Zone Torride, ou Brulée.

Au reste les estoiles comprises dans le Cercle Arctique ne se couchent iamais en nostre Sphere oblique, mais sont portées sur l'Horizon, auec les autres estoiles fixes, par le mouuement du premier Mobile, en temps egaux autour du Pole; & celles qui sont au dedans du Cercle Antarctique, ne se leuent iamais en nostre Sphere; mais tournent au dessous de l'Horizon, en pareils espaces de temps, auecque les autres estoiles fixes, autour de l'autre Pole, qui nous est caché.

Ce sont les plus grands Cercles d'entre tous les Paralelles de l'Equateur, qui paroissent toûjours, ou sont toûjours cachez; mais ce sont les moindres entre ceux dont vne partie est sur l'Horizon, & l'autre dessous.

Par le moyen de ce Cercle nous conoissons quelles estoiles, où parties du Ciel, apparoissent tousiours en la Sphere oblique, & quelles se leuent & couchent comme sont celles d'entre ces deux Cercles. Delà vient qu'on a estably trois differences d'estoiles, à sçauoir de celles qui ne se leuent ny couchent iamais, comme celles qui se trouuent dans ces Cercles; de celles qui razent seulement l'Horizon, sans monter ou descendre, comme sont celles qui se trouuent aux circonferences des Cercles; & de celles d'entre-deux, qui sont sujettes à se leuer & coucher.

CERCLES DES LONGVEVRS ET LARGEVRS.

Vtre ces Cercles ordinaires de la Spere, il y en a plusieurs autres, que l'imagination doit conceuoir au Ciel, comme ceux des Longueurs, des Largeurs, des Declinaisons, des Ascensions droites, des Azimuths, des Almucantarats, des Heures, des Iours Ciuils, des Maisons & Positions.

Quant aux Cercles des Longitudes, ou Longueurs, les Astronomes voulans au commencement rapporter toutes les estoiles qui sont hors du Zodiaque à l'Ecliptique, & ranger, comme il falloit leur assiete, tirerent en leur esprit par les deux Poles du Zodiaque, & tous les commencemens des Signes 12 demys-Cercles, ou six Cercles, dans lesquels il enferment toutes les estoiles, donnans à vn Signe toutes celles qui se trouuent comprises entre deux demys Cercles, d'vn Pole à l'autre du Zodiaque. Mais ne se contentans pas apres de cette diuision, ils s'imaginerent encor de semblables Cercles, passans par les degrez & minutes de chaque Signe, qu'ils appellerent Cercles des Longueurs des estoiles, ou leurs distances du premier poinct du Belier; veu que la Longueur d'vne estoile n'est autre chose, qu'vn arc de l'Ecliptique, enclos entre le vray lieu de l'Equinoxe du Printemps, ou du commencement du Belier, & le Cercle de largeur de l'estoile, selon la suite des Signes.

Au reste il faut considerer icy ce que veulent dire ces termes, selon & contre la succession, ou suite des Signes, que l'on trouue souuent dans les liures. Car l'ordre selon la suite des Signes, exprimé par ces lettres S. S. S. est lors que l'estoile se meut d'Occident en Orient; & l'ordre contre la succession des Signes, exprimé par C. S. S. est lors que l'estoile se meut d'Orient en Occident.

Les Cercles des Latitudes, ou Largeurs, sont de grands Cercles, passans par les Poles de l'Ecliptique & tous ses poincts, & les vrays lieux des estoiles, & monstrans leur distance de l'Ecliptique, qu'on nomme Largeur. Le Colure des solstices est au nombre de ces Cercles des Largeurs, qui trauersent ceux des Longueurs, & sont paralleles à l'Ecliptique, & egalement eloignez les vns des autres. La Largeur de l'estoile est vn arc du Cercle de Largeur, compris entre l'Ecliptique & le centre de l'etoile, ou pour l'exprimer autrement, est la plus briefue distance de l'estoile de l'Ecliptique, vers l'vn ou l'autre Pole de la mesme Ecliptique. On l'appelle Largeur de l'estoile, pource qu'elle s'éloigne de l'Ecliptique en largeur, c'est à dire du costé du Nort, ou du Midy; & pour cette cause la Largeur de l'estoile est diuisée en Septentrionale, ou prise du costé du Septentriõ, & Meridionale, prise du costé du Su. Au reste il y a 180 Cercles des Longueurs, de mesme que des Largeurs; & ces derniers sont diuisez en Septentrionaux & Meridionaux, comme leurs eloignemens de de l'Ecliptique.

CERCLES DES DECLINAISONS.

LEs Cercles des Declinaisons sont de grands Cercles, passans par les Poles du Monde, & les vrays lieux des estoiles, montrans leur distance de l'Equateur, qu'on appelle Declinaison, qui n'est autre chose qu'vn arc de ce grand Cercle, compris entre l'estoile ou le poinct du Ciel, & l'Equateur, ou l'eloignement du Soleil de l'Equateur, & la distance & Largeur qui est entre luy & la ligne Equinoctiale, laquelle quand il touche, il n'a aucune declinaison, chose qui arriue deux fois l'an, à sçauoir enuiron le 20 de Mars, & le 23 de Septembre: mais par tout ailleurs il s'écarte de l'Equinoctiale plus ou moins, selon qu'il fait son cours par les Signes. L'on met entre ces Cercles les deux Colures, pource que tous deux passent par les Poles de l'Equateur.

Le moyen d'auoir les declinaisons de tous les poincts de l'Ecliptique, est fort aisé, lors qu'on est asseuré de la plus grande Declinaison du Soleil, veu que multipliant son sein droit par le sein de la longueur du poinct de l'Ecliptique proposé, prise du plus proche Equinoxe, & diuisant le produit par le sein entier, l'on acquiert au quotient le sein de la Declinaison du point proposé. Ainsi cherchant la Declinaison du Soleil, lors qu'il est aux 28 degrez, 58', 47'' du Lyon, & que sa longueur, ou son éloignement du plus proche Equinoxe, qui est celuy d'Automne, au cõmencement de la Balance, est de 31°, 1', 3'', le sein, en prenant la partie proportionelle, à cause des secondes, est 51534, si vous multipliez ce sein par celuy de la plus grande Declinaison du Soleil, de 23° 31' 30'' selon Tycho Brahé, & partagez apres le produit par le sein total 100000, vous aurez au quotient le sein droit de 20576, auquel est deu l'arc de 11°, 52' 25', en prenant la partie proportionelle, pource que ce sein ne se trouue pas iustement en la Table des seins, de sorte que la declinaison du Soleil se troue alors de 11°, 52' 25''.

Que si l'on vous proposoit quelque Declinaison, & que vous voulussiez sçauoir à quel poinct de l'Ecliptique elle se raporte, il faudroit multiplier la Coupante de l'accomplissement de la plus grande Declinaison du Soleil, par le sein droit de la Declinaison proposée, & diuiser le produit par le sein entier pour auoir au quotient le sein de l'arc de longueur du poinct donné de l'vn des Equinoxes. Au reste la

Declinaison trouuée sera Septentrionale, si le point de l'Ecliptique est en la moytié Septentrionale, commençant par le Belier, & au contraire. Vous pourrez faire essay de la verité par la mesme declinaison que vous auez trouuée.

Que si nous cherchons la Declinaison d'vne estoile fixe, ou errante, qui a quelque latitude, ou qui s'écarte de l'Ecliptique vers le Nort, ou le Midy, il faut premierement multiplier le sein de la plus grande Declinaison, par celuy de la distance de l'estoile, de l'Ecreuisse, ou du Capricorne, & partager le produit par le sein entier, pour auoir au quotient le sein d'accomplissement de l'angle, qu'on appellera premiere inuention.

Apres cela l'on multipliera la Coupante de l'accomplissent de cette premiere inuention, par le sein de l'accomplissement de l'obliquité du Zodiaque, ou de la plus grande declinaison, & diuisant le produit par le sein entier; l'on aura au quotient le sein de l'accomplissement de la seconde inuention, ou de la racine de la Declinaison.

Puis vous ferez de ce sein, & de largeur de l'estoile par addition, ou soustraction, selon la doctrine suyuante, la troisiesme inuention, qu'ils appellent Argument de la Declinaison.

Et finalement vous multiplierez le sein de la premiere inuention par celuy de la troisiesme; & diuiserez le produit par le sein entier, afin d'auoir au quotient le sein de la Declinaison de l'estoile, & par consequent sa Declinaison, qui sera Septentrionale ou Meridionale, selon que la troisiesme inuention, qui est l'Argument de la Declinaison, sera denommée.

La consideration qu'il faut raporter icy est, que si la seconde inuention, ou racine de la Declinaison est Septentrionale, au regard de l'Equateur, & la latitude de l'estoile aussi Septentrionale, il les faut adjouster l'vne à l'autre, pour auoir la troisiesme inuention, ou l'Argument de la Declinaison, Septentrional.

Si la seconde inuention, ou la racine de la Declinaison est Septentrionale, & la latitude de l'estoile, Meridionale, & plus grande que cette racine, il faudra soustraire la racine de la latitude, pour auoir l'Argument de la Declinaison Meridional; mais si la latitude est plus grande que la racine, il faut soustraire la latitude de la racine de la Declinaison, pour auoir, en ce qui restera, l'Argument de la Declinaison, Septentrional.

Si la seconde inuention, ou la racine de la Declinaison, est Meridionale, au regard de l'Equateur, & la latitude de l'estoile est de mesme denomination, il faut adjouster les deux, pour auoir l'Argument de la Declinaison, Meridional.

Que si la latitude de l'estoile est Septentrionale, & plus grande que la racine Meridionale, il faut oster la racine de la latitude, pour auoir au nombre restant, l'Argument de la Declinaison, Septentrional; & si la latitude est moindre que la racine, il faut oster la premiere de la deuxiesme, pour auoir au reste l'Argument de la Declinaison, Meridional.

Au surplus ce qu'on appelle racine de la Declinaison n'est autre chose qu'vne portion du Cercle de la latitude, comprise entre l'Equateur & l'Ecliptique, & l'Argument de la Declinaison n'est aussi que la distance de l'estoile de l'Equateur, contée au mesme Cercle de latitude, de mesme que la premiere inuention l'arc qui marque l'angle fait par l'Equinoctial & le Cercle de largeur, ou latitude.

Ainsi si la Lune estant aux 2 degrez, 43' minutes des Poissons, & ayant 4° 23' de latitude Meridionale, vous desirez sçauoir sa Declinaison, en multipliant le sein de la plus grande Declinaison de 23° 29' 30" par celuy de 62° 47', qui est la distance de 2° 43' des ♓ du premier point du Capricorne; & partageant le produit par le sein entier vous auez le sein de l'accomplissement de l'angle de la premiere inuention, à sçauoir 35478, auquel répondent 20° 47', dont l'accomplissement pour aller a 90° est 69°, 13'; que i'appelle premiere inuention, dont le sein est 93493.

Apres cela ie multiplie la Coupante de l'accomplissement de cette premiere inuention, par le sein de l'accomplissement de la plus grãde Declinaisõ & diuise le produit par le sein entier 100000, & la fin de l'operation donne le sein d'accõplissement de la seconde inuention, répondant à 78° 43', dont l'accomplissement iusques à 90 est de 11° 17', qui est l'angle de la seconde inuention, ou de la racine de la declinaison.

Puis pource que la racine de la declinaison est Meridionale, pource que la Lune se trouue en vn signe Meridional, & sa latitude est de mesme, ie ioins ensemble ces deux qui sont adioustées 15° 40', pour l'Argument de la declinaison, ou pour la troisiesme inuention, dont ie multiplie le sein 27004 par celuy de la premiere inuention, & diuisant le produit par le sein entier, i'ay au quotient le sein de la declinaison de l'estoile 25247, & par consequent 14° 37' minutes qui répondent à ce sein; & cette declinaison est Meridionale, pource que l'Argument de la declinaison se trouue Meridional.

Il faut aussi sçauoir, que par le moyen de la declinaison l'on discerne les estoiles qui se leuent & couchent, d'auec celles qui ne montent pas sur l'Horizon, ny descendent sous le mesme; veu que lors que la declinaison de l'estoile est plus grande que l'éleuation de l'Equateur, l'estoile Septentrionale ne se couche point, pource qu'autant que l'Equateur se trouue eleué du costé du Midy, autant le poinct opposé du mesme se trouue bas du costé du Nort sous l'Horizon. Et pour le regard des estoiles, qui ont autant de declinaison Meridionale, l'on peut asseurer qu'elles ne se leuent pas, & ne sont point veuës en cette eleuation de Pole, si bien qu'on ne voit leuer & coucher que celles, dont la declinaison est moindre que l'eleuation de l'Equateur, qui se trouue si l'on soustrait la hauteur du Pole de 90 degrez. Finalement les estoiles fixes dont la declinaison Septentrionale est plus grande que la hauteur du Pole du lieu, ne sont iamais veuës par ceux d'Europe, du costé du Midy.

Au reste les declinaisons des estoiles changent sensiblement de temps en temps, & les differences Ascensionelles ne demeurent pas tousjours en mesme estat; à raison dequoy l'on ne peut donner des Tables perpetuelles des declinaisons & des Ascensions droites, qu'il faut changer auec le temps, selon les longueurs & largeurs recognuës.

La plus grande declinaison du Soleil, ou biaizement de l'Ecliptique, ou eloignement de l'vn & de l'autre, de l'Equateur, est de 23° 52', ou, selon la correction des plus habiles modernes, de 23° 53'; & la moindre de 23° 28'; mais selon la correction des mesme, de 23° 31'. Car bien que Copernic l'ayt mise de 23° 28, toutefois la hauteur du Pole de son lieu mal prise, auec la Parallaxe, & Refraction méprisée, le conduisit à cet abus, decouuert suffisamment par Tycho Brahé, qui a fait voir[a] que s'il eut conté comme il deuoit, il eut trouué cette distance de 23° 31' de son temps, qui se trouue dés l'an 1588 de 23° 31' 32", & va maintenant tousiours augmentant, de sorte que l'an 1630 la plus grande declinaison s'est auancée iusqu'à 23° 32'. Mais au temps de Ptolemée elle estoit de 23° 51' 21"[b].

[a] Tycho Brah. Progym. li. 1.

[b] Ptolem. Almag. li. 1. c. 13.

CERCLES DES ASCENSIONS DROITES.

Es Astronomes ont encor tiré des demys Cercles par chacun des 360 degrez de l'Equateur, & par leurs minutes, les faisant passer par les Poles du Monde & les nommant Meridiens, pource qu'ils répondent aux Meridiens terrestres, & bornent au Ciel la Mediation du Ciel de chaque estoile, c'est à dire marquent quel degré conté en l'Equinoctial, depuis le premier point du Belier, passe par le Meridien de nostre lieu auec quelque estoile. Mais ces mesmes Meridiens sont proprement appellez par la plus part Cercles des Ascensions droites, & l'arc de l'Equinoctial, que l'on nomme Mediation du Ciel, reçoit icy le nom d'Ascension droite; pource que les mesmes degrez de l'Equinoctial, qui passent par le Meridien auec quelque estoile, montent auec la mesme sur l'Horizon en la Sphere droite; voire mesme chaque Meridien doit estre tenu pour Horizon droit d'vn lieu. Au reste ces Mediations du Ciel ne sont que des portions de l'Ecliptique qui se leuent en l'Horizon droit, auec quelque arc de l'Equateur ou quelque Ascension droite. Et combien que ces Mediations du Ciel puissent aysement estre trouuées par le moyen des Tables des Ascensions droites de l'Ecliptique, en cherchant le signe & le degré de l'Ecliptique, qui répond à l'Ascension droite, toutefois par la doctrine des triangles on peut auoir mesme chose, en multipliant la Touchante de l'Ascension droite, par le sein de l'accomplissement de la plus grande declinaison, & diuisant le produit par le sein entier, pour auoir au quotien la Touchante de l'accomplissement de l'arc, ou du point, qui vient au milieu du Ciel auec l'Ascension droite.

Pour le regard de l'Ascension ou monter, & descension, ou descente, c'est vn arc de l'Equateur, qu'on voit monter sur l'Horizon ou descendre, auec quelque partie du Ciel, assise hors de l'Equateur, qui a certain commencement & certaine fin en la Sphere: & il y a autant de sortes d'ascensions & descentes, qu'il y a de sortes d'assietes de Sphere. Cette Ascension est droite ou oblique.

L'Ascension droite, ou le monter droit d'vn degré de l'Ecliptique, ou d'vne estoile, est vn arc de l'Equinoctial, compris entre le vray lieu de l'Equinoxe du Printemps, & le Cercle de declinaison de quelque poinct que ce soit du Ciel, & l'on la nomme Ascension droite, pource qu'elle s'accorde auec les Ascensions des estoiles en la Sphere droite.

L'Ascension & descension oblique d'vne estoile, ou d'vn point de l'Ecliptique, est vn arc de l'Equinoctial, compris entre le vray lieu de l'Equinoxe du Printemps, & le point de l'Equateur qui monte sur l'Horizon, ou descend sous le mesme, auec quelque estoile.

Il faut aussi cognoistre ce qu'on appelle difference Ascensionelle, ou difference du Monter, qui n'est autre chose qu'vn arc de l'Equateur, qui monstre la difference d'entre l'Ascension droite & oblique de quelque point, de mesme entre la descente droite & oblique.

Quant à l'Ascension droite du lieu du Soleil, ou de l'Ecliptique, on la trouue en multipliant le sein d'accomplissement de la plus grande declinaison du Soleil, par la Touchante de la distance du point donné du plus proche Equinoxe, & partageant le produit par le sein entier, pour auoir au quatriéme nombre la Touchante de l'Ascension droite.

Ainsi le Soleil estant au 29° 33′ 38″ du Lyon, ie multiplie le sein de l'accomplissement de la plus grande declinaison du Soleil, par la Touchante de l'éloignement du Soleil du plus proche Equinoctial à sçauoir de la Balance, qui est de 30 degrez, 26′ 22″, & diuisant le produit par le sein entier, i'ay pour mon quatriesme nombre 53873, qui est la Touchante de l'Ascension droite du lieu du Soleil, répondante à l'arc de 28 degrez, 18′ 47″; que ie soustray du demy Cercle, ou de 180 degrez, pource que le lieu du Soleil passe le quart du Cercle, ou 90 degrez, & par ce moyen il reste pour Ascension droite du lieu du Soleil 151° 41′ 13″.

Que si l'on vouloit reciproquement trouuer le point de l'Ecliptique répondant à quelque Ascension droite proposée, il faudroit multiplier la Touchante de cette Ascension droite donnée par le sein de l'accomplissement de la plus grande declinaison du Soleil, & diuiser le produit par le sein entier, pour auoir au quatriéme nombre la Touchante de l'accomplissement de la distance du plus proche Equinoxe, du point répondant à l'Ascension droite.

Par cette voye l'on trouuera à la fin de l'operation la Touchante 170164, répondante à 59° 33′, dont l'accomplissement pour aller à 90 est 30° 27′, qui est la distance qu'il y a depuis le commencement de la Balance ou l'Equinoxe d'Automne, iusqu'aux 29° 33′ du Lyon, en prenant le conte à rebours de la suyte des signes, comme il le faut prendre en pareil cas.

Quant aux Ascensions droites des estoiles fixes, & Planetes, qui ont quelque largeur, ou eloignement de l'Ecliptique, la façon de les trouuer est differente & plus malaysée. Car pour l'auoir il faut premierement chercher l'arc, qu'on appelle racine des Ascensions, puis celuy qu'on nomme arc de difference du monter, ou de l'Ascension sur l'Horizõ droit ou de son passage par le milieu du Ciel, qui n'est autre chose qu'vn arc cõpris entre deux cercles passans par l'estoile, en l'vn desquels nous comptons la latitude de l'estoile, & en l'autre sa declinaison, lequel estant joint, ou osté à la racine des Ascensions, selon que le cas le requiert, offre l'Ascension droite.

La racine des Ascensions est vn arc de l'Equateur, compris entre le plus proche point de l'Equinoxe, & le Cercle de Largeur de l'estoile. Au reste cette racine trouuée se doit raporter au point de l'Equinoxe du Printemps, & estre contée de ce point, selon la suyte des signes, quand le point de l'estoile n'est pas au premier quart de l'Ecliptique, tellement qu'il la faut soustraire du demy Cercle. Mais lors que l'estoile est au troisiesme quart de l'Ecliptique, il faut adjouster le demy Cercle à cette racine; mais au quatriéme il la faut oster du Cercle entier; & de cette sorte on pourra dire qu'elle est contée de l'Equinoxe du Printemps, selon l'ordre des signes. Mais il faut remarquer que l'on doit adjouter l'arc de la difference du monter à la racine des Ascensions quand l'estoile est en la moytié montante depuis ♑ iusqu'à ♋ & qu'elle a sa declinaison Meridionale, ou en la descendante Septentrionale, & au contraire. Pour auoir premierement la racine de l'Ascension il faut multiplier la Touchante de l'accomplissement de la distance de l'estoile du poinct du plus proche Equinoxe par le sein de l'accomplissement de la plus grande declinaison, & diuiser le produit par le sein entier, pour auoir au quatriéme nombre la Touchante de l'accomplissement de la racine de l'Ascension droite.

Il faut apres multiplier la Coupante de la declinaison de l'estoile par le sein de l'accomplissement de l'Argument de la declinaison de la mesme, dont i'ay parlé cy dessus au discours des declinaisons, & partager le produit par le sein entier, pour auoir au quatriéme nombre le sein de l'accomplissement de l'arc de la difference de monter, ou de l'egalation de la mesme; qu'il faut adjouster à la racine des Ascensions, contée depuis le Belier selon la suyte des signes, lors que la Longueur de l'estoile est depuis le Capricorne iusqu'à l'Ecreuisse, en la moytié montante du Zodiaque, auec sa declinaison Meridionale, ou en la descendante auec declinaison Septentrionale, ou bien il la faut soustraire quand la longueur de l'estoile, contée depuis le Belier, selon la suyte des signes, est au demy Cercle Montant, auec declinaison Septentrionale, ou au descendant, auec declinaison Meridionale.

Reprenant la Lune qui se trouue au 2° 43' des ♓; auec 4° 23' de latitude Meridionale, & sa declinaison aussi Meridionale de 14° 37'; & l'Argument de sa declinaison de 15° 40'. Ie multiplie la Touchante de l'accomplissement de sa distance du plus proche Equinoxe du Printemps par le sein de l'accomplissement de la plus grande declinaison. Cette distance est de 27° 17', prise contre l'ordre des signes. L'accomplissement de cette distance est de 62° 43', dont ie multiplie la Touchante par le sein de la plus grande declinaison, pour aller à 90, & diuisant le produit par le sein entier, i'ay au quatriéme nombre la Touchante de l'accomplissement de la racine de l'Ascension, répondante à l'arc de de 60° 39', lesquels ostez de 90, laissent 29° 21', pour cette racine, que ie soustray du Cercle entier, ou de 360 degrez, pource que l'estoile est au quatriesme quart; si bien qu'il me reste 330° 39'.

Apres cela ie multiplie la Coupante de la declinaison de la Lune, par le sein du reste de son Argument de declinaison pour aller à 90. La declinaison de la Lune est de 14° 37' Meridionale; & l'Argument de la declinaison de 15° 40', dont l'accomplissement est 74° 20', Ayant donc multiplié l'vn par l'autre, puis diuisé le produit par le sein entier, i'ay pour mon quatriéme nombre le sein de l'accomplissement de la difference du Monter répondant à l'arc de 84° 21', dont le reste pour aller à 90 est de 5° 39', qui sont cette difference de Monter, que i'adjouste à la racine de l'Ascension, pource que l'estoile est en la moytié montante, auec declinaison Meridionale. Adjoustant donc 5° 39' à la racine de l'Ascension qui est de 330° 39'. I'ay pour mon Ascension droite 336° 18'.

Maintenant pour auoir l'Ascension oblique il faut chercher premierement la difference Ascensionelle qui se trouue en multipliant la Touchante de l'accomplissement de la hauteur du Pole du lieu, par la Touchante de la declinaison du poinct donné, pour auoir au quatriéme nombre le sein de la difference de l'Ascension droite & oblique. Difference Ascensionnelle.

La declinaison de la Lune est de 14° 37'. La hauteur du Pole de Moras est de 45°, & son accomplissement d'autant. Multipliant donc leurs deux Touchantes & diuisant

& diuisant le produit par le sein entier, i'ay au quotient le sein répondant a 15° 7', nombre de la difference Ascensionnelle du lieu de la Lune, à l'eleuation de 45. degrez.

Ascensio. oblique. Maintenant pour auoir l'Ascension oblique du mesme lieu de la Lune, i'adjouste cette difference Ascensionnelle à l'Ascension droite trouuée, pource que la declinaison de la Lune est Meridionale, & cette somme de 15° 7' adioustée à 336° 18' l'Ascension droite, fait l'Ascension oblique du lieu de la Lune de 351° 25'. Car il faut adjouster la difference Ascensionnelle à l'Ascension droite pour faire l'Ascension oblique, si la declinaison est Meridionale; & la soustraire de la mesme Ascension droite, quand la declinaison est Septentrionale. Mais lors que l'on veut trouuer la descension ou descente oblique de quelque point, il faut faire le contraire.

Descente oblique.

Degré de l'ecliptique ré-pondant à l'Ascension oblique. Mais si l'on auoit au contraire quelque Ascension oblique, & que l'on voulut trouuer le poinct de l'Ecliptique, qui respond à cette Ascension, comme il le faut pratiquer en dressant la figure celeste de quelque naissance, apres que l'on a trouué les Ascensions droites & obliques des Maisons, il y a plusieurs voyes de trouuer ce poinct par la doctrine des Triangles, lors que l'on est dépourueu des Tables des Ascensions obliques, ou qu'on aime mieux faire les operations de la sorte: mais la moins penible, pour ce regard, selon mon estime, est la suiuante.

Il faut multiplier le sein de l'Ascension oblique, par le sein de l'accomplissement de la hauteur du Pole, puis diuisant le produit par le sein entier, l'on a au quatriéme nombre le sein de l'arc de la premiere inuention.

Apres il faut prendre la Coupante de cette premiere inuention, & la multiplier par le sein de l'eleuation du Pole, & diuisant le produit par le sein entier, l'on a le sein de la seconde inuention, dont l'arc adjousté à la plus grande declinaison du Soleil, tant au premier qu'au dernier quart de l'Equateur, ou bien accourcy des degrez de la mesme plus grande declinaison, tant au deuxiéme qu'au troisiéme quart de l'Equateur, rend l'angle de la troisiéme inuention.

Finalement il faut multiplier la Touchante de l'accomplissement de la premiere inuention, par le sein de l'accomplissement de la troisiéme, & partager le produit par le sein entier, afin d'auoir au quatriéme nombre la Touchante de l'accomplissemẽt de l'arc de l'ecliptique, qui au premier quart de l'Equateur est celuy qu'on cherche; mais au second quart doit estre soustrait du demy cercle, ou de 180. degrez, puis au troisiéme doit estre adjousté au demy cercle: & finalement au quatriéme quart doit estre osté du Cercle entier de 360 degrez, afin d'auoir l'arc de l'ecliptique que l'on cherche.

Il faut aussi remarquer, que l'Ascension oblique se trouuant au premier quart de l'Equateur, c'est à dire dans les premiers 90. degrez, l'operation se fait simplement par elle. Mais quand elle est au deuxiéme quart, c'est à dire entre 90, & 180 degrez, il la faut soustraire du demy cercle, puis faire son operation auec ce qui reste; & lors que l'Ascension se trouue au troisiéme quart du cercle, c'est à dire entre 180, & 270 degrez, il faut en oster le demy cercle: & finalement lors qu'elle est au dernier quart, il faut oster du cercle entier, & prendre le sein du reste.

L'on vous donne l'Ascension oblique de 91° 41', qui se trouue auancée d'vn degré, 41', dans le second quart du cercle, si bien qu'il la faut soustraire de 180 degrez, & il reste 88° 19', La hauteur du Pole est de 26° 34', & son accomplissement de 63° 26' Multipliant leurs deux seins, & diuisant le produit par le sein entier, vous auez au quatriéme nombre le sein de la premiere inuention, auquel répondent 63°, 22', 55'', & pour abreger 63° 23'.

En mesme temps il faut chercher la Coupante de cette premiere inuention, & la Touchante de l'accomplissement de la mesme, répondante a 26° 37', afin de faire apres l'operation plus promptement.

Multipliant donc la Coupante par le sein de l'eleuation du Pole, répondant à 26° 34', & diuisant le produit par le sein entier, vous auez au quotient le sein de la deuxiéme inuention, répondant à l'arc de 86° 36'.

Et pource que l'Ascension oblique se trouue au second quart de l'Equateur, i'oste de ces 86° 36' de la deuxiéme inuention, la plus grande declinaison du Soleil de 23° 32', & reste 63° 4', pour la troisiéme inuention.

Finalement ie multiplie la Touchante de l'accomplissement de la premiere inuention, par le sein de l'accomplissement de la troisiéme répondant à 26° 56', & diuisant le produit par le sein entier, i'ay pour quatriéme nombre la Touchante de 12° 47' 19'', dont l'accomplissement 77° 12' 41'', est l'arc que l'on cherche, lequel il faut oster du demy cercle de 180 degrez, aussi bien que l'on en a tiré l'Ascension oblique, & le reste, qui est 102°, 47' 19'', ou pour abreger, 102° 47', en méprisant les secondes, est le vray arc de l'ecliptique, répondant à l'Ascension oblique proposée, & par ce moyen l'on a pour son point 12° 47' de l'Ecreuisse, en ostant 90 degrez, pour les trois signes du Belier, du Taureau, & des Gemeaux.

I'ay deduit amplement ces moyens de trouuer les declinaisons & Ascensions, afin de les rendre plus aisées, & pource qu'elles sont necessaires tant aux 12 Maisons qu'aux directions.

AZIMVTH.

Es Cercles du sommet, que les Latins nomment Verticaux, & les Arabes Azimuth, sont ceux qui passent par les sommets des lieux, & font connoistre combien chaque estoile est esloignée des 4 parties du Monde, ou de l'Horizon. Les Astronomes les figurent en s'imaginant des Cercles tirez, comme Meridiens, par le Zenith, ou sommet de chaque lieu, & par chaque degré de l'Horizon Le quart de Cercle fait d'airain, & diuisé en 90 parties, nommé autrement quart de hauteur, tient aux Globes le lieu de ce Cercle, l'appliquant au sommet du lieu; & le Meridien tient le milieu de tous ces Cercles. L'Azimuth du Soleil, ou de l'Estoile, n'est autre chose que la distance de son Cercle vertical, du Midy, ou de quelque autre partie du Monde, contée en l'Horizon, ou pour le dire autrement, sa distance Horizontale du Cercle vertical, ou du Meridien, à quelque heure que ce soit.

ALMVCANTARATH.

Es Cercles des hauteurs, nommez par les Arabes Almucantarath Paralleles de l'Horizon trauersent les Azimuths, & nous donnent conoissance de la hauteur des Estoiles par dessus l'Horizon, passans par les sommets de l'Horizon, & le vray lieu des Astres; veu que l'arc enclos entre le vray lieu de l'Astre & l'Horizon, est la hauteur de l'Astre. De sorte que l'Estoile se trouuant au sommet d'vn lieu, est en sa plus grande hauteur; mais n'en a aucune estant en l'Horizon. Au reste le premier & plus grand de ces Cercles est l'Horizon, le dernier & le moindre, celuy qui est le plus proche du sommet. Le quart de Cercle d'Airain, mis au Zenith du Meridien du Globe tient aussi lieu de ces Cercles, de mesme que des Azimuths.

CERCLES DES DISTANCES DES LIEVX.

E sont de grands Cercles, conduits par les sommets des lieux, dont on cherche la difference; monstrans la distance qu'il y a des vns aux autres, dont ie vous donneray cognoissance au discours de la Terre.

CERCLES DES MAISONS ET POSITIONS.

Auec la façon de dresser la figure des douze Maisons du Ciel, & de faire les directions.

LEs Cercles des Maisons sont ceux qui diuisent tout le Ciel en 12 parties, appellées Maisons celestes, & ceux-cy se confondent maintenant auec ceux des positions.

Les Cercles des positions, dont les Astrologues se seruent, pour dresser les 12 Maisons celestes, & faire les directions, sont de grands Cercles passans par les communs entrecoupemens du Meridien & de l'Horizon, & par les centres des estoiles, dont ils sont nommez autrement les Horizons: le Meridien & l'Horizon sont au nombre de ces Cercles, distinguans le Ciel en douze Maisons auec 4. autres, qui reçoiuent auec ces deux le nom commun de Cercles des Maisons Celestes, aussi bien que des positions, estans en tous au nombre de six.

Chacun donne l'honneur de cette façon de dresser la figure du Ciel à Aben Ezra, puis à Iean de Montroyal, qui commence à l'Horizon Oriental, puis s'auançant par l'Hemisphere d'embas ou sousterrain, diuise tout l'Equinoctial en 12 parties egales, & faisant passer par chacune & par les communs entrecoupemens du Meridien & de l'Horizon, six Cercles, qu'il nomme Cercles des positions, partage le Zodiaque & tout le Ciel en 12 Maisons, dont le Meridien marque le commencement de la dixiéme & de la quatriéme, & l'Horizon celuy de la premiere & de la septiéme.

Au reste cette façon est nommée Raisonnable, pource qu'elle est plus conforme, tant à la raison qu'aux obseruations, que l'Egale; veu qu'en cette sorte les parties du Zodiaque, les estoiles du tout hautes au Meridien, & ayans plus grande force, & les autres aussi, sont montrées comme au doigt, selon qu'elles sont assises au dessus & au dessous de l'Horizon, au lieu qu'elles ne se trouuent pas ainsi disposées en la façon egale de Firmique; d'autant qu'il arriue en cette matiere que l'on iuge qu'vne estoile, qui n'est pas encor paruenuë au Meridien, tient la pointe de la dixiéme Maison, & que celle qui a passé au delà du Meridien, est auant le commencement de la mesme dixiéme Maison; si bien que pour ce sujet Iean de Montroyal, qu'on appelle Regiomontan, a nommé cette derniere façon Déraisonnable au respect de la sienne.

L'on considere ces Cercles, pour sçauoir de combien de degrez & minutes le Pole est esleué sur chaque Cercle de position des Maisons du Ciel en la figure, ou pour auoir aux directions le Cercle de position de quelque Planete, ou de la partie de fortune.

Car ces maisons changent de hauteur de Pole, selon qu'elles sont esloignées du Meridien, ou du haut & bas du Ciel, c'est à dire de la dixiéme & quatriéme Maison, en degrez de l'Equateur.

Or est-il que l'onziéme, neufiéme, troisiéme & cinquiéme, sont egalement esloignées du Meridien, à sçauoir de 30 degrez; & la douziéme, seconde, 6 & 8 de 60 degrez, de sorte qu'ayant l'eleuation du Pole de l'11, l'on a celle de la 9, 3 & 5, & lors qu'on a trouué celle de la douziéme, l'on a celle de la 2, 6 & 8; pource qu'elles font mesmes angles auec le Meridien, ayant pour cette cause le Pole esleué de mesme sorte.

Quant à la premiere & la 7, qui se trouuent en l'Horizon, elles n'ont autre esleuation de Pole, que celle du lieu de la naissance.

Pour trouuer donc cette hauteur de Pole sur les Cercles des positions, quelques vns cherchent premierement l'Angle que le Cercle de position fait auec le Meridien; puis par son moyen & celuy de la hauteur du Pole du lieu, trouuent la hauteur du Pole sur le Cercle de position. Quelques autres qui se seruent simplement des seins en leurs operations, sans employer les Touchantes, requises en la premiere façon, font trois operations, pour paruenir à leur but, au lieu qu'en la premiere il n'y en a que deux.

Mais la plus courte voye est celle de multiplier le sein de l'arc de l'Equateur, enclos entre le Meridien & le Cercle de position, (& qui est le 30 degrez en l'onziéme Maison, & de 60 en la douziéme, pource qu'elles sont esloignées d'autant du Meridien) par la Touchante de l'eleuation du Pole du lieu; & diuiser le produit par le sein entier, pour auoir au quotient la Touchante de l'eleuation du Pole, sur le Cercle de Position.

Ainsi pour auoir à la hauteur de 45 degrez, le Cercle de Position de l'onziéme Maison, dont la pointe est esloignée du Meridien, ou du commencement de la dixiéme Maison de 30 degrez de l'Equateur, ie prend le sein de 30 degrez, & le multiplie par la Touchante de 45 degr. de hauteur de Pole, du lieu de Moras, que ie presuppose estre le lieu de la naissance de quelqu'vn; puis diuise le produit par le sein entier afin d'auoir au quatriéme nombre la Touchante de l'eleuation du Pole sur le Cercle de position de l'onziéme Maison; & cette Touchante répond à 26° 33' 35", tellement que la hauteur du Pole sur le Cercle de cette Maison, & de mesme de la 3, 5 & 9, est de 26° 33' 35", ou pour abreger, en faisant vne minute de 55", est de 26° 34', ainsi que le porte la table des Maisons. Cercles des Positions des Maisons.

Ainsi pour la douziéme Maison, dont la pointe, ou le Cercle de position, est à 60 degrez du Meridien, ie multiplie le sein de cette distance, par la Touchante de 45 degrez, & diuisant le produit par le sein entier, i'ay au quotient la Touchante, répondant à 40 degrez, 53' 47", ou pour abreger, à 40° 54', qui est la hauteur de Pole sur le Cercle de Position de la 12. Maison, & pareillement de la 2, 6 & 8.

Quant à la premiere & la septiéme Maison, elles ont pour leur hauteur de Pole, celle du lieu, dont on considere la naissance, ou quelque autre chose, & la dixiéme & 4, ayans pour Cercle le Meridien, s'expedient par les Ascensions droites.

Pour le regard de l'eleuation du Pole sur le Cercle de position des estoiles, ou de la partie de Fortune, il faut premierement auoir l'angle d'inclination ou panchement du Cercle de position de l'Estoile, ou du point de l'Ecliptique, vers le Meridien. Cercles des Positions des estoiles, ou points du Ciel.

Pour l'acquerir, il faut premierement auoir l'éleuation du Pole du lieu, la declinaison de l'Estoile, ou du point de l'Ecliptique, & sa distance du Meridien, ou de la pointe de la dixiéme Maison, ou du milieu du Ciel.

Il faut apres multiplier le sein de cette distance du Meridien, par le sein de l'accomplissement de la declinaison; & diuiser le produit par le sein entier, pour auoir au quotient le sein de l'arc de la premiere inuention.

Apres, il faut multiplier la coupante de cette premiere inuention par le sein de la declinaison du poinct donné, & diuiser le produit par le sein entier, pour auoir au quotient le sein de l'accomplissement de la seconde inuention; auec laquelle & l'esleuation du Pole, vous aurez la troisiéme inuention par le moyen suyuant.

Si la distance du Meridien est moindre de 90 degrez, & que la declinaison du poinct proposé soit Septentrionale sur terre, c'est à dire Septentrionale, lors que l'Estoile ou le poinct est sur l'Horizon: ou au dessus du commencement de la premiere Maison, & de la septiéme, ou Meridionale sous la terre, c'est à dire lors que le poinct est dessous l'Horizon, il faut adjouster la seconde inuention à l'esleuation du Pole du lieu, pour auoir la 3. inuention.

Si la declinaison est Meridionale sur la terre, ou Septentrionale dessous, il faut soustraire la hauteur du Pole de la 2 inuention.

Si la distance passe 90 degrez, alors la declinaison peut seulement estre Septentrionale sur la terre, ou Meridionale au dessous: & lors il faut soustraire la 2 inuention de la hauteur du Pole.

Si elle est egale, il ne faut chercher ny la 2, ny la 3 inuention: mais prendre seulement la hauteur du Pole pour 3 inuention.

Finalement il faut multiplier le sein de la 3 inuention, par la Touchante de l'accomplissement de la premiere, & diuiser le produit par le sein entier, pour auoir au quotient la Touchante de l'accomplissement de l'Angle d'inclination.

Nous auons veu que la Lune a 14° 37' de declinaison Meridionale, & ie pose qu'elle est sous terre, pource que dressant la figure ie pretens de la loger en la 5 Maison. L'accomplissement de cette declinaison est de 75° 23', dont le sein est 96764. L'Ascension droite de la Lune a desia esté trouuée de 336° 18', & ie pose que l'Ascension droite du Meridien au bas du Ciel & de 268° 42'. Pour auoir l'esloignement de la Lune du Meridien il faut soustraire le moindre, qui est l'Ascension droite du bas du Ciel, de celle de la Lune, & il restera pour sa distance 37° 36', dont le sein est 61038. multipliant donc vn sein par l'autre, & diuisant le produit par le sein entier, i'ay pour quatriéme nombre le sein répondant à l'arc de 36° 12', que ie prens pour ma premiere inuention.

Apres cela ie multiplie la coupante de cete premiere inuention qui est 123922 par le sein de la declinaison de la Lune 25235, & diuisant le produit par le sein entier, i'ay pour quotient le sein de l'accomplissement de la 2 inuention, répondant a 18° 13', dont l'accomplissement est 71° 47' qui fait la 2 inuention.

Pour auoir la troisiéme, voyant que la Lune a sa declinaison Meridionale sous terre, i'adjouste la 2 inuention 71° 47', à ma hauteur du Pole de 45°, pour auoir la 3 inuention, qui sera de 116 degrez 47'.

Apres cela, ayant osté du demy cercle, ou de 180 degrez, 116° 47', il me reste 63° 13', dont ie multiplie le sein par la Touchante de 53° 48' de l'accomplissement de la premiere inuention, & diuisant le produit par le sein entier, i'ay pour quotient la Touchante de l'accomplissement de la 3 inuention, à sçauoir 121955, qui répond à l'arc de 50° 39', lesquels ayant soustrait de 90° i'ay pour Angle d'inclination 39° 39'.

Puis ie multiplie le sein de cet Angle 63810, par le sein de la hauteur de Pole de 45° qui est celle du lieu de Moras, & diuisant le produit par le sein entier, i'ay au quotient le sein de 26° 50', qui font la hauteur du Pole sur le Cercle de Position de la Lune. Et c'est cette éleuation du Pole, qui est tant requise aux Directions.

[...]çons [...] dres- [...]r la Fi- [...]ure. Mais pour dresser la Figure des 12 Maisons du Ciel, selon la façon de Montroyal, apres auoir sceu l'an, le mois, le iour, l'heure & les minutes de la naissance de quelqu'vn, auec la hauteur du Pole de son lieu, & son esloignement du premier Meridien, ou sa longueur, qu'ils appellent longitude de l'Oüest à l'Est, il faut premierement changer le temps vulgaire, que les Astrologues appellẽt Vsuel, c'est à dire qui est en vsage parmy nous, en Astronomique; pource que ceux qui se meslent du calcul des Astres prennent à Midy le commencement de leur iour; tellement que ceux qui commencent le leur à mynuit, comme nous faisons, doiuent adjouster 12 heures, à celles qui sont passées depuis la minuit, retranchant vn iour du nombre des iours, au cas que l'heure de la naissance soit entre mynuit & Midy. Mais pource que nous recommençons le conte des heures à Midy, si quelqu'vn naist depuis Midy iusques à mynuit, ses heures sont vrayement Astronomiques.

Ie veux dresser la figure d'vn homme né le 13 d'Aoust 1573, sous la longueur, ou le Meridien de 26 degrez, & la largeur de 45, qui est la hauteur de Pole de Moras, à 6 heures du matin, du 13 iour.

Pour conuertir donc ces heures vulgaires en Astronomiques, i'en adjouste 12 aux 6, qui sont passées depuis la mynuit, & fay de leur assemblage 18 heures Astronomiques, qui sont encor du 12 iour, pource que les heures Astronomiques du 13, ne commencent qu'à Midy du mesme iour, à raison dequoy ie retranche vn iour du conte vulgaire de ceux de la naissance.

Apres auoir donc changé les heures vulgaires en Astronomiques, il faut faire la reduction des Meridiens, c'est à dire les accommoder ensemble, pour trouuer les mouuemens des Planetes: pource que les Ephemerides & Tables sont calculées au Meridien d'vn lieu certain; tellement que lors qu'on veut tirer ces mouuemens de ces Tables, en les appliquant à quelque autre Meridien, il faut auant toute chose reduire son temps au Meridien des Ephemerides & Tables, dont on desire tirer ce conte. Car si quelqu'vn les calculoit luy-mesme selon son Meridien, il n'auroit pas besoin de reduction.

Mais en vsant d'autre sorte, il faut premierement chercher la longueur de ton lieu, c'est à dire la distance qu'il y a du Meridien du lieu proposé, iusqu'au premier point d'Occident, ou des longueurs, qu'on appelle à la Latine longitudes, pris aux Canaries, ou bien aux Açores, & pareillement celle du lieu, auquel les Tables du mouuement des Planetes ont esté faites, le tout en degrez & minutes de l'Equateur; puis oster la moindre longueur de la plus grande, & changer la difference en heures & minutes d'heure, donnant à chaque degré 4 minutes d'heure, à chaque minute de degré, 4 secondes d'heure, & à chaque seconde de degré, 4 tierces d'heure.

Il faut apres adjouster ce temps au tien, si ton lieu se trouue plus Occidental, & à moins de degrez de longueur que celuy des Tables; ou le rabatre du tien, si ton lieu est plus auancé vers l'Orient; & le nombre restant, ou grossi de l'addition, te marquera le temps reduit au Meridien des Ephemerides.

Comme en nostre exemple, la longueur de l'Oüest à l'Est se trouue de 26 degrez, & ie me veux seruir des Ephemerides d'Origan, ou de quelque autre, calculées au Meridien de 36 degrez. Ostant donc la moindre longueur de la plus grande, l'on trouue leur difference de 10 degrez, que ie change en minutes d'heure, donnant à chaque degré 4 minutes d'heure; si bien que les 10 degrez font 40 minutes d'heure. Et pource que mon lieu se trouue plus Occidental que celuy des Tables, i'adjouste ce temps au mien de 18 heures; si bien qu'il me faudra charcher les mouuemens des Planetes a 18 heures, 40'.

Il reste encor vn poinct, auant que passer au calcul des Planetes, qui est d'egaler & corriger le temps, à cause de l'inegalité des iours naturels, ou apparans qui procede de ce que le mouuemēt du Soleil au Zodiaque est inegal, & de ce qu'il monte des arcs inegaux de l'Equateur, auec des arcs egaux du Zodiaque, comme ainsi soit que ce iour n'est autre chose qu'vne reuolution de tout l'Equateur, iointe à cete parcelle du mesme, qui monte auec l'arc du Zodiaque, que le Soleil a cependant parcouru, par son particulier & contraire mouuement.

Car c'est chose claire, que selon l'apparance, le Soleil se meut de deux mouuemens vers deux parties contraires; veu qu'il est premierement porté d'Occident en Orient, autour des Poles de l'Ecliptique, par son mouuement particulier, & paracheue en l'espace d'vn an sa reuolution, ou son tour, qui pour cette cause est dit annuel. Mais d'ailleurs il tourne d'Orient en Occident, autour des Poles de l'Equateur, & parfait sa reuolution en vn iour naturel, d'où vient que l'on appelle ce mouuement iournalier.

Or ce dernier tour se doit considerer en deux sortes, à sçauoir en premier lieu particulierement, puis entant qu'il se trouue enuelopé dans le mouuement annuel.

Que s'il est pris en particulier, il est egal; pource qu'il se remet & rétablit par le tour entier de 360 degrez de l'Equinoctial. Mais entant qu'il se trouue embarrassé dans le mouuement annuel, il est tousiours inegal; pource qu'il est composé du tour entier de l'Equateur, & de ce petit arc deu au mesme Equinoctial, à cause du chemin que le Soleil a cependant fait en l'Ecliptique, par son mouuement particulier, & contraire. Et d'autant que cet arc, à cause de l'apparente inegalité du Soleil, & du monter inegal des parties de l'Ecliptique, est tousiours inegal, il faut aussi de necessité, que le mouuement iournalier du Soleil, meslé auec l'annuel, soit de mesme inegal,

Au reste les iours naturels sont de mesme, pource qu'ils sont limitez par le mouuement particulier du Soleil; à raison duquel il les faut considerer comme inegaux & egaux. Les iours naturels inegaux sont les iours apparans; pource qu'ils sont composez du mouuement iournalier inegal. Mais les iours naturels egaux sont les iours moyens, ou mediocres, comprenās le temps, auquel le tour entier de l'Equateur se parfait, ioint auec le moyen mouuement iournalier du Soleil, de 59' 8'' 19''', 48'''', lequel estant tousiours de mesme, il faut aussi que les iours moyens soient tousjours egaux.

Et pource que les iours inegaux ne peuuent pas seruir de mesure aux mouuemēs egaux, il faut necessairement que l'on change les iours apparans & inegaux, en moyens & egaux, toutes les fois que l'on veut calculer les mouuemens à l'aide des Tables, & reciproquement que l'on conuertisse les iours moyens en apparans, si l'on desire accommoder les mouuemens egaux au temps apparant, comme on fait en la consideration des Aspects & conjonctions des Planetes, que les Astrologues appellent à la Greque Syzygies.

C'est pourquoy les plus habiles ayans apperceu que la mesure des mouuemens deuoit estre egale, & qu'il y auoit vne egalation des temps, ont dressé des Tables des Equations, ou egalations des iours, que l'on trouue en plusieurs liures, contenans les mouuemens des Planetes.

Mais Tycho Brahé, qui en a fait vne Table, semble en faire peu d'estat; pource qu'elle rapporte peu d'auancement au mouuement du Soleil & des autres Planetes, excepté de la Lune.

Au reste, la voye suiuie de plusieurs, & fort approuuée, pour egaler ce temps apparent, tant pour le Soleil, que pour les autres Planetes, est telle.

Il faut premierement auoir le moyen, & le vray mouuement du Soleil au temps proposé, comme aussi celuy du mesme temps de l'Epoche, ou Racine, ou du commencement du compte des ans, depuis lequel les Tables sont calculées; puis encor les Ascensions droites des vrays mouuemens.

Apres cela, l'on soustrait les moyens mouuemens l'vn de l'autre, à sçauoir le moindre du plus grand, & de mesme les Ascensions droites l'vne de l'autre, en gardant leurs differences. Que si celles des moyens mouuemens, & des Ascensiõs droites, se trouuent égales, le temps est egal aussi, & n'a besoin de correction. Mais si l'vne des differences surpasse l'autre, il faut changer ce plus en parties du temps: Puis si la difference des Ascensions est plus grande que celle des moyens mouuemens, il faut adiouster ce temps à celuy que l'on vous a proposé. Mais si celle des moyens mouuemens surpasse l'autre, il faut retrancher ce temps du vostre.

La raison est, que ces differences des moyens mouuemens, & des Ascensions droites, ne font que monstrer, si le moyen ou le vray mouuement du Soleil, a passé les bornes du temps donné, si l'on prend tous les deux mouuemens en l'Equateur, tirant du Belier à l'Escreuisse. De sorte, que si le vray mouuement du Soleil, ou son Ascension droite, se trouue auoir surpassé, l'on doit adiouster necessairement cet excés aux temps donné, pour le changer en egal, & au contraire.

En nostre exemple, le Soleil à l'heure de la naissance, se trouue auoir attaint par son moyen mouuement, vn degré, 7'. 46". de la Vierge, & le mesme au tẽps de la Natiuité de nostre Seigneur, à laquelle ie presuppose que commence le calcul des Tables des mouuemens des Planetes, se trouue aussi logé par son cours moyen dans les 8. degrez, 39'. 56". du Capricorne. La difference de ces deux moyens mouuemens, est de 127°. 32'. 10".

Le vray lieu du Soleil à l'heure de la naissance proposée, est aux 29°. 33'. 38'. du Lyon. Son Ascension droite est de 151°. 41'. 13". Le vray lieu du mesme Soleil, en la Natiuité de nostre Seigneur, est aux 9. degrez, 19'. 15". du Capricorne: Son Ascension droite est de 280° 9'. & la difference de ces deux Ascensions est ce 128°, 27". 47".

Maintenant ie confronte ces deux differences des moyens mouuemens & des Ascensions droites: La premiere, de 127° 32'. L'autre, de 128° 28'. & ne les trouuant pas egales, i'oste la moindre, qui est celle des moyens mouuemens, de la plus grande des Ascensions droites, & reste 55'. 37'. que ie change en parties du temps, prenant pour 15 minutes de degré, vne minute d'heure. De sorte, que les 45'. donnent 3. minutes d'heure, & les 10. minutes restantes, 40. secondes d'heure; puis les 37. secondes de degré, donnent 148. tierces d'heure, lesquelles reduites par la diuision de 60. font 2. secondes, & 28. tierces d'heure. Adioustant donc ces deux secondes aux 40. i'ay pour mon egalation de temps 3'. 42". d'heure, en rejettant les 28. tierces.

Et pource que la difference des Ascensions droites surpasse celle des moyens mouuemens, i'adjouste cette egalation au temps donné, ioint à la reduction des Meridiens, qui est de 18. heures, 43. minutes. Si bien, que i'ay pour mon temps bien egalé, pour le calcul des Planetes, 18. heures, 43'. 42".

Mais quand ie veux seulement dresser la simple figure du Ciel, ou des pointes des 12. Maisons, apres auoir pris le lieu du Soleil, & tiré son Ascension droite, i'adjouste aux degrez & minutes de cete Ascension, mon seul temps Astronomique, non egalé, ny reduit au Meridien des Ephemerides. Si bien que ie ioints sans plus à l'Ascension droite du Soleil, les 18. heures, passées depuis Midy du 12. iour, conuerties en degrez & minutes de l'Equateur, donnant à chaque heure 15. degrez, & 270. degrez à 18. heures; pour auoir l'Ascensiõ droite du milieu du Ciel, ou de la Dixiéme Maison.

Et pource que l'Ascension droite du vray lieu du Soleil en cette naissance, est de 151° 41' en méprisant les 13". ie ioins à ce nombre les 270. degrez des 18. heures. Et par ce moyen i'ay pour Ascension droite de la Dixiéme Maison, 61° 41. apres auoir osté du nombre de 421° 41'. le Cercle entier de 360. degrez.

Apres cela, pour auoir les Ascensions obliques des autres maisons, i'adiouste à l'Ascension droite de la Dixiéme, qui est de 61°. 30. degrez, pour auoir l'Ascension oblique de l'Vnziéme; puis 60. pour celle de la 12, & 90. pour celle de la premiere Maison; puis encor 120. pour celle de la Deuxiéme; & pour celle de la Troisiéme, 150. ou bien i'adiouste 30. degrez à chaque maison, en descendant de la Dixiéme vers l'Orient, ou a la premiere maison, iusques au bas du Ciel, ou à la quatriesme.

Ainsi l'Ascension droite de la dixiéme maison estant 61° 41'. i'auray pour Ascension oblique de l'Vnziéme maison,91° 41'.pour celle de la Douziéme 121° 41'. pour celle de la premiere,151° 41'.pour celle de la deuxiéme, 181° 41'. & pour celle de la troisiéme,211° 41'.

Il faut apres cela chercher les poincts de l'Ecliptique répondans à ces Ascensions, par la voye que i'ay monstré au discours des Cercles des Ascensions.

Mais auant que venir à cette operation,il faut auoir la hauteur du Pole sur chaque Cercle de position de ces maisons, par la voye que ie vous ay enseignée au discours des Cercles des positions, afin de faire vos operations selon les diuerses Eleuations de Pole,que les Tables appellent Nombre Polaire.

Par ce moyen,la figure estant dressée à l'eleuation du Pole de 45. degrez, la hauteur de Pole sur le Cercle de position,de l'Vnziéme maison, sera de 26° 34'. & celuy de la douziéme de 40° 54'. Quant à la premiere maison, elle a pour son nombre Polaire,l'eleuation du Pole du lieu,qui est de 45°. Et pour le regard de la seconde, elle a mesme hauteur de Pole sur son Cercle de Position,que la 12. & la 3. que la 11. Et par le moyen de ces hauteurs, l'on a les poincts de l'Ecliptique, répondans aux Ascensions obliques que nous auons trouuées.

Tellement que la 10. maison a 3° 43'. des Gemeaux qui repondent à son Ascension droite. Et quant à l'vnziéme,12.1.2. 3. elles ont les poincts suiuans répondans à leurs ascensions obliques. A sçauoir, 12° 47' ♋ 14° 12. ♌, 8° 32. ♍, 1° 23'. ♎, 28° 11'. de la ♎. Ayant donc trouué ces 6. maisons, l'on a facilement les autres, logeant aux maisons apposées à ces six, les signes opposez, auec les mesmes degrez de ces 6. comme en la 4. opposée à la 10. le signe du Sagittaire, auec les degrez & minutes de la Dixiéme maison, & de mesme le reste.

Ces Maisons seront donc ainsi disposées.

La 10. maison,	3° 47'.	♊.	La 4. maison.	3° 47.	♐.
L'Vnziéme maison,	12° 47'	♋.	La 5. maison,	12° 47'.	♑.
La 12. maison,	14° 11'.	♌.	La 6. maison,	14° 12'.	♒.
La premiere,	8° 32'.	♍.	La 7. maison,	8° 32'.	♓.
La 2. maison,	1° 23.	♎.	La 8. maison,	1° 23'.	♈.
La 3. maison,	28° 11'.	♎.	La 9. maison,	28° 11'.	♈.

Apres auoir ainsi trouué les douze maisons, il faut chercher, auec le temps egalé, & reduit, les lieux des Planetes, afin de les loger apres aux maisons qui leur conuiennent, selon les signes & degrez, où ils se rencontrent à 6. heures de la naissance.

En nostre exemple, ces Planetes sont ainsi disposez à l'heure du matin du 13. iour, ou 18. heures Astronomiques du 12.

Le Soleil se trouue aux 29. degrez, 33' 38". du Lyon.
La Lune, aux 25. minutes, 3". des Poissons.
Saturne, aux 21. deg. 9. 22" du Scorpion.
Iupiter a vn deg. 26'. 17" des Gemeaux.
Mars, aux 5. deg. 54'. 6" du Lyon.
Venus, aux 6. deg. 23'. 20". de la Vierge.
Mercure, aux 11. deg. 28' 31" de la Vierge.
Et tous ces lieux des Planetes, sont ainsi marquez à la façon des Astrologues.

☉ 29° 33' 38" ♌
☽ 0° 25' 3" ♓
♄ 21° 9' 22" ♏
♃ 1° 26' 17" ♊
♂ 5° 54' 6" ♌
♀ 6° 23' 20" ♍
☿ 11° 28' 31" ♍

Il faut aussi chercher les lieux de la Teste & de la queuë du Dragon, marquez par ces deux caracteres ☊ ☋, dont la premiere est à point de degré, 54′ 53″ de l'Escreuisse, & l'autre au signe opposé du Capricorne, en mesmes degrez & minutes; & ces lieux sont ainsi marquez à la façon des Astrologues.

☊ 1° 54′ 53″. ♋ ☋ 00 54′. 53″ ♑.

Il faut aussi chercher les latitudes, ou largeurs des Planetes, qui sont leurs éloignemens de l'Ecliptique, de laquelle tous ces Astres s'écartent, horsmis le Soleil, qui suit tousiours cette ligne.

Ces largeurs sont de la sorte qui s'ensuit en nostre exemple.

La Lune a 4 degr. 7′ 9″ de largeur, du costé du Midy, qu'on appelle largeur, ou latitude Meridionale.

Saturne a vn degré, 59′ 49″ de largeur du costé du Nort, qu'on nomme Latitude Septentrionale.

Iupiter, point de degré, 59′ 53″, de largeur Meridionale.

Mars 1. deg. 5′ 55″ de largeur Septentrionale.

Venus, 1. deg. 28′ 58″ de largeur Septentrionale.

Mercure, 1. deg. 24′ 34″, de largeur Septentrionale.

L'on cherche aussi la partie de Fortune, marquée par ce Caractere (+) pour la mettre en son lieu dans la Figure, au lieu que les latitudes des Planetes se mettent dehors.

Cette partie de Fortune se trouue en ostant du lieu de la Lune, marqué par signes, degrez & minutes, celuy du Soleil, rangé de mesme; puis adioustant à ce qui reste les signes & degrez de l'Ascendant, ou de la premiere Maison, en rejettant le Cercle entier, s'il en est besoin; & par ce moyen l'on a le vray lieu de la partie de Fortune. Lors on compte les signes depuis le Belier, qui est le premier signe, & l'on place la partie de Fortune, auec ses degrez & minutes en la Maison qui contient son signe & ses degrez. Comme en nostre exemple, ie soustray le lieu du Soleil de 4. signes, 29. degrez, 33. minutes, 38. secondes, de celuy de la Lune, qui est de 11. signes, 0. degré, 25. minutes, 1. secondes; & il me reste 6. signes, 0. deg. 51′ 23″; ausquels signes, degrez & minutes, i'adiouste 5. signes, 8. degrez, 32. minutes de l'Ascendant; Si bien que i'ay pour le lieu de ma partie de Fortune, 11. signes, 9 degrez, 23′ 25″. & commençant à compter depuis le premier poinct du Belier, ie trouue qu'elle est aux 9. deg. 23′, 25″, des Poissons, & par consequent en la septiéme Maison.

Surquoy l'on doit remarquer, que si l'on ne peut soustraire le lieu du Soleil de celuy de la Lune, qui a moins de signes, il faut adiouster à ce dernier, le Cercle entier de 12. signes, puis faire la soustraction.

Les mieux entendus ne manquent aussi de loger dans cette figure des Estoiles fixes plus signalées, principalement les Royales, & quelques autres qui ont vne grande force aux natiuitez.

Mais pource que les Estoiles fixes ont par fois vne grande latitude, l'on pourroit s'abuser en leurs placemens: de sorte, que pour sçauoir au vray dans quelle Maison il les faut loger, l'on doit connoistre la hauteur du Pole sur leur Cercle de position, & s'il est moindre que celuy d'vne Maison, & plus grand que la hauteur du Pole de l'autre, il la faut loger entre ces deux; & si la hauteur du Pole sur le Cercle de position de l'Estoile, s'accorde auec celle du Cercle de position de quelque Maison, elle doit estre à sa pointe.

L'on doit apporter mesme consideration aux Planettes, qui ont quelque largeur, & se trouuent proches de la pointe de quelque Maison; veu qu'autrement l'on n'y prend pas garde; mais on loge seulement le Planete en la Maison qui contient son signe & son degré. Mais quelques-vns voyās le Planete proche de la pointe de quelque Maison, pratiquent vne autre maniere; veu que le Planete ayant sa largeur Septentrionale, & se trouuant en la moitié montante, que les Astrologues prennent depuis le commencement de la dixiéme Maison, iusqu'à la fin de la troisiéme, en passant par l'Ascendant, ou la premiere Maison, ils logent le Planete en la Maison precedente, au deça de la pointe de celle qui l'auoisine, pource que les Planetes se leuent plustost, & couchent plus tard, lors qu'ils ont leur largeur Septentrionale. Mais lors qu'il l'a Meridionale, ils font le contraire, le mettant au delà de la pointe, selon l'ordre des Maisons.

Que si le Planete est en la moitié descendante, qui se prend depuis le commencement de la quatriéme, iusqu'à la fin de la neufiéme, ils renuersent l'ordre susmentionné; veu que le Planete ayant la largeur Septentrionale, ils le logent au delà de la pointe, selon l'ordre & la suite des Maisons; & s'il l'a Meridionale, ils le placent dans la maison precedente.

Ils suiuent cette mesme voye aux Estoiles fixes, qu'ils veulent placer en quelque figure, sans chercher autrement la hauteur du Pole sur le Cercle de position. Mais le meilleur est, de suiure la voye de la hauteur du Pole, tant aux Estoiles fixes, qu'aux Planetes, comme la plus asseurée.

Il faudroit encor mettre icy comme il faut corriger la figure par la regle d'Hermes, ou la conception & demeure de l'enfant au ventre de la mere; ou par l'Animodar de Ptolemée, ou bien par les accidens; puis encor de quelle sorte l'on prend les autres parties des Natiuitez, afin de les loger dans la figure, aussi bien que la partie de Fortune, puis les considerer, de mesme qu'elle, selon leur Maison & leur signe. comme la partie de la Vie, celle de l'amour & de l'amitié, celle de la substance, ou des biens; celle de l'amitié des freres; celle de la mort du pere; celle des heritages, celle du Mariage; celle des enfans, & celle du temps auquel on les doit auoir; celle des amis & des ennemis, des debats, & des ennuis, & celle de l'année en laquelle on craint la mort, & finalement celle de la mort mesme.

Il y faudroit mettre la façon d'égaler les aspects & façons de se regarder des Planetes, ou par conjonction, ou par opposition, ou par vn regard sextil, ou trine, ou quarré, marquez par ces caracteres, ☌ ☍ ⚹ △ □, necessaires aux Directeurs. Il y faudroit aussi mettre la façon de dresser le Miroir Astrologique, pour auoir deuant les yeux les lieux des Maisons & des Estoiles, tant fixes qu'errantes, auec leurs aspects, & les parties des Natiuitez; & le discours des Antiscies, ou Contr'ombragemens, qui marquent les choses, où les aspects manquent.

Il seroit besoin d'y mettre les dignitez essentielles des Planetes, qui sont leurs Maisons, Exaltations, Triplicitez & bornes: & les accidentelles, auec leurs forces & foiblesses, soit pour raison des maisons, où ils sont logez, de leur vistesse & tardiueté, selon que leur vray mouuement est plus grand, ou moindre que le moyen; selon leur approche du Soleil, pour raison duquel ils sont dits brûlez, ou sous ses rayõs, ou hors des rayons; selon qu'ils sont Orientaux ou Occidentaux, Septentrionaux, ou autremẽt directs, arrestez, ou Retrogradez, selon qu'ils sont aux signes, & quarts, masculins, ou feminins, ou qu'ils sont éleuez sur les malins, ou au contraire, & selon plusieurs autres choses, qui meritent d'estre bien considerées aux Natiuitez, outre les influences & predictions, pour lesquels on les dresse.

Mais toutes ces choses sont au delà du sujet des Cercles des positions, dont ie traicte: & d'ailleurs, le discours en seroit si long, que ie craindroy de deuenir ennuyeux, au lieu de me rendre agreable. Toutefois si ie connoy que vous desiriez que ie passe plus auant, ie tascheray d'accomplir vos desirs, & mes desseins auec le temps.

Pour le regard des Directions, dont ie vous ay donné le principal poinct, qui est le moyen de trouuer la hauteur du Pole sur le Cercle de position de quelque poinct, ou estoiles: elles ont esté principalement ordonnées, pour sçauoir le temps auquel les accidens doiuent arriuer. Et la Direction n'est autre chose, que le mouuement premier Mobile, ou la reuolution de la Sphere, par laquelle on cherche vn arc de l'Equateur, montant ou descendant, auec vn arc de l'Ecliptique, selon le Cercle de position, sous lequel l'vn d'eux se trouue assis. Et faire vne Direction, c'est conduire vn Planete, ou vn poinct, signifiant quelque chose, appellé pour cela Significateur, vers vn autre qui promet ce que le premier signifie, appellé pour ce sujet Prometteur, tellement que lors que le Significateur le rencontre il marque le temps de l'euenement, par les degrez des Ascensions qui se trouuent entre les deux points, & qui sont apres conuertis en ans & iours. Directions.

Pour les faire, il faut auoir premierement deuant soy toutes les Maisons, tous les Planetes auec leurs aspects & leurs termes, ou bornes, la teste & la queuë du Dragon, les principales Estoiles fixes, & la partie de Fortune.

Quant aux autres parties des Natiuitez, l'on fait leurs Directions particulierement, & d'autre façon que les ordinaires, comme celle de Iupiter à la partie du Mariage, pour sçauoir le temps auquel on doit estre marié.

Mais les ordinaires Directions se font principalement par les pointes de la dixiéme & de la premiere Maison, ou de l'Horoscope, par le Soleil & la Lune, & par la partie de Fortune, qui sont Significateurs, que l'on conduit à leurs Prometteurs, selon Ptolemée.

Et quant aux Significateurs extraordinaires, de mesme qu'on fait aux ordinaires la Direction, ou conduite du Soleil Significateur, au Prometteur, pour la disposition du corps, les honneurs, les charges publiques, la faueur des Grands & le pere: celle de la Lune, pour le temperament, les mœurs & l'esprit, le Mariage & l'estat de la femme, les voyages & la mere: de mesme l'on fait la Direction de Saturne, encor pour le pere, les heritages, bastimens & fonds, & la tristesse de Iupiter, pour la gloire, les richesses, la loüange, les dignitez, & leur accroissement ou diminution; de Venus, pour le Mariage, les plaisirs, festins, bals & filles, de mesme que pour l'amour, les choses precieuses, & les sœurs: & Mercure pour l'esprit, le bon heur en l'art, dont on fait profession, & pour les Contracts, voyages & autres choses, & la partie de Fortune pour les biens.

Mais pour le regard des Maisons, la Direction de la premiere se fait pour la vie, les affections & les mœurs: & celle du milieu du Ciel, ou de la dixiéme maison se fait pour les honneurs, la faueur des Grands, l'affection du peuple, & les actions de celuy dont on considere la naissance.

Au reste, si le Significateur rencontre des Planetes bien-faisants, ou de bons aspects, ou des estoiles fixes, de la nature des bons Planetes, il promet tout bien, & au contraire.

Mais venant à la façon de faire des Directions par les voyes plus aisees & plus courtes, au defaut des Tables, il faut auoir pour celle du milieu du Ciel son Ascension droite, & de mesme les Ascensions droites des lieux des Prometteurs ausquels on conduit ce Significateur: & soustrayant celle du Significateur de celle du Prometteur, l'on a la Direction qu'on cherche en ce qui reste.

Vous auez veu que l'Ascension droite de la dixiéme Maison, est de 61° 41'. Elle rencontre presque aussi-tost le sextil de Mars à 5° 54'. des ♊ l'Ascension droite de ce sextil de Mars est de 63° 4'. que ie trouue par la voye que i'ay donnée aux Cercles des Ascensions. Ostant donc 61° 41'. de 63° 4'. il reste 1° 23'. Ie rencontre apres de mesme l'aspect carré de Venus à 6° 23' des ♊, dont l'Ascension droite, qui se cherche comme celle du Soleil, pource que les aspects carrez sont sans largeur, comme se faisans en l'Ecliptique, est de 64° 30'. Ostant donc 61° 41'. qui sont l'Ascension droite du milieu du Ciel, de 64° 30' il reste 1° 49' pour l'arc de Direction. Ainsi vous expediez de suite les Ascensions droites du carré de ♀ aux 11° 28' ♊; puis l'Estoile de Regel aux 11° 3' des ♊ & les autres aspects, ou corps d'estoiles fixes, ou errantes; & pareillement à leur ordre les pointes de l'vnziéme & de la douziéme Maison, & les termes ou bornes des bons & mauuais Planetes.

Pour le regard de la premiere Maison, ou de l'Horoscope, il faut seulement auoir son Ascension oblique, que nous auons trouuée en dressant les Maisons de 151° 41' & chercher à la hauteur du Pole du lieu de la naissance, l'Ascẽsion oblique du poinct de l'aspect, ou de l'estoile, maison ou borne, qui sont apres elle, selon la suite des signes, & oster l'Ascension oblique de l'Horoscope, de celle de ces poincts, pour auoir les arcs des Directions.

Quant au Soleil, à la Lune, & aux autres Planetes, dont on veut faire les Directions, il faut auoir leurs longueurs & largeurs, leurs declinaisons & ascensions droites; puis leur distance du Meridien, qui se trouue en soustrayant de l'Ascension droite du poinct de l'Ecliptique, ou de l'estoile, celle du milieu, ou du bas du Ciel, c'est à dire de la dixiéme & quatriéme Maison; quand l'estoile ou le poinct est entre la dixiéme & la premiere, ou entre la quatriéme & la septiéme: ou ostant l'Ascension droite du poinct de l'Ecliptique, ou de l'estoile, de celle de la dixiéme, & de la quatriéme, quand le poinct de l'estoile se trouue entre le 10 & 7, ou bien entre l'Horoscope & la 4. Et ayant ces trois, il vous est aisé de trouuer les Cercles des positions des Planetes, par la voye que ie vous ay monstrée. Ayant donc trouué le Cercle de position, il faut aussi-tost chercher l'Ascension oblique du Planete, pour la soustraire apres de toutes les Ascensions obliques des poincts de l'Ecliptique, aspects des Planetes, estoiles & bornes que vous trouuez, selon la suite des signes, depuis vostre Significateur, pour auoir l'arc de la Direction, faisant icy de mesme qu'aux Directions de la dixiéme Maison, & de l'Horoscope, & prenant ces Ascensions obliques, à la hauteur du Pole du Cercle de position de vostre Significateur.

Pour la partie de Fortune, & les Planetes Retrogrades, l'on ordonne communement de faire la Direction à rebours, qu'ils nomment Conuerse, qui est de ne chercher pas les Ascensions obliques des poincts ausquels elle est conduite, selon son Cercle de position; ains d'auoir le Cercle de position de tous les poincts qu'elle rencontre auec leurs Ascensions obliques, & tirer son Ascension oblique à la hauteur du Pole de chaque Cercle de position; puis la soustraire ainsi souuent changez des Ascensions obliques de ses Prometteurs. Mais l'experience m'a appris, que la Direction droite & ordinaire de la partie de Fortune est plus asseurée.

Ayant donc les degrez & minutes de l'arc de la Direction, ou de la distance du Significateur au Prometteur, il le fait resoudre en temps; donnant à chaque degré vne année, à 5. minutes vn mois 10. heures & 30. minutes, à vne minute 6. iours, 2. heures, & 6. minutes d'heures; & à 10". prés d'vn iour. Ainsi 60. minutes feront 365. iours & 6. heures. En nostre exemple, nous auons trouué que l'arc de la Direction du milieu du Ciel, à l'aspect carré de Venus, estoit de 2. degrez, 49. Les 2. degrez font 2. ans; & les 29. minutes font 298. iours, 6. heures, 54. minutes d'heure. L'accident bon, ou mauuais, doit donc arriuer à l'enfant à 2. ans, 298. iours, 6. heures, 54. selon les Astrologues, qui se trompent bien souuent en leurs predictions.

Mais quelques-vns poussez par l'experience desaprouuent cette façon de reduire les degrez en temps, & prennent ce compte selon la quantité du mouuement iournalier du Soleil, & la consideration de l'Equateur, comme si l'Ascension droite du milieu du Ciel est de 5. degrez, 25. minutes, & l'Ascension droite du lieu du Soleil, de 27° 45'. leur difference qui est l'arc de la Direction, est de 22° 20. Or pour ce qu'alors le mouuement iournalier du Soleil n'est que de 58. minutes, tellement qu'il y a 2. minutes de plus en chaque degré, il faut adiouster 44'. pour 22. degrez, aux susdits 22° 20'. pour faire par cette addition 23° 4'. De sorte, qu'on dira que la chose doit arriuer à 3. ans, 24. iours, 8. heures, & 24. minutes.

Au reste, les Astrologues diuisent la Figure celeste en 2. parties, qu'ils appellent Montante & Descendante, & nomment Montante la moitié du Ciel, qui est depuis la dixiéme Maison iusqu'à la quatriéme, en passant par la premiere, & l'autre Descendante, & font les Directions des points qui se trouuent en la moitié Montante, par les Ascensions; & de ceux qui sont en l'autre par les Descensions, ou Descentes, lesquelles on trouue aisément, en cherchant l'Ascension du lieu opposé, & prenant la latitude contraire, puis adioustant le demy Cercle 180. degrez à l'Ascension trouuée, si le lieu duquel on cherche la Descente, est en la seconde moitié du Cercle, depuis la Balance, iusqu'à la fin des Poissons; & la soustrayant au premier demy Cercle, depuis le Belier, iusqu'à la fin de la Vierge. Ainsi, si vous voulez trouuer la Descente oblique d'vn Planete, à 13°. 31' des Poissons, auec vn degré de largeur Meridionale, il faut chercher l'Ascension oblique du lieu opposé, qui est de 13° 31' de la Vierge, auec largeur Septentrionale. L'operation vous donne 158° 57' d'Ascension oblique, ausquels si vous adioustez 180. degrez, vous aurez sa descente oblique.

Ptolemée fait les Directions par les Temps Horaires, qui sont des parties du Cercle Equinoctial, qui montent en vne heure inégale sur l'Horizon; mais cette façon, bien que beaucoup plus aisée que l'autre, est peu pratiquée pour les defauts qui s'y trouuent.

CERCLES DES HEVRES,

Auec leurs distinctions, & la façon des Horloges.

Es Cercles des heures qu'on appelle Horaires, sont de grāds Cercles, mais pris diuersement, selon la diuersité des Heures dont on vse. Car s'ils marquent les heures égales, comptées de Midy, & de la minuict, ce sont de grands Cercles, passans par les Poles du Monde, & partageans l'Equateur & tous les Paralleles en 24. heures égales; & l'vn de ces Cercles est le Meridien mesme, duquel on prend le commencement de ces heures-là.

Mais s'ils marquent les heures qui commencent au leuer & coucher du Soleil, ce sont aussi de grands Cercles, touchans deux Paralleles de l'Equateur, dont l'vn est le plus grand de ceux qui paroissent tousiours, & l'autre aussi le plus grand de ceux qui demeurent tousiours cachez, aux poincts ausquels ils sont coupez par les Cercles des heures Astronomiques, entre lesquels on met aussi l'Horizon, duquel on commence le compte de ces heures.

Que

Que si lon parle des heures inegales, lon dit que ce sont de grands Cercles, diuisans tous les arcs, tant du iour, que de la nuict, des Paralleles de l'Equateur, en douze parties egales. Mais en effect il n'y a point de Cercles de ces heures inegales.

Quant aux arcs horaires, ce sont des portions de quelque grand Cercle, encloses entre le Cercle des Heures, & vn grand Cercle, passant par les Poles du Monde, & les Poles du propre Meridien.

L'heure est la vingt-quatriéme partie du iour naturel, ou ciuil, ou la douziéme du iour artificiel. Mais on diuise communément les heures en egales, & inegales. L'heure egale est l'espace, durant lequel la vingt quatriéme partie de l'Equinoctial, qui est de quinze degrez, vient à monter; & c'est de cette sorte d'heures que tous les peuples d'Occident vsent. L'heure inegale, est la douziéme partie de quelque iour artificiel que ce soit, & de mesme de la nuict artificielle : & cette sorte d'heure fut en vsage parmy les anciens Hebreux, Romains, & autres; comme vous pourrez voir en leurs Prouinces. Mais les douze heures inegales du iour artificiel, iointes à celles de la nuict, en font vingt-quatre, qui sont faites egales, prenant leurs degrez, & minutes ensemble, & les partageant en vingt-quatre. Que si l'on desire reduire les heures inegales en egales, à quelque iour que ce soit, il faut chercher la longueur du iour artificiel, ou de la nuict de mesme sorte, & considerer qu'il y a mesme proportion des heures inegales données aux heures egales qu'on cherche, qu'il y en a des douze heures inegales de tout le iour donné aux heures egales du mesme iour : comme si vous desirez sçauoir à combien d'heures egales répondent cinq heures du douziéme iour d'Aoust de l'an 1573. à l'eleuation de quarante-cinq degrez, il faut premierement sçauoir la quantité de ce iour-là, puis multiplier cette quantité du iour, prise depuis le Soleil leuant iusques au couchant, & partager le produit par douze, qui est le nombre des heures inegales d'vn iour, pour auoir au quotient le nombre des heures egales, auec leurs minutes.

Heures egales, & inegales.

Mais pour auoir cette quantité du douziéme iour, il faut premierement auoir trouué la hauteur du Soleil à Midy, & sa declinaison du mesme iour, par les voyes que ie vous ay monstrées cy-dessus; puis multiplier la Coupante de la hauteur du Pole, par le sein de la hauteur du Soleil à Midy de ce iour-là, & diuiser le produit par le sein entier pour auoir au quotient vn nombre, qu'il faut encor multiplier par la Coupante de la declinaison du Soleil, & partager apres le produit par le sein entier, pour auoir au quatriéme nombre le sein rebours, ou tourné, qu'ils appellent Verse, de l'arc du demy iour, lequel estant doublé donne le iour entier. A Midy du douziéme d'Aoust de l'an 1573. le Soleil estoit aux 28° 58' 47" du Lyon; & procedāt comme ie vous ay monstré aux discours du Meridien, & des declinaisons, ie trouue que la declinaison du Soleil fut alors de 11° 52' 25", lesquelles i'adiouste à l'eleuation de l'Equateur de quarante-cinq degrez, ou à l'accomplissement de la hauteur du Pole, pour auoir la hauteur du Soleil à Midy de ce iour-là, de 56° 52' 25".

Arc du demy iour, & quantité des iours.

Ayant trouué la declinaison, & la hauteur du Soleil, ie trouue que la Coupante de la hauteur du Pole de quarante-cinq degrez est 141421; & le sein de la hauteur Meridienne du Soleil 83746. Multipliant donc vn nombre par l'autre, & diuisant le produit par le sein entier, il me vient pour quatriéme nombre 118434.

Ie multiplie apres ce dernier nombre 118434, par la Coupante de la declinaison du Soleil, qui est 102186, & partageant le produit par le sein entier, en rejettant les cinq derniers chifres, il reste pour quatriéme nombre le sein rebours, ou retourné, de l'arc du demy iour du Soleil, qui est 121022.

Maintenant pour auoir l'arc de ce sein tourné, ou versé, pource qu'il est plus grand que le sein entier, i'oste ce dernier, comme moindre du plus grand; & il reste 21022. dont l'arc ayant pris la partie proportionnelle est de douze degrez, 8' 8", que i'adiouste aux 90 degrez, que i'ay ostez, lors que i'ay soustrait du sein rebours, ou verse le sein entier, dont l'arc est de 90 degrez; & ces nombres assemblez me donnent 102° 8', 8", que ie change en heures, minutes, secondes, & tierces d'heure, diuisant par 15 les 102 degrez, parce que 15 degr. de l'Equateur sont deus à chaque heure; & par mesme raison chaque degr. vaut 4. m. d'heure, chaque minute de degré, 4 secondes d'heure, chaque seconde de degré, 4 tierces d'heure, & ainsi du reste.

De sorte, que diuisant 102 degrez par 15, i'ay au quotient 6 heures, & il reste 12 degrez, qui font 48 minutes d'heure, a raison de 4 minutes pour degré; puis les huict minutes premieres de degré, font 32 secondes d'heure; & huict secondes de degré, font 32 tierces d'heure; si bien que l'arc du demy iour est de 6 heures, 48', 32'', 32''': & ce demy iour doublé fait 13 heures, 37 minutes, cinq secondes, & quatre tierces, ou pour abreger, en rejettant ce peu de secondes, & tierces, treize heures 37 minutes.

Doncques, pour sçauoir à combien d'heures egales répondent cinq inegales de ce iour-là, ie raisonne ainsi, 12 heures inégales font 13 heures egales, & 37 minutes, combien en feront cinq heures inegales? Ayant donc multiplié le deuxiéme nombre de 13 heures 37 minutes, par le troisiéme de 5 heures, & partagé le produit 4085 par douze, vous auez au quotient 340 minutes, & cinq douziémes d'vne minute, qui valent 28 secondes. Partageant donc 340 minutes par 60, nombre des minutes d'vne heure, pour y auoir les heures contenuës en ce nombre, i'ay au quotient 5 heures, 40 minutes, ausquelles i'adiouste 25: tellement que 5 heures inegales donnent 5 heures egales, & 40' 25''. Et pour sçauoir combien vne heure inegale emporte de temps des heures egales, il faut partager de mesme le nombre de la quantité du iour par 12.

Au contraire, si vous diuisez les heures egales de quelque iour artificiel par douze, vous aurez au quotient les heures inegales. Cette operation sert pour trouuer la quantité des heures Planetaires, qui sont pareillement inegales, & pour auoir aussi le seigneur de l'heure Planetaire; & la mesme sert à dresser la figure de la reuolution.

Car les Astrologues diuisent aussi le iour artificiel en 12 heures, & donnent au Planete, de qui le iour prend son nom, la premiere heure, puis les autres heures de suite aux autres, comme le Dimanche, le Soleil a la premiere heure du iour; Venus, la deuxiéme; Mercure, la troisiéme; la Lune, la 4. Saturne, la 5, & ainsi de suite, iusqu'à ce qu'on vient à Saturne, qui se trouue seigneur de la douziéme heure. Tellement que Iupiter commence la premiere heure de la nuict, à laquelle il domine, & les autres de suite ont leurs heures de la nuict, dont ils sont Seigneurs. A quoy quelques Medecins prennent soigneusement garde; veu qu'ils considerent lors qu'ils veulent donner vn breuuage pour purger quelqu'vn, si c'est vn Planete bon, o malin, qui domine à cette heure-là. Les bons sont Iupiter & Venus. Les malins, Saturne, & Mars. Et les indifferents, le Soleil, Mercure, & la Lune. Mai les plus sa[illegible]s Astrologues mesprisent ces Seigneuries des Planetes, & tiennent ce partage pour vne subtilité comme inutile. Heures Planetaires.

Il y a encor des heures composées, qui sont ou grandes, ou petites. La grande heure est la 4 partie du iour artificiel, composée de trois heures, dont la derniere donne le nom à chaque quart du iour, comme l'heure tierce, ou comme nous l'auons en vsage l'heure de Tierce, remarquée encor dans les Offices, est depuis la premiere heure du iour artificiel, iusqu'à la fin de la troisiéme qui luy donne son nom; & depuis la tierce iusqu'à la sixiéme, on compte l'heure de Sexte; & depuis 6. heures iusqu'à neuf, est celle de None, ou la neufiéme; & de 9 heures iusqu'au coucher du Soleil l'heure du Vespre, ou du soir. Heures composées, grandes & petites.

La petite heure composée est de deux heures, & celle-cy sert pour accorder les Euangelistes, touchant l'heure que N. Iesus-Christ fut crucifié; veu que S. Marc dit qu'il fut crucifié la troisiéme heure; & les autres Euangelistes rapportent qu'il le fut à 6 heures. De sorte, que pour les accommoder ensemble il faudra dire, qu'il fut mis en Croix la troisiéme heure composée de deux, & a six heures simples inegales.

Quant aux parties de l'Heure, nous la diuisons communément en 60 minutes, & chacune de ces minutes en 60 secondes d'heure, &c. de mesme que les degrez, au lieu que les Iuifs[a] luy donnent 1080 parties, qu'ils appellent Helakim, & au nombre singulier, Helak; pource que ce nombre approche plus des minutes de l'heure, que nos 60 minutes, & se peut diuiser aisément en plusieurs parties, & partager l'heure par mesme moyen. Les Iuifs[b], Arabes, Persans, & autres nations Orientales, vsent de cette diuision, & chaque moment est la 76 partie d'vne de ces minutes. Parties de l'Heure.

Mais quelques Medecins[c] instruits par l'experience, disent, que 4 mil coups, ou bate-

a. Hebræ. de Eris Muller. anno Iudai.
b. Scalig. de Emen. li. 1.
c. Cardan. l. de Proportion. propos. 118.

mens de pouls en vn homme d'vn naturel temperé, parfont enuiron le temps d'vne heure.

Au reste, les Anciens eurent diuers [a] commencemens de leurs iours, & par consequent du compte de leurs heures; veu que les Babyloniens le prenoient du Soleil Leuant; les Atheniens du Couchant; ceux d'Vmbrie du Midy, & les Romains & Egyptiens, de la minuict.

[a] Plin li. 2. c. 77. Censorin. de die Nat. c. 19.

Auiourd'huy ceux de Nuremberg, & des Isles de Majorque & Minorque imitẽt les Babyloniens, à raison dequoy leurs heures qu'ils commencent de compter dés le leuer du Soleil, sont appellées Babyloniques; toute l'Italie, la Boheme & la Silesie, suiuent la façon des Atheniens, commençans le premier moment de leur premiere heure, ainsi que le Soleil se couche. Ceux qui se meslent du calcul des mouuemens des Astres commencent le compte de leurs heures à Midy, le poursuiuant iusqu'à l'autre Midy, par l'espace de 24 heures, à raison dequoy ces heures sont appellées Astronomiques; & la France, l'Espagne, l'Alemagne, & presque tous les habitans de l'Europe, s'accordent en partie auec les Vmbres, & partie auec les Egyptiens & Romains; veu qu'encore que le commencement de leur iour ciuil soit à minuict, celuy de leurs heures est double, l'vn estant pris de la minuict, l'autre de Midy, n'y ayant toutefois que douze heures en chaque interualle, au lieu que les heures prises d'vn Soleil leuant, ou couchant, à l'autre, ou d'vn Midy à l'autre, sont comptées de suite iusqu'au nombre de 24; & que lors que les Astronomes ont 13 heures apres Midy, nous comptons vne heure apres minuict, & ainsi le reste.

Que si l'on veut apporter les heures de ceux qui les comptẽt du Soleil couchant, ou leuant, aux Astronomiques, il faut chercher par la voye que ie vous ay monstrée en celles qui commencent au Soleil couchant, l'arc du demy iour, prochainement accomply, ou les heures passées depuis Midy, iusqu'au coucher du Soleil, puis adiouster ce temps aux heures qui ont coulé depuis le coucher du mesme. Que si les nombres assemblez passent 24 heures, il les faut retrancher, & retenir le reste pour vray temps Astronomique, au cas que l'on cherche ce temps pour dresser la figure Celeste. Comme par exemple, ie pose le cas que celuy de qui ie veux dresser la figure, soit né le 13 iour d'Aoust, sous la hauteur de 45 degrez, en vn lieu où l'Horloge commence au Soleil couchant, à 11 heures, 11 minutes, 27' 18''', comptées depuis le coucher du Soleil du iour precedent. Ayant donc trouué l'arc du demy-iour de 6 heures, 48' 31'' 32''', i'adiouste à cela les 11 heures, 11' 27'' 28''' depuis le Soleil couchant, & par ce moyen, i'ay iustement 18 heures Astronomiques, du 12 iour. Mais si ie les veux rapporter à nos heures ordinaires, ie trouue que le mesme est né à 6 heures du matin du 13 iour.

Et si l'on desire reduire les heures vulgaires en Astronomiques, lors qu'on vous propose vn lieu, où l'on prend le commencement du compte des heures au Soleil leuant, il faut voir soigneusement à quelle heure & minute le Soleil se leue ce iour-là, selon le compte Astronomique: (chose qui se trouue aisément par le moyen de l'arc de la moitié de la nuict, à la fin duquel le Soleil se leue) veu qu'adioustant à cela le temps depuis le leuer du Soleil, l'on a les heures Astronomiques de la naissance, & si ce nombre passe 24 heures, il les faut retrancher, & garder le reste.

Suiuant nostre exemple, ie mets le cas que le mesme soit né sous la hauteur de 45 degrez, à 47 minutes, 14'' 28''' d'heure apres le Soleil leué. Ie suy la mesme voye, pour auoir l'arc du demy-iour du 13 d'Aoust, que ie trouue estre de 6 heures, 47', 14'', 28''; puis ostant ce nombre de 12 heures passées depuis la minuit iusqu'à Midy, il reste 5 heures, 12', 45'', 52''', ou pour abreger, 5 heures, 13' minutes, auquel temps le Soleil s'est leué le 13 iour. Adioustant donc ces 5 heures 13', à 12 heures écoulées, depuis le Midy du iour precedent, iusqu'à la minuit, l'on aura 17 heures, 13' Astronomiques, ausquelles ioignant 47 minutes, depuis le leuer du Soleil, en méprisant les 14'' 28''', comme celles qui ne passent pas 30, vous aurez les 18 heures Astronomiques que vous cherchez, & par mesme moyen 6 heures apres minuict.

Vous pouuez encor sçauoir quelle heure prise du Soleil leuant, ou couchant, répond aux heures dont le compte commence à Midy, ou à minuict; si vous ostez l'arc de la moitié de la nuict de l'heure donnée depuis la minuict, adioustant vingt-quatre heures, s'il en est besoin; ou si vous ostez le mesme arc de l'heure comptée depuis Midy, adioustant auparauant 12 heures; veu que le nombre restant vous donnera l'heure comptée depuis le Soleil leuant. Et si vous adioustez à l'heure donnée depuis Midy, ou minuict, douze heures, au cas que l'heure donnée soit comptée depuis Midy, vous aurez les heures qui ont commencé au coucher du Soleil.

Et reciproquement, si l'on adiouste l'arc de la moitié de la nuict à l'heure donnée depuis le Soleil Leuant, l'on aura l'heure depuis la minuict, en reiettant auparauant 24 heures, s'il se peut; ou l'heure depuis Midy, reiettant 12 heures, s'il se peut.

De mesme, si vous ostez l'arc de la moitié de la nuict de l'heure du Soleil couchant, adioustant auparauant 24, si la soustraction ne se peut faire autrement, vous aurez en ce qui restera l'heure depuis la minuict, ou si l'on peut rejetter 12 du reste, vous aurez l'heure depuis Midy.

Finalement, si vous adioustez l'arc de la nuict à l'heure comptée du Soleil leuant, vous aurez les heures comptées depuis le Soleil couchant, ostant auparauant 24 de tout le nombre, si cela se peut: & le mesme arc de la nuict soustrait des heures comptées depuis le Soleil couché, adioustant premierement 24, si la soustraction ne se peut faire, laisse les heures depuis le Soleil Leuant.

a Scalig de Emendat li. 1.

Au reste, les Arabes, a Persans, & autres nations Orientales, n'vsent pas d'Horloges, mais marquent les diuersitez du iour par les interualles naturels du matin, du temps du Midy, & du soir.

Heure par la hauteur du Soleil.

Il faut voir maintenant de quelle sorte l'on peut trouuer l'heure par la hauteur du Soleil. Ie vous ay monstré au discours de l'Horizon comme il faut prendre la hauteur du Soleil par le moyen d'vn style, ou d'vn fer dressé à plomb, ou à angles droits sur quelque surface; & le mesme peut estre pratiqué par le moyen d'vn baston planté en terre, diuisé en quelques parties, & considerant celles de son ombre, puis faisant mesme operation qu'auec le style.

Ayant donc la hauteur du Soleil, la hauteur du Pole du lieu, & la Declinaison du lieu du Soleil, il faut multiplier la Coupante de la Declinaison, par la Coupante de la hauteur du Pole, & diuiser le produit par le sein entier, pour auoir au quatriéme nombre la premiere inuention; qu'il faut multiplier par la difference d'entre le sein de la hauteur du Soleil, & celuy de sa hauteur Meridienne que ie vous ay monstrée au discours du Meridien, afin d'auoir au quatriéme nombre le sein Verse de la distance du Soleil du Meridien, par le moyen de laquelle on cognoist facilement l'heure.

Vous auez veu que la hauteur Meridienne du Soleil le 13 d'Aoust, estoit de 56° 52': & sa Declinaison de 11° 52', la hauteur du Pole du lieu est de 45 degrez: & ie mets que la hauteur du Soleil soit de 40 degrez. La Coupante de la Declinaison, & celle de la hauteur du Pole multipliées ensemble, donnent au produit le nombre de 144509633464, lequel diuisé par le sein entier laisse au quotient 144509 pour la premiere inuention: laquelle ie multiplie par la difference qu'il y a entre le sein de la hauteur du Soleil, trouuée de quarante degrez, & celuy de sa hauteur Meridienne de 56° 52', & leur produit diuisé par le sein entier, laisse au quotient le sein trouué 28122, lequel estant osté du sein entier, on a de reste le sein de l'accomplissement de la distance du Meridien, qu'on cherche, & l'arc répondant à ce sein est de 45° 57', & son accomplissement iusqu'à 90 degrez, est de 44° 3', qui est le vray arc de la distance du Meridien à cette heure-là. Et pource que chaque heure emporte quinze degrez, & chaque degré vaut quatre minutes d'heure, & chaque minute de degré quinze secondes d'heure, le Soleil sera éloigné du vray Midy de 2 heures, 56 minutes, 45 secondes, tellement que si vostre consideration est deuant Midy, vous deuez compter 9 heures, 3 minutes, 15 secondes; si apres Midy, deux heures, 56' 45".

Vous pouuez auoir le mesme par vne seule operation, en multipliant la difference d'entre le sein de la hauteur Meridienne du Soleil, dont vous auez l'inuention; & celle de sa hauteur au temps de la consideration par le sein entier, & diuisant le produit par la moitié du nombre composé du sein de sa hauteur Meridienne, & de celuy de sa bassesse à Midy (qui se trouue en ostant la Declinaison du Soleil, de la hauteur du Pole, aux signes Septentrionaux, & faisant le contraire aux Meridionaux) pour auoir au quotient le sein tourné de l'arc que vous cherchez.

Haut. du S par l'he.

Que si vous desirez auoir la hauteur du Soleil par l'heure, il faut multiplier le sein tourné de la distāce du Soleil du Midy, qui est en nôtre exēple de 45° 3' par la moitié du nombre composé du sein de la hauteur Meridienne, & de celuy de la bassesse Meridienne, & diuiser le produit par le sein entier, pour auoir au quotient vn nombre, lequel estant soustrait du sein de la hauteur Meridienne, vous aurez de reste le sein de la hauteur que vous cherchez.

Pour le regard des Horloges, ou Monstres au Soleil, dont ie fay dessein de dire quelque chose, il faut sçauoir que les Cercles des heures ont diuerses distances & traits, en vne plaine surface, de mesme qu'au Ciel, selon leur diuerse assiete, au regard du Meridien, ou de l'Horizon; & selon que le Cercle celeste, auquel la surface répond, est diuisé par ceux des heures au Ciel, la surface est diuisée de mesme, & de mesme proportion, par les mesmes Cercles horaires. Par exemple, de mesme que l'Equinoctial est diuisé au Ciel en 24 parties par les Cercles des heures, de mesme la surface qui luy répond en terre, est partagée en autant par les mesmes Cercles; & celle-cy toute seule est comptée en cette sorte. Mais les autres ont les distances des Cercles horaires d'autant plus inegales entr'elles, qu'elles s'eloignent dauantage de la surface Equinoctiale. Ainsi de mesme que l'Horizon est distingué par les Cercles des heures au Ciel, la surface Horizontale, qui luy repond, est aussi distinguée de mesme sorte par les mesmes Cercles, & l'on en peut dire autant des autres.

Au reste, les lignes des heures sont des couppeures, ou sections ou parties des Cercles horaires, passans par chaque vingt-quatrieme partie de l'Equateur, & les deux Poles du monde, communes auec le plan qui vous est offert.

Or il y a diuers plans, ou diuerses surfaces, dont ie laisse le discours entier à ceux qui traittent cette matiere à fonds: me contentant de vous donner icy ce qui vous doit suffire en ce suiet, & laisser les curiositez inutiles, pour vous offrir les choses plus necessaires. Ie deployeray donc seulemēt icy ce que l'on recherche ordinairement, ou pour les Iardins, ou pour les murailles des maisons. Les Monstres qu'on fait communément aux Iardins, sont appellez Horloges Horizontaux, pource qu'elles sont sur vne surface plate, eloignée egalement de tous costez de l'Horizon. Les autres se font contre vne muraille droite & sont appellez Horloges Verticaux, ou du sommet des lieux regardans le Midy, nommez de la sorte, pource qu'ils sont Paralleles, ou egalement distans du Cercle Vertical, nommé proprement ainsi, & regardent le Midy; ou Horloges Verticaux, du costé du Nort, pource qu'ils sont egalement eloignez du mesme Cercle Vertical, & regardent le Septentrion. Mais les surfaces Verticales sont ou Directes, c'est à dire, opposées au droit & vray Midy ou Nort; ou s'ecartent de l'vn d'eux vers le Leuant, ou Couchant, & sont appellées Declinantes.

Quant à l'Horloge Horizontal, il se fait en cete sorte. Il faut décrire vn Cercle d'vn centre en quelque lieu plain, & le diuiser par le moyen de deux diametres, en 4 quarts, dont vous partagerez l'vn en 90 degrez, pour accommoder apres le commencement de ces degrez sur la ligne de 12 heures, ou bien vous ferez seulement le quart de la sorte, auec la distinction de chacun de ces degrez, s'il se peut, pour le moins en 6 parties, dont chacune emportera 10 minutes, pour y porter le compas, selon les degrez, & minutes de vostre calcul, & le porter apres en mesme estenduë au Cercle tracé sur vostre plan, ou surface; car il vous faut faire vne table de vos distances des heures, par la voye que ie vous diray, selon la hauteur du Pole du lieu, où vous pretendez faire l'Horloge. Apres auoir fait vostre table, il faut compter sur vostre quart de Cercle marqué, les degrez, & minutes de vostre calcul, pour vne heure apres Midy, qui seruent aussi pour 11 heures du matin, & portant le compas sur les degrez, & minutes de vostre quart, puis les rapportant sur vostre surface, de mesme sorte, vous marquerez le lieu d'vne heure, & d'onze heures, puis tirerez du centre, où les deux diametres s'entrecouppent, vne ligne iusqu'au poinct que vous aurez marqué, pour auoir cette heure-là, & ferez de mesme des autres, portant le compas des deux costez en egale distance de la ligne du Midy, pour marquer les poincts des heures; veu que ceux d'vne & d'vnze sont egaux, de mesme que ceux de deux & de dix, de trois & de neuf, & cinq du reste. Quant à la ligne des six heures, du matin, du soir, le diametre du Cercle qui couppe l'autre, qui marque la ligne de douze heures, marque les six heures des deux costez. Et pour auoir sept heures du soir, ou cinq heures du matin, il faut seulement continuër les lignes opposées, comme celles de 5 heures du matin pour auoir 7 heures du soir, & celle de 7 heures du soir, pour auoir cinq heures du matin, & ainsi des autres. Finalement il faut former vn triangle par le moyen du quart du Cercle marqué, selon les degrez de la hauteur du Pole du lieu, & le dresser à plomb ou à angles droits sur la ligne de 12 heures, ou bien au lieu du triangle dresser vn style de fer, ou d'autre matiere sur la mesme ligne de 12 heures, le posant droit au centre du Cercle, ou de l'Horloge, de hauteur égale à celle du Pole, ce qui se peut aisement par le moyen du quart de Cercle. Au reste il faut que le costé du centre regarde le Midy, & le costé opposé, où 12 heures sont marquées, le Nort.

La façon de calculer les heures ou les distances de la ligne de 12 heures, sont telles. Il faut multiplier la Touchante de la distance de douze heures, ou le Midy par le sein de la hauteur du Pole du lieu, & diuiser le produit de cette multiplication par le sein entier, pour auoir au quotient la Touchante de cette distance. Ainsi à l'eleuation du Pole de 45 degrez, ie multiplie son sein par la Touchante de 15 degrez, qui est la distance d'vne heure du Midy, & ayant diuisé le produit par le sein entier, i'ay pour quotient 20276. qui est la Touchante de 11. degrez, & prés de 28. minutes, que ie prend auec le compas sur le quart de Cercle, & la porte apres en mesme distance sur le Cercle de ma surface Horizontale, mettant vn pied sur la ligne de douze heures, & l'autre au lieu où il faut marquer le poinct, où l'on doit tirer la ligne du centre du Cercle, pour auoir vne heure, portant aussi-tost le compas estendu de mesme de l'autre costé, pour marquer 11. heures, & tirer vne ligne du centre, iusqu'à ce poinct. L'on dépesche de mesme les autres heures, prenant pour 2. & 10. heures, la Touchante de 30. degrez de distance; pour 3. & 9. heures, celle de 45. degrez, & ainsi les autres.

Voulant apres asseoir vostre monstre comme il faut, si vous l'auez fait sur quelque chose qui se transporte, il faut chercher la ligne Meridienne, & placer en sorte vostre Horloge, que vostre ligne de 12. heures réponde droitement à cette ligne de Midy, que vous aurez trouuée. Mais quelques-vns cherchent premierement la ligne du Midy sur vne surface immobile, & l'ayant trouuée font leur Cercle, & toutes leurs operations que i'ay dites, sur cette surface.

Quant à l'Horloge Vertical droit, qui regarde droitement le Midy, l'on le fait de mesme que l'Horizontal, excepté que l'on multiplie la Touchante de la distance de l'heure, par le sein de l'eleuation de l'Equateur, qui est l'accomplissement de la hauteur du Pole, qui se trouue égal à la hauteur en nostre lieu. Ainsi, si vous auiez 50 degrez d'éleuation de Pole, il faudroit pour vne heure multiplier la Touchante de 15 degrez, par le sein de 40, & partager le produit par le sein entier, pour auoir au quotient la Touchante de l'arc de l'heure, ou horaire, répondante à 10 degrez & prés de 27 minutes; & vous aurez la distance Verticale, comptée de la ligne perpendiculaire de 12 heures, iusqu'à la ligne de 8 heures proposée.

Au reste, les nombres des heures sont mis au contraire de l'Horloge Horizontal; veu que ce qui est à droit en l'vn, se doit trouuer à gauche en l'autre. Il faut dresser le style, ou fer, au centre de l'Horloge, de hauteur egale sur la ligne perpendiculaire, à celle de l'éleuation de l'Equateur de vostre lieu, ou faire vn triangle à cette mesme éleuation, pour pouuoir compter de son hypothemise toutes les heures.

Que si vous voulez auoir de l'autre costé de la muraille, exposé au Nort, les autres heures auant les 6 du matin, & apres les 6 du soir, il faut seulement transporter auec le compas, au delà de la ligne de 6 heures, les 5. heures apres Midy, & les 7. du matin, prises en la precedente Horloge, ou les prolonger du costé opposé. Au reste, le style doit estre mis en telle sorte au centre, qu'il regarde le Pole; ou le triangle estant mis de mesme qu'en l'autre, le centre de l'Horloge doit estre en bas, au lieu que celuy de l'autre est en haut.

Mais pour le regard des Horloges declinans, ou des murailles qui s'écartent du droit Midy, vers le Leuant, ou Couchant, il faut chercher en premier lieu, de combien de degrez elles declinent, ou s'éloignent du droit Midy d'vn costé ou d'autre. Pour cet effect, plusieurs appliquent la Boussole contre la muraille, & prennent les degrez qu'elle rapporte, ou mettent vne aiguille comme celle d'vn Quadran sur le demy diametre d'vn demy Cercle, marqué par degrez, & auec vne langue mobile, mise au bout, ont aussi-tost le nombre de degrez de cet écartement. Mais l'aiguille de la Boussole est trompeuse, & nous abuse souuent d'vn ou deux degrez; si bien qu'il est à propos de chercher cette declinaison par autre voye.

Quelques vns la trouuent par les distances Horizontales du Soleil, mais ce chemin est long, si bien que pour l'auoir plus briefuement & sans tant de peine, auec asseurance, il faut tracer contre la muraille vne ligne Parallele à l'Horizon, & ficher sur elle vn style à angles droits, puis regarder à Midy l'extremité de l'ombre, & tirer vne perpendiculaire vers icelle. Il faut oster apres cela le style, & ayant lors, ou auparauant tiré vne ligne égale à la longueur du style, il faut tirer de son extremité au poinct marqué en la Parallele, vne ligne droite; & lors l'accomplissement de l'angle d'enbas sera la declinaison de la muraille, qui tendra du Midy au Leuant, si lors que nous regardons la muraille l'ombre paroist à nostre main droite, & au contraire.

Lors donc que vous auez trouué la declinaison de la muraille, il faut tirer sur sa surface vne ligne perpendiculaire, qui sera assignée à 12. heures, & sur cette ligne il faut attacher le demy cercle marqué en quelque poinct par son centre, auec vn long fil, & l'accommoder en telle sorte, que son demy diametre se trouue droitement sur la ligne perpendiculaire. Apres l'auoir si bien affermy qu'il ne bouge point, il vous faut seruir de la Table des distances des heures, faite selon la declinaison de la muraille, que vous ferez comme ie vous vay monstrer; & vis à vis des heures qui sont à costé, sous la declinaison de la muraille, il vous faudra prendre le nombre des degrez & minutes que vous trouuerez, & les conter sur le demy cercle; puis estendre le fil sur ce nombre en telle sorte qu'il passe sur la muraille, où vous marquerez vn poinct pour chaque heure. Vous ferez le mesme en la distance de la ligne du style, & de la ligne de son eleuation, en les marquant aussi. Au reste il faut remarquer que ces degrez sont tousiours contez de la ligne perpendiculaire, à droite ou à gauche, en montant.

La façon de dresser cette Table des distances des heures de la ligne perpendiculaire est telle: Il faut multiplier le sein de l'accomplissement de la hauteur du Pole, par le sein de l'accomplissement de la declinaison de la muraille, & diuiser le produit par le sein entier, pour auoir au quotient la premiere inuention, ou distance de la ligne de la hauteur du style, à la ligne du style, qui n'est autre chose que l'éleuation du Pole sur le plan, ou sur la surface de la muraille, où vous voulez dresser vostre horloge; & le reste du quart du Cercle, ou le paracheuement de 90 degrez, & l'éleuation de l'Equateur sur le mesme plan.

Il faut apres confronter le sein de cette éleuation de l'Equateur, ou l'accomplissement de la premiere inuention, auec le sein de la hauteur du Pole du lieu de l'horloge, & multiplier le moindre de ces deux par le sein entier, puis diuiser le produit par le plus grand, & le quotient donnera le sein d'vn arc, lequel osté de 90 laisse la deuxiéme inuention, ou la distance de la ligne du style, de la ligne perpendiculaire.

Il faut encore confronter le sein de cette deuxiéme inuention auec le sein de l'accomplissement de la hauteur du Pole; & multiplier le moindre de ces deux par le sein entier; puis partager le produit par le plus grand, pour auoir au quotient la troisiéme inuention, qui est l'arc de l'Equateur compris entre la ligne du style & la ligne Meridienne.

Apres cela si la distance du Cercle horaire que l'on a choisie, est egal à la troisiéme inuention, la deuxiéme inuention doit estre tenuë pour la vraye grandeur de l'angle de l'heure cherchée. Mais si la distance est moindre, il la faut oster de la troisiéme inuention, ou si elle est plus grande, il en faut soustraire la troisiéme inuention, pour auoir la quatriéme en ce qui reste, qui n'est autre chose que l'éloignement du Soleil, par les degrez de l'Equateur, de la ligne du style, soit que le Soleil soit deuant elle, ou apres.

Puis il faut multiplier cette 4. inuention par l'accomplissement de la premiere, ou l'éleuation de l'Equateur sur le plan, & diuiser le produit par le sein entier, pour auoir au quotient vn sein dont on soustraira l'arc de celuy de 90 degrez, ou du quart du Cercle. Et le sein de ce qui restera apres la soustraction sera confronté auec celuy de l'accomplissement de la quatriéme inuention. Le moindre de ces deux sera multiplié par le sein total, & le produit estant diuisé par le plus grand, donnera au quotient la derniere inuention, dont il faut oster l'accomplissement de la 2. inuention, si la distance du Cercle de l'heure est moindre que la troisiéme, ou bien adjouster à la mesme si elle est plus grande, & de cette sorte vous aurez la grandeur de l'angle de l'heure, c'est à dire la distance horaire des degrez verticaux, de la ligne perpendiculaire.

Surquoy il faut prendre garde, que lors que la 4 inuention est iustement de 90 degrez, la derniere est aussi d'autant, qu'il faut adjouster à la 2 inuention, afin de faire de cette addition la quantité de l'angle horaire.

L'on me donne au lieu de Moras, qui a sa hauteur de Pole de 45 degrez, vne muraille, qui s'écarte du droit Midy vers le Couchant de 50 degrez. Et ie veux sçauoir la distance horaire du Cercle d'vne heure de la ligne perpendiculaire de 12 heures.

Ie multiplie le sein de l'accomplissement de la hauteur du Pole, ou le sein de l'eleuation de l'Equateur, qui est en ce lieu egale à la hauteur du Pole, par le sein de l'accomplissement de la declinaison de la muraille. Le sein de 45 degrez est 70711, l'accomplissement de la declinaison de la muraille est 40 degrez, & son sein 64275. Le produit estant diuisé par le sein entier, il me vient au quotient 45449, sein de la premiere inuention, ou de l'eleuation du Pole sur le plan, dont l'arc est de 27° 2'; & par consequent son accomplissement, qui est l'eleuation de l'Equateur sur le mesme Plan est de 62° 58', dont le sein est 89074.

Ie confronte apres le sein de cet accomplissement, ou de cette eleuation de l'Equateur auec le sein de la hauteur du Pole du lieu. Et pource que le sein de 45°, qui est 70711, est moindre que 89074 ie multiplie le premier par le sein total, & ayant diuisé le produit par le plus grand sein, i'ay au quotient, le sein 79384, respondant à l'arc de 52° 33', lequel osté de 90 degrez laisse pour la deuxiéme inuention 37 deg. 27 minutes, dont le sein est 60807.

Il faut confronter ce dernier sein auec celuy de l'accomplissement de la hauteur du Pole du lieu. Et pource que le sein 60807 est moindre que celuy de 7071, ie multiplie le moindre par le sein entier, & ayant diuisé le produit par le plus grand sein, i'ay au quotient le sein de la 3 inuention, 85993, répondant à l'arc de 59° 18'.

Apres cela pource que la distance du Cercle horaire d'vne heure du Meridien est seulement de 15 degrez, & par consequent moindre que la troisiéme inuention, i'oste ces 15 degrez de 59° 18', & il me reste 44° 18', pour la quatriesme inuention que ie multiplie par le sein de l'accomplissement de la premiere, ou de l'eleuation de l'Equateur sur la surface de l'horloge, & ayant diuisé le produit par le sein total, i'ay au quotient le sein 62211, respondant à l'arc de 38 degrez 28 minutes, lequel leué de 90 degrez, l'on a de reste 51. deg. 32 minutes; dont le sein est 78297.

Confrontant apres ce dernier sein, auec celuy de l'accomplissement de la quatriesme inuention, qui est 71565, respondant à 45 degrez 42 minutes, ie multiplie le moindre 71565, par le sein total, & diuisant apres son produit par le plus grand sein 78297, i'ay au quotient le sein 91401, respondant à l'arc de 66 degrez, 4 minutes, dont l'accomplissement est 23 degrez, 56 minutes : lesquels i'oste de la troisiesme inuention 37° 27', pource que la distance d'vne heure du Meridien est moindre que ceste troisiesme inuention; si bien qu'il me reste pour mon angle d'vne heure apres Midy 13° 31'.

Vous trouuerez de mesme l'angle de deux heures de 23° 7' : celuy de trois heures de 30° 49' : celuy de quatre heures de 37° 49' : celuy de cinq heures de 44 degrez 43' : celuy de six heures de 52° 33'; celuy de sept, de 62° 26'; & celuy de 8, de 76° 27', & ainsi le reste.

Ce que dessus suffit seulement pour marquer les heures auant Midy sur la muraille qui s'ecarte vers le Leuant, ou celles d'apres Midy sur celle qui s'en esloigne vers le Couchant; veu qu'en la premiere vous marquerez vnze heures auec mesme distance qu'est celle d'vne heure apres Midy; dix heures auant Midy auec celle de deux heures apres Midy, & ainsi le reste.

Mais de l'autre costé de la muraille, vous calculerez les autres heures comme s'ensuit. Vous suiurez l'ordre cy dessus, iusqu'à la troisiesme inuention; puis vous adiousterez tousiours ceste troisiesme inuention à la distance d'l'heure, pour auoir la quatriesme inuention : & continuerez vostre operation, iusqu'à la derniere inuention, de l'accomplissement de laquelle vous deuez oster la seconde inuention, pour auoir en ce qui restera l'angle de l'heure.

Vous pouuez encor pour vous soulager adjouster tousiours 15 degrez à la 4 inuention de la derniere heure que vous aurez calculé, si tant est que la distance de l'heure soit moindre; & de ceste sorte, par l'addition, ou soustraction, de 15 degrez, selon que le cas le requerra, vous aurez la particuliere quatriéme inuention de chaque heure; ce que vous pratiquerez pour les heures d'apres Midy aux murailles qui tendent au Leuant, ou pour celles d'auant Midy aux murailles qui s'écartent vers le couchant.

Vous adjousterez encore tousiours aux murailles qui tendent au couchant, pour les heures d'auant Midy, la distance du Cercle de l'heure; à la troisiéme inuention, & par ce moyen vous aurez la quatriéme. Vous ferez le mesme pour le regard des heures d'apres Midy aux murailles qui tendent au Leuant. Mais aux autres vous procederez comme cy-dessus, iusqu'à l'accomplissement de la derniere inuention, de laquelle vous osterez tousiours la seconde inuention, pour auoir la distance de l'heure que vous cherchez.

Au reste c'est vn moyen fort aisé, pour marquer les distances des heures, de diuiser vne regle assez longue en mille parties, & tirant vne ligne droite contre la perpendiculaire, voir les Touchantes qui répondent aux arcs que vous trouuez par vostre calcul, & prenant leur nombre sur vostre regle auec le compas, le porter apres estendu de mesme sur vostre ligne, & marquer toutes les distances auecque des points, pour y tirer apres du centre de l'horloge les lignes des heures. La iustesse en est fort grande, & l'vsage facile au possible.

CERCLES DES IOVRS CIVILS.

Que c'est que iour & la diuision des iours.

Les iours sont composez de ces heures, dont i'ay discouru; mais ils sont pris en diuerses sortes. Car le vulgaire tient pour iour, non seulement le temps durant lequel le Soleil paroit sur l'Horizon; mais encore cette foible, ou mourante clarté que l'on voit auant son leuer, ou apres qu'il est couché. Les autres plus habiles appellent iour seulement l'espace qu'il y a depuis son leuer iusqu'à son coucher, opposans ce iour à la nuict, priuée de la lumiere de cet Astre; & c'est proprement ce iour, que les anciens [a] ont nommé Naturel, & que plusieurs de ceux qui traitent de la Sphere appellent improprement artificiel; pource que l'on ne doit donner ce nom qu'à la clarté qui s'acquiert par art, ou la nuict auec quelque chandelle, ou flambeau que l'on allume, au lieu que l'autre est vrayement naturel, distingué de la nuict par la Nature, & partie du iour Ciuil.

[a] Censorin. de die Natali. cap. 19.

Mais les mesmes anciens ont appellé iour Ciuil le temps qui comprend le tour entier du Soleil autour de la Terre; & le vray iour auec la nuict, & ce iour est exprimé par nous, lors que nous disons, qu'vn tel a vescu tant de iours; veu que nous entendons les nuicts iointes aux iours. Ces iours sont nommez Ciuils, ou Politiques, pource que toutes les affaires ciuiles, tant publiques que particulieres, sont distinguées par ces iours, appellez communement, mais mal, Naturels: & par les Grecs fort proprement Nyctemeres, ou Nyctemerins, c'est à dire composez du iour & de la nuict pris ensemble.

Au reste ce iour Ciuil, est l'espace du temps, auquel le Soleil fait le tour des 360 degrez de l'Equinoctial, autour de la terre, y ioignant vne portion du mesme, deuë à l'arc du Zodiaque qu'il parcourt outre cela, de son particulier & iournalier mouuement; ou c'est l'espace du temps, qui coule tandis que le Soleil s'acheminant de son leuer ou de l'Horizon & du Cercle Meridien, se va rendre à l'autre point de son leuer ou du Midy, & cet interualle qui mesure le iour Ciuil, est de 24 heures Equinoctiales, & d'enuirō 4 minutes, à cause de cete parcelle que le Soleil parcourt tous les iours, qui est d'enuiron vn degré, répondant à ces 4 minutes d'heure; mais non tout à fait, ny tousiours, veu qu'elle est tantost de 57 minutes, tantost de 58, de 59, de 60, & de 61, veu qu'il fait de nostre temps apres le solstice d'Esté 57' 5" en vn iour, & apres celuy d'Hyuer 61' 21". A raison dequoy les Astronomes accommodans leur calcul au temps moyen ou égal; ont fait cette parcelle moyenne, ou égal de 59' 8", en faisant apres l'egalation par la voye que vous auez peu voir au discours des Cercles des Positions, en la façon de dresser la figure celeste, & d'egaler les iours. De sorte que les iours Astronomiques & égaux sont de 360 degrez, 59', 8"; au lieu que les inegaux sont ceux ausquels on adioute au tour entier de l'Equateur des portions inegales & vrayes du mesme Equateur, qui répondent au vray mouuement iournalier du Soleil sous l'ecliptique, lequel se trouue inegale tant à cause de son Eccentricité, ou de ce que son centre est hors du centre du Monde, qu'à raison du biaisement du Zodiaque. Et toutesfois l'on conte communement le temps de ces iours Ciuils pour 24 heures iustes, donnant seulement 15 degrez à chaque heure, pource que le reste ne tombe pas sous le sens du commun : mais est sans plus reconu par les obseruations des habiles ; au lieu que veritablement le point de l'Equateur qui se leue aujourd'huy ou paruient au Meridien auec le Soleil, ne se leuera pas & n'arriuera pas demain au Meridien auec luy.

Au reste les Astrologues diuisent le iour naturel, qu'ils appellent communement artificiel, & la nuict de mesme, en 12 parties egales, qui sont appellées heures inegales, pource que ce sont des heures des iours inegaux, & des nuicts inegales. Ptolemée les appelle Temporelles, & les Astrologues les nomment Planetaires.

Mais quelques-vns de ceux qui ont fait des Tables des mouuemens des estoiles fixes, & des Planetes, diuisent le iour naturel en 60 parties egales, qu'ils appellent premiers scrupules, ou minutes des iours, puis partagent encor chacune de ses minutes premieres, en 60'', puis en vne de ces 60 en autres 60, & passent ainsi de suite iusqu'aux moindres parcelles.

a Vincent. Specul. hist. l. 1. cap. 25.

Quelques autres [a] partagent ce iour, ou Ciuil, ou Naturel, en 4 quarts, & 24 heures, donnant à chaque quart 6 heures, à chaque heure 5 poincts, à chaque poinct 8 moments, à chaque moment 12 onces, & à chaque once 47 atomes.

Cercles des iours.

Au reste les tours iournaliers du Soleil tracent les Cercles des iours Ciuils, ou Naturels, mis au nombre des Paralleles par les Astronomes, bien qu'improprement; pource que ce sont certaines circonferences que le Soleil décrit, mais imparfaites, en ce que leur commencement ne s'vnit pas à la fin. De sorte que ce ne sont pas des Cercles parfaits, & ne sont non plus parfaitement Paralleles, ou également éloignez entre eux, comme les cinq Paralleles de la Sphere ; pource que la declinaison du Soleil n'est pas tousiours d'vne sorte, & ne sont non plus lignes spirales, ou tournoyantes, comme quelqu'vns les appellent; mais sont presque Cercles, & presque Paralleles, & proprement Helices Spherales.

De ces Helices, ou Circonferences imparfaites des Cercles, il n'y en a que trois qui s'vnissent, à sçauoir les deux des extremitez, & celle du milieu, qui deuiennent presque mesme choses que les deux Tropiques & l'Equinoctial.

Le Soleil décrit les Helices ou Circonferences imparfaites des Cercles paralleles, au nombre de 182 & ½ & presque ¼ de la circonference d'vn cercle, par le mouuement rapide du premier Mobile receu par maniere de doctrine, en l'espace de 182 iours, & ½ & presque ¼ de iour, depuis le commencement du Capricorne, en passant par le Belier, iusques au commencement de l'Ecreuisse; & décrit encore au contraire les mesmes Helices retournant du commencement de l'Ecreuisse, par la Balance, au commencement du Capricorne. De sorte qu'en toute vne année, qu'il fait le tour parfait du Zodiaque, il trace par deux fois ces Helices, au nombre de 365, & presque vn quart. Et ce sont ces Helices, nommées autrement Paralleles par les Astrologues, qu'on appelle Cercles des iours Ciuils, pource que le Soleil ayant fait en chacun d'eux vn tour entier autour de la Terre, par le mouuement du premier Mobile, selon la commune estime, auec ceste parcelle qu'on donne à son mouuement particulier, l'on dit qu'vn iour Ciuil est passé.

Au reste lors que ces Cercles imparfaits sont entrecouppez par l'Horizon, les parties de leurs circonferences, qui sont au dessus de l'Horizon, sont appellées Arcs des iours naturels, ou Arcs des iours, & celles qui se trouuẽt dessous, sont nommées Arcs de la nuit. Que si les Arcs des iours sont egaux à ceux des nuits, les iours naturels sont egaux aux nuits; mais s'ils sont plus grands, ou moindres, les iours sont aussi plus grands, ou plus petits que les nuits.

Diuersitez des iours.

Et d'autant que tous ces paralleles sont coupez en deux par l'Horizon en la Sphere droite, les Arcs des iours seront tousiours egaux à ceux des nuits en cette Sphere, selon l'estime des sens; bien que les iours naturels ne soient pas veritablement, ny parfaitement egaux aux nuits, à cause du mouuement particulier du Soleil, ny les iours entre eux, non plus que les nuits entre elles, à cause de l'inegalité du leuer & du coucher des parcelles du Zodiaque, que le Soleil parcourt le iour & la nuit, de son propre mouuement. Mais pource que cette inegalité (principalement en la Sphere droite eſt preſque inſenſible, l'on fait les iours naturels egaux aux nuicts, & les iours entre eux . & les nuicts entre elles , pource que le ſens ne remarque que 12 heures preciſement chaque iour, & chaque nuict en la Sphere droite, combien que cela ne ſoit pas veritablement. L'on peut encor dire qu'en la Sphere droite les iours ſont touſiours egaux aux nuicts, pource qu'vne moitié de l'Equinoctial ſe leue auec chaque moitié du Zodiaque, qui ſe leue en chaque iour naturel, ou en chaque nuict.

Mais en la Sphere oblique l'Horizon diuiſe ſeulement l'Equinoctial en deux moitiez, & diuiſe les autres paralleles en parties inegales ; ſi bien que le Soleil eſtant aux poincts du Belier & de la Balance, l'arc du iour deuiendra égal à celuy de la nuit, en la ſorte que i'ay dite en quelque Sphere oblique que ce ſoit, où l'Horizon eſt entrecoupé par l'Equinoctial. Mais le reſte de l'année en quelque autre poinct du Zodiaque, que le Soleil ſoit, les iours naturels ne ſe trouuent pas égaux aux nuicts , ny entre eux.

Il faut auſſi remarquer que tant plus l'Horizon d'vn lieu eſt ou au deſſous du Pole de l'Equateur ou du Monde, ou eſloigné d'iceluy, les iours d'Eſté ſont tant plus longs, qu'en ceux qui l'ont moins eſloigné ; & lors que l'Horizon s'abbaiſſe de 66 degrez , 30 minutes , au deſſous du Pole, à ſçauoir autant que le Tropique eſt eſloigné du Pole du Monde, l'Horizon ne coupe pas le Tropique, mais le raſe ſeulement du coſté du Nort : à raiſon dequoy le Soleil aux iours du Solſtice ne ſe couche pas entierement, & lors qu'on eſtime qu'il ſe couche, tout le Zodiaque s'vnit, par maniere de dire , auec l'Horizon, & les poincts de ces deux Cercles concourent tous en vn poinct.

Mais ſi l'on va plus auant vers le Pole, tout le Tropique & les autres paralleles paroitront entiers ſur l'Horizon ; à cauſe dequoy le Soleil demeurera ſur l'Horizon durant quelques iours, ou quelques mois, tandis qu'il ſe trouuera aux ſignes d'Eſté , & au contraire demeurera caché ſous l'Horizon autant de temps aux ſignes d'Hyuer : veu que c'eſt vne regle perpetuelle, que la nuict d'Hyuer eſt égale au iour d'Eſté.

Mais ſous le Pole meſme (ſi tant eſt que ce lieu ſoit acceſſible) il n'y a qu'vn iour & qu'vne nuict en toute l'année : mais en telle ſorte que ce iour eſt plus long d'enuiron 8 iours que la nuict ; pource que le Soleil s'arreſte plus de temps aux ſignes d'Eſté qu'en ceux d'Hyuer. En ce lieu-là l'Equateur tient lieu de l'Horizon , pource que le Pole de l'Equateur eſt ſur le ſommet, ou au Zenith, ou Pole meſme de l'Horizon ; qui ne coupe pas les Paralleles, mais en a partie au deſſus de luy, partie au deſſous. Et c'eſt là que les Planetes ſe leuent & ſe couchent au bout de ſix mois. Mais les eſtoiles ne ſe leuent, ny ſe couchent , ains ſont portées en rond , & ne ſont iamais plus hautes ny plus baſſes. Les Holandois ſont allez iuſqu'à 84 degrez de hauteur de Pole, mais la rigueur d'vn Hyuer inſupportable leur fit quitter le deſſein de paſſer plus outre.

Au reſte depuis l'Equateur iuſqu'aux deux Cercles Polaires, il n'y a point de iour ſans la nuict, ny de nuict ſans ſon iour, qui eſt partie du iour Ciuil ; mais en telle ſorte que s'eſloignant de l'Equateur vers le Nort, les iours deuiennent tellement inegaux, qu'il n'y a plus aucun iour de l'année qui ſoit égal à l'autre, ſinō deux auſquels le Soleil ſe trouue aux poincts également diſtans du poinct du Solſtice. Car lors qu'on s'auance vers le Pole, les iours d'Eſté commencent à croiſtre petit à petit, & les nuicts à s'accourcir, & au contraire les nuicts d'Hyuer à deuenir plus longues, mais en telle ſorte qu'vn des iours d'Eſté a vne nuict d'Hyuer égale au point oppoſé, ou bien également eſloigné du point de l'Equinoxe , & vne nuict d'Eſté reciproquement vn iour d'Hyuer.

Quant à ceux qui ſont enclos dans le Cercle Polaire, ils ont deux ſortes de iours & de nuicts : veu que quelques iours auant & apres, les Equinoxes ont leurs nuicts ; & quelques autres iours au contraire , au deça & au delà du Solſtice, s'aſſemblent & ne font qu'vn iour, ſans aucune nuict, & reciproquement quelques nuicts au deça & au delà de l'autre Solſtice s'vniſſent pour ne faire qu'vne nuict, ſans aucun iour entre deux, & le nombre de ces iours naturels aſſemblez, & ne faiſans qu'vn iour extraordinaire , s'augmente tant plus, qu'on approche plus du Pole, où il y a vn iour de 6 mois, & vne nuict d'autant.

…ueur …iours. Pour le regard de la façon de trouuer la quantité des iours, ie vous ay fait voir au diſcours des Cercles des heures , que pour cet effet, il falloit auoir la hauteur du Soleil à Midy, & ſa declinaiſon du meſme iour , par les voyes que ie vous ay monſtrées au Meridien,& aux Cercles des declinaisons,puis multiplier la Coupante de la hauteur du Pole, par le sein de la hauteur du Soleil à Midy de ce iour là, & diuiser le produit par le sein entier,pour auoir au quotient vn nombre, qu'il faut encor multiplier par la Coupante de la declinaison du Soleil, & partager apres le produit par le sein entier,pour auoir au quatriéme nombre le sein versé de l'arc du demy-iour, lequel estant doublé donne le iour entier. Par ce moyen nous auons trouué à la declinaison d'11 degrez 52' 25" que le Soleil auoit à Midy du 12 d'Aoust, l'arc du demy iour de 102° 8', 8", c'est à dire de 6 heures,48', 32" 32"'; lesquelles doublées donnent l'arc du iour entier de 13 heures, 37 minutes.

Mais la mesme quantité du iour se trouue encor plus aisément par vne seule operation, en multipliant la Touchante de l'eleuation du Pole du lieu, par celle de la declinaison du Soleil,& diuisant le produit par le sein entier, pour auoir au quotient le sein de la difference Ascensionelle; c'est à dire les degrez qui monstrent la difference d'entre l'Ascension droite & l'oblique, en cette eleuation du Pole, qu'il faut doubler. Ainsi multipliant la Touchante de l'eleuation du Pole de 45 degrez, par la Touchante de la declinaison d'11 degrez, 52', & partageant le produit par le sein entier, i'ay au quotient le sein 21013, répondant à l'arc de 12 degrez, 8 minutes, & quelques secondes que ie double & change en heure & minutes, à raison de 4 minutes d'heure pour degré,& 15 secondes pour chaque minute,tellement que i'ay 24 degrez,16 minutes, puis ayant reduit cela en heures, i'ay vne heure 37 minutes; que i'adiouste aux 12 heures du iour de l'Equinoxe, d'autant que le Soleil se trouue en vn des signes Septentrionaux, si bien que cette addition me donne 13 heures 37 minutes pour la durée du iour, le 12 d'Aoust 1573. Mais si le Soleil estoit en vn des signes Meridionaux, qui sont depuis le commencement de la Balance, iusques à la fin des Poissons, il faudroit oster les 12 heures Equinoctiales cette difference doublée.

De mesme si nous cherchions lors que le Soleil entre en l'Ecreuisse, & qu'il a 23 degrez 31', 30" de declinaison, combien dure le iour de ceux qui ont leur eleuation de Pole de 65 degrez, en multipliant la Touchante de cette declinaison, par celle de 65 degrez,& diuisant le produit par le sein entier, i'ay au quotient le sein répondant à l'arc de 69 degrez, que ie double, & ay 138 degrez, lesquels changez en heures & minutes, me donnent 9 heures, 12 minutes, lesquelles i'adiouste aux 12 heures Equinoctiales, & par ce moyen i'ay 21 heure & 12 minutes, pour le plus grand iour d'Esté de ce pays là; & l'arc de la moitié du iour est de 10 heures, 36 minutes.

Ainsi à l'eleuation de 66 degrez, l'on trouue apres l'operation le quotient 97781. qui est le sein de 77 degrez, 54 minutes, & ce nombre doublé fait 155 degrez, 48 minutes, que l'on change en heures,& l'on a 10 heures,23 minutes,lesquelles adjoustant aux 12 heures Equinoctiales,l'on a 22 heures,23' pour le plus grand iour entier, quand le Soleil est au commencement de l'Ecreuisse,& l'arc de la moitié du iour est d'11 heures, 11 minutes, & quelques secondes.

Ainsi sous le Cercle Polaire à la hauteur de 66 degrez, 28' 30", la fin de l'operation vous laisse le sein entier de 90 degrez; lesquels doublez font 180, que l'on change en 12 heures; lesquelles adjoustées aux 12 heures de l'Equinoxe, font auec elles 24 heures, pour le plus grand iour de ceux qui habitent sous cette hauteur de Pole.

Quelques vns vsent autrement de la difference Ascensionelle, pource qu'ils l'adjoustent au quart du Cercle, ou à 90 degrez, qui valent 6 heures, lors que le Soleil est aux signes Septentrionaux; ou l'ostent des mesmes 90 degrez; quand il est aux signes Meridionaux; & font par cette addition, ou soustraction, l'arc du demy iour, en degrez & minutes, qu'ils changent apres en heures & minutes d'heure, puis le doublent pour auoir l'arc du iour entier. Mais tout reuient à mesme chose.

Au reste les parties du Zodiaque, qui sont egalement esloignées du commencement de l'Ecreuisse, ont leurs iours & leurs nuicts de mesme durée; comme par exemple lors que le Soleil se trouue au 20 degré des Gemeaux, & au 10 de l'Ecreuisse, ceux qui ont leur hauteur de Pole de 45 degrez, ont leur iour de 15 heures, 21', 48"; & leur nuict de 8 heures, 38', 12", en ces deux poincts; pource qu'ils sont egalement esloignez du commencement de l'Ecreuisse. Dauantage en toutes les parties des signes, qui se trouuent egalement distantes de mesme poinct de l'Equinoxe, ou qui

qui sont opposées entre elles, la nuit de l'vne est aussi grande, qu'est le iour de l'autre, comme par exemple, le Soleil estant au 20 degré du Taureau, le iour est de 14 heures, 29', 42'', sous la hauteur du Pole de 45 degrez, & le mesme estant au 10 du Verseau, ou 20 du Scorpion, la nuit est de mesme durée.

Quant à l'arc du Zodiaque qui paroit tousiours, ou qui est tousiours caché aux lieux qui ont plus d'éloignement de l'Equateur que le Cercle Polaire, auquel l'eleuation du Pole est égale à l'accomplissement de la plus grande declinaison, ou du plus grand biaisement du Zodiaque, & où tous les Paralleles du Soleil sont entrecoupez par l'Horizon, tellement que les deux seuls Tropiques touchent l'Horizon; d'où vient que le Soleil se trouuant en ces Tropiques, le plus grand iour d'Esté est de 24 heures, & la nuit d'vn moment, & reciproquement en hyuer la nuit est de 24 heures, & le iour est d'vn instant, il le faut chercher en cette sorte.

La hauteur du Pole estant plus grande, que l'accomplissement de la plus grande declinaison, ce qui se rencontre au sommet du lieu qui est entre le Pole du Monde, & le Cercle Arctique, l'Horizon ne coupe pas tous les Paralleles, mais seulement ceux qui sont esloignez de l'Equateur, d'autant de degrez qu'ils ont d'accomplissement de hauteur de Pole. Tellement que l'arc du Zodiaque compris entre le Tropique de l'Ecreuisse & le Parallele qui touche l'Horizon, est tousiours sur l'Horizon.

Ainsi l'accomplissement de la hauteur du Pole sera la declinaison de ce Parallele paroissant sur terre, & rasant l'Horizon; & par son moyen nous apprendrons les poincts Septentrionaux de l'Ecliptique, qui ont cete declinaison; & les ayant sceus, nous trouuerons que l'arc de l'Ecliptique enfermé entre ces poincts paroistra tousiours sur la terre, & son opposé sera tousiours caché.

Comme si l'on cherche à la hauteur du Pole de 68 degrez, l'arc du Zodiaque qui paroist tousiours, il faut prendre la declinaison, en ostant 68 degrez de 90: & par ce moyen l'on aura 22 degrez de declinaison, pour le Parallele qui rase l'Horizon, à sçauoir autant que ce lieu a d'accomplissement d'eleuation de Pole. Ie regarde les degrez de l'Ecliptique répondant à cette declinaison; & ie trouue que ce sont 9 degrez 49' des Gemeaux, & 20 degrez, 11' de l'Ecreuisse. Tellement que ie conclud que cet arc depuis les 9 degrez 49 minutes des Gemeaux, iusqu'à 20° 11' de l'Ecreuisse, est tousiours sur terre; & ie regarde quels iours le Soleil est en ces poincts, puis trouuant que c'est enuiron le premier de Iuin, & le 13 de Iuillet, ie dy que le Soleil paroist tousiours en ces lieux-là durant tout ce temps, & qu'ils ont vn iour continu d'enuiron 42 iours, qui finit le 13 de Iuillet; & lors que le Soleil se trouue aux signes opposez, ils ont vne nuit d'égale durée.

Mais il faut considerer icy la Parallaxe, ou l'erreur de la veuë, à laquelle l'on est sujet en regardant le Soleil, & la Refraction, principalement pres de l'Horizon. De sorte qu'il faut adjouster la declinaison du Parallele qui touche l'Horizon, ou l'accomplissement de la hauteur du Pole à la Parallaxe du Soleil, qui est pres de l'Horizon d'enuiron 3 minutes ou 2' 40''; & oster de la mesme la Refraction, qui peut estre grande en ces lieux-là, selon que l'air s'y trouue plus ou moins épais & grossier, & que Tycho Brahé a trouué par l'Horizon de 34 minutes, en l'air le plus épuré du Danemark. Il faut dy-ie oster cette Refraction de l'accomplissement de la hauteur du Pole, selon que vous iugerez qu'elle doit estre. Et de cette sorte vous aurez de reste la declinaison de ce Parallele rasant l'Horizon, selon la veuë, & par son moyen vous recognoistrez l'arc de l'Ecliptique. Quant aux Parallaxes & Refractions, vous en trouuerez le discours à la fin de celuy de la Lune.

Il faut aussi remarquer, que les arcs cachez sont veritablement égaux à ceux qui paroissent, mais les nuits continuës ne sont pas égales aux iours continus; pource que le Soleil passe plustost les arcs pres du Capricorne, que pres de l'Ecreuisse, à cause que le Perigée, ou le bas point du Soleil est de nostre temps au premier, & l'Apogée, ou le haut poinct au dernier. A raison dequoy les nuits continuës sont quelque peu moindres, que les iours continus; & ce du costé du Pole Arctique: Mais le contraire arriue à ceux qui ont le Pole Antarctique eleué sur eux.

Remarquez aussi que ces grands iours continus commencent d'autant de iours auant le 22 de Iuin, qu'il s'en trouue en la moitié de tout le iour continu; & la fin arriue autant de iours auant le 22 de Iuin. D'ailleurs les nuits continuës commencent autant de iours auant le 22 de Decembre, qu'il s'en trouue en la moitié du nombre des iours de tout le iour continu, & la fin arriue autant de iours apres le 22 de Decembre.

Mais afin que vous puissiez aysément sçauoir sans estre trop scrupuleux, combien de iours il faut donner à chaque arc du Zodiaque,, vous ne deuez point faire de difficulté de donner de gros en gros vn iour à chaque degré, & remarquer que le Soleil entre au Belier enuiron le 21 de Mars; au Taureau le 21 d'Auril; aux Gemeaux le 22 May; en l'Ecreuisse le 22 Iuin; au Lyon le 23 de Iuillet; en la Vierge le 23 d'Aoust; en la Balance le 23 de Septembre au Scorpion le 24 d'Octobre; au Sagittaire, le 23 Nouembre; au Capricorne le 22 de Decembre; au Verseau le 21 de Ianuier; & aux Poissons le 19 de Feurier. Sçachant donc toutes ces entrées du Soleil aux signes, lors que vous aurez veu le lieu de l'Ecliptique, auquel le Soleil commence le iour continu, il sera fort aisé de voir en quel iour ce commencement se fait; comme en nostre exemple, que le iour commence lors que le Soleil se trouue aux 9 degrez, 49 minutes des Gemeaux, & pource qu'il y entre le 22 de May nous pouuons dire que c'est enuiron le premier de Iuin, pource qu'il est apres le 9 degré, & dans le dixiéme, & que May est de 31 iour, si bien qu'il y a dix iours en commençant le 22.

Si vous voulez encor auoir cet arc aisément, il faut oster la hauteur du Pole de 90 degrez, pour auoir en ce qui reste la declinaison du commencement de l'arc tousiours paroissant, puis chercher en la Table des declinaisons du Soleil, ou de l'Ecliptique le point qui luy répond, & le commencement de cet arc dõt la moitié est entre ce cõmencement & le premier point de l'Ecreuisse: & cet arc estant doublé vous aurez l'arc entier tousiours paroissant, & son opposé sera l'arc caché. L'entrée du Soleil aux signes aux iours marquez vous fera cognoistre aisement les iours du commencement & de la fin.

Touchant la naissante, ou mourante clarté, que le Soleil pousse sur nostre Horizon, auant son leuer, ou y laisse & continuë en se couchant, & qui est nommée à la Latine Crepuscule, on luy donne premierement pour cause le Soleil mesme, quoy qu'il soit sous la terre, & ne frappe pas nos yeux auec ses rayons droits, ny brisez, puis la matiere du Ciel épanduë autour du Soleil, à la hauteur de quelques degrez, & resplendissante à cause du voisinage du mesme, tantost plus & tantost moins, se leuant durant quelque temps, iusqu'à ce que le Soleil mesme se leue; puis encor les fumées, & exhalaisons seiches, prouenantes de la chaleur du iour, ou des rayons des autres Astres, qui se sont esleuées au dessus de la surface de l'air, par le moyen de leur chaleur, & matiere mince, & estant plus hautes que nous, sont plus promptement illuminées par le Soleil que les lieux bas, & nous communiquent par ce moyen la lumiere qu'elles reçoiuent du Soleil; & finalement l'Air mesme, qui est eclairé des droits rayons du Soleil, & les relance, comme plus épais que le Ciel; ou bien il tient lieu de miroir concaue, & les nous renuoye. Crepuscules.

Le moyen de trouuer la longueur, & durée de ce Crepuscule est aisé, lors que le Soleil est en l'vn ou l'autre des Equinoxes, en quelque hauteur de Pole que ce soit, ayant arrêté les degrez de sa plus grande bassesse ou profondeur sous l'Horizon, lors qu'il commence à nous faire voir quelque clarté. Lon l'a fait cõmunement de 18 degrez, quoy que Tycho Brahé [a] dise que la mesure du Crepuscule, soit du soir, soit du matin, ne passe iamais 17 degrez; mais quelques autres l'auancent iusqu'à 19, & mesme à 20. Ayant donc arreté cette profondeur, l'on multiplie son sein par la Coupante de l'eleuation du Pole; & diuisant le produit par le sein entier, l'on a pour quotient le sein du Crepuscule.

[a] Tyc. Brah. Ep. Astr. li. 1.

Comme en la hauteur du Pole de 45 degrez, rechercher la durée du Crepuscule du iour de l'Equinoxe, ie multiplie la Coupante de cette eleuation de Pole, par le sein de 18 degrez, & diuisant le produit par le sein entier, i'ay au quotient le sein répondant à 25 degrez, 55', que ie change en heures, & minutes d heure; tellement que i'ay 1 heure, 43', 40" pour la durée de mon Crepuscule.

Quãt aux lieux qui sont sous l'Equateur, lors que le Soleil est aux poincts des Equinoxes, sõ arc de profõdeur de 18 degrez, est celuy de la durée du Crepuscule du matin, & du soir; pour ce qu'alors l'Equateur se rencontre auec le Cercle Vertical, qui passe par le Soleil. Mais le mesme estant hors des Equinoxes, il faut multiplier la Coupante de la declinaison du Soleil, par le sein de sa profondeur sous l'Horizon,

& diuiser le produit par le sein entier, pour auoir au quatriéme nombre, le sein de la durée du Crepuscule. Ainsi le Soleil estant au commencement de l'Ecreuisse, & ayant 23° 31' 30" de declinaison, & l'arc de profondeur estant de 18 degrez, la longueur du Crepuscule sera de 19 degrez, 41', 46".

Mais aux lieux qui ne sont pas assis sous l'Equateur; mais auancez vers les Poles, la recherche du Crepuscule est vn peu plus malaisée, lors que le Soleil est hors des points des Equinoxes.

Il faut donc multiplier le sein de 18 degrez de la profondeur du Soleil sous l'Horizon, par le sein tourné de l'arc du demy-iour, & diuiser le produit par le sein de la hauteur Meridienne du Soleil, pour auoir au quotient vn nombre, lequel adiousté au sein rebours de l'arc du demy-iour, fait le sein rebours de l'arc composé de l'arc du demy-iour, & de l'arc du Crepuscule. Si bien que nous trouuerons par le moyen de ce sein la longueur du Crepuscule, si nous ostons de tout l'arc celuy du demy-iour.

En nostre exemple du Soleil estant à 28° 58' 47" du Lyon, l'arc du demy-iour est de 102 degrez, 8 minutes, 8", dont le sein tourné, ou Verse est 12022: & l'arc de la profondeur du Soleil sous l'Horizon est de 18 degrez, dont le sein droit est 30902. Multipliant donc l'vn par l'autre, ie partage apres le produit par le sein de la hauteur Meridienne du Soleil, de 56° 51': & l'operation me donne au quotient le nombre 44659: lequel i'adiouste au sein Verse de l'arc composé de l'arc du demy-iour; & de celuy du Crepuscule; lequel l'arc composé est de 131 degrez, 3 minutes; dont i'oste l'arc du demy-iour, de 102 degrez 8', 8"; tellement qu'il reste pour l'arc du Crepuscule 28 degrez, 54', 52", ou pour abreger 28 degrez, 55' que ie change en heures & minutes, tellement que i'ay vne heure & 57 minutes de Crepuscule.

Si vous desirez sçauoir maintenant à quelle heure ce Crepuscule commence, il faut oster l'arc composé de 131 degrez 3', changé en heures, de 12 heures qu'il y a depuis la minuit iusques à Midy, & vous aurez en ce qui restera 3 heures, 15 minutes, 15", pour le temps d'apres minuit, auquel commence le point du iour, veu qu'ostant de 12 heures, 8 heures, 44' 45" deuës à l'arc composé, vous auez ce reste. Et si vous desirez sçauoir à quelle heure le Crepuscule du soir commence, il faut seulement prendre l'arc du demy-iour, & prendre à sa fin le commencement de cette clarté languissante.

Temps du leuer & coucher du Soleil. Quant au leuer & coucher du Soleil, si l'on veut sçauoir son heure, il faut pour le premier oster l'arc du demy-iour de 12 heures qu'on compte depuis minuit iusques à Midy; & le reste de la soustraction marque l'heure du leuer; & pour le regard de l'autre, il est marqué par l'heure & la minute de la fin de l'arc du demy-iour.

Mais pour le regard des Crepuscules, il y a quelque apparence qu'ils ne peuuent pas estre conus bien certainement, tant à cause des diuerses eleuations du Pole, que du monter ou descendre, droit ou biaisant du Soleil, & de l'inegale disposition de l'air; de sorte qu'en Esté les Crepuscules sont plus longs qu'en Hyuer. Au reste l'on met d'ordinaire le commencement & la fin du Crepuscule, lors que le Soleil est esloigné de l'Horizon de 18 degrez. Par où l'on voit qu'au milieu de l'Esté toute la nuit passe auec le Crepuscule, principalement aux pays Septentrionaux, ausquels le Soleil ne peut pas descendre 18 degrez sous l'Horizon.

Diuers commencemens du iour. Pour le regard des commencemens du iour Ciuil, dont i'ay fait mention aux Cercles des heures, pource que le sujet m'y conuioit, vous auez peu voir comme les [a] Babyloniens commençoient le leuer au Soleil Leuant, & l'estendoient iusques à son autre leuer; ce que ceux de Nuremberg, & les habitans de Majorque & Minorque pratiquent encore. Ceux d'Vmbrie, ou de la Duché de Spolete en prenoient le premier poinct à Midy, & la fin au suiuant, en quoy les Astrologues les imitent. Les Atheniens d'vn Soleil couchant à l'autre, ayans aujourd'huy pour imitateurs les Italiens, Bohemiens & Silesiens; Et les Romains establirent leur iour d'vne minuit à l'autre; en quoy les Tables Pruteniques les ont imitez; & presque tous les peuples d'Europe. L'Eglise[b] mesme commence son iour à la minuit, pource que nostre Seigneur prit naissance en ce temps-là. Les Astronomes commencent à Midy communement de mesme que plusieurs Tables Astronomiques. Mais les Iuifs suiuis des Arabes entrent dans le leur au Soleil couchant, pource que les tenebres ont deuancé la lumiere, & qu'il est dict qu'vn iour fut fait du

a Plin. li. 2. ca. 77. Censorin. ca. 19.

b Vincen. spec. hist. lib. 1. cap. 51.

soir, & du matin. Aussi ie leur ay veu bien souuent chommer le iour du Sabbat dés le soir du Vendredy, soudain apres le Soleil couch . Mais quoy que nous suiuions ordinairement en nos affaires ciuiles, & aux offices de l'Eglise, & religieux exercices, ce iour d'vne mynuit à l autre, nos horloges toutesfois s'accommodent aussi bien auec ceux qui prennent leur commencement à mynuit, qu'auec les autres qui l'ont à Midy, de mesme que celles d'Espagne, & d'Alemagne. Quant à la façon d'accorder toutes ces horloges, & rapporter les heures des vns à celles des autres ie vous en ay suffisamment éclaircis au discours des heures.

Puisque nous sommes sur le propos des iours, ie me voy conuié à dire quelque chose des iours Critiques, & Caniculaires. Les iours Critiques [a] sont de trois sortes; veu qu'il y en a qui sont nommez simplement, & generalement Critiques, ausquels les Crises doiuent arriuer; les autres sont ceux qui font iuger des Crises, & les derniers sont entre ces deux, ausquels le malade a quelque relasche, & toutesfois ne forment ny le iugement, ny la crise de la maladie. Ce n'est pas que les Crises n'arriuent tous les iours; mais elles ne sont pas égalemen certaines. Il y a aussi cette differece entre elles, que les vnes sont bonnes, les autres mauuaises. Car il y en a quelques vnes qui arriuent auec plus d'accidens, & de symptomes, & plus fascheux, & quelques autres sont dés le commencement douces au possible. Elles different encor en ce que les vnes sont parfaites & les autres non; & de plus que les vnes viennent à certains iours arrétez, ayans esté iugées auparauant, & les autres arriuent soudainement sans estre preueuës. Au reste il y a autant de differences de iugemens, que de iours de crise, qu'ils appellent Critiques, ou Decretoires. Au 12, & 16 iour l'on ne peut assoir aucun iugement; mais le septiéme iour est ordinairement asseuré pour cet effet. L'on iuge au 6, mais auec des accidens fascheux, auec grand danger, & sans asseurance, imparfaitement, & sans marque certaine: au lieu qu'il faut pour vn vray iour Critic, qu'on y puisse faire plusieurs iugemens; & de plus que la Crise soit bonne, parfaite, asseurée & manifeste, ainsi qu'il arriue au septiéme, onziéme, & quatorziéme iour, & quelques autres semblables. Mais le principal de tous les iours Critiques, c'est le septiéme, comme plus puissant, & qui a toutes les marques de Crise, soit par le moyen des vrines, du cracher, & des autres choses que l'on considere aux malades; lesquelles si l'on a remarquées au quatriéme iour, l'on doit faire mesme iugement au septiéme; auquel toutesfois quelques vns meurent, & d'autres empirants ce iour-là, meurent en quelque iour de Crise suyuant.

Iours Critics.

[a] Galen. de dieb. decretor. lib. 1.

Mais quant au quatriéme iour, auquel il arriue moins de iugemens qu'au sept, il est d'autant plus malin, comme presque opposé de sa nature au sept: voire mesme ceux qui empirent au quatriéme iour, meurent bien souuent au six: & au contraire si le changement se trouue bon, l'on attend le succés entier au sept. Dauantage au 6 iour l'on trouue bien rarement de bons signes aux vrines, & quelques vns tombent en des defaillances, & en frenaisie.

Le 6 iour est donc Critique, mais mauuais, & au contraire le 7. bon. Au reste le quatriéme donne quelque marque du six & du sept; mais le 14 imite grandement le sept. Le 9. 11 & 20 approchent du 7 & 14, & le 17 & des derniers; & le 4 est mis apres, suiuy du trois & dix-huit. Mais il n'y en a aucun qui se trouue entierement de la nature du six.

Que si le mal se resout soudainement au 8 ou 10 iour, cet accident est presque semblable à celuy du sixiéme iour. Mais ce bien arriue rarement, & ceste guerison n'est ny parfaite ny asseurée. Et de mesme que le mal ne se resout pas soudainement en ces iours-là, ce bien n'arriue non plus au 12, 16 & 19. Mais le treiziéme iour tient le milieu entre ceux qui ne dissipent pas soudain le mal, & ceux qui offrent soudainement dequoy en iuger.

Voyla la difference qu'il y a entre les vingt iours; où il est besoin de considerer, qu'ainsi que l'vnze marque ce que doit estre le quatorze, de mesme le quatre donne cognoissance du sept. Tellement que le quatre ou l'vnze donnant quelque indice, si l'on voit arriuer en quelque sorte la Crise le sept ou le quatorze, il faut iuger que c'est la Crise de ces iours-là. Mais si le iugement ne commence pas, & ne s'accomplir en ces mesmes iours, c'est chose claire, qu'il ne faut pas dire que la maladie ayt esté iugée au sept ou quatorze; mais en quelque autre iour qui comprenne toute la Crise.

Quant aux iours Critics, apres le 20, l'on prefere le 21 au 20, & le 27 au 28. Le 14 a encor vne force remarquable, & le 40 encore plus. Le 24 iuge beaucoup moins ; & encore moins le 37. Les autres iours entre le 20 & le 40 ne fournissent aucune disposition au iugement, & ceux-cy sont le 22, 23, 25, 26, 29, 30, 32, 33, 35, 36, 38 & 39.

Pour le regard des autres iours apres le 40, il semble qu'Hippocrate les méprise; & toutefois il a quelque esgard au 60, 80, & 100.

Au reste le 17 marque l'estat du 20 & 21. Mais plus du 20 que de l'autre, & le 18 du seul 21. Il faut aussi sçauoir que selon Hippocrate en son prognostique, les fiévres non malignes s'appaisent le 4 iour, ou plustost, mais les plus mauuaises & dangereuses tuent le 4 iour, ou plustost ; & leur premiere attaque finit en cette sorte. Le deuxiéme rang de 4 iours s'estend iusques au 7 iour ; le 3 rang iusqu'à l'onziéme ; le 4 rang iusqu'au 14 : le 5 iusqu'au 17, & le 6 iusqu'au 20.

En fin les iours Critics, portans iugement aux iours pairs sont le 4, 6, 10, 18, 20, 24, 28, 30, 34, 40, 60, 80, 100, 120. Et ceux qui iugent à tours impairs sont le 3, 5, 7, 9, 11, 17, 21, 27, 31, selon Hippocrate.

Mais à bien dire, les vrais iours Critics, assignez communement sont le 4, 7, 11, 14, 21, 27, ou 28 de la maladie. Les non Critics sont le 6, 8, 10, 12, 16, 19, 22, 25, & les autres sont moyens entre ces deux.

Pour le regard des iours Caniculaires, ils sont ainsi dits à cause de l'Astre de la Canicule la plus grande de toutes les estoiles, qui [a] porte à son leuer des ardeurs insupportables, échaufe la mer, fait boüillir les vins, rend les hommes malades, & les chiens enragez.

a Plin. li. 2. ca. 40.

Le petit Chien, à nostre hauteur de Pole de 45°, se leue le matin auec le Soleil, enuiron le 25 de Iuillet ; & le grand se leue aussi le matin le 3 d'Aoust. De sorte que l'on assigne le temps des grandes chaleurs au premier leuer, depuis lequel la chaleur se va renforçant iusques dans le mois de Septembre, & mesme l'on tient communement que les iours Caniculaires commencent à la Magdelaine, & finissent apres le mois d'Aoust. Mais les vers Latins qui disent que le mois de Iuillet les commence par ses Nones, que l'on conte à son entrée, & que leur ardeur ne prend fin qu'auec le mois de Septembre les poussent bien plus auant : & les Almanachs de ce temps mettent bien souuent leur commencement au 26, 27, ou 28 de Iuillet du Calendrier Reformé.

Mais pour le regard de leur durée, les faiseurs d'Almanachs sont differens ; veu que quelques vns content 30 iours, les autres 34, les autres 42. Toutesfois anciennement l'on la faisoit de 45 iours, à cause des vents chauds qui regnent durant tout ce temps; apres le leuer de la Canicule. Il semble toutefois que tout le temps qui coule entre le leuer du Chien & celuy d'Arcture, qui se leue en nostre hauteur de Pole au matin le 28 de Septembre, doit estre donné aux iours Caniculaires, pource que la saison demeure presque durant tout ce temps en mesme estat, & le leuer du matin d'Arcture ameine vne saison manifestement contraire.

Quant à la cause de cette chaleur, les plus habiles doutent si l'on doit rapporter cette force à la hauteur du Soleil, ou à la vertu du Chien, & à sa nature ardente, qui tient de Mars & de Iupiter. Aussi veritablement il y a fort grand subjet de combatre cette opinion, pource que le Chien est alors bien eloigné, tant du sommet de nos testes, que du Soleil, comme n'estant guere loin du Tropique du Capricorne. A raison dequoy ses rayons ne peuuent pas eschauffer, ne venans pas droits, puis que le Soleil mesme, qui est source de la chaleur, estant en semblable hauteur, au mois de Ianuier n'echaufe la terre que bien foiblement.

Dauantage l'on ne peut alleguer aucune raison qui persuade puissamment, que cet Astre a plus grande vertu d'echaufer, que l'Arcture, la Lyre, l'œil du Taureau, & d'autres estoiles. D'ailleurs s'il auoit cette grande force, il la feroit plustost ressentir sur la fin de May, lors qu'il paruient au plus haut, ou milieu du Ciel, auec le Soleil, ou lors qu'il luit librement, comme au milieu de l'hyuer, lors qu'il fait souuent grand froid, & qu'il se leue le soir.

De plus le pays du costé du Midy, soumis à cet Astre, seroit beaucoup plus chaud que celuy du Nort, à mesme eleuation de Pole, voire mesme tous les Climats Meridionaux seroient plus chauds que ceux du Septentrion, chose qui est fausse. Puis encor il demeure peu sur l'Horizon, de mesme que le Soleil en Ianuier, & finalement il se leue au temps que les plus grands iours sont passez, & les grãdes chaleurs du Soleil amoindries peu à peu. Tellement qu'il n'y a raison naturelle qui puisse fortifier cette opinion & conuaincre les esprits.

Mais il semble plus à propos de croire, que la continuation de la chaleur est sa vraye cause, & l'air & la terre eschaufez depuis long temps, aydent grandement à ce renfort. Car de mesme que les mois de Ianuier & Feurier qui sont apres le Solstice d'hyuer, sont plus froids que les autres, à cause de la longue & continuelle distance du Soleil, aussi les mois qui suiuent le Solstice d'esté, tels que sont Iuillet & Aoust, sont plus chauds à cause de la presence comme perpetuelle du Soleil; & pource que la terre estant alors eschauffée vne fois, garde sa chaleur fort longuement. Et c'est delà que procede la grande inegalité des mois. Car si nous auons égard au Soleil, les mois d'Auril & d'Aoust; de May & de Iuillet; d'Octobre & de Feurier deuient estre semblables, & toutefois ils different beaucoup en temperament. Cette mesme raison se void clairement aux heures du iour, veu qu'en celles d'apres Midy l'on sent plus de chaud, qu'en celles du matin, bien que la hauteur du Soleil soit egale des deux costez.

SEMAINES.

Establissement.

LEs Semaines qui se forment de sept iours qui s'entresuiuent, & recommencent leur tour, aussi tost qu'il est finy, sont aussi de la consideration des Cercles des iours. Elles prirent leur commencement auecque le Monde, lors que Dieu[a] crea toutes choses durant 6 iours, & reposa le septiesme. Le peuple de Dieu[b] suiuit cet establissement, & conta ses iours de cette sorte, le premier, ou vn du Sabbat, ou des Sabbats, se second du Sabbat, le troisiéme, le quatriéme, le 5 & le 6, & le Sabbat.

a Genes. c. b Beda de ratio comput.

Nõs des iours de la Semaine.

Mais[c] la diuision, & le nom des iours de la Semaine, est de l'inuention des Egyptiens, qui la firent passer en coustume parmy les autres Nations, mais non de si long temps qu'ils vouloient persuader; veu que les anciens Grecs n'eurent aucune cognoissance de cette diuision des iours, qu'ils receurent apres, & qui fut en fin commune, tant aux Romains, qu'aux autres Nations. Leur raison fut, que contant les heures du iour & de la nuit, en donnant la premiere à Saturne, la suiuante à Iupiter, la troisiéme à Mars, la quatriéme au Soleil, la cinquiéme à Venus, la sixiéme à Mercure, & la septiéme à la Lune, selon l'ordre & la disposition des Egyptiens, & refaisant le conte de ces heures du iour & de la nuit, d'vn bout à l'autre, en recommençant tousiours par mesme ordre, l'on a la premiere heure du iour suiuant, qui se rapporte au Soleil; & continuant de conter ainsi les 24 heures, la premiere heure du troisiéme iour escherra à la Lune, & cõtinuant tousiours par mesme ordre, Mars aura la premiere heure du Mardy, ou du quatriéme iour, le premier ou le Samedy estant de Saturne, & de mesme chacun des autres Planetes aura la premiere heure du iour qui porte son nom, comme Mercure du Mecredy, Iupiter du Ieudy, & Venus du Vendredy.

c Dion. Cass. l. 36.

Mais pour le regard des Chrestiens[d] le Pape Siluestre fut le premier qui ordonna au Clergé le nom des Feries, & voulut que delaissant les noms des Astres & des faux Dieux, il nommast le iour du Soleil, iour du Seigneur, que nous appellons Dimanches; puis le Lundy seconde, ou deuxiéme Ferie, le Mardy troisiéme, le Mecredy 4, le Ieudy 5, le Vendredy 6, & le Samedy iour du Sabbath; selon la vieille coustume. Quant au nom du iour du Seigneur, il fut receu pource que sainct Iean l'appelle ainsi en son Apocalypse.[e] Au reste, de mesme que le Sabbath, ou le Samedy, est le iour de repos des Iuifs, & le Dimanche des Chrestiens; celuy des Turcs est le Vendredy, que les Arabes appellent iour d'assemblée, pource qu'ils s'assemblent ce iour-là dans leurs Mezquites, comme vous verrez plus amplement au discours de l'Empire du Turc, lors que ie traite de la Religion. Il faut aussi remarquer, que l'année est diuisée en 52 Semaines, auec vn iour qu'il y a de plus aux années simples, de mesme que deux aux Bissextiles. Mais il n'y a point de mois qui soit seulement de 4 semaines, excepté Feurier, quand l'année est simple.

d Beda de ratio Comput. e Apoc. c.

Semaines de l'année.

MOIS.

ES anciens Medecins [a] ont nommé simplement Mois l'espace de temps qu'il y a d'vne conionction de la Lune auec le Soleil, à l'autre: & l'ont fait de vingt-neuf iours & demy, ausquels ils ont adiousté vne 576 partie du iour; & les Astrologues [b] ont tenu, que suiuant Ptolemée, les mois moyens estoient d'vne conionction moyenne du Soleil & de la Lune, iusqu'à l'autre; mais que le vray mois commençoit apres la separation, ou l'eloignement des luminaires, apres vn iour de 24 heures, lors que la Lune se mettant hors des rayons du Soleil, commence à nous faire voir sa lumiere.

a Galen. de septim. partic. & de dieb. decretor li. 3.
b Alfragan. ca. 1.

[...]ce c'est [...]le [...]s.

Mais les autres anciens [c] ont distingué les mois en naturels & ciuils; puis les naturels en mois du Soleil & de la Lune; appellans Mois du Soleil l'espace auquel le Soleil parcourt chaque signe du Zodiaque; & Mois de la Lune, le temps qu'il y a d'vne nouuelle Lune à l'autre. Et pour le regard des Mois ciuils, ils consistent en certain nombre de iours, que chaque pays à choisi, pour vne partie de son année. Mais les naturels sont plus anciens, & communs à toutes les nations; & les ciuils, establis apres, & particuliers.

[Diu]isions [des] Mois [en natur]els, & [ciu]ils.

c Censorin. c. 18.

Au reste, selon les mesmes, les Mois celestes, tant du Soleil que de la Lune, ne sont pas pareils entr'eux, & n'ont pas leurs iours entiers; veu que le Soleil demeure au Verseau enuiron 29 iours, & pres de 30 aux Poissons; mais au Belier, 31; aux Gemeaux, prés de 32; & de mesme aux autres inegalement: mais cette demeure n'a pas tellement ses iours entiers en chacun, qu'il partage en ses 12 mois son année, ou ses 365 iours, & la portion qu'on y adiouste. Et la Lune fait ses mois en 29 iours & demy, ou enuiron; & ses mois sont dissemblables entr'eux, les vns plus longs, les autres plus courts.

[M]ois So[lai]res, & [Lu]naires.

Mais depuis ce temps-là, le Mois du Soleil (qui n'est autre chose que son passage d'vn signe à l'autre, tellement que 12 de ces mois font l'année) a esté distingué en egal & inegal, dont le premier [d] est la 12 partie de l'année, de 30 iours, 10 heures & 30 minutes, selon Samuel; & l'autre l'espace de temps auquel le Soleil passe vn signe auec son vray mouuement.

d Hebræ. de Eris.

Et quant aux Mois Lunaires, les Hebreux l'ont estably de 29 iours, 12 heures, & 793 minutes (de 1080, qui font leur heure) qui valent 44 de nos minutes, 3'' & de quelques tierces. Mais on le diuise communement en Periodique, Synodique, & Mois d'Illumination. Le Periodique est celuy qui se forme tandis que la Lune fait son tour d'vn poinct du Zodiaque au mesme poinct, & ce mot signifie le Mois du tour de la Lune, qu'elle parfait en 27 iours, 7 heures, 45', 5'', 8''', par son mouuement egal. Le Synodique, c'est à dire de cōionction, ou du chemin de la Lune pour attaindre le Soleil qui s'est auancé de quelques degrez par son mouuement, n'est autre chose que son retour pris de luy, duquel elle s'estoit esloignée; & ce temps Synodique egal ou moyen, est de 29 iours, 12 heures, 44', 3'', 11''', & c'est ce mois qu'on appelle Astronomique: Et le Mois d'Illumination, ou apparition, commence seulement depuis le temps que la Lune se fait voir, & s'estend iusqu'à pareil temps; ce qui arriue vn, deux & trois iours apres la conionction.

Mois Pe[r]iodique. Mois Synodique. Mois d'Il[l]umination.

Au reste, ce qui rend les Mois Synodiques inegaux, c'est l'inegalité du mouuement, tant du Soleil que de la Lune: veu qu'en Esté le Soleil a son mouuement tardif autour de son Apogée: & delà vient que les Mois sont alors plus courts, pource que la Lune attrape plustost le Soleil; au lieu qu'en Hyuer, autour du Perigée, ou du bas point du Soleil, les Mois sont plus lōgs, pource que la Lune se rēd plus tard prés du Soleil, qui est lors plus viste. D'autre part, la Lune est tardiue en son Apogée, & viste en son Perigée: de sorte que son cours inegal la fait approcher du Soleil, en tēps inegaux. Assemblant donc, & accōmodant les causes des deux, lors que le Soleil est en son bas poinct, & la Lune au sien plus haut, le mois est de pres de 30 iours entiers: veu qu'il ne luy manque que 4 heures, 23 minutes: & reciproquement lors que le Soleil est au plus haut poinct, & la Lune au bas, le mois est seulement de 29 iours 6 heures, & 42'. Que si l'on prend le compte d'vn quarré à l'autre, l'inegalité des mois pent estre plus grande: & la conclusion est que le Soleil & la Lune, en l'Apogée, font le mois de 29 iours, 15 heures, & 7 minutes: & au Perigée, 29 iours, 10 heures, & 24 minutes.

Pour le mois Ciuil, ou Politique, mis en quelques Ephemerides il est diuers selon les nations qui l'ont en vsage, & est mesuré, sans qu'on mette en ligne de compte les minutes. Il est grandement approchant du Synodique: comme estant de vingt-neuf iours & demy, c'est à dire, tantost de treute, tantost de vingt-neuf iours, dont l'vn est nommé plein, & l'autre caue, ou creux. Et ces mois establis selon la portée du peuple alternatiuement de 30, & de 29 iours, au lieu d'estre de 29 iours, & 12 heures, font au nombre de 12, l'An Ciuil lunaire, contenant iustement 354 iours: au lieu que les Mois lunaires pris d'vne moyenne conionction des deux Luminaires à l'autre, estant de 29 iours, 12 heures, 44', 3'', &c. & multiplié par 12, rend 354 iours, 8 heures, 48', & enuiron 38''. Au reste, il y a dans vne année 12 Lunaisons, ou cours de la Lune, & 131 degrez, 45' de la treziéme Lunaison. Mois ciuils. Mois Lunaires de l'année Lunaire. Lunaisons.

Quant aux Mois Iuliens, ils sont vrayement Ciuils, & non naturels, & quelques-vns sont de 30 iours, les autres de 31, excepté Feurier, qui est de 28 ausquels on adiouste encor vn iour en l'An bissextil. Mois Iuliens.

Mais les Mois celestes, dont Censorin parle, ainsi que vous auez veu plus haut, sont nommez en Latin par luy: qui parle du mois d'Aquarius, ou du Verseau, & de celuy des Poissons, & de mesme des autres, donnant aux mois les noms des signes celestes. Mais Denys Alexandrin qui vescut en Egypte au temps de Ptolemée Philadelphe, donna les noms Grecs des signes à ces Mois, comme l'on void au rapport qu'en fait Ptolemée [a]: de sorte qu'il appella le mois du Belier, ou Aries, Crion, & les autres de suite. Tauron, Didymon, Karkinon, Leonton, Parthenon, Zugon, Scorpion, Toxon, Aigon, Hydron, Ichthyon, déguisant vn peu ces noms sur la fin. Mois celestes de Denys. a Ptole. Abu. lib. 2.

Il y a encor le grand Mois des Perses, qui fut de 120 ans, pource qu'ils entrejettoient apres ce temps-là dans leur année vn Mois entier, à cause qu'en autant d'années le commencement de leur Periode deuançoit de trente iours leur Ære ancienne. Grand mois des Perses.

ANS.

L'AN est composé de iours, de sepmaines, & de mois: & se prend [b] non seulement pour le temps introduit par l'vsage commun, mais aussi pour le cours, & retour du Soleil, de la Lune, des autres Planetes, & des estoiles fixes, au mesme poinct: de façon, qu'il y aura 8 sortes d'Ans, à sçauoir celuy des estoiles fixes, & ceux des 7 Planetes. Celuy des estoiles fixes, est de sept mille ans: celuy de Saturne, de 29 ans Egyptiens, chacun de 365 iours, sans aucun quart, & outre cela de 162 iours: celuy de Iupiter, d'11 ans, & 315 iours: celuy de Mars, d'vne an Egyptien, & 321 iours: celuy du Soleil, de 365 iours, & pres d'vn quart: ceux de Venus, & Mercure, presque de pareille quantité: & celuy de la Lune, de vingt-neuf iours, 12 heures, 44', pris en son tour Synodique d'vne conionction à l'autre. b Macrob. in Comm. Scip. li. 2. c. 11. Diuerses sortes d'Ans. Ans des estoiles fixes. Ans des 7. Planetes.

Mais il y en a qui [c] pour abreger, sans chercher cette iuste quantité, donnent simplement à l'An de Saturne, 30 ans; à celuy de Iupiter, 12; à Mars, 2; au Soleil, 12 mois & autant à Venus, & à Mercure; puis à la Lune, 30 iours. c Plutarque des opin. des Philos. li. 2. c. 32.

Il est vray que ces tours de Saturne, Iupiter, Mars, Venus, & Mercure, font les ans extraordinaires, de mesme que celuy des estoiles fixes: mais ceux du Soleil, & de la Lune, font les ans ordinaires, & communs receus parmy nous.

Quelques-vns [d] nous proposent trois sortes d'Ans, à sçauoir le Lunaire de 30 iours; le Solaire qu'ils nomment Solstitial, comme pris d'vn des Solstices au mesme, contenant 12 Mois; & le grand, qui se doit parfaire apres plusieurs ans Solstitiaux, lors que tous les Planetes retourneront au mesme lieu d'où ils sont partis. Les autres [e] prennent simplement l'Année, pour le temps de 365 iours, & vn quart; & pour celuy qu'on donne ou Soleil, pour reuenir au mesme poinct, duquel il auoit commencé son tour. d Idem, lib. 5. c. 36. e Galen. de sim. part.

Mais ordinairement on diuise l'An en Solaire & Lunaire ; ou plustost premierement en ciuil & Astronomique. Le ciuil ou Politique est certain espace de temps, ou nombre entier, auquel se rapporte le mouuement du Soleil & de la Lune, selon l'establissement de chaque nation, comme nous auons le nostre de 365 iours, & le quatriéme de 366. L'An Astronomique est l'espace du temps, auquel il semble que le Soleil parfait tout le cours du Ciel.

Mais l'An Astronomique est de deux sortes, selon les bornes du double tour du Soleil ; veu que l'vn est appellé Tropique, ou Tournant, & l'autre An de l'Astre, ou siderée à la Latine. Le Tropique est l'espace du temps, auquel le Soleil retourne d'vn poinct, duquel il estoit party au mesme, sous l'Ecliptique ; & cét An est aussi nommé Naturel, pource qu'il est accommodé à mesurer le temps suiuant la nature, & renoueller celle des animaux & des plantes : & le mesme est encor nommé Temporel, pource qu'il contient les saisons, ou quatre temps de l'année, ayant pour ses bornes les poincts Cardinaux, ou Principaux de l'Ecliptique, ausquels elle est coupée par l'Equinoctial, ou l'vn des Colures.

Mais on a longuement esté sur [a] la iuste recherche de ce temps, que les Astrologues n'auoient encor peu trouuer asseurement au temps de Censorin : veu que Philolaë disoit, que l'An naturel estoit de 364 iours & demi ; Aphrodie de 365 iours, & la 59 partie de 29 iours ; Harpale de 365 iours & 13 heures Equinoctiales, Ennius de 366 iours : & plusieurs ont tenu sa quantité incomprehensible, & telle qu'on ne pouuoit l'exprimer par les nombres : mais prenans pour son vray nombre le plus approchant de la verité, l'ont fait de 365 iours.

[a] Censorin. c. 16.

Les plus sçauans Indiens [b] ont tenu que la partie qui doit estre adioustée aux 365 iours surpassoit le quart d'vn iour ; & la pluspart des hommes comptant les iours du Soleil, leur adioustent iustement vn quart. Mais les plus habiles Persans & Iuifs ont bien apperceu qu'il y auoit moins d'vn quart, estans toutefois en conteste sur l'expression de ce moins. Mais Hipparque & Ptolemée [c] arresterent qu'il falloit retrancher de 365 iours, & de ce quart la 300 partie d'vn iour. Et les Iuifs [d] tiennent à peu prés cette opinion digne d'estre creuë, pource qu'elle s'accorde auec celle de leurs Rabins, & particulierement du grand Ada, fils d'Acebah : la difference estant si petite, qu'elle ne merite pas qu'on y prenne garde. Au reste, cette 300 partie du iour est de la valeur de quatre minutes, & 48'' : de sorte que Ptolemée tint ce temps de 365 iours, 5 heures, 55', 12''. Mais Ptolemée s'abusa pensant que cette quantité de l'Année, prise par luy pour iuste, estoit immuable ; veu que les obseruations de ceux qui l'ont suiuy preuuent le contraire.

[b] R. Abraham Chas., Sphæra Mundi.
[c] Ptolem. Almag. li. 3. c. 2.
[d] R. Abrah. Sphæ. Mundi.

Muhamed d'Aracte, ou Albategny, oste de ce quart la 600 partie du iour : les Indiens & les Iuifs, la 120 : les Persans, la 115, suiuis de Messalah & Albumazar, qui ont dressé leurs Tables du moyen mouuement du Soleil sur ce compte : Arzachel, la 136 partie d'vn iour : le Roy Alphonse, la 122 ; d'autres, la 128 : d'autres, la 130 : Copernic, la 115 : & les Correcteurs du Calendrier Romain ont voulu qu'on retranchast de ce quart presque la 133 partie, estimans qu'en 400 ans il y auoit accroissement de 3 iours entiers.

Ainsi le Roy Alphonse, enuiron l'an 1252 establit cet An Tropique de 365 iours, 5 heures, 49', 15'', 58''', 49'''', & Copernic ayant reduit l'inegalité de cet an à l'egalité, cherchant l'an moyen, le mit de 365 iours, 5 heures, 49', 15'' 46''' : puis Tycho Brahé, fourny de meilleurs instrumens, & s'appuyant sur des obseruations plus certaines, ausquelles il adiousta la doctrine des refractions, inconuë auparauant, reduisit cet An à l'egal ou moyen de 365 iours, 5 heures 48', 45'', comme cognoissant l'inegalité & diuersité de cette année : à cause de l'inegal deuancement des Equinoxes, ou de ce que les poincts Equinoctiaux reculent, deuançans les lieux des estoiles fixes en la 8 Sphere, & ce par vn mouuement inegal, tantost plus tardif, & tantost plus viste, si bien que cet inegal changement des poincts Equinoctiaux fait que le Soleil ayant parcouru tout le Zodiaque, ne retourne pas en vn temps egal à mesme poinct du vray Equinoxe. Puis encor il y a d'autres causes de cet inegalité, comme l'Anomalie, ou l'irregularité annuelle & simple du Soleil au Zodiaque, qui fait qu'il est plus tardif en l'Apogée, qu'au Perigée : & de plus le changement d'excentricité, à cause de laquelle, lors que le Soleil auoisine de plus pres la terre, ou s'en eloigne dauantage, il faut de necessité que les Prostaphereses, ou egalations soient diuerses.

Mais Longuemont desirant auoir ce temps plus iustement, a mis premierement cette quantité de l'an Tropique egal, ou moyen de 365 iours, 5 heures, 49', 15", 46"', ou pour abreger 16", puis se retraint à 365 iours, cinq heures, 48' 55", tellement qu'il a adiousté 10" aux 45, de Tycho Brahé : au lieu que Lansberg en a mis 57. Mais en fin sans s'alambiquer l'esprit, pour des choses peu considerables, l'on peut dire que la quantité de cet An moyen est peu esloignée de 365 iours, 5 heures, 49 minutes, qu'il vaut mieux retenir toutes iustes: au lieu que le mesme An vray & apparẽt, s'accroist quelquefois (outre les 365 iours, 5 heures) de plus de 56 minutes, & n'en adiouste par fois que 42, & tousiours il est moindre que l'An Iulien.

Au surplus il faut remarquer, que le Soleil s'arreste plus long temps depuis l'Equinoxe du Printemps, iusqu'à celuy d'Automne, que depuis le commencement de la Balance iusqu'à celuy du Belier : veu que selon les plus curieuses obseruations de Brahé, il demeure de nostre temps depuis son entrée au Belier iusqu'à la Balance 186 iours, dix-huict heures, 31'; & depuis la Balance iusqu'au Belier seulement 178 iours, vnze heures, 18' : ce qui monstre l'inegalité du mouuement du Soleil en ces deux moitiez.

An de l'Astre, ou siderée.

Quant à l'An de l'Astre, qu'on appelle autrement Astrique, ou Siderée, c'est le temps auquel le Soleil ayant fait son tour entier, retourne au mesme poinct du Zodiaque, ou à la mesme estoile fixe, de laquelle il estoit party, de sorte qu'il a pour sa borne le poinct de l'Ecliptique, auquel vn grand Cercle descend du Pole de l'Ecliptique par vne estoile proposée : & par ce moyen il est vn peu plus long que l'An Tropique, ou Tournant, & aussi que l'an Iulien. Car les estoiles qu'on donne pour limites à cette année, changent peu à peu de lieu, au regard de l'Ecliptique. Au reste, l'on ne sçauroit entendre les écrits des anciens lors qu'ils parlent des estoiles qui paroissent, ou se cachent, si l'on ne sçait la difference de tant d'ans siderées & Tropiques, arriuée entr'eux & nous. Pour le regard de la quantité moyenne de cette année, elle est de 365 iours, 6 heures, 9' 39" : si bien que la difference d'entre l'an Tropique & le siderée est tous les ans de 20 minutes, 23", 14"', si nous soustrayons de 6 heures, 9', 39", cinq heures, 49" 15" 46"'; & en 60 ans il y aura difference d'autant d'heures; & de mesme en 70 ans ½ elle sera de pres d'vn iour & en 707 ans de 10 iours, en 1415 ans, qui est vn peu plus qu'il n'y a depuis le siecle de Ptolemée, presque 20 iours; & en 1767 ans, comptez depuis le temps d'Hipparque, 25 iours, ausquels le Soleil fait sous les estoiles fixes autant de degrez, moins 22 minutes. De sorte, qu'autant d'ans Iuliens sont plus long de 13 iours que les Tropiques; mais autant d'ans siderées sont plus longs de 12 iours que les Iuliens.

An Iulié.

L'an Iulien dont plusieurs vsent auiourd'huy, & dont ie parle amplement au discours des anciens Romains, est de 365 iours, & 6 heures, de sorte qu'il est plus grand que le Tropique d'enuiron 11 minutes; à raison dequoy il a fallu venir à la correctiõ Gregorienne, quoy que tous les 4 ans on fasse vn iour des 4 quarts, chacun de six heures, qu'on adiouste à l'an Bissextil; tellement que les trois premieres années sont de 365 iours, & à la quatriéme de 366; pource qu'au mois de Feurier l'on met par deux fois la mesme lettre F, du 24 iour, & l'on prononce deux fois le 6 des Calendes de Mars, le iour de S. Mathias estant le 24 au lieu duquel en l'an Bissextil l'on celebre la feste de ce Sainct le 25. Les Latins appellent ce iour Intercalaire, & les Grecs Embolime; & 1460 de ces ans Iuliens en egalent 1461 Egyptiens & Persans. Que si vous voulez sçauoir les ans Bissextils, diuisez les ans de Grace par 4, & si vous n'auez aucun nombre de reste, vostre année est Bissextile; s'il reste 1, ce sera la premiere année apres le Bissexte, si 2 la seconde, si 3 la troisiéme, comme diuisant 1632 par quatre, il ne reste rien; si bien que cet an est Bissextil : mais diuisant 1633 par 4, il reste 1, de sorte que c'est le premier an apres le Bissexte, & ainsi des autres.

An Bissextil.

An Gregorien.

Mais il faut prendre garde, qu'encor qu'aux deux Calendriers, vieil & nouueau, chaque quatriéme année, comme la 4, 8, 12, &c. sont Bissextils, & que par ce moyen chaque centiéme année deust estre aussi Bissextile, chose qui arriue au vieil Calendrier; toutefois au nouueau l'on ne tient pour Bissextils que les ans qui sont mesurez, ou peuuent iustemẽt estre diuisez par 400. A raison dequoy ces nombres 1600, 2000, 2400, 2800, &c. sont Bissextils; mais 1700, 1800, 1900, 2100, 2200, 2300, &c. sont communs; pource qu'on doit desormais en chaques 400 ans laisser aux trois premieres centaines d'ans, les 3 iours qu'on souloit entrejetter, c'est à dire, en ceux qui ne sont pas mesurez par 400; tellement que l'an 1700, 1800, & 1900, n'auront point de iour de Bissexte : mais l'an 2000, qui peut estre iustement diuisé par 400, aura son iour Bissextil, chose qui doit estre de mesme obseruée apres, pour maintenir les iours en leurs lieux le plus qu'il se peut, & les rapporter à mesmes saisons, & mesmes degrez des signes à peu pres.

Or d'autant que le Calendrier Gregorien suppose qu'il faut oster trois iours du vieil Calendrier en 400 ans, si l'on resoult en iours 400 années du vieil Style, l'on trouue 146100 iours, desquels ostant trois il reste 146097, lesquels diuisez par 400, donnent au quotient 365 iours; cinq heures, 49' 12'', à sçauoir le nombre de l'An Solaire Astronomique Gregorien. Puis si vous dites, 312 ans donnent vn iour (pource que les Nombres d'or marquent en 312 ans & $\frac{1}{2}$ plus tard d'vn iour les Nouuelles Lunes, qu'elles ne sont telles au Ciel) que donneront 19 ans? vous trouuez apres l'operation $\frac{18}{625}$ d'vn iour, lesquelles ostãt de 19 ans Solaires, c'est à dire de 6939 iours, & $\frac{1}{4}$ & diuisant le reste par 235, qui est le nombre des Lunaisons du Cycle de 19 années, vous aurez au quotient le mois Lunaire Gregorien Astronomique de $\frac{7314213}{13787100}$ c'est à dire de 29 iours, 12 heures, 44', 3'', 10''', 41'''' & pres de 34v. Au reste, c'est chose claire que 19 ans ont 235 nouuelles Lunes; veu que 12 fois 19 font 228, ausquels adjoustant les 7 Embolismiques, ou qui se font de ce qui surpasse les douze Lunes en vn an, l'on aura 235.

Cette reformation estoit necessaire, pource que l'Equinoxe du Printemps auoit reculé du 21 Mars, auquel il estoit au temps du Concile de Nicée l'an de grace 327, à l'11, à cause du deuancement des Equinoxes, si bien qu'il estoit besoin de le remettre en son premier lieu, afin qu'à la longue les saisons ne se trouuassent toutes changées Pour cet effect le Pape Gregoire XIII. publia l'an 1582 la Correction du Calendrier Gregorien en cette sorte. Afin de remettre l'Equinoxe du Printẽps en son ancienne place, il retrancha 10 iours du mois d'Octobre 1582, à sçauoir les 5. 6. 7. 8. 9. 10. 11. 12. 13. 14. afin que cet Equinoxe retournast au 21 Mars. Par ce moyen le 5 d'Octobre du vieil Style, fut le 15 du Nouueau. Puis afin que l'Equinoxe du Printemps ne s'esloignast point du 21 de Mars, il ordonna, qu'on continuëroit le Bissexte chaque quatriéme année, excepté en celles dont i'ay desia fait mention; chose qui empeschera desormais l'erreur qui s'estoit glissé auparauant.

Ainsi le Calendrier deuient perpetuel, au moyen de cet Equinoxe arresté, & du retranchement de ces iours bissextils, à cause que cet Equinoxe s'auance d'vn iour en chaque 133 année; $\frac{1}{7}$ Iulienne. La reformation de cẽ Calendrier fut publiée en France par Edit du mois de Decembre 1582. Il retrancha le Cycle Lunaire de 19 ans, combien qu'il iugea qu'il en falloit garder la continuation aux Ans de grace suiuãs; & mit au lieu de ce Cercle de 19 ans, duquel on se seruoit iusqu'à lors, pour chercher la Lune nouuelle, celuy de 30 ans des Arabes, à la fin duquel la Lune retourne fort precisement au mesme lieu; & pour cette cause il introduisit les nombres Epactaux, qui marquent la cõference de 30 ans Lunaires, auec 30 Solaires, pource que les Epactes marquẽt les nouuelles Lunes aux iours cõtre lesquels elles sont mises, & répondẽt à tous les iours du mois, ce qui ne sçauroit faire le nõbre d'or, ou cercle de 19 ans.

Au reste, l'an de grace 1582, depuis le retranchement des 10 iours, a C, pour lettre Dominicale, & l'an 1583, B; puis l'an 1584, comme bissextil, a pour ses lettres, A, G, & ainsi de suite. Que si l'on a vne fois trouué la Nouuelle Lune de Pasques, en sçachãt la lettre Dominicale, il est aisé de sçauoir le iour de Pasques de l'an Gregorien, si l'on compte en descendant 14 iours, depuis le iour de cette nouuelle Lune inclusiuemẽt; veu qu'on vient par ce moyen à la pleine Lune de Pasques: puis le Dimanche prochainement suiuant est la feste de la Resurrection: comme l'an 1583, la nouuelle Lune de Pasques est au 24 de Mars, & la lettre Dominicale est B. Si nous cõptons donc du 24 Mars inclusiuement 14 iours, nous descẽdõs au 6 d'Auril, iour de Mercredy, auquel est la pleine Lune de Pasques: de sorte que le Dimanche prochainement suiuant, qui est le 10 d'Auril, & est marqué par la lettre Dominicale B, l'on celebra la feste de Pasques, selon la reformation Gregoriẽne. Mais auec toutes ces corrections du tout necessaires, l'on n'est pas encor paruenu à toute la iustesse que l'on eust peu desirer, parce qu'on n'a pas trouué la vraye quantité de l'année, & peut-estre qu'elle ne se trouuera iamais, à cause que selon l'apparence, le mouuement du Ciel ne peut estre exprimé des hommes par les nombres.

An Lunaire de 4. sortes. L'an Lunaire pris proprement est le tẽps auquel la Lune paracheue son cours parcourant tout le Zodiaque, en 27 iours, 7 heures, 45' 7''. Puis encor, c'est le temps qu'elle employe depuis sa conjonction iusqu'à ce qu'elle se reuoit sous le Soleil, & cet espace est de 29 iours, 12 heures, 44'. Mais celuy qu'on appelle cõmunément An Lunaire est ou Ciuil, ou Astronomique. Le Ciuil, ou Politique est ou Commun, ou

Embolismique. Le Commun est de 12 mois Lunaires Synodiques, & est de 354, ou 353 iours. Et l'Embolismique est de 13 Lunes, & de 384 iours, ou 383. Et quand l'An Commun Lunaire n'a que 353 iours, ou l'Embolismique seulement 383, l'on dit qu'il se fait vn haut de la Lune; chose qui arriue presque tousiours, quand le nombre d'or est vn: veu qu'alors 2 ou 3 Lunaisons de suite, sont seulement de 29 iours. L'An Lunaire Astronomique est diuers; & le Calendrier Gregorien le suppose de 354. iours, 8 heures, 48', 38', 8''', 19'''', &c. Communément on le fait de 354. iours, 8 heures, 48', 36'. Mais l'vsage est tel, que l'an Lunaire Commun est l'espace de 12 Lunaisons, contenant 354 iours, tellement qu'il est plus court d'vnze iours que le Solaire, ou de 12, si l'an est Bissextil. Les Arabes, les Turcs & Mahometans, vsent communément de l'An Lunaire, dont ie parle suffisamment en ces pays-là.

Nous auons encor l'An meslé, qui a egard au cours du Soleil & de la Lune, estant composé de 354 iours, qui font l'An Lunaire, & douze iours, lesquels adioustez aux autres font l'An Solaire de 365 iours. Ce fut l'An ordinaire auant le Deluge: veu que les années de cet âge-là furent Solaires de 12 mois, comme on void en la Genese, où il est dit, que le Deluge dura vn an, & l'Escriture marque quand il commença, & comme au 7 mois apres son commencement l'Arche de Noé s'arresta sur les montagnes d'Armenie, & au 10 mois les sommets des montagnes d'Armenie furent descouuerts, & en fin le 12 mois apres l'entrée de Noé en l'Arche il en sortit, & ces 12 mois furent vn An Solaire, egal à celuy des Egyptiens, veu que ces bons Peres n'obseruoient pas l'inegalité du Soleil en leurs mois Politiques. An meslé. An de l'Escriture.

L'an Egyptien est de 365 iours, sans aucune addition d'heures, ou de quart de iour, tellement qu'il n'a iamais mesme commencement. Mais il sert aux Astronomes à faire le calcul des mouuemens egaux: pource qu'il est seul egal entre les Ans ciuils. Au reste, il auance, ou plustost recule d'vn iour en 4 ans: de sorte qu'en 365 ans pris 4 fois, c'est à dire, en 1460 ans Iuliens, le commencement de l'An Egyptien passoit par tous les iours de l'An Iulien, & l'on compte 1461 ans Egyptiens. Ans Egyptiens.

L'on comptoit 30 iours en chaque mois de cette année, puis on adioustoit 5 iours aux 360, & ces derniers appellez Epagomenes, se passoient à faire bonne chere, comme s'ils n'eussent pas esté du compte de ceux de l'Année, ainsi que vous pouuez voir en mon Egypte.

Au reste, les Ans Egyptiēs ne differēt non plus de ceux de Nabonassar, que les Ans Romains de ceux de Christ; veu que le nō de Christ ou de Nabonassar marque seulement celuy de l'Ære: mais celuy d'Egyptien, ou de Romain, marque la forme & la façon. Les Astronomes se sont seruis, & seruēt encor par fois de ces Ans egaux pour le calcul des mouuemēs, comme on void aux Tables de Ptolemée, du Roy Alphonse, de Copernic, & de Schoner & aux Tables Pruteniques: de sorte qu'ils corrigent l'inegalité des Ans Iuliens, les reduisant en Egyptiens, qui sont tousiours egaux; ce qui se fait en diuisant les Ans Iuliens par 4, & separāt par ce moyen les iours bissextils, ou entreiettez de chaque 4 année; tellement qu'il ne reste que 365 iours.

Quant aux mois de l'An Iulien l'on en éuite l'inegalité, lors qu'on prend le nombre des iours de ces mois pour le calcul. Ainsi voulant chercher quelque mouuemēt egal l'an 1624, le 2 de May à 5 heures du matin auquel mon fils Claude est né, ie diuise 1623 par 4, & le quotient me donne 405, c'est à dire iours, il y a 3/4 de reste, c'est à dire trois années qui restent apres la Bissextile 1620. Ie tire 365 iours de 405, pour faire vne Année, & i'ay de reste 40 iours. Apres cela ie compte les iours accomplis des mois depuis le commencement de l'année iusques au 2 de May, à la façon des Astronomes d'vn Midy à l'autre. Ianuier en a 31, Feurier 29, Mars 31, Auril 30: Tous ces iours ensemble font 121, ausquels i'adiouste les 40 iours qui me sont restez, & ce sont en tout 161. Finalement ie compte 17 heures, à sçauoir depuis le Midy du 1 de May iusqu'à 5 heures apres minuit, du matin du 2 de May. Ainsi i'ay mon temps tout prest pour le calcul des mouuemens des Planetes, à sçauoir 1624 ans, 161 iours, & 17 heur.

Quant aux Ans des Arabes & des Turcs, des anciens Grecs, des Iuifs, des Persans, vous les verrez tous aux discours de leurs prouinces.

Denys le Mathematicien [a] mit encor en auant vn An Celeste, dont les mois receurent leur nom des signes Celestes, dont i'ay déja fait mention: & les Mathematiciens appellent [b] Grande Année celle qui se fait des dissemblables mouuemens des estoiles. Ils l'appellent aussi [c] parfaite & accomplie, qui se paracheue en vn parfait nombre de temps, lors que les 8 Cieux du Firmament & des 7 Planetes, ayant parfait tous leurs Tours, se seront rendus au mesme poinct où ils furent ensemble au commencement An Celeste. Grande, ou parfaite Année.

a Ptol. Almag. li. 9 & 10.
b Cicer. c. 28 de Nat. Deor. li. 2.
c Cicer. de Vniuers. Plat. Timæ.

mencement; & cette année peut estre, selon quelques-vns, [a] nommée Tournante, aussi bien que la Tropique, & plusieurs l'appellent Platonique, pource que Platon en a parlé en son Timée. Au reste, les vns ont tenu [b] qu'elle estoit de 19 ans, les autres de 16 & à 591. Heraclite l'a fait de 18 mille ans Solaires; Diogene, de 365, ans tels que l'an d'Heraclite; les autres, de 7767 ans. Il y en a qui ont dit [c], que le plus fort Hyuer de cet an estoit le Deluge, & son Esté l'embrazement vniuersel. Aristarque, l'a fait de 2484, ans Tournans; Arete de Duraz, de 5552 ans; Herodote, & Line, de 10400 ans: Dion de 13984; Orphée de 120, Cassandre, de 36 fois cent mille ans, ou de 3 millions, & 600. mille ans. Les autres ont fait cet An infiny, tenans que ce retour ne s'accompliroit iamais; d'autres [d] l'õt mis de 7787 ans; d'autres [e] de 12854 ans, ou [f] de 15 mille: mais selon la plus cõmmune opiniõ de 49 mil ans; & selon quelques autres de 36 mil; ou de 23760.

Il y a encor [g] le grand An de Meton, que cet Athenien composa de 19 ans, à raison dequoy les Grecs l'appellent Enneadecaeteride, ou Decaenneateris, qui contient 6940 iours. Il fut fils [h] de Pausanie, & fort fameux Astrologue, qui commença son année le 13 iour du mois de Scirrophorion, selon Diodore, & particulierement [i] au solstice d'Esté, ou a l'Ecreuisse. Mais pource que c'est proprement vn Cercle, ou vne Periode de 19 années, & que c'est ce qui nous sert pour trouuer le Nõbre d'Or, & le Cercle de la Lune, & que i'en fay plus ample mention en la Grece, i'en abrege icy le discours.

Lon a mis [k] encor apres le grand An de Calippe, dont ie parle en la Grece, composé de 76 années, où l'on entrejettoit 28 mois; & celuy d'Hipparque, de 304 ans. Mais ce sont des Periodes plustost que des ans.

Quant aux Ans des Iuifs, Grecs, Romains, Arabes, Turcs, Persans, & autres, vous les pourrez voir au discours de leurs païs, où ie les remarque en particulier.

Il faut en fin aiouster à tous ces Ans les Climacteriques, ainsi dits, pource qu'on va toujours montãt cõme par degrez. Et de mesme [l] qu'aux maladies les septiémes iours sont suspects, & Critiques; ainsi durant tout le cours de la vie, chaque septiéme année est dangereuse, & comme Critique mais appellée cõmunémẽt Climacterique. Mais ceux qui se meslent de predire les euenemens des natiuitez, en trouuent quelques vns plus fascheux, & mal-aisez à passer que les autres; & quelques-vns tiennẽt, qu'il faut principalement prendre garde à ceux qui sont faits de trois fois sept, ou pris vne fois, ou bien doublez, triplez, ou pris encor plus de fois; à sçauoir, aux 21, 42, 63, & 84, où quelques-vns ont mis la borne de la vie.

Plusieurs autres ont trouué la 49 année plus dangereuse, que nulle autre, comme composée de sept fois sept; pource que les nombres quarrez sont tenus les plus puissans de tous; & finalement Platon a tenu, que la vie humaine s'acheuoit au nombre quarré de 9 fois 9, qui fait celuy de 81.

Il y en a qui reçoiuent les deux nombres de 49, & 81, & appliquẽt le moindre aux natiuitez de nuict, & le plus grand à ceux qui naissent de iour. Mais plusieurs ayans d'autres mouuemens, ont separé subtilement ces deux nombres, disans que celuy de 7 appartiẽt au corps, & celuy de 9 se rapporte à l'esprit. De sorte, qu'ils ont dit que le premier An Climacterique estoit le 49, composé de 7 fois 7; le dernier, le 81, composé de 9; & celuy du milieu, l'an 63, qui vient de 7 fois 9.

Mais plusieurs ne se sont pas contentez de ces remarques de Censorin; veu que ceux qui considerent les reuolutions, acheminemens, & directions des lieux du Ciel, mettent pour Ans dangereux, ou Climacteriques, en l'enfance, le 4 & le 7; puis le 9, 18 27, 36, 42, 45, 49, 54, 56, 63, 72, 81, & 84, ausquels le 7, ou le 9 se rencontrẽt plusieurs fois, ou le 7, & le 9 sont multipliez l'vne par l'autre. Au reste, ils tiennent que chaque septiéme année est infortunée, pource que selon les Alfridaires, elle est soubmise à la domination d'vne Planete mal-faisant.

a Cic. somn. Scipion.
b Plut. des opin. des Philos. l. 2. c. 32.
c Censorin. c. 15.
d Galen. de hist. Physic.
e Quintilian. Dial. de Orator.
f Macrob. in somn. Scipion. li. 2. c. 11.
g Censor. c. 15.
h Diodor. l. 12.
i Festus Auien. Des. Orb.
k Censorin. c. 15.
l Censorin. c. 15.

ERES.

Que c'est qu'Ere.

LES Eres naissent des Ans, ausquels on considere des personnes, ou des actiõs signalées, qui donnent commencemẽt au compte de quelques années. Car l'Ere, ou pour mieux dire l'Ære, n'est autre chose qu'vn temps limité, commençant à quelque année, comme à la creation d'Adam, à la fondation de

Rome, ou à quelque Prince, ou chose digne de memoire. On la peut appeller autrement Racine, pource que c'est d'elle que procedent toutes les années de ce compte. Mais quant au mot d'Ære, il signifie[a] chez les Latins le calcul, ou [b] compte d'vne nombre; & toutefois plusieurs inscriptions d'Espagne, & quelques Autheurs Espagnols mettent en la datte des ans de la mort, ou de quelque action, le mot d'Ere, & non celuy d'Ære. Les Grecs l'appellent Epoche, qui signifie vne leuée, ou deffense, pour arrester vn effort impetueux de quelque eau; pource que ces Eres sont comme des bornes, ou barrieres, au delà desquelles il n'est permis de passer au compte des ans. Les Arabes [c] nomment cette Epoche, Ere, ou Racine, Terik, & mirent en auant l'vsage de ce mot, lors qu'ils commencerent à chercher la liaison des années, en imitant Censorin. Isidore [d] parlant de l'Ære de Cesar introduite en Espagne, dit que ce nom est venu de ce que tout le Monde paya sous Cesar Auguste pour Tribut certaine somme d'argent, laquelle on appelloit en Latin Airain, pource qu'au commencement la monnoye des Romains fut d'airain.

a Fest. Pomp. de verb. sign. Rufus Fest. Breuiario. Faust. Regiens. Episc. lib. 1. de Spir. sanct. Conc. Carth. 3. Iuli. Pomerius Ep. Toletan. cohr. Iud. li. 3. c Scalig. de Em. li. 5. Christia. Chronol. in Muha. Alftag. d Isid. Orig. li. 5. c. 36.

Mais pour abreger, l'on appelle au compte des Temps, Ære, ou Ere, Epoche, ou Racine, le moment duquel on prend le commencement du compte des ans, comme nous prenons l'Ere du Monde à son commencement, déduisant de là toutes les années, & celle de Christ à sa Natiuité; & les Astronomes prennent de mesme l'Ere de Nabonassar Roy de Babylone, dés le commencement de son regne sur lequel Ptolemée s'est arresté. Mais l'Epoque, ou la racine des mouuemens Celestes, n'est autre chose que le lieu que quelque Astre occupe en vn temps determiné, comme Ptolemée met l'Epoche, ou racine du mouuement du Soleil, au cõmencement du regne de Nabonassar, qui fut le 26 de Feurier, de l'an 3967 de la Periode Iulienne, à mille degrés, 45 minutes des Poissons, duquel lieu, qui demeure tousiours ferme, il déduit les mouuemens de toutes les autres années.

Differences des temps.

e Censorin. de die Nat. c. 17.

Au reste, Varron establit [e] trois diuers commencemens, ou differences des temps, mettant le premier depuis la naissance des hommes, iusqu'au premier Deluge sous Ogyge; le second depuis ce Deluge, iusqu'à la premiere Olympiade, le nommant fabuleux, pource que lon en rapportoit beaucoup de fables; & le troisiéme depuis la premiere Olympiade, iusques à son temps, l'appellant Historique, pource que les choses qui s'estoient passées durant tout le cours de ce dernier temps se trouuoient comprises dans les vrayes Histoires. Mais il disoit qu'on ne pouuoit sçauoir le nombre des ans du premier temps, soit qu'il eust eu commencement, ou qu'il eust tousiours esté. Et quant au second, qu'on en ignoroit le nombre certain; mais qu'on l'estimoit d'enuiron 1600 ans. Et pour l'egard du troisiéme temps historique, les Autheurs furent seulement discordans au nombre de 6, ou 7 ans, dont toutefois Varron vuida le different, faisant voir le nombre asseuré non seulement des années, mais aussi des iours.

Mais ce que nous recherchons maintenant, est beaucoup mieux ajusté, comme estably par vne longue consideration, & plus certaine cognoissance des temps, excepté que celle de l'Ere du Monde se trouue encore vne peu embroüillée.

Au surplus, ces Eres sont vniuerselles, ou particulieres. Les premieres sont communes à tous, ou du moins à plusieurs nations, comme l'Ere du Monde, & celle de Christ, ou celles du Deluge, de la sortie d'Egypte, & semblables, qui se trouuent dans les saincts Liures; la Iulienne, prise de la reformation du Calendrier, ou celle de Nabonassar, suiuie des Astronomes, à l'exemple de Ptolemée. Les autres sont particulieres à quelque Nation, comme la mesme Ere de Nabonassar aux Babyloniens; celle des Olympiades, aux Grecs; celles de la fondation de Rome, aux Romains; celle de Dhilkarnaim, ou des Seleucides, aux Suriẽs; celles de Diocletian, aux Egyptiens & Abyssins; & celle de l'Hegire de Muhammed aux Arabes, suiuis de la pluspart des Mahometans, & pour cette cause comme vniuerselle; celle de Iezdagird, & de Sultan Gelaly, aux Persans; & de mesme celles des Chinois, & autres.

Ere du Monde.

Quant à l'Ere du Monde, elle est sujette à plusieurs embarrassemens, & difficultez, qui ont causé beaucoup d'opinions differentes. Vne grande partie des Chrestiens d'Orient, particulierement ceux d'Antioche, les Maronites, & mesme les Ethiopiens & Arabes Chrestiens, ont vne Ære commune, qu'ils appellent de la creation d'Adam, qui compte 5500 ans accomplis depuis le cõmencement du Monde, iusqu'à Iesus-Christ, duquel ils mettent la naissance en l'an 5501, & se fondent en cela sur le compte des 70 Interpretes. De sorte, que si vous desirez sçauoir leur An du Monde, il faut adiouster aux Ans de Christ, ou de Grace, 5500 ans.

Nicephore[a] en compte 5505, & Cedren[b] 5506, mettant 2242 ans depuis Adam iusqu'au Deluge, 538 iusqu'à la Tour de Babel, 616 iusqu'à la venuë d'Abraham en Chananée, 516 iusqu'à la mort de Iosué, 480 iusqu'au commencement du regne de Dauid, 448 iusqu'à Sedecie & la captiuité de Babylone, 70 iusqu'au premier An de Cyrus, & de là iusqu'à l'An de la Natiuité de N. S. 592 ans.

a Hist. Eccl. l. 1. c. 10.
b Annal.

Mais ceux de[c] Constantinople ayant reconu, que le compte commun de l'Ere du Mõde de 5500 ans iusqu'à Iesus Christ, ne pouuoit s'accõmoder auecque l'Indictiõ, & que la premiere année de Grace 5501 estant diuisée par 15 laissoit pour l'Indiction 11, & non 4, qui est son vray nombre, remarquerent que l'An 5509 estoit propre pour le rencontrer, pource que 5509 diuisez par 15 laissent 4 de reste pour l'Indiction. Tellement que ceux qui dresserent le compte de l'Eglise de Constantinople, establirent le premier an de Grace en l'Année 5509 du Monde, faisant couler 5508 ans entiers depuis le commencement du Monde, iusqu'à Iesus-Christ, combien qu'ils confondent cette Ere auec celle de 5500 ans, en vsant de celle-cy, sans ignorer l'autre, ou la quitter. De sorte que ceux qui reconoissent le Patriarche de Constantinople, comme les Moscouites,[d] Bulgares, Georgiens, Albanois, Circassiens, & tous les Grecs, vsent de ce compte. Que si lon desire auoir les ans depuis la naissance du Monde, selon leur compte, prenant ce commencement au mois de Septembre de l'An Iulien, il faut adiouster seulemẽt 5508 à nos ans de Grace. Ainsi, si lon veut sçauoir que l'An du Monde répond à nostre an de Grace 1634, lon trouuera que c'est l'An 7142. Mais il se faut souuenir, qu'ils commencent leur An au mois de Septembre, tellemẽt que depuis l'entrée de ce mois il faut augmenter d'vne an ce compte, comme si quelque lettre estoit écrite depuis ce mois là, il faudroit dire qu'elle est de l'an 7143, qui dure iusqu'à l'autre mois de Septembre; & ce compte s'accroist semblablement aux années suiuantes, en telle sorte que l'an 1635 en Septembre, l'on comptera l'an du Monde 7144, qui finit auec le mois d'Aoust de l'an 1936.

c Scaliger. de Em. temp. l. 7.
d Petr. Abra. Moscouuitich. Chronic.

Les Eglises d'Occident dont Rome est le Chef, comptent[e] depuis la creation du Monde, iusqu'à la Natiuité de I. Christ 5199 ans prenans leur commencement au mois de Mars de l'An Iulien: de sorte que si nous adioustons à ces Années celles de Grace qui ont passé, nous trouuerons aisément l'âge du Monde à leur compte, commençant tousiours au mois de Mars.

e Platina de vit. Pontif. in D. N. I. Christo.

Les Iuifs modernes instruits par le Rabbin Hillel, ont vn compte particulier de l'âge du Monde, moindre que le nostre de 189 ans. Delà vient qu'ils[f] placent l'Ere d'Alexandre Dhilkarnaim, ou des Seleucides, en l'An du Monde 3449, au lieu qu'elle est deuë à l'An du Monde 3638, selon l'opinion ordinaire. De sorte, qu'ostant 3449 de 3638, lon trouue qu'ils comptent moins 189 ans. De mesme, lors qu'ils comptent seulement depuis la naissance du Monde, iusqu'à Iesus-Christ 3760 ans accomplis, ou 3761 ans, commençans au premier iour de Tysri, qui se trouuoit lors au 7 d'Octobre de l'An Iulien, en ostant 3760 de 3949, que lon compte plus communément iusqu'à la Natiuité de nostre Seigneur, il y aura tousiours 189 ans moins. Ainsi l'An de Grace 1634, qui est l'An du Monde 5583, selon la plus commune opinion, n'est que leur An du Monde 5394.

f Hebr. de Eris.

Quant aux plus habiles de nostre âge, ils sont en conteste sur l'Ere du Monde, & chacun fortifie son opinion, ou des interuales, & suites des temps signalez, ou des mouuemens celestes. Scaliger, & plusieurs autres fort estimez parmy nous, mettent seulement 3949 ans depuis la creation du Monde, iusqu'à l'Ere de Iesus-Christ. Pour authoriser cette opinion, ils comptent depuis la Creation iusqu'au Deluge, auec les Hebreux 1656 ans, au lieu qu'Eusebe en a mis 2242: du Deluge, iusqu'à la promesse faite à Abrahã, 367 de mesme que les Iuifs, & Rabbins modernes: puis delà iusqu'à la sortie, & l'affranchissement de la seruitude d'Egypte 430, selon S. Paul mesme[g], & le liure de l'Exode, au lieu qu'Eusebe, & Nicephore, comptent seulement 425 ans, delà iusques au commencement du Temple de Salomon, pris à l'entrée de la quatriéme année de son regne 480 ans[h], qui se peuuent mesme tirer des ans de Moyse, de Iosué, & des autres Iuges & Roys, tellement que l'on trouue iusques là 2933 ans. Eusebe met aussi 480 ans en cet interualle, faisant toutefois de ce temps de la fondation du Temple, l'An du Monde 4169. Les Iuifs & leurs Rabbins tiennent encor mesme nombre; tellement que selon eux, l'on commença de bastir ce Temple l'An du Monde 2928.

g Epist. ad Gal. c. 3. Exod. 12.
h 1. Reg. c. 6.

De cette fondation iusqu'à sa ruine, sous Nabuchodonosor au temps du Roy Sedekie a ils comptent 427 ans, comme les recueillant des années des Roys de Iuda, & d'Israël, tellement que lon compte iusqu'à ce temps-là 3360 ans de l'âge du Monde. Les Rabbins s'accordent encor auec eux en ce nombre de 427, tellement qu'ils comptent depuis la naissance du Monde, iusqu'à cette destruction 3355 ans. Mais Eusebe auec les Eglises Occidentales, fait cet interuale de 442: & Nicephore tient le mesme auec les Eglises Grecques d'Orient.

a 4. Reg 25. & 2. Paral.

De cette destruction du Temple, & de la ville de Ierusalem, ils comptent apres 589 ans entiers, auec quelques iours iusqu'à l'Ere de I. Chr. en tirant ce cópte des ans qui coulerent entre la premiere ruine du Temple, & la Passion du Sauueur du Monde, & entre l'Ere du mesme & sa Passion. Mais ce cópte ne se peut tirer de la saincte Ecriture toute seule, ainsi que le precedent: veu qu'il faut s'aider en cecy du compte des Ecriuains prophanes & de leurs Eres, cóme des Olympiades, de Nabonassar, & de la fondation de Rome, qui semblent conduire à la cognoissance de ce temps: au lieu que les Iuifs méprisans l'histoire des Perses, & des Grecs ne cóptent que 406 ans entre la captiuité de Babylone, & la Natiuité de I. Christ, comme lon apperçoit en confrontant leurs années auec les nostres de grace, & leuant de ce nombre d'ans, ceux que nous tenons de l'Ere de Christ; veu qu'ils ne s'amusent pas au calcul de sa venuë en ce Monde.

Seth Caluisius confirme par les Eclipses ce mesme nombre d'années, & d'autres fortifient du mesme calcul des Eclipses les nombres des ans tirez de l'histoire sacrée & prophane; tellement qu'ils font le premier an de l'Ere du Monde le 764 de la Periode Iulienne, dont ie parleray plus bas.

Mais Longmont ayant consideré comme l'Apogée du Soleil, qui se trouuoit à la naissance du Monde, au premier poinct du Belier, de mesme que son Perigée au premier de la Balance, estoit auancé l'an 1588 iusqu'à cinq degrez, 30 minutes de l'Ecreuisse, & prenant ses proportions dés le temps d'Hipparque auquel il estoit au 5° 30' des Gemeaux, ou selon sa correction aux 5° 16', il a iuste son compte en telle sorte, qu'il establit l'An du Monde 5554 en l'An de grace 1588; Si bien que leuant ce dernier nombre de celuy de 5554, il trouue 3966 ans de l'Ere du Monde iusqu'à la Natiuité de N. S. & coulez auant icelle, & 4000 ans iusqu'à sa Passion: puis encor il dit que le nombre de ses ans est fondé sur les changemens du biaizemét de l'Ecliptique, & l'inegalité, ou le deuancement des Equinoxes, aussi bien que sur l'auancement de l'Apogée.

Mais en s'appuyant sur ces mouuemens, il n'explique pas assez les siens, & n'éclaircit pas suffisamment les Lecteurs, & mesme les proportions du temps aux degrez & minutes du progrés de l'Apogée ne s'y rencontrent pas: de sorte qu'il laisse en peine ceux qui desirent comprendre les raisons de son opinion.

Toutefois Opiner docte personnage, sans parler de ces mouuemens, a suiuy dans sa Chronologie le compte de 3966 ans depuis la naissance du Monde iusqu'à celle de nostre Sauueur, & déduit ce nombre, diuisant ce temps en cinq âges, dont le premier, depuis la creation d'Adam, iusqu'à ce que la terre fut seche apres le Deluge, est de 1657 ans; le deuxiéme depuis ce temps-là iusqu'à la naissance d'Abraham de 292 ans; le 3 depuis Abraham iusqu'au regne de Dauid, de 942 ans; le 4 depuis Dauid iusqu'à la captiuité des deux Tribus emmenées en Babylone de 472; & le 5 de ce téps-là iusqu'à I. Christ incarné de 603 ans: de sorte que tous ces ans adioustez font ensemble 3966 ans, répondans à 4729 ans de la Periode Iulienne: mais qui doiuent répondre iustement à l'An 4713 de la mesme Periode; tellement qu'ostant 3966 de 4713, l'on aura 747, & par consequent pour premier An du Monde l'An 748 de la Periode Iulienne.

Le Pere Petau, personnage fort estimé de nostre temps, fondé sur des proportions, qui semblent ne pouuoir estre contestées, monstre que 5571 ans sont deubs à ces degrez, & minutes de l'auancement de l'Apogée; puis ostant ce nombre de 1588 ans de l'Ere de Christ, des Ans du Monde, il trouue 3983 ans restans depuis la creation du Monde iusqu'à Iesus-Christ; pour la confirmation de ce nombre, il compte du commencement du Monde iusqu'à la fin du Deluge 1656 ans; & de l'année qui suiuit prochainement le Deluge iusqu'à la 75 année d'Abraham, & la promesse que Dieu luy fit, 366 ans; puis de l'An 76 d'Abraham iusqu à la sortie des Israëlites du pays d'Egypte, 430 ans; & de là iusqu'à la troisiéme année de Salomon, qui fut auant le bastiment du Temple, 519 ans; puis de la quatriéme année de Salomon, en laquelle on jetta les fondemens du Temple, iusqu'à la 21 année du regne de Cyrus, ou le dernier de la captiuité de Babylone, 474 ans; & de l'affranchissement de cette captiuité iusqu'à la vulgaire année de la Natiuité de Iesus-Christ, 538 ans; de sorte que tous ces nombres adioustez ensemble font celuy de 3983, depuis la creation du Monde, iusqu'à la Natiuité de Iesus-Christ, qui répondent, à l'an 4746 de la Periode Iulienne commençant en l'an 764. mais qui doiuent répondre à l'an 4713 de la mesme, où l'Ere de Christ est arresté, d'vn commun consentement: de sorte qu'ostant 3983 de 4713 il restera 730; & par consequent le premier an du monde sera l'an 731 de la Periode Iulienne, selon le Pere Petau. Si l'on met la creation du Monde au Printemps, ou que l'on commence delà l'année, ou du premier de Ianuier, à la mode de l'An Iulien, la Natiuité de Iesus-Christ sera l'an 3983 finissant. Que si l'on rapporte le commencement du Monde à l'Automne, le Monde se trouuera creé l'an 730 de la Periode Iulienne, & la naissance de Ies. Christ au commencemẽt de l'an du Monde 3984. Finalement pour auoir tousiours en ce calcul les ans de la Periode Iulienne, commençans au premier de Ianuier, il faut tousiours adiouster 730 aux Ans du Monde.

Il est vray que le mesme est si modeste, qu'ils ne s'opiniastre pas à faire tenir son sentiment pour infaillible, comme ont fait les autres, qui l'ont deuancé autant en aage qu'en estime d'eux-mesmes: mais auouë franchement que ce commencement du Monde est si obscur & embarrassé, qu'il n'y a personne qui puisse establir cette Ere auec asseurance: de sorte qu'il n'ose s'appuyer entierement sur cet auancement de l'Apogée, tant à cause de son changement incertain, qu'à raison qu'on ne sçait pas si son lieu mis à 65° 30', se rapporte au temps d'Hipparque, ou de Ptolemée; quoy qu'il semble auoir pour ses garans les aages du Monde, tirez de l'histoire sacrée & profane.

Mais si l'on vouloit trouuer le nombre de 5554 ans du Monde, répondant à l'an de grace 1588, & par consequent 3966 ans depuis le Monde creé iusqu'à Iesus-Christ, il faudroit le rechercher par le mouuement egal ou moyen, & non egalé de l'Apogée, qui nous donneroit des ans egaux, non des ans Solaires de Longmont, qui les fait répondre au mouuement apparant de l'Apogée. Car ayant reduit 95° 24' 51'' du mouuement moyen, deu à l'an 1588, en quatriéme, tellemẽt qu'on en face 1236571200'''', si l'on diuise apres ce nombre par le mouuement egal d'vn an, qui est de 1' 1'', 50''', & 14'''', selon Longmont, ou pour abreger de 222614 quatriémes, nous aurons au quotient 5554 ans, & en ce qui reste quelques 283 iours.

Mais de toutes ces opinions, la premiere est plus receuë, quoy que non plus asseurée & mieux prouuée que les autres; & le temps luy a porté cet auãtage, auec ses autheurs qui se sont acquis de longue main l'estime du Monde, qu'il sera bien malaisé d'obliger les âges suiuans à en suiure vn autre; principalement pource que les temps de plusieurs euenemens mis dans les histoires, sont déja marquez par ces années, & que l'on se fasche de prendre vne nouuelle façon de compter, & de renuerser les fondemens affermis auec vn apprentissage tout nouueau, puis que l'on peut se contenter aussi bien d'vn costé que d'autre: Tout ce qu'il faut faire parmy ces diuersitez, c'est qu'il faut recognoistre le compte de chaque opinion, & pour les accommoder il est besoin d'adiouster ou retrancher, selon leur manquement, ou leur excés, comme pour accommoder celle de 3949 ans auec celle de 3966 ans, il faut adjouster 17 au nombre de 3949 & l'on aura 3996, ou bien les retrancher du dernier nombre, afin d'auoir 3949; & faire le mesme du nombre de 3983. Ainsi si l'on vous propose seulement l'an de grace 1634, auec l'An du Monde 5583 de Scaliger, si vous desirez sçauoir quel An du Monde c'est selon Longmont, il faut adjouster 17 à 3949. puis 1634, & par ce moyen vous aurez les Ans du Monde de Longmont 5600; & si vous voulez les ans du Monde du Pere Petau, adioustez 34 aux ans de Scaliger, ou 17 aux ans de Longmont, & vous aurez les ans du Monde du Pere Petau 5617. Mais si l'on vous proposoit les Ans du Monde de Petau, ou de Longmont; & que vous voulussiez auoir ceux de Scaliger, il faudroit oster 34 de ceux de Petau, & 17 de ceux de Longmont, & vous auriez tousiours 5583 ans du Monde.

Ere de Christ. Pour le regard de l'Ere de Christ, ou des Ans de grace, le discours de l'Ere du Monde vous marque assez son commencement. Mais elle est encor mal assignée au compte vulgaire pource qu'il nous represente la Natiuité de N. S. plus tard qu'elle n'a veritablement esté, & mesme ceux qui l'ont establie different au nombre des années. Car les vns * disent qu'il nasquit la 41 année de l'Empire d'Auguste, & souffrit mort & passion sous Tibere, le vingt-cinquiéme Mars au temps du Consulat de

Tertul. aduers. Iudæos, Lact. l. 4. c. 10.

Rubellius Geminus, & Ruffus Gemisius: qui fut la 16 année de l'Empire de Tibere; au lieu que les autres[a] rapportent sa naissance à la 42 année de l'Empire du mesme Auguste, & 28 de l'Ere Actiaque; & sa mort & passion, à la 18 année de l'Empire de Tibere, comme elle y doit estre veritablement logée. Mais Eusebe[b] marque ailleurs (rapportant la deuxiéme année de l'Empereur Probe, à l'an 325 de ceux d'Antioche, & à l'an de Christ 280) qu'il rapporte aussi la premiere année de l'Ere de Christ à la 46 année de ceux d'Antioche, qui n'est autre chose que le 46 An Iulien, pource que les Antiochiens commençoient leur compte par la reformatiõ du Calendrier de Iule Cesar; veu que si nous venons à soustraire de 325 ans Iuliens, ou Antiochiẽs, les 280 de Christ, l'on aura de reste la difference de 45 ans; qui est l'interualle entre la publication du Calendrier Iulien, & le premier An de Christ. Et combien que le mesme Eusebe ait mis en son histoire (comme ie vous ay fait voir) la Naissance du Monde au 42 an de Tibere, toutefois il la prend icy, non au 25 Decembre, mais au premier de Ianuier, à l'entrée de la 46 année Iulienne, qui fut la 43 de l'Empire d'Auguste, ainsi qu'elle est establie par quelques autres[c].

a Euseb. Hist. Eccl. l. 1. c. 1.

b [illegible]

Ainsi le commencement des ans de Christ, qui sont en vsage parmy nous se rencontrera auec l'entrée du 46 An Iulien; de sorte qu'ostant des Ans Iuliens que l'on nous proposera, 45 Ans, nous aurõs tousiours les Ans vulgaires & cõmuns de Christ, & au contraire, si nous adioustons 45 ans, aux ans ordinaires de l'Ere de Christ, nous aurons tousiours les Ans Iuliens, comme par exemple l'An de grace 1634 se raporte à l'An Iulien 1679. Si l'on vous proposoit donc simplement l'An Iulien 1979, & qu'il vous fallust sçauoir à quel An de grace il se rapporte, vous osteriez 45 ans de ce nombre 1679, & auriez par ce moyen de reste 1634: & au contraire, si vous desiriez sçauoir quel An Iulien répond à l'An de Christ 1634, vous adiousterez 45 à 1634, & auriez par cette addition 1679 pour l'An Iulien, duquel nous suiuons le commencement, à cause de la Circoncision, qui se trouue au premier de Ianuier, d'où nous prenons l'entrée de nos ans, & non de la Natiuité, qui se trouue en l'année precedente: de sorte que le commencement de nos Ans vulgaires de Christ se trouue bien dans le 45 An Iulien, si nous le prenions à la Natiuité: mais à son commencement auec l'An Iulien 46; pource que nous le prenons de la Circoncision.

c Maxi. Monach. cõput.

Il est vray que l'Abbé[d] Romain Denys le Petit, a pris le commencement de son compte à l'Incarnation, c'est à dire au iour de la Conception, 25 de Mars, & suiuant cela le premier An de Christ répond pour la plus grãde partie à l'An Iulien 45. Que si l'on compte les Ans de Christ du iour de la Natiuité, qui se trouue au 25 de Decembre de l'An Iulien 45, comme on l'a pratiqué durant quelque temps, le commencement des Ans de Christ, se rencontrant en l'An Iulien 45, deuancera de 7 iours entiers la Circoncision, de laquelle nous prenons le commencement de nostre compte.

d Dionys. Exigu. Epist. ad Petron.

Ce fut ce[e] Denys le Petit, qui choisit premier de marquer le nombre des Ans depuis l'Incarnation, au lieu de les compter depuis Diocletian, persecuteur des Chrestiens. De sorte que voulant introduire à Rome les Ans de Christ, en l'an Iulien 577, il asseura que depuis la Conception de nostre Seigneur, iusqu'au 25 de Mars de l'an 248 de Diocletian courant, 532 ans s'estoient écoulez. Mais le commencement de ces ans changea depuis; pource qu'on le prit à la Natiuité, & depuis encor on y adjousta 8 iours, pour le prendre au premier de l'An Iulien 46.

e Beda de tempor. ration. Petr. Alzac. tract. super Calend. correct.

Au reste, Bede[f] met la Natiuité de Iesus-Christ en l'an 42 de l'Empire d'Auguste, l'an 27 depuis la mort de Cleopatre & d'Antoine, la troisiéme année de la 194 Olympiade, l'an 752 de la fondation de Rome, qui seroit l'An Iulien 44, finissant au lieu de l'an Iulien 46, auquel l'Ere commune qu'on appelle l'Ere de Denys, commence, répond à l'An de Rome, 754 à la premiere année de la 195 Olympiade, à l'an 749 de Nabonassar, commençant au 23 d'Aoust de l'an precedent; & à l'an 4714 de la Periode Iulienne, commençant au premier de Ianuier, au lieu que ne s'arrestant qu'à la Natiuité de nostre Seigneur, prise au 25 Decembre de l'An Iulien 45, le premier an répondra à la fin de l'an 4713 de la Periode Iulienne, à 753 ans de Rome, commençans à l'Equinoxe du Printemps, à 776 ans Olympiadiques, où à la quatriéme année de la 194 Olympiade, & à 748 ans de Nabonassar, ou 747 ans Egyptiens, & 131 iours, selon les Arabes[g], ou 272786 iours en tout, passez depuis Nabonassar, iusqu'à Iesus-Christ. Ce sera aussi l'an 376 de l'Ere du Monde des Iuifs que la Natiuité de N. Seign. se trouuera selon l'establissement de Denys, & l'an 5509 du Monde, commençant en Septembre, selon le compte des Grecs & des Moscouites.

f Beda de ætatib. Mundi.

g Append. li. Almagest.

Mais la vraye année, & non la vulgaire, de la Natiuité de Christ doit estre assignée à l'an 44. Iulien, & 28 Actiaque[a]: de sorte que le vray temps de cette naissance se trouuera selon Scaliger,[b] sur la fin de l'an 4711 de la Periode Iulienne; l'An du Monde 3948, l'An du Monde des Iuifs 3759, & du conte des Grecs, & Moscouites 5507.

a Clement stromat. li. 1.
b Scal. de Em temp. li. 6.

Il est vray que cette recherche est maintenant hors de saison, puisque l'autre conte est en cours, & qu'il n'est plus question d'introduire l'vsage d'vne autre Ere; tellement que la curiosité qui veut establir la vraye, quittant la commune, est veritablement loüable, mais desormais inutile. De sorte qu'il faut arrester cette Ere au commencement de l'an du Monde 3950 selon Scaliger, de 3967 selon Longmont, de 3984 selon Petau; de 3761 selon les Iuifs; de 5009 selon les Grecs & Moscouites, commençans au mois de Septembre; & de 5501 selon les autres Grecs, & Orientaux; l'an 4714 de la Periode Iulienne. Adioustant donc au nombre des Ans de grace 3949, 3966, 3983, 3760, 5008, 5500, & 4713, l'on a les Ans du Monde de Scaliger, de Longmont, de Petau, des Iuifs, des Grecs de deux sortes, & de la Periode Iulienne.

Autres Eres.

Quant aux autres Eres, i'en ay fait ailleurs assez ample mention, selon les pays, qui ont tenu, ou tiennent encor le conte de leurs ans sur ces racines. C'est pourquoy ie renuoye les Lecteurs à ces discours sans vser de redites, outre que l'on verra la plus-part en la genealogie generale, ou plustost Chronologie, ou discours des temps, & mesme en celuy de la Periode Iulienne.

Periode Iulienne.

Mais pource qu'aux Chronologies, ou côtes des tēps, ausquels les plus signalez euenemens sont arriuez, l'on rencontre bien souuent des fautes, Scaliger a la gloire d'auoir inuenté le moyen de iustifier la verité de ces nombres des ans, des Historiens, & Chroniqueurs, par la Periode Iulienne, produit de la multiplication du grand Cycle de Denys 532, & du nombre des Indictions. Car de mesme que les Cycles du Soleil, & de la Lune, 28, & 19, multipliez l'vn par l'autre, rēdent 532, & font le grād Cycle, ou la Periode de l'Abbé Denys; ainsi le produit de la multiplication de ces deux Cycles, estant encor multiplié par 15, nombre des Indictions, donne 7980. Tellement que cette Periode en cōprend 15 de Denys, & embrasse aussi la suite certaine des trois Cycles, qui peut empescher l'abus du conte des ans, & le faire cognoistre aisemēt, pour ce que sont les marques infallibles des années, qui les distinguēt les vnes des autres, & ne se rencontrent ensemble de mesme, qu'à la fin de certain nombre d'années; comme les mesmes Cycles du Soleil, & de la Lune, au bout de 532 ans; ceux du Soleil, & des indictions, au bout de 420 ans, nombre produit par la multiplication de 28, & de 15; & ceux de 19, Cycle de la Lune, & de 15 des indictions, à la fin de 285 ans. De sorte qu'ayant deux Cycles cognus, l'on sçaura bien aisement l'année, en laquelle ces Cycles s'assemblent; pource que ce concours des deux Cycles ne peut arriuer qu'à la fin de plusieurs années, ainsi que i'ay dit.

Mais les Cycles du Soleil, de la Lune, & des Indictions, ne se rencontrent iamais ensemble qu'vne fois en cette Periode; qu'on a nommée Iulienne, à cause qu'elle se fonde sur l'an Iulien, & doit commencer le premier de Ianuier, de mesme que l'indiction Romaine, & les Cycles du Soleil, & de la Lune.

Or afin de mettre en vsage cette Periode, il faut establir la Natiuité de Christ au 25 de Decembre, qui s'accorde auec l'an 4713 de cette Periode, auquel l'Indiction prise au premier de Ianuier, à la Romaine, comme s'accommodāt à l'an Iulien estoit 3, le nombre d'or, ou le Cycle de la Lune 1, & le Cycle du Soleil 9. De sorte que si l'on adiouste 4713 ans entiers à l'An de Christ courāt (dont le commencement a depuis esté mis au premier de Ianuier, qui fait que le premier an de l'Ere de Christ se rencontre en l'an 4714 de la Periode Iulienne) lon aura l'an courant de la Periode Iulienne, comme au contraire, en retrenchant 4713 ans du nombre des ans de la Periode Iulienne lon aura l'an de grace courant, comme si l'an de grace, ou de Christ 1634, ie cherche celuy de la Periode Iulienne, i'adiousteray 4713 à 1634, & i'auray l'an 6347 de la Periode Iulienne, & si ayant l'an 6347 de la Periode Iulienne, ie veux sçauoir à quel An de Christ il se rapporte, i'osteray 4713 de 6347, & i'auray de reste 1634 pour mon an de grace.

Au reste ce qui a fait reconoistre que l'an de la Periode Iulienne 4713 estoit l'An de la Natiuité de Christ, selon nostre conte vulgaire, c'est que cette année de la Natiuité, eut 9 pour Cycle du Soleil, 1 pour Cycle de la Lune, & 3 pour Indiction; & les nōbres de ces 3 Cycles se rencontrent de mesme ensemble l'an 4713 de la Periode Iulienne, & ne se peuuent iamais trouuer ensemble qu'en cette année de la mesme

Periode. Ainsi pource que la premiere année de l'Ere vulgaire de Christ a pour Cycle du Soleil 10, pour celuy de la Lune 2, & pour celuy des Indictions 4, l'on a fermement arreté cette premiere année en l'An de la Periode Iulienne 4714, auquel tous ces trois Cycles se rencontrent, ne se pouuant iamais trouuer ensemble, qu'en cette année là, en tout le cours de la Periode.

Au surplus on trouue les Cycles du Soleil, de la Lune, & des Indictions, en cette Periode, d'autre sorte qu'aux ans de Christ, pour ce que la premiere année de cette Periode les Cycles du Soleil, de la Lune, & des Indictions ne se trouuent auoir que le nombre d'1; à raison dequoy si l'on diuise quelque année que ce soit de cette Periode par 28, ce qui restera apres la diuision faite, donnera le nombre du Cycle du Soleil; si l'on diuise par 19, l'on trouuera, en ce qui reste, le nombre du Cycle de la Lune; si par 15 le nombre de l'Indiction.

Que si lon a dans la memoire les interualles de quelques Eres renommées, rapportées à cette Periode, l'on iustifiera, comme en vn moment, la suite des tẽps, employant aussi pour cet effet la preuue des Cycles du Soleil, de la Lune, & des Indictions, qu'on ne sçauroit debatre auec raison pource qu'elle est hors de doute. Que si lon vouloit rapporter quelque An de la Periode Iulienne à d'autres années, il seroit aisé de verifier ce rapport par les mesmes preuues.

Au reste les Ans de cette Periode deuancent selon Scaliger la creation du Monde, de 763 ans entiers, & accomplis qui se trouuent dans le neant, de sorte qu'on peut tirer delà la suite des ans du Monde, en rapportant la creation à l'an 764 de cette Periode, mais selon Petau à l'an 731 de la mesme, pource qu'il fait seulement couler 730 ans dans le neant, mettant la Natiuité de Christ en l'an du Monde 3983, & le commencement des ans de grace en l'an 3984.

Que si vous voulez trouuer les ans du Monde par cete Periode Iulienne, ostez tousiours de l'an courant de la Periode Iulienne, 763, pour auoir l'an du Monde, selon Scaliger, ou 730 pour auoir l'an du Monde selon Petau.

Quant aux autres Eres, ou celebres commencemens d'années, celle des Iuifs, qu'on apelle Periode, mise premierement en auant par le Rabbin Hillel, commençant (selon le conte des Ans de Scaliger, auquel ie m'arreste, pource qu'il est plus receu) l'An du Monde 190, & 954 de la Periode Iulienne; celle des Olympiades l'an du Monde 7174, & de la Periode Iulienne 3938, commençant au Solstice d'Esté; celle de la fondation de Rome l'an du Monde 3198, & de la Periode Iulienne 3961, enuiron l'Equinoxe du Printemps; celle de Nabonassar l'an du Monde 3961, & de la Periode Iulienne 3968, commençant au 26 de Feurier; celle de Philippe: ou de la mort d'Alexandre, l'an du Monde 3627, & de la Periode Iulienne 4390, commençant le 12 de Nuembre, celle d'Alexandre Dhilkarnain, ou à deux cornes, autrement des Seleucides, l'an du Monde 3638, & de la Periode Iuliẽne 4401, cõmençant le 13 Mars, selon les Iuifs, mais le 6 Septembre selon les Antiochiens, ou le premier d'Octobre, selon les Astronomes, & Arabes; mais commençant l'an du monde 3639 selon les Macedoniens, & l'an 4402 de la Periode Iulienne; celle de Denys Mathematicien dont Ptolemée se sert quelquefois, commençant le 25 Mars de l'an du Monde 3667, & de la Periode Iuliẽne 4430: celle de la Reformation du Calendrier faite par Iule Cesar, l'an du Monde 3906, & de la Periode 4669, & l'Ere Espagnole de Cesar, l'an du Monde 3912, & 4676 de la Periode; celle de Diocletian commençant le 29 d'Aoust, l'an de grace 284, & de la Periode Iulienne 4997: celle de l'Hegire de Muhamed, des Turcs, Arabes, & Mahometans l'an de grace 622 15 Iuillet, & de la Periode Iulienne 5335: celle de Iezdagird, Roy des Perses, l'an de grace 632, 16 de Iuin, & de la Periode Iulienne 6345; celle de Sultan Gelali de Perse, l'an de grace 1079, & de la Periode Iulienne 5792, commençant au mois de Mars; celle d'Alfonse Roy de Castille, celebre à cause de ses Tables Astronomiques, l'an de grace 1252, & 5965 de la Periode Iulienne; celle de la Reformatiõ Gregorienne l'an de grace 1582, & de la Periode Iulienne 6295; & celle de Louys 13, le Iuste, & le victorieux, Roy de France, & de Nauarre, commençant le 14 de May, l'an de grace 1610, de la Periode Iulienne 6323; & du Monde 5559.

Quant à la Periode de Denys, elle est produite de la multiplication des Cycles du Soleil, & de la Lune, & est telle que ces Cycles ne se trouuent ensemble qu'vne fois en toute cette Periode, & c'est delà que Scaliger a trouué l'inuention de la Periode Iulienne, en y adjoustant encor la multiplication du nombre de 15 des indictions. Periode de Denys.

Pour le regard de la Periode, ou Cycle de la Lune, autrement nommé le nombre d'or, pource[a] qu'on auoit accoustumé de l'écrire aux Festes, ou Calendrier, en lettre d'or, il ne fut pas estably par Iule Cesar, comme quelques vns estiment; mais adjousté bien tost apres sa reformation, à son Calendrier, par des Astrologues entendus, qui sçauoient le profit qu'on pouuoit tirer de ce Cercle, ou Cycle, nommé par les Grecs[b] Enneadecaeteride, ou Temps de 19 ans, inuenté par Meton Athenien, dont i'ay fait mention en la Grece; à raison dequoy Censorin l'a nommé l'An Metonique, le faisant de 6940 iours. L'on a mesme trouué ce nõbre d'Or de Cesar, graué sur vn fort ancien marbre. Pour le trouuer il faut seulement adjouster 1, aux Ans de Grace, puis diuiser tout le nombre par 19, veu qu'on a ce que l'on cherche en ce qui reste apres la diuision faite. S'il ne reste aucune chose, il faut prendre pour nombre d'Or le Cycle entier de 19. Ce nombre sert pour trouuer les Epactes de chaque année, en le multipliant par 11, & diuisant le produit par 30; veu que ce qui reste apres la diuision, est le nombre de l'Epacte, qui sert depuis l'an 1400, iusqu'à la correction Gregorienne de l'an 1582, ou mesme maintenant à ceux qui ne suiuent pas la Reformation, & si le nombre à diuiser est moindre que 30, c'est celuy de l'Epacte que l'on cherche. Que si lon desire auoir l'ancienne Epacte, depuis le premier an de grace, il faut oster 4 du nombre des Ans, iusqu'à 320; 3 depuis l'an 1320 iusqu'à 800 ans, 2 depuis 800 iusqu'à 1100; & 1 depuis 1100 iusqu'à 1400.

Mais pour auoir la nouuelle Epacte du Calendrier Reformé, il faut prendre la premiere, dont i'ay montré la façon, en multipliant le nombre d'or par 11, & diuisant le produit par 30. Ayant donc le nombre de cette Epacte, selon le vieil style, vous aurez l'Epacte du nouueau style, soustrayant de cette derniere 10, iusqu'à l'an 1700; puis 11, iusqu'à l'an 1900; ou si la soustractiõ ne se peut faire, il faut ioindre 30 à cette Epacte; puis oster 11 de ce nõbre, pour auoir en ce qui reste l'Epacte nouuelle. Ainsi si ie veux auoir la nouuelle Epacte de l'an 1634 ie multiplie le nombre d'or 1 par 11, & le produit est 11 qui est l'Epacte du vieil style, si bien qu'ostant 10 d'11, i'ay l'Epacte du nouueau, qui est 1. Et l'an 1617 i'ay 3 pour Epacte vieille, desquels ne pouuant soustraire 10, i'adjouste 30, & i'ay 33, si bien qu'en ayant osté 10, il me reste 23, pour ma nouuelle Epacte.

Ces Epactes sont les excés des Ans Ciuils, au delà de quelques Lunaisons des ans ou Mois Ciuils, & lon entend proprement par ce nom d'Epactes, le temps qu'on conte à rebours depuis le commencement de l'an iusqu'à la nouuelle Lune d'auparauant; & croissent tous les ans du nombre d'11.

Au reste auant la Reformation de l'an 1582 le nombre d'or donnoit continuellement l'Epacte. Mais on a osté ces nombres d'or du nouueau Calendrier, mettant en leur lieu les Epactes; pource que les Epactes, & les Nombres d'Or estant au Calẽdrier les marques des nouuelles Lunes, qui peuuent passer par tous les iours, il estoit besoin d'establir de telle marques des nouuelles Lunes, qu'elles peussent remplir tous les iours du Calendrier, ce que les Epactes peuuent faire, qui sont au nombre de 30, non les Nõbres d'Or, qui ne passent pas 19. De sorte que parlant seulement des communes nouuelles Lunes, non des Astronomiques moyennes, ou vrayes, on les trouuera, remarquant le iour, vis à vis du quel l'Epacte courante se trouue. Et pour sçauoir promptement sans Calendrier les nouuelles Lunes, il faut soustraire en Ianuier l'Epacte courante, de 30, en Feurier, & Mars 1 joint à l'Epacte, & aux autres mois l'Epacte auec le nombre de la distance de chaque mois de celuy de Mars, & le reste marquera le iour de la nouuelle Lune; comme au mois d'Auril de l'an 1634, nous auons vn d'Epacte, i'y adjouste vn pour le mois de Mars, & 1 pour celuy d'Auril, ce sont 3, lesquels ie soustray de 30, si bien qu'il me reste 27, à raison dequoy ie dy, que la nouuelle Lune se rencontre au 27 d'Auril. Mais si le nombre de l'Epacte, ioint aux nombres qu'il faut adjouster, passe 30, il faut rejeter premierement 30, puis soustraire de 30 ce qui reste.

Mais pour reuenir au Cycle Lunaire, ou à la Periode de 19 ans, il vint de[c] l'inuention de Meton l'an de la Periode Iulienne 4282, & ce Cycle n'est autre chose que la Periode, ou le cours de 19 ans de la Lune, selon l'ordinaire Cycle des Bissextes, apres lequel temps, lon croit qu'elle retourne à son premier lieu. Censorin qui l'appelle An de Meton, dit qu'il contient 6940 iours, c'est à dire 19 Ans Iuliens. Mais il faut sçauoir, que 6940 iours entiers n'y sont pas requis; mais seulement 6939 iours 16 heures & 595 minutes, ou Helakim, des 1080, qui sont requis en vne heure, c'est à dire 33' & 3", selon les Hebreux. Tellement qu'au lieu de 18 heures deuës à 19 ans Iuliens, outre

Periode du Cycle de la Lune, ou Nombre d'Or, & Epactes.

a Berosld. Chron. li. 4.

b Diodor Sic. lib 12. Ptol. Almag. lib. 3 c. 2.

c Ptolem. Almag. lib. 3 ca. 1.

6939 iours, la Lune deuance au bout de 19 ans Iuliens, son lieu precedent d'vne heure, & 485 Helakim, ou minutes, c'est à dire 27′ 57″, qui manquent à 19 Ans Iuliens. Mais cette difference n'estant pas considerable, a iustement esté mesprisée.

Quelques vns mettent l'An de Christ 323 pour le premier du Cycle de 19 ans, suiuy de l'Eglise, pource que ce fut lors [a] que les Peres des Eglises d'Orient commencerent à le suiure, dés le iour de la nouuelle Lune plus proche de l'Equinoxe du Printemps, ordonnant que desormais on prit garde à la nouuelle Lune proche de cet Equinoxe, afin de solemniser la feste de Pasques à la pleine Lune; ce qui fut confirmé peu de temps apres au Concile de Nice. De sorte que pour auoir le Nombre d'Or des ans suiuans, il faut, seulement oster 322 ans des ans de grace courans, puis diuiser le reste par 19; pour l'auoir en ce qui reste.

a Epiphan. hæres. 45 lib. 3. to 1. hæres. 70

Mais Anatole [b] sçauant aux Mathematiques, & choses diuines, exposa ce Cycle de 19 ans, long temps auant le Concile de Nice, qui fut apres cause en le receuant, que les Alexandrins, & les autres Chrestiens en firent estat.

b Euseb. Hist. Eccl. li. 7. c. 16.

Quant au Cycle du Soleil 28, inuenté pour cognoistre les lettres Dominicales, il est produit de la multiplication du nombre 7 par celuy de 4, pource qu'y ayāt 7 lettres Dominicales A B C D E F G, à cause des 7 iours de la Semaine, & chaque quatriéme année estant Bissextile, & prenant vn iour de plus, lequel interrompt l'ordre des lettres, il s'ensuit que le Dimanche n'est pas tousious marqué par la prochaine lettre; mais qu'aux ans Bissextils, qui requierent deux lettres, il se fait vn saut d'vne lettre, qui se decouure par le moyen de ce Cycle qui refait & recommence son tour au bout de 28 ans. Pour auoir ce Cycle du Soleil il faut adiouster le nombre de 9 aux Ans de grace, pource que le Cycle du Soleil 9 se rapporte à l'année, sur la fin de laquelle Christ naquit, & qui deuance la premiere de nos Ans de grace, commençans en Ianuier; puis diuiser toute la somme par 28, afin d'auoir ce qu'on cherche, au nombre qui reste apres la diuision. S'il ne reste aucune chose il faut prendre le nombre entier de 28 pour le Cycle du Soleil. Cycle du Soleil.

Mais pour auoir la lettre Dominicale de chaque année par le moyen de ce Cycle, il faut chercher aux vers Latins suiuans pour la lettre du Nouueau style, le mot, ou seul, ou couplé, qui se trouue au rang que le nombre du Cycle du Soleil marque, cōme si le nombre du Cycle est 10, il faut chercher le dixiéme mot, pource que sa premiere lettre est la Dominicale de cette année-là, & si c'est vn An Bissextil, il faut prendre les deux mots reduis comme en vn, & couplez par vne petite ligne, mise entre-deux, pour marquer que c'est pour l'An Bissextil, & se seruir de la premiere lettre durant les mois de Ianuier, & de Feurier, puis de l'autre pour le reste de l'année, comme l'an 1628 qui est Bissextil, on trouue le treiziéme mot couplé *Bona-Agmina*; qui marque qu'il faut se seruir du B durant Ianuier, & Feurier pour lettre Dominicale; puis de l'A, depuis que le Bissexte de Feurier est passé, le 25 de ce mois. Lettre Dominicale.

Carpe Bis, Astra Genu, Fas, Ecce-Deum Cole, Bella,
Ast Graue-Fac, Eua Dic Cuncta Bona-Agmina gestat.
Ferrum etiam Cape-Dum, Boat Arma, Gerens Fera-Erinnis.
Dic cæsos, Breuis A. Geminis, Flos Ecce Decebit.

Pour le regard de la lettre Dominicale du vieil style, lors qu'on a le Cycle du Soleil elle se trouue de mesme que l'autre aux vers suiuans, excepté que les lettres des Ans Bissextils, qui seruent pour Ianuier & Feurier y manquent; mais pour les auoir, il faut prendre la lettre qui suit celle qui vous est marquée par ces vers, pour lettre Dominicale de Ianuier & Feurier, comme l'an 1608, qui est Bissextil, le Cycle du Soleil est 21; le vingt-vniéme mot de ces vers est *Bella*, qui marque, que la lettre Dominicale de la plus grande partie de l'année est B, si bien qu'il faut prendre C pour lettre Dominicale des mois de Ianuier, & Feurier. Les vers sont,

Fallitur Eua dolo, cibus Ade gaudia finit,
Et cum botrus adhuc germinet, Eua dolet,
Christus bella gerit, finitur eo duce bellum,
Ad dominam fit dux, cuncta beauit Aue.

Ayant donc la lettre Dominicale, l'on conoist en quel iour les autres se trouuent, & l'on sçait aussi par le moyen de ces paroles, A Don De Grand, Bon Est Grand Coffre A Deux Fons, les lettres du premier iour de chaque mois, veu que les grandes & capitales lettres les marquent. Ainsi la premiere lettre de Ianuier est tousiours A, celle de Feurier D, de Mars aussi D, d'Auril G, &c.

Mais s'il'on desire auoir la lettre Dominicale, tant du vieil Calendrier que du nouueau, par vne autre voye, il faut pour celle du vieil style adjouster le nombre des ans Bissextils, & 5 aux Ans de grace, & diuiser cette somme entiere par 7, afin d'auoir en ce qui reste apres la diuision, le nombre de la lettre Dominicale du vieil Calendrier, qu'on doit conter à rebours, commençant par G.

Mais pour le nouueau style, il faut retrancher, à cause des dix iours, le nombre de 10, de la somme assemblée & faite des trois nombres; puis partager la somme restante par 7, afin d'auoir en ce qui reste, le nombre de la lettre, pris à rebours, de mesme que l'autre. S'il ne reste rien, le nombre de 7 est là marque de la lettre, & si l'An est Bissextil, il faut prendre la lettre voisine, qui se trouue apres, selon l'ordre des lettres; pour s'en seruir iusqu'au iour de S. Matthias; puis vser de celle que l'on a trouuée tout le reste de l'année.

Voulant donc sçauoir la lettre Dominicale de l'an 1632, qui est Bissextil, ie cherche, en diuisant 1632 par 4, le nõbre des ans Bissextils, qui est 408. Ie ioins donc 408, & 5, a 1632, & ces trois nombres font 2045, que ie diuise par 7, & il reste 1, pour le vieil Calẽdrier, qui me signifie, que G, premiere des 7 lettres, prises à rebours, est la lettre Dominicale de cette année. Mais pource qu'elle est Bissextile, il faut prendre A, qui suit le G, pour lettre Dominicale de Ianuier, & Feurier.

Mais voulant auoir la lettre Dominicale du nouueau style, ie retranche 10 de 2045, reste 2035, que ie diuise par 7, & il me reste 5; de sorte que ie trouue que la lettre Dominicale, contant à rebours du G, est C, pour la plus grande partie de l'année; & celle des mois de Ianuier, & Feurier, D, qui suit C.

Par le moyen de ces lettres, & de celles des premiers iours des Mois, l'on a le iour de Pasques en cette sorte. Il faut premierement voir l'âge de la Lune le 21 de Mars, auquel le plus souuent l'Equinoxe arriue; & si la pleine Lune, ou son 15 iour, arriue apres le 21 de Mars, le Dimanche qui suit l'opposition est le iour de Pasques. Que si la Lune passe 15 iours, le 21 de Mars, l'opposition est arriuée auparauant; si bien qu'il faut attendre l'autre pleine Lune, ou opposition, pour auoir le iour de Pasques, le Dimanche suiuant. Et pour sçauoir ce iour-là, il faut conter depuis le premier de Mars, les lettres Dominicales de suite, commençant par D, qui est la lettre du premier de Mars, comme ie vous ay fait voir, & le iour répondant à la lettre Dominicale de cette année là, & qui suit le iour de l'opposition, est le iour de Pasques. Ainsi, trouuant l'an 1633 la Lune d'onze iours, le 21 de Mars; ie conte les lettres Dominicales de ce Mois-là, commençant par D, qui est celle de son premier iour, & ie trouue celle de C au 21, apres lequel ie conte encor 4 iours, pour venir au 15 iour de l'âge de la Lune, qui se trouue le 25 de Mars, auquel la lettre estant G, ie conte encore deux iours, pour venir à B, lettre Dominicale de cette année, & par ce moyen ie trouue que le iour de Pasques de l'an 1633, est le 27 de Mars.

Mais pour auoir ce iour d'autre sorte, il faut soustraire, tant au vieil Calendrier, qu'au nouueau, l'Epacte de 30, & adjouster, à ce qui reste 17, au vieil Calendrier, mais lors qu'on a pour Epactes 28 & 29, il faut adjouster 47. Quant au nouueau Calendrier, il faut adjouster 14 à ce qui reste, si c'est le nombre de 7, ou quelque autre plus grand, & 44, s'il est moindre; mais lors qu'on aura pour Epactes 24 & 25, il faut adjouster 43. Et lors si vous contez cette somme depuis le premier de Mars, vous paruiendrez au 14 iour, du terme Paschal, duquel si vous descendez iusqu'à la lettre Dominicale, vous rencontrerez le iour de Pasques. Que si le iour du terme Paschal est marqué de la lettre Dominicale de cette année là, il faut encor aller iusqu'au Dimanche suiuant.

L'an 1633, l'Epacte du vieil Calendrier est 29, & du Nouueau 19, & pource qu'on a 29 d'Epacte, i'adjouste 47 à 1, qui me reste, apres auoir soustrait 29 de 30. Ce sont donc 48, que ie conte depuis le premier de Mars, & par ce moyen le terme Paschal se rencontre le 17 d'Auril, dont la lettre est B, tellement que pour venir à F, qui est la lettre Dominicale de cette année-là, il faut encor aller iusqu'au 21 d'Auril, qui est le iour de Pasques du vieil Calendrier.

Pour le nouueau de la mesme année, qui a pour lettre Dominicale B, ayant soustrait 19 d'Epacte de 30, il me reste 11, pour le 14 iour, ou terme Paschal, ausquels i'adjouste 14, pource que le nombre passe 7, ce sont 25, que ie conte du premier de Mars. Mais pource que le 25 de Mars a pour lettre G, & que la lettre Dominicale de cette année-là est B, il faut auancer iusqu'au 27, auquel cette lettre, & le iour de Pasques se rencontrent.

Festes Mobiles.

Ayant donc le iour de Pasques, lon a facilemēt toutes les Festes Mobiles, & le iour des Cendres. Car la Feste de l'Ascension est 40 iours apres Pasques, la Pentecoste 50, la Feste Dieu 11 iours apres la Pentecoste. Quant au iour des Cendres, il est 46 iours auant celuy de Pasques, de sorte qu'il faut conter autant de iours en auant, ou en arriere.

Cycles des Indictions.

a Iustin Cod. li. 7 tit. de Indiction.
b Cedren. Annal.

Pour le regard du Cycle des Indictions, qui furent[a] communement prises pour des impositions mises sur les fonds, non sur les personnes, elles eurent des Grecs[b] le nom d'Epinemeses, de l'euenement, pource qu'au temps ancien le tribut n'estoit pas imposé de telle sorte sur les sujets qu'il demeurast ferme, & immuable; mais on l'imposoit doucement, selon la recolte des fruits. Les Computistes, ou Dresseurs du conte Ecclesiastique, disent qu'elles furent establies par Auguste, pour l'exaction de certains tributs, trois ans auant la Natiuité de Christ, à cause dequoy l'on adioute 3 aux Ans courans de Grace, puis on diuise le tout par 15, pour auoir le nombre de l'Indiction en ce qui reste. En quoy veritablement ils sont appuyez de l'autorité de Cedrene, qui dit, que Theodose ayant fait cesser les jeux Olympiques, & par mesme moyen le conte des Olympiades, commanda qu'on suiuit celuy des Indictions, dōt toutefois il rapporte le commencement au temps d'Auguste. Et de fait il y en a qui[c] le mettent en la deuxiéme année d'Auguste. Mais d'autres[d] asseurent, que les Indictions commencerent l'an du second Cōsulat de Constantin, & Licinius, & que l'on lit en la Chronique Alexandrine, appellée autrement Fastes Siciliens. Icy commencent les Indictions de Constantin. Il est vray que les mesmes Fastes mettent le commencement des Indictions en la premiere année de Iule Cesar, & d'ailleurs aussi le commencement de celle de Constantin, en l'An de Grace 312, au deuxiéme Consulat de Constantin, & Licinius, dont le[e] premier donna le plaisir des jeux Vicenaux, ou de 20 ans, la 20 année de son Empire, l'An de Grace 328, auquel le Concile de Nice prit fin, 15 ans apres auoir donné le plaisir des jeux Quinquennaux, ou de cinq ans, la cinquiéme année de son Empire, l'An de Grace 312. Tellement qu'il choisit le nombre de 15, pour les Indictions, à cause de 15 ans, qui s'ecoulerent entre les jeux de 5, & de 20 ans, au temps desquels le Concile de Nice fut congedié, afin qu'on fut du tout asseuré du temps de ce renommé Concile. De sorte que les ans de chaque Indiction ont esté depuis fidelement continuez iusqu'à nous, depuis le 24 de Septembre, de l'An de Grace 312.

c Maxim. Monach. Cōput.
d Chronic. Alex. Onuph. Panu. Fastor. lib. 2.
e Eusceb. Chron.

L'Empereur Iustinian considerant le profit de ces Indictions, pour l'asseurance du conte des années, ordōna qu'on les mist aux Actes publics, si biē que depuis, les Notaires publics Imperiaux vsent de ce cōté, de mesme que les Notaires Papaux: mais auec cette difference, que les Imperiaux chāgent d'Indiction le 24 de Septēbre, auquel tēps, à cause de la recolte des fruits, les contributions pouuoient aisement estre payées, en suite des ordōnances des Empereurs: au lieu que les Notaires Papaux, & Dresseurs du Calendrier, & Comput, ou Conte Ecclesiastique, changent seulement le 25 de Decembre comme on voit aux Actes du Concile de Constance; mais communement, & pour plus de commodité, lon change de iour mettant le premier de Ianuier.

Que si l'on desire auoir le nōbre de l'Indictiō d'autre sorte que celle que i'ay dite, à sçauoir en adioustant 3 aux Ans de Grace, & diuisant tout le nombre par celuy de 15, pour auoir au quotient les Indictions passées, & en ce qui reste l'Indiction courante il faut retrācher du nombre des Ans de Christ les 312 ans ecoulez iusqu'à cette derniere institution, puis diuiser le nombre restant par 15. afin d'auoir le nombre de l'Indiction, en ce qui reste apres la partition.

Ainsi l'an 1633, ostant 312 de ce nombre, il reste 1321, & diuisant ce nombre par 15, le quotient donne 88 Indictions, & le reste est 1, qui marque l'Indiction de cette année. D'autre part aussi adioustant 3 a 1633, vous auez 1636, lesquels diuisez par 15 donnent au quotient 109 Indictions, & 1 de reste pour Indiction.

DIXIESME CIEL, OV CIEL CRYSTALLIN.

PRES le long, mais important & necessaire discours du premier Mobile, & des Cercles, où i'ay consideré par occasiō plusieurs choses qu'on recherche, qui se peuuent rapporter aux sujets dont ie traite, il faut descendre aux autres Cieux appellez seconds Mobiles, dont le premier est celuy que lon nōme le le dixiéme, & qui peut estre dit tel pour nostre regard. On luy donne aussi le nom de Cristallin, ou Ciel d'Eau, de mesme qu'au neufiéme Ciel, & plusieurs tiennent, que ce sont les eaux que l'Ecriture [a] loge au dessus des Cieux. Mais ces passages ne font pas pour eux, ains au contraire combatent tout à fait leur opinion. Car si ce qui est au dessus de quelque chose ne peut estre pris pour la mesme chose sur laquelle il est, ces eaux qui sont au dessus des Cieux ne doiuent pas estre mises au nombre des Cieux : mais on pourroit dire plustost, que le Ciel est reuetu [b] par dehors, & tout entouré de ces eaux, afin de temperer la chaleur de cette grande multitude d'Astres; ou l'on a baillé ces noms à ces Cieux, à cause de leur couleur, & pureté semblable à celle du cristal, ou de l'eau.

a Psal. 148. Psal. 103. Daniel. 3.

b Iustin. Martyr. ad quæst. 93. Otthod.

Ce qui marque aussi qu'on ne doit pas confondre ces eaux auecque les Cieux, c'est que S. Iean [c] dit, qu'il y auoit au deuant du throne de Dieu, comme vne Mer de verre, semblable au Cristal, & qu'il n'y a nulle apparence de dire, que ce siege de Dieu se rauale au dessous du premier Mobile; puis qu'on luy doit assigner son lieu dans l'Empyrée.

c Apocal. c. 4.

Aussi l'Arabe, ou le liure d'Azar [d], qui deduit le transport grotesque de Mahomet, ou le voyage qu'il fit au Ciel sur son Alborah, conuié comme ie croy par ces passages, & paroissant iudicieux, parmy sa malice, ne donne pas à ces eaux le nom de Cieux, mais fait premierement passer tous les Cieux à son faux prophete; puis luy fait rencontrer ces eaux aux grands espaces qu'il se figure, par lesquels on s'auoisine du throne de Dieu.

d Azar sur l'Azoer. 27. & 65.

Ceux qui mettent en auant la pluralité des Cieux, & leur mouuement, disent que cette Sphere, outre le iournalier & commun aux autres, a le sien particulier du Balancement du Septentrion au Midy, & au contraire, sous le Colure des Solstices du premier Mobile; tellement que les Poles du Zodiaque de cette Sphere, s'approchent, ou s'esloignent d'vn costé & d'autre, des Poles du Zodiaque du premier Mobile sous ce Colure des Solstices, de quelques minutes, & ne parfont pas le tour entier.

Changement de l'obliquité de l'ecliptique, ou de la plus grande declinaison du Soleil.

Copernic qui creut la moindre declinaison du Soleil, ou la moindre obliquité de l'Ecliptique, estre de 23° 28' fit ce Balancement de 24 minutes, 12 d'vne part, & 12 de l'autre comme tenant le plus grand biaisement de l'Ecliptique de 23° 52', & le moyen de 23° 40', comme s'estant abusé par le moyen du mespris des Parallaxes & refractions, & de sa hauteur de Pole mal considerée. Mais d'autres corrigeans ces manquemẽs ont trouué que les Poles du Zodiaque, ou de l'Ecliptique de cette 10 Sphere s'esloignent ou s'approchent du Sud au Nort. d'11 minutes, ou du moins de 10' 53'', en changeant de temps en temps, & que tout le cours du Balancemẽt est de 22', ou de 21' 46''; qui est tout le changement du biaisement de l'Ecliptique, ou de la plus grãde declinaison du Soleil, qui vint à son plus grand esloignement de 23° 53' vn peu auant le commẽcement de la Monarchie des Grecs, au lieu que la moindre fut enuiron l'An de Grace 1434, qui se trouua de 23° 31', si bien que la difference consiste en 22 minutes, ou quelque peu moins, pource que ceux qui recherchent plus delicatement la moindre obliquité de l'Ecliptique, la font de 23 degrés, 31', 7''.

Ses changemens paroissent en ce que Ptolemée qui viuoit 140 ans apres la Natiuité de nostre Seigneur, trouua ce biaisement de l'Ecliptique, ou cette declinaison du Soleil, de 23° 51' 20'', ou peut estre prit la mesme qu'Aristarque Samien, & Timochares auoient trouuée 400 ans auant luy, comme l'estimant immuable, puis Albategni, ou Muhamed d'Aracte, 740 ans apres Ptolemée, la trouua de 23° 35' : & Arzahel qui vint 190 ans apres de 23° 33' 30'' : Prophetie Iuif 160 ans apres de 23° 32' : Purbache & Montroyal de 23° 28' : Copernic & Verner 50 ans apres de 23° 28' 20'', mais corrigée, auec la precedente, à cause de la hauteur du Pole mal prise, & de la refraction & Parallaxe meprisée, & mise à 23° 31', puis trouuée par Tycho Brahé l'an 1588 de 23° 31' 30''; & depuis l'an 1630, par Longmont, de 23° 32.

Au reste ce mouuement commence à l'extremité de la borne du Midy, & s'auance iusqu'à la derniere borne Septentrionale, d'où le mesme retourne à la limite Meridionale, acheuant son tour; & ce Balancement n'est pas regulier; pource qu'il est plus vite au milieu, pres du Pole de l'Ecliptique du premier Mobile, mais tardif pres des deux limites.

Mais afin de regler cette inegalité l'on cherche l'exces du biaisement, ou de l'obliquité de l'Ecliptique, qu'il faut tousiours adjouster à la moindre obliquité ou declinaison, de 13° 31', ou de 23° 31' 7", afin d'auoir la vraye obliquité deuë au tẽps proposé, & par ce moyẽ l'on cognoistra tous ses chãgemens. Cet excez de l'obliquité se trouue en multipliant le sein rebours ou Verse, de l'accõplissement iusqu'au demy cercle, du degré dont vous desirez trouuer l'excez, par 11' ou 10' 53", ou pour abreger par 653", puis diuisant le produit par le sein entier. Ainsi cherchant l'excez, ou l'egalation d'vn degré, ie multiplie 199985, qui est le sein rebours de 179 degrez, par 653, & diuisant le produit par le Sein entier, i'ay pour mon quatriéme nombre 21'. 46", qu'il faut tousiours adjouster à la moindre obliquité de l'Ecliptique, de 23° 31' ou 23° 31' 7", afin d'egaler cette inegalité, ou anomalie & irregularité, & ces degrez doiuent estre pris du mouuement de l'anomalie de l'obliquité de l'Ecliptique.

Ainsi pour 89 degrez, ie pren le sein rebours de 91 degré 101745: & venant à l'autre quart, qui parfait le demy Cercle, ie pren pour 91 degré ou vn degré du second quart, le sein rebours de 89 degrez, qui est 98255; & le multipliãt par 653, puis diuisant le produit par le sein entier, i'ay pour quatriéme nõbre 642", ou 10' 42" qu'il faut tousiours adjouster à la moindre obliquité de l'Ecliptique; & les autres degrez doiuent estre suiuis de mesme sorte: surquoy il faut remarquer que lors qu'on a fait le calcul du demy Cercle, les operations seruent au Cercle entier, pource que l'excez ou l'egalation de cinq signes, & 1 degré d'anomalie sert à six signes 29 degrez, celle de 5 signes trois degrez à 6 signes 27 degrez, celle de 4 signes, 8 degrez, à 7 signes 22 degrez, & le reste en mesme proportion. Ie vous ay donné la Table de ce mouuement auec celle du deuancement des Equinoxes, qui est de mesme, où vous prendrez les signes, degrez & minutes de l'anomalie de l'obliquité de l'Ecliptique, de mesme que i'y monstre qu'il faut prendre ceux de l'anomalie des Equinoxes; puis qu'vne Table sert pour toutes les deux anomalies vous la trouuerez auec celle du Soleil où elle est necessaire.

Ainsi si vous desirez auoir le mouuement de l'an 1602, au mois de Ianuier, adjoustez à l'Epoche ferme de 1500 ans, qui est de 6 signes, 6 degrez, 37' 5", le mouuement de 100 ans, qui est de 10 degrez, & celuy d'vn an, qui est de six minutes, auec celuy d'vn mois, vous aurez six signes, 16 degrez, 43' 35". De sorte qu'il faut alors chercher l'egalation, ou l'excez, hors du demy Cercle, pource que ce moyen mouuement passe six signes. Mais pour faciliter le moyen de le trouuer, il faut prendre celle qui est deuë à 5 signes, 13 degrez, 16', 25": veu que c'est mesme chose, & il faut faire ainsi des autres, comme si l'on auoit 6 signes, 17 degrez, il faudroit prendre de l'egalation de 5 signes, 13 degrez, ou pour abreger, de 16 degrez, qui est 0' 31".

Mais pour reuenir a egaler l'obliquité de l'Ecliptique de l'an 1602, à la fin de Ianuier, le sein rebours de l'accomplissement de 5 signes, 13 degrez, 16' 25", iusqu'au demy Cercle, qui est celuy de 16 degrez, 43', 35", est 4230, pource que l'accomplissement de 16° 43' 35", est 73° 16' 25", dont le sein droit 95770 osté du sein total, laisse de reste 4230, pour le sein Verse, ou tourné de 16° 43' 35". Multipliant donc ce sein rebours par 653, & diuisant le produit par le sein total, il me reste 30", que i'adiouste à la moindre obliquité de l'Ecliptique, qui est 23° 31': & par ce moyen i'en ay 23° 31' 30", pour obliquité de l'Ecliptique de l'an 1602, à la fin du mois de Ianuier, ou 23° 31' 37", en y adjoustant les 7 secondes.

En fin ce Balancement est estably du tout à propos pour sçauoir, selon le cours des années, le changement de la plus grande declinaison du Soleil, & par consequent de celuy de la distance des Poles de l'Ecliptique, de ceux du Monde, dont l'vne & l'autre, est tantost plus grande, & tantost moindre. Car si l'on mettoit aucun mouuement de Balancement, du Nort au Midy, & au contraire, la declinaison seroit tousiours egale, de mesme que la distance des Poles de l'Ecliptique, de ceux du Monde; veu que n'y ayant qu'vn mouuement du couchant au Leuant, & au contraire, la declinaison ne changeroit point; pource qu'il se feroit tousiours sur vne mesme ligne. Au reste ce changement du biaisement de l'Ecliptique cause celuy de la Latitude, ou largeur des estoiles, mais c'est chose peu considerable, & comme insensible, sinon en vn grand nombre d'années.

NEVFIESME CIEL.

LE neufiéme Ciel, nommé Cristalin, de mesme que le dixiéme, ayant mesmes Poles & Cercles, qui sont l'Equateur & le Zodiaque, a selon ceux qui reçoiuent la multitude des Spheres, outre le premier mouuement iournalier, qui luy vient d'ailleurs, à sçauoir du premier Mobile; & celuy de Balancement, sous le Colure des Solstices, du Nort au Midy, & au contraire, qui luy vient de la dixiesme Sphere, le sien particulier de Balancement, sous l'Ecliptique de la dixiéme Sphere, & sur les Poles de la mesme du Leuant au Couchant, & au contraire, d'enuiron 140 minutes, selon Copernic; tellement que les premiers points du Belier & de la Balance du neufiéme Ciel, s'esloignent tant deça que delà, des premiers poincts du Belier & de la Balance du dixiéme, c'est à dire des entrecoupemens de l'Equateur & de l'Ecliptique de 70 minutes.

Ce Ciel est estably pour y loger le mouuement de l'anomalie, ou irregularité du deuancement des Equinoxes, ou du mouuement de la huictiéme Sphere; qui ne doit pas differer de celuy de l'anomalie du biaisement de l'Ecliptique; bien que lon face communement celuy de l'Ecliptique, double de celuy-cy. Ayant donc le mouuement de l'anomalie de l'obliquité de l'Ecliptique, vous auez celuy de l'anomalie du deuancement des Equinoxes, par le moyen de laquelle vous cherchez son egalation, en multipliant 70 minutes par le sein droit de ce moyen mouuement de l'anomalie, & diuisant le produit par le sein entier.

Mais laissant les 70 minutes de difference, ou d'egalation de Corpernic, qui rend l'anomalie de l'obliquité double de celle du deuancement des Equinoxes, & prenant cette anomalie de mesme que celle du biaisement de l'Ecliptique, & ne mettant aussi que 27 minutes 5" d'egalation de chaque costé, il faut pour auoir l'egalation de cette inegalité, multiplier 27' 5", ou pour abreger 1625", par le sein de chaque degré de l'anomalie, & diuiser le produit par le sein entier, pour auoir au quatriéme nombre, l'egalation de cette anomalie, & par mesme moyen celle du deuancement des Equinoxes. Mais ie vous ay donné la Table de ce mouuement auec celles du Soleil, pource qu'elle y est necessaire.

C'est en cette neufiéme Sphere que les Alfonsins ont mis le mouuement de Trepidation, ou Chancellement, nommé d'autre sorte de mouuement d'approche, & d'esloignement, dont Thebit donna premier quelque cognoissance, mise apres en sa perfection par les Alfonsins, ou suiuans d'Alfonse, qui sauue bien plusieurs apparences celestes, d'autant que par son moyen nous apperceuons l'accroissement, & la diminution des années, le changement des declinaisons, & l'inegalité du mouuement des estoiles, mais est rejetté, pource qu'il meine à sa suite plusieurs impertinences & absurditez; tellement qu'on met en son lieu les deux mouuements de Balancement.

Au reste il a esté necessaire d'introduire ce Balancement de la neufiéme Sphere, tant pource que l'année est tantost plus longue, & tantost plus courte, estant prise en sa iustesse; qu'à cause du changement des poincts Equinoctiaux, qui arriuent maintenant plustost, maintenant plus tard; & d'ailleurs aussi, pource qu'on a remarqué quelque irregularité au mouuement des estoiles d'Occident en Orient, & qu'il estoit par fois plus viste, par fois plus tardif; ce qui a causé la diuersité des opinions touchant la durée du mouuement de la huictiéme Sphere, & son tour parfait. Les Astronomes appellent ce mouuement de la 9 Sphere, le Balancement de la Precession, ou du deuancement des Equinoxes, aussi bien qu'anomalie du mesme deuancement.

HVITIESME CIEL, OV FIRMAMENT.

LE huitiéme Ciel est nommé d'autre sorte Firmament, ou Ciel des estoiles Fixes, ou Ciel estoilé, par excellence, & encore à la Grecque Aplanes, c'est à dire non errant, à cause de ses estoiles non errantes, comme les Planetes, & qui gardent tousiours presque mesme esloignement de l'Ecliptique, ce que les Planetes ne font pas. Noms.

Le Ciel, outre le mouuement iournalier, & les deux de Balancement, qui luy sont communiquez par les Cieux plus hauts, selon la commune opinion, a le sien particulier, du Couchant au Leuant, appellé par Copernic Mouuement de la Precession, ou du deuancement des Equinoxes, dont l'establissement est procedé de ce que ceux qui se sont meslez de considerer les Astres, ont en diuers temps remarqué diuerses distances des estoiles du premier poinct du Belier du neufiesme Ciel; & que cette diuersité ne peut subsister auec le seul mouuement iournalier, qui se fait d'vn mesme poinct au mesme, & se parfait en 24 heures, & ne peut non plus subsister auec les deux mouuemens de Balancement, pource qu'ils ne peuuent causer vne si grande distance, que celle que les Astrologues ont trouuée, depuis le temps de Timochares iusqu'au nostre; si bien que pour ce sujet ils ont donné ce particulier mouuement à la 8 Sphere. Car Timochares remarqua 293 ans auant la Natiuité de Iesus-Christ, l'Estoile appellée l'Espy de la Vierge aux 22 degrez 30 minutes de la Vierge: & Hipparque trouua 127 ans auant Iesus-Christ le Cœur du Lyon aux 29 degrez 30 minutes de l'Ecreuisse; puis Menelas recognut l'An de Grace 99, le mesme Epy de la Vierge aux 26 degrez 15 de la Vierge, Ptolemée remarqua depuis l'An de Grace 139 l'Epy de la Vierge aux 26° 40' ♍, & le Cœur du Lyon aux 2 degrez 30' du Lyon; puis Albategni l'An de Grace 880 mit aux 14° 5' du Lyon le Cœur du Lyon; Apres cela Bernard Walter l'an de grace 1504, trouua l'Epy de la Vierge aux 16° 40' de la Balance, & Iean Werner l'an 1514 aux 16° 53' ♎, & le Cœur du Lyon aux 22° 43'; puis Copernic l'an 1525 remarqua le mesme Epy à 17 degrez 21' de la Balance; & Tycho Brahé l'an 1585, aux 18° 3' ♎ l'Epy; & aux 24° 5' du ♌ le Cœur du Lyon. Mouuement du deuancement des Equinoxes.

Toutes ces obseruations nous font recognoistre l'irregularité du mouuement des estoiles fixes, pource que depuis Timochares iusqu'à Ptolemée par l'espace de plus de 400 ans, les estoiles ont changé de lieu, & se sont auancées de 4 degrez, 20 minutes, de sorte qu'elles ont fait en cent ans enuiron vn degré; & depuis Menelas iusqu'à Albategni, en 781 ans, les estoiles se sont auancées d'11 degrez 55'; & par consequent d'vn degré en 69 ans: & de Ptolemée à Albategni, en 741 ans l'on peut donner vn degré à 65 ans, puis d'Albategni à Copernic, en 645 ans, l'on trouue les estoiles auancées de 6° 11; tellement que ce seroit leur donner 61 ans pour vn degré. Et par tout ce que dessus l'on pourroit iuger, que le mouuement des estoiles a esté plus tardif auant Ptolemée, que depuis luy iusqu'à Albategni, depuis lequel il est deuenu encor plus tardif.

Mais Tycho Brahé, meu de plusieurs iustes raisons, a constamment asseuré, que le mouuement des estoiles ne peut estre si fort inegal & irregulier, qu'elles fassent vn degré, tantost en cent ans, tantost en 66: & qu'il y a de l'erreur aux obseruations de ceux qui ont remarqué leurs lieux. Tellement qu'il declare, apres vne curieuse recherche de la verité, tant pour le temps present & passé, que pour l'aduenir, que les estoiles s'auancent d'vn degré en 70 ans & 7 mois, selõ l'ordre des signes, d'vn degré 25' en 100 ans, & de 51 sec. en vn an, & de 8 tierces 23 quatriémes en vn iour, au lieu que Copernic n'a mis que 8 tierces, 15''''. De sorte qu'il reprend iustement Copernic & les anciens, de ce qu'en leurs obseruations, dont il marque les fautes, ils n'ont pas consideré tout ce qu'il a trouué necessaire.

En fin lon a reconu que les Equinoxes, que les anciens ont tenus pour arrestez & fermes à la premiere estoile du Belier, s'en esloignent, & la deuancent tous les ans de quelque chose, si bien qu'il est vray semblable, que les estoiles fixes sont meuës, selon l'ordre des signes du Couchant au Leuant, autour de l'Aissieu du Zodiaque, & que le poinct du vray Equinoxe du Printemps se meut depuis la premiere estoile du Belier, du Leuant au Couchant, contre l'ordre des signes, ou du Couchant au

Leuant selon l'ordre des signes. Au reste ce mouuement se fait du Couchant au Leuant, sous l'Ecliptique du 9 & 10 Ciel, & sur les mesmes Poles de l'Ecliptique du 9 & 10, & plusieurs estoiles qui se trouuoient autresfois auant les poincts des Solstices & des Equinoxes, sont maintenant apres eux; & d'autres estoiles auparauant esloignées de ces poincts, s'en sont approchées.

Pour égaler ce mouuement moyen, ou trouuer la difference entre le moyen & le vray mouuement, il faut chercher les degrez de l'anomalie, ou de l'irregularité du deuancement des Equinoxes, qui n'est pas differente de celle du biaisement de l'Ecliptique, dont vous trouuerez la table auec celles du Soleil; puis auec ces degrez l'egalation en la Table d'egalation de ce mouuement, que i'ay mise là mesme, ou par le moyen que i'ay donné au 9 Ciel, & ayant cette egalation, il la faut soustraire du simple, ou moyen mouuement de la Precession des Equinoxes au premier demy Cercle, & l'adjouster en l'autre, afin d'auoir ce mouuement egalé, & vray; & l'ayant de cette sorte au temps proposé, si lon l'oste du vray deuancement des Equinoxes de l'an de grace; 1600 qui est de 2 signes, 17 degrez, 6', 10'' si le temps n'est si auant, il reste vne difference, qui doit estre ostée de la longueur de chaque estoile assignée à cette année là. Mais si le temps est apres l'an 1600, il faut adjouster ce nombre, pour auoir sa vraye longueur.

Mais afin d'abreger chemin, il n'est rien de plus aisé, que de suiure l'enseignement de Tycho Brahé, qui est d'adjouster à la longueur des estoiles, 51'', autant de fois qu'il y a d'années depuis l'an 1600, & soustraire de la mesme longueur le mesme nombre de secondes, autant de fois qu'il y a d'années auant l'an 1600, & par ce moyen l'on aura la iuste longueur des estoiles, sans se trauailler au delà de ce qui suffit pour se contenter.

Ainsi l'œil Meridional du Taureau, nommé Aldebaran, mis par Tycho Brahé l'an 1600 aux 4 degrez, 12 minutes des Gemeaux, se trouuera l'an 1633 dans les 4 degrez, 40 minutes, 3'' des mesmes Gemeaux; & au commencement de l'an 1567 dand les 3 degrez 43', 57'' des mesmes Gemeaux.

Mais si vous cherchez vne plus grande iustesse par l'autre voye, ayant pris l'Epoche du deuancement des Equinoxes de l'an 1500, qui est de 2 signes, 15 degrez, 35' 29''; puis le mouuement de 100 ans est d'vn degré, 22', 58'', puis celuy de 20 ans de 16' 36'', & celuy de 10 de 8' 18'', puis mettant trois fois le mouuement d'vn an, vous aurez pour moyen mouuement des Equinoxes de l'an 1633 accomply 2 signes, 17 degrez 25' 50''.

Puis prenant de mesme le mouuement moyen de l'anomalie du deuancement des Equinoxes, vous trouuez pour l'an 1633 6 signes, 19 degres 55' 5'': par le moyen desquels signes, degrez & minutes faisant l'operation, ainsi que ie vous ay dit, vous trouuez 9 minutes 19'' d'egalation, que vous adjoustez au moyen mouuement du deuancement des Equinoxes, si bien que vous auez pour vostre vray mouuement 2 signes, 17 degrez, 35' 9''. Et pour ce que vostre temps est plus auancé que l'an 1600, vous ostez le vray mouuement de la Precession des Equinoxes de l'an 1600, à sçauoir 2 signes, 17 degrez 6' 10'' de ce vray mouuement de l'an 1633, & vous auez de reste la difference de 28 minutes 59', laquelle il faut adjouster à la longueur de l'œil du Taureau de l'an 1600, qui est 4 degrez 12' des Gemeaux, & vous aurez pour sa longueur de l'an 1633 accomply 4 degrez 40 59'' des mesmes Gemeaux, & retranchant ces 28' 59'' de la longueur de l'an 1600. vous aurez pour la longueur de cette estoile au commencement de l'an 1567 3 degrez, 43 minutes 1'' des mesmes Gemeaux. En quoy vous voyez que ces deux operations different fort peu; si bien qu'il est à propos de choisir la plus courte & plus aisée, principalement pource qu'elle est approuuée par vn excellent maistre.

Vous vous seruez aussi si vous voulez de cette egalation du deuancement des Equinoxes aux mouuemens des Planetes, la soustrayant au premier demy Cercle, & l'adjoustant en l'autre.

Estoiles fixes. Les estoiles de ce Ciel sont nommées Fixes, non pour estre immobiles & arrestées, d'autant que l'experience monstre le contraire, soit qu'elles se meuuent auecque leur Ciel, augmentant tousiours en longueur, soit que le mouuement soit en elles mesmes. Elles ne sont pas aussi dites, Fixes, pource qu'elles ne se meuuent que par le moyen du mouuement de leur Ciel, veu que suiuant cette raison les Planetes pourroient receuoir mesme nom de ceux qui n'approuuent que le mouuement des Cieux, non celuy des Astres : mais elles sont proprement ainsi nommées, pource qu'elles gardent tousiours entre elles mesme ordre & mesmes distances.

Quant à leur figure, il semble à les voir, qu'elles sont plaines, à cause de leur trop grand esloignement de la terre, ainsi que l'Optique fait cognoistre, pource que, toutes les lignes tirées de l'œil à la surface d'vn corps Spherique, ou rond, fort esloigné, paroissent egales à vne ligne perpendiculaire, tirée du centre de la veuë au centre d'vn corps rond; si bien que ce n'est pas merueille si la surface des estoiles semble plaine. Figure.

Mais elle est veritablement ronde, de mesme que celle de la Lune & du Soleil, qui n'est pas differente de celles des autres Planetes, & ne le doit estre nõ plus de celle des estoiles fixes. Leur rondeur se preuue assez par les Eclipses, ausquelles la partie couuerte est separée de la claire par vn arc rond; & l'obscurcissement ne se fait que par des portions Spheriques & rondes. D'ailleurs la Lune ne pourroit paroistre tantost plaine, tantost à demy, tãtost en croissant, puis s'obscurcir tout à coup, si elle n'estoit ronde, & ne monstroit, ou cachoit, petit à petit sa face illuminée à la terre & de plus on void, outre son croissant, certaine clarté obscure, esparse par tout son corps, terminée en rond.

Plusieurs ont tenu que les estoiles fixes, de mesme que les errantes, receuoient leur lumiere du Soleil, & beaucoup de gens sont encore de ce sentiment. Mais les plus habiles de ce temps desapreuuent cette opinion, pour le regard des fixes, ne pouuans se figurer de quelle sorte elles peuuent receuoir leur lumiere du Soleil, estant si hautes, & le Soleil si bas au regard d'elles. Tellement que les mieux entendus leur donnent vne lumiere particuliere née auec elles, tant pour les raisons susalleguees, qu'à cause que si leur clarté venoit du Soleil, elles seroient toutes également claires, & ne seroient point distinguées par leur lumiere & leur couleur, au lieu que les vnes sont rouges, les autres plombées, ou pallissantes, ou fort claires, & les vnes estincellent, & les autres non: outre qu'on remarqueroit en elles diuerses faces, ainsi qu'en la Lune, & lon les verroit encor eclipser. Lumiere.

Quelques vns voulans accorder ces opinions disent que les estoiles fixes ont double lumiere, l'vne propre & naturelle; l'autre qui leur vient du soleil, ainsi qu'à la Lune. Mais l'opinion de ceux qui les font luire d'elles mesmes est auiourd'huy plus receuë, comme mieux fondée.

Quant à la distance des estoiles fixes de la terre, elle est selon Alfragan de 20110 demis diametres de la terre, & selon Albategni de 19000. Mais Tycho Brahe les esloigne seulement de la mesme de 14000 demis diametres de la terre. Or est il que du consentement des mieux entendus chaque diametre de la Terre est egal à pres de 1720 lieuës d'Alemagne, & le demi diametre a pres de 860, de sorte que prenant au lieu de 15 lieuës d'Alemagne, répondantes à vn degré, 20 lieuës de Daufiné, qui répondent pareillement à vn degré, & qui peuuent estre faits en 20 heures par vn homme de pied bien dispost (que est la plus certaine mesure qu'on puisse choisir) nous trouuerons que le diametre de la terre sera de deux mille deux cens nonante trois lieuës & vn tiers, & le demy diametre d'vn peu plus de 1146 lieuës. Distance de la terre.

De sorte qu'eloignant les estoiles fixes de quatorze mille demis diametres de la Terre, leur distance de la mesme sera de 12040000 lieuës d'Alemagne, ou de 1605333 lieues de Daufiné.

Pour le regard de la grandeur des estoiles fixes, elle est de 6 sortes. Tellement qu'il y en a de la premiere, 2, 3, 4, 5, & sixiéme grandeur. Albategni veut que les estoiles de la premiere grandeur soient plus grãdes 102 fois que la Terre, & celles de la sixiéme 18 fois. Alfragan les fait 107 fois plus grandes que la Terre, & celles de la deuxiéme grandeur 90 fois, celles de la troisiéme 72 fois; celles de la quatriéme 54 fois, celles de la cinquiéme 36 fois, & de la sixiéme 18 fois. Mais Tycho Brahé ayant bien consideré leurs diametres, & toutes les circonstances qu'il faut remarquer en ce fait, tient que les estoiles de la premiere grandeur, mais du moyen rang, sont 68 fois plus grandes que la Terre, excepté quelques vnes plus remarquables, comme le grand Chien, & la Lyre, qui peuuent estre plus grandes que la Terre pres de cent fois, au lieu que les moindres de ce mesme rang ne surpassent pas en grandeur, la Terre guiere plus de 45 fois. Il faut apres celles du second rang Grandeur.

plus grande 28 fois, & demie que la Terre; celles du 3 surpassent selon le mesme, le Globe de la terre prés d'vnze fois; celles du 4 rang, quatre fois & demie: celles du 5 rang, 1 fois & $\frac{1}{18}$; & celles du 6, sont telles, que le Globe de la Terre est plus grand qu'elles prés de trois fois.

Au reste, Heraclide[a] & les Pythagoriciens ont tenu, que chaque estoile estoit vn Monde qui comprenoit la Terre, l'Eau, l'Air & le Ciel. & que ce Monde estoit porté par vn Air infiny.

Il semble à voir le discours de l'Ecriture, qu'il est impossible de compter les estoiles fixes, & qu'elles sont en nombre comme infiny: pource que Dieu[b] dit à Abraham (Grand Astrologue, nourry parmy les Chaldéens, renommez pour cette science, que ce Patriarche[c] enseigna aux Egyptiens) qu'il comptast les estoiles du Ciel, & que sa semence seroit en grand nombre comme elles: puis encor Moyse[d] dit au peuple, que Dieu l'auoit multiplié comme les estoiles du Ciel, & nous apprenons du Liure des Nombres, qu'il y auoit entre les Hebreux, au sortir d'Egypte, plus de six cens mil hommes capables de porter les armes. Nous voyons encor, que Dieu[e] marque, qu'il multipliera comme les estoiles du Ciel, qui ne se peuuent compter, & comme l'arene de la mer, la semence de Dauid son seruiteur; & l'Ecriture mesme[f] propose comme chose singuliere, & merueilleuse, que Dieu sçait le nombre des estoiles, & donne à chacune son nom: outre, que plusieurs de ceux que l'Eglise appreuue[g], tiennent pour impertinents les Astrologues, qui pensent en trouuer le nombre: & d'ailleurs, il y a de bons Autheurs prophanes[h] qui soustiennent qu'on ne les sçauroit compter.

Aussi veritablement il semble que celles que nous ne pouuons apperceuoir, cóme ayans la veuë trop peu penetrante, principalement à cause de la grande distance, ou de leur petitesse, ou peu de clarté, ou celles que nous ne pouuons pas distinguer, à cause de leur multitude confuse, sont en nombre comme infiny.

Les Iuifs[i] rejettent aussi ceux qui presument de trouuer ce nombre, & leurs Cabalistes mettent communément au Ciel 10 fois 29 mille, & 140 estoiles, c'est à dire, 290 millions, & 140 estoiles.

Quelques-vns[k] ont asseuré que les Anciens en ont reconu 1600, remarquables en leurs effects, & distinguées par la veuë en 72 Signes, ou Constellations. Mais Ptolemée n'en a remarqué que 1022, y comprant mesmes les Sporades, ou vagabondes, appellées Informes, qui sont hors des images & figures du Ciel. Il est vray que Tycho Brahé, & les voyageurs du costé du Pole Antarctique, ont augmenté ce nombre. Au reste, ces 1022 estoiles ont esté diuisées en 6 parties selon leurs six differences de grandeur: dont il y en a 15 du premier rang, telles que sont les deux Chiens, la Lyre, le Cœur du Lyon, & leurs semblables; le 2 en contient 45; qui sont vn peu moindres, telles que sont les deux plus luisantes de la petite Ourse, qu'on appelle Arsarkathan, & les plus claires de la grande Ourse, ou de Beneth As: le 3 en a 208; & l'on en compte 474 de la quatriéme grandeur, de mesme que 217 de la cinquiéme; & 63 de la sixiéme, entre lesquelles il y en a neuf obscures, & cinq qu'ils appellent Nebulenses, ou couuertes d'vn broüillard, comme il en a au dos du Taureau, & aux narines du Lyon. De sorte, que toutes ensemble font la somme de 1022, dont il y en a 390 du costé du Nort, 316 du Midy, & 346 dans le Zodiaque.

Des quinze estoiles de la premiere grandeur, il y en a vne au signe du Belier, prés de l'extremité du fleuue Eridan, & non loin de celle du Sohel (nommée par les Hebreux & Arabes, Achar, Nahar, & communément Acarnar, c'est à dire celle qui suit apres le Fleuue.) La 2, est l'œil du Taureau, nommée autrement Aldebaran, qui est aux Gemeaux. La 3, qui est aux Gemeaux, nommée Hajok, ou Alhajok, par les Arabes, c'est à dire Chevre. La 4, celle qui est au pied gauche des Gemeaux, & s'appelle Syrius, ou Chien droit, selon Alfragan; & en Arabe, Aschre, Aliemanija. La 5, qui se void en l'épaule droite du Chartier, nommée en Arabe, Ied algeuse, c'est à dire Main d'Orion. La 6, appellée Richelalgeuse, c'est à dire Pied d'Orion, qui est en l'épaule gauche du Chartier. La 7, Sohel, ou Canobe, qui est au timon du nauire Argon, nommée l'Estoile de saincte Catherine par les voyageurs qui vont de Gaze au Mont Synaï, de nuict, & la regardent comme leur guide; & c'est celle que R. Iona[l] dit estre nommée en l'Escriture Chesil, prise par plusieurs mal à propos, pour Orion. La 8, Aschehre, Assemalija, c'est à dire Chien gauche, qui est en l'Ecreuisse, & paruient au milieu du Ciel à mesme heure que Sohel. La 9, appellée Cœur de Lyon, proche de l'Ecliptique. La dixiéme, la queuë du Lyon, qui est en la Vierge.

a Gale. de hist. Physica.

b Genes. c. 15

c Ioseph Antiq. lib. 1.

d Deut. c. 10.

e Ierem. c. 33.

f Psal. 146.

g Basil. Homil. 6. Sup. Genes. Augustin. de Ciu. Dei, lib. 16. c. 23. Eus. de præp. Euang. l. 9. c. 5.

h Arist. lib. de Mundo, & lib. 2. de Cœl. Plato. Timæ. Senec. Nat. q. li. 6. c. 16.

i R. Abraham Sphera. Munster. in Sphær. R. Abr

k Plin. li. 2. c. 41.

l Dauid Kimchi Radic.

L'vnziéme Arcture, en Arabe, Alramech, qui est en la Balãce. La douziéme, Alazel ou Asimech, c'est à dire l'Epi de la Vierge, qui est en la main gauche de la Vierge. La treziéme, celle qui est au haut du pied droit du Centaure, non guiere eloignée de Sohel; la quatorziéme, la Lyre. La quinziéme, celle qui est en la bouche du Poisson Meridional, nommée par les Arabes, Phom ahaura, c'est à dire Bouche du Poisson, au lieu dequoy plusieurs lisent mal à propos, Fomahant, qui est maintenant dans les Poissons.

Les Astrologues ont aussi partagé les estoiles en 48 Images, ou Figures, appellées par les Grecs Asterismes, & communément Signes, ou Constellations, dont Hygin en a mis seulement 46, Manile 46, & Procle 52, en adjoustant 4 à celles de Ptolemée, & Pline 72. Mais quelques Iuifs anciens n'ont pas representé ces parties par figures d'animaux, ou d'hommes, ains par les caracteres de leur Alphabet; & mesme ils appelloient la Ceinture d'Orion, Tau: les Pleiades Zain; & les autres de mesme, & assembloient deux, ou trois lettres, pour exprimer ces figures, quand celles de leur simple Alphabet estoient finies. Constellations.

Mais nous auons retenu les 48 Images, & Constellations de Ptolemée, nommées & mises en l'ordre qui suit dans l'Abregé Arabique de l'Almageste, & dans Alfragan. A quoy i'ay ioint quelques noms Chaldeens, & autres, tirez des Tables d'Alphonse, & d'ailleurs; & les histoires, ou fables, d'où viennent les noms de ces figures, dont nous deuons le rapport à Hygin, Arat, & Manile.

Les Signes Septentrionaux sont en cette suite.

1. La petite Ourse, qui [a] guidoit iadis les vaisseaux des Pheniciens, de mesme que la grande, ceux des Grecs, est appellée par les Grecs, Arctos micra, & autrefois simplement, Arctos, c'est à dire Ourse, ayant à l'extremité de sa queuë l'Estoile Polaire. Les Latins l'appellent aussi Cynosure à la Grecque; & les Arabes, Dub Alasgar, c'est à dire Petite Ourse; & Alrucaba, c'est à dire Chariot. C'est cette Cynosure, qu'on met pour vne des nourrices de Iupiter, du nombre des Nymphes du Mont Ide en Crete. Quelques-vns veulent, selon Hygin, que Cynosure, & Hélice, ayent esté toutes deux Nymphes, nourices de Iupiter, & pour cette cause logées au Ciel, & nommées toutes deux Ourses. Les deux plus claires estoiles qui sont en la partie de deuant cette Ourse, sont nommées par les Arabes, Alfarkatan. Elle contient sept estoiles, & en a vne proche de sa figure, mise entre les informes.

[a] Ovid. Trist. lib. 4. Eleg. 3. Cic. Acad. q. l. 4.

2. La grande Ourse, nommée par les Grecs, Arctos Megali, & ayant aussi le nom d'Helix, que les Latins ont gardé; mais appellée par les Arabes, Dub Alecher, est prise pour Calyston, fille de Lycaon, qui regna en Arcadie, & qui fut aimée de Diane, pour l'affection qu'elle auoit à la Chasse; mais qui se laissant apres abuser à Iupiter, fut changée par Diane en Ourse; puis en cette forme fit le petit Arcas, & fut transportée au Ciel par Iupiter, qui la mit entre les Astres, & la nomma Arctos, ou Ourse; & son fils, Arctophilax, ou Gardien de l'Ourse. La premiere estoile du dos, & la 16 en nombre, est par excellence appellée Dub, & celle qui est aux flancs, 17 en nombre Miray, ou plustost Mizay, c'est à dire le lieu auquel on se ceint. La premiere de la queuë, 25 en nombre est nommée par les Alphonsins, Aliore; & par Scaliger, Aliath. Cette Constellation a vingt-sept estoiles, ou 29: mais particulierement 7 plus luisantes, que les Arabes nomment Beneth As, qui representent vn chariot auec ses cheuaux, tellement que les 3 premiers sont en la queuë du cheual; & les 4, au corps; & les rouës sont en quarré longuet.

3. Le Dragon nommé par Hygin, Serpent; & par les Arabes, Tanin, ou Altanin: mais plus communément Aben, est pris pour ce Dragon, qui gardoit les pommes d'or des Hesperides, & le jardin de Iunon, qui le logea dans le Ciel entre les deux Ourses, apres qu'il eut esté tué par Hercule. La 5 estoile de sa teste est nommée en Arabe Ras aben; & cette Constellation a 31 estoiles.

4. Cheich, ou Cephée, nommé l'Enflammé, le Porteflamme, & le Crieur, en Arabe Alredaf, outre deux estoiles informes, ou qui sont hors de la figure, en a vnze, dont la quatriéme qui touche l'épaule droite est appellée Alderaimin; & les plus luisantes sont nommées par les Arabes Phicaros, c'est à dire Porteflamme: & par les Babyloniens, Ficares. Ce fut vn Roy d'Ethiopie, selon Hygin, qui fut fils de Phenix,

& pere d'Andromede eleué au Ciel par Iupiter, en faueur de Persée qui espousa sa fille.

5. Boote, ou le Bouuier, est nommé par les Arabes, Alhaua, c'est à dire le Crieur, & Alsamech ou alramech, c'est à dire Porteur de lance; & par Hygin, Arctophilax, ou Gardien de l'Ourse, qui n'est autre qu'Arcas, fils de Caliston, qui poursuiuant sa mere en forme d'Ourse, comme chasseur, & estant entré dans le Temple de Iupiter Lyceen, pour n'estre tué par le peuple d'Arcadie, fut eleué au Ciel auec l'Ourse, & pour ce sujet nommé Gardien de l'Ourse. Entre ses jambes on void luire l'estoile informe d'Arcture de la premiere grandeur, appellée par les Arabes Alrameeh, ou Homech haromach, c'est à dire estoile tres claire. Cette Constellation contient 22. estoiles.

6. La Couronne Septentrionale, appellée par Manile & Feste Auiene, Couronne Gnosienne, est prise pour celle que Bacchus donna à Ariadne, lors qu'il en voulut iouyr; & qui fut transportée au Ciel par le mesme, apres la mort d'Ariadne, & logée entre les Astres. Les Arabes l'appelent Ælilaschemali; & la luisante qui se trouue 11 en nombre est nommée Alphecca, & Munir, qui est vn nom commun à toutes les estoiles Les Chaldeens appellent Malfelcare cette Constellation qui a 8 estoiles.

7. Hercule, ou Engonasis, c'est à dire Agenoüille; en Arabe, Alchety hale rechabateh, & simplement Alchety, est pris pour Hercule, mis au dessus du Dragon veillãt, ou pour le mesme combatant contre les Liguriens, & tellement accablé par la multitude, que les fleches luy ayans manqué, il se mit à genoux pour se defendre, par le moyen des pierres mises prés de luy par Iupiter, qui le plaça dans le Ciel, entre les Astres, en forme de combattant. Cette Image a 8 estoiles, dont la 12 en nombre, qui est en la teste, s'appelle Ras Alcheti, la 4 Marsic, ou plustost Marsic, & la 8 Mazim, ou Maasim. Elle en a encor vne à l'extremité du pied droit, qui est commune au Bouuier, & vne informe, prés du bras droit.

8. La Lyre est nommée ordinairement Vautour Tombant; & par les Arabes, Schaief, & Alvakah, c'est à dire Tõbant, en sousentendãt Vautour, qui a 10 estoiles, selon Ptolemée: mais 11, selon Alfragan, dont la premiere en nombre. & la plus luisante, est appellée Vega par Alphonse. Les vns prennent cette Constellation, pour la Lyre d'Arion, transportée au Ciel; les autres, comme Hygin, pour la Lyre faite de coquille de Tortüe par Mercure, & donnée à Orphée fils de Calliope & d'Oeagrus, qui chantant les loüanges des Dieux, & ayant oublié Bacchus, fut mis en pieces par les Bacchides, puis enleuely par les Muses, qui transporterent sa Lyre, ou sa Harpe au Ciel.

9. Le Cygne ou la Poule, nommée Aldigaga par les Arabes, & Altayr, c'est à dire, Volant en sousentendant Vautour, outre deux estoiles informes, prés de l'aisle gauche, en a 27, dont la 5 est nommée Deneb Adigege, c'est à dire, Queuë de la Poule, & d'vn nom particulier Arided, que l'on interprete, comme sentant le lys. L'on a mis ce Cygne au Ciel, selon les conteurs de fables, pource que Iupiter prit cette forme, afin de iouyr de la belle Lede.

10. Cassiopeie, en Arabe, Dhath alchursi, c'est à dire Maistresse du Siege, pource qu'elle est figurée auec sa chaire, a 13 estoiles, dont celle qui est en la poitrine, est appellée Scheder ou Seder, qui signifie poitrine. C'est Cassiopée, femme de Cephée, logée au Ciel, en telle sorte qu'il semble qu'elle doit tomber à toute heure, pource qu'elle fut si vaine que de se vanter d'estre la plus belle de toutes les Nymphes.

11. Persée, en Arabe Chamil ras Algol, c'est à dire portant la teste d'Algol, ou de Meduse, a 26 estoiles, dont celle qu'on void en sa main gauche est appellée par les Arabes, Ras Algol; & par les Hebreux, Rosch hassatan, c'est à dire Teste du Diable, & la 7 en nombre est nommée Alchenib, ou Algenib, qui signifie costé. Outre 26 estoiles, ceste Constellation en a 3 informes, & hors de la figure. L'on a mis icy Persée fils de Iupiter, vainqueur des Gorgones, qui n'auoiẽt qu'vn œil, qui en les allant combatre receut de Mercure sa chaussure auec aisles, & sa capeline, le cabasset de Pluton, qui l'empeschoit d'estre veu, & la faux de Vulcan d'vn fin diamant, ou le coutelas courbé de Mercure, fait de mesme estoffe, auec lequel il tua Meduse.

12. Le Chartier, ou Henioche, à la Grecque, en Arabe, Roha, & pareillement Memassich Alhanam, c'est à dire tenant les rênes de la bride, a 14 estoiles, dont la 3 qui luit grandement en l'épaule gauche, est nommée Cheure, & par les Arabes, Alhajoc, ou Alatod, qui signifie Bouc; & la 8 & 9, qui sont en sa main gauche, sont appellées Cheureaux, en Arabe, Suclareni, ou plustost Sadateni, c'est à dire suiuant le bras.

L'on tient que c'est Erichthonius fils de Vulcain, qui eut le haut du corps de forme humaine, & le bas de celle de serpent; Si bien que pour la cacher il se fit vn chariot, dont Iupiter trouua l'inuention si agreable, qu'il se transporta au Ciel. L'on prend aussi la Cheure, pour la Cheure Amalthée, nourrice de Iupiter, estoile heureuse. Tychon donna à cette figure 23 estoiles, entre lesquelles on en compte 14, des cheueux de Berenice.

L'Aigle en Arabe, Alhhakkab, que plusieurs appellent mal à propos Vautour volant, ou Altayr, combien qu'Alfragan donne proprement ce nom au Cygne, a neuf estoiles, outre 6 informes, ausquelles l'Empereur Adrian voulut qu'on donnast le nom d'Antinoüs, pour memoire de son sale amy. L'on prend cette Constellation pour l'Aigle qui rauit Ganymede, & l'alla liurer au Ciel à Iupiter. 13.

Le Dauphin nommé par les Arabes Aldelphin, a 10 estoiles. C'est selon les Anciens, le Dauphin qui receut Arion, excellent ioüeur de Harpe, sur son dos, & le porta de la Mer de Sicile au riuage de Tenare en Laconie; ou bien le Dauphin, qui persuada à Amphitrite d'épouser Neptune qu'elle fuyoit, & fut pour cette cause transporté au Ciel. 14.

Le Trait, ou la Fleche, en Arabe, Alsoham, & Istusc, a 5 estoiles. L'on prend cette Fleche pour vne de celles, dont Hercule se seruit pour tuer l'Aigle, qui déchiroit Promethée, par commandement de Iupiter, pource qu'il auoit enleué le feu du Ciel, à raison dequoy Iupiter l'auoit attaché au Mont Caucase, auec vne chaisne de fer. 15.

Le Serpentier ou tenant le serpent; en Grec, Ophiucos; en Arabe, Alhava, & Hasalanque, a 24 estoiles, & 5 informes. La premiere est nommée Rasalanque. C'est Esculape fils d'Apollon, adoré en forme de serpent, & logé dans le Ciel par Iupiter, à cause de la parfaite conoissance de l'art de Medecine. 16.

Le serpent, en la main d'Esculape, nommé par les Arabes Alhapha, a 8 estoiles. L'on a logé ce serpent au Ciel, pource que l'on dit qu'il porta en sa bouche certaine herbe singuliere à Esculape, qui s'en seruit pour remettre en vie son fils Hippolyte, demembré par les cheuaux; à raison dequoy ce serpent fut mis au Ciel. 17.

Le petit cheual, ou la partie de deuant du cheual, en Arabe, Kataat Alfaras, c'est à dire portion de cheual, a 4 estoiles obscures. 18.

Pegase, ou le cheual aislé; en Arabe, Alfaras Alhatem, c'est à dire le grand Cheual a 20 estoiles. Son épaule droite s'appelle Almenkeb, & la mesme, 3 en nombre est dite Seat Alfaras, c'est à dire bras du cheual; & la 17, qui est en l'ouuerture de sa bouche, Enif Alfaras, c'est à dire nez de cheual. C'est le renommé cheual Pegase, fils de Neptune & de Meduse, que Bellerophon montoit lors qu'il combatit la Chimere, dont il fut victorieux; puis il tomba, & mourut en voulant monter au Ciel, où Pegase se rendit, & fut mis par Iupiter entre les Astres. 19.

Andromede, en Arabe, Almara Almalulsela, c'est à dire Femme enchainée, qu'Alfragan appelle Femme qui n'a pas eu conoissance d'homme, a 23 estoiles, dont la 12 est nommée Mirach, ou Mizar; & la 15 Alamach, c'est à dire Brodequin. Cette Andromede fut logée par Minerue entre les Astres, à cause de la vertu de Persée, & de l'amour qu'elle luy témoigna, lors qu'elle le suiuit, quittant son pere Cephée & sa mere Cassiopée. 20.

Le Triangle, appellé par Arate & Hygin, Deltoton; & par les Arabes Almutaleth, & Mutlethun qui signifie Triplicité, n'a que 4 estoiles. L'on dit que cette Constellation receut ce nom comme lettre Grecque, mise en vn Triangle, que Mercure posa sur la teste du Belier; ou que c'est la figure du Delta d'Egypte, ou de la Sicile. 21.

Les Signes ou Constellations du Midy, hors du Zodiaque.

La Baleine, en Arabe, Elkaitos, a 22 estoiles, dont la 2 est nommée communément Menkar, mais proprement Monkar Elkaitos, c'est à dire Bouche de la Baleine; la 14, Baten Elkaitos, Vêtre de la Baleine; & la 21, Deneb Elkaitos, c'est à dire Queuë de la Baleine. L'on dit que c'est ce Monstre marin, ou cette Baleine, que Neptune enuoya pour mettre à mort Andromede; & qui fut tuée par Persée; puis logée au Ciel en memoire de la grandeur de son corps, & de la valeur de Persée. 1.

Orion, en Arabe, Asugia, c'est à dire, hardy, ou furieux (nom que l'on applique aussi à l'Hydre) ou Elgeuze, dont le nom est aussi donné aux Gemeaux; ou Algibbar 2.

c'est à dire, fort, ou Geant, a 38 estoiles, dont la 2 qui est en l'épaule droite, est appellée en Arabe, Ied Elgeuze, c'est à dire Main d'Orion; & communément Bet Elgeuze, c'est à dire Luisante estoile d'Orion; la 3 en nombre, est nommée Guerriere par les Alphonsins; & la 35, du pied gauche, Richel Algeuse, ou Algibbar, c'est à dire Pied d'Orion. C'est cet Orion fils de Neptune, & d'Euriale fille de Minos, grand Chasseur, qui eut des Dieux le don de courir sur les eaux, sans enfoncer; & sur les épys, sans les briser. Mais voulant ioüyr par force de Diane, auec laquelle il chassoit, il fut tué par elle à coups de fleches: ou bien par vn Scorpion, puis transporté au Ciel, à cause de pareille affection à la Chasse.

3. L'Eridan, ou le Nil, en Arabe, Alnahar, c'est à dire Fleuue, a 34 estoiles, dont la 19 est nommée Angetenar, ou plustost Anchenetenar, c'est à dire le recourbement du Fleuue; & la 29, Beemim, ou Theremim, qui signifie deux estoiles iointes, & la derniere & luisante à l'extremité du Fleuue, est dite Acharnahar, c'est à dire apres, ou à la fin du Fleuue, & communément Acarnar. L'on tient que l'Eridan est figuré par cette Constellation, ou l'Ocean, ou le Nil.

4. Le Liéure, en Arabe, Alarnebet, a 12 estoiles, & l'on le prend pour le Liéure, qui fuyoit deuant le Chien d'Orion.

5. Le grand Chien, en Arabe, Alcheleb Alachber, & Alsahare aliemalija, c'est à dire Chien droit ou Meridional, a 18 estoiles, dont la plus claire, qui est en sa bouche, est appellée Syrius par les Latins, & par les Arabes Cabbir, ou Ecber, & par corruption Tabor. L'on dit que c'est le Chien qui vint entre les mains de Cephale, apres le decés des Procris: & que ce Chien auoit eu ce don des Dieux, qu'aucune beste ne le pouuoit deuancer. Cephale le menant donc auec luy, vint à Thebes, où l'on trouuoit vn renard qui auoit ce don, qu'il pouuoit échapper à tous les chiens: tellement que ces deux animaux s'estans rencontrez, Iupiter les changea tous deux en pierre, afin que ce qu'il auoit fait ne parust vain: puis ce chien fut eleué au Ciel.

6. Procyon, ou l'Auant-Chien, pource qu'il se leue auant le Grand, est nommé par les Arabes Alcheleb Alasgar, c'est à dire Petit Chien & Alsahar alsemalija, c'est à dire Chien gauche, ou Septentrional, & vulgairement par corruption Algomeiza. Cette Constellation a 2 estoiles. Hygin dit que quelques-vns estiment que c'est le Chien d'Orion: & Pline doute si l'estoile dite Procyon, est la Canicule, ou le Petit Chien, suiuant son nom, pource qu'il sçauoit que l'estoile du Grand Chien, appellée Syrius, estoit proprement ainsi nommée.

7. Le Nauire Argon, est nommée Alsephina par les Arabes, qui appellent vn nauire Sephina. Il a aussi le nom de Merkeb, c'est à dire Chariot, en sousentendant de la Mer: & ce dernier nom est donné par les suiuans d'Alphonse, à la sixiéme estoile de cette Constellation qui est en l'Escu du nauire Argon, qui en a 43, dont la quarante deuxiéme est nommée Sohel, ou Sihel; par les Grecs, Canobos; & par Latins, Canopus. C'est le Nauire des Argonautes, auquel Minerue auoit mis vne matiere parlante.

8. L'Hydre, ou le serpent effroyable, en Arabe, Alsugahh, ou Asuia, c'est à dire Fort, ou Furieux, a deux estoiles informes, ou hors de la figure, outre 25, dont la douziéme est appellée Alphart par les Alphonsins. Cette Hydre fut mise au Ciel, selon Hygin, pour garder la Coupe ou le vase, afin que le Corbeau alteré n'osast boire, pource qu'ayant esté enuoyé par Apollon, pour aller querir de l'eau, il demeura longuement, attendant que certaines figues, qu'il desiroit manger, vinssent à meurir.

9. La Tasse, ou le Vase, qu'Apollon donna au Corbeau pour le remplir d'eau, nommé par les Arabes, Albatina, & Elkis c'est à dire Coupe, a 7 estoiles.

10. Le Corbeau mesme enuoyé par Apollon, & nommé par les Arabes Algorab, a 7 estoiles.

11. Le Centaure, nommé par les Arabes, Kentaurus, a trente-sept estoiles, dont celles qui sont en ses pieds de derriere, forment cette Croix si renommée dans les nauigations des Espagnols, qui l'appellent Cruzero. Hygin nomme ce Centaure Chiron, fils de Saturne, & de Phylire, qui surpassoit en iustice, non seulement tous les autres Centaures, mais encore tous les hommes. Il nourrit, & instruisit Esculape, & Achille, & fut eleué au Ciel pour ses vertus, lors qu'il mourut de la blessure d'vne des fleches d'Hercule, qui luy tomba sur le pied, ainsi qu'il les regardoit.

12. La beste sauuage, nommée en Arabe Asida, c'est à dire Lyonne, & Alsubahh, c'est à dire, Beste Sauuage, ou Loup, a 19 estoiles. C'est ce qu'Hygin nomme Hostie, que

le Centaure Phonon, sçauant aux auspices, porta à l'autel; ou le Lycaon d'Ouide changé pour sa cruauté en Loup.

L'Autel ou l'Encensoir en Arabe Almugamra, a 7 estoiles. Les anciens ont dit que c'estoit l'autel fait par les Cyclopes, auquel tous les Dieux s'allierent ensemble contre les Titans. 13.

La Couronne Meridionale, en Arabe Alaclil algenubi, contient 13 estoiles. C'est la Couronne portée par Bacchus aux Enfers, lors qu'il s'en alla retirer sa mere; puis logée au Ciel auec elle. 14.

Le Poisson Austral, ou Meridional, en Arabe, Ahaut algenubi, a 12 estoiles, selon Ptolemée, & selon Alfragan, 11; dont celle qui est fort claire en la bouche du Poisson, & qui promet, selon quelques-vns, vne renommée immortelle, est nommée Eomahaut, Bouche du Poisson. C'est le Poisson qui garantit Isis de danger, & qui fut pour ceste cause mis entre les Astres: ou bien ceste Constellation fut introduite pour l'amour de ceux de Surie, qui adoroient leur Deesse principale sous la forme d'vn Poisson. 15.

Signes du Zodiaque.

Le Belier, en Arabe Alhamel, a 13 estoiles, selon Ptolemée; & 12 selon Alfragan, outre cinq informes; & qui sont hors de la figure. Il est pris pour le Belier, qui transporta Phryxus & Helle, par le destroit de l'Hellespont en Asie, & qui eut sa toison d'or. Au reste, les anciens ont dit, qu'Helle tomba dans la Mer, mais Phryxe paruint sain & sauf en Colchos, prés du Roy Ære, & sacrifia ce Belier à Iupiter, mettant sa peau dans le Temple: dequoy ce Dieu fut si satisfait, qu'il logea son effigie entre les Astres. 1.

Le Taureau, en Arabe Altor, ou Altaur, a 33 estoiles, outre vnze informes. La plus luisante qui est en son œil, a receu des Romains le nom de Palilicium; & des Arabes celuy d'Aldebaran, c'est à dire Estoile tres-claire, & pareillement de Hain Altor, c'est à dire Oeil du Taureau. Les 5 qu'on void en son front, sont appellées par les Grecs, Hyades & par les Latins, Suculæ, c'est à dire Petites Truyes: & les 7 qui sont sur son dos ont receu des Grecs le nom de Pleiades; des Latins, celuy de Vergiliæ; & des Arabes, celuy d'Atauria, comme qui diroit Estoiles du Taureau. Ce Taureau fut mis entre les Astres, pource que Iupiter déguisé sous sa forme, auoit emporté en Crete la belle Europe fille d'Agenor Roy des Pheniciens. Quant aux Hyades, ce furent les nourrices de Bacchus, qu'Hygin met au nombre de 7, les nommant Ambrosie, Eudore, Padile, Coronis, Polisso, Phyleto & Thyene, qui furent logées au Ciel par Iupiter, pource qu'elles auoient nourry Bacchus. Les Pleiades filles d'Atlas, & de Pleione fille de l'Ocean, dites aussi Atlantides, furent Electre, Maje, Taigete, Alcione, Celeno, Sterope & Merope. Mais l'on n'en peut voir que 6 (disent les Conteurs de fables) pource que des 7 il y en eut 6, qui s'accommoderent auecque les Dieux, trois auec Iupiter, deux auec Neptune, & vne auec Mars; & l'autre fut femme de Sysiphe. Dardanus nâquit de Iupiter & d'Electre; & Mercure, de Maie; & Lacedemon, de Taigete. Neptune eut d'Alcione, Ireus, & de Celeno, Lycus & Nicteus. Mars eut de Sterope Oenomaus; & de Sisyphe & Merope, vint Glaucus, tenu par plusieurs pour pere de Bellerophon. 2.

Les Gemeaux, en Arabe Algeuze, ont 18 estoiles, (outre les 7 informes) dont celle qui est en la teste, est nommée Ras algeuse. Quelques-vns prennent ces Gemeaux pour Castor & Pollux; les autres pour Apollon & Hercule, d'où vient que les Arabes appellent par corruption l'vn Auellar, au lieu d'Aphellan; & l'autre, Ahracaleus, au lieu d'Heracleus. Il y a en cette Constellation deux estoiles opposées aux pieds des Gemeaux, appellées Alhanac, dont celle qui se trouue du costé du Nort est plus luisante; & 2 estoiles opposées, nommées Aldirah par Alfragan, prises pour le Bras des Gemeaux. 3.

Le Cancer, ou l'Ecreuisse, en Arabe, Alsartan, outre 4 estoiles informes, en a 9 en sa figure, dont celle qui est en la poitrine, & premiere en nombre, est nommée Mellef, c'est à dire Epaisseur. L'on a dit que cette Ecreuisse fut mise entre les Astres, pource qu'ayant blessé Hercule au pied, cependant qu'il combatoit contre l'Hydre de Lerne, il la tua. Au reste, elle est iointe auec les estoiles, nommées Asnons, pource que les Silenes & Satyres accourans au combat de Iupiter contre les Geans, les mirent en fuite, auec les cris des asnes, sur lesquels ils estoient montez. 4.

Le Lyon, en Arabe, Alased, outre 8 estoiles informes, en a 27, dont la plus luisante 5.

sante, qui est au Cœur, & huitiéme en nombre, s'appelle en Arabe Keleb Alased, c'est à dire Cœur du Lyon, en Grec Basiliscos, en Latin Regulus, c'est à dire Roytelet, pource que ceux qui naissent sous elle ont quelque chose de Royal; & la derniere, qu'on voit à l'extremité de la queuë, Deneb Alased, c'est à dire Queuë du Lyon, nommée par Alfragan Asumpha. Des estoiles informes qui sont entre l'extremité du Lyon, & la grande Ourse, on forma la Constellation de la Cheuelure, que le Mathematicien Conon appella les Cheueux de Berenice, pour se rendre agreable au Roy Ptolemée, & à Berenice sa femme, par cette marque d'honneur immortel. Au reste ce Lyon fut mis au Ciel par Iupiter, en faueur d'Hercule, pource que ce fut son premier combat, & qu'il le vainquit sans armes.

6. La Vierge, Eladari, & plus communement Sumbalu, outre 6 estoiles sporades, & informes, en a 26, dont celle qui boit sur toutes en la main gauche, qu'on appelle Epy de la Vierge, est nommée en Arabe Hazimeth Alhacel. Cette Vierge est tenuë pour fille de Iupiter & de Themis, ou d'Astreus & de l'Aurore, laquelle ayant vécu durant le siecle d'or, & voyant apres la Iustice moins prisée entre les hommes, quita la Terre & s'en vola au Ciel.

7. La Balance, en Arabe Almizan, en Grec Zygos, c'est à dire joug, a 8 estoiles, outre 9 qui sont hors de la figure, l'vn de ses costez s'appelle Mizan Aliemin, c'est à dire Balance droite, ou Meridionale; & pour le regard de ce signe, les anciens ne le contoiēt pas pour tel, mais apres ils donnerent à la Balance les Bras du Scorpion. D'où vient que les Arabes appellent le bassin Septētrional de la Balance Zubenes chi mali, c'est à dire Bras Septentrional du Scorpion, & celuy qui tend au Midy Zuben algenubi, c'est à dire Bras Meridional du Scorpion. L'on a tenu qu'elle a esté mise au Ciel, ou pource que le Soleil fait l'egalité des iours quand il y paruient, ou pource que ces estoiles raportent cette figure.

8. Le Scorpion, en Arabe Alacrab (& non Alatrab, comme on dit vulgairement par corruption) d'où vient l'Alacran des Espagnols, qui signifie aussi Scorpion, outre 3 estoiles informes en a 21, dont la 8 est nommée Keleb Alacrab; c'est à dire Cœur du Scorpion, la 2 qui est à l'extremité de la queuë Leschat, ou plustot Lesath, c'est à dire Coup des venimeux, qui est ce qu'on nomme l'Aiguillon du Scorpion, qui porte aussi le nom Arabe de Schomlek. Ce Scorpion fut logé au Ciel, pource qu'Orion se ventant deuant Diane & Latone d'estre parfait Chasseur, fut tué par cet animal, qui fut estimé de Iupiter pour son courage, & placé de la sorte : & Diane obtint mesme chose pour Orion, mais en telle sorte, que quand le Scorpion se leue, Orion se couche.

9. Le Sagittaire, ou l'Archer, ou le Centaure, nommé par Lucain Chiron, & par les Arabes Alkus, ou Elcusu, c'est à dire Arc, a 31 estoiles. L'on a dit que c'estoit Crotus, fils d'Euphene, nourrice des Muses, des plus vistes à la chasse, qui se seruist du cheual, & des fleches, & par les prieres des Muses fut placé par Iupiter entre les Astres.

10. Le Bouquetain, ou Capricorne en Arabe Algedi, a 28 estoiles, dont la 23 est nommée Deneb Algedi, c'est à dire Queuë du Capricorne. Higin dit que son effigie est semblable à celle d'Egipan, que Iupiter voulut mettre auec luy, pource qu'ils auoient esté nourris ensemble; ou que plusieurs Dieux s'estans assemblez en Egypte, Typhon leur ennemy suruenant, les épouuenta de telle sorte, que pour échaper à sa fureur, ils se changerent en diuerses formes: tellement que Pan se ietant dans la riuiere deuint moitié bouc, & moytié poisson, & se sauuāt de la sorte se fit tellemēt admirer pour cete pensée à Iupiter, qu'il voulut que l'effigie en parut parmy les Astres.

11. Le Verseau, ou Aquarius, en Arabe Aldalu, ou Eldelu, c'est à dire Seille à porter eau, a 42 estoiles, dont la 10, qu'on voit en l'extremité de la main, est nommée Seat c'est à dire Bras. Les fables disent, que c'est Ganymede rauy par Iupiter, qui verse de l'eau à quelqu'vn; ou Deucalion, durant le regne duquel il pleut en telle abondance, qu'il y eut vn grand Deluge.

12. Les Poissons, nommez Alsemcha, & Alhaut, ou Ahaut, en quitant la lettre de l'article, outre 4 estoiles informes en ont 34. Ils sont ainsi mis, pource que Venus prit cette figure, auec son fils Cupidon, en se iettant dans l'Eufrate, lors qu'elle fut poursuyuie par le Geant Typhon.

Finalement de 360 estoiles qu'il y a du costé du Nort, hors du Zodiaque, il y en a 3 de la premiere grandeur, 18 de la 2, 81 de la 3; 177 de la 4 : 58 de la 5; 13 de la 6; 1 Nuagée, & 9 obscures ou cachées.

Des 316, qui sont du costé du Midy il y en a de la premiere grandeur, 18 de la 2 63 de la 3, 164 de la 4, 54 de la 5, 9 de la 6, & vne Nebuleuse, ou Nuagée.

I

Et de 346 qui sont dans le Zodiaque il y en a 5 de la premiere grandeur, 9 de la 2; 64 de la 3; 133 de la 4: 105 de la 5, 28 de la 6; 3 Nuagées; 2 cachées, & vne Lumineuse, qui font en tout 350, selon Brahé; somme qu'il y en a 15 de la premiere grandeur, 45 de la 2, 208 de la 3; 476 de la 4; 216 de la 5; 50 de la 6, 11 obscures, 5 Nuagées, & vne Lumineuse.

L'on adjouste à ces anciennes Constellations, les Nouuelles du costé du Sud, trouuées par les Hollandois, sous la conduite de Pierre, fils de Theodore natif d'Emden. On les nomme la Colombe de Noé, la Dorade, la Gruë, l'Arondelle de Mer ou le Poisson volant, le Chameleon, la Mouche d'Inde, la Croix, le Triangle Meridional, l'Oyseau de Paradis, l'Hydre Antartic, le Paon, l'Indien, le Toucan, le Phenicoptere, Phenix, & les deux Nuées.

Nouuelles Constellations.

La Colombe de Noé, qui semble voler vers l'Arche, portant en son bec vn rameau d'oliue, est cõposée d'onze estoiles, qui sõt hors de la figure du Grãd Chien, selõ Ptolemée, & pres de ses piez de derriere, & de la nature de Venus, selon Alfonse. De ces estoiles, les deux qui sont au dos de la 2 grandeur, sont surnommées Bons Messagers, ou de bonnes nouuelles; celles de l'aile droite ont le nom de Dieu appaisé, & celles de la gauche celuy de Depart des eaux.

La Dorade, Poisson de Mer, nommé par les Espagnols Dorado, & par les Hollandois Zéebraesem, & Viliegende visch, ayant 6 estoiles, est proche du costé droit du Nauire Argon, au dessus de la plus grande des Nuées, qui non loin de là representent la nature de la voye de Laict, entre ce Poisson & l'Hydre. Les mariniers des Pays-Bas les appellent Nuées Magellaniques.

Il y en a 6 eparses ça & là, qu'on a tenuës pour informes, qui font la Constellation de la Gruë.

L'Arondelle de Mer, ou Poisson volant, que les Hollandois nomment Zeezvvaluvve, & qui est vne sorte de Poisson frequent en la Mer Atlantique, contient 7 estoiles, & est proche du Nauire Argon.

Le Chameleon ayant 10 estoiles, est sous les piez de derriere du Centaure, & touchant de la queuë l'aile de l'Arondelle, s'auance vers la Mouche d'Inde.

La Mouche d'Inde, ayant 4 estoiles de la 5 grandeur, est placée au dessous de la Croix, & pres de la bouche du Cameleon.

La Croix, que les Espagnols appellent Cruzero, & les Anglois Crosiers, est sous le ventre du Centaure, au dessus de la Mouche. Elle a 4 estoiles, dont celle qui est au haut de la † est de la 2 grandeur, & les autres sont de la 3, placées par Ptolemée aux piez de derriere du Centaure, mais s'eloignans de leur longitude & latitude.

Le Triangle Meridional, qui est au deuant des piez de deuant du Centaure, entre l'Autel & l'oyseau de Paradis, a 4 estoiles, dont il y en a vne de la premiere grandeur, & deux de la 3, entre lesquelles est l'autre de la 6 grandeur.

L'Oyseau de Paradis, logé sous le Triangle, a 12 estoiles, entre lesquelles de la 5 & 6 grandeur, il y en a vne obscure au col. Il porte sur le dos le petit Triangle Meridional, composée de 3 estoiles, de la 5 grandeur.

L'Hydre Antarctic ou Polaire, ainsi nommé, pource qu'il contient vne estoile de la 5 grãdeur, qui est la plus proche du vray lieu du Pole Antarctic, de toutes les estoiles Meridionales, contient 15 estoiles, de diuerses grandeurs. Il a sa teste sur la fin du fleuue; puis tourne sa queuë vers le Pole, auec 6 serpentemens, au deuxiéme desquels on voit la moindre des deux Nuées. Celle qui est en la teste de l'Hydre de la 6 grandeur, appellée œil de l'Hydre, n'est guere eloignée de la derniere de l'Eridan, qui s'appelle Acarnar.

Le Paon, placé au dessus du quatriéme serpentement de l'Hydre, a 15 estoiles dont l'vne s'appelle œil du Paon, qui est de la 2 grandeur.

L'Indien porte vne fleche de la main droite, & 3 de la gauche; & a 12 estoiles.

Le Toucan, ou la Pie du Brasil, plus petite que son bec, auoisine le second serpentement de l'Hydre; a 8 estoiles, dont celles qui font son bec, & qui sont eparses sur son dos parmy les autres, sont de la troisiéme grandeur.

Le Phenicoptere, que nous appellons Flambart, & que les Espagnols appellent Flamingo, deployent ses ailes, touche presque auec le bec le Poisson Meridional. Il a 13 estoiles dont celle de la teste, qui est de la 2 grandeur, est nommée œil du Phenicoptere; & l'on en voit deux autres de mesme grandeur, l'vne sur son dos, l'autre en l'aile gauche.

Le Phenix a 14 estoiles, dont quelques vnes qui sont sur son col sont de la 3 grandeur, & 3 de la poitrine, de la quatriéme.

Mais on a reconu que ces estoiles ont esté pour la plus grande partie remarquées par Ptolemée; & quãt aux deux Nuées, dont André Corsali parle en sa lettre de l'an 1515. il dit, qu'estant vers le Cap de Bonne Esperance, il vit vn rang merueilleux d'estoiles, qui sont en la partie opposée au Septentrion, c'est à dire du costé du Sud; & que pour le regard du Pole Antarctique, il y a deux nuées, de raisonnable grandeur, qui le manifestent clairement, en se haussant & baissant autour de ce Pole, auec vn mouuement circulaire, marchant auec vne estoile, qui est tousiours au milieu, & qui tourne auec elle, loin du Pole d'enuiron vnze degrez.

Voye de Laict. La Voye, ou le Cercle de Laict, en Grec Galaxie, que nous appellons le Chemin de S. Iaques, pource qu'elle guide à Compostelle en Galice, est nommée en Arabe[a] Almajarath; & c'est de ce Cercle que les anciens ont dict[b], que Iunon donna la mamelle à Mercure encor enfant, sans sçauoir à qui il appartenoit, puis ayant apris que c'estoit le fils de Maie & de Iupiter, les rejetta; si bien que son laict tomba sur cette partie du Ciel, où l'on apperçoit cette splendeur.

a Geber Astron. li. 6.
b Higin. Poetic. Astro.

Aristote[c] a tenu, que c'estoit vn meteore engendré de fumées, estimant que les Cometes estoient rares, pource que leur matiere se rendoit à ce Cercle de laict. Mais il s'abusa en sa coniecture, pource que la cause de la rareté des Cometes, n'est autre que la matiere, qui se trouue rarement disposée, pour faire vn Comete. Il se fondoit encor sur ce que ce Cercle de Laict est plus clair, ou plus obscur en vn lieu qu'en l'autre; chose qu'il creut proceder de la diuersité de la matiere de l'exhalaison. Mais la cause de la diuersité viẽt de celle de la matiere de cette partie, ainsi qu'en la Lune; & ce qui montre clairement que ce n'est pas vn Meteore, mais vne chose qui est dans le Ciel mesme, c'est premieremẽt que ce Cercle est sans Parallaxe, puis encor que son mouuement est certain, & ne change point; ce qui n'arriue pas aux Meteores; qu'aucune matiere d'exhalaison ne sçauroit estre de si longue durée; & qu'en Esté ce Cercle est tousiours de mesme, au lieu qu'au plus fort de la chaleur & du froid, il n'y a point de matiere d'exhalaisons, à cause du resserrement des pores.

c Meteorol. li. 1. c. 8.

Adioutons à cela, que ce Cercle paroît tousiours de mesme; ce qu'il ne feroit pas si c'estoit vn Meteore; puis encor sa couleur ne marque aucune inflammation, ou matiere d'exhalaison.

Tellement qu'il faut auoüer, que c'est vn amas d'vne grande multitude d'estoiles, que nostre œil ne peut distinguer, à cause de leur petitesse; à raison dequoy elles paroissent confuses; & ce qui persuade plus cette verité, voire mesme conuainc tout à fait, c'est qu'elle a esté fidelement recognuë par le moyen des Lunettes inuẽtées par Galilée, qui font voir que c'est vne lumiere d'vne infinité d'estoiles assemblées. Et non seulement on voit en ce Cercle de Laict, auec ces Lunettes, plusieurs estoiles assez visibles, principalement beaucoup de petites, en nombre comme infiny: mais encor on apperçoit au Ciel d'autres places blanches, & de mesme couleur que cette voye de Laict, auec quantité d'estoiles assemblées.

La partie Orientale de ce Cercle passe par le 10 degré de l'Ecreuisse, & son opposée par le 10 du Capricorne, & tout le Cercle passe par les Constellations de Cassiopée, du Cygne & de l'Aigle; par la fleche du Sagittaire, la Queuë du Scorpion, le Centaure, le Nauire Argon, les pieds des Gemeaux, le Chartier, & Persée.

Au reste Cardan[d] tient que toutes les estoiles, qui sont en la voye de Laict, ou en son voysinage, rendent l'entendement confus & troublé en quelque sorte, & met entre ces estoiles, le Cœur du Scorpion; quoy qu'estoile Royale, la Queuë du Cygne, le coté droit de Persée, l'Alhaioc, le Vautour volant; & quelques autres.

d Cardan sup. pl. Alman. c. 8.

Estoiles Royales. Cardan establit aussi 15 estoiles Royales, ou Bebenies, ainsi dites pour leur grande splendeur; & pour les grandes dignitez qu'elles promettent; & tenuës pour puissantes, pource qu'elles sont dãs le Zodiaque. Il met en ce rang la Luisante des Pleïades, l'vne des Hyades, & Aldebaran; ou l'œil du Taureau, puis Hercule ou Pollux, le Cœur du Lyon, l'Epy de la Vierge la plus luisante du bassin Meridional de la Balãce, la derniere & Meridionale des trois Luisantes au front du Scorpion, le Cœur du Scorpion, la plus Meridionale des deux qui sont en la partie Septentrionale de l'arc, la Meridionale des trois, qui sont en la corne du Capricorne; la suyuante des deux de l'ouuerture de la bouche du Capricorne, la premiere des deux luisantes de la queuë du Capricorne: & la Meridionale de la jambe droite du Verseau, appellée Scheat.

Estoiles principales. Mais afin que vous ayez le contentement de voir les longueurs & largeurs des principales estoiles, ie vous en mets icy vne liste, où vous trouuerez leur longitude, ou longueur, marquée par Lo, leur latitude, ou largeur par La: & vous cognoistrez si leur largeur est Septentrionale, ou Meridionale, par S, & par M: le rang de leur grandeur par Gr. & par le nombre; & leur nature par les caracteres des Planetes. Au reste il faut remarquer que ces longueurs & largeurs sont de l'an 1600, afin que vous adioustiez aux longueurs 51" autant de fois qu'il y aura d'années depuis l'an 1600; & les retranchiez autant de fois qu'il y aura d'années auant 1600, ainsi que ie vous ay dit cy-deuant, ou bien que vous ajustiez vostre compte de l'autre sorte que ie vous ay monstrée, pour auoir les vrays degrez & minutes de l'année qui vous est offerte.

La premiere estoile du Belier, qu'on appelle Australe en la Corne de deuant, & qui a esté mise premiere de toutes par Copernic a sa longueur à 27 degrez, 36' ♈; sa largeur de 7 deg. 8' S. est de la 4 grandeur, & de la Nature de Mars & Saturne, marquez par leurs characteres ♂ ♄.

La luisante & moyenne des Pleiades Lo. 24° 24' ♉ La. 4° 0' S. Gr. 3. ♂.

La premiere des narines des Hyades, Lo. 0° 12' ♊, La. 5° 47' M. Gr. 3. ♂.

L'Aldebaran, ou Palilicium, ou Lampadias, ou Oeil Meridional du Taureau, Lo. 4° 12' ♊, La. 5° 31' M. Gr. 3. ♂.

Hercule, ou Pollux, Lo. 17° 43' ♋, La. 6° 38' S. Gr. 2. ♂.

Le cœur du Lyon, Lo. 24° 17' ♌, La. 0° 26' S. Gr. 1. ♂ & Iupiter ♃.

L'Epy de la Vierge, ou Azimech, Lo. 18° 16' ♎; La. 1° 59' M. Gr. 1. Venus ♀ & ♂.

La plus luisante du Bassin Meridional de la Balance, Lo. 9° 31' ♏. La. 0° 26' S. Gr. 2. Mercure ☿ & ♂.

La Meridionale des trois plus luisantes au front du Scorpion, Lo. 27° 25' ♏, La. 5° 22' M. Gr. 3, ♄ & ♂.

Le Cœur du Scorpion, ou Antares, Lo. 4° 13' ♐, La. 4° 27' M. Gr. 1. ♂ & ♃.

La plus Meridionale des deux de la partie Septentrionale de l'arc du Sagittaire. Lo. 0° 47' ♑, 2° 0' M. Gr. 4. ♃ & ♂.

La Meridionale des trois de la corne du Capricorne, Lo. 28° 31' ♑, La. 4° 41'. S. Gr. 3. ♀ & ♂.

La premiere de deux luisantes de la queuë du Capricorne, Lo. 16° 14' ♒, La. 2° 26' M. Gr. 3. ♄ & ♃.

Scheat, ou la Meridionale de la iambe gauche du Verseau, Lo. 3° 23' ♓, La. 8, 10' M. Gr. 3. ☿ & ♄.

Outre ces Estoiles Royales, l'on estime aussi les suyuantes aux Natiuitez & Directions, comme ayans vne puissante influence.

La Teste de Meduse, ou Ras Algol, Lo. 20° 37' ♉, La. 22° 22' S. Gr 3.

La luisante de la machoire de la Baleine, Lo. 8° 46' ♉. La. 12° 37' M. Gr. 2.

L'Etoile de la Poitrine de Cassiopée, ou Scheder, Lo. 2° 16' ♉. La. 46° 35' S. Gr. 3. ♄ & ♀.

L'œil Septentrional du Taureau, 2° 53' ♊, La. 2° 37' M. Gr. 3. ♂.

Rigel, ou la luisante du Pied gauche d'Orion, 11° 17' ♊, La. 31° 12' M. Gr. 1. ♃ & ♄.

La Guerriere ou l'Espaule gauche d'Orion, 15° 23' ♊, La. 16° 53' M. Gr. 2. ♂ & ☿.

La 1 du Baudrier, ou de la Ceinture d'Orion, 16° 50' ♊, La. 23° 38' M. Gr. 2. ♃ & ♄.

La Moyẽne des 3 luisãtes du Baudrier d'Oriõ, 17° 54' ♊, 24° 34' M. Gr. 2. ♃ & ♄.

La Chevre, ou le Bouc, ou l'Alhajot, 16° 51' ♊, La. 22° 51' S. Gr. 1. ♂ & ☿.

La derniere des trois du Baudrier, 19° 6' ♊, La. 25° 22' M. Gr. 2. ♃ & ♄.

La droicte Espaule d'Orion, 23° 12' ♊, La. 16° 6' M. Gr. 2. ♂ & ☿.

L'Estoile Polaire, en l'extremité de la queuë de la petite Ourse 23° 2' ♊, La 66° 2' S. Gr. 2. ♄ & ♀.

La distance de cette estoile du Pole Arctique estoit l'an 1586. de 2 degr. 55', 50", selon l'obseruation de Tycho Brahé, au lieu que Iunctin l'a mise à 4 degrez du mesme Pole, & qu'on tient qu'elle en estoit esloignée de 12 degrez, au temps d'Hipparque.

Quant à l'estoile plus proche du Sud, ou Pole Antarctique, Pyrard l'en esloigne de 27 deg. la logeãt en Croisade, & dit que c'est la plus proche à laquelle tous les Pilotes se reglent, & prennẽt la hauteur: il dit qu'elle est veuë depuis les 5 deg. de hauteur du Su, doù lõ voit l'estoile du Nort fort basse, & l'on cõmẽce d'apperceuoir cete estoile.

Le Canobe, ou Canope au Nauire Argon, 8° 48' ♋, La. 75° 0' M. ♄ ♃.

Markeb, au milieu de l'Ecu du Nauire Argon, 27° 59' ♋, La. 47° 28' M. Gr. 3. ♄ ♃.

La Poitrine du Cancer, ou de l'Ecreuisse, 1° 46' ♌, La. 1° 14' S. Gr. 2. ♄ ☽.

Le grand Chien nommé Canicule & Syrius, 8° 35' ♋, La. 39° 30' M. Gr. 1. ♃ & ♂.

Le petit Chien, ou Procyon, 20° 18' ♋, La. 15° 57' M. Gr. 2. ☿ & ♂.

La luisante, ou le cœur de l'Hydre, 21° 45' ♌, La. 22° 24' M. Gr. 1. ♄ & ♂.

L'Asnon Septentrional, 1° 56' ♌, La. 3° 8' S. Gr. 4. ♂ & ☉.

L'Asnon Meridional, 3° 8' ♌, La. 0° 4' M. Gr. 4. ♂ ☉.

La Queuë du Lyon, 16° 2′ ♍, la 12° 18′ S. Gr. 1.
Arcture, 18° 39 ♎, la 31° 3′ S. Gr. 1. ♂ & ♃.
La Luisante de la Couronne Gnosienne, ou Boreale, 6° 38′ ♏, La 44° 23′ S. Gr. 2, ♂ & ☿.
La Luisante de la Lyre, ou Fidicule, 9° 43 ♑, La 61° 48. S. Gr. 1, ♀ & ☿.
La Queuë du Cygne, 29° 53′ ♒, La 59° 57′ S. Gr. 2. ♀ & ☿.
La premiere de l'Aile de Pegase, 17° 55′ ♓, La 19° 26′ S. Gr. 2.
La Base de la Tasse, 18° 13′ ♍, La 22° 41′ M. Gr. 4, ♀ & ☿.
L'Aigle, ou le Vautour Volant, 26° 8′ ♑, La 29° 22′ S. Gr. 2.

Pour le regard de l'Estoile, qui guida les Mages, ou trois Rois, l'on cherche curieusement, si elle fut celeste ou Elementaire, produite naturellement, ou miraculeusement. Car de croire que ce fut vn Astre du Ciel, il y a peu d'apparence; pource qu'elle ne se fust pas meuë inegalement, & diuersement; & n'eust pas tantost paru, tantost disparu, comme elle fit lors qu'elle eut conduit les Mages en Ierusalem, veu qu'alors elle demeura quelque temps cachée, puis se laissa reuoir; & pareillement pource que, selon quelques vns; [a] elle surpassoit en splendeur non seulement les autres astres, mais le Soleil mesme.

D'ailleurs elle luisit & parut en l'air sur la maison, au lieu que les autres luisent au Ciel: & les autres luisent seulement la nuit; mais celle-cy faisoit admirer en plein iour sa grande clarté. De plus les autres estoiles sont perpetuelles, & celle-cy ne fut que pour vn temps. Aussi nos Docteurs [b] rejettent l'opinion de ceux qui la tiennent pour estoile du Ciel. De sorte qu'il faut croire que Dieu la produisit miraculeusement en l'air, de la matiere sous-lunaire, & Dieu voulut attirer les Mages à venir recognoistre Iesus-Christ, par cette estoile, comme par vne chose, dont ils auoient cognoissance, pource [c] qu'ils estoient Astrologues.

a Leo Magn. Serm. Niceph. hist. Eccl. li. 1. c. 5. Chrysost. ho. 6 Matth. Ignat. Ep. ad Ephes.
b Basil. Serm. de hum. Christi gen. Orig. l. 1. con. Cels. Damasc. lib. 2. c. 10.
c Tertull. li. de Idololatr.

L'on a veu encor dans le Ciel quelques estoiles nouuelles au dessus de la Lune, de nostre temps, dont la premiere fut d'vne grandeur extraordinaire, & d'vne si grande clarté, qu'elle egaloit celle de la Canicule, ayant paru dans la Constellation de Cassiopée au 7 degré du Capricorne, depuis le mois de Nouembre 1572, iusqu'au commencement du Printemps de l'an 1574; & donné sujet à Ticho Brahé (outre plusieurs autres) d'en faire de grands discours. La 2 tint son cours plus de dix semaines au dessus de la Lune, & causa plusieurs discours & recherches du mesme Brahé. La 3 a paru en la poitrine du Cygne, au 17 degré du Verseau depuis l'an 1600, iusques à ce temps, auquel elle luit encor; & la 4 se fit voir l'an 1604, enuiron le commencement d'Octobre en la Constellation du Serpentier, au 18 degré du Sagittaire. Outre ces nouuelles estoiles, l'on en a veu quelques autres l'an 1576, 1585, 1596, 1602 & 1607.

Pour le regard de la Nature, & des causes de ces corps, Tycho Brahé dit, que c'est vn ouurage de la Nature, & non vn miracle, & que les causes de ces estoiles ne sont pas du tout surnaturelles, mais malaisées à cognoistre. Quant à la matiere de ces corps celestes, il faut qu'elle soit aussi celeste: Car encore que quelques vnes de ces estoiles engendrées de mesme matiere, s'euanoüissent bien tost, mais petit à petit, & les autres durent longuement, l'on peut dire, que la matiere n'est pas cause de cela, mais son placement diuers, sa digestion, & son eleuation. Au reste Tycho Brahé escrit de l'Estoile de l'an 1572, qu'elle estoit 364 fois plus grande que la Terre, & deux fois ⅓ que le Soleil.

Ces nouuelles estoiles estans comme Cometes, me conuient à faire icy le discours des Cometes, que Tycho Brahé tient estre tous engendrez au Ciel, au dessus de la Lune; tellement qu'il n'y en a aucun Elementaire: & c'est chose toute auerée, par les soings du mesme Brahé, que les Cometes passent au dessus de la Lune, voire iusqu'à la huitiéme Sphere; de sorte qu'on voit la vanité de ce que les Anciens ont dit du lieu des Cometes.

Et quant à ce qu'Aristote a dit que la Comete n'estoit qu'vne exhalaison épaisse & allumée en la Sphere du Feu, ou plus haute region de l'air, l'on peut dire, qu'il y a peu d'apparence, que l'exhalaison, qui est chose pure, deliée, chaude, seche & disposée à bruler aussitot, cóme la poudre à canõ, maintint si long tẽps sa flãme; puis qu'on a veu des Cometes qui ont duré des années entieres. Et si l'on dit qu'ils se peuuent maintenir longuement allumez receuant continuellement nouuelle matiere; l'on repart que ceux qu'on voit en la huictiéme regiõ du Ciel, plus grãde qu'aucune estoile, doiuent estre aussi plus grãds que la terre. Mais s'il falloit qu'il suruinst tousiours sur vne si grande quantité d'exhalaison enflammée, qui surpasse tout le tour de la Terre,

& de la Mer, vn si grand amas de nouelle matiere, qu'elle y maintinst continuellement, l'espace de quinze mois, le mesme feu, là mesme lumiere, & la mesme grandeur (comme on vit en celle de Cassiopée l'an 1572) il faudroit sans doute que toute la Terre & la Mer, se conuertissent toutes entieres en exhalaisons. Les Cometes sont donc, selon la nouuelle cognoissance que les curieuses obseruations nous ont acquise, des amas de la matiere du Ciel plus grosse, & comme grasse, luisante, & capable de s'épaissir, & se dissiper; tellement que cette matiere s'estant assemblée en certains endroits, il arriue que la lumiere du Soleil estant par tout, la nature de ce lieu fait que la clarté s'y allume, & que le Comete prend vn mouuement semblable à celuy de quelque estoile.

Au reste Tycho Brahé a suffisamment demonstré par les Parallaxes, que les Cometes estoient le plus souuent au dessus de la Lune au profond du Ciel: & Kepler estime que le Ciel donne odinairement naissance aux Cometes qui vont par le Ciel comme les poissons en l'eau. Mais il auouë que ces Cometes finissent en plusieurs façons, qui nous sont inconuës, & que l'on ne sçait s'ils sont lors éteins ou dissipez, ou s'ils brulent, & viennent à se resoudre en cendre.

Ils presagent, comme on dit, la peste, la guerre, & la mort des Princes, par le moyen de leur chaleur qui infecte l'air, augmente la colere, & reduit aux corps humains les humeurs à vne chaude & seche intemperie, qui pousse les hômes à se quereler & prendre les armes. Mais en fin il faut auoüer que la façon de la naissance & de la fin de ces Cometes est du tout obscure, de mesme que la cause des maux, dont on dit qu'ils menacent.

Mais reuenant aux vrayes estoiles, il nous faut considerer les Verticales, qui sont celles qui passent tous les iours par le sommet d'vn pays, ou qui sont tous les iours perpendiculaires à quelque lieu. L'on les trouue par le moyen de l'eleuation du Pole du lieu, & la declinaison de l'estoile; veu que si ces deux sont egales, & de mesme denomination, c'est à dire si la hauteur & la declinaison sont Septentrionales toutes deux, ou Meridionales, l'estoile est Verticale à ce pays, & passe par son sommet. Estoiles Verticales.

Ainsi ceux qui ont le Pole eleué de 45 degrez, comme ceux de Lyon, Moras & Venise, ont pour estoiles verticales l'épaule gauche du Chartier, & le Bouc, ou Alhajot, pource que ces deux estoiles ont aussi leur declinaison Septentrionale d'enuiron 45 degrez; & Paris a l'estoile du costé droit de Persée pour Verticale, pource que sa declinaison est de 48 degrez, & quelques minutes, & qu'elle est Septentrionale, de mesme que la hauteur du Pole de Paris.

Mais ces declinaisons changent aussi bien que les longueurs; de sorte qu'vne estoile qui sera maintenant Verticale à quelque lieu, cessera de l'estre dans quelques années, & celle qui ne l'est pas à present, le sera vn iour. Surquoy l'on peut remarquer ce que dit Cardan, que l'Albajot estoit de son temps estoile Verticale de Milan, comme ayant 44 degrez, & 56 de declinaison, & Milan 44° 20', de hauteur de Pole; commençoit à s'éloigner; & que la queuë du Cygne, ayant 43° 43' de declinaison, s'approchoit; tellement qu'ils s'éloignoient aussi de la nature de Mars & de Mercure, & s'acheminoient à celle de Venus & de Mercure, pour y pancher delà en auant de plus en plus. Au reste ces estoiles ont vn grand pouuoir, à son dire, sur ces lieux, pource qu'elles sont eleuées perpendiculairement sur iceux tous les iours.

Il remarque aussi que tandis que la teste de Meduse a passé sur l'Asie Mineure & la Grece durant pres de 400 ans, elle a détruit iusques à l'extremité ces Prouinces, par le moyen des Mahometans: & qu'au temps de la fondation de Rome, ses habitans eurent pour estoile Verticale l'extremité de la queuë de la grande Ourse, qui est de la 2 grandeur, & de la nature de Mars, à raison dequoy ils se rendirent puissans par leur valeur. Mais lors qu'elle s'éloigna ils s'affoiblirent. Et lors la queuë de l'Ourse passa sur Constantinople, & y establit l'Empire; puis sur la Gaule, où elle le transporta; puis elle vint sur l'Alemagne, & le luy acquit. Au reste la queuë de l'Ourse signifie vne force, qui n'a pas sa semblable.

L'on donne aussi beaucoup de pouuoir aux signes du Zodiaque, sur les pays & les villes, que les Astrologues leur soumettent. Ptolemée [a] fait dominer le Belier sur la Grande Bretagne, partie de la Gaule au deça des Alpes, les Bastarnes, la Celesyrie, Palestine, Idumée & Iudée: le Taureau sur la Medie, Parthie, Perse, les Isles Cyclades, Cypre, & les lieux maritimes de la petite Asie. Les Gemeaux sur l'Hyrcanie, Armenie, Cyrene, Marmarique, & basse Egypte. L'Ecreuisse sur la Numidie, Car- Signes dominãs & pays soumis.

[a] Quadrip. lib. 2. c. 3.

thage, Afrique, Bithynie, Phrygie & Colchide. Le Lyon sur l'Italie, la Sicile, la Phenice & la Chaldée. La Vierge sur la Mesopotamie, Babylone, Assyrie, Grece, & Crete. La Balance sur la Bactriane, les Seres, la haute Egypte & les Troglodytes. Le Scorpion sur la Metagonitide, les Maures & Getules, la Surie, Comagene & Cappadoce. Le Sagittaire sur les Tyrrheniens, les Celtes, l'Espagne, & l'Arabie heureuse. Le Capricorne sur l'Inde, l'Arriane, Gedrosie, Thrace, Macedoine, & Illyrie. Le Verseau sur les Sauromates, l'Oxiane, Sogdiane, le reste de l'Arabie; & la moyenne Ethiopie. Et les Poissons sur les Nasamons & Garamantes d'Afrique, la Lydie, Cilice & Pamphylie.

A quoy Cardan adjoute que le Belier rend les peuples farouches, obstinez, cruels, audacieux, impies, & pleins d'embusches. Le Taureau les rend adonnez aux voluptez & delices, à viure delicatement, & aux beaux habits. Les Gemeaux les rendent mols, vn peu malicieux, de grande pensée, prudents, entendus en toutes choses, principalement aux sciences plus secrettes, & du tout excellens Mathematiciens. L'Ecreuisse les rend marchans, & de bonne compagnie, abondans en tout, mais legers & sujets aux femmes, qui sont hommasses courageuses & penibles, quād ce signe domine en leurs natiuitez. Le Lyon les rend constans, benins, bons amys, simples, humains, & contemplateurs des Astres. La Vierge bons Mathematiciens, propres à toutes sciēces, ingenieux & sçauans. La Balance affectionnez à la Musique & aux delices, riches, amoureux, & lascifs, & fort inconstans en leurs resolutions. Le Scorpion cruels, guerriers, grands mangeurs de chair, hazardeux, seditieux, méchans, trompeurs & laborieux. Le Sagitaire simples, amys de la liberté & proprete, liberaux, adroits au maniement des affaires. Le Capricorne, laids, vilains, cruels & rudes, mais fort soigneux d'amasser du bien. Le Verseau grands mangeurs de chair & de poisson, pasteurs, & menans vne vie sauuage. Et le Signe des Poissons liberaux, marchans, attentifs à leurs affaires, mais faciles en leurs negotiations, demeurs simples, & nullement mesquins, de bon conseil, fort gentils ouuriers, & qui ayment l'estat populaire.

Mais à prendre les prouinces & les villes, comme elles sont maintenant, le Belier & Mars dominent sur l'Angleterre, France, Alemagne, haute Silesie, petite Pologne, la Bourgogne, Danemarck, Surie & Palestine; & sur les villes de Naples, Capoüe, Ancone, Ferrare, Florence, Bergame, Verone, Padouë, Lindau, Vtrecht, Marseille, Brunsuic, Ragouse & Sarragosse.

Le Taureau appartenant à Venus, a sous luy la Russie blanche, la grande Pologne, la partie Septentrionale de la Suede, l'Irlande, la Lorraine, la Champagne, la Suisse, le pays des Grisons, la Franconie, Parthie & Perse, les Isles Cyclades, qui gisent entre l'Europe & l'Asie, l'Isle de Cypre, & les lieux maritimes de la petite Asie, & pareillement les villes de Bologne, Sienne, Mantouë, Palerme, Peruse, Parme, Cap d'Istrie, Bresse, Zurich, Lucerne, Nancy, Metz, Vvirtzburg, Carlostad, Leipsic, Gnesne & Nouogrod.

Les Gemeaux & Mercure commandent à la Sardaigne, partie de Lombardie, Flandre, Brabant, Duché de Wirtemberg, Hircanie, Armenie, Cyrenaique, Marmarique & basse Egypte, & aux villes de Cordouë, Viterbe, Cesene, Turin, Vercel, Reggio, Louuain, Bruges, Londres, Mayence, Hasford, Bamberg, Villac & Nuremberg.

L'Ecreuisse auec la Lune, a sous elle l'Escosse, le Royaume de Grenade, la Hollande, Zelande & Prusse, le Beledelgerid, ou la Numidie, la petite Afrique, le Royaume de Tunes, la Phrygie & la Colchide; & les villes de Constantinople, Tunes, Venise, Genes, Luques, Pise, Milan, Vicence, Berne, Treues, Yorck, S. André, Lubek, Magdeburg, VVittemberg & Gorlitz.

Le Lyon & le Soleil dominent sur l'Italie, Sicile, Boheme, partie de Turquie, Phenice & Chaldée, & sur les villes de Damas, Saragosse de Sicile, Rome, Rauenne, Cremone, Vlme, Coblentz, Prague, Lintz & Crems.

La Vierge & Mercure dominent sur la Grece, Croace, Carinthie, Candie, Rhodes, partie de la Gaule, partie du Rhin, Silesie basse, Mesopotamie, Babylone & Assyrie; & sur les Villes de Paris, Lyon, Tolouse, Basle, Heidelberg, Erford, Breslau, Brindis, Pauie, Nouare, Arezzo, Corinthe & Ierusalem.

La Balance, auec Venus, a sous elle les pays d'Austriche, Alsace, Luconie, Sauoye, Daufiné, Toscane, Bactriane, Caspie, Cathay, haute Egypte, Troglodytique & Sundgau; & les villes de Lisbone, Arles, Gajete, Lode, Suesse, Plaisance,

Feldkorch, Friburg en Brisgovv, Strasbourg, Spire, Francfort sur le Mayn, Hallen Suaube, Heilbrum, Freisingen, Mospach, Landshut, Vienne en Austriche, & Anuers.

Le Scorpion, auec Mars, a sous luy la Norvvege, Haute Bauiere, Comagene, Cappadoce, Idumée, la Mauritanie, & les Royaumes de Marroc & Fez, la Getulie, & la Catalogne; & les villes d'Alger, Valence en Espagne, Vrbin, Aquileie, Pistoye, Camerin, Treuise, Messine, Aichstad, Munich, Dantzic, & Francfort sur l'Odre.

Le Sagittaire, auec Iupiter, a domination sur la Dalmace, Sclauonie, Hongrie, Morauie, Misne, Espagne, Gaule Celtique, & Arabie heureuse, & sur les villes de Tolede, Volterre, Modene, Narbonne, Auignon, Cologne, Sturd, Rotenbourg, Iudenburg & Bude.

Le Capricorne, qui loge Saturne, a sous luy la Macedoine, Illyrie, Thrace, Bosne, Albanie, Bulgarie, Masouie, Lituanie, Saxe, Turinge, le Hesen, & la Stirie, les Isles Orcades, l'Inde, l'Ariane, & la Gedrosie; les villes de Iuliers, Cleues, Malines, Gand, Oxfort, Vilne, Berlin, Ausbourg, Constance, Tortone, & Fayence.

Le Verseau, pareillement maison de Saturne, a sous luy la Sarmatie, la grande Tartarie, la Valachie, la Moscouie, la partie Meridionale de la Suede, la VVestphalie, les Mosellans, le Piemont & Montferrat, partie de la Bauiere, Ethiopie, Medie, Arabie Deserte & Petreé; & les villes de Hamburg, Breme, Pesaro, Trense, Saltzburg, Ingolstad.

Finalement les Poissons & Iupiter, ont sous eux la Cilice & Calabre, le Portugal, la Galice, Normandie, le Pays voysin des Syrtes d'Afrique, la Lydie, Pamphilie, & haute Egypte; & les villes d'Alexandrie, Seuille, Compostelle, Parenzo Roüen, VVormes & Ratisbone.

Maintenant si lon desire sçauoir quelles estoiles demeurent tousjours au dessus de l'Horizon de quelque pays, ou sont toujours cachées, ou razent seulement tousjours l'Horizon, il faut soustraire la hauteur du Pole du lieu, de 90 degrez, pour auoir son accomplissement; puis auoir le declinaison de l'estoile fixe; & si elle est Septentrionale, & plus grande que la hauteur du Pole, l'estoile est tousjours sur la terre; mais si elle est Meridionale, & aussi plus grande que l'accomplissement, elle est tousjours sous l'Horizon. Mais si l'accomplissement de la hauteur du Pole, & la declinaison de l'estoile sont semblables, l'estoile raze l'Horizon, & va tout autour de ce pays, & est dite Horizontale. *Estoiles toujours veuës, ou cachées.*

Au reste les estoiles de la premiere grandeur sont dites sortir hors des rayons, quand elles se sont eloignées du Soleil de 12 degrez; celles de la 2 de 13; celles de la 3 de 14; celle de la 4 de 15; celles de la 5 de 16; & celles de la 6, de 17. Mais les petites estoiles ne sont pas hors des rayons qu'elles ne soiét eloignées du Soleil de 18 degrez; pource que lors que le Soleil est autant de degrez sous l'Horison, lon peut voir toutes ces estoiles menuës, à cause du crepuscule du soir qui finit, sinon que la Lune soit pleine; veu qu'alors elles ne peuuent pas estre veuës. *Distance du Soleil.*

Il faut aussi sçauoir que celles qui sont fort blanches & claires, sont de la nature de Iupiter. *Difference de couleurs.*

Celles qui sont de couleur de buys, & fort luisantes, sont de la nature de Venus.

Les blanches, pasles, & dont la clarté n'est pas viue, sont de la nature de la Lune.

Les roussastres, soit qu'elles soient plenes de splendeur, ou non, tiennent de Mars.

Celles qui sont moyennement rouges, & fort claires, & luisantes, tiennent du Soleil.

Toutes celles qui sont de couleur de plomb, soit qu'elles ayant de la splendeur, ou non, tiennent de Saturne.

Celles qui sont de couleur de cendre, ou comme mal asseurée, & luisantes, tiennent de Mercure.

Les obscures tiennent de Saturne & de la Lune.

Et toutes celles qui sont nuagées, ou nebuleuses, & qui ont des taches, sont du naturel de la Lune & de Mars.

Celles qui tiennent de Mars, sont ardantes, & desseichent puissamment; celles qui sont du naturel de Saturne refroidissent, & causent la gelée & la gresle: Celles *Effects & proprietez.*

qui tiennent de Iupiter donnent vne chaleur moderée, sont saines, & humectent quelque peu, & causent quelquesfois les tonnerres; celles qui tiennent du Soleil échaufent abondamment, & dessechent quelque peu; & celles de Mercure émeuuent des qualitez inconstantes & douteuses; celles qui tiennent de Saturne & de la Lune, refroidissent, & humectent par fois, & par fois dessechent, & produisent des broüillars, & par fois la gresle. Et celles qui tiennent de la Lune, & de Mars, nous causent les pluyes.

Les plus grandes ont plus grande force, & les moindres sont plus foibles. Les plus claires rendent le bien, ou le mal qu'elles causent, plus cognu. Les obscures causent vne obscurité d'entendement, & des autres effets: & celles qui ont leur lumiere plus épaisse ont de plus puissans effects que les autres. Celles qui estincellent fort, comme la Canicule, causent de grands troubles & debats, agitent la mer, & les esprits des hommes. Mais celles qui sont presque dans l'Ecliptique sont les plus fortes, pource qu'elles se conjoignent auec tous les Planetes, & le Soleil mesme. Celles qui sont dans le troisiesme degré de latitude, ont apres le plus de force, pource qu'elles se peuuent ioindre auec tous les Planetes, sinon auec le Soleil; & les autres vont de mesme par degrez. Finalement celles qui ont leur latitude & declinaison Septentrionale, sont plus puissantes pour le regard de ceux qui habitent du costé du Nort, que les autres, & pour conclusion plusieurs effects des saisons, & d'autres choses, & les diuerses constitutions de la terre & de l'air sous vn mesme Parallele, nous font assez voir que les Astres ont esté faits, non seulement pour nous éclairer, mais aussi pour influer icy bas diuersement, par le moyen de leurs rayons & de leurs diuerses natures.

[...]er & [cou]cher. Il faut encor considerer icy le leuer & coucher des Estoiles fixes, qu'on remarque en cette sorte; Celles dont la declinaison, ou Septentrionale, ou Meridionale, est moindre que l'accomplissement de la hauteur du Pole du lieu, se leuent & couchent toujours à ses habitans.

Mais le leuer & coucher des estoiles fixes est consideré en diuerses façons pour le regard du Soleil; veu qu'il y a vn leuer Cosmique, ou Mondain, qu'on appelle leuer du Matin; & vn autre Acronychte, ou du soir; & chacun de ces deux est vray, ou Heliaque, c'est à dire Solaire, ou apparent.

Le vray leuer du Matin est lors que l'estoile s'eleue sur l'Horizon en mesme temps que le Soleil; mais le leuer du Matin Solaire, ou apparent, se fait, quand l'estoile, que les rayons du Soleil cachoient auparauant, est veuë vn peu auant le leuer du Soleil.

Le coucher du Matin est lors qu'vne estoile opposée au Soleil leuant se cache sous l'Horizon, au mesme temps qu'il se leue. Mais le coucher du Matin Heliaque, ou Solaire, ou Apparent, se fait lors que l'estoile opposée nous disparoist soudain, à cause des rayons du Soleil Leuant.

Le vray coucher du soir est, quand au temps que le Soleil se couche, vne estoile qui se trouue droitement opposée, se leue en l'Horizon d'Orient. Mais le leuer apparent du soir se fait quand l'estoile qui auoit demeuré cachée parmy les rayons du Soleil, se leue lors que le Soleil se couche en la partie opposée, & commence à paroistre.

Finalement le vray coucher du soir est quand l'estoile se plonge sous l'Horizon d'Occident, auec le Soleil couchant; mais le coucher du soir apparent est quand l'estoile, qu'on voyoit vn peu apres le coucher du Soleil, commence à estre cachée sous les rayons du Soleil couchant.

Or afin de sçauoir toutes ces diuersitez, il faut auoir le lieu du Soleil tous les iours de l'année, puis encor le leuer & coucher des estoiles, à l'eleuation du Pole du lieu; c'est à dire, il faut sçauoir auec quel degré de l'Ecliptique elles se leuent & couchent.

Il faut apres conferer le signe, & le degré du leuer & coucher de l'estoile auec le lieu du Soleil, pource que si le signe & le degré du leuer de l'estoile s'accordent auec le signe & le degré du Soleil, l'estoile aura son vray leuer du matin auec le Soleil; & si les degrez du leuer de l'estoile s'accordent auec ceux du Soleil estant au signe opposé, l'estoile aura son vray leuer du soir, ainsi que le Soleil se couchera. Semblablement lors que le signe & le degré du coucher de l'estoile, s'accordent entierement auec ceux du Soleil, elle se plongera sous l'Horizon auec luy; & c'est ce qu'on nomme vray coucher du soir. Mais si les degrez de l'estoile sont seulement egaux à ceux du Soleil, lors qu'il est au signe opposé, elle descendra sous l'Horizon Occidental lors que le Soleil se leuera; & c'est ce qu'on appelle vray coucher du Matin de l'estoile. Au reste il est aysé de sçauoir les degrez du leuer & coucher des estoiles, en ayant leurs Ascensions obliques, suyuant ce que ie vous en ay dit aux Cercles Celestes.

PLANETES.

Nous voicy descendus aux Astres Errans, que les Grecs appellent Planetes, de mesme que le Firmament Aplanes, c'est à dire Non errant. Ce n'est pas que ces estoiles qu'on nomme Planetes, ou Errantes ayent ce nom, pour auoir leur cours incertain & vagabond ou pour auoir quelque vraye irregularité en leurs cours, veu qu'en la disposition des corps celestes il ne se trouue en effect rien d'irregulier & mal asseuré, tellement que les Planetes suyuent fermement les regles & loix de leurs mouuements; mais on les appelle ainsi, au regard des estoiles fixes, qui se meuuent presque insensiblement, & gardent tousiours entre elles mesmes distances; au lieu que les Planetes n'estans pas tousiours egalement eloignez les vns des autres, non plus que des estoiles fixes, ont leur cours diuers, marchans maintenāt selon l'ordre des signes, tantost au contraire; puis encor leur mouuement est tantost viste, & tantost tardif, & maintenant ils semblent estre du tout arrestez, & par fois ils demeurent cachez, puis se laissent reuoir, & sont tantost du costé du Nort, & tantost du Sud; outre qu'ils paroissent quelquefois plus grands, puis plus petits, & auec plus ou moins de lumiere, comme on peut apperceuoir en la Lune & au Soleil, & de mesme aux autres Planetes. A raison dequoy l'on leur a donné le nom d'estoiles Errantes, bien que leur mouuement soit regulier, comme se parfaisant en certains espaces de temps limitez.

On leur donne des Orbes ou Cercles Eccentriques, c'est à dire dont les Centres sont differents de celuy du Monde, qui portent leurs corps, ou simplement comme celuy du Soleil, selon plusieurs, où les petits Orbes qu'ils appellent Epicycles, ausquels on loge les corps des autres Planetes. Lon remarque encor aux premiers l'Eccentricité qui n'est autre chose que la distance du Centre de l'Eccentrique, de celuy du Zodiaque; ou bien vne ligne droite, tirée du centre du Monde au Centre de l'Eccentrique, & c'est ce qui fait conoistre que les Planetes sont tantost plus eloignez, & tantost plus proches de la terre.

Leur Apogée est leur plus haut point, ou plus eloigné de la terre, & c'est ce que les Arabes nomment Auge. Leur Perigée est le plus bas poinct, ou plus proche de la Terre, & c'est ce qu'on appelle Opposé de l'Auge; & l'Anomalie c'est la distance du Planete, de son Apogée en son Cercle Eccentrique.

Leur mouuement egal, ou moyen, par lequel on vient à la conoissance du vray, par le moyen de l'egalation ou Prostapherese est vn arc du Zodiaque, conté depuis l'Equinoxe du Printemps, selon l'ordre des signes du Zodiaque, iusqu'à la ligne du moyen mouuement; ou c'est le mouuement auquel le Planete parcourt en egaux interualles de temps, des arcs egaux de son cercle. Et le mouuement inegal, vray, ou apparant est vn arc du Zodiaque, pris depuis l'Equinoxe du Printemps, selon l'ordre des signes du Zodiaque iusques à la ligne du vray mouuement. Et lors qu'ō a trouué le mouuement egal, ou moyen, l'on cherche le vray, par le moyen de l'Egalation, qui est l'arc, de la difference du mouuement egal, ou moyen, & du vray, ou inegal, que les Grecs appellent, Prostapherese, c'est à dire addition-soustraction; pource qu'en la recherche des vrays mouuemens, l'on adjoute par fois au moyen, & par fois l'on en retranche, pour auoir le vray.

Les Planetes ont aussi leur Latitude, ou eloignement de l'Ecliptique, tantost plus grand, tantost moindre, & maintenant du costé du Nort, maintenant de celuy du Sud; où lon doit considerer, que lors que le Planete augmente sa largeur Septentrionale, ou du costé du Nort, on l'appelle Septentrional Ascendant, ou Montant; & ces mots sont marquez dans les Ephemerides par les lettres S. A; pource que ce mouuement conduit en ces pays qui sont du costé du Nort, le Planete plus pres du sommet, & le rend plus haut sur l'Horizon, que n'est la partie de l'Ecliptique, à laquelle il est rapporté. Mais si sa largeur Septentrionale diminuë, on l'appelle Septentrional Descendant (S. D.) pource que ce mouuement conduit le Planete à l'Ecliptique, d'vn plus haut lieu, & plus proche du sommet.

De mesme lors que le Planete augmente sa Largeur Meridionale, ou du costé du Midy, il est appellé Meridional Descendant, & marqué par les lettres M.D; pource qu'alors il deuient tous les iours moins eleué sur l'Horizon, que le lieu de l'Ecliptique, auquel il est rapporté; & lors que cette largeur du Midy s'amoindrit, il est nommé Meridional Ascendant, ou Montant (marqué M. A) pource que ce mouuement eleue le planete du bas lieu où il estoit, à l'Ecliptique. Au reste ce mouuement n'appartient qu'à la Lune, & aux cinq autres Planetes, & non au Soleil, qui ne s'écarte iamais de l'Ecliptique, & par consequent n'a que son mouuement de longueur. Les Neuds, dont il est parlé aux Latitudes, sont deux poincts de l'Ecliptique ausquels elle est coupée par l'eccentrique, l'vn s'appelle Montant, auquel le Planete quitant l'Hemisphere Meridional, s'achemine vers le Nort; l'autre Descendant qui met le Planete du costé du Sud; & ces mots Montant & Descendant sont accommodez à nostre Hemisphere, comme celuy auquel ont vescu les premiers inuenteurs de l'Astronomie. L'on appelle Limites les poincts de l'Ecliptique, eloignez de ces neuds d'vn quart de Cercle, ou de 90 degrez, & la limite Meridionale & Septentrionale.

Les Planetes ont aussi leurs Declinaisons, ou eloignemens de l'Equateur, dont i'ay fait mention aux Cercles celestes.

Ils sont aussi dicts Orientaux, lors qu'ils se leuent le matin auant le leuer du Soleil, ou sont au dessus de l'Horizon lors que le Soleil se leue; & lon les appelle Occidentaux, quand ils se couchent le soir, apres le coucher du Soleil, ou lors que se trouuant sur l'Horizon, au temps que le Soleil nous quite, ils se suyuent. Mais les trois plus hauts Planetes ont cela de particulier, qu'ils sont Orientaux depuis leur conionction auec le Soleil, iusqu'a l'opposition du mesme; & Occidentaux depuis l'opposition du Soleil, iusqu'à la conionction. Au contraire Venus & Mercure sont Orientaux, depuis leur opposition auec le Soleil, iusqu'à la conionction, & Occidentaux depuis la conionction iusqu'à l'opposition. Finalement la Lune est Occidentale tandis qu'elle croist depuis son renouuellement, & Orientale lors qu'elle decroist.

Les Planetes sont aussi nommez Directs, tandis qu'ils se meuuent selon l'ordre des Signes, & vont toujours auançans chemin; puis Retrogrades, ou marchans en arriere, lors qu'ils retournent sur leur pas, ou reculent, marchans contre l'ordre des signes, comme des Poissons au Verseau, au lieu de s'acheminer au Belier; & Stationaires, ou Arrestez, lors qu'ils marchent lentement, & semblent s'arrester en mesme lieu. Pour auoir conoissance de cecy par le moyen des Ephemerides, non de celles où les mouuemens de tous les iours sont exprimez pour quelques années, mais des perpetuelles, il faut confronter les vrays mouuemens de deux iours voysins, & si ceux du dernier a plus de degrez & de minutes que le premier, le Planete est Direct; s'il en a moins il est Retrograde, & si les mouuemens des deux cours sont egaux, il est stationaire.

Les Planetes sont aussi nommez Vistes, ou Tardifs, ou Mediocres, selon qu'ils se meuuent. Car si leur vray mouuement surpasse le moyen, ils sont vistes; s'il est moindre, ils sont tardifs; & s'il est egal, ils sont mediocres.

Ils sont aussi dicts Accreus de lumiere, lors qu'ils s'eloignent du Soleil, ou lors qu'apres leur conionction auec le Soleil, il les quite, ou bien ils se separent de luy, iusqu'à ce que la distance d'entre eux & luy soit tres-grande. Ils sont d'autre part diminuez de lumiere, quand ils s'approchent du Soleil, apres en auoir esté eloignez le plus qu'il se peut, ou le Soleil mesme s'achemine vers eux, & les auoysiné.

On les nomme aussi Montans, lors qu'ils montent de leur Perigée, ou leur plus bas poinct à leur Apogée, & Descendans au contraire.

Quant à la Parallaxe des Planetes, dont ie parleray plus bas, de mesme que des Refractions, au discours des Ecclipses; ce n'est autre chose qu'vn changement, ou erreur de la veuë, autrement nommé Diuersité d'Aspect, ou de regard, & proprement vn arc du Cercle vertical conduit par quelque estoile, & compris entre le vray lieu & l'apparant de l'Astre. Pour le regard des mouuements des Planetes, ie les laisse comme trop long & embarrassans, tant afin de grossir moins ces discours, que pour ne vous ennuyer en voulant vous satisfaire, & vous donne feulement celuy du Soleil, comme plus court, & plus desiré que les autres, vous renuoyent pour le reste aux liures & Tables où ces mouuements sont exprimez au long, qui peuuent contenter les plus curieux.

SATVRNE.

LE Planete plus voisin des estoiles fixes est Saturne nommé par les Hebreux Sabtai, ou Schabtai, à cause du iour du Sabbat, ou Samedy, auquel il preside, & par les Grecs Kronos, c'est à dire Tẽps, pource que [a] les anciens le tindrent pour Dieu du Temps. Mais les mesmes Grecs [b] le prenans pour Planete l'ont appellé Phænon, c'est à dire claire & luisant. Sa marque est ♄. Les Egyptiens [c] ont tenu qu'il auoit esté logé au poinct de sa Creation, au 15 degré du Capricorne, a 150 degrez du Soleil. Mais les Hebreux & les Chaldéens ont creu qu'il auoit esté creé au premier degré du Capricorne.

a Cic. de na. Deo. li. 2.
b Arist. de Mundo. Capella Philos. li 8. Plutar. des opinions des Phil. Cic. 2. de Na. Deor. Censorin. c. 13.
c Beda de Planetar. & signor. ratione.
d Albateg. c. 50.
5 Alfrag. 22

Quant à sa distance de la terre, & sa grandeur, Albategni dit [d], qu'en sa distance moyenne il est éloigné de la Terre de 15800 demys diametres de la mesme, & contient la dix-huitiéme partie du Soleil, & tire delà qu'il est plus grand que la Terre 79 fois. Alfragan le fait 91 fois & $\frac{1}{2}$ plus grand que la Terre, tellement que leur proportion seroit comme de 9 à 2.

Mais Tycho Brahé a reconu par de longues obseruations, que sa moyenne distance de la Terre est de 10550 demys diametres de la Terre; & que son diametre visible est presque d'vne minute & 50 secondes; tellement que la proportion de son diametre à la Terre, sera comme de 31 a 11. Multipliant donc cubiquement ces proportions, nous aurons pour le Cube de 31 29791, & pour celuy d'onze, 1331, par lequel diuisant le premier Cube, nous aurons au quotient 22, & quelque peu dauantage; si bien que nous conoistrons par là, que Saturne est plus grand que la Terre vn peu plus de 11 fois, & non 91 fois, comme quelques vns ont estimé. Mais sa plus grande distance de la Terre est de 12900 demys diametres de la Terre; c'est à dire de 11094000 lieuës d'Alemagne, a 15 pour degré, & 14787700 lieuës d'vne heure de Dausiné a 10 pour degré.

Le mouuement de son Eccentrique simplement se parfait en 29 ans, 155 iours & 8 heures, & celuy de son Epicycle en 378 iours, ou vn an, 13 iours, 2 heures, 23 minutes.

Bede met l'Apogée, ou le plus haut point de Saturne en la Balance où il a son Exaltation au commencement du Monde, & Ptolemée l'a mis de son temps au 23 degré du Scorpion. Mais auiourd'huy l'on a remarqué qu'à la fin de l'an 1600 il estoit au 26° 27' du ♐.

Quant à son mouuement moyen de Longueur, celuy d'vn iour est de 2' 0", 35''' 33'''', ou sans aller epluchant toutes ces parcelles, de 2 minutes; celuy de 30 iours d'1 degré, 0' 18"; celuy d'vn an de 12° 13' 35"; celuy de 20, de 8 Signes, 4° 41' 51": celuy de 100 de 4 signes, 23° 19' 17": & celuy de mille, de 12 signes, 24°, 52', 52".

Son Nœud Septentrional, ou Montant ou la Teste du Dragon est aux 20 degrez, 30' du ♋: & le Descendant aux 20 degrez 30 minutes du ♑.

Sa plus grande latitude Septentrionale est de 2 degrez, 48'; & sa plus grande Latitude Meridionale est de 2 degr. 49'.

Sa Limite Meridionale est 20 degrez, 30' d'♈: & la Septentrionale a 20 deg. 30' de ♎.

Le naturel de Saturne est froid & sec, malin & nuisible, tardif en ses effects, & malfaisant par tous ses aspects; à raison dequoy l'on le nomme Grande Infortune. Il a la proprieté de refroidir grandement, pource qu'il [f] est fort eloigné de la chaleur & des rayons du Soleil, & de la vapeur de la Terre; & de plus il a moins de chaleur qu'il n'en faut pour l'homme. De sorte qu'encor que tous les Astres soient chauds, toutefois pource que la chaleur de Saturne est la moindre de toutes, il s'ensuyt, qu'il cause plustost la froideur en l'air froid de sa nature empeschant la force des autres estoiles. Ainsi estant ioinct à la Lune il

f Ptol. Quadr. li. 1. c. 4. Albumas. Introd. li. 4. c. 1.

il augmente sa grandeur, principalement en Hyuer, & au commencement du Printemps. De plus, son naturel est de dessecher; pource qu'il est grandement eloigné de l'humidité de la Terre, & resserre les vapeurs, à cause de son peu de chaleur.

Au reste Galileo Galilei reconut l'an 1610, par le moyen de ses Lunetes, que Saturne n'est pas vne seule estoile, mais qu'il y en a trois iointes ensemble, qui forment la figure semblable à celle que feroient trois o, disposez en cette sorte oOo, & l'on a remarqué [a] que ces Globes s'entretouchent presque, & ne semblent eloignez l'vn de l'autre, que de la largeur d'vn fil du tout delié.

[a] Kepler. Diopt.

IVPITER.

LE Planete plus proche de Saturne est Iupiter, que les Hebreux nomment Tkedek, c'est à dire Iustice, pource qu'il est estimé Seigneur de la Iustice. Les Grecs l'appellent Zeus, comme Dieu, mais [b] comme Estoile Phaeton. Sa marque est ♃.

Les Egyptiens [a] ont creu qu'il auoit esté mis au commencement du Monde au 5 degré du Sagittaire, à 120 parties du Soleil, qu'ils logeoient en mesme temps 15 au degré du Lyon. Mais les Hebreux & les Chaldéens estimerent qu'au temps de sa creation l'on l'auoit placé au premier degré du Sagittaire.

Quant à sa grandeur & distance de la Terre, Albategni [d] l'éloigne de la Terre en sa moyenne distance de 10423 demis diametres de la mesme; & dit, qu'il represente alors la douziéme partie de la Terre: si bien que pour cette cause, il le fait 81 fois plus grand que la Terre. Alfragan [e] le fait 95 fois moins $\frac{4}{n}$ plus grand que la Terre, tellement que la proportion des diametres de Iupiter & de la Terre, sera comme de 320 à 7.

Mais Tycho Brahé met sa moyenne distance de la Terre de 3990 demis diametres de la mesme; & son diametre à mesme proportion à celuy de la Terre, que 12 à cinq presque, si bien que multipliant cubiquement ces deux nombres, & diuisant le plus grand par le moindre, l'on a au quotient 13 $\frac{103}{125}$ c'est à dire prés de quatorze; ce qui marque que Iupiter est plus grand que la Terre prés de 14 fois.

La reuolution de son Eccentrique se parfait en vnze ans, 313 iours, dix-neuf heures, 12'; ou selon Kepler, luy fait acheuer le tour en vnze ans Egyptiens, 317 iours, 14 heures, 49 minutes, 31, 56''.

Bede met son Apogée au commencement du Monde en l'Ecreuisse, où il a son Exaltation, le tenant immuable auec plusieurs autres. Ptolemee luy donne sa place en l'vnzieme degré de la Vierge: au lieu qu'il estoit alors, selon la correction qu'on en a faite au quatorziéme degré ♍. Mais l'an 1600 on a remarqué qu'il estoit au septiéme degré, 39' 45'' de la Balance: & son Perigée aux mesmes degrez du Belier.

Quant à sa longueur moyenne, le mouuement d'vn iour est de quatre minutes, 59''.

Celuy de 30 iours de 2 degrez, 29', 38''.

Celuy d'vn an de 30 degrez, 20', 32''.

Celuy de 20 ans de 20 signes, 7 degrez, 15' 31'', & rejettant le Cercle entier de 8 signes, 7 deg. 15' 31''.

Celuy de cent ans de cinq signes, 6 deg. 17 minutes, 36'' 31''', apres auoir rejetté les Cercles entiers.

Celuy de mille ans (rejettant les Cercles, de quatre signes, deux degrez, 56', 5'', 13'''.

Son Nœud Septentrional, ou montant, ou sa Teste de Dragon est au 7 degré de ♋; & la Queuë ☋ au 7 degré du Capricorne.

Sa Limite Meridionale est à sept degrez du ♈; & la Septentrionale, à 7° de la ♎.

Sa plus grande largeur Septentrionale est d'vn degré, 38'; & la Meridionale, d'vn degré, 40'.

Il est temperé, comme estant au milieu de Saturne froid, & de Mars ardent; & à cause de sa distance du Soleil, qui n'est pas trop grande, & qui luy fait receuoir ses

[b] Arist. li. de Mundo. Plut. des opin. de phil. Cic. 2. de Na. Deo. Hygin. Poet. Astr. Capella Phil. lib. 8.

[c] Beda de Planet. & signi. lati.

[d] c. 50.

[e] c. 22.

rayons de bonne sorte. Sa nature est aussi d'humecter vn peu, pource qu'ayant beaucoup de clarté il attire ses vapeurs en humectant, mais moderément, comme estant bien eloigné de la Terre. De là vient qu'à cause que la vertu d'échauffer surmonte vn peu celle d'humecter, on le tient pour fecond Planete, & pour bienfaisant.

Au reste, Galileo Galilei, en son Messager celeste, rapporte que par le moyen de ses Lunetes il a veu quatre Planetes qui tournent continuellement autour de Iupiter, & sont semblables à 4 lignes. Planet. autour de Iupiter.

La plus tardiue de ces Estoiles errantes fait son tour en 14 iours: sa plus proche voisine la plus luisante de toutes fait le sien tous les 8 iours, & les autres deux encore en moins de temps. Metius asseure que son frere Iacques a remarque mesme chose, par le moyen des Lunetes qu'il a inuentées; & de plus qu'auec les mesmes on void en plein iour plusieurs Planetes inconus autour du Soleil, qui paroissent premierement en la partie Orientale du Soleil, & font leur cours tirant au Couchant, par l'espace de dix iours, ainsi qu'il a remarqué souuent, principalement le matin au leuer du Soleil, & le soir à son coucher. Au reste Galilei asseure que ces quatre Planetes ont leurs mouuemens tres-reguliers, & leurs Periodes fort certaines; & i'ay veu mesme les Tables de leurs Mouuemens qu'vn Alemand a dressées, sans toutefois qu'on s'y soit arresté.

MARS.

MARS qui suit Iupiter, est nommé par les Hebreux, Maadim, c'est à dire Rougeur comme de sang, tant à cause de l'apparēce, que de ses effects; & par les Grecs [a] Ares; & pareillement [b] Pyrocis, ou Pyrois, c'est à dire de feu, ou ardant; selon Hygin aussi Hercule, & Hyperion. Sa marque est ♂.

Les Egyptiens [c] ont creu qu'au commencement du Monde, il eut sa place au 15 degré du Scorpion, & fut eloigné du Soleil de 90 parties. Mais les Hebreux & les Chaldéens luy ont assigné son siege en mesme temps au premier du Scorpion.

a Ptolem. b Arist. lib. 2. de Mundo. Plut. des opin. des Phil. l. 2. Cic. de Nat. Deo. lib. 2. Capella lib. 8. c Beda de Planet. & sign. ratio.

Pour le regard de sa distance, & de sa grandeur, Albategni l'eloigne de la Terre en sa moyenne distance d'enuiron 4584 demis diametres de la mesme, & le rend alors egal à la vingtiéme partie du diametre du Soleil: à raison dequoy il luy fait comprendre toute la grandeur de la Terre vne fois; & veut qu'il en contienne encor la tierce partie, tellement que la proportion de leurs diametres sera comme de 7 à 6. Alfragan fait aussi Mars plus grand que la Terre vne fois & demie, & $\frac{1}{8}$.

Mais Tycho Brahé fait la moyenne distance de Mars de 1745 demis diametres de la Terre; tellement que son diametre occupe de 60 parties du diametre seulement 25 $\frac{1}{3}$ Venant donc à multiplier cubiquement ces deux nombres, & diuisant apres le plus grand par le moindre, vous trouuerez que la Terre est 13 fois plus grande, & quelque peu plus que Mars, bien que les anciens ayent fait Mars plus grand vne fois & demie que la Terre.

Au reste, Tycho Brahé a trouué que Mars en sa moindre distance estoit eloigné de la Terre de 1176 demis diametres de la mesme; & que le Soleil en sa moyēne distāce en estoit eloigné de 1179: Tellement qu'il reconut que le Soleil estoit quelquefois plus haut que Mars de trois demis diametres, ou de 3440 lieuës d'vne heure de Dauphiné, qui respondent à 2580 d'Alemagne, & à 10320 milles d'Italie, à raison de 60 milles, pour vn degré du Cercle. De sorte que cette conoissance donna iuste sujet à Brahé de croire que le Ciel estoit comme vn air du tout épuré, sans distinction de voûtes & Spheres, pource qu'autrement il y auroit du fracas & du heurt au Ciel, auec penetration de dimensions, qui n'est pas receuë.

Le mouuement de son Eccentrique simplement se parfait en l'espace d'vn an, & 32 iours, 23 heures, 32', c'est à dire en prés de deux ans.

Pour le regard de son Apogée Bede l'a mis simplement au Capricorne, auquel il a aussi son exaltation; & Ptolemée le loge au 28 degré de ♋. Mais il a esté trouué l'an 1600 aux vingt-huict degrez, 42' du ♌.

Quant à son mouuement moyen de Longueur, celuy d'vn iour est de trente-vne minutes, 27'', ou le prenant plus par le menu, selon Kepler, de 31', 26'', 39'''.

Celuy de 30 iours est de 15 degrez 43' 19''.

Celuy d'vn an de 6 signes, 11 degrez, 17', 10''.

Celuy de 20 ans de 7 signes, 18 degrez, 20' 36'.

Celuy de 100 de 2 signes, 1 degré, 42', 58''.

Celuy de mille, de 8 signes, 17 degrez, 9', 36''.

Son Nœud Montant, ou sa Teste de Dragon est au 18 degré de ♉; & sa queuë au 18 du ♏.

Sa limite Meridionale est au dix-huictiéme degré d'♒, & la Septentrionale, au 18 du ♌.

Sa plus grande largeur du costé du Nort de l'Ecliptique, est de 4 degrez, 33 minutes; & celle du Midy, de 6 degrez, 42 minutes.

C'est le Planete qui a trauaillé plus longuement ceux qui se sont meslez de nous donner le vray mouuement des Astres; & plusieurs s'estans abusez en la consideration de celuy-cy, finalement Tycho Brahé en a découuert les secrets, qui nous ont esté communiquez & bien éclaircis par les soins de Kepler, qui en a fait vn gros liure; & Magin s'est encor essayé de rendre cette conoissance aisée.

Son naturel est de dessecher & brusler en échauffant; pource qu'il est plus proche du Soleil, & d'vne plus épaisse ou grossiere substance, dont sa rougeur donne témoignage.

LE SOLEIL.

Le Soleil, que les Grecs appellent Helios; & les Hebreux, Chammach, à cause de sa chaleur, est aussi nommé Grande Lumiere, comme estant la source de la lumiere & de la chaleur; outre, que c'est vn grand corps capable d'éclairer à tout le Monde.

Quant à sa Grandeur, Anaximandre a tenu[a], qu'elle surpassoit celle de la Terre vingt-huict fois, & quelques autres ont asseuré[b], que le diametre du Soleil estoit dix-huict fois plus grand que celuy de la Lune; & que confronté à celuy de la Terre, il surpassoit la proportion de 19 à 3, mais alloit au dessous de celle de 43 à 6, & que le mesme Soleil comparé à la Terre, surmontoit la proportion de 6859 à 27: mais que cette proportion estoit moindre que celle de 19507 à 216. Que si nous venions à cuber seulement, ou multiplier cubiquement 6859, & 27, & diuisions le plus grand cube par le moindre, nous aurions au quotient 15601592, qui nous marqueroit que le Soleil seroit autant de fois plus grand que la Terre.

[a] Galen. de hist. Physic.
[b] Aristarc. Samius de magn. Solis, & Lunæ.

Ptolemée ayant recherché sa grandeur, principalement par les Eclipses de la Lune, & les diametres apparens du Soleil & d'elle, & la figure de l'ombre qui finit en pointe, trouua que le Soleil estoit 166 $\frac{1}{8}$ fois plus grand que la Terre, ayant reconu, comme il disoit, que le diametre du Soleil auoit mesme proportion à celuy de la Terre, que 11 à 2; de sorte qu'ayant multiplié cubiquement vnze & deux, & diuisé le plus grand cube 1331, par le moindre 8, il eut ce nombre de 166 $\frac{1}{8}$. Et trouuant apres que la proportion du diametre de la Terre à celuy de la Lune, estoit comme de 17 à cinq, & que par ce moyen la Terre estoit plus grande que la Lune trente-neuf fois $\frac{1}{4}$; & la proportion du diametre du Soleil à celuy de la Lune, estoit comme de 187 à 10, ayant cubé ces nombres, & diuisé le cube du Soleil 6539203 par 1000, cube de la Lune, il trouua que le Soleil surpassoit la Lune 6539 fois & $\frac{201}{1000}$.

Alfragan s'accorde aussi presque du tout en ce poinct auec Ptolemée. Mais Copernic estime que le Soleil est enuiron 162 fois plus grand que la Terre; tellement que le diametre du Soleil auroit mesme proportion à celuy de la Terre, qu'il y en a de 5 degrez, 17 minutes à vn; & prenant la proportiõ des diametres de la Terre & de la Lune, il l'establit comme de 7 à 2, faisant la Terre plus grande que la Lune prés de 43 fois, & par mesme moyen le Soleil presque 7000 fois plus grand que la Lune.

Mais Ticho Brahé dit auoir reconu par le moyen de plusieurs obseruations, que le diametre apparant, ou visible du Soleil, lors qu'il est en l'Apogée, enuiron le commencement de l'Ecreuisse, ne passe iamais trente minutes, & prés du Perigée au commencement du Capricorne 32', & quelque peu dauantage. Mais il asseure qu'apres les deux Equinoxes, quand le Soleil est en sa moyenne distance, & s'offre par ce moyen à la veuë en sa moyenne grandeur, celle de son diametre apparent est seulement de 31 minutes, au lieu que Copernic fait ce diametre visible du Soleil en son plus haut poinct, de 31' 40', celuy du mesme en son plus bas poinct, ou Perigée, de prés de 34'; & celuy de la distance moyenne, de 32' 45": Surquoy Brahé proteste, que cela chocque le sens & l'experience. Il est vray que Lansberg, qui s'est occupé curieusement & longuement à la consideration des Astres, & qui s'est acquis vne grande estime, combien qu'il s'en trouue qui le desapreuuent, auance le diametre visible du Soleil, iusqu'à 35' 38", faisant son demy diametre au Perigée, presque de 17' 59"; & celuy de l'Apogée, de 16' 17".

Mais presupposant selon Brahé le diametre du Soleil apparent de 31', en son moyen eloignement de la Terre, qu'il fait de 1150 demis diametres de la Terre, de mesme que le moindre de prés de 1110, & le plus grand de 1179 (rendant par ce moyen le Soleil quelquefois plus haut que Mars, ainsi que i'ay fait voir au discours de Mars) au lieu que Copernic a fait seulement cette distance de 1142 demis diametres de la Terre, il vient à trouuer par cette distance moyenne, que le diametre du Soleil est plus grand que celuy de la Terre 5 fois & $\frac{14}{77}$; si bien que par la proportion, multiplication cubique, & diuision des diametres, il vient à trouuer que le corps du Soleil est plus grand que celuy de la Terre, vn peu plus de 139 fois, ou pour arrondir le nombre de 140.

Toutefois Longmont auance cette distance moyenne du Soleil, de la Terre, iusqu'à prés de 1288 demis diametres de la Terre, pource que la Lune est en sa moyenne distance, eloignée du Soleil de 1231 $\frac{61}{100}$ demis diametres de la Terre; & la mesme est eloignée de la Terre de 56 de ses demy diametres, ainsi qu'on a reconu: si bien que ioignant 56 à 1231 $\frac{61}{100}$ lon trouuera 1287 $\frac{61}{100}$ ou pour faire le compte rond 1288 demy diametres, pour la distance du Soleil de la Terre. Au reste, cette distance se trouue par le moyen de la proportion du diametre à sa circonference, multipliée 7 fois; & de 56 qui est le demy diametre du Cercle, rapportant combien la Lune est eloignée de la Terre à la distance de la mesme du Soleil. De sorte que la mesme proportion qu'aura 7 à 22 multipliez sept fois, c'est à dire à 154, la mesme aura 56 à 1231 $\frac{61}{100}$ ou plustost à 1232, lesquels ioints à 56 demis diametres, dont la Lune est eloignée de la Terre, donneront 1288. Il faut donc multiplier 154 par 56, & diuiser le produit par 7, pour auoir au 4 nombre prés de 1232: & par consequent la distance de la Lune du Soleil, en demis diametres; à quoy lon adiouste apres 56, pour auoir 1288; & par consequẽt de cõbien de demis diametres le Soleil est eloigné de la Terre. Et le mesme Longmõt ayant cherché le vray demy diametre du Soleil, par le moyen de cette sienne distance de la Terre, du sein de l'angle du demy diametre apparant du Soleil de quinze minutes, trente secondes, & du sein entier, en y employant aussi le sein de l'accõplissement de 15' 30", l'a trouué de $5\frac{807}{1000}$ demis diametres de la Terre, lesquels estans multipliez cubiquement, si leur cube est diuisé par le cube d'vn demy diametre de la Terre le quotient donnera prés de 196; si bien que le Soleil se trouuera presque 196 fois plus grand que la Terre: & la Lune ayant son demy diametre de 16 $\frac{11}{10}$ minutes, & par consequent estant moindre que la Terre 51 $\frac{1}{49}$ fois, le Soleil sera dix mille fois plus grand que la Lune.

Que si nous voulons sçauoir la grandeur du Cercle que le Soleil trace par son cours, ou du tour qu'il fait tous les iours autour de la Terre, nous l'apprenons aisement par le moyen de cette distance du Soleil, qui fait son demy diametre, en nous proposant, que le demy diametre de la Terre est de 860 lieuës d'Alemagne, ou de 1146 lieuës $\frac{2}{3}$ de Dauphiné, ou 1147; & son diametre de 1720 lieuës d'Alemagne, ou de 2293 lieuës $\frac{1}{3}$ de Dauphiné, chacune d'vne heure, ou pour arrondir le compte de 2294: & reduisant les 1288 demis diametres en lieuës, qui feront le demy diametre du Soleil, puis doublant ce nombre, pour auoir son diametre. Car puis que le diametre a mesme proportion à la circonference du Cercle, que 7 à 22, nous pourrons iustement dire, que la mesme proportion que 7 ont à 22, la mesme l'aura le diametre du Soleil à la circonference de son Cercle. Multipliant donc 22 par le nombre des lieuës que le diametre du Soleil, de deux fois 1288 demy diametres de la Terre, contient, & diuisant le produit par 7, nous aurons le nombre des lieuës de la circonference du Cercle. Les 1288 demy diametres de la Terre doublez, qui font le diametre du Soleil, & donnent 2576 demy diametres de la Terre, ou 1288 diametres de la mesme, font 2215360, c'est à dire deux millions deux cens quinze mille, trois cens soixante lieuës d'Alemagne, ou 2954672, c'est à dire deux millions neuf cens cinquante quatre mille, six cens soixante douze lieuës d'vne heure, de Dauphiné, Prouence & Languedoc. Multipliant donc le premier nombre par 22, & diuisant le produit par 7, vous aurez pour la circonference du Cercle du Soleil, six millions neuf cens soixante deux mille, cinq cens soixante lieuës d'Alemagne; & multipliant le dernier nombre par les mesmes 22, puis diuisant le produit par 7, vous aurez pour quatriéme nombre neuf millions deux cens quatre vingts six mille, cent douze lieuës de Dauphiné, pour le chemin ou le tour que le Soleil fait en vn iour.

Apres cela, pour auoir son cours d'vne heure, ayant diuisé ce quarriéme nombre par vingt-quatre, qui est le nombre des heures d'vn iour, vous trouuerez qu'il fait en vne heure deux cens quatre vingts dix mille cent six lieuës deux tiers d'Alemagne: & trois cens quatre vingt-six mil, neuf cens vingt vne lieuës de Dauphiné. Vous pouuez auoir de mesme le tour & le mouuement des autres Cieux, par leurs distances de la Terre, qui font leurs demis diametres, en les doublant, pour auoir leurs diametres, & faisant mesmes operations.

Quant au moyen de trouuer de gros en gros le lieu du Soleil, tous les iours de l'année, qui est bon pour ceux qui ignorent ou fuyent le calcul, il faut premierement sçauoir ces deux Vers.

Iuste los irrité ieune homme heureusement
Grand guerrier gagnera, faisant gros hardiment.

Car les douze mots qu'ils contiennent répondent aux douze mois de l'année; & le premier mot est pour le mois de Ianuier; le second, pour Feurier, & les autres de mesme pour les mois suiuans. Il faut encore sçauoir les noms des Signes du Zodiaque par ordre, à sçauoir le Belier, ou Aries, le Taureau, &c. dont ie vous ay mis les noms de suite aux discours du Zodiaque & du Firmament; & aussi que le Soleil entre au premier signe, qui est le Belier, au mois de Mars; au Taureau, en Auril, & ainsi de suite: tellement qu'au mois de Decembre il entre au dixiéme Signe, qui est le Capricorne; puis en Ianuier, au Verseau; & en Feurier, aux Poissons.

Il faut aussi remarquer, que le Soleil s'auance tous les iours d'enuiron vn degré: Sçachant donc en quel mois il entre en chaque Signe, il faut prendre le mot de ces Vers, qui répond au mois proposé: puis compter le rang que tient en l'Alphabet sa premiere lettre, & soustraire ce nombre de 30, pour auoir, en ce qui restera, le iour auquel le Soleil entre au Signe de ce mois: puis pour auoir le degré de l'Ecliptique, où le Soleil est tous les iours de l'année, il faut adiouster au iour proposé du mois, autant d'vnitez qu'en contient au rang de l'Alphabet la premiere lettre du mot respondant au Mois proposé. Que si le nombre assemblé est moindre de 30, il marquera le degré du signe du mois precedent; & s'il passe 30, apres les auoir rejettez, le nombre restant vous donnera le degré du signe du mois proposé.

Aux Ans Bissextils, il faut adiouster apres la feste de sainct Matthias, vn degré au lieu du Soleil, afin de l'auoir plus iustement selon le compte fait de gros en gros, qui ne peut toutefois rapporter au vray ce lieu, mais seulement à peu prés.

Mais l'on a iustement, & au vray, le lieu du Soleil, par le moyen du mouuemẽt egal, ou moyen de sa longueur, qui est son eloignement du premier poinct du Belier: de celuy de sa distance de son Apogée, que les Tables appellent Anomalie, c'est à dire Inegalité, ou Irregularité, ou Anomalie de l'Eccentrique, & celles d'Alphonse Argument du Soleil, & de son Eccentricité, qui est la distance du centre du Monde, de celuy du Cercle Eccentrique, que le Soleil parcourt, trouuée par Tycho Brahé l'an 1588, de 3584 parties; telles que le demy diametre de l'Eccentrique en a 100000, & depuis par Longmont, à cause de son changement, de telle proportion à son demy diametre, qu'vn à vingt-huict, (ou 3571 à 100000, ou 35714 à 1000000 presque; si bien que ce sein répond à deux degrez, deux minutes, 48 secondes, qui font la plus grande Prostapherese, ou Egalation; au lieu qu'au temps de Brahé elle fut de deux degrez, trois minutes, quinze secondes, qui répondoient au sein de l'Eccentricité 3584: & finalement on paruiendra à la vraye conoissance de ce lieu par le moyen de la Prostapherese, qui se trouue par la voye suiuante.

L'on ioint le sein entier (qui se met de 100000) à l'Eccentricité qui se trouue au temps du mouuement que l'on cherche, & la moitié de ces deux nombres assemblez fait la premiere inuention: comme si nous prenons l'Eccentricité 3571, nous faisons du sein entier & d'elle, le nombre de 103571, dont la moitié 51785 est la premiere inuention: puis on oste l'Eccentricité 3571 de cette premiere inuention, & il reste 48214 pour la seconde, & ces deux inuentions ne changent point; mais seruent pour toutes les Prostaphereses.

Apres cela, si l'on veut auoir la Prostapherese de quelque degré que ce soit, il en faudra prendre la moitié qui sera la troisiéme Inuention; & la Touchante de cette moitié sera la quatriéme, qu'il faut multiplier par la seconde; puis il faut diuiser le produit par la premiere, afin d'auoir au quotient la Touchante de l'arc qui fait la 5 Inuention, puis ostant cete 5 Inuention de la 3, l'on a de reste la Prostapherese qu'on cherche.

Ainsi, si l'on veut auoir la Prostapherese, ou Egalation deuë à 1 degré de l'Anomalie, il en faut prendre la moitié, à sçauoir trente minutes pour 3 Inuention, & sa Touchante 873 pour quatriéme, laquelle si l'on multiplie par la seconde 48214, diuisant apres leur produit par la premiere 51785, l'on a au quotient la Touchante 812, qui répond à l'arc de 27 minutes, & pres de 55 secondes, qui est la cinquiéme Inuention: la quelle si l'on oste de la troisiéme, à sçauoir de trente minutes, l'on a de reste deux minutes, 5'', qui est la Prostapherese d'vn degré; & les autres s'expedient de mesme façon.

Au second quart du Cercle, il faut prendre pour le premier degré, la moitié de 91 deg. qui est 45 deg. 30'; & l'operation faite de mesme qu'auparauant, donnera à la fin 94744, qui est la Touchante de 43 degrez, 27 min. 14 secondes: & cela soustrait de 45 deg. 30 minutes, il reste 2 degrez, 2', 46'', pour la Prostapherese de 91 degrez. Ainsi pour 2 degrez du second quart du Cercle, ou de 92 degrez, il faut prendre la moitié 46 pour 3 Inuention, & la Touchante 103553 pour quatriéme, laquelle il faut multiplier par la seconde; & diuisant apres leur produit par la premiere, l'on aura au quotient 96412, pour Touchante de l'arc de 43 deg. 57', 12''. lequel retranché de 46 degrez, il reste 2 degrez, 2' 48'' de Prostapherese pour les 2 degrez du second quart du Cercle.

Au reste, il faut sçauoir, qu'il suffit de faire la Table d'vn demy Cercle pource que l'autre a mesmes Prostaphereses, en prenant les signes & degrez opposez: comme 6 signes, 1 degré, sont opposez à 5 signes, 29 degrez & pour cette cause, si vous desirez, auoir la Prostapherese de 6 signes vn degré, il faut chercher celle de cinq signes 29 degrez: & pour celle du 6 signe, 13 degrez: celle de 5 signes, 17 degrez: pour celle de 7 signes, 8 degrez: celle de 4 signes, 22 degrez: & ainsi le reste. Mais il faut prendre garde de soustraire les Prostaphereses du moyen mouuement du Soleil, au premier demy Cercle de l'Anomalie, & les adiouster en l'autre.

Au reste, ie vous ay donné le moyen de faire la Table des Prostaphereses, afin que vous les dressiez à vostre plaisir, suiuant l'Eccentricité qui vous sera offerte, & que vous en sçachiez la façon. Mais afin de vous faire auoir le lieu du Soleil plus facilement, ie vous donne icy la Table toute dressée, de mesme que les autres qui sont necessaires pour la conoissance du mouuement de ce principal Planete, pour vous affranchir de peine.

Mais auant la pratique de ces Tables, il faut sçauoir qu'elles sont calculées au Meridien de Moras, en Dauphiné, lieu de ma demeure, dont l'eloignement du premier Meridien, est de 26 degrez; tellement que si vous cherchez le mouuement du Soleil selon vostre lieu, il faut faire la reduction des Meridiens; & si vostre lieu est plus Occidétal que Moras, c'est à dire, s'il a moins de 26 deg. il faut adiouster cette difference conuertie en temps, à vostre téps, & s'il est plus Oriental, & a plus de degrez, il faut faire le contraire, prenant pour chaque degré, 4 minutes d'heure; & pour 15 minutes de degré, vne minutes d'heure, puis chercher les mouuemens auec ce temps ainsi reduit. Il faut encor auoir vne Epoche, ou Racine, de ces mouuemens Celestes, à sçauoir vn commencement arresté, du lieu que l'Astre occupe au certain temps limité. Quant à moy i'ay creu que c'estoit assez de commencer à la prendre à Midy de l'an 1500 accomply. Quant à ce qu'on appelle Epoche, ou l'Ere, au conte des temps, dont i'ay parlé cy-dessus, c'est le moment duquel on commence de conter le temps.

Il est aussi besoin de sçauoir, qu'outre l'egalation par l'anomalie du Soleil, il faut employer celle du deuancement des Equinoxes, par leur anomalie, dont ie vous ay donné la façon au 9 & 8 Ciel: & dont ie vous donne toutefois icy la Table, pour plus de facilité.

Il faut encor faire l'egalation des iours naturels, par la voye que ie vous ay mõstrée aux Cercles des positions, lors que ie vous ay fait voir la façon de dresser la figure des 12 Maisons du Ciel; combien que plusieurs mesprisent ce poinct, pource qu'il ne raporte rien de considerable au mouuement du Soleil.

Il est aussi besoin de sçauoir, qu'il faut prendre en ces Tables les iours accomplis, & les heures, comme i'ay monstré en la façon de dresser la figure celeste, & les commencemens des iours à Midy, comme vous verrez aux exemples, & qu'il faut tousjours adjouster dix iours au conte de vos iours depuis l'an 1582, pour auoir le vray mouuement du iour proposé.

Prenez aussi garde, que le titre de mouuement du Soleil, mis au dessus d'vne partie de la Table, marque que c'est le mouuement moyen de longueur, qui conduit au lieu du Soleil, & celuy de l'Anomalie, par lequel on cherche l'egalation, ou Prosthapherese.

Remarquez aussi que ces Tables dependent des mouuements d'vn an, & d'vn iour, que l'on cherche premierement en cette sorte. La mesme proportion que les iours, heures & minutes de l'An Tropique, dont i'ay parlé cy dessus au discours des Ans, ont a 360 degrez du Cercle entier, là mesme l'ont 365 iours de l'An commun, au quatriéme nombre. La mesure de l'An Tropique est de 365 iours, 5 heures, 48 minutes, 55 secondes; & le tout reduit à mesme denomination fait 31556935 secondes: & 365 iours reduits en secondes en font 31536000. Multipliant dõc ce dernier nombre par 360, & diuisant leur produit par le premier nombre 31556935, l'on a au quotient 359 degrez; puis de degré, en degré par la multiplication & diuision des Fractions restantes, 45 minutes, 40 secondes, & pres de 14 tierces. Voilà la premiere operation, & pour trouuer le mouuement moyen d'vn iour, l'on considere, que la mesme proportiõ, que 365 iours ont a 359 degrez, 45',40''14''', la mesme l'a vn iour, au quatriéme nombre. Multipliant donc 359 degrez, &c. reduis en tierces par vn, l'on aura tousiours 77708414, & diuisant ce nombre par 365, vous auez au quotient 212899, tierces, lesquelles reduites font 59 minutes, 8 secondes, 19 tierces. De ces mouuemens d'vn an & d'vn iour l'on tire facilement les autres, ou par l'addition des mouuements de plusieurs années, ou par la multiplication du mouuement d'vne année, & d'vn nombre d'années, ou par la regle des proportions pour le mouuement des heures & minutes, pource que si 24 heures, qui font vn iour, donnent tant de mouuement, vne heure, ou plusieurs, & vne minute, ou plusieurs, en donneront tant.

Venons maintenant aux Tables.

Tables des moyens Mouuemens de l'anomalie des Equinoxes (qui comprend celle de l'obliquité de l'Ecliptique) de leur Proceßion, ou deuancement, & de leur egalation, ou les lettres S.D.M.S. signifient signes, degrez, minutes, secondes.

Ans Racine.	Deuancement des equinoxes S.D.M.S	Racine. de	Anomalie des Equinoxes, & de l'obliquité de l'Ecliptiq. S.D.M.S.
1500	2 15 57 15	1500	6 6 36 51
1	0 0 0 50		0 0 6 0
2	0 0 1 40		0 0 12 0
3	0 0 2 26		0 0 18 0
4	0 0 3 19		0 0 24 6
5	0 0 4 9		0 0 30 0
10	0 0 8 18		0 1 0 0
20	0 0 16 36		0 2 0 0
40	0 0 33 11		0 4 0 0
60	0 0 49 47		0 6 0 0
80	0 1 6 23		0 8 0 0
100	0 1 22 58		0 10 0 0
	Mois cômuns		Mois de l'ãBi
Ianuier	0 0 0 4		0 0 0 30
Feurier	0 0 0 8		0 0 1 0
Mars	0 0 0 12		0 0 1 50
Auril	0 0 0 17		0 0 2 0
May	0 0 0 21		0 0 2 30
Iuin	0 0 0 25		0 0 3 0
Iuillet	0 0 0 29		0 0 3 30
Aoust	0 0 0 34		0 0 4 0
Septem.	0 0 0 38		0 0 4 30
Octobre	0 0 0 42		0 0 5 0
Nouem.	0 0 0 46		0 0 5 30
Decem.	0 0 0 50		0 0 6 0

Degrez	signes 1 Soustr. M.	S.	signes 2 Soustr. M.	S.	signes 3 Soustr. M.	S.	signes 4 Soustr. M.	S.	signes 5 Soustr. M.	S.	signes 6 Soustr. M.	S.	Degrez
0	0	0	13	33	23	36	27	5	23	46	13	46	30
1	0	28	14	0	23	50	27	4	23	31	15	21	29
3	1	24	14	41	24	17	27	2	23	0	12	29	27
6	2	48	15	59	24	57	26	58	22	12	11	12	24
9	4	12	17	5	25	30	26	49	21	20	9	50	21
12	5	36	18	10	25	57	26	37	20	24	8	0	18
15	7	0	19	13	26	17	26	22	19	25	7	5	15
18	8	22	20	11	26	31	26	1	18	23	5	37	12
21	9	43	21	9	26	44	25	38	17	18	4	15	9
24	11	2	22	2	26	54	25	5	16	11	2	49	6
27	12	20	22	50	27	1	24	26	15	1	1	24	3
29	13	10	23	21	27	4	24	0	14	11	1	33	1
30	13	33	23	36	27	5	23	46	13	46	0	0	0
	Adjou. 11 signes.		Adjou. 10 signes.		Adjou. 9 signes.		Adjou. 8 signes.		Adjou. 7 signes.		Adjou. 6 signes.		

Pour vous seruir de ces Tables il faut premierement prendre le mouuement de l'anomalie des Equinoxes par vos ans & iours, puis auec les signes, degrez & minutes de ce mouuement chercher la Prostapherese, ou egalation de l'Equinoxe deuë à cette anomalie, & l'adjouster, ou oster, au moyen mouuement du Soleil, pour auoir le vray, auec l'autre egalatiõ de l'anomalie du Soleil. Par exẽple, Vn hõme est né l'an 1573, au mois d'Aoust. Prenez premieremẽt la racine de l'an 1500, de l'anomalie, puis son mouuement de 60 ans, puis celuy de 10, puis celuy de 2, afin d'auoir le mouuement de 1572 ans accomplis, puis prenez celuy des mois de l'année iusques au mois d'Aoust, (veu qu'il n'est pas besoin de chercher en ce mouuement si lent, tout le temps tant ajusté) le tout assemblé fait 6 signes, 13 degrez, 54 minutes, 21 secondes. Ie cherche dõc auec cette anomalie, en la Table des Prostaphereses des Equinoxes, l'egalation qui répond à ces signes, degrez, minutes & secondes. Mais pource qu'on ne trouue pas en la Table 13 degrez, mais seulement 12, il faut tirer la partie proportionnelle (qu'il faudroit aussi bien chercher en vne Table estẽduë plus au long, à cause des 54 min. & 21 sec.) Ie tire donc premierement la difference de l'egalation de 12 & de 15 degrez, & reduisant les trois degrez en 10800 secondes, ie les mets au premier lieu de ma regle de trois, & la difference des deux egalations, 7' 5'', & 5' 37'', qui est 88 secondes au deuxiéme rang, puis 1 degré, dõt mon nombre passe 12 degrez, & les 54' 21'' iointes auec luy, le tout faisant 6861 secondes au troisiéme. Multipliant donc ce dernier nombre par 88, & diuisant le produit par le premier 10800, i'ay pour quotiẽt ou quatriéme nombre pres de 56 secondes, que i'adjouste a 5' 37'', & le tout ensemble fait 6' 33'' de Prostapherese, qui doit estre adjoustée, pource que la lettre A, qui se trouue en bas marque l'addition qu'il faut faire. Voyla vostre egalation des Equinoxes toute preste, pour estre adjoustée au moyen mouuement du Soleil.

Table de la longueur du Soleil. & Anomalie

Racine de l'An	Longueur S. D. M. S.	Anomalie S. D. M. S.
1500 Ans	9 20 2 40	6 16 10 29
1	11 29 45 40	11 29 44 38
2	11 29 31 20	11 29 29 17
3	11 29 17 1	11 29 13 55
4	0 0 1 49	12 29 57 42
8	0 0 3 38	11 29 53 24
12	0 0 5 28	11 29 53 7
16	0 0 7 17	11 29 50 49
20	0 0 9 6	11 29 48 30
40	0 0 18 12	11 29 37 1
60	0 0 27 19	11 29 25 31
80	0 0 36 25	11 29 14 2
100	0 0 45 31	11 29 2 32
Iours	Mouuement des iours Anomalie longueur.	
1	0 0 59 8	0 0 59 8
2	0 1 58 19	0 1 58 17
3	0 2 57 25	0 2 57 25
4	0 3 56 33	0 3 56 33
5	0 4 55 42	0 4 55 42
10	0 9 51 23	0 9 51 22
20	0 19 42 47	0 19 42 44
30	0 29 34 10	0 29 34 6
Mois cômuns Ianu. 31	0 30 33 18	0 30 33 13
Feu. 59	1 28 9 11	1 28 9 1
Mars 90	2 28 42 30	2 28 42 15
Aur. 120	3 28 16 39	3 28 16 18
May 151	4 28 49 58	4 28 49 41
Iuin 181	5 28 24 7	5 28 23 36
Iuill. 212	6 28 57 26	6 28 56 50
Aou. 243	7 29 30 44	7 29 30 3
Sep. 273	8 29 4 54	8 29 4 6
Oct. 304	9 29 38 12	9 29 37 19
No. 334	10 29 12 22	10 29 10 26
De. 365	11 29 45 40	11 29 44 38

Aux ans Bissextils il faut adiouster vn iour au mois de Feurier ou à vostre conte.

Tables des Prostapherefes, ou Egalations.

Degr.	signes 0. Souft. D. M. S.	signes 1. Souft. D. M. S.	signes 2. Souft. D. M. S.	signes 3. Souft D. M. S.	signes 4. Souft. D. M. S.	signes 6. Souft. D. M. S.	Degr.
0	0 0 0	0 59 31	1 44 23	2 2 42	1 48 12	1 3 19	30
1	0 2 51	1 3 20	1 45 29	2 2 46	1 47 9	1 1 26	29
2	0 4 9	1 3 8	1 46 33	2 2 48	1 46 5	0 59 31	28
3	0 6 13	1 4 54	1 47 35	2 2 48	1 44 58	0 57 35	27
4	0 8 17	1 6 40	1 47 35	2 2 47	1 43 49	0 55 37	26
5	0 10 20	1 8 24	1 49 34	2 2 43	1 42 38	0 53 37	25
6	0 12 23	1 10 7	1 50 31	2 2 34	1 41 25	0 51 36	24
7	0 14 26	1 11 48	1 51 26	2 2 22	1 40 9	0 79 34	23
8	0 16 29	1 13 28	1 52 17	2 2 9	1 38 52	0 47 31	22
9	0 18 32	1 15 7	1 53 6	2 1 53	1 37 34	0 45 28	21
10	0 20 35	1 16 45	1 53 53	2 1 36	1 36 14	0 43 25	20
11	0 22 37	1 18 22	1 54 41	2 1 17	1 34 52	0 41 21	19
12	0 24 38	1 19 58	1 55 27	2 8 56	1 33 28	0 39 16	18
13	0 26 39	1 21 32	1 56 10	2 0 32	1 32 2	0 37 10	17
14	0 28 40	1 23 5	1 56 49	2 0 6	1 30 34	0 35 23	16
15	0 30 41	1 24 37	1 55 27	1 59 38	1 29 3	0 32 55	15
16	0 32 41	1 26 8	1 59 3	1 59 8	1 27 31	0 30 46	14
17	0 34 41	1 27 37	1 58 36	1 58 36	1 25 57	0 28 36	13
18	0 36 40	1 29 4	2 59 8	1 58 1	1 24 21	0 26 26	12
19	0 38 39	1 30 29	1 59 38	1 57 24	1 22 44	0 24 16	11
20	0 40 37	1 31 53	2 0 6	1 56 45	1 21 6	0 22 5	10
21	0 42 34	1 33 16	2 0 32	1 56 3	1 19 27	0 19 54	9
22	0 44 30	1 34 37	2 0 56	1 55 20	1 17 47	0 17 43	8
23	0 46 25	1 35 57	2 1 17	1 54 35	1 16 5	0 15 31	7
24	0 48 20	1 37 15	2 1 36	1 53 48	1 14 10	0 13 19	6
25	0 50 14	1 38 30	2 1 52	1 52 58	1 12 32	0 11 6	5
26	0 52 7	1 39 44	2 2 6	1 52 5	1 10 43	0 8 53	4
27	0 54 0	1 40 56	2 2 18	1 51 9	1 8 54	0 6 40	3
28	0 55 52	1 42 6	2 2 28	1 50 12	1 7 4	0 4 27	2
29	0 57 42	1 43 15	2 2 36	1 49 13	1 5 12	0 2 13	1
30	0 59 31	1 44 23	2 2 42	1 48 12	1 3 19	0 0 0	0
	11. Adiouft. signes	10. Adiouft.	9. Adiouft	8, Adjouft.	7. Adiouft.	6. Adiouft.	

Heures — Longueur & Anomalie ensemble

Minu.	M.	S.	Minu.	M.	S.
1	2	28	31	1	16
2	4	56	32	1	19
3	7	24	33	1	21
4	9	51	34	1	24
5	12	14	35	1	26
6	14	47	36	1	29
7	17	15	37	1	30
8	19	34	38	1	34
9	12	11	39	1	36
10	24	38	40	2	39
11	27	6	41	1	41
12	29	34	42	1	43
13	32	2	43	1	46
14	34	30	44	1	48
15	36	58	45	1	51
16	59	26	46	1	53
17	41	53	47	1	56
18	44	21	48	4	58
19	46	49	49	2	1
20	49	17	50	2	3
21	51	43	51	2	6
22	54	15	52	2	8
23	56	40	53	2	11
24	59	8	54	2	15
25	8	2	55	2	11
26	1	4	56	2	18
27	1	7	57	2	20
28	1	9	58	2	23
29	5	11	59	2	25
30	1	14	60	2	28

Quand vous cherchez le mouuement des minutes iusqu'à 24. Il faut mettre des secondes au lieu des minutes, comme cherchant le mouuement d'vne minute d'heure, il faut prendre 2" au lieu de 2'28', & pour 2 minutes d'heure, contre lesquelles il y a 4 minutes, 59 secondes de degré, il faut prendre 5 secondes pource que 56' approchent fort d'vne minute, qui doit estre conuertie en vne seconde. Mais apres 24 minutes l'on prend les minutes & secondes de degré qui s'offrent.

Tables des moyens Mouuemens de l'anomalie des Equinoxes (qui comprend celle de l'obliquité de l'Ecliptique) de leur Proceßion, ou deuancement, & de leur egalation, ou les lettres S.D.M.S. signifient signes, degrez, minutes, secondes.

Ans Racine.	Deuancement des equinoxes S.D.M.S	Racine de	Anomalie des Equinoxes, & de l'obliquité de l'Ecliptiq. S.D.M.S.
1500	2 15 57 15	1500	6 6 36 51
1	0 0 0 50		0 0 6 0
2	0 0 1 40		0 0 12 0
3	0 0 2 26		0 0 18 0
4	0 0 3 19		0 0 24 6
5	0 0 4 9		0 0 30 0
10	0 0 8 18		0 1 0 0
20	0 0 16 36		0 2 0 0
40	0 0 33 11		0 4 0 0
60	0 0 49 47		0 6 0 0
80	0 1 6 23		0 8 0 0
100	0 1 22 58		0 10 0 0
	Mois cōmuns		Mois de l'āBi-
Ianuier	0 0 0 4		0 0 0 30
Feurier	0 0 0 8		0 0 1 0
Mars	0 0 0 12		0 0 1 50
Auril	0 0 0 17		0 0 2 0
May	0 0 0 21		0 0 2 30
Iuin	0 0 0 25		0 0 3 0
Iuillet	0 0 0 29		0 0 3 30
Aoust	0 0 0 34		0 0 4 0
Septem.	0 0 0 38		0 0 4 30
Octobre	0 0 0 42		0 0 5 0
Nouem.	0 0 0 46		0 0 5 30
Decem.	0 0 0 50		0 0 6 0

Egalations des Prostaphereses des Equinoxes.

Degrez	signes 1 Soustr. M.	S.	signes 2 Soustr. M.	S.	signes 3 Soustr. M.	S.	signes 4 Soustr. M.	S.	signes 5 Soustr. M.	S.	signes 6 Soustr. M.	S.	Degrez
0	0	0	13	33	23	36	27	5	23	46	13	46	30
1	0	28	14	0	23	50	27	4	23	31	15	21	29
3	1	24	14	41	24	17	27	2	23	0	12	29	27
6	2	48	15	59	24	57	26	58	22	12	11	12	24
9	4	12	17	5	25	30	26	49	21	20	9	50	21
12	5	36	18	10	25	57	26	37	20	24	8	0	18
15	7	0	19	13	26	17	26	22	19	25	7	5	15
18	8	22	20	11	26	31	26	1	18	23	5	37	12
21	9	43	21	9	26	44	25	38	17	18	4	15	9
24	11	2	22	2	26	54	25	5	16	11	2	49	6
27	12	20	22	50	27	1	24	26	15	1	1	24	3
29	13	10	23	21	27	4	24	0	14	11	1	33	1
30	13	33	23	36	27	5	23	46	13	46	0	0	0
	Adjou. 11 signes.		Adjou. 10 signes.		Adjou. 9 signes.		Adjou. 8 signes.		Adjou. 7 signes.		Adjou. 6 signes.		

Pour vous seruir de ces Tables il faut premierement prendre le mouuement de l'anomalie des Equinoxes par vos ans & iours, puis auec les signes, degrez & minutes de ce mouuement chercher la Prostapherese, ou egalation de l'Equinoxe deuë à cette anomalie, & l'adjouster, ou oster, au moyen mouuement du Soleil, pour auoir le vray, auec l'autre egalatiō de l'anomalie du Soleil. Par exēple, Vn hōme est né l'an 1573, au mois d'Aoust. Prenez premieremēt la racine de l'an 1500, de l'anomalie, puis son mouuement de 60 ans, puis celuy de 10, puis celuy de 2, afin d'auoir le mouuement de 1572 ans accomplis, puis prenez celuy des mois de l'année iusques au mois d'Aoust, (veu qu'il n'est pas besoin de chercher en ce mouuement si lent, tout le temps tant ajusté) le tout assemblé fait 6 signes, 13 degrez, 54 minutes, 21 secondes. Ie cherche dōc auec cette anomalie, en la Table des Prostaphereses des Equinoxes, l'egalation qui répond à ces signes, degrez, minutes & secondes. Mais pource qu'on ne trouue pas en la Table 13 degrez, mais seulement 12, il faut tirer la partie proportionnelle (qu'il faudroit aussi bien chercher en vne Table estēduë plus au long, à cause des 54 min. & 21 sec.) Ie tire donc premierement la difference de l'egalation de 12 & de 15 degrez, & reduisant les trois degrez en 10800 secondes, ie les mets au premier lieu de ma regle de trois, & la difference des deux egalations, 7' 5'', & 5' 37'', qui est 88 secondes au deuxiéme rang, puis 1 degré, dōt mon nombre passe 12 degrez, & les 54' 21'' iointes auec luy, le tout faisant 6861 secondes au troisiéme. Multipliant donc ce dernier nombre par 88, & diuisant le produit par le premier 10800, i'ay pour quotiēt ou quatriéme nombre pres de 56 secondes, que i'adjouste a 5' 37'', & le tout ensemble fait 6' 33'' de Prostapherese, qui doit estre adjoustée, pource que la lettre A, qui se trouue en bas marque l'addition qu'il faut faire. Voyla vostre egalation des Equinoxes toute preste, pour estre adjoustée au moyen mouuement du Soleil.

Table de la longueur du Soleil. & Anomalie

Racine de l'An	Longueur S. D. M. S.	Anomalie S. D. M. S.
1500 Ans	9 20 2 40	6 16 10 29
1	11 29 45 40	11 29 44 38
2	11 29 31 20	11 29 29 17
3	11 29 17 1	11 29 13 55
4	0 0 1 49	12 29 57 42
8	0 0 3 38	11 29 53 24
12	0 0 5 28	11 29 53 7
16	0 0 7 17	11 29 50 49
20	0 0 9 6	11 29 48 30
40	0 0 18 12	11 29 37 1
60	0 0 27 19	11 29 25 31
80	0 0 36 25	11 29 14 2
100	0 0 45 31	11 29 2 32

Iours	Mouuement des iours Anomalie	longueur.
1	0 0 59 8	0 0 59 8
2	0 1 58 19	0 1 58 17
3	0 2 57 25	0 2 57 25
4	0 3 56 33	0 3 56 33
5	0 4 55 42	0 4 55 42
10	0 9 51 23	0 9 51 22
20	0 19 42 47	0 19 42 44
30	0 29 34 10	0 29 34 6
Mois cōmuns Ianu. 31	0 30 33 18	0 30 33 13
Feu. 59	1 28 9 11	1 28 9 1
Mars 90	2 28 42 30	2 28 42 15
Aur. 120	3 28 16 39	3 28 16 18
May 151	4 28 49 58	4 28 49 41
Iuin 181	5 28 24 7	5 28 23 36
Iuill. 212	6 28 57 26	6 28 56 50
Aou. 243	7 29 30 44	7 29 30 3
Sep. 273	8 29 4 54	8 29 4 6
Oct. 304	9 29 38 12	9 29 37 19
No. 334	10 29 12 22	10 29 10 26
De. 365	11 29 45 40	11 29 44 38

Aux ans Biſſextils il faut adiouſter vn iour au mois de Feurier ou à voſtre conte.

Tables des Proſthapherefes, ou Egalations.

Degr.	0 ſignes Souſt. D.M.S.	1. ſignes Souſt. D.M.S.	2. ſignes Souſt. D.M.S.	3. ſignes Souſt D.M.S.	4. ſignes Souſt. D.M.S.	6. ſignes Souſt. D.M.S.	Degr.
0	0 0 0	0 59 31	1 44 23	2 2 42	1 48 12	1 3 19	30
1	0 2 51	1 3 20	1 45 29	2 2 46	1 47 9	1 1 26	29
2	0 4 9	1 3 8	1 46 33	2 2 48	1 46 5	0 59 31	28
3	0 6 13	1 4 54	1 47 35	2 2 48	1 44 58	0 57 35	27
4	0 8 17	1 6 40	1 47 35	2 2 47	1 43 49	0 55 37	26
5	0 10 20	1 8 24	1 49 34	2 2 43	1 42 38	0 53 37	25
6	0 12 23	1 10 7	1 50 31	2 2 34	1 41 25	0 51 36	24
7	0 14 26	1 11 48	1 51 26	2 2 22	1 40 9	0 79 34	23
8	0 16 29	1 13 28	1 52 17	2 2 9	1 38 52	0 47 31	22
9	0 18 32	1 15 7	1 53 6	2 1 53	1 37 34	0 45 28	21
10	0 20 35	1 16 45	1 53 53	2 1 36	1 36 14	0 43 25	20
11	0 22 37	1 18 22	1 54 41	2 1 17	1 34 52	0 41 21	19
12	0 24 38	1 19 58	1 55 27	2 8 56	1 33 28	0 39 16	18
13	0 26 39	1 21 32	1 56 10	2 0 32	1 32 2	0 37 10	17
14	0 28 40	1 23 5	1 56 49	2 0 6	1 30 34	0 35 23	16
15	0 30 41	1 24 37	1 55 27	1 59 38	1 29 3	0 32 55	15
16	0 32 41	1 26 8	1 59 3	1 59 8	1 27 31	0 30 46	14
17	0 34 41	1 27 37	1 58 36	1 58 36	1 25 57	0 28 36	13
18	0 36 40	1 29 4	2 59 8	1 58 1	1 24 21	0 26 26	12
19	0 38 39	1 30 29	1 59 38	1 57 24	1 22 44	0 24 16	11
20	0 40 37	1 31 53	2 0 6	1 56 45	1 21 6	0 22 5	10
21	0 42 34	1 33 16	2 0 32	1 56 3	1 19 27	0 19 54	9
22	0 44 30	1 34 37	2 0 56	1 55 20	1 17 47	0 17 43	8
23	0 46 25	1 35 57	2 1 17	1 54 35	1 16 5	0 15 31	7
24	0 48 20	1 37 15	2 1 36	1 53 48	1 14 10	0 13 19	6
25	0 50 14	1 38 30	2 1 52	1 52 58	1 12 32	0 11 6	5
26	0 52 7	1 39 44	2 2 6	1 52 5	1 10 43	0 8 53	4
27	0 54 0	1 40 56	2 2 18	1 51 9	1 8 54	0 6 40	3
28	0 55 52	1 42 6	2 2 28	1 50 12	1 7 40	0 4 27	2
29	0 57 42	1 43 15	2 2 36	1 49 13	1 5 12	0 2 13	1
30	0 59 31	1 44 23	2 2 42	1 48 12	1 3 19	0 0 0	0
	11. Adiouſt. ſignes.	10. Adiouſt.	9. Adiouſt	8, Adjouſt.	7. Adiouſt.	6. Adiouſt.	

Longueur & Anomalie entemble

Heures Minu.

Minu.	M.	S.		M.	S.
1	2	28	31	1	16
2	4	56	32	1	19
3	7	24	33	1	21
4	9	51	34	1	24
5	12	14	35	1	26
6	14	47	36	1	29
7	17	15	37	1	30
8	19	34	38	1	34
9	22	11	39	1	36
10	24	38	40	2	39
11	27	6	41	1	41
12	29	34	42	1	43
13	32	2	43	1	46
14	34	30	44	1	48
15	36	58	45	1	51
16	59	26	46	1	53
17	41	53	47	1	56
18	44	21	48	4	58
19	46	49	49	2	2
20	49	17	50	2	3
21	51	41	51	2	6
22	54	15	52	2	8
23	56	40	53	2	11
24	59	8	54	2	15
25	8	2	55	2	21
26	1	4	56	2	18
27	1	7	57	2	20
28	1	9	58	2	23
29	5	11	59	2	25
30	1	14	60	2	28

Quand vous cherchez le mouuement des minutes iuſqu'à 24. Il faut mettre des ſecondes au lieu des minutes, comme cherchant le mouuement d'vne minute d'heure, il faut prendre 2" au lieu de 2'28', & pour 2 minutes d'heure, contre leſquelles il y a 4 minutes, 59 ſecondes de degré, il faut prendre 5 ſecondes pource que 56' approchent fort d'vne minute, qui doit eſtre conuertie en vne ſeconde. Mais apres 24 minutes l'on prend les minutes & ſecondes de degré qui s'offrent.

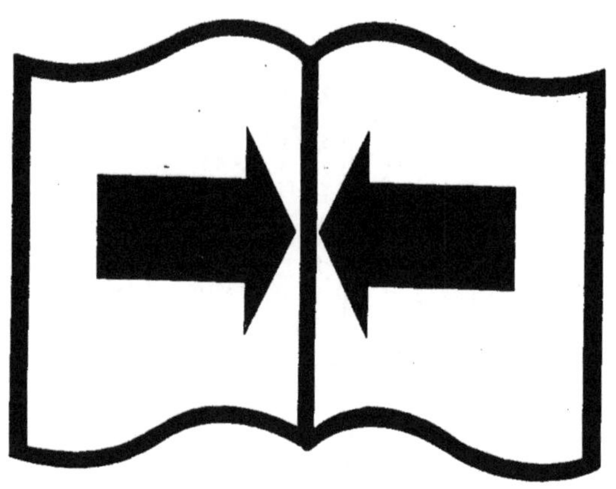

Reliure serrée

Pour l'vſage de ces Tables, il faut prendre les ans, mois & iours accomplis, & ces iours à la façon des Aſtrologues, d'vn Midy à l'autre, tant de la longueur que de l'anomalie, & pareillement les heures qui vont iuſqu'à 24 d'vn midy à l'autre, & les minutes d'heure s'il y en a; & ayant adjouſté enſemble tous les ſignes, degrez & minutes, tant de la longueur que de l'anomalie, chercher auec les ſignes & degrez de l'anomalie, la Proſtapherefe, en tirant la partie proportionnelle s'il y a quelques minutes apres les degrez, & ayant ſouſtrait ou adjouſté à la longueur du Soleil cette Proſtapherefe, vous aurez le vray lieu du Soleil conté depuis l'Equinoxe moyen du Printemps; puis ayant encor oſté, ou adjouſté la Proſtapherefe de l'Equinoxe deuë à ce temps-là, qu'on doit auoir deſia trouuée auparauant, vous aurez le vray lieu du Soleil conté depuis le vray Equinoxe du Printemps.

L'on nous propoſe vn homme né l'an 1573, le 13 d'Aouſt, à 6 heures du matin. Ie prens ainſi mes mouuemens.

	Long. du Soleil				Anomalie			
	S.	D.	M.	S.	S.	D.	M.	S.
Racine de l'An 1500	9	20	2	40	6	16	10	29
60 Ans	0	0	27	19	11	29	25	31
12 Ans	0	0	5	28	11	29	53	7
Mois de Iuillet	6	28	57	26	6	28	56	50
10 iours	0	9	51	23	0	9	51	22
1 iour	0	0	59	8	0	0	59	8
18 heur.	0	0	44	21	0	0	44	21
	5	1	7	45	1	26	0	48

I'ay donc pour la longueur moyenne du Soleil 17 ſignes, 1 degré, 7 minutes, 45 ſecondes, & rejetant le Cercle entier, ou 12 ſignes, 5 ſignes, 1 degré, 7 minutes, 45 ſecondes.

Et pour ſon anomalie 37 ſignes, 26 degrez, 0 minute, 48 ſecondes, & rejettant les Cercles entiers, vn ſigne, 26 degrez, 0 minutes 48 ſecondes.

Ie cherche maintenant auec les ſignes & degrez de l'anomalie la Proſtapherefe, prenant en haut vn ſigne, & a coſté les 26 degrez, en deſcendant, ſi bien que ie trouue dans la colomne d'vn ſigne, vis à vis de 26 degrez l'egalation d'vn degré, 39 minutes, 44 ſecondes, que l'on doit ſouſtraire de la longueur du Soleil, pource que la marque de ſouſtraction, qui eſt en haut le porte; tellement qu'oſtant vn degré, 39 minutes, 44 ſecondes de 5 ſignes, vn degré, 7 minutes 45 ſecondes, il reſte 4 ſignes, 29 degrez, 28 minutes vne ſeconde, pour le lieu du Soleil conté depuis l'Equinoxe moyen du Printemps; & en adiouſtant l'egalation de l'Equinoxe deuë à ce temps là, que i'ay deſia trouuée cy-deſſus de 6 minutes, 33 ſecondes; nous aurons le lieu du Soleil conté depuis le vray Equinoxe, de 4 ſignes, 29 degrez, 34 minutes 34 ſecondes; c'eſt à dire que le Soleil ſera dans les 29 degrez, 34 minutes 34 ſecondes du Lyon.

Que ſi quelque ſcrupuleux ſe veut amuſer à rechercher l'egalation des iours deuë à ce temps-là par la Table, & non par l'autre voye que i'ay enſeignée, il prendra au haut de la Table le ſigne du Lyon, & ne trouuant pas les 29 degrez 34 minutes, prendra librement contre les 30 degrez, au deſſous du meſme ſigne du Lyon 6 minutes d'heure d'egalation, qui doiuent eſtre ſouſtraits de voſtre temps pource que la marque d'addition eſt en haut, & qu'il faut faire le contraire, d'autant que l'on veut changer le temps apparent en egal; ſi bien qu'il faudra chercher dans la Table le mouuement du Soleil deu à 5 minutes d'heure, 30" qui eſt de pres de 15 ſecondes, peu conſiderables qu'il faudroit ſouſtraire tellement que le lieu du Soleil ſeroit de 4 ſignes, 29 degrez, 34' minutes, 29 ſecondes & le vray lieu du Soleil conté du moyen Equinoxe ſeroit de 4 ſignes, 29 degrez, 27 minutes 46 ſecondes.

Mais ſi vous cherchiez quelque mouuement apres l'an 1582, & la Reformation du Calendrier, il faut touſiours oſter du conte de vos iours, 10 iours à cauſe de leur retranchement, comme ſi vous vouliez ſçauoir le lieu du Soleil à 6 heures du matin, du 13 d'Aouſt 1612, il faut prendre ſeulement le mouuement d'vn iour du mois d'Aouſt, au lieu d'11 en cette ſorte.

	Longueur du Soleil				Anomalie			
	S.	D.	M.	S.	S.	D.	M.	S.
Racine de 1500	9	20	2	40	6	16	10	29
Ans 100	0	0	45	31	11	29	2	32
8 Ans	0	0	3	38	11	29	55	24
3 Ans	11	29	17	1	11	29	13	55
Iuillet	6	28	57	26	6	28	56	50
le iour du Bissexte	0	0	59	8	0	0	59	8
Au lieu d'11 1 iour du mois d'Aoust	0	0	59	8	0	0	59	8
18 Heures	0	0	44	21	0	0	44	21
	4	21	48	53	1	16	1	47
		1	26	11	Soustray			
	4	20	22	42				
			3	51	Adjouste			
	4	20	26	53				

Ie cherche auec l'anomalie d'vn signe, 16 degrez, vne minute 47 secondes (ayant reieté de 49 quatre Cercles entiers) la Prostapherese deuë à ce lieu-là, qui se trouue d'vn degré 26′ 11″ auec la marque de soustraction. Ie la soustray donc de la longueur du Soleil, & il reste 4 signes, 20 degrez 22 minutes 42 secondes. Apres cela ie trouue par le moyen de l'anomalie des Equinoxes deuë à ce temps-là, qui est le 6 signe, 8 degrez 11 minutes 26 secondes, la Prostapherese des Equinoxes de 3 min. 51 sec. qui doit estre adioustée, ce qu'ayant fait, i'ay le vray lieu du Soleil conté depuis le vray Equinoxe du Printemps, de 4 signes 20 degrez, 26 min. 33 secondes: si bien que ie dy que le Soleil est à 6 heures du matin du 13 d'Aoust au 20 degré, 26′ 33″ du Lyon.

Au reste le mouuement d'vn an Bissextil est de 0 signe, 0 degré, 44′ 48″ 33‴: & le mouuement de l'anomalie, qui marque la distance moyenne du Soleil de l'Apogée, sera aux années communes de 11 signes, 29° 44′ 38″ 23‴, & en l'an Bissextil de 0 signes 0 degrez 43′ 46″, 43‴, comme on peut voir ayant soustrait le mouuement annuel de l'Apogée, qui est d'1′ 1″, 50‴ de la longueur du Soleil; de mesme que le mouuement d'vn iour du mesme Apogée est de 10‴ 10⁗, lesquelles on soustrait du mouuement de longueur d'vn iour du Soleil, pour auoir celuy d'vn iour de l'anomalie: & si vous venez à soustraire l'anomalie du Soleil de sa longueur, vous aurez le mouuement de son Apogée en ce qui restera.

Taches du Soleil. Quant aux taches du Soleil, dont Galileo Galilei fait vn discours entier, qui a pour titre, *Istoria, & demonstrationi interna alle Macchie solari*, ce sont choses reelles, comme il dit, & non simples apparences, ou illusions de l'œil, ou du crystal. Elles ont leur mouuement d'Occident en Orient, declinant, ou s'écartant du Midy au Septentrion. Elles sont produites, ou dissoutes, dans des termes incertains, plus longs & plus cours. Quelques vnes s'epaississent, & se dissipent grandement d'vn iour à l'autre, & prenent diuerses figures, dont quelques vnes sont fort irreguliers. Au reste elles ne sont pas au Soleil mesme, mais autour de luy, & separées seulement d'vn si petit interualle, qu'on ne peut apperceuoir auec les Lunettes l'espace qui les distingue. Au reste les Egyptiens [a] ont tenu, qu'il fut mis en sa creation mis au 15 degré du Lyon.

[a] Beda de Plan. net. & sig. tac. Firmic. li. 2.

VENVS.

VENVS que les Hebreux nomment Nogah, & les Grecs [b] Aphrodite, & Phosphoros, c'est à dire porte-lumiere, dont les Latins ont changé le nom en celuy de Lucifer, signifiant mesme chose, est appellée par les mesmes Hesperos, ou Hesperus, lors qu'elle luit le soir apres le Soleil, de mesme que Phosphoros lors qu'elle paroist le matin auant le mesme Aristote au liure du Monde, ou bien Apulée dit que c'est l'Estoile de Iunon, ou plustost de Venus. Les Latins [c] l'ont aussi nom-

[b] Arist. de Mundo. Plutar. des opin. des Phil. li. 2. ca. 15. Cic. de nat. Deor. li. 2. Higin. Poet. Astro. Capella lib. 8.

[c] Festus de verb. sign. Varro de Lin. Lat. li. 5.

mée Vesperugo; & le vulgaire luy donne le nom de Diane, d'Estoile du iour, & de Belle Estoile.

Galilei en ses taches du Soleil dit, qu'elle va changeant de figures, de mesme que la Lune; & Metius dit, qu'auec les Lunettes de Hollande on voit croistre & diminuer sa lumiere, de mesme que celle de la Lune, & qu'elle forme vn croissant comme elle.

Albategni l'esloigne de la Terre, en sa moyenne distance, de 618 demis Diametres de la Terre, tellement qu'elle paroist comme la 10 partie du Diametre du Soleil, & luy donne la quantité de la 36 partie de la Terre, faisant la proportion des Diametres, comme de 10 a 3. Alfragan veut qu'elle soit seulement la 39 partie de la Terre.

Mais Tycho Brahé fait cette distance de 1150 demis Diametres de la Terre, de mesme que du Soleil & de Mercure; cette estoile 6 fois $\frac{1}{2}$ seulement moindre que la Terre.

Bede dit que les Egyptiens ont creu, qu'elle auoit esté crée au 14 degré de la Balance, a 59 degrez du Soleil, au lieu que les Hebreux & les Chaldées tindrent qu'elle auoit esté crée au premier degré du Taureau; & le mesme met son Apogée, ou son plus haut point aux Poissons. Mais au temps de Ptolemée, 140 ans apres Iesus-Christ, son plus haut, poinct estoit au 25 $\frac{1}{2}$ degrez du Taureau; puis l'an de grace 1585 il fut trouué aux 29 degrez, 15 minutes des Gemeaux; & maintenant il est à la fin des Gemeaux, & au commencement de l'Ecreuisse.

Le mouuement de l'eccentrique est presque semblable à celuy du Soleil, & parfait son tour en 365 iours, 5 heures, & quelques minutes. Ses intersections, ou nœuds passent par le 13 ♊, & de l'Archer. Au reste elle ne s'esloigne iamais du Soleil de plus de 40 degrez, d'vn costé & d'autre, à raison dequoy ses rayons nous la cachent bien souuent.

Albumazar la fait chaude & humide, à cause du voisinage du Soleil, & des vapeurs de la Terre, qui paruiennent iusqu'à elle, selō l'estime. Mais ordinairement on luy donne vne chaleur temperée, & Ptolemée dit qu'elle échaufe plus que Iupiter, tant pource qu'elle est plus voisine du Soleil, qu'à raison de sa lumiere, qui est si grande, qu'elle cause l'ombre. Son naturel est aussi d'humecter beaucoup, pource qu'estant voysine de la Terre elle attire vne grande quantité d'humides exhalaisons, tant le soir que le matin.

MERCVRE.

MERCVRE est nommé par les Hebreux Cocab selon Postel, & selon d'autres Choteb, c'est à dire Escriuain, pource qu'il a quelque pouuoir, comme on tient, sur les gens d'esprit & de letres. Mais les Grecs l'appellent Hermes, & a Stilbon, & mesme Aristote, ou Apulée, au liure du Monde, dit, que quelques vns l'ont appellé l'estoile d'Apollon

a Aristot. de Mund. Plut. des opin. Cic. 2. de nat. Deo. Hygin. Poët. Astron. Capella lib. 8.

Albategni dit qu'en son moyen esloignement de la Terre, qu'il met de 115 parties, il a son Diametre visible comme la cinquiéme partie du Diametre du Soleil, & vient à tirer de là qu'il est pres de 19 mille fois moindre que la Terre. Alfragan le fait seulement grand comme la vingt-deux milliéme partie de la Terre. Mais Tycho Brahé l'ayant consideré plus curieusement, & auec des instrumens plus exquis a reconu, que lors qu'il paroist, estant fort esloigné du Soleil & de la Terre, enuiron autant que le mesme, son Diametre visible est moindre de 2' 18''. Et pource qu'estant ainsi placé, sa distance de la Terre est de pres de 1150 demis Diametres de la mesme, l'on trouue que la proportion de son Diametre à celuy de la Terre est comme de 3 à 8; si bien qu'ayant multiplié cubiquement ces deux nombres, & diuisé le plus grand cube par le moindre, l'on trouuera qu'il est seulement presque 19 fois moindre que la Terre, quoy que les anciens ayent dit, qu'il l'estoit 19 mille fois, ou 22 mille fois.

Bede dit que Mercure fut à sa creatiō mis au 7 degré de la Vierge, à 22 degrez du Soleil, selō l'opinion des Egyptiens; & le mesme met son Apogée en la Vierge. Mais Ptolemée l'a mis suiuāt les obseruatiōs faites 264 ans auant Iesus-Christ, au 6 degré de la Balāce, & de son tēps au 10 degré de la mesme; puis l'ā de grace 1586 on a trouué que

que cet Apogée estoit au commencement du Sagittaire, à sçauoir à o degré 30 minutes, & maintenant il est au delà du premier degré du mesme Sagittaire.

Le mouuement de son Eccentrique est pareil à celuy du Soleil, & son tour se parfait enuiron en vn an de mesme que l'autre. Au reste il ne s'esloigne iamais du Soleil, tant d'vn costé que d'autre, de plus de 20 degrez; ses entrecoupemens, ou nœuds passent par les commencemens de l'Archer & des Gemeaux; son naturel est d'agir indifferemment; veu qu'estant proche du Soleil il desseiche; puis auoisinant la Lune il humecte, & finalement il est cause de plusieurs soudains changemens, comme changeant de mouuement & de place, en diuerses sortes.

LA LVNE.

Nature. LA Lune est nommée par les Hebreux Lebanah, à cause de sa blancheur, par les Arabes Ai, & par les Grecs Selene. Sa consideration consiste en sa nature, en sa lumiere, & en ses diuerses faces & apparences.

Chaleur & humidité. Il semble qu'elle est de son naturel chaude & humide, mais auec moderation, quoy qu'on la tienne vulgairement froide. Sa chaleur est assez prouuée par l'Escriture[a], où il est dit, le Soleil ne te brulera pas de iour, ny la Lune de nuict; sa chaleur & humidité tire sa preuue du meslange de la lumiere du Soleil, & de la sienne: puis encor de sa couleur; & ses effets humides & chauds, qu'on découure aux humeurs qu'elle émeut, principalement aux pleines & nouuelles Lunes, rendent la chose assez manifeste.

a Psal. 115.

Lumiere. Quant à sa lumiere, il semble qu'elle en a d'elle mesme, bien que foible & obscurcie, & d'ailleurs aussi qu'elle emprunte sa plus grande clarté du Soleil. Ses effects particuliers nous persuadent premierement qu'elle doit auoir vne lumiere particuliere, sans laquelle elle n'auroit pas de si fortes influences, & ce qui nous porte encor à cette creance c'est que les autres Astres ont leur propre lumiere; puis encor nous sommes poussez à le tenir de la sorte, par les premieres monstres de la Lune, apres la conjonction, ausquelles outre le croissant illuminé, l'on voit paroistre certaine petite & mourante, ou comme obscure clarté, qu'on découure pareillement en quelques autres estoiles, & l'on apperçoit le mesme lors qu'elle est demie. Il semble aussi que les Eclipses de la Lune ausquelles on apperçoit semblable chose, témoignent ceste verité; de mesme que ses obscurcissements, ausquels elle paroist quelquefois fort noire, lors qu'estant au Perigée de son Cercle elle entre dans vne ombre fort espaisse: & par fois moins obscure, lors qu'estant en ses longueurs moyennes elle trouue l'ombre de la terre moins espaisse; puis par fois roussatre, lors qu'estant en l'Apogée de son Cercle, elle entre dans la partie plus deliée de l'ombre; ce qui ne pourroit arriuer, si sa lumiere ne se mesloit auec l'ombre de la Terre. Car si la clarté luy manquoit tout à fait, elle nous disparoistroit entierement, & seroit tousiours veuë de mesme couleur.

Quant à la lumiere qu'elle reçoit du Soleil, l'on tient ordinairement, qu'à cause que son corps a des parties inegales, & dissemblables, dont les vnes sont plus espaisses que les autres, elles reçoiuent aussi la lumiere du Soleil inegalement; & que les moins espaisses en reçoiuent dauantage, & luisent par ce moyen beaucoup plus que les plus grossieres, qui donnent moins d'entrée à ceste lumiere. Que si la Lune luisoit entierement d'elle mesme, elle ne pourroit s'obscurcir par son entrée dans l'ombre de la Terre, pource qu'elle chasseroit & dissiperoit toute cette ombre auec sa lumiere. Mais pource qu'elle vient à s'obscurcir, il s'ensuit necessairement qu'elle luit par le moyen d'vne lumiere empruntée, qui luy peut estre rauie, quand vn corps se met entre-deux.

Taches. Quant à ses taches, les[b] Pythagoriciens estimerent, qu'elles paroissoient ainsi, pource qu'elle auoit de plus grands animaux, que nous n'en auons ça bas, qui ne iettoient aucun excrement, & de plus grands arbres, & c'est cette opinion qui semble auoir esté resuscitée de nostre temps par ceux qui disent que la Lune est vne autre Terre, se fondans sur le rapport des Lunettes d'approche.

b Galen. de hist. Physio.

Mais il y a deux autres opinions communes, dont l'vne tient que la figure de la Terre & de la Mer est representée en la Lune comme en vn miroir, & que par ce moyen ces taches rapportent celle de la Terre, ou selon les autres, de la Mer. L'autre est que la Lune a sa substance inegale, & ses parties diuerses, dont celles des taches sont moins capables de lumiere, & les autres plus, comme moins épaisses, qui donnent entrée aux rayons du Soleil.

Quant à celle de la presentation de la Mer, ou de la Terre, elle semble tout a fait impertinente, pource que par tout le monde la face de la Lune est de mesme sorte; mais non celle de la Terre & de la Mer: & pour le regard de l'autre, qui dit que ces taches sont les parties plus épaisses & grossieres de la Lune, qui ne peuuent receuoir la lumiere du Soleil, elle a plus de vray-semblãce, pource qu'il n'y a nulle difference en la lumiere, mais au subjet, qui reflechit inegalement, à la façon d'vn miroir qui a quelques taches, ou defauts. Il est vray qu'il y en a qui disent que le corps de la Lune estant inegal, ses moins épaisses parties luisent moins, pource que la lumiere du Soleil passe à trauers, au lieu que celles qui sont plus épaisses, la reçoiuent & la reflechissent, chose qui a bien grande apparence de raison.

a Galileo Gal. de Luna. Metius de vsu Glob. lib. 1.

Mais à present, on a decouuert [a] par le moyen des Lunettes, dont Galileo Galilei a trouué l'vsage & la façon, raffinée maintenãt par les Hollandois, que le corps de la Lune n'est pas vny, mais raboteux, & plein de cõcauitez, & de lieux creux, & pareillement de bosses & lieux releuez, comme on voit icy des montagnes & vallées, tellement qu'on tient que le diuers reflechissement vient de ces diuersitez. Galilei dit aussi, qu'il a veu par le moyen des mesmes Lunettes le corps de la Lune, esloigné de luy de 16 Diametres de la terre, comme s'il en eust esté proche seulement de deux; tellement que le Diametre de la mesme semble presque 30 fois plus grand, & sa surface plus grande 900 fois, & son corps solide 27 mille fois plus grand, qu'il ne paroist communement à nostre veuë. Au reste il dit, que la Lune a des taches grandes & petites, & que les petites ont tousiours vne partie noirátre qui regarde le lieu du Soleil, & les grandes taches sont plus vnies & egales, & ont seulement quelques places plus claires eparses ça & là; mais le milieu presque de la Lune a certain creux parfaitement rond, plus grand que tous les autres.

Pour le regard de ses differentes mõstres, elle est en cinq postures principalement, durant son mois. Premieremẽt son corps, & ceux du Soleil & de la Terre se trouuẽt deux fois le mois en vne ligne droite, à sçauoir la nouuelle & pleine Lune. Dauantage elle paroist deux fois auec le croissant, deux fois partagée en deux egales moitiez, & deux fois courbée en rond. La nouuelle Lune est proprement au poinct de la cõjonction, lors qu'elle ne paroist point, & ce temps est appellé par Pline Entrelune, & bien qu'il ne consiste qu'en vn moment, toutesfois cela s'estend a plus d'vn iour; puis elle se monstre sur le soir en Occident, apres le coucher du Soleil, & paroist en forme de croissant. On la voit apres partagée en deux moitiez, lors qu'elle est esloignée du Soleil de 3 signes, & c'est ce que les Astrologues appellent Quarrure, ou Aspect carré. Elle est apres courbée en rond, & comme bossuë des deux costez quand elle se trouue esloignée du Soleil de 4 signes, qui est ce que les Astrologues nõment Trine aspect (de mesme que Sextil, lors qu'elle en est esloignée de 2 signes) puis elle deuient pleine. Au reste elle deuient à demy pleine, ou partagée en deux, enuiron le septiéme iour, apres la conjonction, puis bossuë presque le 11; puis pleine le 14, ou pour le plus tard, le 15 de son âge. Elle vient apres à croistre, & reprendre les mesmes faces qu'elle a fait voir auparauant, lors qu'elle se trouue en pareil éloignement du Soleil.

Diuerses faces.

Lors qu'elle nous paroist pleine, elle est droitement opposée au Soleil, & esloignée de luy de 6 signes entiers, & lors elle se leue, ainsi que le Soleil se couche. Quãd elle croist, elle se leue de iour; & lors qu'elle decroist, de nuit: & si elle paroist soudain apres le Soleil couché, ou bien auant qu'il se couche, elle croist: si apres, elle decroist.

Mais l'ordinaire moyen de conoistre combien de temps elle luit la nuict, se pratique en cette sorte, sçachant l'âge de la Lune, ou combien de iours elle a, par l'Epacte, le nombre du mois, conté depuis Mars, & le iour du mois qui est chose fort vulgaire; il faut adjouster à cet âge vn iour, s'il ne passe pas 15, ou le nombre qu'il faut pour aller à 30, s'il passe 15. Cela fait on multiplie cet âge, auec cette addition par 4, puis on diuise le produit par 5, & le quotient marque les heures inegales & les vnitez restãtes de la fractiõ, autãt de cinquiémes parties d'vne heure, que la Lune luit. Si la Lune est pleine on conte ces heures auant le leuer du Soleil; mais tandis qu'elle croist, on les conte depuis son coucher. De sorte que si l'on sçait la lõgueur de la nuict proposée, l'on peut conoistre aisement les heures égales, durant lesquelles elle luit, si l'on la diuise en 12 parties égales.

Au reste on peut remarquer les heures par cette regle. La Lune estant pleine nous éclaire durant 12 heures inegales, c'est à dire toute la nuict; lors qu'elle est en son aspect carré, c'est à dire esloignée de 3 signes du Soleil, elle luit 6 heures, c'est à dire la moitié de la nuit. Quand elle a 5, ou 25 iours, elle est 4 heures sur nostre Horizon, c'est à dire vn tiers de la nuit, & quand ell a 4, ou 26 iours, elle luit trois heures, c'est à dire vn quart de la nuict.

Effects de la Lune.

Pour le regard des effects de la Lune, ils sont tels [a], qu'elle augmente & grossit les fruits, replit les animaux, & conserue aux femmes le tẽps de leurs mois, selon qu'elle est plus ou moins esloignée du Soleil, veu que ses effets sõt lãguissans en son croissãt, mais puissans lors qu'elle est pleine, si bien qu'elle rend les corps etiqs, en les regardant, & rend pasles, & trauaillez de douleur ou pesanteur de teste ceux qui s'endorment, ou demeurent longuement sous ses rayons.

[a] Galen. de dieb. decret. lib. 3.

Les humeurs & le sang s'augmentent aussi quand la Lune est pleine, & diminuent à la nouuelle, & les ecreuisses, huitres, & coquilles sont plus pleines à la pleine Lune, & la vigne taillée à la vieille Lune, pousse des sarments plus courts, que si l'on la taille à la nouuelle.

Le bois coupé quand la Lune est pleine, ou quand elle croist encor, n'est pas propre pour les bastimens, cõme ayant receu trop d'humeur; & les laboureurs biẽ entẽdus ne retirẽt pas leurs grains des aires dans leurs greniers, qu'au defaut de la Lune. Au contraire il faut regarder que la Lune croisse, lors qu'on desire des choses humides. Le flux de la Mer est plus grand, lors qu'elle est pleine, & moindre lors qu'elle n'est que demie; & lors que la mesme monte sur l'Horizon, & s'esleue petit à petit au haut du Ciel, la Mer s'enfle grandement, iusqu'à ce qu'elle paruient à la ligne du Midy: puis encor lors que se couchant à nous, elle s'esleue à nos Antipodes, & s'esleue en haut à eux, elle s'enfle, comme pour sortir de son lict & de ses bornes. Mais quand elle passe du sommet de nos testes au couchant, les flots s'appaisent, son eau vient à se baisser & décroitre; & de mesme lors qu'elle monte de la ligne de minuit à nostre Hemisphere, si bien qu'ordinairement, la marée monte & s'en reua deux fois en 24 heures, ou enuiron.

Elle rend aussi les corps humains bien ou mal disposez, selon qu'elle se trouue placée; à raison dequoy les Medecins iugent des maladies au 4 & 7 iour, pource que chaque septiéme iour la Lune est portée au signe contraire à celuy, auquel le mal a commencé; & le signe du 4 iour a quelque conformité auec celuy du septiéme.

Elle est fort puissante, selon Pline mesme [b], tant en la conjonction, lors qu'elle ne paroit point, que lors qu'elle s'apperçoit pleine, veu qu'en toutes ces deux sortes elle est tousiours pleine.

[b] Plin. li. 18. cap. 28.

Quelques vns tiennent, que ceux qui sont nez le quatriéme iour de la Lune sont malheureux, & supportent de grands trauaux qui leur sont inutiles, ainsi qu'Hercule, qu'on tient estre né le quatriéme iour de la Lune. Mais cela sent la superstition, & ne doit pas arrester l'esprit, qui ne peut assoir vn solide fondement sur ce rapport.

Demeures de la Lune.

Les Astrologues ont [c] aussi donné 28 demeures, qu'ils appellent Mansions, à la Lune, dont Alfragan fait monter la premiere qu'il nomme Asartan, les 13 derniers iours d'Auril, afin que la demeure qui luy est opposée descende; de sorte qu'apres 13 iours vne autre demeure monte, afin que son opposée descende, & cela se fait de suite, selon le mesme, iusqu'à la fin de l'année. De fait, puis qu'il y a 28 demeures, si l'on diuise l'année par 28, il se trouuera que chaque Mansion aura 13 iours, & il restera vn iour pour toutes ensemble.

[c] Alfragan cap. 26. Hali Abenragel de Iudicijs Astrorum 16 part. c. 10.

Mais Abenragel met la premiere demeure qu'il appelle Alnath, depuis le commencement du ♈ iusqu'à 12 degrez, 11′ 26″ du mesme, & poursuit ainsi les degrez des autres, qu'ils appelle de leurs noms Arabes, iusqu'à la derniere & 28, nommée Bathanealoth, qui tient depuis le 17 degré 8 minutes des Poissons, où finit la demeure Alfargamahar, iusques à la fin des mesmes.

Les Astrologues donnent de grands & puissans effects à ces Mansions, & sur tout Hali Aben Ragel monstre au discours qu'il en fait, ce qu'il faut entreprendre, ou qu'il ne faut pas commencer, ou negocier en chacune.

Lieu de la Lune.

Pour trouuer de gros en gros le lieu de la Lune au Zodiaque, mais non si iustement que celuy du Soleil, il faut adjouster vn à l'âge de la Lune, pource que la Lune le plus souuent est coniointe au Soleil vn iour plustost que l'Epacte ne marque: puis il faut doubler ce nombre, diuiser ce double par 5. Lors le quotient vous donnera le nombre des signes, dont la Lune est esloignée du Soleil, selon leur ordre; & s'il reste quelques vnitez, ce seront autant de cinquiémes d'vn signe, dont chacune vaut 6 degrez, tellement qu'il faut ioindre ces degrez aux signes, que vostre quotient vous a donnez. Ainsi desirant sçauoir le 14 de Mars de l'an 1634, le lieu de la Lune au Zodiaque, i'adjouste vn d'Epacte, & vn pour le premier mois qui est Mars, a 14. Ce sont 16, ausquels i'adjouste vn qui font 17: que ie double, & i'ay 34; lesquels diuisez par 5, donnent au quotient 6, & 4/5 c'est à dire 6 signes, & 24 degrez, d'eloignement de la Lune du Soleil. Or est-il que le Soleil se trouue le 14 iour au 24 degré des Poissons; tellement que le conte des 6 signes finiroit aux 24 degrez de la Vierge, & par consequent il faudroit conter le 24 degrez, qui sont par dessus les 6 signes, & les contant on viendroit iusqu'à 18 degrez de la Balance, où la Lune se trouue seulement le 16 iour, n'estant à Midy du 15 que quelques minutes au delà du premier degré de la Balance. De sorte que cette Reigle n'est pas asseurée, & ne rapporte le poinct de son lieu que par grand hazard, & le meilleur est de prendre seulement le nombre des signes, ou de dire qu'elle est en tel signe, sans exprimer les degrez; & mesme bien souuët l'on peut s'abuser; pource que l'Epacte commune auance souuët d'vn iour, au lieu de reculer; si bien qu'au lieu d'adjouster vn il le faudroit soustraire, ou du moins laisser le nombre tel qu'il est. Cependant on suit cette regle ordinairement, pource que plusieurs autheurs estimez l'ont approuuée; & toutesfois elle ne satisfait pas.

L'on peut chercher encore ce lieu par d'autres voyes, qui sont telles. Cherchez le iour, le signe, & degré de la derniere conjonction du Soleil & de la Lune, au mois proposé; puis contez l'âge de la Lune, multipliez le par 12, pource que la Lune s'esloigne tous les iours du Soleil de 12 degrez. Diuisez apres ce produit par 30, & le nombre du quotient sera celuy des signes entiers, & le reste marquera les degrez.

Par exemple, si vous desirez sçauoir le lieu de la Lune le 14 Mars 1634, vous regardez premierement en quel signe & degré s'est faite la derniere conionction, & voyez de gros en gros qu'elle est arriuée au 9 degré des Poissons. L'âge de la Lune ce iour là, selon le compte vulgaire, est 16. Multipliez 16 par 12, ce sont 192, partagez ce produit par 30, le quotient vous donne 6 signes, tellement que la Lune doit estre au 9 de la Vierge, & elle se trouue veritablement au Midy du 14 iour, au 10 de la Vierge. Mais la fraction qui reste de 12 trentiémes, ou 12 degrez, la pousseroit iusqu'au 21 degré de la Vierge; si bien que ie trouue qu'il faudroit tousiours conter moins vn iour que l'Epacte ne marque, & le conte se trouueroit mieux ajusté, & tout tel qu'il est il satisfait plus que le precedent.

Vous pouuez encor sçauoir de combien de degrez la Lune est esloignée du Soleil, en multipliant son âge par 4, & ce produit encore, par 3, afin d'auoir en ce dernier produit le nombre des degrez de son esloignement, & l'on a mesme nombre qu'en l'enseignement precedent.

Mais il vaut bien mieux chercher les vrays mouuemens par des voyes plus lōgues, mais plus asseurées. Ce qui se fait par le moyen des Tables que ie vous offriroy auec la façon des operations qu'il y faut mesler, si ie ne craignoy d'estre enuieux, à cause de leur longueur, & leur embarassement, que vous pourrez voir ailleurs, si vous desirez auoir cognoissance de ces mouuemens.

Il me suffira de dire que le moyen mouuemēt iournalier de l'Eccentrique de la Lune, ou du centre de l'Epicycle sous le Zodiaque est de 13 degrez, 10′ 35″, d'où vient que son tour est de 27 iours, 7 heures, 43′ & quelques secondes, qui font le mois Periodique; & le mouuement moyen d'vne heure est de 32′ 15″.

Mais son esloignement moyen du Soleil en vn iour est de 12 degrez, 11′ 23″, & en vne heure de 30, 26″ 37 tierces & demie; & le temps egal ou moyē de son tour, pour ratraper le Soleil est de 29 iours, 12 heures, 44 minutes, 3″ 11‴, qui font le mois nommé Synodique, ou Conjonctionel. De sorte qu'en vne année il y a 12 Lunaisons, & 132 degrez, 45 de la treiziéme.

Quant à son esloignement de l'Ecliptique qu'on appelle Latitude, ou Largeur, le plus grād est de 4 degrez, 58 minutes & 38 secōdes, tant aux pleines qu'aux nouuelles Lunes, soit du costé du Septentrion, soit du Midy; mais lors qu'elle est en l'aspect quarré du Soleil, ou esloignée de 3 signes, son plus grand esloignement de la mesme Ecliptique est de 5 degrez, 17 minutes, 30 secondes; & pour le regard des autres aspects & distances du Soleil, sa plus grande Latitude n'est en aucun lieu moindre qu'aux conionctions, & oppositions, ou nouuelles & pleines Lunes; ny plus grand qu'aux aspects quarrez.

Grandeur de la Lune. Pour le regard de la grandeur de la Lune, Tycho Brahé a remarqué, que lors qu'elle est esloignée de la terre d'enuiron 60 demy diametres de la mesme, son diametre apparẽt ou visible est de 33 minutes, de sorte que multipliant le sein 480 de son demy Diametre de 16 minutes, 30 secondes, par sa distance de 60 demy Diametres, & diuisant apres le sein entier par le produit, pource qu'il ne peut estre diuisé par le sein entier, comme estant moindre, lon trouuera que le Diametre de la Terre contient 3 fois, & $\frac{33}{48}$ ou $\frac{16}{32}$ celuy de la Lune, tellement qu'il y a presque mesme proportiõ du Diametre de la Lune à celuy de la terre, que de 2 à 7. Multipliãt donc cubiquement ces deux proportions de Diametres, & diuisant le plus grand produit par le moindre, nous trouuerons que le corps de la Lune est pres de 42 fois moindre que celuy de la terre.

Par le moyen de cette cognoissance l'on apperçoit aussi-tost que le corps du Soleil est aussi plus grand 5838 fois que celuy de la Lune, comme on peut voir en multipliant 42 par 139, qui est le nombre des fois, que la terre est contenuë au corps du Soleil, lequel Copernic fait 7000 plus grand que la Lune.

Mais Longmont ayant trouué que le Soleil est esloigné de la terre en sa moyenne distance (ainsi que vous auez veu cy deuant) de 1288 demis Diametres de la terre, & que son Diametres visible est en cette distance de 31 minutes, ayant multiplié le sein que son demy Diametre apparent ou visible, à sçauoir de 15 minutes, 30 secondes par 1288, & diuisé le produit par le sein entier, a trouué que le vray demy Diametre du Soleil en cette distance est de 5 $\frac{807}{1000}$ demy Diametre de la terre. Et de mesme que la Lune, ayant sa distance de la terre en son Apogée, de 57 demy Diametres de la terre, & 38 minutes, & son demy Diametre apparãt de 16 minutes, par mesme multiplication & diuision auoit son vray demy Diametre en mesme distance de 16 $\frac{1}{10}$ min. ayant cubé ces deux nombres, & conferé les mesmes auec le cube d'vn demy Diametre de la terre, a trouué que le Soleil est plus grand que la terre 196 fois; la Lune moindre que la terre 51 $\frac{1}{49}$ fois, & le Soleil plus grand que la Lune dix mille fois.

Parallaxes. Venons maintenant aux Parallaxes, qu'on nõme autrement diuersitez de regard, qui ne sont autre chose que des abus de la veuë à marquer le vray lieu de quelque Astre. Car la Parallaxe est au Cercle de hauteur vn arc du Cercle Vertical, passãt par le Zenith, ou sommet de la teste, & l'Astre, & compris entre deux lignes droites, dõt l'vne tirée du centre de la terre par l'Estoile mesme marque son vray lieu; & l'autre tirée aussi de la surface de la terre par l'Estoile, marque le lieu apparent & veu; & ces lignes s'entrecoupent au centre de l'Estoile.

Au reste auant que chercher les autres Parallaxes, il faut auoir premieremẽt la plus grande, qui se trouue en diuisant le sein entier par le nombre des demy-Diametres de la terre, qu'on donne à la distance de l'Estoile, de la mesme; comme si ie veux chercher la plus grande Parallaxe de la Lune, lors qu'elle est esloignée de 55 demis Diametres de la terre, ie diuise le sein entier 100000 par 55, & le quotient me donne le sein 1818, de l'arc d'vn degré, 2 min. 30 secondes, qui est la plus grande Parallaxe, quand la Lune est esloignée de la terre de 55 demy-Diametres de la mesme.

Ayant donc la plus grande Parallaxe lon trouue aisemẽt toutes les autres, à la mesme distance de la terre, ayant la distance de l'Estoile du sommet, qui n'est autre chose que l'accomplissement de sa vraye hauteur sur l'Horizon. Car on multiplie le sein de cette plus grande Parallaxe par celuy de la distance du sommet, puis on diuise le produit par le sein entier, pour auoir au quotient vn sein, dõt l'arc adjousté à cette distance du sommet, donne la distance apparente de l'Estoile du mesme sommet. Puis on multiplie encor le sein de cette derniere distance par celuy de la plus grande Parallaxe, & diuisant le produit par le sein entier, l'on a sa Parallaxe en la mesme distance; cõme si ie vouloy sçauoir la Parallaxe de la Lune, en sa hauteur de 45 degrés, quãd sa distance de la terre est de 55 demy Diametres de la mesme, multipliant le sein de sa hauteur, c'est à dire 45 degrés, par le sein de la plus grande Parallaxe, & diuisant le produit par le sein entier, i'ay au quotient le sein 1285, répondant à l'arc de 44 minutes 12 secondes, que i'adjouste à la distance apparante de la Lune du sommet, de sorte que cette distance sera de 4 degrés, 44 minutes 12 secondes.

Pour la seconde operation, ie multiplie le sein de cette derniere distance apparente 71614 par le sein 1818 de la plus grande Parallaxe, & diuisant le produit par le sein entier, i'ay au quotient le sein 1302, répondant à l'arc de 44 minutes, 46 secondes qui est la Parallaxe de la Lune en sa hauteur de 45 degrez, lors qu'elle est esloignée de la Terre de 55 demy Diametres de la mesme.

Les Parallaxes du Soleil se trouuent de mesme façon, selon ses distance & ses hauteurs. Au reste la plus grande Parallaxe du Soleil qui se fait pres de l'Horizon, est d'enuiron 3 minutes, ou iustement de 2 minutes 40 secondes, & celle de la Lune de 66 minutes, 6 secondes.

Or de mesme que le Soleil & la Lune auoisinans l'Horizon, paroissent plus grands, que pres du Meridien à cause de l'epaisseur de l'air, causée par les vapeurs & exhalaisons, les mesmes semblent aussi plus hauts au Cercle Vertical, qu'ils ne sont veritablement. Cet euenement est nommé Refraction, ou Brisement, par ceux qui traitent de l'Optique. Mais il y a cette difference entre les Parallaxes & les Refractions; que les Parallaxes abaissent le Soleil, & les Refractions le haussent; c'est à dire que les premieres le font paroistre plus bas qu'il n'est en effet, les autres plus haut. La grãde masse de la terre est cause des Parallaxes; & les Refractiõs sont causées par l'epaisseur de l'Air, approchant du naturel de l'eau, où les refractions sont tres euidentes, comme on peut apperceuoir en vn baston mis dans l'eau, qui paroit brisé; ce qui a causé le nom de Brisement, que les Latins ont nommé Refraction. Refractions.

Tycho Brahé a fait vne Table de ces Refractions, qu'il a remarquées a Vraniburg, à l'eleuation du Pole de 55 degrez, 54 minutes, où il met la refraction du Soleil pres de l'Horizon de 34 minutes, & de la Lune de 33, & monstre qu'elles se perdent peu à peu, & que l'on n'en remarque plus lors que le Soleil & la Lune ont atteint la hauteur de 45 degrez; & les estoiles fixes (ausquelles il donne 30 minutes de refraction pres de l'Horizon) celle de 20 degrez.

Mais quoy que Brahé die, que cette Table des Refractions, qui n'est faite que sur les obseruations d'Vraniburg, peut seruir à peu pres aux autres lieux, moins auancez vers le Nort, pource qu'il en a fait la remarque, lors que l'air estoit plus serein & plus epuré, toutefois elles peuuent estre moindres aux lieux moins auancez vers le Nort, qui ont leur air moins sujet aux exhalaisons & vapeurs; mesmement pource qu'on a reconu, que les Refractiõs s'augmentent grandement aux lieux maritimes, les plus voisins des Poles, tellement qu'elles y sont deux ou trois fois plus grandes qu'aux autres lieux, ou les rayons du Soleil plus puissans rendent l'air plus net. De sorte que ie croy qu'il faudroit les remarquer de mesme au lieu où l'on fait les obseruations.

Quant à la remarque des Hollãdois en la nouuelle Zemle, où le Soleil leur parut plusieurs iours, auant le temps deu, l'on peut dire seulement, qu'il s'estoit fait en ces cartiers là vn si grand amas d'air du tout épais, à cause de la perpetuelle absence du Soleil, depuis le mois de Nouembre, que ce fut delà que vint toute cette grande difference. Car nous apprenons d'eux, que la Refraction est beaucoup plus grande aux lieux fort auãcez vers le Pole, que Brahé ne l'a marquée; veu qu'estans en la nouuelle Zemle, sous la hauteur de 76 degrez, l'an 1596, le Soleil leur disparut, à ce qu'ils asseurent que le 4 de Nouẽbre estant aux 11 degrez 48' du Scorpion, ayãt sa declinaison Meridionale de 15 degrés 24 minutes, il demeura continuellemẽt caché iusqu'au 24 de Ianuier de l'an 1597 auquel il commença d'estre veu, estant au 5 degré 25 minutes du Verseau; chose qui aduint contre leur opinion; veu qu'ils pensoient qu'il commenceroit seulement à paroistre, estant au 15 degré 27 minutes du Verseau.

Donc par le moyen de ces obseruations nous cognoistrons la quantité de la Refraction ostant l'accomplissement de la hauteur du Pole, de la declinaison du lieu du Soleil, comme 14 degrez de 15 & 24 minutes, où lon a de reste vn degré 24 minutes de Refraction. Semblablement il faudroit oster de la declinaison du Soleil de 18 degrez 58', lors qu'il parut premierement le 24 de Ianuier, les 14 degrez & l'on a 4 degrez 58' de Refraction, qui est veritablement fort grande, mais qui conuient à cet air épais, à cause de la longue absence du Soleil. Et pource que cette Refraction tient comme lieu de declinaison du Soleil, ce n'est pas merueille, si le leuer du Soleil deuance en apparance l'ordinaire & le vray, de quelques iours.

Au reste il faut tousiours adiouster la Parallaxe à la hauteur du Soleil, ou de la Lune, pource qu'elle fait paroistre ces Astres plus bas qu'ils ne sont, & retrancher de la mesme hauteur la Refraction, pource qu'elle les fait voir plus haut qu'il ne faut; & par ce moyen l'on aura leur vraye hauteur.

Pour le regard des Parallaxes en longueur & largeur, i'en laisse la consideration à ceux qui traitent particulierement des Eclipses, dont ie ne fay pas le discours à fonds, comme n'estant pas de mon dessein, & le iugeant trop long & trop importun, de mesme que le mouuement entier de la Lune.

ECLIPSES.

OVT Astre qui nous est caché par le moyen de l'ombre de la Terre, où de quelque autre Astre qui nous en rauit la veuë, peut estre dit eclipsé. Mais on n'appelle proprement Eclipse, que celle du Soleil & de la Lune, qui n'est autre chose que la perte, ou priuation de leur lumiere, remarquée en terre; Et quant aux autres Astres, l'on ne dit pas cōmunemẽt qu'ils sont eclipsez, mais cachez. Il est vray que le nom d'Eclipse ne conuient bien proprement qu'à la Lune, qui est veritablement priuée de sa lumiere, pource que l'ombre de la Terre la couure: Et quant aux autres Astres, il n'y en a aucun qui puisse estre veritablement priué de la sienne, pource que l'ombre de la Terre ne monte pas si haut, mais finissant en pointe de Pyramide ronde, vient à se perdre, & ne paruient pas aux Spheres plus hautes. Toutefois plusieurs estoiles peuuent estre eclipsées comme le Soleil. Ainsi la Lune peut couurir tous les Planetes, & mesme plusieurs estoiles fixes autour du Zodiaque. Mais pource que la chose arriue souuent, sans qu'elles perdent leur clarté, ces Eclipses ne sont point rapportées à ce rang.

Celle de la Lune arriue aux Pleines Lunes, quand la Lune opposée droitement au Soleil est couuerte de l'ombre de la Terre, & se trouue priuée de la clarté, qu'elle empruntoit du Soleil.

Celle du Soleil se fait aux Nouuelles Lunes, ou conjonctions, quand la Lune estant droitement entre le Soleil & nostre œil, priue la Terre de sa lumiere.

Mais ce qui fait que les Eclipses n'arriuent pas en toutes les conjonctions, ou oppositions, c'est pource que la Lune s'écarte de quelques degrez de l'Ecliptique, tantost du costé du Nort, tantost au Midy; si bien qu'elle ne se rencontre pas tousiours sous la Ligne Ecliptique, & droitement opposée au Soleil, au temps des oppositions, ou conjonctions. Car les Eclipses ne se font qu'aux entrecoupemens du chemin du Cercle de la Lune & de l'Ecliptique, qu'on appelle Nœuds, ou Teste, & Queuë du Dragon, ou prés d'iceux; & le Cercle de la Lune n'est pas en mesme assiete que celuy du Soleil, mais le coupe en ces deux lieux, faisant vn angle de quelques cinq degrez. Et lors que la Lune se rencontre en ces lieux-là, elle se trouue plongée dans l'ombre de la Terre, qui l'empesche de receuoir la lumiere du Soleil: & d'ailleurs elle rauit à nos yeux la mesme clarté du Soleil, estant en ces mesmes lieux, en le couurant de son corps.

Au reste, toute la Lune s'obscurcit à toute la Terre, lors qu'en la Pleine Lune elle se rencontre iustement en la Teste, ou Queuë du Dragon, ou droitement opposée au Soleil, pource qu'elle se trouue lors toute engagée dans l'ombre de la Terre. Mais n'estant que proche de ces Nœuds, elle ne s'eclipse pas tout à fait, mais est seulement couuerte en partie de cet ombre.

Mais l'Eclipse de la Lune est vniuerselle, & veuë de tous les lieux de la Terre, sur l'Horizon auquel elle est, si bien que la clarté manque à tous en mesme temps, mais en telle sorte, que les plus Orientaux comptent plus d'heures depuis Midy iusqu'à la veuë de l'Eclipse que les autres, qui sont plus esloignez de l'Orient. Mais celle du Soleil paroist à quelques-vns plus grande, aux autres moindre, & n'est nullement apperceuë de quelques autres, selon l'assiete de leur œil & de leur lieu, sous la Lune, lors qu'elle couure le Soleil, & selon qu'ils se trouuent posez sous la pointe de l'ombre de la Lune, qui ne passe que sur certain endroit de la Terre; veu que l'Eclipse du Soleil depend de nostre regard, qui est different en lieux differents: & la diuersité de ces Eclipses vint de la latitude de la Lune plus grande, ou moindre, de l'eloignement du Soleil & de la Lune de la Terre, & de la Parallaxe de la Lune.

Les Bornes Ecliptiques ne sont autre chose que la plus grande distance de la Lune des Nœuds, dans laquelle les Eclipses du Soleil & de la Lune peuuent arriuer; & la plus grande Borne Ecliptique de la Lune aux moyens éloignemens, ne s'estend pas au delà de douze degrez de l'vn des Nœuds, ny celle du Soleil, au delà de 6 $\frac{1}{6}$

Or pource que le Diametre du Soleil nous semble d'icy bas d'enuiron d'vn pied, les Astronomes le diuisent en douze doigts; tellement qu'on dit que l'Eclipse est ou sera de 3, 4, de 6, ou de plus de doigts: Et quand la Lune demeure toute dans l'ombre, l'on compte son obscurcissement de plus de douze doigts, voire il arriue iusqu'à 18, & à 23 selon qu'elle a plus ou moins de latitude, ou d'eloignement de l'Ecliptique, ou qu'elle est plus distante des Nœuds, ou a plus ou moins de Parallaxe, à cause de sa plus grande ou moindre distance de la Terre, elle souffre, ou cause moindre ou plus grande Eclipse.

Eclipse du Soleil à la Passion.

Quant à l'Eclipse du Soleil, arriuée au temps de la mort du Sauueur du Monde, & dont l'extraordinaire & miraculeux obscurcissement fut veu par Apollophane, & sainct Denys Areopagite [a] en la ville d'Heliopolis, ou du Soleil en Egypte (bien qu'on tienne cette Epistre suspecte) elle fut veritablemēt surnaturelle, pource qu'au lieu d'arriuer en la conionction, ou Nouuelle Lune, comme c'est ordinaire, elle se fit au temps de l'opposition, ou Pleine Lune, en laquelle les Iuifs se preparoient à manger l'Agneau Paschal. Dauantage le Soleil ne peut estre eclipsé que fort peu de temps, tant à cause de sa grandeur au regard de la Lune, que du viste mouuement de la mesme, qui nous donne le moyen d'en voir aussi-tost quelque partie. Mais alors l'Eclipse dura trois heures entieres, & toute la Terre fut [b] couuerte de tenebres: de sorte qu'il faut auoüer que ce fut vn effect extraordinaire, & non vne chose naturelle.

[a] Dionys. Polycarp. Epist. 7.

[b] Matth. 24.

LES ELEMENS.

Elemens & leurs meslange.

APRES auoir longuement consideré le Ciel, auec plusieurs particularitez qui ne sont pas du suiet, mais qui trouuent leur place par occasion aux discours que i'en ay faits, il nous faut descendre aux Elemens, qui sont des corps simples, entrans en la composition de toutes choses meslées, qui viennent encor à se resoudre en eux.

Nombre.

Quant au nombre des Elemens, la commune opinion en met quatre, à sçauoir le Feu, l'Air, l'Eau & la Terre, se fondant sur les accouplemens des qualitez, qu'ils appellent Combinations, qu'ils establissent au nombre de 4, & disant, qu'il y doit auoir autant d'Elemens. Elle se fonde encor sur ce que nous sommes composez des mesmes choses, dont nous tirons nourriture, & qu'elle nous vient principalement de ces 4 corps; & finalement sur ce qu'on en remarque autant aux choses meslée, & mesme aux distillations.

Mais plusieurs ne veulent receuoir pour Elemens que l'Air, l'Eau & la Terre, desapprouuans l'opinion de ceux qui tiennent pour Element le Feu, que ces derniers prennent pour l'Air le plus haut & plus pur, approchant de la chaleur celeste & temperée, par la vertu de laquelle, assistée de la matiere, que la Terre & l'Eau fournissent, toutes choses sont engendrées. Aussi Moyse au discours des choses creées, ne fait nulle mention du Feu, bien qu'il nomme clairement la Terre & l'Eau; & que l'Air soit assez exprimé lors qu'il parle des oyseaux.

Pour le regard de cet Element du Feu que plusieurs reiettent, il à son discours particulier, où ie rapporte les raisons des vns & des autres.

Qualitez.

Quant aux qualitez des Elemens, elles sont ou Manifestes, ou Secrettes. Les Manifestes sont celles qui sont plus facilement reconuës, & celles-cy sont diuisées en Premieres & Secōdes. L'on nomme Premieres Qualitez celles qui sont premierement aux Elemens, & sont causes des autres qualitez sensibles. Elles sont au nombre de quatre, dont il y en a deux qu'on appelle actiues, pource qu'elles ont la force d'agir, au contraire l'vne de l'autre; & celles-cy sont la Chaleur & la Froideur; & deux passiues, qui sont l'Humidité & la Seicheresse: bien que ces dernieres agissent aussi, mais plus foiblement & languissamment.

Les secondes qualitez naissent des premieres, & sont ou Simples, qu'on appelle aussi toutes Touchables, pource qu'on les peut principalement remarquer par l'attouchement; ou Meslées, qui sont les objects des autres sens. Les Simples sont, l'Epaisseur, & son contraire, qu'on appelle Rareté, qui fait paroistre vne chose mince; la Pesanteur, la Legereté, la Dureté comme en la pierre, la Molesse, comme en la chair, ou la cerise: la Grosseur, la Subtilité, qui rend ses parties subtiles & deliées; l'Aridité, qui vient de la Secheresse; la qualité de Glissement qu'on nomme Lubricité; la Tenante, ou Gluante; l'Aspreté, ou Rudesse au toucher, la Douceur au toucher; & l'Emiement, ou la Friabilité, qui a ses parties mal iointes, & par ce moyen fait qu'vne chose s'émie, ou se met en poudre aisément, ainsi que le sel.

Les Qualitez Meslées, qui sont les objects des autres sens, sont la Saueur, l'Odeur & la Couleur. La Saueur que nous confondons en nostre langue auec le Goust, qui est vn des Sens, est vne qualité d'vn corps meslé, engendrée en l'humide, par la secheresse terrestre: veu que les choses entierement humides, ou seches, sont tout à fait sans goust, d'où vient que l'Air & l'Eau n'en ont aucun; non plus que la langue seche. La douceur & l'amertume, l'aigreur, la verdeur, l'aspreté, le goust piquant & le salé, sont en ce rang.

Le Goust doux, sous lequel le gras est compris, est produit du sec & de l'humide, tẽperez par vne chaleur moderée, & cette Saueur est la plus nourrissante de toutes. L'amertume est engendrée de beaucoup de sec, & peu d'humide, par vne chaleur abondãte. L'aigreur vient d'vne froideur mediocre, & d'vne secheresse foible, comme au vinaigre. La verdeur & l'aspreté viennent de froideur, ou du moins d'vne chaleur debile & languissante, & font retirer la langue comme on l'experimẽte aux poires sauuages & fruicts verds: Le goust acre & piquant vient d'vne forte chaleur, & d'vne secheresse foible; pique & ronge la langue, comme l'on remarque tant au poivre, qu'aux oignons; & le goust salé naist d'vne plus grosse secheresse, & d'vn humide abondant, par le moyen d'vne grande chaleur dessechante, comme on void au Ciel.

L'Odeur est vne qualité du sec sauoureux, temperé auec l'humide, par le moyen de la chaleur: mais la secheresse y a tousiours plus de part que l'humidité; & selon qu'elle est mieux, ou plus mal disposée, l'agreable odeur en est plus forte, ou plus foible, & la puãtur de mesme. Il y a tout ainsi que les saueurs, des odeurs plaisantes & fascheuses, douces, grasses, ameres, aigres, aigrelettes, aspres, penetrantes, ou piquantes & salées.

La Couleur est vne qualité née de meslange des corps luisans auec les obscurs, & mesme causée de celles de l'humide & du sec, faite par la chaleur, comme l'on peut remarquer aux fuicts verds & meurs, qui changent de couleur. Les Extrémes ou Simples Couleurs, sont le Blanc & le Noir, dont le Blanc a plus d'humide mieux cuit, ou bien peu d'obscurité, & beaucoup de trãsparance pure, & de lumiere; à raison dequoy il offense la veuë & la dissipe, comme, l'on remarque en regardant trop long-temps & fermement le neige, & toute autre chose blanche: Et le Noir a beaucoup d'ombrage & d'obscurité, & peu de lumiere.

Mais cette couleur est desagreable à la veuë, & l'offense mesme, comme extréme, si elle y demeure trop attachée, comme l'on remarque aux criminels, detenus longuement dans les cachots, qui demeurent soudain comme aueuglez à l'abord de la clarté, ne la pouuant supporter. Les Couleurs moyennes, ou meslées, sont composées de ces deux, comme le rouge & le bleu; ou de l'vne des deux simples & du rouge comme le jaune; & le blond & roux, du blanc & du rouge; le verd & la couleur de pourpre, du noir & du rouge; & tant d'autres couleurs diuersifiées en plusieurs façons, qui viennent de la meslange confuse de celles-là, ou des autres.

Les secrettes Qualitez sont celles qui conuiennent aux choses, sans que la raison en soit conuë; & pour cette cause sont aussi nommées particulieres vertus, ou proprietez; pource que l'obscure qualité n'est autre chose qu'vne puissãce cachée, par le moyen de laquelle les choses naturelles font ou souffrent quelque choses, dont l'on ne peut tirer la raison des premieres & secondes qualitez; de sorte que si l'on en trouuoit la cause, elles ne seroient plus secrettes.

On les diuise en Proprietez, qui conuiennent particulierement aux choses, comme est celle de l'aimant d'attirer le fer; de la piuoine, de chasser le haut-mal; & du fenoul, de remedier à la foiblesse de la veuë: & en Sympathie & Antipathie, c'est à dire mutuel amour, ou mutuelle haine des choses, naissant auec elles, qu'on découure tãt en celles qui ont sens, qu'aux autres qui en sont dépoureueës. Ainsi le Dauphin est amy de l'homme, la Buglosse & l'Or du cœur; le Fer, de l'aimant; l'Oliuier & la Ruë de la Vigne. Au contraire, il y a grande haine entre l'Homme & le Loup, aussi bien qu'entre le mesme Homme & le Serpent; puis encor entre le Loup & la Brebis; le Chesne & l'Oliuier; la Vigne & le chou; la Cyguë, & plusieurs autres herbes, & le cœur de l'homme. A quoy l'on peut adiouster l'antipathie du corps de celuy qu'on a tué, qui iette du sang en presence du Meurtrier, comme demandant vengeance.

L'on considere encor icy le Temperament, ou la disposition qui procede de l'accommodement conuenable des premieres qualitez, & de la meslange proportionnée des Elemens, qui fait agir toute chose comme il faut. Temperament.

La consideration des Elemens contient encor celle de la Generation & corruption, où vous deuez remarquer, qu'il ne faut pas prendre icy la Generation, pour la seule production du viuãt par le viuant, comme de l'homme par l'homme, mais pour celle de toutes choses composées d'Elemens & de qualitez. La Generation est vn simple changement par lequel, moyennant la precedente mixtion des Elemens, faite par les premieres qualitez, vne nouuelle substance est engendrée; ou bien c'est vn changement substantiel, auquel la forme naturelle speciale estant abolie, il s'en produit vne nouuelle, en telle sorte que le sujet sẽsible de la forme acquise n'est pas le mesme que celuy de sa perdue, & l'on tient tout le composé precedent corrompu, & le nouueau engendré. Au reste, il faut en cela que le sec & l'humide soient disposez & temperez, en telle façon que la matiere puisse receuoir la forme, & le corps naturel estre fait. Mais la chaleur & le Froid font la Generation: & si ces qualitez se trouuent plus fortes, & la matiere se rencontre obeyssante, la chose est engendrée. Mais outre ces qualités, sans lesquelles il ne se fait aucune generation, elle a besoin encor d'vne vertu celeste, logée en la Semence qu'on appelle vertu formatrice, d'où vient l'assemblage des Elemens temperez en certaine sorte, & la production des formes naturelles. Generation, & Corruption.

Mais lors que ces qualitez sont plus foibles, & que leur vertu se trouue languissante, ou se corrompt tout à fait, l'on void soudain arriuer la crudité, ou la pourriture, qui est cõtraire à la Generation. Cette pourriture est vne corruption de la chaleur naturelle, & particuliere en chaque humide, ou par vne chaleur estrangere & extréme qui la chasse, ou par vne interne, qui est excessiue, comme on void pourrir la pomme au milieu, sans que le dehors s'en sente; ou par le moyen du froid excessif, ou de l'humeur qui cause bien souuent la corruption.

Venons maintenant aux discours particuliers de chaque Element, en descendant par degrez de l'vn à l'autre.

LE FEV.

HERACLITE disoit[a] que le Feu auoit donné commencement à toutes choses: bien que selon l'apparence, celuy qui consume tout, ne doiue auoir part à leur naissance, nõ plus qu'à leur cõseruation. Vn autre[b] met plusieurs feux differents: l'vn au Soleil, l'autre à la Lune, en l'Air, au Bois aux Lampes & Flambeaux. Vn autre qui vient du choc de deux pierres: l'autre, de deux branches: l'autre, aux éclairs & aux foudres, puis encor celuy qui sort de l'eau; & finalement celuy qui est au dessous de nous dans les entrailles de la Terre, destiné pour le supplice des méchans, qui peut estre reconu pour veritable, si l'on considere celuy qui sort de la Terre en Sicile, Lycie, & autres lieux.

a Lactant. Instit. l. 2. c. 10.
b Cedren. Annal.

Mais le Feu dont ie pretends discourir, est celuy qui reçoit le nom d'Element, & à ceux qui suiuant l'opinion plus commune luy donnent la Sphere plus proche de la Lune, le tenant transparant, chaud, leger & pur tout ce qui se peut: de mesme que sec, & tel que pouuant estre apperceu, il entretient & conserue, au lieu que celuy que nous voyons offense & consume. Aussi disent-ils que ce Feu Elementraire ne doit estre cõfondu auec le nostre composé, qui a besoin de nourriture, & qui se corrompt, & se perd: mais qu'il doit estre consideré comme vne tres-pure ardeur en sa Sphere, n'ayant besoin de matiere estrangere pour se maintenir, & pour cette cause n'estant pas sujet à corruption: n'y ayant mesme aucune chose qui le puisse nourrir, puis qu'il est esleué par dessus tous les Elemens, & qu'il embrasse tout le reste. Ils disent encor qu'estant tres-pur, il n'a pas la vertu de consumer, comme le nostre; lequel mesme (bien que gourmand à la rencontre de quelque matiere froide & humide, qui luy est contraire) ne deuore pas toute chose, comme on apperçoit aux cendres, & en l'or mesme, lequel il parfait, au lieu de le perdre. Dauantage, ils le disent du tout propre à la Generation, pource que sa chaleur iointe à la secheresse assistée de beaucoup d'humidité qui vient d'ailleurs, tempere en certaine sorte toutes choses, mesme la froideur de la Terre & de l'Eau, chose qui ne peut venir de la chaleur de l'air, qui est mesme refroidy par le froid de l'Eau & de la Terre.

Ce qui pousse encor plusieurs à loger là haut ce Feu, c'est la veuë des Cometes, pource qu'ils disent que ce sont des exhalaisons que cet Element enflamme. Et toutefois il semble qu'ils destruisent l'Element du Feu, en l'establissant par cette raison; pource qu'il pourroit enflammer, & finalement reduire à neant toutes choses, aussi bien que ces exhalaisons.

Quant à ce que ceux qui tiennent le party contraire, disent, que puis que ce Feu est si luisant, nous le deurions tant mieux voir (chose qui n'arriue pas) ils repartent, que cette clarté ne peut estre veuë, pource que ce corps est simple au possible, & delié; & qu'il faudroit que sa transparance, qui ne borne point la veuë, vinst à s'épaissir pour l'exposer à nos yeux.

Ils preuuent encor, qu'il faut auoüer cette Element, par la consideration des 4 acouplemens qu'ils appellent Combinations, des 4 premieres qualitez, à sçauoir du chaud & du sec; du chaud & de l'humide; du froid & de l'humide; du froid & du sec. Car ils disent, que puis que les trois dernieres Combinations marquent clairement les trois plus bas Elemens, l'Air, l'Eau & la Terre, la premiere doit necessairement faire auoüer le Feu, qui sera par consequent chaud & sec, & pour cette cause tres-delié, & le plus leger de tous les Elemens. Dauantage, ils tiennent que le mouuement de nostre feu preuue le mesme, pource qu'il se porte auec sa fumée au dessus des trois plus bas Elemens, & monte en l'air, puis encor plus haut, sans estre poussé que de la nature: de sorte qu'on peut reconoistre qu'il est plus subtil que l'Air, & que la Sphere de l'Air n'est pas celle du Feu, pource qu'il s'y arresteroit, tellement qu'il faut que sa Sphere soit plus haute.

Outre ce, nostre feu qui est chaud, marque assez, comme ils disent, l'Elementaire; pource que ce n'est pas Terre échauffée, d'autant que la Terre est pesante & solide, & le Feu leger & delié: ce n'est pas aussi Eau échauffée, pource que non seulement elle ne peut conceuoir la flamme, mais mesme elle esteint le feu: & d'ailleurs, la froideur & l'humidité, qui sont des qualitez de l'eau, sont contraires à la nature du feu: & ce n'est non plus Air, pource que si l'Air pouuoit s'allumer comme nostre feu, tout ce grand espace brusleroit: Et ce n'est pas le naturel de l'Air de conceuoir la flâme: & d'ailleurs le Feu n'a point d'humeur comme l'Air; tellement qu'il faudra dire que c'est vne substance particuliere, qui doit estre rapportée à l'Element du Feu, chaud & sec comme elle.

Ils disent encor que la chaleur naturelle, & les esprits vitaux, qui se trouuent aux corps des animaux, répondant à ce Feu: de mesme que certaine écume boüillante qu'on void en la masse du sang, qui s'appelle bile jaune, ou colere, qui est tres-chaude, & de la nature du Feu.

Ils tirent encor vne de leurs raisons des Meteores enflammez, engendrez en la plus haute region de l'Air, mettent en auant qu'on ne sçauroit dire d'où viendroit l'inflâmation de ces exhalaisons, s'il n'y auoit du Feu au dessus de l'air; pource que cela ne se sçauroit faire par le mouuement du Ciel; autremẽt tout ce qui s'esleueroit en l'air s'enflammeroit, à cause que toutes ces choses épreuuent le mouuement du Ciel. Elle ne peut aussi venir du biaisement des rayons du Soleil; pource que cette refraction ne se fait pas en la moyenne, & moins encor en la haute partie de l'Air. Cette matiere ne peut non plus estre allumée par le mouuement, ou la vertu de plus bas Elemẽs, pource que ce qui se trouue plus bas n'a nul pouuoir d'agir sur le haut, tellement qu'il faut que ces Meteores ne soient enflammez que par l'Element du Feu.

Finalement ils soustiennent qu'il y doit auoir autant d'Elemens, qu'il y a d'humeurs & de temperamens, & qui ayant 4 humeurs & 4. temperamens, il faut auoüer 4 Elemens.

Mais Tycho Brahé [a] ne reçoit aucun Element du Feu en la plus haute partie de l'Air, disant, que l'experience desappreuue cette opinion; pource que les refractions des Astres deuiendroient beaucoup plus grandes, si leur lumiere paruenoit à nous par trois milieux Diaphanes, à sçauoir par ceux du Ciel, du Feu & de l'Air.

[a] Tych. Brahé Epist. Astr. l. 1. & l. 1. de Noua Stella 1572.

D'ailleurs, ceux qui rejettent cet Element, disent, que puis qu'on remarque seulement de l'Air, depuis la Terre iusqu'au lieu de la Lune, on se figure sans raison que le Feu y soit: Et quant à ce que ceux de la commune opinion, disent, que c'est vn corps tellement delié qu'il deçoit les sens, de mesme que l'Air, les autres repartent que si le Feu estoit, l'on le verroit clairement, pource qu'estant vn corps tres-luisant & sec, & le propre du sec estant de se rendre épais, de mesme que le propre du luisant d'estre visible, on le verroit aussi clairement que les estoiles du Ciel.

Dauantage, puis qu'on tient que les mixtes qui s'engendrent au fonds de la Mer, de mesme qu'aux entrailles de la terre, comme le coral, les rubis & diamans sont produits par la vertu du Soleil, & mesme que le Soleil & l'homme engendrent l'homme, c'est mal à propos, comme ils disent, qu'on veut introduire le Feu, puis que le Soleil suffit pour tous ces effects & plusieurs autres, & peut plus que luy.

D'ailleurs, on trouuera qu'il est inutile à la generation des choses basses, puis que son naturel est de tendre en haut, & que son mouuement seroit violent, s'il agissoit descendant en bas; puis encor afin qu'il apportast son concours par sa vertu, il faudroit qu'il penetrast l'air auec sa chaleur, & l'enuoyast en terre, comme le Soleil; chose que l'on n'a pas encor reconuë.

Adjoustons à cela que le naturel du Feu est d'estre en perpetuel mouuement, & d'agir toujours, comme nous voyōs au nostre, qui manque aussi-tost qu'il ne trouue plus de matiere pour son action. Mais le Feu de ceux de la premiere opinion repose naturellement en sa propre Sphere, si ce n'est entant que le Ciel l'entraine auec luy. Tellement qu'ils concluent par là qu'il n'y a nulle apparence, que ce qui se trouue au concaue de la Lune soit Feu, puis qu'il n'est pas du naturel du Feu, n'ayant ny mouuement, ny chaleur, s'il ne reçoit l'vn & l'autre du Ciel qui le meut; de sorte qu'ils disent, que l'esprit ayant certe conoissance ne peut auouër ce Feu pour principe de la chaleur, puis qu'il la reçoit d'ailleurs.

Ils disent encor que si l'Element du Feu se trouuoit en haut, puis que c'est le propre du feu de consumer ce qu'il touche, ou du moins de l'enflammer, ou il enflammeroit tout l'Air, ou du moins il l'échaufferoit tellement, qu'il ne pourroit seruir de respiration aux animaux, principalement pource que le Soleil l'échauffe aussi; & encore pource qu'il entoureroit l'Air de toutes parts, & qu'il seroit beaucoup plus grand que luy. Et sur ce qu'on peut dire que cet Element ne sçauroit produire tel effect, pource qu'il est tres-simple & pur, ils répondent que la chaleur & l'ardeur de nostre feu composé ne luy peut venir de la Terre, ny de l'Eau, non plus que de l'Air, pource que ces Elemens sont sans ardeur; tellement que s'il y a vn Element du Feu, il faut que le nostre tire son ardeur de luy: & cela estant, qui pourra croire que l'Element du Feu donne à nostre feu la vertu de brusler, & qu'il ne l'ayt pas?

De plus, si cet Element estoit, à quoy seruiroit la chaleur qui vient du Soleil pour échauffer? & ne suffiroit-il pas que le Soleil seruist pour donner la clarté au Monde? Mais posé le cas, qu'il ne soit pas incompatible, que le Soleil échauffe, quoy que l'Element du Feu soit pour cet effect, pourquoy sentirons-nous la chaleur du Soleil, qui échauffe par accident, selon Aristote, & est plus eloignée, plustost que celle du Feu, qui échauffe de sa nature, & nous est plus proche, puis qu'on sent l'humidité de l'Air, la froideur de l'Eau, & la secheresse de la Terre?

Outre ce, puis que la chaleur du Soleil & des Estoiles, iointes aux qualitez des trois autres Elemens que nous voyons & touchons, suffit pour la generation, il leur semble qu'il n'est pas à propos d'auouër ce Feu, ny de l'introduire sans necessité; puis qu'Aristote[a] mesme auouë que les Astres sont chauds.

[a] Problem. 16. Sect. 15.

Quant aux quatre Combinations des premieres qualitez, dont ceux de la premiere opinion font grand estat pour la soustenir, ils répondent que transportant aux corps celestes la quatriéme Combination du chaud & du sec, qu'Aristote donne au Feu, il ne s'ensuiura nul inconuenient, puis que les sens nous enseignent que le Soleil a en luy vne vertu chaude & seche, comme celuy qui par sa grande secheresse offense l'humidité des prunelles de nos yeux, & seche la bouë & le sel. L'on void aussi qu'il est chaud, en ce qu'il allume en Esté la paille sur les cailloux, & donne beaucoup d'autres témoignages de sa chaleur, & que dire que l'Air s'échauffe par le moyen de ses rayons qui le frappent & l'agitent, il leur semble qu'on ne peut bien soustenir cette opinion, pource que cela estant l'on sentiroit autant de chaleur à l'ombre,

mbre, qu'aux rayons du Soleil, d'autant que l'Air des ombres ne seroit moins agité e le découuert.

Dauantage, pource qu'Aristote auoüe nettement[a] que la chaleur de la semence s animaux ne vient pas du Feu, mais du Soleil, ils disent qu'il faut necessairement nfesser, ou qu'il n'y a point d'Element du Feu, ou que c'est vn Element inutile & perflu. De sorte, qu'enfin ils veulent faire auoüer que le Soleil est la source de la aleur, aussi bien que de la lumiere; & que nostre Feu composé n'est autre chose ue la chaleur du Soleil ardant allumée en vne matiere combustible, ou disposée à rusler, comme on peut voir à leur dire aux exhalaisons qui s'allument en la haute reion de l'Air, par la vertu de la chaleur du Soleil. Aussi pour monstrer que nostre Feu 'a nul autre principe que le Soleil, ils mettent en auant que quand nostre Feu manue en effect, nous recourons à la pierre à feu, qu'il a par la vertu du Soleil. Il est vray ue les autres Astres ont aussi de la chaleur, & l'enuoyent icy bas, comme on peut oniecturer par leurs influences, mais elle n'est ny si actiue, ny si manifeste que celle u Soleil.

[a] Arist. de gener. Animal. li. 2. c. 3.

Voila les raisons de part & d'autre, sur lesquelles il ne faut donner aucun iugement en faueur de l'vn des deux partys, non plus que nous n'auons fait en ce qui est u Ciel & des Astres, pource que nous n'en pouuons auoir qu'vne conoissance mal sseurée, & sujette à conteste; bien que les sens semblent desappreuuer cet Element, tant pource qu'il doit estre luisant, & qu'il ne s'offre pas à nostre veuë, qu'à cause qu'on experimente tous les iours la chaleur & la vertu du Soleil, qui doit suffire, & tenir lieu de cet Element, & qu'ainsi qu'on l'establit il est inutile.

L'AIR.

L'AIR qui semble en l'Ecriture estre seulement la basse partie du Ciel, puis qu'elle ne parle que des Eaux du Ciel & de la Terre, & qu'elle parle des oiseaux du Ciel, & non de l'Air, est vn Element transparant, humide & liquide, mais estimé chaud de sa nature par quelques-vns, & tenu par quelques autres pour froid: comme il semble que l'attouchement le nous enseigne, de mesme que le consentement des Medecins, qui commande l'vsage de l'Air pour le rafraichissement de la chaleur; & nous apprenons le mesme de la respiration, par le moyen de laquelle nous humons l'Air, qui rafraichit le cœur & les poulmons; des lieux Septentrionaux, où l'Air ne pouuant estre eschauffé que bien foiblement des rayons du Soleil, est insupportablement froid: & de la neige & gresle, qui se forme au mesme. Mais il y a de l'apparence que n'ayant de sa nature la chaleur, il la reçoit du voisinage du Ciel & des Astres, par le moyen de son mouuement, ou de leur chaleur, ou des deux ensemble: ou mesme de l'approche de l'Element du Feu, selon ceux qui le reçoiuent; ou des rayons du Soleil, & des vents du Midy, qui l'échauffent.

Il entretient l'humide radical, fournit de la matiere aux esprits vitaux & animaux, & l'espace de voler aux oiseaux, & sert de moyen aux animaux pour voir & ouyr. Il remplit tous les lieux, afin qu'il ne se trouue du vuide en la nature; nourrit & humecte les plantes.

Au reste, les nuées, selon les modernes & plus curieuses obseruations, ne s'eleuent point plus haut que d'vne lieuë & demye au dessus de la Surface de la Terre en Esté, lors que les rayons du Soleil sont puissans; & l'Air le plus haut, entant que visible par le moyen des vapeurs, selon ceux qui traittent de l'Optique, n'est pas eloigné de nos treize lieuës d'Alemagne, voire mesme les plus fortes vapeurs terrestres, selon quelques-vns, ne montent qu'enuiron douze lieuës d'Alemagne, que le Diametre de la Terre contient plus de septante fois.

L'on diuise communément l'Air en trois regions, ou parties, dont la plus haute est chaude, ou par le moyen du mouuement du Ciel, ou de la chaleur des Astres, dont

M

elle est plus proche, ou du voisinage de la Sphere du Feu: & celle du milieu est froide, tant à raison du defaut des causes precedentes, qui produisent la chaleur, que de ce qu'elle est eloignée de la Terre, en telle sorte que les rayons du Soleil, qui se reflechissent, n'y peuuent paruenir, sans toutefois qu'il y ayt vne extreme froideur, comme quelques-vns asseurent; veu qu'estant leger & delié, comme il est, il faut qu'il ayt quelque chaleur. Aussi si cette region estoit d'elle-mesme tres-froide, la chaleur du Soleil s'esteindroit par cette grande froideur, & ne paruiendroit pas iusqu'à nous: puis encore les sommets des hautes montagnes, qui sont dans cette moyenne region de l'Air, ne pourroient produire, ny entretenir aucunes plantes; & toutefois l'experience nous enseigne, qu'il y vient & s'y nourrit de fort grands arbres, qui ne pourroient naistre, ny durer, si le froid y estoit extréme.

Quelques-vns tiennent pour cause de ce froid l'antiperistase, ou contrarieté de la chaleur qui l'enuironne, & l'assiege par maniere de dire, d'en-haut, & d'en-bas, faisant retirer tout le froid en ce milieu, qui se fortifie en cette contrainte.

La plus basse region de l'Air est communément estimée chaude & humide, comme avant la premiere qualité des rayons du Soleil brisez contre la Terre; & l'autre de sa propre nature, & des humides vapeurs, qu'il reçoit tous les iours de la Terre & de l'Eau.

Mais à dire vray, cette basse partie est maintenant chaude, maintenant froide; tantost humide, tantost seche; quelquefois pure, puis couuerte de broüillards & de nuées: & pour conclusion, diuersement disposée, selon le Soleil & les vents, & la diuersité des temps & des lieux.

C'est en ces trois Regions, ou parties, que naissent la pluspart des Meteores, dont quelques vns s'engendrent aussi aux cauernes de la Terre. Ces Meteores sont des corps meslez imparfaitement, engendrez des fumées de la Terre en l'Air, ou bien en la Terre, moyennant la chaleur du Soleil & la vertu des estoiles. Ces fumées sont diuisées en exhalaisons & vapeurs. L'exhalaison est vne fumée chaude & seche, subtile & legere, tirée principalement de la Terre & des choses seches, d'où vient la puissance du Feu; & la Vapeur est vne fumée épaisse & pesante, tirée principalement des lieux aquatiques, comme on peut apperceuoir au matin en regardant les riuieres.

L'on met au premier rang des Meteores, ceux qu'on appelle Enflammez, ou ardans, dont quelque-vns appartiennent à la plus haute region de l'Air, comme le Feu perpendiculaire, ou la Pyramide; le Dard, ou le Cheuron, les Cheures qui sautent, & les Estincelles volantes. Il y a d'autres Meteores ardans, engendrez en la moyenne region de l'Air, comme celuy qu'on appelle Estoile Tombante, pource qu'il nous represente vne estoile qui tombe du Ciel, & la Lance Brulante, qui a la figure d'vne lance, ou d'vn tison. Il s'engendre encor en la basse region de l'Air d'autres Meteores enflammez, tels que le Dragon Volant, le Feu Folet, qui conduit quelque fois les hommes dans des riuieres, ou precipices; le Feu Lechant, & le Feu Simple d'Helene, de malheureux presage à ceux qui voyagent en Mer; ou le Double de Castor & Pollux, qu'on tient pour heureux. Et ie croy que ce sont ces Feux dont Linschot parle en ses voyages, qui parurent sur la lanterne & le trinquet, & autres endroits du nauire, & qu'il dit estre appellez par les Portugais, Corpo Santo de Pero Gonsalue; & par les Espagnols, Sant Elmo, qu'on tient estre Signes de beau temps, à raison dequoy les Mariniers le saluent de leur Sifflets, comme leur apportant bon presage. Mais il faut sçauoir que ceux de Galice appellent cette clarté S. Pero Gonzales de Tuy, ville de Galice, lequel ayant esté marié, mourut Moine & sainct, comme ils disent. Quant à sainct Elme, on le nomme aussi Sant Ermo, ou S. Hermo, qui fut vn Euesque de Sicile. Au reste, ce Meteore a la forme d'vne chandelle, qui n'éclaire pas grandement, & saute ça & là sans cesse.

Mais les plus remarquables Meteores enflammez, selon la plus commune opinion, sont les Cometes, les Foudres, les Eclairs & les Tonnerres.

Les Cometes, selon Aristote & ceux qui suiuent la commune opinion, sont composez, non d'vne matiere Celeste, mais Elementaire, à sçauoir d'vne grande quantité de crasse & grossiere exhalaison, eleuée à la haute region de l'Air, & enflammée en ce mesme lieu. Mais les curieuses obseruations des modernes, comme de Tycho Brahé, Kepler, & autres, ne logent point en l'Air les Cometes, mais au Ciel, comme i'ay fait voir au discours des estoiles fixes : pource qu'ils ont remarqué que tous ceux qui se sont veuz ont paru au dessus de la Lune & du Ciel, non en la region Elementaire, comme l'on a reconu premierement par la regularité de leur mouuement, par leur parallaxe, moindre que celle de la Lune, & par leur durée egale: veu que la remarque qu'on a faite, que les Cometes ont souuent duré long temps, voire iusques à 6 mois, en mesme quantité, & qu'ils ont toujours en leur mouuement egal, découure fort clairement que ce ne sont pas des corps composez d'exhalaisons, pource que ces choses ne leur peuuent conuenir. Vous en pourrez voir le discours plus ample au 8 Ciel, & comme on a reconu que le Ciel donne ordinairement naissance aux Cometes, qui y font leur cours, & s'y dissipent auecque le temps; & c'est à ce discours du huitiéme Ciel que ie vous renuoye afin d'euiter les redites.

Le Tonnerre est vn bruit, que fait l'exhalaison seche, enclose en vne grande & epaisse nuée lors qu'elle vient à l'ouurir & la rompre: & selon les diuerses compositions de la nuée, & l'epaisseur & quantité des exhalaisons, l'on oyt des bruits & fracas differens. Au reste l'on doit remarquer, que les tonnerres qui arriuent lors que le temps est serein sont fort dangereux, de mesme que ceux qui se font de iour, pource qu'ils sont aydez de la chaleur du Soleil.

L'eclair est vne inflamation de l'exhalaison chaude & seche, sortant de l'ouuerture vehemente de la nuée, & ce qui fait qu'on voit sa clarté plustost qu'on n'oyt le coup du tonnerre bien que l'vn & l'autre se face en mesme temps, c'est que la veuë est plus subtile & plus prompte que l'ouye, comme on apperçoit aux coups de canon, dont l'on voit plustot le feu, qu'on n'entend le bruit.

Le Foudre est vne exhalaison chaude & seiche, plus epaissie & pressée que l'eclair, sortant auec grande force d'vne nuée. De sorte qu'il n'est pas toujours dispersé par l'Air, ainsi que les autres Meteores enflammez, mais est souuent porté iusqu'en terre, tant pource qu'il sort auec vne grande impetuosité, qu'à cause qu'il est composé d'vne matiere serrée. L'on tient[a] qu'il n'entre iamais dans la terre plus du cinq pieds. Son principal effect naturel est qu'il purge l'air, en consumant ce qui s'y rencontre de venimeux ; mais ses admirables & prodigieux effects sont qu'il fond l'argent dans vne bourse, sans l'endommager, & de mesme l'epée sans offencer le fourreau, brise les os des animaux sans toucher la chair & pour conclusion attaque plustost les choses dures & solides, comme celle, qui luy resistent, que les autres ; mais aussi par fois il brise tout vn tonneau sans que le vin se répande, pource que la chaleur du foudre epaissit les parties exterieures du vin en telle sorte qu'il semble estre comme en quelque outre, & gelé; mais il ne demeure pas[b] plus de troisiours en cet estat. La merueille du Foudre parut en Marcie principale Dame de Rome, [c] qui fut attainte du foudre estant enceinte, & perdit de ce coup son enfant, sans en receuoir autre dommage. Quelques vns[d] des anciens ont dit, qu'il y auoit peu de foudres, tant en Hyuer qu'en Esté ; & qu'ils estoient plus frequents tant au Printemps qu'en Automne. Mais l'experience a fait conoistre aux modernes qu'il y a tant plus de tonnerres, d'eclairs & de foudres, que l'Esté se trouue plus chaud ; pource qu'aux grandes chaleurs, il y a plusieurs exhalaisons chaudes, propres à engendrer les foudres, qui s'eleuent en haut, & sont enfermez dans des nuées par la froideur de la moyenne region, puis chassez & mis hors des mesmes, auec quelque effort.

a Plin. li. 2. c. 55.

b Senec. quæst. nat. l. 2. c. 41.

c Plin. 2. c. 52.

d Plin. li. 2. c. 50.

Au reste le Foudre n'a quelquefois que le Feu ; & quelquefois est accompagné d'vne espece de pierre qui n'est autre chose qu'vne exhalaison mélée de quelque matiere terrestre qui s'assemble en la nuée, & qui s'endurcit par le moyen de la forte chaleur du Soleil, & de l'antiperistase, en telles sorte qu'elle ne peut estre ramolie, & tombe le plus souuent en forme de pyramide, ou du moins auec quelque pointe.

Outre ces Meteores enflammez, qui sont & subsistent veritablement en l'Air, il y en a d'autres apparens, qui ne sont point en effect, mais semblent tels, comme l'Ouuerture, l'Arc en Ciel, le Halon ou la Couronne, le Parelie, la Paraselene, Les Verges, & les Couleurs des Nuées. Le Gouffre, ou l'Ouuerture nous represente le Ciel qui s'ouure, principalement quand la nuit est claire & sereine, & lors que cette couuerture paroit moindre on l'appelle Fosse. L'Arc en Ciel, ou l'Iris, est vn arc de la figure d'vn demy Cercle, paroissant de plusieurs couleurs en vne nuée pleine de rosée epaisse & concaue, & fait par le reflechissement des rayons du Soleil opposé a cette nuée, qui doit estre telle, qu'elle se puisse resoudre promptement en eau. Car telle nuée reçoit dissemblablement la lumiere du Soleil selon la diuersité de ses parties; & l'arc auec la diuersité de ses couleurs, est exprimé en toutes ces goutes, par les rayons du Soleil, & la melange de la diuerse lumiere & de l'ombre. Cet arc ne passe pas la quantité d'vn demy Cercle, & mesme est quelquefois moindre; ce qui se fait lors que le Soleil est plus eloigné de l'Horizon; de sorte qu'il paroit plus grand quand il en est plus proche.

Il y a deux sortes d'Arc en Ciel, l'vne faite par le Soleil, l'autre par la Lune. Celuy qui vient du Soleil peut apparoître en vn mesme iour deux fois, partie à diuerses heures, partie à mesme heure, mais en diuers lieux, & opposez. Mais bien souuent l'on en apperçoit deux ensemble en mesme iour, en mesme heure, & mesme assiete, & rarement trois; & les dernieres se font de la clarté des premieres, & pour cette cause sont moindres & plus obscures, & les couleurs sont renuersées. Car quand il en paroist deux ou trois de mesme costé, le premier qui est plus apparent se fait par le reflechissement des rayons du Soleil; le second est seulement le poutrait du premier, & se fait par le premier reflechissement en la plus proche nuée; mais les couleurs plus hautes du premier sont les plus basses au second, & au contraire: & s'il y a vn troisiesme arc en Ciel il sera l'image du second, par semblable reflechissement: mais ce troisiesme ne paroist que bien peu.

Il y a cette difference entre l'Arc en Ciel, qui vient du Soleil, & celuy de la Lune, que le premier a plusieurs couleurs, & l'autre est tout blanc, tant à cause de l'obscurité, que de la froideur de la nuit, qui fait trop épaissir le nuée, que les foibles rayons de la Lune ne peuuent percer, tellement qu'ils effleurent seulement sa surface. C'est cet Arc en Ciel dont Americ Vespuce parle en ses Nauigations, disant qu'il vit l'Arc en Ciel tout blanc, presque à la mynuit.

Ses principales couleurs sont celle de pourpre, le verd & le bleu, & mesme le iaune, ou la couleur de citron. Au reste si l'on fait iaillir ou tomber de l'eau en l'Air, qui s'éparpille en petites goutes en assez bonne quantité, qui ayt de l'ombre d'vn costé, & le Soleil opposé de l'autre, si nous sommes entre le Soleil & cette eau éparpillée, nous y voyons les couleurs de l'arc en Ciel, comme on peut apperceuoir en plusieurs iardins d'Italie.

Le Halon, ou la Couronne, est vn Cercle qui enuironne le Soleil, la Lune, ou quelque autre grande estoile, & se fait par la refraction, ou brisement de rayons aux nuées. Car elle s'engendre quand les rayons des estoiles tombans en vne nuée en illuminent le milieu en telle sorte, que l'on voit toute l'estoile, & la nuée s'épandant en rond fait cette Couronne, qui ne peut estre faite qu'en l'Air du tout calme, pource que les vents troublent la figure. On la voit plus souuent autour de la Lune, que du Soleil: pource que l'ardeur du Soleil ne laisse pas assembler les vapeurs: si la Couronne s'epaissit de plus en plus elle presage la pluye: si elle se dissipe, les vents: & si elle s'amoindrit petit à petit, elle signifie vn temps serein.

Le Parelie est l'image du Soleil, exprimée a costé de luy, en vne nuée epaisse, plaine, arrestée, & preste à se conuertir en eau, par le reflechissement des rayons du Soleil. De sorte qu'il nous semble que nous voyons plusieurs Soleils, à sçauoir l'vn en son lieu, l'autre en la nuée, où il imprime son image, comme en vn miroir: & quelque fois on voit plus de deux Soleils, pource qu'il arriue que plusieurs nuées propres à receuoir la semblance du Soleil sont tellement disposées, que sa figure portée à l'vne, en imprime vne autre en vne autre nuée, & cette derniere en vne autre, & par ce moyen l'on void plusieurs Soleils en mesme temps. Ces representations apparoissent le plus souuent, lors que le Soleil se leue, ou se couche; pource que les nuées sont lors plus épaisses, & n'ont point esté dissipées par les rayons du Soleil.

Le Paraselene est l'image de la Lune, representée en vne nuée legere & humide, par le brisement de ses rayons; & cette apparence est principalement apperceuë quand la Lune est pleine; pource qu'elle iette lors plus de lumiere; tellement qu'en ce temps là sa face paroist comme en vn miroir, en vne nuée humide & distante d'vn iuste interualle. Au reste, ces deux impressions presagent naturellement la pluye.

Les Verges sont des Lignes droites, faites par les rayons du Soleil, lancez droitement, & brisez contre vne nuée pleine d'eau, mais inegalement mince; & ces impressions apparoissent principalement le soir & le matin & presagent tousiours la pluye.

Les Couleurs qui paroissent aux nuées, qui reçoiuent la lumiere du Soleil & de la Lune, sont aussi mises à bon droict entre les apparences, pource qu'elles n'ont point de propre & particuliere matiere, leurs principales Couleurs sont le blanc, le noir, le rouge & le verd. La Couleur blanche s'engendre quand la lumiere du Soleil & de la Lune, tombant en vne nuée deliée & pleine de vapeur subtile, & peu épaissie, la penetre, & s'épand également partout son corps. Cette Couleur est vn signe de beau temps & de secheresse; pource que ces nuées deliées ont bien peu d'humeur, & sont facilement dissipées.

Le noir s'engendre en vne nuée, composée d'vne matiere épaisse & grossiere, & qui reçoit peu de lumiere; à raison dequoy cetè couleur menace ordinairement d'orage, & de force pluye.

Le rouge paroist lors que les nuées ont en elles quelque humidité fumeuse, meslée auec quelque chose de terrestre aduste, ou bruslé, que les rayons du Soleil ne penetrent pas en donnant dessus; mais venans à se doubler, font cette couleur, qui presage le beau temps & la tempeste; c'est à sçauoir le beau temps, paroissant le soir, pource qu'elle marque que la nuée est mince & dessechée par la chaleur du Soleil: mais la pluye & l'orage le matin; pource qu'elle monstre que le Soleil attire plusieurs vapeurs en haut.

La Couleur verte s'engendre quand la nuée est pleine d'eau, & commence à distiller, ayant receu la lumiere: veu que ce qu'elle contient de matiere d'eau fait cette couleur; & ces nuées presagent ordinairement de grandes pluyes, à cause de l'eau dont elles abondent.

Les Meteores d'eau, ou Aqueux, sont composez de vapeurs, & sont engendrez en la moyenne, ou basse region de l'Air. Ceux de la moyenne sont les nuées, & ce qui est produit d'elles, comme la Pluye & la Neige; ceux de la basse, la Gresle, la Rosée, la Manne, le Miel, le Ladanum, la Gelée, la Glace & la Broüée.

La Nuée est vne vapeur humide & grossiere, eleuée par le Soleil à la moyenne region de l'Air, & pendante en iceluy (comme pressée du froid de cette partie de l'Air, & Gelée) en partie à cause de la chaleur du Soleil, & du mouuement de l'Air mesme, & partie aussi à cause de la chaleur naturelle enclose en elle; outre que c'est vn merueilleux effect de la Puissance diuine.

Mais il y a diuerses nuées qui sont poussées par les vents qui les meuuent; & si les vents manquent, suiuent le mouuement du Soleil d'Orient en Occident. Il y a des nuées foibles, qui sont minces & luisantes; si bien qu'à cause de leur foiblesse elles disparoissent aussi-tost, ou sont dissipées par la chaleur du Soleil, & les vents: & des fortes, qui sont noires, épaisses & pleines d'humeur, & par consequent propres à produire la pluye; & toutes ces nuées, selon la diuersité de leurs vapeurs, & de la lumiere, qui leur vient des estoiles, reçoiuent diuerses couleurs.

Au reste, il me semble qu'il est à propos de parler icy d'vne Nuée, dont Linschot fait mention en ses voyages, que l'on voit en temps tout à fait serein eleuer en Mer, contre la Coste de Natal, qui paroist de la grosseur d'vn poing, & est appellée par les Portugais Olho de boy; c'est à dire, Oeil de Bœuf; & lors qu'elle apparoist de la sorte quoy qu'on ayt le plus beau temps du Monde, l'on a bien-tost vne grande & violante tempeste.

La Pluye n'est autre chose qu'vne Nuée refroidie & épaissie, & conuertie en eau, qui par sa pesanteur tombe en terre. Cette Pluye est ou naturelle, comme celle que nous voyons ordinairement, ou prodigieuse, comme quand il pleut du laict, du sang, des pierres, du fer, & choses semblables.

La Neige est engendrée de la vapeur éleuée à la moyenne region de l'Air, ou d'vne nuée deliée, qui se glace par la vehemence du froid, auant qu'elle soit changée en eau & en pluye, & se diuise en plusieurs parties, qui tombent comme des floccons de laine, tantost plus grands, tantost plus moindres, selon la grandeur du froid; Et pour abreger, la neige n'est sinon de la pluye qui se glace par le moyen du froid exterieur. Sa couleur blanche vient de l'action du froid, comme l'on void en la glace: ou bien elle est telle principalement, à cause de ses parties qui tiennent plus de l'air; mais la meilleure raison c'est celle du froid, qui rétraint l'humeur, d'où vient que les habitans des pays froids & Septentrionaux, sont plus blancs que les autres. Au reste, il arriue que la basse partie de l'Air estant vn peu chaude, la neige fond lors qu'elle y descend: de sorte que ce qui est neige aux lieux éleuez, est pluye aux bas, & lors que la neige couure les montagnes, il pleut aux plaines & valées.

La Gresle n'est autre chose qu'vne pluye gelée, qui s'engendre lors que la nuée se resout en pluye, & en descendant est gelée par la force du froid, en forme ronde. Elle s'engendre non seulement en la moyenne region, mais encor en la basse, comme on peut reconoistre par la paille qu'on trouue quelquefois dans ses bales, que le froid surprend & mesle auec cette eau gelée, lors qu'elle est emportée en haut par les vents. Auant qu'elle tombe, il y a le plus souuent fort grand bruit en l'Air, à cause du combat du chaud & du froid, qui se fait dans les nuës.

La Rosée est vne vapeur subtile & humide, éleuée assez prés de la Terre, en la basse region de l'Air, laquelle épaissie par la froideur temperée de la nuict, & changée en mesmes gouttes d'eau, tombe éparse en terre.

La Manne, le Miel & le Ladanum sont prises communément pour especes de rosée. La Manne est vne rosée d'vn air & d'vn lieu bien temperé, engendrée d'vne tres-pure & grasse vapeur de la Terre, cuite comme il faut en l'air, & epaissie par la froideur temperée de la nuict; & cette Manne se prend le plus souuent sur les branches & fueilles des arbres.

Le Miel est vne vapeur douce, qui s'arreste sur les fleurs & les plantes, & est recueilly par les abeilles, qui ne font pas le Miel, mais le prennent.

Le Ladanum est vne vapeur qui s'arreste sur l'herbe, appellée Ladon; & naist le plus [a] souuent en Arabie.

[a] Plin. l. 12. c. 17.

La Gelée blanche, ou le Frimas, qui est vne rosée qui se gele, est vne menuë vapeur eleuée de la Terre à l'Air qui l'auoisine, & reduite presque en forme de sel par le froid, qui fait qu'elle est blanche.

La Gelée & la Rosée different en ce que la premiere est engendrée en lieu froid, & sur le poinct du iour, lors qu'il fait bien froid; & la Rosée lors que le Sudest souffle doucement, au lieu que la Gelée arriue auecque le vent du Nort. Outre ce, la Rosée se resout plustost en pluye, que la Gelée, pource que celle-cy estant glacée dure plus long-temps en cet estat; & la Glace est vne eau glacée par la force du froid.

La Broüée ou le Nielle, ou le broüillard, est vne vapeur épaisse, eleuée en la basse region de l'Air, au leuer ou coucher du Soleil, épaissie peu à peu par le froid, & obscurcissant l'air qui l'auoisine. Si cete Broüée n'est guere épaisse, & est dissipée par la chaleur du Soleil leuant, ou s'abat du tout en terre, elle signifie vn beau iour; mais estant épaisse, & s'éleuant en haut, elle promet le plus souuent de la pluye. I'ay aussi remarqué que lors qu'on la void sur la fin de l'Automne aux lieux marecageux, elle presage du froid, qui vient auant la saison ordinaire.

I'ay reserué pour la fin le discours des Vents, afin d'approcher cette piece de celle de l'eau, où ie parle de la Nauigation, en laquelle la conoissance des Vents est du tout necessaire. C'est le sujet pour lequel ie ne les ay pas mis apres les Meteores de feu, ou enflammez, quoy que les Vents soiët des Meteores d'Air, & que l'Air soit au dessus de l'Eau; tellement que selon mon ordre de descente, ils deuroient estre placez au dessus des Meteores d'eau. Mais il n'importe pas qu'ils tiennent ce rang, pourueu que l'on soit pleinement instruit de leurs noms, de leur nature & de leurs effects.

Quelques vns ont tenu que le vent n'estoit autre chose qu'vn air agité: mais encor qu'on l'estime tel communement, toutefois l'on reconoist que c'est autre chose; pource que les vents souflent de certaines & distinctes parties du Monde, & ont diuerses qualitez & diuers effets: ce qui ne se peut dire de l'Air. De sorte qu'il faut auoüer, que le vent est vne exhalaison le plus souuent chaude & seiche, qui part de la Terre; & parfois meslée auec quelque vapeur humide & froide, esleuée presque iusqu'à la moyenne region de l'Air, puis repoussée par la froideur de cette partie à la basse, & faisant ses efforts pour aller en haut, se meut auec bruit autour du bas Air, & pres de la Terre. Tellement que les Vents s'engendrent ainsi. Les exhalaisons attirées en haut par le Soleil, & mesme par la particuliere influence de quelques Astres, tendent à la moyenne region de l'Air, d'où estās repoussées par cet air espais & froid, sont portées en bas, puis tachans de remonter à cause de leur legereté naturelle, & ne le pouuans, ne s'eleuent ny s'abbaissent; mais durant cette conteste, tournent ou vont à trauers de l'Air.

L'on voit clairement que c'est vne exhalaison, pource que plusieurs vents seichēt, & l'air humecte de son naturel; pource que la couleur du feu qui paroist aux nuées, annonce les vents, & la Lune rouge les presage aussi. Dequoy l'on ne peut rendre autre raison, sinon que les fumées, c'est à dire les exhalaisons chaudes & seiches, s'esleuent en l'air, & se mettent entre la lumiere des Astres & nostre veuë; & la lumiere meslée auec la fumée, ou l'exhalaison, vient à rougir, comme on voit au feu. Lors donc que ce fumées viennent à s'amoindrir & resoudre en l'Air, l'on voit naistre les Vents.

L'experience nous découure aussi que les Vents s'esleuent le plus souuent enuiron le leuer du Soleil, toute la nuict ayant esté calme, pource que le Soleil s'approchant, esmeut & esleue les exhalaisons, qui sont la matiere des Vents, dont la fin naturelle est de purger l'air & l'eau, de peur que ces deux Elemens se corrompent, ou en eux, ou aux corps ausquels ils sont; & la fin artificielle est principalement la nauigation.

Que si l'on demāde pourquoy le vent engendré d'vne exhalaison chaude & seiche, a vne froideur manifeste, l'on peut repartir que c'est à cause du mouuement par des lieux froids; outre que l'on peut dire, qu'il y a des vapeurs humides & froides, qui se meslent auec cette exhalaison, tellement qu'il ne faut pas s'estonner de ce qu'il y a des Vents secs en effect, d'autres humides.

Il faut aussi remarquer que les Vents reçoiuent diuerses qualitez, selon les diuers pays, dont ils partent en venant à nous. Car les Vēts du Nort sont froids, parce qu'il passent par des lieux couuers de neige & de glace. Mais ceux du Midy sont chauds & humides, pource qu'ils passent par des terres, & des mers humides & chaudes, en la Zone Torride. Mais en passant plus auant, les Vents qui souflent du Nort, & de mesme leurs collateraux sont froids, secs & sereins, & sains: mais ils nuisent bien souuent aux fleurs des arbres, & bourgeons des vignes. Les Vents qui viennent du Ponent, sont bien regulierement froids & humides, & font pour cette cause auancer les plantes. Mais nous experimentons que ceux qui viennent du droit Oüest, ou couchant Equinoctial, & leurs collateraux, sont tiedes & humides; & nous portent des pluyes tiedes, & sont aussi bien souuent sereins, d'où vient qu'ils finissent nos hyuers, & d'autres Occidentaux tendans au Midy, portent l'orage, obscurcissent l'air auec les nuées, & souflent auec vn grand bruit. Les Vents qui partēt du Leuāt Equinoctial & leurs voisins de part & d'autre, sont sereins & secs; mais chauds en Esté, & froids en Hyuer. Ces vents viennent à nous des pays, où leur matiere, à cause de la longue distance de la Mer, & la longue demeure du Soleil, deuient plus subtile & plus pure, & par ce moyen s'echauffe & se seiche. Ces vents s'eleuent au leuer du Soleil, & se renforcent; puis menent peu de bruit la nuict: & s'il commence à pleuuoir lors qu'ils viennent, la pluye continuë tout le iour. Les autres collateraux assemblent les nuées, mais ceux qui approchent le Nort sont plus froids, & portēt de la neige en Hyuer; au lieu que ceux qui tendent au Su sont tiedes & portent souuent la pluye: & toutesfois ces vents Orientaux sont communement sains; mais ceux du Nort, qui sont froids & secs, sont estimez les plus sains de tous; au lieu que ceux du Midy sont chauds & humides, & par ce moyen causent la corruption, pour nostre regard; à cause des lieux par lesquels ils passent. Mais pour le regard de ceux qui sont logez du costé du Pole Antarctique, ils ont mesmes effects que les nostres qui partent du costé du Nort, & leur ameinent ordinairement le temps serein & le froid comme les

a Plin. lib. 2. ca. 47.
b Vitruu. li. 1. c. 6.

noſtres Septentrionaux, & [a] meſme le beau temps aux lieux chauds d'Afrique, eſloignez du Pole Antarctique.

Les premiers des anciens, qui ſe meſlerẽt de parler des [b] Vents, ne reconurent que les 4 principaux, à ſçauoir les deux qui partẽt des lieux, où le Soleil ſe leue & ſe couche aux Equinoxes, ou de l'Orient & Occident Equinoctial, & ceux qui viennent du droit Nort, & du Midy. Mais quelques autres qui rechercherent plus curieuſement le nombre des Vents, en trouuerent 8, ainſi qu'Andronic Cyrrheſte le prouua, qui pour le faire conoiſtre baſtit en Athenes vne tour de marbre a 8 faces, en chacune deſquellee il fit tailler en relief la figure d'vn Vent, qu'il fit poſer du coſté que ce Vent venoit; puis au deſſus de la tour fit auſſi de marbre vn pignon pointu, ſur lequel il aſſit vn Triton d'airain, tenant en ſa main vne verge, dont l'artifice eſtoit tel, qu'il ſe mouuoit auec le Vent, & tournoit touſiours le viſage contre celuy qui ſouffloit alors, ſur la teſte duquel il tenoit ſa verge, pour ſeruir de monſtre aux regardãs; & ces 4 derniers furent ceux qui viennent du coſté de l'Orient, ou de l'Occident d'hyuer, entre l'Orient Equinoctal & le Midy, ou entre l'Occident Equinoctial, & le meſme Midy: & ceux qui ſouflent entre le Septentrion & l'Occident Equinoctial, ou bien entre le meſme Septentrion & l'Orient Equinoctial. Ils reconurent encor d'autres vents entre ceux-cy, dont ie mettray les noms & les lieux en leur denombrement. Et finalement les Mariniers & voyageurs en ont mis iuſqu'à 32, diuiſans la rondeur du Monde en autant de parties appellées communement Rhombes ou pluſtoſt Rums (veu que les Portugais inuenteurs de cé nom les appellent Rumes) dont chacune emporte 11 degrez & ¼ du Cercle, comme vous pouuez voir en diuiſant 360 par 32.

c Plin. li. 2. ca. 47.
d Vitruu li. 1. cap. 6.
e Agelli. lib. 2. ca. 2.

Les noms des 32 vents ſont mis en leur rang à la faço͂ des Grecs & Latins, auec les modernes des François, Flamans, Alemans, Anglois, Eſpagnols & Italiens, qui ſont les principaux voyageurs, où il faut remarquer que les premieres lettres des noms des nations marquent la langue en laquelle les Vents ſont nommez d'vne ou d'autre ſorte, & que pour le regard des noms anciens Grecs & Latins, ils ſont tous tirez de Pline [c], de Vitruue [d], ou d'Aulugelle [e]. Il faut auſſi ſçauoir, que les noms Italiens des Vents ont ſeulement cours ſur la Mer Mediterranée, & ſont en vſage parmy nos Prouençaux meſmes, auec quelque peu de changemẽt, veu qu'ils diſent le Libech, le Maiſtral, la Tramo͂tane, & mettent de meſme les autres noms à leur mode; & pour le regard des noms des Vents Grecs, où vous trouuerez le mot de Meſo, ou d'Hupo, ou d'Huper ioint auec le nom de quelque vent, ou principal, ou moyen, ils ont eſté inuentez par les ſçauans voyageurs, ou eſcriuains modernes. Ie commenceray donc au Nort en venant à l'Eſt, & deſcendray delà au Midy, puis remonteray à l'Oüeſt, ou l'Occident, pour aller de là iuſqu'au Nort, ou ie commence.

Les Fraçois nomment le Vent du Septentrion ſur la Mer Oceane Nort, les Grecs, 1.
Aparctias, comme venant de l'Ourſe, qu'ils appellent Arctos; les Latins Septentrio; les Flamans Noort; les Alemans Nord; les Anglois North; les Eſpagnols Norte, & les Italiens Tramontana. Nous l'appellons auſſi Biſe droite, & Vent de biſe, & du coſté de Lyonnois, Forez, Languedoc & Dauphiné; Vent de Bourgogne, pource qu'il vient de ce quartier là.

Franç. Nort ¼ de Norteſt; Grec & Latin. Vpaquilo, ou Hypaquilo, & Hyperbo- 2.
reas; Fl. Noort ten Oſten; Al. Nordten oſtent, ou Nord gen oſten, ou Nord zu oſten; Angl. North byeaſt; Eſpa. Norte, quarta al Nordeſte; Ital. Quarta di Tramontana verſo Greco.

Fran. Nort Norreſt; Grec. Boreas; Lat. Aquilo, & Gallicus; Fl. Noort Noort 3.
Ooſt; Alem. Nord Nord oſt, Angl. North eaſt; Eſp. Nor Nordeſte: Ital. Greco Tramontana.

Fr. Norteſt ¼ de Nort; Grec & Lat. Meſaquilo, Meſoboreas; Fl. Noort Ooſten 4.
Noort: Al. Nordoſten nord; ou Nordoſt gen Norden: Angl. Northeaſt, and by North; Eſp. Nordeſte quarta ab Norte: Ital. Quarta di Greco verſo Tramontana.

Fran. Nort eſt; Grec. Borrhapeliotes; Lat. Supernas; Fl. Noord Ooſt; Al. Nordoſt 5.
Ang. North Eaſt; Eſp. Nordeſte; Ital. Greco. Quelques vns prennent celuy-cy pour l'Aquilon des Latins, logé par Pline entre la droite bize, & le lieu où le Soleil ſe leue és grands iours. Lors que ces Vents ſouflent auant la Canicule, ſelon le meſme, ils ſont appellez à la Grecque Prodromes, ou Auantcoureurs; & regnans durant la Canicule ils ſont nommez Eteſies.

6. Fr. Nort est ¼ d'est; Gr. & Lat. Vpocæcias, ou Hypocæcias, Hypercæcias: Fl. Noort Oost; Al. Nordost ten Ost; ou Nordost gen osten: Angl. North East and by East: Esp. Nordeste quarta al Este. Ital. Quarta di Greco verso Leuante.

7. Fl. Est Nortest; Grec Hellec pontias; Lat. Carias, & Carbas; Fl. Oost Noort Oost; Al. Ost Nord Ost; Angl. East North East; Esp. Les Nordeste: Ital. Greco Leuante.

8. Fr. Est ¼ de Nort Est: Grec & Lat. Mesocæcias; Fl. Oost ten Noorden; Al. Osten Norden: ou ost gen Norden; Angl. East by North East: Esp. Este quarta al Nordeste; It. Quarta di Leuante verso Greco.

9. Fr. Est & Leuant & vent d'Orient, & en Dauphiné la Matiniere; Grec Apeliotes; Lat. Subsolanus, qui vient du lieu où le Soleil se leue aux iours des Equinoxes: Fl. Oost, Al. Oost; Angl. East: Esp. Leste, ou bien Este; & aussi Solano: Ital. Leuante.

10. Fr. Est ¼ de Suest; Gr. & Lat. Vpeuros, ou Hypeurus, ou Hypereurus; Fl. Oost ten Zuyden; Al. Osten sud en, ou Ostdend, ou gen Suden: Ang. East by south East. Esp. Este quarta al Sueste: Ital. Quarta di Leuante verso Sirocco.

11. Fr. Est Suest; Grec. Euros; Lat. Vulturnus; Fl. Ost Zuyd Oost; Al. Ost Sudost; Ang. East South East; Esp. Este Sueste; ou Lessueste, ou Essueste: It. Sirocco Leuante.

12. Fr. Suest ¼ d'Est; Gr. & Lat. Meseuros: Fl. Zuyd Oost ten Oosten: Al. Sudosten Ost; Ang. South East and by East; Esp. Sueste quarta al este. Ital. Quarta di Sirocco verso Leuante.

13. Fr. Sudest, ou Suest; Gr. Euronotos & Notopeliotes; Lat. Euro auster; Fl. Zuyd Oost; Al. Sudost: Angl. South East; Esp. Sueste. Ital. Sirocca.

14. Fr. Suest ¼ de Su; Gr. & Lat. Vpophenix, ou Hypophenix, & Hyperphenix: Fl. Zuyd Oost ten Zuyden: Alem. Sudost ten Suden; Angl. South East and by South; Esp. Sueste quarta al sur: It. Quarta di Sirocco verso Austro.

15. Fr. Susuest; Grec Phenix, ou Phenicias; Lat. Euronotus; Fl. Zuyd Zuyd Oost; Al. Sud Sud Oost; Angl. South South East: Esp. Susueste: Ital. Austro Sirocco.

16. Fr. su ¼ de Suest: Gr. & Lat. Mesophenix; Meseuronotos; Fl. Zuyd ten Oosten; Al. Sud ten, ou gen osten: Angl. South by east; Esp. Sur quarta al Sueste: Ital. Quarta Austro, ou, Ostro verso Sirocco.

17. Fra. Sud ou Su; Grec. Notos; Lat. Auster: Fl. Zuyd; Al. Sud; Ang. South. Esp. Sur, ou Zur, & aussi viento di Medio dia, ou Vento Meridional & les Portugais Sul & fur, Ital. Mezogiorno, ou Austro, ou Ostro. En Prouence, Daufiné, Viuarez & Lyonnois l'on l'appelle vent Marin; pource qu'il vient de la Mer Mediterranée; & en quelques lieux de France le Pluau, pource qu'il ameine la pluye.

18. Su ¼ de Suouest: Grec. Mesolibonotos; Lat. Altanus; Fl. Zuyd ten VVesten: Al. Sud ten, ou gen VVesten: Angl. South and by. South VVest. Esp. Sur quarta al Sudueste: Ital. Quarta Austro verso Garbino, ou 4 Mezogiorno verso Libeccio.

19. Fr. Su Suouest: Grec Libonotos: Lat. Austroafricus: Fl. Zuyd Zuyd VVest: Al. Sud Sud VVest: Ang. South South VVest; & Esp. Su Suduestes: Ital. Ostro Garbino, ou Austro Garbeno Mezogiorno Libeccio.

20. Fran. Suouest ¼ de su: Grec Lat: Vpolips, Mesolips: Fl. Zuyd VV est ten Zuyden: Al. Sud VVest ten Suden; Angl. South vvest and by South; Esp. Sudueste quarta el Sur. Ital. Quarta Garbino (ou Libeccio) verso Austro, ou verso Mezogiorno.

21. Fr. Suouest, ou Sud Ouest: Grec Lips, Noto Zephyros: Lat. Africus: Fl. Zuyd. VVest; Al. Sud VVest; Angl. South VVest; Esp. Sudueste; & Abrego aussi; Ital. Libeccio, ou Garbino.

22. Fran. Suouest ¼ d'Ouest: Gr. Lat. Mesafricus, Mesolips: Fl. Zuyd VVest ten Vvesten; Al. Sud Vvest ten Vvesten. Angl. South. Vvest and by Vvest: Esp. Sudueste quarta al Oeste: Ital. Quarta di Libeccio (ou Garbino) verso Ponente.

23. Fran. Ouest Suouest: Grec. Lips hyphespes: Lat. Africus, Subuesperus: Fl. Vvest Zuyd Vvest: Al. Vvest Sud Vvest: Angl. Vvest South Vvest; Oes Sude este; Ital. Ponente Liaccio, ou Ponente Garbino.

24. Fran. Ouest ¼ de Suouest: Grec Lat. Vpafricus. Fl. Vvesten Zuyden; Al. Vvest ten Suden: Angl. VVest by South. Vvest: Esp. Oeste quarta al Sudueste: Ital. Quarta di Ponente verso Libeccio ou verso Garbino.

Fran. Oueſt ; on l'appelle en Viuarez , Forez & Dauphiné , la Trauerſe ou en 25.
riant, le Vent des femmes ; & au Printemps on appelle en Daufiné ce Vent lors qu'il
eſt doux , le Vent Feüilleret , pource qu'il fait pouſſer les feüilles : Grec Zephyros,
& encore , ſelon Pline au Printemps Chelidonius, à cauſe des nids des arondelles qu'on voit alors ; & Ornithias, à cauſe de la venuë des oyſeaux. Fl. Al. & Angl.
Vveſt. Eſp. Oeſte ; Ital. Ponente. L'Eſpagnol dit auſſi par fois Poniente , auſſi bien
que Leuante.

Franc. Oueſt $\frac{1}{4}$ de Nort Oueſt : Grec Lat. Meſoeorus, Meſargeſtes : Fl. Vveſt ten 26.
Noorden : Al. Weſt ten , ougen , Norden : Angl. Weſt by North Weſt : Eſp. Oeſte quarta al Noroeſte : Ital. Quarta di Ponente verſo Maeſtro.

Fr. Oueſt Nortoueſt : Gr. Argeſtes : & en quelques lieux de Grece Olympias , & 27.
Scyros chez les Atheniens, ſelon Pline : bien qu'Arrian [a] die que celuy qu'on nom-
me au pays du Pont Traſcias , qui eſt le Nortoueſt , eſt appellé en Grece Sciron ; Lat.
Corus, ou Caurus , que Vigenere nomme Vent de Galerne , diſant que c'eſt l'Oueſt
Northoueſt , & qu'on l'appelle en la Mer du Leuant Maiſtral, qui eſt le Nort Oüeſt,
confondant ainſi ces deux Vents : Fl. West Noert West : Al. West Nord West :
Angl. West North West : Eſp. Oes Noroeſte : Ital. Ponente Maeſtro.

[a] Peripl. Pont Euxin.

Fr. Northoüeſt $\frac{1}{4}$ d'Oueſt : Grec. Lat. Vpocorus. Bortholibs ; Fl. Noort Weſt ten 28.
Weſten : Al. Nord Weſt ten Weſt ; Angl. North Weſt by Weſt : Eſp. Noroeſte
quarta al Oeſte : Ital. Quarta di Maeſtro verſo Ponente.

Fr. Nort Oueſt ; & Maiſtral : Grec Olympias ; Lat. Corus ; Fl. Noort Weſt ; Al. 29.
Nord Weſt ; Angl. North Weſt ; Eſp. Noroeſte ; Ital. Maeſtro, Magiſtro.

Nort Weſt $\frac{1}{4}$ de Nort ; Gr. Lat. Vpocircius , Meſothraſcias : Fl. Noort Weſt ten 30.
Noorden : Al. Nord Weſt ten Norden : Angl. North Weſt by North. Eſp. Noroeſte quarta al Norte : Ital. Quarta Maeſtro verſo Tramontana.

Fr. Nort Nortoueſt , Grec Thraſcias , ou pluſtot Thracias , comme venant de 31.
Thrace : Latin Circius ; Fl. Noort Noort Weſt : Al. Nord Nord Weſt : Angl.
North North. Weſt ; Eſp. Nornoro eſte. Les Eſpagnols l'appellent auſſi Cierço (de
meſme que ceux de Languedoc & de Foix Cers,) & les meſmes Eſpagnols l'appellent auſſi Galego ; comme venant de Galice : Ital. Maeſtro Tramontana.

Fran. Nort $\frac{1}{4}$ de Nortoueſt : Grec Lat. Meſocircius ; Hyperthraſcias : Fl. Noort 32.
ten Weſten ; Al. Nord ten Weſten : Angl. North and by Weſt ; Eſp. Norte quarta al Noroeſte : Ital. Quarta di Tramontana verſo Maeſtro.

VENTS, comme ils ſont mis en la Bouſſole.

Il y a encore d'autres Vents furieux & vehemens, causans les orages, comme les Tourbillons, & ceux que les anciens [a] ont nommez Typhones, Ecnephies, & Prestesres, qui renuersent par maniere de dire toute chose.

[a] Plin. lib. 2. cap. 48.

Il se trouue aussi des Vents appellez Monssons, ou Mœssons, qui changent seulement enuiron de 6 en 6 mois, & trompent souuent quand on part trop tard, & le vent contraire vient tandis qu'on est en vn lieu. Ils trompent encor en ce qu'ils durent plus au moins l'vn que l'autre; & celuy qui sera propre durera cinq ou six semaines, moins que son contraire, qui continuera mesme quelquefois deux mois plus qu'on n'estime, ce qui contraint bien souuent les moins considerez a sejourner 7 ou 8 mois plus qu'ils ne veulent. Ce sont ces Monssons qui causent le sejour & le trafic des vaisseaux aux Maldiues, où ils sont portez par le Courans, comme Pyrard plein d'experience à ses depens, le témoigne.

Toutes les grosses riuieres, principalement celles qui descendent des montagnes, esmeuuent des Vents, & pareillement les Golfes proches de quelques montagnes couuertes de neige, comme on voit au Golfe de Leon, à cause des Monts Pyrenées; à Genes, à cause des Alpes neigeuses qu'il y a du Nort, & encor de l'Apennin qui l'auoisine; & au Golfe de Coron en la Morée, & en celuy qui est assis entre le bras de Maine, & le Cap Malie. En l'Archipelague la moindre nuée qu'on voit sur quelque Isle menace d'vne tempeste de 24 heures; à raison dequoy chacun tache de gagner de bonne heure vn port de quelqu'vne de ses Isles, qui ne sont guere esloignées. Mais quoy que les Mariniers tiennent que la tempeste dure seulement 24 heures en l'Archipelague, toutefois on a reconu par experiense que le Sudoüest, qu'ils appellent Libeccio, portant des orages dangereux, a continué quelquefois plus de 8 iours. La Mer Majour a aussi ses Vents du Nort, ou de Tramontane, qui y regnent ordinairement.

Lors que l'Automne est serein, l'hyuer est venteux; le Sudest clair, & le Nort obscur, causent vne furieuse tourmente. Si parmy vne nuict obscure, le Ciel estant toutesfois serein, l'on voit souuent comme des estoiles volantes, le Vent s'éleuera dans peu d'heures, au lieu où il semble qu'elles vont tomber. Lors que les estoiles estincellent plus que de coustume, elles presagent vn Vent qui ne sera guere fort. S'il tonne souuent le matin ou le soir sans éclairer, l'on aura du Vent. Quand il tonne au point du iour, c'est signe du Vent qui vient; au lieu que s'il tonne à Midy, ou sur le soir, c'est signe d'vne pluye lente: & quand on oyt force tonnerres en hyuer, ils marquent que le Printemps sera venteux, & par fois la plus grande partie de l'année.

S'il s'eleue vn nouueau Vent le quatriéme iour de l'âge de la Lune il dure bien souuent presque tout le long de cette Lune là. Elle presage le vent si elle est rouge, & de mesme si elle a vn cercle autour d'elle, du costé qu'elle luit le plus estant pleine. Si la Lune nouuelle a ses pointes, ou cornes grosses, elle signifie orage; & de mesme lors qu'elle paroist enflammée le 16 iour.

Quant au Soleil, s'il a deuant luy, à son leuer quelques nuées rouges, esparses du costé du Nort & du Su, cela presage de grãds vents, & de la pluye; & si lors qu'il se leue on voit des nuées rouges proches de luy, le vent qui les pousse doit continuer, & si c'est le Vent du Midy lon a de la pluye. Si ses rayons paroissent auant son leuer, il presage du vent & a de l'eau. Si son Cercle est blanc lors qu'il se couche, il marque quelque orage cette nuict là, & s'il est lors vn peu chaud l'on aura du Vent.

Tremblecerre. Les Vents font aussi le Trembleterre, dernier Meteore de l'Air, qui s'engendre en terre, veu que ce n'est autre chose qu'vn ebranlement de la mesme, fait par le combat des Vents, enclos dans ses conduits & concauitez, faisans leur effort pour en sortir.

L'EAV.

Que c'est que l'Eau.

Ie descens de l'Air à l'Eau, comme plus legere que la Terre, & deuant par consequent auoir son rang auant elle; bien que toutes deux ensemble ne facent qu'vn globe. Ce qui fait que ie les separe icy, c'est pour estaler plus distinctement ses particularitez plus considerables. C'est vn Element transparent, hu-

a Galen. de simplici medic. fac. li. 1. c. 51.
b Lactant. li 1. ca. 5.

mide & froid, voire le plus humide de tous[a], plus espais que l'Air, & moins que la Terre, qu'il entoure de toutes parts, la coupant mesme en plusieurs endroits, & se glissant dans son sein par diuers conduits, pour l'humecter & la rendre plus propre à produire. C'est cette Eau, dōt Thales[b] disoit que toutes choses estoient sorties, soutenant que c'estoit d'elle que Dieu les auoit formées, ce qui se rapporte en quelque façon aux paroles de la Genese.

Sa rondeur.

Cet Element, quoy que pris à part, doit estre tenu pour rond, si l'on cōsidere, qu'ō ne peut voir du bas du nauire vn Cap qu'on apperceura du haut du mast, bien que cette ligne soit plus longue que l'autre; & que si elle estoit plaine elle ne tendroit pas tousiours en bas, mais demeureroit suspenduë en quelque lieu. L'on reconoist encor cette rōdeur par celle de la Terre qu'elle entoure; par le leuer & coucher des estoiles, qu'on remarque en voyageant par Mer, par le Pole qui se hausse & baisse aux mesmes voyageurs, & par toutes les raisons par lesquelles on preuue la rondeur de la Terre.

Fait vn Globe auec la Terre & n'est pas plus haute.

Elle fait vn Globe, ou corps rond auecque la Terre, comme on peut voir aux Eclipses de la Lune, ausquelles tous ces deux corps iettent l'ombre en telle sorte, qu'elle emporte vne partie ronde de la Lune, & l'on ne voit qu'vne ombre, & non deux diuerses. On le reconoist encor en ce que les choses qui tendent à vn centre s'assemblent, & ne font qu'vn corps; & que celles qu'on iette, ou pousse en bas par eau & par terre, n'ayans nul empeschement, sont portées au centre par vn mesme signe ; si bien que la Terre & l'Eau faisans vn Globe ont vn mesme centre de grandeur, iaçoit que celuy de pesanteur soit different, qui n'empesche pas toutefois que ces deux pieces assemblées ne forment vn Globe.

L'on remarque encore que ces deux ne font qu'vn Globe, en ce que l'Eau n'est ny plus haute, ny plus basse que la Terre; veu qu'estant plus haute elle seroit tousiours arrestée & detenuë en haut violemment, puis encore les vaisseaux seroient portez de l'eau au port auec precipitation, & monteroient tousiours auec grande peine du port en pleine Mer contre ce qu'on experimente ; & d'ailleurs ceux qui se trouueroient en l'Ocean Occidental, verroient plustost leuer le Soleil que les habitans de la Terre Orientale; & si l'Eau estoit plus basse, ceux des terres Occidentales verroient plustost le Soleil que ceux qui se trouueroient sur la Mer Orientale, & mesme il y auroit grande inegalité au mouuement des nauires poussez par vn egal effort des vents.

Dauantage si la Mer estoit plus haute que la Terre, elle la couuriroit aussi-tost, puisque l'Eau tend en bas de son naturel, & s'y porte auec grande impetuosité ; & d'ailleurs les Isles ne paroistroient pas sur la Mer: mais en seroient accablées: puis encore les riuieres qui se rendent dans la Mer si rapidement, ne le feroient pas si la Mer estoit plus haute que la Terre; veu que la chose estant de la sorte les riuieres ne descendroient pas dans la Mer, mais y monteroient; chose qui combat l'experience, qui nous fait conoistre que les lieux maritimes sont beaucoup plus bas que les autres.

Il est vray que ceux qui tiennent que l'Eau est plus haute, alleguent pour leurs raisons, que l'ordre des Elemens est tel, que la Terre, comme plus pesante doit tenir le plus bas lieu; l'Eau doit estre au dessus d'elle comme plus legere, & l'Air au dessus de l'Eau pour mesme raison, & que la Mer estant l'Element de l'Eau, doit par consequent estre plus haute que la Terre. Ils disent encor que ceux qui tendent de la Mer à la Terre, regardans les riuages, lors qu'ils sont en haute Mer, iugent à la voir que la Terre est beaucoup plus basse. Et quant à ce que l'Eau ne couure pas la Terre, ils repartent que Dieu[c] a estably à la Mer des bornes, au delà desquelles elle ne peut passer.

c Psal. 104. Iob. 38. Ierem. 5.

Finalement, sur cette conteste l'on dit, que la Mer est pour diuers regards plus haute, & plus basse que la Terre; à sçauoir plus haute pour le regard des riuages, qu'elle aborde en telle sorte qu'elle s'enfle en rond, & s'esleue en son milieu par dessus les autres parties qui tendent aux bords; & plus basse en ce que la hauteur de ces parties decroist tellemēt, que tant plus elles approchent le riuage; tant plus elles se rendent plus basses que celles de la Terre ; de sorte que la Terre des riuages se trouue plus haute que la Mer des-mesmes bords.

Sa profondeur.

La profondeur de la Mer, prise par les meilleurs Philosophes pour cet Element, est estimée plus grande que celle de la Terre par quelques vns; au lieu que d'autres rejettent cette opinion, lors qu'ils considerent, que le Diametre de la Terre, c'est à

dire

dire sa profondeur, contient 1720 lieuës d'Alemagne, ou 1293 ¾ lieuës d'vn heure, ou 1866 ⅔ de France, & qu'il n'y a personne qui face la Mer si profonde.

Cesar ayant [a] enuoyé de tous costez des gens pour sonder les Mers, aprit que leur plus grande profondeur ne s'estendoit que iusqu'à 15 stades, qui font seulemẽt pres de deux petits mils d'Italie; & les anciens [b] ont tenu cette plus grãde hauteur pour certaine. Il est vray qu'en quelque endroit du Põt Euxin, vis à vis des Coraxes, peuples de la Colchide, à 200 stades, ou 25 mils de la terre ferme, ils tenoient qu'on ne pouuoit trouuer le fonds, non plus qu'en quelques canaux des [c] Indes Orientales, proches de l'Isle de Taprobane.

a Priscian. desc. orb.

b Plin. li. 2. c. 101. &

c Li. 6. c. 22.

Mais les voyageurs de nostre temps, beaucoup plus experimentez que les anciens, cõme ayans couru presque tout l'Ocean, & sondé sa profondeur en plusieurs endroits, ont rapporté qu'il y a bien peu de lieux en la Mer qui puissent estre sondez, & que sa plus grande hauteur est de deux mils & demy, que l'on tient égale à celle de quelques montagnes plus esleuées.

Toutefois, s'il faut croire quelques Escriuains [d] Septetrionaux, qui agrandissent tout ce qui se peut les choses de leur pays, les Mers du costé du Nort sont plus profondes que toutes les autres, principalement pres de Noruege, où les riuages sont tellement droits, qu'ils semblent escarpez, & la Mer est telle qu'on ne sçauroit en trouuer le fonds, bien qu'on eust de grands nauires chargés de cordes, & qu'on leur attachast au bout de fort pesantes masses de fer, ou de plomb.

d Ola. Magn. li. 2. c. 10.

Sa diuision.

L'Eau est diuisée en Fontaines, Ruisseaux, Riuieres, Torrents, Lacs, Estangs, Marais & Mer.

Fontaines, Ruisseaux, Riuieres.

Quant aux Fontaines, Aristote tient que l'air & les vapeurs estãs aux lieux creux, & cauernes de la terre viennẽt à perdre leur chaleur, s'épaissir, & se changer en eau, à cause de la froideur du lieu; de mesme que la pluye s'engendre en la moyenne region de l'air des vapeurs épaissies, qui descendent apres, s'assemblent, & font en coulant vne fontaine qui se maintiẽt tousiours telle par le moyẽ d'vn air nouueau, qui suruient & succede tous les iours, afin d'empescher le vuide, & se change en eau.

Mais cette opinion ne peut subsister auec raison, si l'on luy fait cõprendre toutes les fontaines & riuieres, veu qu'encor qu'on accorde qu'il se peut engendrer quelques eaux des vapeurs épaissies aux cauernes de la terre, toutefois il n'y a nulle apparence qu'il s'en engendre tant que l'on en voit couler de tant de fontaines & riuieres; puis qu'il est mesme certain, qu'il faut vne grande quantité d'air pour faire vn peu d'eau, & que les vapeurs qui font vne petite pluye tiennẽt vn fort grand espace; tellement qu'on ne peut s'imaginer où l'on trouuera tant de cauernes pour tant de vapeurs, & tant d'air pour engendrer tant & tant de grosses riuieres.

De sorte qu'il vaut bien mieux tenir auec les mieux instruits de la verité [e], que les riuieres rentrent dans la Mer, d'où elles sont sorties, & que c'est de là qu'elles tirent leur naissance. Autrement on ne sçauroit rendre raison suffisante du cours perpetuel des riuieres, ny pourquoy la Mer ne se desborde receuant tant de riuieres, ou pourquoy l'on trouue tant de sources de fontaines aux sommets des plus hautes montagnes. Car si les riuieres ne venoient de la Mer il ne se pourroit faire qu'elle ne creust, & se desbordast en les receuant de tous costez en si grande abondance, sans les pouuoir renuoyer, & se descharger, veu que le Soleil & les Vents n'en sçauroient tant consommer qu'il en coule, & d'ailleurs la Mer repare assez la nuict par le moyen de l'Air, le dommage qui luy vient du Soleil & des Vents, qui luy est commun auec les riuieres.

e Eccl. c. 1.

Ce qui fortifie aussi cette opinion, c'est que plusieurs fontaines [f] d'eau douce suiuent le flux & reflux de la Mer, ainsi qu'on a remarqué. Et quant aux sources qui se trouuent aux hautes montagnes, l'on peut dire que d'autant que la terre est ronde, & que la Mer a grande abondance d'eau, elle peut aisément par sa grande force pousser en haut l'eau qui coule par les veines & concauitez de la terre, par diuers destours, puis cette eau cherche quelque sortie, qui fait que nous descouurons ses sources. Mais on peut dire aussi que la vapeur reçeuë dans les pores de la terre, & épaissie dans ses concauitez, se changeant en eau, grossit celle qui vient de la Mer, & rend auec elle les sources perpetuelles.

f Plin. li. 2. c. 97. & 103.

Au reste ce qui fait que les fontaines sont douces, & non salées cōme la Mer d'où elles partent, c'est que leur eau coule par diuerses veines de la terre, s'épure, & s'adoucit en passant par tant de contours & de conduits, qui luy font quitter sa salure & son amertume; d'où vient que les fontaines plus esloignées de la Mer sont beaucoup plus douces, & c'est de ces sources que partent les Ruisseaux & Riuieres, qui sont eaux coulantes sans cesse.

Quant aux autres qualitez que les eaux de ces sources ont, outre la douceur, elles viennent des lieux par lesquels ces eaux viennent à passer, & des choses qu'elles rencontrent à leur passage, comme des herbes, metaux, pierres, sucs, terres & sable, ou des vapeurs corrompuës, qui les rendent saines, ou mauuaises, & mesmes mortelles.

Les torrents sont des eaux coulantes pour quelque temps, qui naissent des neiges qui fondent, ou des pluyes qui suruiennent, ou ayans quelque petite source se grossissent par le moyen de ces deux, & tarissent en Esté, ou lors que ces choses cessent. Torrēs

Quant aux eaux arrestées & dormantes, qui sont les Lacs, Estāgs & Marais (dont l'eau n'est si bonne, ny si legere & subtile que celle des eaux coulantes) les Lacs sont des lieux profonds, & cōme des reseruoirs d'vne eau perpetuelle, qui naist au mesme lieu: les Estangs sont des lieux où l'eau s'arreste tousiours, & s'assemble, & par fois vient à tarir, & les Marais sont aussi de petits & bas amas d'eau croupissante, qui vient quelquefois à se secher. Lacs, Estangs, Marais.

Pour le regard de la Mer, c'est vn grand amas d'eau salée qui coule tousiours, & reçoit toutes les autres eaux qui sont sous le Ciel, sans grossir & croistre à leur arriuée, ou se déborder, tāt pource que Dieu luy a estably ses bornes, qu'à cause qu'autant qu'il y entre d'eau, il en sort autant, estant épuisée & attirée par les rayons du Soleil, & resoute en vapeurs, ou se rendant dans les veines de la terre, pour entrer encore dans la Mer. Mer.

Son eau n'est pas de son naturel salée, mais deuient telle pource que ses parties plus humides, plus douces & moins espaisses, sont attirées & reduites en vapeur par la force du Soleil, & les plus grossieres & terrestres, & bruslées qui demeurent, se meslās auec l'eau de la Mer, rendēt son goust amer & salé. C'est pourquoy la Mer est plus salée au dessus qu'au fonds, d'autāt que le Soleil attire plus les douces parties de sa surface: de mesme elle est plus salée en Esté qu'en Hyuer, & du costé d'Orient & de Midy qu'ailleurs, pource que les rayons du Soleil ont plus de force en ces endroits-là, d'où viēt aussi qu'aux pays chauds on trouue plusieurs eaux salées. Sa salure.

Ce qui fait passer cette opinion pour asseurée, c'est que lors qu'on fait cuire l'eau de la Mer, l'on voit euaporer l'humeur aqueuse, laquelle estāt recueillie & separée, est trouuée douce, si biē que l'on reconoist par là que les parties terrestres qui sont demeurées ont causé sa salure. Dauantage si l'on plonge dans la Mer vn vase bouché auec de la cire, l'eau deliée & pure coule dās le vase, à trauers la cire, & est trouuée douce, comme separée de la vapeur terrestre & grossiere. Nous decouurons le mesme en nos corps, d'où l'vrine sort salée: pource que la chaleur naturelle enuoye & destine à la nourriture des membres, ce qui est de plus subtil & plus doux aux viandes, & le terrestre & bruslé s'assemble au reins, & rend l'vrine salée: & la lessiue de mesme est salée, pource qu'elle se sent de l'adustion des cendres. L'on remarque aussi que les vapeurs qui montent de la Mer se transforment en pluye douce, & non salée.

Au reste cette salure est grandement propre pour la nauigation, pource qu'elle ne peut arriuer, sans que l'eau s'espaississe, & deuienne plus grossiere, & par consequent plus forte pour soustenir les charges des vaisseaux, & de plus cette salure preserue mieux de corruption le bois des Nauires, pource que la nature du sel est d'empescher la pourriture; & la mesme salure empesche la corruption de ses eaux.

Quant à ce qu'on demande pourquoy les riuieres ne sont pas salées, puis qu'elles esprouuent la force des rayons du Soleil, aussi biē que la Mer: l'on respond que c'est à cause que leur cours precipité rauit au Soleil le moyen d'agir longuemēt & droitement sur leurs eaux, & causer leur salure. Quelques Lacs aussi se maintiennent doux par le moyen des sources d'eau douce qu'ils ont, qui les renouuellent par maniere de dire à toute heure.

Quant au flux & reflux de la Mer, Aristote [a] & Heraclite ont dit, que le Soleil esmouuoit plusieurs vents, lesquels venants à souffler, la Mer Atlantique s'enfloit & venoit à regorger, puis lors qu'ils cessoient, les eaux se retiroient, & que c'estoit ce qu'on appelloit flux & reflux. Euthymene Marseillois estimoit que la Mer grossissoit, ou decroissoit, selon la creuë ou le decours de la Lune. Platon a tenu que la Mer s'enfloit, quand les eaux montoient, & baissoit quand elles descendoiét, disant qu'il y auoit vne bouche par laquelle les eaux alloient & venoient; & que le flux & reflux se faisoit par ce moyen. Timée eut opinion que plusieurs grands fleuues des montagnes des Celtes se deschargeoient dans la Mer, qui croissoit & regorgeoit à leur arriuée, puis se retiroit & baissoit à mesure qu'ils cessoient d'y couler.

a Galen. de hist. Physica

Posidoine disoit [b], que le mouuement de l'Ocean imitoit celuy du Ciel, & qu'il y auoit en la mer vn flux iournalier, vn autre d'vn mois, vn autre annuel, qui s'accordoient auec le cours de la Lune, veu que quand la Lune s'esleue sur l'Horizon par l'espace d'vn signe, la Mer s'enfle à ce qu'il dit, & s'auance dans la terre, iusqu'à ce qu'elle paruient au plus haut du Ciel; puis ainsi qu'elle descend, la Mer se retire, iusqu'à tant qu'elle est seulement esloignée d'vn signe de l'Occident; & que la Mer s'arreste alors iusqu'à ce que la Lune soit couchée, & soit descenduë encor par l'espace d'vn signe au dessous de l'Horizon; mais qu'apres cela elle se remit à croistre iusqu'à ce que la Lune paruient encor au plus haut, ou milieu du Ciel sous l'Horizon; puis decroit encor iusqu'à ce qu'approchant de l'Orient, elle a l'Horizon plus haut qu'elle d'vn signe, & qu'alors elle demeure en mesme estat, iusqu'à tant qu'elle s'est esleuée par l'espace d'vn signe au dessus de l'Horizon, auquel temps la Mer recommence à croistre.

b Strabo lib. 3.

Pour le regard de son mouuement d'vn mois, il le remarquoit en ce que les plus grands flux & reflux se font enuiron la nouuelle Lune; puis quand la Lune est partagée également, on se trouue au premier quartier, la Mer s'appetisse; puis croist iusqu'à la Pleine Lune, & s'abaisse apres iusqu'à ce qu'elle vient au dernier quartier; puis s'enfle derechef iusqu'à la conionction.

Quant au flux & reflux annuel, il disoit qu'enuiron le Solstice d'Esté, les flux & reflux estoient beaucoup plus grands que le reste de l'année, & qu'ils diminuoient apres iusqu'à l'Equinoxe d'Automne, puis croissoient iusqu'au Solstice d'Hyuer, & delà iusqu'à l'Equinoxe du Printemps deuenoient moindres.

Seleuque establissoit certaine egalité & inegalité aux flux & reflux, selon les signes ausquels la Lune se trouuoit, de sorte que se rencontrant aux signes Equinoctiaux du Belier & de la Balance, le flux se faisoit egalement; mais qu'il estoit inegal, tant en quantité, qu'en vitesse, aux signes Solsticiaux de l'Ecreuisse & du Capricorne; & que cette inegalité se trouuoit aux autres signes, selon qu'ils estoient plus proches, ou plus esloignez que ceux-cy.

Mais laissant les anciens, & venant à considerer cecy plus soigneusement, nous pouuons dire que la Mer a deux mouuemens, l'vn violent, venant des Vents qui poussent deçà delà ses flots, & l'agitent; l'autre naturel, qui est son flux & reflux, lequel on peut dire n'estre autre chose, qu'vn soudain depart de ses flots de leur lieu, pour s'auancer sur vn autre; & vne soudaine retraicte des mesmes à leur premier lieu.

Ce qui cause ce flux c'est principalement le Soleil & la Lune, outre que la vertu des autres estoiles, & le fonds de la Mer mesme y contribuent quelque chose. Mais la Lune qui augmente, ou diminuë l'humeur en tous les corps inferieurs, exerce particulierement son pouuoir sur la Mer, qu'elle dispose auec ses rayons en telle sorte, que son eau se hausse & se baisse, de mesme que celle d'vn pot qui boult, selon le feu qu'on luy donne. Quand l'eau s'enfle il faut necessairement qu'elle parte du fond, & du lieu plus esloigné, & au contraire quand elle se baisse il faut qu'elle retourne en son premier lieu. Ainsi selon que la clarté de la Lune croist, & qu'elle a plus de rayons, & plus forts, les eaux de la Mer s'enflent dauantage; & au contraire elles decroissent & font leur reflux, quand ses rayons sont plus foibles.

Au reste lors que la Lune se leue la Mer s'enfle; & le flot commence à s'auancer, & par maniere de dire à boüillir; & croistre iusqu'à ce qu'elle ayt atteint la ligne de Midy ; puis ainsi qu'elle descend au couchant, le flot se retire doucement, iusqu'à ce que nous abandonnant elle va luire sous l'Horizon, auquel temps l'eau de la Mer se remet à boüillir & gagner pays, iusqu'à ce que la Lune arriue à la ligne de minuit, puis s'en reua peu à peu d'où elle estoit partie ; & ce double flux & reflux se fait en 24 heures, & quelque peu plus.

Sçachant donc l'heure que la Lune monte sur l'Horizon, vous iugerez aussi tost que c'est le temps de son flux, & de mesme de son reflux, lors qu'elle descend de la ligne du Midy pour se plonger sous l'Horizon, & pourrez faire pareil iugement sur son coucher, & la ligne de mynuit.

Il est vray que ce mouuement n'est pas tousiours remarqué tout à fait de mesme en pleine Mer ; pource que la vehemence des Vents pousse bien souuent la Mer vers toutes les parties du Monde, & souuent à cause de la nature du lieu, elle prend perpetuellement mesme route, & par fois elle est aussi combatuë des flots contraires de diuerses parts, & finalement ceux qui sont plus esloignez du riuage s'apperçoiuent plus tard du flux que ceux des lieux maritimes ; & lors qu'on a remarqué seulement vne fois cette difference, il est fort aisé de la garder tousiours le mesme temps.

Il faut aussi remarquer, que ce qui fait voir que la Lune a grand pouuoir sur ce flux, c'est qu'il est plus grand à la pleine & nouuelle Lune, plus proche des Equinoxes.

Il est aussi besoin de sçauoir, que les flux ne sont presque iamais égaux aux reflux en durée, si ce n'est lors que la Lune est aux signes Equinoctiaux sans latitude, tant à cause de la diuersité du leuer de la Lune, que de l'Ascension ou monter des signes, & de l'inegalité du Zodiaque. Ils ne sont pas aussi semblables partout, tant à cause de l'assiete des lieux, que de la pureté ou impureté des eaux ; veu que la force de la Lune fait plus aisément impression sur les eaux plus grossieres, & les esmeut dauantage ; puis il faut encore considerer les aspects de la Lune auec les autres estoiles, qui augmentent la force de la Lune, comme Iupiter & Venus, ou la diminuent ; d'où vient que les marées sont plus grandes, ou moindres.

Il faut encor remarquer que l'espace de 7 iours, l'Eau de la Mer croist, & se nomme Eau viue, & décroist autre 7 iours, & s'appelle Eau morte ; & que depuis le premier iour de la Lune iusqu'au 8, qui est le premier quartier, les eaux s'amoindrissent, & depuis ce iour là iusqu'au 15, qui est pleine Lune, elles vont croissant ; & de là elles vont diminuant iusqu'au dernier quartier, puis croissent iusqu'à la conionction ou nouuelle Lune. Mais pour expliquer cecy plus distinctement, il faut sçauoir que le premier iour de la Lune est chef d'eau, & le 2, l'eau est encor grande, de mesme que le 3 ; mais le quatre elle va diminuant iusqu'à ce qu'elle vienne au 8 iour, auquel les eaux sont basses ; & au 10, y compris presque l'onziéme, il est pointe d'eau, c'est à dire, qu'elle commence vn peu à croistre, & de là en auant elle va croissant chaque iour iusqu'au 15 ; auquel elle recommence à estre chef d'eau, & au 16 elle croist, & presque iusqu'à la fin du 17. Mais au 18 elle diminuë, & va de cette sorte amoindrissant chaque iour iusqu'au 22 ; puis au 23 il est pointe d'eau, & croist de iour en iour iusqu'au 30, qu'elle est en conionction ; & ainsi elle recommence au premier iour à estre chef d'eau, & va decroissant & croissant, ainsi que i'ay dit.

En ces croissans les eaux ne sont pas tousiours aussi hautes vne fois que l'autre, mais vne fois plus grandes, l'autre plus petites, comme on voit par experience.

Les Aspects de la Lune auec les autres Planetes, doiuent estre aussi considerez, pource qu'ils y peuuent contribuer quelque chose ; comme par exemple, si la Lune regarde Venus d'vn bon aspect, & qu'elle se trouue aux Mansions humides, dont ie vous ay mis cy-dessus le discours, elle augmente extraordinairement les marées ; mais regardant Mars, & parcourant ses demeures seches, elle les diminuë.

L'Ascension des signes y rapporte aussi beaucoup ; veu que la Lune se trouuant en ceux des Ascensions droites, fait durer les marées plus long tēps qu'aux obliques. Il y a aussi quelques parties des eaux de la Mer, sur lesquelles les rayons de la Lune agissent plus puissamment que sur les autres, à cause de ce qu'ils sont plus droits, ou de quelque autre vertu cachée. La Lune estant Septentrionale produit aussi d'autres effects auec ses rayons lancez, que quand elle est Meridionale: veu qu'en ce dernier estat elle augmente les marées aux riuages Meridionaux, & en l'autre aux Septentrionaux. Louys de Cadarnosto dit aussi, que la Mer proche de la Guinée à son flux de 4 heures, & son reflux de 8.

Mais ce flux n'arriue pas en toutes les Mers, veu que pour le regard de l'Ocean, l'on n'en apperçoit aucun en la Coste Septentrionale de la Mer du Zur; non plus que du costé de Mexique, vers l'Isle Cuba, & ses voisines; & pres de l'Isle sainct Thomas l'eau croist si peu qu'on ne l'apperçoit que mal-aisément; puis encor la Mer Balthique est exempte de ce flux, ou pource que son Canal est si estroit, qu'elle ne peut receuoir assez de rayons des Astres, ny par consequent s'enfler, comme font les autres Mers, qui sont de plus grande estenduë; ou pource que cette Mer est trop Septentrionale, & pour cette cause trop eloignée de l'effort des droits rayons de la Lune; ou pour la grande profondeur de cette Mer, qui fait que les rayons des Astres la peuuent moins penetrer.

Quant à la Mer Mediterranée, elle n'a flux & reflux qu'au Golfe Adriatique, à Venise, & aux enuirons, dont la cause est bien obscure; & le reste est dépourueu de ce mouuement, ou pource que n'estant guiere large, il sent moins l'effet des rayons, ou pource que le fonds est precieux, à raison dequoy les halenées ne peuuent se resoudre, & s'épandre au fonds. L'on veut donner aussi le flux & reflux au détroit de Sicile, ou Far de Messine; mais c'est plustost vne contrarieté de flots qui se rencontrent.

Car les plus experimentez voyageurs ont reconu, qu'entrant dans la bouche du Fare, du costé où l'on trouue Scylle & Charibde, l'on voit venir en poupe le Courant; puis arriuant à la moitié du Canal, l'on découure vn autre Courant, qui vient du costé de Reggio, & lors l'vn se rencontrant auec l'autre, l'on voit que l'eau boult & saute en haut, & tourne à l'entour, & que ce boüillon dure enuiron vn quart d'heure, iusqu'à ce que le premier Courant venant de Reggio, vainc le premier qui venoit de Sciglio, & de la Tour du Fare. Les Messinois disent que la rencontre de ces deux Courans cõtraires se fait toutes les 6 heures, & qu'elle est causée par certaines grottes qui se trouuent au fond du Far, ou détroit; Mais ceux qui ont curieusement consideré le grand fond de la Mer en ce lieu là, iugent bien qu'il y a quelque autre cause qui meut ces deux Mers, & fait ce choc & cette sorte de flux. Pour le regard du détroit de Negrepont, ou de l'Euripe d'Eubœe, duquel on a dit qu'il auoit son flux & reflux 7 fois le iour, c'est plustost vn tournoyement d'eaux qu'autre chose.

Les effects de ces mouuemens, ou flux & reflux, sont vtiles en ce qu'ils purgent les eaux, & les empeschant de pourrir & se corrompre, outre qu'ils aident beaucoup à la nauigation, & l'auancent. Mais d'autre part la violence des inondations & marées est fort incommode, pource qu'elles viennent par fois bien auant dans la terre ferme, auec tant de force, qu'elles font reculer de grandes riuieres, & couurent & gastent de leur eau salée des campagnes spacieuses.

Boussole

Ces mouuemens de la Mer sont ordinairement familiers à ceux qui conduisent les nauires, qui doiuent encor auoir cognoissance des Vents, & de l'vsage de la Boussole, de la Carte Marine, & des autres poincts requis à la nauigation.

Le premier qui [a] trouua l'vsage de l'aiguille frottée à l'aymant, & son mouuement vers le Pole, fut vn Flauio di Gioia Napolitain, natif d'Amalfi, & non de Melfe, comme l'on escrit communément, & confondant ces deux lieux & cette inuention est de l'an de grace 1300. Cette aiguille mise dans la Boussole sert pour trouuer la ligne de Midy, en quelque lieu du monde qu'on soit sur Mer, ou sur terre, & par mesme voye le droit Nort; par le moyen de cette ligne les autres Vents, ou parties de l'Horizon, pource que l'aiguille dresse tousiours son extremité vers le Nort, & montre par consequent le Su. Mais elle ne marque pas le droit Nort, si ce n'est quand on se trouue au Meridien qui passe par les Isles [b] de Coruo & Flores des Açores, où l'aiguille regarde le vray Nort, ou selon quelques vns, mais non pas receus, celuy qui passe par celles de sainct Michel, & saincte Marie les plus Orientales des mesmes Açores, au lieu que les autres sont les plus Occidentales. Car si le Nauire quitte le Meridien, & prend la route du Leuant, ou du Ponent, l'aiguille s'écarte du Nort, ou du droit Meridien, de quelques degrez, à l'Est, ou l'Oüest, & c'est à cet ecartement du vray Nort (qu'on appelle declinaison, ou variation de l'aiguille) que les Mariniers doiuẽt soigneusement prẽdre garde. Aussi c'est de ce repos de l'aiguille

a Fr. Lopez li. 1. cap 9. Scipio. Mazzella disc. de Regno di Napoli.

b Gonzal. de Ouied. Hist. p. 1. l. 2. ca. 9. & 11.

aux Isles Açores que l'on a de coustume de prendre le commencement des Meridiens. Ceux qui prennent delà la route de l'Amerique, ont leur declinaison en l'aiguille du costé d'Oüest; mais ceux qui tirent vers l'Europe & l'Afrique, l'ont à l'Est.

Ce changement de l'aiguille a tellement esté reconu par les obseruations de diuers Pilotes qu'on n'en doute plus, & l'on est tres-asseuré que partant du Meridien de Coruo Flores, où l'aymant a son Pole répondāt à celuy du Nort, l'aiguille s'écarte tousiours de plus en plus vers le Leuant, iusques à ce que l'on viēt à Plemuyen, ou Plemouth (comme nous disons) en Angleterre à la longueur de 30 degrez, où l'aiguille decline à l'Est 13 degrez 20 minutes. De ce lieu sa declinaison diminuë & s'auance peu à peu vers le Nort, iusqu'à la longueur de 60 degrez. Derechef elle marque le droit Nort pres du Cap Septentrional de Finmark; puis elle commence à s'écarter tousiours à l'Oüest de plus en plus, iusqu'à ce qu'on paruient à la longueur de 110 degrez, pres la nouuelle Zemle en l'Isle de Guillaume, où l'aiguille s'écarte de 13 degrez du Nort au couchant. Mais delà la declinaison diminuë encor iusqu'à la longueur de 160 degrez, où elle s'arreste encor contre le droit Nort, & le marque, & delà deuient plus grande du Leuant iusques à la longueur de 200 degrez; puis diminuë iusqu'à 260 degrez de longueur, où elle marque pour la 4 fois le droit Nort. Apres cela sa declinaison s'augmente vers l'Oüest iusqu'à 310 degrez de longueur; puis decroist iusqu'à ce qu'on vient aux Isles de Coruo & Flores, à 37 degrez de hauteur de Pole, où l'on a commencé le tour du Cercle.

Les voyageurs plus experimentez [a] rapportent, qu'estant à 80 lieuës à l'Est du Cap des Aiguilles, l'on trouue l'aiguille arrestée contre le vray Nort & le Midy, & c'est pourquoy l'on a nōmé ce lieu le Cap des Aiguilles. Ils disēt aussi qu'à 70 ou 80 lieuës de l'Isle de Flores l'on trouue les aiguilles des Quadrans fermes, égales, & dressées au Nort & Su, à l'endroit de l'Isle saincte Marie; combien que les nouuelles Tables de la declinaison de l'aiguille, la mettent droit au Nort à Coruo & Flores, où elles logent le premier Meridien; & donnent 3 degrez 30 minutes de declinaison à l'aiguille en l'Isle saincte Marie ayant mesme Meridien que celle de S. Michel, à sçauoir 8 degrez 20 minutes de longueur, mais 37 degrez de hauteur de Pole.

[a] Linschot Routier.

Quelques vns veulent dire que l'aiguille touchée de l'aymant se dresse contre le Nort, par le moyen de quelques parties du Ciel, voisines du Pole qui ont cette qualité attrayante par vne secrete sympathie, de mesme que le Soleil a la vertu de faire tourner l'Heliotrope vers luy. Ils disent encor que ces merueilleux effects peuuent partir de quelque qualité particuliere qui est en l'aymant, qui peut aussi bien auoir la vertu de dresser le fer aux Poles du Monde, qu'elle a celle d'attirer le mesme. Et quant au changement de l'assiete de l'aiguille en diuers lieux, quelques vns l'attribuent à quelque vertu attrayante du Ciel, ou qui se trouue en l'aymant, qui est diuersement temperée en diuers lieux, par la diuerse influence des Astres. Mais c'est bégayer de chercher des causes qui ne peuuent estre non plus bien prouuées que bien recognuës, tant pour le regard de son arrest, que de sa variation.

Aux Boussolles vulgaires dont on vse aux petites nauigations, l'on place la ligne de l'aiguille, selon la declinaison de l'aymant de 8 ou 9 degrez ou dauantage. Mais aux grandes nauigations la ligne de l'aiguille respond iustement à celle de Midy, & est sans declinaison; tellement qu'il faut que les Pilotes regardent soigneusement combien il faut adiouster à la declinaison de l'aiguille.

La Boussole est diuisée en 32 egales parties, dont les droites lignes passent toutes par le centre, comme vous auez peu voir en la figure des vents, que i'ay mise cy dessus; & en cette Boussole il y a vn seul poinct regardant le Nort, où l'on met l'aiguille; & toutesfois elle s'écarte souuent de part & d'autre, de sorte qu'elle est mise diuersement en sa Boussole, selon la coustume de diuerses nations. Au reste les voyageurs ont accoustumé de considerer soigneusement autant de parties du Monde, dōt chacune contient 11 degrez 15 minutes. Mais la premiere diuision de la Boussole est en 4 quarts, dont chacun contient 90 degrez, & la ligne de l'aiguille est le commun entrecoupement du Meridien & de l'Horizon, & celle qui la coupe à angles droits, est le commun entrecoupement de l'Horizon & du Cercle Vertical, passant par le Leuant & Couchant Equinoctial. Chacun de ces quarts est apres diuisé en 8 lignes & parties, par 7 Cercles Verticaux, tirez des deux costez du Meridien par le sommet

& finalement tout l'Horizon, ou pour bien dire, toute la Bouſſole ſe trouue auoir 32 lignes, qui marquent autant de parties du Monde, & autant de Vents, par le moyen deſquels les gens de Marine voyagent d'vn port à l'autre. Et cette Bouſſole ſe trouue peinte aux Globes & Cartes, tantoſt en l'Equateur, tantoſt au Meridien, & en quelques Paralleles, afin qu'elle monſtre les parties du Monde, & les Vents tant principaux que collateraux.

Par la meſme Bouſſole l'on trouue le droit chemin d'vn lieu à l'autre, en voyageant par terre. De ſorte, que ſi quelqu'vn auant que partir regarde la Carte, & remarque les degrez de lõgueur & largeur d'vn lieu, ou s'enquierr vers quelle partie, & quel Vent le lieu où il ſe reſout d'aller eſt aſſis, s'il s'égare apres en marchant, auſſi-toſt qu'il regardera en la Bouſſole vers quelle partie il a le viſage tourné en allant, il cognoiſtra promptement s'il va bien, ou s'il s'écarte, ou recule, comme il arriue ſouuent, & par ce moyen viendra à tenir le droit chemin.

C'eſt par le moyen de cette Bouſſole, que les Italiens ont premierement fait de longs voyages, puis les Portugais, Eſpagnols, & autres, en ont entrepris pluſieurs; & c'eſt auec elle que Chriſtophle Colomb découurit des Terres inconuës.

Finalement pour conoiſtre ſi la Bouſſole va bien, l'on doit regarder principalement trois choſes. La premiere, ſi ſa Roſe, ou ſon Eſtoile eſt egale & iuſte, & ne pend en nulle ſorte, n'eſtant haute, ny baſſe d'vn coſté ny d'autre, mais Parallele à l'Horizon. La deuxiéme, ſi l'aiguille ſe meut par meſure, & n'eſt ny trop viſte, ny trop lente. La troiſiéme & plus importante, eſt de voir ſi elle s'arreſte touſiours de meſme façon, c'eſt à dire ſi prenant la Bouſſole en main elle vient à ſe mouuoir, puis la mettant ſur la table elle s'arreſte contre la Fleur de lys, ou la †, d'vn coſté du lieu où l'on eſt; & ſi la reprenant apres, & la mettant en vn autre lieu, elle s'arreſte iuſtement comme la premiere fois; veu qu'on conoiſtra lors ſi la Bouſſole eſt bien ou mal faite, ou gaſtée.

Carte Marine Nauigation. Pour le regard de la Carte Marine, l'on y void tracez les voyages qui ſe font par Mer, & le bon Pilote y remarque le lieu où il ſe trouue, & celuy où il doit aller, & iuge s'il doit prendre vne route, ou l'autre, en montant ou deſcendant, remarque la hauteur du Pole du lieu d'où il part, & de celuy où il pretend d'aller, la diſtance de l'vn à l'autre, & la longueur du chemin qu'il doit faire; puis le Vent duquel il ſe doit ſeruir en ſon voyage, pour arriuer au lieu deſtiné. Toutes leſquelles choſes l'experimenté Pilote conoiſt promptement, ou portant le compas ſur la Carte, ou la regardant, pourueu qu'elle ſoit iuſte, tant au placement des Vents, que de la deſcription des riuages, en telle ſorte que chaque lieu ſe trouue en ſa vraye aſſiete, tant pour le regard des Vents, que de la hauteur du Pole, & l'eloignement du premier Meridien.

Il doit apres conſiderer s'il a vn Vent propre à ſon voyage, veu que s'il luy manque il en doit choiſir vn autre pour cet effect, en remarquant leur aſſiete & leur addreſſe ſur la Carte. Ce ſont ces Lignes qu'on void en pluſieurs Globes & Cartes, qui paſſent par le centre de la Bouſſole, repreſentées en pluſieurs endroits, & nommées Rums d'vn nom Portugais, qui vont aboutir à diuers lieux, ſelon les parties du Monde, où ils ſont aſſis; & ce ſont ces Rums, ou Rhombes, qui monſtrent les diuers chemins de la Mer.

Si quelqu'vn veut partir de quelque lieu pour aller du coſté du Nort, il doit penſer que par voye droite, & route batuë, n'ayant autre empeſchement, il faut qu'il nauige auec le Vent, ou Rum de Su, s'il veut aller droit, & s'il choiſit quelque autre Rumb il ne voyagera pas droitement, mais changera les voiles, tantoſt d'vne part, tantoſt de l'autre, iuſqu'à ce qu'il arriue au lieu qu'il cherche. Au contraire celuy qui veut nauiger vers le Su, le doit faire auec le Vent du Nort, pour aller droit, ou auec quelqu'autre Vent, s'il ne veut prendre ſa route droite.

La nauigation de l'Eſt, ou l'Oueſt, ſe fait ſelon Medine en cette ſorte. Vn nauire part de l'Iſle ſainct Thomas ſous la ligne, & veut faire le tour du Monde, poſant le cas que le voyage ſe puiſſe faire ſans empeſchement. Si ce nauire prend la route du Leuant, il voyagera l'eſpace de 180 degrez depuis ce lieu auec le Vent d'Oueſt, & s'il veut retourner de là à S. Thomas, il reuiendra par le meſme chemin & Parallele auec le Vent d'Eſt. Mais s'il veut pourſuiure ſon chemin, le Vent d'Oueſt luy ſeruira tout autour du Monde, iuſqu'à ce qu'il retourne au port d'où il eſtoit party. Ainſi l'hõme en quelque lieu qu'il ſoit doit s'imaginer vn Cercle qui enuironne le Monde, & que l'on parcourt ce Cercle auec vn ſeul vent. Mais s'il vouloit retourner en arriere lors qu'il est au demy Cercle, ou bien deuant, ou apres, il doit se seruir du Vent contraire pour regagner le lieu qu'il a quitté.

La nauigation par les autres Vents est telle. Si quelqu'vn nauigeant au Nord-Est fait le tour de tout le Monde, allant tousiours par le mesme Rumb, il retournera par le Sudouest au lieu d'où il est party, & de mesme en sa nauigation du Sudest il retournera par le Nordoüest.

En fin la cognoissance plus necessaire à vn Pilote, c'est celle des Vẽts, & des Rums, afin de choisir sur la Carte celuy qui luy doit seruir, & le doit pousser au lieu qu'il desire; & pareillement il doit sçauoir partant d'vn lieu pour aller à l'autre, & voyageant par quelque Rumb que ce soit, combien il s'esloigne du Meridien, où il estoit premierement, & en quel Meridien il se trouue, ou en quel degré de Longueur, ou longitude, chose fort necessaire à la nauigation, apres la hauteur du Pole.

Sur tout il doit prendre garde à choisir la plus droite route, & le Vent qui luy est plus propre en cette sorte. Il se doit imaginer vn poinct, ou commencemẽt, duquel tous les Rums, ou Vents de la nauigation partent; & remarquer apres en la Carte le lieu où il est, & celuy où il va; puis chercher le Rhumb qui va plus droit au lieu destiné. S'il a vn Rhumb qui le mene droit au lieu proposé, il dresse la proüe de son nauire par ce Rhumb, comme la Boussole luy monstre, & suit ainsi son chemin tandis que ce Rhumb, luy sert. S'il n'a pas vn Rhumb qui le pousse droit au lieu qu'il recherche, il doit chercher auec le compas celuy qui s'esloignera le moins du lieu où il veut aller, & poursuiure son voyage auec ce Vent par tant de degrez, ou lieuës, iusqu'à ce qu'il trouue vn autre Rhumb qui le guide droitement en son voyage. Mais il doit regarder combien de lieuës chaque Rhumb luy sert, & où il doit laisser l'vn & prendre l'autre; & tenir compte le plus qu'il luy est possible du voyage qu'il fait, à sçauoir en compassant la Carte, & changeant de Vents, iusqu'à ce qu'il trouue celuy qui le doit porter droitement au lieu destiné.

Il doit encor auoir soin de compasser souuent la Carte, & tenir vn liure de raison, qui contienne sa nauigation, & se souuenant des Vents qui luy seruent pour chaque mesure de temps, & remarquant auec son Horloge combien de lieuës son vaisseau peut faire en vne heure. Les Pilotes Italiens plus pratiqs disent que le plus qu'vn nauire peut faire en vne heure, c'est seize milles, ou cinq lieuës $\frac{1}{3}$ de Dauphiné; que de faire 12 milles, où 4 lieuës, c'est bien allé, & que 8 milles, ou 2 lieuës $\frac{2}{3}$ par heure, c'est vn cours raisonnable.

Mais il semble qu'on pourroit dire auec raison que les Cartes Marines ne sont pas certaines, pource que l'Eau sur laquelle on voyage est ronde, & le Vent est aussi rõd, comme soufflant en rond; & puis que les Cartes Marines sont plaines & plates, & qu'il y a grand difference entre le plat & le rond, il semble que ces Cartes ne sont pas bonnes pour la nauigation. Mais il faut croire qu'elles sont veritables, ou du moins approchent de la verité, ou perfection, puis que l'art auec lequel on les fait contient toute certaineté, & que par leur moyen l'on fait de grands voyages auec asseurance. Et quant à ce que la nauigation se fait en rond, & la Carte la marque en plain, il faut sçauoir que la mesme quantité de chemin que chaque partie contient en rond, est comptée en plain, tant en la Terre qu'en l'Eau, & cela se peut bien faire. Car encor qu'vn corps soit rond, on luy peut donner son semblable en plain, aussi grand & proportionné. Et quoy qu'elles ne soient rondes, toutesfois pour compter le chemin qu'on leur donne elles s'accordent, & se trouue egales auec le rond. Et quant à ce que chaque corps rond est plus grand que nul autre, cela s'entend, pourueu que les corps soient egaux en circonference: veu que n'y ayant egalité, vne autre figure peut estre plus grande que la ronde. Et pour le regard des Rhumbs des Cartes, ils sont si bien compassez par Geometrie, qu'ils ne peuuent tenir de la fausseté. Tellement que les Cartes Marines sont bien faites, & auec vn art admirable, d'autant qu'vne chose si grande que la Mer est pourtraite en si petit espace, & s'accorde tellement auec la verité, que par son moyen l'on a entrepris les nauigations plus eloignées.

Il est vray qu'il y peut auoir quelques defauts qui se découurent aux plus grands voyages, à cause de cette disproportion du rond au courbe, à raison dequoy les plus sçauans sont d'auis de se seruir pour la nauigation des Globes, comme ceux qui rapportent tout plus iustement. Mais quoy que les Cartes n'ayent pas tant de iustesse, on ne laisse toutefois auec la pratique, & leur vsage, de faire des voyages autant ajustez & asseurez, que si l'on employoit le Globe, ou la doctrine des Triangles.

Quant aux petites Cartes que l'on trouue dans les Liures, elles seroient inutiles, si l'on s'en vouloit seruir pour la nauigation, pource qu'il faut que celles qu'on veut employer à cet effect soient grandes, tant pour y pouuoir bien discerner les chemins des Vents, ou Rhumbs, que pour y pouuoir prendre iustement ses mesures auec le compas qui doit sur tout estre grand & iuste, & fort asseuré. Mais vne des plus importantes choses, est d'auoir la Carte tellement conforme à la Boussole, que la distance d'vne ligne des Rhumbs à l'autre, s'ajuste auec les pointes de la Boussole dont on vse.

L'on peint en la Carte plusieurs Boussoles, qui sont tous les lieux, où plusieurs lignes viennent à s'vnir en vn poinct en forme d'estoile; & c'est là dessus qu'on marque les lieux, & qu'on met la Boussole.

Quant au moyen de trouuer la longueur d'vn lieu, vous le verrez au discours des Meridiens terrestres, & des distances des lieux; & quant à celuy de trouuer la hauteur du Pole, & la hauteur ou declinaison du Soleil, vous l'aurez aux Cercles du premier Mobile.

Il faut venir maintenant à la diuision de la Mer en diuerses Mers, Golfes & Destroits, qui prennent leurs noms, ou des lieux qu'ils auoisinent & bordent, ou de leur assiete du costé du Leuant, Couchant, Nort, ou Su.

Diuision de la Mer. Archipelague. Golfe. Cap.

Le Golfe, que nous appellons aussi Sein à la façon des Latins, & que les Italiens nomment Golfo, est vne partie de la Mer comprise entre deux Caps, où dans le recourbement de quelque riuage; & vn Cap, ou Promontoire, est vne pointe de terre eleuée, ou quelque montagne remarquable, qui s'auance dans la Mer.

Destroit, Isthme, Bosphore, Euripe, Presqu'Isle, ou Chersonese.

Vn Destroit est vn bras de Mer estroit, engagé entre deux terres: au contraire de l'Isthme, qui est vne langue, ou bien vne espace de terre enfermée entre deux Mers; & souuent cette langue attache à la Terre ferme vn pays entier, qui pour cette cause est nommé Presqu'Isle, ou Chersonese, ou Cherronese à la Grecque. Le Bosphore c'est à dire Portebœuf, est pareillement vn Destroit, ainsi dict comme passage d'vn bœuf, c'est à dire autant d'espace de Mer, qu'vn bœuf peut passer à la nage: & le mot d'Euripe signifie encor vn Destroit proprement, combien qu'on ne le prenne communément que pour celuy d'Eubée, ou pour vn bras de Mer fort estroit, & contraint entre deux terres, & grandement agité, ou ayant plusieurs flux & reflux; au lieu que Pline [a] marque l'Euripe Tauromitain, qui est le Destroit de Sicile, ou Far de Messini; l'Euripe d'Eubée, & celuy de l'Hellespont, qui ne sont que des Destroits, mais auec plus d'agitation que ceux qui sont plus larges.

[a] Plin. l. 2. c. 97. & l. 4. c. 12.

Quant aux Golfes, vous pourrez voir leurs diuers noms, lors que vous parcourrez le Monde auec moy; veu que i'ay marqué les plus renommez, aussi bien que les principales Mers; & de plus, i'ay mis en chaque Mer, & Golfes, les Isles qui s'y trouuent, & que i'ay décrites en diuers endroits de mon Liure, selon leurs diuerses assietes, ayant iugé que ce seroit vous offrir vn corps sans ame, que de vous proposer des Mers sans Isles, & de plus que vous auriez apres la briéue description de la Terre plus distincte, & moins embarrassée, lors qu'elles n'y seroient pas meslées.

L'on diuise communément la Mer en Oceane & Mediterranée, & toutes deux ont diuers noms qui distinguent leurs parties.

Diuerses Mers.

La Mer Oceane, comme la plus grande, & telle que la Mediterranée n'en semble qu'vn bras, est diuisée par plusieurs en Occidentale, du Couchant; Meridionale, ou Magellanique du Midy; Orientale du Leuant; & Hyperborée, ou Septentrionale, du Nort. Mais cette diuision ne la represente pas bien distinctement; de sorte qu'il faut partager encor chacune de ces parties en plusieurs autres.

Ocean Atlantique. Baye de Cadiz. Golfe des Iumens.

Car à prendre l'Ocean du Couchant contre le Destroit de Gibaltar, & l'entrée de la Mediterranée, l'on appelle la Mer qui s'estend de ce costé-là, le long de l'Afrique iusqu'à l'embouchure du Niger, Atlantique; & toutesfois cete Mer est sousdiuisée en Baye de Cadiz, c'est à dire Golfe, qui est la Mer Gaditaine, ou le Sein Gaditain des Latins, proche du Destroit; puis en Golfe des Iumens, que les Espagnols nomment Golfo de las yequas, à cause de plusieurs caualles, qui moururent & furent iettées dans cette Mer, ou bien s'y n'oyerent, ainsi qu'on les transportoit d'Espagne aux Indes, ou aux Canaries, iusques ausquelles ce Golfe s'estend depuis celuy de Cadiz. Dans le premier vous auez l'Isle de Caliz, & dans l'autre de suite, l'Isle de Mogador, ou Mongador, de la Prouince de Hea du Royaume de Marroc, & les Isles de Port-Sainct, & de Meder.

a Marmol. Afr. 1. p. lib. 1. c. 1.
b Leuncl. Pande. Turcic.

Apres cela, le reste garde le nom d'Ocean Atlantique, qui a receu [a] des Arabes le nom de Bahar el Magareb, ou simplement Magareb, ou Magarib, ou [b] Magrib; & celuy d'Atlantique luy est venu du Mont Atlas renommé, qui est sur ses bords. C'est en cete Mer Occidentale qu'on trouue les Isles Fortunées, ou Canaries, Palme, Hierro, ou Fer, Gomere, Tenariffe, Fort Auanture, Lancerote, Vieillard Marin, ou l'Isle des Loups, Roca, ou Sainct Roc, Gratieuse, Saincte Claire, Alegrança, ou Allegresse, Infierno, ou Enfer, la Sauuage la plus Septentrionale de toutes, & Coro; outre la Miraculeuse Isle de Sainct Borondon, qu'on ne trouue que par hazard; puis encor l'Isle d'Arquin contre le Cap Blanc, l'Isle Blanche, ou Branca, l'Ilheo, ou la petite Isle de las Garças, ou des Herons, celles de Nar & de Tider, & les Isles du Cap Verd, Sainct Anthoine, Sainct Vincent, Saincte Luce, Sainct Nicolas, l'Isle du Sel de Buena Vista, ou de bonne Veuë, Mayo, ou May, do Fogo, ou du Feu, Braua, & S. Iago, ou S. Iacques.

Mer du Nort. Golfe de Mexique. Isles.

Au mesme Couchant de l'Afrique l'on void la Mer du Nort qui tient la partie Orientale de l'Amerique Septentrionale, estant mesme confonduë & meslée par quelques-vns auec l'Ocean Atlantique. Cette Mer du Nort embrasse à l'Orient de l'Amerique le Golfe de S. Laurens, auec la Grand'Baye entre Canada & la Terre Neuue: Le Golfe de Mexique ayant eu ce nom de la fameuse ville de Mexique en la Nouuelle Espagne, à raison de quoy quelques-vns l'appellent Golfe de la Nouuelle Espagne, & celuy de Incatan, ou de Honduras. Dans cette Mer du Nort on trouue à l'Est, & au Su de la Floride, & dans le Golfe de Mexique, où vis-à-vis, & plus bas tirant au Midy, vn Archipelague plein d'Isles, au nombre de plus de 100, qui ont leurs noms; & plus de 600 grādes ou petites, diuisées en Isles de Sotauento, & Barlouento (comme vous pourrez voir en mes discours des Isles de l'Amerique) & en Antilles. Mais pour dire les noms seulement de celles que i'ay décrites en tirant du Nort au Su, l'on void les Lucayes, dont la grande Lucaye & celle de Sainct Sauueur sont plus estimées; puis entre ces mesmes Lucayes, celles de Bahema, Bimini, Abacoa, Cigateo, Curateo, Guanima, Guanahani, Yuma, ou Isabelle, las Tortugas, ou les Tortuës, & les Testigos, ou Témoins, autrement les Escueils des Martyrs, Iumeto, Sumana, Yabaque, Miraporuos, Mayaquana, los Caycos, Hamana, Concius, Ynaqua, Macarey & Abreoyo, toutes comprises entre les Lucayes.

Mais les principales & plus grandes Isles de Barlouento & Sotauento, & des Antilles, sont Cuba, ou Fernandina, Iamaica, ou Sainct Iacques, Hayti, ou l'Isle Espagnole, & Boriquen ou S. Iean. Vous auez apres, Mona, & les Isles des Canibales, ou Caribes, dont les principales que i'ay décrites sont vers le Golfe de Paria, Saincte Croix, ou Ay Ay; Saba, las Virgines; la Virgen gorda; la Anegada; El Sombrero, Anguilla, S. Martin, S. Eustache, S. Barthelemy, & S. Christophe, la Barbada, la Redonda, de las Mieues, & de Monserrate, Antiqua, Guadana, Todos los Sante, la Desseada, Marigalante, Dominica, Matinino, Sonta, & los Barbudos; mais sur tout la grande & belle Isle des mesmes Caribes, appellée Guadalupe; & la plus grande des Isles de Sotauento, nommée la Trinidad; outre lesquelles on void la riche Isle Marguerite, & celle de Cubaqua, prés desquelles on pesche les perles.

Quelques-vns finissent contre le Brasil cette Mer du Nort, & font estendre l'Ocean Ethiopique, ou la Mer Atlantique, iusques au Brasil, & iusques au Destroit de Magellan, de mesme qu'ils font tenir à la Mer du Zur tout le Couchant de l'Amerique. Mais il semble qu'on ne donne pas auec raison le nom de Mer du Nort à celle qui bagne le Leuant de l'Amerique Meridionale, ny celuy de Mer de Zur, ou de Sud, à la Mer qui borde la partie Septentrionale du Couchant de l'Amerique, & qu'on luy peut donner plus iustement le nom d'Orientale, en la continuant auec celle d'Asie, ou d'Occidentale Americaine: de mesme qu'à celle qui laue les riuages du Leuant de l'Amerique Meridionale, celuy de la Mer Occidentale, ou Ethiopique, en continuant celle d'Afrique iusques-là, ou bien d'Orientale Americaine, en l'auançant iusqu'à l'Ethiopique.

Comme qu'on la nomme, l'on trouue en descendant contre le Brasil la fameuse Isle de Maragnan, & celle de Fernan Laroño; apres quoy il n'y a rien de considerable iusques au Destroit de Magellan, où l'Ocean Meridional, ou Magellanique succede à cette Mer.

Oceā Ethiopique. Isles.

Mais reuenant à l'Ocean Ethiopique, que l'on met en suite de l'Atlantique, tirant au Midy, il s'auance iusqu'au Cap de Bonne Esperance, embrassant du Nort au Midy, les Isles de Fernand Poo, du Prince de Corisco, de S. Thomas trauersée de la Figne Equinoctiale, de Caracombo, Anobon, S. Mathieu, l'Ascension, Saincte Helene, de Loanda, Martin Vaaz, Tristan d'Acuna, & prés du Cap de Bonne Esperance les Isles d'Elizabeth, & Cornelie.

Ocean Oriental. Isles.

Ayant passé le Cap de Bonne Esperance, l'on appelle ordinairemẽt Ocean Oriẽtal, ou Mer Orientale, ou Mer d'Inde, celle qui est au Leuant de l'Afrique, & s'estend iusqu'à la Mer de Zur, bien que celle qui se trouue proche de l'Afrique soit aussi bien Ethiopique que l'autre, puis qu'elle aboutit à l'Ethiopie, & qu'on doiue seulement nommer Mer d'Inde & Orientale, celle qui appartient aux Indes Orientales. Cette Mer Africaine contient en tirant du Midy au Nort, l'Isle de S. Laurens, ou de Madagascar, entre laquelle & la Coste de Sofala, sont les dangereux bancs de la Iuifue, de Saincte Marie & Comore, de Maurice ou de Cerné, & de Diego Rodrigue; celles que les Portugais appellent Illas Primeiras, c'est à dire Isles Premieres, les Isles d'Angoxas, ou des Angoisses, & les Vciques.

Golfe de Melinde. Isles.

Le Golfe de Melinde suit apres, en montant vers le Nort, nommé par Ptolemée Sein Barbarique, & Mer Aspre, auquel sont les Isles de Mozambique, d'Anisa, Querimba, Monsia, Zanzibar & Pemba; & ce Golfe s'estend iusqu'à la Mer Rouge, commençant enuiron l'Isle de Madagascar. Quelques-vns le font mesme portion de la Mer Rouge, de mesme que tout ce qui porte le nom de Mer Arabique, Persique, Indique & Gangetique; à quoy toutefois il est bon d'apporter de la distinction.

Mer Rouge, & Golfe Arabique. Isles.

La Mer Rouge nommée [a] par les Grecs Erythrée, à cause d'vn puissant Roy, appellé Erythrée, qui regna sur ses riuages, ou pource que le Soleil en y lancant les rayons la fait paroistre rouge, ou plustost parce que son sable, & sa terre, ou quelques veines de ses eaux sont de cette couleur, comme les modernes auoüent, [b] & ayant aussi le nom d'Arabique, à cause de l'Arabie qu'elle auoisine, n'est pas seulement prise pour cette Mer, que les enfans d'Israël passerent à pied sec, qui est proprement le Sein, ou Golfe Arabique; mais encor pour celle qui s'auance iusqu'à la Mer d'Inde, ayant pour ses parties la Mer d'Arabie, & celle de Perse, outre les deux Golfes Arabique & Persique: & mesme quelques-vns l'auancent iusqu'au Golfe de Bengala, confondans & meslans ces noms de Mer Rouge, de Mer Arabique, & de Mer Indique.

Mais la partie plus renommée de cette Mer est le Golfe Arabique, que l'on nomme aussi communement Mer Rouge, & que les Arabes [c] appellent Alcalzem, à cause de la ville de Calzem, ou [d] Bahar Calzum, c'est à dire Mer close, combien qu'ils donnent ce nom plus proprement à la Mer Caspie; ou bien ils l'appellent Mer, ou le Destroit de la Meke, pource que la Meke celebre entre les Mahometans, est prés de ses bords. Les Hebreux [e] l'appellent Mer de Suph; & Theuet, à qui l'on ne se fie que mal-aisement, dict que les Abyssins & Arabes d'Afrique la nomment Bahar Zocoroph; & les Arabes d'Asie, Zahara. Les Turcs [f] l'appellent Mer Blanche.

Ce Golfe commence au Cap de Guardafu, prés duquel est l'Isle de Zocotora, du costé de l'Ethiopie, & de la Coste d'Abex; & de celuy d'Arabie au Cap de Fartaq, ou de [g] Xaël: si bien que la ligne tirée d'vn Cap à l'autre, est comme sa grande entrée; puis la petite & plus estroite entrée est prés de l'Isle de Bebelmandel, ou [h] Babalmandab, ou [i] Babelmande, ou Isle des portes: la principale de 7 qui s'y trouuent, dont les 6 sont plus proches de l'Afrique, & qui partage cette auenuë en deux bouches, dont celle [k] du Couchant est large de 25 milles: & celle du Leuant n'a que 5 milles de largeur, selon Barros; & toute la bouche a 28 ou 30 milles, & de chaque costé vn Cap, dont celuy d'Afrique est nommé Rosbel, & celuy de l'Arabie heureuse, Ara.

L'on tient ce Golfe long de 1200 milles, ou 400 de nos lieuës, depuis son embouchure iusqu'à Suez; ou de [l] 1400 milles, qui feront 466 lieuës, depuis l'encognure de Suez, iusqu'à la Mer Rouge, que le Geographe Nubien appelle Indique: mais les plus certains voyageurs ne luy [m] donnent depuis son commencement, qui est la ligne tirée du Cap de Guardafu iusqu'à celuy de Fartaq, que 350 lieuës d'Espagne de longueur, iusqu'au lieu du Suez.

Quant à sa largeur, les Arabes la diuisent en 12 Iomis, & chaque Iom est la huictiesme partie de 24, qui font entr'eux le chemin d'vn iour & d'vne nuict en cette Mer, à raison d'vne Farsange (mesure de Perse & d'Arabie, dont i'ay fait mention aux mœurs des Persans) par heure, tellement que trois Farsanges font vn Iom; &

a Plin. l. 6. c. 23.
b I. de Barros Asia dec. 2. l. 8. c. 1.
c Geog. Nub.
d Marmol. Afr. l. 10. c. 10.
e Beniamin. Tudel Itiner.
f Vrreta hist. de Ethiop. l. 1. c. 31.
g Barros dec. 4. l. 4. c. 11.
h Geogr Nub.
i Barros dec. 2. l. 8 c. 1
k Pigaf. l. 2. c. 10
l Geogr. Nub.
m Marmol. l. 10 c. 10. I. de Barros dec 2. l. 8. c. 1 Vrreta. hist. de Ethiop. l. 1. c. 31.

par ce moyen les douze Ioms seroient 36 Farsanges, presque egales à nos lieuës de Languedoc & Dauphiné, ou du moins à 36 lieuës d'Espagne.

Ils diuisent encor cette Mer en trois bandes, ou parties de long en long, dont ils nomment celle du milieu Mer longue, qui est nauigable de iour & de nuict; comme profonde de 25, à 50 basses. Les autres deux, l'vne du costé de l'Arabie, l'autre de l'Afrique, & du pays d'Habex, sont pleines de rochers, de petites Isles & de bancs, tellement qu'on n'y voyage que de iour, & mesme auec grand danger; à raison dequoy l'on employe à la conduite des vaisseaux des Mariniers experimentez en cette Mer, qu'ils nomment Resbones, qu'on prend à Bebelmandel, ou à Zeiban, Isle de ce Golfe.

Il n'y entre aucune riuiere d'eau douce qui soit remarquable; pource que depuis Bebelmandel l'Arabie est fort seiche, & il n'y a que la petite riuiere qu'ils nomment Bardillo, venant de deux petits ruisseaux, l'vn d'eau blanche, l'autre d'eau noire, qui se rend dans ce Golfe, quatre lieües au dessus du lieu de balahor, & 10 de Iudda, ou Gidda, & a si peu d'eau, qu'auant qu'elle arriue à la plage elle est salée, à cause de la Mer qui entre bien auant dans le pays, & la rencontre.

Depuis le lieu de Tor, qui est sur la Coste d'Arabie, proche de l'Egypte, les deux bords de cette Mer se ioignent presque par le moyen de deux Caps, qui sont vis-à-vis l'vn de l'autre, n'y ayant entr'eux que trois lieües de Mer; & soudain apres la terre s'ouure & se recourbe, auec des Golfes, iusqu'à ce qu'on vient à Suez dernier lieu de cette Mer, d'où iusqu'à la Mer Mediterranée il y a vn Isthme, ou Destroit de terre, que quelques-vns[a] font seulement de la largeur de dix-sept lieües d'Espagne, d'autres[b] de 90 mils, & d'autres plus veritablement de trois iournées d'vn chameau: ou 74 mils, ou prés de 25 lieües. Plutarque le fait de 300 stades; ou 37½ milles, où il est plus estroit. Pline[c], de 115 milles; & Strabon, de 3 ou 4 iournées, que Sesostris entreprit de creuser, afin de faire vn canal qui ioignist les deux Mers. Mais il quitta ce dessein ayant esté aduerty (peut estre mal à propos) que la surface de la Mer estoit plus haute que celle de la Terre: & que cela pourroit nuire à l'Egypte, & la faire noyer.

a Vrreta. hist. de Ethiop. l. 1 c. 31.
b Linschot. Voy. c. 4
c Barros dec. 2 l. 9. c. 1
Pluta. Anton. Plin l. 2. c. 68. Strabo l. 1.

Ce Golfe a d'vn costé l'Arabie, de l'autre l'Egypte & l'Arabie Trogloditique, & la Coste d'Abex; & sur son embouchure, la ville d'Aden de l'Arabie heureuse. Il y a pescherie de perles autour de l'Isle de Dalacca, voisine de la Coste d'Abex, & de celle d'Arfax, voisine de la Coste d'Arabie: & pour tirer ces perles hors leurs huitres, on les porte à vne autre Isle proche, appellée Mua. Il s'y[d] trouue aussi force coral verd & rouge.

d Barros dec. 2. l. 8. c. 1

Ptolemée y loge le Sein Elanite, qu'on nomme auiourd'huy le Golfe d'Eltor, le plus auancé vers le Nort: l'Adulique, nommé Golfe d'Ercoco, ou d'Arquico: puis à son entrée l'Aualite, qu'on appelle maintenant Golfe de Zeila, & non de Zeilan, comme quelques-vns l'écriuent.

L'on donne[e] communément 15 Isles à ce Golfe: mais les principales sont, Soridan & Zeibam, puis Suaquen & Mazua, comme attachées à la terre ferme d'Abex, Camaran, Dalacca, & Bebelmandel, ou Mehun.

e Geog. Nub.

Isles di Golfe Arabique.

Au reste il y a si grand flux & reflux en ce Golfe, que quelques-vns ont pris de là sujet de dire que les enfans d'Israel passerent à pied sec au temps du reflux, & les Egyptiens furent accablez des eaux de la Marée, qui vint le surprendre; au lieu d'auoüer le miracle du partage des eaux, qui leur ouurirent le chemin pour aller d'vn bord à l'autre, puis que l'Escriture mesme[f] nous enseigne que la Mer se diuisa pour leur donner passage. Et[g] d'ailleurs les Arabes tiennent encor auiourd'huy par tradition, que les Iuifs trauerserent la Mer, & monstrent la piste de l'yssue de la Mer entre Azerut d'Egypte, & Eltor en Arabie.

f Psal. 115.
g Vrreta hist. de Ethiop.

Il me reste à dire, que les nauires qui[h] vont sur cette Mer ont leurs voiles de natte, & quād elles sont déployées l'on n'a plus besoin d'y toucher, pource qu'vn mesme vent regne 6 mois continuellement sur cette Mer. Ils partent de Suez au commencement du Printemps, & vont faire eau au lieu que les Chrestiēs appellent Puys, ou Cisternes de Moyse, croyans que c'est le lieu du passage des enfans d'Israel. Il y a de grandes cisternes dans ces galions, que l'on replit d'eau: d'autant qu'il n'y en a plus le long de la coste iusqu'à Mua, ou Moa, & l'on demeure 40, ou 42 iours auant qu'y arriuer. Il y en faut encor employer 15, ou 20, pour aller au port le plus proche, qui est Zibit. Ces galiōs portēt du coral pour toutes les Indes Orientales, & rapportēt des Epiceries. Mais il faut qu'ils attendēt le mois de Septembre, pour reuenir auec le vent

h Voy. du Sr. des Hay.

le vent du Midy, qui regne tout l'Automne, & tout l'Hyuer, de mesme que celuy du Nort le Printemps & l'Esté.

Hors du Golfe Arabique, on trouue presque à son entrée, en la Mer Rouge, l'Isle de Zocotora, prés du Cap de Guardafu; puis prés de la Coste de l'Arabie heureuse Curia, en la mesme Mer.

Apres le riuage presque Meridional de l'Arabie heureuse, l'on trouue le Golfe de Perse, diuisé[a] vulgairement par ceux qui nauigent aux Indes, en deux parties, à sçauoir en Destroit d'Harmuz, ou Ormuz, dont ils mettent le commencement à Guadel en Perse, & au Cap de Rasalgate en Arabie: & en Destroit de Basora, commençant au dedans à l'Isle d'Hormus, ou Gerum: & s'estendant iusqu'au mesme lieu de Basora, qui est à la fin du Destroit, & au plus haut, tirant vers la Chaldée & Mesopotamie, & vers l'vnion de l'Euphrate & du Tygre.

Il y a vne fameuse riuiere,[b] que les Arabes nomment Xat el Arab, qui entre dans ce Golfe, & se forme de l'Euphrate & du Tygre, & est large d'vn peu plus de deux mils. Son fonds, lors qu'elle est plus basse est d'enuiron six brassées, & son cours est fort rapide.

Ce Golfe est nommé par quelques-vns[c] Mer Verte; dans les Cartes, Mel Elcatif, & Mesendin; & dans Beniamin de Tudele Hodu. Il est entre l'Arabie heureuse & la Perse, & sur ses riuages l'on[d] nourrit quantité de bestial gros & menu. Les habitans de ses bords sont Arabes, qui se communiquent aux nauires qui vont & viennent, nageant sur des cuirs pleins de vent. Theuet donne à ce Golfe 73 lieuës de longueur, & huict de largeur, & l'on fait sa[e] nauigation de dix iournées : quelques autres[f] luy donnent de longueur sur sa Coste enuiron 60 iournées de Chameau, & quelques 60 mils, ou 20 de nos lieuës de largeur.

Ptolemée met en ce Golfe le Sein sacré de l'Arabie heureuse, & celuy des Mages, qui n'ont aucun nom moderne, & le Masanite, ou Madisanite, qu'on appelle Golfe de Saudra.

Ces Isles plus connuës, sont Gerum, ou Ormuz, Baharem, où l'on pesche les belles perles, de mesme qu'en plusieurs autres endroits de ce Golfe, Quejonne, Gulfar, Lar, Larek, Keys, Angam, fort proche de Quejonne, Karg ou Carge, & Mulugan; & les autres moindres sont Baxeal, Quuro, Coiar, Donne, Firfor, Gicolar, Cori, Phelour, ou Pelouro, Andreny, & celle des Oiseaux.

Vous trouuez apres la Mer d'Inde au commencement de l'Inde Orientale, apres auoir passé le Golfe de Gugirath, iadis Sein Paragonitique de Carmanie, & cette Mer d'Inde a comme en son entrée le Golfe de Cambaye, auant lequel on trouue l'Isle de Diu à l'embouchure de l'Inde, ou du Sinde; puis vous auez de suitte les Isles de Salsette de Bazaim, de Gorga, au Royaume de Dekan; d'Anchediue, au Royaume de Baticala; de Coran & Diuar, au Nort de Goa; puis l'Isle de Goa, les 5 Isles de Diundurou, du Royaume de Cananor, & l'Isle de Malicute; & tirant vers le Cap de Comorin, & contre iceluy, & au delà l'Archipelague de Maldiuar, où sont les Isles de Palandura, & des Maldiues, que l'on met au nombre de douze mille; puis doublant le Cap de Comori le Golfe de Zeilan, iadis Sein Orgalique & Argarique, à l'entrée du grand Golfe de Bengala, où sont les Isles de Zeilan de Manar & des Roys, puis le grand Golfe de Bengala, iadis Sein Gangetique, dans lequel on confond celuy de Zeilan, où sont les Isles de Nicobar, & plusieurs autres peu renommées, dont on a les simples noms; l'Isle de Sundiua du Royaume d'Arracan, & celle de Sumatra, fameuse au possible, qui est des Isles de la Sunde, & l'Isle de Pugniaram: Et c'est-là qu'on trouue[g] le Destroit de Saban, qui s'estend le long de l'Isle de Sumatra, ou Samatra, & se forme ceste Isle & plusieurs autres comme innombrables, par lequel on nauige vers les Iaues, Sunda, Maluco, Amboyno, Timor, Solor, Bali & plusieurs autres Isles, qui se trouuent en cette Mer. Et le Destroit de Sincapura, moindre que l'autre est compris entre le Cap de ce nom, en Malaca, & les Isles qui font le Destroit de Saban, & est plustost vn canal qui coupe cette partie du pays de Malaca, qu'vn Destroit notable. L'on met encor entre la grande Iaue & Sumatra le Destroit de Sunde.

Hors du Golfe de Bengala dans le grand Sein des anciens, l'on trouue les autres Isles de la Sunde, comme le grande Iaue (entre laquelle & la Terre Australe, est la Mer de Lantchidol) la petite Iaue, les Isles de Bali, Pulo, Rossa, Madura, Bintam, Timor, Malla, Solor, & les Isles de Ceiram, ou des Papuas, au Leuant desquelles est la Nouuelle Guinée, de laquelle on doute si c'est Isle, ou terre ferme.

O

a Texeira Reyes de Harmuz.

b Texeira Viag.

c Geogr. Nub.

d Texeira Viag.

e Lor d'Anania trat. 1.

f Sommario de Regni.

g Texira Viag. Barros dec. 2. l. 8. c. 3.

L'on met encor entre les Isles de la Sunde, dans la mesme Mer les Isles Moluques, Ternate, Tidoré, Motir, Maquien, Bachan & Meao, les trois Isles de Banda, & leurs trois voisines; & celles d'Amboyno, Borneo, Celebes, ou Macazar, Gilolo, ou Batochine du Mare, Ambon & Burro.

Archipelague de S. Lazare. Isles. Delà l'on monte vers le Nort aux Isles Philippines, & l'Archipelague de Sainct Lazare (iadis Mer d'Hippades) auquel on les donne, de mesme que les Moluques, Borneo, Gilolo, & plusieurs autres sans nombre. Les noms des Philippines que i'ay décrites, de mesme que toutes les autres, dont i'ay mis les noms, sont Luçon, ou Manille, Mindanao, les Isles de Buenas Señales, & de S. Iean, Bohol, Zubu, ou los Pintados, Abuyo, ou Babay; Mathan, Butuan & Caleghan, Tandaye, Masbat, Panay, Mindoro, Iloques, Kapul, Bankingle, Fernandine & Coyo; outre lesquelles on void dans le mesme Archipelague les 20 Isles des Roys, ou du Coral, & plusieurs nommées De los Iardines; les Isles de Pialogo, de S. Vilan, De los Matelotes, de S. Iean, ou de Palmas, & de Puloan, à l'Oüest des Philippines; & les Isles des Larnos, ou de las Velas.

Mer de la Chine. Isles. L'on trouue apres, en montant plus haut vers le Nort, la Mer de la Chine, que Marc Paul écrit Mar de Cin à l'Italienne, qui est nostre Chin, comprenant l'Isle d'Aynan, & plusieurs Isles autour du riuage de la Chine, comme celle d'Aueniga, Abarda, Sumbur, Lanqui & Cauallos, prés du Cap de Liampo, & prés de Chincheo l'Isle de Lamao, & force Isles prés de Canton, dont les plus renommées sont Lantao, Veniaga, Lampacao, & Sancoan, ou Sanchan, à 30 lieuës du Canton: puis encor les Lequios, & pareillement ce grand nombre d'Isles, qui forment l'Empire du Iapon.

Mer de Catay. Mer Pacifique, & Mer Rouge, ou Golfe de Californie. Isles. Vous auez aprés l'Ocean Serique, ou la Mer du Catay; au Leuant desquelles, de mesme que de celle de la Chine, & de l'Archipelague de S. Lazare, & de la mer d'Inde, ou de l'Ocean Oriental, & à l'Occident de l'Amerique, est la mer Pacifique, ainsi nommée pource qu'elle n'est pas agitée comme les autres mers, & appellée aussi Mar del Zur, c'est à dire mer du Sud, par les Espagnols, qui donnent ce nom au grand & vaste Ocean, qui s'estend entre les extremitez des Isles d'Asie, & de la mer Orientale, & l'Amerique, iusqu'au Destroit de Magellan, & aux riuages incognus de la Terre Australe. Cette mesme mer est appellée Ocean Occidental, pource qu'elle est au Couchant de l'Amerique. Elle comprend du costé du Nord le Golfe de Californie, que les Espagnols appellent Mar Vermejo, c'est à dire mer Rouge, entre le Cap de Californie & la Nouuelle Espagne.

A l'entrée du Golfe de Californie l'on void l'Isle de Guayaual, & du costé du Sud de la pointe de Californie les Isles d'Anjublada, de S. Thomas de Flores, & de las Monjas: puis l'Isle de Cocos, presque vis-à-vis de l'Isthme de l'Amerique, & prés du Royaume de Chile les Isles de Saincte Marie, & de la Mocha, ou Luchengo, & au reste de la mer du Sud les Isles de Horn, des Larrons, des Roys & du Coral; les Isles de Salomon, au Leuant de la Nouuelle Guinée, & leurs voisines, comme El Aquada, l'Isle de los Crespos, & de Buena paz, & plusieurs autres en fort grand nombre, éparses par cette mer du Sur.

Destroit de Magellan. Quant au Destroit de Magellan il est assis [a] entre l'Amerique & la Terre Australe, sous la hauteur du Pole Antarctique d'enuiron 52 degrez, & s'estend du Couchant de l'Amerique au Leuant, par l'espace de 90, ou pour le plus de cent lieuës, n'en ayant qu'vne de largeur aux endroits où il est plus estroit. La mer est si profonde en quelques lieux, qu'il est mal aisé d'en trouuer le fonds auec la sonde; & en d'autres, elle n'a pas plus quinze ou seize toises d'eau. Mais de ces cent lieuës de longueur la mer du Sud en tient trente, & l'Atlantique, ou Ethiopique septante; d'où vient le danger des voyageurs, & le furieux combat de leurs eaux contraintes & contraires. Au reste durant ces trente lieuës le Destroit est plus estroit, & bordé de montagnes tousiours couuertes de neige, & si hautes, qu'il semble presque de loin que leurs sommets se touchent: Et c'est en cet endroit mesme que la mer si profonde, & les riuages si droits, qu'on y iette l'anchre auec grand peine. Mais durant les autres septante lieuës le Destroit est vn peu plus large, & moins profond, & ses riuages sont moins & plus aisez. Les Espagnols ont donné le nom de Cabo Desseado, ou Cap Desiré, à celuy qui s'auance du costé de la mer du Sud: & de Cabo de las Virgines, ou Cap des Vierges, à celuy qui jette sa poincte du costé de l'Ocean Atlantique. Ferdinand Magallanes, Gentil-homme Portugais le

[a] A Costa, l. 3. c. 13.

découurit le premier l'an 1520, à raison de quoy ce Destroit porte son nom : & pource que ceux qui voyageoient auec luy virent plusieurs feux du costé de la Terre Australe, ou du pays Meridional, ils le nommerent Tierra del Fuego, ou pays du Feu. François Drack passa ce Destroit l'an 1578, puis Thomas Candisch l'an 1587, & Richard Haukin Anglois comme les autres deux, l'an 1593: puis les Flamans & Hollandois, comme Simon de Cordes, & Oliuier de Noord, & autres, se sont hazardez au mesme passage que i'ay décrit assez amplement en mon Amerique, apres le pays des Patagons, où i'ay aussi décrit les Isles des Pinguins, des Roys & des Geans, qui sont dans ce Destroit, de mesme que celle de Talke, & de Castemwe, du costé de la bouche de la Mer du Zur.

Iacques le Maire, fils de Isaac, & Guillaume Schouten découurirent aussi l'an 1616 le Destroit qu'on appelle maintenant de I. le Maire, dont ils trouuerent l'entrée du costé de la Mer du Nort, ou de l'Ocean Atlantique, au Midy du Destroit de Magellan, entre la Terre Australe qu'ils appellerent Mauritius Landt, ou Pays de Maurice, à l'honneur du Prince d'Orange, & celuy qu'ils appellerent Staten eyland, Isle des Estats, que plusieurs appellent Staten Landt, ou Pays des Estats, pource que l'on croit que c'est terre ferme, & non pas vne Isle, enuiron les 55 degrez de hauteur de Pole, du costé du Sud. Ils passerent apres par des Isles qu'ils nomment de Barneuel, & finalement trouuerent leur yssuë en la Mer Pacifique, ou du Zur, à quelques 57 degrez de hauteur de Pole, ayans reconu que la terre du Feu n'estoit pas terre ferme, mais vne Isle, comme en ayant fait le tour.

Mais retournant à la Mer de Cathay, d'où i'estoy party, pour considerer la Mer de Zur, qui s'offre au Leuant de l'Asie, & à l'Occident de l'Amerique, l'on trouue au dessus de cette Mer de Cathay, montant au Septentrion, le Destroit d'Anian, nommé par M. Pol [a] Destroit de Cheinan, & mis au Nort d'Oüest des Royaumes d'Ania & Toloman, par le mesme qui fait la longueur, de la nauigation de deux mois entre la partie Orientale de la Tartarie, & l'Occidentale de l'Amerique, contre le Royaume d'Anian, qui cause ce nom.

Ayant passé le Destroit d'Anian, l'on trouue du costé du Nort la Mer de Tartarie, ou de Tabin, iadis Ocean Scythique, & Mer Glacée, qui s'estend iusqu'à la Nouuelle Zemble, tirant au Couchant: Et plus bas au Midy de la Mer de Tartarie, & au Leuant du Destroit de Weygats, au Nort de Molgomzaia, & Bleida, pays du Tartare, on trouue la Mer que les Russiens, ou Moscouites nomment Niaren More, c'est à dire Mer Tranquille & calme. Les Hollandois [b] disent que les Russiens, ou Moscouites, l'appellent Mer Mare. Ce pourroit estre la Mer que les anciens [c] ont appellée Cronie, ou Saturnienne, pource que le froid astre de Saturne y dominoit, & Amalchie, signifiant au langage des habitans des enuirons glacée; & Mormarusa, signifiant Mer Morte en leur langue: & ie voy que la Mer More des Hollandois, & le Niaren More, c'est à dire Mer Calme, approche de ce mot de Mormarusa, & de sa signification de Mer Morte. Tacite [d] appelle aussi la Mer Septentrionale, où est l'Isle de Thyle Paresseuse, qui reuient à mesme sens. Mais Castalde & Porracchi luy donnent le nom moderne de Drobasaf, de mesme qu'à toute la Mer Septentrionale.

Pour le regard du Destroit de Weygats, [e] les Estats de Hollande depecherent l'an 1594, deux nauires sous la conduite de Iean fils d'Hugues de Linschot anciens, & autant sous Guillaume Bernard, pour aller vers la Nouuelle Zemble, & découurir à plein le Destroit de Weygats. Guillaume estant paruenu à la hauteur de 77 degrez, ayant esté arresté long-temps prés des Isles d'Orange, entre la terre & la glace, s'en retourna le premier d'Aoust en Hollande. Mais Linschot ayant passé le Destroit, & cinquante lieuës au delà, fut contraint enfin à cause du froid de s'en retourner; puis l'an 1595, ils y retournerent tous deux, mais à cause du froid, & des grandes glaces, ils ne purent passer le Destroit; mais estans venus à l'Isle des Estats, ie disposerent au retour, de peur que tout le Destroit vint à se glacer, pource qu'il demeure fort peu de temps ouuert & libre. On l'appelle Destroit de Nassaw, & Destroit de Weygats, qui s'estend depuis la Mer Calme iusqu'à celle de Petzorke par vn long espace, & est enuiron les 69 degrez & demy.

Les [f] Moscouites disoient aux Hollandois, que le Destroit de la Mer qu'ils appelloient de Nassaw, demeuroit neuf ou dix sepmaines, sans estre gelé: mais qu'aussi-tost apres la glace y deuenoit si forte, qu'ils alloient sur elle, comme sur la Terre, iusques à la Mer de Tartarie. Ils disoient aussi que la Mer Septentrionale (ou de Petzorke) n'estoit iamais tout à faict

a M. Polo l. 3 c. 5.

b Nauig. Hol. 1595 per Gher. de Veer.

c Plin l. 4. c. 13. & 16.

d Tac. Vita Agric. & de Morib. Germ.

e Voyages des Holland.

f Nauig. Hol. per Gher. de Veer. 1595.

glacée, mais seulement prés des riuages, & vers le Destroit de Weygats; & les Samiates, ou Samoiedes, leur asseuroient que les Moscouites passoient tous les ans par ce Destroit de Weygats iusqu'à la riuiere de Gilissi, ou pour des chauderons de cuivre, du fil d'airain pour faire des aiguilles, & d'autres merceries de Nurenberg, ils receuoient des Tartares de riches fourrures de martres & d'autres animaux.

a Fretum ab Hudson Angl. detectum,

Au reste [a] on remarque que ce Destroit est entre les pays des Samiedes, & Tingoëse, subjets au Moscouite, approchans de la riuiere d'Obi, & l'Isle de Weygats, & qu'apres cela il y a vn autre Destroit entre l'Isle de Weygats & la Nouuelle Zemble.

Au Couchant de la Nouuelle Zemble, & du Destroit de Weygats, on trouue la Mer de Petzorke (partie de la Mer Septentrionale & Glacée, au Nort du pays de Petzora, Condora, & autres du Moscouite contre la Lappie: puis au Midy, ou plustost au Sud-Oüest de cette Mer le Golfe que les habitans des enuirons appellent Bella More, c'est à dire Mer Blanche, [b] qui separe les Moscouites des Careliens, & a eu iadis le nom [c] de Sein Grandvique, auquel est l'Isle de Soloski, appartenante au Moscouite. Les Alemans l'appellent Weisse see, & les Flamans, Witte zée.

b Io. Magn. hist. Gothor. l.10. c.11

c Saxo Gram. Præfat. hist. Danor.

Mais remontant apres au Nort vers la Mer de Petzorke, & tirant à son couchant, l'on trouue contre la Lappie & Scricfinnie, la Mer que les Russiens ou Moscouites appellent Myrmanskoi More, c'est à dire Mer des Danois & Noruegiens, qui sont nommez par les Russes Mouremens. C'est vne partie de la Mer Septentrionale; & mesme celle qui s'auance contre la Scricfinnie, le Finmark, & la Noruege reçoit de plusieurs le nom d'Ocean Septentrional, comme ce l'est aussi: de mesme que celle qui se trouue aussi plus auancée vers le Nort, que l'on nomme Mer Glacée, où sont placées les Isles de Groenland (la plus Septentrionale) & d'Island, & Frisland, & contre le pays des Samoiedes les Isles des Estats, & d'Orenge, & contre la Lappie les Isles de Rildung & Wartus.

Entre Groenland & l'Amerique, ou l'Estotiland, on trouue le Canal, ou passage, [d] qu'on a nommé Destroit de Forbisher, pource que Martin Forbisher tirant plus au Nort que l'Isle de Frisland découurit vn grand Canal, ou passage, où il entra l'appellant Forbishers straits, supposant que c'estoit vne separation de l'Asie & de l'Amerique. Mais l'on ne sçait pas asseurement si ce Canal a son yssuë; au lieu qu'on est certain de l'entrée & de l'yssuë du Destroit de Dauis, que Ian Dauis trouua l'an 1586; tirant du Midy au Nort, ayant les riuages à l'Oüest & l'Est, entre la mesme Groenlande, & l'Amerique, enuiron la hauteur de 67 degrez, au Leuant d'Estotiland & du pays de Labrador.

d Purchas Pilgr.

e Fretum ab Hudsono detectum.

Henry Hudson Anglois, côme les deux precedens, [e] s'est aussi vanté d'auoir trouué vn autre Destroit l'an 1610, prenant sa route par le Golfe que les Anglois nomment Lumles Inlet, sous la hauteur de 61 degrez, s'estant auancé iusqu'aux 63, & qu'ayant trouué en terre vn homme armé d'vn poignard à ondes à la façon des Mexicains, il iugea qu'il n'estoit pas esloigné du pays de Mexique. Mais quoy qu'il ayt asseuré qu'il trouua vne Mer de grande estenduë, qui luy promettoit quelque passage droit pour aller à la Chine & au Iapon, ce n'est pas chose auerée, ny que la suite & continuation des voyages ayt confirmée.

Mais en descendant en l'Ocean Septentrional, ou Hyperborée & de la Mer de Noruege, l'on trouue dans cette mesme Mer les Isles de Schetland, ou Hetland, dependantes de l'Escosse au Nort des Orcades, & opposées au riuage de Noruege, au nombre de plus de 40, dont i'en ay nommé 34 ou 35: puis plus au Midy les Orcades au nombre de 32, dont ie mets les noms & l'assiete au discours de l'Escosse, à laquelle elles appartiennent de mesme que les Schetlandes, estans partie en la Mer Deucaledonienne, partie en l'Ocean Germanique.

Au Midy des Isles de Frisland & Island, au Nort & à l'Oüest de l'Escosse, vous trouuez l'Ocean Deucaledonien de Ptolemée (au lieu peut estre de Calidonien) auquel les Anglois donnent seulement le nom de The Deucalidon Sea, qui est proprement la Mer d'Escosse, où sont les Isles Hebrides, ou Hebudes, au nombre de plus de 300, dont i'en nomme & place enuiron 200, dont les plus grandes sont Arran, Yla, Skie & Mule.

L'on trouue apres au Couchant de l'Irlande l'Ocean Occidental, que les Anglois nomment The West Sea, ou The West Ocean, de mesme que l'Ocean Deucaledonien est à son Nort: puis au Midy de l'Irlande, & à son Leuant, la Mer d'Irlande, ou le Canal Sainct George, nommé en Anglois, The Irish Sea, c'est à dire Mer d'Irlande, en laquelle on trouue plus au Midy contre le Cap de Cornvval d'Angleterre les Isles Sorlingues, ou de Silly, au nombre de 145, dont i'en décry douze principales; & montant vers le Nord au milieu de cette Mer qui est entre l'Irlande & l'Angleterre, la fameuse Isle de Man, & celle d'Anglesey, Ysterisd, Ligod & Prestholme; Au Midy de l'Angleterre, & entre elle & la France, vous trouuez l'Ocean Britannique des anciens, nommé par les Anglois, The British Sea, c'est à dire Mer de Bretagne, & Sleife; par les François, Manche; & par les Flamans, Canaël; où l'on void l'Isle de Vvight, auec plusieurs autres petites non considérables: puis encor les Isles d'Alderney, de Iarsey, auec les deux petites de S. Alban, & Sainct Hilaire, & de Garnsey, auec ses voisines de Sarke, Gethovv & Arme. Ie laisse à part plusieurs Isles que i'ay décrites auec les Prouinces d'Angleterre, ausquelles elles appartiennent, où ie vous renuoye. Cette mesme Mer Bretonne borde la Picardie, Normandie & la plus grande partie de la Bretagne.

Ayant passé la Manche, ou l'Ocean Britannique l'on entre dans l'Ocean Germanique, ou la Mer d'Alemagne qui baigne les riuages du Leuant de l'Angleterre, où l'on void les Isles d'Holy, Farne, Vvidopens, Staple, Bronsman, & les deux Vvambes, appartenans à ce Royaume.

Elle commence entre l'Angleterre & les Pays-Bas, & s'estend tout du long des Pays-Bas, par delà la Frise Orientale, Oldenbourg & Breme, & la partie Occidentale de la Holsace, & de Iutland, s'appellant selon l'assiette des pays ausquels elle est opposée Nord Sée, & Vvest Sée, Mer du Nort, & d'Occident.

Elle embrasse l'Isle de Catzand, & l'Isle & Forteresse de Biervlier, qui sont de la Flandre; les Isles de Vvalckeren, Schovven, Zuydbeueland, Nortbeueland, Oresand, Vvolfarsdijck, Duueland & Tolen qui sont de la Zelande; & celles de Voarn, Goerede, Somersdijck, Corendijck, Pierschille, Vlielandt, Vieringen, Grinse, Vrck, Ens & Texel, qui sont de la Hollande; & les Isles de Schilling, & d'Amelant de la Frise Occidentale, que i'ay toutes décrites: de mesme que cõtre la Chersonese Cimbrique, & à son Ouest, les Isles de Heiligland, Fore, Sild, Rim, Monno & Fornop, qui sont au Roy de Danemark; & celle de Busen contre la Dietmarche. Elle fait le Golfe que les Flamans appellent Den Dullaerd entre la Flandre & les Isles de Zelande: & celuy qu'ils nomment Zuyderzée, entre la Hollande, la Gueldre, l'Oueryssel & la Frise Occidentale.

Au Leuant de la Holsace & du Iutland, l'on trouue la Mer Orientale, que les Alemans appellent Ostsée; & les Flamans, Oostzée, c'est à dire Mer de Leuant. Les Alemans la nomment aussi De Belt, voulans dire Mer Balthique, que Tacite [a] appelle Sueuique. Les autres [b] la nomment Sein Codan: & les Russiens de ce temps, Vvareczkovic-morie. Elle a son Destroit fameux, que ceux du pays appellent Die Sund, ou De Sont, entre Elsenor de l'Isle de Zeland, & Elsenborg de la terre ferme de Schonen, où tant de nauires passent tous les iours pour le trafic. Cette Mer a du Couchant le Iutland, auec la Holsace: du Leuant la Hallandie & Schonen: la Liuonie & Curland; du Nord, la Gothie, la Finlande, & la Botne, ou Boddie; & du Midy les pays de Meckelbourg & Pomeren, Cassubie & Prusse. Cette Mer fait deux Golfes, ou Seins, se partageant en deux bras, dont l'vn passant entre la Finlande & la Suede, s'appelle premierement Finnischsee, c'est à dire Mer, ou Golfe de Finlande, puis s'auançant vers le Nort, depuis vn Destroit qui se trouue au commencement des deux Botnies, que les Cartes nomment Boddies, prend le nom de Botnersée, partageant la Botnie en Orientale & Occidentale: & l'autre s'estendant entre la Finlande & la Liuonie, vers le Leuant, s'appelle aussi Finnischsée, ou Golfe Finnique, ou de Finlande.

Le Roy de Danemark possede en cete Mer les Isles de Samsée, Thun, Hielm, Molsoë, Hilgenef, Ronsoë & Hiarnoë, Grysholm, Hertzholm & Thydsholm, Oland, Oxelholm, Hanstholm, Ostholm, Iegen, Liffland, Echolm, Aggeroë & Faffuer: mais la principale de toutes est celle de Seland, ou Zeland, demeure du Roy, de laquelle dependent l'Isle d'Huene, renommée à cause de Tycho Brahé, & celle d'Amager & Moen; & celle qui la seconde est Fuynen, auec celles de Langeland, Lavvland, Falster, Aar, Allen, Tossing, Aroë, Femeren, Romso, Endelo, Ebelo, Femo, Boxo, Brando, Toroë, Aggernis, Hellenis, Iordo, Binckholm. Il possede encor en cette Mer les Isles de Bornholm, de Gotland & d'Osel, ou Osel; & le Roy de Suede y tient celle d'Oland: puis les Ducs de Pomeren y ont les Isles de Rugie, ou Rugen, Vsedom, Vollin & Ruden.

a Tacit. de mor. Germ. b Plin. l. 4. c. 13. Mela l. 3.

Mer d'Aquitaine. Isles.

Mais sortant de cette Mer, & descendant par la mesme route, par laquelle nous sommes montez apres auoir repassé l'Ocean Germanique le long de l'Alemagne, & des Pays-Bas; & le Britannique, entre l'Angleterre & les Pays de Picardie, Normandie & Bretagne, nous trouuerons l'Ocean Aquitanique, ou la Mer d'Aquitaine, le long d'vne partie de la Bretagne, & des Pays d'Aunis, Poictou, Sainctonge & Guyenne, auec leurs Isles, que ie mets aux discours des Prouinces de France : puis l'Ocean Cantabrique, le long du Bayonnois, & Pays de Labour, ou des Basques, & du Guipuscoa, de la Biscaye & des Asturies, & finalement l'Ocean Occidental, nommé par quelques-vns Mer de Portugal, & pris pour partie de l'Ocean Atlantique, baignant les riuages de Galice, de Portugal & d'Algarbe, & comprenant les Isles Berlingues prés de Portugal; & contre le Portugal, l'Isle de Tercere, ayant mesme eleuation de Pole que Lisbone, à sçauoir de 39 degrez, & les autres Isles Açores, Sainct Michel, Saincte Marie, Gracieuse, Sainct George, Pico, Fayal, Coruo & Flores, assises vis-à vis du Portugal: puis la Mer Atlantique baigne du Midy partie de l'Algarbe, & de l'Andaluzie, & l'on vient à la Baye de Cadiz, & au Destroit de Gibaltar, où nous auons pris le commencement de l'Ocean.

Mer de Biscaye, ou Ocean Cantabrique.

Ocean Occidental, ou Mer Atlantique, Isles.

Destroit de Gibaltar.

a Medina y Messa p. 1. l. 1. c. 1

b Scaliger. de Emend. temp. l. 6.

c Medina y Messa Esp. p. 1 l. 1. c. 1

Le Destroit de Gibaltar, iadis Destroit Gaditian, & Herculien, à cause de la fameuse Isle de Cades, ou Cadiz, qui l'auoisine, ou des deux montagnes, dont on a fait les fabuleuses Colomnes d'Hercule, a receu le nom plus moderne [a] depuis le second voyage de Tarif, qui s'arresta prés de la montagne de Calpe, que les Mores nommerent depuis en leur langue, Gibel Tarif, c'est à dire Mont de Tarif, abregé par le vulgaire en Gibeltar; ou plustost [b] de Tarik, ou Tark, fils d'Abdalla, fils de Wenemu (qui est le mesme que Tarif) vaillant Capitaine de Muse, ou Muce, qui luy causa ce nom par sa demeure establie prés de cette montagne, qui fut deslors nommée Gibal, ou Gebal Tarik, ou Gibal Tark, c'est à dire Montagne de Tarik, ou Tark, selon l'autheur de la Geographie Arabique. L'autre Montagne, ou Colomne d'Hercule, qui se trouue [c] du costé d'Afrique, porte auiourd'huy le nom Espagnol de Sierra de las Monas, c'est à dire Mont des Singes, ou en Portugais de Serra Ximeira, signifiant le mesme, pource qu'il y a bon nombre de ces animaux.

Ce Destroit qui fait la communication des Mers Oceane & Mediterranée, diuise l'Afrique d'vne partie de l'Andaluzie, & commence du costé d'Europe & d'Occident au Cap de Trafalgar; & s'estend vers le Leuant iusqu'au Mont & lieu de Gibaltar. Du costé d'Afrique, il commence au Cap de Spartel, & s'auance iusqu'à la ville de Ceute, qui est au Leuant sur la Mer Mediterranée, au lieu que le Cap de Spartel est sur l'Atlantique. Sa longueur du Couchant au Leuant, est d'vnze ou douze lieuës; & sa largeur de la Coste d'Espagne à celle d'Afrique, de quatre lieuës d'Espagne, & de moins en quelques endroits.

Les lieux principaux d'Andaluzie assis sur ce Destroit, sont Gibaltar, Algezire & Tariffe; & du costé d'Afrique il y a Ceute, Alcacar, & Tanger, ou Tanjar, toutes trois aussi places d'importance.

MER MEDITERRANEE. Noms.

d Sallust. hist. l. 1. Mela 1. l. 1. c. 1.

e Eustath. in Dionys.

f Strabo l. 2

g Psal. 104. Iosué. c. 15. Num. c. 34.

h Marmol. Afri. p. 1. l. 1. c. 1

i Leunclaui. Pandect. Turcic. c. 148

k Botero. Rel. di Spagna

l Villam. voy. l. 3

Depuis ce Destroit, la Mer enfermée entre l'Afrique, l'Asie & l'Europe, a eu le nom de Mediterranée, pource qu'elle se trouue comme au milieu de la terre dont on auoit plus de conoissance. Quelques-vns de ses voisins [d] l'ont appellée Nostre Mer: d'autres [e] Hesperienne, pource que iadis l'Espagne, l'Italie & l'Afrique, au milieu desquelles elle coule, passoient sous le nom d'Hesperie : ou bien [f] Interieure (de mesme que l'Oceane Exterieure) & l'Escriture [g] l'appelle Grande Mer.

Estendu.

Auiourd'huy nous l'appellons Mer Mediterranée, & Mer de Leuant: mais les Arabes [h] la nomment Bahar (ou Bohar) Rumi, c'est à dire Mer des Rumes, ou Romains, comprenans aussi les Grecs sous ce nom; les [i] Turcs, Acdenizi; & les Grecs Aspra Thalassa, noms signifians Mer Blanche, pour la distinguer du Pont Euxin, qu'ils appellent Caradeniz, & Maura Thalassa, c'est à dire Mer Noire.

L'on fait cette Mer [k] longue de 3600 milles, ou 1200 lieuës de Languedoc, Prouence, ou Dauphiné, depuis le Destroit de Gibaltar, iusques aux extremitez de la Mer Majeur, ou du Pont Euxin, le prenant pour vne de ses parties; & son tour de plus de dix mille mils, ou 3333 de nos lieuës. Mais les voyageurs [l] plus experimentez, considerans cette Mer separée du Pont Euxin, & prenans sa longueur depuis le Destroit de Gibaltar iusques en Alexandrette, & au Golfe de Lajazze, & au Sein Issique de Cilice, la font de 3300 milles d'Italie, ou onze cens de nos lieuës; & encor depuis le mesme Destroit iusqu'à celuy de Gallipoli, ou à l'Hellespont, de 2500 milles, ou

833 lieuës; & ſon tour de dix mille ſept cens milles, ou 3567 lieuës. Quant à ſa plus grande largeur, priſe de la grande Syrte d'Afrique, à la coſte de Dalmace, que le Golfe de Veniſe baigne, les Mariniers l'eſtiment communement de mille mils, ou 333 de nos lieuës.

Diuiſion. Elle eſt diuiſée en diuerſes Mers, que ie ſuiuray, qui reçoiuent leurs noms des Prouinces, nations, lieux & Iſles qu'elles auoiſinent ou embraſſent, ou de quelque homme, ou accident ſignalé.

Mer de Damas. Quelques vns [a] comprennent toute cette Mer ſous le nom de Damas, en faiſant ſortir deux Golfes, ou Mers, dont l'vne eſt celle des Venitiens, & l'autre le Pont Euxin. Tellement qu'ils racourciſſent cette meſme Mer de Damas, luy faiſant ſeulement borner l'Afrique, Barca, l'Egypte, la Paleſtine & toute la Surie, & l'eſtendant iuſqu'à la Morée, & delà iuſqu'à la Mer de Conſtantinople; & d'autrepart iuſques à Otrante (où ils mettent le commencement de la Mer des Venitiens) puis encore iuſqu'à la Mer de Sicile, & aux pays de Rome, Sauonne, Narbonne, & pres des monts Pyrenées, & le long d'vne partie de l'Andaluzie. [a] Géogr. Nubien.

Golfe de Leon. Golfe de Veniſe. Golfe de Satalie. Archipelague. Mais [b] les Mariniers de Leuant diuiſent la Mer Mediteranée en trois Golfes principaux, dont l'vn eſt le Golfe de Leon, par lequel ils entendent toute la partie Occidentale de cette Mer, depuis la Sardaigne, iuſqu'au détroit de Gibaltar; l'autre eſt celuy de Veniſe, comprenant l'eſpace d'entre Malte & le Cap S. Iean de Candie, ayant 700 mils, ou 233 lieuës de longueur, borné du coſté du Nort des Iſles de Cefalenie & Zante, & de la Morée, & au Midy, de la Barbarie; & le dernier & plus dangereux, eſt celuy de Satalie, lequel commençant à Rhodes, & finiſſant au meſme Cap ſainct Iean, eſt enuironné des Coſtes de Caramanie, Surie, Egypte, & de l'Iſle de Candie. Quant à l'Archipelague, ils le laiſſent en ſon ancien eſtat, prenans ſa longueur depuis Cerigo iuſqu'à l'Helleſpont, & ſa largeur de la Grece à la Natolie. [b] Voyage de M. de Breues.

Or eſt il que pour le regard du Golfe de Leon, il eſt marqué comme il faut, par Monſieur de Breues, d'autant que les Mariniers nomment ainſi la mer qui s'eſtend le long de l'Afrique & de l'Eſpagne; puis encor nous appellons Golfe de Leon celle de Languedoc & de Prouence; & la mer de Genes eſt appellée auſſi Mar Leone par Leandre meſme, & par Magin en ſes Cartes Golfo Leonino; & l'on ſçait aſſez, que tirant vne ligne droite de la Sardaigne à la coſte d'Italie, on enclorra dans ce Golfe toute la mer de Genes.

D'autre part tirant deux lignes, l'vne de Malte, & l'autre du Cap ſainct Iean, qui ſe trouue au Ponent de Candie, l'on enclorra dans le Golfe de Veniſe toute la mer Ionie, iuſqu'aux bords de la Morée & Cerigo, puis elle s'auancera iuſqu'aux Iſles de Cefalenie & Zante, du coſté du Nort. Mais le diſcours precedant ne donne pas clairement toute l'eſtenduë de ce Golfe; veu qu'il falloit encor exprimer le reſte de la mer Ionie, iuſqu'à Otrante; puis encore que cette mer Adriatique, où ce Golfe de Veniſe baigne la partie Orientale de l'Italie, & l'Occidentale de la Morée, Epire, Albanie; puis encores les riuages de la Dalmace, Croace, Iſtrie, Friul, marche de Treuiſe, & Duché de Veniſe.

Mais il naiſt encore vne difficulté, en ce que n'eſtendant le Golfe de Leon que depuis la Sardaigne iuſques au détroit de Gibaltar, & bornant le Golfe de Veniſe du couchant, de l'Iſle de Malte, la mer de Toſcane, ou Tyrrhene, reſtera ſans nom, & ne ſe trouuera compriſe en la Mediterranée, dont elle fait toutefois vne remarquable partie. De ſorte qu'il faudroit ou mettre cette mer pour cinquiéme partie, ou bien le commencement du Golfe de Leon aux Iſles de Malte & de Sicile; & à la fin du Golfe de Veniſe, & ſa fin Occidentale au détroit de Gibaltar, afin de ne diuiſer la mer Mediterranée qu'en 4 Golfes.

Encor auec tout cela cette diuiſion eſt embarraſſante; pource qu'elle vient à remplir l'eſprit de nouuelles conoiſſances & diſtinctions, & le confond par le moyen des contrarietez, qui combatent la creance plus receuë, touchant l'eſtenduë du Golfe de Veniſe, & meſme de celuy de Satalie, qu'on ne place ordinairement que contre la Pamphylie & la Cilice; bien qu'il ſoit de plus grande eſtenduë, pris en cette ſorte; puis encore il faut reſoudre, ſi dans cette diuiſion l'on prendra la mer de Toſcane, comme vne piece ſeparée, & toutefois ie vous ay voulu repreſenter de quelle ſorte on fait le partage de cette mer, afin que s'il vous agrée, vous le receuiez, ou du moins vous ne l'ignoriez, quoy qu'il ne vous ſatisface.

En fin i'ay iugé qu'il ſeroit à propos pour voſtre contentement, de vous offrir la diuision plus particuliere, qui s'accommode à l'ancienne, sans mespriser la moderne.

Venant donc aux parties de cette mer, l'on trouue apres le détroit de Gibaltar, la mer appellée anciennement Iberique (à cause des Iberes, ou Espagnols) que nous pouuons nommer Espagnole, ou mer d'Espagne (faisant partie du Golfe de Leon) que Ptolemée estend iusqu'à la Mauritanie Tingitane, ou aux Royaumes de Marroc & Fez. Cette mer laue les costes d'vne partie de l'Andaluzie, des Royaumes de Grenade, Murcie, Valence, & de la Catalogne, iusqu'au Cap de Creus, ou Creu, que les Italiens nomment Creo, ou vn peu plus outre iusques contre Salses, où commence la mer de France, c'est à dire de Languedoc & Prouence. Mer d'Espagne ou Iberique.

Mais cette mer comprend le sein Virgitan des anciens, que l'on prẽd pour le Golfe de Cartagene, ville du Royaume de Murcie, puis le sein Illicitan, qui est le Golfe d'Alicante; & de suite, en tirant tousiours vers la mer Gauloise ou de France, le sein Sucronense, ou le Golfe de Valence, pris par quelques vns pour le Golfe d'Albufera, qui n'est qu'vne encoigneure de ce mesme Golfe; qui deuroit, en suiuant le nom Latin, estre appellé Golfe de Xucar. Seins de cette Mer.

Dans cette mer en allant du détroit de Gibaltar en Languedoc, outre plusieurs escueils sans nom, l'on trouue apres le Cap de Gates, nommé par les Italiẽs Capo di Gatta, l'Isle Carbonera entre le lieu qu'ils appellent Mesa de Roldan, c'est à dire Table de Roland, & Muxacra, qui en est esloignée de 4 mils, contre les frontieres des Royaumes de Grenade & de Murcie; puis pres du Cap de Palos, les deux petites Isles qu'ils appellent Formigas, ou Formis, à 4 mils de ce Cap, & de suite l'Isle Grosse, à 10 mils du mesme Cap; puis l'Isle de sainct Paul du tour de cinq mils, dans le Golfe d'Alicante, contre le Royaume de Valence, à 50 mils du Cap de Gates, & 5 du Cap del Gippo; puis à quelques 3 mils de Palamos en Catalogne, certains escueils appellez Formis, comme les autres, à vne arquebusade de terre ferme. Isles.

Vous auez encor contre le Royaume de Valence & la Catalogne, la mer Balearique, ou de Mallorque & Minorque (qu'on nommoit anciennement Isles Baleares) qui comprend ces Isles, & celles de Cabrera, Dragonera, Yuiça & les Conilleres. Mer de Mallorque ou Balearique.

Apres le Cap de Creuz, ou Salses, l'on vient à la mer que les anciens ont nommée Gallique, & Galatique, ou Gauloise, & qui est aussi maintenant appellée par quelques vns mer de Languedoc & de Prouence, pource qu'elle baigne leurs riuages, & par d'autres mer de Marseille; mais par les Mariniers, & nos Languedociens, Golfe de Leon, de mesme que celle d'Espagne sa voisine. Cette mer s'estend iusqu'à celle de Genes, & comprend l'Isle, ou le rocher de Brescon contre Agde; & celle de Maguelonne, dans les estangs de la mer, à vne lieuë de Montpelier; puis au petit Golfe de Prouence, qu'on appelle mer de Martigue, ou Martegue, à la mode du pays, l'Isle de Martigue; puis de suite les Isles Pomegues, proches de Marseille; celles d'Hieres, au voisinage de la ville d'Hieres, & celle de sainct Honorat, ou Honoré de Lerins; toutes lesquelles on peut voir en mon discours de la Prouence. Isles. Mer de Languedoc, & Prouence.

L'on trouue apres, à l'embouchure de la riuiere du Var, aux extremitez de la Prouence, la mer Ligustique, ainsi nommée anciennement, à cause de la Ligurie, qu'on dit auiourd huy le Genouesat, ou la coste de Genes; à raison dequoy les Italiens l'appellent Mare di Genoua, aussi bien que Mare Ligustico. Mais elle est aussi d'ailleurs appellée[a] Mar Lione, & Leone, & par Magin en ses Cartes d'Italie Mare Leonino, comme faisant partie du Golfe de Leon. Mer de Genes, ou Ligustique.

[a] Leandro Ital. & Isole.

Cette mer s'estend depuis l'embouscheure du Var, aux frontieres de Prouence, iusqu'à celle de la Magre, qui sert de limite à la Toscane.

Cette mer a deux Golfes principaux, qui sont au Leuant de Genes, qu'on appelle Riuiera di Leuante, & vn moindre en la Riuiere de Ponẽt, qui doit estre mis premier selon mon ordre, & s'appelle Golfo di Vai ou Vée, comme disent les Genois, assis à cinq mils de Sauone, tirant au couchant. Les autres deux sont celuy de Rapallo, portant le nom d'vn grand & beau bourg, assis sur ses bords; & l'autre est le Golfe della Specia, qui n'est autre que le sein d'Erix des anciens; sur les bords duquel est le lieu de la Specia, ou Spezza. Golfes de cette Mer.

Dans cette mer on voit pres du riuage de Ponent l'Isle d'Albenga, voisine de la Cité d'Albenga; & celle de Spotorno pres de Noli; puis apres du Golfe delle Specie les petites Isles de Palmaccia, ou Palmazza, & celles de Tino & Tinetto, auec la pe- Isles.

tite Scola. Mais en haute mer on voit la Corseque, à qui quelques vns des anciens donnent sa mer particuliere, nommée Corsique, mais qui est comprise dans la mer Ligustique; de mesme que celles de Caprare, ou Capraia, & de Gorgona, par Ptolemée, qui y loge aussi l'Isle d'Elbe, bien qu'elle appartienne à la mer Tyrrhene.

Mer de Sardaigne.

Quant à la Sardaigne, entre laquelle & la Corsegue, il n'y a qu'vn canal du costé du Nort, Leandre la loge en la mer Ligustique, bien qu'elle ait du couchant sa mer particuliere nommée Sardoé, selon Ptolemée & les autres Geographes, que nous pouuons exprimer par le nom de mer de Sardaigne, & tout autour d'elle les Isles d'Asinara, S. Teramo, S. Antioco, S. Pierre, Toro, Vaca, la Rossa, les deux Cortelazzi, l'Agogliastro, Tauolara, & les deux Morrere.

Mer Tyrrhene, ou Mer de Toscane.

Apres le Golfe di Specia, l'on entre dans la mer Tyrrhene, nommée aussi chez les anciens [a] autheurs, mer d'enbas (pour la distinguer de celle d'enhaut, qui est l'Adriatique) & Tuscum, à cause de la Tuscie, ou Toscane, & maintenant en Italien Mar Tirreno, Mar Tosco, ou Mar di Toscana, & Mare inferiore, qui est l'inferum, ou la mer d'enbas des Latins, qui s'estend depuis l'embouchure de la Magre, iusqu'à la Sicile, & à son détroit, ou far de Messine.

[a] Plin. li. 3. c. 5. Solin. c. 14.

Isles & Golfes.

L'on trouue en cette mer contre la Toscane l'Isle de Meloria, & à 10 mils de Plombin celle d'Elbe, puis à son Midy Pianosa, les petits Escueils qu'on nomme Formiche (ou Formis) di Monte Christo, & celle de Monte Christo; puis tirant au Leuant de l'Elbe, les Isles de Giglio & de Gianuti, & les petits escueils, appellez Formiche di Grossetto, qui sont vis à vis de Castel-marino, ou Cala di forno, à 10 mils de terre ferme; & au milieu du Canal de Plombin, & cinq mils en mer, la petite Isle de Cherbiolli, ou Serriola, à 2 mils d'Elbe, & 8 de Plombin.

Mais à 100 mils delà, tirant au Sudest vn quart d'Est, que les Italiens nomment Quarta di Siroco verso leuante, l'on trouue au Midy de la campagne de Rome, & de l'Estat de l'Eglise, & au couchant du Golfe de Gaete, iadis sein Formian, où commence le Royaume de Naples, les Isles de Ponza, iadis Pontia, Palmarola, iadis Pandataria, Sanone, Palmosa, nommée aussi communément Bentetiene, ou Ventotiene, iadis Parthenope, & la Botte, ainsi dite, pource qu'elle est faite en forme de tonneau. Ce Golfe a 12 mils & demy d'estenduë, selon Leandre.

Vous trouuez apres le sein Baian, ou petit Golfe de Baie, pres du mont Misene, n'ayant d'estenduë que 5 mils, & à son couchant l'Isle d'Ischia, iadis Sanarie, & Pythecuse, éloignée de 20 mils de Bentitiene; & celle de Procita, iadis Prochita, qui est sa voisine du Leuant, & proche du Golfe de Baye; apres lequel est celuy de Pozzuoli, iadis sein Puteolan; puis le Golfe de Napoli, ou de Naples, iadis sein de Crater, ou de la Tasse, comme fait en forme de tasse; mais confondu auec celuy de Pozzuoli, pource qu'on prend ordinairement le Crater depuis le mont Misene, iusques au Cap de Mineruе, maintenant de Campanella, dans lequel espace celuy de Pozzuoli se trouue compris; de sorte que plusieurs nomment indifferemment & confusement tout ce qui se trouue enclos entre ces deux pointes, Golfe de Pozzuoli, de Napoli & de Sorrento. C'estoit en ce Golfe qu'Auguste tenoit vne armée de mer. Dans ce Golfe on voit les Isles de Nisita, iadis Nesis, & la petite Gaiola; & entre le Pausilippe & Naples, dans vn petit escueil, nommé iadis Megaris, le Chasteau de l'Oeuf, ou Castel del Vouo.

Contre le Cap de Mineruе, de la Principauté de Deça, Prouince du Royaume de Naples, vous auez l'Isle de Capri, iadis Caprée, sejour delicieux de Tybere, puis le Golfe d'Agropoli, ou de Salerno, de la mesme Prouince, nommé par les anciens sein Pestan, à cause du lieu de Peste renommé pour l'excellente odeur de ses roses: & contre le lieu de Pasetano, qui luy appartient, les Isles de Galé, ou Gallo, & de S. Pierre, que Ptolemée appelle Sirenusses, ou Isles de Sirenes, dont l'vne fut dite Leucosia; vis à vis de Castello della Bruca, ou de l'ancienne Velia, de la mesme Prouince, les petites Isles Oenotriennes, nommées par Scipion Mazzella, Isaeia & Pontia, qui ont de petits ports artificiels.

Descendant apres vers le Far de Messine, l'on trouue le Golfe de Policastro, de la mesme Prouince, nommé par Strabon sein Laos, & non Talaos, comme veut Leandre. Mazzelle dit, [b] qu'on le nommoit anciennement sein Saprique, à cause de la ville de Sapris, qui s'appelle auiourd'huy Libonati, & toutefois ie n'ay peu sçauoir sur quel autheur il se fonde. Quelques vns nomment aussi ce sein Golfo della Scalea,

[b] Mazzella Reg. di Nap.

aussi bien que de Policastro, à cause de ce lieu, qui est sur son extremité du Midy.

a Faccio Vberti Dittamõdo lib. 3. cant. 15.

L'on place[a] contre ce lieu de Scalea, & contre Andreani, les Isles de Landini & de Lamenza; dont la premiere est nommée Isle de Dini par Mazzella, qui la loge vis à vis de Turture, & dans les Cartes Dino, mise plus au Nort que la Scalea.

b Strabo li. 6. c Pliu. li. 3. ca. 10. d Thucid li. 6. e Mazzella Reg. di Nap.

Vous auez apres en cette mesme mer, le long de la Calabre, le Golfe de saincte Eufemie, appellé par Ptolemée & Strabon, sein Hipponiate, mais par Antiochus[b] Napitin; & par d'autres[c] Terinæ, &[d] grand sein Terin, qui commence au Cap de sainct Subero, ou Sunaro de Calabre, & finit pres de Turpia, ou Tropia. Ce Golfe a grande[e] abondance de coral, & quantité de Tons, qui sont des meilleurs.

Vis à vis de Tropea, ou Tropia, & de Ricadi, lieux de Calabre, proches de la mer Tyrrhene, l'on voit des Isles Spoliennes, de Lipari, Stronboli, Volcano, & autres au nombre de 12 principales, assises au Nort de la Sicile, dont i'ay mis la description, aussi bien que des precedentes, dans les discours de la Toscane & du Royaume de Naples.

Far de Messine, ou Détroit de Sicile.

Descendant plus bas contre le Midy, l'on trouue entre la Sicile & la Calabre le Far de Messine, nommé par les anciens Euripe, ou Détroit Tauronitain; & pareillement Détroit de Sicile (comme plusieurs l'appellent encor auiourd'huy) & Détroit de Rhege, du rencontre des flots duquel i'ay fait mention au discours du flux & reflux. Il a sur son entrée du costé de Calabre le Cap appellé Coda della Volpe, c'est à dire queuë du Renard, pris pour le promontoire Cęnis des anciens, opposé au Pelore de Sicile, nommé Capo di Faro, ou Cap de la Tour du Fare; Mais Leandre donne au Promontoire Cænis le nom de Sciglio, au lieu de l'approprier au Promontoire Scyllęe, qu'il nomme à la moderne Garofilo; & plusieurs confondét ces deux Caps, bien qu'ils soient differens, & que l'vn soit éloigné de l'autre de 6 mils, & Cænis plus proche de Rhege. L'on trouue pres de Sciglio, le lieu dangereux & plein d'escueils & rochers, nommé Scilla, duquel les anciens ont[f] feint, que c'estoit la fille de Phorcus, & de la Nymphe Cretheis, qui fut changée par la Magicienne & ialouse Circe amoureuse de Glaucus, qui recherchoit Scylle, en monstre marin, ayant le visage & le haut du corps iusqu'au nombril, de femme; mais autour du ventre des testes de chiens & de loups, & le bas de queuës de Daufins; chose que les anciens ont feinte,[g] pource qu'il y a vn grand rocher, dont le dessus a presque figure humaine; mais au bas & dessous l'eau l'on trouue plusieurs petits escueils, auec beaucoup de lieux cauerneux, parmy lesquels les flots viennent à se rompre, & font vn grand bruit, lequel sortant de ces lieux imite les abois & les hurlemens des chiens & des loups.

f Virg. Æn. li. 3. Serui. ad 3. Æneid.

g Leand. Ital.

h Strabo li. 4.

i Thucyd. li. 4.

Quant à Charybde, opposée à Scylle, c'est vn lieu[h] dans la mer, d'vne profondeur fort grande du costé de la Sicile, vis à vis de Messine, tousiours grandement agité, qui renuerse & engloutit les Nauires, au lieu[i] du Détroit, où la Sicile auoisine plus l'Italie. Thucydide prend Charybde pour tout le Détroit, qui est entre Rhege & Messine. Les inuenteurs de fables ont feint, que c'estoit vne grande larronnesse, qui déroba les vaches d'Hercule, fut foudroyée par Iupiter, & conuertie en ce monstre marin, qui rauit encor les Nauires.

k Leandr. Ital.

l Thom. Fazel. Sic.

m Marian. Valguornera de primis Sic. incolis.

Ce canal a de largeur[k], entre le Cap de Sciglio de Calabre, & celuy de Pelore, ou du Cap de Faro de Sicile, où il est plus estroit qu'ailleurs, vn mil & demy. Quant à sa longueur Leandre la fait de 12 mils; mais d'autres[l] mettent 15 mils de Sciglio iusqu'à Rhege, & au Cap des armes, nommé par les Italiens Capo dell'arme, & iadis Leucopetra; car plus à propos[m] disent que la Sicile oppose sa coste à celle d'Italie, par l'espace de 20 mils, qu'ils comptent de Pelore à Messine. Et finalement les mieux entendus & veritables font la longueur de ce Détroit du costé d'Italie de 28 mils, qu'ils comptent depuis Sciglio iusqu'au Cap des armes, & du costé de Sicile de 27 mils, depuis le Cap du Far iusqu'à celuy d'Atala, ou d'Itala.

n Strabo li. 2. Solin. c. 14.

Mer de Sicile.

La mer qui s'auance depuis la Sicile iusques en Candie, est nommée par quelques anciens[n] Sicilienne, en laquelle on peut aussi comprendre les petites Isles qui sont autour d'elle, telles que sont Leuento, Maretimo, Fauagnana, le Formicole, & les Isles de Correnti & Passarino. Mais Ptolemée borne la Sicile du Nort & du couchant de la mer Tyrrhene, du Midy de la mer d'Afrique, & du Leuant de l'Adriatique, ou plustost de l'Ionie, qui en fait partie.

D'ailleurs [a] Polybe a nommé la mer qui s'estend depuis la Sicile vers le Nort, le long du Leuant de l'Italie, iusqu'au pays des Salentins, maintenant d'Otrante, Mer Ausonienne, à cause des Ausones [b], qui en furent premiers maistres, ou pource que l'Italie fut iadis nommée Ausonie, comme i'ay fait voir au commencement de mon Italie; & quelques vns [c] ont pris indifferemment la mer Sicilienne & Ausonienne pour mesme chose.

a Plin. li. 3. c. 5.

b Plin. l. 3. ca. 10.

c Strabo li. 2.

Mais Ptolemée ne parle nullement de la mer Ausonienne, ny de celle de Sicile; mais seulement de l'Adriatique & de l'Ionie; & Pline [d] estend la mer Ionie depuis le Promontoire Pelore, iusques à Otrante, du Royaume de Naples, & à la Valone, ou Apollonie de Macedoine, maintenant d'Albanie; tellement que les mers Ionie & Adriatique ont là leur borne, entre le Cap d'Otrante & la Valone, & cette bouche a seulement la largeur de 50 mils, ou pres de 17 de nos lieuës; si bien que Pyrrhe Roy d'Epire entreprit de faire vn pont de bateaux, pour abreger le chemin d'Italie en Grece; puis Marc Varron commandant à l'armée nauale de Pompée, au temps de la guerre contre les Pyrates, fit mesme dessein, mais il fut rompu par d'autres soucis qui les occuperent.

d Plin. li. 3. ch. 11.

La mer Ionie, que les Italiens nomment Mar Gionio, & Golfo Ionio, & Gionio, s'estend donc le long du Leuant de l'Italie, depuis le Cap de Spartiuento iusques à Otrante, & dans cet espace là l'on trouue premierement le Golfe de Squillaci, iadis sein Scyllacée & Scylletique contre la Calabre, ayant 40 mils de tour; & c'est entre ce Golfe & celuy de saincte Eufemie, qu'on voit le lieu plus estroit d'Italie, entre la mer Tyrrhene & l'Ionie; puis montant tousiours vers le Nort l'on trouue le grand Golfe de Taranto, iadis sein Tarentin, entouré de la Basilicate, Calabre & Terre d'Otrante, & dans ce Golfe celuy de Rosano, portant le nom d'vne ville forte, qui est sur ses bords.

L'on trouue apres, en montant tousiours au Nort, le Golfe de Venise, nommé par les anciens [e] sein Adriatique, à cause de la renommée ville d'Adria, assise sur ses bords, ou [f] mer Hadriatique, ou [g] Adriatique, ou bien [h] Adriane, ou [i] simplement Adria, de mesme que la ville. Ils l'ont appellée mer d'enhaut, ou [k] Superieure, pour la distinguer de celle d'enbas, qui est la mer de Toscane, dont i'ay parlé cy-deuant.

e Strabo li. 5.

f Ptol. Geogr. li. 3. Plin. li. 3. c. 11.

g Virg. Æneid. li. 6.

h Horat. Car. li. 1. Ode 14.

i Lucan. li 2. Mela li. 3. Strabo li. 7.

k Plin. li. 3. ca. 11. Cic. de Orat. li. 3.

Ce Golfe s'estend depuis le Cap, ou la ville d'Otrante, le long du reste de l'Italie, & fait le Golfe nommé Mare di Puglia, ou mer de la Poüille qui est le sein Vrias de Mele, entre la Capitanate & la Terre de Bari, Prouinces du Royaume de Naples; puis montant contre Venise l'on voit contre Varrano les Isles que Mazzalla nomme Rabato & Gargano; contre l'Abruzze les quatres Isles de Tremite, ou Tremiti, iadis Diomedées, dont les noms sont saincte Marie de Tremite, S. Doimo, Lo Gatizzo, & la Capara.

Ce Golfe baigne apres les riuages de la Marque d'Ancone, Duché d'Vrbain, & Romagne, où le Ferrarois est aussi compris; puis du Padouan, & du Dogado, ou Duché de Venise, où sont les Isles de Chioggia, Malamocco, Venise, composée de plusieurs Isles, auec la Giudecca, ou Zudecca, sainct George d'Alega, & quelques autres petites ses voisines, que vous verrez en la description de cette Duché; puis Muran, Mazorbo, Buran & Torcello, les plus renommées d'entre beaucoup d'autres; puis contre le Friul, l'Isle & l'Euesché de Caorle, & celle de Grado, ou Grao.

Cette mer fait apres contre l'Istrie le Golfe de Trieste, iadis sein Tergestin; celuy de Largon, proche de Piran, & le grand Golfe del Quarnero, ou Carnero, que Pline appelle Flanatis, & Mele Polatic, qui commence à la pointe que les Italiens nõment del Compare, & finit à l'embouchure de l'Arse, estant long de 60 mils, & large de 30 à 40, depuis les Isles de Nia & san Sego.

Autour de l'Istrie, outre plusieurs Isleaux & escueils non considerables, l'on voit les Isles de Conuersera, Figarola, saincte Catherine, sainct André, sainct Iean in Pelago, les deux Seror, ou Seurs; Breond, les deux de sainct Ierôme, sainct Pierre, & sainct Florian; puis l'Isle saincte Marie des Graces, les Promotores, & les deux Merlette.

Quelques vns ont nommé la mer qui borde les costes de la Croace & Dalmace, mer Liburnique, Illyrique & Dalmatique; mais à present tout cela passe sous le nom de Golfe de Venise; auquel on voit pres, & vis à vis de ces riuages les Isles de Cherso, Ossero, Vegia, Arbe, Pago, Solta, la Brazza, Lesina, Torta, ou Torcola, Issa, ou Lissa,

& les petites Isles de Delfin, Silua, Luibo, Nia, san Sego, Iega, Incoronata, sainct Estienne & Ligari, Melisello, Casolo, Cuza; & entre les Isles de Tremiti & Lesina, celle de Pelagosa, bien auant en mer; puis contre les mesmes riuages de Dalmace, Curzola, & les Isles des Ragousois, Agosta, Meleda, de Mezo, sainct André, ou Danderem, sainct Pierre, & celle de Chiroma, ou Croma, qui est vis à vis du Chasteau de Ragouse.

Apres cela l'on trouue le Golfe de Cattaro, iadis sein Rhizonique; puis celuy de Lodrin cõtre l'Albanie, & delà tirant au Midy l'on vient à la bouche des mers Adriatique & Ionie. Pline [a] donne seulement cinquante mils à cette bouche, la plaçant entre Otrante & Apollonie, ou la Valone. Mais nos voyageurs modernes [b] luy en donnent 60, à sçauoir depuis le Cap d'Otrante d'Italie, iusqu'au Cap de la Polone d'Albanie, qui est entre la Valone & la Chimere, ou [c] les monts Cerauniens, où Strabon met le commencement de ces deux mers, donnant ce qui s'auance vers le Nort à l'Adriatique. Ce Golfe de Venise a, selon quelques vns [d] 700 mils de long, depuis Venise iusques à Otrante, & à la Valone, & de large en quelques endroits 200 mils, [e] & en d'autres moins, particulierement en son embouchure.

Bouche des Mers Adriatique, & Ionie.

a Plin. li. 4. c. 11. b Villam. li. 1. Cotouic. Itiner. c Strabo li. 5. d Castela voy. de Ierus. li. 1. e Villam. li. 1. Cotouic. Itin.

La mer Ionie, qui s'auance le long de la coste Orientale du Royaume de Naples, iusqu'à Otrãte, puis encor iusqu'à l'Isle de Cerigo, a reçeu ce [f] nom des Iones Grecs, ou d'vn Ion, qui les conduisit en ces lieux-là. Cette mer retient encor son nom estãt appellée des Italiens Mare Ionio, & Gionio, & Golfo Gionio, qui s'estend premierement iusques à Otrante, du costé d'Italie; & de celuy de la Grece baigne les riuages d'vne partie de l'Albanie & de l'Epire, Acarnanie, Etolie, grande Achaie, & Peloponnese, ou Morée, du couchant, s'estendant mesme iusqu'au bord Occidental de l'Isle de Candie.

Mer Ionie.

f Strabo li 7.

Depuis sa bouche en tirant au Sud & Sudest, l'on trouue premierement l'Isle de Saseno, iadis Sason, retraite des Corsaires de toute ancienneté, presque à la bouche de cette mer; puis celle de Corfou, contre l'Epire, auec les petites Isles de Gudin, Condilonisse, Ragusa, Scopoli, Fanu, le Merlere, les Formis, & sainct Vite, ou Malipiero, qui l'entourent; puis plus bas, contre le mesme pays, celles de Pacsu, iadis Ericuse, & d'Antipacsu.

Isles & Golfes.

L'on vient apres au Golfe de Larte, iadis sein Ambracien de l'Epire; & tirant plus au Midy l'on rencontre l'Isle de saincte Maure, iadis Leucadia, & Leucas, & l'Isle d'Ithaque, ou Theaki; puis le Golfe des Curzolaires, ou de Patras, portant le nom de la ville de Patras de l'Achaie particuliere, & compris par plusieurs dans le Golfe de Lepante, bien que le Détroit des Dardanels, nommé par les anciens [g] Détroit Calydonien, à cause de Calydon, ville d'Ætolie, & maintenant Détroit de Lepante, ou des Chasteaux ou Dardanels, (biẽ differents de ceux de Seste & d'Abide de l'Hellespont assis entre les Promontoires, appellez iadis Rhium & Antirrhium, & maintenãt Cap de Trapani & de Galata, ou Sçandreti) les distingue clairement. C'est en ce Golfe de Patra qu'on voit les Isles Curzolari, iadis Echinades, pres desquelles les Chrestiens firent mourir 25 mille Turcs, & en prirent 14 mille en la bataille nauale, qui se dõna l'an 1571. Vous voyez apres la grande & petite Cephalenie, & l'Isle de Zante.

g Heliodor. Æthiop. li. 5.

Mais au Leuant des Curzolaires, assez proche du Détroit des Chasteaux, l'on entre au Golfe de Lepante [h], ainsi nommé à cause de Lepante, iadis Naupacte, ville maritime d'Etolie, assise à la droite de ce Golfe, que les Turcs appellent Inebechtin, & qui eut des anciens [i] le nom de mer Alcionienne; & de Sein Corinthien, à cause de la fameuse ville de Corinthe, assise sur l'Isthme, ou le Détroit de terre du Peloponnese, iusques auquel ce Golfe s'auance, à raison dequoy plusieurs l'appellent Golfo di Corinto, ou Coranto, qui est le nom moderne de Corinthe. Le sein Crisseen, ainsi dit à cause de la ville de Crisse, fait vne partie du Corinthien.

h Cotouic. Itin. i Strabo li. 1.

Au reste la [k] bouche de ce Golfe, entre les deux Promontoires, Rhium & Antirrhium, ou les Dardanels, est large d'enuiron mille pas, & diuise l'Etolie de la Morée: & quant à l'Isthme, sur lequel la ville de Corinthe est assise, le Roy Demetrius, Cesar Dictateur, & les Empereurs Caligule & Neron, y voulurent creuser vn canal, pour la commodité des marchãds, passagers & armées de mer, pour abreger les voyages: mais tous leurs desseins furent sans effect. Au delà de l'Isthme, vis à vis du sein Corinthien, ou Golfe de Lepante, on voit le Golfe d'Engia, iadis sein Saronique, dont ie parleray plus bas.

k Plin. li. 4. ca. 2. & 4.

Mais reprenant nostre cours contre le couchant de la Morée, l'on trouue au Midy de Zante, les 2 Striuali, ou Strophades, contre le Golfe de Larcadia, appellé par quelques

ques vns [a] Golfe di Lorcadiano,& par Pline Sein Cyparissie,ayant ce nom à cause de la ville de Larcadia,du pays de Messenie,nõmée anciẽnemẽt Cyparissie,&Cyparisse. a Crescentia Nautica Med. dit.

A 40 mils des Striuali,entre l'Est, ou le Leuant, & le Sudest, ou Siroc, on trouue l'Isle de Pruodo,ou Prodeno,que les Grecs appellerent Prote,c'est à dire Premiere, ayãt à 10 mils en la terre ferme de la Morée le vieil Nauarrin ; puis celle de Sapienza, iadis Sphagia,& Sphacterie,à quelques 20 mils de Pradeno,tirant au Sudest ¼ de Su, & à 3 mils delà l'Isle de Caprera,autrement Caurera, ou Caurea, iadis Teganuse, ayant au Nordest la petite Isle de S. Venetico,ou San Vendego,éloignée d'elle de 3. mils,& de 5 de Medon,& là pres le petit escueil de Coagulon.

L'on trouue au Nort Ouest ou Maistral,le Golfe de Coron iadis sein Coronée, & Messenien, puis le sein Laconique de Ptolemée,Gyaterite de Pline nõmé par Crescentio grandemẽt pratiqué en ce qui est de la mer Mediteranée, Golfo di Castel Rãpani;mais par tous les autres autheurs de ce tẽps Golfo di Colochina, qui s'estẽd entre le Cap de Matapan,ou de Maina,iadis Promontoire Tænaria de la Morée, & le Cap Malio,ou de S. Ange,iadis Promontoire Malée. A 8 mils de Castel Rãpani l'on trouue l'Isle des Cerfs,& au Sud Sud Ouest,& 12 mils du Cap S. Ange, l'Isle de Cerigo des Venitiens, où l'Archipelague commence, s'estendant en longueur iusqu'à l'Hellespont,& en largeur de la Grece à la Natolie.

Ceux de ce temps l'appellent à la Grecque, Archipelagos, & à l'Italienne Archipelago,& nous nommons pareillement cette mer Archipelague, & par abregé mesme Archipel. Mais les anciens l'ont appellée Ægée, en memoire d'Egée [b] qui s'y precipita,voyant reuenir le nauire de son fils Thesée auec des voiles noires, selon l'histoire, ou la fable ; ou bien [c] à cause de certain escueil nommé Æx, ayant forme de Cheure, assis entre Tenedos & Chio, ou d'vne autre [d] Isle proche de celle d'Eubée, appellée Ægée, qui auoit vn Temple renommé d'Apollon. Mais les Romains [e] donnerent à toute cette mer, diuisée en quelques autres, deux noms seulement, à sçauoir celuy de mer Grecque, ou Grecieuse à celle qui s'estendoit le long de la Grece, & de Macedonique à celle qui baignoit les riuages de Macedoine & de Thrace.

b Plutar. in Theseo. Fest. lib. 1.
c Plin. li. 4. ca. 11.
d Phauorin. Lexic.
e Plin. li. 4, c. 11.

Pline met la mer Myrtoe, Icarie & Euboique, pour partie de l'Egée ; outre plusieurs Golfes, ausquels elle est diuisée, que ie considereray, auec ces mers, & leurs Isles.

L'Isle de Cerigo, iadis Cythera où l'Archipelague commence, ainsi que i'ay dit, a au Sudest deux petites Isles, appellée Dragonere,& encor celles de Do & Asso, qui l'auoisinent ; puis encor à quelques 30 mils, au Sud Sudest, Cicerigo, appellée autrement Cerigota, ou Zorigotto, & au Sudest, ou Siroc de cette derniere l'on voit les 4 Isles qu'on nomme Garbusi ou Grambusies, auec vn petit Golfe en l'Isle de Candie, qui fait vn port, auec ces Grambusies.

La Candie, ou Crete, a du Nort la mer qui porte le nom de cette Isle selon Ptolemée, où l'on voit les Isles de Turluru, de Standie, iadis Die, de Paxiniados, & les deux Adelphi, ou Freres, de mesme que du costé du Midy & du Libecch, du Sudouest la Christiana, Farioni, & Galderoni, ou Caldaroni; & l'on peut iustement nommer mer de Candie, ou Cretoise, celle qui l'enuironne de tous costez.

A son Nort, & à l'Est de la Morée, on voit en l'Archipelague les Isles que les Grecs appellerẽt Sporades, ou esparses, dont les principales, assises au milieu de la mer, que i'ay décrites en leurs lieux sont celles de Milo, ou Melos, Falconara, Policandro, Sicandro, Namfio, Amorgo, Calogero, Nio, Polino, There, Santorini & S. Eirene, toutes plus proches de l'Isle de Candie.

Vous auez apres montant plus au Nord les Isles Cyclades, dont la principale en reputation est Sdille, iadis Delos, estant comme au milieu de ces Isles; & les autres sõt Fermene, iadis Rhene, Syra, iadis Syros, differente de Scyros de Lycomede, Cea, ou Zia, Cyahne, Serphene iadis Seriphe, Siphano, iadis Siphne, Arzentara, anciennement Prepesinthe, Nicsia, ou Naxos, Pario, ou Paros, Antipario, Iero, iadis Gyaros, Tene, ou Tenos, Mycone & Andro, & toutes ces Isles sont comme appartenantes à la Grece.

Mais retournant au Cap Malio S. Ange, & montant contre le Nort le long du Leuant de la Grece, on trouue dans le mesme Archipelague le Golfe de Napoli di Romania, c'est à dire de Grece, nommé par les anciens sein Argolique, où l'on voit l'Isle de Sette Pozzi, ou Sept Puys, & montant encor plus vers le Nort l'on trouue le sein Saronique, ou Hermionique, nommé cõmunement Golfo d'Engia, (ou plustost d'Egina) à cause de cette Isle; mais plus veritablement, selon Crescentio, voyageur pratique, Golfo di Setines, c'est à dire à la moderne Golfe d'Athenes, qui se trouue proche des bords de ce Golfe, où l'on voit les Isles d'Engia, ou Egine, Salamis, ou Colouri, la Sidra, la Stila, & S. George d'Albora, éloignée de 18 mils du Cap des Colomnes, au Leuant duquel on voit l'Isle de Macronixo, iadis Helene, contre les confins de l'Attique & de la Bœoce.

L'on entre apres au Golfe de Negrepōt, iadis sein Euboique, à cause de l'Isle d'Eubée, nommée à present Negrepont, & l'on trouue les Pantalenes, les Cauallenes, & autres escueils, dōt il y en a qui s'appellēt delle Rizze, & sont esloignez de 7 mils de l'Isle de Negrepont; puis on vient à l'Isle d'Eubée, ou Negrepōt, ayant à son Leuant Andros l'vne des Cyclades, dont i'ay parlé cy-deuant; & à son Nort l'Isle de Scyro de Lycomede; & entre la ville de Chalcis & la Bœoce vn petit détroit de mer, iadis Euripe Chalcidique, & maintenant Détroit de Negrepont, auquel [a] on a remarqué, qu'il auoit flux & reflux sept fois le iour, ou plustost [b] qu'il y a continuelle agitation, & rencontre de flots, qui s'auancēt & reculent, sans auoir vn temps determiné; si biē qu'Aristote [c] ne pouuant cognoistre la cause du mouuement de cette eau, mourut de regret, ou se ietta dans cette mer, comme quelques vns [d] tiennent, afin qu'elle le comprist, puis qu'il ne pouuoit la comprendre, ainsi qu'on dit communement, sans aucune authorité qui soit approuuée.

a Plin. li. 2. ca. 97. Mela. l. 2. c. 7. b Liuio. li. 38. c Iustin. Martyr. Parænet. ad Gentes. Greg. Naz. Or. 1. cont. Iulian.

Euripe d'Eu.

Au dessus de l'Eubée, tirant tousiours plus au Nort, l'on trouue l'Isle de Scyro de Lycomede; puis le sein Pagasique de Pline & de Strabō, ou Pelasgique de Ptolemée, & Iolciaque d'Ouide, nommé maintenant Golfe d'Armiro, sur les cōfins de la Thessalie & Macedoine; puis le Golfe de Saloniki, ou Thessalonique, anciennement sein Thermaique: & vis à vis des costes de la Macedoine les Isles de Sciato, Scopelo, Machriso, ou Dromo, Seraquino, S. Ilia, ou S. Elie, Limene, Pelagisi, iadis Alonese, Piperi, iadis Peparethos, santo Strato, ou S. Strati, esloignée seulement de 20 mils de Lemnos, à present Stalimene, qui est à son Nort, mise par Ptolemée entre les Isles appartenantes à la Macedoine; puis contre la mesme Macedoine on trouue le Golfe d'Aiomana, ou de Rampa, autrefois nommé sein Toronaique, celuy de Monte Santo (qui est l'Athos) nommé par les anciens sein Singitique, & le Golfe de Contesa, iadis appellé sein Strimonique.

Golfes Isles de Macedoine, & Thrace.

Au Midy de l'extremité Oriētale de ce dernier Golfe on voit l'Isle de Tasso, iadis Thasos, dōnée par Ptolemée à la Thrace; puis le long de la mesme Thrace, & plus au Leuāt, le sein que les Grecs nōmoiēt Melane, ou Noir, & que les modernes appellēt Golfe de Caridia, ou selon Ortel, Magarisco, proche de la Chersonese de Thrace, & ayant à son Midy les Isles de Samādrachi, ou Samothrace, & de Lembro, ou Imbros, le long de la mesme Chersonese, à la pointe de laquelle est l'entrée de l'Hellespont.

Mer d'Afrique, Isles.

Maintenāt que nous sōmes paruenus à l'Hellespōt, en rēgeant les costes, & cōsiderant les Isles & Golfes de l'Europe, il faut retourner au détroit de Gibaltar, pour courir les mers d'Afrique & d'Asie, auec leurs Isles & Golfes, & parce moyen reuenir à l'Hellespont du costé de la Natolie, pour entrer apres dans la Propōtide, puis voir le Bosphore de Thrace, le pont Euxin, le Bosphore Cimmerien, & le Marais Meotide.

Il semble qu'ō doiue appeller mer d'Afrique celle qui laue les riuages du Royaume de Fez, & toutefois Ptolemée estend la mer Iberique, ou Espagnole iusques-là: & quelques autres encor [a] disent clairement, que cette mesme mer Iberique, qu'ils appellēt Colpos, à la Grecque, c'est à dire sein (d'où viēt le mot Italien de Golfo) est le commencement de l'Europe & de l'Afrique. L'on voit en cette mer l'Escueil, ou Rocher de Velez, nōmé Peñora à l'Espagnole, proche de la ville de Brediz, ou Velez, de la Prouince d'Errif, du Royaume de Fez; puis le Golfe dell'Algozzeme, auec vn Cap de mesme nō, puis l'Isle d'Albuzā, ou d'Alboram, vis à vis du Cap des trois Fourches, de la Prouince de Garet, du Royaume de Fez, & trois autres petites Isles voisines.

a Eustach. in Dionys. Perieg.

Ptolemée met apres la mer de Sardaigne, au Nort de la Mauritanie Cesariense, où est le Royaume de Tremisen & d'Alger, mais il met aussi le sein Numidique, nommé auiourd'huy Golfe d'Estora, contre ce mesme Royaume, vis à vis duquel on voit les Isles Zebibes, & certains escueils nommez le Cānelle; puis à 15 mils d'Oran vne petite Isle que les Italiens nomment la Greggia d'Oran, fort proche de la terre ferme.

Sein Numidiq. ou Golfe d'Estora.

L'on voit apres a 40 mils de Mostagā l'Isle de Colōbi, ou des Pigeons, à 2 mils de terre ferme; puis ayāt passé le Cap de Bone, & le Cap Rosso, ou Rouge, l'on trouue à 12 mils d'iceluy l'Isle de Tabarca, fameuse par la pesche du Coral; & presque vis à vis, & plus au Nordest, l'Isle de Galata, ou Galita, éloignée de 40 mils de Tabarque, dependante du Royaume de Tunis, & entre ces deux vne petite Isle, appellée Galiton, puis à 20 mils delà, le Cap Noir, & à 10 mils de ce Cap 2 petites Isles nõmées les 2 Freres, qui sont à trois mils de terre ferme; puis 6 mils en mer, au dessus du Cap de Byserte, la petite Isle de Capi; puis entre ce Cap & Porto Farina, du Royaume de Tunis, la petite Isle dite Formiche, ou Formis, à 2 mils de terre ferme, & à 40 mils delà, vis à vis du mesme Royaume, & contre vne Cale, ou retraite de vaisseaux, qu'on nomme la Grotta, l'Isle de Zembaro, ou Zembalò, que nous nommons Cimbalu, du tour de 12 mils; & à 2 mils delà, plus au Leuant, le petit escueil de Zembalotto, à 18 mils duquel est le Cap Bon, du mesme Royaume de Tunes, au Leuant duquel est l'Isle Pantalarée; puis encore plus au Leuant Malte, auec Goze, Comin & Cominot, qui sont au Midy de la Sicile, & mise par Ptolemée entre les Isles d'Afrique. Et quant à la mer qui passe entre Malthe & la Sicile, on l'appelle communement le Canal de Malte.

Au reste les anciens ont estendu contre les Royaumes de Tunis & Tripoli, & les deux Syrtes, la mer Libyque, ou Punique, où l'on trouue à 60 mils du Cap Bon, dont i'ay parlé, le Golfe de Mahomette, les Isles de Limose & Lampadouse, & les Conilleres, qui sont contre ce Golfe & la Prouince de Souse; & encor au Leuant du mesme Royaume de Tunis, au Nord de celuy de Tripoli, & au Sud Ouest de Lampadouse, les Querquene, ou Carcani, du tour de 20 mils, contre le Cap de Bieto; & la Gamelare; puis on trouue le Golfe de Caps, qu'on nommoit anciennement petite Syrte, ayant à son Est l'Isle de Gerbi; puis allant plus au Leuant l'on trouue la grande Syrte, qu'on appelle maintenant les Seches, ou Bancs de Barbarie.

Apres cela l'on vient à la mer Egyptienne, qui respõd à la Marmarique & l'Egypte, selon Ptolemée; puis à la mer Syriaque, opposée à la Palestine, Phenice & Surie, du couchant, & non du Nort, comme l'Egyptienne à l'Egypte; parce que la terre presque à la fin de l'Egypte, se recourbe & se presente iusqu'au Golfe de Lajazze, du Leuant. Mais quoy que la mer de Surie cõprenne tout cet espace selon Ptolemée, toutefois Pline [a] nomme mer Phenicienne, celle qui s'estend le long de toute la Phenice, où est l'Isle d'Arados contre Tortose. Mais dans la Palestine on voit aussi la mer morte, ou le Lac Asphaltite de Iudée, & la mer de Tiberiade, ou Galilée, autrement Lac de Genezareth, nommé à present Tubarie, ayant [b] son eau douce, & quantité de fort bon poissons, dont ie laisse le discours, de mesme que celuy de la description de ces deux mers; pource que ie l'ay mise en la Terre Saincte.

Apres la mer de Surie l'on vient au Golfe de Laiazzo, iadis sein Issique, où se trouue assise Alexandrette, où les Marchands Marseillois, Venitiens, Hollandois, & autres, font vn grand trafic. C'est comme vne partie de la mer de Cilice, dans laquelle quelques vns des anciens [c] ont logé l'Isle de Cypre, & les Clydes, bien que Ptolemée ait donné sa mer particuliere, appellée Cyprienne, à cette grande Isle.

Pline [d] met de suite les mers de Cilice & Pamphylie, cõtre les bords Meridionaux de ces Prouinces de la Natolie, comprises sous le nom de Caramanie presque entierement, & met encor de suite, tirant tousiours de l'Est à l'Oüest la mer de Lycie, proche de Rhodes. Mais auiourd'huy le Golfe de Satalie, ou Settelie, ainsi dit à cause de la ville de Satalie, iadis Attalie, ville de Pamphylie, comprend toutes ces mers d'Egypte, Phenice, Surie, Cilice, Pamphylie & Lycie, & l'Isle de Cypre, selon les Mariniers du Leuãt [e], & mesme selon vne Carte de Cotouic [f] voyageur bien entẽdu; & ce Golfe de Satalie [g] autrefois fort dãgereux, est deuenu plus calme, depuis que saincte Helene, venãt de Hierusalẽ à Constãtinople, y ietta vn des cloux de nostre Seigneur.

Delà tirãt tousiours à l'Ouest l'on trouue la mer de Rhodes, ou Scarpãto, que Ptolemée appelle indifferemment Rhodienne & Carpathie, contenãt les Isles de Rhodes, de Scarpanto, iadis Carpathos, qui causa le nom de mer Carpathie, de Casso, iadis Casos, de Piscopia, Nizari, iadis Nisiros, Longo, ou Cô, & Costille proche de Lango, lesquelles appartiennent à la Lycie & Carie.

Montant aprés au Nort, & contre l'Occident de la Natolie, on trouue la mer de Mandria, nommée anciennement Myrtoe, de la petite Isle Myrto, comprenant les Isles de Mandria, ou Mirto, Farmaco, iadis Pharmacuso, Lero, Calamo, ou Claros, Psermo, Calimno assise entre Patmos & Lango, & Stampalie, iadis Astipalée, assignée par Ptolemée à la mer Myrtoe, bien que mise par le mesme entre le Cyclades, & toutes ces Isles contre la Carie.

Montant encor plus au Nort on voit la mer Icarienne, ainsi dite, selon les Poëtes, à cause d'Icare, fils de Dedale, qui tõba dãs cette mer, quãd ses aisles de cire tombirẽt, mais veritablement à cause de l'Isle Icarie, à present Nicarie, assise en cette mer

a Plin. li. 5. ca. 12.

b Crusi. Turcog. lib. 7.

c Plin. l. 5. ca. 31. &

d Lib. 5. c. 27.

e M. de Breues voyages.

f Cotoui. Itin. Hierof. p. 86.

g Cotoui. Itiner. M. de Breues voyages. Castela voy. lib. 1.

qui comprend aussi contre la Carie, l'Ionie & l'Æolie, les Isles de Palmosa, ou Pathmos, Phyra, & Chio, ou Scio.

Continuant apres sa route vers l'Hellespont l'on rencontre dans l'Archipelague, hors de ces mers, qui en font partie, contre la Mysie & la Troade, l'Isle de Metelin, iadis Lesbos, que Ptolemée appelle Isle Æolie, entre laquelle & ces pays de Natolie, les anciens ont logé le sein Atramyttene; puis tirant encore plus au Nort l'on trouue l'Isle de Tenedos contre la Troade, a 12 mils du Cap de Ianitzari, iadis Promontoire Sigée, & 16 mils de Lesbos; puis ont vient aux Dardanels, & à l'entrée de l'Hellespont, où ie m'estoy arresté, ayant parcouru les Golfes & Isles d'Europe.

Hellespont et Detroit de Gallipoli.

L'Hellespont a ce nom selon les fables des anciens, à cause d'Helle, fille d'Athamas Roy de Thebes, qui se laissa choir dans ce Detroit, ainsi qu'elle le passoit sur vn belier, auec son frere Phryxe, fuyant les malices de sa marastre. Ce Détroit est nommé communement par les François Bras de S. George, de mesme que par les Flamans S. Ioris arme, qui signifie mesme chose, & par les Italiens Stretto di Gallipoli, à cause de cete ville de la Chersonese de Thrace, qui se trouue assise sur la fin de ce Détroit, du costé de la Propontide, & vis à vis de Lampsico, iadis Lampsaque, ville de Natolie, entre laquelle & Callipoli il y a deux mils; mais les Turcs l'appellent Bogaz Azar, ou le Détroit des Chasteaux, à cause des deux Chasteaux, ou Dardanels, qui sont aux lieux de Seste & d'Abide, l'vn en Europe, l'autre en Asie, renommez pour les amours de Leandre & d'Hero, & seulement esloignez de 7 stades, ou d'vn cart de lieuë; tellement que c'est le lieu plus estroit de l'Hellespont; à raison dequoy [a] Xerxe y fit dresser vn pont de bateaux pour le passage de son armée. Pline estend cet Euripe ou Detroit par l'espace de 86 mils iusqu'à la ville de Priape d'Asie, dont les ruines s'appellent Laspi, où le grand Alexandre descendit, allant conquerir l'Asie. Mais en verité le [b] Detroit est seulement long de 30 mils, veu que Priape est au delà d'iceluy.

a Plin. l. 4 ca. 11.

b Voy. du sieur des Hayes.

Propontide ou mer de Marmora. Isles. Golfe de Nicomedie.

Apres ce Detroit la mer s'elargit, en tirant au pont Euxin, & fait la Propōtide, que nous appellons mer de Marmora, d'vne Isle qu'elle comprend qui porte ce nō, & qui eut iadis celuy de Proconnese, outre laquelle elle embrasse les 9 Isles Demoneses, entre lesquelles on met Prote, Bergus, Corbo & Printzipos, & celle de Calomino, ou Caloimo, iadis Besbyctes. Cette mer comprise entre la Thrace & la Bithynie, & faisant le Golfe particulier de Nicomedie iadis Seste Astacene, est estenduë entre les deux Detroits de l'Hellespont, & du Bosphore de Thrace, & s'appelle aussi maintenant selon quelques vns [c] Canal de Constantinople, & c'est la mesme que Tzetze nomme Bebricienne, à cause des Bebryciens, peuples de Bithynie, & quelques vns [d] la confondent auec le bras de S. George, luy donnant 80 mils de largeur; ainsi que les voyageurs plus experimentez [e] font sa longueur de 130 mils, depuis le Cap de Chalcedoine, qui est vis à vis de Constantinople, iusqu'à vn village que les Grecs nōment Peristassi, où l'on voit vne Eglise de S. George seruie à la Grecque, qui a donné le nom de Bras de S. George, & à l'Hellespont; & c'est là que les costes d'Europe & d'Asie, commencent à se raprocher, n'estant esloignées l'vne de l'autre que de 30 mils, & se raprochent tousiours dauantage. Au reste [f] la Propontide est merueilleusement abondante en poissons; à raison dequoy les Turcs & les Grecs, qui ayment mieux le poisson, que la chair, sont fort affectionnez à pescher en cette mer.

c Oliuar. In Mel. l. 1 c. 19.
d Paleme Pereg.
e Voy. du sieur des Hayes.
f Bellon obser. l. 1. c. 71.

Bosphore de Thrace, ou Detroit de Constantinople.

Vous trouuez apres le Bosphore de Thrace, qui eut ce nom, selon les Poëtes [g] à cause d'Io, fille d'Inachus, qu'on feint auoir passé la mer en cet endroit en forme de vache. D'autres anciens l'appellēt [h] Bosphore de Chalcedoine, à cause de la ville qui l'auoisine; ou Detroit, ou [i] Bouche de la Propontide. Mais auiourd'huy les Grecs l'appellent Laimon, les Turcs Bogazin [k], c'est à dire Gosier, & les Italiens Stretto di Cōstantinopoli, où Detroit de Constantinople. Mais à cette heure on l'appelle [l] cōmunement le Canal de la mer Noire, qui dure 20 mils, depuis la pointe du Serrail, qui le separe de la mer de Marmora, iusques à la mer Majour, ou Noire. Ce Canal n'a pas du tout demie lieuë (ou plustost demy mil) de large; & à deux lieuës de Constantinople, qui est l'endroit le plus estroit, il y a deux Chasteaux munis d'artilerie, qui gardēt le passage contre les Cosaques, sujets du Roy de Polongne. Ce fut en ce [m] lieu plus estroit que Darius Roy de Perse, fils d'Hystaspe, & pere de Xerxe, bastit vn pont de Nauires, pour passer son armée; & l'on tient ce lieu seulement large de 500 pas, tellemēt [n] qu'on oit chanter les coqs & abboier les chiens, d'vn riuage à l'autre, voire mesme quād le vent n'est pas contraire l'on oyt les voix distinctes des personnes. Il y a des deux [o] costez de ce Bosphore des Collines chargées de vignes, & de quātité d'abricotiers, peschiers, grenadiers & oliuiers, auec plusieurs demeures des Grecs, [p] plusieurs Palais & iardins; bien que le terroir y soit naturellemēt sterile & sablonneux.

g L'interpr. d'Apoloni. sur le 1. l. des Argonaut.
h Herodot. l. 4
i Manil. Astro l. 4.
k P. Gilli. Bosph. l. 7
l Voy du sieur des Hayes
m Plin. li. 4 c. 11.
n Herod. l. 4
o Vigenet. sur Philost.
Tesor. Polit. p. 3
p Crusi. Turcog. lib. 7.
Theso. pol. p. 3

Au sortir de ce Bosphore, & comme à la bouche du [a] pont Euxin, on voit les deux Isles, ou Rochers Cyanées, autrement Symplegades; sur l'vn desquels il y a vne ancienne colomne de marbre blanc, auec inscription, que Pompée y fit dresser, selon la commune estime, apres qu'il eut défait Mithridate.

Ce pont Euxin est nommé [b] par les Turcs Caradinizi, & par les Grecs Maura Thalassa, c'est à dire mer Noire, & Maurum aussi, selon le Noir, non pour auoir son eau noire; veu qu'au contraire elle est du tout claire; mais à cause des soudains & frequents orages, qui la troublent & couurent à tous moments d'épaisses tenebres, y ayant [c] mesme en cette mer comme des broüillards perpetuels, auec ces tempestes, qui sont telles, qu'il s'y perd enuiron 60 vaisseaux toutes les années. Les Italiens l'appellent Mare Maggiore, & nous la nommons mer Majour, ou Majeur, ou mer Noire.

Cette mer a du couchant la partie Orientale de la Thrace, partie de la Bulgarie, la Bessarabie, & la Podolie, qui est aussi en partie à son Nort, de mesme que la Chersonese Taurique, le Bosphore Cimmerien, auec le Marais Meotide, & la Circassie; du Leuant la Colchide, ou Mingrelie, & partie de l'Armenie, & du Midy les pays de Pont & Bithynie, Paphlagonie & Cappadoce. C'est en cette mer qu'est le sein Carcinite des anciens, maintenant Golfe de Nigropoli, contre l'Isthme de la Chersonese Taurique, & dans la mesme on voit outre les Symplegades l'Isle Farnasia, iadis Thynias, & Daphnusia, & celle de Leuce, ou Achillea, nommée à present Cacearia, selon le Noir, contre le Borysthene.

L'on donne à cette mer [d] 22 mille stades de tour, voire mesme [e] 23 & [f] 25 mille stades, qui font enuiron 3 mille mils. Elle est [g] fort abondante en poisson, pource, comme on tient, qu'il n'y a ny baleines, ny autres grands poissons, qui deuorent d'ordinaire les petits.

En tirant du Bosphore de Thrace au Nordest, l'on trouue le Bosphore Cimmerien, ainsi dit à cause des Cimmeriens, qui se tenoient autour de ses bords, & nommé de nostre temps par les Tartares [h] ses voisins Vospero, & par les Italiens [i] Stretto di Caffa, & par d'autres [k] Détroit de Precop; mais communement Bocca dit S. Giouanni, ou Bouche de S. Iean, à qui quelques anciens [l] ont donné 9 stades de longueur, & 30 de largeur, & d'autres [m] 2500 pas de largeur.

L'on entre delà dans le Marais Meotide, nommé [n] par les anciens Scythes Temerinda, c'est à dire mere de la mer; & maintenant [o] mer de la Tane, à cause de cette riuiere qui s'y decharge, ou mer des Zabackes, à causes des poissons ainsi nommez par ceux du pays, qui s'y voyent en grande abondance, en certains temps de l'année. Bellon dit aussi que les Italiens l'appellent Mar Bianco, ou mer Blanche, & Ramusio que les Arabes l'appellẽt Marel Azach. Tzetze [p] dit que les Tartares ou Scythes luy donnent le nom de Carpalouc signifiant ville des poissons; & Vignere met celuy de Carpalach.

Quant au tour de cette mer, il est selon quelques vns [q] d'enuiron 9 mille stades, & selon d'autres de [r] 8 mille stades, ou mille mils; elle est si basse que Polybe ne luy dõne que 5 ou 6 brasses d'eau, & Iornande en met iusqu'à 8. Aussi [s] les grands Nauires n'y peuuent aller, à cause de cette bassesse. Mais elle abonde merueilleusement en poisson, que les habitans des enuirons salent pour porter à Constantinople. Theuet qui luy donne 200 lieuës de tour, dit qu'elle est gueable en plusieurs endroits, & mesmement vers le Bosphore, & qu'il n'y a pas en beaucoup de lieux 10 piez d'eau, le reste estant occupé de rochers. L'hyuer est [t] si grand en ce pays-là, & cette mer est si basse, qu'elle gele presque ordinairement, sinon en vn endroit que l'impetuosité du Don, ou de la Tane, deffend de la glace.

La derniere mer, qui nous reste, c'est la Caspie, entre [u] laquelle & le pont Euxin il y a 375 mils, ou selon quelques vns 250, & les pays de Mingrelie, Albanie & Georgie. Cette mer fut aussi nommée Hyrcane, à cause du pays d'Hyrcanie, qui est sur ses bords. Ses noms modernes sont [x] mer de Bacu, ou d'Abaccu, à cause de [y] Baccu, ville de Seruan, & pareillement [z] Curzum, ou plustost Bohar Corsum, c'est à dire mer close, selon les Arabes: mais selon les Persans [a] Daria Gueylani, c'est à dire mer de Gueylan, à cause de ce pays qui la borde. L'on la nomme aussi mer de Straua, & de Sala, & aussi [b] mer Giorgian, Dailem, [c] Terbestan, & Cunzar; mais [d] les Russiens & Moscouites l'appellent Chualinko morie, ou Chualenke more. C'est vne mer separée des autres, où se dechargent [e] l'Erdil, (ou la Volque) le Geichon,

a Georg. Douza de Itin. suo Const. Crusi. Turog. lib. 7. Voy. du sieur des Hayes.
b Leuncla. Pand. 148.
c Crusi Annot. in Hist. Eccl. Constantino.
d Polyb. li. 4.
e Am. Marcel. li. 22.
f Strabo li. 2.
g Hulsi. Chronol.
h Geo. Interia. de Zyghi.
i Castald. Geogr.
k Vigener. sur la Philos.
l Polyb. li. 4.
m Plin. li. 4. c. 12.
n Plin. l. 6. c. 7.
o Niger. Europ. Comm. 9.
p Io. Tzetz. Chil. 8. hist. 224.
q Arrian. Peripl. Ponti Eux.
r Strabo li. 7. Polyb. li. 4.
s Hulsi. Chronol. c. 37.
t Tesor. Polit. lib. 3.
u Plin. li. 6 ca. 11.
x M. Polo. li. 1. ca. 5.
y Anania fab. trat. 1.
z Rel. de D. Iuan de Persia.
a Texeira Geu li. 1. c. 21.
b Anan. tr. 1.
c Geog. Nubi.
d Abilfada Ismael Geogr.
e Mathi. à Michou. Sarm. lib. c. 7. Sigis. Bar. Mosco. M. Polo. lib. 1. c. 5.

le Cur, l'Araz, & plusieurs autres grandes riuieres, & cette mer est aussi ceinte de grandes montagnes.

Son tour [a] est de 2000 lieuës (bien que M. Pol ne mette que 2800 mils) & sa longueur [b] de 300 lieuës, ou farsangues de Perse, valans 900 mils, bien que D. Iuan de Perse la face seulement de 800 mils, & sa largeur de 600. Elle a [c] le long de ses bords plusieurs Prouinces de Perse, des Tartares & Moscouites, & la Georgie. Quoy que plusieurs facent son eau douce à cause de tant de riuieres qui s'y rendent, elle est bien amere & salée, suiuant l'experience mesme de D. Iuan de Perse. L'on peut trauerser sa largeur en 5 iours, & sa longueur en 6. La moitié de cette mer n'a pas de profondeur plus de 4 toises, mais le reste est fort profond, & noir comme poix, au lieu que l'autre partie est blanche comme laict, & fort claire; mais il [d] s'esleue en cette mer de grandes tempestes. Il s'y nourrit quantité de poissons d'vne grandeur extraordinaire, & differens des autres, tant en couleur qu'en figure. Toutesfois M. Pol dit qu'elle produit des Esturjons, & des Saumons, qui nous sont assez communs & conus. Au reste cette [e] mer a de coustume de se glacer en hyuer, pour la plus grande partie.

a Petr. Petrei. Muskchr.
b Tereira li. 1. c. 21. Torand. Iter. Persic.
c Petr. Petr. p. 30.
d Tereira Gen. li. 1. c. 11. Niger. Asiæ Com. 2.
e Texeira li. 1. ca. 2.

Les anciens ont logé dans cette mer [f] l'Isle Talga, fertile au possible, & fort abondante en toute sorte de fruits, mais tenus pour destinez aux Dieux, tellement que les peuples voisins n'y osoient toucher; & le Noir [g] dit qu'il n'y a que bien peu d'Isles, mesme fort petites, dont la plus conuë est Tuzaga. Mais ceux qui [h] ont pratiqué la Moscouie, & reconu cette mer, asseurent qu'il y a plusieurs Isles agreables, auec de fort belles villes bien habitées; & qu'aussi d'ailleurs il y en a beaucoup d'incultes & sans habitans. Isles.

f Mela li. 3. ca. 6.
g Niger. Asi. Com. 2.
h P. Petrei. p. 8.

Voila toutes les mers, auec leurs Isles, dont i'ay mis les descriptions particulieres à la fin des parties du Monde, ou des Prouinces, ausquelles elles appartiennent. Il faut maintenant affermir le pied sur la terre, & nous arrester à nostre demeure, apres auoir consideré le reste du Monde.

LA TERRE.

LA Terre est vn Element tres-sec, froid, espais, solide & tres-pesant; & fait vn Globe, ou corps rond auec l'Eau, qu'elle reçoit dans son sein, en estant aussi d'ailleurs embrassée, & toutes deux ont vne seule & mesme surface. Car en vne telle grandeur l'on ne sçauroit discerner les creux, ny les reliefs, comme estans peu considerables au respect de cette grande masse, & plus encor au regard du Ciel. Mais il faut dire, que cette rondeur n'est pas veritablement parfaicte, ou comme faite au tour, ou iustement Sferique, & telle qu'on l'establit en Geometrie; mais qu'elle paroist telle au sens grossierement, & qu'on n'y doit non plus estimer les montagnes, que l'epaisseur & grosseur de la peinture, & des lettres d'vn Globe, qui n'empeschent point sa rondeur. Tellement que si quelqu'vn regardoit la Terre & l'Eau de loin, comme nous voyons le Soleil & la Lune, il n'y pourroit remarquer qu'vne parfaite rondeur, qui peut estre aussi reconuë par l'Eclipse de la Lune, en laquelle l'ombre de la Terre paroist egalement ronde, & la Terre & l'eau ne font pas deux ombres, mais vne seule, qui finit en vne seule pointe.

Que c'est que la Terre. Sa rondeur auec l'Eau.

Cette rondeur se descouure aussi par le leuer & coucher des Estoiles, qui se fait successiuement d'Orient en Occident, & qui paroissent plustost à ceux du Leuant qu'aux autres, auec vne perpetuelle proportion de la difference du temps, selon la distance des lieux, qui monstre combien cette rondeur est esgale; chose qu'on a remarquée principalement aux Eclipses, ausquelles les Orientaux comptent plus d'heures du commencement de leur obscurité, que ceux du Ponent, quoy qu'elles paroissent en mesme temps tant aux vns qu'aux autres. Elle se descouure encor en considerant la Terre, du Midy au Nort; pource qu'aux lieux plus Septentrionaux, le Pole Arctique est plus esleué, & plusieurs Estoiles y sont tousiours exposées à la veuë, & plusieurs autres qui sont

ſont du coſté du Sud demeurent cachées, choſe qui ne feroit pas, ſi la Terre n'eſtoit ronde. La proportion des iours & des nuicts, les changemens de leur creuë & decroiſſement, & les impertinences de l'eſtabliſſement de la figure, ou plaine, ou creuſe, ou cylindrique, & columnaire, ou conique & pointuë, ou cubique, nous forcent aſſez d'auoüer qu'elle eſt vrayement ronde; pource que la Terre eſtant plaine, comme elle ſemble, les habitans d'vne meſme plaine verroient leuer en meſme temps les eſtoiles, verroient les Eclipſes à meſmes heures, auroient meſme hauteur de Pole, & meſmes commencemens & accroiſſemens de iours; & paſſans apres à l'autre plaine, tout cecy paroiſtroit ſoudain d'autre ſorte, & non peu à peu : choſe qui contrarie à l'experience, de meſme que pluſieurs abſurditez, qui s'enſuiuroient des autres figures. Vous auez encor pour preuue de cecy la plus grande partie des raiſons que i'ay miſes pour la rondeur de l'Eau.

ite lóde.

Elle eſt auſſi miſe au centre, ou milieu du Monde, bien qu'il ne la faille pas tenir pour centre à la façon des Geometres, chez leſquels le centre eſt vn poinct indiuiſible, ce qui ne ſe peut dire de la Terre, à cauſe de ſa grandeur : mais on la peut prendre, ſelon l'Optique, comme vn grand corps, tellement eloigné du Firmament, qu'il ne paroiſt que comme vn poinct à ſon regard, y ayant pluſieurs demis diametres de la Terre, de l'vn à l'autre. Ce qui peut preuuer qu'elle eſt au centre du Monde, c'eſt ſa peſanteur, pource que les choſes peſantes de leur nature tendent au centre : puis encor pource qu'on void meſme quantité d'eſtoiles, & le Ciel garde par tout meſme eloignement de la Terre. L'on conſidere encor que ne ſe trouuant pas aſſiſe au centre, les arcs des demis iours ne feroient pas egaux, au lieu qu'on experimente touſiours le contraire; ou les iours feroient touſiours plus courts, ou plus longs que les nuicts, ou l'on ne verroit pas la moitié du Ciel, ou il ne ſe feroit aucun Equinoxe, & il aduiendroit que quelques-vns verroient plus de ſix ſignes, & les autres moins. Dauantage, les Eclipſes de la Lune ne ſe feroient pas aux droites oppoſitions du Soleil & de la Lune, comme l'on remarque ordinairement.

Et quant à ce que i'ay dit, qu'elle eſt comme vn poinct au regard du Ciel, & n'a pas vne quantité ſenſible, on le reconoit en ce que l'on ne verroit pas la moitié du Ciel s'il y auoit quelque quantité conſiderable; puis encor aux ombres que iettent les ſtyles des Horloges, qui repreſentent l'aiſſieu du Monde, comme s'ils eſtoient au centre de la Terre, bien qu'ils ſoient ſur ſa ſurface. Outre ce nous cherchons les hauteurs, & les autres accidens & affections des eſtoiles auec des inſtrumens de Mathematique, comme ſi nous eſtions au centre de la Terre, ou pour mieux dire, du Monde, regardant par les pinnules deux Aſtres diametralement oppoſez; puis encor diuers Obſeruateurs des Aſtres remarquent en tous lieux meſme grandeur & diſtance d'vne eſtoile, & par conſequent que la Terre en eſt egalement eloignée. Que ſi la Terre n'eſtoit comme vn poinct, elle ne feroit pas au milieu, à raiſon de cette partie qui auroit quantité, & par ce moyen tous les inconueniens que i'ay dit s'enſuiuroiēt. Adiouſtons à cela, que puis que les eſtoiles beaucoup plus grandes que la Terre, ſont comme vn poinct au regard du Ciel, la Terre qui eſt moindre doit eſtre à plus forte raiſon eſtimée comme vn poinct.

Tour de la Terre, & diametres meſurez.

Quant à l'eſtenduë de la Terre il faut ſçauoir, que donnant 360 parties à l'vn des grands Cercles qui ceignent la Terre, de meſme qu'aux celeſtes, l'on a trouué, que vingt fois autant de chemin que peut faire vn homme de pied bien diſpoſt en vne heure, ou vingt lieües horaires, telles que ſont celles de Dauphiné, Prouence, Languedoc, Lyonnois & pays voiſins, reſpondoient à vne de ces parties du grand Cercle, & par conſequent que tout ſon tour eſt de 7200 de ces lieuës.

Cecy s'eſt verifié par le moyen de la hauteur du Pole remarquée auec quelque inſtrument en deux lieux; veu que l'on a recognu qu'auſſi-toſt que cette eleuation change d'vn degré, la diſtance des lieux change de vingt lieües, du Nort au Midy, & au contraire. D'ailleurs, ſi prenant la hauteur du Pole de deux lieux aſſis ſous meſme Meridien, & ayans meſme longueur de l'Oüeſt à l'Eſt, l'on oſte la moindre eleuation de la plus grande, ſi la difference eſt d'vn degré, la diſtance ſera de vingt de ces lieuës. Dauantage, ſi l'on remarque en l'obſeruation des Eclipſes, combien d'heures pluſtoſt quelques-vns les ont veües que les autres, l'on trouuera autant de fois quinze degrez, & 30 de nos lieües, & par ce moyen que 20 lieües ſe doiuent rapporter à vn degré.

Ptolemée ayant remarqué ſoigneuſement les eleuations du Pole en diuers lieux auec des inſtrumens, & leurs longitudes, ou longueurs, par le moyen des Eclipſes;

puis ayant consideré leurs distances, trouua que 500 stades (qui font 62500 pas Romains) respondoient à vn degré d'vn grand Cercle celeste, & par consequent que tout son tour estoit de 180000 stades, ou 22500.

Les Alemans prenans 32 stades, ou 4 mils Romains pour leur lieüe, qu'ils appellent Meil, comme voulans dire Mil, rapportent 15 lieuës, & $\frac{5}{8}$ de lieuë à vn degré, & par ce moyen font le tour du grand Cercle terrestre de 5625 lieuës, reduisans les 180000 stades en 22500 mils, puis partageant ce nombre par quatre, qui est le nombre des mils que contient leur lieuë, & toutefois l'vsage & l'experience ont fait, que méprisant la fraction de $\frac{5}{8}$ ils content seulement 15 lieuës pour vn degré, & par consequent 5400 lieuës, ou Meils pour toute la circonference du Cercle; pource que faisant seulement respondre 60 mils à vn degré, le tour du Cercle n'est que de 21600 mils, lesquels diuisez par 4 ne donnent que 5400 lieuës d'Alemagne, c'est à dire lieuës communes, veu qu'il y en a de grandes de cinq mils, & de mediocres de trois mils & demy.

Mais il faut aussi remarquer qu'en Alsace, & en plusieurs endroits d'Alemagne, de mesme qu'en Suisse, l'on conte par stunden, ou heures, aussi bien qu'en plusieurs lieux du Pays-Bas, bien que les Suisses ayent aussi outre leur stund, ou heure de chemin, leur lieuës, qu'on fait enuiron en deux heures, qui sont comme les grandes d'Alemagne & de Suede, de cinq mils; & les Flamans, leur lieuë de Brabant commune, qu'vn homme de pied bien dispost peut faire en vne heure; mais les Flamans plus proches de France, ont leurs lieuës plus courtes.

Nos Mathematiciens François rapportent d'ordinaire 25 lieuës à vn degré Celeste; & par consequent donnent 9000 lieuës Françoises autour de la terre. Mais ie n'ay pû recognoistre en quelle sorte ils se sont imaginez ces lieuës; veu qu'il en faut bien quarante des enuirons de Paris pour vn degré, pource qu'on en fait aisément deux en vne heure; & mesme en quelques endroits assez eloignez de Paris les lieuës ne sont gueres plus longues; & si l'on veut prendre les lieuës qu'on appelle de trauerse, l'on trouuera que du moins il faut 30 lieuës pour vn degré, d'autant qu'vn homme de pied les fera bien aisément en 20 heures, & ces lieuës respondront à celles des anciens Gaulois, que Marcellin fait d'vn mil & demy, ou 1500 pas, comme vous verrez en la France, & finalement nous trouuerons, que la mesure de 25 lieuës est fort douteuse, tant à cause de la diuersité des lieuës, qu'à raison qu'on ne peut les prendre pour lieuës Françoises; si bien qu'il faut pour le moins en prendre 30 pour vn degré, ou pour le mieux se seruir de nos lieuës horaires, qui ne peuuent abuser, & qui sont en vsage, de mesme qu'en nos quartiers, presque en toute la Guyenne, & en plusieurs autres prouinces.

Les Espagnols font respondre ordinairement 17 $\frac{1}{2}$ lieuës des leurs à 1 degré du grãd Cercle, & par consequent font toute la circonference de 6300 lieuës, qu'Herrera appreuue en son Amerique, auec Nuñez, qui dit toutefois que quelques Portugais ne donnent au degré que 16 lieuës, & par mesme moyen à tout le tour du Cercle iustement 6000 lieuës, & toutefois Louys de Cadamosto en ses nauigations, dit, que 15 lieuës de Portugal valent 60 mils d'Italie. Les lieuës des extremitez de la Gascogne en approchent grandement, voire mesme des communes d'Alemagne.

Les Italiens prennent 60 de leurs mils pour vn degré: mais pource que cette mesure varie en plusieurs endroits d'Italie, elle est bien douteuse; tellement que trois mils de cette prouince respondent pour la pluspart à vne de nos lieuës horaires; mais en quelques endroits, comme autour de Bologne & de Mantouë, à Cremone, & ailleurs, nos 20 lieuës font plus de 60 mils: de sorte que ie prendroy volontiers 60 de leurs mils communs pour vn degré; & 70 ou 72 des moindres pour le mesme. Mais en Piedmont, aprochant de France, trente de leurs mils valent bien vingt de nos lieuës horaires: si bien qu'il ne faudroit prendre-là que quarante mils pour vn degré.

Les Anglois ont, selon Cluuere & Flud cinquante-cinq de leurs mils pour vn degré; & les Escossois, cinquante. Et toutefois Hues donne aussi des lieuës aux Anglois, dont chacune vaut trois mils, & 20 de ces lieuës, ou 60 mils de mesme pays à chaque degré.

Il faut 80 mils de Russie, ou Moscouie, & seulement dix lieuës de Suede, pour vn degré. Et quant aux lieües de Hongrie, les vingt grandes d'Alemagne, à cinq mils pour lieüe, n'en valent que seize, non plus que 100 mils d'Italie, & 125 de Moscouie.

Pour le regard des Geographes Arabes, Abilfedra, qui viuoit enuiron l'an de grace 1321, dit que quelques doctes Mathematiciens furent enuoyez par Almamon, ou Maymon, Roy des Arabes, aux champs de Zinjar (qui pourroient bien estre les campagnes de Scinhar, ou Sinnaar, où se fit la confusion des langues,) & qu'ils marcherent du Sud au Nort l'espace d'vn degré, & conterent qu'ils auoient fait 56 mils precisément; puis 56 $\frac{2}{3}$, selon Alfagran, qui respond à vn degré celeste, au plus grand Cercle du Globe terrestre, en comptant 4000 coudées pour vn mil, ou 6000 pieds, & la coudée pour 6 épans communs.

Quelques autres Geographes [a] eloignez donnent 25 de leurs lieuës à vn degré, faisans la lieüe de douze mille coudées, la coudée de 24 doigts; le doigt de 6 grains d'orge rangez, & s'entretouchans contre le milieu; & par ce moyen font le tour de la Terre d'vnze mille lieuës, selon le calcul des Indiens, qui sont en ce lieu les Abyssins. Et toutefois ils rapportent qu'Hermes ayant mesuré le tour de la Terre l'auoit trouué de 36 mille mils, ou 12 mille lieuës; de sorte qu'à ce compte leur lieuë vaudroit trois de ces mils. [a] Geog. Nub.

Quant aux schenes, ou cordeaux des Egyptiens, aux stades des Grecs, & parasanges des Perses, vous en pourrez voir le discours en leurs prouinces.

Au reste l'on peut conoistre aussi-tost en chaque pays combien il faut de ces lieuës, ou mils, pour le tour entier de la Terre par la regle des proportions; comme pour sçauoir à vingt-cinq lieuës pour degré, combien il en faut pour la circonference du Cercle, il faut dire, vn degré donne vingt-cinq lieuës, combien en donneront 360 degrez: & l'operation estant parfaite vous aurez le tour de 9000 lieües.

Ainsi pour sçauoir combien il faut de mils d'Italie pour ce tour, vous multiplierez soixante, qui est le nombre de mils deubs à vn degré, par 360 degrez, & vous aurez le produit de 21600 mils pour le tour entier. Vous en vserez de mesme aux autres mesures.

Diametre de la Terre. Pour le regard du diametre de la Terre, il fut plaisamment trouué par Dionysodore [b] Geometre Grec, dont les parens monstroient vne lettre, qu'ils disoient auoir trouuée en son sepulchre; par laquelle il marquoit qu'il estoit descendu delà iusqu'au centre de la Terre, & qu'il y auoit iusques-là 42 mille stades. De sorte que les Geometriens de son temps doublans ce demy diametre, pour en faire le diametre entier, trouuerent par son moyen que le tour de la Terre estoit de deux cens cinquante-cinq mille stades; au lieu desquels toutefois il faudroit, selon le vray calcul, mettre 264000 stades. [b] Plin. l. 2. c. 109.

Mais laissant cette vanité Grecque, & cherchant le vray diametre de la Terre, si nous considerons que le diametre contient le tiers du Cercle estendu comme en droite ligne, & encor vn peu moins d'vne septiesme de ce tiers, tellement que la proportion de la circonference du Cercle au diametre, est à peu prés comme de 22 à 7, nous aurons aisément le diametre de la Terre, en disant, si le Cercle diuisé en vingt-deux parties, en prend sept pour son diametre, combien est-ce que la circonference du grand Cercle de la Terre, de 7200 lieües horaires, donnera de lieües pour son diametre? & ayant multiplié 7200 par 7, & partagé le produit par 22, nous trouuerons le diametre de la Terre de 2290 lieües & $\frac{10}{11}$: si bien que son demy diametre sera de 1145 lieües $\frac{5}{11}$ ou pour euiter les fractions, le diametre sera de 2291 lieües, & le demy diametre de 1146.

Par le moyen de pareille operation nous trouuerons le mesme diametre de 1718 $\frac{2}{11}$ lieües d'Alemagne, & le demy diametre de 859 $\frac{1}{11}$, ou mettant le nombre rond, de 860; & de mesme nous trouuerons son diametre de 6872 $\frac{8}{11}$ mils d'Italie, ou de 6873 mils, & son demy diametre de 3436 $\frac{4}{11}$, ou 3437.

Aire de Cercle. Que si l'on veut auoir l'Aire de ce Cercle, ou la surface plaine de cette circonference, & de la Terre comme partagée en deux, il faut seulement multiplier le demy diametre par la moitié de la circonference du grand Cercle, & par ce moyen en multipliant le demy diametre 1146, par la moitié de la circonference, qui est 3600, nous aurons pour l'Aire de ce Cercle 4125600 de nos lieuës carrées, & par le moyen d'vne pareille operation nous aurons la mesme aire de 2322000 lieuës d'Alemagne, & de 37119600 mils d'Italie, aussi carrez. L'on peut auoir la mesme en multipliant tout le diametre par la quatriesme partie de la circonference, ou tout le diametre par toute la circonference, retranchant apres le quart du produit.

Surface conuexe. Quant à la surface conuexe de toute la Terre iointe à l'Eeau, pource qu'on sçait que la surface de la Sphere est quatre fois aussi grande que l'aire du grand Cercle, il faut prẽdre quatre fois, ou multiplier par quatre, la surface plaine, ou l'aire que nous auons trouuée, & par ce moyen nous aurons cette surface conuexe de 1650240o de nos lieuës carrées ; de 9288000 lieuës d'Alemagne, & de 148478400 milles d'Italie.

Finalement, si l'on veut auoir le contenu de la masse de toute la Terre, ou la solidité & capacité de la Sphere, pource que le corps cubique est composé de six surfaces plaines, l'on aura promptement ce qu'on cherche, si l'on multiplie son demy diametre par le tiers de la surface conuexe, ou le diametre par la sixiéme partie de cette surface. Ainsi nous auons sa solidité de 6301166400 de nos lieuës cubiques ; de 266100100 lieuës d'Alemagne, ou de 2656371600 ; & de 17008201320o mils d'Italie. Sa solidité.

La description de la Terre est appellée Geographie, & differe de la Cosmographie, ou description du Monde comme la partie du tout. C'est la representation des plus grandes & principales parties de la Terre, selon sa longueur & largueur; & l'on ioint auec elle l'Hydrographie, ou la description des Mers, & de leurs Golfes & Destroits, auec leurs Isles, la distinction des Vents, & leurs rums ou routes que les Portugais appellent Rumos; & les Mappes du Monde, ou Tables, que nous appellons Cartes sont ordinairement tout ensemble Geographiques & Hydrographiques, pource qu'elles contiennent la description de la Terre & de la Mer, auec diuerses representations de Boussoles, qui remarquent les Vents qui conduisent à tel & tel lieu. Mais nous appellons proprement Cartes Marines, les Tables, ou Mappes Hydrographique dont les Mariniers vsent, où les routes des Vents, & les assieres des lieux & des Isles sont exactement mises. Geographie. Hydrographie.

La Chorographie est la description particuliere d'vne prouince, comme de la France, de l'Espagne, l'Alemagne, de l'Italie, & semblables; & la Topographie, c'est à dire description d'vn lieu, n'est autre chose que la particuliere representation de quelque ville, ou seule, ou auec son territoire, & ses bourgs, villages, ports & lieux voisins, en dependans. Chorographie. Topographie.

Finalement la Mappe du Monde, ou la Carte generale est non seulement Geographique & Hydrographique, mais encor Chorographique, pource qu'elle represente distinctement les prouinces, & mesme en plusieurs on remarque à part & aux costez, la Topographie, pource que plusieurs villes renommées y sont particulierement representées. Mappes ou Cartes.

Elle est aussi distinguée par ses Cercles, par ses longitudes ou longueurs, & par ses Zones, Climats & Paralelles, qui sont marquez en quelques-vnes. Les Cercles marquez aux Cartes generales, sont l'Equateur, le Meridien, les Tropiques, & les Cercles Polaires, outre plusieurs Paralelles sans nom, representez par de simples lignes, ou courbes, ou droites, selon que la Terre est representée en deux ronds, ou bien toute plaine & platte; & diuers Meridiens y sont representez de mesme en lignes courbes ou droites. Et quelquefois on y met aussi le Zodiaque.

Quant aux Cartes particulieres, l'on y peint des Cercles, de mesme qu'en l'Vniuerselle, auec l'Echelle de cinq lieües, & les noms des lieux. Mais l'on n'y peint, ou trace l'Equateur, sinon quand les lieux exprimez en la Carte sont sous l'Equateur, ou l'auoisinent, comme on void aux Cartes d'Asie, d'Afrique ou d'Amerique. Mais il n'est pas mis en la Carte d'Europe, pource qu'elle n'a aucun lieu sous l'Equateur.

De mesme, l'on ne met aux Cartes particulieres le premier Meridien, sinon en celles où l'on represente les Isles Canaries, ou les Açores. Et toutefois pource qu'il est à propos de figurer quelque chose qui responde & se rapporte, tant à l'Equateur qu'au Meridien, afin de trouuer les longueurs & largeurs des lieux, l'on peint à la marge autour des Cartes, des lignes droites & distinguées par le nombre des degrez, dont il y en a deux qui respondent des deux costez à l'Equateur, pour exprimer les longueurs; & deux autres au Meridien aux autres deux costez; & les premieres sont tirées d'Occident en Orient, representans l'Equateur; & les autres du Midy au Nort, & au contraire, pour exprimer le Meridien, & nous offrir les latitudes, ou largeurs des lieux, ou leurs eleuations de Pole; de sorte que sçachant la hauteur du Pole d'vn lieu, on le trouuera aussi-tost dans la Carte vis-à-vis des degrez qui sont à la marge. Quant aux autres Meridiens qui ne seruent pas à ce compte, ils sont exprimez au dedans de la Carte, par des lignes deliées, tirées du Nort au Midy.

Pour le regard des lignes tirées du Couchant au Leuant, ce sont comme des échelles des longueurs, qui representent l'Equateur, ou ses Paralelles, & l'on y comptele les degrez des longitudes, ou longueurs des lieux, comme aux autres les latitudes ou largeurs.

Quant aux Paralelles de l'Equateur, outre les Tropiques & Cercles Polaires, les vns distinguent les degrez des largeurs, & sont tirez dans les Cartes, de cinq en cinq, ou de dix en dix degrez, les autres distinguent les differences des heures du iour artificiel, & se trouuent marquez seulement en quelques Cartes.

Au reste, pour trouuer les lieux de mesme qu'au Globe, par l'entrecoupement de deux fils, il faut tirer vn fil droit du degré de hauteur du Pole d'vn lieu, & vn autre du degré de longueur du mesme, & sans doute le lieu qu'on cherche se rencontrera où ces deux fils s'entrecoupent, ou s'il n'y est marqué, il y doit estre placé.

Pour les Cercles Tropiques & Polaires, ils ne sont tracez aux Cartes particulieres, sinon en celles qui ont quelques lieux assis sous ces Cercles.

Quant à la distance des lieux, on la trouue par le moyen de l'Echelle des lieuës, auec quelque fil, ou le compas. L'on le prend auec du fil, en l'estendant d'vn lieu à l'autre aux deux ronds qui representent les lieux, puis portant ce fil sur l'échelle. Que si le fil est plus grand que l'échelle, il faut continuer de la porter sur l'échelle iusqu'au bout de sa longueur, en comptant les fois qu'on l'y a porté, & multipliant autant de fois le nombre des lieuës que contient l'échelle, & par ce moyen l'on aura la distance de ces lieux. L'on prend la mesme auec le compas, en mettant vn pied sur vne ville, & l'autre sur l'autre, puis le portant ainsi ouuert sur l'échelle. Mais pource qu'aux lieux fort éloignez cecy se peut pratiquer de la sorte moins aisément, il faut estendre le compas de la longueur de l'échelle, & retenant cette ouuerture le porter en ligne droite d'vn lieu à l'autre, autant de fois qu'il y écherra, puis multiplier par ce nombre de fois les lieuës de l'échelle; mais les habiles trouuent ces distances par les grands & petits Cercles, & par la voye que ie monstreray plus bas.

Aux Cartes generales, l'Equateur est mis au milieu, comme representant le milieu de la Terre, estant egalement eloigné de 90 degrez des deux Poles. De sorte que c'est de ce Cercle, qu'on compte la latitude, ou largeur des lieux, qui n'est autre chose que leur eloignement de l'Equateur vers le Nort, ou le Midy, ou le Pole Arctique, ou Antarctique, & qui est egale à la hauteur, ou eleuation du Pole : si bien que c'est mesme chose de dire qu'vn tel lieu a tant de latitude, ou largeur, ou qu'il a tant de hauteur de Pole, & a son Pole eleué de tant de degrez sur l'Horizon, ou qu'il est eloigné de tant de degrez de l'Equateur, du costé du Nort, ou du Midy. Quant à la façon de trouuer cette largeur des lieux, ou la hauteur du Pole, ie l'ay fait voir au discours des Cercles Celestes, ausquels les Terrestres se rapportent tellement qu'il faut conceuoir la Terre distinguée par ses Cercles & Poles qui respondent aux Cercles & Poles Celestes droitement : de sorte que les pays soubmis à quelques Cercles Celestes, le sont pareillement aux mesmes Cercles conceus sur la Terre : & la liaison de la Geographie auec l'Astronomie est si grande, qu'on ne peut comprendre l'vne habilement sans la conoissance de l'autre. A raison de quoy i'ay mis cy-deuant vn assez ample discours du Ciel pour vous faire mieux & plus aisément comprendre les particularitez de la Terre, & cela mesme fait que ie m'arresteray moins sur ces discours de Geographie, pource que vous en deuez auoir desia l'impression presque entiere.

Au reste, l'Equateur partage toute la Terre en deux Hemispheres egaux, & est partagé d'ordinaire en 360 degrez, dont le premier commence au premier Meridien, ou premier poinct d'Occident, pris aux Isles Açores, ou aux Canaries. Il passe presque par le milieu de l'Afrique & de l'Amerique, & par l'Ocean, & les peuples qui se trouuent assis sous ce Cercle sont logez au milieu du Monde, comme egalement eloignez des deux Poles: & ce mesme Cercle monstre le vray Orient & Occident Equinoctial, c'est à dire, le leuer & le coucher du Soleil aux Equinoxes, qui est le vray poinct d'Orient & d'Occident. L'on compte aussi sur ce Cercle la longueur des lieux dont ie parleray plus bas. Au surplus, l'on marque du Midy au Nort le plus long iour d'vn lieu, lors qu'on dit, qu'il est eloigné de tant d'heures de l'Equinoxe, ou de l'Equateur, comme si nous disions que Paris est eloigné de l'Equinoxe, ou de l'Equateur, d'enuiron quatre heures; & Lyon d'vn peu plus de trois heures & demie: nous marquons que le plus long iour de Paris est d'enuiron 16 heures, & celuy de Lyon de plus de 15 & demie, pource que sous l'Equateur les iours sont ordinairement de douze heures, ausquelles il faut adiouster ces 4, ou 3 ½ : & c'est vn terme dont l'on peut vser en la description de l'assiete des lieux.

Au Nort & Midy de cet Equateur, on marque en grosses lignes, & comme petites bandes ces principaux Paralelles, c'est à dire Cercles egalement éloignez par tout, qui sont les deux Tropiques, & les deux Cercles Polaires, dont vous auez pû voir vn assez ample discours parmy les Cercles du premier Mobile. Ces Cercles diuisent la Terre en parties inegales, & distinguent les Zones, & les autres Paralelles de l'Equateur qui sont sans nom, & marquez par les lignes noires deliées, distinguent les Climats & les largeurs des lieux, ou les hauteurs du Pole : outre plus, marquent la longueur & briéueté des iours en quelque lieu du Monde que ce soit. L'on peut tirer autant de Paralelles que de Meridiens, par tous les degrez & minutes du Meridien: mais pour éuiter la confusion, on laisse cette multitude ; tellement qu'on les met seulement auiourd'huy en plusieurs Cartes de dix en dix degrez ; mais en telle sorte que ceux qui sont plus proches des Poles du Monde, sont moindres que ceux qui sont voisins de l'Equateur.

Au reste, le Tropique du Cancer, ou de l'Ecreuisse, se trouue de nostre costé, en tirant au Pole Arctique, & passe par le Bildelgelid, & la Numidie, le pays des Negres, l'Egypte, la Coste d'Abex, & le Golfe Aurlaque, l'Arabie, l'Inde Orientale, & la Chine, puis par la Nouuelle Espagne: Et le Tropique du Capricorne, qui se trouue du costé du Midy, & du Pole Antarctique, passe par la basse Ethiopie, les pays du Monomotapa, & de Sophala, l'Isle de Madagascar, & la Terre Australe, puis par l'Amerique Meridionale, & le Brasil: & quand le Soleil vient à ce Tropique, nous auõs nos plus courts iours, de mesme que ceux qui sont au Midy les leurs plus longs, & le contraire arriue au Tropique de l'Ecreuisse ; & tous deux marquent l'extremité de l'eloignement de l'Ecliptique de l'Equateur, & le plus grand auoisinement, ou eloignement du Soleil, selon qu'il est du costé du Nort, ou du Midy, tellement qu'il s'eloigne, ou se rapproche des habitans de ces deux costez, quand il est paruenu à l'vne de ces bornes.

Les Cercles Polaires sont aussi marquez aux Cartes, & respondent aux celestes, passans par les Poles de l'Ecliptique. L'Arctique qu'on void du costé du Nort passe par le Groenland, & l'Island, la Noruerge, la Finlande, la Mer Blanche, & les pays plus Septentrionaux du Moscouite, & du grand Tartare ; & par le Nort inconu de l'Amerique : & le Cercle Polaire Antarctique passe par le pays des Perroquets, & autres de la Terre Australe, qui sont peu conus. Cercles Polaires.

Quant aux autres particularitez de ces Cercles, ie les laisse pour n'vser de redite, de mesme que celles du Meridien, pource qu'elles sont assez amplement deduites au discours des Cercles celestes, où ie vous renuoye.

Les Meridiens sont aussi marquez aux Cartes, de dix en dix degrez passans par les Poles du Monde, & sont au nombre de trente-six, lesquels multipliez par dix degrez font 360. Mais on s'en doit imaginer autant qu'il y a de minutes & de degrez au Cercle. L'on marque aussi sur la Carte 9 Paralelles, qui contiennent pareillement chacun cinq degrez de sorte que multipliant 4 fois ce nombre, les prenant deux fois au deçà, & au delà de l'Equateur, aux deux ronds de la Carte, l'on aura 36 Paralelles, de mesme que 36 Meridiens, & l'on en pourroit tracer vn à chaque minute, ou degré, de mesme que i'ay dit des Meridiens. Meridiens & longueurs des lieux.

Mais il faut remarquer qu'on s'est proposé vn Meridien arresté, duquel on commence à compter la longueur des lieux, ou leur eloignement du bout de la Terre, ou du premier poinct d'Occident; & des Meridiens mouuables, paralelles à ce premier, qui sont tracez aux Cartes, & monstrent combien d'heures plustost le Soleil se leue en vn lieu qu'en l'autre.

Or pour le regard de la largeur des lieux, ou de leur eloignemẽt de l'Equateur, chacun est d'accord: mais on est en differend sur la longueur des lieux, & l'establissemẽt du premier Meridien. Ptolemée, & ceux qui l'ont deuancé, l'ont affermy aux Isles Fortunées, ou Canaries, pource qu'ils ne conoissoient en l'Ocean Atlantique aucune terre plus auancée deuers le Couchant; tellement qu'ils y ont mis le premier poinct des longueurs des lieux du Couchant au Leuant. Mais les Mariniers Espagnols l'ont placé depuis aux Isles Açores, pource que l'aiguille ne s'écarte point en ces lieux là du droit Nort au Leuant, ny au Couchãt, particulierement au Meridien des Isles de Coruo & Flores, les plus Occidentales de toutes, ou bien selon Hues, à celuy de S. Michel, plus Oriental, qui s'éloigne de 9 degrez de celuy des Canaries ; & d'autres, comme

comme Herrera en son Amerique, au Meridien de Tolede, ou, comme Abilfeda, & les Arabes au riuage de l'Ocean Occidental, & aux colomnes d'Hercule, & ce Meridien est plus Oriental de dix degrez que les Isles Fortunées; de mesme que Tolede de quinze degrez que le riuage de la Mer Occidentale, selon les mesmes.

Au reste, les Arabes, comme Alfragan & Albumazar, establissent le milieu du Monde, au lieu d'Arim, ville de l'Inde Orientale, qu'ils placent iustement sous l'Equateur, disant, qu'elle est egalement esloignée de l'extremité de la Terre habitable, où l'on dit que sont dressées les Colomnes d'Alexandre, & des Isles Fortunées, c'est à dire, qu'Arim est à quatre vingt dix degrez des Isles Fortunées, & à autant de l'extremité de l'Orient, où est le pays de Sin, ou de la Chine, & par ce moyen Arim se trouuera seulement esloignée de quatre-vingts degrez du riuage de l'Ocean Occidental, distante de dix degrez des Isles Fortunées, que les Arabes appellent le Paradis & l'Occident du milieu du Monde, c'est à dire, Occident au respect du milieu du Monde.

Mais il y auoit peu de raison & d'apparence de changer le premier Meridien estably par les anciens Mathematiciens, pource que cette borne estant changée, le calcul de leurs longueurs se trouue changé, & l'assiete des lieux, & la Geographie, vn peu confuse & troublée.

C'est de ce premier Meridien qu'on commence le compte de la longueur des lieux, qui n'est autre chose qu'vn arc de l'Equateur, ou de quelqu'vn de ses Paralleles, compris entre ce premier Meridien & celuy qui passe par le sommet du lieu proposé, ou la distance de ce mesme lieu des Isles Canaries, ou Açores, ou quelque autre terme arresté, comptée sur l'Equinoctial, ou sur le Parallele du lieu; & prise du Couchant au Leuant. L'on appelle cet espace Longueur, pource que toute la Terre habitée s'estend plus loin de l'Occident à l'Orient, que du Nort au Sud.

L'on trouue les degrez de cete longueur, en sçachant combien d'heures le Soleil se leue plustost, ou paruient au milieu du Ciel, en vn lieu qu'en l'autre; pource qu'il paroist plustot aux Orientaux, qu'à ceux qui sont reculez vers l'Occident: tellement que cette difference de temps respond tousiours auec proportion aux distances des lieux, & cette differēce des temps ne se peut mieux trouuer que par les Eclipses de la Lune, qui paroissent en mesme moment à tous les peuples: mais se trouuent veuës à diuerses heures, selon la diuerse assiete des lieux; si bien qu'ayant la longueur asseurée de quelque ville, & sçachant qu'on a veu deux heures plustost, ou plus tard, l'Eclipse de la Lune au lieu qu'on habite qu'en ce lieu conu, l'on peut dire, qu'on est plus Oriental, ou Occidental qu'elle de trente degrez, qui montent durant deux heures.

Pour cet effect il faut voir en quelques Tables, qui ont tousiours vn Meridien certain, à quelle heure l'Eclipse doit estre veuë en ce lieu, auquel ces Tables ont esté dressées: puis remarquer le temps, auquel on commencera de voir l'Eclipse, au lieu dont vous desirez sçauoir la longueur, & si les heures s'accordent, ces deux lieux ont mesme longueur, & sont sous mesme Meridien: mais si le nombre de vos heures est plus grand, vostre lieu sera plus Oriental que celuy des Tables, & au contraire. De sorte, qu'il faut seulement oster le moindre nombre des heures du plus grand, & changeant le reste en degrez & minutes, vous auez la difference des longueurs de ces deux lieux; laquelle il faut au calcul des Eclipses & aspects, ou syzogres, adiouster à la longueur du lieu des Tables; quand vostre lieu se trouue plus Oriental, & au contraire, & au calcul des mouuemens des Planetes, adiouster à la mesme longueur du lieu des Tables, quand vostre lieu est plus Occidental, & au contraire; comme ie vous ay fait voir au discours du Meridien, où ie vous ay monstré la façon de trouuer la difference des Meridiens par les Eclipses, & en celle de dresser la figure celeste.

Mais pource que les Eclipses arriuent rarement, & qu'on a besoin par fois d'vne plus prompte obseruation, l'on acquiert cette conoissance par le moyen du mouuement de la Lune, remarquant son lieu à certaine heure, puis regardant en quelques Ephemerides, ou Tables asseurées, à quelle heure la Lune doit paruenir à ce lieu, qui se trouue sous tel Meridien; & lors la difference des heures vous fait conoistre la distance qu'il y a entre vostre lieu, & celuy des Ephemerides, par le moyen des heures, lesquelles conuerties en degrez, vous donnent la difference des longueurs en degrez, par l'addition, ou soustraction desquelles comme dessus, vous trouuez aisément la longueur de vostre lieu, pourueu que les Tables soient bien iustes, & qu'on aye egard aux Parallaxes, lesquelles on euitera bien-aisement, si l'on fait son obseruation quand la Lune est sans Parallaxe sensible, selon sa longueur, chose qui arriue, lors qu'elle se trouue aux poincts des solstices, c'est à dire, aux commencemens de l'Ecreuisse & du Capricorne.

L'on tasche encor de trouuer cette difference de longueur par quelque monstre, dont le mouuement est tousiours egal & bien asseuré (chose qui se peut rencontrer mal-aysément:) si bien que partant de quelque lieu, dont vous sçauez au vray la longueur ou le Meridien, & ayant remarqué l'heure de vostre départ au Soleil, ou par le moyen des estoiles, & bien ajusté vostre monstre, puis faisant encor la remarque de l'heure au Soleil, estant arriué au lieu où vous vous estiez acheminé, & confrontant ce temps auec celuy de vostre monstre, si vous trouuez que les deux temps s'accordent, les deux lieux sont sous mesme Meridien; sinon il faut changer le temps en degrez, donnant à chaque heure quinze degrez, &c. & faisant le mesme que i'ay dit auparauant.

Au reste, tous les lieux qui ont mesme Meridien, ont Midy en mesme temps, mais ceux qui les ont diuers, ont Midy à heures differentes. La difference du temps se conoist par la difference de la longueur, veu que quinze degrez de longueur donnent la difference d'vne heure, & vn degré respond à quatre minutes d'heure. Et tant plus vn lieu se trouue auancé vers l'Orient, tant plus ses habitans content Midy & les autres heures plustost que les autres, qui sont plus Occidentaux. Ainsi quand il est Midy en vn lieu dont la longueur est de vingt degrez, ceux qui l'ont de trentecinq, comptent vne heure; & ceux qui l'ont de 50, deux heures apres Midy, & ainsi du reste.

Quant aux Meridiens voisins, l'on peut auoir leur difference par la distance des lieux, en prenant la proportion des degrez des Paralleles, dont ie parleray plus bas, & sçachant combien de lieuës respondent à vn degré d'vn Parallele; comme si le degré d'vn Parallele ne vaut que douze lieuës, si cet espace se trouue entre deux lieux du Couchant au Leuant, il y aura difference de quatre minutes d'heure de l'vn à l'autre.

Que si vous voulez conoistre au Globe la longueur de quelque lieu marqué, il le faut mettre sous le Meridien, & ayant marqué le lieu de l'Equateur, par lequel le Meridien passe, il faut conter les degrez de l'Equateur, qui sont entre le premier Meridien & ce lieu de l'Equateur, & leur nombre vous donnera celuy des degrez de longueur du lieu proposé. De mesme, si vous voulez conoistre la hauteur du Pole d'vn lieu, ou sa largeur, & son eloignement de l'Equateur, il faut mettre sous le Meridien ce lieu marqué sur le Globe, & conter sur le mesme Meridien les degrez de sa distance de l'Equateur.

Pour fin du discours des Meridiens & des longueurs, il faut sçauoir, que c'est mesme chose de dire qu'vn lieu a trente degrez de longitude, ou qu'il est sous le Meridien de trente degrez, ou qu'il est eloigné des Isles Canaries, ou Açores, ou du premier poinct d'Occident, ou du premier Meridien de trente degrez; ou qu'il est distant du mesme Occident de deux heures.

L'on represente encor en plusieurs Cartes, de mesme qu'aux Globes, le Zodiaque qui va de biaiz de l'vn à l'autre Tropique, afin de voir soubs quel signe Celeste les habitans de la Terre sont logez: mais aussi ce Cercle manque en beaucoup de Cartes Generales, & ne se trouue point aux particulieres. Zodiaque.

De mesme que les Poëtes [a] ont donné cinq Zones au Ciel, principalement pour les approprier à la Terre, à cause des changemēs de la qualité de l'air, prouenāt de diuers lancemēs des rayons du Soleil, mais inconus au Ciel; de mesme les Geographes ont partagé la Terre iointe à la Mer en cinq zones, ou ceintures, ainsi dictes, pour- Zones.

[a] Virg. Geog. l. 1. Ouid. Met. l. 1.

ce que ce sont comme des bandes qui ceignent toute la Terre, ainsi que les autres entourent le Ciel : & ce sont les Tropiques, & les Cercles Polaires, qui les limitent.

ore ouide. les pro- rieres.

Celle du milieu, qui s'appelle Torride, ou Rostie & Bruslée, est comprise entre les deux Tropiques, qui la bornent, & contiennent autant deçà que delà l'Equateur, à sçauoir autant de degrez & de minutes, qu'en a la plus grande declinaison du Soleil, qui est maintenant de vingt-trois degrez, 32', egale à la hauteur du Pole de ceux qui sont logez sous les Tropiques. De sorte que doublant ce nombre de degrez & minutes, pource qu'elle comprend vn espace egal au Nort, & au Su de l'Equateur, nous trouuerons sa largeur de quarante-sept degrez, quatre minutes, c'est à dire, de $941 \frac{1}{2}$ de nos lieuës horaires, sept cens six lieuës d'Alemagne, & 2824 mils d'Italie. Que si l'on parle d'vn lieu, qui ayt son eleuation du Pole, moindre de vingt-trois degrez, trente-deux minutes, tant du Nort que du Midy, l'on peut dire qu'il est dans la Zone Torride; & si elle passe ce nombre de degrez & minutes, qu'il en est dehors.

Quelques-vns diuisent cette Zone en deux, en estendant vne depuis l'Equateur iusqu'au Tropique de l'Ecreuisse, & l'autre depuis le mesme Equateur iusqu'au Tropique du Capricorne, mais il faut retenir la distinction plus receuë. Au reste, on la nomme Bruslée, pource que le Soleil ayant la borne de son cours dans ces Tropiques, lance sur tous les pays qu'elle comprend ses rayons droits qui ont plus de force, & causent vne extréme chaleur, à raison dequoy les anciens l'ont iugée inhabitable, comme estimans que les hommes ne pouuoient supporter le Soleil à plomb sur leurs testes, & que la Terre demeuroit par le moyen de cette excessiue ardeur toute seche, & comme rostie.

Mais les Voyageurs ont desabusé le Monde, & ayant reconu qu'elle est habitée ainsi que le reste de la Terre, tant à cause que les nuicts y sont presque egales aux iours, & par consequent temperent par leur fraischeur la chaleur du iour, tellement qu'il y vient quantité d'herbe, & de fruicts excellens, qu'à raison des frequentes pluyes, & des Vents frais, qui partent de ses hautes montagnes.

Ceux qui s'y trouuent enclos ont deux fois l'année le Soleil sur leurs testes à Midy, & deux Estez de mesme que deux Hyuers, qui sont toutefois fort temperez, & sans froid, mais ainsi dicts, au respect des excessiues ardeurs de leurs Estez. Mais ceux qui sont au milieu de cette Zone, & sous l'Equateur, ont veritablement le Soleil sur leurs testes, & leurs deux Estez aux deux Equinoxes: & leurs Hyuers presque egalement entre ces Estez, lors que nous auons le commencement de nostre Hyuer & de nostre Esté, le Soleil estant prés des deux Tropiques.

Mais l'on peut appeller ces saisons plustost vn perpetuel Printemps, qu'autrement, pource que le Soleil passe fort legerement les degrez de l'Ecliptique, qui auoisinent l'Equinoctial, & se transporte promptement du Midy au Nort, & au contraire, au lieu qu'il s'arreste longuement prés des Tropiques, & par ce moyen cause des chaleurs comme insupportables aux habitans des extremitez de cette Zone, où il fait ses solstices, c'est à dire, ses demeures, tellement qu'il semble s'arrester en mesme poinct durant quelques iours. Ceux qui sont aussi logez sous l'Equinoctial, ont les deux Poles voisins de leur Horizon, & la Sphere droite, & vn perpetuel Equinoxe, ou leur iour & la demeure du Soleil sur leur Horizon, est de douze heures, & la nuict d'autant. Mais les autres habitans de cette Zone ont leurs iours d'Esté d'autant plus longs, qu'ils sont plus esloignez de l'Equateur. Ceux de ce mesme milieu de cette Zone ont aussi cette particularité qu'ils voyent toutes les Estoiles sur leur Horizon l'espace de douze heures, & autant dessous; & le leuer & coucher de toutes. Ils ont aussi quatre solstices, à sçauoir deux bas, lors que le Soleil est aux deux Tropiques, & deux hauts, quand il se trouue en l'Equinoctial.

Mais ceux qui sont logez entre l'Equateur & les Tropiques, ont leurs deux Estez, qui se touchent, à sçauoir lors que le Soleil partant de l'Equateur s'achemine vers eux, & quand il va reuoir l'Equateur, tellement que ces deux Estez ne font qu'vn Esté, & leurs deux Hyuers qui n'en font de mesme qu'vn lors que le Soleil ayant passé l'Equateur s'achemine vers l'autre Tropique, ou que du Tropique il retourne à l'Equateur: mais ces Hyuers ne sont point cōsiderable, & ne sont dicts tels qu'au regard de l'excez des chaleurs de leurs Estez. Ils ont quelques estoiles du costé du Nort, ou du Midy, qui sont tousiours sur leur Horizon, ou tousiours dessous: ont aussi le Pole Arctique, ou Antarctique tāt plus eleué sur eux, qu'ils se trouuent plus eloignez de l'Equateur, & leurs iours inegaux aux nuicts, excepté au temps des deux Equinoxes, hors desquels le plus long iour des plus eloignez est de treize heures & demie. Ils ont aussi quatre solstices, à sçauoir deux hauts, lors que le Soleil se trouue au Parallele qui passe par leur zenith, ou le sommet de leurs testes, & deux bas aux Tropiques, dont le plus bas est celuy du Tropique du Capricorne à ceux qui sont du costé du Nort de l'Equateur, & au contraire. Et toutesfois ils n'ont pas leur plus long iour aux hauts solstices, mais ceux qui sont du costé du Nort l'ont au bas solstice du Tropique de l'Ecreuisse, & reciproquement.

Les habitans de cette Zone ont cinq sortes d'ombres, à sçauoir l'Occidentale que le Soleil cause à son leuer; l'Orientale, à son coucher; la Meridionale, quand il est en son Midy aux signes Septentrionaux, ou quand il se trouue au Nord de ces habitans; & la Septentrionale, quād il est aux signes Meridionaux, ou au Midy de ceux de cette Zone; & la perpendiculaire, ou l'ombre à plomb, quand il est à Midy sur leurs testes, si toutesfois on la peut nommer ombre, puis qu'il n'en paroist aucune; à raison dequoy ceux-cy sont lors dicts Ascies, ou sans ombre: de mesme qu'en tout autre temps Amphiscies, pource qu'ils ont l'ombre des deux costez du Nord & du Su, en leur Midy. *Ascies, Amphiscies.*

Ceux qui sont logez sous les Tropiques, aux confins de la Zone Torride, & de la Temperée, ont seulement deux solstices: l'vn haut, lors que le Soleil est sur leur zenith, ou sommet de leurs testes, & se trouue en leur Tropique; & l'autre bas, lors qu'il est au Tropique opposé: & lors la distance du Soleil de leur sommet est égale à la distance des Tropiques: & leur plus long iour est au haut solstice, de mesme que le plus court au bas. Ils n'ont qu'vn Esté, lors que le Soleil est sur leur zenith, ou proche d'iceluy, & qu'vn Hyuer, lors qu'il se trouue au lieu opposé. Mais leur Esté est du tout ardent, pource que durant plusieurs iours il lance les rayons sur leurs testes, sans qu'on apperçoiue que bien peu de changement de declinaison, & qu'il fait les iours plus longs que les nuicts: voire mesme de nostre temps cette vehemence de chaleur est beaucoup plus grande sous le Tropique de l'Ecreuisse, pource que le soleil semble de son propre mouuement sejourner plus long temps du costé du Nort que du Midy. Les Ascensions des signes y sont aussi plus obliques, qu'au dedans de la Zone Torride; mais moins qu'aux deux Temperées. Toutes les Estoiles contenuës dans le tour d'vn Cercle Polaire, paroissent tousiours aux vns, lors que celles de l'autre leur sont cachées. Ils ont aussi quatre differences d'ombres, à sçauoir celles qui s'estendent au Couchant & au Leuant, au leuer & coucher du soleil: la perpendiculaire, dont i'ay parlé cy-dessus, qui ne paroist point, & se perd dans la Terre: & celle qu'on void du costé du Nort, au Tropique de l'Ecreuisse, lors que le soleil est à son Midy: ou du costé du Midy, au Tropique de Capricorne, quand le Soleil se trouue à son Nort. *Habitans sous les Tropiques.*

Sous cette Zone on trouue vne grande partie de l'Amerique, le Mexique, le Perou. Le Brasil, les Isles de Cuba, Iamaique Espagnole, & Boriquin, les Isles des Canibales, ou Caribes, & les Antilles: puis tirant vers l'Afrique, les Isles du Cap Verd, la Libye interieure, le Pays des Negres, la Guinée, Congo, Angola, l'Empire du Prete Ian, & l'Ethiopie interieure, auec Sofala, Mozambique; Quiloa, & Melinde, & plusieurs autres Royaumes d'Afrique, & petites Isles, auec la grande de Madagascar: puis la plus grande partie du Golfe Arabique: & en Asie la plus grande partie de l'Arabie heureuse, & quelque peu de l'Indostan, le Malabar, les Isles Maldiues, & celles de Zeilan, le Golfe de Bengala, & partie de son Royaume, auec ceux de Pegu, Siam, Malaca, & autres moindres, la Cochinchine, & les Isles de Sumatra, Iaua, Borneo, Celebes, Moluques, Philippines, & autres moins fameuses, auec la Mer de Lantchidol, l'Archipelague de S. Lazare, la Nouuelle Guinée, les Isles de Salomon, & quelque partie de la Terre Australe. *Lieux de la Zone Torride.*

Zones Temperées, & leurs parties.

Chacune des Zones Temperées contient l'espace de 42 degrez, 36 minutes, qui est l'accomplissement des quarante-sept degrez, quatre minutes de la Zone Torride, iusqu'à 90. De sorte que chacune de ces Zones, qui s'estend depuis les vingt-trois degrez, trente-deux minutes, iusqu'à 66 degrez, vingt-huict minutes, est large de 858 de nos lieuës horaires, & $\frac{1}{7}$ de 644 lieuës d'Alemagne, & 2576 mils d'Italie.

Ceux qui sont logez dans nostre Zone Temperée, entre le Tropique de l'Ecreuisse, & le Cercle Polaire Arctique, ont auec l'accroissement de leur hauteur de Pole; les Ascensions obliques des signes du Zodiaque plus grandes que ceux de la Zone Torride; ont plusieurs estoiles, qui ne se dérobent iamais à leur veuë, pource que tant plus le Pole s'eleue, tant plus il y a d'estoiles qui ne descendent iamais sous l'Horizon, du costé du Nort, & tant plus aussi du costé du Su qui ne se leuent iamais sur nostre Hemisphere, & nous sont tousiours cachées; & pareillement ont vne plus grande inegalité de iours & de nuicts. Ils ont leur plus long iour, & leur plus courte nuict, lors que le Soleil est plus proche de leur Zenith; & au contraire leur plus courte nuict, lors que le Soleil est plus proche de leur Zenith; & au contraire leur plus court iour, & plus longue nuict, quand le Soleil est plus eloigné: & leur plus long iour, ou la demeure du Soleil sur la Terre, de mesme que leur plus longue nuict ne peut estre moindre de 13 heures; & $\frac{1}{2}$ mais ne s'estend pas entierement iusqu'à 24 heures. Ils n'ont iamais le Soleil à plomb sur leurs testes, & le mesme estant au Meridien, se trouue tousiours du costé du Su. Ils ont deux solstices, l'vn haut au commencement de l'Ecreuisse, l'autre bas à l'entrée du Soleil au Capricorne. Au reste, l'on peut vser de mesmes considerations pour ceux de l'autre Zone temperée, renuersant les termes, & remarquant les differences qu'il y a de l'vne à l'autre, à raison de leur assiete du costé du Nort & du Su. Ils n'ont qu'vn Hyuer & qu'vn Esté, mais dissemblables, si l'on considere les qualitez de l'air; veu que ceux qui sont plus voisins des Tropiques sentent plus de chaud, & sont moins incommodez du froid: mais les autres qui sont plus auancez vers les Cercles Polaires, ont leur Hyuer plus rude, & leur Esté moins chaud: mais ceux qui sont logez au milieu de cette Zone ont leur air agreable & temperé, comme par le meslange du chaud & du froid. Mais quoy que les lieux qui ne reçoiuent pas les rayons droits du Soleil, & qui l'ont fort eloigné du sommet de leurs testes, semblent deuoir estre bien froids, la longueur des iours recompense ce defaut; pource qu'ils sont d'autant plus longs que le soleil se trouue plus loin de leur sommet au Midy des solstices. Mais aussi l'Hyuer y est plus fascheux; pource que le soleil s'éleue bien peu sur eux, & tout ensemble luit durant peu d'heures tous les iours.

[illegible] Finalement ceux qui sont sous ces Zones temperées, ont trois sortes d'ombres, à sçauoir celles d'Occident & d'Orient, au leuer & coucher du soleil, & celle qui s'estend du costé du Nort, en nostre Zone temperée; au lieu qu'en celle du costé du Sud, l'ombre va au Midy; & non au Nort. Les habitans de ces Zones sont nommez pour cette cause Heteroscies, comme ayans tousiours leurs ombres seulement d'vn ou d'autre costé, c'est à dire, du Septentrion, ou du Midy.

116. Les pays compris dans la Zone temperée Septentrionale, sont en Amerique, la Nouuelle Espagne, la Nouuelle Grenade, la Californie, la Nouuelle Albion, & les Royaumes de Quiuira & d'Anian, les Floride, Virginie, Nouuelle France, Nouuelle Angleterre, la Terre de Labrador, & l'Estotiland: puis en Afrique; la Barbarie & l'Egypte, pour la plus grande partie; & en Asie; la Surie; la Natolie, Circassie, Mengrelie, Albanie, Georgie, Armenie, Arabie Petrée & Deserte, & partie de l'Heureuse, l'Estat du Persan, vne grande partie de celuy du Mogol & des Indes Orientales, le Turquestan, la Chine, & les Isles du Iapon, la plus grande partie des pays d'Asie & d'Europe, subjets au Moscouite, & de l'Asie subiette au Grand Can de Tartarie, & toute nostre Europe, horsmis les pays plus Septentrionaux, outre l'Isle de la grande Bretagne, & celle d'Irlande, auec plusieurs autres moindres, les Isles Açores & Canaries, & l'Ocean Atlantique, respondant à partie de l'Afrique, & à nostre Europe, outre l'Ocean Britannique, Germanique, la Mer Balthique, la Mediterranée, la Propontide, le Pont Euxin, le Lac Meotide, & la Mer Caspie, auec toutes leurs Isles.

Quant à la Zone Temperée Meridionale elle comprend en l'Amerique le Royaume de Chile, Chica, & le pays des Patagons, les extremitez Meridionales du Brasil, & iusques au Destroit de Magellan qui s'y trouue aussi compris; auec partie de la Magellanique, & Terre Australe; puis en Afrique vne bonne partie du pays de Monomotapa, & iusqu'au Cap de Bonne Esperance, auec quelques Isles.

Finalement les deux Zones froides, qui tiennent les deux extremitez du costé du Nort & du Midy, & sont d'egale grandeur, s'estendent depuis la hauteur du Pole de soixante-six degrés, vingt-huict minutes, iusques à 90; & par consequent occupent autant d'espace que toute la declinaison du Soleil, à sçauoir vingt-trois degrez, trente-deux minutes: tellement que chacune de ces Zones à sa largeur de 470 ⅓ de nos lieuës horaires; 353 d'Alemagne; & de 1412 mils d'Italie. Zones, & leurs proprietez.

Ceux qui se trouuent iustement logez sous les Cercles Polaires où ces Zones commencent, c'est à dire, les lieux qui ont leur hauteur de Pole egale à l'accomplissement de la distance des Tropiques de l'Equateur, ont les particularitez qui s'ensuiuent. En celle qui se trouue du costé du Nort, les Ascensions de la moitié de l'Ecliptique montante, qui est depuis le commencement du Capricorne iusqu'à celuy de l'Ecreuisse, ne sont ny droites, ny obliques, ou pour mieux dire, il n'y en a point, mais celles de l'autre moitié doublent leurs Ascensions droites. Toutes les Estoiles, dont la declinaison est plus grande que l'obliquité de l'Ecliptique, ne se couchent point, si elles sont Septentrionales, ou ne se leuent point, si elles sont au Midy. Le Pole Septentrional de l'Ecliptique est sur leur Zenith; & leur plus grand iour est de vingt-quatre heures, sans aucune nuict: de mesme que leur plus longue nuict de vingt-quatre heures sans aucun iour, pource que leur iour, ou leur nuict emporte vn iour naturel entier. Le centre du Soleil raze l'Horizon deux fois l'année, sans leuer ny coucher, à sçauoir aux poincts Tropiques, ou Solstitiaux, pource que les Tropiques touchent l'Horizon. L'on void tousiours à Midy le Soleil du costé du Su: excepté qu'au Tropique d'Esté, ou de l'Ecreuisse, sur la minuict, ou au Cercle de la minuict, on le void aussi au Nort. Ils ont deux solstices, l'vn haut en l'Ecreuisse, l'autre bas au Capricorne: & pareillement vn Esté peu chaud, & vn Hyuer comme insupportable. Ils ont quatre differences d'ombres, à sçauoir l'Orientale, Occidentale, Septentrionale & Meridionale, mais la derniere seulement vne fois l'année, & comme infinie, le Soleil estant au Tropique de l'Ecreuisse, au Cercle de la minuict; & c'est icy que finissent les Heteroscies, & que les Periscies, ou ayans leurs ombres tout autour, commencent.

Mais ceux qui sont dans le Cercle Polaire Septentrional, ou la Zone froide, & qui ont leur hauteur de Pole plus grande que l'accomplissement de la plus grande declinaison du Soleil, ont cette particularité que toutes les parries de l'Ecliptique ne montent pas sur l'Horizon, mais quelques-vnes demeurent tousiours dessus, & quelques autres sont tousiours dessous, & pour le regard du reste, celles qui sont en la moitié descendante de l'Ecliptique, se leuent à rebours, c'est à dire que celles qui deuroient se leuer dernieres, sont les premieres, & au contraire. Il y a peu d'estoiles qui se puissent leuer & coucher à eux, qui sont celles qui declinent, ou s'écartent peu de l'Equateur. Ils ont l'Equinoxe de mesme que les autres lieux de la Terre, lors que le Soleil entre au Belier, ou en la Balance: mais aux deux degrez dont la declinaison Septentrionale est egale à la distance du Pole du Monde du Zenith, le iour artificiel est de vingt-quatre heures, la nuict d'vn moment: & de là le iour artificiel dure autant de iours, qu'il en faut au Soleil pour courir de son propre mouuement cet arc particulier de l'Ecliptique qui ne se couche point: & le mesme arriue à la nuict aux signes opposez.

Dauantage, le Soleil estant aux degrez de l'Ecliptique, dont la declinaison Septentrionale, ou Meridionale est egale à la distance du Zenith des Poles du Monde, il raze l'Horizon en son entrecoupement auec le Meridien, mais sans se leuer ny coucher, & cecy arriue quatre fois l'année; & lors le iour, ou la nuict artificielle egale vn iour naturel entier.

De plus, le Soleil estant en la haute partie du Meridien est veu du costé du Midy, durant la partie de l'année, qu'il demeure sur l'Horizon: mais en Esté lors qu'il est au bas du Meridien, ou au Cercle de la minuict, on le void durant quelques iours du costé du Nort. Ils n'ont qu'vn solstice, à sçauoir le haut, au Tropique de l'Ecreuisse, & son opposé leur est caché.

Ils ont vn Esté dont la chaleur est foible, & fort courte, & vn Hyuer si long, & si rude, qu'il eſt comme inſupportable, & la mer y eſt glacée excepté deux mois de l'année, & quelquefois moins, que les neiges & glaces viennent à fondre, & la mer ouure aux voyageurs le moyen de viſiter ces contrées. Mais de meſme que ſous le Tropique ils ont preſque continuellement l'Eſté, & en lieu d'hyuer, quelque peu moins de chaleur, ainſi les habitans de cette Zone ont en lieu d'Eſté vn peu d'adouciſſement de la rigueur du froid, pource que le Soleil ne s'eleuant guere au deſſus d'eux, a bien peu de force à fondre la neige & la glace, qui s'eſt endurcie durant ſi long-temps, principalement aux pays qui ſont ſous le Cercle Polaire, & au commencement de cette Zone.

Que ſi nous conſiderons les lieux aſſis entre ce Cercle & le Pole, nous y trouuerons que tant plus on approche du Pole, tant plus le Soleil eſt bas à Midy aux iours des Solſtices; mais en recompenſe, il eſt tant plus haut à la minuit, durant la partie de l'année qu'il ne ſe couche point, & par ce moyen fait fondre la neige & la glace, paroiſſant touſiours, ſans donner par ſon abſence aucun temps au froid, pour ſe renforcer; & de cette ſorte il acquiert plus de vertu, approchant du Pole, que ſur le Cercle Polaire, pource qu'il arreſte plus longuement ſur la Terre. Mais auſſi la durée & rigueur du froid s'augmente auec la longueur de la nuit continuë, à laquelle toutesfois on voit ſucceder quelque viciſſitude de iours & de nuits, & parmy cela les deux Equinoxes, outre le ſolſtice d'Eſté.

Quant à ceux qui ſont ſous noſtre Pole, ou qui l'ont pour leur Zenith, & ſont à l'extremité de la Zone froide, ſi nous la meſurons de l'Equinoctial, & ne conſiderons pas l'eſtenduë de ces Zones froides dont le Pole tiendra le milieu, ſi nous les prenons en la derniere façon, ils n'ont point de monter, ou d'Aſcenſion de ſignes; mais toute la moitié Septentrionale du Zodiaque eſt touſiours ſur leur Horizon, & l'autre deſſous, pource que l'Horizon & l'Equateur demeurent vnis. Il n'y a ny leuer ny coucher d'eſtoiles, par le tour du premier mouuement; mais toutes ſe meuuent en rond, en des Cercles Paralleles, ou egalement diſtans d'Horizon & de l'Equateur. Il eſt vray que les Planetes courans tout le Zodiaque, ſe leuent & couchent en certains temps, par le moyen de leur particulier mouuement, & non du premier, & peuuent ſortir & s'eſloigner des rayons du Soleil, & le meſme arriue à quelques eſtoiles fixes, qui changent leurs lieux en vn long-temps.

Ils ont vn iour de ſix mois, & vne nuit d'autant; & le Soleil qui roule autour d'eux, eſtant aux poincts Equinoctiaux, s'y leue, en l'Equinoxe du Printemps, y eſtant porté de ſon propre mouuement non du iournalier, & s'y couche en Automne. D'ailleurs le Soleil n'y peut eſtre dit Oriental, Occidental, Septentrional, ou Meridional, au reſpect de l'Horizon, & de cette ſorte ils ont touſiours, ou ils n'ont iamais Midy, mynuir, Leuant & couchant, pource que les Meridiens de toute la Terre s'y aſſemblent. Ils ont vn ſeul Solſtice, à ſçauoir le haut, en l'Ecreuiſſe, & de meſme en hyuer, & vn Eſté.

Au reſte il eſt aiſé de iuger des proprietez de la Zone froide Meridionale, en rapportant les choſes d'autre ſorte, où il eſt beſoin, aux ſignes oppoſez, & luy appropriant ce qui luy conuient, comme à l'autre.

Quant à ce qu'il ſemble que ces Zones ſont ſans habitans, à cauſe de leur extreme froideur, & leurs longues nuits, toutefois il y a des cauſes particulieres, naturelles ou artificielles, qui les peuuent rendre habitables, comme la longueur des iours, & de la demeure du Soleil ſur la Terre, eſt vne cauſe naturelle, qui leur fait trouuer ce ſejour plus doux: puis encor la complexion plus robuſte des corps engendrez en cette Zone; & d'ailleurs les peaux & fourrures, dont ils ſe garniſſent contre la rigueur du froid, eſt vn artifice, pour leur faire ſupporter cet air plus aiſement; puis encor l'accouſtumance, eſt comme vne autre nature.

Ils ont quatre ſortes d'ombres, d'Orient, d'Occident, du Septentrion, & du Midy; & pour cette cauſe ils ſont nommez Periſcies, comme ayans leur ombre tout autour d'eux, & de tous coſtez, qui fait comme vn Cercle.

La Zone froide Septentrionale, comprend le Groenland, vne partie de l'Iſland, & le Spitzberg, l'extremité Septentrionale de la Noruege, le Finmark, la Finlapie, & les pays plus auancez vers le Nort du Moſcouite, & du grand Can de Tartarie, la Mer glacée, la nouuelle Zemle, le Detroit de Weygats, & les pays inconus de l'Amerique, du coſté du Nort; & l'autre Meridionale contient les pays inconus de la Terre Auſtrale.

Quant à la façon de trouuer la longueur des iours de tous les endroits de cette zone, & les arcs du Zodiaque qui paroissent tousiours, ie l'ay donnée amplement au discours des Cercles des iours Ciuils, où ie vous renuoye.

Les Geographes ont encor plus particulierement distingué la Terre par Climats, qui sont comme des ceintures, dont la longueur prise du Leuant ou Couchant, & la largeur de l'Equateur au Nort, ou au Midy, embrasse la Terre, ou des traits de pays ou espaces, compris entre deux Paralleles, & lieux esloignez de l'Equateur du costé du mesme Pole, ayans leurs plus longs iours differens de demie heure, en telle sorte, que le Climat plus auancé vers le Pole a son plus long iour d'Esté plus grand de demie heure que l'autre, & chaque Parallele, qui fait la moitié du Climat, lors qu'il est plus auancé vers le Pole, a son iour aussi plus long d'vn quart d'heure. Au reste les Climats ont pris leurs noms des pays, Villes, Isles, Riuieres & Mers, qui se sont trouuées principalement en leur Parallele du milieu; veu qu'vn Climat contient trois Paralleles, à sçauoir deux aux extremitez, & vn au milieu; mais en telle sorte que le Parallele, qui fait la fin d'vn Climat, est le commencement du suiuant; & la difference des heures des Climats, ou demy heures, est mise au milieu du Climat, au Parallele du milieu.

Or combien qu'on eust deu mettre le commencement du premier Climat sous l'Equateur, toutefois les anciens [a], qui ne conoissoient nullement ces lieux, & les estimoient dépourueus d'habitans, establirent le commencement du premier Climat au troisiéme Parallele de l'Equateur, que nous nommons le quatriḿe, en prenant le trait proche de l'Equateur pour le premier, au lieu que Ptolemée appelle auec raison premier Parallele, ou Cercle egalement distant de l'Equinoctial, celuy dont le plus long iour differe d'vn quart d'heure du iour Equinoctial, & qui se troue esloigné de 4 degrez $\frac{1}{4}$ du mesme Equateur, c'est à dire qui a sa hauteur du Pole de 4 degrez $\frac{1}{4}$; puis le second celuy qui deffere de demie heure du iour de l'Equateur, & est esloigné du mesme de 8 degrez, 33 minutes, le troisiéme differant de $\frac{3}{4}$ d'heure, & distant de l'Equateur de 12 degrez & demy; & le quatriéme, passant par Meroé, differant d'vne heure, & distant de l'Equateur de 16 degrez 28 minutes, & de cette sorte il passe iusqu'au 21 Parallele qu'il nomme par Thyle, different de l'Equateur de 8 heures, & distant du mesme de 63 degrez. Les Arabes [b] ne mettent aussi que 7 Climats, mettant le commencement du premier au Parallele dont le plus long iour est de 12 heures $\frac{3}{4}$, & son milieu, où le iour est de 13 heures, comme au Parallele de Meroé, tellement que le premier Climat ayant nom aura son Parallele du milieu de 13 heures. Mais plusieurs modernes mettent auec beaucoup d'apparence de raison, le commencement du premier Climat en l'Equateur, son milieu, où le iour est de 12 heures $\frac{1}{4}$, & sa fin où le plus long iour est de 12 heures & demie, & l'esloignement de l'Equateur de 8 degrez, 34 minutes; puis encor pour s'accommoder à Ptolemée, ne font pas de la fin de ce premier Climat le commencemēt du secōd; mais le commencent par le Parallele de 12 heures trois quarts; de sorte qu'encor qu'ils content le second Climat, où Ptolemée met le premier, il est aisé de rapporter les Climats nouueaux aux anciens, en diminuant tousiours d'vn leur nombre; & quant à ce qu'ils ont mis trop peu de Climats, pour auoir eu peu de conoissance de la Terre, il est bien aisé d'en adiouster d'autres, sans rōpre leur ordre. Aussi bien que les anciēs n'en ayent estably que 7, puis 9, qu'ils appellent Dia Meroes, &c. ou par Meroé, Siene, Alexandrie, Rhodes, Rome, le Pont & le Boristhene, puis encor par les Monts Riphées fabuleux, & par la Danie, toutefois les modernes mieux instruis de l'estenduë de la Terre en ont mis 24 iusqu'au Cercle Polaire Arctique, & autant d'Anticlimats de l'autre costé, & par consequent 48 Paralleles, & mesme iusqu'à 49 sans troubler cet ordre, n'estant pas inconuenient de les augmenter, afin de mieux distinguer ce qui est conu; & c'est à cette moderne distinction de Climats, qu'il faut que nous nous accommodions pour l'vsage des Globes & Cartes.

Et pource que le Climat est communement pris pour vn espace de terre compris entre deux Paralleles, où le plus long iour croist de demie heure, l'on a iugé qu'il faloit vingt-quatre Climats depuis l'Equinoctial iusques au lieu où le plus long iour est de 24 heures, ce qui aduient sous le Cercle Polaire, ou bien pres d'iceluy. Et pour le regard du reste de la Terre qui s'estend depuis ce Cercle iusqu'au Pole, l'on a iugé que la distinction des Climats seroit incertaine, pource que dans cet espace les iours ne s'augmentent pas par demy heures, mais premierement par iours entiers, puis par Semaines & mois, en telle façon que sous le Pole il y a vn iour de six mois, & vne nuit d'autant.

[a] Ptol. Geog. l. 1. c. 23. & Almag. l. 2.

[b] Alfragan. c. 5

Suiuant donc cet establissement, le premier Climat est tiré presque par le milieu de l'Afrique, & par le sein Aualite, ou le Golfe de Zeila de la mer Rouge, ayant son Parallele du milieu esloigné de quatre degrez dix-huict minutes de l'Equateur, dont il differe d'vn quart d'heure; & sa fin a huict degrez, 39 minutes, & non 34. de l'Equateur, du iour duquel il differe de demie heure; & ce Climat est entre l'Equateur & le 3 Parallele.

Le 2 est dit passer par Meroé, entre le 4 & 5 Parallele, ou pour mieux dire entre le 4 où il commence sous la hauteur de 12 degrez, 43 minutes, en la difference de ¼ d'heure de l'Equateur, & la fin du 5 où le plus long iour est de 13 heures 15 minutes, & le Pole esleué de 20 degrez, 23 minutes, & ce Climat est soumis à Saturne, selon les Astrologues.

Le 3 par Syene maintenant Asne, sous le Tropique de l'Ecreuisse, entre le 6 & la fin du 7 Parallele, où le plus long iour est de 13 heures, quarante-cinq minutes, & l'esloignement de l'Equateur de 27 degrez, trente-six minutes, & Iupiter luy commande.

Le 4 par Alexandrie entre le 8 & la fin du 9, où le plus long iour est de 14 heures 15 minutes ou vn quart, & la distance de l'Equateur de 35 degrez, 45 minutes, ou trois quarts d'heures: & ce Climat est soumis à Mars.

Le 5 par Rhodes & Babylone, entre le 10 Parallele, & la fin de l'vnziesme, où le plus long iour est de quatorze heures trois quarts, & l'Eleuation du Pole de 39 degrez, 2 minutes; & le Soleil dominant.

Le 6 par Rome, Corsegue, & l'Hellespont entre le 12, & la fin du 13, où le plus long iour est de 15 heures, vn quart, & la hauteur du Pole de 43 degrez, 33 minutes, & Venus maistresse.

Le 7 par Venise à Milan, entre le 14 & la fin du 15, où le plus long iour est de 15 heures, trois quarts, la hauteur du Pole de quarante-sept degrez, 12 minutes, & Mercure dominateur.

Le 8 par la Podolie, & par la petite Tartarie, ou des Precopites, entre le 16 & 17 Parallele, dont la fin a son plus long iour de 16 heures, vn quart, & sa distance de l'Equateur de cinquante degrez, trente-trois minutes, & la Lune est maistresse de ce Climat.

Le 9 par Vittemberg en Saxe, entre le 18 & la fin du 19, dont le plus long iour est de seize heures, quarante cinq minutes, & la hauteur du Pole de 53 degrez, dix-sept minutes.

Le 10 par Rostoch, entre le 20 & la fin du 21, où le plus long iour est de dix-sept heures, quinze minutes, & la hauteur du Pole de cinquante-cinq degrez, trente-quatre minutes.

Le 11 par l'Irlande & la Moscouie, entre le 22 & la fin du 23, où le plus long iour est de 17 heures, trois quarts, & la distance de l'Equateur de cinquante-sept degrez, 34 minutes.

Le 12 par Bohus, Chasteau de Noruege, & Rige de Liuonie entre le 24 & la fin du 25, où le plus long iour est de 18 heures, vn quart, & l'esloignement de l'Equateur de 59 degrez, 14 minutes.

Le 13 par la Gothie, ou Gotlande, entre le 26 & la fin du 27, où le plus long iour est de dix-huict heures, trois quarts, & la hauteur du Pole de 60 degrez, quarante minutes.

Le 14 par Berghe de Noruege, entre le 28 & 29, dont le plus long iour est de 19 heures, vn quart, & la distance de l'Equateur de 6 degrez 53 minutes.

Le 15 par Wibourg de Finlande, entre le 30 & 31 Parallele, dont le plus long iour est de dix-neuf heures, trois quarts, & la hauteur du Pole de soixante deux degrez 54 minutes.

Le 16 par Arots d'Escosse, entre le 32 & la fin du 33 Parallele, dont le plus long iour est de vingt heures, vn quart, & la hauteur du Pole de soixante trois degrez, 36 minutes.

Le 17 par la bouche du fleuue Dalecharli, entre le 34 & la fin du 35, où le plus long iour est de vingt heures, quarante cinq minutes, & la hauteur du Pole 64 degrez, 30 minutes.

Le 18 par des lieux sans nom de Suede & de Noruege, entre le 36 & 37 Parallele, où le plus long iour est de 21 heure, 15 minutes, & l'esloignement de l'Equeteur de 65 degrez 9 minutes.

Le 19 par d'autres lieux sans nom de Noruege, entre le 38 & 39 Parallele, où le plus long iour est de 21 heure, 3 quarts, & l'esleuation du Pole de soixante-cinq degrez, 35 minutes.

Le 20 par d'autres lieux sans nom de Noruege, entre le 40 & 41 Parallele, où le iour est sur la fin de 22 heures, 15 minutes, & la hauteur du Pole de 65 degrez, 57 minutes.

Le 21 par d'autres lieux plus auancez de la Noruege, entre le 42 & la fin du 43 Parallele, où le plus long iour est de 22 heures, trois quarts, & la hauteur du Pole de 66 degrez 14 minutes.

Le 22 par la Blanche Russie, entre le 44 & 45, où le plus long iour est de 23 heures, vn quart, & le Pole est esleué de 66 degrez 25 minutes.

Le 23 par des Isles sans nom, entre le 46 Parallele & la fin du 47, dont le plus long iour est de 23 heures, trois quarts, & l'esloignement de l'Equateur de 66 degrez, 30 minutes.

Le 24 & dernier, par d'autres Isles sans nom plus auancées, & par le mer glacée, entre le 48 Parallele & le 49, où le plus long iour est de 24 heures, & la hauteur du Pole de 66 degrez, 31 minutes 30".

L'on peut de mesme distinguer le costé qui est au Midy de l'Equateur en ses Climats, en mettant les principaux lieux, par lesquels ses Paralleles passent, ou mettent le Contre, ou l'Anti, à la façon des Grecs, pour marquer, qu'ils sont opposez à ceux du costé du Nort, en mesme distance de l'Equateur, & disant l'Anticlimat, ou Contreclimat de Meroé, ou par Meroé.

Il faut aussi remarquer, qu'à cause du changement de l'obliquité de l'Ecliptique, ou de la plus grande declinaison du Soleil, la largeur de Climats change quelque peu; si bien qu'autrefois que ce biaisement estoit plus estroit, & maintenant qu'il est moindre elle s'est vn peu agrandie.

Il faut aussi sçauoir que pour le regard de la mesure du temps les Climats sont tous egaux, pource qu'on les distingue par la difference de demie heure de temps; mais si l'on considere leur largeur, ils sont inegaux & plus larges pres de l'Equateur, puis plus estroits, à mesure qu'ils s'en esloignent dauantage, pource que lors que la Sphere est moins oblique, l'arc du plus long iour est moindre, & ce plus long iour change moins. Mais tant plus elle est oblique, tant plus grand est l'arc du plus long iour, & tant plus les grands iours s'augmentent sensiblement, de sorte que le Parallele qui passe par le milieu du Climat, est plus proche de sa fin que de son commencement, pource que le quart d'heure du Parallele plus proche de l'Equateur, occupe moins d'espace que celuy qui en est plus esloigné & plus auancé vers le Pole.

Que si nous considerons les Climats, selon leur longueur, ils sont veritablement inegaux, mais semblables, pource que les Paralleles s'amoindrissent, tant plus ils approchent du Pole, & par mesme raison les Climats deuiennent moindres tant plus ils s'esloignent de l'Equateur, & toutefois le Cercle est semblable, ou du moins proportionel au Cercle.

Que si vous desirez sçauoir en quel Climat vn lieu est assis, vous le sçaurez aisemẽt, si vous doublez les heures de son plus long iour, qui passent les 12 du iour des Equinoxes, veu que ce nombre vous marquera celuy du Climat; & la raison pour laquelle on double le nombre des heures, c'est pource que la difference de demie heure fait vn Climat. Que si vous voulez auoir le nombre du Climat à la mode des anciens, il faut retrancher du nombre de ces heures doublées vn Climat, ou 3 Paralleles.

Pour auoir aussi le nombre du Parallele d'vn lieu, il faut multiplier quatre fois le nombre de ces mesmes heures, pource que les Paralleles sont distinguez par quarts d'heure.

Mais si l'on vouloit dresser vne Table des Climats, il faudroit auoir en premier lieu vn biaisement arresté de l'Ecliptique, ou de la plus grande declinaison du Soleil; & pareillement, l'asseurée quantité des plus longs iours par demy heures, ou quarts d'heure. Par là l'on a cognoissance de la moitié de ces iours, ou de l'arc du demy iour, dont ce qui passe la moitié d'vn iour d'Equinoxe, ou 6 heures, estant changé en degrez & minutes, de l'Equateur, vous donne la difference des Ascensions de ce plus long iour. Finalement par cette difference Ascensionelle du point des Solstices, & de la plus grande declinaison de l'Ecliptique, qui arriue alors, l'on trouue la hauteur du Pole, qui se doit rapporter au Parallele de ce Climat. Pour cet effet il faut multiplier le sein droit de la difference Ascẽsionelle par le sein entier, & diuiser le produit par la Touchante de la plus grande declinaison, pour auoir au quotient la Touchante de la hauteur du Pole de ce Parallele, ou bien il faut multiplier la Touchante de la plus grande declinaison, par le sein entier, & diuiser le produit par le sein de la difference Ascensionelle, pour auoir au quatriesme nombre la Touchante de l'accomplissement de la hauteur du Pole du Parallele qui passe par le milieu du Climat, ou par sa fin.

Ainsi pour sçauoir la hauteur du Pole du Parallele du milieu du 7 Climat, où le iour est de 15 heures, 30 minutes, partageant en deux les 3 heures, 30 minutes, qui sont au delà des 12 heures du iour Equinoctial, il me vient vne heure, 45 minutes, que ie change en degrez & minutes de l'Equateur, tellement que i'ay 26 degrez, 15 minutes pour ma difference Ascensionelle du premier poinct de l'Ecreuisse, dont le sein est 44229, que ie multiplie par le sein entier, & diuisant le produit par la Touchante 43535, de la plus grande Declinaison, de 23 degrez, 31' 30", i'ay au quatriéme nombre la Touchante de la hauteur du Pole de ce Parallele du milieu du 7 Climat, à sçauoir 101593, qui respond à 45 degrez, 28', 10". De sorte que la vraye hauteur du Pole du milieu de ce Climat est de 45 degrez, 28 minutes, 10", & non de 44 degrez 29', comme on voit ordinairement en la Table des Climats; & sa fin de 15 heures, 25 minutes, se trouue auoir par cette mesme voye quarante sept degrez, douze minutes de hauteur de Pole, & non 20, comme on voit ordinairement en la Table des Climats.

Que si vous desirez sçauoir par la longueur de vostre iour vostre hauteur de Pole, & par consequent en quel Climat vous estes, il faut faire de mesme, comme si i'ay mon plus long iour de 15 heures, 25 minutes, 30 secondes, ie prens la moitié des trois heures, vingt-six minutes, trente secondes qui passent douze heures, à sçauoir vne heure, 43 minutes, 15 secondes, que ie change en 25 degrez, 49 minutes de l'Equateur, qui est ma difference Ascensionelle, dont le sein est 43545: ie le multiplie par le sein entier, puis diuise le produit par la Touchante de la plus grande declinaison 43535, ie trouue la hauteur du Pole respondante à la longueur de ce iour, de 45 degrez. Ainsi ayant mon iour de 15 heures, 57 minutes, 20 secondes, & par consequent le surplus du demy iour, outre 6 heures, d'vne heure, 58 minutes, 40 secondes, ie les change en degrez, & i'ay ma difference Ascensionelle de 29 degrez, 40 minutes, dont le sein est 49496, que ie multiplie par le sein entier, & diuisant le produit par la Touchante de la plus grande Declinaison, i'ay pour mon quatriéme nombre 48 degrez, 40 minutes, qui est la hauteur du Pole de Paris, & par ce moyen ie voy que Paris est dans le huictiéme Climat moderne, & dans le 7 des anciens, qui commence à quarante-sept degrez douze minutes, & finit à plus de 50 degrez.

Mais il faut considerer qu'auiourd'huy la consideration des Climats n'est guere en vsage, qu'à raison des escrits des anciens Autheurs, & que nous exprimons plus volontiers l'assiete des lieux par leur esloignement de l'Equateur, ou la hauteur du Pole, que par leurs Climats, ou Paralleles. Vous auez aux Cercles des iours Ciuils le moyen de trouuer par la hauteur du Pole la longueur du iour de quelque lieu.

Ces Zones, Climats & Paralleles, nous donnent encore la distinction de leurs habitans, qu'on diuise en Periœces, c'est à dire habitans autour, Antœces, c'est à dire contr'habitans, ou habitans contrairement, & Antipodes, c'est à dire qui ont leurs pieds opposez les vns aux autres, & ceux-cy sont aussi nommez Antichtones, c'est à dire ayans leur terre opposée.

Les Periœces sont ceux qui logent sous mesme Parallele, & sous mesme Meridien, mais en diuerses moitiez & opposées de ce mesme Meridien, tellement qu'il y a 180 degrez du Meridien de l'vn à l'autre lieu, & qui sont egalement eloignez de l'Equateur du costé du mesme Pole; mais differemment du premier point d'Occident, ou Meridien des Isles Açores, ou Canaries.

Ces Periœces sont logez en mesme Zone, & mesme Climat, ont mesme hauteur de Pole, & le leuer & coucher de mesmes estoiles, de mesme sorte; & tousiours mesmes estoiles sont exposées à leur veuë, ou leur sont cachées. Ils ont en mesme temps les accroissemens & decroissemens de leurs iours, & de mesme l'Hyuer & l'Esté, & mesme nombre d'heures comptées depuis minuict, ou Midy.

Mais pource qu'ils sont en diuerses moitiez du Meridien, lors que les vns ont midy, les autres ont la minuit; & le leuer & coucher du Soleil leur est different, mais non en telle sorte, que le Soleil se couche aux vns, lors qu'il se leue aux autres, si ce n'est aux Equinoxes; veu qu'au plus long iour le Soleil luit en mesme temps à tous deux; mais aux vns Oriental, & aux autres proches du couchant.

Les Antœces, ou Contr'habitans, sont sous mesme moitié du Meridien, mais sous diuers Paralleles, egalement eloignez des deux costez de l'Equateur, en tirant aux Poles. Ceux-cy ont en mesme temps Midy & Minuict, & comptent en mesme temps mesmes heures, d'auant & d'apres Midy, ont esgale hauteur de Pole, l'vn Arctique, & l'autre Antarctique, & mesme creuë, & descroissement de iours & de nuicts. Antœ.

Mais ils sont en des Climats opposez, & de mesme en des Zones opposées, sinon qu'ils se trouuent en la Torride. Les signes du Zodiaque, qui montent aux vns, descendent aux autres, & les estoiles se couchent aux vns auec les mesmes degrez, qu'elles occupent en se leuant aux autres. Les vns ont tousiours sur eux des estoiles, qui ne paroissent iamais aux autres, & la nuict est aussi longue en vn lieu, que le iour en l'autre; & leurs Hyuers & Estez arriuent en temps opposez.

Les Antipodes, ou Antichtons, sont logez sous diuerses moitiez d'vn mesme Meridien, & sous diuers Paralleles, esgalement esloignez de l'Equateur, en tirant aux Poles opposez, c'est à dire sont ceux qui se trouuent droitement opposez, comme si vne ligne droite trauersoit la Terre, passant par son cẽtre, des vns aux autres. Ceux-cy sont separez par l'espace de cent quatre-vingt degrez de longueur, & par l'Equateur qui est entr'eux, qui range les vns du costé du Nort, & les autres du Midy, exceptez ceux qui sont soumis droitement à l'Equateur, en des lieux diametralement opposez les vns aux autres. Antipodes.

Ils ont le Pole egalement esleué, l'vn Arctique, l'autre Antarctique; semblables creuës & decroissement de iours & de nuits, & mesme nombre d'heures. Mais lors que les vns ont leurs plus longs iours, les autres ont leurs plus longues nuicts, & l'Hyuer des vns est l'Esté des autres; puis le leuer & coucher du Soleil, & des autres estoiles, se fait en temps opposez, & les signes ausquels le Soleil & les autres Planetes montent aux vns, descendent aux autres.

Que si l'on desire sçauoir, où sont assis ceux qui ont leurs pieds opposez à quelque lieu, il faut adjouster à sa longitude, ou son esloignement des Isles Açores, ou Canaries, cent quatre-vingt degrez, & l'on trouuera par ce moyen à la fin du compte, fait sur la Carte, le Meridien des contrepieds de ce lieu; puis commençant à l'Equateur, & tirant au Pole opposé, il faut compter sur ce Meridien, ou sur celuy des Isles Açores, ou Canaries, ou bien au bord de la Carte, autant de degrez de hauteur de Pole, que le lieu en a, & au mesme poinct, où ce compte finira, vis à vis du Meridien où l'on a finy son cõpte, l'on peut placer ces Antipodes. Cõme si ie cherchoy les Antipodes de Paris, qui a vingt-trois degrez trente minutes d'eloignement du premier Meridien, & quarante-huict degrez, 40 minutes de l'Equateur, ie compte sur l'Equateur de la Carte vingt-trois degrez & demy; puis encore 180, & en tout deux cens trois degrez & demy; puis ayant trouué ce dernier poinct, ie compte du costé du Pole Antarctique quarante-huict degrez, quarante minutes, & où ce compte finit ie trouue ces Antipodes vis à vis du Meridien de deux cens trois degrez & demy, si bien que ie trouue au croisement du Meridien & du Parallele, le lieu des Antipodes de Paris en des pays inconus de la Terre Australe, ou dans la Mer.

Mais il faut remarquer, que lors qu'on adiouste 180 degrez à la longueur d'vn pays, si le nombre prouenant de l'addition passe trois cens soixante degrez, il faut retrancher du compte les 360, & se seruir du reste pour trouuer le Meridien comme dessus.

Au reste quelques anciens fort estimez [a] se sont mocquez de l'opinion de ceux qui croyoient des Antipodes, au lieu que quelques autres [b] l'ont receuë auec raison. Les premiers disoient, pour les reieter, que c'est vne folie de croire que les hommes marchent la teste en bas, & les pieds en haut; que les arbres croissent panchans en bas, & les pluyes & neiges tombent sur la terre de bas en haut, & les maisons & toutes choses soient pendantes en l'air. Mais nos Antipodes pourroient dire le mesme de nous, que nous d'eux; & si leurs raisons estoient valables, la Terre mesme & l'eau ne subsisteroient pas où elles sont, mais tomberoient vers le Ciel; puis encor le Ciel estant tout autour, & au dessus de nous de toutes parts, & la Terre ronde, l'on apper-

[a] August. de Ciu. li. 16. c. 9. Lactant. li. 3. cap. 24.
[b] Cicer. Acad. qu. li. 2.

çoit aisément, qu'ils marchẽt aussi droits que nous, & la teste en haut, de mesme que nous; puis les nauigations des modernes autour de la Terre, qui ont descouuert plusieurs de ces Antipodes, confirment assez cette verité.

Quant aux Paralleles, ou Cercles, egalement distans de l'Equateur, bien qu'on n'en mette qu'autant qu'il y a de quarts d'heure d'accroissement de iour, depuis l'Equateur, iusqu'au Cercle Polaire, toutefois il faut sçauoir qu'on en peut establir autant qu'il y a de diuerses esleuations de Pole.

Et pource que les Cercles Paralleles, bien qu'ils soient chacun de 360 degrez, ont leurs degrez moindres que ceux de l'Equateur, & que pour mesurer iustement les distances, qui se prennent par arcs des grands Cercles, il faut sçauoir la proportion que les degrez de ces Cercles Paralleles ont à ceux de l'Equateur, il est besoin de considerer que les Cercles ayans mesme proportion entr'eux, que les diametres, ou demy diametres ont aussi entr'eux, la proportion de la circonference de l'Equateur à celle d'vn Parallele, sera de mesme que celle du demy diametre de l'Equateur, qui est celle du sein entier de 90 degrez, au demy diametre du Parallele, qui est le sein de l'accomplissement de sa distance de l'Equateur. De sorte que si l'on multiplie ce sein d'accomplissement par 360 degrez, & diuise le produit par le sein entier, l'on aura le nombre des degrez du grand Cercle, qui sont compris au moindre; ou si l'on multiplie le sein d'accomplissement du mesme Parallele par 90, diuisant apres le produit par le sein entier, l'on aura le nombre des degrez du quart de l'Equateur, ou du grãd Cercle, qui se trouuent au quart de Cercle de ce Parallele, pource que 90 degrez du grand Cercle ont mesme proportion au quart du Parallele, que le sein entier au sein de l'accomplissement de la hauteur du Pole, ou du Parallele esloigné de tant de degrez & minutes de l'Equateur.

Ainsi pour sçauoir la proportion du Parallele entier de 45 degrez à l'Equateur, ie multiplie le sein de l'accomplissement de 45 degrez, qui est 70711, par 360, & diuise le produit par le sein entier, & la fin de l'operation, en reduisant le fractions à leur valeur, me donne 254 degrez, 33' 34'', 33''' 36'''' de l'Equateur, qui valent les 360 degrez de ce Parallele.

Ou bien ie multiplie le mesme sein 70711 par 90, & ayant diuisé le produit par le sein entier, la fin de l'operation me donne 63 degrez, 38' 23'', 38''', & 24'''' de l'Equateur, pour le quart de ce Cercle Parallele.

Finalement pour auoir la proportion d'vn degré du Parallele à vn de l'Equateur, il faut multiplier le mesme sein de l'accomplissement du Parallele donné par soixante, & diuiser le produit par le sein entier, pour auoir le quatriéme nombre qu'on cherche.

Ainsi multipliant par 60 le mesme sein d'accomplissement, & diuisant le produit par le sein entier, i'ay pour mon quatriéme nombre 42 minutes, 25 secondes, 36 tierces, &c. ou pour abreger 42 minutes, 26 secondes de l'Equateur, qui valent vn degré, ou 60 minutes de ce Parallele, & ces 42 minutes, 26 secondes valent 14 de nos lieuës horaires, & 8 minutes, 40 secondes, d'vne lieuë diuisée en 60 parties, c'est à dire 14 lieuës & vn quart, ou enuiron. Car si 60 minutes, qui font vn degré du tour de la Terre respondent à 20 de nos lieuës, les 42 en feront 14, & les 26 secondes 6 min. $\frac{2}{7}$ d'vne lieuë. Les mesmes 42 min. 26 secondes, vaudront 10 lieuës, 36' d'Alemagne, ou 10 lieuës & $\frac{7}{12}$ de lieuë, & 42 mils, & 26 minutes de mil d'Italie.

L'on peut encor auoir le nombre des lieuës, ou mils, qui respondent à vn degré d'vn Parallele, en multipliant le sein d'accomplissement de la hauteur du Pole, par 20, ou par 15, ou par 60, & diuisant le produit par le sein entier, sans aller chercher la quantité des minutes & secondes deuës à vn degré, cõme pour sçauoir combien de lieuës respondent au Parallele de 45 degrez, ie multiplie 70711 son accomplissement par 20, & le diuisant par le sein entier i'ay pour quotient 14 lieuës, & la fraction de 14220, que ie multiplie par 60, & diuise le produit par le sein entier, pour auoir au quotient 8 minutes 32'' si bien qu'vn degré de ce Parallele est compté pour 14 lieuës 8' 32''.

Au reste pour changer aisement les minutes & secondes en lieuës, ou mils, il faut pour nos lieuës horaires diuiser par 3 le nombre des minutes pour auoir au quotient le nombre des lieuës, & leur fraction s'il y en a, & diuiser encore par trois le nombre des secondes, pour auoir les minutes d'vne lieuë, qu'on adiouste à celles de la fraction s'il y en a.

Et de mesme que nous diuisons ces minutes & secondes par 3, pource que nostre lieuë vaut 3 mils, & que 60 minutes, esgales à vn degré, font 60 mils, de mesme les Alemans partagent par 4, pource que leur mil, ou lieuë vaut 4 mils; & quant aux Italiens, chaque minute vaut vn de leurs mils, & les secondes font autant de minutes de mil.

Il faut aussi remarquer que sans se trauailler à faire les deux premieres operations, pour trouuer les proportiõs des Paralleles entiers, ou de leurs quarts, il suffit de pratiquer la derniere, pour sçauoir la proportion d'vn degré d'vn Parallele à vn de l'Equateur, si l'on desire seulement auoir cette conoissance, afin de mesurer par ce moyen les distances des lieux.

Quant à ces distances, afin de les auoir iustement, il faut en premier lieu conoistre l'esloignement du premier Meridien & de l'Equateur, des deux lieux proposez, c'est à dire leur longitude & latitude, puis oster la moindre de la plus grande, pour auoir leurs differences, & sçauoir que les distances des lieux se mesurent seulement par de grands Cercles terrestres; tellement que l'interualle d'vn lieu à l'autre est de la grandeur de l'arc du grand Cercle du Globe terrestre, compris entre l'vn & l'autre lieu. Distances des lieux.

Mais venant à la mesure de leurs distances, il faut en premier lieu remarquer, que si les deux lieux, dont on veut conoistre la distance, sont au Nort de l'Equateur, ou bien au Midy, quand ces deux lieux different seulement de latitude, ou hauteur de Pole, l'on oste la moindre largeur de la plus grande, afin d'auoir l'arc du grand Cercle, compris entre les sommets des deux lieux, lequel changé en lieuës, ou mils donne leur distance.

Par exemple, Ast de Piemont, & Bade en Suisse, ont mesme longueur de 31 degrez, mais se trouuent differer en hauteur de Pole, pource qu'Ast est sous le Parallele de 43 deg. 45 min. & Bade sous celuy de 48 degrez, 44 min. Ostant la moindre largeur de la plus grande, ie trouue leur difference de 4 deg. 59 minutes, que ie change en lieuës, ou mils, ainsi que ie vous ay dit cy-deuant, & ie trouue que ces deux lieux sont esloignez d'enuiron 100 de nos lieuës horaires, de pres de 75 lieuës d'Alemagne, & de 299 mils d'Italie. Ainsi Geneue & Basle qui ont toutes deux 28 degrez de longueur, mais leur largeur differente, pource que la premiere a 45 degrez, 45 minutes de hauteur de Pole, & l'autre 47 degrez 30 minutes, & par consequent elles differẽt d'vn degré 45 minutes, se trouueront esloignées l'vne de l'autre de 35 de nos lieuës horaires, de 26 lieuës $\frac{1}{4}$ d'Alemagne, & de 105 mils d'Italie.

Mais lors que deux lieux, ayans mesme longueur, & leur largeur differente, sont tellement assis, que l'vn est au Nort de l'Equateur, & l'autre au Midy, il faut adiouster ensemble les deux esleuations de Pole, afin d'auoir par cette addition l'arc du grand Cercle qui offre leur distance.

Ainsi si nous voulons sçauoir combien de chemin il y a du principal lieu du Roiaume de Groas des Negres, qui est esloigné du premier Meridien de 50 degrez, & de l'Equateur de 20 du costé du Nort, & du Cap des Arrecifes, proche du Cap de bonne Esperence au Leuant, qui a mesme longueur, ou esloignement du premier Meridien, mais sa distance de l'Equateur de 34 degrez du Midy, ie ioin les deux latitudes, & cette addition me donne 54 degrez, lesquels changez en lieuës, ou mils, prenant pour chaque degré 20 de nos lieuës horaires, 15 d'Alemagne, & 60 mils d'Italie, rendent pour leur distance 1080 lieuës d'vne heure, 810 lieuës d'Alemagne, & 3240 mils d'Italie.

Mais lors que deux lieux different seulement en longueur, estans tous deux, ou sous l'Equateur, auquel cas on oste la moindre longueur de la plus grande, afin d'auoir en leur difference l'arc de ce grand Cercle en degr. & min. ou bien estans tous deux en mesme Parallele, du costé du Nort, ou du Midy, l'on cherche l'arc du grand Cercle, ou de la distance de ces lieux, en multipliant le sein de la moitié de la differẽce de la longitude, par le sein d'accomplissement de la latitude commune, & diuisant le produit par le sein entier, l'on a pour quatriéme nombre le sein de la moitié de la distance de ces lieux, laquelle doublée offre leur entiere distance.

Quant au premier, si vous desirez sçauoir combien l'Isle de S. Thomas est éloignée du mont Amara, où l'on tient les Princes Abyssins, ces deux lieux estans sous l'Equateur n'ont aucune latitude, mais la longitude du premier est de 33 degr. 10 min. & celle de l'autre de 61 deg. & leur difference est de 28 deg. qui font, estans changez en lieuës 563 de nos lieuës $\frac{1}{3}$ 422 $\frac{1}{2}$ d'Alemagne, & 1690 mils d'Italie.

Mais si vous vouliez chercher la distance qu'il y a de l'Isle sainct Thomas au Cap Blãc du Perou, qui est aussi assis sous l'Equateur, & eloigné du premier poinct d'Occident de 323 degrez, pource qu'il passe la longueur de S. Thomas de 180 degrez, il faut se prendre au plus proche, & compter depuis 323 degrez iusques à 60, qui sont 37, puis adiouster à ceux cy les degrez, & minutes de la longueur de l'Isle S. Thomas, afin d'auoir leur distance qui sera de 70 degrez, 10 minutes, & par consequent de 1403 lieuës ⅓ des nostres, 1052 lieuës, & ½ d'Alemagne, & 4210 mils d'Italie, au lieu que si vous vouliez prendre leur distance par la difference des degrez de leur longitude, vous vous trouueriez grandement esloigné de vostre compte.

Quant aux lieux qui sont en mesme Parallele, du costé du Nort, ou du Midy & different seulement en longueur, nous prendrons l'exemple de Lorete en Italie, & d'Andrinople en Thrace, qui ont toutes deux mesme largeur, ou hauteur de Pole, de 43 degrez, mais sont esloignées du premier Meridien, l'vne de 36 degrez, & l'autre de 53, & par consequent ont leur difference de 17 degrez. En ce cas il faut multiplier le sein d'accomplissement de 43 degrez, à sçauoir de 47, qui est 73135, par le sein de la moitié de la difference de la longueur, qui se trouue de 8 degrez 30 minutes, & est 14810, puis diuiser le produit par le sein entier, pour auoir au quotient le sein 10810, respondant à 6 degrez, 12 minutes, 20 secondes, que l'on double pour auoir 12 degrez, 24 minutes, 40 secondes, & ces parties du Cercle, chãgées en lieuës, & mils, donnent pour la distance de ces deux lieux 248 ⅓ de nos lieuës, 186 lieuës, 26 minutes d'Alemagne, & 760 mils d'Italie. Par la mesme voye Naples, & Troye, qui ont mesme latitude, de 41 degrez, mais different en longueur de 16 degrez, 20 minutes, l'vne ayant 39 degrez trente minutes, & l'autre cinquante-cinq degrez 50 minutes, se trouueront esloignées de 246 ⅔ de nos lieuës, de 185 d'Alemagne & 740 mils d'Italie.

Il y a encor vne autre voye qu'on suit ordinairement, qui est de chercher premierement cõbien de minutes & secondes de l'Equateur sont deuës à vn degré d'vn Parallele, puis changer ces minutes & secondes en lieuës, ou plustost chercher d'abord combien de lieuës, & soixantiémes parties, ou minutes d'vne lieuë, sont deües à vn degré, & multiplier par ce nombre de lieües & min. les degrez de difference de la lõgueur, pour auoir en leur produit les lieuës & minutes de la distance des deux lieux.

En nostre exemple de Lorette & Andrinople ie pren l'accõplissement de leur latitude commune, qui est de 47 degrez, dõt le sein est 73153, que ie multiplie, comme ie vous ay marqué cy-deuant, par 20, ou par 15 lieuës, ou par 60 mils, & diuisant apres le produit par le sein entier, i'ay au quotient 14. & la fraction 63060, que ie multiplie par 60, pour auoir sa valeur en min. & diuisant le produit par le mesme sein entier, i'ay au quotient 38 minutes de lieue. De sorte qu'à la fin de l'operation ie trouue que 14 de nos lieues, & 38 minutes de lieue, respondent à vn degré du Parallele de 43 degr. de hauteur de Pole. Ayant donc ces lieues & minutes de lieue, ie multiplie par elles la difference de la longueur, qui est de 17 degrez, & premierement par les 38 minutes de lieue dont le produit est de 646 minutes, que ie diuise par 60, pour reduire en lieues tout ce qui se peut de ce nõbre, tellement qu'il me vient au quotiẽt 10 lieues, 46 minutes: puis ie multiplie les 17 degrez par les 14 lieues, & leur produit est 238 lieues, ausquelles i'adiouste les 10 lieues, 46 minutes que i'ay eues de la multiplication precedente, de sorte que i'ay en tout pour ma distance 248 de nos lieues, & 46 min. & faisant mesme operation que dessus par 15 lieues d'Alemagne, i'ay 10 lieues 58 minutes de lieue qui respondent à vn degré de ce Parallele, & à la fin de l'operation 186 lieues, 26 minutes d'Alemagne; & faisant de mesme par 60 i'ay pour vn degré 43 mils, & 53 minutes de mils d'Italie, & 746 mils de distance. Vous pouuez choisir la voye qui vous agréera dauantage, & que vous trouuerez plus aisée.

Il arriue encor que deux lieux sont diuerse longitude, & sont sous diuers Paralleles, c'est à dire different en longueur & largeur, & lors il faut suiure la plus courte voye qui est telle.

Si tous les deux lieux sont au Nort, ou au Midy de l'Equateur, il faut chercher la difference de leur longitude & latitude, puis changer la difference de leur latitude en lieues, ou mils, comme ie vous ay marqué cy-deuant, & garder ce produit, pour s'en seruir au besoin.

Il faut apres prendre la moitié de la difference de la latitude, & l'adiouster à la moindre, ou l'oster de la plus grande, pour en faire vne commune aux deux lieux.

Vous deuez apres regarder auec cette latitude commune combien de lieuës, ou de mils, respondent à vn degré de longitude de vostre Parallele commun; puis multiplier la difference de la longitude par les nombres de ces lieuës, ou mils.

Finalement il faut quarrer separement le nombre produit de la multiplication des lieuës du degré du Parallele, & de la difference de la longitude, & de mesme le produit des degrez de la difference de la latitude, qu'on a changez en lieuës, ou mils, & ioignant ensemble ces deux quarrez, en tirer la racine quarrée, qui vous offrira la distance des deux lieux.

Par exemple, si vous desirez sçauoir la distance qu'il y a de Paris à Rome, ayant la longitude du premier lieu de 23 degrez, 30 minutes, & sa latitude de 48 degrez, 40 minutes, & la longitude du second de 36 degrez, 30 minutes, & sa latitude de 41 degrez 56 minutes, bien que quelques vns n'en mettent que 40 minutes, vous trouuerez que la difference de la longitude est de 13 degrez, & celle de la latitude de 6 degrez 44 min. Changez ces 6 degrez, 44' en lieuës, ou mils, prenant pour chaque degré 20 de nos lieuës, d'vne heure, 15 mils, ou lieuës d'Alemagne, & 60 mils d'Italie, vous aurez pour cette difference de latitude 134 lieuës, 40 minutes de Daufiné, 101 lieuë d'Alemagne, & 404 mils d'Italie, que vous garderez à part.

Prenez apres la moitié de la difference de la latitude, qui est 3 degrez, 22 minutes, & l'adioustez à la moindre latitude, ou l'ostez à la plus grande, & vous ferez la latitude commune, qui sera de 45 degrez, 18 minutes.

Regardez apres combien de lieuës, ou de mils, respondent à vn degré du Parallele de cette latitude commune, en multipliant le sein de son accomplissement par 20 ou par 15 lieuës, ou par 60 mils, & le diuisant le produit de cette multiplication par le sein entier. L'accomplissement de 45 degrez, 18 min. est 44 degrez, 42. min. dont le sein est 70739. Multipliant donc ce sein par 20, & diuisant le produit par le sein entier, vous aurez au quotient 14 lieuës, & la fraction de 6780, que ie multiplie par 60, diuisant apres le produit par le mesme sein entier, pour auoir la valeur de cette fraction en minutes de lieuë, & vous aurez 4 minutes de lieuë, de sorte que 14 de nos lieuës, & 4 minutes sont deuës à vn degré de ce Parallele; & de mesme vous trouuerez qu'vn de ces degrez respond à 10 lieues, 33 minutes d'Alemagne, & à 42 mils, 12 minutes de mil d'Italie.

Vous multipliez apres la difference de la longitude, par le nombre de ces lieuës, ou mils, en cette sorte. La difference de la longitude est de 13 degrez. Multipliez ce nombre par 14 lieuës, 4 minutes, les 4 minutes de lieuë multipliées par degrez, ne produisent que 52 minutes de lieuë; puis les 14 lieuës multipliées par 13 degrez, ou au contraire, produisent 182 lieuës, de sorte que cette multiplication vous donne 182 lieües, 52 minutes de lieüe horaire; & de mesme vous aurez en multipliant les 13 degrez, par 10 lieües 33 minutes d'Alemagne, 137 lieües, 9 minutes d'Alemagne, pource que multipliant les 13 degrez par 33 minutes, le produit vous donne 429 minutes de lieüe, que vous diuisez apres par 60, pour auoir en lieües la valeur de ce produit, & vous auez 7 lieües, 9 minutes. Multipliant apres les 13 degrez par les 10 lieües, le produit vous donne 130, ausquelles vous adioustez 7 lieües, & 9 minutes, & de cette sorte vous auez 137 lieües, 9 minutes d'Alemagne, pour mesure de cette difference de longitude: & de mesme vous aurez 548 mils, 36 minutes d'Italie.

Quarrez maintenant les lieües de la difference de la longitude, & vous aurez pour quarré 33169 lieües des nostres; en multipliant premierement 182 par soy mesme, qui produit 33124; puis multipliant les 52 minutes encor par elles mesmes, qui produisent 2704 minutes, lesquelles diuisées par 60, pour les reduire en lieües, ou entiers, rendent 45 lieües, qu'il faut adiouster à vostre quarré 33124, & par ce moyen tout vostre quarré de la difference de la longitude sera de 33169 lieües.

Quarrez encor les 134 lieües, quarante minutes de la difference de la latitude vous aurez 17982 lieuës, en quarrant premierement 134 à part, qui font 17956 lieuës, puis separement les 40 minutes, dont le quarré fait 1600 minutes, lesquelles diuisées par 60 font pres de 27 lieuës, lesquelles vous adioustez à 17956 pour auoir vostre quarré de 17983 lieuës.

Adioustez ces deux quarrez ensemble, ils font 51152, dont la racine quarrée est 226; si bien que la vraye distance de Paris à Rome est de deux cens vingt-six de nos lieuës, & de mesme vous trouuerez qu'elle est de 163 lieuës d'Alemagne, & de 678 mils d'Italie.

Si vous desirez de mesme sçauoir la distance qu'il y a de Paris à Ierusalem, qui a 66 degrez de longitude, & 31 degré 40 minutes de latitude, la difference de longitude est de 42 degrez, 30 minutes, celle de latitude de 17 degrez, lesquels changez en nos lieuës font à raison de 20 pour degré, 340 lieuës. La latitude commune est 40 degrez 10 minutes, & son accomplissemēt 49 degrez 50 minutes; & 15 de nos lieuës, & 17 minutes respondent à vn degré de cette latitude commune. La difference de la longitude de 42 degrez 30 minutes, multipliée par ces 15 lieuës 17 minutes donne 649 lieuës, 32 minutes, veu que multipliāt par 17 minutes de lieuë, les 30 minutes de degré, vous auez 510 secondes de lieuë, lesquelles diuisées par 60 rendent au quotiēt 8 minutes de lieuë; puis multipliāt par les mesmes 17 minutes de lieuë les 42 degrez, vous auez 714 minutes, ausquelles adioustant les 8 minutes prouenuës de la diuision des secondes, vous faites 722 minutes, & multipliant apres les 30 minutes de degré par les 15 lieuës, vous faites 450 minutes de lieuë, que vous adioustez aux 722, & ce sont en tout 1172 minutes de lieuë: puis multipliant encor les 42 degrez par les 15 lieuës, vous auez 630 lieuës; & diuisant lors vos 1172 minutes de lieuë par 60, vous auez 19 lieuës, 32 minutes; & adioustant lors ces 19 lieuës à 630, vous auez 649 lieuës 32 minutes pour vostre difference de longitude.

Le quarré de ces 649 lieuës, 32 minutes est 421218. Celuy des 340 lieuës de la difference de la latitude est de 115600. Ces deux quarrez assemblez font 536818; & leur racine quarrée est 732. De sorte que la distance de Paris & de Ierusalem est de 732 lieuës horaires de Daufiné; de 549 lieus d'Alemagne, & de 2190 mils d'Italie.

Mais lors que l'vn des deux lieux differens en longitude & latitude, est au Nort de l'Equateur, & l'autre au Midy du mesme, il faut ioindre les deux latitudes, & les changer en lieuës, ou mils; puis oster la moindre longitude de la plus grande, pour auoir leur difference.

Il faut apres trouuer comme deuant la latitude commune, & chercher auec elle combien de lieuës, ou de mils, respondent à vn degré de ce Parallele.

Multipliez apres par ces lieuës, ou mils la difference de la longitude.

Quarrez apres separément les lieuës de cette difference, & de mesme celles de la latitude; puis ioignez ensemble ces quarrez, & tirez en la racine quarrée, qui vous donnera le nombre des lieuës, ou mils de la distance des deux lieux.

Et suiuant cecy si ie veux sçauoir combien il y a de lieuës de Paris qui est du costé du Nort au Cap de bonne Esperance, qui a cinquante degrez de longitude, & 35 de latitude, du costé du Midy, ie trouue que la difference de leur longitude est de 26 degrez 30 minutes, & celle de leur latitude est de 13 degrez, 40 minutes, ie ioins les deux latitudes, qui font ensemble 83 degrez, 40 minutes, que ie change en 1673 lieuës, 20 minutes.

Prenant apres la moitié de la difference de la latitude, & l'adioustant à la moindre, qui est celle du Cap de Bonne Esperance, i'ay quarante & vn degrez cinquante minutes pour la latitude cōmune, auec laquelle ie trouue, à la façon cy-dessus, qu'vn degré de ce Parallele emporte quatorze lieuës, 54 minutes de Daufiné, & 11 lieuës, 10 minutes d'Alemagne, par lesquelles ie multiplie la difference de la longitude, & le produit de cette multiplication me donne 394 lieuës des nostres, & quarante sept minutes.

Ie quarre les lieuës & minutes de la difference de la longitude, & leur quarré se trouue de 155273. Celuy des lieuës de la latitude est aussi 2798936. Ces deux quarrez ioints ensemble font 2954209, dont la racine quarrée est 1718: de sorte qu'il y a de Paris au Cap de bonne Esperance, à droit chemin 1718 de nos lieuës; 1288 lieuës d'Alemagne, & 5154 mils d'Italie.

Distance des lieux par le Globe, & par la Carte.

Que si vous voulez de gros en gros, prendre ces distances sur le Globe, vous le pouuez aisement, en ouurant le compas d'vn lieu à l'autre, puis l'appliquant de la sorte sur l'Equateur, où les degrez sont marquez, afin de voir combien le compas ainsi estendu comprend de degrez; puis multipliant apres ce nombre de degrez par vingt, ou quinze lieuës, ou 60 mils; comme si le compas est de l'ouuerture de vingt degrez, ce seront 400 de nos lieuës, 300 lieuës d'Alemagne, & 1200 mils d'Italie.

Quant à la mesure des distances par la Carte, elle se fait encor auec le compas, lors que les deux lieux ne different qu'en largeur, ou sont sous mesme Meridien, mais sous diuers Paralleles. Car remarquant les deux Paralleles qui passent, ou qui sont imaginez passer par les deux lieux, ces deux Paralleles te montreront sur le premier Meridien la vraye distance, laquelle si tu prens auec le compas, en le transportant apres ainsi ouuert sur l'eschelles des lieuës, l'on aura la distance qu'on desire entre les pieds du compas, en lieuës de France (de vingt-cinq lieuës pour degré) ou d'Alemagne, ou bien en mils d'Italie.

Mais si la distance est seulement en longueur, c'est à dire si les deux lieux sont sous mesme Parallele, mais sous diuers Meridiens, il faut mettre les deux pieds du compas sur les deux lieux; puis transporter sur l'Eschelle l'espace comprise entre les deux lieuës, & l'on aura la vraye quantité de cette distance. L'on fera de mesme de tous autres lieux, mesme encore qu'ils fussent differens tant en longitude, qu'en latitude, pourueu que les distances soient moyennes. Mais aux plus grandes distances il y pourroit auoir de l'abus; à raison dequoy il est à propos de suiure les moyens qui se trouuent en plusieurs Cartes, aisez au possible; mais consistans en lignes fondées sur la doctrine des Triangles.

Apres auoir partagé la Terre en Zones, Climats, & Paralleles, il reste de la diuiser en ses principales parties. Tous les anciens n'en ont conu que trois, qui sont l'Europe, l'Asie & l'Afrique, & mesme vne grande estenduë de toutes ces trois leur fut inconuë. Au reste les principaux & mieux entendus ont esté d'accord, pour le regard des limites de l'Europe & de l'Asie, dont ils ont mis la separation au Tanaïs, ou Don, & à vne ligne tirée depuis cette riuiere iusqu'au plus haut Septentrion, & leurs autres bornes ont esté le Marais Mœtide, & le Bosphore Cimmerien, & le Bosphore de Thrace, la Propontide, l'Hellespont, & l'Archipelague.

Diuision de la Terre.

Ils ont aussi separé l'Europe de l'Afrique par le Détroit de Gibaltar, & la Mer d'Afrique, partie de la Meditarranée: & ces deux diuisions subsistent encore entre les modernes.

Mais quant à l'Asie, quelques vns d'entr'eux [a], l'ont poussée iusqu'au Nil, partageant parce moyen comme en deux l'Egypte, de mesme que Iean Leon d'Afrique; au lieu que Ptolemée [b], à l'establissement duquel on s'est arresté, met en Afrique, toute l'Egypte, luy donne pour bornes, & par mesme voye à l'Afrique, la Iudée & l'Arabie Petrée iusqu'à la ville des Heros, ou de Suez, ou l'Isthme, & le Détroit de terre qui git entre Suez & la Mer Mediterranée, & le Golfe Arabique. Ce sont aussi les limites que les modernes appreuuent.

a Strabo li. 1. Plin. li. 3. ca. 1. Polyb. li. 3 Dionys. Alex. Perieg. Eusthath. in Dionys.
b Ptol. Geog. li 4. c. 5.

Il y en a eu aussi quelquels vns [c], qui ont diuisé la Terre, seulement en Europe & Asie, faisans comprendre l'Afrique à l'vne, ou à l'autre; & d'autres [d] ont fait embrasser mal à propos l'Afrique à l'Europe, au lieu de reconoistre iudicieusement leur separation naturelle, mais ces dernieres diuisions ont esté reiettées, comme impertinentes.

c Varro de Ling. Lat. 1.
d Isocr. Panægyr. Lucan. l. 9 Sallust. Bell. Iugurt.

Auiourd'huy quelques vns font de toute la Terre trois seules parties, nous offrant l'Europe, l'Asie & l'Afrique, comme liées ensemble, pour vne, l'Amerique pour l'autre, & la Terre Australe pour troisiéme, sans considerer qu'on a découuert que ce qu'on appelle Terre Australe, n'est pas tout terre tenant, mais est détaché en diuers endroits, & separé par des détroits & bras de mer, en plusieurs pieces, qu'on peut nommer Isles; & que faire vne seule partie des trois anciennes, c'est chercher vne conoissance plus embroüillée, au lieu de choisir la distinction receuë, pour plus de clarté.

Quelques autres font cinq parties de la Terre, qui sont l'Europe, l'Afrique, l'Asie, l'Amerique & la Terre Australe, ausquelles, selon l'apparence, tout le reste qui s'en trouue detaché se peut rapporter; & certainement cette diuision semble suffisante; Toutefois il y en a qui la partagent en Europe, Asie, Afrique, Amerique (qu'ils diuisent mesme en Septentrionale & Meridionale, par le moyen de l'Isthme, ou de Detroit de Terre, qui semble les separer) puis en Terre Australe & Septentrionale, & mesme ils diuisent encor les pays Septentrionaux, ou fort auancez vers le Nort en Terre Septentrionale inconuë, estenduë autour du Pole, commençant de nostre costé depuis les quatre-vingts, ou quatre-vingt deux degrez, & de l'autre, qui respond à l'Amerique, depuis le 60 degré, iusqu'au Pole, & en Terre sous-Septentrionale conuë, qui comprend le Groenland, l'Island, les Isles de Shetland, ou Hetland, l'Icarie, la nouuelle Zemle, le Détroit des Waygats, & le Spitzberg, qui s'estend depuis les septante cinq degrez, iusques aux 82: & ce qui les pousse à mettre ces Terres à part, c'est pource qu'elles entourent le poinct soubmis au Pole, & ont quelques parties voisines de l'Europe, d'autres de l'Asie & de l'Amerique; tellement qu'ils disent, que ce qui est commun à plusieurs parties, ne doit estre particulierement adiugé à vne seule.

Quant à la Terre du Midy, ou du costé du Pole Antarctique, ils la diuisent en Terre Australe inconuë, & sous-Australe, ou sous-Meridionale conuë, faisant comprendre à la premiere les Prouinces, Isles, ou Mers, du tout inconuës, qui sont autour du Pole, & à l'autre dont les riuages sont seulement conus, le pays des Perroquets, la Terre del Fuego, ou du Feu, les Royaumes de Beach, Lucach & Maletur, les pays proches du Destroit de Magellan, à raison duquel quelques-vns ont nommé Magellanique cette Terre Australe; les pays proches du Destroit du Maire, la Nouuelle Guinée, & la Terre de Fernand de Quir.

Mais il semble que sans tant de sous-diuisions, receuant pour valables les raisons des Isles, & pays plus proches du Pole, l'on doit diuiser la Terre seulement en six parties, à sçauoir en Europe, Afrique, Asie, Amerique, Terre Septentrionale & Terre Australe, dont chacune de ces deux dernieres comprendra l'inconuë, & la conuë, qui la partageoient en deux, pource que le Temps en pourra donner conoissance, & que les pays qui se trouuent au deçà de ceux qui nous sont inconus, peuuent tousjours à bon droict estre compris sous le nom de Terre Septentrionale & Australe, comme separez naturellement des autres parties, par la rigueur du froid & la Mer, si ce n'est peut-estre qu'on vueille pousser la terre ferme de l'Amerique, iusqu'au Pole, bien que la verité en soit ignorée; combien qu'il me semble qu'on ne doit pas desvnir l'Amerique, puis que la Nature ne l'a pas diuisée, & qu'il la faut prendre entiere pour vne partie. Mais ie vous aduerty que ie n'ay pas mis à part la Terre Septentrionale, pour ne separer pas la Nouuelle Zemble des Estats du Moscouite, non plus que l'Island & Groenland, de ceux du Roy de Dannemark, & les Isles Schetlandes, de ceux du Roy d'Angleterre, me suffisant d'auoir remarqué les raisons de ces diuisions, afin qu'on les retienne en son esprit, & que l'on s'en serue à propos pour faire les distinctions de la Terre.

Quant à la sommaire Description de toute la Terre, vous la trouuerez aux discours generaux, qui sont au commencement de l'Europe, de l'Afrique, de l'Asie & de l'Amerique, où ie vous renuoye. Vous trouuerez encor en son lieu ce qui se peut dire de la Terre Australe, & pour le regard des Isles, ie les ay desia placées au discours des Mers.

QVALITE' EN GENERAL.

IL y a des lieux qui sont entourez d'vn air grossier, cause de corruption & de dangereuses maladies, & d'autres qui l'ont moins épais, qui cause aux corps vne bonne disposition : mais il n'est pas des meilleurs lors qu'estant trop agité des Vents, il vient à se rendre trop subtil, pource qu'il attire la substance des corps, & les rend plus maigres, au lieux que l'air doux, & quelque peu gros, & moderément batu des vents, nourrit & refait les personnes extenuées, & donne accroissement aux membres.

C'est aussi chose toute claire, que celuy qui veut choisir vn lieu sain, le doit chercher vn peu releué, non subiet aux broüillards, ny proche des estangs & marais, & l'on reconoist la santé d'vn lieu, quand on void vne viue couleur à ses habitans, qu'ils n'ont ny douleur de teste, ny mal aux yeux, & qu'ils ont bonne ouye, la voix claire, & la parolle libre.

Il faut aussi recognoistre que la chaleur rend les corps lasches & foibles, non seulement aux lieux mal sains, mais encor aux autres bien temperez, au lieu qu'en Hyuer les pays subjets à maladies deuiennent sains, par le moyen du froid, qui resserre, fortifie, endurcit, aide à la digestion, & resiste à ce qui est pestilentiel, au lieu que le chaud lasche, ouure les pores, émeut les humeurs, dissipe les esprits, prouoque la sueur, empesche la digestion, abbat les forces, & engendre les fiévres ardentes; d'où vient que les corps qui se transportent des pays froids en lieux chauds, s'affoiblisssent, & ceux qui vont des prouinces chaudes aux froides, deuiennent plus sains & plus gaillards. D'autre part, de mesme que l'air sec desseche le cuir, & cause d'autres fascheux accidens, de mesme l'humide appesantit les sens, engendre des fiévres pestilentielles, & cause des recheutes.

Au reste, il faut que l'air soit tantost purgé par le froid, qui épaissit & resserre les mauuaises vapeurs, tantost par la chaleur, qui les dissipe & consume : & d'ailleurs il est besoin qu'il soit par fois agité des vents, afin qu'ils se purgent, pource qu'il se rendroit trop épais sans eux, se corromproit & se rempliroit de vapeurs nuisibles; & les meilleurs de ces vents sont ceux qui sont affoiblis par la rencontre des montagnes, ou des bois, & ne partent pas des lieux sales, marécageux & contagieux; & parmy les vents celuy du Nort est le plus sain de tous pour nostre regard, au lieu que celuy du Midy, qui nous rend mal disposez, est meilleur à ceux qui sont de l'autre costé de la ligne.

Quant à la difference de l'air chaud, ou froid en diuers endroits, vous l'auez assez pû conoistre aux discours des Zones & des Climats. Il reste seulement à dire que Linschot & Pyrard nous apprennent, que depuis les 7 ou 8 degrez, & mesme le 9, approchans de la ligne, du costé du Nort, & autant du Su, la violence de la chaleur est telle que l'eau deuient si puante, qu'on est contraint de se boucher le nez en beuuant, & cette puanteur cesse à quelques degrez de l'autre costé de la ligne. La plus-part des viures, mesme des mieux salez, qui sont dans les nauires, se corrompt; les chandelles de suif fondent, & de mesme la poix, & le goudran, qui ne trempe point dans la Mer; les nauires s'ouurent aux endroits qui n'y trempent point aussi, l'on void force éclairs, l'on oyt force tonnerres & foudres, auec quantité de grosses pluyes, qui causent des bubes & pustules, tombant sur le corps, & engendrent des vers; & la chaleur cause des vlceres à la bouche, & ailleurs, & fait naistre des vers, qui sortent auec des douleurs insupportables.

Et quant aux pays Septentrionaux, il fait [a] plus de froid à 76 degrez de hauteur de Pole, comme en la nouuelle Zemble, que plus auant, comme les Voyageurs l'ont experimenté estans sous les 80 degrez, y ayans senty beaucoup moins de froid, & veu mesme au mois de Iuin l'herbe verte de tous costez, & des biches, cheureuls, & semblables animaux qui la paissoient, au lieu que sous les 76 degrez ils ne virent pas mesme au mois d'Aoust aucune herbe verte, non plus qu'aucun animal paissant, ce qui leur persuada iustement qu'il fait moins de froid sous le Pole mesme, & aux lieux qui l'auoisinent dauantage, qu'aux pays de Tartarie & Moscouie, proches de la Mer glacée.

[a] Gerard de Veer. Praefat. in Nauig. Holl. supra Noru. & Moscou.

Venant maintenant à l'Eau, elle est diuisée en commune & minerale. La meilleure eau commune doit estre pure & claire, subtile, transparante, exempte de toute saueur particuliere, & toutefois agreable au goust, & fort legere, doit s'échauffer promptement, estant mise sur le feu, puis se refroidir aussi-tost qu'on l'en a retirée. Il faut aussi que la chair & les legumes s'y cuisent en bien peu de temps, qu'elle soit froide en Esté, & chaude en Hyuer, se distribuë aussi-tost qu'on l'a aualée, & ne croupisse pas dans le corps.

Celle des fontaines dont l'eau coule doucement sur du grauier, ou des pierres, ou sur de la terre non limoneuse, & dont l'eau tend au Leuant, approche ordinairement de cette bonté, sinon qu'elle passe par quelques minieres. Celle des puys est plus pesante que celle des fontaines, & de difficile digestion; & les meilleurs puys sont ceux qui ont leurs sources fort viues, & où l'on puise souuent de l'eau. Celle des riuieres est presque aussi bonne que celle des fontaines, pourueu qu'elles ayent leur cours assez viste, & que leur fonds soit de sable, ou de pierre, voire mesme celle de plusieurs riuieres est plus estimée estant rassise. Celle des lacs & marais, n'est nullement bonne à boire, si elle n'est boüillie ou distilée.

Mais la meilleure de toutes, & plus saine, est celle qu'on recueille des pluyes, pource que c'est de la plus pure & plus delicate vapeur, qui ayt pû estre tirée de toutes les fontaines, riuieres, marais & semblables lieux. Sur tout on estime celle qui tombe à la fin de l'Esté, ou au commencement de l'Automne, sans qu'il ayt tonné, ou greslé, pource que celle qui tombe auec le tonnerre, la gresle & la tempeste est mauuaise.

Les Eaux minerales sont ou chaudes, ou froides effectiuement. Les chaudes donnent de la peine à ceux qui en recherchent les causes, veu que les vns disent que les vents sousterrains causent cette chaleur; les autres attribuent cet effect au Soleil, ou à la chaux qui les fait boüillir, qui rendroit, si cela estoit, l'eau blanchastre & épaisse, ou bien à la chaleur naturelle de la terre, qui rendroit toutes les eaux chaudes, si cela estoit, ou à quelques feux sousterrains, ausquels le soulfre sert de matiere.

Les eaux froides sont d'autant d'especes, qu'il y a de mineraux propres à s'y communiquer, quoy qu'en effect la pluspart de ces mineraux se meslent en vne mesme eau, si bien qu'il les faut considerer separément, & donner à l'eau le nom de celuy qui y predomine.

Mais à diuiser autrement & generalement ces eaux, elles sont de deux sortes; veu que les vnes empruntent tout le corps du mineral, les autres les parties plus subtiles, ou la qualité seulement. Les Mineraux qui communiquent le corps entier sont les sucs, tels que le soulfre, le sel commun, le nitre, le suc petrifiant, le borax, l'alum, le vitriol & le bitume, tant mol, qu'entierement liquide: & ceux qui communiquent leur qualité sont les metaux.

Les eaux soulfreuses échauffent, ramollissent les nerfs, appaisent les douleurs, affoiblissent & renuersent l'estomac, corrigent tous les defauts du cuir, profitent aux hydropiques & gouteux, guerissent les vieux vlceres, resoluent, attirent, consument, & subtilisent ou attenuent.

Les eaux salées qui portent du sel commun, bien qu'il semble qu'elles tirent leur salure de la Mer, ne la reçoiuent peut estre que de la terre; comme les fontaines & puys salans de Lorraine, de la Franchecomté, de Monstiers en Tarentaise, de Talard en Dauphiné, de Castille la Neufue, & autres. Elles sont propres pour courriger les intemperies froides & humides.

Les nitreuses ne sont gueres differentes des salées, mais sont plus violentes, moins adstringentes, & plus detersiues, & ont quelque legere amertume piquante. Spa en fournit, & Vic-le-Comte en Auuergne. Les petrifiantes ont cela de particulier, qu'elles n'ont presque aucun goust, & dans leur clarté elles ont vn suc qui se durcit iusqu'au poinct de fournir des pierres, & changer en cette nature les corps spõgieux, qui les reçoiuent dans leurs cauitez. La fontaine de Clermont en Auuergne, & celle qui est à deux lieuës de Sens, font voir cet effect: veu que la premiere arriuant au bord d'vn ruisseau, à la rencontre d'vn arbre qu'elle petrifie, forme vne espece de pont; & l'autre dés sa source, coulant au dessous d'vne rouë de moulin, y laisse vn tel embarras de pierre, qu'on est contraint de l'oster de temps en temps.

Celles qui participent du Borax, sont les moins conuës de toutes, & toutesfois tombent sous nos sens. Ce Borax naturel est la Chrysocolle, dont les Anciens se seruoient pour souder leur or, & se rencontre auiourd'huy dans les mines de cuivre, dont il participe suiuant la couleur verdastre, semblable à peu prés au verd de gris, & est mal faisant. Le Boulidou, qui est vne source à Perol, village assis sur la Mer, à vne lieuë de Montpelier, semble participer de cette nature.

Les alumineuses semblent tenir le milieu entre les nitreuses & les vitriolées, participant de la penetration des premieres & de l'astriction des secondes, desseichent fort, échauffent & consolident. L'on void de fort bonnes eaux de cette sorte à Aix en Sauoye, où il y en a aussi de soulfrées, & à la Morte en Dauphiné, à quatre lieuës de Grenoble.

Les vitriolées sont d'vn agreable goust, de belle couleur, & comme perlées, purgent & nettoient, & déchargent la vescie, comme celles de Vals en Viuarets.

Les sucs coulans, mols, ou liquides, sont les eaux qu'on appelle Bitumineuses, pource qu'vn tel suc suit le Bitume, qui selon son épaisseur, ou sa subtilité, se trouue tantost bien meslé, tantost grossierement confus. L'on peut mettre au premier rang le lac Asphaltite de Iudée, les fontaines de Duras, & la Valone en Albanie, & celle de l'Isle de Zante, selon Vitruue, & les sources d'Alez en Languedoc, de Montferrand en Auuergne, des montagnes de Ragouse, & autres, qui le jettent comme de la poix fonduë, qui separée en fin de son eau, se durcit, ou du moins s'épaissit comme de la cire amollie.

L'on peut loger au second toutes les sources du petrole, dont il y a quantité en Hongrie, en Italie, & en France, mesme à Gignac, à vne petite iournée de Montpelier. Les plus meslées sont celles qui portent la naphte; comme la fontaine vitriolée d'Alez, dont cette huile ne se peut conoistre qu'on ne laisse reposer l'eau au Soleil. Il y a aussi des eaux plastreuses, ou qui passent par le plastre, qui ont pouuoir de rafraichir, desseicher, aglutiner & opiler. Au reste, les bitumineuses offensent les organes des sens, échauffent à bon escient, & ramolissent grandement les parties du corps qui y demeurent long-temps.

Quant aux eaux qui n'empruntent que quelques subtiles parties, ou les seules qualitez en passant sur les metaux, c'est par le moyen de quelque sel, ou esprit dissoluant qu'elles attirent cette vertu. Les eaux qui passent par les metaux guerissent la lepre, & ses especes, & pareillement les contractions, & quelque espece d'hydropisie.

Celles qui passent sur l'or, échauffent & desseichent, & celles de l'argent remedient aux furieux, maniaques, & maladies articulaires. Celles qui emportent la premiere matiere du vif argent, guerissent la demangeaison, & les vlceres communs. Les ferrées refroidissent, desseichent, & restreignent, & seruent de remede infaillible aux fiévres qui viennent de putrefaction. Celles qui viennent du cuivre, ou de l'airain, sont sans peril, propres à purger les defauts du corps, qui le rendent languissant, desseichent, nettoient, resoluent, incisent, incarnent, consolident, & sont adstringentes; celles qui tiennent de l'estain & du fer ensemble, sont propres aux esthiomenes, & gangrenes: & celles du plomb entretiennent la rate, & prolongent la vie, selon quelques-vns, bien que selon d'autres elles soient mal-faisantes, à raison de la ceruse qui s'y mesle, & qu'on ayt remarqué, que les chapes des alambics de plomb, voire mesme les tuyaux qui conduisent les eaux des fontaines, leur communiquent vne mauuaise qualité.

Il y a encor des eaux qui passent par les pierres precieuses, qui ont de grandes vertus, comme celle qui vient de l'Emeraude, restraint sans peril de vie le desir des femmes, & tous vices prouenans à son occasion: celles du Saphir remedient à la peste, & au charbon, & empeschent la lepre & ses especes de paroistre; & celles où la Cornaline se trouue, arrestent tout flux de sang, tant de playe, que de dyssenterie.

a Vitruu. l. 8. c. 3. Il y a aussi des eaux mortelles [a] qui deuiennent telles, pour auoir receu en passant par les veines de la terre, vne puissance venimeuse, cōme en Thrace le Lac Cychros, en Thessalie vne fontaine, en Macedoine, au lieu où Euripide fut enterré, vn ruisseau mortel, & au pays des Nonacriens, dependant de l'Arcadie, quelques gouttes d'vne humeur extremement froide, sortant d'vn roc, & nommée Eau de Styx, qui ne peut estre gardée en vaisseaux d'argent, d'airain, ny de fer, qu'elle fend en peu de temps, cherchant ouuerture, mais dans l'ongle d'vne mule, & dit-on qu'Antipater en fit apporter par son fils Iolas, & fit enfin mourir Alexandre de ce poison. Les eaux peuuent aussi deuenir venimeuses par le moyen du napel, ou de quelqu'autre herbe venimeuse, & par celuy de l'Arsenic, & semblables.

Il se trouue encor en plusieurs lieux des eaux qui tirent sur l'aigre, où il y a, comme on tient, de la dissolutiō du vitriol & de l'alum, qui ont puissance de rompre la pierre en la vescie, si l'on en boit durant quelques iours; pource que cete aigreur dissipe ce qu'elle rencōtre de limoneux, amassé par la bourbe des autres breuuages, & depuis cuit & cōuerty en pierre par la nature: & de fait on void, que si l'on tient vn œuf longuemēt dans du vinaigre, il s'amollira & brisera enfin, & l'on y dilaye, & dissout aussi les perles. Il y a aussi des eaux salées, & d'autres qui ont le goust du vin, telles qu'estoient celles d'vne fontaine de Paphlagonie, qui enyurent; & d'autres qui causent le goitre, ou le gros gosier, cōme on void en quelques lieux de Dauphiné & de Sauoye.

Pour le regard de la Terre, la noire est fort bonne sur toute autre, pource qu'elle endure la pluye & la secheresse. Celle qui la seconde en bonté, c'est la rousse, & qui est arrousée d'vne riuiere, & aussi celle qui n'est ny dure, ny chaude, pource qu'on a reconu que telles terres sont sortables pour les vignes, pour les arbres, & pour y semer toutes choses. Dauantage, la terre profonde est bonne, principalement si elle se brise aisément, & n'est point mal-aisée à cultiuer. Toutesfois elle est plus propre à nourrir des arbres en grande quantité, qu'à autre chose. Terre

La bonne terre doit estre conuë par le seul regard, c'est à dire, si l'on void qu'elle ne se rompt point quand elle est mal cultiuée, & si elle ne deuient point boüeuse, pour l'abondance des pluyes, mais reçoit par dedans toute l'eau qui tombe. Elle est aussi bonne lors qu'en hyuer sa surface ne deuient point dure, & s'il y a des arbres sauuages fort hauts qui y croissent: veu qu'alors on la tient parfaitement bonne, & si les arbres deuiennent moyennement grands, elle est de moyenne bonté: mais si elle produit des épines, & menus sarmens, & a l'herbe courte, elle est debile & ne vaut guere. Les autres la iugent par le goust, en la fouissant profondement, & tirant de là quelque peu de terre, puis la mettant dans vn vaisseau auec de l'eau douce. Car la terre sera de telle saueur que sera l'eau ayant esté meslée. La terre salée ne vaut rien horsmis aux fruicts du Palmier qu'elle produit tres-bons, & en abondance. Finalement il faut fuyr tout à fait la terre puante, comme la moins vtile de toutes.

Il y a des terres trop argilleuses, ou trop sablonneuses, qu'il faut amander par le moyen du sablon, ou de l'argille. L'on amande la terre maigre par le moyen du fumier & fient des cheuaux, bœufs, poules & pigeons, & par la Marne, dont on vse fort en plusieurs endroits de France. Ce n'est autre chose qu'vne mine de terre endurcie presque comme pierre, que l'on caue quelquefois fort auant dans terre. Les cendres des lesciues, des fournaises à tuile, chaux & charbon, les reliefs des bastimens, où il y a peu de pierres, les scieures des arbres, & le marc des raisins, apres en auoir tiré le vin, sont fort propre à mesme effect.

Les Plantes qui sont des corps doüez d'vne ame vegetante, ou de certaine vertu qui leur donne vie, accroissement, nourriture, & la force d'engendrer leur semblable, par semence, graine, ou autrement, sont premierement diuisées en parfaites & imparfaites. Les parfaites sont celles qui ont les principales & plus grandes parties des plantes, telles que sont le tronc & la racine. Celles-cy sont encor diuisées en arbres & arbrisseaux, sous-arbrisseaux & herbes.

Les arbres sont des plantes, qui ont leur tronc tousiours verd, ou renouuellant sa verdure, & qui deuiennent plus grandes & grosses que les autres, comme les pommiers, poiriers, cerisiers, noyers, chesnes, & semblables.

Les arbrisseaux sont des plantes, dont le tronc est de bois, mais de moyenne hauteur & grosseur, comme les rosiers, les ronces, l'aiglantier sauuage, le roseau, le caprier, poivrier, groselier, framboisier, geneure, genest, le murte, le carrobier, le bouys, l'arbre portant le coton, celuy du camphre & semblable.

Les sous-arbrisseaux sont comme au rang des herbes, qu'ils ne surpassent pas en grandeur: mais produisent de leur racine vne tige qui iette des branches dures comme bois, & de petites fueilles, comme celles des autres herbes, comme l'hyssope, la sauge, le romarin, & semblables.

L'on met au quatriéme rang toutes les autres plantes, qui iettent leurs fueilles au commencement sans tige, & montent apres sans tige, iettant grains & fleurs, comme sont toutes sortes de bleds & legumages, & toutes herbes bonnes à manger, que l'on cultiue aux iardins, & vne infinité de sauuages.

Les plantes imparfaites sont celles qui manquent de tronc, ou de racine, ou du moins n'en ont point en apparence, comme les potirons, les truffes, le guy, & semblables.

L'on distingue les plantes par la figure de leurs fueilles, fleurs, fruicts, troncs, escorces, racines, & de toute la plante, & mesme par les diuerses couleurs de leurs fleurs. Elles different encor en ce que les vnes sont domestiques, les autres sauuages; les vnes naissent dans la Mer, comme l'herbe nommée Goymon; & par les Portugais, Sargasso, qu'on void floter en l'eau à monceaux, de mesme qu'vne autre espece d'herbe appellée Trombas, qui sont comme tiges, ou troncs de gros roseaux, qu'on rencontre depuis les Isles de Tristan da Cunha, iusques prés du Cap de Bonne Esperance, & à 15 ou 20 lieües de terre ferme proche de ce Cap. La Mer voisine des Isles du Cap Verd, est aussi selon Linschot nommée Sargasso, pource qu'elle est toute couuerte de cette herbe, tellement qu'on peut voir à peine l'eau, à raison dequoy la nauigation y est mal-aisée, & l'on a besoin de beaucoup de vent pour auancer les nauires. Cette herbe est semblable au persil de mer, mais vn peu plus iaune, & à certains grains au bout, sans substance ny saueur.

L'on ne sçait d'où vient cette herbe, pource qu'au lieu où elle croist l'on ne void aucunes Isles, & que la terre ferme en est esloignée au moins de 40 lieües. Quelques vns estiment qu'elle vient du fonds de la Mer, qu'on ne peut sonder en cet endroit-là. Elle s'estend depuis le 20 degré iusqu'au 34, & est épaisse à merueille; tellement qu'on iugeroit que ce sont des Isles; & toutesfois il faut passer par là au retour des Indes, mais on y allant en l'éuite. La Mer porte encore l'algue, & ce qu'on appelle chastaignes de Mer. Les autres plantes sont dans les riuieres, ou sur les riuages, ou bien dans les lieux marécageux.

Quelques-vnes sont tousiours verdoyantes, comme le Laurier & le Cyprés, & d'autres perdent leurs fueilles, qui flestrissent toutes les années. Il y en a qui sont profitables comme la pluspart, & d'autres nuisibles, comme l'If, le noyer, le lin, & generalement toutes celles qui ont mauuaise odeur, & par consequent corrompent l'air. Quelques-vnes portent fruict, & les autres non, & d'autres abondent en certains pays, & manquent aux autres. Il y en a aussi qui rendent de l'huile, comme le noyer, l'amandier, le Lentisque, l'Argan d'Afrique, le Sagu de l'Isle Mindanao, des

Philippines, le Sesanne, ou la Iugioline, & le mastic, & les autres non; d'autres qui portent des gommes, resines & larmes, comme l'arbre du baume, celuy de l'encens, celuy de la laque, du sang de Dragon, la myrrhe, le pin, le sapin, le genévre, le prunier, & quelques autres. Les vnes portent des fruicts à pepin, & les autres à noyau, les autres à simple écorce, comme la chastaigne & le gland. Quelques vnes ont leurs bois de bonne odeur, comme l'aloës, la calambe, le bois d'Aigle, le Cedre, le Cyprés, le Rosier, & le Santal; & d'autres ont leur principale vertu en leurs racines, comme la rhubarbe, le rhapontic, la racine de la chine, la sarzaparille, le gingembre, la reglisse, l'Angelique, l'iris, l'aunée, la garance; d'autres en leur graine, comme les bleds, la moustarde, ou le seneué, le comin, l'aneth, l'anis, le fenoüil, le senegré, ou fenugrec, le coriandre & l'arbrisseau semblable à vn houx, qui porte la graine du vermillon, ou alkermes, qui se trouue en Languedoc & Prouence, de mesme qu'en la Poüille & Marque d'Ancone; & d'autres ont leur plus grande vertu en leur écorce, comme la canelle.

Quant aux plantes estrangeres, & drogues qui en sortent, vous en trouuerez les discours en la qualité generale de l'Afrique, des Indes Orientales, de l'Amerique, du Brasil, & aux particuliers des Prouinces.

Venant maintenant aux Mineraux, ce sont des corps parfaitement meslez, naissans la pluspart dans les veines de la Terre, d'vn suc metallaire qui s'y trouue, ou selon les Chymistes, du soulfre & du vif argent, meslez & temperez ensemble, ou d'vne matiere terrestre, gluante, & de quelque humeur subtile & legere. Mineraux.

Quelques vns les font imparfaitement animez, pource qu'il y a quelque apparence qu'ils viuent, puis qu'ils croissent, & s'augmentent en leurs propres lieux, & qu'il y a plusieurs Mines qui se sont remplies, apres auoir esté du tout épuisées, particulierement celles d'Elbe; mais d'autres rejettent cette ame & cette vie, pource qu'on ne void en eux aucune action vitale; & toutefois la difficulté n'est pas encore bien vuidée.

Les Chymistes les partagent en metaux, marcasites, sels, terres, resines, ou soulfres, sucs & pierres precieuses. Ils comprennent sous les metaux, outre l'or, l'argent, le plomb, l'airain & le cuivre, l'estain, le fer, le vif argent, l'antimoine; sous les marcasites, l'aimant, le plomb de mine, & semblables; & quelques vns mettent sous cette sorte, l'antimoine: sous les sels, le sel commun, le sel gemme, l'ammoniac, le salpestre, vitriol, alum; sous les terres, la terre seellée, & ses semblables; le bol Armenien, les crayes & terres de toutes couleurs; sous les resines, ou soulfres, l'orpiment, reagal, ambre gris & iaune, jayet, charbon de terre, & sous le concret, ou caillé & endurcy, la pierre, l'ardoise, le plastre & semblables.

Mais ces corps meslez, soit qu'ils se trouuent dans la terre, ou dans les eaux, sont diuisez proprement en metaux, pierres & mineraux moyens, ou qui sont d'vne nature moyenne entre les metaux & les pierres, & qui comprennent les sucs, c'est à dire les soulfres, sels, bitumes, terres, marcasites, & tout ce qui ne passe pas sous le nom de vray metal, ou de vraye pierre.

Les Metaux sont diuisez en Parfaits & Imparfaits, ou Purs & Impurs. L'or est seul parfait, comme ne se consumant au feu; mais s'espurant, & rendant plus beau par son moyen, & ayant la plus parfaite teinture de tous, & plus de force en moins de corps, s'estendant plus au marteau que tout autre, ne teignant aucune chose qui le touche, ne se roüillant point, & se maintenant tousiours en sa couleur & beauté. On le trouue dans la terre en diuerses mines, & dans le sable de plusieurs riuieres. Les Chymistes le nomment Soleil. Metaux.

Quelques vns mettent l'argent au rang des metaux parfaits, pource qu'il se maintient au feu en quelque sorte, & qu'il s'estend le plus au marteau apres l'or: mais il n'atteint pas à la perfection de sa teinture, teint la main de celuy qui le manie, & ne resiste pas à diuers essays des Chymistes, qui le nomment Lune, si bien qu'on le range entre les Imparfaits.

a De subtil. l. 6

Cardan [a] loge entre les metaux l'Electre, moyen entre l'or & l'argent; dont l'vn naist dans la terre, l'autre est fait par art: mais le naturel a plus de grace & de force. Il est composé d'or, & d'vne cinquiesme partie d'argent, & s'il y en a dauantage il ne resiste pas au marteau. L'on fait du naturel des vases & coupes, afin de se garantir du poison, lequel il découure en craquant, & par vne petite tache qu'il forme en figure d'arc, changeant de couleur.

Les

Les autres Metaux imparfaits & impurs, sont ceux qui sont composez d'vn soulfre, & d'vn Mercure plus impur, comme l'airain, à qui les Chymistes donnent le nom de Venus, le fer nommé Mars, le plomb ou Saturne, & l'estain, ou Iupiter.

L'Airain a pour vne de ses especes l'Airain de Cypre, excellent, que nous appellons Cuivre, ou Rosette, & outre le naturel il s'en fait aussi par art, dont le plus beau est celuy où l'on met vne liure d'estain sur quatre d'airain : mais le naturel plus excellent a des taches d'or melées.

Quant au Laiton c'est vne sorte d'airain artificiel, de couleur d'or, & l'on n'en trouue point auiourd'huy de naturel; bien que Pline[a] die, qu'il y en a eu des Mines particulieres. Il est teint en iaune par le moyen de certaine poudre d'vne terre minerale, iaune & fort pesante, nommée en Italien Gialla mina, c'est à dire Mine iaune, & en François Calamine, qu'on met fōdre en de grāds creusets, auec de l'airain & du verre. a Plin. l. 34. c. 2.

Pour le regard de l'Acier, c'est vne espece de fer rafiné par la fonte, & par le moyē de l'eau iettée à diuerses fois sur le fer ardant pour l'éteindre ; chose qui le rend plus dur, mais aussi plus aysé à rompre. Cardan ioint le marbre à la fonte, & le rafinement du fer ; & dit qu'il y en a aussi de naturel. Ce qui me fait souuenir de Marc Pol[b] qui parle des veines, & Mines d'acier & d'andanic, qui est l'acier le plus excellent, qui se trouuoit de son temps en Chiermain ou Carmanie, de mesme qu'en la ville de Cobinam, où l'on faisoit de fort grands miroirs de ce parfait acier, qui est[c] mesme maintenant le plus estimé de tous, suiuant le raport des marchans de Perse, qui trafiquent à Venise. Le plus excellent est celuy qui a de menus grains luisans, & n'a ny roüille, ny fentes; & le plus prisé parmy nous est celuy de Damas, de Carmanie & de Perse ; de mesme que celuy de Val Camonica du Bressam en Italie. Au reste le jus de la febue, ou de la mauue ramollit le fer, si l'on l'éteint dans ce suc, non dans l'eau commune. b M. Polo l. 1. c. 13. & 19. c Ramusio dich. Sob. M. Pol.

Le Vif argent, nommé par les Chymistes Mercure, approche tellement des metaux, quoy que volage & glissant, au lieu qu'ils sont arrestez & fermes, qu'il est mis par la plus part en mesme rang. C'est vne matiere metallaire, composée d'vne vapeur humide subtile, qui s'attache à la terre, & se cuit par la moyen de la chaleur du soufre, & c'est du vif argent & du soufre, que les metaux se font, selon la diuersité de leur temperament & melange. Il se trouue congelé en goutes, & attaché contre les voûtes des mines d'argent, ou dans des mines qui n'ont autre metal, & est le plus pesant de tous les mineraux.

[illegible] Plusieurs tiennent que l'Art peut faire de l'or, & de mesme transmuer les autres metaux, en imitāt la Nature, & mesme la surpassant pour le regard du temps de leur cuite, pource qu'ils disent que les metaux ne different qu'en degré de perfection, & n'ont leur forme distincte; de sorte que temperant diuersement le soufre & le vif argent, que les Chymistes tiennēt necessaires à la production des metaux, ils se persuadent de pouuoir faire cuire les plus cruz en peu de temps, & leur acquerir vn plus haut degré de perfection, au moyen du feu menagé discretement, qui fait mesme effet que la chaleur des Astres, ou de la Terre & de son souffle, mais plus promptemēt.

Cette recherche est fort ancienne, veu qu'on tiēt[d] que la nauigatiō des Argonautes ne fut pas entreprise pour la toison d'or, mais afin d'auoir vn liure en parchemin, cōtenant le moyen de faire de l'or; & Diocletian fit brusler tous les liures des Egyptiēs, faits depuis long-temps, qui contenoient la façon de faire l'or & l'argēt; de peur que deuenans riches, ils fissent de grands efforts contre les Romains, & leur resistassent. d Suidas au mot Deras, ou Toison, & au mot chemia.

Ceux qui s'amusent à ces transmutations, s'embarquent en ce trauail & cette depense, sur ce qu'ils asseurent que Theophraste Paracelse, qui mourut l'an 1543, auoit vne poudre de proiection, par le moyen de laquelle il transmuoit en or les autres metaux, & faisoit de merueilleux effets. C'est cette poudre, qu'ils nomment Royale, Sel fondable, huyle, ou soufre de la nature non bruslant, terre des Philosophes, pierre precieuse, ou Philosophale, Elixir, or potable, Eau de vie des Philosophes, teinture & Medecine. Tellemēt qu'ils disent, qu'ils font dans vn iour, ou dans vne heure, ce que la nature fait en plusieurs milliers d'années, ayāt toutefois preparé lōg-temps auparauant les matieres. Ils se fondēt encor sur l'Escriture[e], qui parle de la petite poudre par le moyē de laquelle l'or se fait; sur la Prose que l'Eglise chāte en Decēbre, au iour de S. Iean l'Euangeliste, faite par Adam de S. Victor, dōt le cōmancement est *Gratulemur*, où il est dit que S. Ieā cōuertit des verges en or, & des pierres cōmunes en precieuses; biē qu'on puisse dire, que ce fut par miracle, & nō par chymie. Ils ont encor S. Thomas[f] qui dit que si l'ō faisoit par Alchymie de bon or, ce ne seroit pas mal fait de le vendre pour vray, & qu'il n'y a rien qui empesche que l'art ne se serue de quelques e Esdr. l. 4. c. 8 f D. Thom. 2.2. q. 77. a. 2.

causes naturelles, pour produire de vrays & naturels effets. Puis encor vn Iurisconsulte ª fameux asseure que de son tẽps Arnaud de Villeneufue Medecin & Theologié, demeurant à Rome, fit des verges ou lames d'or qu'il soumit à toute sorte d'essays.

ª Io. Andre. Addition. ad Specul. Rubr. de crimi. falsi.

Mais encor que ces raisons fauorisent les Chymistes, ils sont décriez pour leur ignorance, ou leur malheur, ou pour tous les deux; pource que multiplians tout en rien, ils pipent les auares & les sots, apres qu'ils se sont abusez eux-mesmes, & cherchent aux bourses d'autruy l'or & l'argent, qu'ils n'ont peu trouuer en leurs fourneaux. Toutefois si le trauail est vain pour le regard des metaux, il ne l'est pas quant aux remedes, que leurs operations rendent excellens & merueilleux; tellement que cet art doit estre estimé, quand il ne vise pas aux richesses, & l'espoir apauurit ceux qui le pratiquent, mais à la santé, qui est le plus grand thresor qu'on sçauroit auoir.

Les Pierres sont des corps parfaitement melez & durs, engendrez d'vne seche exhalaison, & d'vne humeur crasse & gluante, assemblées. Elles sont premierement diuisées en grandes & petites, puis en communes & rares. Pierr.

Les grandes sont comme celles des rochers, le marbre, le Porphyre, Iaspe, Lapis lazuli, Serpentin, albastre, coral, crystal, aymant, la pierre à feu, la queux, la pierre de touche, le caillou, platre, talc, emeril qui fend le verre, polit les pierres precieuses, fourbit les armes; tuf, pierre de ponce, & semblables.

Les petites sont les diamans, & toute sorte de pierreries, & de pierres qui se trouuent dans les corps des animaux, ou ailleurs, comme au menu grauier des riuieres. Les communes qui naissent d'vne matiere plus grossiere, & plus impure epaisse, sont les pierres ordinaires des rochers, le grauier, les cailloux, le plâtre & semblables. Mais ces pierres communes sont encor diuisées en poreuses, qui ont quelques creux, comme la pierre ponce, & le tuf; & solides qui sont vnies, & sans aucun creux: puis encor on les diuise en dures, comme la queux, la pierre à feu, le caillou & le rocher; ou molles, comme le plastre, le talc, la pierre ponce, & la pierre Amiante, que l'on nomme Alum de plume.

Les rares sont diuisées en plus & moins precieuses. Celles de plus grand prix sont le Diamant, le Rubis, l'Escarboucle, l'Emeraude, le Saphir, la Turquoise, l'Amethyste, la Iacinthe ou l'Hyacinthe, le Chrysolite, l'Agathe, l'Opale, l'Onyx, la Topase, la Cornaline, Beril, & le Grenat, Iaspe, le Corail, & le Crystal; le Lapis lazuli, à quoy nous deuons adiouster la perle, qui tient vn des premiers rangs. Les moins precieuses sont le Bezoar, le Marbre, le Porphyre, l'Albastre, le Serpentin, la Crapaudine, la pierre de l'Aigle, la Sanguine, Nephritique, l'aymant, & semblables.

L'on distingue encor les pierres en celles qui se trouuent dans les animaux, comme les perles dans les coquilles des huytres, la Chelidoine, qui se trouue dans l'arondelle, le Bezoar qui vient d'vne espece de moutons de l'Amerique, les pierres des carpes & perches, & des yeux des Ecreuisses; celles des Tuberons, & Caymanes, poissons d'Amerique, la Crapaudine, qui vient du Crapaut, la pierre d'Alector, ou du Coq, l'Aëtite, ou pierre d'Aigle; ou bien en celles qui se trouuent dans les hommes, comme la pierre du fiel, de la vessie, & des reins; puis encor en celles qui naissent dans les eaux, comme le Coral; & de plus en celles qui sont creuses, comme le Bezoar, la pierre d'Aigle, & la Geode, & celles qui ne le sont point, ou qui sont pleines, comme presque toutes les autres.

Quelques vnes sont amies de l'homme, comme la pierre Nephritique, la perle, le Bezoar & la Turquoise; d'autres ennemyes, comme l'Onyx, qui penduë au col cause des accidens de melancholie, au lieu que la Nephritique fait vriner, le Bezoar guerit plusieurs maux, la Turquoise preserue du mal de la cheute, la perle fortifie le cœur, le coral garantit des charmes, & plusieurs autres de diuerses choses.

Il y en a qui endurent la force du feu, comme le diamant & le grenat de Boheme, d'autres qui ne le peuuent souffrir, & viennent à se resoudre en poudre, ou chaux, comme la perle, le coral, la pierre à chaux, & plusieurs autres. Il s'en trouue aussi qui gardent tousiours leur couleur au feu, comme le Grenat de Boheme, d'autres assez longuement, comme le Saphir, & d'autres fort peu, comme la Topase: & quelques vnes continuent auec l'âge en leur beauté, au lieu qu'il y en a qui perdent leur lustre & leur couleur auec le temps, comme les perles & les Turquoises: & quelques vnes se coupent & partagent aysément, comme l'Amianthe, & le Talc: d'autres se brisent facilement, comme toutes les pierres plus molles; & d'autres encor craignent l'aigreur qui les corrompt, comme la perle que le vinaigre dissout, au lieu que le diamant & le saphir n'en ressentent pas l'effect aysément.

Au reste les pierres different grandement entre elles en couleur; veu que le diamant & le crystal n'en ont aucune, le ruby est rouge, le ruby-Balay de couleur de rose, le grenat de couleur de sang; l'Amethyste, comme violette, l'Emeraude & la Chrysolite des modernes vertes, le lapis lazuli, & le saphir bleu, combien qu'il s'en trouue aussi de blancs; la Turquoise bleu celeste, par fois vn peu verte, & la Topaze de couleur d'or, dont la Iacinte approche bien fort; & l'Opale est de plusieurs couleurs agreablement melées.

Quant aux lieux où toutes ces pierres precieuses naissent, vous les trouuerez la plus part aux discours de la qualité des Indes Orientales & Occidentales, où vous verrez leurs vertus & leurs differences, si bien qu'il faut seulement adiouter icy, que l'on trouue en Europe des diamans en France, Angleterre, Boheme, Hongrie, Cypre & Macedoine; des Saphirs excellens aux confins de Boheme & de Silesie; de fort beaux Grenats en Espagne & Boheme; des Opales en grandes quantité en Hongrie, & hors de l'Europe, en Egypte, en l'Isle de Cypre, Arabie & Galatie; des Emeraudes en Cypre & Angleterre: des Topazes en Boheme, de mesme que des Berils; du Crystal qui s'engendre d'vne liqueur fort pure, qui s'amasse & s'endurcit peu à peu dans les entrailles de la terre, en France, Gueldre, Brabant, Boheme, aux Alpes d'Alemagne, en Silesie, Hongrie, Italie, autour de Pise, en Portugal & Cypre; des Turquoises en Espagne, Alemagne, Silesie & Boheme; du Coral rouge, noir & blanc autour de Sicile & de Sardaigne, selon Mathiol; & du verd, de mesme que du blanc & du noir, aux bancs de la Iuifue, selon Linschot, au Recit des choses aduenuës, & quant à l'Aymant, il se trouue en plusieurs lieux, mais principalement en l'Isle d'Elbe, en fort grande quantité.

Quant aux perles, outre les Orientales, dont les plus excellentes viennent de Baharem & Giulfar, & les moindres des autres lieux du Golfe de Perse, d'aupres de la Coste de la Pescherie, & des Isles de Ceilan & Manar, l'on en trouue autour de la Grande Bretagne, où Cesar mesme en fit amas, ainsi que i'ay dit ailleurs; puis encor au Mont de Voge en Lorraine, en Voitlande pays d'Alemagne, & en Boheme, pres de Horas, Diouitz, Straconitz & Radiarce, qu'on estime deuoir estre preferées aux autres.

Les Mineraux moyens comprennent les sucs, ou les soufres, sels, bitumes, terres, marcasites, & tout ce qui n'est pas vray metal, ou vraye pierre. Le Soufre est vn suc mineral, engendré d'vne substance terrestre, vnctueuse & chaude; sujet à s'enflammer, & tenu pour masle & pere en la generation des metaux. Il s'en trouue de blanc, de iaune, & d'autre qui tient du gris & du noir, & sur tout on en voit grande abondance aux Isles Eoliennes, en Sicile, au Montgibel, & a Pozzoli pres de Naples. Il y en a de deux sortes, l'vn vif, qui n'a pas essayé le feu, & l'autre cuit & fait dans les fournaises. La plus grande quantité de ce mineral est maintenant employée en la poudre à canon, & les blanchisseurs de cire se seruent aussi de la fumée, outre qu'il sert à plusieurs autres choses.

l'Orpiment & l'Arsenic, deux presents venins, sont des especes de soufre, ou pour le moins en approchent. L'Orpiment est iaune, & l'Arsenic blanc, & ces deux ensemble estant melez par sublimation, font le Reagal au lieu que Cardan dit qu'on fait l'Orpiment blanc auec le sel, & qu'on le nomme alors Arsenic; puis quand il vieillit deuient luysant & plus nuysible, & est nommé Reagal. Mais combien que ces Mineraux soient venimeux, comme brulans; ils preseruent de la peste, en les portant sur le cœur dans quelque linge, & la fumée profite grandement à ceux qui ont quelque vieille toux & courte haleine. La Sandarache, appellée autrement Massicot, terre rouge, qui tire sur le iaune nommée par quelques vns Orpiment rouge, & se meslant le plus souuent dans les Mines auec le iaune, doit estre aussi mise parmy les soufres, pource qu'elle en tient beaucoup.

L'Antimoine, qui semble aprocher des metaux, sans pouuoir atteindre à leur perfection, doit encor estre mis parmy les soufres, à cause de son odeur de soufre. Il est blanc, & plus luysant que l'argent, mais beaucoup plus cassant que le verre. Les Chymistes en font des merueilles, l'ayant preparé. Il y a plusieurs sortes de Sel, dont le commun est le principal, qui est ou naturel, naissant tel dans les minieres appellé Sel Mineral ou Sel de Mine & par les Apoticaires Sel gemme, à la façon des Arabes, dont on trouue grande quantité en Hongrie, Pologne, Calabre[a], Libye & au Mont d'Auraz de l'Estat de Bugie, & ailleurs, ou fait artificiellement de l'eau de la Mer, & de celle de quelques puys Salans; & fontaines, comme aux lieux dont i'ay

[a] I. Leon p. 6.

parlé cy-dessus, a Hall de Saxe, & de Tirol, & en beaucoup d'autres. Quant au Sel des Lacs & des fleuues, bien que Pline [a] dit, qu'il y en a plusieurs qui rendent grande quantité de Sel, l'on n'en voit aucune marque en ce siecle.

a Plin. l. 31. c. 7.

Les autres Sels sont l'Ammoniac, que nous appellons Armoniac, amer au possible, que l'on trouue aux Sablonnieres de Cyrene & de Libye, vers le temple d'Ammon, selon Pline, mais qui nous est inconu, si bien que les Apoticaires n'en ont que de l'artificiel de mesme que les Chymistes, fait de cinq parties d'vrine d'homme, & d'vne de sel commun, & d'vne demye partie de suye cuites ensemble iusqu'à la consomption de l'humidité, puis sublimées ; & le Salpetre, ou Nitre, ou Sel nitre, dont on fait la poudre à canon, qui n'est toutesfois le vray Nitre des anciens ; & lors qu'il est preparé pour les remedes on l'appelle Sel de prunelle.

L'on adioute à ces Sels, le Sel de verre, nommé par les Arabes Sel Kali, ou Alkali, qui est fait des cendres de l'herbe que les Arabes nomment Kali, qui est nostre Soude ou Salicor qu'on trouue en Espagne, Prouence, Languedoc & ailleurs ; dont l'on se sert pour éclaircir les verres aux verrieres ; mais la plus grande partie nomme cette cendre Alum catine ; qu'on met ordinairement entre les sortes de l'alum.

L'Alum est aussi mis entre les Sels, & ses especes sont l'Alum de roche, l'Alum de plume, qui est proprement la pierre Amianthe ; l'Alum de Scajobe, ou Scariole ou écaillé en Italien Scagliuolo, qu'on fait d'vne pierre écaillée, claire comme verre, nommée Pierre de miroir, ou Miroir d'asne, & l'Alum catine, dont ie vien de parler. Il y a encor l'Alum Sucrin des Apoticaires, composé d'alum de roche en mine, demelé en blanc d'œufs & eau rose ; & l'alum de lie, fait de lie de vin, dessechée au Soleil, iusqu'à ce qu'elle soit blanche ; puis brulée.

Le Vitriol est encor entre les Sels, & celuy qu'on estime le plus est celuy de Cypre ; le Romain & celuy de Sicile, & de Hongrie, & la partie qu'on en tire en forme d'escume est nommée à present Couperose. Il y en a aussi d'artificiel, qui se fait en faisant boüillir de l'eau, ou a tremper certaine terre atramenteuse, ou teignante. Les Chymistes font maintenant auec du cuivre vn Vitriol excellent, de couleur bleuë fort agreable, qu'on appelle Vitriol de Venus.

Le Bitume est vn suc de la terre gluant & conceuant aysément le feu. Il y en a de liquide, qui coule en consistance d'huyle, & de caillé, ou épaissy ; qui ne coule point. Les principales especes du liquide sont la Naphthe, qui a telle force qu'elle attire de bien loin le feu, & s'enflamme tellement que l'eau l'allume dauantage, au lieu de l'éteindre ; le Petrole, ou comme nous disons, huyle de petrole, & la poix liquide naturelle, plus épaisse que le petrole, & le Pissasphalte, qui est vn bitume melé de poix, nommé par les Arabes Mumie, pource qu'on embaumoit auec cela les corps morts, qui sont aussi signifiez par le mot de Mumie ; & c'est de ce Pissasphalte qu'on empoisse les nauires.

Bitu[me]

Le Bitume epais & caillé est de plusieurs sortes, & comprend l'Asphalte, dont le Lac Asphaltite, ou de Sodome, a pris son nom, qui est noir comme la poix, mais plus dur & plus luisant, & de moins facheuse odeur, & a pris le nom du genre, pource que tous les bitumes sont contenus sous le nom d'Asphalte. Le jayet, l'Ambre gris, & l'Ambre iaune, sont aussi des especes de bitum, de mesme que les mottes de terre, qu'on appelle tourbes, qu'on voit & qu'on fait seruir de bois aux Pays-bas ; au Liege & en Alemagne, & les charbons de pierre, qu'on employe aux forges le tirant des mines composé de bitum & d'vn suc terrestre qui s'empierre, propre à conceuoir la flamme. L'on met encor entre les bitums la Malthe, bien qu'il ne semble pas que ce soit vn pur bitum, mais seulement quelque chose qui en coule, & se mesle auec vn limon argilleux estant de telle nature [b] que l'eau l'allume, & la terre seule éteint son feu : & toutesfois on employa cette matiere au ciment des murailles de Babylone ; pource qu'elle s'attache fermement aux choses solides.

b Plin. l. 2. c. 104. Vitru. l. 1. c. 5.

Pour le regard de la Terre, dôt ie pretês de parler ici, c'est vn corps participât de la nature minerale, qui se dissout auec l'eau, & se châge en boüe. Ses plus fameuses especes sôt la Terre Seellée, celle de S. Paul, ou de Malte, le Bol d'Armenie, & les terres de Samos, Eretrie, Chio & autres lieux renômés chez les anciens & les modernes, & les crayes [de d]iuerses couleurs, outre la Marne mise par plusieurs entre les bitûs, qui sert grâdem[ent] a amâder les terres. A quoy l'ô peut adiouter l'ocre qui teint en iaune, la calamine qui teint en mesme couleur les metaux ; le safre qui teint en azur le verre, & les vases de terre vernissée ; la Manganese, qui teint aussi en bleu les vases de terre, l'azur

Terre

d'Alemagne qui est vne teinture de la fumée des mines d'argent, qu'on racle sur les pierres; & qui differe grandement de l'outremarin, qui se fait du Lapis Lazuli ; & l'Azur verd, qui est vne exhalaison des mines d'airain ; quoy que ces derniers mineraux ne soient mis du tout proprement entre les terres, estans toutefois nommez terres par Cardan. Quant au Vermillon, qui se trouue dans les mines de vif argent, il y peut estre mis aussi pour raison de sa teinture ; mais pour le regard du Cinabre mineral il nous est inconu ; veu que celuy dont on se sert maintenant est falsifié auec du soufre & du vif argent, meslez ensemble.

Les Marcasites sont de plusieurs sortes, dautant que chaque Mine de metal, & peut estre mesme encor quelqu'vn des moyens mineraux produit la sienne, qui est comme vn Mineral imparfait. L'on en trouue de diuerses sortes & couleurs, & mesme quelques vnes si luisantes & iaunes, que si elles se trouuoient pesantes, on les prendroit pour fin or, & d'autres si blanches qu'il semble que ce sont des pieces de fin argent, & d'autres qui ont vne couleur moyenne entre le blanc & le iaune. Mais de quelque sorte qu'elles soient, elles sentent fort le soufre, lors qu'on les manie, & ne sont guiere dures ; & quelques vnes iettent force feu, lors qu'on les bat sur vn carreau d'acier. Au reste ces Marcasites sont composés de pierre, & d'vn suc metallaire, & iointes auec toutes sorte de mines, & les pierres à feu que nous mettons bien souuent à nos roüets, qui sont comme marquetées de petits grains d'or, sont de ce nombre, & tirées de plus grosses masses. Aussi nous les appellons Pierres de Mine.

Les autres Mineraux moyens ou choses qui procedent des mineraux sont la Cadmie des anciens, qu'on amasse és voûtes des forges & fournaises de bronze, ou autour des perches des mesmes forges ; le Spodium, qui se trouue dans les fournaises d'airain, engendré des plus grossieres parties de ces cendres ; la fleur de bronze ou d'airain, qui se recueille és fournaises de bronze, ou d'airain, & est en forme de grains de millet luysans & rougeatres, & le plus subtil de l'airain : l'ecaille de bronze, qui sort des clous de cuivre, dont on vse aux forges. Il y a aussi l'escaille d'acier & de cuivre, qui en sort quand on le forge ; & l'écume d'argent, nommée communement litharge, qui est vne masse ou pierre, faite de plomb ; pource que quand on cuit ce metal tout seul, ou auec quelqu'autre, en la seconde fournaise, il se conuertit partie en litharge, partie en plombagine. Au reste il y a deux sortes de litharge, l'vne tirant sur le iaune, nommée litharge d'or ; l'autre blanche, ou litharge d'argent. La plombagine qui s'appelle aussi litharge de plomb, mine de plomb & mine d'argent est le pur plomb conuerty comme en cendre par la force du feu ; & la meilleure plombagine est iaunatre, ou blonde, retirant à l'écume d'argent, & reluisante ; & la Litharge des Apoticaires se fait souuent és fourneaux où l'on affine l'argent, de plomb melé auec la crasse de l'argent.

La Chrysocolle, ou Soudure d'or, ou Borax, est vne espece de nitre, qu'on trouue dans des mines d'or, d'argent & d'airain. Mais l'artificielle est faite de l'vrine d'vn enfant, longuement batuë dans vn mortier de bronze, auec vn pilon de mesme matiere. Le Misy qui vient de Cypre, est de couleur d'or, fort luisant, & mal-aysé à rompre, & la Melantherie croist comme certain sel à l'entrée des mines d'airain, ou bien estant plus terrestre se congele en la surface des mesmes lieux. L'on en trouue aussi des mines.

Le Sublimé se fait de vif argent, & de Sel ammoniac, vitriol, ou autres sels melez & sublimez à force de feu, iusqu'à ce qu'il s'endurcisse comme Sel, ayant couleur de sucre ; sert à farder & blanchir le visage, mais gaste les dents, & engendre puanteur de bouche. Le Mercure Precipité, ou le Precipité simplement, se fait aussi de vif argent, & de certaine eau, que les Alchymistes tirent par voye de sublimation, du vitriol, de l'alum & du Salpétre. La Ceruse ou blanc de plomb, ou blanc d'Espagne, ou blanc de poule, se fait auec des branches de sarment, surfonduës auec de fort vinaigre, en metant dessus des lames de plomb, contre lesquelles la ceruse se trouue attachée, pourueu qu'on ferme bien la bouche du vaisseau ; & le Verdet, ou Vert de gris se fait auec vn bassin de cuivre qui couure vne bouteille pleine de vinaigre, & où le verdet s'attache, qu'on racle ; ou bië auec des lames de cuivre enseuelies dans des grappes de raisin, qui causent cette roüille qui s'attache aux lames, & se racle ; & la Purpurine est de couleur iaune approchante de l'or, si elle est bien faite. Mais elle en differe en ce qu'elle ne resiste pas aux iniures de l'air, & n'est pas de longue durée. On la fait d'egales portions de plomb blanc & de vif argent ;

& pareillement d'egales portions de sel Ammoniac, & de Soufre; mais qui ne font que la sixieme partie, ou le quart des autres deux ingrediens. L'on ne met rien en poudre fors que le Sel & le Soufre; & l'on méle le plomb, reduit en feuilles fort deliées auec le vifargent, puis le tout ensemble en vn vaisseau de verre, & l'ayant distillé, ce qui demeure au fonds est la Purpurine, dont on enrichit & dore en apparence plusieurs choses.

Venons maintenant aux animaux sans raison, douëz d'vne ame, qui les faict sentir & mouuoir, nommée communement sensitiue, ou sentante, qui se sert pour ses operations de diuers instruments qui sont au corps, appellé pour cete cause organique, & comprend, comme plus haute & plus noble, toutes les puissances de l'ame de la plante, ou vegetatiue, commune à toutes les choses viuantes, par le moyen de laquelle elles ont vie, nourriture, accroissement, & la vertu d'engendrer leur semblable. Animaux.

Quelques vns tirent leurs differences & distinctions des Elements, & des lieux, ausquels ils passent leur vie, des diuerses façons de se nourrir & mouuoir, & produire leur semblable, de leurs parties, mœurs, actions & sens, & de plusieurs autres choses. Differences.

Leur sejour en l'air, en terre, ou dans l'eau, semble comprendre tous les animaux; pource qu'on ne conoist que l'oyseau de Paradis qui viue en l'air, & quant aux autres oyseaux, quoy qu'ils se tiennent & volent en l'air durant quelque temps, fors l'Austruche, ils reuiennent toutesfois tousiours en terre, lieu de leur repos, ou se tiennent dans l'eau par fois, ou tousiours, sans en bouger, comme le discours des oyseaux vous fera cognoistre: & pour le regard des Insectes ailez, ils reuiennent tousjours de l'air en bas, & les autres animaux ont la terre, ou l'eau, ou la terre & l'eau pour demeure. Demeures & lieux.

Quant à la Salamandre, quoy que plusieurs anciens fort authorisez asseurent, qu'elle vit dans le feu, il est certain qu'on ne la trouue qu'en des lieux froids & humides, & qu'elle esteint auec sa froideur & humidité les charbons ardans, au lieu de se maintenir au milieu des flammes; & quant à la Pyralide, ou Pyrauste animal ailé espece de mouche, bien que quelques vns dient qu'elle vit d'ordinaire dans le feu, particulierement dans les fournaises d'airain de Cypre, l'on soustient auec plus d'apparence & d'experience, qu'il ne se trouue aucun animal qui ne brusle & meure dans le feu, qui consume toute chose, & que le pyraustes sont bien engendrées autour des fournaises, & s'y maintiennent par le moyen de leur chaleur; mais qu'elles ne demeurent iamais dans le feu, & si l'on les y iette, elle sont bien tost bruslées.

Dauantage, il y a cette difference entr'eux, que les vns ne changent guiere de sejour, comme les Elephans & tous les animaux à quatre pieds; voire mesme la plus part des oyseaux; & d'autres s'en vont & retournent en certains temps, comme les gruës, les cigognes, qui se remettent à leur retour en leurs premiers nids, les oyes, les canars, & les Cygnes, qui se soulagent en mettant leur col sur ceux qui les deuancent, & receuant à la queuë de leur troupe leurs conducteurs, lors qu'ils sont lassez; les cailles qui ont comme leurs logis marquez, & leurs gistes certains durant leur chemin, ce qui fait qu'on les attend au passage en diuers endroits; les arondelles qui changent de lieu, comme les autres, de crainte du froid, & les estourneaux, & merles qui s'en vont en quelques lieux voysins plus fauorables, par vn instinct de nature; & quelques vns des autres oyseaux cherchent quelque recours contre le froid, ou le chaud, en des lieux choysis, mesme les plus delicats, qui se tiennent en hyuer aux plaines, pour sentir moins la rigueur du froid, & se retirent aux lieux montueux en Esté, pour estre plus fraiz. Les poissons mesmes vont d'vne Mer à l'autre, selon les saisons, & plusieurs durant l'hyuer se transportent pres des riuages pour estre plus chaudement, puis en Esté s'en reuont en haute Mer pour euiter la chaleur.

Ils en trouue qui choysissent ou preparent quelque logement pour eux, comme diuers oyseaux qui bastissent leurs nids, ouaires, les rats, formis, bourdons & abeilles. Mais il y en a plusieurs qui ne veulent s'engager en aucun lieu, ny demeurer enfermez, comme diuers insectes, bestes à quatre pieds, poissons & oyseaux, dont les plus pesans, comme les perdrix & les cailles, ne bastissent aucun nid, au contraire du pic verd, qui ne peut demeurer en terre, & niche d'ordinaire aux arbres. Quelques autres cherchent les roches & les cauernes, ou les arbres creux, ou lieux sousterrains, comme les vautours, les hibous, Ducs, & autres oyseaux de nuict,

& les arondelles qui se mettent comme en vn tas en hyuer dans les cauernes de quelques montaignes, pour se tenir chaudes, de mesme que les tourterelles; les chamois, & bouquetains, qui se tiennent dans des roches inaccessibles, les Ours qui demeurent bien souuent dans des cauernes, principalement au fort de l'hyuer, les Serpents, les Ecreuisses, l'Armadillo de l'Amerique, les lapins & les conins, les herissons, porcs-espics, blereaux, castors, loutres, marmotaines, écurieux, hermines, belettes, furons, fouynes, taupes, rats, martres, lezats & lezardes, qui se tiennent à couuert en des lieux choisis, comme font aussi tous les insectes. Les vns ayment la demeure des bois & lieux montueux comme la huppe, de mesme que le Cerf, le sanglier, le loup; & d'autres ayment les lieux découuerts & plains comme le cheual, le beuf, le chien; ou se plaisent à pratiquer les eaux, comme tous les oyseaux qui ont les pieds plats; ou font comme le Crocodil, qui demeurent la pluspart du iour en terre, & la nuict en l'eau.

Il faut encor remarquer que plusieurs animaux se trouuent en Asie & Afrique, qui ne naissent point en Europe, comme les lyons (dont toutefois Aristote [a] & Pline logent les plus furieux & forts, entre la riuiere Acheloë de Grece, & celle de Nesse) les pantheres, leopars, tigres, elephans, & semblables animaux, les Gazelles, Giraffes, Chameaux, Zebres, Crocodiles, Hippopotames, & plusieurs autres; & de plus, que l'Amerique en nourrit plusieurs que l'on ne voit point aux autres parties; & les pays Septentrionaux ont aussi leurs Elends, ou Elans, leurs Rangers, & autres animaux, qu'on ne voit que par transport aux autres prouinces; & mesme l'Ocean Septentrional nourrit des mõstres marins qu'on n'apperçoit point aux autres mers, comme vous pourrez conoistre par mes discours de ces pays là, de mesme qu'en la qualité generale des quatre parties du Mõde, des Indes Orientales, du Royaume de Congo, du Brasil, & d'autres pays, où vous verrez les plus considerables & plus rares animaux de toute la terre, & mesme de l'eau, & les particularitez d'iceux, qui meritent d'estre sceues.

Semblablement les Conins [b], qu'on ne voit point en l'Isle d'Yuice, sont en fort grande multitude aux Isles de Mallorque & Minorque, & par toute l'Espagne, dont elle est voisine; & l'on ne voit pas des Loups au Mont Olympe de Macedoine, non plus qu'en l'Isle de Crete, au lieu qu'il y en a beaucoup ailleurs. Il n'y a non plus [c] de chouëttes en l'Isle de Crete, ny d'Aigle en celle de Rhodes, ny de pic verd au territoire de Tarente au Royaume de Naples. Les perdrix ne passent point les limites de la Beoce, en l'Attique; Les lieures [d], qui viuent ailleurs, estans transportez en Ithaque, Isle de la Mer Ionique, y meurent bien tost. Les bestes à quatre pieds [e] ne peuuent viure au Royaume de Melli, au pays des Negres, & l'on ne trouue [f] aucune punaise en l'Isle S. Thomas, non plus que de moutons & brebis au Royaume de Senega des Negres, à cause des grandes chaleurs; & le territoire de Segelmesse [g] en Numidie à cette proprieté, qu'il n'y naist aucune puce, non plus qu'autour [h] de la ville de Cyrene des cigales.

Quant à ce qu'on dit que les Loups ne peuuent viure en Angleterre, c'est vn grand abus; veu que les ordonnances des Roys, non la qualité du pays, l'on depeuplée de ces animaux, qui ne manquent pas en l'Escosse, comme vous pourrez voir au discours de ces Royaumes.

De plus, certains lieux ont vne vertu particuliere sur quelques animaux, qui ne se rencontre pas aux mesmes ailleurs, comme on voit aux grenoüilles de Seriphe, Isle de l'Archipelague [i], qui n'y chantent point, au lieu qu'estans transportées en quelque autre lieu, elles coassent, suiuant leur coustume & naturel; aux Cigales [k] qui ne chantent point au territoire de Rhege en Calabre, au lieu qu'on les oyt crialler au delà de ses limites; aux Sangliers [l] qui sont muets en Macedoine, de mesme que les grenoüilles; & aux serpents [m] qui sont autour des bords de l'Euphrate, qui n'offencent point les habitans du pays dormans, mais les estrangers, au lieu qu'au contraire au Mont Latmos de Carie, les scorpions ne font aucun mal aux estrangers, & piquent mortellement leurs voisins. Au pays de Laconie [n] les chiens nommez Laconiques, si fort renommez, naissoient de l'accouplement des loups auecque les chiens, & l'on a tenu, que les dogues, ou chiens redoutez des Indes sortoient d'vn Tigre & d'vne chienne, chose qu'on ne voit pas arriuer ailleurs.

Les animaux different encor en ce qui est de la generation; veu que les vns sont produits par accouplement de masle & de femelle; les autres de quelque boüe, ou limon, comme [o] les petits rats, sortans du limon, que le Nil laisse en Egypte en se

a Arist. de hist. anim. li. 8. c. 28. Plin. l. 8. c. 16. &
b Plin. li. 8. c. 58.
c Plin. li. 10. c. 29. &
d li. 8. c. 58.
e Nauig. di Luigida Cadam.
f Nauig. d'vn Piloto Portogh.
g Leon Afr. p. 6.
h Plin li. 11. c. 27. &
i li. 8. c. 58. &
k li. 8. c. 995.
l li. 8. c. 58. &
m li. 8. c. 59.
n Arist. de hist. Anim. li. 8. c. 18.
o Plin. li. 9. c. 58.

retirant, dont les vns paroissent viuans à demy, les autres entiers, & beaucoup d'autres petits animaux, ou de la pluye [a], ou de la [b] rosée, ou de quelque humeur surabondante, excrement, & matiere pourrie, comme beaucoup d'insectes; ou du bois de quelques arbres [c]; comme plusieurs vers, & les Clakis des Isles Hebrides appellez Bernacles, ou du bois [d] des nauires, & du goudran trempant dans la Mer, comme les mesmes, ou dans les intestins des animaux, & mesme de l'homme, comme plusieurs vers, ou mesme de la [e] mouelle de l'espine du dos des hommes, comme les Serpents: ou bien ils sont engendrez tant par le moyen de l'accouplement, que de la pourriture ou de l'humeur, de laquelle ils sortent.

a Plin. li. 11. c. 31. & b li. 8. c. 30.
c Io. Lesl. Descrip. regn. Scot.
d Argentré Chron. de Bret.
e Plin. li. 10. c. 66.

Dauantage les vns engendrent vn animal parfait, de mesme que l'homme, & les autres des œufs, ou des vers. Les animaux terrestres couuers de poil, la vipere entre les Serpents, la Balene, le veau marin, l'hippopotame, ou cheual de riuiere, le Rosmar, le Daufin, & les autres grands poissons, nommez Cetacées, ou du genre des balenes, & tous ceux qu'on peut trouuer couuers de poil, puis encore ceux qu'on appelle Cartilagineux, ou pleins de cartilages, comme la raye, font vn animal parfait. Les autres poissons, & Serpens, & tous les oyseaux, horsmis les chauuesouris, si tant est qu'on les mette en ce rang, qui fait des petits [f] sans œufs, & les nourrit de son laict; & entre les bestes à quatre pieds la tortuë tant d'eau que de terre, le Crocodil, la grenoüille, & mesme les vers à soye font des œufs. Les autres petits animaux qu'on appelle insectes font des vers, & mesme Aristote [g] dit, que tous font des vers, excepté certaine sorte de papillons; bien qu'on puisse dire qu'il naist premierement des œufs de plusieurs d'entr'eux, comme des cigales, & chenilles qui se transforment aussi tost en vers, ou pour mieux dire [h] qu'ils font des vermisseaux en forme d'œuf, comme les Scorpions.

f Vinc. Spec. nat. li. 1. c. 28.
g Arist. hist. Ani.
h Plin. l. 8. c. 30.

Il faut aussi remarquer que plusieurs poissons qui viennent des œufs & du fray, naissent du limon & du sable, & que quelques animaux engendrent non seulement souuent, mais encore beaucoup à la fois, comme les chats, les chiens, & sur tout les rats, qui [i] font iusqu'à 120 petits à la fois: mais les poissons sont aussi sur tous, merueilleusement feconds, à cause de l'humeur dans laquelle ils viuent. Les poules font aussi plusieurs œufs, & les perdrix aussi, & les pigeons tous les mois, & les conins font pareillement des petits tous les mois, & en tout temps. Au reste tāt plus les [k] animaux sont grands, tant moins ils les portent, & tant plus long temps, & particulierement ceux qui ont la corne, ou le pied d'vne piece n'en font qu'vn, mais ceux qui l'ont fourchu en font iusqu'à deux; & la truye seule plusieurs; mais ceux dont le pied se partage en plusieurs doigts, en font dauantage. Les Aigles & les autres oyseaux viuans de proye multiplient peu. Les Elephans, chameaux & cheuaux n'en font qu'vn; & pour le regard de [l] ce qu'on dit, communement que l'Elephant porte son faon dix ans, Pline enseigne que la femelle porte son petit seulement deux ans, & ne porte qu'vne fois, & vn à la fois. Mais Aristote [m] dit, que l'Elephant commence seulement à s'accoupler lors qu'il a 20 ans, puis la femelle ne porte son petit, selon aucuns que 6 mois, & selon d'autres vn an, voire trois. Quant aux Lyons, Aristote dit [n], que la Lyonne porte tous les ans, les plus souuent deux à la fois, & pour le plus six. Mais Pline rapporte [o], que le mesme enseigne, que la Lyonne fait la premiere fois 6 lyonceaux, & tous les ans suiuans diminuë tousiours d'vn; puis lors qu'elle en a fait vn seul, deuient sterile. L'on tient aussi que les ours & les loups ne font leurs oursats, & leurs loueteaux qu'au bout de 3 ans, comme moins vtiles, ou mesme dangereux, & les Serpents & viperes engendrent rarement, & peu à la fois, comme fort nuisibles; au lieu que les chattes ne portent qu'vn mois, les chiennes & les truyes enuiron deux, les chevres quatre, les brebis cinq, les Cerfs huict, & les bœufs neuf.

i Arist. hist. Ani. li. 7. c. 37.
k Plin. li. 10.
l Plin. li. 8. c. 10.
m Arist. hist. Ani. l. 6. c. 27. & n li. 6. c. 31.
o Plin. li. 8. c. 16.

Quant à la distinction des sexes, elle ne se trouue pas en tous les animaux; veu [p] que ceux qui sont dans les huitres & coquilles, qui viuent comme attachez à vn lieu n'ont pas cette difference, non plus que les anguilles, & les Salamandres, qui n'engendrent d'elles mesmes ny animal, ny œuf; au lieu que les autres animaux, mesmes les poissons mols, comme la Seche, & ceux qui ont vne croute par dessus, comme la Langouste & l'Ecreuisse, ont masle & femelle. Les insectes ont aussi cette difference de sexe, comme les escharbots, araignées, phalanges & mouches, qu'on voit bien souuent l'vne sur l'autre. Quant au lievre, auquel on ne donne communement aucune distinction de sexe, & duquel on dit qu'il est tantost masle, tantost femelle, pource qu'il s'en trouue plusieurs hermaphrodites, ou qui ont les

p Plin. li. 10.

deux natures, il est certain qu'vn mesme ne peut estre maintenant d'vn sexe, puis d'vn autre, & ce qui rembarre mieux cette opinion, c'est qu'Aristote [a], qui a conu plus particulierement les animaux que nul autre, met en cette espece masle & femelle.

a Arist. hist. An. li. 5. c. 5.

L'on distingue encor les animaux par la longueur de leur vie, pource qu'il y en a quelques vns qui viuent long-temps, & les autres peu. Quelques vns ont fait entendre [b], que la Corneille viuoit neuf fois l'âge d'vn homme, le Cerf quatre fois autant que la Corneille, & le Corbeau trois fois autant que le Cerf: mais c'est chose mal asseurée, & dite à plaisir; & quant à l'âge du Phenix, auquel on donne [c] 660 ans de vie, c'est chose qui semble toute fabuleuse. Ce qu'on peut sçauoir plus certainement c'est [d] que les Cerfs viuent encor longuement apres cent ans, comme les anciens reconurent en quelques vns qui furent pris auec des colliers qu'Alexandre leur auoit donnez. La ieunesse [e] des Elephans commence seulement à 60 ans, & leur vie est de 200, voire iusqu'à 300 ans. L'on tient aussi que les Chameaux peuuent viure cent ans, les cheuaux 50, les pigeons 40, les paons 15, les beufs, chiens & pourceaux 10, les perdrix 17, les brebis 11, les chevres 10, les lievres, les rats & les guespes 6. Mais il y a selon quelques vns [f] pres de la riuiere Hypanis du pays du Pont, vn animal que les Grecs ont nommé Ephemere, ou Hemerobie, c'est à dire viuant vn iour, qui naist au matin & finit le soir.

b Plin. li. 7. c. 48. & c li. 18. c. 2. & d li. 8. c. 32. & e li. 8. c. 10. & f li. 11. c. 36.

Quelques vns viuent d'air, ou du moins de sa rosée, pource que l'air simplement est trop delié, comme l'oyseau de Paradis, qui a sa demeure trop haute pour trouuer autre viande; le Chamæleon de [g] mesme (qui se paist neantmoins quelquefois de mouches) la Cigale aussi, selon Aristote, la lezarde, qui vit aussi de rosée, & parfois d'aragnées; l'huytre qui la reçoit auec sa coquille ouuerte & beante, tellement qu'on dit que les perles viennent de cette rosée; le Perico ligero, ou le petit chien leger de l'Amerique, animal pesant au possible, à qui Cardan & Scaliger donnent mesme nourriture, bien qu'Acosta le paisse aussi de formis, qui ne pourroient pas toutesfois suffire à cet animal, & le Hay [h] autre animal de l'Amerique, grand comme vn gros barbet qu'on n'a iamais veu manger, tellement qu'on croit, qu'il se paist de vent; & quelques vns cherchent leur vie en l'air, sans la tirer de l'air, comme l'arondelle, & plusieurs oyseaux qui chassent aux mouchent, & d'autres qui poursuiuent leurs semblables.

g Plin. li. 8. c. 33. & li. 10 c. 10. & li. 11. c. 26.

h Lery Voy. de l'Amer.

Les autres viuent d'eau, comme l'anchoye & la melete, & mesme les moules, & coquilles, ou cherchent leur vie en l'eau, comme les loutres, les poissons, & les oyseaux qui suiuent les eaux; ou viuent de terre ou de bouë, comme le loup lors qu'il a bien faim, les taupes, les crapaux, les poissons nommez Muges, ou Musniers, & les Scorpions; ou d'algue, & de mousse, comme les goujons, & autres poissons qui ne viuent pas en des lieux boüeux, mais purs & pierreux, & pres des Caps; ou cherchent leur vie en terre, comme les animaux terrestres & amphibies, & la plus part des oyseaux, ou viuët de chair, cõme les Lyons, loups, tigres, chiens, chats, & autres, les oyseaux de proye, & à bec crochu, le Corbeau, & mesme l'arondelle, & plusieurs poissons, les Crocodiles, & autres amphibies, mesmes les Ecreuisses qui l'ayment, & par ce moyen sont aysement prises; ou viuent d'herbe, comme plusieurs animaux terrestres, le seul lievre, [i] entre les animaux qui ont des doigts, les tortuës de Mer, qui vont en terre paistre l'herbe, viuans aussi de petites coquilles, les Ecreuisses de mesme, & le gros poisson Tiburon, qui paist l'herbe, mettant la teste hors de l'eau; ou viuent d'herbe, ou de grain, comme les cheuaux, les beufs, les Cerfs, les cailles, perdrix, pigeons & diuers oyseaux, ou de diuers fruits, cõme les Elephans, les Sangliers, le Poulpe qui sort de la Mer pour manger du fruit des arbres, & les veaux marins, qui gastent le vignes de mesme que les blereaux qui s'en engraissent, les finges, & diuers oyseaux, qui bequetent, ou mangent diuers fruits, ou viuent de vers cõme les corbeaux & les poules font souuët, & les pinçõs, passereaux, & autres petits oyseaux; ou de charoignes, cõme les corbeaux, & autres; ou de poissons comme les [k] oyes marines de la Mer de Brasil, les plongeons & cormorans, & plusieurs autres oyseaux qui suiuent l'eau; les [l] beufs, moutons, chameaux, & cheuaux de quelques endroits de l'Arabie heureuse, & du royaume du Sinde, ou d'Vlsinde, comme Barbosa l'appelle, dont les habitans nourrissent ces animaux de poisson salé; ou d'excrements, comme les Escharbots, & certains [m] oyseaux en la Mer du Zur, qui se nourrissent de ce que les autres esmentissent, à raison dequoy les Italiens les appellent Cacaucello; ou de formis, comme le pic, le petit chien leger dont i'ay parlé, & le Tamandoua [n] animal

i Plin. li. 11. c. 75.

k Pigaf. Viag.

l M. Polo l. & Odoard. Barbosa.

m Pigaf. Viag.

n Lery Voy.

terrestre de l'Amerique, grand comme vn cheual; ou de mouches, comme les araignées; ou du doux suc des fleurs choisies, comme les abeilles; ou de l'humeur de la chair viue, comme les poux, puces & punaises; ou de diuerses, comme le serpent qui mange de la chair, & de l'herbe, auec les œufs; & ayme grandement le vin, & le laict; ou de toutes, comme les porceaux, & mesme les Ours, qui [a] viuent de fueilles, de grains, de raisins, de pommes, & autres fruits, de mouches à miel, d'ecreuisses, & de formis, ou mesme de venin comme les Cigognes, les Cheureuls, les Cerfs, les cailles & les estourneaux, qui s'en engraissent, mangeant des Serpens, ou semblables animaux & des herbes venimeuses, comme la becasse fait la siguë, qui tuë les hommes; ou de fer mesme parfois, comme les Autruches qui le digerent.

a Plin. li. 10. c 73.

Quelques vns font amas de viures, se seruant d'industrie, où la force manque; & d'autres rauissent ce qu'ils peuuent: mais il y en a qui ne sont ny propres à se nourrir de leur chasse, ny capables de faire leurs prouisions de longue main; mais viuent seulement de ce que la Nature, ou le hazard leur offre.

Les vns rauissent leur vie auec les dents, les autres auec les ongles, ou le bec, auec la largeur duquel les vns attaquent, de mesme que les autres percent & creusent auec la pointe, & les autres vsent de leurs pieds, pour emporter, deschirer, tenir, presser, suspendre, fouyr & grater la terre, ou mesme pour porter la viande à la bouche, comme les Singes. Les vns tirent leur vie en suçant, comme les sangsuës, & les puces, & les autres en leschant, humant, mangeant & deuorant. Les rats cõmuns, les chiens, & les autres animaux, qui ont les dents en forme de scie, lechent en beuuant; ceux qui ont les dents qui s'entretouchent, hument, comme les cheuaux & les bœufs, & les Ours ne font ny l'vn ny l'autre, mais deuorent mesme l'eau qu'ils boiuent, & les Crocodiles, Balenes, & autres monstres de mer, mesme les brochets deuorent les autres animaux entiers.

Les animaux different encor en ce qui est des sens, pource que tous ne sont pas doüez de tous, mais celuy de l'attouchement est en tous, mesme aux huitres, & aux vers de terre, & il y a aussi de l'apparence de donner le sens du goust à tous, fors aux Zoophytes, dont ie parleray plus bas, qui n'ont que le simple attouchement. Au reste quelques vns ont [b] voulu donner à l'homme l'attouchement, & le goust plus parfait qu'aux bestes, & toutefois il faut auoüer qu'elles le surmontent en perfectiõ de tous les cinq sens; veu que le Lynx & l'Aigle ont la veuë plus penetrante, le Vautour esuente mieux, & a l'odorat, ou le flairement plus vif; le singe a le goust plus exquis, l'araignée l'attouchement plus delicat, & la taupe, bien qu'accablée de terre & le porceau, ont l'ouye plus subtile, comme s'il suffisoit à l'homme de les surmõter en ce qui est de l'entendement & de la raison. Quant aux poissons ils oyent, mais le mulet oyt plus clairement que les autres, & le flairement ne leur manque pas, puis qu'ils s'assemblent à l'approche de quelques odeurs. Sens.

b Plin. li. 10. c. 69. & 70.

Mais outre ces sens exterieurs, ils ont les internes aussi, que la Nature leur a donnez, pour leur seruir, comme de raison; veu que par le sens commun non seulement ils cõprennent les images de tous les obiets qui s'offrent à eux par le moyen des sens de dehors, mais encor ils en font distinction; puis encor par la phantaisie, ils ramenent deuant eux, tant en veillant, qu'en dormant, les images de ces choses qui ont passé par leurs sens, & les considerent, & par le moyen de la memoire ils les gardent imprimées au cerueau, ou en ce qui tient lieu du cerueau, & s'en ressouuiennent.

Ils sont encor distinguez en ceux qui ont sang, comme le cheual, le beuf, le Serpent, & tous les autres parfaits qui manquent de pieds, ou qui n'en ont que deux, ou bien quatre; & en ceux qui n'ont aucun sang, comme les mouches, & tous les autres Insectes, les poissons mols, comme la seche, & le poulpe, ceux qui sont couuers d'vne croute tendre, comme les Ecreuisses & Langoustes; ceux qui l'ont plus dure, comme les huitres & les poissons à coquille, & mesme les escargots sur terre, & pour abreger les animaux qui ont plus de quatre pieds, & les Zoophytes. Sang.

Quelques vns ont plusieurs parties, quelques autres peu, bien que tous soient pourueus de diuerses parties, pource que l'ame n'est iamais sinon en vn corps organique, c'est à dire qui a diuers instrumens, ou plusieurs & diuers membres. La Nature a denié des pieds aux vns, comme aux serpens, anguilles, vers, à tous les poissons, horsmis aux Veaux marins, Rosmars, & semblables monstres de la Mer; & a des oyseaux, qu'on nomme [c] sans pieds en la Mer du Zur & qu'on porte [d] de la Chine ailleurs, de [e] mesme qu'à d'autres qu'on voit en grand nombre en la grande Iaue, & la mesme en a donné deux à tous les autres oyseaux, quatre aux animaux terrestres Parties.

c Pigaf. Viag.
d A Costa Hist. Nat. li. 4.
e Nic. di Conti Viag.

marchants, comme aux chiens, & autres, aux lezars, aux tortuës, Crocodils, hippopotames ou cheuaux de riuiere, ou 8 comme aux poulpes, seches, ecreuisses, cancres, langoustes; ou dix, comme aux aragnées, ou dauātage, comme aux clouportes, & quelques autres menus insectes, qui n'en ont pas moins [a] de 12, & quelquefois en ont plus de cent. Les vns ont aux pieds des ongles, & les autres vne corne, ou sont dépourueuz de l'vn & de l'autre. Les oyseaux les ont distinguez en doigts, horsmis ceux qui ont les pieds plats, auec vn cuir qui les couure, & ioint seulement 3 doigts, comme les canards, & les autres 4; & les vns ont l'ongle crochu comme ceux de rapine, & les autres non. Quant aux animaux à 4 pieds, les vns les ont distinguez par doigts, comme le chien, le chat, le Lyon, les autres les ont d'vne piece, comme le cheual & le mulet, ou fourchu, & partagé en deux, comme les brebis, les chevres, les cerfs, Hippopotames, ou cheuaux de riuiere, & les porceaux, qui ont toutefois les pieds de deux sortes; veu [b] qu'en Illyrie, Peonie, & quelques autres lieux, ils ne les ont pas fendus.

a Plin. li. 11. c. 48.

b Arist. de hist. Ani. li. 2. c. 1. Plin li. 11. c. 46.

Ils different encor en ce que les vns ont des ailes, & les autres non, les vns deux, comme les oyseaux & les papillons, les autres 4, comme les abeilles, & quelques autres insectes, & les vns ont des ailes de plume, les autres de peau, comme les chauuesouris, ou de certain parchemin sec, comme les mesmes insectes, & les autres ont des ailerons pour nager, comme les poissons. Les vns ont des cornes, les autres en manquent; les vns ont les dents continuës, & qui s'entretouchent, de mesme que l'homme, comme le cheual, le singe, le beuf, le veau marin; les autres les ont en forme de dents de scie, ou de peigne, comme le chien, le Lyon, la panthere, & tous les poissons, horsmis le veau marin, dont i'ay parlé, & le scare, qui les a plats; & les autres les ont qui s'auancent hors de la bouche, comme le Sanglier, l'Hippopotame, l'Elephant, & le Morss, ou Rosmar; D'autrepart les oyseaux ont des becs, qui leur tiennent lieu de dents, & il n'y a que la Chauuesouris, mise parmy eux, qui en ayt en lieu de bec.

Voix. Dauantage il y a des animaux muets, comme les poissons mols, ou crouteux, ou à coquille, qui n'ont son, ny voix; & les autres poissons, hormis les veaux marins, & les Rosmars, qui meuglent; les balenes, & semblables monstres de la Mer, qui se font ouyr de bien loing; & mesmes les poissons qui sont sans poulmon, & sans artere, font certain bruit, comme les arondelles de Mer; & le poisson appellé Rasoir, & mesme ils ont certain sifflement en faisant des œufs. Les serpents ont aussi leur sifflement long, & celuy des tortuës est interrompu. Les grenoüilles ont aussi le chant de leur sorte, & de mesme les crapaux. Mais les Insectes sont sans voix, & n'ont qu'vn son qui vient des parties de leur corps diuersement meuës, qui causent certain murmure, ou bourdonnement aux abeilles, guespes, & cousins, & certaine espece de chant aux cigales.

Mais il y a d'autres animaux bruyans, qui ont langue & poulmon, & la voix forte, comme les cheuaux, les beufs, & les vaches, qui l'ont beaucoup plus rude que leurs masles, & les Elephans font vn bruict estrange, aprochant d'vn fort esternuement, d'autres l'ont plus foible, comme les animaux qui sont plus petits; & les vns fremissent, les autres hennissent, les autres abboyent, ou se font entendre en quelque autre sorte, pour exprimer leur necessité, desir, crainte, douleur & ioye, & sur tout lors qu'ils veulent s'accoupler, comme l'on conoist aux grenoüilles qui heurlēt lors par maniere de dire, aux chats, & aux Cerfs qui sont en rut, aux cailles, & aux perdrix, lors qu'elles veulent parier. Au reste pour le regard des oyseaux les vns sifflent, les autres chantent agreablement, ou importunément, ou babillent, ou parlent, ayants vne voix articulée, ou ont vne voix qui ne peut nullement s'exprimer par lettres; & volontiers les plus petits chantent, & parlent plus que ne font les grands, & l'on remarque que quelques vns chantent toute l'année, & les autres en certains temps; & que les cailles [c] chantent fort en combatant, les perdrix auant le combat, & les coqs apres qu'ils ont vaincu; ou ils sont sans langue, & sans voix, comme [d] certains oyseaux du Brasil, qui ont le bec grand comme vne cuillier.

c Plin. li. 11. c. 51.

d Pigaf. Viag.

Naturel. Ils different encor en ce qu'il y en a de farouches & priuez, de sauuages & domestiques. Il s'en trouue quelques vns qui sont tousiours priuez comme le mulet; d'autres tousiours farouches, comme la Panthere, & le Loup; & quelques autres que l'on peut appriuoiser aysément, comme les Elephans. De plus il y a plusieurs sortes d'animaux priuez qui sont aussi sauuages, comme les sangliers, cheuaux, asnes, beufs, & chats sauuages, les canards, les oyes, & les poules sauuages, qui se trouuent en grand nombre en la Guinée, que la Nature oppose à nos porceaux, cheuaux, asnes, beufs, chats, cannes, oyes & poules domestiques. Les vns sont grandement lascifs, comme les perdrix, les coqs, les passereaux & les poissons, qui frayent souuent, & parmy les bestes à 4 pieds les Cerfs, [a] & les Louues qui sollicitent souuent grandement leurs masles, & les violentent pour les contenter, & mesmes s'en vengent s'ils y manquent, & les chiennes, & femelles des veaux marins, qui sont plus ardentes que les masles, & se trouuent les premieres sur le lieu, au lieu que parmy les autres animaux les masles recherchent tousiours. Les autres sont peu lascifs, comme les corbeaux, & leurs semblables, qui s'accouplent rarement.

a Arist. Hist. Ani. li. 5. c. 2.
b Plin. li. 10. c. 63.

[illegible]

Les vns ont aussi la force pour dominer, & la nature a pourueu les autres d'esprit pour euiter le mal & l'offence : & ceux qui attaquẽt les autres, ou qui sont capables de se deffendre, sont forts, mais ceux qui n'ont guiere de vigueur pour se guarantir de l'effort des autres, ont tant plus de preuoyance & de ruze.

Les vns sont doux, lents, & sans opiniastreté, comme les beufs ; les autres courageux & patiens, comme les cheuaux ; ou puissans & pesans, mais spirituels, comme les elephans, ou forts & genereux, comme les Lyons, ou courageux & obstinez comme les sangliers ; ou ingenieux & timides comme les lievres, conins & Cerfs ; ou ruzez, malicieux, & pleins d'embusches, comme les renars ; ou courageux, farouches & traistres, comme les loups ; ou courageux, amis des hommes, & flateurs, comme les chiens ; ou fins & accorts, comme les oyes ; ou simples, comme les Colõbes, ou prudents comme les serpens, ou bien enuieux, amoureux d'eux mesmes, & desireux de paroistre beaux, comme les Paons.

Les vns vont en troupe comme les Elephans & les Cerfs, les gruës, cigognes, oyes, canards, cygnes, pigeons, estourneaux, tourterelles, aloüettes ; les thons, bizes, harans, maquereaux, veaux marins & rosmars ; & les loups, muges, mulets, quoy qu'ennemis, vont ensemble en certains temps, & de mesme les formis & les abeilles. Les autres sont solitaires, comme les oyseaux de proye, qui ne peuuent souffrir compagnie, & la pluspart des animaux terrestres, voire mesme des poissons, des oyseaux & des insectes ; & d'autres vont tantost en troupe, & tantost tous seuls, comme les moyneaux, arondelles, cailles, tourdres, les loups mesmes, & diuers poissons. Societé & Solitude.

Les vns viuent ciuilement, trauaillans ensemble pour le bien commun, & prenans part aux interests les vns des autres, comme les mouches à miel, qui ont mesme vn Roy ; les formis qui font amas de viures pour toute leur troupe ; les gruës [c] qui ont vn Chef & font sentinelle à leur tour, tenant en leurs pieds vne pierre, dont la cheute esueille les autres ; les Cigognes estimées pour le meurtre des Serpents, & pource qu'elles nourrissent ceux qui leur ont donné naissance, quand ils ne peuuent plus pourchasser leur vie ; les Elephans, dont [d] le plus âgé conduit la troupe, & celuy qui le seconde en âge se tient à la queuë, pour les faire marcher serrez ; & les Rosmars qui ont des sentinelles, comme les gruës, lors qu'ils sont en terre, afin de se precipiter dans la mer, estant aduertis : & quelques vns viuent libres, sans reconoistre aucun Superieur, quoy que communiquans leur trauail ensemble, comme les formis ; voire mesme plusieurs d'entre ceux qui vont en troupe, n'ont aucun soucy de cette vie ciuile, comme les moyneaux, estourneaux, & autres, dont chacun fait son cas à part. Vie Ciuile.

c Plin. li. 10.
d Plin. li. 8. c.

Il faut aussi considerer que les animaux ont des amitiez & inimitiez entr'eux, & que ceux de mesme sorte, & de mesme lieu combatent ordinairement pour mesme viande qu'ils pourchassent. Les veaux, ou loups marins mesmes qui s'accordent pour se conseruer, ont de grands cõbats entr'eux, les grands poissons contre les plus foibles & petits, qu'ils deuorent, & ceux qui viuent de chair sont attaquez par les autres animaux qui s'en veulent paistre. Le loup est ennemy de la brebis, en telle sorte que les cordes des boyaux du loup & de la brebis mises en mesme instrument ne peuuent iamais demeurer d'accord ; le mesme loup est ennemy du renard, de l'asne, & du taureau, le chien du chat & du loup, le lyon du loup ceruier, & du coq, dont il craint le chant ; le renard des poules, qui sentent aussi les effects du Milan ; le Serpent de la belette, & du porceau, duquel la belette est aussi ennemie, & les Elephans, quoy que bestes de compagnie, & viuans ciuilement, combatent cruellement entr'eux, estant d'ailleurs [e] grands ennemis du Dragon. Amitiez & inimitiez.

e Plin. li. 8. c. 10.

D'autre part l'Aigle hayt mortellement le Dragon, & n'a pas moins d'animosité contre le Cygne & le Heron. Le Milan & le corbeau, la corneille & la cigogne ne s'accorne s'accordent pas, non plus que la corneille & la choüette, de laquelle les petits oyseaux se declarent ennemis, volants autour d'elle & la frapants, & la mesme corneille en veut à la belette: le corbeau hayt le taureau, & l'asne, qu'il bequette, au lieu qu'il est amy du renard, & le heron hayt la souris, & le renard qui le prend de nuict, & l'aloüette qui casse ses œufs, & au contraire ayme la corneille. L'espreuier est ennemy du pigeon, la cigogne du serpent: les cygnes se deuorent mesme quelquesfois l'vn l'autre; & les gruës qui se maintiennent ensemble auec tant de soing, estans acharnées l'vne contre l'autre, sont tellement obstinées, qu'elles se laissent prendre plustost que de quitter prise.

Entre les poissons le loup & le musnier se hayssent, de mesme que le congre & la lamproye [a], qui s'entre-mangent la queuë; le mesme congre & la langouste, qui est aussi haye du poulpe, & le craint si fort que s'il s'approche d'elle la peur la saisit, dont elle meurt, & le mesme poulpe est deschiré par les congres. [a] Plin. li. 9. c. 62. &

L'araignée est aussi [b] tellement ennemie du serpent, qu'elle se lance sur sa teste, se tenant à ses filets, pour luy percer la ceruelle; & la mesme est haye de la phalange, autre espece d'araignée, mais mortelle. [b] li. 10. c. 74.

Mais il y a grande amitié entre les paons & les pigeons, les tourterelles & les perroquets, les merles & les tourdres, le heron & la corneille.

[illegible] Les animaux different encor grandement entr'eux pour le regard du mouuemēt, & de la façon de se mouuoir. Car il n'y a point d'animaux terrestres qui demeurent fermes en vn lieu; mais entre ceux de l'eau plusieurs sont attachez à certains lieux, & demeurent comme en vn estat immuable, ainsi qu'on peut voir en beaucoup de coquilles & moules attachées aux troncs de l'algue marine; aux esponges & autres Zoophites, dont ie parleray plus bas. Il y a d'autres animaux qui ne peuuent se remuer comme les huitres, & toutefois ont mouuement en l'ouuerture de leurs coquilles, de mesme que les Zoophytes, en s'estendant, ou s'accourcissant & retirant; & d'autres qui peuuent marcher, & nager, comme les escreuices, les tortuës, les crocodiles, hippopotames, veaux marins, & rosmars; au lieu que les autres poissons nagent seulement, exceptez quelques vns [c] qui nagent & volent, comme les arondelles de Mer, & autres poissons volans qu'on voit pres de la Bermude & du Brasil, & non güiere loing du Cap de Bonne Esperance, qui volent tandis que leurs aisles sont humides, puis s'en reuont dans la Mer, quand elles son seches. Il y en a d'autres qui peuuent marcher & voler, comme les sauterelles, & les mouches, & tous les oyseaux horsmis l'Austruche, qui marche seulemēt; & certaines oyes [d] marines, de mesme que les oyseaux sans pieds; & d'autres qui peuuent marcher, nager & voler, cōme les oyseaux de mer & de riuiere; d'autres qui marchent seulement, comme les bestes à quatre pieds, (dont toutefois plusieurs nagent, comme les loutres & castors, les chiens, les cheuaux, & mesme les bœufs) & les insectes à plusieurs pieds, comme les cloportes, poux, formis, araignées. D'autant font chemin en sautant, comme les sauterelles, & les ophiomaques, espece de sauterelles à longues iambes, qui font la guerre aux serpents [e], & les puces mesmes; & d'autres rampent comme la pluspart des serpents ou se trainent, comme les vers, & les chenilles.

[c] Pigaf. Viag. Lery voy. li. 3. Linsch. voy.

[d] Pigaf. Viag.

[e] Philon Iuif.

[illegible] Mais toutes ces differences des proprietez des animaux n'en donnent qu'vne cognoissance confuse, tellement que pour l'auoir plus distincte, il les faut considerer plus separément, sans les diuiser en imparfaits comprenans les Zoophytes, & en parfaits, embrassans tout le reste, pource que cette diuision est trop generale; ou en plus & moins parfaits, dont les derniers contiennent les insectes, & les animaux priuez de sens, si bien que les poissons mols seroient separez des autres, de mesme que les huitres & poissons à coquille & à croute; ny en animaux volans, nageans, & terrestres, pource qu'on separeroit des oyseaux l'Austruche, & les autres qui ne volent pas, & l'on mettroit entre les oyseaux les serpens aislez, & les insectes qui volent; puis encor on logeroit entre ceux qui nagent & comme entre les poissons, les oyseaux qui suiuent l'eau, les loutres, & les animaux terrestres qui nagent.

Tellement que le meilleur est de diuiser les animaux en Oyseaux, Poissons, Animaux terrestres, Amphibies, Insectes & Zoophytes.

[illegible] Les Oyseaux sont diuisez en plusieurs façons par leur vol, leur demeure, & leurs parties, & par leur façon de viure, que le discours precedent vous a fait voir en gros. Maintenant il la faut considerer plus particulierement, afin d'en auoir plus de cognoissance. Le seul oyseau qui vit en l'air, [f] qu'on appelle oyseau de Paradis, dont les plumes sont fort estimées, n'a iamais esté apperceu en terre que mort, aux Isles

[f] Epist. di Massimiliano Transil. Pigaf. Viag. att. del Mūdo.

Moluques, dont les habitans, qui l'honorent grandement, le nomment Manucodiata, c'est à dire oyseau de Dieu, pource que les Mahometans tiennent qu'il vient du Paradis terrestre.

Pour le regard des oyseaux qui ne bougent point de l'eau, ce sont les oyes qu'on voit en la Mer du Brasil, qui sont sans plume; & les oyseaux sans pieds de la Mer du Zur, dont i'ay fait mention; & quant à ceux qui ont plume, & ne peuuent s'esleuer en l'air, l'austruche [a] toute seule est en ce rang, qui a peu de plumes, & des ailes qui luy seruent pour aller plus viste. Si bien qu'elle court plus qu'vn cheual.

a Plin li. 10. c.1.

Mais si nous venons à diuiser les oyseaux en grands, moyens & petits, nous mettrös iustemẽt au premier rang le phenix [b] (si tant est qu'il soit, & quoy qu'il ne soit le plus grand de tous) à cause de sa rareté, veu qu'il est vn en son espece. On le represente de la grandeur d'vn aigle, auec le tour du col doré, le corps de couleur de pourpre, la queuë bleuë, meslée de plumes incarnates, & des crestes auec vne huppe de plume, qui parent sa teste. L'on asseure encor qu'ayant attaint l'âge de 660 ans, il dresse vn bucher de bois & semblables drogues, que le Soleil allume, & meurt là dessus; puis il naist de ses os, ou de sa cendre vn vermisseau, qui deuient apres phenix.

b Plin.li.10. c.2.

L'antiquité [c] met encor en Scythie, vers le Nort, entre les plus grands oyseaux, des griffons, ayans guerre continuelle auec les peuples Arimaspes, qui veulent auoir l'or qu'ils gardent. Mais ces oyseaux ne sont point au monde, non plus que les monts Hyperborées où l'on les loge, dont on a recognu la fausseté.

c Plin.li.7 c.2.

Quant à l'oyseau nommé Ruch [d] de la semblance d'vn aigle, mais de si grande force, qu'il prend entre ses serres vn Elephant, & l'esleuant en l'air le laisse choir, afin qu'il se fracasse, & dit on qu'il vient du costé du Midy en l'Isle de Madagascar, & que ses aisles ont seize pas d'estenduë d'vne pointe à l'autre, & ses plumes 8 pas de longueur, & qu'on en porta de son temps vne au grand Can dont il se seruoit: nous n'auons pas sceu depuis qu'on ayt veu ce grand oyseau.

d M.Polo.li. 3.c.35.

Ce qu'on sçait d'asseuré, c'est qu'en Amerique [e] il y a certain oyseau, nommé Yadou, beaucoup plus grand qu'vn homme, qui ne peut voler que 12 ou 15 pas, mais est extremement viste en sa course; & qu'en cette mesme partie du monde, il y a des oyseaux [f] d'vne grandeur extraordinaire, appellez Condores, qui prennent & mettent en pieces vn mouton, & mesme vn veau pour le manger.

e Lery Voy.

f A Costa hist. nat. li.4.c.37.

Le plus grand oyseau de ceux que nous cognoissons est l'Austruche, qui surmonte en [g] hauteur vn hõme à cheual, & est de la grandeur d'vn chameau en dressant le col, qu'il a comme vne oye, de mesme que le bec, les yeux & la teste. Le Cygne doit aller apres comme plus grand que l'aigle, & toutefois on fait tenir à l'aigle le premier rang, pource qu'elle monte plus haut, & paroist plus noble & plus courageuse, cõme celle qui fait la guerre à toutes bestes, mesmes aux Cerfs, cedant toutefois en matiere de vol à l'arondelle qui vole plus haut.

g Plin.li.10.c.1.

Au reste l'on met ordinairement premiers entre les oyseaux ceux de proye, & particulierement l'Aigle, le fauçon & l'autour. L'Aigle est de deux sortes, veu qu'il y a le fauue, ou Royal, & l'aigle noir plus petit que l'autre. Les especes de faucõ sont le gẽtil, le pelerin, qui passe d'vn pays à l'autre; le tartaret, ou faucon de Tartarie, le tunicien, ou faucon qui vient de Barbarie, le gerfaut, le sacre, dont le tiercelet, ou masle s'appelle sacret, qui est plus petit; le lanier, dont le masle plus petit est nõmé laneret (veu qu'entre les oyseaux de proye les masles sõt plus petits que les femelles) le mõtagner, le faucõ, plus petit que l'esperuier, mais plus volãt que tout autre oyseau, biẽ qu'à cause de sa petitesse il ne vole guere que les petits oiseaux. Les especes d'autour sont l'autour, qui est plus noble, & femelle; le demy autour, moyen entre l'autour & le tiercelet, qui est le masle de l'autour, & moindre que luy; & la quatriesme est l'esperuier, dõt le masle qui est plus petit s'appelle mouchet. Le faux perdrieux est aussi mis au nõbre des oyseaux de proye, & leurré pour la perdrix, la caille & le conin. Le faucon gentil, pelerin, tartaret, tunicien, le lanier, le sacre, & le hobreau, sõt oyseaux de leurre; & l'autour, le gerfaut & l'esperuier sont oyseaux de poing, de mesme que l'esmerillon. Au reste l'oyseau niaiz est celuy qu'on prẽd au nid, celuy qui suit sa mere de branche en branche; & le sor celuy qui a volé, & est pris auant qu'il ait mué.

Le milan, ou l'escoufle, & le corbeau peuuent estre aussi dressez cõme oyseaux de leurre, car ils sont oyseaux de proye; au rang desquels il faut aussi mettre le vautour, mis entre les aigles, & les oyseaux viuans de rapine, & la pie griesche, & le cocu.

Les oyseaux de nuit, cõme le hibou, ou chathuãt, qu'on appelle aussi grãd Duc, le hibou cornu, ou Duc moyen; la huette, la choüette, mais de nuit; & l'on met mesme en ce rang les chauuesouris, bien qu'elles soient sans plume & ne soient proprement que des rats aislez, dont il y en a particulierement en [a] l'Isle de Cathigan des Philippines, d'aussi grandes que des aigles, & d'autres aux Indes aussi fort grandes.

Les autres grands oyseaux qui ne sont pas de proye, sont les gruës, les cigognes, les oyes, les coqs & poules d'Inde, les paons, les faisans bruyans, les poules [b] de Bengala, de grandeur extraordinaire & desmesurée, comme dit Barbose, les outardes, dont celles de Canada font [c] des œufs si gros que deux en valent cinq de poule, les herons, & autres.

Les moyens sont ou domestiques, comme les poules, cannes & pigeons; ou sauuages comme le faisan gentil, le bruyant, ou coq de bois, qui peut estre mis au rang des grands oyseaux, le francolin, la gelinote, la perdrix rouge, grise, & blanche, le bizet, la tourterelle, le rasle, la caille, la becasse, & autres.

Les petits sont les griues, tourdres, alloüettes, moyneaux, & semblables oysillõs, l'ortalan le plus delicat de tous; [d] le tominejo de l'Amerique, qui est si petit qu'on le prend souuent pour vne mouche à miel, ou vn petit papillon, & toutefois il est reuestu de plume; le Iapyy [e] seulement gros cõme vn hanneton, & l'Oüé-nonbouyh encor plus petit, & le Gonãbuch qui n'est pas plus gros qu'vn freslõ, ou vn Cerf volãt.

Il faut encor considerer les oyseaux de chant agreable comme le rossignol, le chardonneret, le serin, le tarin, & autres, & sur tout la calandre, frequente en Prouence, qui contrefait fort naïfuement le rossignol & tous les autres oyseaux, la voix de l'homme, le son du tambour & de la trompette, siffle, chante, bruit, & a toutes les voix, tous les sons & jargons en son gosier & sur sa langue, & dure bien souuent en cet exercice trois ou quatre heures, en changeant de note à tous momens: Il faut adiouster à ces oyseaux le petit Gonambuch, dont i'ay parlé, [f] qui chante aussi delicatement que le Rossignol, l'Oüé-nonbouyh qui siffle plus gros qu'il n'est, l'Oüyra rameum, qui siffle du tout agreablement, & le petit saru, [g] qui chante mieux que le perroquet.

Il y a encor les oyseaux de jargon, tels que le perroquet, la pie, le i'ay, l'estourneau & le merle: & les oyseaux qui suiuent l'eau, dont les vns ont les pieds plats, comme les oyes, les canards, sarcelles, embrions, cygnes, plongeons, & autres, comme les clakis, ou bernacles des Escossois, [h] qui naissent de certains bois pourrissans en Mer, & sont nommez oyes de Mer; le capercalze, c'est à dire cheual sauuage des mesmes Escossois, d'vn goust fort delicieux, & la gustarde, & solendguse des mesmes; ou qui n'ont pas les pieds plats, mais suiuent les eaux, comme les [i] alcatrazes grands commes des oyes, les mangas de velludo, ou manches de veloux, les feisoins, ou feigions, & les antenayas, ou antenales, qu'on voit sur la Mer par troupes, approchans du Cap de Bonne Esperance, les garagians semblables à des aigles de Mer, qu'on voit à quelques 20 lieuës de l'Isle de S. Laurens, vers les bancs de la Iuifue, les rabos de iuncos, c'est à dire queuë de ioncs qui vont sur la Mer, à quinze lieuë de l'Isle de Comore, proche de S. Laurens; & nos vanneaux, martinets, herons, beccassins, rasles noirs, differents de ceux de genest, corlieux, bergeronnettes, & cigognes, qui se plaisent à suiure les eaux.

Pour le regard des serpents aislez, ie reserue leur lieu parmy les serpents.

Quant aux poissons, ils sont diuisez premierement en poissons de Mer, & d'eau douce; puis en grands, moyens & petits, en escaillez & sans escaille, plats, longs, mols, cartilagineux, crouteux, à coquille, & en d'autres qui ne peuuent se reduire à aucune de ces sortes.

Pline met [k] 74 especes de poissons, outre 30 de ceux qui sont couuerts de croute. Les vns sont couuerts de cuir & de poil, cõme les veaux marins, rosmars, & hippopotames, les autres de cuir seulement, cõme les Dauphins, ou d'vne escorce dure comme les tortuës; ou cõme d'vne pierre, ainsi que les huitres & coquilles, ou d'vne croute tendre, cõme les escreuices & langoustes, ou de croutes & d'espines, comme les herissons de Mer, ou d'escailles, comme la pluspart des poissons; ou d'vne peau rude, comme l'ange, ou l'escarte, auec lequel on polit l'yuoire & le bois; ou molle comme la lamproye; ou bien n'ont aucune peau, comme les seches.

Pour le regard des plus grands qu'on appelle Cetacées, ou du genre des balenes, ce sont les Balenes mesmes, les Dauphins, Marsoüins, veaux, ou bœufs marins, nommez aussi vaches de mer, & par les Espagnols loups marins, les mors ou rosmars, qui se trouuent prés de la Moscouie, les bretchins de la Mer rouge, les physeteres, ou Mulasses, autrement Sedenetes, & plusieurs monstres marins mis par Olaë en

a Pigaf. Viag. Linsch. c. 45.

b Od. Barbosa.

c A Costa hist. nat.

d A Costa hist. nat. li. 4.

e Lery Voy.

f Lery Voy.

g Bathem. Ir.

h Lesl. des Sc. Hector Boet. Scot. Camd. Britan.

i Linschot Recit. & Routier. Pyrard. c. 1.

k Plin. li. 9.

a Pyrard.to. 2.c.1. b A Cost.hist. nat.

l'Ocean Septentrional; outre les Peymones[a] viuans dans la Mer qui est entre les Isles Maldiues, qui deuorent les hommes, & leur rompent bras & iambes quand ils les rencontrent; les Tiburons mangeurs d'hommes,[b] dont quelques vns sont longs de 12 pieds; les Vihuelas autres grands poissons du mesme endroit, les Morraxos plus grands que les Tiburons, & plus furieux; les Manates ayans la teste plus grande qu'vn bœuf, les tortuës de la Mer d'Amerique, qui sont si grandes qu'il faut 6 ou 7 hommes pour en porter vne; force grands[c] poissons monstrueux de la Mer du Brasil; les poissons grands[d] comme des maisons qu'on voit pres de l'Isle Saincte Helene; ceux qu'on appelle Cauallos,[e] qu'on prend pres du Cap de Bonne Esperance, dont quelques vns sont si grands que, quatre hommes ne les peuuent porter; & les grands serpents marins qui enuelopent, & renuersent les nauires: puis encor les tons, esturgeons, & autres, qui doiuent tenir ce rang.

c Lery Voy. d Barth. Itin. e Pyrard.to.2.

Les moyens sont le brochet, l'alause, le loup, le munier, & autres. Les petits, le haran, la sardine, l'anchoye, la melete, la loche, le lamprillon, le gardon, & semblables.

Quāt aux escaillez, les merlus, la moruë, la dorade, la carpe, & vne infinité d'autres sont mis en ce rang; & ceux qui manquent d'escaille sont les truites, & plusieurs autres, les poissons longs, plats, mols, cartilagineux, & beaucoup d'autres.

Les poissons plats sont comme le turbot, la sole, la plye, & semblables: les longs comme la murene, la lamproye, l'anguille, le congre, & les serpents de Mer & de riuiere: les mols comme la seche, & les poulple; les cartilagineux, comme la torpille, qui endort la main de celuy qui la tire, toutes les especes de raye, l'ange, ou l'esquarre, qui sont aussi plats; les Crouteux, ou ayans vne croute tendre par dessus, comme les cancres de Mer, crappes, ou crabes, ou haumars, & les escreuices & langoustes; les poissons à escorce, ou croute dure, comme les tortuës; à coquille dure comme pierre, ainsi que les huitres, dont la plus excellente est celle qui porte la perle, qu'on appelle Mere-perle, ou nacre de perle, dont i'ay mis le discours aux Indes Orientales, & en la coste de la Pescherie & Isle de Manar; tellement qu'il me suffit de dire icy qu'on a[f] veu des huitres dont la chair estoit du poids de 44 liures, pres des Isles Moluques; & qu'on tenoit que le Roy de Borneo auoit en sa couronne deux perles grosses comme des œufs d'oye, ou du moins de poule, & fort rondes; mesme qu'il s'en trouue encor d'aussi grosses que des œufs de tourterelle, ou de poule. A quoy l'on peut adiouster vne infinité de coquilles dures de diuerses sortes.

f Epist. di Mass. Transil. Pigaf. Viag.

Il se trouue aussi des poissons de Mer qui montent de la Mer dans les riuieres, comme le saumon, l'esturjon, la lamproye & l'alose; & quelques vns qui sont particuliers aux grands Lacs, comme les lauarets au Lac du Bourget, les truites saumonées, & les vmbles, ou vmbres du Lac de Geneue.

Les animaux terrestres, laissant les Insectes, & les Zoophytes, sont diuisez en bestes à quatre pieds, & serpents. Les bestes à quatre pieds sont ou grandes, ou moyennes, ou petites. Les grandes sont ou cornuës ou non. Les cornuës & domestiques, comme les bœufs, & les bufles; ou cornuës & sauuages, comme les Elends, ou Elans, aussi grands que deux Cerfs, & plus grands qu'aucune beste à quatre pieds, dont toutefois plusieurs se trouuent sans cornes; le bison ou bœuf barbu & à crein des anciens, que les Alemans nomment Awtrochs, ou Vrochs, & les Polonois Zuber; l'Vre des anciens ou taureau sauuage, qui se trouue seulement en Mazouie, nommé par les Polonois & Lithuaniens Thur, & Wisent par les Alemans, qui nomment au contraire le bison vroch; les beufles sauuages, les bayannins,[g] ou bœufs sauuages de la Prouince de Caindu, sujette au grand Can, & d'autres endroits, mesme les taureaux sauuages de nostre Camargue; les Adimmain[h] de forme de mouton, mais aussi grands que des asnes; les licornes, dont Marc Pol[i] en met plusieurs aux deserts de la Prouince de Mien, aux Indes Orientales non loing de Bengala, & dit qu'on en porte les peaux au pays de Guzerat pour porter en Arabie, & dont les Venitiens ont trois belles cornes en leur tresor de Sainct Marc: les Rhinocerots, les Giraffes d'Ethiopie, qu'on monstre en Egypte, qui ont deux petites cornes; les Rangiers qui se trouuent aux pays froids à trois rangs de cornes, & qu'on appriuoise & dresse aysément à tirer les traineaux; les Cerfs, qui muent, & iettent les testes en Feurier & Mars, & dont la teste, ou le bois est propre contre tous venins, qui ne portent leurs premieres testes qu'on appelle dagues, que la deuxiesme année, & qui vont enuiron la my-Septembre au rut qui dure pres de deux mois, estans en amour

Animaux terrestres. Bestes à 4 pieds.

g M. Polo.li. 2.c.38. h Leon.p.8. i M. Polo.li. 2. c.B.&43.

tout ce temps-là; les Empalangas de[a] Congo, de la figure & grandeur d'vn bœuf, ayans les cornes droites, & les dents du mesme pays.

a Pigafetta reg. Cong.

Les grandes non cornuës domestiques sont les cheuaux, dont les Caramans, qu'on appelle souuent Turcs, & les Arabes & Persans, grandement estimez aux Indes Orientales, sont les plus beaux de tous, de mesme que les Transiluains & Valaques; & les Barbes, & cheuaux d'Espagne ne sont pas en moindre estime, pour des cheuaux de legere taille. Ceux du Royaume de Naples, qu'on appelle Coursiers, ou cheuaux de regne, sont à fort haut prix, venans des meilleurs haraz, ou races; l'Alemagne, & les Pays-bas ont aussi de beaux cheuaux, & de grande force, principalement la Frize, où l'on en voit d'vne grandeur extraordinaire, mais ils sont pesans la plus part, bien qu'il s'en trouue aussi de fort deschargez. Ceux d'Angleterre sont aussi d'assez bonne force, mais leur alleure aysée, & qui aduance grandement, les fait desirer sur tout à plusieurs personnes. Les cheuaux de Hongrie sont aussi de legere taille, & beaux, mais non à l'esgal des Turcs & des Transiluains, n'estans toutesfois moins grands coureurs. Ceux de Pologne sont excellens pour la guerre, obeyssans & prompts; les cheuaux Tartares, & ceux de Lithuanie sont petits, mais vistes au possible; ceux de Moscouie sont petits comme les Tartares, mais plus forts, & ramassez, & supportent mieux le trauail que cheuaux du monde, mais ne sont ny beaux, ny propres à chose quelconque, qu'à courir; & quant aux cheuaux Sclauons & Croates, ils esgalent en vistesse les Turcs & Hongrois, & mesme les deuancent aux lieux montueux; mais ils ne sont si beaux. Et pour venir à la France, elle nourrit aussi quantité de bons cheuaux, qui naissent en Gascogne, Bretagne, Limosin, Auuergne, Bourgogne, & en la Camargue de Prouence; & la Lorraine n'est non plus dépourueuë d'vn grand nombre d'assez bons cheuaux. Les autres grandes bestes non cornuës domestiques sont les Chameaux, les Dromadaires, les mulets, les asnes, dont les[b] plus beaux & plus grands du monde se trouuent aux Prouinces de Perse.

b M. Polo. li. 1. c. 11.

Les grandes sauuages non cornuës, sont l'Elephant, dont les dents tiennent lieu de cornes, & qui approche plus qu'aucun animal de l'entendement de l'homme, les cheuaux, asnes, & chameaux sauuages, les Lyons, Leopars, pantheres, tigres, Zebres de Congo, & Ours, dont il y en a d'vne grandeur[c] extraordinaire aux pays Sptentrionaux, de mesme que des loups fort grands & espouuentables; le Tamandoua[d] grand comme vn cheual, qui vit de formis; & le souassouaron espece de Leopard fort furieux.

c Lettere di P. Iouio delle cose della Moscou.
d Lery Voy. Abeuile Isle de Maragn.

Les moyennes sont, ou cornuës domestiques, comme le belier ou le mouton, & la chevre; ou sauuages, comme le chevreul, le daim, le chamois, & le bouquestain, qui se trouuent mesme en grand nombre aux montagnes de Dauphiné, & le Muffle, ou Musion de Corsegue & de Sardaigne: ou bien non cornuës domestiques, comme les chiens, dont la principale sorte est celle des dogues, qui peuuent estre mis au nombre des grandes bestes non cornuës; puis qu'il y en a de fort puissans en Angleterre & ailleurs; que nous apprenons qu'au Royaume de[e] Palimbotra aux Indes Orientales, il y auoit autrefois des chiens si terribles, qu'ils prenoient vn Lyon & vn taureau auec les dents; & qu'auiourd'huy mesme[f] le Benomotapa grand Empereur, tient pres de luy pour sa garde 200 chiens qui luy seruent encor à la chasse; & les chiens[g] de Cintiqui, Prouince des Indes Orientales, les plus grands & plus furieux qu'on voye, attaquent aussi les Lyons. Les autres sont les levriers d'attache, & communs, les mestiz, les chiens courans, les corneaux, les espagneuls, les tigres, les bracs, les briquets, les barbets, ou chiens de Barbarie, dont il y en a de fort grands & furieux, qui peuuent estre mis au rang des grandes bestes; puis les griffons, les turquets, & plusieurs autres sortes de chiens communs.

e Diod. Sic. li. 2.
f Iu. de Barros li. 10. c. 1. Dec. 1. d'Asia.
g M. Polo li. 3. c. 43.

L'autre espece de beste moyenne non cornuë domestique, & le pourceau. Les moyennes non cornuës sauuages sont le sanglier, & le loup commun, & le loup ceruier; la genette, de forme & de mœurs semblable aux fouynes, qui vient d'Espagne, & a sa peau mouchetée; l'Hyene qui[h] contrefait la voix des pasteurs & apprend leurs noms, afin de les faire venir & les deuorer; les renards, les blereaux, & les porcs-espics.

h Plin. li. 8. c. 30.

Les petites non cornuës sont ou domestiques, cõme le chat, le conin priué, & le conin d'Inde ou sauuage, comme le chat sauuage; toute sorte de singes, guenons, magots, sagouins; les hermines, furets, fouynes, martre plus noble espece de fouynes, zobeles, ou sables, dont la peau s'appelle martre zobeline, ou sabeline quoy que la martre & la Zobole soient deux animaux differens, dont le dernier a la peau plus riche que l'autre, le Musc, ou la beste qui porte le Musc, dont i'ay fait le discours ailleurs; la Siuette, le Tatou, ou Armadillo de l'Amerique, le herisson, la marmote, ou marmotaine, & les moindres, comme la Belette, l'Escurieu, le rat domestique & de campagne, la musaraigne, & la taupe; puis encor les petites especes de Crocodil, comme le chameleon, le Lezard, ou Lyzarde, le Scinc, ou Stinc, des reins duquel les foibles amoureux se seruent, & finalemẽt le crapaut & la grenoüille de buisson, ou la raine verte, qui est venimeuse, les limaces, & escargots.

Quant aux serpents, outre les Marins, il s'en trouue plusieurs autres viuans dans l'eau, mais qui vont aussi sur la terre; tellement qu'on peut les mettre au nõbre des Amphibies. Mais il y en a plusieurs qui n'ont pour demeure que la terre, qui sont diuisez en beaucoup de sortes. Car il y a des serpents, des coleuures, des viperes, des Dipsades [a] qui font mourir l'homme auec vne extreme soif, des aspics, que Cleopatre choisit, comme vn plus doux venin pour mourir, des Amphisbænes, ayans vne teste au lieu ordinaire, & l'autre à la queuë, des Cerastes, ou cornus, qui ont comme deux cornes de chair sur la teste, & plusieurs autres sortes. Serpens.

a Plin. li. 8.

Quant au Basilic, que l'on peint & décrit aislé, & qui est tenu pour feint, bien que Pline die que la Prouince de Cyrene en Afrique l'engendre, grand d'enuiron douze doigts, ayant en la teste vne tache blanche comme vn diademe, & que par son sifflement il chasse tous les serpents, sans exprimer toutefois qu'il soit aislé, l'Escriture [b] en fait mention, & quelques Medecins [c] mesme en parlent. Mais ce qui persuade qu'il y en a, c'est qu'on escrit [d] qu'au temps du Pape Leon il y eut sous vne voûte, prés l'Eglise de saincte Luce vn Basilic qui infecta de ses halenées presque toute la ville de Rome, & fut esteint par les prieres de ce Sainct. Basilic.

b Prouer. 23.
c Dioscor. li. 6.
d Scalig. Exer. 245.

Pour le regard des Dragons, qu'on fait aislez, Iean Leon [e] nous en represente de fort gros & pesans, sans aisles, au mont Atlas : mais quelques autres [f] mettent des Dragons ayans des aisles en Congo, & des serpents [g] qui volent & tuent auec leur haleine & leur regard, au Royaume de Narsinge, & en [h] Malabar. Dragons.

e Leon. Afr. p. 8.
f Linschot Guinée.
g Od. Barbosa.
h Nic. di Conti Viag.

Pour les grands serpents l'on a fait [i] memoire d'vn long de 120 pieds, que les Romains trouuerent en Afrique durant la guerre Punique, prés du fleuue Bagrada, qui fut tué à coups de balistes, & autres armes de trait. Les voyageurs [k] asseurent aussi qu'au pays de Budomel en Afrique il y a des serpents qui engloutissent vne chevre, sans la mettre en pieces, & d'autres à 4 pieds en Malabar, [l] qui sont de la grandeur d'vn grand chien & d'autres longs de six brasses. Au reste le serpent se sentant vieil, quitte sa vieille peau, se mettant en quelque lieu estroit, & laissant sa despoüille, & entrant dans son trou vient à rejeunir.

i Plin li. 8.
k Luigi da Cadam. Naui.
l Nic. de Conti Viag.

Les animaux Amphibies sont ceux qu'on dit de deux vies, c'est à dire qui viuent en deux Elements, & sont partie en l'eau, & partie en terre, comme le Crocodil, & l'hippopotame, ou cheual de riuiere, dont i'ay fait le discours en mon Egypte, le loutre, & le Castor, les Tortuës, dont quelques-vnes [m] sont de la grandeur d'vn tõneau dans les deserts de Libye, (outre celles de mer qui sont beaucoup plus grandes) les grenoüilles & crapaux, les ecreuisses, qui vont en fort [n] grand nombre par toute l'Isle de S. Thomas, les rats d'eau, & quelques [o] viperes & serpents dont il y en a de 25 paulmes de longueur, & cinq de largeur, qui sont Amphibies; outre les Ours blancs viuans la plus part dans la Mer en la Prouince de Duuine de Moscouie aux lieux maritimes. Amphibies.

m Leon. p. 8.
n Nauig. d'vn Pilota all' Isola di S. Thome.
o Linschot Guinée.

Les Insectes ainsi nommez, pource qu'ils ont le corps distingué par certaines entaillures, ou certains anneaux, sont petits animaux priuez de sang, dont vne partie estant separée, vit encore seule de mesme que le reste. Ils sont diuisez en aislez, qui volent par l'air, & en Insectes d'eau, & terrestres; les aislez sont les Abeilles qui font le miel & la cire, mais non seules; veu [p] qu'il y a de petites mouches moindres que les formis, qui font aussi le miel aux Isles Moluques; les guespes & les bourdons, frellons, & taons, les mouches communes, les cousins, les papillons, les Cerfs volans, les cigales, les hannetons, les sauterelles, les escarbots, les cantharides, & les buprestes, espece de cantharides, qui font creuer les bœufs lors qu'ils mangent l'herbe. Insectes.

p Pigaf. Viag.

Les Insectes d'eau sont la sangsuë, le petit cheual marin, la chenille marine, les poux qui se trouuent dans la Mer, mesme aux poissons, les puces & les araignées qui vont sur l'eau, & les vers qui s'y tiennent, & mesme les mouches qui volent sur la surface des eaux.

Les terrestres sont les Fourmis, dont plusieurs deuiennent aislées, & d'autres sont [a] de la longueur d'vn doigt & de couleur rouge, qui gastent les herbes & les fruicts aux Indes Orientales, & d'autres encor portent l'or hors des cauernes de la terre au pays des Indiens Septentrionaux, si l'on veut croire les fables des anciens ; puis les araignées, phalanges, scorpions, cloportes à pieds infinis, qui viuent en des lieux humides, & font pisser prises auec du vin, les punaises, les poux, dont le seul asne est exempt, les puces, les cirons, les grillons, les charensons, ou calandres qui naissent en toute sorte de grains, sinon au pois chiche ; la teigne ou l'artison qui ronge le linge & les habits, les vers qui s'engendrent dans le bois, & qui rongent le papier, les vers des animaux & de l'homme, les vers de terre, les vers luysans que plusieurs mettent au nombre des mouches ; & les vers à soye les plus excellents de tous, qui nous fournissent tant de belles estoffes, dont la premiere inuention [b] est deuë à Pamphile fille de Platis, ou de Latoe, de l'Isle de Co. Mais cet art fut aprés delaissé, comme il paroist en ce qu'au temps de l'Empereur [c] Iustinian, le luxe obligeoit les Grecs à faire venir de Perse ces estoffes, pource qu'ils en ignoroient la façon ; si bien que Iustinian, pour priuer ses ennemys de l'argent qu'on y employoit, en fit venir d'Ethiopie & des Indes, enuoyant des Ambassadeurs au Roy Hellistée ; puis deux moynes venans des Indes à Constantinople, portent de la graine, ou des œufs de ces vers, qu'ils firent éclorre en leur sein, puis nourrirent les vers de feuilles de meurier, & monstrerent l'art de faire la soye. Les autres disent [d] que ce fut vn Persan, qui vint du pays des Seres où ces vers [e] filent la soye sur les arbres, qui porta ces œufs & enseigna l'art à Constantinople. Les vers [f] la produisent aussi dans les bois en l'Isle de Sumatra, & de mesme il y en a quantité de domestique & de sauuage en l'Isle de Iaue. Il s'en fait vne incroyable quantité en la Chine, mais la meilleure de toutes se trouue en la Cochinchine. Vn autre Insecte excellent est la Cochenille, [g] dont on se sert pour la teinture cramoysie des draps de laine & de soye, qui est vne sorte de ver naissant en Amerique sur vn arbre.

a Linschot voy. c. 45.
b Arist. de hist. Anim. Plin. l. 11.
c Zonar. to. 3. Procop. belli Pers. l. 1.
d Photi. Bibl. hoth. ex hist. Theophanis Byzantis.
e Plin. l. 6. c. 17.
f Od. Barthe. ltin.
g A Costa l. 4. c. 13.

Les Zoophytes, c'est à dire Animaux-plantes, sont certains corps ressemblans à des plantes, mais ayans quelque mouuement, & du moins le sens de l'attouchement, estans pour ceste cause nommez animaux imparfaits. Il s'en trouue en l'eau quelques vns, comme l'esponge, [h] & l'ortie marine, qui s'affermissent & s'attachent dauantage, ou se serrent & retirent lors qu'on les veut prendre. Les poumons & les estoiles de mer, peuuent estre en ce rang, auquel on met aussi l'Arbre de [i] la honte en la Prouince de Pudifetan aux Indes Orientales, pource que ses feuilles s'estendent, ou se retirent, selon qu'on s'en esloigne, ou approche, & ie croy que c'est mesme plante que celle que Garcia d'Orte [k] loge en Malabar de mesme nature. L'on doit encor y mettre la feuille d'vn [l] arbre de l'Isle de Cinibubon en la Mer du Zur, qui se meut & remuë d'elle mesme longuement ; & le Boranetz [m] qui se trouue au pays des Tartares Zauolhans, qui est fait en forme d'agneau, dont il porte le nom en leur langue, & n'est toutefois qu'vne plante attachée à sa racine, qui mange toute l'herbe d'alentour, puis se seche soudain qu'elle manque.

h Plin. l. 9. c. 45.
i Nic. di Conti viag.
k l. 2. c. 17.
l Pigaf. Viag.
m Sig. Baro. com. di Mosc.

MOEVRS.

PEndant qu'icy bas nostre ame est attachée à son corps, elle ne peut agir, qui suiuant la disposition des organes, qui le composent. Ceste disposition dépend de deux causes principales, sçauoir du temperament & de la conformation des parties, dont la cognoissance est aucunement deüe aux Astrologues & aux Physionomistes. Car les premiers font voir, qu'il les faut rapporter à la vertu des estoilles, qui à l'heure de nostre conception & de nostre naissance nous les impriment si bien par leurs influences, qu'à peine peuuent-elles iamais receuoir vne totale mutation : Les autres considerent certaines marques empreintes sur la face & le reste du corps, pour descouurir ces mesmes causes. Les Medecins ne montent pas si haut que les premiers, se contentants d'arrester leurs sens sur le corps humain, leur vnique objet, & n'obmettent les causes d'icy bas, qui peuuent alterer sa constitution : ils passent plus outre que ne font les autres, & portent leur curiosité iusqu'au plus profond des entrailles, comme à la source de tous les effects qui paroissent au dehors. En quoy leur cognoissance me semble d'autant plus certaine, qu'ils ajustent immediatement les effects à leurs causes. Ce qui m'oblige d'apprendre auec eux nostre composition, & à quelles fins l'Autheur de la nature l'a ainsi ordonnée.

L'homme entre tous les animaux a esté richement partagé des puissances de l'ame, pour contempler le monde & en rapporter la gloire à Dieu, lequel y est createur & conseruateur de toutes choses. Les puissances, qui sont comme souueraines & superieures de toutes les autres, ont leur siege dans le cerueau. Le iugement y forme les raisonnemens, la fantaisie en fournit la matiere par l'amas des idées qu'elle y compose. La memoire les y conserue. Le tout par le moyen des esprits animaux qui sont faits là dedans, & qui sans en sortir, seruent d'instruments à toutes leurs fonctions, mesmes en ceux qui dorment. Mais lors que nous veillons, il y a vne puissance, que l'on appelle sens commun, moins noble que les trois autres: non toutesfois moins necessaire, puis que toute nostre cognoissance vient de dehors, & qu'il luy appartient de receuoir des cinq sens toutes les images & representations des objets qui leur viennent au deuant : auquel cas ces esprits sont portés du cerueau à toutes les parties sensibles de nostre corps par le moyen des nerfs, pour y former le sentiment.

Mais parce que les objets de nos sens sont dans l'estenduë de l'vniuers, il a esté à propos que l'homme se trouuast en tous lieux, pour acquerir la cognoissance de tant de merueilles, & qu'il fut doüé de mouuement. Pour cet effet les muscles, vrays organes de ceste fonction, le couurent de toutes parts, receuant par semblables canaux des esprits de la mesme source. Et c'est par eux que nos corps peuuent souffrir toute sorte de postures, pource qu'ils y sont diuersement estendus, & attachés à des parties differentes, à guise de plusieurs cordes, dont chacune attire le corps qui tient à elle.

On recognoist par-là que les esprits animaux se dissipent iournellement, & qu'il y a falû pouruoir par vne source qui ne manque iamais, telle qu'est le cœur qui se meut continuellement pour réchaufer tout le corps, & luy entretenir la vie par le moyen du sang & des esprits qu'il enuoye par les arteres, & qui seruent de matiere au cerueau, pour la reparation de ses propres esprits. Le cœur auec ses vaisseaux par vn battement si ordinaire en vient à vn tel excés de chaleur, qu'il a besoin d'estre rafraichy par le moyen des poulmons, qui portent iusques-là l'air que nous respirons, & dissipent les fumées espaisses qui s'en éuaporent. Les arteres participent de la fraicheur de cet air, qui se coule insensiblement au dedans par les conduits imperceptibles de la peau, par où reciproquement est poussée dehors la superfluité la plus subtile de toutes.

Nostre chaleur naturelle se maintient comme la lumiere d'vne lampe, à qui outre le rafraichissement que l'air luy communique, il est besoin d'huile qui en entretienne la flamme. Et il a falû que le cœur empruntât vne matiere propre à la production de ses esprits. C'est le sang que le foye luy fournit par la plus grosse veine qui soit en tout le corps, & comme il a esté necessaire, puis qu'il s'employe beaucoup plus de sang arterial pour la vie, qu'il n'en est porté par les veines pour la nourriture.

Le sang se trouue ou impur en sa source, ou surabondant aprés sa perfection. L'impureté est de trois sortes d'humeurs, que la nature a separées necessairement afin qu'elles n'empeschent pas le bon effet de la nourriture, qui se doit faire du sang de la veine caue. La premiere est subtile & bruslante, que la bourse du fiel attire, & aprés l'auoir conseruée quelque temps, la rejette dans les boyaux, pour les exciter à la descharge des gros excremens. La seconde est grossiere & terrestre, que la ratte preuenant l'attraction du foye, s'applique & conuertit à l'vsage de sa nourriture, & de la plus part du ventre, aprés l'auoir commuée en sang, plus grossier voirement que celuy du foye, mais plus commode à des parties dont la chaleur requiert vn sujet plus dense. La troisiesme est aqueuse, pour destremper le sang autrement paresseux, & le porter iusqu'aux extremitez des plus petites veines : mais lors que ceste serosité y abonde par trop, elle apporte des incommodités, si la nature ne s'en deliure, ayant à cela destiné les reins & la vessie.

Le sang que le foye fait de trop, au moins aprés l'entier accroissement de la personne, tire à vne fin beaucoup plus noble & plus excellente que toute autre, qui est la propagation de la nature humaine, à quoy sont voüées les parties de la generation, qui au masle changent le peu de sang, qui semble estre superflu, mesmes aux plus auancés en âge, en vne sorte d'humeur plus considerable pour sa vertu, que pour sa quantité. En la femelle plus froide, plus humide & plus replete, à cause qu'elle ne dissipe & n'employe pas tant d'humeurs à son vsage particulier, semblables parties changent le sang qui y surabonde en vne humeur semblable à celle du masle; vne autre qui luy est toute propre, la reçoit aussi bien que la plus grand part du sang, qui sans aucun changement s'en éuacuë tous les mois: si ce n'est que la femme soit ou grosse ou nourrice, car au premier estat ce sang est employé à la conformation & à la nourriture de l'enfant qui est dans le ventre; au second il est porté aux mammelles, pour allaiter le mesme enfant venu au monde.

Finalement c'est en vain que l'on donneroit au foye & à la rate le pouuoir de faire du sang, s'il ne receuoit d'ailleurs vne matiere desia preparée à ce changement. A quoy l'estomach leur a esté apposé auec deux ouuertures, dont l'vne tourne à gauche pour receuoir la viande & le breuuage, l'autre est tournée à droite pour donner passage à ces aliments changés en vne liqueur espaisse comme de la boüillie, & les ietter dans les boyaux, d'où le plus pur & le plus subtil est attiré par des veines aux susdites parties, le plus grossier & incapable d'vn meilleur changement, roule par en bas & se iette dehors.

Ce magnifique bastiment du corps composé de pieces si artistement ajustées, ne pourroit pas subsister, s'il n'estoit appuyé sur des fondements plus assurés que les materiaux ja designez; & si les parties plus nobles n'estoient deffenduës de quelques puissants remparts, elles feroient souuent courir fortune de la vie par les diuerses attaques qui leur sont données. C'est ce qui a obligé l'Autheur de la nature à nous affermir & deffendre par des os, qui outre la dureté propre à resister aux coups & à munir le dedans, sont d'vne telle varieté, que par plusieurs mouuements & postures differentes, ils nous font esuiter les mauuaises rencontres. Et parce qu'ils se pourroient desvnir les vns des autres, il y a esté pourueu par des cartilages & des ligaments, qui les attachent en sorte que ce corps paroist vne machine à differents ressorts, vnie encores plus apparemment par des membranes qui les couurent tout à fait; & d'vne peau tenduë & vnie exterieurement, si bien qu'il semble qu'elle remplisse les vuides & applanisse les eminences, ne donnant à cognoistre generalement que les quatre membres de la commune diuision, en trois cauités de teste, poitrine, ventre, & les extremités des bras & iambes, qu'il faut suiure presentement, pour en venir à la description particuliere de nostre corps, à commencer par le skelet, qui n'est autre chose que l'assemblage des os.

Puis qu'il n'y a presque aucune partie en nostre composition, qui n'ayt des attachements ou quelque rapport de situation au skelet, il faut prendre cognoissance des os auant que du reste, commençant par des pieces considerables en general. Les vnes sont des parties d'os, qui les rendent differens: les autres sont leurs differentes liaisons, auec ce qui les forme & ce qui ayde le mouuement. Ses parties sont ou eminentes ou caues. Des eminentes, les vnes sont poreuses & inegales, apposées aux bouts des os, pour leur seruir de bouchon, les alleger d'autant, & asseurer l'insertion des muscles. Ce sont les epiphyses des Grecs, *appendices* des Latins, que nous appellerons surcroissances. Les autres sont esleuées au dessus de la superficie de l'os, nommées apophyses, & à qui l'on peut donner le nom d'auancemēts. Elles sont ou pointuës, qui sous des formes diuerses d'vn burin, d'vn tetin, d'vne anchre, d'vn bec de corbeau, ne sont iamais autres que pointuës, ou rondes, qui aboutissent à vn large auancement portant en soy ou vne teste, ou vne cauité. La teste se trouue ou longue en sa rondeur, ou plate. La cauité destinée à receuoir la teste se trouue profonde pour la longue, & superficielle pour la plate. Au reste les bords des cauités sont autant d'auancement plus ou moins grands, suiuant qu'elles ont à rendre leur cauité plus ou moins profonde.

Les liaisons & emboitemens des os sont de deux sortes, dont l'vne improprement appellée continuité recognoist cinq moyens, qui font vne telle vnion d'os qu'il semble que les deux ne soient qu'vn. Ces moyens sont de cartilage, de chair, de ligamēt, de tendon & de membrane. L'autre nommée à bon droit contiguité, est vn approchement des bouts des os, lasche ou serré, d'où s'ensuit vne disposition au mouuement, ou peu ou point du tout. Celle qui est lasche a trois differences. La premiere se fait par la reception d'vne teste ronde en vne profonde cauité. La deuxiesme par la reception d'vne teste plate en vne cauité superficielle. La troisiesme par vne reception reciproque à guise de charnieres. Celle qui est serrée est aussi de trois sortes. La premiere porte la ressemblance d'vne cousture, qui a retenu le nom Latin de suture. La seconde de l'ajustement de deux aiz, que l'on a bien vnis ensemble. La troisiesme est à la façon d'vn clou, qui est fiché dans du bois ou autre matiere.

Ce qui forme & tient en deuoir les iointures & liaisons, sont les ligaments longs & larges. Les longs se trouuent au dedans, pour attacher les testes à leurs cauités. Les larges & membraneux seruent d'enuelopes aux mesmes iointures. Ce qui ayde le mouuement est vne humeur blanchastre & visqueuse contenuë dans la cauité, qui humectant les os, aisés à s'eschauffer & dessecher, les fait ioüer d'autant mieux & plus long-temps. Venons maintenant au particulier.

La teste a deu estre couuerte de plusieurs os pour la defense du cerueau, partie grandement noble & delicate, & pour receuoir en leurs liaisons quelques fibres de la premiere membrane, qui est au dessous, & le suspendant empescher que ses cauités ne viennent à s'affaisser. Ces liaisons sont autant de souspiraux ouuerts aux fumées, qui pourroient offusquer les esprits: on les appelle communement les sutures, dont les vnes sont propres au crane ou test; les autres sont communes au mesme, à l'os cuneiforme & à la machoire superieure. Des propres, les vnes sont vrayes, en nombre de trois, dont la premiere ceint le deuant de la teste de mesme qu'vne couronne. La seconde separe le derriere de la teste d'auec le reste en forme de lambda Grec Λ. La troisiesme va comme vn trait le long de la teste suiuant le milieu, sans passer plus auant que les deux precedētes. Les autres sont fausses en nombre de cinq paires, dont la premiere faite à escailles accouple les os du sommet à ceux des temples. La seconde depuis le haut de la premiere, tire en bas iusqu'au commencement de la premiere des communes. La troisiesme depuis le bas du derriere de la teste se porte iusqu'au premier chainon. La quatriesme commençant aux auancemēts aislés, va finir où sont les fentes raboteuses, que font les bouts de l'os sphenoïde & des temples. La cinquiesme passe à trauers du deuant du test, & se termine aux angles inferieurs de l'os cribleux. Les sutures communes sont cinq, dont la premiere joint l'auancement exterieur de l'os du front auec le premier os de la machoire superieure. La seconde commence dés la fin de la seconde des fausses, & se termine à la cauité de la tempe. La troisiesme prend depuis le haut de l'œil & du nés iusqu'aux second, troisiesme, quatriesme & cinquiesme des os de la machoire superieure. La quatriesme passe au milieu de l'os iugal, & joint la premiere auance de l'os de la tempe auec le premier os de la machoire superieure. La cinquiesme commune à l'os cuneiforme & à la cloison des narines, vient du milieu des auancements aislés.

Le test ou crane est proprement composé de six os polis tant dedans que dehors, de peur que les membranes qui y sont couchées, n'en reçoiuent de l'offense. Au milieu de leur épaisseur ils paroissent doubles & spongieux, pleins de sang & d'humeur alimenteuse, où se voit la separation des deux lames, ou tables, dont l'vne peut estre offensée sans que l autre s'en ressente. Le premier est celuy du front, qui s'estend depuis le sommet iusqu'au haut des yeux & aux auancements aislés: en qui se remarquent I. Des cauernes à l'endroit des sourcils dans l'épaisseur de ses tables, encroustées d'vne membrane verte, contenant de la matiere visqueuse semblable à celle du cerueau, d'où partent deux trous, qui respondants au dedans des narines seruent de conduits aux odeurs. II. Vn trou en chacun des sourcils, qui respondant au creux de l'œil, donne issuë au premier rameau du nerf de la troisiesme paire porté au muscle du front. III. Quatre auancements dont les deux grands bordent le grand coin de l'œil, les deux petits le petit. Les deux os suiuans sont du sommet, si bien assis au milieu du crane, qu'ils se trouuent affermis & enuironnés des autres quatre : leur dedans porte les marques que luy ont imprimées les veines jugulaires éparses par la premiere membrane. Le quatriesme est celuy de derriere, costoyé par les os des temples couronné par ceux du sommet, & soustenu par la cuneiforme. Il a I. au dehors des sinuosités, deux fort grandes en haut, faites en demi-cercle, deux en bas fort petites & presque rondes. II. Au dedans il y a trois sinuosités longues, deux en trauers, & vne au milieu, pour affermir autant de canaux de la premiere & dure membrane, quatre rondes, deux en haut, qui seruent d'estuy aux deux auancements que forme le cerueau mi-party, deux en bas beaucoup plus grandes pour les deux que forme le ceruelet. III. Il a deux auances en sa base, qui s'emboitent auec le premier chainon. IV. Il a cinq trous; le premier au milieu rond & ample, qui donne passage à la moëlle de l'espine du dos, les deux suiuans luy sont voysins, longs & grands, pour donner entrée à la veine iugulaire interne,& à l'artere carotide, & issuë à la sixiesme paire de nerfs. A ces deux sont proches les deux autres fort petits, par où sort la septiesme paire de nerfs. Les deux os des tempes sont les plus petits du crane, inegaux & raboteux,pour la necessité de tant de parties remarquables en chacun d'eux, sçauoir I. Quatre auancements, dont le premier est tourné sur la face, pour s'y ajuster auec celuy du premier os de la machoire superieure & composer l'os jugal à l'exhaussement de la ioüe. Le second logé sur le derriere porte la ressemblance d'vn tetin,& le nom de mammellaire. Le troisiesme au dessous & à costé du precedent, est long & pointu de mesme qu'vn burin ou vn style des anciens, appellé styloïde. Le quatriesme est interne,si dur qu'il en a obtenu le nom d'os pierreux,& si ample qu'il a en son dedans des cauernes où se fait l'oüie. II. Deux sinuosités, l'vne entre l'auancement qui fait partie de l'os jugal & le mammellaire, encrousté de cartilage, c'est l'entrée de l'oreille. L'autre sous l'os iugal,couuert aussi de cartilage, reçoit la petite teste de la machoire inferieure. III. Cinq trous,le premier est dans l'auancement pierreux,qui donne issuë au nerf de la cinquiesme paire iusques au labyrinthe. Le second est sous l'auancement styloïde,pour faire entrer le grand rameau de l'artere carotide. Le troisiesme est entre l'os de derriere & de la tempe,pour donner entrée à la veine iugulaire & à l'artere carotide,& issuë au nerf de la sixiesme paire. Le quatriesme est entre l'auancement mammellaire & le styloïde, donnant entrée à l'artere carotide. Le cinquiesme est au derriere de l'auancement mammellaire, par où le premier rameau de la veine iugulaire externe passe iusques dans le test:& neantmoins il manque aucunefois en l'vn des deux costés.

La suite nous oblige à la description de trois osselets contenus dans la conche, premiere cauerne de l'oreille, qui portent chacun le nom de la chose qu'ils representent, de marteau, d'enclume & d'estrieu ; tous trois non plus grands en vn homme fait, qu'en celuy qui vient de naistre. Le marteau a l'vn de ses bouts gros & longuet, auec vne legere impression de sinuosité & vne petite eminence, dont il est receu de l'enclume & le reçoit: l'autre court & menu auec deux auancements, par le moindre desquels, courbe & plus haut, il est attaché à la corde du tambour; par le plus bas il est couché de son long sur la membrane du mesme tambour. L'enclume reçoit de sa teste le marteau & en est receu : de l'vne de ses iambes plus longue & plus gresle, il s'appuye sur le faiste de l'estrieu, de l'autre plus courte, plus épaisse & plus large, il se soustient sur l'os escailleux de la tempe. L'estrieu est assis par sa base sur la fenestre ouale & sur la membrane, qui la ferme.

Auant que de venir à la face, il faut voir ce qu'elle a de commun auec le crane; ce sont trois os, le sphenoide, le cribleux & le jugal. L'os sphenoide, qui comme vn coing est posé au milieu des os du front du derriere, des tempes & des premier, quatriesme & sixiesme de la machoire superieure, s'estendant jusqu'aux auancements aislés, pour les affermir & leur seruir à tous de base, ne porte pas la forme de la chose dont il porte le nom, ce qui nous meut à l'appeller plutost l'os coigné : en qui nous remarquons I. des auancements tant au dedans du test, qu'au dehors. Quatre au dedans, dont les deux sortent en pointe sur le deuant. Les autres sur le derriere, comme quarrés, auec leur entre-deux representent vne selle de cheual Turquesque. Quatre au dehors, deux à costé des trous, qui respondent aux creux des narines & portent le nom d'aislés, à cause de la forme des aisles de chauue-souris. Les deux autres naissent des precedents, & iettent chacun deux pointes vers l'auancement styloide. II. Sept sinuosités, dont la premiere & plus considerable au milieu des auancements quarrés porte la glande pituiteuse ; par où se fait la descharge du cerueau. D'elle mesme en partent quatre, comme autant de canaux, par où se continuë la mesme décharge ; les deux du deuant aboutissent aux trous, qui donnent issuë aux nerfs du mouuement des yeux ; afin que les muscles en soient humectés, & que le residu de l'humidité superfluë soit porté à la glande du grand coin de l'œil, d'où finalement il s'euacuë par le nés. Les deux du derriere sont continuées chacun iusques au trou inégal, cinquiesme en nombre, de l'os coigné, par où la pituite fluë dans le palais & la bouche. Les deux dernieres, chacune en son auancement aislé, donnent de la seureté aux muscles, qui sont cachés dans la bouche. III. Sept trous de chaque costé, le premier est rond pour l'entrée du nerf optique dans la cauité de l'œil. Le second au dessous du premier, rond en bas & montant est changé en vne fente, qui donne passage à la seconde & troisiesme paires de nerfs, comme aussi à vn rameau de l'artere carotide, qui va aux yeux. Par là sont fournies les humidités des larmes, & par le plus haut de ceste fente vne veine sortant de la fosse de l'œil, entre dans la teste pour y nourrir la premiere membrane. Le troisiesme à costé du second est d'vne rondeur parfaite, par où passe le premier rameau de la quatriesme paire de nerfs pour les muscles des tempes, & de ceux qui sont cachés dans la bouche. Le quatriesme est situé au costé exterieur de la fosse de l'œil, grand & long, pour donner issuë au quatriesme rameau de la troisiesme paire de nerfs, & au premier de la quatriesme, qui vont aux muscles des tempes: par où aussi la pituite, qui a flué par le second trou dans la fosse de l'œil, est reiettée au gosier. Le cinquiesme long & raboteux, logé au bout de la sinuosité du derriere de la selle, donne entrée dans la teste au plus grand rameau de l'artere carotide. Le sixiesme de figure ouale au costé exterieur du cinquiesme, fait sortir la quatriesme paire de nerfs. Le septiesme fort petit & fort rond au derriere du sixiesme, fait entrer dans la teste le second & moindre rameau de la veine jugulaire interne, pour la nourriture de la membrane dure, dont les marques sont imprimées sur les os du sommet.

L'os cribleux ou spongieux, ainsi nommé à cause qu'il est pertuisé à la façon d'vn crible, ou d'vne esponge, n'est pas semblable en toutes ses parties, car la premiere troüée obliquement comme vn crible, fait proprement l'os cribleux, destiné à receuoir les odeurs & les porter au cerueau, c'est pourquoy elle est mise au dedans. La seconde est vn auancement, qui diuise la premiere en deux, qui de sa forme a eu le nom de creste de coq, & sousmise à la faux du cerueau asseure la troisiesme sinuosité, canal de la dure membrane. La troisiesme diuise haut & bas en parties droicte & gauche les organes de l'odorat & tout le nez. La quatriesme est proprement faite comme vne esponge, pour receuoir & retenir les mucosités du cerueau, qui sans doute nous incommoderoient s'il les faloit rendre à tout bout de champ.

L'os jugal est tellement commun à celuy de la tempe, & au premier de la machoire superieure qu'il en est inseparable, composé de deux auancements, qui partent de ces deux os, pour se ioindre par vne suture oblique: il sert de rempart au tendon du muscle de la tempe, & à d'autres muscles, particulierement à celuy qui fait macher.

Le visage est separé en deux machoires, sous les noms de superieure & inferieure. La machoire superieure s'estend depuis le bas des yeux iusques à la bouche. Plusieurs os la composent, liés par simple approchement au dehors, par suture au dedans. De ces liaisons les vnes, qui sont cinq en nombre, ont de la communauté auec le test: les autres sont à la machoire en proprieté. L'on en compte neuf, dont la premiere prend depuis le bas de la fosse de l'œil iusques au creux de la tempe. La seconde faite en ouale est dans le costé interieur de la mesme fosse. La troisiesme au dessous est portée sur le deuant de la face. La quatriesme diuise le long du nés en deux. La cinquiesme, compagne de la quatriesme, s'estend le long du cinquiesme os iusques au cartilage. La sixiesme trauerse le derriere du palais. La septiesme va du long du palais. La huictiesme est dans le creux du nés, se communiquant à la cloison & au cinquiesme os. La neufiesme est commune à la cloison & aux quatriesme & sixiesme os. De ces mesmes liaisons les vnes sont simples, sçauoir la quatriesme sixiesme, septiesme, huictiesme & neufiesme, les autres doubles entant qu'elles sont aux deux costés; toutes seruent à attacher vne douzaine d'os, six de chaque costé. Le premier forme le petit coin de l'œil & fournit son auance à l'os iugal. Le second est dans le grand coin, remarquable en ce qu'il est rond & petit, qu'il soustient la glande des larmes & qu'il a vn ample trou, pour donner passage à l'humidité du cerueau, qui arrouse le gras de l'œil & est purgée par le nés. C'est par le mesme aussi que passe le troisiesme rameau de la troisiesme paire de nerfs. Le troisiesme est quarré, bar-long, composé de grandes sinuosités remplies d'air. Le quatriesme est plein de petites cauernes moëlleuses & d'vne telle estenduë, qu'il est compris depuis le haut de la ioüe iusques aux dents: il a des trous fort remarquables; deux au bas de la fosse de l'œil, l'vn dedans, l'autre dehors, qui donnent issuë au second rameau de la troisiesme paire de nerfs destiné aux muscles du visage, vn sur le deuant du palais derriere les dents trẽchantes, par où entrent vne veine & vne artere dans le nés. Le cinquiesme compose le nés par sa quarrure. Le sixiesme sert de muraille au derriere

derriere du nés & au palais. La machoire inferieure est attachée assés laschement auec la superieure; mais fortement, afin qu'elle ioüe à tout propos, soit pour parler, soit pour mascher, & iamais ne se lasser. A cet effet aussi elle a esté faite dure & espaisse, mais de peur d'importuner par sa pesanteur, creuse au dedans. A l'endroit de son attachement il y a deux auancements, l'vn au deuant, dont la base est large, & va en apointant pour s'enchasser dans l'os jugal, & receuoir vn tendon tres-fort du premier muscle de ceste machoire; l'autre d'vn fondement gresle s'esleue en vne petite teste, qui s'emboite dans la seconde cauité de la tempe. Elle a deux trous, l'vn penetre bien auant dés le bas & le dedans desdits auancements; par où le troisiesme rameau de la quatriesme paire de nerfs auec vne veine & vne artere, se porte dans le creux des dents: l'autre est au dehors, par où les mesmes vaisseaux sont portés aux muscles, à la levre & à la peau, qui les couure. Elle a encore des parties raboteuses au dehors & au dedans, pour asseurer l'insertion des muscles. Finalement aux deux machoires les bords qui se respondent, sont remarquables pour les fosses que les dents y forment à mesure qu'elles naissent. Fosses qui se perdent tout à fait, à n'y paroistre aucune trace, lors que les dents en sont arrachées.

Les dents sont comme cloüées dans les machoires, & affermies par des nerfs & la genciue: Dures & solides, pour agir puissamment & n'estre pas si-tost consumées, creuses neantmoins en leur racine, qui leur a esté couuerte d'vne membrane desliée & fort sensible, par où elles reçoiuent la nourriture, que leur apportent les veines jugulaires, pour reparer ce qui se perd par le frolement continuel, la vie par les arteres carotides, & le sentiment par les rameaux de la troisiesme paire de nerfs. Il y en a seize en chacune des machoires (nombre qui n'est pas tousiours certain) que l'on a partagées en trois bandes, suiuant la diuersité de leur vsage, de tranchantes, œilleres & machelieres. Les tranchantes, dont la figure est conforme à leur nom, sont quatre, logées au beau milieu des autres sur le deuant, pour mettre la viande en gros lopins. Les œilleres ou dents de chien sont aiguës, comme celles de cet animal, & reçoiuent vne portion des nerfs, que la nature a destinés au mouuement des yeux. Elles sont deux qui bornent les tranchantes, pour rompre & mettre en pieces ce qui n'a pû estre tranché par celles-là. Les racines de ces deux sortes de dents sont simples: mais plus longues & plus fortes aux œilleres. Les machelieres ou meulaires sont volontiers dix en nombre aprés l'âge de vingt-huict ou trente ans, veu qu'alors seulement sont produites les deux plus esloignées, qu'Hippocrate appelle pour cela les dents de sagesse. Leur figure en marque l'vsage; car elles sont larges pour receuoir & retenir la viande, & raboteuses pour l'amenuiser à la façon des meules dont elles portent le nom; comme aussi de ce qu'elles seruent proprement à mascher, on leur a donné celuy de machelieres. En la machoire superieure les deux premieres & proches des œilleres n'ont que deux racines: les suiuantes en ont trois. En l'inferieure les deux susdites n'ont qu'vne racine: les autres en ont deux. La raison a voulu que celles d'enhaut comme suspenduës, fussent plus affermies que celles d'en bas, qui se soustiennent d'elles mesmes.

Aprés auoir descrit les os de la premiere cauité, il faut consequemment venir à la seconde: mais parce qu'il ne faut pas interrompre la description de la chaine, qui s'estend depuis la teste jusques au croupion, nous ne pouuons pas esuiter de la confondre auec celle de la troisiesme. Ce sera pourtant le moins qu'il nous sera possible. Celuy des os qui se presente d'abord est l'hyoïde, logé au dessous de la machoire inferieure, au dessus du sifflet. Il porte le nom de l'V des Grecs, aussi bien que la figure, faict en arc, dont les cornes ou auances sont sur le derriere, composé volontiers d'onze os és personnes d'âge parfaict. Le premier en est la base, mis au milieu des autres dont il est le plus grand, plus large & plus court, caue au dedans, courbé au dehors; ayant des sinuosités, vne en haut, pour l'insertion des muscles, qui le leuent; deux en bas pour ceux qui l'abaissent. De ses costés inferieurs sortent le second & le troisiesme, joints par vn ligamēt cartilagineux: Des superieurs le quatriesme & le cinquiesme, à qui sont attachés les six restants, trois de chaque costé. Tous ces os ont de la connexion au moyen de la chair, du nerf & de la membrane, auec la machoire inferieure, le brichet, les espaules, la surcroissance styloïde, la langue, le cartilage tyroïde & l'esophage. Ils seruent de fondement à la langue & laissent le passage libre à l'aliment que nous aualons, & à l'air que nous respirons.

Les clefs ou clauicules sont en suitte, ainsi appellées à cause qu'elles sont faictes de mesme que les clefs des anciens en S ou en deux demi-cercles, dont l'vn est suiuy de l'autre, en sorte que la partie courbe de l'vn est opposée à la caue de l'autre. Elles sont deux, faictes pour soustenir les épaules, qui autrement tomberoient auec les auant-bras sur la poitrine. Pour cet effect l'vn des bouts longuet, plat & comme triangulaire, ayant son demi-cercle courbé en dehors, est attaché à la partie superieure du premier os du brichet, s'enchassant dans vne cauité encroustée de cartilage: l'autre longuet aussi & large, ayant son demi-cercle courbé en dedans, s'emboite dans la cauité que forme la pointe de l'auant-bras, ou l'auancement superieur de l'espaule.

La description precedente nous oblige à celle du brichet & des espaules, à qui les clefs sont attachées. Le brichet, qui comme vn plastron deffend le cœur & autres parties de la poitrine, & sert de fondement aux costes, est volontiers composé de trois os; dont le premier est le plus espais & plus ample, marqué en son sommet de deux cauités, pour la reception des clefs, au milieu desquelles se forme vne fossette, qui proprement doit estre appellée la gorge. Le second plus mince & plus estroit, ne laisse pas d'estre quatre fois plus long, raboteux en ses bords à cause des cauités, où sont receus les cartilages des costes. Le troisiesme plus petit que les autres, mais plus large que le second, porte en bas vne surcroissance de cartilage, qu'on appelle communement xifoïde: quoy que plus à propos c'est à tout le brichet que ceste denomination est deüe, car il se rapporte par sa figure à la garde d'vn ancien cousteau; le premier os est semblable à la partie qui est sous la main; le second fait en forme de lune en est la poignée, le troisiesme la lame. Ce cartilage est le plus souuent triangulaire, aucunefois fourchu, & souuent rond. Au dessous paroist vne fossette où respond l'orifice gauche de l'estomac, & où les douleurs se font si bien sentir, qu'elles donnent au cœur. C'est la cause que ceste partie a esté appellée le cœur, & ses maux, maux de cœur, encore pour le iourd'huy.

Les espaules, qui comme deux aisles sont situées sur le dos, pour seruir de rampart aux parties qu'elles couurent, & attacher les bras & les muscles qui en dependent, ont elles mesmes vn dos au dessus, & vne cauité au dessous. Leur figure est faicte en triangle, que les Mathematiciens appellent scalene, dont le premier costé en est la base, estenduë quasi le long du dos. Le second, qui commence sous le premier, & tire obliquement en haut en est la coste inferieure. Le troisiesme en est la coste superieure, commençant au dessus & aboutissant à mesme endroit que le second, pour y faire l'angle, qui porte vne cauité où s'emboite la teste de l'auant-bras. Des deux espaules chacune occupe son costé, attachée par le moyen des muscles au derriere de la teste, aux chaînons du col & du dos, & aux costes. Chacune a aussi trois auancements, dont le premier est fort court, ayant ladite cauité superficielle pour la teste de l'auant-bras beaucoup plus grosse à proportion. Mais il a esté pourueu à ce defaut par des bords cartilagineux, qui rendent ceste cauité plus profonde, enuironnés & affermis d'vne forte membrane, afin que le mouuement du bras fut d'autant plus libre par la souplesse du cartilage, sans danger neantmoins d'aucune luxation. Le second occupe en sa naissance & en son progrés presque toute la largeur de l'espaule, & comme s'en escartant forme vne surcroissance courbée, au bout de laquelle est imprimée vne cauité, pour receuoir la teste de la clauicule. Cest auancement en son tout porte le nom d'espine, donnant lieu par son eminence à deux cauités, superieure & inferieure sur le dos de l'espaule; son bout est communement appellé du nom Grec d'acromion: mais pource qu'il enjambe sur l'auant-bras, nous l'appellerons la pointe de l'auant-bras. Le troisiesme part de la coste superieure: son office est d'affermir la jointure de l'auant-bras: sa figure est semi-circulaire, dont il luy faut donner le nom.

Ce qui iusques à nostre temps a tousiours conserué le nom d'espine du dos, pour auoir des auancements espineux, le peut changer commodément en celuy de chaine, que nous luy donnons à cause de ses spondyles ou vertebres, qui comme des chainons permettent à tout le corps de se flefchir & estendre, & aux nerfs, qui partent de la moëlle y contenuë, d'en porter le mouuement. Il y a vingt-quatre chainons, sept du col, douze du dos, & cinq des lombes, qui ont quelque chose de commun entr'eux, & quelque chose de propre. Les choses communes sont I. Que chacun d'eux (excepté le premier) à vn corps releué sur le deuant, creux sur le derriere, plain en ses jointures & d'autant plus poreux qu'il est plus grand, afin qu'il en soit plus leger. II. Qu'ils ont trois sortes d'auancements; en chaque costé vn de trauers, deux de biais, dont l'vn regarde en haut & l'autre en bas : vn seul au milieu du derriere; qui comme la lame d'vn cousteau crochu a sa pointe tournée en bas, ou regarde aussi son dos, & le tranchant en haut. III. Qu'ils ont des trous, dont y en a vn fort grand au milieu & au long de leurs corps; vn petit en chaque costé, que faict le concours des deux chainons creusés l'vn en haut & l'autre en bas, & s'ajustant forment vn rond, qui donne issuë aux nerfs, & entrée à la veine & à l'artere. IV. Que leurs liaisons faites par des ligaments sont semblables, dont il sera parlé cy-aprés.

Les chainons du col ont de commun entr'eux. I. Que leurs corps sont quarrés, plains sur le derriere, legerement sinués en haut & proportionnement releués en bas, plus petits & plus solides que tous autres. II. Leurs auancements espineux sont fourchus excepté le premier. Ceux qui trauersent sont troüés, pour donner passage aux veines & arteres, qui montent à la teste. III. Leur trou commun aux deux chainons a plus de part en celuy d'enbas qu'en celuy d'enhaut. Les proprietés sont reduites aux deux premiers; le premier en a generalement quatre; I. Il est le plus petit, plus dur & plus solide de tous, & d'autãt plus vuidé, qu'il donne lieu au plus espais de la moëlle du cerueau. II. A la place du corps que les autres ont, y a esté substituée vne petite bosse, dont le dedans est vne cauité quarrée munie de tendon pour receuoir la surcroissance du second chainon, fait en forme de dent, aussi encroustée de cartilage. III. Les auancements obliques sont tous sinueux, ceux qui montent pour enchasser ceux qui descendent de la teste : ceux qui descendent, pour receuoir ceux, qui montent du deuxiesme chainon. Et ainsi le mouuement de la teste en deuant & en derriere se fait sur ceux-là, la circulaire ou de costé sur cetuy-cy. Les auancements qui trauersent, sont simples & fort grands pour attacher les muscles, qui meuuent la teste. Son espine est courte & simple, finissant en vn angle mousse; afin que les muscles n'y soient offensés. IV. Les trous qu'il forme auec le deuxiesme chainon, sont comme des fentes imprimées aux auancements obliques, qui descendent, au moyen desquels il s'ajuste à ceux qui montent du deuxiesme chainon. Le second chainon a vn auancement particulier, qui sort du milieu de deux qui montent, remarquable pour sa longueur, sa solidité & sa figure, semblable à vne dent de chien, dont il a desia esté fait mention, & dont la pointe surpassant le premier chainon, auquel il s'emboite, est raboteuse, pour asseurer le ligament qui l'attache à l'os du derriere de la teste. Les quatre chainons suiuans n'ont rien de particulier, qui soit beaucoup remarquable. Le septiesme est le plus grand de tous les susdits, & qui approche le plus en toutes ses parties à ceux du dos.

Les chainons du dos ont de commun I. vn corps rond sur le deuant, legerement caue & en demi-lune sur le derriere, plain dessus & dessous, excepté le premier, qui au dessus est inesgal. Ce corps a neantmoins en ceste superficie plaine des bords releués pour affermir les ligaments & empescher les luxations. II. Des auancements situés en trauers, qui appartiennent aux neuf premiers chainons, d'vne esgale grandeur & qui tendent en haut par vne teste ronde: Ceux des trois suiuants, qui vont en diminuant. III. Des espines simples & inesgales entre elles; entant qu'aux neuf premiers chainons, elle sont fort longues & portées obliquement en bas, aux trois suiuans plus courtes, plus épaisses & portées droictement. IV. Des trous communs qui participent esgalement des deux chainons. Leurs proprietés sont I. Qu'au nombre des neuf premiers chainons, les deux fournissent vne sinuosité empreinte sur leurs costes. Aux trois suiuans, chacun fournit la sienne entiere, le tout pour y emboiter les costes. II. Que les auancements trauersants ont esté faits plus grands aux neuf premiers chainons, pour y affermir les mesmes costes au moyen des sinuosités, qui y sont empreintes.

Les chainons des lombes, que vulgairement l'on nomme la longe, ont leur corps rond à demy plus long, plus grand & plus poreux que les susdits. Les auancements obliques qui montent ont des sinuosites pour receuoir les testes de ceux qui descendent. Ceux du trauers sont plus desliés & plus longs que ceux du dos, fors le premier & le quatriesme, qui sont petits. Le troisiesme est le plus long. Le cinquiesme est le plus épais, qui seul entr'autres d'vn large fondement s'esleue en pointe recourbée en haut, de peur de rencontrer l'os des flancs. Les espines sont courtes & quarrées, ayant leur bout fort gros. Le trou commun que font les deux chainons est deu pour la plus grand part à celuy d'enhaut: au contraire des chainons du col.

L'os nommé Bertrand ou sacré, fait la suitte de la chaine, dans le bas âge, euidemment diuisé en cinq ou six chainons, suiuant que le croupion qui luy est attaché en a quatre ou trois: mais pource qu'auec le temps ils ne ioüent plus, ne restant autre chose que les marques de ces diuisions au dedans, il n'est compté que pour vn; si ce n'est que l'vsage nous en fasse discerner les parties, dont la premiere est la plus grande, la derniere la plus petite, en sorte qu'il ne represente pas mal le capuchon d'vn moyne. Le dedans est vuidé, le dehors courbe auec des trous deçà & delà, que le concours des chainons a formés pour donner issuë aux nerfs, & par consequent la moëlle du cerueau y est contenuë & continuée iusques à sa fin. Les auancements obliques sont peu cognoissables, sauf du premier chainon, où les superieurs sont sinueux pour y receuoir les testes du dernier chainon de la longe. Les trauersants sont plus longs & vnis ensemblement, chacun d'eux ayant sur le derriere vne cauité inesgale pour y enchasser l'os d'appuy. Les espines se rapportent en figure à celles des lombes, mais plus petites, plus elles sont basses, iusques-là que la derniere est comme vn petit bouton.

Le croupion termine la chaine par de petits os poreux, & sans point de moëlle du cerueau. Le premier est le plus grand, les autres diminuent tousiours iusques à vne pointe recourbée en dedans pour soustenir le boyau droict. Il est attaché à l'os sacré par le moyen d'vn tendon vn peu lasche, qui aux occasions cedant à l'effort du ventre faict trousser ceste pointe en dehors. Le premier os a au dessus vne petite cauité, pour receuoir le dernier chainon du sacré. Mais lors que le sacré n'en a que cinq, le premier du croupion a deux petits auancements en trauers, qui biaisant se lient auec les auancements de ce cinquiesme chainon, & par leur concours forment des trous communs pour le passage de la derniere paire de nerfs.

Reuenant à la seconde cauité, il est à noter que le rampart en a deu estre fort pour munir le cœur mobile, neantmoins pour ayder au poulmon. Le premier consiste particulierement au brichet & aux chainons du dos, dont il a esté parlé. Le second aux costes entretissuës de muscles, dont il s'agit presentement. Il y en a douze de chaque costé, dont les sept superieures portent le nom de legitimes, les cinq suiuantes le nom de bastardes. Leur corps est alongé sur le deuant par des tendons, qui aux legitimes sont plus courts & plus espais, aux bastardes plus estroits & plus minces. Par le moyen de ces tendons, les legitimes sont attachées au brichet, les bastardes sont retroussées s'accompagnant & ajustant entr'elles & auec les tendons des legitimes excepté la douziesme. Sur le derriere les neuf premieres costes sont tousiours attachées aux chainons, & quelquefois la dixiesme. Les costes pour cet effet sont sinueuses tant en leurs corps, qu'en leur auācements trauersants, afin que ceux-là enchassent les testes des costes, ceux-cy, certaines bossetes, les vnes & les autres encroustées de cartilage, & ceux-cy particulierement raboteux, pour asseurer les ligaments, qui leur seruent d'attache; l'onziesme & la douziesme ne sont liées que par leurs testes aux corps des chainons. La figure des costes est faicte en demi-cercle courbe au dehors, caue au dedans, auec vne moulure au dessous où se trouuent en seure;

té la veine, l'artere & le nerf. Leur grandeur est telle, que les plus hautes & les plus basses sont les plus courtes. Celles du milieu les plus longues,suiuant la proportion de la poitrine,qui en ses extremités est estroite, & en son milieu fort ample.

L'os qui iusques icy n'a pas eu de nom, que celuy de n'en auoir point, pourroit ce me semble l'emprunter, ou de sa figure, ou de quelqu'vn de ses vsages. En tant qu'il a esté fait pour soustenir le faix tant du bas ventre où sont les boyaux & la vessie,&aux fēmes l'amarry;que de tout le corps,à cause que la cuisse s'emboite dans sa plus grande cauité,il ne sera pas mal à propos de l'appeller l'os d'appuy. Il y en a vn de chaque costé du sacré,qui iusques à l'âge de septans est apparemment diuisé en trois par autant de cartilages,qui les tiennent liés:& bien qu'auec le temps ces cartilages se conuertissent en os,si est-ce que l'on les discerne tousiours, iettant la veuē dans la susdite cauité, où s'apperçoiuent trois lignes cartilagineuses, qui du centre sont tirées à la circonference.La premiere en deuant, la seconde en derriere,toutes deux en haut,la troisiesme en bas. La premiere & la seconde enuironnent le premier,qui est l'os des flancs.La seconde & la troisiesme le second,qui est l'os des hanches. La troisiesme & la premiere le troisiesme, qui est l'os barré. L'os des flancs est le plus ample, fait en haut comme vn demi-cercle, & c'est la creste ou espine; caue au dedans & c'est la coste, courbé en dehors & c'est le dos. L'espine est vne surcroissance raboteuse pour affermir l'insertion des muscles du ventre; comme aussi le dos & la coste pour les muscles de la cuisse. Cet os est ioint auec le sacré, en sorte qu'ayant & auancements & cauités, ils se reçoiuent reciproquement, afin que leur connexion en soit d'autant plus ferme. L'os des hanches tient le milieu des deux, remarquable par sa grande & profonde cauité où s'emboite la teste de la cuisse: ceste cauité est plus bordée derriere que deuant, plus en haut qu'en bas, afin que lors que nous nous seons la iointure fasse vn angle aigu, qui n'incommode pas. Toutesfois là où respond l'os barré il n'y a pas de bord, pour mieux faciliter l'entrée de l'humeur, qu'y porte vne veine, dont la iointure se nourrit & se rend gluante, pour corriger la secheresse qu'y cause le mouuement. La mesme cauité est encroustée d'vn tendon fort vny: toutesfois le deuant en est raboteux, pour donner lieu à vn ligament rond, qui naissant delà s'insere à la teste de la cuisse. Il y a vne autre cauité sur le derriere de cest os& en dedans,à l'entour duquel,comme à la roüe d'vne poulie vn muscle de la cuisse se tourne.De plus il y a vne surcroissance adherante à son bas bout sur qui nous nous appuyons en nostre seant, d'où sortent plusieurs muscles.Finalement il y a deux bossetes à l'entour de la grande cauité, dont l'vne est interne & l'autre externe. De celle-là sort vn muscle: à ceste-cy, qui est fort pointuë,s'attache vn ligament,qui part du cinquiesme auancement de l'os nommé bertrand.L'os barré est sur le deuant composé des deux troisiesmes parties de l'os d'appuy, attachées par vn cartilage qui n'est guiere dur. Il y a vn pertuis fort grand, qui ne represente pas mal l'oreille, situé entre la profonde cauité de l'os des hanches & le lien cartilagineux;d'où il luy arriue d'estre plus leger, & de donner de quoy remplir à deux muscles de la cuisse, separés par vn fort ligament tendu sous ce pertuis. Au dessus y a vne autre cauité par où passent les veines & arteres des iambes. Au reste ces os ioints auec le sacré forment vne cauité, que l'on appelle le bassin, où les parties du bas ventre susnommées sont contenuës.

Restent les extremités comprises sous les noms de bras & de iambes. Le bras est generalement ce qui commence par l'espaule & finit au bout des doigts, dont il faut faire trois parties, l'auant-bras, le bras & la main. L'auant-bras est long en rond, dur & solide, caue & moëlleux au dedans, grandement raboteux pour la naissance & l'insertion de plusieurs muscles, & plus large en ses bouts,qu'au milieu de sa longueur.En son haut bout il a vne surcroissance à deux testes,l'vne interne,ample & ronde,vnie & encroustée de tendon, qui s'enchasse dans la cauité de l'espaule pour tous mouuemēs:l'autre externe,qui n'a esté faite que pour l'insertion des ligaments,separée de la premiere par le moyen d'vne sinuosité. Ceste-cy est encore double,vne partie est anterieure & l'autre posterieure,ayant entre-deux vne longue sinuosité, où le muscle à deux testes est suspendu par vn de ses principes. Le bas bout a plusieurs auancements & sinuosités necessaires à la connexion, qui s'en fait auec les os du bras. Au costé interieur il a vne teste qui s'ajuste à l'aune à guise de charniere, où l'on voit la forme d'vne poulie auec deux sinuosités l'vne au deuant, l'autre au derriere. Au costé exterieur il y en a vne autre couuerte de tendon, qui s'emboite dans le ray. Ces testes sont accompagnées de petites bosses dont la plus proche de la poulie est interne, l'autre externe seruant à la naissance de plusieurs muscles. A leurs costés se voyent d'autres sinuosités, vne à costé de l'externe sur le derriere, pour y faire passer la quatriesme paire de nerfs; à costé de l'interne sur le deuant, pour la troisiesme paire: sur le derriere de la mesme, pour la cinquiesme le haut bout est percé de plusieurs trous sans ordre, pour l'insertion ou la naissance des ligaments. Le milieu de la longueur est marqué d'vn trou fort apparent, qui penetre de haut en bas iusques à la moelle, pour donner entrée à vne veine qui la nourrit.

Le bras à qui en particulier nous donnons le nom du tout, est attaché en ses extremités par le moyen de deux os, dont il est composé, l'vn est le ray situé au dessus, ou dehors plus petit, & qui sert à coucher & renuerser la main. L'autre est l'aune, au dessous ou dedans, plus grand, & qui est fait pour plier & estendre le bras. Ils ont de commun vn corps dur & solide, moelleux au dedans, raboteux au dehors pour y attacher les muscles, auec des surcroissances & des testes, qui sont vne plus grande & plus large, l'autre plus petite & plus menuë. Ils ont cela de contraire que l'aune a sa grand teste en haut & sa menuë en bas; le ray tout à rebours: De propre, que l'aune en son haut bout a vn auancement sur le derriere que l'on nomme le coude; vne sinuosité sur le deuant encroustée de tendon, faicte en demi-cercle dont les deux extremités sont autant d'auancements, la haute s'enchasse dans la sinuosité du derriere de l'auant-bras, la basse dans celle de deuant, & toute l'entiere sinuosité s'ajuste auec la poulie cy-dessus mentionnée. En son costé exterieur se voit encor vne petite sinuosité, faite comme le quart d'vn cercle, pour receuoir la petite teste du ray. Depuis le haut bout l'aune s'appetisse tousiours iusqu'à ce qu'arriuée au poignet, elle finit en vne petite teste, qui porte en soy vne cauité ronde, & au costé de derriere vn petit auancement faict en pointe de burin. Le ray en son haut bout a sa petite teste portant vne cauité ronde couuerte de tendon, où est receuë la teste exterieure de la surcroissance inferieure de l'auant-bras: & à costé vn petit auancement aussi couuert de tendon, receu dans la cauité du quart de cercle pour coucher & renuerser la main. Au dessous de la petite teste & en dedans il y a vne petite bosse portant vne sinuosité raboteuse pour l'insertion du muscle à deux testes. Delà le ray tire obliquement en bas, & se separant de l'aune laisse vn vuide que remplissent les muscles; & enfin en son bas bout produit vne teste large auec deux sinuosités pour receuoir les os du poignet. Ces deux os sont generalement joints, en sorte qu'en haut l'aune reçoit le ray, en bas tout à rebours. & ainsi tant deçà que delà la plus grande partie reçoit la plus petite. Et pour les affermir dauantage ils sont encore attachés entr'eux par vn ligament long & large, qui separe les muscles interieurs des exterieurs, & qui s'estend du long des deux costés tranchants de ces deux os, vn exterieur de l'aune, l'autre interieur du ray.

La main a trois parties, le poignet, la paulme & les doigts. Le poignet est vn amas de deux rangées, chacune de quatre os, voûtés au dehors de la main, cambrés au dedans, attachés ensemble assez laschement par des cartilages, & neantmoins leur mouuement n'en est guiere cognoissable. La rangée du dehors a trois os si bien vnis qu'ils semblent n'en estre qu'vn, le quatriesme & plus petit respond au petit doigt. Celle du dedans à ses quatre os joints à pareil nombre d'os de la paulme.

La paulme est de quatre os solides & moelleux, long en rond, neantmoins vn peu applatis au dehors, sur tout en leurs hauts bouts, estroits au milieu, en sorte qu'ils y forment des entre-deux vuides que les muscles remplissent. Ils ne sont pas esgaux en grandeur, car le premier, qui est sous l'indice, est le plus long & plus gros: les suiuans decroissent à proportion. Leurs surcroissances du haut bout sont sinueuses pour estre iointes au poignet: Celles du bas finissent en testes applaties en leurs costez & couuertes de tendon pour s'ajuster aux doigts.

Les cinq doigts dont les noms suiuent par ordre de pouce, indice, doigt du milieu, annulaire & petit, sont chacun composez de trois os, dont le premier est le plus proche de la paulme, le second tient le milieu, le troisiesme va iusques au bout. Ils font vne voûte, dont la cambreure paroist au dedans de la main. Le troisiesme est tousiours le plus petit, les autres sont plus grands à proportion. Ils ont des surcroissances en haut & en bas (toutefois le troisiesme n'en a point en son bas bout) les surcroissances d'en haut ont des sinuositez: celles d'en bas des testes. Le premier os en son haut bout n'a qu'vne sinuosité pour receuoir la teste de l'os de la paulme: en son bas bout deux testes, pour les enchasser en autant de sinuositez du second, qui en son bas bout a deux testes, qui s'emboitent dans les deux sinuositez du troisiesme; au bas bout duquel il n'y a qu'vne teste fort aduancée au dedans de la main en forme de demy-Lune pour y receuoir le tendon des muscles qui plient les doigts. Il y a cela de particulier au pouce, que la haute surcroissance de son premier os a vne sinuosité peu profonde, mais deuant & derriere releuée. Le bas est d'vne teste qui s'enchasse dans la sinuosité vnique du second os.

Aux os de la main se doiuent rapporter des osselets, qui pour la ressemblance qu'ils ont auec la semence du sisame, ont esté appellez sisamoïdes, situez sur les iointures du dedans des doigts, afin d'empescher qu'en leurs puissantes extensions les os ne se démettent. Le nombre en est volontiers de douze, dont les deux sont sur le concours du premier & du second os du pouce: Doux en chaque ioincture des quatre doigts suiuans auec la paulme, vn en chaque ioincture de la seconde & de la troisiesme de l'indice.

La iambe est generalement comprise depuis la hanche iusques au bout des pieds, & partie en trois, la cuisse, la iambe & le pied. La cuisse n'a qu'vn os, qui s'estend iusqu'au genoüil, le plus grand & plus puissant de tout le corps, tres-dur & tres-moëleux, long & gros à l'aduenant, courbe sur le deuant, caue sur le derriere, plat & large en ses deux bouts, sur tout au bas, rond au milieu & toutefois raboteux au derriere, à cause d'vne ligne releuée, qui va de haut en bas. Par le haut il est attaché à l'os d'appuy, par le bas à la iambe, au moyen des surcroissances, dont la haute est accomplie par vn col sur qui s'esleue vne grosse teste, exactement ronde, vnie & encroustée de tendon: troüé presque au milieu, pour y receuoir vn ligament rond & fort, qui part de la grande cauité de l'os de la hanche. Outre ce il y a deux auancements, l'vn exterieur, qui d'vne large base va peu à peu en s'estressissant, & c'est le plus grand de tous ceux qui ne s'emboitent pas: l'autre interieur, beaucoup moindre, dont le bout est mousse. Leur office est de receuoir les muscles, qui tournent la cuisse, à cause dequoy ils ont esté appellez des Grecs trochanteres, c'est à dire les tourneux où les poles. Le premier est remarquable I. Pour vne sinuosité interieure, où se fourrent les tendons du second & du troisiesme muscle, qui tournent la cuisse. II. Pour quatre empreintes, qui sont sur la partie courbe & exterieure. La premiere fort grande est au bas de l'aduancement, pour receuoir le tendon du premier muscle de ceux qui estendent la cuisse. La seconde au deuant raboteuse & sinueuse pour le second. La troisiesme au bas & au milieu des deux empreintes, aucunement esleuée pour le troisiesme. La quatriesme au haut & sur la pointe mesme de l'aduancement, pour le quatriesme. III. Pour vne ligne raboteuse, qui dés la premiere empreinte tire en bas & quelque peu de biais sur le derriere où le premier muscle s'attache. La surcroissance inferieure a deux testes, qui penchent plustost sur le derriere que sur le deuant; l'vne est interne plus grosse, & l'autre externe plus large & applatie, & entre elles vne sinuosité vnie couuerte de tendon, au deuant pour receuoir la palette, large d'vn trauers de pouce, au derriere pour affermir le ligament, qui part de la cuisse & s'attache à la bossette, qui est au milieu des deux sinuositez imprimées sur le haut de la iambe, pour la seureté des vaisseaux qui y descendent. L'vne & l'autre teste ont des sinuositez à costé, pour faire place aux tendons des muscles qui y passent. Aupres des surcroissances il y a des troux, pour l'insertion des ligamens ronds qui enuironnent les ioinctures. Il est à notter que sur le derriere des testes d'en bas il y a deux os sisamoides posez sur les testes du premier muscle du pied, afin qu'il ne se frôle pas contre les testes de l'os.

Il est à propos de mentionner icy l'os du genoüil appellé la palette où la meulé, rond, large de deux trauers de doigt, plain au dehors, releué au dedans & couuert de tendon. Il occuppe le deuant de la ioincture de la cuisse & de la iambe; afin qu'en vne grande extension, qui se fait lors qu'il faut passer vne descente roide, les os ne se démettent pas. Il est ioint de mesme que les sisamoïdes, au moyen des gros tendons du second & du quatriesme des muscles, qui descendent en bas sur la iambe, attachez à sa bossete anterieure pour en faire l'extension.

La iambe particulierement ainsi appellée est entre la cuisse & le pied, composée de deux os, dont le plus apparent, comme plus gros & descharné, retient encore le nom du tout, c'est l'os de la iambe. L'autre est plus menu & couuert de muscles, c'est l'os de l'esperon, tous deux solides, durs & moëleux. L'os de la iambe a deux bouts plus large que le reste, & en chacun sa surcroissance; le haut bout est ioint à la cuisse, & panche aucunement du deuant au derriere, où il se fourche en deux eminences, qui semblent sortir hors de l'os, auec deux sinuositez longues & superficielles, legerement couuertes de tendon pour y emboiter les testes de la cuisse. Entre-deux sur le derriere vne petite bosse raboteuse qui finit en pointe aussi raboteuse pour y attacher le ligament fort, qui part de l'entre-deux des testes de la cuisse. Et afin que lors que la iambe se plie tout à fait, elle ne vienne à se desboiter, sa ioincture a esté affermie par des ligaments & vn tendon qui l'enuironne. Il a aussi vne petite teste au derriere sous l'eminence exterieure, qui s'enchasse dans la sinuosité de la surcroissance de l'os de l'esperon. Les trous qui sont sur le deuant de sa teste, la rendent inesgale. La bossette voisine assez ample reçoit vn tendon composé de plusieurs, sçauoir du second, troisiéme & quatriesme muscles de ceux qui estẽdent la iambe. La iambe s'estressit apres iusqu'en bas & prend vne figure triangulaire, dont la premiere ligne est sur le deuant fort aiguë, & s'appelle l'espine, les deux autres sont sur le derriere, l'vne interieure mousse: l'autre exterieure aiguë qui reçoit le ligament long de la iambe.

De ces trois costez du triangle les deux sont sur le deuant, l'vn en dedans releué & descharné est le dos de la iambe. L'autre en dehors est destiné à l'insertion des muscles interieurs. Le troisiesme sur le derriere pour les muscles posterieurs. Cettui-cy a presque en son milieu vn grand trou, qui donne entrée à la veine enuoyée pour la nourriture de l'os. La basse surcroissance est attachée à l'os du talon, au moyen d'vne sinuosité couuerte de tendon, renduë double par vne ligne mitoyenne qui va du derriere au deuant où elle finit en vne petite bosse. De ces deux l'interieure est plus grande & plus profonde pour receuoir l'aduancement de l'os de la iambe, qui est gros, caue au dedans, releué & descharné au dehors; c'est la cheuille interne. Au dehors de cet aduancement il y a vne autre sinuosité longue, qui reçoit la teste inferieure de l'os de l'esperon. L'os de l'esperon est couché sur l'os de la iambe en dehors, plus menu, mais esgalement long auec ses deux surcroissances; dont le haut au costé interieur a vne sinuosité couuerte de tendon pour receuoir la petite teste, qui est au dessous & à costé de la surcroissance superieure de l'os de la iambe. Le bas se termine en vn angle aigu & s'emboite dans la sinuosité exterieure & longue de la surcroissance inferieure de l'os de la iambe & y fait la cheuille externe, qui auec l'interne tiennent le talon en deuoir. Le demeurant de ces os est triangulaire pour y loger les muscles du pied, l'vn des costez est anterieur, les deux autres son posterieurs. Ces deux os ainsi ioincts laissent au milieu vn vuide à r'eplir par les muscles du pied; où ils sont affermis par vn ligament membraneux, qui prend de la ligne exterieure de l'os de la iambe à l'interieure de l'os de l'esperon.

Le pied peut estre diuisé en trois parties, qui sont le talon, la plante & les orteils. Le talon en deux, qui n'ont pas de nom; La premiere composée de trois os & l'autre de quatre. Ils ont tous de commun, le corps mol & cartilagineux en leur commencement, la figure differente, la grandeur inesgale. Le premier des trois os de la premiere partie est le garignon, dont les petits enfans se seruent à iouër au lieu de dez. Il est ioint aux deux os de la iambe pour faire que le pied se plie, s'estende & se tourne à costé. Sa figure est comprise sous six costez, dont le premier est le haut, quarré, plus estroit derriere que deuant, encrousté de tendon & vn peu releué, ayant au milieu vne cauité, que les deux autres costez esleuez l'vn en dedans, l'autre en dehors forment, pour y receuoir l'os de la iambe. Le costé de deuant fait le quatriesme aduançant vne teste, qui s'aiuste à la sinuosité de l'os nacelier pour mouuoir le pied à costé. Entre iceluy & le haut il y a vne cauité ronde, où s'enchasse la bossette du milieu de la ligne interieure qui est dans la sinuosité de l'os de la iambe, & c'est lors que le pied se plie tout à fait. Le cinquiesme est le costé de derriere, raboteux & le plus petit de tous, qui a en haut vne sinuosité pour receuoir le ligament de l'os de la iambe. En bas vne autre par où passent les tendons des muscles du pied.

Le sixiesme est le bas costé, par lequel le garignon est ioint à l'os du talon, ayant derriere soy vne sinuosité, deuant soy vne teste pour le receuoir & en estre receu. Entre la teste & la sinuosité il y a vne autre sinuosité longue & profonde, à laquelle en est opposée vne autre de l'os du talon, où s'amasse vne humeur gluante pour arrouser les ligamens cartilagineux, qui les attachent, afin qu'aux longs & frequens mouuemens ils ne se desseichent pas. Le second est l'os du talon (que i'appelle ainsi à cause qu'il s'aduance plus que tout autre en derriere) qui est sous le garignon, qu'il reçoit par le deuant de son haut costé, & en est receu, ayant à cette effet & teste & cauité. Il est libre sur le derriere, y ayant vne sinuosité raboteuse, pour receuoir de l'os de la iambe vn ligament, qui serre le mesme garignon. Son costé interieur est beaucoup sinueux pour receuoir vn tendon du premier muscle, qui meut obliquement le pied; comme aussi les tendons, qui plient la seconde & troisiesme ioincture des veines, arteres & nerfs. L'exterieur l'est vn peu sur le deuant & couuert de cartilage pour receuoir le tendon du deuxiesme muscle qui meut le pied de biais & le deuxiesme qui le plie. Son bas costé est large; celuy de derriere vn peu releué ayant quelques petites sinuositez où s'attachent les tendons du premier & second des muscles, qui estendent le pied. Le deuant produit vne teste receuë dans la sinuosité de l'os cubique. Le troisiesme est l'os nacelier long & creux au dedans, releué au dehors à la façon d'vne nacelle. Dans sa cauité encroustée de tendon s'enchasse la teste du garignon. Le dehors encrousté pareillement à trois faces, si vnies que l'on peut douter si elles reçoiuent ou sont receuës: toutesfois les trois os, qui sont faicts en forme de coing, y sont receus, dont le plus grand occupe le costé interne, le petit l'externe. La seconde partie du talon est composée de quatre os, qui ne font qu'vn rang; courbé au dessus, cambré au dessous. Le premier & le cubique; c'est à dire, à six costez, dont le posterieur s'ajuste à l'os du talon; l'anterieur au quatriesme & cinquiesme de la plante; l'interieur au moyen ou mediocre des trois qui le suiuent. Les autres costez sont libres. C'est le seul des quatre, qui s'appuye sur la terre lors que nous marchons; la cambreure des trois suiuans est faicte pour cacher des tendons & des muscles, afin qu'ils ne soient pas foulez en cheminant. Ces trois sont larges en haut, estroits en bas & differens en grandeur. Le grand occupe le costé interne du pied, large & long sur son deuant pour y receuoir le premier os de la plante, qui respond au gros orteil; sinueux sur son derriere, pour enchasser l'auancement interieur de l'os nacelier. Le petit tient le milieu fait en triangle deuant & derriere, reçoit de là le second os de la plante, & est receu deçà par le nacelier. Son costé interieur quarré en lõg entre dans la sinuosité du costé exterieur du grand. L'exterieur se ioint auec l'interieur du moyen. Le moyen est semblable au petit, bas, long au dessus, vn peu mousse en bas où y a vne bossete pour attacher le premier des muscles, qui meuuent le pied de biais. Il reçoit à son deuant le troisiesme os de la plante; à son derriere la bossete exterieure du nacelier.

La plante est composée de cinq os, qui respondent à pareil nombre d'orteils. Ils sont longs, solides & moëlleux. Le plus gros est opposé au gros orteil: Le plus long au deuxiesme. Les suiuans s'accourcissent à proportion, quoy qu'esgalement gros au deuxiesme. Leurs bouts sont autant de testes presque rondes & applaties aux costez, dont l'anterieure est plus petite que la posterieure. Leur connexion est telle, qu'ils reçoiuent au derriere les os du talon. Le premier s'ajuste au plus grand des trois qui portent la figure de coing; le second au petit, le troisiesme au moyen, le quatriesme & cinquiesme aux deux testes du cubique; le premier fournit en derriere vn auancement où s'attache le tendon du second muscle, qui meut de biais le pied. Le cinquiesme donne de son costé exterieur vn grand auancement, où s'attache le tendon du second muscle, qui plie le pied. Comme ces os sont plus menus à mesure qu'ils s'escartent de leurs bouts, ils laissent des entre-deux à remplir par des muscles.

Les orteils sont cinq en nombre, dont le premier est le gros, suiuy du second, du troisiesme, autrement celuy du milieu, du quatriesme & du cinquiesme ou petit, cõposez de quatorze os, le gros n'en ayant que deux semblables en tout aux os des doigts de la main à vne chose prés, que les premieres ioinctures des orteils ont de plus grandes sinuositez pour y enchasser de plus grandes testes de la plante.

Les sisamoides sont aussi pareils en ordre, nombre, figure & situation: differens en ce que ceux-cy sont plus petits que ceux de la main.

Les ongles seront icy mis, pource qu'ils couurent les bouts des doigts, tant du pied pour les affermir, lors que nous les appuyons sur la terre; que de la main, pour mieux empoigner les grands corps, & attraper les plus petits. Ioint qu'ils tiennent le milieu entre les os & les cartilages & sont veritables parties de nostre corps; entant qu'ils ont vie & sentimẽt au moyen des veines, arteres & nerfs; & sont attachez tant en leurs racines par vn ligament qui ne permet pas qu'ils chancellent, qu'au reste de leur corps comme collé à des tendons & à la peau.

Il y a des parties qui recognoissent vne mesme matiere que les os, & qui aussi vniuersellement partagées à tout le corps, nous obligent d'en parler. Ce sont les cartilages, les ligamens, les membranes & les fibres.

Les cartilages sont si approchans des os, qu'ils en reçoiuent la forme en beaucoup d'endroits par succession de temps: mais comme leur dureté est de beaucoup inferieure, on les a appellez des tendons. Ils sont ployables pour attacher les os entr'eux & empescher qu'ils ne se frôlent: neantmoins assez fermes pour soustenir des parties molles & delicates. Cartilages.

Nous les partagerons suiuant nostre generale diuision. Car outre que presque par tout où les os s'ajustent, ils ont leurs bouts encroustez ou leurs ioinctures entourées de cartilages, la teste en a apparemment en trois endroits, qui sont les yeux, le nez, & les oreilles. Les yeux en ont deux chacun au dehors, qui forment les paupieres, & vn au dedans & dessus de leur fosse, que son inuenteur a nommé la poulie. Le nez en a cinq, la premiere sert de cloison aux deux narines. Le deux suiuans sont suspendus chacun de son costé au bas de l'os. Les deux autres sont les bords pour tenir les conduits ouuerts. Les oreilles ont chacune le sien à l'entrée du trou de l'oüie, & s'abatroient sans cela.

La poictrine n'a peu entretenir le commerce de l'air, que par des sarbatanes, qui fussent en estat de ne s'affaisser iamais. C'est à quoy a esté commis le cartilage de la trache-artere, dont nous considerons deux principales parties, à sçauoir la teste & le tuyau. La teste, vulgairement appellée la pomme d'Adam ou le nœud de la gorge, en a cinq, le premier est semblable à vn escusson, le second à vn anneau, les deux autres au haut d'vne burette ou ancienne aiguiere, dont le couuercle, qui fait le cinquiesme, est comme vne languette, qui ne s'abaisse que par la pesanteur de l'aliment, qui entre dans l'œsofage voisin: le tuyau depuis le nœud iusques aux clefs est cõposé de quantité d'anneaux attachez par des membranes entr'eux: dont toutefois le rond n'est pas tout entier de cartilage, ayant le derriere membraneux où respond l'œsofage, afin que la viande y passe sans obstacle. Ce mesme tuyau paruenu au dedans du poulmon est diuisé en plusieurs rameaux nullement anelez & tout à fait cartilagineux.

A ce que dessus il faut adiouster le cartilage, qui pend au bas du brichet, appellé communément la fourchelle, dont il a esté parlé parmy les os.

Le ventre n'en a pas de remarquable que celuy qui pendant le bas âge borde l'espine, ou creste de l'os des flancs.

Les ligamens, quoy que le nom n'en marque que l'office, qui est d'attacher les os en leurs ioinctures, qu'ils affermissent d'ailleurs en les enuironnant, & suspendre toutes les parties qui en ont de besoin: si est-ce que l'on les définit par vn corps, qui n'a nul sentiment & qui tient vn milieu entre le cartilage & la membrane. Mais comme ils participent volontiers plus de l'vn ou de l'autre, ils sont generalement diuisez en cartilagineux & membraneux. Ligamēs.

La teste en a d'aucuns, qui l'affermissent toute entiere sur les chainons; l'vn est membraneux, qui l'attache au premier; deux autres cartilagineux, dont celuy qui est long & rond part de la pointe de la dent pour aboutir tout contre le grand trou de la moëlle du cerueau. Celuy qui est large embrasse la mesme dent. Aucuns ne sont voüez qu'à vne partie; la machoire inferieure est retenuë auec l'os de la tempe par vn ligament commun, qui l'enuironne; la langue par vn membraneux estendu au dessous & au mitan, au bout duquel pend vne petite corde, appellée le filet, qui lors qu'elle s'auance par trop empesche la fonction de la langue. A comprendre le col auec la teste, nous rapportons icy ceux de l'os hyoïde, qui sont quatre; dont les deux sont à ses costez pour l'attacher à la langue: les autres aussi pour les suspendre esgalement aux parties voisines. Les cinq chainons restans du col, voire mesme ceux du dos & des lombes, ont deux sortes de ligamens, l'vn est tousiours entre-deux chaiſnons de meſme figure & meſme largeur qu'eux : l'autre les ceint & ſerre tous deux.

La poictrine n'a pas de particuliers ligamens, que ceux qui attachent les coſtes aux chaiſnons. Ils ſont membraneux & forts pour les embraſſer puiſſamment, ſur tout la premiere & la ſeconde. Il y en a d'autres moins forts, qui lient les coſtes auec le brichet.

Le ventre en a pluſieurs ; Le premier lie l'os Bertrand auec l'or des flancs. Le ſecond lie le meſme auec l'os des hanches, qui eſt encore double, l'vn rond & fort, qui part d'entre la cinquieſme & la ſixieſme partie du ſacré pour aller prendre la boſſette exterieure de l'os des hanches : l'autre partant du meſme s'attache à la ſurcroiſſance poſterieure de cet os. Les autres ſont en l'os barré, ſi bien que le troiſieſme cartilagineux en ioint ſur le deuant les deux parties. Le quatrieſme membraneux les enueloppe. Le cinquieſme auſſi membraneux eſt tendu au trou de ceſt os ſeparant le ſecond & le troiſieſme muſcle, qui tournent la cuiſſe.

Le bras en a en trois endroits. I. Cinq en la ioincture de l'auant-bras auec l'eſpaule, dont le premier eſt membraneux & commun, qui l'enuelope entierement. Le ſecond tient en deuoir le muſcle qui remplit la haute cauité de l'eſpaule. Les trois ſuiuants retiennent autant de muſcles qui meuuent l'auant-bras en rond. II. Deux ſortes de ligamens au bras, dont le haut eſt attaché à l'auant-bras par de communs membraneux. Le bas au poignet tant par de ſemblables que par deux autres ronds en long ; dont l'vn eſt de l'aune & l'autre du ray. Et ces deux os ſont encore vnis par vne membrane, qui s'eſtend tout du long. III. De quatre ſortes en la main, la premiere eſt de ligamens communs, qui couurent les ioinctures. La ſeconde de cartilagineux pour le dedans des os de la paulme. La troiſieſme d'annulaires, qui retiennent les tendons tant du dedans que du dehors des doigts. La quatrieſme de longs eſtendus le long des doigts du dedans de la main à meſme fin que les precedens.

La iambe en a eu beſoin en ſix endroits : I. En la ioincture du haut de la cuiſſe, où y en a vn membraneux qui l'enuelope, vn autre rond & cartilagineux qui la ſuſpend & retient dans ſa boite. II. En celles d'enbas, où y en a ſix ; Le premier eſt membraneux commun, qui l'enuironne ; non toutefois par tout, car il n'en a pas eſté neceſſaire ſur le deuant, puis que trois forts tendons du ſecond, troiſieſme & quatrieſme muſcles qui eſtendent l'os de la iambe, en font l'office. Le ſecond eſt au jarret, qui ſortant du milieu & derriere de la iambe monte en haut & s'y fourche pour s'attacher aux deux teſtes de l'os de la cuiſſe. La troiſieſme cartilagineux & fort deſcend de la ſinuoſité qui eſt entre ces deux teſtes & ſe va rendre à la boſſette, qui s'y enchaſſe. Le quatriéme mince part de la fourchure du ſecond & mõte à l'entre-deux des teſtes ja nommées. Les deux autres couurent les coſtez du genoüil, l'vn du dedans, l'autre du dehors. III. En haut l'os de la iambe auec l'os de l'eſperon, ſont puiſſamment liez par vn ligament qui les enuironne. Dés qu'ils s'écartent là commence vn ligament membraneux large & delié, qui les attache tout de leur long. IV. En bas les meſmes os ſont liez auec le garignon par trois ligamens : dont le premier eſt membraneux, qui enuelope la ioincture à la commune façon. Des deux autres qui ſont cartilagineux, chacun attache ſa cheuille au dedans. V. Au talon, il y a particulierement cinq ligamens : Le premier eſt commun, qui enuelope en rond l'os du talon auec le garignon. Le deuxieſme cartilagineux du bas du garignon s'en va à l'os du talon. Le troiſieſme enuelope exterieurement toute la ioincture, & naiſſant du col du garignon s'attache au nacelier. La quatrieſme attache l'os du talon au cubique & tout cartilagineux embraſſe la ioincture. Le cinquieſme du col du garignon s'en va au cubique. VI. Au reſte du pied, où ſe trouue vne pareille connexion par ligamens à celle de la main : Mais particulierement il en faut remarquer trois annulaires ; Le premier eſt au deuant du pied attachant les deux os de la iambe en trauers. Le ſecond part de la cheuille interne & s'attache à l'os du talon, & eſt proprement diuiſible en trois anneaux. Le troiſieſme ſort de la cheuille externe & s'attache au meſme os, retenant les tendons de deux muſcles dont l'vn plie le pied, & l'autre le tourne en dehors.

Membr. Les Membranes ſont des corps, dont la profondeur ne reſpond pas de beaucoup pres aux deux autres dimenſions de longueur & largeur : Car comme des toiles deliées, vnies & ſerrées elles ſeruent d'enuelopes à couurir les parties à la façon des veſtemens, d'où vient que les Latins leur ont donné le nom de tuniques, & attacher les vnes aux autres, & par mesme moyen en faire la separation cōme nous voyons que si biē les muscles sont vnis par des membranes, aussi en sont ils diuisez. Et pource qu'il leur a esté donné vn sentiment fort exquis, il y a apparence qu'elles sont les organes du tact, ou du moins qu'elles les portent proprement. Il y en a de communes à tout le corps, tel qu'est le perioste, qui couure generalement tous les os depuis le sommet de la teste, où il est appellé pericrane, iusqu'aux extremitez inclusiuement. Telle est aussi la membrane commune à tous les muscles. Celles qui sont par dessus, sont plustost des corps membraneux, dont il sera parlé en la conclusion de son discours. Il y en a de particulieres aux cauitez & autres endroits.

Les fibres sont des corps, qui suiuant la commune opinion, comme des filets estendus ou entrelassez ont seruy de trame à toutes les parties de nostre corps, au cōmencement de la conformation, dont les vuides ont esté remplis par le sang qui a flué du ventre de la mere. Il est vray qu'elles ne paroissent plus qu'en certaines parties, où il a esté besoin de mouuement soit volontaire, soit naturel, ou bien de les asseurer contre tous efforts. Quant aux cauitez, à commencer par la plus basse comme fondement des deux autres, on remarque qu'il y a trois sortes de coctions necessaires à la nourriture & l'entretenement de tout le corps. La premiere de la viande en chyle. La seconde du chyle en sang. La troisiesme du sang en la propre substance de chacune des parties. En chaque coction trois temps, le premier, de la preparation; le second de l'assimilation; le troisiesme de la perfection, qui se passe volontiers en autant de differentes parties. Mais pource qu'à l'ouuerture de cette cauité, que nous marquons du nom de ventre, l'on apperçoit vne membrane deliée & forte, qui pour estre tenduë à l'entour, depuis les nerueures des chainons, d'où elle semble prēdre son origine, iusqu'au deuant à la ligne blanche, & depuis le diafragme qu'elle couure au dessous, iusqu'à l'os barré, par où sortant elle fait vne des peaux de la bourse, il luy a esté donné le nom de peritoine, il la faut obseruer pource qu'elle fournit à chacune des parties naturelles y contenuës vne enueloppe; & qu'elle est double par tout, ce qui se voit particulierement aux lieux où sont la veine caue & la grosse artere, la vescie & l'amarry, enfermez dans son entre-deux. D'où il faut inferer que non seulement elle les tient en deuoir; mais de plus empesche que leur chaleur naturelle ne se dissipe, & les deffend des iniures de l'air.

La premiere coction est celle de l'estomac, vulgairement appellée la digestion de la viande, qui reçoit sa preparation dans la bouche au moyen des dents & de la membrane continuée à l'esofage & à l'estomac; sa perfection dans les boyaux. L'esofage (autrement la gûle, du nom qui nous est familier) est le conduit de la viāde qui prēd depuis la racine de la langue, iusqu'à l'orifice gauche de l'estomac au dessous du diafragme qu'il perce, & de la fourchelle, qui le couure. Il est composé de trois mēbranes, dont les deux luy sont propres, l'vne interieure garnie de fibres en long pour attirer: l'autre exterieure trauersée d'autres fibres, qui poussent l'aliment en bas. La troisiesme est empruntée du peritoine, qu'il a en commun auec les autres parties, ce qui a obligé de l'appeller la membrane commune. La veine de la poictrine qui n'a pas de compagne, luy fournit en haut des rameaux; la coronaire en bas. Il a des arteres, qui partent des intercostales & de la coronaire des nerfs de la sixiesme paire. Ses quatre glandes sont remarquables, deux au gosier, qui suintent (ou fournissent) de l'humidité pour arroser la bouche, deux à l'enfourchure de la trache-artere.

L'estomac est semblable à vne musete, qui a vn de ses tuyaux dressé & l'autre penchant. Cetui-là est la gûle, cetui-cy le premier boyau: tous deux en haut aboutissant aux deux orifices, la gûle au gauche appellé ordinairement le cœur, à cause qu'estant picoté par vne humeur acre il fait volontiers tōber en defaillance, tant il est sensible par le moyen des nerfs de la sixiesme paire qui luy sont communs auec le cœur. Aussi est-ce le siege de la faim & de la soif: cerné de fibres charneuses, qui le ferment pendant la digestion, afin que les vapeurs y soient retenuës. Le premier boyau au droit appellé pylore ou portier, pource qu'il ferme le passage à la viande iusqu'à ce qu'elle soit digerée, & pour cela, outre les fibres, qui le cernent, il a vne espece de muscle rōd au dedās. L'estenduë de l'estomac est grande depuis la rate iusqu'au foye, & depuis le diafragme iusqu'au nōbril, suiuant que les trois membranes, dōt il est cōposé, s'estendent; l'exterieure est la commune affermie par des fibres droites; la suiuante est charnuë, auec quantité de fibres en trauers & peu d'obliques: la troisiesme est nerueuse, fournie de grand nōbre de droites pour attirer, d'obliques pour retenir, & de trauersantes pour chasser. A toutes ensemble merueilleusement entrelassées pour fortifier

fortifier vne partie, appartient d'embrasser quantité de viandes & cheuir des plus solides. Aussi est elle aydée tant par la chaleur de ses vaisseaux, de celles des portes des arteres de la celiaque, des nerfs de la sixiesme paire; que du voisinage du foye au costé droit de la rate; au gauche du diafragme, au dessus des boyaux, au dessous, de la coiffe, au deuant du pancreas; de la grosse artere & de la veine caue au derriere.

Boyau. Les Boyaux tiennent par vn des bouts au pylore, par l'autre au siege, n'estant guere moins longs que sept fois la hauteur du corps en la petite estenduë du ventre, composez de trois membranes, dont l'extreme commune qui au dehors a peu ou prou de graisse, part immediatement de la coiffe pour couurir le premier & la partie du gros, qui est attachée à l'estomac. La seconde est membraneuse. La troisiesme nerueuse, quoy que la crouste, qu'y laisse le residu de la troisiesme coction, la face paroistre charnuë. Leurs vaisseaux sont portez entre la premiere & seconde membrane pour aboutir à la troisiesme. Les veines sont des surgeons de celle des portes: fors vn de la caue, qui fait l'hemorroyde externe. Les arteres sont de la celiaque & de la mesenterique. Les nerfs sont de la sixiesme paire, sauf quatre du siege, qui partent de la cinquiesme paire de l'os Bertrand. Ils ne font tous qu'vn corps, ainsi que leur continuité le fait voir, destiné à la perfection & distribution du chyle & à la descharge du residu: neantmoins certaines differences de substance & d'office ont obligé les sages d'en faire deux bandes, vne de trois menus, l'autre d'autant de gros. Le premier des menus est long de douze trauers de doigt, qu'à l'imitation des Grecs on peut appeller doigt dousein. Il part du pylore, & sans aucun destour se porte droit au derriere de l'estomac iusques au suiuant. Le second douze fois appuye l'estenduë de la main sur la fraise commence les destours que le gros acheue. C'est celuy qui n'a presque iamais de chyle, à cause que les veines dont il foisonne le luy desrobent, & que le fiel s'y descharge de la bourse voisine, l'excitant tousiours à se desfaire de ce qu'il contient. Pour cela on le nomme le vuide. Le troisiesme commence là où les veines ne paroissent plus si frequentes, & aboutissant au rein droit se joinct auec les deux suiuans. C'est le plus delicat & le plus long de tous, & qui de ses destours remplit presque tout le petit ventre. Il est appellé le long; Des trois membranes, qui composent ces menus boyaux, la seconde est tissuë de beaucoup de fibres trauersantes ou circulaires, auec quelques droites pour les affermir. La troisiesme en a d'obliques & moins de droites que les gros. Le premier des gros à le prendre comme les Anciens, qui ne faisoient ouuerture, que des corps des bestes, n'est autre que ce que les Anatomistes ont appellé appendice, pendu au bout du boyau long comme le doigt d'vn gand, semblable à vn gros ver, entortillé en rond par des fibres, separé de la fraise: mais attaché au rein droit par le moyen du peritoine. Et pource qu'il n'a pas d'autre issuë que par le lieu de l'entrée, on luy donne le nom de cul de sac. Le second peut par priuilege porter le nom de gros, car outre sa longueur de sept fois l'estenduë de la main, il est ample comme le poing, & forme de grandes cellules au moyen des fibres, qui de loin en loin l'estreignent à guise d'anneaux, dont les entre-deux paroissent boursouflez: le ligament de demy-doigt de large, couché tout de long les affermit beaucoup mieux que ne feroient les fibres droites, quand elles y seroient plus frequentes. Son estenduë est depuis le rein droit auquel il est attaché par vne membrane exterieure iusques au gauche qu'il enuironne, & se recourbant aboutir au commencement de l'os Bertrand. En son chemin il touche le foye & la rate, & est adherant au fonds de l'estomac par le moyen de la coiffe. La piece la plus remarquable qui soit en luy est vne porte ou valuule ronde mise au beau commencement pour donner passage à tout ce qui vient d'enhaut, & le fermer à ce qui pourroit remonter. Le troisiesme est le cuiller, qui long de douze doigts, se porte droit iusques au siege, garny de fibres trauersantes en grand nombre, & de plus de droites, que d'obliques. Il est fort ample & est aydé par vn muscle rond, qui le ferme.

La Fraiſe eſt aſſiſe ſur la longe, qui luy donne naiſſance par ſes ligamens, compoſée de deux membranes hautes de douze doigts, longues de trois braſſes, qui ſouſtiennent & par leurs deſtours conduiſent les boyaux depuis le commencement du vuide iuſques à la fin du long, les gros n'ayant pas d'autre attache que le peritoine. Par l'entre-deux de ces membranes paſſent des ſurgeons de la veine des portes, qui conduiſent le chyle des boyaux au foye & à la rate, & reciproquement le ſang de ces parties aux boyaux. Aux enfourcheures deſquelles & des arteres pour les faire marcher plus ſeurement il y a des glandes & de la graiſſe. Les nerfs luy ſont fournis par le dos & la longe. Fraiſe.

La Coiffe ou creſpine ayde ſi bien par ſa chaleur à la premiere coction, qu'elle ne ſemble eſtre faicte que pour cela, & compoſée de deux membranes en forme de gibeciere, qui deſcendent iuſques au nombril, l'vne deſſus attachée au fonds de l'eſtomac, au foye & à la rate ; l'autre deſſous, qui part immediatement du peritoine à l'endroit du dos où elle eſt liée au diafragme & delà aux boyaux doigt-douzein & gros. Les rameaux de la veine des portes, de l'artere celiaque, de la meſenterique & de la ſixieſme paire des nerfs y ſont en bon nombre, munis de beaucoup de graiſſe. Coiffe.

La glande charnuë, qui iuſques icy s'eſt appellée Pancreas, longue de trois ou quatre doigts & couuerte de la membrane commune, ſouſtient des vaiſſeaux de peur qu'ils ne ſe rompent, ſçauoir le conduit du fiel, la veine de la rate, l'artere celiaque & des nerfs de la ſixieſme paire, que la nature deſtine au premier boyau & à l'eſtomac, à qui eſtant ſoubmiſe en ayde la digeſtion, & empeſche qu'il ne ſe bleſſe contre les os quand il eſt plein. Pancreas.

La ſeconde coction eſt ſuiuie du changement du chyle en ſang, qui ſe fait dans les veines du foye & de la rate, deſia preparé dans celles de la fraiſe, pour eſtre finalement accomply dans les gros vaiſſeaux. Le foye eſt ſitué ſous les baſſes coſtes du coſté droit enjambant ſur le gauche, du moins iuſques au creux, qui paroiſt en dehors ſous la fourchelle ; à qui il eſt attaché auſſi bien qu'au diafragme & au nombril, par autant de ligamens. D'eux prend naiſſance la membrane, qui couure ſon corps. Ce corps eſt ſemblable à du ſang figé, & eſt diuiſé en deux parties, l'vne eſt du deſſus courbe & vnie ; l'autre du deſſous caue & raboteuſe par deux eminences entr'autres, que les Anciens ont ſignalées du nom de portes. Ceſte partie-cy eſt remplie au dedans des rameaux de la veine qui a le nom des portes en trois fois plus grand nombre, que ceux de la veine caue qui rempliſſent cette partie-là. En leur concours ils s'abouchent fort proprement pour entretenir le commerce du ſang & des eſprits entre ces deux veines. D'entr'eux en commun partent de petits ſions qui abouchez particulierement auec des rameaux de la veine des portes en font de plus gros, qui enfin forment vn tronc par où la bile eſt deſchargée dans la bourſe du fiel. Ses arteres partent de la celiaque, ſes deux nerfs de la ſixieſme paire, l'vn deſquels eſt ſorty de l'orifice gauche de l'eſtomac, l'autre de la racine des coſtes dextres. Foye.

La Bourſe du fiel ſuit volontiers le foye & les boyaux, comme ayant vne humeur propre à la deſcharge des groſſes matieres, & qui ſeparée du ſang fait qu'il en eſt d'autant plus commode pour nourrir & rendre les actions moins precipitées. Son corps eſt fait en poire, de deux membranes, dont l'exterieure ſimple & mince, eſt empruntée du foye, qui le tient attaché dans vne encoigneure de ſa partie caue ; l'interieure eſt eſpaiſſe, fortifiée de trois ſortes de fibres, & au dedans enduite de glaire. Elle eſt conſiderée en ſon fonds, qui ſeul eſt ſuſpendu ; en ſon col muny de trois valuules, qui empeſchent le retour de la bile ; en ſes conduits, l'vn deſquels part de ſon col, l'autre du foye meſme, qui s'auançants font par leur concours vn canal commun attaché de biais au commmencement du vuide. Elle tient ſes veines de celle des portes, ſes arteres de la celiaque, & ſon nerf de la ſixieſme paire. Bourſe du fiel.

La Rate eſt logée au coſté oppoſite du foye, dont elle eſt appellée vicaire, Rate.

faicte en forme de langue de bœuf, d'vne substance semblable à du sang noirastre caillé, couuerte de la membrane commune & diuisée en partie courbe & caue. Elle a ses attachemens en haut auec le diafragme, en bas auec la membrane du rein gauche, en sa partie courbe à la membrane superieure de la coiffe, en sa caue au dos. Elle a des rameaux de la veine, qui porte son nom, qu'elle reçoit par sa partie caue des arteres de la celiaque cinq fois plus que des veines, des nerfs de la sixiesme paire, qui sont espars par sa membrane. Elle ne fournit du sang qu'au plus grand nombre des parties du ventre. Le demeurant de tout le corps est nourry par le foye, dont à bon droit il est recognu pour le principe des veines, mesmement à cause de ces lassis, que font dans son corps les racines des deux veines principales, qu'il nous faut consequemment parcourir auec tous les rameaux & les surgeons, qui en dependent.

La troisiesme coction est considerée en chacune des parties de nostre corps, comme ayant besoin d'estre nourries, à quoy est destiné le sang des veines qui les touchent, & qui auant que d'en sortir y est preparé; En suite tombant hors de son estuy est rendu semblable, & enfin appliqué, plaqué & parfaictement incorporé, & fait vn mesme auec la partie qu'il a deu nourrir. Ce sont donc les veines que nous auons icy à cognoistre, comme des plus necessaires instruments de la vie, puis qu'elles l'entretiennent du sang, qui s'escoule ou par leurs bouts, ou par l'espaisseur de leur membrane; laquelle pour cet effect leur a esté donnée simple, entrelassée neantmoins de fibres, droictes pour attirer; obliques pour retenir, trauersantes pour distribuer ce sang. Il y a deux choses en elles, qui sont dignes de remarque; l'vne est, les Valuules, petites membranes apposées au dedans & au trauers de quelques endroits des gros vaisseaux, là où elles forment des nœuds apparens lors que ces mesmes vaisseaux sont serrez estroitement; elles arrestent l'impetuosité du sang; qui fluë de sa source aux parties, & luy permettent vn retour aysé: l'autre est, les glandes mises aux enfourchures des veines, de peur que lors qu'elles sont suspenduës, elles ne soient en danger de se rompre par les puissans mouuemens du corps.

La necessité de deux sortes de sang a apporté celle d'autant de veines principales. L'vn est grossier, l'autre subtil. A cettui-là est destinée la veine des portes, pour la nourriture des parties du ventre, dont la chaleur a deu estre plus ardente, telles que la rate, la partie caue du foye, la bourse du fiel, les boyaux, la fraise, la glande charnuë, l'estomac & la coiffe. Cettui-cy est receu par la veine caue, qui entretient les parties, qui ont eu besoin de beaucoup d'esprits à cause de leur mouuement continuel. Mais pour entretenir le commerce de l'vn à l'autre, elles s'abouchent dans le corps du foye par vn merueilleux entre-las de leurs racines, dont toutesfois les ouuertures sont si petites, qu'elles ne donnent pas de passage qu'au sang le plus subtil de la veine des portes à la caue, & reciproquement au besoin les veines de la fraise estans vuides, il en est porté de la caue dans l'autre pour les nourrir. Là mesme il se remarque des racines de ces deux veines sans aucun abouchement, dont les vnes de la veine caue portent la nourriture à la partie courbe du foye; les autres de celle des portes la donnent à la partie caue.

Ces deux principales veines peuuent chacune estre partagées à l'imitation d'vn arbre, en racines, tronc, rameaux & rejettons. Les racines des deux ont le foye pour fondement & en la veine des portes de plusieurs qu'elles sont, il s'en fait à la fin vne reduction à cinq remarquables, qui se tournant deuers le dos forment vn tronc à la sortie des portes du foye, dont elle emprunte le nom. Ce tronc descend de biais & à gauche sous le premier boyau, & appuyé sur les chainons fournit deux rejettons; dont le plus haut & plus petit s'en va à l'exterieur de la bourse du fiel, diuisé en menus filamens. Le plus bas & plus grand est conduit au pylore. Apres ces rejettons il se diuise en deux rameaux, dont le moindre & plus haut tire à gauche deuers la rate, appuyé d'vne membrane de la coiffe: Mais auant que d'y entrer il donne de sa partie superieure vn rejetton, qui diuisé en trois jette les deux extremes par le corps de l'estomac, & le moyen à l'orifice gauche, qu'il ceint en forme de couronne, & d'elle en est fourny d'autres à l'esofage & au fonds: De sa partie inferieure deux rejettōs employez à la membrane inferieure de la coiffe & au gros boyau, qu'elle embrasse. Apres ces rejettons aux approches de la rate elle se fourche en deux rameaux, qui dans elle en font plusieurs autres. Du surperieur prend naissance le vaisseau court tant renommé pour l'vsage que l'on luy donne de fournir à l'estomac vne humeur melancolique qui resueille l'appetit ; car il s'attache aucunesfois à son orifice gauche ; plus souuent au fonds. De l'inferieur en sort vn assez ample, qui enuironne le costé gauche du fonds de l'estomac & enuoye des rameaux à la membrane superieure de la coiffe. Il y en a vn autre aussi remarquable, qui donne quantité de rameaux à la partie gauche du gros boyau, & passant plus outre s'estend par le cuiller iusqu'au siege pour y faire les hemorroydes internes. L'autre des deux rameaux du tronc, plus grande & plus bas tire à droite vers la fraise & les boyaux, se fourchant en deux, & ces deux en plusieurs autres pour estre portez entre les deux membranes de ces parties. L'vn de ces deux premiers prend la droite & se donne au boyau vuide, au long, au cul de sac & au costé droit du gros. L'autre prend la gauche pour le reste du gros & tout le cuiller, & c'est de cetui-cy que se font aucunesfois les hemorroydes internes. Il est vray qu'auant que ce gros rameau se fourche, il enuoye deux rejettons, l'vn desquels se porte au fonds de l'estomac & à la membrane superieure de la coiffe. L'autre au premier boyau & au commencement du vuide. Par toutes ces veines le chyle est attiré au foye & à la rate, pour y estre conuerty en sang, & par vn don mutuel le sang est porté d'ordinaire de la rate aux parties où ces mesmes veines abordent & du foye en cas de necessité.

La veine caue, ainsi appellée à cause de sa profondeur, partant du foye fait vn tronc, qui a esté depuis long temps partagé en deux pour vne plus aysée intelligence, quoy qu'il n'en soit qu'vn estendu le long du dos & des lombes. Le plus ample & principal de ce partage monte iusques aux clauicules. En ce chemin il perce le diafragme, & le pericarde, d'où estant paruenu au huictiesme chainon du dos s'agrandit & s'ouure à la cauité droite du cœur, apres s'estre derechef appetissé fort par vn autre trou du pericarde. En cest endroit il ne s'accroche plus à la chaisne : mais passent par le beau milieu des poulmons s'appuye sur le long de l'esofage, de la grosse & de la trache-artere. En toute cette estenduë il fournit beaucoup de rejettons dont les trois sont les plus considerables. Le premier, comme il est encore dans le ventre, pour la nourriture du diafragme, du pericarde & du mediastin. Le second, comme il approche du cœur, pour en ceindre la base de mesme qu'vne couronne. Le troisiesme, cogneu pour n'auoir pas de pair, au sortir du pericarde, enuiron le cinquiesme chainon du dos, à droite & du derriere de ce tronc, d'où il descend iusques au huictiesme ou neufiesme pour se fendre en deux rameaux, l'vn droit & l'autre gauche, qui passant outre par la fente du diafragme aboutissent au ventre. Mais auant que d'y paruenir chacun de son costé en donne volontiers dix autres pour autant d'entre-deux des basses costes, au dessous desquelles y à vne moulure où ils s'enchassent : toutefois aux legitimes ils ne paruiennent que iusqu'au cartilage : aux bastardes ils passent plus auant iusqu'aux muscles du ventre. Des mesmes il en part des petits pour nourrir la moëlle des chainons, les muscles voisins & le mediastin.

Ce mesme tronc soustenu par le mediastin & la fagouë se fourche à l'endroit des clefs en deux puissans rameaux, qui occupant chacun son costé & enfermez encore dans la poictrine portent le nom de souclauiers. De chacun d'eux s'esleuent des surgeons ; de la partie inferieure cinq, dont le premier est diuisé en deux pour remplir autant d'espaces des costes superieures. Le second va depuis le haut du brichet iusques au costé de la fourchelle, & sortant de la poictrine passe au dessous des muscles droits, pour attrapper le nombril où il concourt & s'abouche auec des rameaux, qui montent du ventre ; toutefois auant que de sortir de la poictrine, donne des veines aux espaces cartilagineux des sept costes hautes. Le troisiesme s'estend du long du mediastin. Le quatriesme monte par les auancemens trauersans du col, fournissant des veines aux muscles voisins & d'autres à la cauité du col par les troux, qui donnent issuë aux nerfs. Le cinquiesme se donne aux muscles, qui estendent la teste & le col ; de la partie, dont les deux vont sous les muscles, qui fleschissent la teste, remarquables sous le nom de veines jugulaires, l'vne interne & l'autre externe. La jugulaire interne dés la ioincture de la clauicule auec le brichet accompagnée de l'artere carotide & du nerf de la sixiesme paire, s'appuye sur la trache-artere, & proche du gosier se fend en deux rameaux l'vn interne, & l'autre externe. Cettui-cy porté à l'angle de la machoire inferieure est party en deux pour le gosier & la face tout contre l'oreille. Cettui-là porté iusqu'à la base du test en derriere se partage aussi en deux rameaux, dont le plus grand va sur le derriere en biaisant, & apres auoir fourny des veines aux muscles, qui sont sous l'esofage & sur le deuant des chainons, entre dans le cerueau par le second trou du derriere du test pour se donner à l'vne & à l'autre cauité de la dure membrane. Le plus petit se porte au deuant de la teste & apres auoir donné vne veine au dedans de l'oreille entre au cerueau par le septiesme trou de l'os coigné. La iugulaire externe couuerte de la peau & du muscle quarré de la ioüe monte à costé du col, & arriuant à l'oreille, se partage en deux rameaux, dont l'vn est profond & l'autre superficiel. Le profond est conduit dans les muscles, & en ses diuisions sousteuu sur des glandes à l'endroit du gosier, d'où il enuoye des veines à la trache-artere, aux muscles de la gorge & de l'os hyoïde, l'vne desquelles est remarquable sous la langue. De mesme en sont enuoyées trois autres à la teste; La premiere apres auoir donné des rejettons à la gorge & à la bouche entre par le cinquiesme trou de la tempe. La seconde naissant vers la partie anterieure de l'œil entre par le second trou de l'os coigné, par où sort la seconde paire de nerfs. La troisiesme part du dedans des narines pour entrer par le trou de l'os cribleux. Ces deux dernieres nourrissent le deuant du cerueau, qui n'en a pas d'ailleurs : le superficiel sousteuu des glandes de l'oreille se diuise en deux, l'vn est anterieur, qui en biaisant va de la ioüe au coin interieur de l'œil, & apres auoir donné des veines au nez se porte iusqu'au sourcil, là où ioint à celuy de l'autre costé il forme la veine du front: l'autre est posterieur pour la tempe & le derriere de la teste. Le troisiesme rejetton de la partie superieure du souclauier, voisin en sa naissance à la jugulaire externe, se consume dans les muscles du derriere du col.

Les rameaux souclauiers sortis de la poictrine tirent droit aux aisselles, où changeant de nom en celuy d'aisseliers, ils fournissent chacun deux rejettons aux muscles, l'vn du dehors, l'autre du dedans de l'espaule; puis se fendent en deux puissans rameaux, signalez de nouueaux noms de veines basilique & cephalique. La cephalique ou veine de la teste, naissant du haut de l'aisselliere monte sur le bras, & appuyée sur le tendon du muscle, qui meut l'espaule vers la poitrine entre le deltoïde & le commencement du pectoral & sur le costé exterieur du muscle à deux testes, descend le long de l'auant-bras, & en son chemin donne des veines à ces muscles; delà estant portée au dedans du coude se cache sous la membrane charnuë & s'y diuise en trois rameaux : dont les deux premieres sont superficiels l'vn au dedans, l'autre au dehors du bras; le troisiesme est profond, & manque assez souuent: mais lors qu'il y est, les muscles, qui fleschissent la premiere & seconde des ioinctures des doigts, & celuy qui couche la main, le possedent. Le premier des autres enuiron trois trauers de doigt au dessous du coude s'ajuste auec vn rameau de la basilique pour former la mediane, qui trauerse le bras obliquement, & apres auoir enuoyé plusieurs rejettons au ray, se fend en deux rameaux, dont l'exterieur va au dedans du poignet deuers le pouce; l'interieur à l'indice & au doigt du milieu. Le second, apres auoir donné des surgeons à la peau va biaisant le long du ray, & quand il est au milieu, il auance sur le dehors de l'os du bras, s'ajuste auec vn rameau de la basilique d'où il tire droit au poignet & au commencement du petit doigt & du medical, où il fait la veine saluatelle renommée par les Medecins Arabes. La basilique ou royale, trois fois plus ample que l'autre, & accompagnée de nerf & d'artere (d'où vient que sa piqueure en est plus dangereuse & que le sang en sort auec impetuosité) dés l'aisselle fournit deux rejettons, l'vn aux muscles de la poictrine, qui paroist aux femmes sous la peau de leurs mammelles : l'autre à costé, d'où il va surgir au troisiesme des muscles, qui meuuent l'espaule en dehors, & donne des rameaux, qui s'abouchent auec d'autres, qu'enuoye la veine sans pair. Elle en fournit encore d'autres, pour les glandes voisines; puis couchée sur l'auant-bras à costé du muscle à deux testes entre ceux qui estendent & qui flesschissent l'os du bras; auant elle se fourche en deux grands rameaux, dont le profond, apres auoir passé la joincture du coude se trouue fendu en deux autres, pour'en donner vn aux muscles du dedans de la main vers le pouce, l'indice & le doigt du milieu ; l'autre à ceux du dehors vers le doigt du milieu & le petit. Le superficiel porté au dedans de l'auant-bras fournit des rejettons aux parties voisines, & paruenu iusques à la fossette interieure d'enbas, se diuise en deux rameaux, dont l'interieur au dessous du coude forme la mediane auec celuy de la cephalique ; l'exterieur du mesme lieu que l'interieur diuisé en deux enuoye le plus grand sur l'os du bras iusques au poignet vers le petit doigt : Le plus petit au dedans de la main.

L'autre partie du tronc de la veine caue descend iusques au cinquiesme chainon des lombes, où elle se fourche en deux gros rameaux. En son chemin elle iette d'vn & d'autre costé quatre veines ; dont la premiere est la graisseuse, qui au costé gauche part voirement du tronc : mais au droit, c'est l'emulgente, qui la fournit, & s'attachent à la membrane grasse du rein, qui leur donne le nom. La seconde est l'emulgente, qui naist enuiron le premier chainon des lombes & diuisée en deux entre dans le rein, & ces deux se diuisent encore en d'autres, iusques à se rendre aussi desliées que des fibres, aboutissant à des auancements charnus, par où se filtre la serosité. La troisiesme est la spermatique, qui au costé droit part du tronc, vn peu au dessus de l'emulgente : au gauche c'est l'emulgente mesme, qui l'enuoye, & chacune est portée iusques à l'os barré à trauers des muscles obliques & trauersans du ventre, où apres auoir formé des lassis auec l'artere de mesme nom s'attache au genitoire. Voila quant à l'homme. En la femme il en va vn peu autrement, car sur l'os sacré, cette veine est fenduë en deux rameaux, dont le plus petit s'attache à costé du fonds de l'amarry, le plus grand seul associé à l'artere entre dans le genitoire. La quatriesme est celle qui sortāt double & triple du derriere du tronc entre par les troux des lombes qui donnent issuë aux nerfs, vne d'entr'elles de chaque costé appuyée sur la moëlle monte vers le cerueau pour s'aboucher auec pareille veine de la iugulaire interne qui en descend, les deux rameaux, qui fourchent la veine caue sur le commencement de l'os sacré, chacun en son costé, apres auoir donné deux rejettons, l'vn pour les muscles des lombes & du ventre ; l'autre pour l'os sacré & la moëlle qu'il contient, se trouuent encore fendus en deux autres desquels, auant que sortir du ventre par le peritoine s'esleuent des surgeons. De l'interieur, deux ; dont l'vn nourrit les muscles fessiers & la peau, qui les couure ; l'autre se diuise en deux veines ; La premiere est portée au long & dehors du boyau cuiller iusques au siege pour y faire les hemerroïdes externes : La seconde est employée à la vessie seulement pour l'homme ; à l'amarry ensemblement pour la femme ; De l'exterieur, trois ; Le premier arrouse les muscles droits, & montant au nombril s'abouche auec celle qui descend de la poictrine. Le second est porté à la bourse & au membre de l'homme : au penil de la femme : aux glandes des aynes de tous deux : Le troisiesme est pour la joincture de la cuisse & les muscles voisins.

Le rameau exterieur ayant donné ces trois rejetons, prend la route des aynes & le nom de veine de la iambe, considerée en son tronc & ses rameaux. Du tronc partent quatre rejetons ; le premier est la veine cognuë par le nom de safene, qui s'estend iusques à la cheuille interieure, & delà se respand sur le pied. D'elle sortent d'autres veines, dont la premiere a son origine proche de celle de la safene mesme & couchée sur le dedans de la cuisse, se fourche en deux rameaux ; l'vn exterieur pour le dehors, l'autre interieur pour le peritoine. La seconde se perd au milieu de la cuisse. La troisiesme naist au genoüil, & faisant deux branches, en donne vne à l'entour de la palete, & l'autre du jarret. La quatriesme se termine au milieu de la iambe deuant & derriere. Le deuxiesme rejeton opposé en sa naissance à la safene, est porté exterieurement & de trauers, à la hanche & à ses muscles. Le troisiesme aux muscles de la cuisse, fendu en deux, l'vn exterieur pour le second & quatriesme de ceux qui estendent la iambe, l'autre interieur pour le troisiesme & les voysins. Le quatriesme est la veine du jarret, qui des son origine donne des rejetons à la peau de la cuisse & gras de la iambe, passant par le beau milieu du jarret & aboutissant au talon. Les deux rameaux de ce tronc commencent là où sont les deux testes d'en bas de la cuisse ; l'vn inferieur, qui ayant fourny des veines au gras de la jambe descend iusqu'au dessous de la cheuille interne, & delà au gros orteil. L'autre exterieur diuisé d'abord en deux veines dont l'vne interne, plus grande & plus profonde se musse dans les muscles du gras de la iambe, & ressortant d'entre ceux qui flefchiffent les orteils, fe diuife au milien en deux rameaux, interieur & exterieur. L'interieur enuoye vn rejeton tout aprés de la iointure de la iambe auec le talon, defcendant au gros orteil, & aux deux fuiuans. L'exterieur va tout contre l'os de l'efperon, & paruenu au ligament des deux os de la iambe donne vn furgeon, qui le perçant fuit iufqu'au pied & parcourt les mufcles, qui eftendent les orteils. L'autre veine externe, dés le jaret fe couche fur l'os de l'efperon & fur l'exterieur & derriere de la iambe, d'où ayant fourny des reietons, tire droit à la cheuille exterieure & au pied.

Le refte des parties du vẽtre n'eft pas nourry d'ailleurs que de la veine caue. Nous les mettõs en fuite de l'hiftoire des veines; cõme celles que la veine des portes nourrit, ont efté mifes deuant. Les reins font les premiers à la rencõtre, affis fur les lõbes chacun à fon cofté & fur le mufcle, qui plie la cuiffe. La figure en eft cõme d'vn haricot, dont la partie caue répond au dedãs du vẽtre & la courbe au dehors. Le droit eft plus bas que le gauche pour ceder au foye, & ne fe troubler pas l'vn l'autre en cette action d'attirer les ferofitez. Le dehors cõfifte en deux mẽbranes dont la commune eft couuerte de graiffe: la propre luy eft cõmuniquée par les vaiffeaux, qui y entrẽt. En vne glãde de prefque mefme figure qui luy eft appofée au haut bout & attachée au diafragme & à fa membrane cõmune, ayant des reiettons de la veine & de l'artere emulgente & des nerfs du laps que font ceux des coftes & de l'eftomac; En des vaiffeaux qui entrent & qui fortẽt par fa partie caue: Ceux là font les emulgentes & la veine graiffeufe, & des nerfs tant du laps que de la fraife voifine. Ceux-cy, c'eft l'vretere cõpofé de la membrane cõmune & d'vne propre tiffuë de fibres. Partant delà il eft fouftenu du peritoine: & fe va obliquement attacher à cofté de la veffie, afin que l'vrine qui s'en eft vne fois efcoulée ne refluë pas. Le dedãs confifte en la chair ferme & rouge & en la cauité où l'on voit les branches des emulgentes, qui de cinq fe multiplient en plufieurs autres iufques à fe rendre auffi defliées que des cheueux, qui aboutiffent à des auancemens charnus, appellés caroncules, dont le corps fendu en long fait voir vn canal cõme pour cõtenir vn cheueu; Delà les eaux fe rendent dans vne difaine de tuyaux, que forme la membrane interieure de l'vretere; Et ces dix fe reduifent à cinq, les cinq à deux, les deux à vn, du nom de baffinet, d'où l'vretere s'eftreciffant fort comme nous auons dit.

La veffie, receptacle des eaux, eft attachée en fon fonds au nombril par vn ligament fort, en fon col à l'os barré; & aux hommes au boyau cuiller, au femmes à l'amarry; proche delà en fes coftés, aux reins par le moyen des vreteres. Elle eft compofée de trois membranes, dont l'exterieure & la premiere eft commune. La feconde rougeaftre efpaiffe & forte, munie de quantité de fibres droites. La troifiefme blanche & luifante, tiffuë de trois fortes de fibres, & encrouftée au dedans de mucofité, pour accomplir fa principale fonction, qui eft de jetter hors les eaux qu'elle a gardées quelque temps, & retenuës par le moyen d'vn mufcle rond, qui luy ferre le paffage. Sa feconde membrane luy tient lieu de mufcle, qui preffant fait piffer, aydée encore par ceux du bas ventre, & particulierement par les pyramidaux.

Les feules parties, qui rendent l'homme different de la femme, font apparemment celles de la generation. L'vn & l'autre ont de chaque cofté vne veine & vne artere, qui en l'hõme fouftenuës du peritoine fortẽt par fes auancemẽs hors du ventre, & accompagnées d'vn petit nerf de la fixiefme paire, du mufcle fufpenfeur, & defcendant dans le bourfe, forment deçà & delà des corps entortillés en forme de pyramides, dont la bafe eft appuyée fur le paraftate au haut du genitoire. Les paraftates font comme des vaiffeaux aucunement aplatis, eftendus depuis le haut iufques au fonds des genitoires, à qui ils fe communiquent par de petites fibres, quoy que glandeux, folides & enuelopés d'vne membrane. Les genitoires font auffi glandeux, blancs, mols & fpongieux, de la figure & grandeur à peu prés d'vn œuf de pigeon, eftroits en haut, larges au fonds, ayants chacun fon mufcle appellé fufpenfeur. De quatre membranes, qui les enferrent, il y en a deux qui le font enfemblement, la premiere eft de la peau; la feconde de la membrane charnuë, les autres deux font propres à chacun, la premiere eft du peritoine; la feconde des vaiffeaux qui defcendent, l'vne & l'autre fortes & efpaiffes. Les vaiffeaux blancs, nerueux & aucunement caues, qui fortant des paraftates montent en haut par le mefme chemin par où defcendent les autres, font ceux qui perfectionnent la femence defia preparée dans les corps entortillés, & faicte dans les paraftates & les genitoires, &

la transportent au dessous du col de la vessie, où dilatés & vnis aboutissent aux prostates. Il est vray qu'auant ceste vnion il se remarque à leurs costés de petites vessies semblables à vne grape de raisin, pleines d'vne humeur huileuse & iaunastre, propre à humecter vne caroncule mise deuant le conduit de l'vrine. Les prostates sont des glandes dures & spongieuses de la grandeur d'vne noix, qui ont au milieu le canal commun à la semence & à l'vrine : quoy qu'au regard de la semence le passage ne paroist aucunement à cause de la membrane qui les couure : toutefois à l'endroit où commence ce canal, elle y est desliée & poreuse.

Le membre viril cogneu par sa figure & son vsage, n'a pas besoin d'vne longue deduction. En son dehors il est composé de quatre enuelopes communes à tout le corps : son dedans de deux nerfs cauerneux remplis de sang noirastre, où sont portés aux occasions des esprits flatueux, qui les tiennnent arsés ; joints en haut par vne cloison nerueuse & transparente ; en bas par vn canal nerueux aussi & lasche, qui est comme vn alongement du col de la vessie, & qui en sa racine a trois trous, l'vn au milieu fort ample, & deux collateraux, qui partent des petites vessies & tous trois se rendent au canal. Ses muscles & ses vaisseaux doiuent estre repetés du discours vniuersel. Le gland est apposé au bout comme vn tapon spongieux, couuert du prepuce & retenu au dessous d'vn petit ligament appellé le frein.

Les parties de la femme sont generalement quatre, la honteuse, l'amarry, les genitoires & les vaisseaux. La honteuse est assés apparente au dehors en sa mote, en sa fente, en ses levres composées de la peau & de quelque graisse fongeuse ; à l'ouuerture desquelles paroissent les deux aisles faites du rendoublement de la peau, qui en figure & en couleur sont semblables à la creste d'vn coq, & enfermẽt la landie, corps assés conforme au membre viril à cause de ses trois ligamẽts nerueux, dont les deux collateraux partent des os des hanches & celuy du milieu du haut de l'os barré, & dont le bout est couuert de son gland. Ce corps est suiuy d'vn autre, que font les caroncules semblables à des bayes de myrte, qui en nombre de quatre sont rangées de sorte que les deux occupent chacune son costé, la troisiesme le bas, la quatriesme fourchuë & plus grande le haut, bouchãt le pertuis de l'vrine. Elles sont iointes par vne membrane nerueuse & charnuë, ayant vn trou au milieu, qui peut admettre le petit doigt, par où passent le sang & l'vrine aux vierges. Cette mẽbrane auec ses caroncules representẽt vn œillet ou le bouton d'vne rose, prest à s'ouurir, vray hymen de la virginité. Proche les levres on voit aussi deux petits trous par où fluë de l'humeur, qui en son temps arrouse le membre viril, & sous le trou de la vessie vne fente fronsée orifice du col de l'amarry.

Parties de la nature en la femme.

L'amarry est volontiers cõsideré en ses trois parties, col, orifice & fonds. Nous en auons examiné le col, autrement appellé la gayne, à cause qu'il paroist à l'ouuerture des levres : non toutefois sans l'aprofondir, puis que nous en sommes venus iusqu'à l'orifice interieur, qui fait vn des bouts, l'autre estãt l'exterieur nõmé la partie honteuse. Il y faut ajouster sa composition de chair spongieuse, aisée à s'enfler par les esprits flatueux, qui y abordẽt ; d'vne membrane interieure trauersée de rides, qui aux vierges sont dures & relevées : & d'vne exterieure cõmune, qui le lie au boyau cuiller. L'orifice esleué à mode d'vn gland aplaty & fendu en trauers, pour s'ouurir & se serrer suiuãt qu'il est de besoin est situé en bas. Le fonds porte le nom du tout, pource que c'en est la partie principale. Sa grandeur est comme d'vne noix aux vierges, plus auantageuse aux femmes, encore plus aux grosses : sans toutefois rien perdre de son espaisseur, & pour lors il s'arrondit, qui autremẽt est fait cõme vne ventouse De quatre ligamens qui le retiennent, les deux sont en haut larges & membraneux, empruntés du peritoine pour l'attacher aux os des hanches. Ce sont les soustiens des vaisseaux qui preparent la semence des genitoires qui la font, & des vaissaux qui la transportent dans le fonds de l'amarry. Les mesmes tiennent ceste partie-cy en égalité par ses costés. Les autres sont en bas proches des seconds vaisseaux, comme des nerfs longs & cauerneux remplis d'humeur, qui descendant par les aynes dans les auancemens du peritoine par dessus l'os barré, & appuyés sur des glandes võt d'vne part à la landie, de l'autre iusqu'aux genoux passant sur la membrane du dedans de la cuisse. De deux membranes qui le composent aussi bien que la gayne, l'exterieure commune est beaucoup plus espaisse que par tout ailleurs : l'interieure est remplie de conduits cognoissables au temps des purgations, & toutes deux la part qu'elles s'ajustent ; semblent dans la grossesse faictes d'vn amas de plusieurs pelures où s'enferment des cauités, qui se respondent par de differens contours. En ce mesme temps s'euanoüissent les deux auance, semblables à des cornichons de veau nouuellement venus, qui sont chacun de son costé au haut & dehors du fonds. Le dedans de ce fonds n'a qu'vne cauité separée en deux costés par vne ligne mitoyene.

Les genitoires sont humides, mols, lasches, larges & applatis, composés de plusieurs glandes, ou petites vessies pleines d'humeur aqueuse, semblable à du petit laict, logés hors & au fonds de l'amarry, chacun à son costé, où ils sont attachés par les ligaments membraneux auec quelque distance.

Les veines & arteres, qui preparent la semence sans faire aucuns entrelaps au corps entortillés, se diuisent chacune en deux rameaux ; dont le plus grand se porte au genitoire, le moindre s'attache au fonds de l'amarry. Les vaisseaux qui perfectionnent & transportent la semence, partent des genitoires & aprés quelques contours aboutissent aux cornichons. L'vnique vaisseau, septiesme en nombre, n'a qu'vn orifice ; qui a de la ressemblance auec le bout large d'vne trompette, dont pour cela il peut porter le nom. Il sort des cornichons & s'esleuant vers les genitoires les enuironne, ayant son ouuerture tournée au fonds de l'amarry, à qui il est attaché comme le cul de sac au gros boyau.

Du ventre il faut monter à la poitrine, qui est la seconde cauité, aprés auoir ietté les yeux sur la cloison, qui les separe, appellée le diafragme, du nom de son moindre vsage. Car à vray dire c'est vn muscle qui n'a pas son pareil en sa forme, en sa structure, en son action. Sa forme est ronde ayant du raport auec le poisson, que l'on appellée raye, dont la partie attachée à la fourchelle & à la derniere des costes legitimes en est comme la teste. Les costes, qui se lient auec les extremités des bastardes & toute la douziesme en font les enuirons. Les deux auances du derriere plaquées contre les chainons des lombes, en representent la queuë. Son principal office est d'eslargir & restrecir la poitrine, pour les deux parties de la respiration. A quoy seruent les fibres, qui du cercle charnu se rendent au milieu du nerueux comme du centre à la circonference ; afin que lors qu'elles se restreignent deuers les costes, l'estenduë s'agrandisse & l'air soit attiré : lors qu'elles se relaschent, les fumées du cœur en soient chassées. Il est double en tout, deux cercles, deux veines, deux arteres, deux nerfs, deux membranes, du peritoine & de la plevre, deux trous dont le droit donne passage à la veine caue, le gauche à l'esofage ; il y en a vn troisiesme fait en demi-cercle entre les deux auancements pour la grosse artere, la veine sans pareille, & le nerf de la sixiesme paire.

Du diafragme nous portons nostre veuë sur le dehors pour en cognoistre les mammelles, qui seruent d'ornement & de renfort contre les accidens externes ; en l'homme au moyen de quelque peu de graisse, auec vn bout au milieu de chacune : mais en la femme de plus pour faire du laict, il y a quantité de glandes, vne entre autres plus grande sous le bout, comme au centre de toutes. Elles donnent la forme au laict, la matiere en est fournie par les veines & les arteres, qui les circuïent diuersement. D'elles le laict est porté à des canaux blancs, qui aboutissent au centre, d'où le bout fongeux & pertuisé de plusieurs petits trous le iette dehors en rayonnant. Entre ces vaisseaux & ces glandes il y a de la graisse pour rendre les mammelles vnies.

A l'ouuerture de la poitrine paroissent trois membranes, dont la premiere du nom de plevre, sert de principe aux deux autres, de couuerture & d'attache à toutes les parties ; particulierement aux costes. Elle naist des membranes qui partent des nerfs de la chaine du dos ; & est double en son estenduë, pour enfermer dans l'entre-deux les vaisseaux. La seconde n'en est que la continuation ; car les deux costés, dés qu'ils sont paruenus au brichet la commencent, où ils ne s'ajustent pas ; mais laissent vn vuide entr'eux, iusqu'à ce qu'ils aprochent du dos, & ainsi ils separent le costé droit du gauche, & prennent vn nouueau nom de mediastin ; le pericarde en est suspendu au mitan de la poitrine, & les vaisseaux sont en seureté. La troisiesme est le pericarde qui enuelope le cœur auec quelque distance pour n'en empescher pas le battement & contenir de la serosité pour le rafraichir & l'humecter. Sa figure est pyramidale, ses attachemens du deuant & du derriere auec la pleure, de sa pointe auec le centre du diafragme, si fors que l'on ne la peut separer sans la deschirer. En sa base elle a cinq trous, pour l'entrée & la sortie de la veine caue, la sortie de la veine arterieuse & de la grosse artere, & l'entrée de l'artere veineuse.

Le cœur a deu estre fait en pyramide à cause de ses deux mouuemens, dont celuy de dilatation l'arrondit pour receuoir le sang; celuy de restriction l'alonge pour le renuoyer; assis quant à sa base au milieu de la poitrine, afin qu'il communique esgalement ses esprits à tout le corps, & ne heurte aucun endroit par son pouls; sa pointe est tournée à gauche, pour faire place à la veine caue qui monte. Ceste base est couuerte de graisse pour l'humecter. La chair en est espaisse & druë, sur tout deuers la pointe, afin que les esprits s'en dissipent moins; aydée encore par vne membrane desliée & inseparable, qui la retient; & fortifiée de fibres droites pour le dilater, trauersantes pour le restraindre, & obliques pour le repos qui se conçoit entre ces deux mouuements contraires. Et afin que leur vehemence ne l'emporte, il est attaché de par tout par le moyen du pericarde & de ses vaisseaux. Les oreilles semblables à celles des chiens, nerueuses & desliées comme la peau ordinaire, & tissuës de trois sortes de fibres pour y receuoir la matiere qui est attirée dans le cœur, luy sont apposées, afin que tout d'vn coup il n'en soit pas suffoqué; l'vne au costé droit à l'ouuerture de la veine caue, l'autre au costé gauche à l'orifice de l'artere veineuse, qui s'enflent & se desenflent à mesure que le sang leur arriue ou s'en retire. Au dedans il y a deux cauités, l'vne droite qui s'estend depuis la base jusqu'à la pointe, l'autre gauche, qui semble occuper le milieu, separées par vne cloison espaisse en qui paroissent des impressions petites & profondes, où le sang s'insinuë pour la nourrir; en chacune des cauités plusieurs fibres charnuës, longues & desliées, qui vont depuis la pointe iusqu'à la base & qui vers la pointe sont comme des filamens, & vers la base s'eslargissent en membranes, en nombre de cinq ou six dans la droite; de deux plus épaisses & plus solides dans la gauche. La base porte deux veines & deux arteres fort remarquables. Les veines sont au costé droict, la premiere est la caue, qui touchant à l'oreille s'ouure à ceste cauité & luy fournit du sang pour s'y rafiner, & sortir par la seconde, qui est l'arterieuse destinée au poumon, & d'abord diuisée en deux rameaux, dont l'vn s'en va à la partie droite, & l'autre à la gauche, où ils se fourchent en beaucoup d'autres; non seulement pour les nourrir du sang qu'ils portent, mais aussi pour en donner la plus grand part aux rameaux de l'artere veineuse; qui s'abouchent auec les rameaux de ceste veine; afin que de ce sang se fassent le sang & les esprits vitaux dans l'autre cauité du cœur. Des deux arteres, qui partent du costé gauche, la grosse est incontinent diuisée en deux rameaux, l'vn monte & l'autre descend. La veineuse reçoit la mesme diuision que la veine, qui luy fournit le sang de la cauité droicte; en fournissant elle mesme de la gauche pour la vie du poulmon. Aux orifices de ces quatre vaisseaux sont apposées onze membranes sous le nom de valuules, dont les vnes tournées au dedans du cœur ont leur base large, & leur pointe vn peu mousse, en sorte que fermées elles representent le fer triangulaire d'vne flesche. Il y en a trois en l'orifice de la veine caue, & deux en celuy de l'artere veineuse. Les autres tournées au dehors sont faictes en demy-lune, trois en l'orifice de la grosse artere, & trois en celuy de la veine arterieuse, & toutes attachées à des fibres. Les triangulaires laissent passer ce qui entre dans le cœur & en empeschent le retour. Les demi-lunaires donnent la liberté à ce qui en sort, & n'en permettent pas le reflux.

Afin que le sang & les esprits du cœur pûssent estre communiqués à tout le corps en diligence, il luy a falu attacher des canaux, qui les receussent & les distribuassent auec semblable mouuement. Ce sont les arteres composées de deux membranes, dont l'exterieure est molle, claire, desliée & tissuë de quantité de fibres droictes, & peu d'obliques pour mieux attirer & moins retenir. L'interieure est cinq fois plus espaisse que celle des veines, serrée, dure & entierement munie de fibres trauersantes pour chasser incomparablement mieux. Galen en a remarqué vne autre au dedans, telle que la pelure d'vn oignon, sur tout en celle qui part immediatement du cœur. Les arteres en empruntent autrefois vne du peritoine ou de la plevre, quand elles ont besoin d'estre attachées ou suspenduës.

La grosse artere dés sa sortie du cœur enuoye vn rejeton de chaque costé, qui entoure la base de mesme qu'vne couronne; puis s'esleuant vn peu sous l'artere veineuse perce le pericarde, & se fourche en deux gros rameaux. Le plus ample descend pour conseruer la vie à la plus grand part de la poitrine, au ventre & aux iambes. Le moindre monte pour le reste de la poitrine, la teste & les bras. Cetui-cy va le long du mediastin, de la veine caue, de la trache-artere & de l'esofage iusqu'au dessous des clefs, où fendu en deux autres il porte dans la potrine le nom d'arteres souclauieres, qui, chacune approchant de la premiere coste, donne des rejetons, vn d'enbas estendu le long des racines de quatre costes superieures, fournissant à leurs espaces des arteres, qui aboutissent aux cartilages, & d'autres à la moëlle des chainons du dos & aux muscles voysins; trois d'enhaut, dont le premier part du derriere & monte dés le septiesme chainon du col sur les auancements trauersants superieurs, enuoyant des arteres & à la moëlle par les trous, qui donnent issuë aux nerfs & aux muscles voysins, puis entré dans la teste par le grand trou de la moëlle s'vnit auec celuy qui luy est opposé pour suiure le long & milieu du cerueau iusques au deuant. Mais lors qu'il est arriué à la selle de l'os coigné, il se fend en deux, qui chacun de son costé tout joignant la mesme selle, passent plus outre pour estre diuisés en plusieurs autres, qui se respandent entre la premiere & la seconde paire de nerfs, & enuelopés d'vne membrane desliée forment vn nœud que l'on appelle choroïde. Le second se tourne au dessous & le long du brichet, iusqu'à ce qu'il soit à costé de la fourchelle pour s'aboucher vers le nombril à l'artere qui monte du ventre. Il est vray qu'auant que de sortir de la poitrine il enuoye des arteres aux espaces cartilagineux des sept costes legitimes. Le troisiesme est pour les muscles du col & le derriere de la teste.

Dés que les rameaux de ceste grosse artere sortis de la poitrine paruiennent iusqu'aux aisselles, ils prennent le nom d'aisseliers: mais en chemin chacun d'eux donne ses rejetons; trois de la partie inferieure, dont le premier est pour les muscles qui remplissent le dessous de l'espaule. Le second pour ceux qui sont au haut de la poitrine. Le troisiesme descend le long du costé pour le large, qui meut l'espaule en dehors. De la superieure en part vn, qui n'est que pour les muscles qui couurent le dessus de l'espaule. Le reste de l'artere aisseliere accompagne la veine basilique le long du bras, comme nous verrons en suitte.

L'autre partie de ceste grosse artere tend au haut du brichet, & appuyée sur la fagouë s'y fourche en deux appellées carotides, qui montent le long & à costé du col, assises sur la trache-artere & les veines jugulaires externes; & enuelopées d'vne membrane dans le gosier se fendent encore en deux rameaux; dont l'vn exterieur & moindre se distribuë aux ioües, aux muscles du visage, & à l'oreille. Dés la racine de l'oreille il se diuise en deux parties, pour en donner vne au derriere enuoyant delà deux rameaux: le premier à la machoire inferieure par le trou voysin de l'auancement se donnant aux racines des dents, & par le second au menton, d'où sort vne artere, qui se communique à la levre; l'autre partie à la tempe & au front pour les muscles voysins. L'exterieur & plus grand se porte au gosier, & apres auoir fourny quelques rejetons à la langue & au sifflet, se fourche enuiron la base du test en deux arteres inégales; dont la moindre & du derriere en gaigne le second trou, pour aller à la sinuosité de la dure membrane. La plus grande & du deuant passe par vn trou de la tempe à elle destiné iusques dans la cauité du test, & arriuant à l'os coigné sous la dure membrane, jette vn rameau de chaque costé; & forme enfin le rets admirable, beaucoup plus apparent aux bestes qu'aux hommes. Delà elle perce la dure membrane, donnant vne artere par le second trou de l'os coigné à l'œil, & à ses muscles, & hors du test, au muscle qui serre la machoire inferieure. Puis montant à la glande pituiteuse se fourche en deux rameaux, dont l'interieur s'vnit auec son semblable du costé opposé, & apres se diuise en plusieurs petits rameaux, qui estendus par la membrane delicate & la ceruelle s'en vont au commencement des nerfs optiques. L'exterieur appuyé sur la mesme membrane, se destourne vers la cauité anterieure du cerueau, là où diuisé en plusieurs petites arteres conjointement auec celles que fournit le premier rejeton d'en haut de l'artere souclauiere cy-dessus remarqué, forme le nœud coroïde.

L'artere aisseliere monte en haut pour suiure le long & au dedans de l'auantbras iusqu'au delà de la jointure du coude, enuoyant d'vn costé & d'autre des rejetons aux muscles, puis prenant le dehors & la descente enuoye deux surjons, dont le plus bas & gros se replie vers la jointure du coude, où il fournit deux rejetons si descouuerts aucunefois, que leur mouuement en est manifeste. En aprés suiuant le long & au dedans de l'os du coude entre les deux muscles qui plient la seconde & la troisiesme des jointures des quatre doigts, il s'y plonge & se diuise en deux rameaux; dont l'exterieur estendu le long du ray iusques au poignet, donne sujet aux Medecins d'y taster le pouls. Non loing delà il enuoye vne artere aux tendons des muscles, qui estendent le gros doigt, & se va perdre exterieurement dans les muscles, qui sont entre le premier os du pouce & celuy du dedans de la main, qui est sous l'indice; puis ayant passé l'anneau du poignet & le tendon large du muscle paumaire, se diuise en trois; dont le premier est porté au dedans du pouce: Le second de l'indice: Le troisiesme du doigt du milieu. Le rameau interieur suit l'os du bras iusqu'au dedans de la main, porté si auant qu'il n'en est pas cognoissable, si ce n'est en ceux qui sont fort maigres. Il marche sous l'anneau du poignet, & le tendon du muscle paumaire, enuoyant deux arteres au petit doigt, deux au medical, & vne à celuy du milieu.

Le rameau de la grosse artere qui descend, se destourne vn peu à gauche sur le cinquiesme chainon du dos, & apres auoir passé le diafragme va le long & au milieu des lombes iusqu'à l'os bertrand, où il fourche en deux. Mais auant que d'en venir là, il fournit des rejetons de chaque costé à mesme fin. Le premier est dans la poitrine diuisé en huict arteres, pour autant d'espaces des costes inferieures à ne passer pas que iusques aux tendons des legitimes: au contraire des bastardes qu'elles parcourent. D'elles mesmes partent de petits rameaux, pour donner vie à la moëlle du dos par les trous qui donnent issuë aux nerfs, & rechauffer les muscles des chainons. Le second est pour le diafragme & la pointe du pericarde, à l'endroit où la grosse artere entre dans le ventre. Le troisiesme est l'artere celiaque, qui vnique prend naissance du deuant du tronc, & soustenuë du haut de la membrane inferieure de la coïfe, se diuise en deux, dont la droite est la moindre, qui passant sous la glande charnuë & sur les membranes de la coïfe, s'en va iusqu'à la partie caue du foye, proche de la veine des portes. Toutefois auant que d'y aboutir, elle donne plusieurs rejetons, tant du haut (sçauoir vn qui fendu en beaucoup de rameaux s'attache au derriere du pylore: l'autre à la bourse du fiel, où il prouigne aussi abondamment) que du bas, sçauoir vn pour le costé droit de la membrane inferieure de la coïfe & du gros boyau qui y est collé. L'autre diuisé en deux, dont le premier est pour le boyau doigt-douzein & le commencement du vuide. Le second pour le costé droit du fonds de l'estomac & appuyé sur la membrane superieure de la coïfe, donne de sa partie haute des rameaux au deuant & au derriere de l'estomac, & de sa basse à la membrane de la coïfe, qui le soustient. La gauche est la plus grande, qui appuyée de la membrane inferieure de la coïfe & des glandes voysines aboutit à la rate; & en son chemin fournit deux rejetons; vn du haut, qui passe au milieu & derriere de l'estomac & monte à l'orifice gauche, le ceint comme vne couronne, & enuoye des rameaux tant à l'esofage qu'au fonds de l'estomac. L'autre du bas, qui s'employe au costé gauche de la membrane inferieure de la coïfe, & au gros boyau, qui y est attaché. Enfin aprés s'estre fourché à mode d'Y, elle entre dans la rate & s'y diuise en cinq fois plus de rameaux que la veine. Du haut rameau de ceste enfourchure sortent deux rejetons; dont l'vn s'appuye sur la membrane superieure de la coïfe, & tirant à gauche se donne au fonds de l'estomac. L'autre est le vaisseau court qui tire aussi à gauche pour donner à l'orifice. Le quatriesme est l'artere superieure de la fraise, qui naissant vn peu au dessous de l'artere celiaque & diuisée en plusieurs rameaux soustenus de quantité de glandes se rend au boyau vuide,

long

long & gros estendu depuis la partie caue du foye iusques au rein gauche. Le cinquiéme est l'artere emulgente, qui de mesme que la veine entrée dans le rein s'y diuise en plusieurs rameaux aboutissant au bassinet pour y porter les serositez. Le sixiéme est l'artere spermatique, qui aux hõmes passe par les auancemẽs du peritoine, ou auec la veine elle fait le corps entortillé aux femmes dés qu'elle est proche du genitoire, elle se fourche en deux pour luy en donner vne, & l'autre au fonds de l'amarry, sans penetrer iusques au dedans. Le septiéme est l'artere inferieure de la coiffe, qui naissant sur le commencement de l'os sacré se porte à la partie gauche du gros boyau & à tout le cuiller iusques au siege où elle fait les hemorroïdes. Le huictiéme naissant sur le derriere à l'endroit des lombes, se porte à leurs chainons, à leur moëlle & à leurs muscles, voire dans ceste moëlle monte deuers le cerueau. De plus, deux de ses rameaux se communiquent au peritoine & aux muscles du ventre.

Chacun des deux rameaux de l'enfourchure qui se fait en suite de ces rejetons, donne de son costé vn rejeton à l'os sacré & à sa moëlle, & se fourche encor en deux autres, dont l'interieur & moindre enuoye deux arteres, la premiere exterieurement entre l'os sacré & celuy des hanches, donnant plusieurs surgeons aux muscles fessiers. La seconde interieurement au bas de l'os sacré, qui en l'homme jette des arteres au fonds & au col de la vessie, & au boyau cuiller, qui font les hemorroïdes; en la femme de plus au fonds & au col de l'amarry. Delà mesme est produite celle du nombril qui hors du ventre de la mere est degenerée en ligament: Cest interieur apres auoir ainsi prouigné passe par le trou de l'os barré pour se donner aux muscles voisins, iusqu'au milieu de la cuisse, où fendu en plusieurs branches s'accouple auec celles, qui partent interieurement de l'artere de la cuisse. L'exterieur & plus grand fournit deux rejetons, le premier monte le long des muscles droits pour s'aboucher auec celuy qui descend de la potrine. Le second perce la jointure de l'os barré pour se communiquer aux parties honteuses.

Cet exterieur aprés auoir donné ces deux rejetons perce le peritoine & en donne vn autre exterieurement aux muscles du deuant de la cuisse, à qui s'oppose vn peu plus bas & en dedans celuy qui se porte interieurement aux muscles du dedans de la cuisse iusqu'au genoüil, dont les branches s'abouchent auec celles que jette la seconde peu deuant remarquée. Puis passant plus outre dõne vn rejeton à plusieurs branches aux muscles du derriere de la cuisse, & paruenu au jarret enuoye de son costé interieur de profondes arteres à la jointure, qui s'y consument, & aux deux muscles du gras de la jambe. De son costé exterieur trois arteres; la premiere descend le long de l'os de l'esperon & se cache entre le muscle qui meut le pied en dehors, & ceux qui meuuent l'auant-pied, & finit en ceux du dos de la jambe sur la cheuille exterieure. La seconde part du derriere au dessous de la premiere, & va iusques à la meslée des tendons du gras de la iambe. La troisiéme encore plus bas va sous le ligament, qui embrasse l'auant-pied, & faisant chemin le long du dos du pied se donne aux muscles, qui meuuent les orteils en dehors. Apres que ce rameau a ainsi prouigné, il descend sur le derriere de la iambe, & enuoye vn rejeton tout contre la cheuille interieure pour le muscle du gros orteil & le dos du pied: puis caché entre les tendons des muscles des orteils se fourche en deux, dont l'interieur en fournit deux autres au gros orteil, deux au suiuant, vn à celuy du milieu; l'exterieur en fournit deux au petit, & proportionnément aux suiuans.

Poulmõ. L'autre des parties principales de la poitrine est le poulmon, vulgairement appellé le mou, & composé d'vne chair molle & souple pour obeyr d'autant mieux au mouuement, Double à la façon d'vn pied de bœuf, dont la corne est fenduë en deux, occupant chacune son costé, le dessous caue, le dessus releué & couuert entierement d'vne membrane déliée, molle & poreuse, qui luy est commune auec ses vaisseaux. Il occupe toute l'estenduë de ceste cauité attaché en haut par la trache-artere, deuant au brichet & derriere aux chainons du dos par le mediastin, en bas au diafragme par des liens membraneux de la plevre: Il possede trois sortes de vaisseaux, proprement à l'vsage du cœur, considerables en leur ordre & leur commerce. La premiere est fournie par la trache-artere commençant par le siflet ou pomme d'Adam releuée aux hommes; vnie aux femmes par deux glandes qui en remplissent mieux les vuides. C'est l'organe de la voix au moyen des fumées, qui sortent du poulmon, le canal qui la suit est iusqu'aux clefs, composé de plusieurs anneaux joints par des membranes, cartilagineux sur le deuant, membraneux ſur le derriere. La membrane exterieure eſt commune, déliée & fort adherente. L'interieure empruntée du palais, ſolide, eſpaiſſe, garnie de fibres droites, & enduite d'vne humeur vnctueuſe. Depuis les clefs les anneaux ſont entiers, & là ſe fait vne diuiſion de ce canal en deux rameaux chacun à ſon coſté, diuiſé encore en deux autres ſouſdiuiſez à l'infiuy: la ſeconde & la troiſiéme ſont données par la veine arterieuſe & l'artere veineuſe, qui chacune ſe partagent auſſi en deux rameaux & ces deux autres deux iuſques à ſe rendre fort déliées. Les rameaux de la trache-artere tiennent le milieu, ceux de la veine le coſté droit, ceux de l'artere le gauche. Les rameaux de ces deux dernieres s'abouchent, ayans à leur rencontre les rameaux de la premiere. Et ainſi le ſang de la veine, qui ſort de la cauité droite du cœur, ne nourrit pas ſeulement le poulmon: mais pour la pluſpart eſt receu par l'artere & porté dans la cauité gauche, pour y eſtre conuerty en ſang & eſprits vitaux, & de ceux-cy il en eſt donné par la meſme artere pour la vie du poulmon. L'air de la trache-artere attiré par inſpiration ſans ſortir de ſes rameaux rafraichit & tempere le ſang; & lors que retenu quelque temps il en eſt eſchauffé & fumeux, la neceſſité oblige de le chaſſer par expiration, afin de faire place à d'autre plus fraiz.

Nous voicy tantoſt montez à la teſte, premiere & plus haute cauité, dont le dehors a eſté recognu. A l'ouuerture du teſt nous en verrons le dedans, & dés l'entrée les deux membranes qui enuelopent le cerueau. La premiere plus eſpaiſſe & plus ferme que pas vne, qui ſoit en nous, eſt la dure, diſtante du crane & du cerueau tout autant qu'il a eſté beſoin pour le mouuement; tiſſuë des trois ſortes de fibres, & attachée particulierement en haut aux ſutures par des fibres nerueuſes, qui s'vniſſent auec le pericrane, & la ſuſpendent au crane; en bas à l'os coigné, ſi ce n'eſt à l'endroit où la glande pituiteuſe s'en ſepare; & à la membrane delicate au moyen de ſes vaiſſeaux. Elle a deux rendoublemens, vn, qui prend depuis la troiſiéme cauité iuſques au front pour ſeparer la partie droite du cerueau de la gauche. Et pource qu'il porte la figure d'vne faux, il en porte auſſi le nom, ayant ſa baſe au derriere, ſa pointe au deuant attachée à la creſte de coq, ſon dos en haut & ſon trenchant en bas; l'autre eſt ſur le derriere pour ſeparer le cerueau du ceruelet. Dans ces rendoublemens ſe forment quatre conduits que nous appellons ſinuoſitez; les deux premieres commencent chacune de ſon coſté, proche du premier trou de l'os du derriere, & montent de biais iuſques au faiſte du ceruelet pour s'y venir & faire le preſſoir, ainſi nommé à cauſe du concours des vines & arteres qui y aboutiſſent. Là commencent les autres deux, l'vne monte en haut & s'eſtend le long de la faux, renuoyant de par tout pluſieurs rejetons au crane, au pericrane & à la membrane delicate: l'autre ne s'eſtend que iuſques aux feſſes du cerueau & à la glande pineuſe, donnant auſſi pluſieurs vaiſſeaux aux parties voiſines. La ſeconde membrane eſt ſous la premiere, déliée & molle, que partant nous deſignons par le nom de delicate, qui enueloppe ſi eſtroitement tout le cerueau meſme iuſques au plus profond de ſes deſtours & replis, qu'il n'y a pas d'eſpace entre-deux, & reçoit de la dure, quantité de rameaux qu'elle porte au dedans. Teſte.

Sous ces enueloppes paroiſt vne ſubſtance molle, ſerrée, blanche & gluante, du nom de ceruelle, dont le corps entier porte celuy de cerueau conſideré en trois parties. La premiere obtient le nom de tout, comme la plus ample. La ſeconde de ceruelet, qui en comparaiſon n'en fait que le tiers. La troiſiéme eſt la racine de la moëlle, qui ſortant du teſt va tout du long de la chaine. Le cerueau dés ſa ſurface eſt apparemment ſeparé en deux au moyen de la faux, & taillé en profondeur de deux trauers du doigt par pluſieurs replis contournez. Là meſme il eſt mollet & cendré, ayant pour fondement vn corps que l'on appelle calleux, plus blanc, plus ferme & vny, qui ſert de voûte à deux cauitez qu'il a ſous luy, faites comme deux oreilles oppoſées par leurs racines, plus large ſur leur derriere & leur deuant, que ſur leur milieu, couuertes interieurement d'vne membrane déliée, qui part de l'entonnoir, & ſeparée par vne autre auſſi deliée & tranſparante, tenduë depuis vne petite voûte qui eſt en bas, iuſques au corps calleux qui eſt en haut. Entre les deux cauitez & la petite voûte ſe remarquent des lassis, que fait vne quantité de rameaux deliés de veines & arteres, & que soustient vne membrane subtile. Cete petite voûte est assise sur le derriere de la teste, large deuers les deux premieres cauités & qui s'estressit insensiblement en angle aigu. Elle est tenduë sur la troisiéme cauité, le concours des deux premieres cauités, lors qu'elles s'enforcent sur le derriere du cerueau, forme vn vallon, qui tient lieu de troisiéme cauité. D'elle partent deux conduits, l'vn sur le deuant, spatieus & ample, qui se rend à l'entonnoir; l'autre sur le derriere fort estroit, qui se rend à la quatriéme cauité. L'entonnoir est vne membrane deliée, faite en chausse d'hippocras, dont la pointe aboutit à vne glande assise sur la selle de l'os coigné & appellée pituiteuse, ayant en ses quatre costés autant de tuyaux, deux sur le deuant, deux sur le derriere. Aux enuirons de la selle se remarque le rets admirable tissu de plusieurs petits rameaux de l'artere carotide, entrée par le trou de la tempe. Au long du conduit, qui mene à la quatriéme cauité y a de petits corps qui luy seruent de muraille & de voûte; sçauoir vne glande qui est faite comme vne pomme de pin, dont elle est appellée pineuse, tournée vers les deux premieres cauités: la pointe en haut, la base en bas. En suite, les quatre eminences rondes en forme les vnes de deux genitoires, les autres de deux fesses: la quatriéme cauité est située entre la basse partie du cerueler & la haute de la moëlle, petit, longuet & rond, qui peu à peu se rétressissant represente le bout d'vne plume taillée pour escrire.

Le ceruelet occupe le derriere de la teste, plus ferme que le cerueau & roussâtre ou cendré, considerable en quatre parties, les deux sont attachées à costé & rondes, les autres au millieu & longues en rond, portant le nom d'auancements vermiculaires, à cause qu'ils ressemblent aux vers, qui rongent le bois; larges d'vn costé, estroites de l'autre, l'vn aboutit de sa pointe au denant de la quatriéme cauité, l'autre au derriere.

La racine de la moëlle est vne auancement qui tient autant du cerueau, que du ceruelet, dont la suite est hors du test; plus dure, plus elle s'esloigne du cerueau, diuisible iusques aux lombes en partie droite & gauche, & couuerte de deux membranes, qui sont des auancements de celles, qui couurent le cerueau: la premiere soustient les vaisseaux, qui portent la nourriture & la vie; ce qui est plus proche de la teste est toujours plus gros que la suite, & en sa fin elle se peut esfiler comme vne queuë de cheual.

Nota. Puis qu'il est tantost temps de venir à la conoissance des nerfs, nous ferons bien d'en voir icy la source plus exactement que n'ont fait les anciens, prenant le cerueau à l'enuers, pour y considerer le commencement de la moëlle composé de quatre racines dont les deux plus grandes partent de l'endroit, qui respond au milieu des deux premieres cauités, & les deux plus petites du bas du ceruelet; & toutes s'ajustent si bien qu'il s'en forme vn corps rond en long du nom de moëlle. Sur le derriere des deux secondes racines se remarque vne auancement qui eniambe sur le bas & en trauers, appellé le pont du ceruelet. La premiere paire de nerfs, la seconde & la cinquiéme, incognuë autrefois, naissent du haut des deux racines de deuant. La huictiéme de la part qui est au dessus des conduits de l'oüie. Personne n'a iamais douté que toutes les autres n'en fussent issuës. Et ainsi la moëlle est la racine de tous les nerfs. La suite nous oblige à considerer aussi qu'en la separation du ceruelet d'auec le cerueau paroist la quatriéme cauité formée par le concours des parties basses du ceruelet & des hautes de la moëlle, non empreintes dans la ceruelle. En outre vous aués les fesses & les genitoires comme des parties de la moëlle: car ceux-cy appartiennent aux racines de la moëlle de deuant; celles-là aux racines de la moëlle de derriere. Le conduit qui meine de la troisiéme cauité à la quatriéme, est vn espace vuide fait par le concours de ces quatre petits corps. Et comme la troisiéme n'est faite que par les auancemens des deux premieres, il faudra auoüer qu'il n'y a que ces deux qui sont proprement cauités ou ventres du cerueau: Encore peut-on dire qu'il n'y en a qu'vne separée en deux par la membrane transparente. C'est là où les esprits du cœur portés par les arteres sont conuertis en esprits animaux, dont partie s'en va dans la ceruelle pour les fonctions souueraines; partie dans la moëlle par les conduits ja remarqués, pour estre communiqués aux nerfs, & portez aux organes du mouuement & du sentiment. Mais pource que la ceruelle a deu eſtre d'vn temperament froid & humide, afin que toutes les fractions n'en fuſſent pas precipitées, il en reſulte des humidités à purger, partie par le conduit de la troiſieme cauité, qui les fait couler par l'entonnoir à la glande pituiteuſe, d'où elles ſont renduës au Palais, partie par l'os cribleus d'où le nez les reçoit. Et afin qu'elles ne s'arreſtaſſent pas eſtans par trop épaiſſes & gluantes, il y a eſté pourueu par des entrelaps d'arteres qui les ſubtiliſent. Ie laiſſe à part les autres ſouſpiraus des yeux, des oreilles & des ſutures par où le cerueau ſe décharge, comme moins conſiderables.

La ſuite nous oblige à la conoiſſance des nerfs, qui ſont des vaiſſeaux moëlleux couuerts de deux membranes, de meſme que le cerueau & la moëlle qui les fournit. Il eſt vray qu'à les couper en trauers on en peut effiler le dedans: mais quoy qu'il en ſoit, les eſprits du cerueau ſont portez par eux aux parties ſuſceptibles de ſentiment ou de mouuement. En general il y en a de deux ſortes; les vns partent de la moëlle enfermée dans la teſt; les autres de celle qui ſuit, enfermée dans la chaine. Et pource qu'ils ſortent deux à deux, vn de chaque coſté, il s'en compte huict paires de la premiere ſorte, & trente de la ſeconde.

Des huict paires qui ſortent du teſt, la premiere eſt celles des optiques, les plus grands de tous. & en qui paroiſſent des pores dans la moëlle depuis leur commencement iuſqu'à leur vnion & meſlange de ſubſtances, qui ſe fait ſur la ſelle de l'os coigné, d'où toſt aprés ils ſe ſeparent & vont chacun obliquement par le premier trou du meſme os dans le creux de l'œil, pour luy procurer la veuë. La ſeconde part de l'interieur des racines de deuant, tout contre la premiere: les deux joints en angle, afin qu'ils meuuent les yeux eſgalement & en meſme temps. Chacun d'eux ſort par le ſecond trou de l'os coigné & entre dans les creux de l'œil pour y donner quatre rameaux; le premier aux muſcles, qui hauſſent tant l'œil que la paupiere, le ſecond à celuy qui tourne l'œil en dedans, le troiſieſme à celuy qui le baiſſe, le quatrieſme à celuy qui le tourne en dehors. La troiſiéme part de principes fort déliés, vient du bas & derriere, chacun paſſent par le ſecond trou de l'os coigné pour ſe porter au creux de l'œil, où il eſt diuiſé en quatre rameaux. Le premier ſe donne au muſcle de la poulie, & ſortant par le trou du front, à la peau & au muſcle du ſourcil. Le ſecond deſcend par le quatriéme trou de la machoire ſuperieure, & diuiſé en pluſieurs ſe rend aux muſcles de la levre d'en-haut & du nez à la levre meſme & à la genciue des dents trenchantes. Le troiſiéme paſſe par le trou du ſecond os de la machoire ſuperieure iuſque dans le nez. Le quatriéme ſort par la fente, qui eſt entre le premier os de la machoire ſuperieure & le coigné, contre le coin exterieur de l'œil, & ſe perd ſous le muſcle de la tempe. La quatriéme naiſt du derriere, & chacun paſſent par le ſixiéme trou de l'os coigné ſort du teſt pour ſe diuiſer en trois; Le premier s'entrelaſſe & s'vnit auec deux rameaux du nerf de l'ouïe & s'en va au muſcle de la tempe qui hauſſe la machoire. Le ſecond va aux genciues des dents machelieres d'en-haut & aux dents meſmes. Le troiſiéme entre par le trou de la machoire inferieure pour donner des rameaux aux dents, & ſortant par celuy du menton ſe communique à la levre & donne à la membrane de la langue comme à l'inſtrument des gouſts le moyen de les diſcerner. La cinquiéme part de l'ajuſtement du ceruelet ayant deux nerfs de chaque coſté, qui ſortent par le trou de la tempe pour aller au dedans de l'oreille, d'où l'vn des deux plus dur va du deuant au derriere en biaiſant iuſques à la premiere cauerne & delà ſe deſtournant fait deux rameaux, dont le ſuperieur paſſe par vn meſme trou auec la veine & ſe meſle auec les nerfs de la quatriéme paire. L'inferieur ſe donne au muſcle de la machoire inferieure, au goſier & au nez, & toſt aprés s'vnit auſſi auec le nerf de la quatriéme paire, & delà ſe rend aux racines des dents, aux muſcles des levres, & à la peau de la racine de l'oreille. Du vice de ce rameau ceux qui naiſſent ſourds ſont auſſi muets; L'autre plus mol arriuant à la premiere cauerne s'eſtend comme vne membrane & eſt inſtrument de l'ouïe. La ſixiéme ſort de plus bas & plus en derriere que la precedente par pluſieurs racines, qui toſt aprés n'en font que deux de chaque coſté enuelopées d'vne membrane, à qui la ſortie eſt donnée par le ſecond & le troiſiéme des trous du derriere de la teſte. L'vn d'eux plus petit ſe rend aux muſcles de la langue, & du goſier & à la bouche; L'autre plus grand ſe fourche en deux rameaux; l'vn pour les muſcles du derriere du col, le ſiflet & ſes muſcles; & apres auoir fait vn nœud descend le long de la trache-artere dans la poitrine: toutesfois auant que d'y entrer, il se fend au dessus des clefs en deux autres rameaux fort notables; l'vn est exterieur & plus petit; l'autre interieur & plus grand. L'exterieur du costé droit enuoye des nerfs, I. au muscle, qui fléchit la teste à ceux de l'os hyoïde & du sifler, d'où il entre dans la poitrine. II. à l'artere aisseliere qui s'y tourne, cõme en vne poulie, & reduit à vn appuyé de la trache-artere remonte iusques au costé du siflet sur vne glande, où il se diuise en plusieurs pour les muscles d'alentour. Il l'a fallu ainsi pour faire entrer le nerf par la teste du muscle qui est en bas, & la queuë en haut; dont les Medecins l'appellent recurrent. III. à la plevre & à la membrane du poulmon. IV. au pericarde & au cœur. Delà il continuë sa route le long & au milieu du mediastin, se donnant à l'esofage, & apres auoir percé le diafragme, à l'orifice gauche de l'estomac, qu'il enuironne tout à fait ensemblement auec le nerf de l'autre costé. Delà vient le ressentiment de ceste partie auec le cerueau & le cœur. L'interieur paruient à la racine interieure de la premiere coste & sous la plevre des chainons descend le long des racines des autres, attaché à tout autant de rameaux que la moëlle du dos fournit à leurs espaces; d'où il va iusques à l'os bertrand auec la grosse artere, & fournit trois nerfs au ventre: le premier pour la partie basse de la coiffe, diuisé encore en trois, dont l'vn se communique au costé droit de ceste membrane & au gros boyau, qui luy est attaché, le suiuant au premier boyau & au vuide, le dernier au fonds de l'estomac, & à la partie superieure de la coiffe; le reste à la partie caue du foye, & à la bourse du fiel. Le second pour le rein droit & sa membrane. Le troisiéme pour le troisiéme chainon des lombes, la partie droite de la fraise & les boyaux qu'elle embrasse, le reste pour la vessie & le fonds de l'amarry. L'exterieur du costé gauche, apres auoir fourny des nerfs à la plevre, exterieurement à la membrane du poulmon, au pericarde & au cœur, donne trois rejettons entortillez à l'entour de la grosse artere, la part que sortant du cœur elle se destourne vers la chaine, & reduit à vn, remonte pour les muscles du siflet, c'est l'autre nerf recurrent. Dans ce cours il enuoye vn rejeton à la base du cœur, & à sa membrane; le reste tire obliquement à droite enuironnant de plusieurs nerfs l'orifice gauche de l'estomac, d'où part vn rameau pour enuironner le pylore de plusieurs filets, & va finir à la partie caue du foye. L'interieur emprunte des rejetons des nerfs qui vont aux espaces des costez; puis perçant le diafragme se diuise en trois rameaux; le premier prend la trauerse pour aller à la rate, & en son chemin fournit deux rejettons, dont l'vn se rend à la partie inferieure de la coiffe, & au gros boyau; l'autre au fonds gauche de l'estomac, & à la partie superieure de la coiffe. Le second prend la gauche de la fraise, & des boyaux qu'elle embrasse, aucunefois il en sort des rejettons pour les vaisseaux spermatiques & les genitoires. Le troisiéme est pour le rein gauche, & sa membrane grasse; le reste pour la vessie & le fonds de l'amarry. La septiéme est la plus dure de toutes comme la plus esloignée des racines, sortant de la moëlle à mode de filets, qui vnis passent par le quatriéme & cinquiéme des trous du derriere de la teste; chaque branche de son costé se trouue enueloppée d'vne membrane commune à la sixiéme, & se donne aux muscles de la langue à quelques vns de l'os hyoïde & du siflet. La huictiéme sort des costés les plus reculez au dessus des pertuis du dedans des oreilles; chacun en son origine est fort delié & separé de son compagnon: mais au progrés ils se grossissent & s'approchent l'vn de l'autre pour aboutir aux auancements du cerueau, semblables au bout d'vne tetine de vache, & s'appuyer sur l'os cribleux où les odeurs sont receuës.

De trente paires de nerfs qui partent de la chaine, le col en a sept, dont les deux premieres ont chacune deux racines en chasque costé; de ces racines en la premiere paire, l'vne sort de deuant entre l'os du derriere de la teste & le premier chainon, & se partage aux muscles du col & de l'esofage, qui fléchissent la teste: l'autre sort du derriere entre les mesmes os, mais diuisée en deux nerfs, dont le premier se donne aux petits muscles qui estendent la teste, le second au commencement du muscle qui hausse l'espaule: la seconde de sa racine de deuant, qui sort entre le premier & le second chainon se porte aux muscles du col en deuant; & presque toute à la peau du visage de sa racine de derriere diuisée en deux nerfs, donne l'vn aux muscles du col en derriere, d'où il se tourne sur le deuant pour se mesler auec le troisiéme rejeton de la troisiéme paire, & se porter à la peau de la teste; l'autre aux grands muscles qui l'estendent; la troisiéme part de la jointure du second & du troisiéme chainon, & d'abord se fend deça & delà en deux rameaux, dont celuy de deuant est party en quatre: le premier se donne au premier & long muscle de ceux qui fléchissent le col: le second descend, & vny auec le rejeton de la quatriéme paire, se rend aux muscles soumis à l'esofage: le troisiéme monte, & ajusté à vn rameau de la seconde paire se donne à la peau du derriere de la teste: le quatriéme aux muscles trauersans qui estendent la teste, à celuy qui hausse l'espaule, & à celuy qui estend les levres. Le rameau de derriere se rend à la seconde couple de muscles qui eslargissent la poitrine. La quatriéme sortant d'entre le troisiéme & le quatriéme chainon se diuise de chaque costé en deux rameaux, dont celuy de deuant se diuise en trois; le premier s'vnit auec vn rameau de la troisiéme, & entre dans la premiere & longue couple de muscles qui fleschissent le col: le second se rend au muscle trauersant du col, & au premier de l'espaule fait en forme de capuchon: le troisiéme auec vn rameau de la cinquiéme, se porte au mediastin, & depuis le haut du pericarde descend au diafragme; celuy de derriere se rend aux muscles des espines, & descendant se donne aux muscles qui estendent les levres. La cinquiéme de la jointure du quatriéme & cinquiéme chainon se diuise en deux rameaux. Celuy de deuant en fournit quatre; le premier pour les muscles, qui fleschissent le col; le second auec des rameaux de la quatriéme & de la sixiéme, & aucunefois de la septiéme, lors que celuy de la quatriéme faut, va le long de l'esofage au deuant de la chaine du col & aboutit au diafragme. Le troisiéme porte au muscle deltoïde, au dessus & dehors de l'espaule. Le quatriéme au col de l'espaule, & se diuise en deux; l'vn pour la partie du deltoïde proche de la clauicule; l'autre à la quatriéme couple de muscles de l'os hyoïde, delà au muscle, qui est au haut de l'espaule & au deltoïde mesme. Celuy de derriere se tourne vers les espines ainsi que le semblable de la quatriéme. La sixiéme du dessous du cinquiéme chainon se fourche de chaque costé en deux, dont celuy de deuant aprés auoir fourny le rameau, qui s'vnit auec ceux de la quatriéme & de la cinquiéme pour faire le nerf du diafragme passe outre, s'ajustant à d'autres de la septiéme suiuante & de la premiere de la poitrine, & derechef aprés s'en estre departy, s'y reajuste & fait vn lassis, d'où en partent d'autres pour le bras. La septiéme passe entre le sixiéme & le septiéme chainon: celuy de deuant s'vnit auec vn rameau de la sixiéme & vn de la premiere de la poitrine, & pour la pluspart se distribuë au bras: Celuy de derriere aux muscles du col & au quarré, qui ouure la bouche.

Le dos a douze paires de nerfs, qui dés leur sortie sont de chaque costé fenduës en deux rameaux, dont le plus grand se destourne vers le deuant, le moindre vers le derriere. La premiere sort d'entre le septiéme chainon du col & le premier du dos: le rameau de deuant, joint en partie auec vn de la septiéme du col, en partie auec vn de la seconde suiuante se donne tout au bras; fors vn rejeton, qui dés le commencement s'vnit auec les susdits & arriué au deuant suit la premiere coste iusques au brichet donnant vn nerf au muscle souclauier, & tourné en haut aboutit aux muscles, qui sortent du haut du brichet. Ayant passé l'aisselle il fournit vn autre nerf au muscle, qui remplit le dessous de l'espaule. Celuy de derriere caché sous les muscles des chainons donne quelques nerfs à ceux qui estendent la teste & le col: & lors qu'il est paruenu à l'espine du septiéme chainon, il tire en bas de trauers, & enuoye des rejetons au bas du premier muscle de l'espaule fait comme vn capuchon, au troisiéme de la mesme appellée romboïde & aux dentelés du derriere & d'en-haut. La seconde se donne passage entre le premier & le second chainon; dont le rameau de deuant s'ajuste si bien auec d'autres de la premiere precedente & de la cinquiéme, sixiéme & septiéme du col, qu'il n'est pas possible de les discerner dans vn lassis qu'ils font, semblable à celuy qui pend du chapeau de Cardinal: source de tous les nerfs du bras. Ce mesme rameau enuoye vn nerf le long du premier espace des costes iusques au brichet, d'où plusieurs rejetons vont aux muscles de la poitrine. Celuy de derriere est fait de mesme que celuy de la premiere paire. Les dix suiuantes paires ont semblable origine & semblable distribution. Ceux de deuant fournissent des nerfs aux espaces des costes, & en mesme temps chacun d'eux vn rameau à celuy qui de la sixiéme paire du dedans de la teste descend sous la plevre le long des racines des costes. Ces nerfs des espaces sont enfermés auec des veines & des arteres dans la moulûre du bas de la coste; & aux legitimes se portent iusques au brichet, aux bastardes iusques au peritoine. D'eux en dependent d'autres pour les muscles de l'entre-deux des costes, & d'autres assis sur la poitrine, vn sur tous remarquable, qui partant du cinquiéme perce le muscle de l'entre-deux, & diuisé en quatre se rend à celuy de la poitrine, qui meut l'espaule en deuant, & à la peau de qui sortent des rejetons pour les mãmelles, dont les bouts sont fort sensibles. Ceux de derriere se portent aux espines pour les muscles, qui estendent le dos, aux voisins, & à la peau.

Les lombes ont cinq paires de nerfs de semblable origine & distribution aux precedentes. Les rameaux de deuant vont aux muscles du ventre & sont ioints en sorte, qu'ils se tiennent tous comme par la main. Ceux de derriere vont aux muscles des espines & des os d'appuy, d'où partent de petits rejetons pour la peau. La premiere sort d'entre le dernier chainon du dos & le premier des lombes, & de son rameau de deuant se porte à la chair du diafragme & à la teste du premier muscle, qui fleschit la cuisse, d'où part vn rejeton, qui auec l'artere spermatique se rend au genitoire: De son rameau de derriere se porte aux muscles des lombes du derriere. La seconde de son rameau de deuanr se porte au second muscle, qui plie la cuisse, & à sa peau, & au premier de ceux qui plient la iambe: de son rameau de derriere sortant par le ventre se porte aux trois qui estendent la cuisse & au membraneus qui estend la iambe. La troisiéme de celuy de deuant s'applique à l'os des flancs, donnant vn nerf au genouïl & à sa peau, l'autre pour accompagner la safene, de celuy de derriere se rend aux muscles des lombes. La quatriéme est la plus longue de toutes, compagne de la veine & de l'artere de la iambe. La cinquiéme de celuy de deuant passe par le trou commun de l'os d'appuy & donne des nerfs aux muscles, qui bouchent les trous des tourneurs, au second & au troisiéme de ceux qui plient la cuisse, & à ceux du membre viril: de celuy de derriere à ceux des lombes & à leur peau.

L'os Bertrand a six paires de nerfs; la premiere sort d'entre le dernier chainon des lombes, & le premier de ces os & de son rameau de deuant se mesle auec ceux de la iambe, enuoye vn rejeton au dedans de l'os des flancs, & se porte aux muscles du ventre & au second qui plie la cuisse, de celuy de derriere se rend aux muscles, qui partent de l'os des flancss, sur tout au premier qui plie la cuisse, & à la peau des fesses. Les cinq paires suiuantes auant que sortir de cet os des flancs sont doubles de chaque costé pour le deuant & le derriere, les trois bas de deuant vont à la cuisse, les deux bas aux muscles du siege & de la vessie. En la femme au col de l'amarry; en l'homme au membre viril: en tous deux aux parties honteuses. Ceux de derriere vont aux muscles de l'os des flancs, & de cet os en derriere, qui sont le premier & le troisiéme de ceux qui eslargissent la poitrine; à celuy qui flechit les lombes, à celuy qui meut l'espaule en dehors, & aux trois fessiers.

La distribution des nerfs faite aux cauités est volontiers suiuie de celle qui est deüe aux bras & aux iambes. Et à commencer par le bras on y en conte six paires qui prennent leur origine de la cinquiéme, sixiéme & septiéme du col, & de la premiere & seconde du dos. Celles-cy à la sortie des chainons s'ajustent entre elles auec le mesme ordre que les cordons d'vn chapeau de Cardinal, dont les nœuds se rencontrent sous les clauicules & donnent commencement à celles-là. Le premier de ces nerfs est fait du troisiéme & quatriéme des rameaux, qui partent de celuy de deuant de la cinquiéme du col, à deux branches; l'vne va au deltoïde & à la peau qui le couure; l'autre au col de l'espaule, où se fourchant en deux rameaux, en donne vn au deltoïde proche de la clauicule; l'autre à la quatriéme couple des muscles de l'os hyoïde, à celuy qui remplit la haute cauité de l'espaule, au deltoïde proche de l'espine, & à la plus esleuée partie de l'auant-bras. Les cinq nerfs suiuans vont au bras par l'aisselle, diuisés en plusieurs rameaux. Dont le second de tous caché sous le muscle à deux testes, & premier de ceux, qui flechissent l'os du bras, fournit quatre rejetons, vn à chacune de ces testes, le troisiéme vers le milieu de l'auant-bras, qui se ioint auec le troisiéme nerf; le quatriéme à la teste du plus long qui couche le ray. Puis arriué à la iointure du coude en dedans se fend en deux, dont l'exterieur auec la veine cephalique s'en va iusques à la seconde iointure du poulce; l'interieur sous la mediane se diuise encore en deux, l'vn va exterieurement au poignet, l'autre interieurement sous la basilique, & se fourche en deux : l'vn suit le long du ray ; l'autre le long de l'os du bras iusques au poignet & au dedans de la main ; le troisiéme enuoye d'abord vn rejeton à la peau d'entre le bras & la poitrine, puis caché sous le muscle à deux testes, d'où il en enuoye vn autre à la teste du second muscle, qui fleschit l'os du bras, descend & joint auec vn du second nerf, se porte sur l'auancement interieur de l'auant-bras, & passant outre donne des nerfs, qui auec d'autres qu'enuoye le cinquiéme, se rendent aux deux muscles, qui plient les quatre dernieres jointures des quatre doigts, & la troisiéme du poulce. Delà il en fournit vn au poignet sous l'anneau & quelques rejetons deliés à celuy qui escarte le poulce des autres doigts, & aux deux qui en plient la premiere iointure. Enfin arriué au dedans de la main il se diuise en trois rameaux; dont le premier donne deux rejetons au poulce; le second autant à l'indice, & le troisiéme au doigt du milieu. Le quatriéme nerf du bras, trois fois plus gros qu'aucun des six se porte sous les muscles, accompagné de la veine basilique & de l'artere aisseliere, enuoyant dés sont entrée plusieurs petits rejetons aux testes des muscles qui estendent l'os du bras; Et comme il est prest à se destourner obliquement vers le milieu de l'auant-bras, il produit de son costé interieur vn rejeton, qui fait chemin entre les mesmes muscles, & le second de ceux qui plient l'os du bras, & aboutit à la peau, qui couure le dedans ietant haut & bas quelques fibres: Cela fait il se coule par le derriere au dehors de bras à l'auancement exterieur de l'auant-bras, d'où il enuoye deux rejetons à la peau, qui vont iusques au poignet: arriue à la iointure du coude & se fend en deux rameaux ; dont l'exterieur passe le long du ray, & paruenant à l'anneau se diuise aussi en deux, l'vn s'en va au dehors du poulce, l'autre à l'indice & au doigt du milieu. L'interieur s'estend le long de l'os du bras & enuoye plusieurs rejetons, vn au premier muscle de ceux qui estendent les doigts, vn au second, vn à celuy qui estend le poignet; du reste de son progrés, qui se termine au mesme poignet, il fournit des rejetons aux testes des muscles attachés à l'os du bras. Le cinquiéme accompagné du quatriéme va par le dedans iusques à l'auancemẽt inferieur de l'auant-bras, & d'vn ordre pareil à celuy du troisiéme enuoye des rejetons aux muscles, qui en naissent & qui occupent le dedans de l'os du bras. Il y produit aussi vn rejeton porté entre les muscles, qui fleschissent la seconde & la troisiéme ioinrure des doigts au dedans de la main, où il se diuise en trois rameaux; dont le premier en donne deux au petit doigt, le second autant au doigt medical, & le troisiéme vn au doigt du milieu. Vers le mitan & dehors du ray il en naist vn qui diuisé en trois se distribuë aux mesmes doigts en dehors. Le sixiéme va sous la peau de dedans de l'auant-bras iusqu'à l'auancement interieur, où apres auoir fourny en chemin plusieurs rejetons au voisinage il se diuise en plusieurs nerfs; dont les vns sont les rameaux de la veine basilique, les autres sur eux aboutissant au poignet.

Les iambes sont menées par le moyen de quatre paires de nerfs que font naistre les trois inferieures des lombes & les quatre superieures de l'os bertrand des lassis à nœuds beaucoup plus grands que ceux des bras. Toutefois le premier & le troisiéme de ces nerfs sont si menus qu'ils ne peuuent passer plus auant que la cuisse. Le second vn peu plus gros arriue iusques à la iambe. Le quatriéme, qui surpasse tous les autres ensemble en grosseur, va iusqu'à l'extremité des orteils. Le premier sortant du lieu où le troisiéme & quatriéme des lombes s'ajustent, se porte sous le peritoine iusqu'à la cuisse, & proche du tendon du premier muscle qui la flechit, donne vn nerf à la peau de deuant iusqu'au genoüil, & des rejetõs au premier muscle qui flechit l'os de la iambe, & au second & troisiéme de ceux qui l'estendent. Le second naissant vis à vis de l'entredeux du troisiéme & quatriéme chainon des lombes descend par les aynes auec la veine & l'artere de la iambe à la cuisse, où d'abord il fournit vn grand rejeton, qui va le long de la cheuille interieure & iusques au gros orteil, puis il entre dans la cuisse & se distribuë aux muscles du dedans, sur tout au troisiéme de ceux qui la plient, & au quatriéme de ceux qui estendent l'os de la iambe, aboutissant au genoüil. Le troisiéme naist au dessous du second, & porté sur le second muscle de ceux qui fleschissent la cuisse, passe par le trou de l'os barré & fournit des rejetons aux deux qui tournent la cuisse, & aux deux qui dressent le membre viril. Delà descendu donne des rejetons à la peau du dedans de la cuisse. Le reste demeure caché profondement, & son principal rameau va partie au second, partie au troisiéme de ceux qui flesschissent l'os de la iambe: Le quatriéme se forme de l'assemblage des rameaux de deuant des quatre paires superieures de l'os bertand, & passant sur le derriere de la cuisse, donne d'abord vn rejeton fort notable au premier muscle, qui l'estend; d'où apres il se distribuë à la peau de la fesse, fournissant trois autres rejetons aux testes du troisiéme & quatriéme muscle de ceux qui plient l'os de la jambe, & du troisiéme, qui plie la cuisse. Delà il descend entre ceux qui en remplissent le derriere iusqu'au milieu, & y fournit vn autre nerf au muscle à deux testes, qui flesschit l'os de la jambe; d'où partent d'autres rejetons pour la peau de derriere. Puis enfin il paruient au genoüil entre les deux testes du bas de la cuisse, donnant de chaque costé vn nerf, tant au muscle qui estend le pied, qu'à celuy de la plante; & dans le jarret se fourche en deux rameaux destinez à l'os de la jambe & au pied: l'vn exterieur & menu, ayant donné vn rejeton, qui part du lieu où l'os de la jambe s'ajuste en haut, & va sous la peau iusqu'à la cheuille exterieure: passe par les muscles, qui remplissent le deuant de la jambe, & apres auoir percé le ligament long s'en va sous l'anneau de l'auant-pied & donne des nerfs aux costez superieurs des orteils. L'autre interieur se porte sur le derriere de la jambe caché entre les muscles de la plante & le premier de ceux qui meuuent obliquement le pied, ioint en suite auec le rameau exterieur, qui perce le ligament long, il s'en va à la plante, donnant des rejetons aux deux costez inferieurs des orteils.

La cognoissance des conduits par où le mouuement & le sentiment sont enuoyez du cerueau, doit estre suiuie de celles des veritables organes qui les reçoiuent. Ceux du mouuement sont les muscles, en qui outre que l'on les considere comme composez de parties simples, dont les vnes leur sont propres, sçauoir le tendon & la chair, les autres communes, sçauoir la membrane; les arteres, les veines & les nerfs, il y faut discerner la teste par où commence leur action, la queuë par où elle finit, & le ventre qui est au milieu des deux. Il y en a tout autant que de mouuemens. Et comme le corps a ses deux parties, la droicte & la gauche, à les voir d'vn costé il en faut autant conceuoir de l'autre, commencer par la teste & finir par les pieds.

La teste en a pour son mouuement ou de ses parties. De ceux-là il s'est trouué huict, deux desquels sont logez sur le deuant pour la flechir; l'vn sort du haut du brichet & s'attache à l'auancement mămelier: l'autre est petit, & couché sur le long vient des auancemens trauersants des chainons inferieurs du col, & aboutit au bas de la teste. Les six autres l'estendent, deux grands & quatre petits. Le premier des grands part des cinq épines superieures du dos & des quatre du col, & s'applique à l'os de derriere. Le second naist des auancemens trauersants. Des petits les vns sont droits, les autres obliques. Des droits, l'vn plus grand part de l'espine du second chainon; l'autre moindre, du premier chainon: & ces trois derniers s'attachent au mesme endroit que le premier. Des obliques le plus grand issu de l'espine du second chainon aboutit à l'auancement trauersant du premier. De cest auancement sort le moindre, & s'en va à l'os de derriere.

Des parties de la teste le front en a vn, qui part du lieu où finissent les cheueux, & aboutit au sourcil pour le leuer.

Le derriere en a vn, qui sort du milieu de l'os, & costoyant l'oreille va à la rencontre de celuy du front pour attirer la cheueleure en derriere.

Des paupieres la haute est leuée par vn muscle, qui naissant du fonds de l'œil s'attache à la racine des poils, & fermée par vn rond, aussi bien que la basse. Toutes deux sont de plus, cernées par vn autre rond, qui n'est assis que sur les racines des poils, pour en estre plus exactement fermées.

L'œil en a six, dont les quatre sont droits, qui partent du fond du creux & s'attachent l'vn en haut pour le leuer; l'autre enbas pour le baisser, le troisiéme au grand coin pour le tourner vers le nez, le quatriéme au petit coin pour le tourner en dehors. Les deux sont obliques, l'vn part de l'os coigné & va à la poulie du grand coin pour tourner l'œil de biais en dehors; l'autre sort d'enbas & s'attache au petit coin pour le tourner du dehors en dedans.

Les levres en ont sept, dont les quatre leur sont propres, & les trois leur sont communs. Des propres l'vn leue la superieure, naissant au dessous de la joüe pour s'appliquer au costé; l'autre la baisse aboutissant à ce mesme costé party du milieu de l'inferieure. L'inferieure est leuée par vn des propres, qui s'y attache venu d'entre les deux precedens : baissée par vn, qui naist du menton & s'attache à son milieu. Le premier des communs sort du haut de la joüe & s'attache au coin des levres pour les tirer à costé. Le second vient de l'extremité des genciues & s'applique au commencement des dents machelieres pour ayder le mouuement des joües, qui font baloter la viande dans la bouche, afin qu'elle en soit mieux machée. Le troisiéme est vnique enuironnant les joües.

Le nez en a trois propres & vn commun. Des propres les deux sont exterieurs; Le premier naist du grand coin de l'œil, & s'attache à l'aisle du nez pour le leuer. Le second se trouue en ceux qui ont grand nez naissant de la machoire superieure proche de l'aisle, & finissant au bout pour l'ouurir. Le troisiéme est inferieur naissant du dedans du bout pour aboutir à l'aisle & le fermer. Le commun est vne portion de celuy qui enuironne les joües tirant en bas le nez, lors que la levre superieure est baissée.

L'oreille au dehors en a trois communs & vn propre. Des communs, l'vn est vne portion de celuy du front située sur la tempe; & l'autre du muscle superficiel qui est derriere l'oreille; le troisiéme, du muscle du derriere. Le propre est sous le ligament de l'oreille, naissant de l'auancement mammelier, & s'attache à la racine de l'oreille. Au dedans l'oreille en a deux, qui se terminent au marteau; l'vn part du haut du conduit, retenant le tambour poussé par la violence de l'air exterieur; l'autre dans la conche, le retenant aussi contre la violence de l'air interieur.

La machoire inferieure en a trois, qui la leuent : le premier occupe toute la cauité de la tempe, & se porte à l'auancement becu : le second part de l'auancement aislé, & s'attache à l'angle : le troisiéme est à deux testes, dont l'vne sort de l'os jugal; la queuë est attachée à l'angle exterieurement. Elle en a deux qui la baissent, le premier a deux ventres, l'vn qui de l'auancement stiloïde s'en va au menton : l'autre du haut du brichet à la base de la machoire. Il y en a vn qui la pousse en auant, & qui du dehors de l'auancement aislé va au milieu de la machoire.

En suite nous mettons le col auec liberté d'en rapporter les muscles à la teste ou à la poitrine. Au dedans se trouue l'os hyoïde, qui en à cinq : le premier du haut du brichet : le second du menton; le troisiéme de prés des dents machelieres, (ils s'estendent tous iusques à la base :) le quatriéme d'vn peu au dessus de l'angle superieur de l'espaule s'en va au costé : le cinquiéme de l'auancement stiloïde va iusques au bout.

La langue en a quatre : le premier la tire dehors partant du menton; aydé par le second qui sort d'aupres des dents machelieres d'enbas : le troisiéme la retire, venant de la base de l'os hyoïde, & tous trois s'attachent à sa racine : le quatriéme la meut de costé partant de l'auancement stiloïde pour s'appliquer au milieu de son corps.

Le sifflet composé de ses trois cartilages, qui portant les formes d'anneau, d'escu, & de burete, en porteront icy les noms, en a sept, les deux sont communs, & les cinq propres. Le premier des communs sort de la base de l'os hyoïde, & s'attache exterieurement au milieu de l'escu pour le leuer : le second part du haut du brichet, & s'attache à la base de l'escu pour le baisser. Le premier des propres eslargit l'escu, au costé de qui il est attaché interieurement partant du dehors & deuāt de l'anneau. Le second le serre, au costé de qui il est exterieurement attaché, né du costé de l'anneau. Le troisiéme est appliqué à la burete pour l'ouurir naissant du derriere de l'anneau. Le quatriéme sert encore à cela, attaché à son costé, venu du dedans & deuant de l'anneau. Le cinquiéme n'a pas de pair embrassant en rond la burete pour l'estreindre.

Le haut de l'esofage en a quatre : les deux premiers y sont attachez pour le leuer, partant l'vn de la pointe voisine de l'auancement stiloïde : l'autre de la jointure de la teste auec le col : le troisiéme sort de l'auancement stiloïde, & s'attache au costé pour l'eslargir : le quatriéme est sans pair naissant d'vn costé de l'escu, & apres auoir embrassé le derriere, s'attache à l'autre costé pour l'estreindre.

L'aluette en a deux pour la suspendre : le premier sort de la machoire superieure au dessous de la derniere dent macheliere, & se termine en vn tendon delié qui passant par la fente de l'auancement aislé comme par vne poulie aboutit à costé de l'aluete : le second naist au dessous de l'auancement aislé, & aboutit à l'aluete mesme.

Au dehors le col en a quatre : les deux l'estendent, dont le premier naist des espines des sept premiers chainons du dos, & des cinq derniers du col, & s'attache à l'espine du seconde. Le second naist des auancemens trauersans des six chainons superieurs du dos, & se porte exterieurement à tous les auancemens trauersans du col. Deux autres le plient, le premier est long sous l'esofage, né du corps du troisiéme chainon du dos, & s'attache à l'aduancement anterieur du premier chainon du col: le second part de la premiere coste & se prend interieurement à tous les auancemens trauersans du col.

La necessité de la respiration oblige la poitrine à s'eslargir & se restreindre. Pour s'eslargir elle en a quinze. Le premier prend sa naissance du dedans de la clef, & s'attache à la premiere coste. Le second, du dedans de l'espaule s'en va sur les six ou sept costes legitimes. Le troisiéme, des trois espines basses du col & de la premiere du dos se porte aux trois premieres costes. Le quatriéme, des trois espines basses du dos & de la premiere des lombes se rend aux trois ou quatre costes basses. Les onze suiuans remplissent le dehors d'autant d'espaces de costes partants du bas de la superieure, & se portans de biais au haut de l'inferieure du derriere au deuant. Pour se restreindre elle en a treize; le premier du bas & dedans du brichet se porte aux cartilages des costes hautes iusques à la seconde. Le second, de l'os Bertrand & des espines des lombes se rend aux racines des costes hautes, donnant à chacune deux tendons, qui les embrassent; les onze suiuans remplissent le dedans d'autant d'espaces de costes, partants du haut de la coste inferieure & se portans de biais au bas de la superieure du deuant au derriere. A tous ces muscles se doit raporter le diafragme, dont il a esté parlé cy-dessus, comme l'organe de la respiration paisible & sans apparence de mouuement; au lieu que quand les susdits se meuuent, la respiration en est vehemente.

Les lombes en ont trois; vn pour les reflêchir, né du derriere des flancs & du costé de l'os Bertrand, & appliqué aux auancements trauersans iusques aux costez; deux pour les estendre, l'vn desquels sort des espines de l'os Bertrand & des lombes, pour s'attacher aux auancemens trauersans des mesmes lombes & du dos; l'autre du derriere de l'os Bertrand se porte aux espines du dos. Lors que ces muscles n'agissent que d'vn costé, les lombes se tournent de costé.

Le ventre en a cinq, qui aboutissent tous à la ligne blanche, faite de la substance du tendon, estenduë depuis la fourchelle passant par le nombril, iusques au milieu de l'os barré, & n'ont autre vsage, que de presser cette cauité pour donner la chasse à ce qui y est nuisible, & hors de cette action ayder la chaleur naturelle. Le premier descend des sept ou huict costes basses, & est adherant à l'os des flancs & au barré. Le second monte de ces deux endroits-cy, & est adherant aux quatre costes basses, & en passant embrasse d'vn double tendon le muscle droit. Le troisiéme part de la fourchelle & descend droit iusques à l'os barré. Le quatriéme est fait en forme de pyramide, dont la base est assise sur l'os barré & tout appuyé sur l'extremité du precedent. Le cinquiéme part des auancemens trauersans des lombes, & du bas des flancs attaché aussi aux fausses costes & à la fourchelle.

Le genitoire en a deux, dont le premier luy est propre, appellé suspensoire, sortant du dedans de l'os des flancs; le second est commun, portion de la membrane charnuë, qui part des enuirons de l'os barré & enuelope les genitoires. Le suspensoire aux femmes est plus court & estendu sur l'auancement du peritoine.

La vessie en a vn, qui enuelope le col & les prostates, pour empescher que l'vrine ne fluë sans y penser & pour en ayder l'excretion.

Le membre viril en a deux, l'vn le dresse, party de la tuberosité interne de l'os des hanches pour s'attacher à son costé. L'autre haste son action sortant delà mesme pour s'attacher au dessous du conduit commun.

La landie en a pareillement deux, l'vn la dresse de semblable origine & insertion, l'autre sort du muscle rond du siege & se porte aux levres de la partie honteuse pour les tenir en estat.

Le siege en a cinq dont les trois l'enuironnent pour empescher qu'il n'en sorte rien sans volonté: le premier est exterieur, attaché au croupion, le second superficiel & comme collé au premier, le troisiéme interieur enuironnant le bout du boyau cuiller en dehors; les deux autres suspendent le boyau, le premier est petit qui part de la tuberosité de l'os des hanches & s'attache au premier des ronds: l'autre plus grand remplit l'entre-deux de l'os des hanches & du Bertrand, & s'attachant au costé du boyau aboutit là mesme où le petit.

L'Espaule en a six, dont les deux luy sont communs auec le bras ; le large est attaché à l'angle inferieur : la partie plus haute du pectoral est adherante au bout. Des propres les deux la leuent, l'vn sort du derriere de la teste, des cinq espines inferieures du col & des huict ou neuf superieures du dos, & s'attache à la base & à l'espine iusques au bout. L'autre part des auancements trauersans du second, troisiéme & quatriéme chainon du col, & s'en va à l angle superieur ; le large l'abaisse, des deux autres, l'vn la porte au deuant, dont l'origine est deuë aux quatre costes superieures & l'attachement a l'auancement becu. L'autre la porte au derriere, né des trois espines inferieures du col & des trois superieures du dos, & attaché à la base exterieures.

L'Auant-bras en a neuf, les deux l'eleuent, dont l'vn appellé deltoïde est attaché au milieu, partant du milieu de la clef, du bout & de l'espine de l'espaule; l'autre la cauité haute de l'espaule, s'attache au col de cet auant-bras, les deux l'abaissent, dont l'vn est le large attaché à sa partie basse, partant des espines de l'os Bertrand des lombes, & des neuf inferieures du dos, & adherant de passade à l'angle inferieur de l'espaule. L'autre est le grand rond, qui se termine vn peu au dessous de son col, partant de la coste inferieure de l'espaule ; les deux le tirent en deuant, dont l'vn est le pectoral attaché entre le deltoïde & le muscle à deux testes partant de la septiéme, sixiéme & cinquiéme des costes legitimes, du brichet & de la moitié de la clef. L'autre est vne portion du muscle à deux testes attaché à son milieu, partant de l'auancement becu de l'espaule. Les trois le tirent en derriere attachez à son col, dont le premier part d'entre l'espine de l'espaule & le petit rond, le second est le petit rond sortant de la sinuosité, qui est sous la coste inferieure de l'espaule, le troisiesme part du dessous de l'espaule.

L'os du bras en a six, les deux le plient, dont l'vn à deux testes part du bord de l'espaule & de l'auancement becu & se rend au dedans du ray ; l'autre sort du milieu de l'auant-bras & se termine entre l'os du bras & le ray. Les quatre l'estendent, le premier est le long, & le second le court aboutissant au coude. Cestuy-là sort de la coste inferieure de l'espaule : cestui-cy du col de l'auant-bras : le troisiesme est estendu sous les deux precedens, le quatriéme par le bas & derriere de l'auant-bras & se rend à costé & au dessous du coude.

Le Ray en a quatre, les deux se couchant, dont l'vn va de biais presque à son milieu, partant de la teste interieure du coude, l'autre va de trauers en bas partant du bas de l'os du bras. Les deux le renuersent, dont l'vn sort de la pointe de l'auant-bras & se rend interieurement à sa surcroissance d'enbas, l'autre du dehors de l'auancement interieur de l'auant-bras se rend à son milieu.

Le Poignet en a quatre. Les deux interieurs le plient, dont l'vn est attaché au quatriéme os du dedans, venu de la jointure interne du coude : L'autre a mesme origine & s'attache à l'os de la paume qui est sous l'indice ; les deux exterieurs l'estendent, dont l'vn part du coude & se rend partie à l'os du poignet opposé au ray ; partie à l'os de la paume respondant à l'indice, l'autre du coude s'en va au dehors à l'os de la paume, qui respond au petit doigt.

La paume en a deux, dont l'vn est le paumaire sortant du dedans du coude pour s'aller joindre en forme de membrane à la premiere jointure des doigts ; l'autre est vne chaire, qui s'estend par le creux de la main sous le paumaire.

Les quatre doigts en ont dix-huict, deux desquels les plient, l'vn part du dedans du coude, & arriue au poignet fournit quatre tendons pour autant de jointures du second rang. L'autre d'vn peu plus bas & perçant par ses quatre tendons les quatre du precedent, aboutit aux jointures du troisiéme rang. Ceux qui les estendent sont ou communs ou propres. Communs, ou pource qu'ils seruent aux quatre doigts, ou pource qu'ils font d'autres mouuements. De la premiere sorte il y en a vn, qui sort du coude, & arriué au poignet fournit quatre tendons, qui s'attachent aux jointures du premier & du second rang. De la seconde sont les quatre ou cinq, qui portent la ressemblance de vers, & qui naissant de l'anneau du poignet aboutissent à la premiere jointure & s'vnissent auec ceux qui sont logés dans l'espace des os, en nombre de six ; & tous agissants ensemble font l'extension en commun. Des propres il y en a vn pour l'indice, qui part du milieu & dehors du coude, & s'attache à sa seconde jointure. L'autre pour le petit doigt qui s'y attache

attache exterieurement party du haut du ray. L'action propre de ces muscles qui occupent l'entre-deux des os, est d'approcher les quatre doigts du pouce, & de les escarter. Tous partent du poignet, & vont le long & à costé des doigts iusques à la racine des ongles. Il y en a de plus vn de propre au petit doigt, qui l'escarte des autres, l'autre à l'indice, qui l'approche du pouce.

Le pouce en a six, les deux l'estendent, dont l'vn du haut & dehors de l'os du bras se rend à sa seconde iointure. L'autre du bas & proche du poignet se rend à sa troisiesme, vn seul le plie, qui du dedans du mesme os se porte à la premiere & seconde iointure. Les deux le portent à costé, dont l'vn l'escarte des doigts, né du dedans du poignet & attaché à la seconde iointure; l'autre l'approche né du costé exterieur du premier os de la paume, & se rend à la premiere iointure; vn seul le tire vers les quatre doigts, né du bas des trois os de la paume & attaché à la seconde iointure.

La cuisse en a treize, les trois la plient, dont le premier assis le long des lombes se porte au petit tourneur. Le second de la cauité interieure de l'os des flancs se porte en deuant entre le grand & le petit tourneur. Le troisiesme du haut de l'os barré, va sur le col de l'os de la cuisse. Les trois l'estendent, dont le premier est né des espines de l'os bertrand, du croupion & de la coste de l'os des flancs, & aboutit au dessous du grand tourneur. Le second né du dehors de l'os des flancs s'attache au grand tourneur. Le troisiesme de mesme origine se porte à la cime du grand tourneur. Vn seul à trois testes l'approche de sa compagne & partant de l'os barré se termine en trois queuës pour s'attacher au derriere de la cuisse. Les quatre l'en escartent, dont le premier part du bas de l'os bertrand, le second & le troisiesme de la tuberosité de l'os des hanches : & s'attachent à la cauité du grand tourneur, le quatriesme du dedans de la mesme tuberosité se porte au dehors du grand tourneur. Les deux bouchants les trous de l'os d'appuy le contournent, l'vn interieur en dehors né des enuirons du trou de l'os barré, & attaché par trois queuës à la cauité du grand tourneur. L'autre exterieur en dedans des enuirons & dehors du mesme trou, est porté sur le col de l'os de la cuisse, comme sur vne poulie à la mesme cauité.

La iambe en a onze, les cinq la plient, dont le premier & le second aboutissent à son derriere & son dedans partants de la tuberosité de l'os des hanches. Le troisiesme de mesme source va au dehors. Le quatriesme au dedans party d'entre l'os des flancs & le barré. Le cinquiesme au haut & derriere partant de la tuberosité exterieure de la cuisse. Les six l'estendent, dont le premier se porte au deuant iusques au bout du pied. Le second au dedans ayant à mettre l'vne sur l'autre. Le troisiesme aussi au dedans. Et tous trois partent de l'os des flancs. Le quatriesme de la racine du grand tourneur se porte au dehors. Le cinquiesme de la racine du petit tourneur se porte au dedans. Le sixiesme du deuant de la cuisse s'en va au deuant. Et tous trois forment vn tendon membraneux, qui enuelope le genoüil.

L'auant pied ou le col du pied en a huict. Les deux de deuant le plient, dont l'vn sorty de la haute surcroissance de l'os de la jambe arriue à l'anneau & s'y diuise en deux tendons, qui se rendent au premier de ses os & à celuy de la plante, qui respond au gros orteil. L'autre sort du milieu & dehors de l'os de l'esperon, & passant sur la cheuille exterieure aboutit à l'os de la plante, qui respond au petit orteil. Les six l'estendent, dont les deux sont gemeaux, l'vn part de la teste interieure du bas de la cuisse, l'autre de l'exterieure, formant tous deux vn ventre pour le gras de la jambe & vne queuë, qui s'ajuste au talon. Le troisiesme sort de la teste exterieure, comme le precedent, & s'estend sur la plante du pied. Le quatriesme part du haut de la iambe & s'attache au talon. Les deux sont de derriere, l'vn du haut de la iambe passe par la cheuille interrieure & iette deux tendons, vn à l'os nacelier & vn au premier de l'auant-pied. L'autre du haut & derriere de l'os de l'esperon passe par la cheuille exterieure iusques à l'os cubique & à la plante.

Les quatre orteils en ont dix huict. Les deux les estendent, dont le long part du deuant & dedans de la iambe, & apres auoir passé l'anneau enuoye vn tendon à chaque iointure. Le court né du haut & dehors du garignon enuoye vn tendon à chaque iointure du premier rang. Les deux les plient, dont le long part du haut & derriere de l'os de l'esperon, & passant sous la cheuille interne, donne quatre tendons, qui percent les quatre du court suiuant, & se rendent aux iointures du premier rang. Le court vient du dedans & bas du talon, & porte ses quatre tendons aux iointures du second rang. Les huict les meuuent de costé sortant des entre-deux des os de la plante, & s'attachant aux iointures du premier rang, dont les quatre externes les approchent du gros orteil. Les quatre internes les en escartent auec le concours des quatre, qui portent la ressemblance des vers, sortis d'vne masse de chair, qui remplit l'estenduë de la premiere iointure pour en affermir les orteils; vn escarte le petit orteil des autres, estendu sur le dehors du cinquiesme os de la plante; vn est posé sur le premier rang des iointures depuis le gros orteil iusques au petit, afin que les tendons ne soient foulez par la dureté du paué & des os.

Le gros orteil en a quatre: l'vn le plie, attaché à son premier & son second os, partant du haut de l'os de l'esperon, & passant sous la cheuille interne & sous la plante. L'autre l'estend attaché à son tout, né du costé externe de l'os de la iambe & passant au dessus du pied. L'vn escarté des autres, estendu sur le dehors de l'os de la plante qui luy respond. L'autre l'approche né du ligament de l'os de la plante, qui respond au petit orteil, & passant obliquement sur les autres pour aboutir à sa premiere iointure.

Au reste lors que les parties n'ont pas particulierement des muscles, pour leur mouuement de costé, il faut sçauoir qu'il est fait par deux, dont l'vn plie & l'autre estend, qui font leur action tous deux en mesme temps. Et pour le mouuement en rond tout entier, il est fait par tous les muscles de la partie, qui agissent successiuement & d'vn train continu l'vn apres l'autre.

Puis que tous ces mouuemens ne se font pas sans cognoissance, ny la cognoissance sans l'ayde de quelqu'vn des cinq sens, il en faut parcourir les organes & commencer par l'œil, dont le dehors n'a pas besoin d'exacte recherche paroissant en son sourcil, ses paupieres, ses cils & sa glande graisseuse. Le dedans mesme nous a esté cogneu en partie par ses muscles & ses vaisseaux. Reste à voir ses membranes & ses humeurs. Deux des membranes l'attachent aux parties voisines, la premiere fait le blanc, portion du pericrane, qui estendu iusques au bord des paupieres & rebroussé sur l'œil le couure iusques à l'iris. La seconde est faicte des nerueures des muscles, & couchée sous la premiere, se rend au mesme circuit. Deux autres tiennent les humeurs en deuoir, de peur qu'autrement il n'en arriue de la confusion: toutes deux transparentes, dont la premiere enuironne le crystalin, beaucoup plus deliée sur le derriere que sur le deuant, & faicte ce semble de la substance mesme de l'humeur, qui amasse vne crouste à l'imitation du iaune d'vn œuf soustenu par sa superficie. La seconde est pour le vitreux, recognoissant vne origine pleine d'admiration, car comme si la moëlle de l'optique auoit esté battuë sous le marteau, de mesme qu'vne feüille d'or, elle a esté conuertie en membrane, pour seruir d'enuelope à cet humeur. Deux autres donnent la forme à l'œil, quand l'optique sortant du cerueau se iette dans le creux & s'y eslargit en vn rond faisant de sa membrane dure & externe la premiere, qui pour estre cendrée & transparente porte le nom de cornée, comme semblable à vne lame de corne, qui donne issuë à la lumiere d'vne lanterne. Toutefois ce rond s'auance en dehors comme le bout d'vn ouale, en sorte que la seconde qui est dessous parfaitement ronde s'en trouue d'autant esloignée. La seconde est faicte de la membrane interne & delicate du nerf, semblable à vn grain de raisin vny au dehors, raboteux au dedans, à qui on a osté le brin duquel il se tient pendu à la grape, laissant vn trou, qui en cette membrane paroist au deuant & est le miroir, la fenestre ou le noir de l'œil par où les especes visibles y entrent. Des humeurs la premiere est l'aqueuse qui comme de l'eau remplit le vuide depuis la cornée iusques au deuant du crystalin & aux bords du vitreux, laissant flotter en liberté presque en son milieu la seconde membrane; la troisiesme est le vitreux semblable à du verre fondu, plus ample que les autres & logée sur le derriere de l'œil. La seconde est au milieu des deux, plus solide & fort transparante à mode d'vn crystal tres-pur, dont la figure est comme d'vne lentille, ayant la pluspart de son corps enfoncé dans le vitreux, de mesme qu'vne boule qui flotte sur l'eau. Au reste comme la veuë s'accomplit par diuerses refractions de l'espece, & sa perception, la premiere refraction se fait en la cornée, la seconde en l'aqueux, la troisiesme au crystalin, la quatriesme au vitreux; & là mesme en vertu de la membrane de la moëlle qui l'enuironne, la perception des especes.

Oüir. L'oreille en noblesse & perfection tient le second rang, comme destinée à l'ouïe, qui selon Aristote, est le sens de discipline & de doctrine, & aprés la veuë est preferable aux autres. Il y en a vne exterieure tenduë à l'entrée du trou, pour ramasser les voix, qui ne seroient autrement que de son confus. L'autre interieure grauée dans l'os de la tempe & composée de quatre cauernes, dont la premiere est celle, qui reçoit immediatement l'air du dehors & la bile du dedans du cerueau. La seconde est la conche, qui contient l'air primitif & naturel à cette partie, & trois osselets sous les noms des formes qu'ils representent de marteau, d'enclume & d'estrieu. D'elle partent deux conduits, dont le plus grand aboutit à la troisiesme, appellée à cause de ses contours le labyrinthe. Le moindre meine à la quatriesme, qui est faicte comme le dedans d'vn limaçon, ainsi nommée pour sa figure. Les membranes y sont toutes deliées & transparentes. La plus remarquable est le tambour, tendu entre la premiere & la seconde cauerne, & affermy par vne corde, qui tient les deux bouts du diametre passant par le centre, les autres couurent la conche de toutes parts & quelques conduits du labyrinthe. Le nerf couche ses membranes estenduës au dedans du limaçon, afin que les sons de l'air du dehors battu & choquant l'air du dedans, luy soient portez par vn mouuement continu.

Odeur. Le nés sert de conduit aux odeurs qui montent au cerueau, il sert à donner la bonne grace, l'ornement & la beauté. L'vn est exterieur, garny au dedans d'vne membrane charnuë d'autant plus sensible, que plus elle est voisine de l'os cribleux & troüée aussi bien que luy, pour donner issuë au phlegme, qui coule par là. L'autre est interieur, veritable organe de l'odorat, la part sur tout où aboutissent les auancements mammeliers faits de la substance du cerueau en forme de tetins, & ayant en eux au dessous la huictiesme paire de nerfs, qui leur donne le discernement des odeurs.

Goust. La langue entre autres vsages qui la rendent messagere de la parole, instrument de la raison, & truchement des pensées, a obtenu celuy du goust, doüée pour cet effect d'vn exacte sentiment, par le moyen d'vne membrane, qui la couure de toutes parts. Sa chair fongeuse est susceptible des faueurs, qui luy sont communiquées tant de dehors, que du dedans du corps, & en specifie le sentiment, ayant à cela receu la septiesme paire de nerfs.

Tact. La chair molle & tissuë de fibres nerueuses est l'organe du tact. Ce sens a esté diffus par toute l'estenduë du corps, la necessité l'ayant ainsi requis, que mesme les organes des quatre autres n'ont pas peu s'en passer. Toutefois pour ce qu'il y a deu auoir vne partie entr'autres qui fist l'essay des qualitez sensibles au tact pour le bien de tout le corps, la peau leur a esté destinée, particulierement celle de la main, au creux & au bout des doigts. Il est vray qu'icy nous la voulons considerer comme vne enueloppe auec trois autres qui sont sous elle, & vne qui est dessus.

L'assemblage de tant de pieces, que iusques icy nous auons parcouruës, seroit mal asseuré & auec cela hideux à voir, si les suiuantes enuelopés ne le rendoient vny en vne si grande varieté. La premiere & plus proche du dedans est la membrane commune des muscles, deliée, transparente, fort sensible & presque inseparable de quelques parties. La seconde est la membrane charnuë, qui aux bestes l'est si bien, qu'elle leur sert de muscle, comme nous voyons pas les plis & les mouuements qui s'y font. Aux hommes elle est sans mouuement volontaire: mais estant fort sensible, à l'abord de quelque humeur acre & piquante, elle fait des frissonnemens: quoy qu'au dessous il y ait de la graisse pour faciliter l'action des muscles qui luy sont soumis. Sa composition d'ailleurs de fibres entretissuës fait voir qu'elle est plustost nerueuse, mais fournie de beaucoup de graisse aussi au dessus, que nous mettons icy contre l'aduis de plusieurs au nombre des enuelopes, faisant la troisiesme pour seruir de fourrure, repoussant les incommoditez de l'air, & conseruant la chaleur interieure; ayder la coction des entrailles, & remplir le vuide des muscles & les vnir. La quatriesme est la peau composée d'vne chair fibreuse & gluante, d'où vient qu'elle se consolide aisement, & que son temperament est esgal au milieu des extremitez. Elle est neantmoins plus sensible en certains endroits où il y a plus de nerfs, des attachemens auec des membranes, & plus de delicatesse. Elle est marquée de rides & de lignes sur le front, au dedans de la main, & en la plante du pied. Sa cõtinuité est considerable en ce que tout le corps en est plain & vny: & toutefois aucunement interrompuë par des trous, dont les vns du nom de pores sont sans nombre formez par les bouts des veines & arteres & presque insensibles, si ce n'est par la chaleur, qui les agrandit pour donner issuë aux sueurs, & par le froid, qui les fait esleuer de mesme qu'en la peau d'vn oison plumé. Les autres sont fort apparens en la bouche, aux yeux, aux oreilles, au nés, au nombril des enfans nouuellement nés, & aux parties honteuses. Chacun de ceux-cy a sa figure suiuant la necessité, l'vsage des grãds est cogneu à tous, celuy des pores est à receuoir du dehors l'air frais & les esprits pour recreer les parties internes; Et du dedãs, des sueurs, des fumées fascheuses, des humeurs grossieres, qui font des callositez, & des huileuses, qui font la petite peau. Outre cela par eux s'esleuent les poils & les cheueux, generalement par tout, sauf au dedans de la main & en la plante du pied. Delà on infere que la peau est la plus infirme de toutes les parties, sur qui se deschargent les autres qui sont dans la cauitez, soit en estat de santé, soit en estat de maladie. Elle est differẽte en espaisseur, en densité & en couleur suiuant l'âge, le sexe, le païs, le temperament des parties du corps, & les maladies. Les enfans l'ont plus desliée, poreuse & rouge que les hõmes, les femmes plus mince & blanche. Dans les regions Septentrionales elle est volontiers espaisse, dense & blanche: dans les Meridionales au cõtraire. Le mesme est produit par les temperaments de froideur & chaleur. Sur le front & les tempes elle est delicate, plus en la paume de la main & aux levres, encore plus en la bourse; au contraire de la teste, du dos & du talon. Les iouës sont rougies du sang des jugulaires, qui y paroist à cause qu'elles sont deliées. Le petit cerne du tetin est pasle aux vierges, brun aux femmes grosses & nourrices, noir aux vieilles, safrané aux malades, qui le sont de long temps. Les maladies chaudes la font plus dense, les seches deliée, la jaunisse jaune, le mal de rate la teint en noir, & ainsi de plusieurs autres, que nous ne pouuons pas toutes enoncer, de peur d'estre trop longs. Ces exemples nous font voir que la peau porte en soy les marques & les impressions de l'estat du corps, pour faire consequence de la conformation & du temperament, qui paroissent à trauers de la petite peau, qui est la cinquiesme & derniere enuelope, faite d'vne vapeur gluante esleuée par la chaleur interne, & figée par la fraischeur de l'air & de la peau: à qui elle est si vnie qu'il n'est pas possible de l'en separer par le moyen du feu. Elle est subtile comme la pelure d'vn oignon, sang aucun suc ny sentiment; serrée & dense iusques à vn point, qu'elle empesche l'effusion du sang, deffend la peau des iniures externes, & empesche qu'il ne se fasse vne trop grande dissipation de la chaleur naturelle. Enfin elle sert de moyen entre l'obiect du tact & la peau; car cette-cy seroit sans doute incommodée & surprise par les qualitez sensibles de celuy-là.

C'est vn sommaire des merueilles de la Nature, & de son Autheur, en la composition & excellente structure du corps humain, où nous auons esté longs. Mais puis que l'homme est le raccourcy du monde, & qu'en luy nous découurons generalement ce qui est des autres animaux, la cognoissance en a semblé conuenable dans ce discours vniuersel. Si elle sert de quelque auantgoust aux plus curieux, ils pourront en suite l'auoir plus exacte & plus particuliere dans les Liures, qui se lisent en François, tant du Laurens, que de Riolan, tous deux doctes: mais dont le premier a emporté le prix par dessus les autres, pour auoir conioint auec la doctrine la grace du bien dire, auec vn fort bel ordre, outre qu'il est beaucoup plus ample, honorant ceux qui ont escrit de ces matieres, & les reprenant dans les occasions sans vser de mesdisance.

Nous auons consideré l'homme auec toutes les parties de son corps desia formé. Resteroient à traiter plusieurs questions curieuses sur sa formation & naissance, sur la capacité ou incapacité des hommes à engendrer, & sur la fecõdité ou sterilité des femmes. La plus commune opinion porte que de toutes les parties du corps le cœur est formé le premier, & qu'il croist iusques au 65 iour: [a] & qu'aux masles dés le 40 iour le mouuement commence à y estre, & aux femmelles plus tard, sçauoir au 90. [b] Toutefois selon le temps que les femmes portent, sçauoir durant les sept, neuf, dix ou onze mois, la formation s'est faite plustost, & tousiours plus tardiue de cinq iours aux femelles. Le part de sept mois est assez ordinaire, & iusques à dix, [c] celuy d'onze mois est receu d'Aristote, & des loix aussi, comme pour les sept, par decret de l'Empereur Adrian, selon les aduis des Philosophes & des Medecins. Le part d'vn seul plus ordinaire à la femme passe assez souuent à deux, voire iusqu'à trois, lesquels toutefois n'ont pas accoustumé de viure. Le nombre plus grand tient du miracle, rapporté par les Anciens, [d] d'vne femme d'Egypte qui en porta iusqu'à cinq à la fois. Toutefois en l'an 1586 viuoit à Valence en Espagne vne femme nommée Marguerite Gonzales, fille de Francisco Gonzales & de Mariana Ramona natifue de Paris, laquelle conçeut si frequemment & auec tant de fertilité, qu'à diuerses fois elle porta 161 enfants, & accoucha ou auorta iusqu'à 30 fois; portant les deux, trois, quatre, cinq, sept, neuf, onze & 18 enfants à la fois: dequoy fait mention Ioannes Schenckius en ses obseruations nouuelles, rares, admirables & monstrueuses de la Medecine. La puissance des hommes pour engendrer n'est point limitée par l'âge, comme celles des femmes à conceuoir, puis qu'ayant vne fois atteint l'âge viril, ou à peu pres, ils demeurent habiles iusques à 80 ans & au delà, comme les exemples en sont assez frequents, sans les prendre ny des hommes du premier âge, ny du Roy Masinissa, qui en vne vigueur de corps extraordinaire, eut son fils Methymnus en l'âge de 86 ans; ou du bisayeul de Caton d'Vtique. [e] Quant aux femmes, aucunes se trouuent steriles pour iamais, & les autres pour vn temps, iusques à ce que les empeschements en soient ostez, sans changer de mary, comme on en voit plusieurs estre les dix-huict ou vingt années sans porter enfans; quant à l'âge plus auancé où elles demeurent habiles, c'est l'an 50 selon l'opinion des Medecins, & l'experience assez commune, qui verifie que iusques là, quoy qu'assez rarement, les femmes sont capables de conceuoir; ce qui a esté suiuy & remarqué dans les cõstitutions des Empereurs Romains. [f] Aucunes ne portent qu'vne fois, & les autres ne portent que des masles, ou des femelles seulement. Le benefice de nature, particulier aux femmes, sur tous les autres animaux de leur sexe, que de se purger tous les mois, a des remarques curieuses & estranges, y ayant selon les Anciens en ce sang vn venin secret, qui empesche par son attouchement, que les fruicts ne germent point, les herbes ne peuuent pas croistre, ny les arbres porter fruict: le fer en est roüillé, l'airain ou le bronze noircissent, & les chiens en restent enragez, pour nuire par leur morsure: [g] Les Modernes asseurent le contraire, au moins és femmes saines. La taille & la disposition du corps, la force & la beauté des hommes & des femmes, procedent de diuerses causes secrettes, dõt les principales resident en la personne & semence des peres & des meres, & en la qualité de l'air & du terroir où les hommes naissent, comme il est remarqué par les esprits curieux. [h] La petitesse des Nains & des Pygmées, que les Autheurs anciens logent en diuers lieux, les vns en Ethiopie, [i] les autres en Thrace, [k] les autres par delà les Lapons; [l] & la grandeur des Geants que les premiers siecles ont potez, [m] ou qu'õ a remarquez par fois parmy diuerses nations, sont les deux extremitez que l'on considere pour ce regard. Quant aux sexes, que Dieu & la Nature diuersifient dans les familles, contre l'espoir & le desir des parents, on en impute aussi les causes à la qualité de la semence chaude ou froide du costé du pere ou de la mere, & prouenant des costez dextres ou senestres, ce qui cause aussi les ressemblances à l'vn ou à l'autre des parents, [n] à quoy l'on joint la force de l'imagination du costé de la femme.

La couleur ou le teint du visage, & du surplus des corps blancs ou noirs, procede aussi de diuerses causes, qu'aucuns attribuent aux influences des Astres, & à leur puissance occulte, ou à la chaleur du Soleil, selon qu'il est proche ou lointain des peuples: les autres à la secheresse de l'air ou de la terre, & finalement à quelque secrette proprieté de la semence, qui fait que les noirs engendrent des noirs, & les blancs aussi leurs semblables. Toutefois l'experience fait voir que toutes ces obseruations peuuent faillir, puis que les Mores habitans és regions froides engendrent des enfants noirs, & au contraire les Espagnols estants en Ethiopie en produisent

Temps de porter les enfans.

Grandeur ... des corps.

Couleur du visage du corps, noir & blancs.

a Solin. Plyn. c. 5.
b Id. ibid.
c Gell. l. 3. c. 16. Galen. de septim. part. c. 7
d L. septim. D. de stat. homin l. 29. in pr. D. de lib. & post.
e Solin. Ibid.
f L. si maior. C. de legit. hær.
g Agell. l. 9. c. 2.
h Charron & autres.
i Aristoteles. Ammia. Marc.
k Plin. l. 7. c. 2. & l. 4. c. 11.
l P. Iou. nella Moscou.
m Genes. c. 6 v. 4 Num. c. 13. v. 33.
n Censorin. c. 5.

aussi qui sont blancs, comme s'ils estoient nez en Europe. Les Italiens & les Espagnols, qui sont en mesme distance de l'Equateur, que ceux du Cap de bonne esperance, sçauoir entre les 30 & 40 degré vers le Sud, ont les corps blancs. Pres du mesme Cap les hommes y sont du tout noirs, & pres du destroit de Magellan totalemẽt blancs, quoy que les vns & les autres soient esgalement distans de l'Equinoctial du costé du Midy. La Zone torride a quelques parties si temperées, que les hommes n'y sont nullement bruslez, mais au contraire fort blancs,[a] ce qui est aussi tesmoigné du Peru en l'Amerique.[b] Ceux qui habitent vn pays chaud & sec, cõme les Egyptiens, Arabes, Indiens & autres, ont le poil & les cheueux noirs, secs, crespez & fresles. Ceux qui sont en pays humide & froid, comme les Alemans, Polonois, Sclauons, & tous les Scythes, les ont droits, roux & lissez, l'ardeur du Soleil les rend crespez; comme vne courroye, ou le poil mesme approché du feu, est soudain retiré & tors.

a Ioan. Lerius de mem. nauig. in Brasil. b Paul. Iou. l. 18 hist. sui. tempo.

Quant aux âges de l'homme, ils ont esté definis diuersement par les Anciens, & dans la diuision commune en Enfance, Adolescence, Ieunesse & Vieillesse, Seneque a dit que chaque septiesme année imprimoit quelque marque & se faisoit recognoistre dans l'âge vniuersel de l'homme, & Censorin[c] a rapporté du docte Varron, que cest âge estoit distribué en douze sepmaines d'années. Le mesme Varron en a estably cinq degrez esgaux, composez de quinze ans chacun, dont le premier enferme l'enfance; le second qui va iusqu'à trente l'adolescence; le troisiesme iusques à 45 la ieunesse; le quatriesme iusques à 60 la premiere vieillesse, appellant ceux lesquels y arriuent *Seniores*; & delà iusqu'à la fin de la vie, l'extreme vieillesse, qui tend à la decrepitude & decheance entiere des forces & du sens; & ceux là estoient appellez par luy *senes*, ou vieillards.

Ages de l'hom-

c c. 14.

La longueur ou la brieueté de la vie sont de Dieu qui en ordonne & dispose à son plaisir. Si les premiers hommes ont vescu plusieurs siecles entiers, outre que la chose n'est point allée au delà du temps qui a precedé le deluge vniuersel, ce furent les amis de Dieu, a dit Eusebe[d] ou Iosephe; produits immediatement de luy, viuants plus sobrement & vsants d'aliments plus entiers & sains. Dieu leur donna aussi vne vie fort longue, afin qu'ils eussent moyen de peupler le mõde, & d'apprendre, inuenter & enseigner les arts tant vtiles & necessaires au genre humain, sçauoir l'Astrologie, la Geometrie & autres. Ce que les Autheurs profanes[e] ont rapporté de quelques vns qui ont vescu vn âge extraordinaire & approchant des peres du premier âge est aucunement suspect, & fait croire que ces années estoient prises d'vne saison à l'autre, ou encore plus courtes.

Longueur de la

d De præp. eu. l. 9. c. 4.

e Xenoph. de Senect.

Toutefois nous ne deuons pas mescroire que plusieurs hommes en diuers siecles posterieurs à la condemnation du Souuerain Createur de l'Vniuers, restreignant les iours de l'homme à cent vingt ans,[f] ce que Dauid de son tẽps[g] a mis encor plus bas, sçauoir à quatre vingts, n'ayent vescu extraordinairement & pardessus la reigle, sçauoir[h] vn Roy de Carteia cent cinquante ans, vn Roy de Cypre cent soixante, Epimenides Gnosien cent cinquante-sept, vn Roy de Calis cent vingt; vn Titus Fullonius de Bologne cent quatre-vingts ou enuiron, puis qu'il fut trouué sur le liure des denombrements de l'Empereur Claude Cesar, auoir payé la taille tant à luy qu'à ses predecesseurs l'espace de cent cinquante ans. Et s'il en faut croire au rapport des Historiens, l'an mil cent trẽte-sept sous le Roy Louys le Ieune[i] mourut Iean qu'on surnomma des temps à cause de cela, lequel auoit vescu depuis le regne de Charlemagne, iusqu'à Louys le Ieune, qui ne fait pas moins de trois cens soixante ans ou enuiron. L'an mil cinq cens trente-neuf[k] fut amené au Bassa des Turcs, estant en vne ville qui est sur le riuage de la mer rouge, vn homme du pays, lequel auoit passé l'âge de trois cens ans; Maffée[l] en son histoire des Indes tesmoigne auoir veu vn homme de Bengala âgé de trois cens trente-cinq ans, auquel les dents auoient esté plusieurs fois renouuellées, & la barbe deuenuë blanche auoit repris peu à peu la couleur noire: Le Soudan de Cambaye le fit nourrir aux despens du public.

f Genes. c. 6. g Psal. 90. h Plin. l. 7. c. 48.

i Gaguin. l. 6.

k Cardan. de subtil. l. 12. ex Nicol. com. Veneto. l li. 21.

Les Monstres sont produits en la nature, & causez ou par la vehemente imagination de la femme qui conçoit, ou par quelque impression celeste, selon Auicenne,[m] ou par la surabondance, ou defaut de la semence, qui est l'opinion plus commune & receuable, si l'on ne veut recourir au sentiment d'Aristote en ses Physique,[n] qui donne cette production au hazard, ou à celuy d'Vlpian le Iurisconsulte,[o] qui l'attribuë au destin & à quelque fatalité. Les diuers cõtes des Grecs ou Latins sur certains monstres de peuples, soient Arimaspes n'ayans qu'vn œil au milieu du front[p], soient Antropophages, ou Androgynes meslez des deux sexes & natures, & au-

Monstres

m li. 18. de animal. n li. 2. c. 1. o L. quæret aliquis ff. de verbo signific. p Plin. l. 7. c. 2. Aug. de ciu. Dei l. 16. c. 8. Diod. li. 3.

tres ayans des testes de chiens, ou Monosceles, n'ayans qu'vne cuisse, ou iambe, & se seruans de leurs pieds pour se couurir contre les ardeurs du Soleil, ou bien auec des langues fourchées & doubles, & parlans comme des hommes, chantans comme des oyseaux, & despartans leur langue pour respondre & traicter auec deux personnes ensemblement; tous ces contes dis-je, demeurent suspects, & sont conuaincus de fausseté par les voyages & diuerses relations de tous les pays, dont pareilles choses sont dites & rapportées.

Nous finirons nos remarques sur l'estat du corps de l'homme par l'opposition qui se fait des regions froides & sous le Septentrion, à celles du Midy, ou esquelles le Soleil jette moyennement ses rayons & conserue les corps en bonne temperature.[a] Vn air plein de rosée, dont l'humidité penetre dans les corps, les rend de stature plus grande & d'vn son de voix plus gros & plus fort; ou le froid exterieur arrestant en dedans leur chaleur naturelle, qui se dissipe aux autres, les rend plus vigoureux;[b] Tels sont ceux du Septentrion, de corpulence excessiue, blancs de charnure, ayans les cheueux pendans, les yeux pers; estans fort sanguins, & replets d'humeur causée par les refroidissemens du Ciel. Les autres approchans l'aissieu du Midy & habitans sous le cours du Soleil, sont plus petits, bruns & basanez de visage & de charnure, les cheueux frisez, les yeux noirs, les iambes debiles, & bien peu de sang dans les veines; timides à merueilles, & apprehendans d'estre blessez par le fer craignans beaucoup moins les ardeurs du Ciel & de la fievre. Les Septentrionaux manient le fer sans crainte de ses coups, & redoutent la fievre. Quant à la voix, les nations proches du pole Antartique, l'ont subtile & delicate: Ceux du milieu de la Grece ont les tons de la voix moyens & plus moderez; & montant de là iusques aux extremitez du Septentrion, plus esloignées de la hauteur du Ciel, la nature leur donne vn ton de voix plus graue, à quoy l'on adiouste pour vne seconde cause, qu'ils ont les organes de la voix replets d'humeurs.

a Vitr. l. 6. c. 1.

b Arist. l. 2. de part. an. c. 4.

L'homme a certains signes pris de son corps entier ou de ses membres & parties exterieures, en sa teste, col, visage, poictrine &c. par où l'on peut iuger de son temperament, & en recueillir les diuers effects. C'est ce qu'on appelle Physionomie, qui regarde aussi la nature des corps celestes, par leur quantité, qualité, mouuement, lumiere & couleur; & des corps souslunaires, comme les elemens, dont la pureté, le mouuement & le poids sont considerez, pour recognoistre leur nature; les meteores, en remarquant leur lumiere, couleur, figure, pureté & mouuemens; les Mineraux recogneus par leur couleur, poids, & marques; les vegetaux marquez de mesme; & finalement l'homme en ses membres, & les autres animaux. Celle de l'homme est la plus excellente, principalement pour ses inclinations naturelles, dependantes de l'ame & de l'esprit, dont il sera parlé cy-apres. Et pour ce qui regarde le corps, on a remarqué generalement qu'vn homme de belle stature prenant en force & vigueur de corps, & vn homme petit & ramassé a communement plus d'esprit & de courage; qu'vn nez ouuert signifioit aussi la force du corps; les dents petites & foibles estoient marques de debilité; le visage brun, de vigueur; le col long, de maigreur; & choses semblables.

Apres auoir consideré le corps de l'homme, reste à parler de l'ame qui est sa plus noble partie, & sa forme essentielle. Les trois especes distinctes de l'ame se trouuent en luy, & la plus excellente de toutes, qui est la raisonnable, presuppose les autres, sçauoir la sensitiue des animaux & bestes brutes, & la vegetatiue des plantes. C'est donc vne substance intellectiue, spirituelle, impassible & immortelle.[c] C'est ce premier acte & la perfection du corps naturel.[d] La dispute, si l'ame procede de l'homme mesme & de sa semence, si elle est, comme on a dit, *ex traduce*, en sorte que comme le feu d'vne chandelle passe en l'autre, ou comme la pierre & le fer du fusil frappez ensemble egendrent le feu, de mesmes la copulation de l'homme & de la femme produisent le corps & l'ame; ou bien si elle est creée & donnée immediatement de Dieu, se doit terminer par le texte de l'Escriture, qui dit que l'esprit retourne à Dieu, qui l'a donné: ce qui a esté suiuy de sainct Augustin disant que l'ame est creée lors qu'elle est infuse, & infuse lors qu'elle est creée.

c Athanas. qu. 16. ad Antioc.

d Aristot. 2. de an. c. 1.

Les inclinations & affections de ceste ame sont diuerses, & diuersement considerées par les Philosophes, tantost par certaines marques & signes que la nature a empreints en nos corps & sur nos visages, qui est ce que nous auons desia nommé Physiognomie : tantost par les diuers temperamens de nos corps, qui sont communement suiuis par les mœurs de l'ame, comme enseignent les Medecins; ou finalement par les vertus & influences secretes des Astres, selon qu'vn chacun se trouue né sous quelqu'vn des signes celestes, ou que la vertu du Soleil & de la Lune agit sur les corps humains, & les rend subiets à diuerses passions & affections.

Nous considererons le premier de ces trois, comme estant le plus exposé à nos yeux & à nos sens, par ces signes & marques exterieures en la forme des membres de nos corps, & dans les lineamens de nos visages, comme vn ancien [a] a definy la Physiognomie, en quelque endroit de ses recherches elegantes & curieuses. La teste grande marque vn homme hebeté, comme l'on void ez asnes: la petite & menuë, est signe de peu d'esprit ou de fadaise: la mediocre, d'vn esprit heureux & inuentif: celle qui est en pointe, d'vn effronté: Les cheueux pendans, plains & lissez denotent vn homme simple & ingenu; les frisez & releuez, vn timide; les espais & touffus, vn meschant. Le front fort petit marque vn homme pesant & indocile, comme on le void ez pourceaux; le rond, vn hebeté; le long, vn flatteur, comme ez chiens; le quarré, vn magnanime, comme ez lyons. Les oreilles grandes & grosses, marquent vn homme rusé & trompeur; les petites & minces, vn docile & de bon naturel: Les yeux rouges tesmoignent vn homme honteux; les petits, vn pusillanime; les grands, vn tardif & mol, les eminens, vn fat; ceux qui roulent & se tournent viste, vn gourmand: ceux qui se meuuent laschement, vn paresseux & faineant. Le nez droit marque l'intemperance de la langue; l'aigu la colere ou iraconde; le plat, la mollesse, le crochu ou aquilin, la magnificence, humeur & courage royal; le camus, l'immodestie ou effronterie, & l'humeur paillarde; le petit, la fraude & rapacité; l'ouuert, la force du courage; le rond & fermé, la bestise & peu de valeur; le tors & oblique, l'obliquité, ou peruersité de courage, & vn esprit de trauers. Les dents petites, foibles & rares, marquent vn homme debile, d'vn esprit heureux, timide, doux & de courte vie. La face brune marque vn homme fort; celle qui est noire entierement, ou blanche, vn timide, comme ez Ethiopiens & ez femmes. La poictrine ample & auancée tesmoigne vn homme vaillant & hardy. Le mouuement de corps qui est prompt & viste, signifie vn homme inconstant, celuy qui est lent & lasche, vn hebeté; le tardif, vn homme graue & magnanime.

Physiognomie.

a A. Gel.

La Chiromance est vne science particuliere, qui par les traicts & les lignes de la main donne des marques & signes des humeurs & inclinations de l'homme, & enseigne aussi le moyen de predire les euenemens & aduenture d'vn chacun, auec quelque certitude; de mesme que les lineamens du visage en produisent des signes à ceux qui sont experts en telles choses.

Chiromance.

Nous ferons suiure les mœurs & inclinations de l'homme selon les Astrologues, & la diuerse situation des peuples: là où parce que l'ame est attachée au corps, nous ne pouuons gueres separer les effects procedans d'vne mesme cause sur l'vn & sur l'autre. Sous la zone torride la chaleur du Soleil esleué iusques au point vertical brusle la peau des hommes, frise les cheueux, gaste le visage & la taille, & rend tel le temperament des corps, que le sang estant bilieux & aduste, la cholere ou iraconde & les mœurs sauuages s'en ensuiuent. L'hyuer & l'esté y estans doubles, auec quatre Automnes, les hommes sont inconstans, legers, & muables, comme subiets à diuers changemens. Sous la zone froide & les paralleles Septentrionaux, l'air estant froid & humide, parce que les rayons du Soleil n'illuminent l'air qu'obliquement, les corps humains abondent en aliment humide, qui n'est point espuisé par aucune chaleur; les hommes y sont blancs, ayans les cheueux dressez, & la taille belle auec vn temperamment froid. Les mœurs sont rudes & sauuages, parce que leur esprit est comme engourdy par la rigueur des esprits; Ils sont opiniastres & fermes, comme n'ayant le Soleil chez eux peu ou point de mutation, assez agiles, par la force de la chaleur naturelle, & l'exercice assidu: Ez endroits peuplez, ils sont trompeurs, en quoy ils preuiennent les autres, pendant qu'ils craignent d'estre trompez eux-mesmes. Sous la zone temperée, l'air est en quelque milieu de chaleur & de froideur, de sorte que toutes choses y sont dans la mediocrité. Les hommes y sont de couleur de rose & vn peu plus roux, auec les mœurs douces. Mais parce que la zone est fort large, les lieux qui approchent le plus à l'vne ou l'autre des extremes, participent aussi de leur nature. Delà vient que ceux qui habitent plus prés de Midy, sont plus ingenieux, plus adonnez aux Mathemati-

Inclinations selon les Astrologues.

ques & à la cognoiſſance des choſes celeſtes: comme eſtans plus voiſins du cercle des eſtoiles errantes: Ceux qui ont le Soleil Leuant plus deuers eux, ſont plus ouuerts, virils & conſtans; Les plus Occidentaux ſont mols, effeminez, & plus ſecrets en leurs conſeils, tenans & cenſez de la nature de la Lune.

Quant aux inclinations des hommes ſelon que les peuples ſont ſouſmis aux ſignes celeſtes, outre ce qui en a eſté dit cy-deſſus parlant du zodiaque, en la premiere partie de ce diſcours, l'Europe, l'Aſie & l'Afrique cognuës des Anciens, ont eſté diuiſées en quatre parties, qui reſpondent à autant de configurations du zodiaque, qui ſont autant de triangles, en ceſte ſorte, que la premiere partie eſt Septentrionale & Occidentale, ſubiete au premier triangle ♈ ♌ ♐ auquel dominent ♃ & ♂ Occidentaux, & icy appartiennent les peuples de l'Europe qui ſuiuent, ſçauoir les Eſpagnols, François, Anglois, Alemans, Danois, Suedois & Italiens, leſquels ſont generalement impatiens de ſeruitude & amis de leur liberté, tres-affectionnez aux armes & à la guerre, patiens du trauail, & aymans la grandeur, la netteté & la vaillance. L'Idumée, la Celoſyrie, Iudée & Chaldée, y appartiennent auſſi, mais en ſorte que ☿ & ♄ & ♀ de la ſeconde partie leur dominent auſſi, & font que ces pays là ſont mitoyens entre la premiere & ſeconde partie, & leurs habitãs propres au negoce, fins, trompeurs, legers, hardis, impies, & gens d'aguets & d'embuſches. Le terroir eſt fertile à cauſe de Iupiter. La ſeconde partie eſt Orientale & Meridionale, ſubiecte au ſecond triangle ♉ ♍ ♑, ayans pour dominateurs Orientaux ♄ & ♀. Icy appartiennent les peuples de l'Aſie Majeur, ſçauoir les Indiens Orientaux, les Parthes, Perſes, Babyloniens, Aſſyriens, & Chinois du Midy, leſquels ſont fort portez & enclins aux femmes, delicats en leur viure & habits, Idolatres en leur Religion, laids, ſauuages & cruels. On y range auſſi les Illyriens, Macedoniens, Thraces, Acheens, Cretains, Cypriots, & autres habitans des lieux maritimes de l'Aſie mineur, auſquels domine auſſi ☿ & ♃ & ♂, leſquels dominent au premier triangle. Delà vient que ces habitans ſont temperez & arreſtez de corps & d'eſprit. La troiſieſme partie eſt Orientale & Septentrionale, ſubiete au troiſieſme triangle ♊ ♎ ♒, ayant pour dominateurs ♄ & ♃ Orientaux. Icy s'enferment les Moſcouites, Tartares, Hyrcaniens, Caſpiens, Armeniens, & autres peuples de Scythie, qui ſont tous barbares, meſchans, & impitoyables à cauſe de Saturne dominant. On y met auſſi l'Egypte inferieure, la Thebaide, Arabie & Ethiopie, en ſorte neantmoins qu'à ♄ & ♃ ſoit adiouſté ☿. La quatrieſme & derniere partie eſt Occidentale & Meridionale, ſous le quatrieſme triangle contenant ♋ ♏ ♓ & par ♂ & ♀ Occidentaux. Icy ſont ceux de Fez, les Mores, Numides, Garamantes, & les habitans de la Barbarie, Libye & Egypte, tous ſubiets aux femmes & à toute copulation illicite, meſchans, peruers, temeraires, rauiſſeurs, hazardeux & s'expoſans à tout, à cauſe de Mars. Ceux de la Bithynie, Phrygie, Colchide, Syrie, Cappadoce, Comagene, Lydie, Cilicie, & Pamphylie, ſont de la meſme marque.

Nous auons reſerué pour le dernier lieu les inclinations ſelon les Medecins, & dependantes du corps & de ſon temperament, comme celles qui nous ſont plus cognuës, certaines, & dont la cauſe eſt plus proche & inherante en nous. Deſcriuans les parties du corps, nous auons declaré leur office. Les affections ou paſſions ont leur ſiege particulier en chacune d'icelles; la crainte eſt au cœur, l'amour au foye, la colere au fiel, la ioye & le ris en la rate; Les animaux plus doux & paiſibles ont moins de fiel, les plus timides plus de cœur, les plus chauds & luxurieux plus de foye, & les plus ioyeux plus de rate. L'eſperance, l'ambition & la colere confortent le cœur; le deſeſpoir, la repentance & la crainte l'abbatent & l'affoibliſſent.

Les humeurs du corps qu'on a nommé microcoſme, ou petit monde, ſont quatre en nombre (qui reſpondent aux quatre elemens dont le grand eſt compoſé, de meſmes qu'on les rapporte & fait reſpondre aux quatre ſaiſons de l'année & aux quatre âges communs de l'homme) ſçauoir le ſang, la phlegme, ou pituite à Ciceron, la bile jaune, & la bile noire ou melancholie. Les qualitez de ces humeurs ſont differentes, ſçauoir au ſang, qu'il eſt chaud & humide; la bile jaune, chaude & ſeiche; la phlegme, froide & humide; la melancholie, froide & ſeiche; & toutes ces humeurs paroiſſent au ſang tiré des veines, d'autant que la bile jaune eſt touſiours comme l'eſcume, ou la plus deſliée & ſuperieure partie du ſang; la phlegme eſt ceſte partie aqueuſe, qui s'eſcoule du ſang comme par de petits ruiſseaux ; la bile noire est comme la lie plus grossiere, & demeurant au fonds ; ce qui reste est le pur sang. Les signes de ces humeurs abondantes & predominantes sont ez choleriques les membres gresles, à cause de la chaleur qui les consume ; le poil rude & crespé, la couleur brune, les veines enflees, & les songes presentans des diuers combats & choses de feu. Ez melancholiques, la pasleur, la tristesse, & certaine resuerie qui les rend pensifs, les veines minces & non apparentes, & les songes d'horreur & d'espouuentement. Ez phlegmatiques, la graisse & la chair molle, les cheueux pendans lissez ; & leurs songes, de s'imaginer en dormant qu'ils tombent dans des fleuues, ou qu'ils nagent, & choses semblables qui leur representent l'eau. Ez sanguins la moderation ez precedentes obseruations, la couleur rubiconde, & les choses rouges & de feu apparoissantes en songe. Auant mesmes le dormir, lors que nous sommes en estat de ce faire, les feux, les combats, les espées, & autres choses que nous auons appropriées à chaque humeur ; apparoissent à nos yeux. L'humeur sanguine reuient & prend sa force le matin ; la cholere, à midy ; la melancholie, au coucher du Soleil ; & la phlegme à minuit. L'abondance des humeurs fait que les hommes sont varians, tantost tristes, & tantost ioyeux. La bile jaune dominant & surabondant les rend agiles, prompts & vistes d'esprit & de conception, & choleres ; la noire les rend timides, de peu de courage, neantmoins ayans de l'inuention ; la pituite, lasches, paresseux & froids ; le sang courageux, allegres & portez à rire.

Nous adiousterons sommairement & pour parfaire le discours des diuerses inclinations des peuples, ce qu'en ont dit quelques Autheurs anciens & modernes, remettans le reste aux descriptions generales & particulieres, en traictant les parties du monde.

a Vitru 1.6 c.1 — Meu des peu ples.

Les Nations Meridionales,[a] à cause de la subtilité de l'air & de la chaleur dont ils sont battus, ont l'esprit prompt, inuentif, & plein de conseil pour le bien de leurs affaires. Toutesfois parce que la vigueur de leurs membres est dessechée par les attractions du Soleil, ceste viuacité n'empesche pas que venants opposer force à force, elles ne soient assez souuent & soudain vaincuës. Les Septentrionales, arrousées de la grosse vapeur du ciel, & refroidies par l'humidité de l'air, ont les entendements tardifs & moins penetrants, ce que Ciceron,[b] attribuë à la nature du Ciel ou de l'air plus pleine. Et pour les armes, elles y sont plus prestes & portées, joignants l'impetuosité à la force, se ruants sans crainte sur leurs ennemis, & se jettans dans le peril sans consideration, & auec fort peu de ruse en leurs conseils.

b de Nat. Deo.

c Firmic. l. 1. &c.

Les Babyloniens sont prudens ; les Egyptiens sages ; les Grecs legers ;[c] les Italiens ayment & exaltent la Noblesse, hayssent la royauté, ayment la liberté, & le commandement sur les autres peuples, sont guerriers & legislateurs ; les Scythes, cruels, les Africains trompeurs ; les Asiatiques veneriens, & fort adonnez à luxe & à volupté ; les Siciliens, aigus ; les Arabes, larrons, trompeurs, legers, & amateurs du lucre ; les Perses, voraces & insatiables ; les Syriens auares ; Les Espagnols[d] sont maigres & forts, vifs, courageux, patiens, superbes, cupides d'honneur, rauissans, dissimulés, enuieux, espargnans, aymans le silence, la grauité, & l'apparence. Les Allemans sont de belle taille, rudes & farouches, assez orgueilleux, ayment la chere, le vin, & les arts méchaniques. Ces mœurs generales, imputées aux anciens ou modernes habitans, ou originaires des pays, changent & s'amendent en plusieurs. Les Asiatiques deuiennent sobres & attrempez ; les Grecs sont dans vne grauité modeste ; les Scythes s'adoucissent par clemence & humanité ; les Africains prennent l'ornement d'vne foy & loyauté honneste ; Plusieurs Espagnols quittent le vice de la jactance ; Le Syrien passe de l'auarice à la profusion ; on void des sots parmy les Siciliens, & les Italiens sont asseruis par la pluspart, & l'ont esté cy-deuant en diuerses façons, tant par les Romains, qu'apres l'aneantissement de leur Empire orgueilleux.

d Botanzan.

INVENTIONS ANCIENNES ET MODERNES.

L'Inuention des choses est vn effet de l'esprit de l'homme, que nous auons consideré cy-dessus, lequel en diuers temps, & selon que la necessité l'y a obligé, a produict & inuenté les arts, & l'vsage de diuerses choses necessaires, vtiles ou agreables. Parmy vn grand nombre d'inuentions anciennes ou modernes, que les Autheurs curieux ont remarquées, nous ferons choix des arts ou choses plus remarquables, soit dans l'Antiquité, soit ez derniers siecles, pour en rapporter sommairement les Autheurs, & ceux à qui l'inuention en est imputée plus communément; & commencerons par les inuentions anciennes, qui doiuent estre separées des modernes, reseruants à mentionner en la description des lieux & dans les mœurs des Nations, les inuentions particulieres qu'on leur attribuë.

Adam donna les noms à tous les animaux,[a] & Seth cogneut & nomma les Planetes ou estoiles errantes.[b] Les lettres des Hebreux, & la science des mouuemens celestes sont des mesmes, qui erigerent deux colomnes, l'vne de pierre pour resister à l'eau, & l'autre de brique contre le feu, pour conseruer la cognoissance de ces choses.[c] Enos fils de Seth poursuiuit plus auant ces secrets diuins, & commença à inuoquer le nom de Dieu, ce qui le fait reputer le premier Autheur de la Religion & des assemblées de l'Eglise. Abraham & Moyse polirent & augmenterent les lettres;[d] Esdras & Zorobabel long temps apres eux. Des Iuifs les lettres passerent aux Pheniciens, & des Pheniciens aux Grecs, qui en sont redeuables à Cadmus, qui les conduisoit;[e] si ce n'est que les Grecs ayent receu ce benefice des Gaulois qui vindrent vers eux & habiterent la Galatie, comme nous dirons ailleurs.[f] Les Egyptiens sont aussi reputez les premiers Autheurs des lettres par l'instruction de Mercure,[g] mais la source en doit tousiours estre prise de nos premiers peres, de mesmes que de l'Astrologie qu'on attribuë aux Pheniciens, Arabes & Ethiopiens; de l'Agriculture & de tout autre art & premiere industrie, en sorte neantmoins que les arts de la vie animale sont de la posterité de Cain, & ceux de la vie spirituelle & de la Philosophie, appartiennent aux descendans de Seth. L'Arithmetique & la Geometrie sont prouenuës d'Abraham,[h] duquel les Pheniciens apprindrent à practiquer l'Arithmetique, à cause de la marchandise à laquelle ils s'adonnerent, & les Egyptiens la Geometrie, à cause du desbordement du Nil, & des changemens qu'il apportoit en leur terroir.[i] La premiere inuention des Pyramides & des Obelisques est des mesmes, comme celle des Labyrinthes est de Dedalus. Les lettres Hieroglyphiques sont des Ethiopiens, ou des Egyptiens.

La Grammaire a esté premierement cognuë de Platon, lors qu'Epicure eut commencé de l'enseigner.[k] L'origine de la Poësie est aussi bien deuë aux Hebrieux,[l] comme celle des autres arts, puisque Moyse mesmes apres le passage de la Mer rouge, en commença la practique;[m] ce que Dauid Roy & Prophete continua,[n] aussi bien que Salomon, Iob & Esaïe. Orphée, Homere & Hesiode, & les Latins long-temps apres la cultiuerent. L'art qui ayde le don naturel & excellent de la memoire est de Simonides Ceus, ou Melicus, dont parlent Ciceron & Quintilian.[o]

La premiere tissure & composition de l'Histoire,[p] & l'vsage d'escrire sur des peaux,[q] auec la vraye source de toute Iurisprudence & Police, en son inuention & ordonnance, auant Ceres & tous autres Legislateurs, sont de Moyse instruit de la bouche de Dieu. Cadmus, Pherecydes, Hecatæus, Xenophon, Herodote & Thucydide sont venus fort long-temps apres. La Rhetorique, selon Diodore,[r] & les Poëtes[s] est deuë à Mercure, & selon Aristote & Quintilian,[t] à Empedocles.

Apres Iubal fils de Lamech,[u] Amphion[x] cogneut la Musique & ses instrumens. Apollon, Orphée, Linus, & le Roy Dauid s'y sont exercez. La Cithre à plusieurs cordes est des Hebrieux, de laquelle & des Orgues Dauid se seruit excellemment, lesquels toutesfois estoient differens des nostres. La Lyre est deuë à Mercure, auec trois cordes[aa] & trois tons, qu'Apollon & Orphée augmenterent, & en esmeurent iusques aux sauuages, aux arbres & aux rochers. Suiuerent les fleustes, qu'on donne aussi à Mercure,[bb] & à Marsyas,[cc] & la premiere inuention en est encor attribuée soit à Pan,[dd] soit à Apollon, que Diodore[ee] fait aussi Autheur de la Cithre. Moyse, selon Iosephe,[ff] se seruit premier de la trompette faicte d'argent, qu'on fit apres d'airain.[gg] Les tambours furent en vsage aux Parthes.[hh] La Musique practiquée par les notes d'vt, re, mi, fa, sol, la, qu'on a nommé gamme, est d'vn Moyne natif d'Arezze en Toscane, qui florissoit en Italie l'an 1030. Les instrumens sonnans à diuerses cordes, & leurs harmonies differentes, ont leurs inuenteurs chez diuers peuples, Arabes, Scythes, Troglodytes, Thraces, Phrygiens, Tyrrheniens, & autres.

Les poids & les mesures, comme parties de l'Arithmetique & de la Geometrie,

a Genes. c. 2.
b Ioseph. Ant. l. 1. c. 4. Georg. Cedr.
c Ioseph. ibi.
d Philo. Eus. 10. de præp. euan.
e Herodot. l. 5. Diod. l. 6. Luc. l. 5.
f Descr. de la France des Gaulois.
g Diod. l. 1. Cic. l. 3. de Nat. Deor.
h Ioseph. 1. Antiq.
i Strab. hist. 17. Herod. l. 2.
k Diog. Laert. l. 10.
l Euseb. l. 11. de præp. euan.
m Ioseph. l. 2. Antiq.
n Id. l. 7. Anti.
o Plin. l. 7. c. 59
p de orat.
q l. 11.
r Euseb. 11. de præp. euang.
s Ioseph. 12. Ant.
t Id. c. 10. ibi.
u in 1.
x Horat.
y in 3.
z Ioseph. 1. Antiq. Genes. c. 4
aa Plin. l. 7. c. 56. Virg. Hor. Stat. Euseb. 10. de præp. euan.
bb Ioseph. 7. Antiq.
cc Horat.
dd Diod. Sic.
ee Plin. l. 7. c. 56. Athen. l. 4.
ff Id.
gg Virgil. Æte.
hh l. 5. Antiq.

a Gell. b Plin. li. 7. Strab. li. 5. c Diog. Laer. lib. 9. d lib. 1.

se trouuerent necessaires, Palamades [a] qui auoit secondé Cadmus en l'inuention des lettres, ou vn autre Mercure venu de Candie, vn Phidon d'Argos, [b] ou Phædon, Pythagoras pour les Grecs, [c] en sont donnez pour Autheurs; Mais Iosephe [d] aura mieux rencontré lors qu'il a dit que ce fut Caïn, pere des inuentions corporelles, & du monde, comme nous auons remarqué cy-dessus.

e Diodor. f Plin. lib 7. g Id. Nat. hist. lib. 29. & 36. h Strabo l. 8. i Plin. l b. 7. k Plin lib. 30. l Homer. m Cic. 1. de Diuinat. n li. 7. c. 56. o Trogus.

Medecine.

La Medecine a ses Autheurs, sçauoir chez les Egyptiens vn Mercure, [e] Zoroaster, Apollon, Arabus son fils, [f] ou plustost Esculape son premier-né, [g] auquel des trois parties d'vn art si necessaire, on donne celle qui guerit par operation manuelle, & qu'on a nommé Chirurgie; Des autres celle qui ordonne la Diete, ou regime de viure, a esté suggerée par le temperance, vertu morale, & la Pharmaceutique qui ordonne & prepare les medicamens, à suiuy. Sur tous les anciens, soit Chiron le Centaure pour les Grecs, ou autre, Hippocrate est exalté & recommandé par Pline, pour en auoir dressé & formé l'art, ayant extraict & recueilly les memoires de diuerses experiences consignées dans les Temples. [h] De tous les remedes, celuy qu'on a tiré des herbes, est le plus ancien [i] & le plus naturel, & ceux qui en ont les premiers trouué ou experimẽté les vertus, sont aussi cẽsez inuẽteurs de la Medecine. Pour la Chymie, Hermes Trismegiste en est reputé l'Autheur, l'ayant enseignée aux Egyptiens. Zoroaster, [k] ou les malins esprits auant luy, ont inuenté la Magie, qui a enueloppé la Medecine, la Religion, & l'art de deuiner, que les anciens appelloient art Mathematique: Les Mages des Perses en trouuerent six especes, ou moyens de predire les choses à venir, sçauoir la Necromance, par les corps morts, l'Aëromance, par l'air, l'Hydromance, par l'eau, la Geomance, par la terre, ou ses ouuertures, & la Chiromance, par la main & ses lignes. Les deuinations & predictions par les oyseaux, ou les Augures, des Chaldées vindrent aux Grecs, parmy lesquels excellerent Amphiaraus, Mopsus & Calchas, [l] des Grecs aux Hetrusques, [m] & de ces derniers aux Latins. L'interpretation des songes est d'Amphictyon, selon Pline, ou de Ioseph fils de Iacob. [o]

Ioseph 1. Ant. p Genes c 10. q Herod. r Plin l 7 c. 56

Nemrod est le premier Autheur de la Noblesse, & de ceux qui ont regné s'esleuans sur les autres; [p] & parmy les Hebreux le premier Estat ou Republique a esté formée. Les Egyptiens, qui ne furent iamais sans Roy, [q] sont aussi les inuenteurs de l'Estat & Gouuernement Royal. [r]

s Herod. li. 2. t Seru. in 5. Æneid. u Diog. Laer. x lib. 1 & 4. Antiquit. y Plin. lib. 2. c. 76 z Id. l. 7. c. 56.

Année, heures, horloges.

La premiere institution de l'année est des Egyptiens, [s] d'Eudoxus, [t] ou de Thales le Milesien, [u] pour les Grecs. Toutesfois, selon Iosephe, [x] les Hebrieux, mesmes auant le deluge, diuiserent l'année en douze mois, & d'eux l'institution en passa aux Egyptiens. La diuision du iour par heures est d'Hermes Trismegiste, & les monstres ou horloges solaires d'Anaximenes Milesien, [y] à Lacedemone, qui furent cogneus à Rome fort long temps apres. [z] Les Clepsydres, ou horloges mesurez auec de l'eau y furent adioustez, de l'inuention d'vn homme d'Alexandrie; ausquels ont succedé ceux de sable, dont l'Autheur n'est point cogneu. Les horloges faits de metal serõt traictez cy-dessous, & sont venus depuis. Quant aux autres, & leur façon, il en a esté parlé cy-dessus, traictant les cercles des heures.

aa Vitruu l. 9. de Archit. bb Laert. lib. 2. cc Gell. lib. 6. dd Ioseph. cont. Appion. ee Strab. li. 13. ff Plin l. 35. gg Id, ibid. hh Papyrus charta. ii Pergamena.

Liures, papier.

Les premiers liures [aa] sont des Hebrieux, des Prestres Babyloniens & Egyptiẽs, ou d'Hermes Trismegiste; Anaxagoras, [bb] & Pisistratus [cc] le tyran d'Athenes n'en ont eu l'inuention que de leur temps, & pour les Grecs, nation nouuelle, si on la compare à ces premiers. [dd] L'assemblage des liures par les Atheniẽs, par les Ptolemées Roys d'Egypte, sur l'instruction d'Aristote, [ee] & toutes les Bibliotheques des Roys de Pergame, [ff] ou des Romains apres l'inuention & l'ordre qu'y donna Asinius Pollio, [gg] n'ont pas iouy de la commodité de l'Imprimerie, dont nous parlerons cy-apres, non plus que de celle du papier, qui se fait auiourd'huy auec du linge foulé & moulu. L'escriture grauée sur les fueilles des palmes, & les plus minces escorces d'arbres, sur le plomb, sur le linge, sur la cire, sur les fueilles delicates du papier [hh] trouué en Egypte au temps d'Alexandre le Grand, ou fort long temps auparauãt, & sur les peaux, qu'on a depuis nommées parchemins, [ii] tenoient lieu de ceste inuention, dont on ne sçait point l'Autheur.

kk Ioseph. 1. Ant. Gen 4. c. 21. ll Diodor. lib. 6. mm Cic 3. de Nat. Deor. nn Hero. l. 4.

Armes, militaire.

Apres Tubalcain, qui viuoit auant le Deluge, hõme fort de mesmes que Nemrod, & inuenteur des armes & du trauail en airain & en fer, [kk] Mars, [ll] & Pallas, [mm] dite Bellone, aurõt inuẽté la guerre, les armes & l'art militaire. Et quoy que diuerses nations se dõnent l'inuention de diuerses armes, cõme les Egyptiens du bouclier & du heaume, qu'ils baillerent aux Grecs, [nn] les Lacedemoniens de l'espée & de la pique, les Etoliens de la lance, les Amazones, ou Penthesilea leur Royne de la hache,

Apollon de l'arc & des flesches,a les armes & leur premier exploit peuuent estre attribuez à Moyse estant en Egypte contre les Ethiopiens.[b] Les Machines de guerre sont de l'inuention d'Eudoxus & d'Archytas, selon Plutarque en la vie de Marcellus, & à diuerses nations, à sçauoir aux Cretains, Syriens, Pheniciens,c & autres. L'inuention des fondes & leur vsage sont donnez aux habitans des Isles Baleares.[d] Il sera parlé cy-apres de l'Artillerie, inuention des derniers siecles.

La Peinture a eu ses commencements parmi les Egyptiens,[e] desquels elle passa aux Grecs, qui la tirerent aussi soit des Sicyoniens, soit des Corinthiens, l'ayant inuentée sur l'ombre de l'homme, qu'ils enfermoient de lignes.[f] Les couleurs y furent adjoustées depuis par Cleophantus Corinthien, & Polygnotus,[g] auec l'vsage du pinceau par Apollodore d'Athenes. Les figures formées de plastre ou d'argile, les statuës & autres ouurages sont aussi des Atheniens, Corinthiens, Samiens,[h] & sont plus anciennes que celles qu'on a fonduës en airain & en bronze. La Peinture est auiourd'huy tres-bien pratiquée & enseignée en Italie, & dans les Pays-bas, où l'on a inuenté d'imprimer la couleur sur les vitres auec le feu.

Noé fut le premier Autheur de la Nauigation, ayant basti l'arche, qui n'estoit autre chose qu'vn Nauire,[i] & le modelle de tous ceux qui ont esté depuis construicts. Minos [k] & tous les Cretains ses subjets, Neptune[l], Danaus, qui feit passer vn nauire d'Egypte en Grece, [m] & tous les Anciens qu'on pourroit alleguer, ne sont en cet endroit que les seconds de ce grand Patriarche,[n] instruit de la bouche de Dieu mesme. Sa posterité le pratiqua auant les Tyriens, [o] & toute autre nation. Iason, les Carthaginois, & plusieurs autres peuples ont inuenté les diuerses sortes de nauires, barques, ou vaisseaux. La rame, les voiles, le mast, ou arbre du nauire, ont leurs autheurs renommez dans l'Antiquité, à sçauoir vn Icarus, Æolep & Dedale: Le gouuernail des nauires est de Typhis. Les Grecs communiquerent l'art de Nauiger aux Italiens, parmy lesquels les Genouois & les Venitiens y ont emporté le prix: Des Italiens il a passé aux Portugais instruits par Chr. Colomb Genouois. Les Anglois y excellent aujourd'huy, auec ceux de Hollande & Zelande q.

Les Inuentions modernes sont en assez grand nombre iusques icy, & peuuent augmenter, puisque, selon Seneque, les choses ja inuentées n'empeschent pas celles qu'on peut inuẽter de nouueau. L'Alchymie prise pour vn art qui enseigne la transmutation des metaux, peut auoir esté cognuë d'Hermes Trismegiste, & des Egyptiens. Le voyage des Argonautes pour conquerir la toison d'or sous la conduite de Iason, se peut aussi rapporter au secret, qui faisoit de l'or auec les autres metaux. La doctrine en peut auoir quelque certitude en ses experiences, s'il faut croire ce qui en est escrit. Mais ce qu'il y a d'inuenté de nouueau en cet art consiste en certaine poudre, qui donne la couleur d'or à l'airain, & fait le leton; ez Saphyrs blanchis en sorte qu'ils ressemblent aux diamants; en l'estain ressemblant à l'argent; en l'eau forte, qui separe l'airain de l'or & de l'argent; ce que les anciens n'ont pas cogneu;[r] & en la coupelle, vase excellent, fait d'vn os de bœuf, & seruant à polir & purger l'or & l'argent.

Les Distillations, œuure admirable, par laquelle les corps pesants sont rendus esprits, & au contraire[s], auec l'ayde de l'alambic, pour tirer & extraire ce qu'on a appellé quinte Essence.[t] sont comme vne portion de la Chymie, & peuuent auoir esté inuentées en la premiere pratique de cest art-là, quoy qu'on estime les Arabes autheurs des Distillations. L'vtilité en est fort grande, l'eau de vie en est venuë, & plusieurs autres liqueurs, en sorte que les eaux qu'on seruoit aux malades apres vne decoction, sont auiourd'huy distillées. L'artifice a imité ce qu'on void en la nature, soit ez nuées, pluyes & vents dedans l'air, soit ez catharres & fluxions au corps de l'homme.

Les Cloches ont esté inuẽtées, selon la cõmune opiniõ, l'ã 400 par Paulin Euesque de Nole au Royaume de Naples,[u] d'où les nõs de *Nola*, ou de *Cãpana*, qu'on a gardé en Lãguedoc & autres Prouinces delà Loire, leur ont esté donnés. Leur vsage est si necessaire, qu'il n'est pas besoin d'en parler. Les mõstres des horloges ne seruẽt que de près, & les clepsydres des Anciens, qui mesuroient le tẽps, en estoiẽt de mesmes. Les clochettes, que les Latins ont appellé *Tintinnabula*, aduertissoient auec moins de bruit & d'effect, comme celles que portoit le souuerain Sacrificateur [x] au bord de sa robe, & ceux qui faisoient le guet autresfois pendant la nuict,[y] les criminels

a Diod. lib. 5. b Ioseph. 2. Antiq. Euseb. lib. 9. præp. Euang. c Plin. lib. 7. d Maiorque. Veget. de re milit. Strab. li. 3. Virg. 1. Georg. e Plin. lib. 7. f Quint. li. 10. Plin. li. 35. c. 5. g Id. h id. lib. 7. Strab. lib. 7. Laërt. lib. 1.

i Ioseph. 1. Antiquit. k Strab. lib. 10. l Diod. l. 6. m Plin. lib. 7. c. 56. n Euseb. c. 10. de præp. Euang. o Strab. li. 16. p Diod.

q Keckerm. comme, naut.

r Vlp. l. 5. §. 3. D. de rei. vindic.

s Ioan. Bapt. Porta. Mag. Natur. lib. 10. t Fernel. lib. 1 de abd. rer. caus. c. 15.

u Campania.

x Exod. 28. y Suid.

conduits au supplice [a], ou les bourreaux. [b] L'airain qu'on faisoit resonner pour aduertir de la mort de quelqu'vn [c], ou pour arrester les enchantemens par art Magique [d], empeschant qu'ils ne paruinssent iusques à la Lune, qu'on croyoit soulager par ce moyen [e], n'estoit qu'vn auantcoureur de nos cloches dont on se sert auec plus d'effect. Les Termes ou Bains [f], & le marché au poisson chez les Grecs [g], ont eu leurs petites cloches, ou airain resonãt, pour aduertir ceux qui en auoient besoin.

Les Horloges ont esté adioustez aux cloches, par vne inuention tres-belle & remarquable. Et quoy que Vitruue en aye comme suggeré la façon, & la disposition des rouës, qu'on y practique auiourd'huy, auec les contrepoids, cela mesme & les autres parties, ressorts & embellissements exterieurs, comme on les void en celuy de Strasbourg, la Samaritaine à Paris, & autres, sont modernes. Les monstres d'Horloge, auec la sonnerie & reueille-matin, qui sont portatiues, & si delicatement trauaillées en France & en Alemagne, n'ont point esté cognuës des Anciens, & sont faites aussi auec tel artifice que l'estat de la Lune, les Eclypses du Soleil, son cours par les douze signes, son leuer & coucher y sont marquez. [h] Les Horloges de tout l'Occident presques marquent & sonnent de douze en douze heures, & les autres sonnent iusques à 24 heures, d'vn coucher de Soleil à l'autre. Horloges.

La Boussole, ou boite des Mariniers, où est vne éguille qui s'applique & se frotte auec l'aymant, dont la nature est telle, que non seulement il attire le fer, mais aussi il tend tousiours vers le Nort, sert auec tant d'effect à la Nauigation, qu'en tout tẽps & en toute Mers on en est suffisammẽt addressé. L'inuenteur est vn certain Flauius l'an 1300. à Melphe ou Amalfi ville du Royaume de Naples. [i] Les Anciens auoient consideré l'estoile polaire, qu'ils appelloient *Cynosura*, & le reste des Astres. [k] Les considerations plus particulieres de la Boussole ont esté cy-dessus desduites. Boussole.

La vertu de l'Aymant s'experimente en autres vsages, sçauoir és horloges solaires, à cognoistre les veines des Metaux, & de quel costé du Ciel elles s'estendent, à cauer les aqueducts, & autres choses, où sa vertu paroist merueilleuse en la nature, sans qu'on en puisse rendre raison quelconque. [l] Et ces grands effects ont esté recognus & exprimentez de nostre temps. Aymant.

L'Imprimerie fut inuentée en Alemagne l'an 1440, ou peu d'années apres, par Iean Fust ou Faustus de Mayence, où les premiers essays en furent faits. [m] Iean Guttemberg, qui en a esté creu le premier inuentur, [n] n'en apprit l'art qu'auec Faustus, qui l'auoit associé, de sorte que plusieurs villes d'Alemagne, telles que Strasbourg, Francfort & autres, en eurent communication. [o] Faustus fut aydé en l'inuention par P. Schæffer de Gerusheim. L'Italie en eut aussi cognoissance ez villes de Rome & de Naples [p], & autres, dés l'an 1458, & Nicolas Ienson François commença à y trauailler. [q] Ce qu'on a creu des Chinois qu'ils en ont eu premiers l'vsage & l'inuention, [r] est combatu & nié par les Alemans auec plusieurs raisons, apres lesquelles on doit aduoüer en tout cas, que l'Europe tient l'art des personnes & lieux ja nommez; & que la Chine n'a iamais imprimé si bien que les Alemãs en leurs premiers essays; veu qu'auiourd'huy mesmes ils ne ioignent pas les characteres, mais font vne table ou planche pour chaque feuille, & leurs lettres sont de pierre [f]. Ce qu'ils Impriment n'est qu'en stampe, comme parlent les Italiens, & ne sont que des tailles de bois. Il y en a qui en donnent l'inuention à Harlem dans les Pays-Bas, comme il sera ditailleurs; mais les tesmoignages n'en sont pas si asseurez. Imprimerie.

L'Artillerie, dont nous auons maintenant à parler, [t] est vne inuention Alemande, de mesmes que l'Imprimerie; & s'il en faut croire les Autheurs [u], le Royaume de la Chine, où l'on void des canons d'vne grandeur démesurée, en a aussi l'vsage plustost que nous. L'an de Christ 1378 ou 1380, Constantin Ancklitzen, ou Bertgoldus Schwartz [x] Moyne Franciscain, qui s'addonnoit à la Chymie, reconut la force du feu, ou de la pouldre ensoulfrée, & commença à former les canons d'arquebuse, & autres. Les Venitiens ayans guerre auec les Genouois s'en seruirent auant les autres nations, ausquelles ce moyen estrange & efficacieux pour batre les villes & places plus fortes a passé depuis. Naucletus rapporte l'inuention à l'an 1213, sous Othon 4, & le Pape Innocent 3. Artillerie & à la Chine.

Les Moulins à eau pour rompre le bled sont attribués à Belisaire Capitaine excellent, sous l'Empereur Iustinian, lors qu'il estoit enfermé dans Rome, que les Goths auoient assiegée. [y] Les Moulins à vent, n'ont point esté aussi cognus de l'antiquité. Moulins.

a Zon. l. 2. An. b Plaut. in Pseudol. & Trucul. & ib. Turneb. Adu. lib. 11 c. 21. c Theocr. Scholiast. d Tibull. e Stat. Iuuen. Plin. l. 2 c. 12. f Martial. g Plutar. 14. sympos. h Guid. Panc. part. poster. tit. 10. i Disc. Vniu. p. 151. & 152. Terra di Lauoro l. 2. hist. Iudic. c. 9. Gomara lib. 2. hist. Gen. Ind. k Virgil. li. 5. Æneid. l Ioh. Bap. Porta lib. 7. Magic Nat. Bod. Meth. hist. c. 7. Scal. exerc. 131 ad Cardan. m Salmuth comment. in Guid. Pancir. in Append. ad tit. 12. n Polyd. Virg. lib. 2. c 7. o Salmuth in app. ad tit. 12. Guid. Pancir. p Polyd. Virg. lib. 2 c. 7. q Id ibid. r Guid. Panc. tit. 12. P. Maff. hist. Hisp. Ind. f Anton. Pantogia. Gasparens. p. 2. Thes. Polit. Iudic. l. 6. t Description des Estats. France, Gouuernement. u Barros Dec. 3 lib. 2 c. 7. P. Masseius. x Forcat. l. 4. de imperf. & Philos. Gall. Munster l. 3. y Procop. Blond.

Les vers à soye ne sont cognus en Europe que depuis l'Empereur Iustinian, sous lequel deux Moynes reuenants des Indes en apporterent des œufs à Constantinople, & enseignerent le moyen de les couuer, & nourrir de feuilles de meurier.[a] Les anciens peuples nommez *Seres*, dont Pline a fait mention[b], peuple de Perse, ou de Tartarie,[c] en auoient l'art,[d] & le Royaume de la Chine abonde en soye. L'Isle de Cos[e], les Assyriens, Medes[f] & Perses ont cognu la delicatesse des draps de soye, que l'Italie, la Sicile[g] & la France ont tissus en si grande abondance, par le benefice de ceste inuention, & des vers portez dans l'Europe. Les laines de Milet[h] anciennement, & les lins de la Holande d'auiourd'huy excedent le prix & le luxe de la soye, qui s'est renduë fort commune.

Les chiffres, & l'inuention d'escrire auec lettres, ou marques secretes, n'ont pas esté si bien cognus & pratiquez par les Anciens, qui s'en seruoient autant pour escrire promptement, faisans d'vne lettre vn mot[i], que pour n'estre pas entendus, ayans vn Alphabet particulier. Toutesfois cet artifice d'escrire par chiffres, est surmonté ou rabbatu par l'industrie de plusieurs Italiens & François, capables de deschiffrer les plus difficiles escritures.

Les lunettes, les selles, les estriers, & les fers des cheuaux sont aussi des inuentions nouuelles, & non cognuës des Romains. L'art de reduire la figure quarrée & toute autre en cercle, a esté nommé par les Grecs πετραγωνισμὸς, & est appellé communement la quadrature du cercle, où il s'agit de reduire le cercle en figure quarrée, qu'Aristote[k] a dit estre du nombre des choses qui se peuuent sçauoir, & ne sont pas sceuës. Les Escriuains modernes[l] pretendent d'en estre venus à bout, & en ont fait la figure & demonstration.

Le feu Gregeois a pour autheur Callinicus, Grec de nation, l'an sept cens septante sous l'Empereur Constantin Pogonat, ou Barbu, qui s'en seruit contre les Sarrazins,[m] de mesmes que l'Empereur Leon apres luy, contre les Orientaux. Ce feu se fait & excite dans l'eau, ayant fait boüillir du charbon de saule, auec le sel, l'eau de vie, le soulfre, la poix, l'encens, le camphre, qui mesmes brusle seul dans l'eau, sans autre mixtion, & consume toute sorte de matiere.[n] L'inuention en est merueilleuse, sur laquelle ont raisonné les esprits plus sublimes & curieux.[o]

Les Iouſtes & Tournois sont rapportés par aucuns[p] à l'Empereur Henry premier, qui les pratiqua premier à Magdebourg l'an neuf cens vingt-huict, ou à l'Empereur Manuel Comnene l'an mil deux cens quatorze,[q] qui se fit voir auec sa troupe en Antioche contre les Latins. Ces combats dangereux, & qui ont cousté la vie à plusieurs, se trouuent defendus par les constitutions des Papes[r]. La Quintaine a son nom de ceste cinquiesme ruë que les Romains auoient en leur camp,[s] & en laquelle ils auoient accoustumé de planter & ficher en terre vn pieu, pour y faire exercer les soldats; dequoy les siecles suiuants ont fait vn excercie de plaisir, qu'on a nommé Quintaine[t], ou faquin. Le ieu des Eschecs cognu par le monde, particulierement en Europe, est attribué à Xerxes homme sage, l'an 635, qui l'inuenta pour vn Roy qu'il vouloit instruire. Il est si noble & si ancien, que la source en est ignorée, puis qu'on la met dans le temps fabuleux, ou incertain.

La chasse de l'oyseau n'a point esté cognuë de l'Antiquité, qui n'en parle point auant l'an mil deux cens.[u] L'Empereur Frideric Barberousse ayant assiegé Rome commença à la pratiquer, & Frideric second son petit fils en a composé deux liures, qui ont esté donnez au public.[x] la recherche des faulcons, autours & autres oyseaux de proyes s'en est ensuiuie, auec leur nourriture, & tout l'art de la venerie & fauconnerie.

Les saulses ou liqueurs qu'on a nommées Botargue, faite des œufs des Muges, auec le sang du mesme poisson & le sel, & celle aussi qu'on a composée des œufs de l'esturgeon, & qu'on a nommée Cauiare sont de ce temps. Les anciens ont eu des liqueurs qui respondoient à celles-cy, faites du sang ou des intestins de certains poissons, dits Scombri aux Latins, ou des thons, & les ont appellées Garum & Muria. Du premier ont traicté les curieux[y], pour en dire leur aduis, & en descrire la preparation. L'Italie[z] & la Prouence ont la cognoissance & l'vsage de ces liqueurs modernes.

Les Porcelaines sont vne certaine masse composée de plastre, de coque d'œuf,

a Procop. l. de bello Pers.
b Zonar. l. 6. c. 17.
c Scal. exerc. 158. c. 9
d Plin. Virg. 2. Georg.
e Plin. l. 11. c. 13.
f Proc. de bel. Vand.
g Guido Pan. li. 2. tit. 24.
h Colum. l. 7. c. 2.
Hor l. 1 ep 11
i Manil. l. 4. Auson. ep 138. Senec. ep. 90. Matt.
k in Categ. c. 5.
l Guido Panc. l. 2. tit. 17. & ibi Salmuth. Iac. de Christ. de quad. Circ.
m Zonar. in eius vita.
n Vitruu. de re milit. c. 9.
o Cardan. de subtil. l. 2. Scalig. exerc. c. 3. d. 3.
p Alfed. in Chron. th.
q Nicet l. 3.
r Can. 1. ext. de Torneam.
s Veger.
t Guido Panc. l. 2 tit 7. Polyd. l. 2. c. 13.
u Iul. Firmic. li. 3. c. 8.
x Salmuth in Guido Panc. tit. 23 l. 2.
y Cardan. de subtil. l. 11. Scal. de exerc. 301. dist. 3.
z Guido Pãc. li. 2. tit. vlt.

& autres choses qui l'espaississent, apres quoy elle est enfermée sous terre, pour y demeurer iusques à 80 ans, que les fils, nepueux, ou autres à qui ceux qui l'ont composée l'auoient declaré, la retirent & preparent pour en faire des ouurages precieux, luisants & agreables à voir en la forme & couleur que veulent les ouuriers. Ces vases ne peuuent souffrir le poison, qu'ils ne se cassent. Iean Gonsalue Mendosa[a] dit que les Porcelaines se font d'vne terre fort dure, laquelle on brise & jette dans vn reseruoir d'eau clos d'vne muraille de pierre viue, là où ceste matiere imbuë de l'humeur & liquefiée vient à s'estendre au dessus de l'eau, ainsi qu'vne toile déliée; de laquelle les vases de porcelaine sont faits, lesquels on dore & peint de diuerses couleurs. Voy la Chine chapitre des Richesses.

Le sucre n'a point esté cogneu des anciens en la force, bonté, purgation & preparation qu'on le void aujourd'huy. Il ne leur estoit qu'vne espece de miel, qu'ils recouuroient des Indes & de l'Arabie heureuse.[b] C'estoit vne rosée[c], & le sel Indien dont parle P. Ægineta. Le nostre est vn suc extraict d'vne plante ou canne concassée, cuit par le feu, & separé de sa lie. La confection du sucre est donc de nostre temps, la substance mesme en est differente. Les Venitiens & les Portugais residans ez terres, où il prouient, & où il en sera parlé, trauaillent & en retirent de grands profits.

On pourroit adjouster plusieurs autres choses, qui ont esté inuentées depuis le temps des Romains, comme sont les bonnets, chapeaux, ou autres couuertures de teste, dont ils n'vsoient point, [d] non plus que des chausses, dont les Gaulois se seruoient; les chandelles de suif, les orgues des Eglises d'aujourd'huy qu'on attribuë au Pape Vitalian, ou au temps du Roy Pepin, & autres choses où l'industrie de l'homme s'est employée, & où l'art á paru. Ce qui suit consiste en plantes ou autres choses trouuées ou descouuertes de nouueau.

La Rhubarbe d'aujourd'huy est differente de celle dont les Anciens[e] ont parlé. Elle prouient d'vn autre endroit, à sçauoir des regions Meridionales, & l'ancienne venoit du Septentrion: sa couleur tire sur le jaune, & l'ancienne estoit noire[f]: sa senteur est bonne & souësue; son poids en fait conoistre la bonté, & sa vertu est grandement purgatiue. C'est doncques vne drogue excellente trouuée de nostre temps.

Il en est de mesmes de la Casse des Arabes, qui vient partie des Indes, & partie d'Egypte, dont on vse aujourd'huy. Celle des Grecs, dont les autheurs ont parlé, n'auoit point de vertu purgatiue, & ne prouoquoit point l'vrine, ny les mois des femmes: Elle tiroit sur le rouge, & auoit l'odeur de la rose[g] ou autre plus forte.

La Manne qu'on void chez les Apothicaires, peut auoir esté cognuë des Anciens, mais non auec ses vertus[h] Les Arabes l'ont mise en vsage dans la Medecine, On distingue entre Manne des Grecs & des Arabes:[i] Celle des Grecs est vne portion de l'encens, & celle des Arabes prouient de la rosée, est blanche, solide, & de bon goust; de laquelle on peut croire, que c'estoit celle des Israëlites.[k] Elle purge, & a le goust de la farine pestrie & meslée auec le miel.

La pierre de Bezoar, incognuë aux Grecs & aux Romains, a esté mise en pratique par les Arabes[l] auec des effects admirables contre la peste, tous venins & fiebvres malignes. Il y en a de plusieurs sortes, differentes en couleur, figures, poids & substance. Les plus doctes & curieux[m] ont creu & jugé par inspection, que c'estoit la larme du cerf tombant de ses yeux, lors qu'il est sorty des eaux où il s'estoit jetté pour se rafraichir apres auoir deuoré le serpent, qui le fait rajeunir. Pet. de Osma & Xarayzeio escriuirent à Nicolas de Monardis l'an 1568.[n] qu'és mõtagnes du Peru se trouuoit vn animal tenant du cerf & de la chevre, lequel ils auoient pris à la chasse, & auoient trouué des pierres de Bezoar, experimentées contre le venin. Il en parle encor en descriuant l'Asie.

Parmy les choses inuentées ou trouuées de nostre temps, ou és derniers siecles, le nouueau Monde descouuert par Christofle Colomb ou Colonée Geneuois l'an 1492. où fut aussi Americ Vespuce l'an 1497, lequel a donné nom á ceste partie, auec les animaux, plantes & ouurages qu'on y a remarquez, est la plus considerable. Les choses exquises & nouuelles qu'on y a descouuertes, incognuës à tous les Anciens, auec le nom, les Prouinces & villes de ceste entiere partie du monde, seront deduites en la description de l'Amerique. Ferdinand Magellan passa encor plus outre vers le Midy l'an mil cinq cens vingt-deux, & son nauire nommé la Victoire reuint heureusement en Espagne. Ce sont les trois principaux

a Hist. Chin. l. 1. c. vlt.
b Diosc. l. 2. c. 75.
c Gal. de med. fac. l. 8. c. 4.
Plin. l. 10. c. 8.
e lib. 1. c. 5. 4.
d Suet. in Iul. Cæs.
e Dioscor. Plin. Galen.
f Plin.
g Galen li. de Theriaca ad Pison.
h Virg. Plin. Galen.
i Auerroës.
k Exod. 6. Num. 11.
l Rhasis de Bezoar.
m [illegible]
n [illegible]

Porcelaines.
Sucre.
Rhubarbe.
Casse.
Manne.
Bezoar.
Nouueau monde.

hommes qui ont couru tout le monde, & descouuert les terres qui sont sous le Pole Antarctique ou Occidetal. L'oyseau de Paradis, les poissons de terre ou des rochers les rats sauuages, dont les peaux sont pretieuses, l'arbre du Guajac, de la hauteur du fresne, & different de l'ebene, la plante dite Sarzaparilla, le bois de sassafras, les figues, les noix d'Inde, rapportans aux palmes, les couteaux de pierre qui coupent tout, le jonc des Indes, semblable au papier[a] d'Egypte, & dont on fait des souliers, les peintures des Americains, qui les bastissent de diuerses plumes d'oyseaux, & leurs tapisseries tissuës pretieusement, sont choses cognuës de nouueau auec le pays, dont il sera parlé en son lieu.

a Papyrus.

REPAS ET BOISSONS.

Repas.

LEs Anciens ont pris leurs repas estans couchez à terre, comme sans doute les premiers hommes n'ont eu autres sieges que le gazon, & autres napes que l'herbe, ou les peaux des animaux, & encor auiourd'huy les Syriens mangent à terre, ayans pour leur table vn cuir rond, ou vne table haute d'vn pied, & vn cuir rond au dessus, sans nape ny seruiete. Les Arabes & les Mores mangent accroupis sur leurs talons. Les Turcs ont les jambes croisées sur des tapis estendus à terre, de mesmes que les Persans; qui sont tous assis en rond, ceux de l'Armenie majeur, & les autres Leuantins. Les Iaponois mangent assis, ou accroupis sur leur jambes, ayans chacun sa table, sans nape ny seruiete, de mesmes que les Chinois qui sont fort propres, & ont de petits bastons qui leur seruent de fourchette. L'vsage des tables basses & rondes est plus ancien que des releuées, les Turcs s'en seruent auiourd'huy, & les couurent d'vne peau de marroquin; les anciens Persans & les Grecs auoient aussi des tables, comme il sera dit en son lieu. Les Romains garderent la coustume de prendre leurs repas sur des licts; qui s'est perduë auec eux en tout l'Occident, où l'on se sert de tables releuées.

On remarque que les peuples Septentrionaux dans la froideur de leurs climats estant pourueus naturellement d'vne grande chaleur interieure, qui leur fait appeter le rafraischissement & le boire, y sont beaucoup plus addonnez que les Meridionaux qui habitent vn pays sec, qui rend leur corps de mesme temperament, auec vn sang aduste & d'vne chaleur foible, ce que leur teint basané & leurs cheueux crespez nous marquent, de sorte qu'ils supportent plus facilemẽt le chaud & la soif.

Boissons.

La boisson plus naturelle & plus forte est celle du vin, qui prouient quasi par tout le monde, depuis le premier plant de la vigne fait par Noé, que les Payens ont entẽdu pat Bacchus: Ses diuerses sortes en ses degrez de bonté & de force, sont declarées ez Prouinces & pays où il prouient, comme sont les vins Grecs, les Candiots, la Maluoisie, les vins Muscats en France, les vins d'Espagne, & autres. Les vins artificiels sont de diuerses sortes, comme le cidre fait de pommes en plusieurs façons, le poiré fait de poires, d'où se fait aussi le vin mestif, de poires iettées sur le marc des raisins, bien mouluës & brisées.

Biere.

[b] La Biere est la plus commune boisson, laquelle imite le vin, estant cognuë de tous les peuples Septentrionaux, qui luy donnent diuers noms. [c] Les Alemands, Flamands & Anglois s'accordans quasi en vn mesme nom, celuy de Bier, ou Béere; Les Norweges de Vel; les Goths Buska; les Carinthiens Vo: les Sclauons Oll; les Dalmates Bieu; les Hongres Ser; les Bohemes Piva; les Polonois Pywo, &c. elle est faite auec des grains. Il se fait du vin en diuerses autres compositions & fruicts, sçauoir de pommes, de coins, de mesples, & cormes, de dattes, de reglisse distillée, de Cocos ez Indes, de grenades meures, de figues seiches, d'absynthe, & hotes d'Alemagne, outre le vin aromatisé ou hypocras, auec la canelle & le sucre. L'eau miellée, dont Mesué[d] a enseigné la confection, est appellée Medon par les Alemands: les trois parts d'eau de fontaine sur vne de miel, auec trois once de leuain, le composent, le tout estant boüilly, comme on void boüillir le moust. Les Alemands n'y mettent point de leuain fait de bled, ains de l'escume du moust & des fleurs de houblon, desquelles ils se seruent aussi à faire leur biere ou ceruoise, qui est le zythus des Anciens[e], qui la composoient d'orge.[f] La Pologne & la Lituanie qui abondent en miel, vsent fort de Medon. Le Kaoah boüilly, est vne boisson cognuë par toute l'Arabie, la Perse, Syrie & Turquie. Le vin de palme est des Indes Orientales. Le breuuage fait de ris est cognu en Bengala, où il est appellé Modo; à Sumatra, où ils en font vne eau distillée,

b Pradel Theat. de l'Agric.

c Megiser. Polyglot.

d Mathiol.

e Diodor.

f Plin. lib. 30. c. 14. Euseb. li. 2. de præp. Euang.

nommée Arak, en Iapon & en la Chine, sous le nom de Pamplis, auec diuers vins, qu'ils ne font point de raisins. Les Turcs ont leur sorbet ou zerbet delicat, nommé Pechmez. Les discours particuliers des pays fourniront le surplus pour la nourriture, les repas, & les boissons de leur habitans.

HABITS, ORNEMENTS, MARIAGES ET Funerailles.

LEs hommes du premier âge du monde auoient les corps nuds, ou ne se sont vestus que de peaux, ou de fueilles d'arbre comme nos premieres peres. Les Arabes d'aujourd'huy, les Indiens Orientaux, ceux de Bisnagar, Malabar, Pegu, des Isles de la Sunde, les Americains vont nuds pour la pluspart, sauf le bas du corps; ces derniers ont le corps peint ou reuestu de belles plumes. Les Turcs, les Persans, les Nobles de Mogol, les Chinois & ceux de Cambaye sont vestus magnifiquement d'escarlate & d'estoffes tissuës d'or & de soye. En Cochin ils se font peindre le corps de sandal, auec des bracelets d'or, & les oreilles percées. Tout l'Orient vse de tulbans, particulierement les Turcs qui portent aussi des soutanes. Ceux de Bengala ont des chemises de coton fort larges & longues, & sont ceints par dessus d'vn drap de soye. La pierrerie & les perles sont communes ez Indes Orientales sur les habits, le Roy de Bisnagar & autres en sont couuerts, & les hommes de condition y portent le bonnet à la Moresque de plusieurs couleurs. Les femmes de Nazareth en Iudée portent des chausses, & non leurs maris.[a] Le reste des habits & ornements vsités aux nations Barbares, où la nudité & l'innocence du premier aage semblent estre demeurées, où les Roys seuls portent des souliers, & les femmes se peignent le visage, & portent des cercles aux iambes, se pourra voir en la description de chaque pays, selon la curiosité du Lecteur. Les habits de dueil ez Estats du Mogol sont bleus, en la Chine blancs, au Iapon blancs ou gris, & les femmes y portent vn voile de plusieurs couleurs. Habits & ornemens.

[a] Belon obs. l. 2. c. 87.

Les anciens habits des Grecs, des Romains & autres nations, comme les Assyriens, les Perses &c. seront descrits en leur lieu. Et pour les Europeans d'aujourd'huy, on y remarque quelques differences entr'eux, à sçauoir que l'Espagnol, l'Italien, l'Alemand, le Flamand & autres natiōs ne changent point la façon de leurs habits: les portent courts, sauf les manteaux, & ne les découpent point, ce que les Turcs obseruent aussi, & n'y a que le François, qui découpe toute sorte d'estoffes, porte le manteau court s'habille fort peu de noir, (au contraire des Espagnols & des Italiens, parmy lesquels la Noblesse & mesmes les artisans ont l'habit noir & l'espée, lors qu'ils sont hors de leur trauail) & est fort sujet au changement, comme il sera dit ailleurs. Si l'Espagnol n'a iamais quitté la fraise, que les Alemands & les Flamands portent aussi, le François ne la porte plus pour vn temps, & la pourra reprendre. On en peut dire de mesme du baudrier, au lieu des pendants à porter l'espée, & autre espece d'habit. Toutefois il a cet heur, ou ce merite dans le coustume qu'il a de se bien habiller, sa bonne grace à tout faire, & dans son inconstance, qu'il est imité des estrangers, particulierement des Anglois, Alemands & autres peuples plus esloignés.

La Polygamie, ou l'vsage de plusieurs femmes ordinaire aux Nations infidelles, tels que les Chinois, qui en ont autant qu'ils en peuuent entretenir, quoy que la premiere soit censée plus legitime que les autres; les Turcs, & tous les Mahometans; la plufpart des Americains, & autres. Les Iaponois qui n'en ont qu'vne à la fois, mais qui changent souuent, peuuent estre estimez de ce nombre, entant que le mariage en son institution legitime & naturelle ne pouuant ou ne deuant estre dissous, que pour des causes qui ne leur sont pas cognuës, la premiere femme demeure autant ou plus legitime que les autres. Mariages.

Les maris portent dot aux femmes des Maldiues en Asie, comme quelques Nations anciennes[b] l'ont pratiqué. En l'Isle de Cuba, les nouuelles mariées, auant que venir à l'espoux, s'exposent aux autres, & celle qui en a le plus soustenu, est reputée la plus vaillante & vertueuse.

[b] Cypre, &c.

Les Tibarenes en Cappadoce, les Corses, les Brasiliennes, & les anciennes Espagnoles venans à accoucher, leur maris se mettent dans le lit durant vn certain temps, & sont visités comme les femmes le sont ailleurs.

Les solennitez des mariages sont differentes entre les nations tant anciennes que modernes; celles des Asiatiques, des Grecs, des Romains & autres se verront en leur lieu; ceux qui auiourd'huy y apportent plus de ceremonie sont les Chinois, ceux de Iaua, de Malabar ez Indes, de Mexico, du Brasil, de Marroc, de Fez, d'Alger, & autres, de mesme que les Iuifs & les Babyloniens autrefois, ce qui se pourra voir en la description generale & particuliere des pays.

Les corps morts ont esté de tout temps, où bruslez ou enterrez & inhumez. Les Hebrieux ont enterré leurs corps, comme il se void en l'Escriture, & les Iuifs l'obseruent encor auiourd'huy auec les Turcs & Mahometans, les Chinois, les Americains pour la plusspart & auec quelques differences, les Tartares, & autres nations Payennes, & generalement tous les Chrestiens & Europeans. Les Indiens pour la plusspart, les Puttans, les Iaponois, & autres, auec les anciens Grecs & Romains[a] ont bruslé les corps sur vn buscher, ont loüé les morts publiquement par des harangues expresses,[b] ce que nous gardons auiourd'huy par des oraisons funebres pour des personnes signalées. Les Egyptiens ne brusloient pas les corps, mais les embaumoient & les saloient. Parmy les Indiens, ceux de Bisnagar & autres, cete coustume est gardée, que les femmes se lancent dans le feu, pour y estre consumées auec leurs maris; sur le tombeau du Roy de Gunala en la Guinée, ses femmes, ses seruiteurs & autres choses plus pretieuses sont sacrifiées. Le corps du Roy de Benin mesle ses cendres auec celles de ses plus chers amis, qui meurent auec luy. Les Grecs anciens auoient aussi cete coustume que de ietter dans le feu des prisonniers de guerre ez funerailles des Grands. Les femmes ne sont pas bruslées parmy certains peuples, mais les hommes seulement, & aucuns, comme les Puttans, mangent les corps morts, si la responsе de leurs Mages le porte & l'ordonne ainsi. Les Tartares de condition plus releuée ne sont point enterrés sans qu'vn de leurs esclaues, auec vn cheual bardé & caparassonné, ne soit enterré auec eux, & le deüil de toute ceste nation n'est communement que de trente iours. Nous auons dit cy-dessus de quelle couleur est l'habit de dueil parmy les diuerses nations. Tous les Chrestiens & Europeans le portent noir, sauf les Roys de France, qui le portent de couleur violete.

a Plin. l. 7.
b Plut. in vit. Publ.

Les coustumes plus anciennes des peuples, entre autres des Grecs & des Romains, lesquels y ont apporté beaucoup de solennité, & de façon à pleurer (ce que tous les Chrestiens Grecs auec les Nations qui suiuent leurs ceremonies, gardent encores) & celles aussi des modernes seront déduites en leur lieu, où l'on pourra remarquer des obseruations & coustumes plus particulieres pour les Bithyniens, ceux de Chio, les Syriens, Pheniciens, Iuifs, Circassiens, Perses, ceux de Mogol, du Iapon, de la Chine, des Maldiues, de Goa, de l'Isle de Zubu, des Scythes, de la Guinée, de Loanga, des Irlandois, des anciens Germains, & autres, où le Lecteur est renuoyé; & peut remarquer cependant que, selon aucuns, les habitans du Royaume de Sian en Asie, lesquels adorent les elements, font diuersement leurs funerailles, & selon qu'vn chacun a eu pour Dieu la terre, l'eau, le feu ou l'air, bruslent, enterrent, iettent dans l'eau, ou exposent les corps aux oyseaux.

LANGVES.

Toute la terre estoit d'vn mesme langage, lors que Nemrod & sa troupe ayans voulu entreprendre de bastir vne tour qui atteignist iusques au Ciel, Dieu enuoya la confusion des langues, qui causa la ruine d'vn tel dessein.[c] La terre vniuerselle fut alors distribuée entre les descendants de Noé; les migrations & les diuerses colonies apporterent les diuerses langues qui furent espanduës par tout le monde. Il ne se peut pourtant definir combien de langages furent pour lors formés, & en quel nombre les nations prindrent commencement; s'il y en eut iusques à septante, par la coniecture qu'on prend des 70 ames qui descendirent en Egypte auec Iacob.[d] La langue saincte, née auec le monde, passée & prouignée d'Adam en sa posterité, demeura en la maison d'Heber,[e] & fut dite Hebraïque, qu'on doit reputer pour la mere & la source de toutes langues, & laquelle a eu ses rejettons & diuers dialectes. C'est vainement que les Egyptiens ont pretendu qu'eux & leur langue auoient l'auantage de l'antiquité sur tous autres peuples, & ce qu'Herodote[f] raconte de Psammetichus leur Roy, qui voulut faire l'essay & tirer la preuue de ceste

c Genes. c. 11. Iosephe Ant. l. 1.
d Genes. c. 46. e Eucher. Ep. zug. l. 2. Genes. c. 9.
f lib. 2.

antiquité, en deux enfans nourris en solitude iusqu'à l'âge de deux ans, n'en donna pas l'esclaircissement. Les langues anciennes des Chaldéens, Syriens, Arabes, Samaritains, Ethiopiens, Medes, Perses, Armeniens, Egyptiens & Pheniciens, sont les rameaux plus considerables de ce tronc, & ont tant d'affinité entr'elles, qu'il y a fort peu de mots en l'vne, qui ne se trouuent en l'autre auec quelque legere & douce inflexion. La langue Arabique est la plus estenduë, à sçauoir par l'Afrique qu'elle tient presque toute, & en Asie, comme il sera dit encor, parlant des langues qui ont cours en Europe, là où quoy qu'elle ne soit pas comptée, ny l'Hebraïque aussi (dont elle est vne branche) parmy celles qui luy sont naturelles & qui sont meres ou matrices des autres, neâtmoins elle y est cognuë en plusieurs pays fort considerables. En ceste langue sont escrits des liures de toute sorte de sciences. Nous remettrons à parler des langues matrices de l'Europe, qui sont en nombre d'onze, dont les sept sont moindres que les autres, dans le discours general de ceste partie du monde: Et pour les autres, outre ce qui en pourra estre dit plus particuliement, on peut remarquer, que le Persan est le langage courtisan de l'Asie, qui s'estend dans les Indes Orientales, & a cours par tous les Estats du Mogol: que les Indes Orientales ont diuerses langues, mais la Guzarate est la plus vtile, & de grande estenduë; que la langue Malayoise est aussi fort generale & polie, ayant cours dans toutes les Indes, & par toutes les Isles de la Sunde, & pays voysins; qu'ez Estats du Mogol, outre le Persan, l'Arabe est vsité par les Prestres Mahometans, & le Turc fort rude & corrompu, par la plus grande partie du peuple. Le Royaume de Bisnagar a iusques à cinq langues particulieres, outre celle qui est generale, & comme la Latine parmy nous. Tout le Malabar a vne langue particuliere. Le Royaume de Sian, outre la Chinoise, laquelle y est commune, & la Malayoise, en a vne particuliere & du pays. La langue des Tartares, approchant de la Turque, est entenduë par tous les pays Septentrionaux, & en plusieurs endroits du Leuant. La Chinoise est particuliere, & fort peu cognuë hors du Royaume. Outre ces langues plus vniuerselles, il y en a beaucoup qui sont particulieres, & plusieurs differences & dialectes, iusques-là qu'on escrit que les Albanois d'Asie ont 26 sortes de langage. Les liures & la Cour des Roys ont aussi par fois leur langue plus polie, comme au Royaume de Bisnagar & ailleurs, & vn seul petit pays, nommé Pataue, au Royaume de Sian, vse de trois langues. L'Afrique se sert de l'Arabe, Turc ou More; les Abyssins y ont leur langue; l'Egypte est fort meslée de l'Arabe, Turc, Moresque, &c. La Gemique est vne lãgue meslée de l'Espagnol, Portugais & Italien. Alger, à cause du grand commerce, vse de la langue qu'ils nomment Franque, meslée du François, de l'Italien & de l'Espagnol. La Tangique sert ez Liturgies des Nubiens, & est vn dialecte de la Chaldaique. L'Isle de Malte vse de l'ancienne Punique. Le langage de ceux que nous appellons Bohemiens, & les Italiens Cingari, qui rodent le monde, est particulier, & n'est d'aucun pays ou Prouince.

La langue Grecque estoit anciennement d'vne fort grande estenduë, puis que l'Illyrie, la Trace, l'Asie mineur, la Syrie, la Cilice, l'Egypte, ce qu'on a nommé *Magna Græcia*, dans l'Italie, les Gaules à Marseille & parmi les Druydes, les Suisses, selon Cesar,[a] l'ont cognüe & pratiquée. Aux Dialectes plus cognus, qui sont l'Attique, l'Ionique. Æolique & Dorique, ont esté adjoustez ceux de Chalcis, & la Beotie, Cypre, Pamphylie, Sicile, Candie, Tarente, Rhodes, & autres. Auiourd'huy les Chrestiens d'Ephese, de Smyrne, des Isles de la mer de Lycie, Pamphylie, Cappadoce, Rhodes & autres Isles, Cypre, Georgie & autres vsent de la langue Grecque vulgaire.

a De bello Gall.

Nous conclurrons ce discours par où nous l'auons commencé, apres auoir renuoyé le lecteur aux endroits particuliers de chaque partie du monde, à sçauoir que Dieu pour punir le genre humain, en l'orgueil de ceux qui s'esleuerent contre luy, enuoya la confusion & la multitude des langues, à ce que la terre vniuerselle pour lors, & cent ans apres le deluge, n'auoit qu'vne bouche & vn mesme langage, de sorte que le nombre en a tellement accreu, & les differentes sources ont eu tant de ruisseaux, que non seulement les Royaumes & Prouinces ne s'entendent pas d'vn bout à l'autre, mais les villes & les bourgs entr'eux y ont quelquesfois de la peine: surquoy ce que Pline[b] allegue est remarquable, qu'vne ville des Colches, appellée Dioscurias estoit si celebre & si frequẽtée, que 300 natiõs vsans de langage different auoient accoustumé d'y aborder, & les Romains y traitoient leurs affaires & le

b lib. 6. c. 5.

commerce par 130 Intepretes ou truchemens. Chaque Prouince de l'Amerique a sa langue particuliere ; & pour le general, la langue des Mexicains est la plus vniuerselle dans l'Amerique Septentrionale, & celle de Cusco dans la Meridionale, sans qu'on puisse rapporter ces langues à aucune de celles dont nous venons de parler, qui occupent le reste du monde.

Quant à l'escriture, outre ce que nous en auons dit au titre des Inuentions, on remarque que les Latins escriuent de la senestre à la dextre, les Hebrieux de la dextre à la senestre, les Indiens de Cambaye & les Chinois de haut en bas [a]. a Cardan. de subtil. li. 12.

RICHESSES & FORCES.

LEs Richesses & les forces des Princes de la terre ne peuuent qu'aller ensemble, pour estre considerées en mesme temps, puis que les Richesses des Princes sont leurs forces, & les places ne peuuēt estre estimées fortes qu'elles ne soiēt pourueües des choses necessaires, munies de viures & d'artillerie, & les armées ne peuuēt subsister sans estre nourries & entretenuës auec ordre & argent, qui est le nerf de la guerre ciuile,[b] & de l'estrangere. Nous traiterons doncques l'vn auec l'autre, & ferons consideration des Princes qui regnent en Asie, en Afrique, & partie de l'Europe, & qui semblent estre hors du pair auec les autres qui commandent en la Chrestienté, qui seront comparés à part & entr'eux. b Tac.

Les premiers sont les plus puissants non seulement en gros, si on les compare aux Princes Chrestiens & Europeans, mais aussi chacun d'eux à part, lesquels possedent quasi autāt de terre en leurs Empires particuliers, que tous les Princes Chrestiens ensemble. Parmy ceux-là les plus cōsiderables sont l'Empereur des Turcs ou Musulmās, le Roy de la Chine, le Grād Cham de Tartarie, le Sophy de Perse, le Grand Mogol, & le Grand Negus, dit Preste jean.

Quant au premier, ce n'est point sans raison, qu'on luy donne absolument le tiltre de Grand Seigneur, puis qu'il en tient de si bons gages en Asie, en Afrique & en Europe, qu'il n'y a point d'autres Princes qui le luy puissent cōtester. Il suffit de dire pour ces trois parties, reseruant le surplus en la description du monde, qu'en Asie il tient la Natolie, ou Asie mineur, belle, grande & agreable partie, tres-noble pour ses villes anciennes, & considerable pour les autres aduantages ; la Syrie, comprenant la Terre Saincte & la Iudée ; l'Armenie, l'Arabie, & tout ce qui donnoit nom & reputation à ce fameux Empire des Assyriens ou Babyloniens ; En Afrique, les Royaumes d'Alger, de Tunes, de Tripoli, l'Egypte, Prouince ou Royaume tres-bien peuplé de tout temps, particulierement le Grand Cayre, où habitent sept milions de personnes, dont les seize cens mille sont Iuifs, sans compter les diuerses Isles qui luy sont subiettes, & les Isles de Rhodes, de Cypre & autres qui sont en Asie : En Europe, l'Esclauonie, partie de Croace, Bosne, la plus grande partie de la Hōgrie, où sōt Bude & Belgrade ; la Russie, la Bulgarie, la Grece entiere, la Thrace, où est Constantinople, siege de son Empire, sans compter aussi ce qu'il tient dans la Dalmatie, en la Chersonese Taurique, ny ses tributaires, sçauoir les Tartares Precopites, Trāsyluains, Walaches, Moldaues & la Republique de Ragouse. La seule Phenice, où est Tripoli, rend au Turc vn million d'or, & l'Egypte luy porte six cens mille sultanins, qu'il reçoit des mains du Bassa, qui profite du reste, comme les Bassas deuiennent tous tres-riches, & magnifiques, en vaisselle d'or & d'argent, & en pierrerie. Aucuns ont donné au G. S. 187 mille ducats par iour, qui reuiennent pour toute l'année a 68 millions, quatre cens quarante-trois mille huict cens, trēte ducats. Toutefois à cause des grands frais & charges de son Estat, les plus modernes ne font reuenir de bon à la Porte que quarante millions de liures. Le nombre d'hommes y est considerable pour la force de cet Empire, en ses milices ordinaires de Damas, d'Egypte, & autres pays, qui sont de sept cens mille hommes ; en soldats sans paye, qui accourent au besoin iusques à deux ou trois cens mille hommes ; en la Noblesse & gens de guerre plus qualifiez qu'on nōme Spahis ; aux Janissaires ; Gegibilers pour la garde des armes, & autres, parmy lesquels est la Caualerie des Arabes, qui seruēt auec force & addresse, outre les Auxiliaires, dont les principaux sont les Tartares Precopites, & Giebeles, les Circasses & les Curdes ; de sorte qu'il ne faut pas douter qu'auec facilité le Turc n'assemble des armées de trois ou quatre cens mille hommes capable de faire vn plus grand effort d'hommes valeureux, aguerris & bien armés, & de trainer vn nombre effroyable d'artillerie, dont les Arsenaus plus considerables sont à Constantinople, à Bude & à Belgrade. Dans l'estenduë de ses terres depuis les confins d'Oüest du Royaume d'Alger, iusques à Balsore proche du Golfe de Perse à l'Occident, on ne compte pas moins de 800 lieuës de chemin, à vne heure pour lieüe, sans aucun destour, ny recourbement de riuage.

Les Princes Tartares possedants la plus grande partie de l'Asie, sçauoir le Grand Mogol, & le Grand Cham, qui seul en tient presques la moytié, si l'on croid aux rapports qui en sont faits, peuuent disputer au G. S. la puissance de l'Empire, tant en forces qu'en richesses, & pour le dernier point, le MOGOL (a qui l'on dõne plusieurs logis separez & iusques à six chasteaux principaux pour tenir son or, son argẽt ses perles, & pierreries, où les Diamãts occupẽt vn endroit, les rubis vn autre, les esmeraudes & autres pierres pretieuses vn autre, auec vn nombre incroyable d'espées, & autres armes d'or enrichies de pierrerie, toute sorte de vaisselle d'or & d'argent) ne peut auoir son pareil; receuant de ses subjets ou Tributaires iusques à vn million d'or en presents dans vne sepmaine. Quant aux forces, on luy donne 5000 Elephants armés, & iusques à 50000 entretenus dans ses Estats, pour s'en seruir aux occasions, deux cens mille hommes de pied, & autant de cheual, a auec vn nombre incroyable d'autres cheuaux de bagage, outre ceux qui sont entretenus par ordre public, iusques-là qu'vn seul Gouuerneur de Prouince en a pour le seruice du Prince tantost trente, tantost quarante mille. Le Grand CHAM est aussi tres-puissant en terres & en hommes, ayant cent mille hommes de pied & trois cens soixante mille cheuaux, dont il abonde tellement, ainsi que le Mogol, que les Seigneurs Tartares, venans pour le seruir en guerre, luy en ameinent iusques à cent mille. Mais apres auoir dict que tous les Autheurs qui attribuẽt de si grandes forces à ces Princes, n'en sont pas d'accord, & qu'on peut exceder dans ces recits le nombre veritables des hommes mesmes en guerre, ou entretenus, il se void qu'ils sont inferieurs en Infanterie au G. S. & est à presumer qu'vne Caualerie si nombreuse, & qui couure la terre, n'est point bien cõduite & commandée, & s'empesche elle mesmes de son faix & de la difficulté qu'il y a de l'entretenir. Ioint qu'ils manquent de places fortes & d'artillerie, dequoy le G. S. abonde & s'en sert bien, tant pour les canons, que pour les arquebuses, auec ordre & valeur des soldats, Capitaines & Generaux d'armée. Pour les richesses en or, perles & pierrerie, on en peut laisser l'esclat au Mogol, sans que cela le rẽde plus puissant en guerre, & plus redoutable à ses voisins.

a Texeira.

Le Grand Negus ou Preste-jan, est estimé & publié tres-riche par quelques Autheurs, qui luy donnent des caisses separées pleines de diamants, de rubis, d'esmeraudes, turquoises & autres pierreries auec grande quantité d'or gardé dans des forteresses & montagnes tres-hautes; & capable, comme a dit vn Autheur, d'acheter vn monde entier, iusques à le faire riche de douze cens millions d'or, & auoir escrit que l'Empereur Dauid Preste-jan offrit au Roy de Portugal mille fois cent mille drachmes d'or; retirant de grands tributs de diuerses sortes, de ses subjets, comme il sera dit ailleurs; & ayant vn million d'hommes de combat, qui sont toujours en campagne, sous cinq à six mille tentes. Nous appliquons icy les mesmes responses faictes pour les Princes Tartares, pour ne rendre point le G. S. inferieur à toutes ces forces, si bien il n'a pas tant de richesses.

Le Roy de la Chine, dont les pays & terres occupent en longueur quatre cens quatre vingts lieuës, & quatre cens quarante lieuës en largeur, auec 15 grandes Prouinces, ou Royaumes, & 2355 villes & citez fortifiées de bouleuards & hautes tours, & des reuenus excedãts tous ceux des Princes de l'Europe, ou de la Chrestiẽté, & se portants à 150 millions retirez du pays ou des Tributaires, consistants en droicts payez en or, argent, pierres pretieuses, metaux, musc, ambre &c. si l'on croid tout ce qui en a esté escrit pour sa richesse & ses forces en places, artillerie, nombre d'hommes sur terre & sur mer, ne semble point auoir son pareil dans le mõde; de sorte que comme ce grand Royaume a esté incogneu aux Anciens, faute de communication, ce qu'on en a dit depuis a esté moins croyable. Vne seule Prouince y entretient deux millions cent cinquante mille hõmes de pied, & quatre cens mille hommes de cheual, & les autres presqu'autant, reuenant le tout à cinq millions sept cens nonante quatre mille hommes de pied, & neuf cens trente-trois mille huict cens cinquante de cheual. Le moindre compte est d'vn million de soldats qui sont entretenus, & ordinairement en armes. Chaque Prouince maritime assemble facilement mille nauires de guerre, & la moindre armée est de six cens Vaisseaux, qu'on y appelle Ionques. Le Royaume est asseuré presque de tous costés par la mer qui l'enuironne; les rochers & precipices sont en vn endroict, auec la forte & merueilleuse muraille bastie en vn long espace de temps, qui les lie, & defend le pays contre l'inuasion des Tartares leurs voisins & les seuls ennemis qu'il peut craindre. Il faut adouüer que toutes les forces & richesses de ce grand Empire, auec tout ce qu'on a escrit, rapporté ou fait voir de son Imprimerie, liures, papiers, estoffes, artillerie &c. est d'autant plus esmerueillable, que nos esprits & nostre curiosité n'estoient point preparés par aucune cognoissance des Anciens Grecs ou Romains, qui ont veu, couru, ou appris des nouuelle de tout le monde; & le Grand Alexandre, à qui vn seul mõde n'auoit point suffi, n'en apprit rien, ou n'eut pas le loisir de le faire, à cause de la brieueté de sa vie, & que ses jours furent retranchés en la fleur de son âge par la violence du poison. Mais comme nous lisons que le Grand Tamerlan, fils du Prince de Zagatay, Tartare, & lequel herita le grand Cham son oncle, desfit le nombre innombrable de gens assemblez en armes à l'entour de ce puissant Roy, presque sans combatre, & le fit prisonnier,[a] aussi faut-il iuger que tout ce grand pouuoir rencontre des defauts signalés, pour rendre ce Roy inferieur aux autres moins puissants en apparence. Il a de l'artillerie, & des armes à feu, mais il ne s'en sçait pas seruir; il a des cheuaux en nombre effroyable, mais ils sont foibles, & mal gouuernez; il a des hommes comme le sablon de la mer, mais ils sont mal armez, mauuais caualiers, lasches & Asiatiques. Le Roy est dans l'aise & la volupté, & s'il estoit vne fois percé & attaqué en ses Estats, le grand nombre de ses gens mal conduits & de peu de courage, luy seroit vn empeschemẽt & vn entraue. Les mers, & l'esloignement de ses pays moins cognus que les autres, le tiennẽt plus à couuert d'inuasiõ qu'autre force ou defẽse de ses villes, valeur, ou addresse de ses gens de guerre.

[a] Hist. de Tamerlan par l'Abbé de Mortemer sur les memoires d'vn Arabe.

Le Sophy de Perse est tres-puissant en Caualerie, en laquelle est toute sa force, quoy qu'il ait aussi de l'infanterie, auec l'vsage des arquebuses. Il assemble en peu de iours iusques à deux cents mille cheuaux, sous deux cens drapeaux ou enseignes, à mille hommes chacune. Les trente-deux nations ou lignages de son Empire fournissent chacun dix ou douze mille cheuaux, & autant de gens de pied auec armes à feu, les Caualiers bien armez, montés à l'aduantage & combattants à la Genette, auec grand effect, & sur cheuaux vistes, furieux & de longue haleine. Ismael Sophy auoit trois cens mille cheuaux contre Selym Empereur des Turcs, sans compter son infanterie. Ka Abas fut aussi tres-puissant & fort valeureux. Mais outre que le Sophy n'esgale pas le G. S. en estenduë d'Empire, & n'a pas vn pouuoir si grand & vniuersel, il est sans force de mer & n'a point de forteresses sur terre. Toutesfois pour les armes, addresse & magnificence exterieure, auec la politesse des mœurs, il n'est point inferieur au Turc, auquel il est bien capable de resister & de faire guerre; & s'il faut employer le dernier qui est la ciuilité & l'entregent, il excelle pardessus tous les Potentats de l'Asie, tient l'vn des considerables monarchies de tout l'Orient, toute vnie dans vne seule partie du mõde, sçauoir l'Asie, en 600 lieuës de longueur & 500 de largeur, riche en or & en perles de tres-grand prix. Ka Abas, le plus braue Prince que cete nation ait porté, auoit si grande quantité de vaisselle d'or & d'argẽt, que la seule façon montoit nonante mille ducats, & la seule Prouince de Guttylan porte depuis ses conquestes iusques à vn million d'or. Ce qu'on dit generalement de l'Asie, qu'elle a beaucoup d'hommes, & peu de soldats, souffre exception pour les Persans, & s'est toujours entendu principalement des Indiens, tels que sont les sujects du Roy de Bisnagar, qui a plus de tiltres insolents & extraordinaires, que de bõs Capitaines. Les Ethiopiens en sont de mesme; le Roy ou Empereur de Monomotapa employe des fẽmes en guerre en nõbre de 6000, qui sont cõme les anciennes Amazones, fort respectées & redoutées, & celuy de Monœmugi luy oppose d'autres fẽmes, qu'on nõme Giachas, & possible que ce sexe y fait mieux que les hommes mesmes. Le Monomotapa est vn estat puissant, & a plusieurs Roys ou grands Princes tributaires, comme celuy de Tombut au pays des Negres, & du Iapon en Asie, mais ils ne sont nullement comparables aux precedents que nous auons posez, pour les tirer du pair d'auec tous les Princes de la terre, & venir aux Roys & Princes de la Chrestienté, pour les comparer entr'eux. Les Ingas ou Iugas, Roys du Peru, & ceux de Mexico en Amerique, ont esté puissants en or & autres richesses, & en grandeur de Prouinces; mais par le raisonnement fait cy-dessus, leurs armes grossieres & leur courage bas, ils n'ont peu entrer en comparaison auec ces puissances y mentionées; non plus que les Estats de Maroc & de Fez, lesquels autrefois assemblés & sous vn mesme Prince, n'ont peu faire que soixāte mille cheuaux.

Restent à considerer les Roys, Princes & Estats Chrestiens, pour lesquels nous garderons cet ordre, qu'en faisans trois rangs, nous mettrons au premier les Princes & Estats moindres, qui ne peuuent estre comparez qu'entr'eux, & non auec les autres. Au second serōt les Roys & Estats mediocres, & plus puissans que les premiers, pour estre aussi comparé entr'eux, & ne pouuoir estre appariés auec ceux que nous logerons au troisiéme, qui seront les plus puissans Princes de la Chrestienté, & qui sont plus considerables les vns que les autres entr'eux à diuers esgards.

Le premier rang des Princes & Estats Chrestiens en contient dauantage que les autres, parce qu'estans plus foibles & moins considerables, ils se trouuent en plus grād nombre, & ne peuuent gueres subsister d'eux mesmes, s'ils ne sont appuyez des autres, ou liguez entr'eux. Tels sont les Princes d'Italie, sçauoir le Duc de Parme, qui peut faire dans ses terres dix mille hommes de pied, & cinq cens cheuaux; Le Duc de Mantoüe & de Montferrat, qui peut armer 12 ou 15 mille hommes de pied, à 12 mille hōmes de sa milice ordinaire, tient deux places importantes, Mantoüe & Casal, qui sont tres biē munies d'artillerie: Le Duc de Modene, qui faisant 600 hōmes de cheual, peut aussi tirer iusques à 20000 bons soldats, de 30000 hommes qu'il a de sa milice. Le Pape, le Grand Duc de Toscane, & le Duc de Sauoye, censé Prince d'Italie, à cause du Piedmont, auec la Seigneurie de Genes, sont encores de ce rāg; & de ces quatre les deux, sçauoir les Ducs de Toscane & de Sauoye sont les plus puissants pour diuerses considerations. Le reste des Princes ou Estats d'Italie ne peut entrer en comparaison auec ceux que nous auons mentionnez.

Les Estats du Pape sont assez grands, & espars en diuers endroits, desquels il tire deux millions d'or de reuenu, outre l'extraordinaire. Ses forces sur terre sont plus grandes que celles du Grand Duc de Toscane, veu qu'outre l'artillerie & les armes dont les places sont bien pourueuës, & les bons soldats que fournissent ses terres, la milice ordinaire enrollée est de plus de 40000 hommes de pied, & il peut assembler facilement iusques à 50000 hommes de pied, & 5000 cheuaux. Boulogne & Ferrare sont les lieux principaux d'où sa tirent les forces, outre Rome, qui est la capitale.

Le Grand Duc de Toscane a diuers reuenus qui montent à 1800000 escus, outre l'extraordinaire. Ses magasins d'armes peuuent armer 80000 hōmes. Il a plus de canons que Prince d'Italie. Tous ses Estats peuuent contenir 1300000 ames. Sa milice est composée de 40000 hōmes, mais on ne peut pas faire estat que de la moytié. La Cauallerie y est en petit nombre [a], mais les forteresses y sont bonnes, frequentes [b], & bien munies. Il a deux ports principaux & des forces considerables sur mer, vn arsenal à Pise auec 12 galeres & deux galeaces, six galeres en course, & vn galion, de sorte qu'il est en partie maistre de la mer Mediterranée. Le grand Galion est comme vn fort sur mer. Les Cheualiers de S. Estienne, personnes qualifiées, sont en bon nōbre, & sont la force & l'hōneur de son armemēt de mer. Tous ces aduantages & le thresor qu'il possede, le peuuent faire viure en asseurance de ses voysins, & autres ennemis esloignez.

[a] 1000. cheuaux.
[b] 41 places.

Le Duc de Sauoye tire de ses Estats le reuenu qu'il veut, notamment du Piedmont, qui a toutes les commoditez & les fruicts qu'on sçauroit desirer, & lequel est chargé de grandes impositions, montans à plus de douze cens mille escus d'or, sans y compter les parties casuelles. Ses forces consistent en la bonne situation de ses Estats, pour se defendre par la difficulté des aduenuës; Montmeillan, Carmagnole & Nisse sont des forteresses comme inexpugnables, auec plusieurs autres belles places, qui rendent ce Prince considerable dans l'Italie & dehors. Le Duc de Toscane est plus fort sur mer, & le Pape peut mettre beaucoup plus de gens en campagne, comme nous auons des-ja dit.

La Seigneurie de Genes consume tous ses reuenus à garder ses places, & l'on fait cōpte qu'elle est aussi pauure & engagée, cōme ses principaux habitās & Seigneurs, auec l'office de S. George, sont riches & puissans. Elle a sa milice estrangere cōposée de trois nations, Suisses, Italiens & Corses, en assez petit nombre, mais celle du pays tirée des vaisseaux de la Seigneurie fait 28 à 29 mille hōmes. Elle a l'artillerie qui luy est necessaire, & huict galeres payées, outre celles des particuliers, qui peuuent contribuer leurs moyens & la bonne intelligence pour leur cōseruation dans le salut public. De la ville de Genes peuplée de 50000 cōmunians, sans compter les Prestres, ny les

les Religieux, sortiroit de quoy faire vne armée, en cas de necessité, & ses efforts & intelligence sont plustost sur mer, que sur terre.

Les Suisses & les Princes d'Alemagne doiuent estre en mesme consideration que les precedens. Les premiers n'ont pas des richesses ou de grands reuenus, mais ils ne sont pas desrobez, & ne font point de pensions, ains en reçoiuent. L'assiette de leurs pays, la vigueur de leur corps robustes, & leur bonne intelligence les font subsister; & pour leurs forces, on fait estat que le seul Canton de Berne a iusques à 18000 hommes de sa Milice; & tous les Cantons ensemble en peuuent faire six vingts mille & dauantage.

Dans l'Alemagne, pays de tres-grande estenduë, auquel on donne 465 lieuës de tour, 148 de longueur & 120 de largeur, se trouuent diuers Estats de Princes souuerains, ou Republiques. Mais apres l'Empereur, dont il sera parlé cy-apres, & de la maison d'Austriche, les principaux sont le Duc de Bauiere, qui peut faire iusques à 100000 hommes auec vn million de thalers de reuenu; Le Marquis de Brandebourg, qui fait 6000 cheuaux & 24000 hommes de pied, auec vn pareil reuenu; & le Duc de Saxe, 8000 cheuaux & 20000 hommes de pied. Le Comte Palatin, dans les belles terres qu'il possedoit, estoit redoutable non seulement à ses voisins, mais aussi à l'Espagnol, & à l'Empereur mesme; ayant esté capable de faire vn grand effort en se contenant dans les bornes de son pouuoir, si l'on ne veut dire qu'outre la forte partie qu'il auoit attaquée, sa mauuaise conduite & son propre malheur contribuerent à sa desfaicte.

Au second rang des Princes & Estats Chrestiens nous mettons quatre Roys & deux Republiques. Les Roys sont ceux de Pologne, Danemarch, Suede, & Angleterre. Le Roy de Pologne auec douze millions de liures de reuenu, peut faire iusques à cent septante mil hommes en y comptant les Estats vnis, où seront cent mil cheuaux. Les cheuaux Polaques sont tres-bons, & l'adresse des Polonois à manier le cimeterre est excellente. La Noblesse comme elle est mandée & obligée à seruir, y fait bien son deuoir. Mais outre que la bonne Infanterie seruant le Roy de Pologne est estrangere, & que les Tartares & Cosaques, qui sont grands archers & bons arquebusiers, le seruent aussi & sont sa principale force, combattans vaillamment & auec affection, estans tous freres ou parens de la Noblesse Polonoise, & principalement contre le Turc, l'ennemy plus redoutable de cet Estat, la Pologne a fort peu de villes fermées, dequoy la Noblesse est cause, afin que les bourgeois ne se rendent plus forts & considerables qu'eux; & quoy qu'elle ait des ports de mer, & des grandes riuieres, elle n'a point de forces, ou de vaisseaux entretenus. Il faut adiouster à cela le grand nombre de puissans & mauuais voisins qu'elle a, sçauoir le Moscouite, le Suedois, les Tartares Precopites, le Turc, les Valaches & les Transsyluains; ce qui empesche qu'elle ne puisse gueres entreprendre, quoy qu'elle soit assez puissante.

La Suede est grande comme la France & l'Italie, & a 333 lieuës d'estenduë: De Stokolm iusques aux Lapons on y compte vingt iournées de cheual. Ses reuenus sont d'vn million de thalers, ou peu s'en faut. Elle a grand nombre d'artillerie, & iusques à cinquante nauires de guerre, auec six ou sept mille mariniers, n'ayant gueres à craindre sur la mer, hors des Danois, qui en ont les entrées plus faciles.

Le Roy de Danemarch, dont les pays par mer & par terre s'estendent 720 lieuës du Sud au Nord, n'est pas despourueu de forteresses, ny de forces sur mer, mais il a peu d'argent & de soldats, de sorte qu'il n'est pas comparable aux Roys precedens, ses voisins.

Le Roy d'Angleterre auec huict millions de liures de reuenu qu'on luy donne, & la Couronne d'Escosse vnie desormais sous le nom de la Grande Bretagne, qui luy fournit iusques à trente mil hommes, peut faire vingt mille cheuaux & cent mille hommes de pied, sans aucun secours estranger; & ayant des hommes experimentez & vaillans sur mer, y peut mettre iusques à mille vaisseaux de toute sorte, tellement qu'auec la bonne situation de ces Isles & Royaumes clos de la mer, il semble plus fort & considerable que le Roy de Pologne mesme, pour les raisons que nous auons releuées contre luy.

Les deux Republiques qu'on peut mettre dans ce second rang, sont les Estats des Prouinces vnies des Pays-bas, & les Venitiens. Quant aux premiers, leur richesse est considerable, & leurs impositions & reuenus peuuent aller à sept ou huict millions d'or: Amsterdam, l'vne des plus riches & puissantes villes du monde, porte plus que toute la Hollande ensemble. Ils ont des canons & autre artillerie, tout l'appareil, & des munitions de guerre, à l'esgal des plus grands Princes: Leurs butins & prises sur l'Espagnol en or, espiceries, sucres &c. & de la flotte des Indes, les rendent riches; & leur bel ordre en la guerre fait qu'elle dure parmy eux, & qu'ils en supportent plus longuement les frais que les Venitiens ne sçauroient faire; & y font diuers efforts, & des executions telles que les plus grands Princes, ayans à faire au Roy d'Espagne, ne pourroient pas possible mettre à chef.

Les Venitiens n'ont que quatre millions de ducats de reuenu, dont Venise seule rend vn million & huict cens mille, & l'Isle de Candie, vn million. On y compte trois millions d'ames, sans les Prestres, Moynes & Nonnains, & parmy ce nombre, trois ou quatre cens mil hommes propres pour la guerre, quoy que sa Milice ne soit que de 35000 hommes de pied, & qu'il n'y ait que sept ou huict cens cheuaux entretenus, & quatorze compagnies de grosse Caualerie, qu'ils appellent. Venise est la plus asseurée ville de l'Europe, & son Arsenal le plus beau & le mieux fourny, qui soit dans le monde, auec vne prouision de canons & autres munitions de guerre, qui semble incroyable, des armes pour prez de deux cens mil hommes, deux cens galeres ou galeasses, & plus de vaisseaux que n'en a aucun Prince Chrestien, de sorte que pour les forces de mer, la valeur & experience de leurs hommes, le G. S. mesme, que nous auons mis au dessus de tous les Princes d'Asie, & d'Afrique, leur cede.

Le troisiesme rang des Princes Chrestiens, qui sont tirez hors du pair d'auec tous ceux que nous venons de mentionner, n'en contiendra que quatre, sçauoir le Grand Duc de Moscouie, l'Empereur, le Roy d'Espagne, & le Roy de France. Le premier n'a point le tiltre de Roy, quoy qu'il prenne celuy d'Empereur de Russie, & autres dont il sera parlé en ses Estats. Les pays de son obeyssance ont mille lieuës de longueur, & sept cens de largeur: Ses reuenus par les grandes impositions & charges qu'il met sur tout, se montent à vingt-deux millions de liures. Il n'y a Prince en Europe qui ait de plus grands thresors en vaisselle d'or, d'argent, & pierreries. Il a grande quantité d'artillerie, & iusques à 2000 canons. Et quant aux hommes, il est beaucoup plus fort en Caualllerie, ayant autrefois [a] mis en campagne iusques à 300000 cheuaux, & 100000 arquebusiers, outre ceux qui s'aydent des flesches, à quoy ils sont fort adroits. Ses forteresses sont en grand nombre, assises aduantageusement dans des lacs & serpentemens de riuieres, munies de tout, & fortifiées de bois & de terre, ce qui resiste mieux au canon. Toutes ces considerations le font iuger vn Prince tres-riche, puissant, & en estat de se deffendre. Mais comme nous auons releué cy-deuant contre le Roy de la Chine, beaucoup plus puissant en terres, en hommes & en thresors, & dit generalement de l'Asie, qu'elle manque de soldats & abonde en hommes, se peut appliquer au Moscouite, voisin de l'Asie, où il a mesmes des terres. Les Polonois & les Suedois ses voisins sont plus habiles & plus resolus, que ne sont pas les Moscouites, sur lesquels ces deux Nations ont tousiours eu de l'aduantage, quoy que leurs Roys ne soient ny riches, ny puissans à l'esgal du Grand Duc, qui a demandé autrefois secours aux Hollandois, & au Roy d'Angleterre contre les Suedois; ce qui marque qu'il est bien esloigné d'entreprendre sur ses voisins, & de faire des conquestes. Pour rauallet le courage des Moscouites, on adiouste que le Prince les foule, & les tient fort bas, estant maistre de tous leurs biens, & la Noblesse n'y estant pas authorisée & gratifiée comme en Pologne & ailleurs.

[a] 1579.

L'Empereur est consideré en son tiltre & dignité, & aux reuenus & forces qu'il tire de son patrimoine & de ses terres en propre. La qualité d'Empereur ne luy donne que quinze ou vingt mille florins, les reuenus de l'Empire ayants esté ou alienez ou engagez. Comme Archiduc d'Austriche il a deux millions d'or & demy, & auec l'Extraordinaire cinq millions; Il fait aussi iusques à cent mil hommes de pied & trente mille cheuaux. Comme Roy de Boheme il a douze cens mille thalers, & peut faire pareil nombre de gens de pied, & dix mille cheuaux. Ioignant donc ses forces, il peut faire de grands efforts, & assembler de tres-puissantes armées telles que Charles cinquiesme & Maximilian deuxiesme ont faictes.

Le Roy d'Espagne, cõme estãt maistre de plusieurs pays tres-riches, & d'vn trafic fort grand ez diuerses parties du monde, où sont des villes tres-puissantes, comme

GOVVERNEMENT.

Es deux vertus principales & vniuerselles, qui dirigent toutes les autres, sçauoir la Prudence & la Iustice, ne peuuent auoir que trois obiets, qui sont la conduite de l'homme en ses mœurs, deportemens & actions, & c'est ce qu'on appelle Ethique; le Gouuernement d'vne famille, & c'est l'Oeconomique; & le Gouuernement d'vn Estat & chose publique, qui est la Politique. Ce sont les trois parties de la Philosophie Practique, gisant en action, & non en contemplation, à quoy s'employent les autres parties de la Philosophie, pour adresser nostre raisonnement & discours, qui est la Logique; & pour cognoistre les choses naturelles ou surnaturelles, qui sont la Physique & la Metaphysique. Les doctes & curieuses recherches de l'Autheur, traictant la qualité du monde en general, & les discours faits sur les quatre Elemens ont touché ce qui regarde la Philosophie naturelle; Ce qui est de la Morale & autres parties que nous auons posées, sera donné succinctement, pour accomplir les chapitres & sections du Discours vniuersel, & les conformer à l'ordre esgalement suiuy en la description du monde & de ses parties generales, & en celle des Royaumes, Estats & Prouinces.

Morale. La Prudence est la Royne des vertus, pour laquelle vn Ancien a bien dit, & se doit rapporter aux trois parties que nous auons à traicter, qu'aucune diuinité ne defaut, si la prudence est appellée en conseil. Elle distingue le bien du mal, & choisit parmy les biens celuy qui est à preferer, regit & modere les autres vertus, prend le milieu & la mediocrité, s'accommodant au temps, au lieu & aux personnes; pour se lier inseparablement auec la vertu morale, sans laquelle quiconque la practique, il est plustost fin que prudent, atteignant l'extremité vitieuse de ceste vertu excellente, comme la contraire extremité le rend sot & mal-aduisé.

La Iustice est l'autre vertu maistresse & Emperiere, comprenant toutes les autres, vertu des Roys & des Princes, qui regnent par elle non seulement en leurs bonnes mœurs, seruans d'exemple à leurs subiets, mais aussi la faisans exercer dans leurs Estats. Ceste vertu dirige la volonté & l'appetit de l'homme à l'obeyssance des loix faictes pour l'entretien de la société humaine, & gouuerne les habitudes & actions des autres vertus sur ces mesmes loix, que l'homme est obligé de garder, rendant à vn chacun ce qui luy appartient, qui est l'vn des preceptes du Droit; viuant mesme honnestement, & n'offensant personne à son escient, en quoy consistent les autres preceptes. Les distinctions du Droit, & la definition de l'Equité, non contraire à la Iustice exercée par vn homme prudent, sur le droit diuin, qui ne peut estre moderé par aucunes circonstances du temps, du lieu & des personnes, sont icy à considerer.[a] La Iustice donc est vne vertu vniuerselle, belle, parfaicte & difficile.[b]

a Arist. Ethic. l.5.c. 10.
b Id. l.5. Ethic. c.9

Les vertus particulieres regies par la prudence & par la Iustice, regardent nostre conduite enuers nous mesmes, ou enuers autruy, ou partie enuers nous, partie enuers autruy. Celles qui nous appartiennent sans aucun esgard à autruy, seruent à moderer nostre appetit & cupidité soit pour la nourriture, soit pour la generation, ou bien commandent à nos affections. Les premieres sont entenduës sous le nom de Temperance, & ont pour objet le plaisir qui se prend au manger, au boire, & auec les femmes, par les sens du goust & de l'attouchement; pour en euiter l'excez & l'abus contreuenant à l'honnesteté & à la raison; de mesmes que son contraire par immanité de nature & priuation de tout sentiment à iouyr des choses necessaires & permises; d'où se forment les especes de ceste vertu generale, sçauoir la frugalité, la chasteté, l'abstinence & la sobrieté, appliquans les deux derniers au manger & au boire, dont l'excez forme le vice & le nom d'yurognerie. La Temperance en general produit ses effects, qui sont la santé du corps, & de l'esprit, la conseruation de la memoire, & l'entretien de la prudence : De la chasteté resulte la pudicité, euitant les discours & les gestes mauuais.

Les vertus, qui sous le nom de Temperance commandent à nos affections, ont diuers obiets, sçauoir le desir & l'appetit des biens ou des richesses, & des honneurs, la tristesse, la crainte & la ioye. Le premier qui regarde les biens, ou la vertu qui en gouuerne & modere l'appetit, est ceste bonne qualité d'estre content des choses presentes,[a] & comme l'on dit, de sa fortune, imitant la nature, qui est contente de peu, ou de chose mediocre, & sçachant que pieté est vn grand gain [b] auec vn esprit reposé & content de ce qu'il a. Le second pour les honneurs est la modestie, vertu morale, qui nous fait desirer des honneurs conuenables, sans excez & auec mediocrité, puisque le desir de l'honneur & de sa possession est licite & loüable de soy, ce que les Grecs expriment en vn seul mot.[c] Ceste modestie est accompagnée d'humilité, & à tous les deux est opposée l'ambition auec la presomption qui luy est iointe, & la superbe. Ce que la modestie appette pour les honneurs mediocres, la magnanimité le recherche pour les sublimes & releués; C'est ceste grandeur de courage qui tend à la dignité & Magistrature meritée, pour en bien vser, sans vaine gloire, & pour seruir d'vn legitime ornement aux autres vertus, sçauoir la temperance, la liberalité, la iustice, la douceur ou mansuetude, la verité esloignée de dissimulation & de flatterie, sans enuie, ny admiration des dits & des faits d'autruy: Vertu haute, difficile & dangereuse, pour degenerer en orgueil, en fast & ostentation ; & son contraire est la pusillanimité & bassesse de courage. La vertu qui modere nostre ioye pour les choses qui nous succedent bien, est vne esgalité ou equabilité d'esprit, à ne s'esleuer point en insolence & excez de contentement: Celle qui modere nostre tristesse en aduersité, nous affermit contre la crainte & apprehension, releue les esperances abbatuës, est la tolerance, patience & force,[d] pour supporter la douleur & les trauaux, subir les dangers, encourir la pauureté, la prison &c. & mespriser la mort. L'audace & la temerité sont opposées à ceste force & generosité de courage, qui agit auec raison, & pour chose honneste, auec constance & fermeté. L'autre extreme est la lascheté & timidité.

a Heb. 13

b Tim. 4

c φιλοτιμία.

d Fortitudo. ἀνδρεία.

Les vertus qui ont esgard à autruy, & nō à nous mesmes, cōsistent en la Iustice particuliere, soit distributiue, auec proportion Geometrique pour les peines ou les recompenses, soit commutatiue pour l'obseruation des contracts, & de nostre foy, auec égalité & proportion Arithmetique sans respect ou esgard aux personnes. En la beneficence & liberalité, qui a pour fondement le dire de nostre Seigneur, qu'il est beaucoup plus heureux de donner que de receuoir, ce qui est tellement approuué d'Aristote, qu'il tasche de confirmer ceste verité par six argumens.[e] La fin de ceste vertu doit consister en chose honneste, & la mesure s'y doit apporter en ayant esgard à la personne de celuy qui donne & de celuy qui reçoit, au temps, au lieu, à la quantité & à la qualité. L'vn de ses extremes est la profusion ou prodigalité, & l'autre est l'auarice, en sorte neantmoins que l'vn, à sçauoir l'auarice est pire que l'autre pour deux raisons principales, l'vne est que c'est vn vice qui ne profite à personne, au contraire de la profusion par laquelle on fait du bien à quelqu'vn, quoy qu'auec excez & sans raison ; l'autre que c'est vn mal d'autant incurable, qu'il croist auec l'âge & les vieillards y sont plus subjets que les ieunes. La magnificence est vne espece de liberalité en degré eminent, conuenable aux grands & aux personnes releuées : Le luxe luy est opposé d'vn costé, & l'escharseté de l'autre. La liberalité plus speciale consiste en l'hospitalité & en l'aumosne, que les Chrestiens entendent & practiquent sous le nom de charité, vertu tant recommandée par Iesus-Christ, representé en la personne des pauures.

e Li. 4. Eth. c. 2

Apres les vertus principales pour les mœurs & la conduite de l'homme, restent les moindres, qui regardent l'entregent & la conuersation ciuile, où il eschet de practiquer & ne practiquer pas plusieurs choses, ou d'y apporter vne telle moderation, qu'il n'y ait pas du vice & de l'excez. La douceur & la courtoisie, en conuersation serieuse, quoy que familiere, exercée auec mediocrité, & accompagnée des parties requises, doit estre esloignée de la trop grande complaisance, qui tend à flatterie ; son contraire est la mauuaise humeur, l'abord difficile, & la conuersation hargneuse, à ne se plaire pas mesmes aux choses honnestes,

& ne s'accommoder pas à autruy & à la compagnie. La conuersation ioyeuse reçoit la raillerie, qui resiouyt & instruit, & demande vne grace naturelle, sans contrainte ny affectation, ce qu'Aristote mesme a recognu; [a] la moderation & la discretion y sont necessaires, sans offense & mespris d'autruy ou de soy mesme, pour euiter la bouffonnerie, comme vne extremité de cette vertu, grace ou bonne qualité.

Parmy les vertus qui nous regardent & l'autruy, est cete mansuetude ou douceur tant recommandée par les Philosophes, [b] qui modere nos premiers mouuements, qui ne sont pas à nous mesmes, commande à la colere, qui est comme vne briefue fureur, & mesprise les iniures. Cete colere longuement entretenuë iusques à la vengeance, telle qu'on l'attribuë aux Italiens, est beaucoup plus dangereuse, que la lenteur ou mollesse, qui nous priue de tout ressentiment, & est l'vn des extremes de la mansuetude & douceur d'esprit.

La candeur, integrité ou syncerité, dont Aristote [c] parle, sont parties & vertus recommandables, qui nous portent à ne mentir ny ne dissimuler point, & à faire que nos actions respondent à nostre volonté & affection, que nous parlions comme nous croyons & sentons, extenuants plustost ce qui est en nous, que de l'amplifier & nous arroger plus qu'il ne nous appartient. Le parler peu à propos n'est pas vne moindre vertu, qui nous fait faire ce qui se doit, auec ce mot rare du Poëte, [d] qu'il faut taire les premiers, ce que nous ne voulons estre par autruy. Les grands parleurs sont communément vains & confus, & ne peuuent tout dire auec ordre & verité. Ils se portent à la contention & à la dispute, & sont sujets à parler auec toute sorte de gens. Cette vertu est difficile, & les sages ont le cœur en leurs levres, la langue qui tient en son pouuoir la mort & la vie, requiert d'aussi bons cadenats, que les coffres où sont l'or & l'argent. [e] La bien-seance & propreté au corps, au viure, aux habits & aux gestes, en la démarche, aux compliments & honneurs à faire & à rendre à autruy, sans excez ny afferterie, sont de bonnes qualitez. La grauité qui sied mieux aux anciens qu'aux ieunes, estant attrempée & assaisonnée d'humeur affable & courtoise, donne quelque dignité aux actions & aux paroles, compose les gestes & les mouuements du corps, concilie le respect, & engendre auctorité à l'hōme, s'esloignant d'vne part de l'humeur altiere, superbe & sourcilleuse, & fuyant de l'autre la legereté & l'indecence, qui ne garde pas son rang, & ne considere point son âge.

Il y a certaines vertus imparfaites, qui sont comme des impressions legeres ou des dispositions au bien, pour estre accomplies par preceptes, exemple, vsage & exercice. Telle est la pudeur en la Ieunesse ou Adolescence, en laquelle on a dit [f] que c'estoit comme vne marque & preparation à la vertu & à l'honneste. La mauuaise honte & l'impudence sont les deux extremes de cette vertu, mais le dernier est beaucoup plus mauuais & dangereux, estant comme l'extreme de tous les vices. La compassion est vne autre vertu imparfaicte, qui nous regarde nous & l'autruy, ainsi qu'estre sans enuie & sans soupçon, qui sont aussi deux vertus: par la compassion nous desirons du bien à autruy, & nous resiouyssons de celuy qui luy arriue; l'enuie prend le contre-pied, elle conçoit de la tristesse de l'heur de ses amis & esgaux, habite dans les courages bas, & est fille de la superbe: ce qui est de plus mauuais en ce vice, c'est qu'il est tousiours accompagné de quelque murmure contre Dieu, qui donne ses graces à qui bon luy semble. L'emulation est vne enuie loüable & permise, lors que nous taschons de bien faire à l'exemple d'autruy, ou de le surmonter, s'il nous est possible: les ames bonnes & nobles en sont touchées & piquées comme d'vn puissant esguillon. Le soupçon est chose vicieuse, & tombe tousiours en vne ame mauuaise, puisque les bons, qui ne soupçonnent pas le mal qu'ils ne font point, en sont exempts. Toutefois la Prudence dicte que la deffiance est mere de seureté, de sorte qu'il n'y a que le soupçon sans sujet & fondement, qui soit vicieux.

La Repentance est baillée pour vne vertu imparfaite en l'Ethique, & doit prendre sa source de la haine du vice, & non de la crainte du chastiment. Lors qu'elle est veritable & serieuse, le cœur en est frappé, auec vne forte impression de douleur & regret d'auoir failly: comme elle rameine au bien & à l'honneste, l'impenitence son contraire est la nourrice & la mere de toute sorte de vices.

Les vertus imparfaictes sont aussi accompagnées d'vn combat entre l'appetit & la raison, tellement qu'Aristote [g] a baillé la Continence [h] pour vne demy vertu dans

[a] Rhet. c. [illegible]
[b] Arist. Eth. l. 4. c. 3. Cic. I. Offic. Plat.
[c] l. 4. c. 7. ἀλήθεια.
[d] Senec. Trag. Alium silere quod voles primus sile.
[e] Sal. in Prou. c. 18. Syra. c. 28.
[f] Senec.
[g] l. 7. Eth. c. [illegible]
[h] ἐγκράτεια.

cette h[illegible] en laquelle pourtant la vertu gaigne le dessus, auec peine & contrainte, soit co[illegible]tre la colere, soit contre la cupidité du manger, du boire, & des femmes, & separe l'incontinent de l'intemperant, auec plusieurs differences remarquables par vn Theologien, & disant que le premier n'est pas simplement & absolument mau[illegible]ais, & qu'il ne peche que par occasion, infirmité & precipitation. Il separe aussi la Tolerance en l'aduersité & aux choses laborieuses d'auec la Force,[a] & luy donne pour extremes d'vne part l'endurcissement à la peine, & l'obstination à souffrir, & de l'autre, la mollesse causée par la nature du lieu, l'âge ou le sexe, ou contractée par nostre faute & lascheté.

a Fortitudo.

Comme nous auons dit de la Magnificence, que c'estoit vne espece de liberalité en degré eminent, les vertus qu'on appelle Heroiques, ne different des autres qu'en ce degré, & non en espece. Elles sont causées en l'homme par l'excellence de son temperament & de la disposition de son corps, & par vne institution tres-soigneuse & exacte. Ceux qui en sont doüez sont poussez d'vn desir vehement à executer les choses hautes, y sont constans & inesbranlables, & en experimentent les bons succez. Les grands employs seruent de degré & d'opportunité à ces executions, & la naissance Royale, ou les occasions amenées de Dieu, qui semble susciter ces hommes extraordinaires pour accomplir de notables changements, en sont aussi les premiers progrez. On a logé les Heros comme moyens entre Dieu & les hommes, & leurs vertus ont esté nommées diuines.

Les amis sont absolument necessaires pour bien & heureusement viure,[b] & comme la vertu est le moyen de cette felicité morale, l'amitié qui est l'vnion & la conspiration à cette mesme vertu, est considerée comme vne ayde puissante à acquerir cette mesme felicité. Si la foy est le fondement de la societé ciuile, l'amitié & l'entretien d'icelle ne l'est pas moins; & partant l'homme excellera en sa conduite & au gouuernement de soy-mesme, s'il cultiue les vertus qui luy sont proposées, & s'il acquiert des amis & les conserue.

b Arist. l. 8 c. i. & li. 9. c. 11.

Le Gouuernement de la famille, qui est l'Oeconomique, gist & consiste és moyens de la conduite dans l'honnesteté, auec profit, honneur, contentement & paix. Il comprend trois societez, establies de Dieu & de la Nature, sçauoir celle du mary & de la femme, du pere & des enfans, du maistre & du seruiteur; Ces trois societez constituent la maison ou la famille, dont l'homme est le chef, & c'est icy la source de toute societé & de tout Gouuernement.

Pour bien regir la famille & la faire prosperer, la bonne vnion & le soing des societez estroites que nous venons de mentionner, ou des vertus des personnes qui les composent, est plus à considerer que celuy de la possession des choses inanimées, pour acquerir & conseruer des biens & des richesses.[c]

La plus considerable societé & le fondement des autres est celle du mary & de la femme, de sorte que son establissement est non seulemét pour l'estre, & pour la propagation, mais aussi pour le bien estre.[d] La premiere & souueraine loy du mariage pour le rẽdre heureux, est la chasteté respectiue du mary & de la femme, auec la paix & le bon accord l'vn auec l'autre, & le consentement des volontez & affections, en sorte que la femme soit l'amy essentiel du mary, a dit vn auteur Alemand.[e] Le Pere de famille a quelque rapport au Souuerain d'vn Estat, puisque la Republique est comme vne grande maison, & la maison vne petite Republique, de sorte qu'il doit rapporter son gouuernement domestique à celuy de l'Estat, dans lequel il vit,[f] & posseder les vertus auec plus de perfection, comme chef de sa famille, à laquelle il sert d'exemple. Quant à la femme, les bonnes mœurs y sont principalement requises pour le choix, auec la conformité des humeurs & des qualitez.[g] Le pouuoir du mary n'est pas semblable à celuy du pere, puisque le premier est ciuil & s'exerce comme en vn Estat Aristocratique par le Magistrat sur le citoyen, le second est Royal, comme du Monarque sur ses sujets.[h] Le reste des mœurs & deuoirs respectifs du mary & de la femme est assez commun, & peut [illegible] veu dans les traitez Oeconomiques, auec ce qu'en a escrit S. Paul, & ce qu'Aristote ou l'Appendice de son ouurage a particulieremẽt donné sur la bõne ou mauuaise fortune du mary, que la femme est obligée de suiure, comme sa compagne aussi bien en l'vn comme en l'autre, & prier qu'aduersité ne l'accueille point.

c Arist. li. 1. Polit. c. 9.
d Id. l. 1. Oeco. c. 3.
e Ioh. Cas. in Oeconom.
f Arist. Pol. l. 1. in fine.
g Id. l. 1. Oeco. c. 4.
h Id. l. 1. Polit. c. 8.

La societé du Pere & des enfans est la seconde, & dependante de la premiere, pour rendre l'Oeconomie parfaicte & accomplie. Le deuoir du Pere enuers les enfans a pour fondement le mesme amour dont il s'ayme soy-mesme;[i] sa puissance est

i Id. l. 8. Eth. c. 35.

comparée à celle des Roys, mais non des tyrans;[a] ses soings sur leur institution doiuent estre plus grands, que sur l'acquisition des moyens;[b] le but & la reigle de leur esleuation se doit rapporter à l'Estat, puisque les enfans sont les elements de la Republique, qui sera telle que les enfans luy auront esté donnez & nourris.[c] La nourriture des enfans soit pour le corps, soit pour l'esprit, a diuerses reigles au viure & en la conformation des membres quant au corps; & pour l'ame, la discipline qui remplit & parfait ce qui defaut à la nature,[d] se diuise en institution domestique, qui peut commencer dés les cinq ans iusques à sept, & publique qui dés les sept ans doit estre employée,[e] & c'est l'aduis d'Aristote; ce que Quintilian a traicté, raisonnant lequel est le plus vtile d'instruire les enfans dedans ou dehors la maison; ceste question estant assez problematique auiourd'huy mesmes, comme nous voyons qu'elle l'a esté parmy les Anciens, là où adherant aux raisons d'Aristote, i'apporterois cete restriction, que ce ne fust point en vn âge si tendre que de sept ans, qu'ils fussent enuoyez dehors, mais bien à quatorze ou enuiron.

La Mere doit nourrir, & le Pere instruire les enfans, & leur donner les premiers rudiments des sciences,[f] s'il en est capable; c'est pourquoy la Nature a donné deux mammelles aux femmes, soit pour en nourrir deux à la fois,[g] ou pour se seruir de l'vne pendant que l'autre est malade. Le deuoir des enfans enuers le Pere est si naturel & fondé en tout droict, qu'il n'est pas besoin d'y insister: leur amour enuers luy deuroit estre esgal à celuy du Pere enuers eux, mais il ne le peut estre, pour les raisons subtiles qu'en ameine le Prince des Philosophes;[h] 1 les peres sont plus asseurez que les enfans sont prouenus d'eux, que les enfans ne le peuuent sçauoir, 2 les peres sont plus estroictement conioints par nature à leurs enfans qui sont prouenus de leur substance, que les enfans ne le sont à leur pere, qui n'est pas prouenu de la leur, 3 les peres ont plustost commëcé à cognoistre & aymer leurs enfans, qu'eux ne l'ont peu faire, puisque leur cognoissance a esté plus tardiue. Les deux premieres raisons sont encor plus fortes à l'esgard des meres.

La societé moins principale, & secondaire de la famille est celle du maistre & du seruiteur, là où quoy que le Pere de famille soit le chef, neantmoins à l'esgard des seruiteurs, la femme ou mere de famille participe à ce commandement auec le mary. Quant aux seruiteurs, s'ils sont fideles & industrieux, & si le maistre leur est cause ou exemple de vertu, ce sont les parties plus dignes du deuoir mutuel des vns enuers les autres.

Apres auoir consideré les personnes & leurs societez en l'œconomie & establissement de la famille, reste à parler de la possession des choses necessaires à son vsage & entretenemët mesme en toutes sortes, & seruans aussi à son ornement ou plus grãde commodité. Les moyens d'acquerir heureusement ces choses, sont la frugalité, le trauail & la Iustice, entendu pour la pratique de toutes les vertus, auec industrie & cognoissance de la nature des choses, des lieux, du temps & des personnes, en sorte qu'vn bon Oeconome soit Philosophe, ou le Philosophe soit Oeconome, & entende l'Agriculture, moyen plus naturel, ancien, innocent[i] & tres-parfait pour acquerir, seruant mesmes à exercer, durcir, & fortifier les corps, qui en sont rëdus plus propres pour la guerre, au contraire des arts exercez dãs les boutiques, où les personnes sont sedentaires; à quoy on adiouste pour autres moyens naturels les pasteurs, chasseurs & pescheurs, & autres industries meslées d'art & de nature, auec la permutation des choses, qu'on donne pour vn moyen d'acquerir suggeré par la nature mesme, pour remplir & suppleer à ses defauts. Les moyës d'acquerir que l'art a produits ont leur source en la marchandise, qui soustient les autres artifices & les fait fleurir, enrichit les familles, & par elles les republiques; & en la marchandise prenant sa source en la permutation, a esté trouuée l'inuention d'achepter & de vendre par le moyen de l'argent; ce qui est au delà de l'Oeconomie, & passe en la Republique, quoy que de tout temps la possession de l'argent ait esté recherchée par les Peres de famille, contre les fondemens posez par Aristote,[k] disant qu'auec tout l'or & l'argent de la terre, la famille peut perir de faim, mais auec les fruicts & le soing de l'Agriculture, elle s'entretient & a les alimens necessaires. La marchandise s'exerce domestiquement, ou dehors, par mer ou par terre. Le labeur & ouurage des mains, & de tous les Artisans est vn autre moyen d'acquerir, pour entretenir les familles & l'Oeconomie.

La conseruation des choses acquises est la derniere partie de l'Oeconomie, & sans laquelle si le Pere de famille trauaille c'est en vain, c'est pescher l'eau auec vn crible, & remplir vn tonneau percé. Pour y paruenir la despëce ne doit pas exceder

a Id. ibid c. 1 & & 1. Pol. c. 12.
b Id 1. Pol. c. 13.
c Id. 1. Polit. in fine.
d Id l. 7. Pol. in fine.
e Id l. 8. Pol. c. 1.
f Arist. l. 1. Oecon. c. 1. & 3.
g A. Gell.
h l. 8. Eth. c. 12.
i Colum. Arist. l. 1. Oecon. c. 2.
k 1. Pol. c. 8. & 9.

la recepte, ou les rentes, & l'espargne est vn grand & asseuré reuenu. Les Anciēs ont pratiqué deux moyens ou façons d'administrer leurs reuenus, l'vn à l'Attique, vendant tous les fruicts, sans en rien reseruer, & achetans ce qui est necessaire pour viure; l'autre à la Persique, vendant le superflu, & gardant dequoy viure & se nourrir. Le premier seruoit à sçauoir nettement ce qu'vn chacun auoit de reuenu, en reduisant tous les fruicts en argent. Les autres preceptes sont diuers, comme de ne laisser iamais la maison sans garde; de partager le soing & l'administration de la famille entre le mary & la femme; distinguer la despense qui se fait par an & par mois; que le maistre ait l'œil sur tous & y veille, qu'il se couche le dernier, & se leue le premier. [a]

[a] Arist li. 1. Occon. c. 6.

Le Gouuernement de l'Estat doit suiure celuy de la famille, veu que plusieurs maisons assemblées on fait vn voisinage, vn bourg, & finalement vne ville ou vne Cité, qu'il a fallu regir auec ordre & loix; plusieurs citez ont fait vn Estat, & ont requis vn gouuernement reiglé, qu'on a nommé Police, tant pour la ville que pour l'Estat; & la doctrine qui en a baillé les preceptes, Politique. La nature mesme a porté l'homme, animal sociable & politique, [b] à s'assembler & gouuerner auec quelque ordre de iustice. L'Eloquence & la Philosophie ont poly & enrichy cet ordre, en prescriuant les reiglemens necessaires, non seulement pour subsister, mais aussi pour bien estre, viure heureusement, & auec paix, vnion & seureté. Le plus asseuré, plus facile, plus noble, & plus ancien Gouuernement, & qui rapporte le plus à Dieu mesme, qui l'a fondé & estably, est celuy de la Monarchie, commandement d'vn seul, & non celuy de plusieurs, dans lequel tombent plus facilement le desordre, la confusion & le trouble, lors que de plusieurs qui gouuernent, on vient finalement à n'en auoir point, qui est l'Anarchie, en laquelle nul ne commande, & nul n'obeit. En la Monarchie se considere premierement la succession ou l'eslection, surquoy les loix d'vn Estat desia formé preualent, & doiuent estre obseruées sans les violer; & pour la question en soy, lequel est plus vtile, elle se rend disputable pour les inconueniens de l'vn ou de l'autre. Si c'est par eslection, la beauté du corps, mais principalement celle de l'ame doüée des vertus requises & royales, l'âge competent, & autres conditions y doiuent estre considerées, auec cette question, si les estrangers doiuent estre esleus aussi bien ou plustost que les naturels du pays. Les femmes au cas de l'eslection n'y ont point de part, & pour la question, tous les Politiques sont d'accord que le Gouuernement de l'homme est à perferer, & Aristote[c] s'en explique bien, lors qu'il dit que les masles sont nés pour commander, & les femmes pour obeïr, à quoy le droit diuin & humain les a destinées & assuietties, de sorte que la loy de France, nommée Salique, obseruée inuiolablement durant plusieurs siecles, en trois changements de race, est plustost diuine qu'humaine; & celles qui souffrent le contraire en Espagne, en Angleterre & ailleurs, ne peuuent estre prinses que pour vne marque certaine d'vn Estat moins parfait.

[b] Id. 1 Pol. c. 2 7. & 3. Pol. c 4.

[c] 3. Pol. c. 5.

Sur l'institution des Roys on enseigne que les lettres leur peuuent estre necessaires, toutefois auec moderation, afin qu'vn trop grand estude ne les diuertisse de l'action, & les rende moins capables de gouuerner. L'Empereur Iulian est trop sçauant & curieux des langues & des sciences; mais le dire de Louys XI, Roy de France, & ce qu'il pratiqua pour son fils Charles VIII, n'est point approuué, & nuisit possible à son successeur & à l'Estat. Iaques I, Roy d'Angleterre & d'Escosse, estoit fort sçauant, & ne voulut pas [d] que son fils ioüast aux eschecs, parce que le ieu est trop serieux & est comme vn estude. Quant aux mœurs & qualitez d'vn Roy, ce que Platon rapporte des quatre Precepteurs donnés aux enfans des Roys de Perse, dont le premier estoit tres-sage, le second fort temperant, le troisiesme tres-iuste, & le quatriesme tres-vaillant, comprend tout ce qu'vne ame heroïque peut posseder de vertu. La prudence, la iustice, & la force maintiennent, conseruent & deffendent les Royaumes. Le Conseil du Prince est le salut de son Estat, [e] & le fondement de son repos gist és bons Conseillers & Ministres, comme au Regne de Dauid; [f] & de mesmes que l'enfant qui ne sçait & n'entend rien, est meilleur que le vieillard fol, qui ne veut point estre admonesté, ainsi le Roy qui prend conseil & le suit, est preferable à celuy qui veut regner par soy-mesme. On est mieux sous vn mauuais Prince bien conseillé, que sous vn bon, qui a des Conseillers & Ministres pernicieux. Les peines & les recompenses sont les deux roues ou piuots sur lesquels tourne le corps de l'Estat, a dit Solon, en quoy gist la droite pratique de la iustice distributiue, à recompenser les bons & punir les mauuais. Apres la iustice prise generalement, le Prince doit auoir vn soing special de la iustice en particulier, pour la faire rendre exactement &

[d] Present Royal.

[e] Salō. Pro. 11. [f] 1. Chro. 12.

Police.

religieusement dans l'obseruation des loix & ordonnances, empeschant la foule & l'oppression de ses sujets par les plus puissants. La Police, & les finances, qui sont les bras ou les nerfs de son Estat, luy doiuent estre aussi en recommandation. La defense & la garde du Royaume & des places principales & frontieres, contre l'inuasion des estrangers, sont aussi de son soing particulier, de mesme que celle de sa personne, auec tout ce qui regarde sa Cour, sa suite & sa maison. Les estrangers venants en son Royaume doiuent estre veillez, & receus honorablement, & les Ambassadeurs des Princes & Estats, doiuent estre ouys par luy, recognus & traictez comme personnes inuiolables par le droit des Gents. Luy seul peut & doit declarer la guerre & faire la paix. La guerre doit estre faite pour iustes causes, & auec les preparatifs precedents, soit pour vne cause qu'il ait commune auec les autres Princes, soit pour la sienne propre.

Apres la Monarchie, qui est le Gouuernement d'vn seul, suit la Polyarchie, où plusieurs commandent, & ce Gouuernement ne peut estre bon & loüable, qu'entant qu'il ressemble & se reduit à la Monarchie, par l'vnion des volontez, & la concorde qui range la pluralité à l'vnité du parfait commandement : cete vnion peut estre, & se void par experience contre l'opinion de Machiauel. La Polyarchie non meslée, & considerée sans aucun temperament, est celle que les Grecs ont appellée Aristocratie, & les Latins *Status optimatum*, où certaines personnes plus sages & meilleures que les autres ont l'Empire & le commandemẽt sur le General de l'Estat. Le bon accord doit regner dans cette esgalité de puissance communiquée à plusieurs, & la fait approcher de la Monarchie. La condition de l'homme & son imbecilité, qui le rend incapable de regir seul vn Estat, tant petit soit-il, a fait dire à Aristote,[a] que cette forme de Republique ou d'Estat estoit la meilleure. La vertu & les qualitez requises, doiuent necessairement estre en toutes les personnes qui gouuernẽt,[b] car autremẽt cette forme de Republique vient à s'alterer, en sorte que peu d'entre les Gouuerneurs attirent le commandement à eux, ce qu'on appelle Oligarchie, où vn seul se l'attribuë, & deuient Roy ou Monarque. Pour l'ordre, il est necessaire qu'vn seul ait pouuoir d'assembler, de proposer, & de recueillir les suffrages, soit à vie, soit annuellement ou pour certain temps, cõme les Consuls à Rome, vn Duc à Venise & à Genes, &c. Pour conseruer ce gouuernement des plus sages & gens de bien, les conseils & resolutiõs doiuent estre dans le secret, & que le peuple n'en ait pas la moindre cognoissance. La liberté est plus grande en cet estat, qu'au Monarchique, & l'obeïssance neantmoins doit estre renduë aux Senateurs, comme aux Roys. Les Elections de ces Gouuerneurs sont diuerses, par sort, ou entr'eux, nommants leurs successeurs, là où les vertus doiuent estre le principal motif ; & auec la vertu se peuuent ioindre la bonne naissance & les moyens, lesquels estans considerez seuls font vne espece de Gouuernement nommé Timocratie[c]; ou par le peuple, lequel estant moins bon & plus sujet à brigues & corruption, le Gouuernement degenere en Democratie. L'Oligarchie dont nous auons parlé, est la peste de cet estat, & en ameine le changement entier, tel fut le Triumuirat d'Auguste, M. Antoine & Lepidus à Rome, & auãt cela, la grande puissance de Pompée, de Crassus & de Cesar, donna les premieres atteintes à la subuersion de la Republique.

La Democratie, ou l'Estat populaire, est celuy auquel tout le peuple, ou la plus grande partie à son tour gouuerne & commande sur les autres. C'est le pire Gouuernement de tous,[d] comme estant plus esloigné de l'vnité & de la Monarchie. Tous les citoyens y sont esgaux, & participent aux charges & honneurs, sans esgard de vertu, de race, ou de moyens. Le peuple y veut estre craint, & les personnes de merite sont chassées ou proscrites par Ostracisme aux Atheniens, & Petalisme aux Lacedemoniens, noms tirez de la matiere & de la forme de bailler leurs suffrages. Les Magistrats perpetuels repugnent à la Democratie, de mesme que le bastiment & fortification des places, horsmis de la frontiere. Cette forme de Republique est sujete à changement, & n'est point bonne absolument, ains par les circõstances des Natiõs, ou de l'estenduë des Estats. La Timocratie, ou gouuernemẽt des plus honorables ou des plus riches, est vn changement & alteration de l'Estat populaire, e si ce n'est lors que du consentement du peuple, les plus capables sont appellez au gouuernement. L'Estat de Florence fut alteré par la maison de Medicis, & conuerty en Timocratie, qui a produit le commandement d'vn seul. L'Estat de Rome d'Aristocratique, ou Democratique qu'il pouuoit estre censé, deuint Timocratique & Oligarchique, & finalement Monarchique. La grande liberté du peuple en la Democratie, fait que tous voulans commander, personne n'obeït, d'où vient l'Ochlocratie, & en suite

a Lib. 5. Polit.
b Ib. c. 7.
c Id. 8. Ethic.
d Id. 8. Eth. & 10. Plat, Plut.
e Id. Eth. l. 3. & 10. & c. 39. Reth. ad Alex.

la recepte, ou les rentes, & l'espargne est vn grand & asseuré reuenu. Les Anciẽs ont pratiqué deux moyens ou façons d'administrer leurs reuenus, l'vn à l'Attique, vendant tous les fruicts, sans en rien reseruer, & achetans ce qui est necessaire pour viure; l'autre à la Persique, vendant le superflu, & gardant dequoy viure & se nourrir. Le premier seruoit à sçauoir nettement ce qu'vn chacun auoit de reuenu, en reduisant tous les fruicts en argent. Les autres preceptes sont diuers, comme de ne laisser iamais la maison sans garde; de partager le soing & l'administration de la famille entre le mary & la femme; distinguer la despense qui se fait par an & par mois; que le maistre ait l'œil sur tous & y veille, qu'il se couche le dernier, & se leue le premier.[a]

a Arist. li. 1. Occon. c. 6.

Politique.

Le Gouuernement de l'Estat doit suiure celuy de la famille, veu que plusieurs maisons assemblées on fait vn voisinage, vn bourg, & finalement vne ville ou vne Cité, qu'il a fallu regir auec ordre & loix; plusieurs citez ont fait vn Estat, & ont requis vn gouuernement reiglé, qu'on a nommé Police, tant pour la ville que pour l'Estat; & la doctrine qui en a baillé les preceptes, Politique. La nature mesme a porté l'homme, animal sociable & politique,[b] à s'assembler & gouuerner auec quelque ordre de iustice. L'Eloquence & la Philosophie ont poly & enrichy cet ordre, en prescriuant les reiglemens necessaires, non seulement pour subsister, mais aussi pour bien estre, viure heureusement, & auec paix, vnion & seureté. Le plus asseuré, plus facile, plus noble, & plus ancien Gouuernement, & qui rapporte le plus à Dieu mesme, qui l'a fondé & estably, est celuy de la Monarchie, commandement d'vn seul, & non celuy de plusieurs, dans lequel tombent plus facilement le desordre, la confusion & le trouble, lors que de plusieurs qui gouuernent, on vient finalement à n'en auoir point, qui est l'Anarchie, en laquelle nul ne commande, & nul n'obeit. En la Monarchie se considere premierement la succession ou l'eslection, surquoy les loix d'vn Estat desia formé preualent, & doiuent estre obseruées sans les violer; & pour la question en soy, lequel est plus vtile, elle se rend disputable pour les inconueniens de l'vn ou de l'autre. Si c'est par eslection, la beauté du corps, mais principalement celle de l'ame doüée des vertus requises & royales, l'âge competent, & autres conditions y doiuent estre considerées, auec cette question, si les estrangers doiuent estre esleus aussi bien ou plustost que les naturels du pays. Les femmes au cas de l'eslection n'y ont point de part, & pour la question, tous les Politiques sont d'accord que le Gouuernement de l'homme est à perferer, & Aristote[c] s'en explique bien, lors qu'il dit que les masles sont nés pour commander, & les femmes pour obeïr, à quoy le droit diuin & humain les a destinées & assuietties, de sorte que la loy de France, nommée Salique, obseruée inuiolablement durant plusieurs siecles, en trois changements de race, est plustost diuine qu'humaine; & celles qui souffrent le contraire en Espagne, en Angleterre & ailleurs, ne peuuent estre prinses que pour vne marque certaine d'vn Estat moins parfait.

b Id. 1 Pol. c. 2. 7. & 3. Pol. c. 4.

c 1. Pol. c. 5.

Sur l'institution des Roys on enseigne que les lettres leur peuuent estre necessaires, toutefois auec moderation, afin qu'vn trop grand estude ne les diuertisse de l'action, & les rende moins capables de gouuerner. L'Empereur Iulian est trop sçauant & curieux des langues & des sciences; mais le dire de Louys XI, Roy de France, & ce qu'il pratiqua pour son fils Charles VIII, n'est point approuué, & nuisit possible à son successeur & à l'Estat. Iaques I, Roy d'Angleterre & d'Escosse, estoit fort sçauãt, & ne voulut pas[d] que son fils ioüast aux eschecs, parce que le ieu est trop serieux & est comme vn estude. Quant aux mœurs & qualitez d'vn Roy, ce que Platon rapporte des quatre Precepteurs donnés aux enfans des Roys de Perse, dont le premier estoit tres-sage, le second fort temperant, le troisiesme tres-iuste, & le quatriesme tres-vaillant, comprend tout ce qu'vne ame heroïque peut posseder de vertu. La prudence, la iustice, & la force maintiennent, conseruent & deffendent les Royaumes. Le Conseil du Prince est le salut de son Estat,[e] & le fondement de son repos gist és bons Conseillers & Ministres, comme au Regne de Dauid;[f] & de mesmes que l'enfant qui ne sçait & n'entend rien, est meilleur que le vieillard fol, qui ne veut point estre admonesté, ainsi le Roy qui prend conseil & le suit, est preferable à celuy qui veut regner par soy-mesme. On est mieux sous vn mauuais Prince bien conseillé, que sous vn bon, qui a des Conseillers & Ministres pernicieux. Les peines & les recompenses sont les deux roues ou piuots sur lesquels tourne le corps de l'Estat, a dit Solon, en quoy gist la droite pratique de la iustice distributiue, à recompenser les bons & punir les mauuais. Apres la iustice prise generalement, le Prince doit auoir vn soing special de la iustice en particulier, pour la faire rendre exactement &

d Present Royal.

e Salo. Pro. 11.

f 1. Chro. 11.

religieusement dans l'obseruation des loix & ordonnances, empeschant la foule & l'oppression de ses sujets par les plus puissants. La Police, & les finances, qui sont les bras ou les nerfs de son Estat, luy doiuent estre aussi en recommandation. La defense & la garde du Royaume & des places principales & frontieres, contre l'inuasion des estrangers, sont aussi de son soing particulier, de mesme que celle de sa personne, auec tout ce qui regarde sa Cour, sa suite & sa maison. Les estrangers venants en son Royaume doiuent estre veillez, & receus honorablement, & les Ambassadeurs des Princes & Estats, doiuent estre ouys par luy, recognus & traictez comme personnes inuiolables par le droit des Gents. Luy seul peut & doit declarer la guerre & faire la paix. La guerre doit estre faite pour iustes causes, & auec les preparatifs precedents, soit pour vne cause qu'il ait commune auec les autres Princes, soit pour la sienne propre.

Apres la Monarchie, qui est le Gouuernement d'vn seul, suit la Polyarchie, où plusieurs commandent, & ce Gouuernement ne peut estre bon & loüable, qu'entant qu'il ressemble & se reduit à la Monarchie, par l'vnion des volontez, & la concorde qui range la pluralité à l'vnité du parfait commandement: cete vnion peut estre, & se void par experience contre l'opinion de Machiauel. La Polyarchie non meslée, & considerée sans aucun temperament, est celle que les Grecs ont appellée Aristocratie, & les Latins *Status optimatum*, où certaines personnes plus sages & meilleures que les autres ont l'Empire & le commandemẽt sur le General de l'Estat. Le bon accord doit regner dans cette esgalité de puissance communiquée à plusieurs, & la fait approcher de la Monarchie. La condition de l'homme & son imbecilité, qui le rend incapable de regir seul vn Estat, tant petit soit-il, a fait dire à Aristote,[a] que cette forme de Republique ou d'Estat estoit la meilleure. La vertu & les qualitez requises, doiuent necessairement estre en toutes les personnes qui gouuernẽt,[b] car autremẽt cette forme de Republique vient à s'alterer, en sorte que peu d'entre les Gouuerneurs attirent le commandement à eux, ce qu'on appelle Oligarchie, où vn seul se l'attribuë, & deuient Roy ou Monarque. Pour l'ordre, il est necessaire qu'vn seul ait pouuoir d'assembler, de proposer, & de recueillir les suffrages, soit à vie, soit annuellement ou pour certain temps, cõme les Consuls à Rome, vn Duc à Venise & à Genes, &c. Pour conseruer ce gouuernement des plus sages & gens de bien, les conseils & resolutiõs doiuent estre dans le secret, & que le peuple n'en ait pas la moindre cognoissance. La liberté est plus grande en cet estat, qu'au Monarchique, & l'obeïssance neantmoins doit estre renduë aux Senateurs, comme aux Roys. Les Elections de ces Gouuerneurs sont diuerses, par sort, ou entr'eux, nommants leurs successeurs, là où les vertus doiuent estre le principal motif; & auec la vertu se peuuent ioindre la bonne naissance & les moyens, lesquels estans considerez seuls font vne espece de Gouuernement nommé Timocratie[c]; ou par le peuple, lequel estant moins bon & plus sujet à brigues & corruption, le Gouuernement degenere en Democratie. L'Oligarchie dont nous auons parlé, est la peste de cet estat, & en ameine le changement entier, tel fut le Triumuirat d'Auguste, M. Antoine & Lepidus à Rome, & auãt cela, la grande puissance de Pompée, de Crassus & de Cesar, donna les premieres atteintes à la subuersion de la Republique.

La Democratie, ou l'Estat populaire, est celuy auquel tout le peuple, ou la plus grande partie à son tour gouuerne & commande sur les autres. C'est le pire Gouuernement de tous,[d] comme estant plus esloigné de l'vnité & de la Monarchie. Tous les citoyens y sont esgaux, & participent aux charges & honneurs, sans esgard de vertu, de race, ou de moyens. Le peuple y veut estre craint, & les personnes de merite sont chassées ou proscrites par Ostracisme aux Atheniens, & Petalisme aux Lacedemoniens, noms tirez de la matiere & de la forme de bailler leurs suffrages. Les Magistrats perpetuels repugnent à la Democratie, de mesme que le bastiment & fortification des places, horsmis de la frontiere. Cette forme de Republique est sujete à changement, & n'est point bonne absolument, ains par les circõstances des Natiõs, ou de l'estenduë des Estats. La Timocratie, ou gouuernemẽt des plus honorables ou des plus riches, est vn changement & alteration de l'Estat populaire,[e] si ce n'est lors que du consentement du peuple, les plus capables sont appellez au gouuernement. L'Estat de Florence fut alteré par la maison de Medicis, & conuerty en Timocratie, qui a produit le commandement d'vn seul. L'Estat de Rome d'Aristocratique, ou Democratique qu'il pouuoit estre censé, deuint Timocratique & Oligarchique, & finalement Monarchique. La grande liberté du peuple en la Democratie, fait que tous voulans commander, personne n'obeït, d'où vient l'Ochlocratie, & en suite

a Lib. 5. Polit.
b Ib. c. 7.
c Id. 8. Ethic.
d Id. 8. Eth. & 10. Plat. Plut.
e Id. Eth. l. 3. & 10. & c. 39. Reth. ad Alex.

l'Anarchie, qui esteint toute forme & Estat de Republique; c'est alors la pire des Tyrannies, la cause & l'effect des seditions, où le peuple deuient vne beste cruelle à plusieurs testes.[a]

La puissance Royale establie de Dieu parmy les Israëlites n'a point eu de temperament, & les Roys de leur nature sont absolus. Les Politiques traitent d'vne sorte de Gouuernement meslé de la Monarchie & de l'Aristocratie, en sorte que l'vn ou l'autre preualent; dequoy les exemples seruants de modele à cette sorte de Gouuernement se tirent des Lacedemoniens, qui ont eu leurs Roys & leurs Ephores; & aujourd'huy parmy les Danois, les Polonois & les Anglois les ordres du Royaume, ou le Parlement ont vn grand pouuoir.

Le Gouuernement meslé d'Aristocratie & Democratie a esté parmy les Romains, principalement depuis les Tribuns du peuple, dont le pouuoir estoit fort grand contre les Consuls & le Senat; & aujourd'huy plusieurs villes d'Alemagne riches & marchandes, sont gouuernées de la sorte, ayans leur Senat, Consuls & Magistrats, & des Syndics ou Deputez de la communauté, qui traictent auec les Senateurs. Ce que les Politiques adioustent des trois formes de Republique meslées ensemble, n'a pas grand fondement, & les exemples donnez de l'Estat des Venitiens, ou du Royaume de Pologne n'y conuiennent pas, puis qu'en l'vn le pouuoir du Duc ne tient ny n'approche de la Royauté, & en l'autre les ordres du Royaume induisent l'Aristocratie, & non la Democratie. Pour le premier, Bodin[b] aura bien dit qu'il n'y a rien de la Monarchie, mais non en ce qu'il asseure que c'est vn l'Estat purement populaire, veu qu'il est vray Aristocratique, à cause du pouuoir du Senat & des Nobles Venitiens. L'application de tous ces Estats, selon leurs distinctions, peut estre faite dans les descriptions suiuantes des parties du monde, de leurs Royaumes & Estats; & pour ce qui regarde l'Europe en particulier, à cause de la multitude & diuersité d'Estats & de Gouuernements qu'on y void, plus qu'au reste du monde, il en sera traicté au Discours general.[c] On remarque en Afrique vne seule Republique & Estat populaire, dont il sera parlé en son lieu.

RELIGION.

Discours general.

Outes les Nations de la terre en tous les âges du monde ont eu sentiment de la Diuinité, non par instruction, mais par vn secret mouuement de la nature mesme, qui leur a dicté cette leçon, que les choses tombantes sous leurs sens, & qu'elles apperçoiuent conduites & gouuernées auec ordre, mesure, regle & proportion, ne rouloient point à l'aduenture, & auoient vn Souuerain moderateur plus qu'homme, & non autre que Dieu, Autheur de la nature & source de tout bien. C'est l'opinion des plus sages[d] de l'Antiquité, qui l'ont creu & escrit assez clairement. Ce sentiment & ce culte de Dieu ont esté appellez du nom de Religion, qui lie[e] & arreste les hommes, ou qui traicte & relit les choses appartenantes au culte de Dieu;[f] & si c'est la vraye, leurs ames en sont esleuées de la terre iusqu'au Ciel, domicile de la Diuinité, & leurs consciences purifiées: quant à la fausse, qui n'est qu'idolatrie & superstition, elle est l'ouurage du diable, ennemy du genre humain, & autant opposé à son salut, comme Dieu & la nature qui luy obeït, l'ont poussé à son bien & à vne vie eternelle. Pour la verité de la Religion Chrestienne contre les Philosophes asserteurs des faux Dieux, & autres qui n'en ont point voulu recognoistre, pour attribuer tout à la Nature, ont escrit & combatu les anciens[g], & aucuns des Modernes[h] y ont encor employé leur sçauoir & leurs bonnes pensées.

L'aueuglement des Nations, qu'vne lumiere naturelle rendoit inexcusables, comme a dit S. Paul,[i] a esté fort grand & ancien, puisque peu de temps apres Noé, comme a escrit S. Epiphane[k], l'Idolatrie a commencé par les couleurs & representations en peinture, & a suiuy par les simulacres & figures releuées d'argile & autres matieres, d'où le mal s'est espãdu sur toute la terre: ou bien les hommes ont premierement posé leurs yeux sur les corps celestes, luisants à merueilles, & rauissants en admiration

a Plat. Xen. de Rep. Horat.
b In Met. hist.
c Gouuernement.
d Platon, Socrate, Aristote, Ciceron, Pline, Seneque, &c.
e Lactant. de ira Dei.
f Cic. 2. de Nat. Deor.
g Orig. Tertu. Arnob. adu. gentes.
h Lactãt. Lud. Viues, Augu. Steuchus, Mars. Ficin. Remond. Sebon, Du Plessis, H. Grotius.
i ad Rom. c. 1.
k Panario l. 1.

admiration par leur mouuement perpetuel, & les ont nommez Dieux, y adioustans en suite les Heros & grands hommes, pour vitieux qu'ils fussent, pourueu qu'ils leur semblassent auoir profité au public & à la vie des hommes. [a] Les hommes de l'Antiquité, qui ont creu de meriter autant que ces fausses diuinitez, ou qui ont recogneu la fausseté & la vanité des choses deifiées & adorées, s'en sont mocquez assez ouuertement, dequoy Ciceron a donné quelques tesmoignages,[b] & Denys le Tyran y a adiousté les actions de son mespris, que Lactance[c] a remarquées.

a Euseb. de præp. Euang. l. 5. c. 3. Lactant. li. 5. c. 15.
b Arnob. aduers. gentes l. 8. Lactant. l. 2. c. 3.
c li. 2. c. 4.

Les siecles qui ont precedé la naissance de Iesus-Christ, le Sauueur du monde, & l'vnique obiect de la foy, ont veu l'Eglise Iudaique resserrée en vn coin de la terre, & l'Idolatrie regnante & esparse en tous les autres endroits, Royaumes & Estats du monde: & cette mesme Eglise a esté souuent polluée d'Idolatrie, faisant des veaux d'or, & sacrifiant és hauts lieux. La clairté de l'Euangile, & le Soleil de Iustice dissiperent soudainement les espaisses tenebres d'vne nuict obscure & affreuse, de sorte que cette lumiere viuifiante ouurant les yeux des Gentils, vainquit le diable, & faisant cesser ses oracles, donna sujet aux esprits plus curieux [d] d'en rechercher la cause.

d Plutarch.

La Religion, ou superstition ancienne des diuers peuples de la terre sera remarquée és discours generaux & particuliers de toutes les parties du monde, & des Estats assis en chacune d'icelles. Celle d'auiourd'huy sera deduite encor plus particulierement és mesmes endroits. L'abandon horrible des Egyptiens apres leurs Dieux brutaux & mesprisables, naissants parmy la fiente & dans leurs iardins; [e] le faux culte & la multitude des Dieux des Grecs & des Romains, qui les ont despartis aux autres Nations, ou en ont emprunté d'eux, seront de mesme remarquez en leurs lieux. Les Oracles de Delphes & autres y sont mentionnez; & les Sibylles, anciennes Propheteresses Payennes, prenants leur nom de diuers lieux, auront icy leur place, comme Isidore [f] les a recueillies. La premiere fut nommée Agrippa Persis ou Sambethe. La seconde est la Libyque. [g] La troisiesme Delphique, née au temple d'Apollon, & donnant ses predictions auant les guerres de Troie. La quatriesme Cumée en Italie.[h] La 5 Erythrée, du Nom d'Erophyle, née en Babylone, & predisāt aux Grecs s'en allant à Ilium, que Troie deuoit perir. Ses vers trouuez en l'Isle Erythrée, luy en donnerent le nom. La 6 Samienne, dite Pytho. La 7 Cumaine, du nom d'Amalthée ou Demophyle, de qui Tarquinius Priscus receut les 9 liures contenants les decrets de Rome. La 8 Hellespontique, née au terroir de Troye, qu'on croid auoir esté du temps de Solon & de Cyrus. La Phrygienne, prophetisant à Ancyre. La 10 Tiburtine, du nom d'Albunea du temps d'Auguste Cesar. Leurs vers ont esté renommez, [i] & leur memoire dure encores en leurs figures, & en la verité de leurs Oracles sur l'aduenement de Iesus Christ & l'illumination des Gentils, s'il en faut croire à l'opinion commune, & aux escrits qui en ont esté publiez. [k]

e ô Sanctas gentes, quib. hæc nascuntur in hortis, Numina. Iuuen.
f li. 8. c. 8.
g Euripid. in Lamiæ prolo.
h Lactant. l. 1. de fals. relig.
i Iustin de cult. veræ relig. Lact. l. 1. & 4. de fals. relig. Augu. l. 18. de ciu. Dei c. 23.
k libri Carm. Sibylli. Allsted. in Chro. The.

Le monde vniuersel est partagé en quatre sortes de Religions principales. La premiere est la Iuifue, entant que par vne malediction particuliere espanduë sur la Nation, elle est errante & vagabonde par tous les endroits de la terre, soufferte par les Princes, ou arrestée & assemblée auec plus de forme de communauté & vniuersité en certaines villes & pays. Nation cy-deuant esleuë & depositaire des Oracles de Dieu, mais qui ayant crucifié le Seigneur de gloire, & ne voulant point en ses miserables restes, croire à la predication du Messie, qui luy a esté annoncée dés le cōmencement, croupit en l'erreur & hors de la voye de salut, pour estre en opprobre aux autres peuples sous lesquels elle vit, iusqu'à ce que par la misericorde de Dieu & conformement aux propheties, [l] elle soit entierement appellée & conuertie à Iesus-Christ. La seconde est la Chrestienne, où gist la verité & la voye predite aux Patriarches, les fin de tous les sacrifices de la loy ancienne, l'accomplissemēt de toutes les predictions contenuës au Vieil testament, & tout le suiet du Nouueau. Mais qui pour les pechez des hommes souffre deux maux grandement deplorables, l'vn est, que là où son establissement est paisible & authorisé par les Princes Chrestiens, elle est deschirée & desvnie par opinions diuerses, & contraires, dequoy il sera parlé cy-dessous: L'autre, qu'és Eglises d'Orient, de la Grece, ou de l'Asie mineur, par la cheute & defaillance des Empereurs de Constantinople, la Religion n'y est que seruitude, outre l'abatardissement des mœurs & de la doctrine, és opinions particulieres & erronées, lesquelles y ont lieu, & emportent ou schisme, ou heresie. La troisiesme est la Mahometane grandement espanduë, & beaucoup plus que la do-

l Esd. 59. Rom 11. v. 26.

mination du Turc ne s'estend, y ayãt plusieurs terres non suiettes au Grãd Seigneur qui reçoiuent le Mahometisme, & d'autres aussi qui sont de son obeïssance, & sont laissées en liberté de leur Religion & croyance, cõme sont les Chrestiens Grecs & autres. La 3 Religion, ou superstition payenne, cõsiste és restes du premier aueuglement des Nations, duquel nous auons desia parlé, c'est l'Idolatrie, qui regne encore en quelques parties du monde, sçauoir l'Asie, l'Amerique & l'Afrique; & dans les Estats particuliers, qui seront mentionnez soit dans le present discours, soit en la deduction des parties du monde, és discours generaux & particuliers des Royaumes & des Prouinces, outre quelques endroits de l'Europe, esquels partie des habitãs sont encor Idolatres.

On donne vne cinquiesme sorte de personnes à l'Afrique, qui ne sont ny Iuifs, ny Chrestiens, ny Mahometans, ny Idolatres, & viuent sans Loy, ny Religion, sans obiect de culte, n'adorants ny ne seruants rien sous le nom de Deïté, ou d'Idole, n'ayãs ny crainte, ny esperance, non plus que les bestes; en quoy leur condition semble pire que celle des Idolatres deceus par le Diable, qui se fait adorer ou personnellemẽt, ou sous diuers noms & figures d'animaux, & d'autres choses creées. On les appelle Cafres sans Loy, & il en sera parlé au Discours general de l'Afrique.

Les Iuifs sont espars en plusieurs Prouinces & villes de l'Asie. Il y en a dans le Royaume de la Chine, & en Tartarie, où ils ont vn pays & quartier qui leur appartiẽt. La Perse, Bagadad ou Babylone en Chaldée, & autres endroits de l'Asie en ont plus grand nombre que la ville de Ierusalem d'auiourd'huy n'en contient. Ils sont authorisez dans les Indes, si ce n'est és villes tenuës par les Portugais. Les degrez de Docteur, & les charges publiques leur sont ouuertes au pays de la Chine. Il n'y en a point dans l'Amerique, mais l'Afrique en est diuersemẽt peuplée. Ceux qui se pretendent natifs du pays & de la terre mesme, comme issus des enfans & posterité d'Abraham, sont en moindre nombre que ceux lesquels y sont venus d'ailleurs. De ceux là les vns y sont depuis fort long-temps, qui sont ceux d'Asie, que la prise de Hierusalem par l'Empereur Vespasian poussa en cette partie du mõde, qui recueillit aussi ceux qui s'y voulurent retirer, lors que la Iudée & son Estat ont esté ruinés & changez par les Romains, les Persans, les Sarrazins, & finalemẽt par les Chrestiẽs en leurs premiers & derniers voyages de la terre Saincte. Les autres y sont venus de l'Europe, comme estans chassez en diuers temps, ou contraints de se retirer par mauuais traitement, de l'Italie, des Pays-bas, de France, d'Angleterre & d'Espagne. Ceux d'Ethiopie, de l'obeïssance du Negus sont puissants, & en grand nombre; de mesmes qu'en Egypte. Quant à l'Europe, ils sont soufferts en fort grand nombre, en quelques endroits d'Italie, à Mantouë, Ferrare, Rome & autres terres de l'Eglise, comme en Auignon qui obeït au Pape, en Alemagne, Pologne, Moscouie, Russie, Constantinople, & en plusieurs villes de Grece. Sous le regne de Ferdinand & Ysabelle ils furent chassez de leurs Estats de Castille & d'Arragon l'an 1492. Ils ne sont plus en Portugal depuis l'an 1500 sous le Roy Emanuel, ny à Naples depuis l'an 1536 sous l'Empereur Charles le Quint. Philippe Auguste les chassa de France l'an 1182,[a] ou peu apres, ce qui continua sous Philippes le Bel & Charles VI l'an 1396; dequoy il sera encor parlé plus particulierement en la description de la Iudée en Asie.

[a] Rigord. Gui. Bricto. l. 1. Phil.

La Religion Chrestienne est suiuie diuersement en plusieurs endroits de l'Asie: les vns y sont esclaues des Mahometans sous le Turc, les autres des Idolatres sous le grand Kam du Cathay. Les Espagnols & les Portugais y sont libres, ou y dominent és pays qu'ils ont conquis, de mesme que les Hollandois és villes & lieux qu'ils ont pris & fortifiez; les premiers dans la Religion Catholique Romaine, & les autres dans la pretenduë reformée, comme estans Caluinistes. Ceux qui sont en Tartarie sous le grand Kam sont meslez de Nestoriens Heretiques, & de Catholiques Romains, de mesmes que les sujets du Turc & du Sophy de Perse. Les autres Sectes sont des Chrestiens de sainct Thomas és Indes; des Armeniens Schismatiques; Franks Armeniens; Catholiques Romains en Armenie & en Perse; Iacobites en Mesopotamie; Maronites & Syriens en Syrie & Phœnice; Grecs, Melchites & Manichéens en Perse, Mengrelie, Georgie & Circassie. L'Amerique ou Nouueau monde a grand nombre de Chrestiens, qui sont les Indiens Catholiques conuertis par les Espagnols, lesquels y ont estably deux Cours d'Inquisition, cinq Archeueschez, & diuers Colleges, Seminaires & Residences des PP. Iesuites. L'Afrique a plusieurs Chrestiens estrangers. Les originaires sont esclaues sous le Turc & les Barbares, ou libres. Les terres tenuës par le Roy d'Espagne ne souffrent que des Catholiques Romains. L'Empire du Negus ou des Abyssins & quelques Royaumes des Negres ont des Schismatiques. Les autres Chrestiens espandus par l'Afrique sont Armeniens, Maronites, Georgiens, Grecs & Chrestiens de S. Thomas sous diuers Pontifes & Prelats, dõt les deux principaux sont le Patriarche d'Alexandrie & celuy de Constantinople. Quant à l'Europe, nous remettons la mention plus particuliere de diuerses professiõs du Christianisme suiuy dans ses Royaumes & Estats, au Discours general de cete partie du monde, qui est honorée du nom de Chrestienté, où la pureté de la Religion auec la liberté des Chrestiens sous leurs Princes ou Estats qui en font profession, est plus maintenuë generalement dans la diuersité de ses croyances, que parmy les autres peuples ja mentionnez, qui sont ou ignorãts, ou diuisez, ou incapables d'entretenir la police & discipline Ecclesiastique, comme estans assuiectis à des Princes Mahometans ou Idolatres.

Tous les pays subiets au Turc en Asie, la plus grand part des terres du Sofy, certains peuples libres dans les deserts de Libye, de Barca & de Numidie, les habitans de Maroc & de Fez, quelques peuples d'Ethiopie, ceux d'Alger, de Tunes, de Tripoly & d'Egypte gouuernez par des Vice-Roys ou Bassas du Turc, ceux de Constantinople, & du reste de la Thrace, Grece & autres pays de l'Europe suiects au Turc sont Mahometans, sauf quelque meslange de Chrestiens, comme nous auons desia remarqué. Quant aux Sectes des Mahometans en Asie & en Afrique, elles seront desduites au long au Discours general, auec leurs opinions & façons de viure.

Ce qui reste en Asie, non sujet au Turc, & au Negus ou Preste-Iean, aux Portugais, ou aux Hollandois, estant sous la domination de Roys Idolatres: les Indiens du Nouueau monde, non sujets des Espagnols: le pays des Negres, la basse Ethiopie, partie de la haute, auec des Royaumes & peuples entiers sont dans vne profonde Idolatrie; laquelle y a son siege & sa source, comme l'on croid, du Royaume de Sian és Indes; de mesme qu'elle est aussi extreme au Royaume de Bisnagar en Asie, & en la Coste de Choromandel au mesme Roy de Bisnagar.

On peut voir iusques icy les peuples & Estats des quatre parties du monde, qui suiuent mesme Religion, ou qui sont meslez, par l'induction des quatre Religions principales, qui ont lieu en toute la terre habitable. Leurs Sectes, opinions particulieres, heresies, & autres circonstances du sujet se liront dans les discours particuliers des Prouinces. Nous viendrons maintenãt aux diuers Ordres, Societez & Religions tant Monastiques, ou Ecclesiastiques, que Militaires, où nous garderons le plus qu'il se pourra l'ordre des tẽps & la datte des institutions, auec leurs premiers fondateurs, sans insister gueres plus auãt en vne matiere si vaste. Les Heresies anciẽnes & modernes suiuront auec les mesme ordre, & briefueté, pour mettre fin à ce Discours vniuersel desseigné par l'Autheur, & delaissé imparfait depuis le chapitre des Mœurs.

ORDRES ET RELIGIONS INSTITVEES EN DIVERS temps, depuis la Naissance de Iesus-Christ.

PArmi les especes des Moynes & de ceux qui anciennement ont embrassé la vie Religieuse,[a] ceux qu'on a nommez Cenobites, qui sont plusieurs assemblez & viuans en commun, requierent vn plus particulier dénombrement, comme ayants plus de suitte & de successeurs, là où les Anachoretes & Solitaires sortis des Conuents, pour aller dans les deserts, & les Hermites, pratiquans le mesme & viuans en solitude, ont esté tousiours plus rares, n'ayans laissé autre memoire que des instituteurs de leurs reigles, & façon de viure, sans communauté, societé ou confrairie. L'Egypte a receu & nourri les premiers Autheurs d'vne vie semblable,[b] où l'on nomme l'vn & l'autre Macharius, Hilarion, Anthoine natif du pays, & ses disciples, & autres.[c] S. Paul de Thebes, qui viuoit l'an 258, sous l'Empire & la persecution de Decius, est estimé le premier hermite,[d] duquel S. Anthoine a esté le disciple & imitateur decedé l'an 361 en l'âge de 105 ans. Paul de Thebes enseueli en Hongrie a eu des successeurs long-temps apres, sçauoir l'an 1215 & l'an 1263, d'vn Ordre de Religion qui fut nommé de S. Paul premier Hermite, & l'an 1300 la reigle de S. Augustin luy fut accordée, & l'Ordre confirmé par le Pape Iean XII. Ce qui en reste des Conuents est en Hongrie, que les guerres & l'inuasion des Turcs ont dissipé.[e] L'Espagne & l'Italie en ont aussi dés l'an 1553.

Le corps de S. Anthoine porté à Vienne en Dauphiné y excita long temps apres sa mort vn Ordre de Religion, dont les Chefs s'appellent encor Commandeurs, &

a Isidor. l. 7. c. 12. Vincent. Spec. hist. l. 16. c. 54. ex Hier.

b Nice. l. 1. c. 15

c Euseb. hist. Eccl. l. 11. c. 4. Hist. tripart l. 1. c. 13.

c Cassiod. ex Phil. Iud.

e Mare Ocea. de tutti li reli. l. 1. Aub. Myr. l. 1. c 20. Orig. Monast.

dont l'enseigne est vn Tau, de l'ordonnance en dernier lieu du Pape Boniface VIII, & sous la reigle de S. Augustin. Plusieurs Monasteres se voyent en France, en Italie, & autres endroits de l'Europe, prouignez sous le nom & la memoire de S. Anthoine, & par son premier Autheur nommé Gaston,[a] l'an 1121, desquels Monasteres celuy de Vienne est le Chef.

La memoire de S. Pacome, qui mourut l'an 405 sous les Empereurs Arcadius & Honorius, & le Pape Innocent I, se conserue dans les Historiens Ecclesiastiques,[b] & autres.[c] Il fut en Thebaide d'Egypte, renommé par sa sainteté & doctrine. Il eut quelques disciples qui ne furent pas suiuis, & n'eurent que la recommandation de leur maistre, sans autre Ordre ny Conuent que la memoire de sa Grote, & le grand peuple qu'il auoit assemblé. S. Symphorian & S. Martin de Tours, viuants presqu'en mesme temps, ont autrefois fondé des Monasteres, sans Ordre de Religion qui ait eu suite. Il en est de mesme de S. Cariton, S. Iulian Martyr, & Basilissa en Antioche.

Le plus ancien Ordre de Religieux est celuy de S. Basile, fondateur de tous les Moines de l'Orient, où il en bailla les premieres reigles & constitutions,[d] & où l'on peut asseurer que celles de l'Occident se sont moulées, sous les diuers Instituteurs des Ordres qui s'y sont multipliez. Le fameux Monastere de sainct Sauueur de Messine, dit le grand Monastere de la langue de Phare, est de l'Ordre & reigle de S. Basile, qui de la Capadoce & autres Prouinces Orientales s'est portée és Conuents de Sicile & d'Italie, dont le Monastere de sainct Sauueur est le chef, dés l'an 1057 que son institution & priuilege prindrent commencement, sous le Pape Nicolas II.[e] Tous les Moines Grecs & Armeniens sont de cet Ordre, dont on voit aussi quelques Conuents en Espagne & en Italie, dont le chef est Grossa Ferrata à Tusculum.[f]

Le second Ordre est du nom & authorité de S. Augustin, & sous la Reigle par luy donnée: Les Chanoines de plusieurs Eglises Cathedrales & autres sont sous cete Reigle, & recognoissent leurs Ordinaires, les Euesques des lieux où ils sõt; ont leurs cloistres & communautez. Les autres, qui sont exempts de la visite des Diocesains, obeïssent à leurs Superieurs & Prelats particuliers, & sont departis en diuerses Congregations, parmy lesquelles on remarque celles de Latran en Italie, & de S. Ruff en France, outre celles qu'on void és Pays-bas & en Alemagne. Celle de Latran, & sa premiere reformation est de l'an 1396 par Barthelemy Colõne Romain, d'où elle s'est espanduë par toute l'Italie. Celle de S. Ruff est de l'an 107, & le chef ou General est resident à Valence en Daufiné, ou en la mere-Abbaye. L'Eglise de S. Iean de Latran a donné nom à la premiere Congregation, d'où elle a esté trãsferée ailleurs, & sa derniere reformation faite l'an 1407 la logea en l'Eglise de Nostre Dame de la Frigionaye. Son histoire plus particuliere, & de toutes ses dependances se peut voir dans l'Autheur del Mare Oceano de gli religioni, liu. 1. auec le sentiment qu'il a de la Congregation de S. Ruff, sur laquelle les Escriuains[g] se sont mespris, alleguants vn S. Ruff Archeuesque de Lyon, qui ne fut iamais, mais l'Abbaye de S. Ruff fut premierement fondée en vne Eglise de ce nom hors la ville d'Auignon, & transferée à Valence l'an 1154. L'Ordre de la Charité Nostre Dame, dont le Chef est à Boucheraumont au Diocese de Chaalons en Champagne, fondé par Guido de Iainuille, & confirmé par le Pape Boniface VIII, & Clement VI, l'an 1347, est sous la reigle de S. Augustin, auec ses dependants, où sont les Billettes de Paris.

Les Chanoines de sainct Marc de Mantouë presque semblables aux Chanoines de Latran, mentionnez dans l'Histoire, & dans les Bulles d'Innocent III de l'an 1205, & d'Honoré III de l'an 1208, & des Papes precedents, n'ont point esté cognus[h] hors de Mantouë & dans le Padouan, & ne sont plus; leur Conuent ayant esté donné à d'autres Moines par le Duc de Mantouë.[i]

L'Ordre du Val des Escholiers est sous la mesme reigle selon Genebrard,[k] qui en donne la source à la Champagne, & l'Euesché de Langres,[l] où est le chef de l'Ordre. On luy marque l'an 1218, sous le Pape Honoré troisiesme, qui le confirma.[m] Les Conuents principaux en sont és Pays-pas & en l'Euesché du Liege.[n] Cet Ordre a vn College à Paris, auec vne Eglise.

La Congregation des freres ou Chanoines Reguliers du S. Sepulcre est encor sous la reigle de S. Augustin, & a long temps flory & officié en l'Eglise & Temple de Hierusalem. Ses concessions se voyent en vne bulle du Pape Celestin second de l'an 1163.[o] Leur enseigne a esté vne grand croix vermeille, auec quatre petites és angles, & l'habit noir.

a Mare Ocea. de gli relig l. 1. Myr. li. 1. c. 5.
b Sozom. l. 3. Niceph.
c Beda. Ado.
d l'an 300. de Christ.
e Mare Ocea. de tutti le relig. l. 1.
f Myr. l. 1. c. 54.
g Aub. Myr. l. 1. c. 2. Orig. Monast. Ioach. Abb. c. 10. 15. Introd. in Apocal.
h Myr. l. 5. c. 21 & l. 1. c. 10.
i Mare Ocea. l. 1. de li relig.
k in Chronol.
l P. Foderay.
m Matt Polo. in Chron.
n Aub. Myr. Orig. Monast.
o Mare Ocea. de gli relig l. 1.

Les Chanoines reguliers du Val-verd, qui ont plusieurs maisons & Conuents en Italie & en Sicile, sont sous la reigle sus-mentionnée; le temps & l'Autheur en sont ignorez, mais le Monastere qu'õ void au Diocese de Cãbray, en est creu le principal & la mere-Abbaye.[a] Les Apostolins ou freres des Apostres en Italie ont quelques Cõuents: Innocent VIII Pape l'an 1484 leur ordõna de suiure la reigle de S. Augustin, auec la forme de l'habit, & pouuoir de dire Messe.[b] Voy cy-dessous Barnabites.

a Idem ibid.
b Idem ibid.

Outre ce que dessus il y a plusieurs autres moindres Ordres & Congregations sous la mesme reigle en France & en Italie,[c] auec quelques Ordres militaires & de cheualerie, dont il sera parlé separément. Et parce que cette reigle tres-celebre & autorisée embrasse plusieurs Ordres qui sont en chef, & ont leurs Instituteurs particuliers & celebres, auec grand nombre de Conuents en diuers Estats & Prouinces, nous mentionnerons cy-apres tous ces Ordres qui sont plus cognus par leurs noms pris des lieux ou des Autheurs, que par la reigle de S. Augustin.

c Aub. Myr. Orig. Monast. l. 1. c. 30.

Auant que de venir aux autres plus renommez fondateurs & Peres des Ordres, nous auons à courir par plusieurs Societez & Cõgregations, qui sont plus ou moins anciennes, & restreintes à certaines Prouinces, ou sont perduës & aneanties.

L'Ordre des Porte-Croix[d] est rapporté au Pape Cletus en sa premiere source & occasion, ou à Cyriac Euesque de Ierusalem sous l'Empereur Constantin le Grand;[e] mais qui par plusieurs Papes & en diuers temps a esté reglé, augmenté ou renouuellé, principalement par Vrbain deuxiesme, lors que les Princes Chrestiens se croiserent pour les premiers voyages de la terre Saincte, & par Alexandre troisiesme recognoissant le bien-fait receu des freres Porte-Croix, lors qu'il estoit pressé par l'Empereur Frideric Barberousse.[f] Leurs Conuents ont esté en fort grand nombre, espars en Italie, Alemagne, France, Espagne, Esclauonie, Grece & Syrie. Ils sont à present restraints à l'Italie seule, & à 55 Conuents, dont le principal est celuy de Boulogne. Ils portent d'azur à trois monts de Synople chargez de trois croix d'or,[g] & ont ordinairement vne croix d'argent en la main.[h]

d Crucigeri.
e Pol. Virg. l. 7. c. 5.
f Hier. Platus de bono stat. relig.

Il y en a de mesme nom & Ordre dans le Duché de Gueldres au Pays-bas, auec quantité de Conuents és pays circonuoisins, & le principal en est à Ruremonde. Ils ont vn habit particulier, sur lequel est la croix mi-partie de vermeil & de blanc.[i] De ceux du Pays-bas, Alemagne & France, le commencement est rapporté à l'an 1216, ausquels le Pape Innocent quatriesme donna la reigle de sainct Augustin.[k] Ils ont des Conuents en plusieurs bonnes villes. Ceux de France sont à Paris & à Toulouse.[l] La Boheme, Morauie, Silesie & Pologne en ont plusieurs sous vn General & Grand Maistre, & portent vne estoile rouge.[m]

g Marc Ocean. de relig. l. 1.
h Myr. l. 1. c. 22. Orig. Mon.
i Marc Ocean. ibid.
k Mor. orig. Monast. l. 1. c. 33.
l Id. ibid.
m Id. l. 1. c. 14.

Les freres de S. Ambroise sont sous la reigle de sainct Augustin, portent vn escu, où est depeint & graué S. Ambroise leur Autheur, & vsent de son office. Leur Eglise fondamentale est Milan, hors la porte de Come, & se nome de S. Ambroise al Nemo.[n] On n'en void qu'en Italie, particulierement dans le Milanois.[o] Ils sont de l'an 1431 confirmez par le Pape Eugene quatriesme.

n ad Nemus au bois.
o Marc Ocea. del religione l. 1.

Les Sabaites en Orient, de Saba leur Autheur, mentionné dans l'Histoire,[p] se sont perdus auec l'Empire de Constantinople.

p Metaphrast. Laur. Surius.

L'Ordre de S. Machaire disciple de sainct Anthoine, consacré à la Grecque, fait les trois vœux, & ne se void qu'en Egypte, là où l'Ordre de S. Anthoine est d'ailleurs reduit à neant.

q Marc Ocea. l. 1. in fine.

Quoy que les Religieux qu'on appelle du Val-d'Ombre ou Ombrosa, & les suiuants, soient sous la reigle de S. Benoist, dont il sera parlé cy-apres, neantmoins parce que cet Ordre n'est cognu qu'en quelques endroits d'Italie, & que les autres sont presque tous aneantis, nous le mettrons icy auec son instituteur ou fondateur Iean Gualbert, né l'an 985 sous le Pape Benoist VII, & l'Empereur Otton III. Iusqu'en l'an 1525 il a eu des Generaux, & depuis ce temps-là des Presidents creés pour quelques années. Ils ont vn Conuent dans Rome,[r] & plusieurs autres en Italie, d'hommes & de femmes. On leur donne aussi la reigle de Camaldoly,[s] dont nous traitterons cy-apres.

r Id. l. 1.
s Myr. Orig. Monast. l. 7. c. 5.

L'Ordre de Fonte-Auellana en Italie dans le Mont Apennin, a eu ses Autheurs & reformateurs, a tenu la reigle de S. Benoist, & les statuts d'vne Religion particuliere, auec habit de Moine: Ayant depuis passé dans l'Ordre de Camaldoly, & en ayant pris l'entiere & solennelle profession. Dés l'an 1570 il s'est aneanty, n'y ayant aucuns Conuents de cet Ordre & Religion sous le nom de Fonte-Auellana,[t] ny en Italie, & ailleurs.

t Marc Ocea. lib. 1.

L'Ordre & Congregation di Monte Vergine, sous S. Guillaume de Verceil son fondateur, est encores au Royaume de Naples. Le commencement en est de l'an 1119 sous le Pape Caliste II.[a] Il est sous la reigle de S. Benoist, & l'Ordre desia perdu fut remis l'an 1349 sous Clement VII seant en Auignon. L'an 1565 il y eut encor vn nouueau restablissement. Les Religieux sont vestus de blanc, capuchon & manteau: Ils ont leur General triennal, ayant sous soy 47 Conuents ou enuiron.[b]

L'Ordre de Fiori en Italie a pour fondateur Ioachim l'Abbé & Escriuain celebre, auec plusieurs Conuents, lesquels auec l'Ordre entier ont esté vnis à celuy de Cisteaux. Les Escriuains Latins l'ont nommé communement, *Floriacensis Ordo*, & le François le peut rendre par le mot de Fleury.

Les Humiliez commencerent par Iean de Meda, sous la reigle de S. Benoist, & l'Ordre fut confirmé par le Pape Innocent troisiesme l'an 1200, auec l'habit blanc & deux capuchons, l'vn moindre, & l'autre plus grand sur vne longue robe. La desolation de Milan par l'Empereur Frideric Barberousse donna occasion à la naissance de cet Ordre sous le Pape Luce troisiesme dés l'an 1180. Mais[c] Charles Borromée Cardinal & Archeuesque de Milan, homme de grande reputation pour sa saincteté de vie, les ayans voulu reformer, sur la contradiction & resistance qu'il y rencontra auec danger de sa vie, le Pape Pie cinquiesme supprima l'Ordre, & donna les Eglises, Conuents & rentes à d'autres Religions, l'an 1571.[d]

Les Syluestrins, sous la reigle de S. Benoist, & l'habit entierement semblable aux Religieux de Val-Ombrosa, ont esté fondez par Syluestre Gozolin: Leur Ordre n'est cognu qu'en Italie, & selon aucuns, n'est qu'vne reforme de la Val-d'Ombre;[e] Le commencement en est de l'an 1232, auec la confirmation du Pape Innocent III, & la reformation de Sixte V l'an 1586. Il porte d'azur à trois monts au milieu vn baston pastoral d'or, & vne rose à chaque costé.

L'Ordre des freres de la Vie commune, a esté fondé par Gerardus Magnus natif des Pays-bas, qui deceda l'an 1376. On luy donne la reigle de S. Augustin, auec l'approbation du Pape Gregoire XI, dans la mesme année. Leurs Escholes & Colleges pour les lettres humaines ont esté celebres par toute l'Alemagne & les Pays-bas, Comme auiourd'huy des PP. Iesuites. Gabriel Biel,[f] & Thomas de Kempis ont esté de l'Ordre, ou parmy les disciples sortis d'entr'eux, où l'on range aussi le grãd Erasme, & autres illustres personnages. Les Colleges ont tary & defailly pour la pluspart, & leurs maisons ont esté baillées à des Religieuses ou aux Iesuites, qui semblẽt leur auoir succedé en Alemagne pour l'institution de la ieunesse. Les Conuents subsistent encor en quelques endroits.[g]

Les freres de S. Iean Baptiste de la Penitence ne sont que dans le Royaume de Nauarre. L'Ordre fut confirmé par le Pape Gregoire XIII. Le chef est à S. Clement le vieil en vn desert ou Hermitage, comme sont aussi les autres lieux de l'Ordre. Ils portent iour & nuict vne Croix de bois sur la poictrine, & font les trois vœux ordinaires.

L'Ordre des seruiteurs de la Vierge Marie est de l'institution de sept Citoyens Florentins, l'an 1233, dont le plus ancien & premier General fut Bonfilio. Ils prindrent la reigle de S. Augustin, & prouignerent en Toscane & en Alemagne, sous la confirmation & approbation du Pape Innocent quatriesme seant en Auignon.[h] Leur deuise a esté, *Sicut lilium inter spinas*. Philippe Benitio a esté l'vn des Generaux de l'Ordre,[i] & pour sa memoire recommandable, les Eglises de la Toscane ont vn office particulier, par permission du Pape Paul V.[k] Ceux de Venise ont pour Autheur S. Gerard Venitien, Euesque de Cauadie en Hongrie.[l]

Sous le mesme tiltre & la reigle de S. Augustin furent des Religieux au Diocese de Marseille, establis l'an 1257, toutefois auec vn habit different, d'autant que ceux d'Italie l'ont tousiours porté noir, & les autres l'auoient blanc. Ils eurent vn Conuent à Paris, lequel en la suppression de cet Ordre formé en France, arriuée par decret du Synode de Lyon tenu sous le Pape Gregoire X, fut dõné aux freres Guilielmites de Paris, qu'on nomme des Blancs-manteaux, à cause de l'habit des Seruites.[m]

Saincte Brigide, issuë du sang Royal de Suede ou de Dãnemarch, vefue, & mere de plusieurs enfans, est fondatrice de diuers Conuents qu'on void encor auiourd'huy, ou leurs restes & monuments en Suede, Liuonie, Prusse, Dannemark, Flandres, Zelande, Noruege, Bauiere, Italie, Angleterre, Brabant, Transyluanie, Vtrech, Hollande & autres, esquels auec vne forte closture & separation, hommes & femmes estoient enfermées; & l'Abbesse seule, pour la memoire & l'hõneur de la fondatrice

a Id. l. 1. circa finem.
b Myr. l. 2. c. 14. Orig. Monast.
c Thuan. l. 50.
d Marc Ocea. Myræ. Thuan. li. 50
e Myræus orig. Mon. l. 2. c. 19.
f Marc Oceano lib. 3.
g Myr. l. 1. c. 27
h Philip Ferra. Catal. Sanct. Ital.
i Id. ibid.
k Myr. l. 1. c. 16.
l Myr. l. c. 8.
m L'an 1297. Boniface 8. & Phil. le Bel.

en à le regime & l'administration. Les Religieuses portent vn anneau d'or au doigt, & vne couronne blanche en teste, marquetée de pourpre. [a] On luy attribuë plusieurs Propheties sur l'Estat de l'Italie, & d'auoir disposé le Pape Gregoire onziesme à reuenir d'Auignon à Rome. Elle a esté canonisée par le Pape Boniface neufiesme. Les guerres & changemens des Estats où les Conuents estoient assis, en ont causé la ruine, de sorte qu'ils sont reduits à petit nombre.

Les Chanoines Reguliers, qu'on nomme de S. Sauueur pres de Siene, ont leur source d'Estienne, homme de saincte vie, qui fut veu par le Pape Gregoire XII, qui leur octroya leurs premiers priuileges l'an 1408.[b] On les appelle Scopetini à Florence: Ils sont sous la reigle de sainct Augustin, & y a eu vnion du Conuent de saincte Marie du Rhin auec la Chanoinie de sainct Sauueur de Boulogne. Les Conuēts de cette Congregation sont en Italie en nombre de 42. Celuy de sainct Laurens le Real en Espagne y appartient, & en est l'vn des principaux, par vnion qui en fut faite, ce qui luy a causé ses priuileges.

La Congregation des freres de sainct Hierosme de Fesole ne passe point l'Italie, & ceux qui en sont à Milan, sont appellez freres de saincte Anne, à cause d'vne Eglise de ce nom-là. Leur origine est de l'an 1406 sous le Pape Innocēt VII. Ils sont sous la Reigle de S. Augustin, & leur Fondateur est Carlo Comte de Granello[c]. Leur confirmation est du Pape Gregoire XII. [d] On les appelle aussi freres Mendians de S. Hierosme. Voy Myræus lib. 1. c. 22.

Les Chanoines Reguliers de S. George pres de Venise sont de la fondation de sainct Laurens Iustinian, descendu de Iustinian l'Empereur, & premier Patriarche de Venise, sous le Pape Boniface IX, & à le prendre de plus haut, d'Antoine Corrario, Gentilhomme Venitien, Euesque d'Ostie & Cardinal de Boulogne, nepueu du Pape Gregoire XII, l'an 1404. Ils portent vne soutane blanche & vne robe de couleur bleuë ou d'azur, auec le capuchon sur les espaules. Le Pape Pie V les obligea à faire profession solennelle, l'an 1570. Leur enseigne est vn sainct George, & les Conuents principaux sont en Italie, en treize des villes plus remarquables. Il y en a aussi en Sicile & en Portugal. [e] Ils sont sous la reigle de sainct Augustin, [f] auec leurs constitutions particulieres. [g]

L'Ordre des Hermites ou Religieux de sainct Hierosme, qui a pour fondateur Pierre issu de famille illustre à Pise, est de l'an 1380 sous le Pape Vrbain VI, auec plusieurs maisons ou Conuents, qui ne se voyent qu'en Italie. Le Pape Pie V les obligea à faire profession, & aux trois vœux, l'an 1569, ce qu'ils ne faisoient point auparauant, mais auoient liberté de sortir. L'Ordre eut commencement à Vrbin, selon le tesmoignage de Polyd. Virgile. [h]

La Congregation dite de Somasco a eu son commencement par vn Gentilhomme Venitien, lequel en l'an 1531, s'addonna à recueillir & entretenir les pauures enfans orphelins, & assembla pour cet office charitable plusieurs autres personnes qui se joignirent à luy; de sorte qu'à Somasco pres de Milan sa Congregation se forma, receut sa confirmation & ses priuileges de diuers Papes, iusques à Pie V, qui permit à ses disciples ou suiuans apres son decez de faire les trois vœux essentiels, & de se faire appeller Clercs Reguliers de Santo Maiolo de Pauia. Toutes leurs maisons sont en Italie, & ne s'en voit point ailleurs. Voy Myr. lib. 4. c. 1.

S. Barthelemy de Genes où son Eglise donne nom à vne autre Congregation, qui a certains Conuents en Italie, sous la Reigle de sainct Augustin, & les constitutions de sainct Dominique. On les appelle aussi Armeniens.

Les Prestres [i] du bon Iesus ont pour instituteur Don Seraphin *da fermo* Chanoine Regulier de sainct Sauueur en Latran, en l'an 1326, [k] ou selon aucuns, vne saincte femme nommée Marguerite. Outre leur Eglise & maison à Rauenne, [l] ils en ont à Rome, & dans la Toscane.

Le mesme Dom Seraphin est Autheur d'vne autre Congregation de Clercs Reguliers de San Paulo Decollato, ausquels on donna l'Eglise de sainct Barnabé à Milan, ce qui les a fait appeller Barnabites. Sur la recommandation du Cardinal Borromée, ils obtindrent du Pape Gregoire XIII permission & authorité de faire des reiglemens pour viure entr'eux, l'an 1584. Ils ont iusques à dix Colleges en Italie. [m] Voy Myr. orig. Mon. lib. 4, c. 1. & lib. 1. c. 30. pour les Barnabites de la reigle de sainct Augustin par decret du Pape Innocent VIII l'an 1484.

Les Clercs Reguliers del ben morire furent faits Congregation par le Pape Sixte V, l'an 1586. qui leur donna pour enseigne la Croix qu'ils portent sur la poictrine,

a David Lindanus l. 2. c. 5. in descript. Teneramundæ.

b Marc Oceano de relig. l. 4

c Marc Oceano.

d ibid.

e Ibid.

f Myr. Orig. Monast. l. 1. c. 5

g Morif l. 3. & li. 1. c. 43.

h lib. 7. c. 4.

i Marc Oceano li. 5. Myr. li. 1. c. 30.

k Marc Oceano lib. 5.

l P. Morisi.

m Marc Oceano lib. 5.

Leur soing apres Camillo leur Instituteur est de visiter les Hospitaux & les malades, voire les pestiferez dans Rome & ailleurs où ils sont establis, en Italie, à Naples & en Sicile. La Religion fut entierement formée & approuuée par Gregoire XIV, successeur de Sixte V. Sous le mesme nom & pour diuers offices de pieté, sont establis en Italie, à Naples, & Madrid en Espagne, des Clercs, qu'on appelle Mineurs, fondez par vn Gentilhomme Genois, & approuuez par le Pape Clement VIII.[a]

a Ibid. in fine.

L'Ordre des Hospitaliers di Giouani di Dio, nommez I Ben fratelli ont leur Autheur ja nommé, auec plusieurs exercices de charité enuers les malades & pestiferez, & ne sont qu'en Italie & en Sicile, si ce n'est qu'ailleurs il y ait des Hospitaux subiets & dependans de cet Ordre.[b]

Les Iesuates ont esté fondez par Iean Colombin Sienois l'an 1355,[c] ou 1367[d] à le prendre du iour du deceds du fondateur, ou de l'approbation de l'Ordre par le Pape Vrbain cinquiesme. Ils sont aussi nommez Clercs Apostoliques, ou freres Iesuates de sainct Hierosme, font les trois vœux, & portent vne cappe de couleur cendrée, sans capuchon. Paul Morise, qui a fait vn traité des Religions a esté de cet Ordre. Leurs Conuents principaux sont à Milan, Bologne, Venise, Pauie, Alexandrie, &c.

b Ibid.
c Myr. li. 1. c. 21.
d Mare Oceano lib. 5.

Les Moines de sainct Hierosme en Espagne sont de la fondation de Pierre Fernand & autres l'an 1374, sous la Reigle de sainct Augustin, gardée auiourd'huy en tous les Conuents de cet Ordre en Espagne, dont le chef est Lupiana au Diocese de Tolede. La Congregation[e] de sainct Isidore, dont le Conuent est à Seuille, appartient au mesme Ordre, auec le Conuent de l'Escurial, sous le nom de sainct Laurens, qui est vne des merueilles du monde, & celuy de sainct Iust au Diocese de Plaisance, où se retira l'Empereur Charles V.[f] On donne aussi le Monastere de sainct Laurens aux Chanoines Reguliers de sainct Sauueur pres de Siene, dont nous auōs parlé cy-dessus. Les Hieronymitains d'Italie fondez par Loup Olmedo Espagnol sous le Pape Martin V ont leur chef d'Ordre en Lombardie.[g] Voy Mare Oceano lib. 5. La Congregation fondée en Espagne n'a point de Religieux en Italie, selon P. Morise, mais ils entretiennent vn Procureur à Rome.

e Mare Oceano lib. 3.
f Myræus lib. 3. c. 24.
g P. Morise.

Les Cellites ont leurs Conuents à Bruxelles, Anuers, Louuain, Mechlin, Cologne & autres villes du Pays-bas & d'Allemagne: Leur Patron est Alexius, Romain, dont l'histoire d'Italie fait mention; qui les fait aussi appeller Alexians.

Les sœurs dites Noires,[h] à cause de leur habit, ont leurs Conuents és mesmes villes, & viuent sous la reigle de sainct Augustin.

h Petrar. in Catal. Sanct. Ital.

L'Ordre de la Vierge Marie de l'Annonciade fut premierement fondé en France par la Royne Ieanne, fille du Roy Louys XI, & femme du Roy Louys XII, qui fut separé d'elle, pour se marier auec Anne de Bretagne vefue du Roy Charles VIII, auec la dispense du Pape Alexandre VI, qui confirma cet Ordre l'an 1501, de mesmes que les Papes Iules II & Leon X. La Reigle particuliere de ces Religieuses est comprise en douze chapitres, qui sont autant de vertus & qualitez pieuses de la Vierge. Leur habit est gris, auec vn manteau blanc au dessus, & vn voile noir sur la teste. Le chef d'Ordre & Mere-Abbaye est à Bourges, les autres sont à Albi en Languedoc, où Louys d'Amboise Euesque du lieu le fit bastir; à Rodez en Roüergue, à Bordeaux, auec plusieurs autres hors de France, sçauoir à Bruges, Bethune en Artois, Louuain, Anuers & autres dans le Pays-bas, & en Espagne. Outre ceux de France ja nommez, on y en void quelques autres dans le Berry & ailleurs; & le dixiéme en ordre & dignité est donné à Montpellier en Languedoc par Aubert Myræus, qui en fait le recueil.[i]

i lib. 3. c. 12.

Les Clercs de sainct Paul sont en Italie, & ont leur confirmation du Pape Clement VII l'an 1533.[k]

k Id li. 4. c. 13.

Le troisiesme & tres-fameux Pere des Ordres apres sainct Basile en Orient, & sainct Augustin en Occident, est sainct Benoist né dans le Duché de Spolete,[l] qui se retira du monde l'an 494 en quelques montagnes à trente-cinq mils de Rome, & y fonda iusques à douze Monasteres sous sa conduite & administration, & en l'an 523 se rendit au MONT-CASSIN où il fonda quelques années apres le celebre Monastere qui fut & est encor auiourd'huy le chef d'Ordre de toutes ses Religions, & y escriuit les reigles qu'on y garde à present. C'est la source de plusieurs Religions fondées & establies en diuerses parties du monde, & vne abondance si grande de Saincts Canonisez, qu'en la seule Mere-Abbaye du Mont-Cassi en ont esté esleuez iusques à 5055, lesquels y ont esté enseuelis, & du corps

l Ymbria.

entier de tous les Ordres & Conuents viuans sous la reigle, iusques à quarante-quatre mille & vingt-deux. Nous auons desia parlé de diuers Ordres viuans sous cette Reigle, pour estre moindres & n'auoir lieu qu'en Italie, ou en quelque autre Prouince, ou pour estre à present reduits à neant, sçauoir l'Ordre de Fiori de l'Abbé Ioachim, & autres portans l'habit noir; celuy de la Val Ombrosa en Italie, les Humiliez, les Syluestrins, celuy de Monte vergine & autres. Le nom & la Religion de sainct Benoist se sont espandus dans l'Occident autant & plus que celle de sainct Basile en Orient, puisque sans compter les Preuostez, Prieurez, & Conuents de Religieuses, on trouue des Monasteres sous ce nom & cete Reigle, en nõbre de 30000. Plusieurs Papes en sont sortis, à commencer par Gregoire le Grand, ayans esté ou Abbez ou Moines des Ordres prouignez du Mont-Cassin. On y compte plus de 2000 Cardinaux.[a] a Mare Oceano lib. 1.

Le Monastere de Fulde en Alemagne est vn chef de Religion de l'Ordre & Reigle de sainct Benoist, fondé l'an 750 sous sainct Boniface Archeuesque de Mayence. Les Moines portent l'habit noir, & ont plusieurs Conuents espars dans l'Alemagne.

Sainct Odon Abbé de Clugny l'an neuf cens trente fut Autheur, sous la mesme Reigle, de la plus grande & noble Religion qu'on ait veu dans le monde. Il reforma ou remit la discipline de sainct Benoist, & à son exemple il en fut fait autant en Italie, Espagne, Alemagne & Angleterre, de sorte qu'on restablit iusques à 2000 Conuents. Nous auons parlé du lieu & Abbaye de Clugny dans les Prouinces de France.[b] Le Fondateur temporel de l'Abbaye de Clugny fut Guillaume le Bon Duc d'Aquitaine,[c] l'an neuf cens dix. Ses Prouinces sont Lyon, France, Prouence, comprenant Tarentaise, le Dauphiné & Vienne; Poictou, comprenant la Xaintonge, Auuergne, Gascogne, où sont les Abbayes de Moyssac & de Figeac; Alemagne, comprenant Lorraine & Bourgogne; Lombardie ou Italie, Espagne, Angleterre, comprenant l'Escosse. Ces Prouinces contiennent trois cents Conuens ou enuiron, auec cinquante Prieurez qui dépendent de Clugny. Les Benedictins reformez venus de Lorraine, qui furent suiuis par quelques Conuents de France & de la Franche-Comté, receurent du Roy de France regnant à present, & par Arrest de la Cour de Parlement de Paris donné l'an 1618, le Conuent des Guillelmites. b Bourgogne. c Myr. l. 5. c. 1.

La Congregation de saincte Iustine de Padouë sous la Reigle de S. Benoist fut formée par Ludouico Barbo Abbé de saincte Iustine, & Reformateur de l'Ordre de sainct Benoist, pour en remettre la Reigle; à quoy plusieurs Conuents se moulerent, & furent vnis à saincte Iustine[d] l'an 1408. d Mare Oceano lib. 1.

L'Ordre de Grandmont, appellé des Bons-hommes en France, prit commencement dans le Diocese de Limoges l'an 1080 ou 1260, par Estienne, homme de saincte vie, natif de Muret en Gascogne, d'où le lieu de Grandmont n'est pas esloigné.[e] Il est sous la Reigle de sainct Benoist:[f] La qualité de Prieur fut changée en celle d'Abbé par le Pape Iean XXII. Cet Ordre ne se void qu'en France, où il y a quelques Prieurez Conuentuels en dependans.[g] e Baron. in Annali. Myr. l. 5. c. 11. lib. 2. c. 6. f Chop. Sacr. Polit. lib. 7. & 8.

L'Ordre de Camaldoly sous la Reigle de sainct Benoist, doit son institution à S. Romuald de Rauenne, canonisé par le Pape Clement VIII. Le lieu ou Hermitage dans le Diocese d'Arezzo en Italie, & la fondation est de l'an 1012. Romuald ayant edifié quelques Monasteres mourut à Camaldoly, dont l'Ordre s'augmenta & espandit par toute l'Italie. Il a porté trois Cardinaux, dõt l'vn a esté Pierre Damian, homme illustre & Historien: Il a sous luy quarante-quatre Conuents & quarante Eglises. g Mare Oceano l. 1.

Sous le mesme Ordre de Camaldoly est la Congregation nommée de Monte Corona fondée par Paul Iustiniano Venitien, de laquelle dependent plusieurs Conuents ou Hermitages rentez en Italie, au Royaume de Naples, & en Pologne, où elle a de tres-belles maisons. Elle porte trois monts & vne Couronne au dessus. Depuis peu les Religieux de Camaldoly ont vne maison pres de Turin. On void en Italie des Conuents de Religieuses de cet Ordre.

L'Ordre de Cisteaux est pareillement vn rejetton de celuy de sainct Benoist. Le lieu est en Bourgogne, où Robert Abbé de Molesme au Diocese de Langres s'estoit rendu l'an 1098, pour y fonder l'Ordre; mais en ayant esté rappellé, & vn autre mis en sa place, sainct Bernard Abbé de Cleruaux y vint & s'y adioignit; ce qui accreut tellement la reputarion de cet establissement, que de son viuant mesmes cent soixante Conuents furent construicts ; & de cet Ordre, ainsi que de celuy de Clugny, sont sortis des Papes ; & plusieurs Abbez de Cisteaux & autres Prelats, nourris en ses Conuents, ont esté Canonisez. Diuers Papes luy ont octroyé des priuileges depuis Vrbain II, iusques à Clement VIII. Les freres de Valle Caulium en l'Euesché de Langre sont de Cisteaux par la reformation qui en fut faite.[a] Et pour les Conuents dependants d'vn Ordre si celebre & fauorisé des Roys de France, & autres Princes, on en compte plus de 4000 d'hommes & 6000 de femmes, espars par tout le monde. Celuy de Cisteaux est le chef, nous auons parlé du lieu és Prouinces de France.[b] Celuy de Cleruaux, qui fut le tiltre de S. Bernard, & autres en Frãce, & infinis en Portugal, Castille, Arragon, Milan, où est encor celuy de Cleruaux, Florence, Rome, Messine, où est le somptueux Monastere de Rocamadore, dont estoit Abbé Syluestre Maruli, Autheur du Mare Oceano de gli Religioni, Palerme, &c. y appartiennent.

La Congregation de Nostre-Dame des Fueillans,[c] instituée l'an 1575 sous le Pape Gregoire XIII est de Cisteaux, & possede quelques Conuents ou Eglises à Rome & à Turin, & a son approbation du Pape Sixte V. Iean de la Barriere, Abbé de Feuillans au Diocese de Rieux, l'a fondée l'an 1580 selon Myræus,[d] ou ses Autheurs; elle est aussi nommée de Sainct Bernard de la Penitence. Les Feuillans ont vn Conuent bien basty au Faux-bourg sainct Honoré à Paris, où il fut commencé par le Roy Henry III, & acheué sous Henry IV son successeur. Ce fut vne des 12 Eglises qu'il fut obligé de faire rebastir en France receuant son absolution du sainct Siege. La Barriere Abbé Commendataire de Feuillans remit la Reigle du Conuent, & fut appellé par Henry III, qui l'auoit premierement logé auec vingt de ses Religieux au bois de Vincenes. Outre le Conuent de Paris, ils en ont à Toulouse, Roüen, Orleans, & des Religieuses Feuillantines à Paris & à Toulouse. La Congregation, dont le chef & Mere-Abbaye est à Nostre Dame de Feuillans ja mentionnée, n'est qu'en France & en Italie. Feuil.

L'Ordre de Grandmont est aussi rapporté à l'institut de Cisteaux,[e] de mesme que l'Ordre des Gilbertins en Angleterre fondé l'an 1148 par Gilbert Sempingam, & approuué par le Pape Eugene III. Otho Frisingen sis Euesque & Historien a esté de l'Ordre de Cisteaux.[f]

L'Instituteur de l'Ordre des Celestins estoit natif d'Isernia au Royaume de Naples, & apres la mort du Pape Nicolas IV. l'an 1294 il fut esleu en sa place, sous le nom de Celestin V. Il auoit fait approuuer son Ordre par le Pape Gregoire X au Concile de Lyon, sous la Reigle de sainct Benoist; six mois apres son eslection, il se démit du Pontificat, pour reprendre sa premiere profession. Il fut Canonisé par le Pape Clement V seant en Auignon l'an 1319 Les Conuents des Celestins sont en grand nombre, soit en France en plusieurs bonnes villes, comme Paris, Sens, Amiens, Lyon, Soissons, Roüen & autres, soit en Italie, Hongrie, Austriche & Alemagne. Les Celestins portent le capuchon noir, comme les autres Benedictins. Cele.

Bernard ou Iean de Siene obtint du Pape Iean XXII seant en Auignon, la confirmation de l'Ordre du Mont Oliuet ou d'Accon, fondé par luy, qui receut la reigle de S. Benoist, & en fut fait Abbé l'an 1319.[g] On en void plusieurs Conuents en Italie & en Sicile, & vn en Hongrie, & les Religieux portent l'habit blanc. La Religion porte de gueules à trois monts chargez d'vne croix d'or entre deux rameaux d'oliuier. Ordre Nostre Dame Mont Oliuet.

Guillaume Duc d'Aquitaine & Comte de Poictou fonda pres de Siene l'Ordre appellé des Guillelmites de son nom. Les Bulles de diuers Papes font foy qu'ils viuẽt sous la Reigle de S. Benoist.[h] Ils ont plusieurs maisons & Conuents, à Paris, sous le nom de Blancs-manteaux, à Bruges, & Aloff en Flandres.

Finalement cet Ordre illustre & general de S. Benoist a receu diuerses reformations, dont les principales sont celles du Mont-Cassin, ou de saincte Iustine de Padouë, dont nous auons parlé, & de Vallisoletana en Espagne, qui s'est espanduë depuis certaines années en Lorraine & en Flandres, & a grand nombre d'Eglises ou Conuents dependants; Les Monasteres de Doüay, & de Bruxelles, tant d'hommes que de femmes y appartiennent aussi. Les Conuents d'Alemagne receurent leur reformation par les soings de Iean Rodius Abbé de S. Matthias à Treues, qui auoit esté fait Visiteur general de l'Ordre de S. Benoist en Alemagne par le Concile de Constance: Et parce que Bursfeld, petit Conuent en Saxe auoit receu pre- Hermites de S. Guillaume ou Guillemites.

a Chop. in Monast lib. 2. tit. 2. § 20. Myr l. 5. 11. ex Vitriaco.
b Bourgogne.
c Mare Oceano lib. 2.
d Orig. Mon l. 5. c. 11. & lib. 2. c. 28. Orig. Mon.
e Id. ibid. ex Vitriaco.
f Id. lib. 5. c. 26.
g Hist. Oliue. cana Lancel.
h Myræ. l. 1. c. 15. & 16. Orig. Monast. & l. 2 c. 15. Samson Hay. de vet. ord. S. Gulielmi.

mier la reformation, l'an 1437, la congregation en fut appellée de son nom pour tous les Conuents d'Alemagne & des Pays-bas, dont le nombre entier est rapporté par Myræus.[a] On remarque quatre illustres Abbayes au Pays bas de l'Ordre de sainct Benoist, qui sont exemptes de toute visite des Ordinaires, & dependent immediatement du Pape, qui sont és Dioceses d'Arras, de Gand, de Cambray & de S. Omer.

a lib. 1. c. 16.

b lib. c. 17.

Outre les Reformations de l'Ordre de S. Benoist sus-mentionnées, on y compte encor celle qui fut faite en Irlande dés l'an 570, & fut dite de Belcor, du nom du premier Monastere chef de la Congregation qui a esté en reputation, & à plusieurs lieux dependants; Celle qui a pour chef le Monastere de Fleury [c] en France pres d'Orleans: Celle d'Angleterre, qu'on appella de Giriben.

c Floriacensis.

L'Ordre dit de PREMONSTRE', d'vn lieu de ce nom en France, [d] est de Chanoines Reguliers sous la Reigle de S. Augustin, & a pour auteur & fondateur Norrbert natif de Lorraine,[e] & Archeuesque de Magdebourg l'an 1120, ou selon aucuns l'an 1092. Le Pape Innocent III confirma solemnellement cette Religion l'an 1199. Norrbert fut canonisé, & son Ordre s'accreut tellement qu'on le diuise en plus de 30 Prouinces, où se trouuent 1300 Monasteres d'hommes, & plus de 400 de femmes, presque tous en France, ou en Alemagne & en Flandres, 14 en Espagne, & en Italie quelques Prieurez.

d Diocese de Laon.

e Mare Oceano lib. 2. ibid.

f Greg. 13. l'an 1582.

L'Ordre de la saincte Trinité & Redemption des captifs d'entre les mains des Infidelles est ancien, née en France, authorisé & maintenu par diuers arrests du Cōseil d'Estat & des Cours de Parlement. Iean de Matha nasquit d'vn bourg nommé Faulcon en Prouence l'an 1154, s'addonna aux lettres & sciences de Mathematiques, fut sacré Prestre à Paris, où il fut receu Docteur en Theologie. Ses inclinations à la Pieté le porterent à embrasser la vie Religieuse, & à se retirer pour cet effect en la solitude, où il trouua Felix de Valois Anachorete, ou Hermite, dans le Diocese de Meaux en Brie. Ils furent ensemble deuers le Pape Innocēt III l'an 1198 & le premier de son Pontificat, sous le regne de Philippe Auguste, auec les recommandations & attestations de leur bonne vie, de l'Euesque de Paris, des Abbez de S. Victor, de saincte Geneuiefue, & autres Prelats. Innocent leur donna l'habit blāc, & apposa vne Croix rouge & bleuë au scapulaire, auec le Capuce ou chaperon en forme de Camail ou de Mocete: Le tiltre ja enoncé leur fut baillé par Bulle du troisiesme Feurier de la mesme année, sous la Reigle de S. Augustin, comme l'on presume. L'Instituteur de l'Ordre en fut le premier General & Grand Ministre, & dés ce commencement plusieurs Eglises & terres furent accordées aux Religieux à Rome & en Italie par le Pape Innocent III, Honoré III son successeur, & autres, à la charge d'employer la troisiesme partie des reuenus de leurs biens au rachapt des captifs tenus par les Turcs & autres mescreants. Les Prouinciaux & Superieurs des Maisons prennent aussi le nom de Ministres, & leur General reside le plus souuent à Paris en leur Conuent des Mathurins, qui donne le nom à la ruë où il est assis. Le Chapitre general se tient de trois en trois ans dans le Diocese de Meaux, au Conuent dit de Cerf-froid, nom de la solitude ou retraite des premiers Autheurs, dés l'an 1196.[g] Et là se fait l'eslection du General & Grand Ministre, qui ne peut estre que François, est perpetuel en sa charge, & depend immediatement du Pape. L'Ordre est composé de treize Prouinces, dont la premiere & comme l'aisnée est France, où sont Cerf-froid capitale de l'Ordre, Paris, Meaux, Fontainebleau, Estampes, &c. Les autres sont Champagne, où sont Troyes, Chaalons, Mets, &c. Picardie & Pays-bas, ou Basse Alemagne, Normandie, Languedoc, où sont Toulouse, Narbonne, Montpellier, Castres, &c. Prouence, où sont Auignon, Tarascon, Arles, Marseille, &c. Italie, Portugal, Angleterre, Escosse & Irlande. Chacune de ces Prouinces est gouuernée par vn Prouincial deputé ou cōfirmé par le General, lequel est recognu & obey pleinement en toutes les Prouinces depēdantes. L'Ordre a esté approuué & maintenu par les Bulles de tous les Papes consecutifs & posterieurs à Innocent troisiesme, sous lequel il a pris source, iusques à Vrbain VIII seant à present. Les tiltres honorables & speciaux qui luy sont donnez par les mesmes, & tels qu'ils ont esté soigneusement recueillis par frere Claude Ralle, Bachelier en Theologie, & Ministre du Fay,[h] & les grandes graces octroyées par eux en faueur de l'Ordre, y marquent quelque préeminence & recommandation particuliere, comme le subiet pieux & charitable de l'institution l'a requis & exigé. Le mesme Autheur conserue la memoire d'vn procession solenelle faite à Paris le 20 May 1635. Et le 24 May 1641 y fut faite vne pareille procession de tous les Religieux & Confreres de l'Ordre, & de

g Chop. lib. 3. Monastic. tit. vl. art. 12.

h Saincte Cēfrerie du Redēpteur sous le tiltre de la Trinité à Paris 1635.

trente-six captifs racheptez par les mesmes Religieux. Robert Gaguin Annaliste François en a esté General & Grand Maistre: Estant iceluy Ambassadeur à Rome pour le Roy Charles huictiesme, il transigea par escrit auec Philippe Cluys Bailly de la Morée, & Guillaume Caoursin Vichancelier, & tous deux deputez du Grand Maistre de Rhodes, pour l'vnion des deux Religion, *retento habitu* L'acte en fut signé des deux parties l'an 1436, le quatriesme de Iuillet: & quoy qu'il n'ait pas eu effect, ils auoient accordé les conditions, qui estoient fort aduantageuses pour l'Ordre que nous traitons. I'en ay veu l'acte originel entre les mains du Reuerend Grand Ministre qui est auiourd'huy en charge. On ne compte depuis l'institution de l'Ordre que vingt-six Generaux, dont les deux derniers ont esté de mesme nom, à sçauoir François Petit, & celuy d'apresent Louys Petit, homme de doctrine & de singulier merite, Conseiller & Aumosnier ordinaire du Roy, Cõmissaire & Visiteur Apostolique estably en tout l'Ordre par le Pape Vrbain VIII: Il rapporte tous ses soings à l'augmentation ou manutention d'iceluy en ses priuileges & prerogatiues. Les hommes doctes nourris dans les Conuents de l'Ordre sont mentionnez par Syluestre Maruli, Abbé de Roccamador. [a] Les Religieux de la Mercy, dont il sera parlé cy-apres, ayans pretendu de pouuoir faire des questes generales en ce Royaume, mesme és lieux où ils n'ont point de maisons ou Conuents, sur l'instance formée au Conseil du Roy, & en suite de diuerses patentes, & arrests donnez en faueur de l'Ordre de la Trinité, & confirmatifs les vns des autres sous diuers regnes, auec les attestations du rachapt des Captifs fait à diuerses fois, il y eust arrest contradictoire rendu le 11 Septembre 1610, par lequel le General Ministre & les Religieux de la Trinité sont maintenus en la faculté de pouuoir faire quester par tout le Royaume indefiniment, & ceux de la Mercy és villes où ils ont leurs maisons tant seulement.

a Marc Oceano di tutti i relig.

L'Ordre des Religieux de Nostre-Dame de la Merced est de l'an 1218 sous Iacques premier Roy d'Arragon, & Raymond Pennafort Moyne Dominicain: Pierre Nolasque natif du Languedoc en fut le fondateur apres le Roy [b] Iacques d'Arragon. Il s'employe, comme celuy des Trinitaires au rachapt des Captifs, & à la recolte des deniers destinez à cet effect, [c] dans les villes & lieux de France, où ils ont leurs maisons. Il y a des Cheualiers de cet Ordre, desquels il sera parlé cy apres. On les nomme ainsi à cause du prix, & *Merces* de la Redemption, ou pour la Mercy & misericorde qu'il exerçent. Gregoire IX bailla sa confirmation l'an 1230. On en void plusieurs en Espagne, & vn Conuent à Rome. On les appelle en France, de Nostre-Dame de la Mercy, dont il y a Conuent & College à Paris.

b Cassan pretentions des Roys de France.
c Myr. l. 1. c. 11. Mariana l. 12. c. 8, & 14.

L'Ordre de Fonteuraut est quasi propre à la France pour plusieurs considerations. Le fondateur est Parisien, Robert de Abrusellis. Le lieu de la Mere-Abbaye est proche de Saulmur; la plus grand part des Conuents est en Francce: On en void toutefois aucuns en Espagne, comme il y en a eu aussi qui ont fleury en Angleterre. Robert mourut l'an 1117. Les hommes y sont enfermez separement dans leur Conuent, dans vne mesme closture; & les Religieuses, ou leur Abbesse, qui a esté presque tousiours Princesse du sang de France, & l'est encore auiourd'huy, a commandement & direction sur les hommes, par l'institut de l'Ordre. Les reformations qui en ont esté faites, ont suiuy la Reigle de S. Benoist. [d]

d Myr. l. 1. c. 10.

Auant que de passer aux Ordres qui restent à deduire sous leurs Peres & fondateurs plus modernes, nous auons à mentionner les Monasteres fondez par Iean Cassian, Scythe de Nation, & Escriuain celebre, en l'Isle de Lirins, dite de saincte Marguerite en la mer de Prouence, l'an 400, l'vn pour hommes, l'autre pour femmes. [e] Le Monastere de S. Victor de Marseille fut fondé par le mesme Cassian, lequel y finit ses iours. C'est vne Abbaye renommée, qui a des droicts de collation de benefices fort vniuersels; & pour la Congregation de Lirins où a vescu & flory S. Honorat & son Ordre, la venuë de S. Benoist en France la fit vnir & incorporer auec sa Reigle, de sorte qu'elle demeura esteinte; & le Conuent est possedé par la Congregation de saincte Iustine de Padouë, Ordre de Clugny. [f]

e Geneb. de Script. Ecclef. Ioan Trith. de script. Ecclef.
f Marc Oceano l. 1.

L'Origine des Chartreux est de S. Bruno, natif de Cologne, qui fut meu à fonder cet Ordre par vn spectacle & accident extraordinaire d'vne voix ouye par trois fois, & prononcée par le corps d'vn Docteur de Paris, sur lequel on faisoit le seruice accoustumé; [g] & fut aydé de Hugues Euesque de Grenoble, qui luy bailla vn lieu nommé Chartreuse, dans son Diocese, l'an 1084, ce qui donna nom à tout l'Ordre. Bruno fut appellé par le Pape Vrbain second, & se retira en vn desert de Calabre, où il

g Myr. l. 1. c. 31. Marc Oceano lib. 2.

où il mourut. Il a esté Canonisé par le Pape Leon X. La Religion a 17 Prouinces & 67 Monasteres, en exceptant ceux d'Angleterre & d'Allemagne, qui sont occupez. La grand' Chartreuse de Grenoble, chef de l'Ordre, & celle de Pauie, sont les plus magnifiques de toute la Religion. [a] Iean Galeas Duc de Milan a fait bastir celle de Pauie, & est la plus somptueuse qui se puisse voir ailleurs. Il y a six Conuents de Religieuses de cet Ordre. Les Chartreux son vestus de blanc. Ils ne mangent point chair & gardent le silence. Le General & le Chapitre General se tiennent en la grande Chartreuse de Grenoble.

[a] Marc Oceano li. 1.

S. DOMINIQVE, natif de Calahorra en Espagne, de la famille des Gusmans a fondé l'Ordre des Prescheurs; Il se trouua au Concile de Latran tenu l'an mil deux cens quinze, & obtint la confirmation de son Ordre du Pape Honoré III. Il institua des Monasteres d'hommes & de femmes dans Rome, & mourut à Boulogne l'an 1221. Il ioignit à la Reigle par luy choisie qu'aucuns disent estre de S. Augustin,[b] certaines constitutions par luy faictes. Son Ordre & Reigle de Mendiant fut receu en France, nonobstant la contradiction & le liure fait contre cette nouuelle forme de viure, par le Cardinal d'Armagnac assistant au Concile de Lyon.[c] L'effort fait contre luy & l'Ordre des Mendians par Guillaume de S. Amour fut aussi mis à neant par la deffense d'Albert le grand & de Thomas d'Aquin qui faisoient profession de l'Ordre, auec l'auctorité du Pape Alexandre IV.[d] Il fut canonisé l'an 1233 par le Pape Gregoire IX. L'Ordre fut diuisé au commencement en 7 Prouinces, sçauoir Espagne, France, Lombardie, Alemagne, Hongrie, Angleterre & Rome. Et l'an 1221 que sainct Dominique deceda, il fut compté au Chapitre General de l'Ordre iusques à soixante Conuents. Plusieurs reformations ont esté faites en diuers temps, la septiesme & derniere estant de l'an 1573, sous le Pape Gregoire XIII. La prerogatiue de l'Inquisition pretenduë par sainct Dominique & ses disciples leur est debatuë par l'Ordre de Cisteaux. Voy Myr. lib. 5. c. 16. D'entre les Dominicains sont sortis quatre Papes & grand nombre de Cardinaux, où l'on compte Thomas de Vio, dit le Cardinal Caietan. Saincte Catherine de Siene est comprise parmy les personnes considerables qui ont esté dans cette Religion, & sainct Thomas d'Aquin fut canonisé par le Pape Iean XXII l'an 1323. On auoit fait en dernier lieu iusques à trente Prouinces de l'Ordre, qui contenoient 4144 Conuents. La plus ancienne est celle de Thoulouse, & la seconde Saincte Sabine de Rome. Celles qui sont perduës par les changemens de Religion, ou autrement, se remplacent par de nouueaux Conuents en Italie, Espagne, & dans les Indes Orientales & Occidentales. Les Freres Prescheurs sont appellez Iacobins en France, à cause de l'Eglise de sainct Iacques qu'ils ont à Paris, en la ruë qui porte ce nom-là.

[b] Myr. lib. 2. c. 50.

[c] Marc Oceano di tutte li relig. lib. 3. c. Del Patriarcha san Dominico.

[d] Ibid.

S. FRANCOIS d'Assise est le quatriesme Pere des Ordres en Occident, & ses Religieux sont les seconds entre les principaux Mendians. Il fonda l'Ordre des Mineurs, & en obtint la confirmation du Pape Innocent III l'an mil deux cens neuf, mourut l'an mil deux cens vingt-six, & fut canonisé deux ans apres par le Pape Gregoire IX. Il est Autheur d'vne Reigle particuliere, & de trois Ordres. Le premier fut l'an mil deux cens six des Freres Mineurs, comprenant les Conuentuels, Obseruantins, Capucins & Recollects, c'est à dire reünis ou reioints, ou Recolets, de la sœur Colete, c'est à dire Coletains. Le second est de l'an mil deux cens douze des Religieuses de Saincte Claire, qui sont de deux sortes, les vnes de sainct Damian, de leur premier Conuent de Saincte Claire, sous le nom de ce Sainct, qui viuent sous l'ancienne discipline plus rigoureuse, sans receuoir la mitigation de la Reigle, accordée par le Pape Vrbain; les autres d'Vrbain, comme ayans admis la mitigation; les premieres sont appellées les Pauures, Coletaines & Capucines; les autres, Riches, comme ayans des rentes annuelles. Le troisiesme Ordre est de l'an mil deux cens vingt-vn, dont il sera parlé cy-apres sous le nom de Tiers Ordre de sainct François. Ces trois Ordres ont autant de Ministres Generaux absolus & dependans immediatement du Pape. Parmy les Freres Mineurs ont esté S. Bonauenre Cardinal & Euesque de Tusculi, sainct Yuo & autres. Cet Ordre de sainct François a receu plusieurs Reformations, comprises sous les trois Ordres par luy instituez, comme il a esté desia dit; & a produit quatre Papes auec grand nombre de Cardinaux.

Les CAPVCINS ont pris leur origine en Italie l'an 1525 par Matthieu Bascio né en Vmbrie[e], assisté de Louys Tenalia, & pere de l'Obseruance Regu-

[e] Spoleto.

liere. Le Pape Clement VII leur bailla l'habit qu'ils portent auiourd'huy de drap rude & grossier, couleur cendrée, auec le capuchon pointu & en forme pyramidale. [a] Bascio fut leur premier General, & apres luy Tenalia : Ils se sont peu à peu espandus par tout le monde, auec grande reputation de saincteté, & de reformation, & sont particulierement estimez & accreditez en France. Voy Mare Oceano di tutteli Relig. lib. 5.

a Paul. Moril. lib. 1. orig. Mon. c. 53.

Saincte Claire nasquit à Assise, de mesme que sainct François, & l'imita en instituant pour les femmes, ce que sainct François auoit estably pour les hommes. Elle vesquit en l'Eglise de sainct Damian, qui a donné nom à vne partie des Religieuses de cet Ordre, comme nous auons desia dit. Le Pape Alexandre IV la canonisa deux ans apres sa mort. Saincte Claire.

L'Ordre de la Conception de la Vierge fondé à Tolede l'an 1484 par Beatrix de Sylua Portugaise, & approuué par le Pape Innocent VIII sous la Reigle de l'Ordre de Cisteaux, fut donné à la Reigle de saincte Claire l'an 1589, & comme au soin des Franciscains Obseruantins par le Pape Iules II l'an 1511. Les statuts prescripts en dernier lieu sont de l'an 1516. Saincte Colete, née à Corbie ville de Picardie reforma l'Ordre de Saincte Claire enuiron l'an 1425, & commença par le Monastere de Besançon. Elle mourut l'an 1447 dans le Conuent de Betlehem par elle fondé à Gand, là où par indult du Pape Clement VIII elle a vn office particulier, ce que Paul V a estendu à tous les Conuents de son Institut. [b] Conception de la Vierge. Saincte Colete.

b Myr. lib. 3. c. 11. orig. Mon.

LES CARMES, Ordre des Mendians, prennent leur nom du Mont Carmel en Syrie, se disent successeurs d'Helie & Elisée Prophetes, qui ont premiers habité le Mont Carmel auec vie austere, & de sainct Iean Baptiste sous les anciens Prieurs du Mont Carmel, iusques à l'an quatre cens, que Iean Patriarche de Hierusalem donna des Reigles à la societé des freres du Mont Carmel, & de Nostre-Dame, qui durerent plusieurs siecles, pendant lesquels ces Religieux ou Hermites auoient grandement accreu. P. Morisi ne leur donne commencement que de l'an 1160 sous Alexandre III, & l'habit blanc qu'ils portent depuis l'an 1217, sous Honoré III. Les Papes Innocent quatriesme & Eugene IV l'an 1431 addoucirent les Reigles austeres de l'Ordre. Mais Saincte Therese l'an 1562 remit sus la Reigle d'Albert Patriarche de Hierusalem de l'an 1171, & refusa la mitigation du Pape Eugene. Elle fut canonisée par le Pape Paul V, estant decedée l'an mil cinq cens octante-deux. Les Conuents par elle fondez ou sur sa reformation ont esté en tres-grand nombre en Espagne, où sa Congregation fut diuisée en cinq Prouinces par le Pape Sixte cinquiesme; en Italie, és Indes Occidentales, és pays Septentrionaux, en Perse; & finalement en France, és Pays-bas & en Alemagne. [c] L'Ordre des Carmes a iusques à trente-trois Prouinces : [d] Ils entrerent en Europe sous le Roy sainct Louys, qui leur bastit vn Conuent à Paris. Ils s'appellent Religieux de la Benoiste Vierge Marie du Mont Carmel. Carmes. Saincte Therese.

c Myr. lib. 3. c. 10. Orig. Monast.
d Mare Ocea. lib. 4.

Les Carmes Deschaussez ont deux Congregations, l'vne d'Espagne, l'autre d'Italie, & chacune a son General. Sixte V diuisa celle d'Espagne en certaines Prouinces, qui sont auiourd'huy de cinq à six, & cent Conuents ou enuiron. Celle d'Italie comprend les Conuents de France, d'Alemagne, Pologne, Pays-bas, Lorraine, &c. On y voit aussi des Conuents de femmes, où celuy de Bruxelles est tres-magnifique. La Pologne en a trois d'hommes, & plusieurs de femmes. On oppose les Carmes Deschaussez aux Mitigez, qui sont descendus des anciens. Toutefois la Congregation d'Italie est appellée d'Helie. Les Deschaussez reprindrent la Reigle d'Albert l'an 1558. Carmes deschaussez.

S. François de PAVLE est natif de Paule en Calabre. Pour sa grande humilité, les freres & Religieux par luy fondez ont esté appellez Minimes. [e] Le Roy Louys XI desira sa venuë en France, & l'honora grandement : Estant desia fort aduancé en âge, il mourut à Plessis les-Tours l'an mil cinq cens sept, & l'an 1519 il fut canonisé par le Pape Leon X. Les Minimes, outre les trois vœux ordinaires & essentiels, en ont vn quatriesme qui est l'austerité de la vie quadragesimale. Ils ont iusques à trente Prouinces en France, Italie, Naples, Sicile, Mallorque, Espagne, &c. & ont aussi vn tiers Ordre. S. François de Paule. Minimes.

e Myr. lib. 3. c. 11. Orig. Mon.

Les Freres Mineurs, dits Cordeliers, & les Obseruantins vindrent du Pays-bas, où ils sont depuis l'an 1215, [f] en France, & y sont fort celebres, ayans grand nombre de Conuents, aussi bien que par toute la Flandres, & la Franche-Comté.

f Myr. lib. 3. c.

Ceux qu'on a appellez Zoccolanti ou Zoccolani, de leurs zoccoli ou soques de bois, en Italie, qui ont pour leur Chef sainct Bernardin de Siene, & les Amidei, d'vn Pere de ce nom là, sont des Congregations reformeés des freres Mineurs & Obseruantins, qui ne sont cognuës qu'en Italie. Sainct Bernardin commença l'an 1400, & fut mis au nombre des Confesseurs. Les Amidei ont esté vnis aux Zoccolanti par le Pape Pie V. Le mesme declara l'an 1567 les Minimes estre du nombre des Mendiants, dont ils font vn cinquiesme Ordre.

Le Tiers Ordre fut institué l'an 1221. Le Pape Honoré fut le premier qui le fauorisa, *Viuæ vocis oraculo*, ainsi que tesmoigne le Pape Gregoire neufiesme par vn Bref Apostolique, l'an 1228, confirmé depuis par le Pape Innocent quatriesme, & en fin solemnellement approuué par le Pape Nicolas quatriesme l'an 1289, ainsi qu'il paroist par la Bulle plombée qui commence *Super montem catholicæ, &c.* dont l'original est au Conuent de Tholose; & en suite plusieurs Papes ont donné la mesme approbation.

Ce Tiers Ordre a cela de particulier, & different des autres Ordres, qu'il est de personnes seculieres aussi bien que de regulieres.

Il a commencé par les personnes Seculieres de l'vn & de l'autre sexe, mariez ou non, de toutes qualitez & conditions, lesquelles s'estans enrollées en cet Ordre gardent cette reigle de penitence en leurs maisons priuées auec leurs familles; & quoy que les Papes ayent enrichy ces personnes de plusieurs graces, faueurs & Indulgences, neantmoins ne faisans point, ou ne pouuans faire, estans dans le monde, les vœux essentiels de Religion, sçauoir est de pauureté, chasteté & obedience, ils ne sont pas Religieux, restans tousiours subiets à leurs Euesques & Pasteurs ordinaires comme les autres, sauf la direction de la societé commise aux Superieurs de l'Ordre selon la Reigle & les Constitutions d'iceluy.

Or comme les principaux Saincts de ce Tiers Ordre sont presque tous de France, cela monstre qu'il y a autrefois grandement flory; neantmoins y estant presque esteint sur la fin du dernier siecle, lors que les Reguliers dudit Ordre (dont sera faict mention cy-apres) commencerent leur reforme, ils eurent soin de l'y restablir; & à cet effect le Pape Paul cinquiesme du consentement mesme du Pere General des trois Ordres de sainct François, leur conceda le pouuoir de receuoir & aggreger audit Tiers Ordre toutes les personnes seculieres qui s'y voudroient enrooller, ce qu'ils ont faict en plusieurs lieux de France, Normandie, Guyenne, Lorraine & Bourgongne, où ils ont des Conuents. La Bulle de ce priuilege special est dattée du mois de Mars mil six cens treize, sur la fin de laquelle le Pape deffend aux Mineurs de l'Obseruance de receuoir aucun audit Ordre sinon de la licence des Superieurs Reguliers de ladite reforme.

Les Religieux & Religieuses de cet Ordre, viuants regulierement, ont eu pour fondateurs de leur Ordre, les plus zelez Seculiers de la premiere Institution, qui se resolurent de quitter entierement le monde, viure en communauté & sous l'habit Regulier, faire les trois vœux essentiels de Religion, & changer par ce moyen la deuotion ciuile de cette Reigle en vne profession claustrale & Monachale, & de Seculiers ja nourris & esleuez dans le sein de sainct François, en faire de vrais & parfaicts Religieux sous le tiltre de freres & sœurs de la Penitence du Tiers Ordre de sainct François.

Les anciens monumens de cet Estat Regulier du Tiers Ordre de S. François monstrent euidemment que les Monasteres de cet institut, commencerent à s'edifier dés le viuant mesme de S. François, & qu'ils furent fauorisez des Papes, qui seoient tant alors qu'apres son decez, tellement qu'ils se multiplierent premierement en la haute & basse Germanie, puis en France, en Italie, és Espagnes, & autres Prouinces & Royaumes de la Chrestienté, iusques au temps du Pape Eugene quatriesme l'an 1441, lequel en suite de ses predecesseurs, Iean XXII dit XXIII, & Martin V, donna à ceux de cet estat Regulier pouuoir d'eslire és Royaumes de Leon & de Castille vn Visiteur general de leur corps auec plusieurs priuileges.

Le Pape Nicolas cinquiesme l'an 1459 confirma la mesme chose, auec pouuoir de faire des statuts generaux, conuenables à leur institut, auec l'obligation des trois vœux essentiels de Religion.

Le Pape Paul II, l'an 1467 estendit les mesmes graces & priuileges à ceux de Lombardie & Italie; Sixte IV l'an 1480 declara que les vœux essentiels de Religion faits en cet Ordre auoient force & valeur de vœux solemnels, & les mesmes effects que les professions des autres Religions de quelque Ordre que se puisse estre; ce qu'il fit pour reprimer ceux qui confondans le premier estat de la Reigle, auec ce second Regulier prenoient occasion de le calomnier, soustenans que ceux qui en faisoient profession se pouuoient marier.

Innocent huictiesme l'an 1487 declara les Reguliers du Tiers Ordre sainct François, n'estre point compris dans la Bulle de Iean 22 son predecesseur, fulminée contre les Fratricelles, Beguins, Beguines & autres heretiques de ce temps-là, qui en quelques lieux auoient faussement vsurpé le nom & le tiltre des Tertiaires de sainct François, pour colorer leurs entreprises, maluersations & heresies.

Iules second l'an 1508 confirma leurs priuileges, leur communiqua tous ceux des Mineurs, & reigla l'eslection de leur Visiteur general, auec deffenses de passer à aucun autre Ordre, sans la licence dudit Visiteur ou Prouincial, leur donnant à cet effect des Conseruateurs Apostoliques.

Le mesme Pontife audit an confirma leurs statuts generaux, & pour mettre distinction d'habits entr'eux & les Mineurs, il ordonna que leur habit seroit de couleur grise tendante plus sur le noir que sur le blanc, & pour la forme que le Capuce fust plus large que les espaules de quatre doigts, & si long deuant & derriere qu'il se pût ceindre & arrester sous la Ceinture; & c'est là dessus que les reformez de France ont reglé l'habit qu'ils portent à present.

Leon X, l'an 1517 declara les Religieuses de cet Ordre vrayes Religieuses & iouïssantes des priuileges & exemptions de l'Ordre.

Le mesme Leon en la Bulle qui commence *Sacro-sancta Romana Ecclesia* fit la mesme declaration que les Religieux, les exemptant de mesme Iurisdiction, tant Ecclesiastique que Seculiere, ainsi que tous les autres Religieux; & en celle qui commẽce *Sacri Prædicatorum & Minorum Ordines*, Il communiqua aux Reguliers dudit Tiers Ordre, tous les priuileges, immunitez & exemptions concedées & à conceder aux autres Ordres Mendians, pour en iouyr sans aucune difference.

Le mesme Leon X voulant retrancher toute occasion d'equiuoque & ambiguité entre les Reguliers & Seculiers du Tiers Ordre, lesquels iusques alors n'auoient qu'vne mesme & pareille Reigle confirmée par le Pape Nicolas quatriesme, fit au Concile de Latran vne seconde Reigle de cette premiere; separant comme il dit luy mesme au prologue d'icelle, *Iuxta Domini voluntatem pretiosum à vili*; Il en retrancha donc ce qui n'estoit propre qu'à l'estat seculier, & y adiousta ce qui estoit conuenable à l'estat regulier, notamment les trois vœux de Religion, la discipline claustrale, la visite & la closture des Moniales, auec la subordination & dépendance du Ministre General des Mineurs du premier Ordre; tellement qu'il fit publier cette seconde Reigle sous son nom pour seruir aux personnes Regulieres du Tiers Ordre, laissant la premiere comme elle estoit pour les seculiers.

Le Pape Clement VII son successeur l'an 1526 approuua la Reigle & Statuts dudit Ordre, & toutes les constitutions de ses predecesseurs; & en confirmant tous leurs priuileges & exemptions, il fulmina sentence d'excommunication contre tous ceux qui attenteroient de les troubler & molester, mesme en leur donnant des noms equiuoques, comme Tiercelets, Terceroles, & autres semblables.

Paul troisiesme l'an 1547. Gregoire treiziesme l'an 1575. & Sixte cinquiesme l'an 1586, firent pour cet Ordre beaucoup de reiglemens que l'on peut voir dans le Bullaire d'iceluy.

Le Pape Clement huictiesme l'an mil cinq cens nonante cinq, donna reiglement aux eslections de leurs Vicaires generaux; & sur le procez meu entre les Peres Minimes & ceux de cet Ordre au Royaume de Portugal, touchant les couleurs de leurs habits, il donna Sentence par laquelle il remit ceux du Tiers Ordre à la forme & couleur de l'habit prescripté par le Pape Iules second son predecesseur; & afin d'oster l'ambiguité de ce mot *Magis ad nigredinem tendens*, de la Bulle dudit Iules II, il declara que ce gris noir doit estre cõposé de quatre parties de laine naturellemẽt noire & sans teinture, & d'vne cinquiesme partie de laine naturellement blanche, meslée ensemble, & non toutes noires comme celle des Minimes; depuis le Pape Paul V l'an 1610 a declaré le mesme pour les reformez de France.

Paul V l'an 1608 confirma & approuua tous les priuileges & exemptions tant duditTiers Ordre en particulier, que de la participation qu'il a en general auec tous les autres Ordres, comme il se peut voir plus amplement dans les œuures de Roderic, Mineur Obseruatin, dans le *Firmamenta trium ordinum*, les Bullaires des trois Ordres Sainct François, de Hierosme *à Sorbo* Capucin, & autres qui en ont escrit.

Sous la faueur de tant de priuileges, cet Ordre s'est tellement accreu & augmenté par toute la Chrestienté, que dans la seule Italie, il y en a huict ou neuf Prouinces, dont plusieurs ont chacune plus de vingt Conuents. En la Sicile & au Royaume de Naples, il y en a trois Prouinces; en l'Estat de Venise & Dalmace deux, faisant en tout 13 ou 14. Prouinces, qui ont vn Vicaire general de leur corps & Prouinciaux propres.

La France à quatre Prouinces à part à cause de la reforme, ayans vn Vicaire general & des Prouinciaux propres, & tant ceux de France que d'ailleurs, sont tous subordonnez au Ministre general des Mineurs de l'Obseruance, comme estant Chef general des trois Ordres sainct François, son successeur, & ayant son seau & authorité.

L'Espagne & le Portugal ont aussi quatre Prouinces de cet Ordre, qui ont leurs Prouinciaux propres, mais non vn Vicaire general; ces quatre Prouinces estans immediatement gouuernées par ledit Ministre general ou son Commissaire general, pour des raisons particulieres.

Or en ce denombrement ne sont point compris plusieurs Conuents tant d'Italie que de Germanie, lesquels pour estre respandus & esloignez les vns des autres, ne forment point de Prouince à part, quoy qu'ils soient en grand nombre; à quoy il faut adiouster les Prouinces mesmes toutes entieres, que le temps, la corruption des mœurs, les guerres & les heresies ont esteintes, comme en la haute & basse Germanie, l'Angleterre, Hibernie, & ailleurs où cet Ordre a autrefois grandement flory.

La France auoit tellement participé aux malheurs & desordres, que causent ordinairement les guerres ciuiles, dont elle s'est veuë trauaillée durant tant d'années, que sur la fin du dernier siecle, ce Tiers Ordre, qui a eu iadis tant de Conuents, y estoit presque esteint, ses anciens Conuents presque tous ruinez & demolis, le nombre des Religieux fort petit, la vraye Reigle ignorée, la forme & couleur de l'habit, aussi bien que les mœurs deprauez.

Ce fut pendant les dernieres guerres ciuiles de la Ligue que commença ceste reformation du Tiers Ordre S. François aux enuirons de Paris, sçauoir est l'an 1593 sous le Pape Clement huictiesme, grand reformateur des Ordres, & le regne du Roy Henry le Grand, par le moyen d'vn nommé frere Vincent Mussart natif de Paris, & non pas de Champagne, comme a escrit l'Autheur des antiquitez de Beauuais.

Celuy-cy fut assisté en ce pieux dessein d'vn sien frere de sang nommé frere François Mussart, aussi Parisien, & n'agueres decedé Prouincial de ceste reforme, comme aussi de trois ou quatre autres Religieux & affectionnez à l'Ordre.

Auant que d'estre receus à l'Ordre, ils firent ensemble leurs essays de penitence dans les deserts de Valadan & sainct Sulpice sous l'habit d'Anachoretes que leur donna l'Eminentissime Cardinal de Gondy, lors Euesque de Paris, gardans ensemble la Reigle du Tiers Ordre reformé par le Pape Leon X.

Mais l'an mil cinq cens nonante-quatre l'habit regulier selon la vraye forme & couleur prescripte par le Pape Iules deuxiesme leur fut à tous ensemble donné d'authorité des Superieurs majeurs de l'Ordre, estants à cet effet ja congregez en leur premier Conuent de Franconuille, qui est à six lieuës de Paris, au Diocese de Beauuais, où ils furent receus en qualité de Religieux, & de Conuent reformé, par Messire René Potier, lors Euesque de Beauuais.

L'an en suiuant mil cinq cens nonante-cinq, ces six premiers ayans accomply auec ledit habit leur année de probation, ils firent tous ensemble la profession solemnelle du Tiers Ordre de sainct François, auec les trois vœux essentiels de Religion, & dessors quittans le tiltre d'Anachoretes, ils furent tenus & censez pour vrays Religieux du Tiers Ordre, & fut leurdit Conuent de Franconuille incorporé à l'Ordre pour jouir de tous ses priuileges & exemptions, & dessors commencerent à receuoir des Nouices.

L'an 1598 le General des trois Ordres S. François estant en France employé par sa Saincteté pour moyenner la paix generale entre les deux Couronnes de France & d'Espagne, lesdites professions & premier establissement de Conuent & de Reforme furent confirmez & approuuez par ledit General en vn Chapitre Prouincial de la Prouince de France Parisienne, tenu au Monastere de l'Aue-Maria à Paris.

L'austerité de leur vie, la nudité des pieds, auec des soques ou sandales de bois, leur psalmodie sans notte, leurs ceremonies, & tout leur exterieur approchant de celuy des Peres Capucins, fit dire dés le commencement, comme plusieurs le disent encores, que le premier Autheur de ceste reforme auoit esté Nouice entre lesdits P P. Capucins. Mais la verité est pourtant qu'il ne l'a iamais esté.

L'an 1601 lesdits reformez furent receus à Paris, pour establir vn Conuent de leur reforme au fauxbourg de Picquepuce, d'où le vulgaire a pris sujet de les nommer par tout, Religieux de Picquepuce.

L'an 1603 Clement huictiesme pour affermir ceste nouuelle reforme, & pourueoir à la reformation des anciens Conuents dudit Ordre, ordonna *Motu proprio* par sa Bulle du mesme an; Que tous les Vocaux tant de nouueaux Conuents reformez que des anciens non reformez s'assembleroient capitulairement en l'vn d'iceux, & esliroient vn Ministre Prouincial de leur propre corps pour toute la France, ce qui fut fait dés la mesme année au susdit Conuent de Franconuille, où l'Autheur de ceste reforme fut esleu premier Prouincial: & en suitte de ceste eslection commença la reformation des anciens Conuents tant de Normandie & Picardie, que d'ailleurs, lesquels firent quelques resistances aux visites & corrections de ce nouueau Prouincial; mais les Bulles de sa Saincteté, les Lettres patentes du Roy, & les Arrests du Parlement de Roüen, les contraignirent de se sousmettre & receuoir la reformation.

Le Conuent de Tholose le plus ancien de l'Ordre en France & en la meilleure ville de Languedoc, estant neantmoins le plus desolé, fut en suitte des autres rebasti & redifié, & remply de nouueaux Religieux de ceste reforme enuoyez du Conuent de Paris.

Le Pape Paul V, l'an 1620 declara les reformez de cest Ordre capables de receuoir & posseder des rentes & biens immeubles, quoy que mendians, conformement au decret de la Sacrée Congregation des Eminentissimes Cardinaux, & du Concile de Trente.

Outre les anciens Conuents, on en bastist de nouueaux à Rome, où cet Ordre ayant ja d'ancienneté sept ou huict Conuents, sçauoir est deux de Religieux, & six de Moniales, il en fut estably vn autre de la reforme pour seruir à ceux de la nation de France, sous le bon plaisir de sa Saincteté, qui les a luy-mesme fait loger au Conuent de Nostre-Dame des Miracles, vers la porte de Populo, où ils sont à present.

En suitte ils se sont establis en plusieurs Prouinces, sçauoir est, de France, Normandie, Bourgongne, Champagne, Lorraine, Barrois & autres, tellement que leurs Conuents estans multipliez & si escartez les vns des autres, qu'il estoit impossible qu'vn seul Prouincial pût suffire pour les visiter & entretenir leur discipline, cela cause que l'an 1613 le Pape Paul V. leur donna & approuua des statuts generaux, & en iceux partageant leur Congregation en quatre Prouinces, & autant de Prouinciaux, il leur donna pouuoir & faculté de tenir tous les trois ans vn Chapitre general; & en iceluy de faire eslection d'vn Visiteur ou Vicaire general pour les vnir, & gouuerner auec conformité sous la subordination du Ministre general des trois Ordres S. François, qui est celuy des Mineurs de l'Obseruance.

Le Pape Vrbain huictiesme à present seant, confirma & approuua le concordat faict & passé entre les Peres Capucins & les reformez de cet Ordre, sur quelques particularitez de leurs habits auec les moyens de nourrir la paix entre leurs familles.

Le mesme Pontife l'an mil six cens vingt-six, confirma, corrigea & approuua les statuts generaux de ladite reforme, ja approuuez par Paul cinquiesme, & Gregoire XV ses deuanciers.

Le mesme audit an approuua & confirma le decret des Commissaires Apostoliques, deleguez par l'Eminentissime Cardinal Barberin son neueu, lors Legat en France, tant pour presider aux eslections de leur Chapitre general, qui se tenoit lors en leur Conuent de Grace à Picquepuce lez Paris, pour y decider & terminer certain doubte qu'aucuns faisoient de la validité des professiõs des Religieux & Religieuses de cette reforme; ce decret portant toutes lesdites professions estre auoir tousiours esté bonnes & valables, & qu'il n'y auoit eu aucun sujet de doubte, & ne s'y estoit passé aucun deffaut de droit ny de fait.

La Reigle de cet Ordre est esgalement pour l'vn & l'autre sexe. Les Moniales ayans en plusieurs lieux besoin de reformation & closture, les Autheurs de cette reforme en establirent quelques nouueaux Monasteres à Paris, Lyon, Tholose, Nancy, Salins & Dole, selon la forme à eux prescripte par le S. Siege & leurs statuts generaux.

Et d'autant que les Religieuses de cet Ordre sont distinguées en Hospitalieres & Recluses, le vulgaire les a baptisées aussi de plusieurs noms, selon la diuersité des Prouinces où elles sont establies.

Les Hospitalieres qui sont en grand nombre, & sous le gouuernement immediat des Mineurs du premier Ordre sainct François, sont presque par tout nommées Sœurs grises, à cause de la couleur de leur habit. Quant aux Recluses de cette Congregation reformée, le vulgaire les nomme en Lorraine & Bourgongne Tiercelines de S. François; & en France, à Paris & ailleurs, les sœurs de saincte Elisabeth. Celles-cy ayans choisi cette Princesse de Hongrie, pour leur principale Mere & Patrone, pour auoir la premiere embrassé & professé en qualité de Religieuse, & du viuant mesme de sainct François, son Tiers Ordre, & en iceluy auoit esté canonisée, comme il se void en la Bulle de sa canonisation, du Pape Gregoire neufiesme, rapportée par Vadin tom. 1. Ann. fol. 529. en datte des Kalendes de Iuin, l'an neufiesme de son Pontificat; outre la saincte Elizabeth de Portugal petite niece de la premiere, & par Bref Apostolique du Pape Vrbain huictiesme, à present seant, en datte du 21 d'Auril 1626, le troisiesme de son Pontificat, declarée auoir esté Religieuse du Tiers Ordre en sa viduité, comme la premiere.

Ce second estat du Tiers Ordre ne manque pas non plus que le premier d'vn grand nombre de personnes illustres en vertu & saincteté de vie, dont plusieurs ont esté Canonisez ou Beatifiez; car outre S. François premier instituteur de ce Tiers Ordre, & les susdites sainctes Elizabeth de Hongrie & de Portugal, il y en a encor beaucoup d'autres, comme sont les bien-heureux Gerard Raymond de Majorque Martyr, Hieremie de Forlinio, Paul de Ambrosiis, Conrad Plaisantin, Pierre d'Vrbain, Thomassin de Siene, les dix-sept freres Martyrs du Iapon, Angeline de Ciuitella, Rose de Viterbe, Marguerite de Cortonne & autres.

Ce Tiers Ordre, moins cogneu que les autres, & que quelques-vns estiment nouueau, meritoit vn plus ample esclaircissement pour des-abuser le monde.

Hermites de S. Augustin.

Pour parfaire les quatre principaux Ordres des Mendiants, restent ceux de Sainct Augustin, lesquels sous le nom d'Hermites, instituez par ce grand Docteur de l'Eglise dés l'an trois cens quatre-vingts huict formoient vn Ordre en Afrique, confirmé par le Pape Innocent premier l'an quatre cens deux, & par plusieurs autres Papes subsequents, lesquels vnirent diuerses Congregations, de diuers noms & mesme Reigle, sous vn mesme Chef & General, de laquelle reünion se celebre vne feste toutes les années.[a]

L'Ordre s'est espandu par tout le monde, diuisé en plusieurs Prouinces,[b] & grand nombre de Conuents.[c] Ceux du Pays-bas tiennent les Escholes pour la ieunesse és principales villes, particulierement à Bruxelles, où le College est celebre & magnifique. Il furent aussi appellez à Anuers l'an mil six cens sept, & y ont vne somptueuse Eglise. Leurs Congregations, de mesme que des Chanoines Reguliers, dont nous auons parlé cy-dessus, sont diuerses, & florissent sur tout en Italie, ayants leur General resident à Rome. On y compte celle de Lombardie, où est le Conuent de Casal au Montferrat auec vn College joint; celle de sainct Sauueur ditte Illecitana, à Siene; la Carbonaria, au Royaume de Naples; la Perusina ou de saincte Marie de Populo; la Genoise, ou de saincte Marie de Consolation; celle du Mont-Orton, à Padoue; celle de la Pouille ou de Dulceto; de Calabre ou de Zampan, de l'an mil cinq cens deux, & de Dalmatie. Les Conuents des Augustins en France sont bien reformez, en nombre de trente ou enuiron. Ceux de Paris & de Bourges sont les plus celebres. Flandres & Artois ont leur Congregation, & dés l'an mil quatre cens nonante-sept, la Saxe auoit eu la sienne, qui a cessé par la venuë & les predications de

a Lancilotus in vita S. August. l. 2. c. 12. Mare Oce. l. 4.
b 40 Mare Ocean. ibid.
c Vide Lancilotum.

M. Luther, qui estoit l'vn des Religieux.

Les Theatins ou Freres de S. Arnoux sont des Clercs Reguliers, dont l'Ordre fut fondé par Iean-Pierre Caraffa, depuis Pape Paul IV. Il estoit Euesque de Tieti au Royaume de Naples, d'où l'Ordre a pris le nom. Le Pape Clement VII. confirma cette institution l'an 1524. Les Clercs Reguliers fondez à Naples, par Augustin Adorne de Genes & autres, sous le Pape Sixte V l'an 1588, ont eu les priuileges des Theatins, & de tous les Mendiants; ils ont deux Conuents à Rome. [a]

Theatins.

a Myr Orig. Mona l.4.c.8.

Les Theatins sont les vrays Clercs Reguliers, sans autre tiltre comme plusieurs autres; Outre le Pape Paul IV, on leur donne quatre autres fondateurs. [b] Ils s'espandirent par toute l'Italie, de Rome à Venise, à Naples, à Milan, Plaisance, Cremone, Genes, & en Sicile. On en void aussi en Espagne, si ce n'est qu'on entende les Iesuites par ce nom-là.

b Marc Occa. l.5. Myr. ibid.

Les Peres ou Prestres de l'Oratoire ont commencé en Italie, & recognoissant pour leur Autheur Philippe Nery Florentin l'an 1595. Et de cette Congregation ont esté le docte Cæs. Baronius Cardinal, Thomas Bozius, & autres hommes de merite & grande doctrine. Apres Rome on poursuiuit à bastir des Oratoires à Naples, Luques, Panorme en Sicile, Padouë, Vicence, Ferrare &c. Cette Congregation, qui n'a point de vœu, ains seulement la communauté de vie, auec obeïssance au Superieur, fut confirmée par le Pape Gregoire XIII l'an 1576.

Peres de l'Oratoire.

Pierre Berulle, homme de belle reputation en France, & de merite singulier, fonda vn Oratoire à Paris, sous le Roy Louys XIII à present regnant, & en eut l'approbation du Pape Paul V, & de tous les Euesques de France. Il fut fait Cardinal peu auant son decez, & a esté suiuy en sa charge de General de l'Ordre, de Charles de Gondron decedé en 1641, auquel a succedé le Pere Bourgoin. Il y a plusieurs maisons & Colleges, fondez en diuerses villes de France, lesquels nous auons mentionnez ailleurs. [c] Ceux de France se disent Prestres de l'Oratoire de Iesus.

c Dis. general. Religion.

Ignace Loyola, Nauarrois, est le fondateur de l'Ordre des Iesuites, ou des Peres de la Compagnie de Iesus. Il commença dés l'an mil cinq cens trente-quatre à s'adioindre des compagnons, qui furent Pierre Faure, Iaques Lainez, François Xauier, Alfonse Salmeron, Nicolas Bobadiglia & autres. L'an 1535 ils furent à Rome deuers le Pape Paul III, lequel ottroya la confirmation de l'Ordre, dont Ignace fut declaré General, lequel auec ses compagnons fit la profession des trois vœux, auec vne particuliere obedience au Pape pour les missions. Il y eut nouuelle confirmation de l'an 1543, & autre de l'an 1550 par le Pape Iules III, & au Concile de Trente en la Session 25 Chap. 16. Ils furent receus premierement en Sicile par Iean de Vega lors Vice-Roy, [d] là où ils establirent le College de Messine. Ignace mourut à Rome l'an 1556, & ne fut declaré Beat que l'an 1610 par le Pape Paul V, & depuis a esté canonisé. Le General de l'Ordre residant à Rome, à cinq Assistants pres de soy, qui n'ont pas voix decisiue, mais consultatiue seulement, sçauoir pour l'Italie, l'Espagne, Portugal, France & Alemagne. Le General qui l'est à vie, a tout pouuoir dans l'Ordre, qui n'a autre protecteur que le Pape. Ils sont diuisez en trois degrez, de Profez, Estudiants & Nouices, à quoy ils ont des maisons expresses. Les Profez ne psalmodient point dans le Chœur, ny ne s'astreignent aux Processions. La Societé a produit & porté des hommes consommez en toutes sciences. Tolet & Bellarmin Cardinaux, Suares, Canisius, Vasques, Maldonat & autres, ont excellé pour la Theologie & la Philosophie. Pour le sçauoir plus exquis, l'histoire, les langues, la poësie & autre doctrine meslée, on y a veu ou void encor Delrio, Schottus, Pontan, Fronton, Sirmond, Petau, &c. L'Espagne & l'Italie semblent auoir possedé l'honneur des plus renommez. Toutefois la France en a nourry plusieurs bons Predicateurs & hommes sçauants, auec grande reputation de leurs Colleges, pour les soins particuliers qu'ils apportent à l'instruction de la ieunesse. Le Concile de Trente les appelle Clercs Reguliers, & le commun en Europe, particulierement en Espagne, les nomme Theatins. Outre les maisons Professes, Colleges & Nouitiats, ils ont des Seminaires, & des Residences, qui se rapportent aux Colleges, & leur sont inferieures & sousmises, & ceux lesquels y viuent, rendent compte de leurs occupations & consciences aux Recteurs. [e]

Iesuites.

d Fr. Mauroli co l.6 della Chro. de Sicil.

e Relation annal. de Fernan. Guerrero.

Sous le Pape Innocent troisiesme l'an 1201, & par l'occasion deduite dans l'histoire, [f] furent instituez des Religieux à Rome, pour seruir dans l'Hospital qui fut appellé du Sainct Esprit in Sassia, qui est le lieu où il fut basty, auec profession des trois vœux, & vn quatriesme particulier, de seruir les malades

f Marc Occa. l.3.

toute leur vie; & l'habit noir comme les Clercs, orné d'vne croix blanche, tant sur la poictrine, qu'au costé senestre du manteau. Les armes de l'Ordre sont vne colombe d'argent auec le bec & les pieds d'or en champ d'azur rayonnant, & representant le S. Esprit. Cet Hospital est chef de plusieurs autres de la Chrestienté, qui tiennent leurs Chapitres, rendent leurs comptes, & ont vn Maistre General de l'Ordre. Nous parlerons cy-dessous [a] du Commandeur general, & Archihospitalier du S. Esprit sous la Reigle de S. Augustin, dont le chef & Archihospital est à Montpellier, & de ce qui en depend & concerne les Hospitaux de France, afin que le Lecteur compare ces deux institutions ensemble, pour iuger du rapport qu'il y a de l'vn à l'autre. a Disc. Gen. de France, Relig.

Les Clercs seruants aux malades, fondez l'an 1584 par Camillo Lælio & autres ses compagnons, auec approbation du Pape Sixte V, l'an 1586, [b] sont du mesme vsage de charité que les precedẽts. Les Hospitaliers instituez en Espagne l'an 1540. par vn Portugais sous la Reigle de S. Augustin, & confirmez l'an 1571 par le Pape Pie IV, ont exercé le mesme office, auec toutes les Cõgregations, qui en diuerses parties de l'Occident ont esté establies tant d'hommes que de femmes, pour viure en commun & regulierement sous l'obedience d'vn Majeur ou Prefect, auec vœu de chasteté & de seruir les pauures & les malades dans les Hospitaux & Leproseries. [c] b Myr. l. 4. c Id. l. 1. c. 15. Orig. Monast.

Les fondation des Ordres ou Congregations Religieuses sont si diuerses, & en si grand nombre, soit d'ancienneté, soit és derniers siecles, & mesme en celuy que nous viuons, qu'il n'a pas esté possible de les mentionner toutes, soit pour hommes, soit pour femmes, és diuerses parties du monde; mais particulierement en Italie, en Espagne & en France, dans les bonnes villes; comme sont les Vrsulines, dites ainsi de saincte Vrsule; Les Dames de l'Assomption à Paris, dites auparauant les Audrietes; les Religieuses de la Visitation Nostre-Dame, fondées par François de Sales Euesque de Geneue, qui se sont espanduës en diuers endroits, & autres. Les Chanoinesses, qu'on void en plusieurs lieux & Prouinces, desquelles mention en sera faite, [d] & entr'autres à Audenne sur la Meuse, prés de Namur, & à Monstier sur la Sambre à deux lieuë de la mesme ville, à Maubeuge & à Mons en Hainaut, à Niuelle, Bosleduc au Brabant, & autres villes d'Alemagne, quoy que leur Prieure dic Abbesse, & qu'elles se vestent de blanc, auec le nom de Religieuses qu'on leur donne, neantmoins entant qu'elles ne font point de vœu, ne sont point enfermées; & se peuuent marier, sortans de cette compagnie & du chapitre, & quittans les maisons & les rentes qui leur sont assignées, elles ne sont sous aucune Reigle, ny des Ordres mentionnez cy dessus. d Lorraine, Pays-bas, &c.

Les traitez publiez sur les diuers Ordres de Religions, [e] peuuent estre veus par les plus curieux pour se satisfaire en cet endroit. Il y a quelques Ordres condamnez par l'Eglise, comme estants des Congregations illicites, qui ne valent pas le rapporter; ou sont censées heretiques, [f] ou superstitieuses, [g] dequoy il sera parlé cy-dessous. [h] e Moris & autres. f Doulcins & autres.

Les Moynes ou Religieux d'Ethiopie ou Royaume du Negus, dit Preste-Iean, ou des Abyssins, sous les titres de S. Anthoine, S. Basile & S. Macaire, seront descrits auec leurs Ordres, en parlant de la Religion du pays en general, de mesme que ceux du Iapon, ou autres pays descouuerts de Nouueau. g Bianchi Mare Ocean. l. 5. h 3. Heresies.

ORDRES ET RELIGIONS MILITAIRES OV de Cheualerie.

LA diuision principale des Cheualiers dont nous auons à traiter, ou en bailler vn denombrement sommaire, est en ceux qui sont Reguliers & Religieux, auec vœu de continence, & les Seculiers, qui se peuuent marier. Le nom d'Ordre est commun à tous les deux, mais plus particulierement aux derniers, auec le collier & l'institution des Princes tẽporels. Les deux aussi participent à la Religion, & en ont quelque partie, mais plus les premiers, que les Espagnols appellent *habito*, auec la Croix, la Reigle, & l'approbation des Papes.

RELIGIONS MILITAIRES.

L'Hospital & Chapelle de S. Iean de Ierusalem ont donné nom aux Cheualiers ou Hospitaliers de cet Ordre. Le temps en est marqué en la prise ou recouurement de cette grande & Saincte Ville sur les Sarrasins infideles par Godefroy de Buillon. Le premier Autheur fut Gerard, lequel viuoit en ce temps-là, & mourut à Hierusalem l'an 1118.[a] Leur profession a porté de seruir soigneusement les pauures & estrangers recueillis dans cet Hospital, basti en suite des deux Monasteres de Nostre Dame, dite saincte Marie de la Latine, & de saincte Marie Magdelene ; & de tenir les chemins asseurez contre les inuasions de Sarrazins & autres. [b] La confirmation de l'Ordre est du Pape Gelase second, l'habit & la reigle de l'an 1124 par le Pape Honoré second. Par sainct Iean on entend vn Euesque d'Alexandrie, celebre pour ses aumosnes, & non sainct Iean Baptiste, quoy qu'il soit le Patron de l'Ordre. Le premier Grand Maistre a esté Raymond de Podio ; & quant à leur demeure, l'Isle de Rhódes, soit que Godefroy de Buillon ou le Pape Clement cinquiesme, la leur donnassent,[c] ou qu'ils l'eussent conquise sur les Sarrazins, sous la conduite de Foulques de Villaret, l'an 1309, les a logez iusques en l'an 1522, que les Turcs la prindrent sur eux.[d] L'Isle de MALTE leur fut baillée par le Pape Clement septiesme, & l'Empereur Charles V, l'an mil cinq cens trente, & en l'année mil cinq cens soixante-trois, ils la deffendirent contre le Turc. Ils sont sous la reigle de sainct Augustin, portent vne Croix blanche, & ont entr'eux des Prestres, Seruants & Donnez. Nul n'est receu dans l'Ordre sans vne preuue exacte de sa Noblesse. Le reste de leur Police, Gouuernement, Commanderies, & Grand Maistre, sera deduit au Gouuernement de l'Isle de Malte.

Templiers. L'Ordre des Templiers n'est plus, neantmoins pour la reputation qu'il s'est autrefois acquise, nous en ferons mention. Leur institution est de l'an mil cent dix-huict, sous Baudouyn second Roy de Hierusalem, par Hugues à Paganis & Geofroy de sainct Omer ou Ademar, Gentilhomme d'Artois, dont la noble famille y dure encores.[e] Ils commencerent comme Chanoines Reguliers, & firent leur profession de chasteté & obedience entre les mains du Patriarche de Hierusalem[f]. Ils ne furent au commencement que neuf, & parce qu'ils habitoient prés du Temple, ils furent appellez freres de la Milice du Temple, ou Templiers.[g] Leur vœu solemnel, de mesme que des Hospitaliers de sainct Iean, fut de defendre les pelerins contre les voleurs des chemins publics. Ayants demeuré pendant neuf ans en habit seculier, le Pape Honoré & Estienne Patriarche de Hierusalem[h] leur baillerent vne reigle qu'on escrit auoir esté dressée par sainct Bernard, & l'habit blanc, sans aucune Croix, iusques au Pape Eugene, qui leur[i] confirma l'habit blanc, & donna des Croix rouges. Ils auoient des possessions deçà & delà la mer, & en tous les endroits de la Chrestienté. Le premier Grand Maistre fut Hugues leur instituteur : Leur banniere ou estendart appellé Beauseant estoit party de blanc & de noir;[k] ils eurent premierement vne Croix Patriarchale, & depuis vne noire à huict pointes. Sous Philippe le Bel Roy de France, & le Pape Clement VII, l'an 1311, fut tenu vn Concile fort celebre à Vienne en Daufiné, là où par decret solemnel le nom & Ordre des Templiers furent abolis, & leurs biens adiugez aux freres Hospitaliers de sainct Iean de Hierusalem, pour iustes causes, si l'on en croit Platine,[l] & Gaguin.[m] Il en fut fait des iustices exemplaires en la personne mesme de Iaques de Molay leur grand Maistre. Voy Fauyn Theatre d'honneur liure neufiesme, & les grandes Chroniques, auec ce qui en sera dit en la description de la ville de Paris.

Cheualiers Teutoniques, ou de Prusse. Les Cheualiers Teutoniques ont esté instituez à mesmes fins & sous mesme profession que les precedents, & furent nommez de l'Hospital de saincte Marie en Hierusalem, d'où vient qu'on les a nommez Marianes. L'Ordre fut confirmé par le Pape Celestin troisiesme l'an mil cent nonante-cinq, sous la reigle de sainct Augustin, la robe & le manteau blanc, & vne Croix noire pleine sur l'estomac,[n] & sur icelle vne autre Croix blanche doublement potencée. Le Roy sainct Louys estant outre mer y adiousta le chef de France ou de fleurs-de lys. Les Pelerins de la Nation Teutone ou Alemande, ont donné nom & occasion à l'Ordre.[o] La prise de Hierusalem par Saladin, chef des Sarrazins, les obligea de transferer leur Hospital à Ptolemaïde,[p] & delà ils furent appellez en Prusse, où l'Empereur Frideric second en auoit desia amené quelques vns; de sorte qu'ils y eurent guerre auec les habitans encor idolatres, les vainquirent, esleurent la ville de Mariembourg pour la demeure de leurs grands Maistres, conquirent la Prusse, Liuonie & autres contrées voysines de Pologne, l'an mil trois cens trente.[q] L'vn de leurs Grands Maistres l'an mil quatre cens cinquante s'estoit sousmis auec la Prusse au Roy de Pologne, qui ne iouyt point paisiblement de ce droit, & Albert Marquis de Brandebourg designé Grand Maistre, ayant embrassé la doctrine de Luther l'an mil cinq cens vingt-vn, fut abandonné de l'Empire, & conuint auec le Roy Sigismond de quitter le tiltre

a Bosius in stat. mil S. Ioannis, &c.
b Vitriac l. 35. belli sacri.
c Paul. Æm. Blond.
d Iac. Pontan. Paul. Iou.
e Myr. Orig. quest l. 1. c. 4.
f Gul. Tyrius belli sacri l. 12. c. 7. Æmil l. 5.
g Vitriac. hist Orient. c. 66.
h Au Concile de Troyes 1128.
i Tyr. l 12. c. 7. Æmil. l. 5.
k Tyr. Vitriac.
l in Clemét. 7.
m in Phil. Pulchro. Crinit. de hon. discip. l. 24. c. 13.
n Polyd. l. 7.
o Acon.
p Vitriac. hist. Orient. c 66.
q Liber Ordinis Prussiæ.

de Grand Maistre, & prendre la qualité de Duc de Prusse, sous la foy & hommage de la couronne de Pologne[a]. La charge du Grand Maistre est auiourd'huy dans la maison d'Austriche,[b] qui ioüit des biens que l'Ordre possede encor en Alemagne. Les armes de l'Ordre sont escartelées d'vne croix de sable en champ d'argent, & de deux bastons liés en pointe de champ d'argent, comme il se voit en l'Eglise de Messine.[c] Voy du Thou l. 1 5. 43.

Les maisons des Cheualiers de Malte, & des Teutoniques se voyent encores à Strasbourg, là où il en sera parlé; de mesmes qu'en Alemagne, de l'Estat du Grand Maistre de l'Ordre Teutonique.

Les trois Ordres precedents sont presque de mesme temps, & mesme sujet, sçauoir pour la defense de la foy contre les Sarrazins & Mahometans; & en mesme endroit, sçauoir Hierusalem & la Syrie; On y pourroit joindre celuy de S. Lazare, mais parce que son restablissement le rend plus cognu, que la premiere institution, il en sera parlé cy-aprés.

Albert Euesque de Liuonie, ou de Riga, sa ville capitale par luy bastie l'an 1186[d] institua l'Ordre des Porte-glaiues en Liuonie, dont l'enseigne fut vne espée rouge croisée de noir, cousuë sur le mãteau,[e] sur l'estomach deux espées passées en sautoir. La profession est de deffendre & augmenter la Religion Chrestienne contre les Payens & Idolatres,[f] sous la regle de Cisteaux; ils furent depuis vnis auec les Cheualiers Teutoniques Porte-croix, sçauoir l'an 1237,[g] & cette vnion fut approuuée par le Pape Gregoire neufiesme; Sous la dependance du Grand Maistre de l'Ordre, ils ont eu leurs Maistres, Prefects ou Palatins particuliers,[h] & ont participé au changement arriué dans la Prusse, dont nous venons de parler; Gortard de Ketler dernier grand Maistre, s'estant rendu Lutherien l'an 1561, deuint vassal du Roy de Pologne.[i]

Les Cheualiers de sainct Iacques de l'espée sont sous la Reigle de sainct Augustin. La descouuerte du sepulchre de sainct Iacques, & la grande deuotion que les peuples y ont euë, a donné naissance à cet Ordre. Les Chanoines de sainct Eloy establirent les premiers certaines maisons pour receuoir les Pelerins, allants à Compostelle en Galice, & la principale fut celle de S. Marc de Leon. Quelque Noblesse de Castille se joignit à eux,[k] qui recourrurẽt au Pape Alexãdre troisiesme qui leur donna la reigle, l'an 1175. Pierre Fernand fut le Chef de l'Ambassade, & est reputé l'Autheur de l'Ordre,[l] dont il fut aussi le premier grand Maistre.[m] L'habit est la chape & chaperon blancs, la croix rouge sur l'estomach, finissant en lame d'espée, la garde croisettée à l'antiquité, auec vne coquille de mesme sur la joincture de l'espée à la garde. Ils portent d'or, à vne espée de gueules, & la coquille au milieu.[n] La banniere de S. Iacques est d'or, à la croix de Calatraua de gueules, & cinq coquilles de mesmes.[o] Le vœu est de garder le grand chemin de S. Iaques, appellé la voye Françoise, contre les Mores anciens, & les Bandoliers d'auiourd'huy.

Cet Ordre comme le premier & plus ancien d'Espagne a introduit la coustume gardée par tous les autres grands Maistres d'Ordre en ce Royaume là, de se faire suiure en tout temps de 13 Cheualiers Commandeurs, pour seruir d'ayde & de conseil. Leur grãd Maistre est auiourd'huy le Roy d'Espagne,[p] par l'vnion de la grande Maistrise à la Courõne de Castille, l'an 1493 par le Pape Adrian VI. S. Marc de Leon a esté cy deuant le Chef d'Ordre, mais depuis ce fut Veles en Castille, dont le Roy le leur assigna, depuis leur retraicte de Leon. L'Ordre est le plus riche d'Espagne, & a plusieurs Prouinces & Commanderies, plus de 600 Cheualiers & 200 Clercs.

Le Royaume de Portugal receut l'Ordre de S. Iaques; & sous le Roy Denis, le Chef d'Ordre d'Veles n'y fut plus recognu. Le grand Maistre fut estabIi à Alcaçar de Sal, transporté depuis à Palmera, qui fut faict Chef d'Ordre:[q] comme aussi S. Marc de Leon, & Veles en Castille, demeurerent tous deux Chefs d'Ordre. Les femmes sont receuës à l'Ordre de S. Iacques, & ne se peuuent marier sans congé du grand Maistre.[r]

CALATRAVA fut iadis vne place frontiere des Royaumes de Castille & de Tolede, assise sur la Guadiane, *Ana*. L'Ordre en a pris son nom en l'an 1158 sous Sanche troisiesme dit el *Desseado*, Roy de Castille, lequel donna la Seigneurie de Calatraua & du terroir voysin à Remond Abbé de Pisorica[f] & à ses compagnons, sous le nom de Nostre-Dame Patrone de l'Ordre de Cisteaux, pour munir & defendre la ville contre les Mores. Le Pape Alexandre troisiesme confirma l'Ordre, duquel aprés l'Abbé Remond fondateur d'iceluy, D. Garcia estoit pour lors grand

a Math. Dress.
b Myr. Orig. equest. l. 1. c. 3.
c Marc Occa. l. 3.
d Math. Dress.
e Cromer. hist. Polon.
f Arnold. Lub. Chron. Sclau. l. 3. c. 9.
g Func. in Chronolog.
h Math. Dress.
i Fauyn. l. 6. Menen. ord. equest.
k Fortun. Garsias in cons. ord. 2. par vers. præf.
l Onuph. Panuin. in Chron. Eccles.
m Polyd. l. 7. de inu. rer. c. 5.
n Fauyn Theat. d'honneur. l. 6.
o Id. ibid.
p Marc Occa. l. 3.
q Ioannes Azor. l. 3. c. 13.
r Menen. orig. equ.
f ou Hitero Diocese de Palence, en Castille.

Maistre, à sçauoir l'an 1164.[a] Le lieu & Chef de l'Ordre a souuent changé, & finalement c'est à Couos qu'on le marque iusques à present. Les principaux Prieurez sont en Castille; les autres sont és Royaumes de Leon, Galice, Andalouzie & autres Prouinces d'Espagne. Don Garcia Lopez de Padilla, en a esté le 38 & dernier grand Maistre, qui deceda l'an 1489, sous les regnes de Ferdinand & Ysabelle; & du consentement du Pape Innocent, par voye d'administration, la grande Maistrise fut prinse & vnie depuis à la Couronne de Castille, par le Pape Adrian sixiesme, sous l'Empereur Charles cinquiesme.[b] Il a esté permis aux Cheualiers de se marier vne seule fois par le Pape Paul troisiesme l'an 1540. Ceux de sainct Iaques ont pareille faculté, selon quelques memoires.

> a Mariana rer. Hisp. l. 11. c. 6. & Radef.
> b Garibay l. 18. Damian. a Goëz in Hisp.

Les armes de l'Ordre sont my-parties auec celles de Castille ou du Roy Sanche son bienfacteur, selon aucuns. Mais l'Ordre porte d'or à vne Croix de gueules & deux entraues ou menotes d'azur, en pointe, és deux costez. L'habit est blanc, que les Cheualiers portent en solennité, suiuant l'ordonnance du Pape Benoist XIII, recogneu en Espagne, l'an 1396,[c] & la Croix rouge sur l'estomach, fleurdelisée, selon aucuns.[d]

> c Mariana l. 19 rer. Hispan.
> d Florecenda. Fauxin. l. 6. & 8. Chron. d'Espagne.

ALCANTARA est vne forte place, sur les marches de Portugal & de Leon, auec vn tres-beau pont sur le Tage. Elle fut prise sur les Mores l'an 1213 par Alfonse neufiesme Roy de Leon, & baillée en garde aux Cheualiers de Calatraue. Les Cheualiers de S. Iulian du Poirier estoient depuis l'an 1170, leur Ordre ayant esté fondé par Gomez Fernand, au lieu & Monastere de Pereiro sur le Coa, & confirmé par le Pape Alexandre troisiesme l'an 1177, sous la reigle de sainct Benoist, auec le Poirier verd en champ d'or. Ils receurent Alcantara des mains de Nunno Fernandes grand Maistre de Calatraue l'an 1218,[e] se sousmirent à luy, & prirent la Croix verte florescada, apres auoir porté long-temps l'escharpe rouge sur le scapulaire blanc.[f] Ils se sont depuis exemptez de la suiection de Calatraue, portent le nom d'Alcantara, ont permission de se marier depuis l'an 1540[g]; & la grande Maistrise fut incorporée à la Couronne de Castille, sous Ferdinãd & Ysabelle, de mesme que celle de Calatraue; de sorte que les Roys d'Espagne en sont perpetuels Administrateurs. Les ceps d'azur en champ d'argent, qu'on a donnez pour armes à cet Ordre, auoient marqué la superiorité de Calatraue.

> e Arnold. Vio. in ligno vitæ l. 1. c. 80.
> f Mariana li. c. 5.
> g Paul 3. Pape

Ces trois grands Ordres de Castille, à sçauoir S. Iaques, Calatraue & Alcãtara seruirent contre les Mores. Le grand Ferdinand Roy de Castille conquit Grenade, & n'eut plus affaire de grands Maistres, qui d'ailleurs se rendoient trop puissants & de trop grande authorité, comme ils l'estoient en rentes.[h] Innocent VIII supprima les Ordres, & en donna l'administration aux Roys de Castille: Adrian VI en ordonna l'vnion, en faueur de Charles V Empereur, dont il auoit esté precepteur.

> h Quatre ou cinq cens mille ducats.

Iacques I Roy d'Arragon institua les Cheualiers de Nostre-Dame de la MERCED, pour la redemption des captifs,[i] l'an 1218; le Pape Gregoire IX l'approuua l'an 1230,[k] sous la reigle de S. Benoist.[l] Ils prindrent les armes d'Arragon,[m] chargées d'vne croix blanche, en champ de gueules, auec les trois vœux ordinaires. Le siege du Grand Maistre est à Barcelonne. Nous auons parlé des Moynes de la Merced, fondez sous le mesme Roy, & sous la reigle de S. Augustin, ausquels on donne les mesmes armes qu'aux Cheualiers, auec cette difference, que l'escu est coupé d'vn fasce ou bande d'or, & enuironné d'vn orle ou bordure d'or. Les Cheualiers ont l'habit blanc, & la Croix noire sur la poictrine[n]; Ils ont vn mesme General, residant à Barcelonne, lequel est Prestre.[o]

> i Onuph. in Chron.
> k Romanius Cuzita.
> l Arnold rer.
> m d'or à 3 pals de gueules.
> n Mare Ocea. l. 3.
> o Menen. equest ord.

MONTESIA est vne ville du Royaume & Diocese de Valence, & l'Ordre en a pris son nom, auec dependãce de celuy de Calatraua, & sous la reigle de S. Benoist. Iacques secõd Roy d'Arragon & de Valence le fit eriger l'an 1317,[p] par le Pape Iean vingt-deuxiesme, & des despoüilles des Templiers, luy assignant & adiugeant les rentes par eux possedées au Royaume de Valence.[q] Les Cheualiers ont l'habit blãc, & par dessus vne Croix rouge toute simple & pleine. L'instituteur & premier Grand Maistre est Guillaume Erril. Iacques, fils aisné & successeur presomptif de Iacques second Roy d'Arragon fut aussi Grand Maistre, & prefera la religion à la couronne. La banniere est semée de Croix vertes & noires,[r] mais l'escu est d'or à la Croix de gueules, qu'on appelle Croix du Cheualier S. George, Patron d'Arragon. On ne donne à l'Ordre que 60000 liures de reuenu; & quant à la liberté de se marier, comme membre & fils de Calatraue, elle y est depuis le Pape Paul troisiesme;[t] & Cesar Borgia, l'vn des Grands Maistres en a iouy le premier.

> p Mariana. Gens. Argot. Molin.
> q Mariana l. 15 c. 16.
> r Myr. ord. equest. l. 1 c. 11
> s Botero relig. di Spagna.
> t Mare Ocea. l. 3.

Les

Les Roys d'Espagne en sont auiourd'huy Administrateurs, depuis le Roy Philippes second.[a]

Les Cheualiers de S. George d'Alfama,[b] fondez l'an 1201, & confirmez l'an mil trois cens soixante trois, furent incorporez auec ceux de Montesia par Benoist treiziesme recognu en Espagne, ce que le Concile de Constance approuua par son decret.[c]

Les reuenus & Commanderies de ces Ordres & des suiuans en Espagne & en Portugal, seront descrits en parlant de la religion des pays.

Parmy les Ordres de Portugal, celuy de Christus est le plus noble, institué contre les Mores, & confirmé par le Pape Iean XXII l'an 1318 ou 1320, sous la reigle de S. Benoist. Denis dit Perioca Roy de Portugal, leur donna les biens des Templiers. Leur premier domicile fut à Castro Marino, & depuis ç'a esté Tomar.[d] Les Cheualiers ont l'habit noir, & la croix partie rouge, partie blanche. Le Pape Alexandre VI leur permit de se marier, à la requeste d'Emanuel Roy de Portugal.[e] L'Ordre se trouuant renté de cent mille ducats, il fut vny inseparablement à la Couronne de Portugal[f] & les Rois d'Espagne en sont Administrateurs perpetuels[f] depuis le Roy Philippes troisiesme.

Alfonse Enriques Roy de Portugal en l'an 1147 donna la ville d'Euora à Ferdinād Monteiro, sous le nom de la Vierge Marie Patrone de l'Ordre de Cisteaux, pour la munir & garder contre les Mores. Les Cheualiers en prindrent premierement le nom, & y firent leur residence; le lieu en estoit appellé Frairie. Monteiro fut le premier grand Maistre, & la ville D'AVIS ayant esté donnée à l'Ordre, l'an 1181, il en a esté nommé iusques auiourd'hy.[g] Les Cheualiers ont eu l'habit blanc & la croix rouge, & ont esté autrefois sousmis à ceux de Calatraue, à cause des liberalités de cet Ordre, & le don des terres qu'il possedoit en Portugal; mais depuis les guerres de Portugal & de Castille, & Iean 8 Roy de Portugal, il n'y a plus de dependance, & au lieu de la croix blanche, ils la portent verte.[h] La Pape Innocent 3 confirma cet Ordre l'an 1204, & les Rois d'Espagne en sont auiourd'huy Administrateurs.[i] Les armes sont d'or à la croix de gueules, & au pied deux oyseaux de sable, qui font allusion au nom d'Auis.

Les Cheualiers de la Palmera en Portugal ont le mesme habit & Ordre, que ceux de sainct Iacques en Castille. Voy S. Iacques.

MONTREAL est vne ville bastie par Alfonse premier Roy d'Aragon, donnée aux Templiers à la priere de S. Bernard Abbé de Cleruaux, auec Ordre particulier de Cheualerie, sous le tiltre de S. Sauueur. Les Templiers ayans esté exterminez, on institua de nouueaux Cheualiers en ce lieu de Montreal,[k] sous la mesme reigle des Templiers, hors du mariage permis aux Cheualiers de S. Sauueur. Ils ont l'habit blanc, & la croix ancrée rouge sur l'estomach. Les Rois d'Arragon estoient Souuerains de l'Ordre, dont les Commanderies ont fondu dans leur domaine; & finalement l'Ordre mesme a esté vny à la Couronne d'Espagne.[l]

Les Cheualiers du Lys sont de Garcia VI dit de Nagera, Roy de Nauarre, & d'Estienne de Foix sa femme l'an 1048, à l'honneur de Nostre-Dame, pour la conseruation de la Couronne de Nauarre contre les Mores. Les effigies des Rois de Nauarre auec cet Ordre au col, en l'Eglise de Nostre Dame à Nagera, lieu de l'institution, à Nostre Dame la Reale à Pampelune, à Ronceuaux & autres endroits, en cōseruent la memoire. Les Cheualiers portoient sur l'estomach vn lys en broderie d'argēt; & en solennité vne double chaine d'or, entrelassée de lettres M à la Gothique, & au bout de la chaine pendoit vn lys d'or esmaillé de blanc.[m] Aucuns en mettent l'institution vn peu plus bas, toutesfois sous le mesme Roy, & baillent vn pot de fleurs de lys pour enseigne de l'Ordre.[n]

L'Ordre de la Colombe ou du Pigeon representant le S. Esprit, auoit esté institué à Segobie par vn Roy de Castille, soit Iean I,[o] soit Henry III son fils l'an 1379 ou 1399: Le Collier estoit enchaisné de rayons de Soleil ondoyées & en pointe, d'où pēdoit vne colombe d'or esmaillée de blanc, l'œil & le bec de gueules; mais la mort de l'instituteur aduenuë à mesme temps empescha la suite & continuation de l'Ordre de mesme que de celuy de la Raison qu'on luy attribuë.[p]

L'Ordre de la Iarra[q] ou Vase de la Vierge Marie, fut institué l'an mil quatre cens trois par Ferdinād, Infant de Castille, Duc de Pennafiel, & dit de l'Antequera, place forte prise par luy sur les Mores, qu'il vainquit en bataille. Le Collier estoit compo-

a Ibid.
b Diocese de Tortose.
c Marc Occid. li. 3.
d Mariana.
e Fauyn l. 6. Osor. de reb. Eman. l. 1. Myr. Orig. Mon. l. 1. c. 9
f Fauin ibid.
g Damian a Goez, in Portugall.
h Menen. ord. equestr.
i Fauyn lib. 6.
k Ibid.
l Fauyn l. 6.
m Fauyn l. 6.
n Petr. Belloy orig. equest. c. 12.
o Menen. Ord. equest.
p Hist. d'Esp. Hieron. Rom. l. 7.
q Hiero. Rom. l. 7. de repub.

sé de pots à bouquets pleins de lys entrelassez de griffons; mais l'Ordre ne passa pas Ferdinand & ses enfans, quoy qu'il eust esté transporté de Castille en Arragon.[a]

On void en Italie certains Ordres de Cheualerie sous diuers tiltres Religieux. Celuy de saincte Marie la Gloriosa,[b] ou *Mater Domini*,[c] est de l'an 1233: Barthelemy de Vincence de l'Ordre des Prescheurs en est Autheur[d]. Le Pape Vrbain IV le confirma l'an 1262. Le vœu & profession des Cheualiers est de deffendre la vefue & l'orphelin, combattre les infideles, & pour la iustice, &c. Ils portent la croix rouge en champ d'argent, auec deux estoiles dessus. Ils ont esté & sont encores magnifiques, viuants chez eux, auec femmes & enfans, de sorte qu'on les a appellez *Frati gaudenti*. Leur premier grand Maistre fut Loderengo, homme de reputation: ils durent encor à Boulogne, à Modene, &c.[e]

Les Cheualiers du S. Sepulchre de Hierusalem, qui portoient cinq croix rouges, & auoient leur siege à Peruse, apres auoir esté chassez de Hierusalem, où ils auoient esté long-temps,[f] ont esté incorporez à l'Ordre de Malte par le Pape Innocēt VIII. Voy Fauyn liu. 9. & les voyages de Villamont. Le Gardien des Cordeliers de Hierusalem confere cet Ordre.[g]

Sous le nom & tiltre de sainct George, & le Pape Alexandre sixiesme, & l'Empereur Maximilian premier ont esté instituez des Cheualiers contre les Turcs, auec la croix d'or,[h] & à Genes auec la chaine d'or, & la croix pleine esmaillée de rouge. Ceux de sainct George en Carinthie, fondez par Frederic troisiesme Empereur, ont la croix de gueules, & le siege du Grand Maistre à Milestad.[i] Il en sera parlé cy-apres.

S. Dominique institua des Cheualiers en France & en Italie, cōtre les Albigeois, auec la croix blanche & noire, fleurdelisée,[k] & l'Ordre en fut confirmé par le Pape Honoré.[l] L'habit estoit de mesmes, partie blanc, partie noir. Ils auoient le tiltre de Milice de Iesus-Christ. La fin des guerres contre les Albigeois tourna ces Cheualiers en vne milice spirituelle, où ils furent appellez freres de la Penitence de S. Dominique, dont la reigle fut approuuée par le Pape Innocent VI l'an 1360

L'Ordre de S. Maurice en Sauoye se doit rapporter à Amedée VII, premier Duc de Sauoye, & depuis Pape Felix V, lequel en l'an 1434 apres auoir longuement gouuerné ses Estats, s'en deschargea sur Louis son fils aisné Prince de Piedmont, pour se retirer dans la maison & Conuent de Ripaille, qu'il auoit auparauant fait bastir sur le bord du Lac Leman, vis à vis de Losanne, auec l'Eglise fondée, Prestres & Chanoines establis. Il y fut suiuy de six Seigneurs, qui luy estoient esgaux en âge, & dont les femmes estoient decedées. Le lieu estoit celebre d'anciēneté pour le martyre souffert par S. Maurice auec la Legion Thebée. Ses compagnons, personnes de cōduite en guerre & Cheualiers renommez, changeants leur habit seculier entrerent en cet Ordre nouueau, sous leur Chef, pour estre desormais appellez Cheualiers de sainct Maurice,[m] Patron & premier Auteur de la maison de Sauoye.[n] Leur habit fut long, d'vn drap grossier & cēdré, auec vne large ceinture descendant iusques aux pieds; le manteau counrant les espaules auoit vn petit chaperon fait comme le mortier des Presidens és Cours de Parlement: La croix d'or leur pendoit du col sur la poictrine, pour marque de pieté & de noblesse, là où tout le reste ne tesmoignoit que bassesse & vie d'Hermite. Quoy que les Cheualiers de cet Ordre ne fussent en nombre de dix, leur Chef ou Maistre fut appellé Doyen; le Duc se reserua le droit de les eslire, & à ses successeurs, leur ordonna chasteté & continence, leur assigna 200 florins pour leur entretien, & 600 au Doyen: Voulut qu'ils fussent âgez de 60 ans, & des principaux de la Noblesse, pour estre comme vn Senat ou Conseil des affaires plus importantes à son Estat. Ces choses furent encor confirmées par le testament du fondateur, auec leurs exercices de pieté, obedience à leur Doyen & Superieur, & la participation aux Messes, offices & prieres des Moynes ou Chanoines reguliers du Monastere joignant. Monstrelet, Alain Chartier & les Annalistes François, ont traité de l'origine & de la vie de ces Cheualiers,[o] outre la teneur des actes originaux, dont ce que dessus a esté tiré par le soin & recherche de l'Autheur de l'Amedée Pacifique,[p] escrit en Latin, & iustifiāt la vie & le proceder de ce renommé Prince, le Salomon de son siecle, sur son eslection au Pontificat contre Eugene IV. Il se recueille de ce que dessus, que cet Ordre est Militaire, & Monastique, comme certains Autheurs ont escrit.[q]

L'ancien Ordre de sainct Lazare, ou des Cheualiers Hospitaliers de sainct Lazare de Ierusalem, duquel nous parlerons cy-dessous, ayant esté remis l'an mil cinq

a Hieron. Iuriz. in reb. Arrag. l. 11. c. 20.
b Myr. Ord. equest. l. 1. c. 15
c Mare Oceano l. 8.
d Car. Sigon. l. 17 & 15 de regno Ital.
e Mare Ocea. l. 5. Bosio l. 11. p. 1.
f Menen. in ord. Militar.
g Alex. 6. 1496
h Bernard Luceburg. l. de Ord. Milit.
i Laz. l. 3. rer. Vienn.
k Floretenda.
l Fernando del Castillo en son hist.
m Ioa. Gobel. l. 7. Comment. Pij 2.
n Menen. Ord. equest. Thuan. 38.
o Paradin hist. Sabau. l. 3. c. 29.
p P. Monet. de la Conn. de l. Historiograp. de Sauoye.
q Onuph. Crantzius, &c.

cens soixante-cinq par bulle du Pape Pie IV, Ianot de Chastillon de maison tres-ancienne & sien parent, en fut fait grand Maistre, lequel estant decedé, Gregoire XIII donna la charge à Philbert Emanuel Duc de Sauoye l'an 1573.[a] Les deux principaux Conuents ou Chefs d'Hostel de l'Ordre furent establis à Nisse & à Turin ; & par la mesme bulle de Collation de la grande Maistrise faite aux Ducs de Sauoye, cet Ordre fut vny & annexé à celuy de S. Maurice. Au lieu de la croix verte que les Cheualiers portoient anciennement toute seule, ils ont vne croix blanche, au mitan de l'escu,[b] dont la verte est chargée. Ils doiuent prouuer leur noblesse de deux races, des costez paternel & maternel, ne se peuuent marier qu'vne fois, auec vne femme de maison Noble, selon la qualité du Cheualier, & non auec vne vefue. On leur donne la reigle de S. Benoist ou de Cisteaux. L'Ordre a son Conseil, Admiral, Chancelier, Grand Thresorier, Secretaire, & autres Officiers, qui portent la grand' Croix.

L'Ordre de S. Lazare est tres-ancien, puisque selon le tesmoignage de Gregoire de Nazianze, S. Basile en est l'instituteur, & que le Pape Damase premier l'a augmẽté l'an 361. Le grand nombre des anciens Hospitaux du nom & tiltre de S. Lazare, est employé pour la mesme preuue, auec les Bulles de diuers Papes,[c] qui luy dõnent la reigle de S. Augustin, confirment ses priuileges & les possessions accordées par l'Empereur Frideric Barberousse en Sicile, Calabre, la Poüille & Terre de Labeur. Les Cheualiers estoient ordonnez pour receuoir & loger les estrangers venants en Hierusalem, comme ceux de S. Iean de Hierusalem, les Templiers, & les Teutoniques pour les deffendre & proteger. Les Roys de Hierusalem les auoient honorez de plusieurs priuileges dans la Palestine ; mais en la dissipation des Chrestiens, le Roy Louys le Ieune l'an 1154, ou selon aucuns, le Roy S. Louys leur donna retraite en France, & les logea à Bony Diocese d'Orleans,[d] qui fut le Chef de leur Ordre, & le lieu de leur Chapitre general pour les Prieurs d'Italie, Sicile, Alemagne, Angleterre, & Espagne ; en suite dequoy ils possederent de grands biens en France, & furent fauorisez par les Roys Charles VIII, Louys XII, & François I. Sous le regne duquel les Princes estrangers se saisirent des biens assis en leurs Estats, de sorte que le Chef estably à Bony se veid desnué de ses membres, & les terres mesmes de France furent occupées par les Cheualiers de Rhodes, fondez sur la Bulle du Pape Innocent VIII de l'an 1489, portant vnion & aggregation de l'Ordre à celuy de S. Iean de Hierusalem. L'execution de cette Bulle fut empeschée en France, & y eut vn appel comme d'abus, interjetté en la Cour de Parlement de Paris l'an 1547,[e] auec Arrest contradictoire, ouy le Procureur general, qui casse vne collation faite en vertu de l'vnion portée par la Bulle, à laquelle n'est point deferé, comme n'estant executée selon la forme du decret du Concile de Constance. Nous auons desia mentionné la prouision du Pape Paul V, establissant vn nouueau Grand Maistre de l'Ordre, & celle de Gregoire treiziesme, en faueur de Philibert Emanuel Duc de Sauoye, auec vnion des deux Ordres de sainct Maurice, & sainct Lazare ; en suite dequoy le Duc obtint deux breuets, l'vn du Roy Charles neufiesme, du 14. Ianuier 1574, l'autre du Roy Henry troisiesme, du 30 Mars 1575, pour iouyr en ce Royaume des droicts, priuileges, preéminences & deuoirs, qui auoient eu cy-deuant les Grands Maistres dudit Ordre, vny à celuy de sainct Maurice, & luy en estre expediées toutes patentes necessaires. Neantmoins sous le Roy Henry le Grand sur la demission d'Aymar de Chates Grand Maistre de l'Ordre sainct Lazare, Philbert de Nerestang en fut pourueu & recourut au Pape Paul cinquiesme, pour obtenir l'institution d'vn nouuel Ordre de Nostre-Dame du Mont-Carmel & de sainct Lazare. Le Roy Henry luy donna la croix d'or au ruban tanné en l'an 1608, & l'an 1609 le sieur de Nerestang fit quelques Cheualiers au Conuent de S. Lazare à Paris, qui est dans les fauxbourgs.[f] Ces Cheualiers du Mont-Carmel auoient liberté de se marier, & ceux de S. Lazare faisoient anciennement les trois vœux, quoy que seculiers.[g] Cet Ordre n'a pas eu suite en Frãce, & celuy de S. Lazare vni à S. Maurice fleurit dans les Estats de Sauoye, comme nous dirons en son lieu.[h] Les Breuets des Roys Charles IX & Henry III dont i'ay eu les extraits collationnez par Michel Bonefont l'vn des Secretaires de l'Ordre de S. Lazare en Sauoye, ne s'accordent pas auec l'opposition que les Autheurs François[i] escriuent auoir esté formée par le Roy Henry III à l'establissement & iouyssance de Philbert Emanuel Duc de Sauoye pour les lieux qui sont dans le Royaume.

Les Cheualiers qu'on attribuë au siecle de Constantin le Grand, apres la victoire par luy obtenuë contre Maxentius l'an 312, & le 7 de son Empire, & apres le signe

a Thuan. li. 58.

b P. Morigia l. 3. Orig. Mon. l. 7. Fauyn l. 8.

c Innoc. 4. Alex. 6. Clem. 7. Paul 3.

d Regist. de la Cour de Parlement de Paris. P. Beloy en ses Ordres Milit.

e Thuan. l. [illegible]

f Menen. Orig. equest.

g Id. Ibid.

h Disc. gen. des Estats de Sauoye.

i Fauyn l. 3. & l. 9.

qu'il auoit veu auparauant dans le Ciel,[a] vesquirent sans aucune Reigle iusques au temps de Basile le Grand, & ont leurs preuues recueillies par Baronius,[b] & par Menenius *lib. Ordin. Militar.*

a Euseb. de vita Constant. l. 1. c. 22. 23. 24. 25 & l. 4. c. 11.
b tom. 3. anno 312. l. 1. c. de præpos. lab. l. 11.

ORDRES MILITAIRES.

Ordre de l'Estoile en France.

L'Ordre de l'Estoile en France est communement attribué au Roy Iean[c] l'an 1351. Les Cheualiers estoient appellez de la Vierge Marie, de la noble maison de S. Ouyn, pres S. Denis en France,[d] autrement nommé l'hostel de Clichy, qui estoit le chef & demeure principale de l'Ordre. Les Cheualiers portoient vne estoile d'argent au chaperon, ou au manteau. Ceux qui ont recherché plus auant l'histoire,[e] ayants donné le bastiment de la basse Chapelle, ou d'vn oratoire dedié à Nostre-Dame de l'Estoile, à Robert dit le Deuotieux, Roy de France, luy donnent aussi l'institution de l'Ordre de l'Estoile l'an 1022, qui fut de 30 Cheualiers, y compris le Roy Chef & Souuerain de l'Ordre. Leur manteau estoit de damas blanc, & sur iceluy du costé gauche estoit vne estoile recamée d'or en broderie à cinq rays: Le Collier fait d'vn tortis de chaisne d'or, aux chaisnons entrenoüez de roses d'or esmaillées de blanc & de rouge. Cet Ordre ne fut au commencement que pour les Princes & les Rois, receu & conferé auec grande solennité, comme il se lit du Roy S. Louys, qui receut l'Ordre & le confera à Louys son frere Comte de Poictou, & de Gaston Cõte de Foix fait Cheualier de l'Estoile fort solennellement, espousant Magdelaine, fille du Roy Charles VII.[f] Le Roy Iean remit sus l'Orde intermis par les guerres, & en establit le siege au lieu ja nommé de S. Ouyn, ce qui a fait croire & escrire qu'il l'auoit institué l'an 1356. Cet Ordre est aneanti & raualé depuis quelques siecles, & n'y a auiourd'huy que le Cheualier du Guet & ses Archers, qui le portent.

c Du Haillan l. 2. Gilles Corros. Henter. Burg. reg. l. 4. Myr.
d Ordonn. & registres de la Ch. des Cõptes de Paris.
e Fauyn th. d'honneur l. 3.
f 1458.

Ordre de S. Michel en France.

L'Ordre de l'Estoile estant aboly, le Roy Charles VII auoit desseigné d'en instituer vn nouueau sous le tiltre & à l'honneur de S. MICHEL l'Archange, ce que le Roy Louys XI son fils & successeur executa dans Amboise l'an 1469.[g] L'Edit mentionne le mont S. Michel en Normandie, cõserué par l'Archange cõtre les Anglois, pendant qu'ils tenoient toute la Prouince. Charles VII entrant à Roüen, fit porter son estendard de satin cramoisy, à vn S. Michel dedans, parsemé de fueilles d'or.[h] L'Ordre deuoit auoir 36 Cheualiers, dont les Rois de France sont Chefs & Souuerains: Le petit Collier est d'or, fait à coquilles laçées l'vne auec l'autre d'vn double laqs, assis sur chaisnettes ou mailles d'or, & au milieu du Collier sur vn roc est l'image de S. Michel foulant aux pieds le Dragon, pendant sur la poictrine, & le mot *Immensi tremor Oceani*. Le Chancelier, Greffier, Thresorier, & Heraut ou Roy d'armes, appellé S. Michel furent instituez en mesme temps pour la dignité de l'Ordre, auec feste solennelle, Chapitre & Assemblée le iour S. Michel 29 de Septembre. Le grand Collier est composé de doubles coquilles d'or attachées d'aiguillettes rondes de soye noire, à longs ferrets d'or, liées & noüées en laqs d'amour. Au bout du Collier pend vne ouale d'or, esmaillée d'vne terrace, &c. Cet Ordre est encor gardé en Frãce, & sa memoire continuée, comme estant porté par les Princes & Seigneurs retenus & nommez de Chapitre en Chapitre, pour receuoir celuy du S. Esprit.

g Gaguin.
h Enguerr. de Monstrelet.

Cheualiers du S. Esprit en France.

HENRY III, Roy de France & de Pologne, a institué l'Ordre du S. ESPRIT, la solemnité en fut faicte en l'Eglise & Conuent des Augustins à Paris le premier Ianuier de l'an 1579. Il s'en declara le Chef, Souuerain & Grand Maistre, luy & ses successeurs Roys de France. Le grand Collier fut façonné & composé d'vn entrelas de chiffres du Roy, fleur de lys d'or, cantonnées de langues de feu, ou flammes d'or esmaillées de rouge, auquel pendoit vne croix & vne colombe au milieu, denotant le S. Esprit. Les Cheualiers portent ordinairement vne grand' Croix sur leurs manteaux, & le petit Ordre pendu au col auec vn ruban bleu. Le nombre effrené des Cheualiers de S. Michel, qui en auoit raualé l'Ordre, fit creer celuy-cy à l'honneur du S. Esprit & de la Pentecoste, iour de sa descente sur les Apostres en forme d'vne colombe, auquel iour le Roy Henry auoit remarqué & ressenty des graces du Ciel sur sa personne, ayant esté esleu Roy de Pologne, & recueilly la succession de la Couronne de France en ce mesme iour, vne année apres. Le mesme Ordre auoit esté proietté par Louys Roy de Hierusalem & de Sicile, en l'an 1352. Voy Du Pleix en la vie de Henry III. Henry IV fit tirer les chiffres pour y mettre des trophées. Le nombre des Cheualiers est de 100, outre les Ecclesiastiques qui sont quatre Cardinaux & quatre Archeuesques, Euesques ou Prelats, Commandeurs de l'Ordre,

Voy Du Pleix vie de Henry 3.

auec preuue de Noblesse. Le Grand Aumosnier de France est incorporé à l'Ordre, auec tiltre de Commandeur. Les Cheualiers doiuent estre Gentils-hommes de nom & armes, de trois races paternelles pour le moins: Le Chapitre se doit tenir le penultiesme Decembre, pour la proposition & nomination des nouueaux Cheualiers. L'Ordre a tous ses Officiers, Chancelier, Greffier ou Secretaire, Herault, grand Preuost & Maistre des Ceremonies, Thresoriers, Huissiers, &c. Les habits des Cheualiers en solennité sont le grand manteau, & mantelet de drap d'or en lieu de chaperon, fourreau d'espée de veloux noir, &c. Ils sont bordez & enrichis de fleurs de lys, langues ou flammes de feu, chiffres ou trophées.[a] L'Ordre a vn grand sceau, comme celuy de la grande Chancellerie, auec empreinte & figure differente, pour seeller en cire blanche.

a Iournal du Roy Henry 3.

Ordre de la Toison d'Or. L'Ordre de la TOISON D'OR est l'vn des plus anciens & plus nobles Ordres de la Chrestienté, institué par Philippes le Bon, Duc de Bourgogne, & Cõte de Flãdres, l'an 1430, le propre iour de ses nopces auec Elizabeth, fille du Roy de Portugal, celebrées Royalement à Bruges.[b] Sa Patente est donnée à l'Isle le 27 Nouembre de l'an 1431, qui porte creation de 31 Cheualiers, dont luy & ses successeurs seroient Chefs & Souuerains, quoy que le iour solennel susdit il n'en eust pris & choisi que 24, luy faisant le 25. Le grand Collier de l'Ordre est basty & composé de doubles fusils entrelassez de pierres & cailloux estincelans de flammes de feu, au bout duquel pend vne toison, le tout d'or, & esmaillé. Les fusils sont joints deux à deux, representans deux doubles B, qui peuuent signifier Bourgogne. La deuise du Duc y est adioustée, *Antè ferit quàm flamma micet.* Iean Duc de Bourgogne fut inuenteur de la croix[c] retechée, passée en sautoir, & appellée de S. André, Patron de l'Ordre; de mesme que de la deuise des fusils. C'est la Croix de Bourgogne, dont Charles V Empereur fit vn nouuel Ordre à Tunes en Afrique, l'an 1535. La robe de pourpre des Cheualiers en leur Assemblée & Chapitre est de Philippes instituteur de l'Ordre. Charles le Guerrier, l'an 1473 voulut qu'elle fust de veloux, & Charles le Quint Empereur, leur donna trois habits differents és trois iours de la solennité de S. André. Le nombre en a esté augmenté iusqu'à 51 par Charles V.[d] Les bastons de laurier trauerſez qu'on adiouste aux fusils, ou à leur deuise, auec ce mot, *Flãmescit vterque*, rapportent à la Croix de Bourgogne, ou de S. André. Les Rois d'Espagne se sont declarez Chefs de l'Ordre, & ayans seuls le pouuoir de le cõferer, priuatiuemẽt à l'Empereur, quoy que descendu de Philippes Archiduc d'Austriche, Comte de Flandres &c. Comme il fut aussi reserué au mariage de l'Infante auec l'Archiduc Albert. L'authorité des Papes y est aussi interuenuë, à sçauoir de Gregoire XIII pour Philippes II, & de Clement VIII, pour Philippes III Rois d'Espagne. Le mesme Ordre de la Toison d'Or est attribué à Roger Roy de Naples & de Sicile, issu des Princes Normans, qui se logerent en Italie, l'an 1008.[e]

b Guicciardin Pays-bas.

c Chron. de Iuuen. des Vrsins.

d An 1516 à Bruxelles.

e Menen. Ord. equest.

L'Ordre de la Charité Chrestienne, pour l'entretenement des Capitaines & soldats estropiez à la guerre, fut desseigné par le Roy Henry III, auec vne maison assise en la ruë des Cordelieres S. Marcel les Paris, appellée la maison de la Charité Chrestienne, de laquelle nous parlerons ailleurs.[f] Voy Fauyn liu. 3.

f Disc. gen. de la France, Religion. Voy Fauyn l. 3.

Outre les Ordres cy-dessus mentionnez & receus en France, les Escriuains curieux[g] en ameinent d'autres, qui non seulement ne sont plus auiourd'huy, ou n'ont point esté en vsage que peu de temps, mais aussi n'ont pas authorité & tesmoignage en l'histoire, tant pour leur institution, que pour leur pratique. Tel est celuy de la Genete animal du Leuant, semblable à la Foüine, dont se font de riches fourrures; venu d'Espagne, selon Scaliger;[h] qu'on baille comme ayant esté fondé par Charles Martel, en suite de la memorable victoire par luy obtenuë contre les Sarrazins ou Arabes, & Abderame leur Chef, & qui n'eut cours que iusqu'au regne de S. Louys.

g Fauyn du P. du Haillau, du Bellay, La Haye.

h Exoter. exerc. l. 15. de subtilitate Cardan. Menen. Ord. Milit.

Cosse de Genest, Ordre de France. Celuy de la Cosse de Genest qu'on attribuë au Roy S. Louys, a plus de fondement en l'histoire, quoy qu'il n'ait pas eu grand suitte. Le Collier en estoit composé de cosses du Genest esmaillées selon le naturel, auec fleurs de lys entrelassées & encloses dans les lozanges clechées & ouuertes à iour, esmaillées de blanc, & au bas vne croix florencée d'or, telle qu'on la void en la Chapelle du Roy. Cet Ordre fut conferé par le Roy Louys à Robert, Comte d'Artois son frere, & à Philippes son fils aisné l'an 1267.[i] Le Roy Charles V dit le Sage, en bailla ses lettres à son Chambellan, l'an 1378.[k] La deuise que le Roy S. Louys auoit pris du Genest, auec le mot *Exaltat humiles*, preceda l'institution de l'Ordre. Aucuns attribuent cet Ordre au Roy Charles VI, & ne le donnent qu'aux Escuyers, ou seruans d'armes, semblables aux

i Guill. de Nangis en la vie de S. Louis.

k Fauyn l. 3.

a Pet. Beloy c. 12. Pet. Sanjul. in Antiq. Burg.

Cheualiers qu'on a appellez de la Raison sous Iean, Roy de Castille.[a]

Nauire & double croissant par S. Louys.

L'Ordre du Nauire & double Croissant institué par le Roy sainct Louys, en son second voyage de la terre Saincte, ne passa point à ses successeurs Roys de France, & se perdit auec luy qui deceda en ce voyage. Le Collier de l'Ordre fut composé de doubles croissants d'argẽt, & de doubles coquilles d'or: il finissoit en ouale, où estoit representé vn nauire armé & fretté d'argent en champ de gueules, à la pointe ondoyée d'argent & de synople: les doubles croissants entrelassez & passez en sautoir, marquoient l'entreprise du Roy & des Princes & Seigneurs, qui l'accompagnoient, & prindrent le collier & armes du Nauire, contre les Turcs & Mahometans, qui auoient desia pris le Croissant pour armes.[b] La premiere lignée des Roys de Naples & de Sicile, commençant par Charles, Comte d'Anjou, frere de sainct Louys, retint cet Ordre, qui eut vogue en ses Royaumes. Menenius attribuë l'inuention de l'Ordre à vn Roy de Naples, dit sainct Louys. Voy cy dessous les Ordres de Naples.

b Fauyn.

Saincte Ampoule de S. Remy.

Les Cheualiers de la saincte Ampoule instituez par le Roy Clouis, premier Roy Chrestien, sont quatre Barons, dont il sera parlé cy-dessous;[c] la croix qu'ils portent au bas d'vn ruban noir, est d'or, anglée & coupée, esmaillée de blanc, chargée d'vne colombe, tenant de son bec la saincte Ampoule, receuë par vne main, & au reuers l'image de S. Remy de Rheims.

c Gouuernem. de France sacre des Roys.

Porc espic Ordre des Ducs d'Orleans.

Les autres Ordres fondez par les Princes de la maison de France, ou autres qui releuoient de la Couronne, seront mis icy, auant que de venir aux Princes estrangers. Louys Duc d'Orleans, frere du Roy Charles sixiesme, institua celuy du Porc-espic, qu'il auoit desia pris pour deuise, l'an 1393 en solennisant le baptesme de Charles, son fils aisné,[d] auec le mot *cominus & eminus*.[e] Plusieurs Princes & Seigneurs receurent cet Ordre, & entr'autres le Duc de Bourgogne, qui depuis en fit assassiner l'instituteur. Il estoit composé de 25 Cheualiers, compris le Duc d'Orleans, qui en estoit Souuerain. Le collier estoit composé d'vn tortis de chaisnes d'or, au bout duquel pendoit le porc-espic d'or, sur vne terrasse esmaillée de verdure & de fleurs. Charles Duc d'Orleans, fils du fondateur, sorty de prison, & allié auec Philippes Duc de Bourgogne, receut l'Ordre de la Toison d'or, & donna celuy du porc-espic au Duc Philippes. Louys douziesme retint le porc-espic pour deuise, mais l'Ordre s'aneantit.

d Chron. M.S. Froissard. e Paul. Iou.

Chardon, ou de Nostre-Dame, Ordre de Bourbon.

L'Escu d'or, & la Ceinture de Louys second dit le Bon, Duc de Bourbon, auec le mot Esperance, enfanterent son Ordre dit du Chardon, ou de Nostre-Dame, institué par luy à Moulins l'an 1370, auant celuy d'Orleans, dont nous auons desia parlé. Il fut composé de vingt-six Cheualiers, luy compris, qui s'en declara, auec ses successeurs, Chef & Souuerain. Les Cheualiers portoient ordinairement la Ceinture de velours bleu. Le Collier estoit composé de lozanges entieres, esmaillées de verd, ouuertes & clechées, remplies de fleurs de lys d'or, ou de quatre fueilles ou fleurs de chardon, faisants vne croix,[f] & du mot Esperance; & au bout pendoit vne ouale esmaillée de verd & de rouge, en icelle l'image de la Vierge Marie entourée d'vn Soleil d'or, & couronnée de 12 estoiles d'argent, auec vne teste de chardon au bout, esmaillée de verd, barbillonnée de blanc. Cet Ordre s'est perdu; la memoire en reste en la Chapelle & Hostel de Bourbon prés du Louure à Paris, & en quelques tapisseries du Louure, auec ce que l'histoire en conserue pour l'honneur de la maison Royale & tres-illustre de Bourbon.

f Petr. Belloy.

Croissant Ordre d'Anjou.

René Roy de Sicile, dit le Bon, l'an 1464 institua vn nouuel Ordre, sous le tiltre & mot du Croissant, dont il se declara Chef & Souuerain, & apres luy ses successeurs Ducs d'Anjou & Rois de Sicile. L'enseigne de l'Ordre estoit vn Croissant d'argent, auec le mot LOZ EN CROISSANT graué au burin, & puis en esmail rouge. Au Croissant estoient attachez autant de petits bastons d'or façõnez en colomnes, que les Cheualiers s'estoient trouuez en des batailles, mines, ou sieges de villes. Cet Ordre n'est plus. La memoire en est conseruée dans l'Eglise de sainct Maurice d'Angers, en la Chapelle dite des Cheualiers, & en l'histoire d'Aniou, escrite par Iean Bourdigné chapitre dix-sept de la troisiesme partie. Le double Croissant, qui auoit passé à Naples & Sicile, dans la maison d'Aniou, comme nous auons dit, auoit eu le Croissant pour successeur. La deuise du Roy Henry second, *Donec totum impleat orbem*, peut auoir sa source de ce que dessus.[g]

g Paul. Iou.

L'Hermine, ou l'Espy, Ordre de Bretagne.

François Duc de Bretagne, institua l'Ordre de l'Hermine, l'an mil quatre cens cinquante. Il fut aussi nommé de l'Espy, parce que le Collier estoit composé d'or en façon d'espics de bled, entre-lassez en sautoir & liez haut & bas. Au bout du collier pendoit l'Hermine (petit animal blanc comme neige) passante sur vne mote & gazon d'herbe diaprée de fleurs; & dessous, la deuise de Iean dit le Conquerant, Duc de Bretagne & ayeul de François, qui estoit A MA VIE. L'Ordre fut composé de 25 Cheualiers sans reproche, & s'est perdu auec la maison de Bretagne, entrée ou reünie à la maison & Couronne de France. Anne, heritiere de Bretagne, & Royne de France institua vn Ordre dit de la Cordeliere, dont elle donna le collier à quelques Dames de son temps auec Reigle de chastement viure. Son Escusson mi-party des lys de France & de l'Hermine de Bretagne, estoit entouré de ce cordon & collier de Cheualerie.

Ordre de la Iarretiere en Angleterre.

EDOVARD III Roy d'Angleterre est Autheur de l'Ordre de la IARRETIERE, dit Garter en Anglois, fondé à l'occasion & en faueur d'Alix, Comtesse de Salisbery, la plus belle Dame de son temps, aymée passionnément par le Roy Edoüard, qui releua sa jartiere, & dit à la Noblesse qui en prenoit subiet de rire, *Honny soit qui mal y pense*; ce qui demeura pour mot & ame de la deuise & enseigne de l'Ordre, qui estoit vne jarretiere bleuë, en vn grand Collier d'or composé de roses blanches & rouges, qui sont Lancastre & Yorch, entre-lassées de nœuds, qui representent la jarretiere en laqs d'amour, au lieu desquels depuis le Roy Iacques I, il y a des Chardons de l'Ordre d'Escosse, afin de ioindre les Ordres comme les Royaumes. Au bout du Collier pend vn sainct George à cheual, auec vn Dragon à ses pieds. Le petit Ordre est vn cordon bleu & vn sainct George au bout. Les Cheualiers, en nombre de vingt-cinq, sans comprendre le Roy, Chef de l'Ordre, portent en solennité la sotane, le grand manteau de veloux violet, le chaperon de veloux rouge, & sur l'espaule gauche l'escu d'argent, chargé d'vne Croix droite de gueules, liurée d'Angleterre: sous le genoüil de la jambe gauche est la jarretiere ou ceinture bleuë brodée d'or & de pierreries, fermée à boucle & ardillon d'or. Le iour de sainct George en est solennisé en Angleterre, au Chasteau de Vindesor, où est le siege des Cheualiers, ou de leur College, & où furent aussi establis & bien rentez treize Chanoines pour le seruice diuin. La datte de l'institution est l'an 1347,[a] ou 1350.[b] Cet Ordre a ses Assemblées & Chapitres solennels, ses Officiers, Herauts & Roys d'Armes, appellez Garter, sainct George pour Patron, l'amour pour subiet, & la deuise Françoise.

a Polyd. Vir. hist. Angl.
b Camden. in Britannia.

Cheualiers du Bain en Angleterre.

Les Cheualiers dits DV BAIN en Angleterre sont plus anciens que ceux de la Iarretiere, & d'vne institution plus vague & moins certaine. Guillaume le Conquerant & ses successeurs Roys porterent de France en Angleterre la forme de creer les Cheualiers apres les veilles & les bains, dequoy nous parlerons ailleurs.[c] Les premiers donques qui furent faits en Angleterre, sans aucun tiltre, furent nommez des Bains:[d] Ils furent aussi appellez des Couronnes, qui les distinguoient des Escuyers, par le moyen des trois Couronnes d'or en broderie, portées en vn escu sur l'espaule gauche. Ils portoient en solennité la sotane de veloux, ou satin rouge, & le grand manteau bleu retroussé & noüé sur l'espaule droite, auec cordons de soye blanche en forme de Croix. Sous le Roy Edoüard premier l'an 1306 le Prince de Galles fut fait Cheualier du Bain, & grand nombre d'autres, enfans des plus Nobles familles d'Angleterre. Le iour du Couronnement des Roys d'Angleterre, ils les accompagnent solemnellement en leur rang.[e]

c Disc. gen. France, gouuernem.
d Matth. paris Froissart. Ioannes Salisburiensis. Menen. Ord. equestr.
e Menen. ibid.

Les Cheualiers de l'S. instituez par Henry V Roy d'Angleterre l'an 1415 n'ont pas grand tesmoignage dans l'histoire,[f] ny suite ou practique dans le Royaume.

f Fauyn lib. 5. Chron. des Vrsins.

Il en est de mesme des Cheualiers de la Table ronde, instituez par Artus Roy de la grand' Bretagne l'an 1390.[g] Les Histoires d'Escosse en font mention,[h] mais ces discours sentent la fable, & ont seruy de subiet à nos vieux Romans. Les Cheualiers de l'Esperon doré tant en Angleterre qu'en Escosse, sont estimez anciens, mais la pratique en est perduë.

g Myr. ord. equestr. li. 2. & 3. Menen. Froissart pr. partie. Camden.
h Hector boët.

Ordre de S. André, du Chardon & de la Ruë en Escosse.

Le Royaume d'Escosse a ses Ordres, de mesmes les Estats ja parcourus. Iacques V Roy d'Escosse auoit desia l'Ordre de sainct André, comme propre & particulier à la nation.[i] Il receut de l'Empereur Charles V l'Ordre de la Toison d'or, du Roy François premier celuy de sainct Michel, & de Henry VIII Roy d'Angleterre celuy de la Iarretiere.

i Leslæus lib. 9.

Le Chardon & la Ruë furent pris pour deuise par Achaius Roy d'Escosse, ayant acquis l'amitié & l'alliance de Charlemagne, auec le mot Escossois. *Il deffens, c. ma deffense*. Le chardon n'est pas maniable sans gands, & la Ruë est vne plante dont l'odeur chasse les serpens & la vipere mesme. De la Deuise il passa à vn Collier de son Ordre de sainct André, lequel dure encore en Escosse. Le collier est composé de chardons, auec le mot, *Nemo me impunè lacessit*. Le baudrier est d'or auec fleurs de chardon enlassé en nœuds de gueules. Aucuns separent l'Ordre de la Ruë d'auec celuy du Chardon, & font le collier de plusieurs fueilles de ruë, auec l'image de S. André au bout, & la Croix comme au collier du Chardon.

Ordre de l'Annonciade en Sauoye.

Outre les Ordres ou Religions Militaires de sainct Maurice & sainct Lazare, qui sont en Sauoye, dont nous auons desia parlé & de leur vnion, celuy de l'Annonciade y est ancien & fort illustre. Amedée VI dit le Verd Comte de Sauoye, ayeul d'Amedée VII depuis Pape Felix V. en l'an 1355 à l'honneur de Dieu, de la Vierge Marie & de ses quinze mysteres institua cet Ordre auec vn Collier entre-tissu de laqs & nœuds serrez, pour en estre luy & ses successeurs chef, Souuerain & grand Maistre, auec creation de quinze Cheualiers seulement. Il en fit & establit les loix & constitutions, tant pour leur Reigle & façon de viure, que pour les funerailles & conuoy des freres. A l'hõneur & memoire de son ayeul Amedée IV dit le Grand, il y adiousta les quatre lettres, F.E.R.T. qui furent inserées au collier, dont il auoit fait battre des medailles qu'on rapporte communement à la deliurance de l'Isle de Rhodes, ou sa prise sur les Turcs ou Sarrazins, par les armes & la valeur de ce Prince. A quoy fut adioustée l'ouale d'or pendante au bout, esmaillée de blanc & de rouge, de mesme que les roses du collier, portant ou representant la Vierge saluée par l'Ange, qui luy annonça qu'elle conceuroit le Sauueur du Monde. Les quinze Cheualiers furent accompagnez d'autant de Prestres celebrans pour eux, pour respondre à pareil nombre de mysteres reuerez en la bien-heureuse Vierge. Le mesme par son testament, en recognoissance des graces celestes par luy ressenties tant contre les infideles que contre ses subiets rebelles, fonda vn Conuent de Chartreux qu'il voulut estre basty au Chasteau de Peyre Diocese de Bellay auec quinze Peres Chartreux, pour celebrer la Messe & autres Offices diuins pour luy, ses successeurs, & les Cheualiers de cet Ordre. Amedée VII son petit fils instituant l'Ordre de sainct Maurice, dont nous auons desia fait mention, confirma celuy-cy, en honora Louys son fils aisné, qu'il establit Prince de Piedmont, en assembla & recueillit les loix & reigles, & en ordonna de nouuelles, qui regardoient les honneurs funebres des Cheualiers, & les prerogatiues de l'Ordre, en ayant conuoqué le Chapitre General au Chasteau de Peyre, auant que se retirer à Ripaille. C'est la veritable histoire de son institution & confirmation tirée des actes authentiques mentionnez au mesme traité, [a] dont nous nous sommes desia seruis pour donner l'origine de celuy de sainct Maurice.

Ordre de la Escharpe en Espagne.

Auant que de passer aux Ordres d'Italie, & des autres Estats, dont nous n'auons point encores fait mention, & adioustans à l'Ordre de la Toison d'or, que nous auons mis en son lieu, auec ceux des Princes de France, celuy de la Bande ou escharpe rouge fondé par Alfonse Roy de Castille & de Leon l'an 1330 ou l'an 1360. [b] sera mis icy, quoy que hors d'vsage en Espagne, où la memoire ne s'en conserue que dans l'histoire & sur les images des Grands d'Espagne, qui en sont ornées. Cette bande estoit mise sur l'espaule gauche, & noüée sous le bras droit, & n'estoit que pour les cadets des maisons Nobles. Le Roy en estoit le chef & grand Maistre. [c] On voit en Espagne des Cheualiers auec vne Croix rouge, qui se nomment Cheualiers de sainct Iacques, & sont en tres-grand nombre, qu'on croit auoir esté les Cheualiers de la Bande. [d]

L'Ordre de Scama, institué par Iean II Roy de Castille, n'est point esclaircy par les Autheurs, qui ne disent pas que c'est que Scama enseigne de l'Ordre. [e]

Ordre de S. Estienne en Toscane.

COSME premier, grand Duc de Toscane, & Autheur de l'Ordre de sainct Estienne IX du nom, Pape & Martyr, Patron de la ville de Florence: Le Pape Pie IV le confirma l'an 1561. [f] On luy donne la Reigle de S. Benoist, auec les mesmes priuileges aux Cheualiers qu'à ceux de Malte; neantmoins ils ont liberté de se marier, & ne font serment que de charité & obedience enuers leurs Souuerains, & de chasteté coniugale en cas de mariage: Les Bigames y peuuent estre receus. Ils font leurs Carauanes sur les galeres de Florence, & sont obligez de seruir tant sur mer, que par terre, toutesfois & quantes qu'il plaist au Souuerain grand Maistre de l'Ordre, qui est le Duc de Florence. Ils ont Eglise, Conuent ou maison à Pise,

a Amedeus Pacificus. P. Monod.

b Fiorauanti Specchio l.3.c.27.

c Mariana Hisp.rec.lib.16.c.11. P. Morig.orig.mon.lib.2.c.9.

d Fiorauanti Specchio lib. 3.c.27.

e Hieron. Roman.

f Arnold. Ligni vitæ lib. 1. cap.95. Ald Manus in vita Cosm. Hieron. Bard.

que Cosme fondateur leur assigna. En solennité ils portent vne robe longue de camelot blanc, auec paremens de rouge, & sur le costé gauche vne Croix, comme celle de Malte, de satin rouge cramoisy à l'orle d'vn galon d'or. Il y a des Prestres & des freres seruans, auec vne Croix differente. Les Cheualiers ont aussi la Croix sur leurs manteaux, & au bout d'vn cordon noir pendu au col. Cette institution tient plus de la Religion que de l'Ordre, suiuant la distinction que nous auons posée au commencement. Ces Cheualiers sont en fort grand nombre, & ont pres de 100 Commanderies.

Vincent de Gonzague, quatriesme Duc de Mantouë, & premier de Montferrat, institua l'Ordre des Cheualiers de Iesus-Christ nostre Redempteur, & de son precieux sang l'an 1608, mariant François, son fils, auec Marguerite de Sauoye, & en eut la confirmation du Pape Paul V. Ce fut à l'honneur du Sang de nostre Seigneur, dont quelques gouttes sont gardées en relique dans l'Eglise magnifique de sainct André de Mantouë. Les Ducs de Mantouë en sont les chefs Souuerains & grands Maistres. Le fondateur fut fait Cheualier par Ferdinand son fils puisné, Cardinal, & en fit luy mesme iusques à quinze. Le Collier est composé d'ouales d'or, les vnes en long, les autres de haut, entrelassées ensemble par de petits anneaux clechez. Sur les Ouales en long, sont esleuez d'esmail blanc, les mots *DOMINE PROBASTI*: [a] Sur celles qui sont en pyramide ou en pointe sont des flammes de feu esmaillées de rouge, & dessus vn trepied esmaillé de noir, vne coupelle & creuset d'esmail gris plein de verges d'or. Au bout du collier dans vne Ouale de haut sont deux Anges tenans vn Calice & Ciboire couronné, sur la Table duquel sont trois gouttes de sang, & à l'entour de l'Ouale ces mots, *NIHIL ILLO TRISTE RECEPTO*.

a Pſ.138.où 139.

CHARLES de GONZAGVE de Cleues Duc de Neuers & de Retelois, Pair de France, à present Duc de Mantouë, institua vn nouuel Ordre de Cheualiers dits de la Milice Chrestienne, sous le tiltre de Nostre Dame & de sainct Michel, ou *Gloriosæ Conceptionis immaculatæ Virginis*. Cet Ordre auoit esté commencé en Morauie, [b] & accepté à Vienne en Austriche, par plusieurs Princes. Mais la [c] confirmation en est deuë à la poursuite du Duc de Neuers, estant allé à Rome l'an mil six cens vingt-quatre deuers le Pape Vrbain VIII: De la main duquel il receut vn nouuel habit & la Croix, apres auoir fait vœu de viure selon la Reigle de S. François, en obeyssance, charité & chasteté conjugale. Il fut recogneu comme Autheur de l'Ordre, qui fut donné par le Cardinal Sforce au Prince de Fez, & à quelques Seigneurs François & Polonois. Le tiltre qu'on auoit mis, *Immaculatæ Conceptionis gloriosæ Virginis*, fut tourné comme nous l'auons mis cy-dessus par le Pape Vrbain VIII seant auiourd'huy, sur la plainte des Iacobins ou Dominicains. L'Ordre a deux Croix, l'vne d'or esmaillée de bleu, auec l'Image de Nostre Dame, pour estre portée au col auec vn ruban de soye bleuë: L'autre de velous bleu en broderie d'or, auec la mesme Image enuironnée de rayons d'or & de douze estoiles, & autour le cordon sainct François, pour estre cousuë sur les manteaux des Cheualiers & Commandeurs.

b 1618.
c 1619.

La Republique de Venise a ses Ordres de Cheualerie, sous les tiltre de sainct Marc & de la Calza. Quant au premier, les Cheualiers en sont faicts par le Duc & la Seigneurie en recompense de grands seruices, auec droit & tiltre de Bourgeoisie, & priuilege de porter en l'honneur de sainct Marc vn meufle de Lyon pour cimier au dessus des armes; ce que les seuls Princes voisins de l'Estat de Venise pouuoient porter autresfois. Ils ont en leurs armes, bannieres & drapeaux vn Lyon aislé de gueules, & le mot *Pax tibi Marce*. L'Ordre ou la Compagnie de Calza est fort ancienne: Elle fut toutesfois renouuellée & reformée l'an 1562, & a beaucoup de priuileges du Senat & du Prince. Son chef & Souuerain est appellé Seigneur, qui cõmande & fait les Ordonnances. L'Ordre de la bande en Espagne donna occasion à l'establissement de celuy-cy par les Nobles Venitiens, auec plusieurs Reigles semblables. Il est de grande dignité & n'est donné qu'à personnes releuées: [d] On l'institua pour dresser la Noblesse aux armes par mer & par terre.

d Fiorauanti lib.3.c.27.

Les Papes comme Souuerains & Princes Temporels de Rome, du Patrimoine de sainct Pierre, & de ce qui en depend, pour honorer les autres Princes & Seigneurs leurs vassaux dans l'estenduë de leur Estat, & leurs Officiers Commensaux, ont en diuers temps institué des Ordres de Cheualerie, tels que celuy de Iesus-Christ par Iean XII l'an 1326, portans vne Croix d'or pleine, esmaillée de rouge, enfermée dans vne autre pattée d'or, comme celle de Christus en Portugal: Celuy du sainct Esprit dont les Cheualiers estoient recognus à Rome, sous le nom de freres de l'Hospital du sainct Esprit, fondé par le Pape Paul II l'an 1468, & portans vne Croix pattée blanche: De sainct George, par Alexandre VI l'an 1498, à la Croix d'or entourée d'vn cercle fait en couronne: De sainct Pierre, par le Pape Leon X l'an 1520, pour deffendre les costes maritimes de l'Estat de l'Eglise contre les Turcs. Ces derniers sont en grand nombre, & portent dans vne ouale d'or, l'Image de sainct Pierre, au bout d'vn tortis de chaisnes d'or: on leur donne aussi vne Croix esmaillée de diuerses couleurs. [a] Ceux de sainct Paul ont esté establis par Paul III, l'an 1540; les Pies par Pie IV l'an 1560, dont en fut fait iusques à 535 pendant six années que ce Pape fut seant, qui vouloit leur donner preseance sur ceux de Malte & de l'Empire, à Rome & par tout ailleurs où il se trouuoit: [b] Ceux-cy portent le Pape sortant en public. Sixte V l'an 1586 ou 1587 institua ceux de Lorette, [c] qui fut alors erigée en Eglise Cathedrale.

a Myr. Orig. Equest li. 2. c. vlt.

b Petr. Beloy Orig. Milit.

c Alfons. Ciacon. in Vita Pontif. & Cardi.

Les Cheualiers Hospitaliers de sainct Anthoine, dont le General porte le tiltre de sainct Anthoine de Vienne en Dauphiné, [d] qui est le chef d'Ordre, se voyent aussi à Rome, & sont presque tous François: Ils sont gens d'Eglise, & les principaux de l'Ordre portent sur leurs manteaux & robes vne double Croix de sainct Anthoine, qui sont deux TT l'vn sur l'autre, [e] de satin bleu, & peuuent signifier la mort par le terme Grec Thanatos.

Cheualiers de S. Anthoine.

d AAor. lib. 1. c. 3.

e Lipf. de cruce lib. 7. c. 8.

Les Cheualiers de la Vierge Marie, furent instituez par trois Gentils-hommes d'Italie, freres du nom de Petriguan, sous le Pape Paul V, & la Reigle de sainct François d'Assise: L'approbation en est de l'an 1618, & le Pape en est le Souuerain & Protecteur. Il y a trois sortes de Cheualiers, à sçauoir les Gentils hommes lays, appellez Cheualiers de Iustice; les Cheualiers Gentil-hommes Prestres & Beneficiers, & les Chappelains; & pour le seruice d'eux tous, les Seruans d'armes. Les premiers & seconds sont tenus de porter vn ruban de soye bleuë, auec vne Croix d'or esmaillée de bleu, & sur le manteau au costé gauche, vne Croix de satin bleu brodée & recamée d'argent. Tous les Cheualiers de l'Ordre sont obligez de faire leurs Carauanes, & de demeurer 18 mois sur les galeres de la Religion. Les Cheualiers lays peuuent estre mariez & espouser aussi bien de vefues que des filles, & apres la mort de leurs premieres femmes, se remarier. Les trois vœux sont charité enuers le prochain, chasteté conjugale, & obedience au grand Maistre. L'eslection du grand Maistre depend de la volonté du Pape, auquel estant esleu il doit faire le serment d'obedience & de fidelité. Des Cheualiers de l'Ordre, il y en doit auoir vingt-cinq de residence ordinaire à Rome, & autant à Nostre Dame de Lorette. Au mitan de la Croix est vn rond, dans lequel est vn chiffre composé d'vne M & d'vne S, couronné d'vn chapeau de fleurs. Le chiffre est *SANCTA MARIA*, & à l'entour est escrit *IN HOC SIGNO VINCAM*.

Ordre de la tres-heureuse Vierge mere de Dieu.

L'Empereur Sigismond, Roy de Boheme & de Hongrie, apres la tenuë du Concile de Constance, qui finit l'an 1418, institua l'Ordre du Dragon renuersé, qui fut fort renommé en Alemagne & en Italie, dont les Princes Vicaires de l'Empire furent honorez. [f] Les Cheualiers portoient ordinairement vne Croix fleurdelisée de verd, & en solemnité le manteau d'escarlate, & sur le mantelet vn tortis de double chaisne d'or, au bout de laquelle pendoit vn Dragon renuersé, aux aisles abatuës, esmaillé de diuerses couleurs. Le subiet de l'institution fut la condamnation de Iean Hus & Hierosme de Prague au Concile de Constance; & les Alemans qui ont suiuy la doctrine de Luther ont releué contre cet Ordre, [g] que sous les Empereurs Romains le Dragon esleué auoit esté vne enseigne de guerre, de mesme que l'Aigle; & que les Empereurs Alemans l'auoient fait porter planté sur vn grand chariot gardé par la fleur de l'armée; [h] ce que les villes d'Italie practiquerent pour leurs estendards trainez par eux en cette sorte, comme nous dirons ailleurs.

Ordres d'Alemagne. Dragon renuersé.

f Petr. Bel. c. eo.

g Lauyn li. 7.

h Gul Brit. Philip. lib 11. Rigord. in vita Phil. Aug.

Les Ordres de Tusin en Boheme, & des Disciplines en Austriche, ne sont pas declarez par les Historiens. [i] On mentionne aussi vn Ordre du Royaume de Hongrie, dont les Cheualiers portent la Croix verte & l'habit de pourpre; [k] & vn de ceux que le Roy de Hongrie fait lors de son couronnement, où il en sera parlé.

Ordre d'Austriche.

i Hieron. Rom. & autres.

k Hieron. Megiserus.

Frideric III Empereur, & premier Archiduc d'Austriche, institua l'Ordre des Cheualiers de sainct George l'an 1470. [l] Ils portoient la cotte d'armes blanche, & la Croix pleine rouge, & de mesme en leurs armes d'argent, à vne Croix de

Cheualiers de S. George.

l Vo Aug Lazius 6. hist. Austr.

gueules. Milestad place forte en la Carinthie fut baillée par l'Empereur Frideric au premier grand Maistre, & y fut erigé vn College de Chanoines sous la Reigle de sainct Augustin, auec vn Euesque esleu de leur corps. L'Ordre ne subsista gueres, & ne pût estre remis par Maximilian deuxiesme Empereur, qui changea la Croix de gueules en vne autre d'or entourée d'vne couronne ducale de mesme; dequoy les changemens aduenus en Alemagne pour la Religion ont esté cause. La coustume de faire des Cheualiers le iour & feste de sainct George, [a] auoit induit cet Ordre sous le tiltre du mesme Sainct, Patron de plusieurs Ordres de Cheualerie en la Chrestienté.

a Id. hist. Aust. & Vienne.

L'Ordre de l'Ours, dit de sainct Gal en Suisse, est de l'Empereur Frideric deuxiesme l'an 1213. Il estoit composé d'vne chaisne d'or, à vne Ouale au bout de mesme, chargée d'vn Ours esmaillé de sable dessus vne terrasse esmaillée, de synople. Lors que les Suisses eurent fondé & donné commencement à leur Republique libre, la chaisne d'or fut entourée d'vne autre faicte à fueille de chesne. [b] Sous le Roy François premier les Suisses estoient marquez par l'Ours durant les guerres d'Italie, comme les François par la Salamandre, deuise du Roy. L'Abbé de sainct Gal estoit le Collateur & Conseruateur de l'Ordre: [c] La memoire de sainct Vrse Martyr, dont le corps gist à Soleurre, luy donna le nom d'Ours, & les obligations que Frideric troisiesme auoit à la Noblesse de Suisse, furent le subiet de son institution. Le changement de l'Estat de cette nation en a fait perdre la practique & la memoire.

b Ob ciues seruatos.

c Valfr. Stra. hist. Eccles.

Ordre de Cleues.

Les Princes issus de la maison de Cleues portent l'Ordre du Cygne, & font du Cygne le cimier & tenans de leurs armes, en memoire du Cheualier du Cygne, ou de son histoire fabuleuse, qui le fait l'vn des chefs de cette noble & illustre maison en Alemagne, ou en ses confins. Le Cygne est d'argent, à la teste esleuée & couronnée. Aucuns rapportent ailleurs l'origine de cet Ordre. [d]

d Richard. Vrassiburg. in Antiq. seig.

Ordre de Pologne.

L'Ordre de l'AIGLE BLANC en Pologne fut institué par le Roy Ladislas cinquiesme surnommé Lokter, mariant son fils Casimir le Grand auec Anne, fille du Duc de Lituanie, l'an 1325. Le nid d'Aiglons troué par les premiers Roys de Pologne, fondans la ville de Gnesne, donna subiet de prendre l'Aigle pour enseigne de cet Ordre.

Ordre de Danemark.

Christierne premier dit le riche, Roy de Danemark institua l'Ordre de L'ELEPHANT, ou de Saincte Marie, l'an 1478, au mariage de Iean son fils, auec la fille d'Ernest Duc de Saxe. Les Roys de Danemark le conferent aux Princes & Senateurs du pays, le iour de leur couronnement: Les Cheualiers portent la chaisne d'or au col, & au bout pend vn Elephant d'or, esmaillé de blanc, le dos couuert d'vn chasteau d'argent, maçonné de sable, & l'Elephant porté sur vne terrasse de synople, esmaillée de diuerses fleurs. Selon aucuns, le Collier est semé d'esperons & d'Elephans chargez de tours ou chasteaux, & au bas l'Image de la Vierge Marie enuironnée de rayons, [e] portée sur vn Croissant.

e Menen. ord. equestr.

Ordre de Suede.

Magnus quatriesme Roy de Suede fonda l'Ordre des Cherubins, [f] ou de IESVS l'an 1334. Le Collier estoit composé de Cherubins ou Seraphins d'or esmaillez de rouge, & de Croix Patriarchales d'or sans esmail: Au bout du Collier pendoit vne Ouale de mesme, esmailléе d'azur au nom de IESVS en or mis en face, & en poincte quatre cloux esmaillez de blanc & de noir, & vn souspied. L'Ordre de l'Espée & du Baudrier est aussi en Suede, & porte deux espées d'or, iointes à vn baudrier. [g]

f Zieglerus. Menen. ord. equestr.

g Menen. ord. equestr.

Saincte Catherine du Mont de Sinai.

Les Cheualiers de Saincte Catherine du Mont de Sinai estoient faits par les Caloyers du Conuent de Saincte Catherine, & portoient sur le manteau du costé gauche, pardessus la Croix de Hierusalem, vne rouë percée à six rays de gueules clouëz d'argent, qui sont les marques du Martyre de Saincte Catherine.

Cheualiers de la terre Saincte.

Les Cheualiers de Montjoye, Chasteau basty sur les montagnes de Iudée, auoient le manteau rouge & vne estoile blanche à cinq rays sur l'estomach. L'Ordre fut approuué par le Pape Alexandre troisiesme l'an 1180, sous la reigle de sainct Augustin. Ayans esté chassez de Syrie, ils furent receus en Espagne sous diuers noms, à sçauoir de Moufrac en Castille, qui fut vn lieu à eux donné l'an 1221, de Trugillo au mesme Royaume, ville à eux baillée l'an mil deux cens vingt-huict. [h] Ils ne changerent point de nom en Arragon & Valence. Ces deux bandes de Monfrac & Trugillo se rangerent depuis sous les Ordres de Calatraue & d'Alcantara.

h Hieron. Rom. in rep. sua.

a Acon. L'Ordre de sainct Iean d'Acre, [a] dont les Cheualiers auoient soin de penser, conduire & deffendre les Pelerins, suiuoient la Reigle de sainct Augustin, & portoient l'habit noir & la Croix pattée blanche; ils auoient esté recueillis en Castille, mais ils n'y subsisterent pas long temps. [b] On les a ioints auec le tiltre de sainct Thomas depuis le Pape Alexandre quatriesme. Et selon aucuns, les deux Ordres ont esté diuisez. S. Iean d'Acre.

b Tost. Com. in Iosue, c. 15 & 19.

Richard Roy d'Angleterre institua les Cheualiers de sainct Thomas, apres la prise d'Acre. Ils viuoient sous la Reigle de sainct Augustin, portoient l'habit blanc & la Croix pleine, de gueules, chargée en cœur d'vne coquille blanche. Ils eurent pour Patron vn Archeuesque de Cantorbie, Metropolitain d'Angleterre. S. Thomas.

L'Ordre de sainct Gerion n'estoit que pour la nation Alemande, sous la Reigle de S. Augustin, auec l'habit blanc, & la Croix pleine de sable. Les freres de la Penitence des SS. Martys ont esté aussi dans la Palestine. [c] S. Gerion.

c Hieron. Roman.

Les Cheualiers de sainct Blaise ne furent que pour la Cour des Roys d'Armenie, de la maison de Luzignan, dans la ville d'Acre, auec l'habit bleu, & la Croix d'or, qui seruoit de brisure au lyon d'Armenie, que ceux de Lusignan auoient pris au lieu des anciennes armes des Princes d'Armenie. La maison de Luzignan & de Cypre a vn autre Ordre, dont le Collier est façonné de S, & au bout vne espée, auec ces mots, *Pour loyauté maintenir.* [d] S. Blaise en Armenie.

d Stephan. Luzign.
e Sire de Ioinuille.

Les Cheualiers de la Halqua, remarquez dans l'histoire de la vie & des voyages du Roy sainct Louys, [e] faits par le Souldan de Babylone, portoient l'escu d'or, distingué de celuy du Seigneur par charges & brisures diuerses. La Halqua.

Les Docteurs de la Chine sont faits Mandarins, ou Cheualiers, ayans vne estoile d'or à six rays, attachée à leur bonnet de soye rouge, au rebord d'hermine, auec l'ombelle de soye cramoisie au dessus, & descendant sur les espaules, la soutane bordée de limbes d'or & d'argent, & le reste brodé d'animaux & de fleurs; la ceinture d'or, releuée de pierres precieuses, dont ils font trois tours sur l'espaule, & les brodequins dorez. Ces Mandarins sont Comtes, Gouuerneurs & Viceroys des Prouinces, comme il sera dit ailleurs. [f] Cheualiers en la Chine.

f La Chine en Asie.
g Brachmanes.

Les Bramenes [g] des Indes sont aussi vne espece de Cheualiers portans vn cordon de trois filets de coton, sur leur chair en escharpe. Ce leur est comme vn Ordre, qu'ils reçoiuent dans les Pagodes ou Temples, auec solemnité. On les degrade de Noblesse & de Caualerie, en leur ostant cette escharpe & cordon. Les Nayres, personnes Nobles, ont leurs chefs & principaux honorez d'vn bracelet d'or, comme pour vn second Ordre de Cheualerie, par le Samorin, chef de l'Ordre. Des Indes.

h Ioseph Acosta liu. 7 chap. 8 hist. Nat. des Indes.

Les Ingas Roys du Peru ont aussi leurs Cheualiers, auec des escharpes de fleurs odoriferantes, de l'espaule droite sous le bras gauche; [h] outre ceux que les Espagnols y ont appellez Oreiones, parce qu'ils auoient les oreilles percées & chargees d'anneaux d'or. Les Americains, ou la nouuelle Espagne a ses Cheualiers appellez Temytlos, ausquels on perce les Oreilles auec vn os de tigre, & le bec d'vne Aigle. Du Peru, & de l'Amerique.

Les Roys de Mexico ont eu aussi leurs Ordres de Cheualiers, sous diuers noms & ornemens. Les premiers auoient le haut pennache auec ses lambrequins & bourlets. Les seconds estoient appellez Aigles. Les troisiesmes Lyons & Tigres, se faisans recognoistre par leur valeur, comme ces animaux-là, dont ils reuestoient aussi les peaux, & autres bestes sauuages, qui leur seruoient d'armoirie. Les Cheualiers gris estoient les moindres, armez legerement: [i] Et tous ensemble auoient priuilege de porter l'or & l'argent, & de se seruir de vaiselle d'or & d'argent esmaillée, auec la chaussure d'honneur, qui est le brodequin rouge parsemé de fleurs d'or & d'argent en broderie. Les Cheualiers de sainct Anthoine en Ethiopie, & Royaume du Negus, sont mentionnez par les Autheurs qui ont traicté de cette nation. [k] Il en sera parlé en la description de l'Estat du Negus.

i Voy Mexico en l'Amerique, forces.

k Damian. à Goes. Ioannes Met. Menen. ord. milit.
l Petr. Beloy. ord. equest. Menen. ord. equest. Phil Moreau. Arm. de France.

Les Cheualiers du chien & du coq, dont les Ordres sont attribuez à la maison de Montmorency, n'ont pas d'authorité dans l'histoire, ny pour le temps, ny pour la personne, comme les curieux de cette matiere ont remarqué. [l]

L'Ordre du Nœud au Royaume de Naples est de Louys, dit de Tarente, mary de Ieanne Royne de Naples, apres auoir esté couronné Roy l'an 1351 de l'ordre du Pape Clement sixiesme, & apres sa paix auec Louys Roy de Hongrie. Les Ordres du Royaume de Naples.

Cheualiers

Cheualiers prindrent le Nœud tissu d'or & d'argent, lié sur l'estomach. [a]

L'Ordre de l'Hermine au mesme Royaume est de Ferdinand Roy de Naples l'an 1463. Les Cheualiers portoient vne chaisne d'or pendante sur la poictrine, auec vne Hermine enuironné d'vn sale bourbier, auec ces mots, *Malo mori, quàm fœdari.* Le fondateur ayant en son pouuoir vn sien beau-frere, qui l'auoit trahy, ne voulut pas s'en deffaire. [b]

Outre l'Ordre du Nauire, dont nous auons parlé cy-dessus, fondé par le Roy S. Louys, dont on a veu les armes de deux Nauires de sable en champ d'or, & vn pareil nauire sur le heaume, auec vn collier d'or façonné de coquilles, logées dans des demy-Lunes de gueules, Charles troisiesme Roy de Naples en institua vn pareil du Nauire, dont les Cheualiers portoient sur leur manteau & robe vn Nauire peint au milieu des flots, aux liurées & couleurs du Roy. [c]

Nous auons mentionné l'Ordre suiuant, parlant de celuy de la Toison d'or. Charles V. Empereur, apres auoir conquis le Royaume de Tunes, y entra en armes & triomphant, portant la Croix de Bourgogne sur son habit, l'an 1535. & en mesme temps institua vn iour de Mercredy l'Ordre de cette Croix, dont l'enseigne portoit d'vn costé vn Mercure, planete & marque du iour solennel de l'institution, & de l'autre la Croix, auec le fusil de Bourgogne, & le mot *Barbaria.*

Selym II. Empereur des Turcs ayant appellé à Constantinople Gentil Bellin, peintre excellent, le fit Cheualier, & luy en donna la chaisne & collier d'or. [d]

Les Princes Chrestiens ont honoré les infidelles du Collier de leurs Ordres, comme il se lit que l'Ambassadeur de Iacques Roy d'Arragon donna l'Ordre au fils du Soldan de Babylone, au nom de son Maistre. [e] Ferdinand dit le Sainct, Roy de Castille, le donna de mesme à Mahomet qui l'auoit assisté à prendre Seuille. Saladin receut aussi auec ceremonies les ornemens de Cheualier, des mains de Hugues Tabor Cheualier du Royaume de Hierusalem. [f] L'Ordre de la Milice Chrestienne, fondée par Charles Duc de Neuers, fut donné par le Cardinal Sforce au fils du Roy de Fez, comme nous auons dit cy-dessus.

a Pandulph. Collenut lib. 3. hist. Neap. Baptist. Carr. lib. 5 hist. Neap. Nicol. All. Pacca Neap.
b Iac. Pont. belli. Neap. lib. 1. Carrafa Ancliult pacca de ord. & soc. milit.
c Pandulph. Collenut. li. 5. hist. Neap. Carrata lib. 6. Angel Cont. lib. 8. hist. Neap.
d Menen. ord. equest. in fine.
e Hier. Surita li. 2. Rer. Arr. Anton Belit. lib. 2. c. 43.
f Cl. Fauch. des Cheualiers.

HERESIES ANCIENNES ET MODERNES.

Nous auons posé les quatre religions principales, qui sont dans le monde vniuersel, sçauoir la Iuifue, la Chrestienne, la Mahometane & l'Idolatre. Les diuerses sectes des Iuifs, & leurs Heresies seront traictées parlant de leur Religion ancienne & moderne: à quoy l'on peut adiouster les Idolatries, ausquelles ils se sõt addonnez, & qui se recueillent du vieil Testament, & des Autheurs anciens. [g] Les Sectes des Mahometans, & les Idolatries diuerses des Payens d'auiourd'huy, seront aussi desduites aux endroits, & aux Prouinces, où elles ont cours. Quant aux Chrestiens, les Heresies, & opinions diuerses tant anciennes que modernes, qui ont deschiré l'Eglise, Espouse Sacrée de Iesus-Christ, sont en tres-grand nombre. Parmy les Anciens ceux qui en ont traité plus au long & par traité exprés sont S. Irenée, Tertullian, Philastrius, qui se trouue au to. 4. de la Bibliotheque des Peres, S. Augustin, Vincent de Lerins, mais principalement S. Epiphane, qui les a deduites par ordre, & combattuës, outre Theodoret qui en a traité: Et parmy les modernes, Guido Carmelita Euesque de Majorque en a fait vn grand volume, & viuoit en l'an 1330. S. Iean Damascene, qui viuoit en l'an 731. en auoit aussi fait vn liure, *de centum hæresib.* Le denombrement particulier des branches, esquelles toutes ces heresies se sont diuisées, n'est pas necessaire, ny en cet endroit, où la Theologie ne se traicte point, ny mesme ailleurs. Nous mentionnerons donc sous les noms de leurs Chefs & Autheurs, toutes les Sectes, opinions & Heresies, qui dans les premiers siecles de l'Eglise, ont rompu son vnité, & alteré son repos; & celles aussi, qui dans les derniers empeschent la mesme vnité, & induisans vne separation de l'Eglise Catholique, Apostolique, Romaine, ne recognoissent point le Pape, son Chef visible. Toutes ces doctrines ayans esté condamnées par les Conciles anciens, ou modernes, ceux qui les suiuent sont iugez Heretiques par la mesme Eglise. La mention des Royaumes & Estats, où elles sont receuës ou tolerées, sera faite en leur lieu, & dans les discours generaux & particuliers des parties du monde. Où l'on pourra voir aussi vne deduction plus exacte de diuerses sectes & croyances des Chrestiens Grecs, de ceux d'Orient, & autres endroits, sous les noms qui sont mesmes cottez dans le dé-

g Ioseph. [illegible]

nombrement suiuant les Heresies anciennes & modernes.

THEBVTES ou THEBVLIS a esté l'vn de ceux, qui ont les premiers rompu l'vnité de l'Eglise, lors qu'elle commençoit à se former, [a] peu apres la mort & Passion de nostre Seigneur, sçauoir l'an quarante, sous Claude Cesar Empereur, & du temps de l'Apostre sainct Pierre. C'estoit vn homme du peuple, qui auoit demandé d'estre fait Euesque, & en auoit esté esconduit. [b] Il parla contre Dieu & son Christ, corrompit la doctrine, & eut ses Sectateurs.

CLEOBIVS fut semblable à Thebutes, & parut sous l'Empereur Neron, au téps du mesme Apostre sainct Pierre, l'an 51. Il proposa de fausses doctrines, diuisa les freres, [c] & eut pareillement des disciples.

DOSITHEVS fut de mesme, & en mesme temps, sçauoir l'an cinquante-deux. [d] Il estoit Iuif de nation, appellé par sainct Hierosme, [e] le Prince ou chef des Samaritains. Il enseigna qu'il falloit viure selon la chair, & qu'il n'y auoit point de Resurrection. [f]

GORTHÆVS a esté vn semblable Heretique selon les mesmes Autheurs, [g] lequel a suiuy les precedens, sçauoir l'an 53. a eu ses disciples, & sectateurs de ses opinions erronées & particulieres.

MASBOTHEVS suiuit en l'an cinquante-cinq, & fut rangé parmy ces premiers Heretiques, que les Autheurs ia alleguez mettent au nombre de sept, & qui furent dits faux Prophetes & faux Apostres, proposans vn autre Christ. [h]

SIMON le Magicien, Samaritain de nation, dont est faite mention au 8. des Actes des Apostres, est dit par les Autheurs de l'histoire Ecclesiastique, estre du party des precedens & leur adherer, ayant esté en mesme temps, sçauoir l'an 55. estimé le vray chef & source de toute Heresie. [i] Outre l'authorité de l'Escriture Saincte, qui marque son opinion diabolique, que les dons de l'esprit & grace estoient chose venale, & racheptable par argent: les anciens ont amplement mentionné sa pernicieuse doctrine, [k] & sa mort par les prieres de l'Apostre sainct Pierre, & le commandement fait aux Demons, qui auoient esleué Simon en l'air, de l'abandonner & laisser choir en terre. [l] Il estoit adonné à la Magie & au Diable, de sorte qu'ayant receu le baptesme, il y renonça & fut vn Apostat insigne. Irenée liu. 1. ch. 20. marque les autres chefs de sa doctrine.

HYMENÆVS est semblablement Apostat & Heretique, mentionné par l'Apostre sainct Paul, [m] auec ses discours touchant la Resurrection; disant qu'elle estoit desia faite, & accomplie en celle de nostre Seigneur Iesus-Christ. Il fut en mesme temps que les precedens, sçauoir l'an 56.

ALEXANDRE LE FORGERON luy est accouplé en mesme cheute, & mauuais sentiment de la foy, duquel aussi sainct Paul parle ailleurs. [n]

PHILETVS en est de mesme; Oecumenius sur le passage de sainct Paul [o] exaggere combien est dangereuse cette croyance de la Resurrection, & Tertullian dit que de son temps aucuns estoient dans cet erreur, qui est aussi en ces derniers siecles. [p]

CERINTHVS a esté vn tres-dangereux Heretique, & tres-vicieux, qu'on croit auoir esté Iuif. [q] Il viuoit sous Neron l'Empereur, du temps de l'Apostre S. Pierre, & de sainct Iean l'Euangeliste, [r] l'an soixante-neuf ou enuiron. Il nia la diuinité de Iesus-Christ, & confondit la loy auec l'Euangile, enseignant plusieurs autres doctrines fausses & erronées. [s] Il perit dans vn bain, dont sainct Iean se retira auec sa compagnie. [t] Ce fut contre luy & sa doctrine touchant la Circoncisió, que les Apostres s'assemblerent [u] en Ierusalem. Ses Sectateurs ont esté appellez Chiliastes ou Millenaires, pour auoir creu la mesme chose auec eux, comme il sera dit cy-apres parlant des Chiliastes. Voy Iren. liu. 1. ch. 25. & 26.

DIOTREPHES est mentionné par S. Iean, [x] d'où l'on peut recueillir l'erreur & la malice où il a esté. Beda [y] l'a qualifié Heresiarche, pour son orgueil, qui le faisoit esleuer par dessus les autres, auec grand deffaut de charité. Il viuoit sous l'Empereur Neron l'an 70.

EBION disciple de Cerinthus, viuoit l'an 80. sous l'Empereur Titus. Il nia la diuinité de Iesus-Christ, [z] & à cause de ce, selon l'opinion d'aucuns, [aa] sainct Iean escriuit [bb] son Euangile. Il vouloit aussi que la loy fust gardée, contre quoy a escrit sainct Paul. Ses erreurs & opinions fausses sont encore mentionnées par les An-

a Euseb. Cæs. lib. 4. c. 18. hist. Eccles.
b Egesipp. Niceph. lib. 4. c. 7.
c Ignat. epist. ad Trallianos Euseb. lib. 4. c. 18 Niceph. lib. 4. c. 7.
d Egesipp.
e contra Luci-ferianos.
f Philastr.
g Euseb ibid. Egesipp.
h Euseb. Cæs. lib. 4. h st. Eccles. c. 22.
i Euseb. lib. 2. hist. Eccles.
k Hieron. contra Lucif. Niceph. hist. Eccles. lib. 2. c. 7. & 14.
l Id. li. 2. c. 36. Epiphan. August.
m 2. Timot. c. 2.
n 2. Timoth. c. 4.
o 2. Timoth. c. 2.
p Lindan. Dubit. Dial. 1.
q Prateol. in elencho Hæretic. Act. Apost. c. 15.
r Iren. lib. 3. adu hæres. c. 3.
s Niceph. hist. Eccles. lib. 3. c. 14. Dionysius.
t promiss.
t Iren. ibid.
u Act. Apost. c. 15. Epist. 3.
x Com. in epist. Can.
y Hil. lib. 1. de Trinit.
aa Euseb. hist. Eccles.
bb Gal. 3. & 5.

ciens.[a] Ses Sectateurs furent diuisez en deux bandes.[b] Les Sampséens eurent les erreurs d'Ebion, l'an 195.

MENNADER fut presqu'en mesme temps, & sous l'Empereur Vespasian. Il fut Magicien, disciple de Simon, & Samaritain comme luy, dont il eut les erreurs & fausses doctrines, nia l'humanité de Iesus-Christ, & se porta pour le Sauueur du monde. Il est mentionné dans l'histoire Ecclesiastique, & par les Peres anciens.[d] Il eut ses Sectateurs en Antioche & ailleurs.

LES NICOLAITES suiuirent peu de temps apres sous l'Empereur Domitian l'an 83. Nicolas estoit d'Antioche, & fut l'vn des sept Diacres esleus auec sainct Estienne.[e] Sainct Iean le mentionne, & improuue ses faits & de ses disciples,[f] lesquels prindrent occasion de practiquer toute incontinence & paillardise, de ce que leur Maistre & Autheur auoit fait, ayant esté repris de sa jalousie enuers sa femme, qu'il auoit amenée en public, & permis à chacun de l'espouser.[g] Et quoy que d'autres Autheurs[h] ayent autrement parlé de luy, neantmoins les Heretiques dénommez de luy Nicolaïtes sont plus certainement condamnez, pour leurs actes illicites & desreiglez sur l'vsage des femmes & mespris du mariage, que luy mesme, dont l'action n'est blasmée que pour auoir esté faicte imprudemment. Voy Euseb. liu.3 hist.ch.23. Iren.liu.1.ch.27.

SATVRNIN estoit d'Antioche, d'où il espandit par la Syrie le venin de sa fausse doctrine, descenduë de Simon le Magicien & de Menander son disciple. Il parut sous l'Empereur Trajan & le Pape Euaristus l'an 118. Il eut des opinions erronées sur les Anges,[i] & sur l'humanité de Iesus-Christ, & sa Passion.[k] L'histoire Ecclesiastique[l] le mentionne particulierement.

BASILIDES d'Alexandrie fut disciple des mesmes que Saturninus, & sema presque les mesmes erreurs en Egypte, que l'autre en Syrie. On le fait neantmoins venir vn peu plus tard, sçauoir l'an 124 sous l'Empereur Adrian & le Pape Alexandre I. Il nia la Resurrection, & enseigna que Simon le Cyreneen auoit esté crucifié & non Iesus Christ. Il est mentionné par tous les anciens Peres,[m] & est apparié auec Saturninus par Nicephore.[n] Il fut homme docte & de subtil esprit, ayant composé plusieurs liures.

LES GNOSTIQVES, ainsi nommez de la science & cognoissance dont ils se glorifioient par dessus le reste des hommes, ont eu pour Maistre & Docteur Nicolas selon Epiph. hær. 20. Valentin, ou Carpocrates.[o] Ils commencerent à paroistre l'an 129 sous l'Empereur Adrian, & le Pape Xiste I.[p] Ils enseignerent plusieurs doctrines fausses, & entr'autres qu'il n'y deuoit auoir aucun dernier iugement. On les appella *Borborite*, estans personnes impures & addonnées à toute vilainie, comme qui diroit Bourbeux.[q]

CARPOCRATES est marqué pour le mesme temps que les Gnostiques. Il enseigna que nostre Seigneur estoit purement homme,[r] & que les Anges auoient creé le monde, nia la Resurrection des morts, & rejetta le vieil Testament. Voy Iren.liu.1.ch.24.

LES CHILIASTES ou Millenaires ont tiré leurs erreurs de Cerinthus, dõt nous auons desia parlé. Ils parurent sous l'Empereur Adrian & le Pape Xiste I l'an 130. On leur donne pour Autheur Papias Euesque de Hieropolis,[s] lequel auoit ouy S. Iean, & auoit esté compagnon de Polycarpe.[t] Il creut & enseigna qu'apres la Resurrection des morts & la venuë de Iesus-Christ pour le dernier iugement, son regne dureroit encore mille ans corporellement & sur terre, auec tous les Saincts, mangeans & viuans en sa compagnie. Cette heresie & opinion bizarre attira plusieurs hommes doctes,[u] & autres meus de l'antiquité du personnage. Voy Euseb. liu.3.ch.39.

AQVILA le Pontique, de Payen qu'il estoit, se fit Chrestien, & ayant abjuré depuis, il se fit circoncire & fut Iuif. Il est donc censé Apostat & Heretique, pour les interpretations qu'il a données à l'Escriture, par dessus les septante-deux Interpretes,[x] & pour eluder les tesmoignages euidens sur la personne de nostre Seigneur Iesus-Christ. Il viuoit l'an cent trente-deux sous l'Empereur Adrian & le Pape Xiste.

LES NAZAREENS, ainsi nommez de Nazareth bourg de Galilée, où nostre Seigneur fut conceu, sont du mesme temps. Ils obseruoient la vieille Loy, auec la nouuelle de l'Euangile, gardans le Sabbat & la Circoncision.[y] On ne leur donne

a Iren l.1.adu. hær c 26. Hieron. super cap. 1 Isaiæ. Niceph lib.3. c. 13. hist. Eccles.

b Niceph.

c Idem lib.3. c.12. Euseb.li. 3.c.16.

d Ignat. epist. ad Trall. Aug.

e 6. Act.

f Apocal.c.2.

g Clem. Alex. 3. Stromat. Niceph. Eccl. hist.l.3.c.15.

h Hieron. ep. de Fabiano. & ad Ctesiph.

i Tertull. lib. de hæres

k Id. ibid.

l Niceph. lib. 4 c 2.

m Hieron.l.2. adu. Iouin. Epiph. de hæres. Ignat. Aug.li.de hær. Tertull lib 35. in Marcion. Euseb.l.4.c.8.

n lib.c.2.

o Iren. l. 1. adu.hæres.c. 24. Niceph. lib.4.c.2.

p Hieron. de vir. Illustr.

q Aug. Philas.

r Euseb.lib. 4. c.7.

s Niceph.li. 3. c.20.

t Iren.

u Iren.

x Epiphan. de pond. & mens. Iren. Niceph. lib. 4. c 14. Philast.

y Epiphan. Philast.

poinct d'Autheur, & peuuent auoir esté de ceux qui descendirent de Iudée à Antioche, & enseignerent aux freres, qu'ils deuoient estre circoncis, pour lesquels fut tenu le premier Concile de l'Eglise en Ierusalem.[a]

CERDO, qui fut Cordonnier & Magicien, estoit l'an cent quarante-quatre sous l'Empereur Antoninus Pius; il commeça d'establir deux principes ou deux Dieux, l'vn bon, l'autre mauuais, l'vn iuste, l'autre iniuste, & publia, de fausses doctrines cõtre la personne & la passion de Iesus-Christ.[b] Il estoit encor sous le Pape Higin,[c] & a eu ses Sectateurs & disciples, Marcion, Valentin, Manes, Manichæus, dont il sera parlé cy-apres.

VALENTIN vint apres luy, sçauoir l'an cent cinquante sous le Pape Higin & l'Empereur Antoninus Pius. Il estoit plustost disciple de Pythagoras que de Christ, proposant plusieurs resueries, & entr'autres que Iesus-Christ estoit descendu du Ciel auec sa chair qu'il auoit portée en terre, estant passé par la Vierge Marie, comme par vn canal.[d] Il fut homme docte,[e] & nia la Resurrection des morts.[f] Irenée le combatit & conuainquit, descouurant ses impostures & opinions extrauagantes.[g] Secundus, Ptolomæus & Marcus furent ses disciples & Sectateurs, auec Bassus insigne Magicien, qui fut aussi disciple d'Ebion & de Cerinthus.[h]

COLORBASUS, Sectateur de Menander, nia l'humanité de Iesus-Christ,[i] sa Passion, & la Resurrection de la chair. Il viuoit enuiron l'an 152.

HERACLEO disciple de Secundus viuoit l'an 154 sous le Pape Pie I, & suiuit les erreurs de Valentin, Cerdo & Marcion.

MARCUS disciple de Valentin & successeur d'Heracleon, parut l'an 155.[k] Il vint és Gaules & enseigna sa doctrine dans le Languedoc & la Guyenne.[l]

MARCION qui viuoit en mesme temps, estoit natif du Pont, & Philosophe Stoicien:[m] Il posa les deux principes auec Cerdon son Maistre,[n] & y encherit; condamna le mariage,[o] nia la Resurrection,[p] & baptisa les morts qui ne l'auoient esté pendant leur vie,[q] &c. Irenée, Iustin Martyr, Tertullian & autres escriuirent contre luy.[r] C'a esté vn tres dangereux Heretique, dont les Sectateurs furent diuisez en quelques bandes. Lucian entr'autres, qui viuoit l'an 156 sous l'Empereur Antoninus Pius & le Pape Pie I. a esté son disciple.[s] Apelles en fut aussi disciple l'an 158, & enseigna plusieurs fausses doctrines.[t]

LES CAINITES Heretiques detestables, qui veneroient tout ce que les Sainctes lettres nous baillent pour mauuais ou reprouué, sçauoir, Cain, Iudas, Choré, Dathan & Abiron, &c. nians la Resurrection, & ensuiuans les autres erreurs de Marcion, qui sont mentionnez par Tertullian,[u] Irenée liu. 1. ch. 35. & S. Augustin; & furent enuiron l'an 159.

LES ARCHONTIQUES sont de mesme temps, & ont ensuiuy les erreurs des Heretiques precedents; ont nié la Resurrection selon Epiphane & sainct Augustin. Ayans attribué la creation du monde, non à Dieu, mais aux Archanges, & pour ce on les appella Archontiques. Ils ne furent cognus que dans la Palestine & en Armenie.

BARDESANES homme Syrien, & tres-docte, est accusé par Epiphane[x] d'auoir finalement ensuiuy les erreurs de Valentin, niant la Resurrection, & d'auoir fait naufrage en la foy, estant desia au port & aduancé en âge, dequoy neantmoins Eusebe le descharge.[y] Il viuoit sous l'Empereur M. Antonin le Philosophe, & le Pape Pie premier, l'an cent soixante-trois. Harmonius, fils de Bardesanes, & disciple de sainct Ephrem, aussi bien que le pere, fut dans la mesme voye d'erreur.[z]

LES ENCRATITES qui parûrent principalement l'an 178 sous l'Empereur Antonin le Philosophe & le Pape Soter, ont eu pour pere & Autheur Tatian le Syrien, disciple de Iustin Martyr,[aa] & ont enseigné auec luy, que nos premiers parens Adam & Eue ont esté damnez, qu'il ne falloit manger d'aucune chair, que tout mariage estoit illicite, auec tout vsage de vin, mesme au Sacrement,[bb] &c. Seuerus disciple de Tatian, eut ses Sectateurs auec les mesmes erreurs. Le Pape Eleutherius successeur de Soter ordonna contre leur doctrine, qu'aucune viande ne seroit en abomination au Chrestien par superstition.[cc] Seuerus & ses Sectateurs adiousterent de nouuelles erreurs à celles de leurs Maistres; & les Encratites furent ainsi appellez à cause de la continence qu'ils preschoient & n'obseruoient point.

a 15. Act.
b Hilar. l. 6. de Trin. Iren. l. 1. c. 28. Aug. de hæres. c. 21.
c Niceph. l. 4. c. 3. Iren.
d Philastr.
e Hieron. sup. Oseam.
f Augustin.
Tertullian.
g Niceph. lib. 4. c. 1.
h Philastr.
i Euseb. lib. 5. c. 26.
k Euseb. li. 4. c. 11. Iren. adu. hæres lib. 1. c. 8.
l Iren.
m Id. adu. hær. l. 1 c. 25.
n Euseb. lib. 4. hist. Eccles.
o August de hæres. c. 21.
p Hieron. li. 1. contra Iouin. in princ.
q Tertull lib. de hæres.
r Theophyl.
s Niceph. lib. 4. c. 9.
t Hilar. li. 6. de Trinit.
Iren. l. 3 c. 1.
u Euseb. lib. 5. c. 13. Niceph. lib. 4 c. 28.
x lib. de hæres.
x lib. 80 hær. August. li. de hæres. c. 33.
y lib. 4. c. vlt.
z Niceph. lib. 9. c. 16.
aa Iren lib. 1. c. 30 Hieron. Comm. super Amos Epiph
bb Niceph. li. lib. 4. c. 11. Hieron. super Amos c. 2. li.
cc Iren. l. 3. c. 3. Euseb. li. 5. c. 6.

LES ALOGIENS, qui ont efté fans parole, & fans le Verbe eternel, rejettans l'Euangile qui l'a annoncé, & les Prophetes, qui l'ont predit, ont efté vne forte d'heretiques, dont il eft parlé *Diftinct.24.quæft.3.c.quidam.* Ils ont efté fous l'Empereur Commode & le Pape Soter, l'an 180.

LES ARTOTYRITES, qui furent auffi nommez Quintiliens, Prifcillians, & Phrygiens [a] n'offroient à Dieu que du pain & du fromage, d'où ils eurent leur nom, [b] & furent en mefme temps que les precedens. Ils fe produifirent en Galatie de mefme que les Afcodogrites, qui viuoient en ce temps-là, gens fanatiques & infenfez, qui, felon Philaftrius, fe porterent à des obferuations fales & pleines d'yurognerie, dans leurs Eglifes, où ils auoient vne peau de bouc, remplie de vin, & couuerte d'vn linge, à l'entour de laquelle ils marchoient comme en proceffion.

a Epiphan. b Augustin. lib. de hær.

MONTANVS, Phrygien de nation, fut en mefme temps, & publia qu'il auoit receu le fainct Efprit, & non les Apoftres, baptifa les morts, & y vfa d'autres termes que de ceux de l'inftitution, pratiquez par les Apoftres; condamna les fecondes nopces, ordonna de la diffolution des mariages, & introduifit plufieurs ieufnes, autres que ceux de l'Eglife, [c] &c. Ses difciples & Sectateurs, parmy lefquels a efté Tertullian, ont eu diuers noms, fçauoir Cataphryges, à caufe de la Phrygie dont il eftoit, Pepuziens, d'vn petit bourg affis entre Galatie & la Cappadoce, & autres. Montanus traifnoit auec foy Prifca Maximilla & Quintilla comme Propheteffes, & remplies d'efprit diuin. Les Montaniftes ou Pepuziens eurent auffi vne opinion particuliere, contre l'vfage de l'Eglife, pour le iour de la fefte de Pafques. [d] Proclus en l'an 207 fous l'Empereur Seuerus & le Pape Zephyrin, enfeigna la doctrine de Montanus, & fut conuaincu par Cajus, homme docte & difert. [e] Voy Epiph. her. 48. & Auguft. her. 20. & 86.

c Eufeb. lib. 5. c. 15. & 18. Niceph. li. 4. c. 21. & 23.

d Niceph. lib. 12. c. 32.

e Eufeb. lib. 6. c. 18. Niceph. lib. 4. c. 20.

FLORINVS & BLASTVS furent compagnons des mefmes erreurs, viuans en mefme temps que les precedens. Ils nierent la Refurrection & le dernier iugement, [f] & que noftre Seigneur fuft né d'vne Vierge; & tindrent d'autres opinions blafphematoires contre le Verbe eternel. [g] Irenée efcriuit contr'eux, [h] & les exhorta de s'arrefter aux traditions des Apoftres.

f Philaftr. g Niceph lib. 4. c. 20. Eufeb. lib. 5 c. 15. h Id. lib. 5. c. 20.

LES PASCHATITES ou QVATVORDECIMANS font du mefme temps, & iufques à celuy du Pape Victor. Ce fut vne grande diffenfion entre les Eglifes d'Orient & d'Occident, pour chofe qui ne regardoit point la foy; de forte qu'Irenée s'en prit au Pape Victor, & le tanfa de ce que pour cette difference d'opinions en la celebration du iour de Pafque, il auoit excommunié les Eglifes d'Afie; [i] qui gardoient le quatorziefme iour de la Lune par vne tradition ancienne, qui les faifoit Iudaifer en cela, fans auoir toufiours le Dimanche pour cette folemnité, comme les Eglifes d'Occident; & fut arrefté ainfi en diuerfes Affemblées d'Euefques pour l'vfage de toute l'Eglife Catholique, à quoy les Eglifes d'Afie s'accommoderent auec le temps, apres y auoir longuement refifté, & fouftenu l'opinion contraire par Polycrates Euefque d'Ephefe. [k] Le Concile de Nicée affopit entierement ce differend, & concilia toutes les Eglifes, en l'obferuation du iour de la Pafque, au Dimanche. [l]

i Eufeb. lib. 5. c. 20.

k Niceph. lib. 4. c. 36. lib. 12. c. 32. 33. 34. l Hift. trip. c. 12. ex Theodoreto.

THEODOTION, Ephefien, abiura le Chriftianifme, & fe rendit Iuif l'an 193 fous l'Empereur Pertinax, & le Pape Victor: Il en vfa comme Aquila, en la traduction de la Bible, pardeffus les feptante-deux Interpretes. On a efcrit qu'il eftoit fectateur de Marcion l'Herefiarche, [m] & qu'il eftoit Apoftat & Heretique. [n]

m Epiphan. lib. de ponder. & menf. n Hieron. contra Ruf.

LES ADAMITES font de ce mefme temps. On ne leur attribuë autre erreur & Herefie, que de s'eftre affemblez tous nuds, hommes & femmes, & d'auoir faict leurs exercices en cet eftat, nommans leur Eglife, le Paradis. [o] Certains Anabaptiftes, felon Lindanus, [p] ont efté dans la mefme folie, qu'vn certain Pikard, fous l'Empereur Sigifmond & le Pape Iean vingt-troifiefme, leur mit dans la tefte l'an mil quatre cens quatorze; & felon le mefme, l'an mil cinq cens trente-cinq on en a veu à Amfterdam courir les ruës en cette pofture.

o Epiphan. p Dubitant. dial 2. Æn. Sylu. de orig. Bohem. l. 40.

SYMMACHVS, Samaritain, l'vn des Interpretes de la Bible, fut Ebionite, & parut l'an cent nonante-fix fous l'Empereur Seuerus. Il eut des opinions peruerfes fur noftre Seigneur Iefus-Chrift, [q] & eut des Sectateurs en fon temps.

q Niceph l. 5. c. 12. Eufeb. lib. 6.

a lib. 2. tom. 1. contra hær. Aug. lib. de hæres. c. 37.

LES VALESIENS, ainsi nommez de Valens Arabe, selon Epiphane,[a] se chastroient eux mesmes & tous ceux qui vouloient estre des leurs, pour mieux plaire & seruir à Dieu; retranchants le moyen d'exercer la conuoitise, sans regarder à la conseruation du genre humain par le mariage.

LES ANGELIQVES sont de l'an 196, & adoroient les Anges, ou auoient quelque autre opinion erronée sur iceux.[b]

b Epiphan. August. de hæres. lib. 39. c Id. c. 40.

LES APOSTOLIQVES ou APOTACTIQVES n'auoient point de femmes, ny rien de propre;[c] disans que les Apostres en auoient vsé ainsi, & qu'ils n'auoient point eu soin du lendemain. Ils sont du mesme temps que les Angeliques. On leur impute aussi d'autres erreurs & opinions, sçauoir de n'admettre point de serment ny de Purgatoire.[d] Leur habit estoit particulier & extraordinaire.

d Bernar. ser. 65. & 66. in cantica.

ORIGENE, dit Adamantius, disciple d'Ammonius d'Alexandrie, homme tres-docte, Docteur de l'Eglise d'Alexandrie, a commencé sur la fin du second siecle, & fleury dans le troisiesme. Il a esté tel en sublimité d'esprit & diligence a escrire, & à seruir l'Eglise, pour aduancer la foy Chrestienne, auec vne si belle reputation pour sa vie & son sçauoir, qu'on n'a rien veu de pareil auant luy, ny apres. L'orgueil & la presomption l'abandonnerent à son propre sens & à la tentation du Diable; de sorte que la fragilité de l'homme parut en luy, qui en a esté vn exemple signalé, & du iugement de Dieu; veu qu'il n'eut pas l'humilité de cœur requise par Iesus-Christ, qui a publié bien-heureux les pauures d'esprit, & non esleuez par vne trop grande opinion de leur suffisance. Sa vie, ses erreurs & sa mort sont conseruées en la memoire des hommes par les Anciens.[e] Ses opinions furent extrauagantes; impies, & si dangereuses que cent ans apres il est arriué qu'Arius, le plus infame heretique que l'Eglise ait ressenty, en a pris l'occasion & les fondemens de sa croyance. Il fut excommunié par Demetrius Euesque d'Alexandrie, & sa doctrine condamnée depuis dans le cinquiesme Concile vniuersel, où estoient deux cens octante-neuf Euesques. On a fort bien dit de luy, que là où il a bien escrit, il ne se peut mieux, & là où au contraire il a esté en erreur, il ne se peut pas pirement.

e Epip. hær. 64. Augustin. de hæres. c. 43. Niceph. lib. 5. c. 2. Suidas.

LES ARABIQVES ont esté du temps d'Origne, qui les ramena à la vraye croyance de l'immortalité des ames, dont ils s'estoient desuoyez.[f] Leur premier Autheur n'est pas cognu, & l'Arabie, où ils dogmatiserent, leur a dóné ce nom.[g] Ils commencerent l'an 207 sous l'Empereur Seuere & le Pape Zephyrin. Ils croyoient que l'ame mourant auec le corps, resusciteroit & reprendroit vie auec le mesme, au iour de la Resurrection.[h]

f Euseb. Nic. lib. 5. c. 23. g Id. lib. 6. c. 20. August. de hæres. c. 83. h Distin. 24. quæst. 3. c. quidam.

BERYLLVS, Euesque de Bostrene en Arabie, qui viuoit l'an 214 sous l'Empereur Caracalla, estant tombé en erreur & impieté sur la diuinité de nostre Seigneur Iesus-Christ, fut conuaincu & ramené par Origene.[i]

i Euseb. lib. 6. c. 21. & 33. Hieron. in Cata. Niceph. lib. 5. c. 22. k Niceph. lib. 4. c. 20. Hist. trip. lib. 1. c. 14. l Philastr. Niceph. lib. 4. c. 20. & 21.

ARTEMON, ou Artemas, ensuiuit Ebion, Cerinthus, Montanus & autres Heretiques qui l'auoient deuancé, & enseigna que Iesus-Christ n'auoit eu que la nature humaine.[k] Il fut iusques en l'an deux cens vingt-vn sous l'Empereur Heliogabale. Theodotus, qui viuoit en mesme temps, enseigna la mesme chose, n'ayant esté que conroyeur au commencement, estant deuenu docte dans Constantinople.[l] Le Pape Victor l'excommunia & chassa de Rome, où il estoit venu. Ceux qu'on appella Metangismonites, d'vn terme Grec, qui porte & signifie infusion d'vn vaisseau en vn autre, sont allez dans la mesme erreur & impieté, sur la diuinité de Iesus-Christ, qu'ils ont fait moindre que le Pere,[m] & ont esté du mesme temps qu'Artemon & Theodotus, ou peu apres. Asclepiodotus a esté aussi disciple de Theodotus, & fut excommunié par le Pape Vrbain premier, sous l'Empereur Heliogabale.[n]

m August. de hæres. lib. 58. Philastr. n Euseb. lib. 5. c. 15.

PORPHYRE le Sicilien, grand Philosophe d'Athene, fut compagnon d'estude d'Origene, sous Plotin leur commun Maistre; commença de paroistre sous l'Empereur Alexander Seuerus l'an deux cens vingt-cinq, & vesquit iusques au temps de l'Empereur Probus. Ce fut vn insigne Apostat, ennemy iuré & persecuteur du nom Chrestien.[o]

o Niceph. lib. 5. c. 13. lib. 10. c. 36.

TERTVLLIAN, Prestre d'Afrique & Citoyen de Carthage, florissoit l'an deux cens vingt-huict sous l'Empereur Alexander Seuerus & le Pape Pontian Maximus. Il fut homme tres-docte, & d'vn subtil esprit; tellement prisé par S. Cyprian, qu'il ne passoit point de iour sans en lire quelque chose, & l'appelloit son Maistre. La Religion Chrestienne est deffenduë puissamment en son Apologetique contre les

Payens. Sa doctrine & ses escrits excellens, auec sa cheute par les erreurs qu'il suiuit, l'ont fait comparer au grand Origene.[a] Il a suiuy les erreurs de Montanus & des Chiliastes, auec l'opinion de Pythagoras sur la transmigration des ames. Il creut que l'ame estoit traduite du pere au fils, & communiquée auec le corps.[b] Il condamna les secondes nopces, & en fit son liure *Monogamia*; combatit plusieurs Heretiques, & en fin le deuint luy mesme.

a Vinc. Lirin.
b Augustin. de Hæres. c. 66. Isidor.

LES ELCHESAITES ont adheré aux Ebionites, selon Epiphane; d'vn seul Christ en ont fait plusieurs, ont inuoqué les Demons, rejetté les escrits de l'Apostre S. Paul, Origene les conuainquit & triompha d'eux le premier.[c] Ils parurent l'an 239 sous l'Empereur Iulius Maximinus. Voy Euseb. liu. 6. hist. ch. 28.

c Niceph. l. 5. c. 24.

LES MELCHISEDECHIANS, selon Augustin[d] & Epiphane,[e] furent certains Heretiques abusez par Hierax, homme sçauant, qui prit mal le passage,[f] où il est parlé de Nostre Seigneur, eternel sacrificateur selon l'ordre de Melchisedech; & creut que Melchisedech auoit esté plus qu'homme, & possedant quelque vertu plus grande que Iesus-Christ. Ils estoient l'an deux cens quarante sous l'Empereur Maximin.

d De Hæres.
e l 80. hær. 55.
f Psal. 109. ou 110.

NOVATVS, Prestre de l'Eglise de Carthage, homme ambitieux, auec ceux de sa secte, & ceux qu'on a nommez Cathares, c'est à dire purs & sans tache, de mesme que Nouatian, Prestre de l'Eglise Romaine, furent l'an 255 sous Gallus & Volusianus Empereurs, & le Pape Cornelius. Leur doctrine fermoit la porte de paix & reconciliation à l'Eglise, sans espoir de la grace de Dieu à ceux qui estoient tombez en peché, quoy qu'ils fussent vrayment repentants. S. Cyprian escriuit contre eux, & depuis ce temps là S. Ambroise & plusieurs autres. Cette Heresie eut beaucoup de suite en diuers sectateurs, & fut neantmoins cõdamnée en vn Synode tenu à Rome.[g] L'histoire de leur vie est descrite par Nicephore.[h] Voy Epiph. her. 59. Aug. her. 38.

g Euseb. l. 6. c. 38.
h lib. 6. c. 3.

AGRIPPINVS Euesque de Carthage, predecesseur de S. Cyprian, lequel approuua mesme cette nouueauté, enseigna l'an 250. que les Heretiques reuenans en l'Eglise, deuoient estre rebaptisez, contre l'vsage de l'Eglise Romaine, & la pratique de l'Eglise primitiue.[i] Le Pape Estienne[k] escriuit en Afrique, contre le Concile, lequel y auoit esté tenu & auoit fait vn decret en faueur d'Agrippinus.

i Vince. Lirin.
k Seant l'an 263.

NOETVS precepteur de Sabellius, fut quasi en mesme temps qu'Agrippinus, & ses Disciples parurent à Ptolemaïs d'Egypte. Ils enseignerent qu'il n'y auoit point de distinction de personnes en la Diuinité, d'où vint qu'il falut soustenir que Dieu le Pere auoit souffert, aussi bien que le Fils, de sorte qu'ils furent appellez Patropassiani.[l]

l Epiph. hær. 57.

SABELIVS Disciple du precedent, natif de Pentapolis, rendit l'Heresie plus cognuë par son nom, que par celuy de son Maistre. Il s'esleua sous le Pape Estienne, & l'Empereur Gallien l'an 260. Il blasphema contre la Saincte Trinité, confondant le nombre & la difference des personnes. Le Grand Athanase composa son symbole contre luy & contre Arrius. L'erreur fut condamnée au Concile de Sirmium[m] & d'Alexandrie.[n] Les Patropassians aux Eglises d'Occident, sont ce que les Sabelliens estoient à celles d'Orient,[o] sous leur Docteur commun Noëtus, dont nous auons parlé; qui ne sceurent pas distinguer entre la personne & l'essence,[p] ou entre la substance & le subsistant; ne voulants pas captiuer leur entendement en obeyssance de foy, sur le haut & incomprehensible mystere de la Trinité, qui surmonte la capacité des Anges mesmes. Praxeas, contre lequel Tertullian a escrit, a enseigné la mesme chose,[q] tellement que sous diuers noms, ausquels il faut ioindre aussi celuy d'Hermogenes, qui a dogmatisé en mesme temps, & a eu aussi Tertullian pour aduersaire, vne semblable doctrine erronée & pestilente a esté cognuë.

m Niceph. l. 5. c. 31.
n Id. l. 10. c. 15.
o August. ser. 2. Niceph. l. 9. c. 11.
p Euseb. lib. 10. c. 29.
q August. de hæres.

NEPOS, Euesque en Egypte, l'an 270 sous l'Empereur Claudius, enseigna & creut comme les Iuifs, que les promesses de l'Escriture deuoient estre prises corporellement, & que les Saincts regneroient durant mille ans auec Christ. Denys d'Alexandrie le refuta en deux liures faits expres,[r] & tascha de reduire les Disciples de Nepos, qui estoient en Egypte.

r Euseb. li. 7. c. 24. Niceph. l. 6. c. 21.

PAVL DE SAMOSATE, en Syrie, Euesque d'Antioche, s'esleua l'an 273 sous l'Empereur Aurelian, & le Pape Felix I. C'estoit vn homme arrogant & peu sage, qui remit les erreurs d'Artemon & des Ebionites. Son Heresie principale, portant que le Fils de Dieu n'estoit point descendu du Ciel, mais auoit pris commencement dans le ventre de la Vierge,[f] fut condamnée, & son Autheur chassé l'an 274 d'Antioche, par tous les Euesques d'Asie assemblez. Il admettoit la Circon-

f Aug. de hær. 46. Epiph. hær. 66.

cision, & ne baptisoit pas au nom de la Trinité. L'histoire de sa vie, & ses deportements dignes de sa doctrine, sont descrits par Nicephore.[a]

a l.6.c.17.

MANES, pere & docteur des Manichéens, & Disciple de Buddas, dont Suidas a fait mention, parut presque aussi que Paul de Samosate eust esté condamné. Il fut Persan de nation, & d'vn esprit acre: Il commença d'espandre son venin parmy les Arabes, & delà en Afrique auec tant de suite & de succez, qu'on fut pres de 200 ans à esteindre ce feu. Son heresie principale establissoit deux Dieux eternels, l'vn bon & l'autre mauuais. Il soustenoit qu'il n estoit loysible de faire aucune guerre,[b] nioit l'humanité de Iesus-Christ (auquel il donnoit vn corps phantastique, & non veritable) & le dernier iugement condamnoit le mariage, reiettoit le vieil testamét, auec toute puissance ciuile. Sa vie, ses opinions detestables & sa mort, sont dans Nicephore.[c] Son nom de Manes a marqué sa rage desesperée poussée par le Diable.[d] S. Augustin apres sa conuersion à la foy Catholique & Orthodoxe, ayant esté Manichéen, a esté le destructeur de cette Heresie. Addas, Thomas & Hermeas furent ses Disciples & emissaires en Syrie, és Indes & en Egypte.[e] Les Apocarites sont venus quelques années apres Manes, & ont espandu ses erreurs. Les Catharistes, sans les confondre auec les Cathares, sont vne engeance des Manichéens,[f] comme qui diroit purificateurs, pour quelques purifications ou abominations dont ils vsoient. Il reiettoient tous serments & sacrements de l'Eglise; ne beuuoient point de vin,[g] ny ne mangeoient des œufs. Les Dicartites sont de la mesme race des Manichéens, desquels & des precedents auec les Brachites, nos loix ont fait mention,[h] ayants esté du mesme temps, & conuenu d'erreur auec les Gnostiques. Ceux que Philastrius appelle Abstinents, s'abstenants du mariage & des viandes, sont aussi dans les erreurs des Manichéens, en l'an 289; & l'an 694 il y eut de pareils Heretiques nommez Aginenses.[i]

b Augustin. 22. contra Faustum c.74.
c l.6.c.31.
d Euseb. lib. 7. c.28.
e Epiph. hær. 66. Niceph. lib.6.c.31.
f Augustin. de hæres. c.46.
g Philastr.
h C. de Hær. & Manich.

LES HIERARCHITES d'Hierarche leur chef l'an 279 sous l'Empereur Tacite, ont nié la Resurrection,[k] & erré sur la Natiuité de Iesus-Christ;[l] enseignans aussi que les petits enfans n'appartenoient point au Royaume des Cieux, contre ce qu'en a dit Nostre Seigneur.

i Prateol. in verbo Aginens.
k August. de hæres. c.47.
l Hilar. l.6. de Trinit.

ARRIVS, Prestre d'Alexandrie, s'esleua l'an 315 sous l'Empereur Constantin le Grand, le Pape Syluestre, & Alexandre Euesque d'Alexandrie. Il enseigna que Nostre Seigneur Iesus-Christ estoit semblable à Dieu, de nom seulement, mais non consubstantiel au Pere, ne donnant rien à Christ, qui ne soit donné à l'homme & aux Anges, creés à l'image & semblance de Dieu, & par consequent niant sa diuinité. Les plus doctes Euesques, & presque toute l'Eglise Orientale, & plusieurs aussi de l'Eglise Occidentale, se laisserent emporter à cette damnable croyance, iusques à 105 Euesques.[m] Le Concile de Nicée, composé de 318 Euesques l'an 325, condamna l'Heresie d'Arrius; mais la mort de Constantin, & la faueur de Constantius, qui en fut infecté, rappellerent Arrius, qui mourut subitemét & d'vne mort horrible. Athanase, qui soustenoit la foy Catholique & Orthodoxe, fut enuoyé en exil par l'Empereur, où il fut durant huict ans. L'histoire des troubles que cette maudite Heresie causa dans l'Eglise, est descrite par Nicephore.[n] Colluthus, duquel S. Augustin[o] fait mention, fauteur des Arriens, eut cette heresie particuliere, que Dieu n'estoit point facteur du mal, sçauoir des afflictions, qui sont maux de peine; bien qu'il n'y ait point de mal en la Cité, que Dieu ne fasse.[p] Achillas fut aussi des principaux associez & compagnons d'Arrius.[q] Eusebius Euesque de Nicomedie, Valens & Vrsicius Euesques de la Panonnie luy adhererent, de mesme que Narcissus, Euesque en Cilice. Voy Epiph. her. 69. Aug. her. 49.

m Hilar. contra Constant. Aug.
n l.8.c.5.6.7. & 8. Trip. hist. l. 2.c.12.13 &c.
o de hær. c.66.
p Amos. 3.
q Niceph. lib. 8.c.55.

EVSTATHIVS Euesque de Sebaste en Armenie, pour auoir eu des opinions particulieres, iugées Heretiques, sur le mariage, les ieusnes, & autres points fut condamné au Synode de Gangres en Paphlagonie, l'an 320 sous l'Empereur Constantin, & le Pape Syluestre.

AVXENTIVS Euesque de Milan l'an 340 sous l'Empereur Constantius, troubla les Eglises d'Occident, fut reputé Heretique, & consentant aux erreurs detestables d'Arrius,[r] & partant condamné au Concile d'Arimini. Sainct Hilaire, sainct Augustin & sainct Ambroise escriuirent contre luy, qu'on dit auoir esté le maistre d'Heluidius l'Heretique. Sainct Ambroise luy fut subrogé en l'Euesché de Milan.

r Niceph. li. 4.c.13.

AERIVS fut Disciple d'Eustathius de Sebaste, dont a esté desia parlé, & vesquit l'an 342 sous l'Empereur Constantin & le Pape Iules I. Il fut Arrien, selon S.

Auguſtin,[a] condamna le mariage, deffendit l'vſage de la chair, & ſouſtint que l'Eueſque n'eſtoit point par deſſus le Preſtre, &c. Voy Epiphan. hær. 75.

a l. de hær. c. 53

LES COSMIANS, ainſi nommez de Coſma Heretique, adhererent à la doctrine de Marcellus, Eueſque d'Ancyre, dont parle Nicephore,[b] qui eut des ſentimẽts erronés ſur la perſonne & les Offices de noſtre Seigneur; & parurent l'an 350 ſous l'Empereur Conſtantius fils de Conſtantin, & le Pape Iules I.

b l. 8 c. 51.

PHOTINVS Eueſque de Sirmium, fut ſucceſſeur & Diſciple de Paul de Samoſate, & viuoit encor l'an 350 ſous l'Empereur Conſtantius & le Pape Iules. Il nia la Diuinité de Ieſus-Chriſt, & fut condamné en vn Concile aſſemblé à Sirmium en Pannonie, tant pour ce point, que pour ſes blaſphemes contre la Trinité, & le ſainct Eſprit.[c] Apres ſa condamnation & ſon exil, il continua d'employer les graces qu'il auoit à eſcrire en Grec & en Latin, pour ſouſtenir ſes erreurs. Voy Epiph. her. 75.

c Vinc. Lirin. Trip hiſt. l. 5. c. 5. Niceph. l. 9. c. 10. 11. 31.

LES DEMY-ARRIENS ſont de l'an 357 ſous l'Empereur Conſtantius & le Pape Liberius: Ils eurent quelques differences de croyance, qui demeure pourtant iniurieuſe au ſainct Eſprit, qu'ils ont creu n'eſtre point Dieu, ains auoir eſté fait ou creé.[d]

d Philaſt. Epiphan. de hær.

DONATVS auec les ſiens fut premierement Schiſmatique, à cauſe de Cæcilianus, qu'on auoit fait Eueſque de Carthage contre ſa volonté, & deuint Heretique,[e] ſouſtenant que le Fils eſtoit moindre que le Pere, & le S. Eſprit moindre que le Fils; & rebaptiſant les Catholiques qui ſe rendoient à luy & adheroiẽt à ſa ſecte. Il croyoit par meſme moyen que l'Egliſe de Chriſt n'eſtoit qu'en Affrique, où le vray bapteſme s'adminiſtroit & non ailleurs; ce qui cauſa beaucoup de maux & de troubles aux Egliſes d'Afrique; & cet erreur ne fut combattu & vaincu que par ſainct Auguſtin, lequel eſcriuit & s'employa pour eſteindre vn ſi grãd mal & remedier à ce deſordre. Donatus fut l'an 358, ſous l'Empereur Conſtantius & le Pape Liberius. Creſconius fut en meſme temps, & eut les meſmes erreurs; ſainct Auguſtin a eſcrit contre luy. Parmenian Eueſque de Carthage viuoit l'an 869, & a eſté grand partiſan de Donatus.[f] Petilianus a eſté auſſi Donatiſte, & a eu S. Auguſtin pour aduerſaire l'an 415.

e Aug. de hær. 69.

f Optat. Mileu. Auguſt.

BONOSVS a eſté vn Eueſque ſous le meſme Empereur l'an 358, qui enſeignoit que noſtre Seigneur n'eſtoit que Fils adoptif de Dieu le Pere.[g]

g De conſecr. diſt. 2 cap. hi verò hæretici.

EVNOMIVS eſtoit de Cappadoce, grand Dialecticien, & Diſciple d'Arrius; & en meſme temps que les precedents. Il eut des ſentiments differents d'Arrius, toutefois erronés, & contre la Diuinité de Ieſus-Chriſt, approchant plus de l'impieté Payenne, & des Iuifs, que de la Religion Chreſtienne. On luy donne auſſi AETIVS pour Precepteur, qu'on croid eſtre l'Autheur de ſon Hereſie & de ſes opinions,[i] qu'on appella auſſi des Inegaux,[k] pour l'inegalité qu'il attribuoit aux perſonnes de la ſaincte Trinité. Toutefois on met Aetius plus bas, ſçauoir l'an 363,[l] auec Serras ſon fauteur. Les Eunomiens ſe ioignirent depuis aux Arriens, auec quelques conditions de part & d'autre, ce qui arriua ſous l'Empereur Theodoſe le ieune; mais l'accord ne tint pas long temps.[m] Eunomius fut proſcript par Theodoſe, & ayant eſté rappellé, mourut en Cappadoce. Les Anomes, ou gens ſans loy, ont eſté faits par Eunomius, & ont eſté en meſme temps, publiants qu'ils pouuoient comprendre la nature Diuine;[o] contre quoy a eſcrit S. Chryſoſtome. Theophronius & Eupſychius Diſciples d'Eunomius, baptiſerent non en la Trinité, mais en la mort de Chriſt.[p]

h Ruſſin.

i Nice l. 11. c. 18 τῶν ἀνομοίων

l Niceph. l. 9. cap. 17. Trip. hiſt. l. 1. c. 41.

m Niceph. l. 12. c. 9.

n Id. l. 12. c. 29. l. 13 c. 1.

o Theophyl. c. 3. ad Epheſ. Epiph. l. 3. hær. 56. Aug. hær. 54 Baſil. l. 1. & 2. cont. Eunom.

p Niceph. l. 15. c. 12.

MACEDONIVS Eueſque de Conſtantinople a eſté ſous l'Empereur Conſtantius & le Pape Liberius l'an 359. Il eſt Autheur de l'Hereſie & opinion damnable contre le S. Eſprit, qu'il ſoutint eſtre moindre que le Pere & le Fils, n'eſtant point d'vne meſme ſubſtance auec le Pere, & qu'il auoit eſté creé.[q] Luy & ſes ſectateurs furent appellez Pneumatomaches,[r] c'eſt à dire impugnateurs ou oppugnateurs du S. Eſprit. Le Concile ſecond de Conſtantinople tenu l'an 383 ſous l'Empereur Gratian & le Pape Damaſe, condamna cette Hereſie, par le ſuffrage de 180 Peres. Macedonius, homme habile & du monde, auoit eſté fait Eueſque par ſedition & auec meurtre par la faction des Arriens, qui fut la plus forte, & à laquelle il adhera depuis, & fut vn cruel perſecuteur des Orthodoxes. Marathonius Eueſque de Nicomedie fut auſſi vn grand aſſerteur & tenant de l'Hereſie de Macedonius, auec lequel il a donné nom & authorité à l'erreur.[f]

q Ruffin. l. 1. c. 25. Auguſt. li. de hæreſ. c. 52. Epiph. hær. 78.

r Trip. hiſt. l. 9. c. 14.

LVCIFER Eueſque de Sardeigne, a eſté Autheur d'vne Hereſie, enſeignant que l'ame de l'homme prouenoit de la chair & de ſa ſubſtance. Il eſtoit l'an 365 & laiſſa des ſectateurs. Nicephore baille l'hiſtoire de ſa vie, & l'occaſion de ſa cheute.[t] S. Hieroſme a eſcrit contre cette doctrine.

f Niceph. l. 6. c. 42. & 47.

t l. 10. c. 14.

LES MASSALIENS parurent l'an 380 sous l'Empereur Valens, & ont esté appellez Euchites ou Priants, & Enthusiastes. On leur donne plusieurs Chefs & Autheurs, sçauoir Dadoes, Sabbas, Adelphius, Hermas & Simeones. Ils nierent la creation des ames données à Dieu, condamnerent tout labeur des mains, & enseignerent qu'il falloit incessamment prier Dieu; auec autres erreurs.

LES AGNOITES ont eu pour Autheur Theophronius de Cappadoce l'an 378 sous l'Empereur Valens. Theophronius a esté desia mentionné, comme Disciple d'Eunomius,[c] dont il suiuit les erreurs, & en inuenta de nouuelles, imputant l'ignorance à l'humanité de Iesus-Christ, moindre que le Pere, en quoy il a esté Arrien. Seuerus sous l Empereur Maurice, ayant rallumé cette Heresie desia esteinte, donna son nō à ses Disciples & Sectateurs, & apres luy elle fut encor assoupie.[d] Themistius le Philosophe en est estimé l'Autheur par quelques vns. Voy Iean Damasc. l. de her.

LES SATANISTES ou Aduersaires, Heretiques anciens, sous l'Empereur Iouinian l'an 368, furent tirez des Massaliens,[e] sacrifierent à Satan, pour le rendre propice, & afin qu'il les espargnast; en quoy ils eurent vne impieté digne du nom qui leur fut donné.

AIRAS, qui fut l'an 377 sous l'Empereur Valentinian, soustint que le S. Esprit n'estoit point consubstantiel au Pere & au Fils; de sorte que le Pape Liberius ayant conuoqué les Euesques d'Asie, termina cette question importante, & ferma la bouche à tous ceux qui auoient adheré à cette doctrine; que le grand Athanase, qui viuoit encores, auoit aussi combattuë.

LES APOLINAIRES de Laodicée, pere & fils, sont du mesme temps, & ont enseigné des doctrines peruerses sur l'Incarnation de nostre Seigneur, & sur sa nature diuine.[f] Ils estoient hommes doctes & eloquēts, bien versez ès lettres & disciplines Grecques; & le pere auoit composé iusques à 30 volumes contre Porphyrius ennemy de la Religion Chrestienne. Les Dimœrites ont suiuy les erreurs d'Apollinaire, qui estoit homme de grāde estime en son temps, & chery d'Athanase; & ont dit que I. C. auoit receu vn corps & vne ame, mais non la troisiesme partie qui est l'esprit.[g] Contre Apollinaris & Timotheus son Disciple, le Pape Damasus escriuit aux Euesques d'Orient, & les condamna auec leur doctrine. Voy Epiph. her. 37. Aug. her. 55.

SELEVCVS & HERMIAS Galates ont esté estimez les Autheurs des Massaliens.[h] Ils furent sous l'Empereur Valens & le Pape Damasus l'an 380, & publierēt des erreurs damnables, faisants Dieu corporel, l'ame & l'esprit de l'homme faits de la terre, niants l'Ascension de Iesus-Christ en chair, & composants les ames de feu & d'esprit, creées par les Anges[i] &c. Les Prochianites encherirent sur les erreurs de Seleucus & Hermias.[k]

AVDAEVS Syrien, sous l'Empereur Valens, enseigna que Dieu auoit des membres d'vn corps humain.[l] LES ANTHROPOMORPHITES ont le nom tiré de cette Heresie, laquelle on impute aussi à Tertullien, quoy que S. Augustin tasche de l'en excuser.[m] On les a aussi nōmez VADIANS de Vadius leur Autheur. Epiph. her. 70. Nicephore les fait venir sous les Empereurs Theodose le grand & Arcadius,[n] & mentionne la resistance qui leur fut faite par Theophile d'Alexandrie.

PRISCILLIAN Espagnol, & Euesque d'Auila ville celebre en Espagne, qui viuoit l'an 388 sous l'Empereur Valentinian le ieune, remit les erreurs & Heresies precedentes des Gnostiques, des Manichéens,[o] d'Origenes, des Encratites, de Noëtus, Sabellius, Bardesanes & Montanus. Il fut condamné au Concile de Braga, au Synode de Tolede premier, & en celuy de Bordeaux; & perit finalement à Treues, où il fut tué par le commandement de l'Empereur Maximus. Voy Aug. her. 70.

HELVIDIVS Disciple d'Auxentius Euesque de Milan, & Heretique, viuoit l'an 396, & a esté dans cet erreur, que la Vierge Marie apres la naissance de nostre Seigneur, auoit esté cogneuë de Ioseph,[p] & auoit enfanté; prenant mal les lieux de l'Escriture, derogeant à la perfection de Iesus-Christ, & faisant iniure au S. Esprit, & à la dignité & saincteté de la Vierge, n'ayant leu ce qui est dit en Ezechiel ch. 42.

LES COLLYRIDIENS, anciens Heretiques, ont peché enuers la Vierge Marie, au contraire des Heluidiens; qui l'ont deshonorée, & les autres l'ont par trop glorifiée. Ils auoient accoustumé en certain iour de l'année de luy offrir vn sacrifice,[q] l'adorants comme Dieu.[r] Ils estoient l'an 395 sous l'Empereur Theodose, dans l'Arabie & quelques endroits de la Scythie.

VIGILANTIVS Gaulois de nation, & Prestre de l'Eglise de Barcelone, a vescu l'an 402 sous l'Empereur Arcadius. Il enseigna qu'il ne faloit point inuoquer

a Trip. hist. l. 7. c. 11.
b Aug. hær. 57
c Niceph. l. 12. c. 30.
d Id. l. 18. c. 50.
e Epiphan. l. 3. contra hæres. hær. 80.
f Niceph. l. 11. c. 14. Vinc. Lir.
g Mens.
h Hist. trip. l. 7. c. 11.
i Philast. Aug. de hæres. c. 59.
k Theod. l. 4 c. 18. Trip. hist. l. 9. c. 11.
l Aug. Philast. m l. de hær. c. 86.
n l. 11. c. 14. & l. 13. c. 10.
o August. hær. 70. Leo Papa ep. 72. ad Asto. ric. episc.
p Augustin. Hieron. cont. Heluid.
q Epiphan.
r Prateol. in Collyrid.

les Saincts, ny venerer les ſepulchres des Martyrs; à cauſe dequoy ſainct Hieroſme eſcrit contre luy, & l'a nommé Dormitantius. Il ſuiuit les opinions de IOVINIANVS,[a] moyne de Rome, qui viuoit l'an 395. & qui ſelon S. Auguſtin,[b] ne receuoit point la diſtinction des viandes & des iours, ſouſtenoit que les ieuſnes n'eſtoient d'aucun merite deuant Dieu, oſtoit le franc arbitre, &c. S. Auguſtin luy impute d'auoir creu que la Vierge Marie auoit eſté cognuë charnellement de Ioſeph; mais S. Hieroſme, qui a eſcrit contre luy, n'en parle point.

SECVNDINVS Diſciple de Manes, & Manichéen luy meſme, viuoit l'an 405. ſous l'Empereur Arcadius; Il ſollicita S. Auguſtin de reuenir à ſes premieres erreurs, & en rapporta vne reſponſe conuenable à la ſainteté & à la perſeuerance de ce grand Docteur. Il enſeigna que Dieu eſtoit muable, auec autres Hereſies, outre celles des Manichéens.

PELAGIVS, natif de la Grande Bretagne, ou de l'Angleterre, fut moyne en Syrie, & eſtant reuenu dans le pays de ſa naiſſance, l'an 405. ſous le meſme Empereur, infecta toute l'Iſle de ſes erreurs, enſeignant que nous ne ſommes point iuſtifiez par la miſericorde de Dieu, à cauſe de Chriſt & de la foy que nous auons en luy; mais par nos propres œuures & vertus naturelles, en ſorte que nous auons la remiſſion de nos pechez par nos propres forces: que les enfans n'ont aucun peché originel, meſme auant le bapteſme:[c] que les iuſtes ne peuuent plus pecher, &c. Le Concile de Carthage fut aſſemblé contre luy & ſes ſectateurs l'an 423. où ſe trouuerent 217 Eueſques. Cæleſtius a veſcu en meſme temps que Pelagius, & a ſouſtenu les meſmes erreurs, attribuant tout noſtre ſalut au franc arbitre & aux merites, ſans auoir beſoin de la grace.[d] Il fut condamné au Concile Mileuitain auec Pelagius.

LES ABELONITES ſont de l'an 407. & furent ainſi nommez d'Abel, qui ne fut point marié; & eux auſſi viuoient en celibat, & meſpriſoient le mariage.

LES PREDESTINEZ ſont ceux dont Sigibert[e] fait mention, ſous l'année 414 & l'Empereur Honorius. Leur doctrine & croyance de la Predeſtination leur donna ce nom.

NESTORIVS, Eueſque de Conſtantinople, homme facond, ſuiuit premierement l'erreur de Pelagius, & florit l'an 427. ſous l'Empereur Theodoſe le ieune. Il enſeigna que Noſtre Seigneur n'eſtoit pas né Dieu, & que la Vierge Marie n'eſtoit pas Θεοτόκος mais Chriſtotocos:[f] Toutefois que la vie iuſte & innocente de Ieſus-Chriſt auoit merité que la Diuinité ſe ioigniſt à luy. Comme doncques il eſtabliſſoit deux natures en Chriſt, il luy donnoit auſſi deux perſonnes, l'vne de la diuinité, l'autre de l'humanité; de ſorte qu'en l'vne il eſtoit fils de Dieu, en l'autre fils de l'homme, comme il eſt appellé en l'Eſcriture. Pluſieurs grands perſonnages ſouſtindrent la foy Orthodoxe contre luy, mais ſur tout S. Cyrille Eueſque d'Alexandrie: Le Pape Celeſtin luy eſcriuit; & finalement au Concile vniuerſel[g] aſſemblé à Epheſe par commandement de l'Empereur Theodoſe, où preſida Cyrille, il fut condamné, priué de la dignité Epiſcopale,[h] & banny par l'Empereur, où il termina miſerablement ſes iours, la terre s'eſtant ouuerte pour l'engloutir.

EVTYCHES, Abbé de Conſtantinople, s'eſleua ſous l'Empereur Theodoſe le ieune l'an 443. Son Hereſie portoit que la chair de Chriſt n'eſtoit point ſemblable à la noſtre, & qu'il n'eſtoit point vrayment né de la Vierge, eſtant deſcendu du Ciel dans ſon ventre, où le corps auoit penetré, comme les rayons du Soleil, niant par ce moyen qu'il y euſt deux natures en Chriſt, d'où s'enſuiuroient d'autres abſurditez & impietez. Au Concile vniuerſel de Calcedoine tenu ſous l'Empereur Martian, & par le ſuffrage de 630. Peres, Eutyches fut conuaincu & condamné. Voy Euagr. liu. 1. ch. 9. & liu. 2. ch. 4. Cette Hereſie auec la precedente eſt encor en Orient.

DIOSCVRVS fut ſucceſſeur de Cyrille en l'Eueſché d'Alexandrie, ſous les Empereurs Theodoſe le ieune & Martian, & le Pape Leon premier, enuiron l'an 453. Il viuoit en meſme temps qu'Eutyches, Abbé[i] de Conſtantinople, dont nous venons de parler, & auoit les meſmes erreurs que luy. Flauian Eueſque de Conſtantinople en vn Synode Prouincial le condemna auec Eutyches: De l'authorité de l'Empereur Theodoſe fut conuoqué vn Synode à Epheſe, où preſida Dioſcurus; Eutyches y fut abſous, & Flauianus condamné.[k] Hilarius eſcriuit contre Dioſcurus, & au Concile ja mentionné tenu à Chalcedoine ſous l'Empereur Martian, lequel y'aſſiſta, tant luy qu'Eutyches furent deſtituez & condamnez.[l] Ceux qui furent depuis appellez Acephales, & les Angelites, l'an 494. eurent les erreurs d'Eutyches & de Dioſcurus.[m]

a Gennad. in Catalogo.
b lib. de hær. c. 82.
c Aug. hær. 88.
d Aug. Hiero ad Alyp. & Auguſt.
e in Chron.
f Socrat. l. 7. c. 32. Gennad. Thedor. l. 4. de fab. hæret.
g 130 Eueſques.
h Niceph lib. 14. c. 31.
i Archimandrita.
k Niceph. li. 14. c. 4.
l Id. l. 15. c. 1. 8. & 30.
m Id. l. 18. c. 25. & c. 45.

PIERRE CNAPHEE fut Euesque d'Antioche par inuasion & violence, auec le support de Zenon l'Empereur l'an 476.[a] Il attribua deux personnes à Nostre Seigneur, & adiousta à l'Hymne des Anges qu'on a nommé Trisagion, *Sanctus qui crucifixus es*, pour en faire vne autre personne, que cellequi est marquée par *Sanctus fortis*.[b] Son Heresie fut condamnée au Synode 5. de Constantinople: & parce que sa doctrine faisoit que Dieu mesme auoit souffert, ses sectateurs furent appellez Theopascites. Il fut depuis banny par l'Empereur Zenon.

LES MONOPHYSITES ne recognoissent qu'vne nature en Nostre Seigneur, au verbe & en la chair, apres leur vnion mysterieuse & ineffable: Ils ont esté aussi appellez MONOTHELITES, n'attribuãs qu'vne volonté & action diuine à Iesus-Christ. Ils furent sous l'Empereur Anastase l'an 517. Ioannes Philoponus, dont il sera parlé cy-apres, suiuit cet erreur, qui fut condamnée au Concile de Chalcedoine sous l'Empereur Martian, & depuis encor au sixiesme Synode de Constantinople l'an 719. Eutyches, Dioscurus, Gainus & Seuerus, furent Autheurs & entachez de cette Heresie.[c] Macarius Euesque d'Antioche, qui fut l'an 559. est estimé Autheur des Monothelites, & fut condamné au sixiesme Concile de Constantinople desia mentionné, sous le Pape Agathon. Sergius Patriarche de Constantinople a esté Monothelite, de mesme que Cyrus Euesque d'Alexandrie, soustenans que les deux volontez & vertus operatrices, diuine & humaine auoient passé en vne mesme nature en Iesus-Christ, apres son Incarnation. Il viuoit l'an 604. sous l'Empereur Phocas.

LES APHTHARDOCITES s'esleuerent l'an 536 sous l'Empereur Iustinian & le Pape Felix IV. Ils creurent que la chair du fils de Dieu auoit esté incorruptible auant sa Passion.[d] Plusieurs adhererent à cette erreur, esleuez en dignité & reputation; l'Empereur Iustinian en fut infecté, & tascha d'attirer les Eglises à cette croyance, mais Anastase Euesque d'Antioche luy resista. L'aneantissement de nostre Seigneur, & la forme de seruiteur prise par luy, auec son exaltation & glorification aduenuë depuis par sa Resurrection glorieuse, découurẽt la fausseté de cette opinion.

LES CONONITES de Conon leur Autheur, Euesque d'Alexandrie, sous l'Empereur Maurice & le Pape Pelage II. l'an 584. recognoissants le Pere, le Fils & le S. Esprit, & admettans les trois personnes & subsistences, establissoient trois substances & natures semblables; & vne substance, nature & Diuinité, ou Trinité consubstantielle, sans vouloir pourtant aduoüer trois Dieux;[e] de sorte que ne sçachants bien ce qu'ils croyoient, leur erreur & aueuglement en ont esté plus grands. On en peut dire de mesme des Contobabdites, Theodosiens, ou Damianistes, dont parle Nicephore[f]; & qui ont esté en mesme temps, appellez aussi Tetradites, engeance des Manichéens.[g]

PHILOPONVS, Grammairien & Philosophe d'Alexandrie, viuoit sous l'Empereur Phocas & le Pape Sabinianus l'an 605 ou enuiron. L'histoire de sa vie est dans Nicephore.[h] Il confondoit les deux natures en la personne de Nostre Seigneur, sur quoy il escriuit le liure *de Vnione*, & y employa toutes les forces de la Philosophie. Il disoit aussi que les trois personnes diuines n'estoient pas vn mesme Dieu.

LES IACOBITES ont ce nom depuis l'an 584. sous l'Empereur Maurice & le Pape Pelagius II, d'vn certain Iacques Syrien de Nation;[i] & leur descente est encor de plus loing, sçauoir depuis Eutyches & Dioscurus, & les diuerses sectes & Heresies qui en ont pullulé.[k] Ce Iacques ayant receu la doctrine de ces Heresiarches tascha de l'espandre par toute la Syrie, où il prescha, principalement l'erreur des Monophysites. Ceux qui sont encor auiourd'huy en Leuant de la race des anciens Iacobites, outre les erreurs de leurs premiers Autheurs, ont creu & croyent qu'on ne doit confesser ses pechez qu'à Dieu seul; qu'il faut baptiser auec du feu; n'admettẽt qu'vne nature en Iesus-Christ, & qu'il n'y a point de Trinité, ains l'vnité seulement, à cause dequoy ils font le signe de la Croix auec vn seul doigt.

LES ARMENIENS Heretiques commencerent l'an 640. sous l'Empereur Constantin troisiesme fils d'Heraclius, & habitent auiourd'huy en Armenie. Ils ont leur Primat, auquel ils obeyssent, & ne recognoissent point d'autre Superieur és choses de la foy. On les charge de mesme que les Iacobites d'auoir suiuy les erreurs d'Eutyches & Dioscurus; Ils ne sont point mentionnez par les Anciens.[l] Entre autres erreurs qu'on leur impute,[m] c'est qu'ils rebaptisent ceux de l'Eglise Romaine, disants que les Latins n'ont pas la vraye Eglise; enseignants aussi que les ames auant le dernier iugemẽt ne peuuent auoir la beatitude; que le S. Esprit ne procede

que du

a Niceph l. 15 c. 28.
b Ioan. Dama. l. 3. c. 10. & in epist. de Trisagio.
c Niceph. l. 18. c. 45. & 46.
d 17. c. 29.
e Niceph. l. 18. c. 50.
f li. 18. c. 49.
g Cod. de hær. & Manich.
h Niceph. l. 18 c. 46. & 48.
i Niceph. l. 18. c. 41. & 52.
k Id. ibid.
l Philast. Aug.
m GuidoCarmelita.

que du Pere, que les peines d'Enfer ne sont point perpetuelles, que le mariage n'est point Sacrement, que le corps de Christ n'est point reellement sous le pain, & le sang sous le vin, &c. Ils croyent comme les Eglises Grecques, dont il sera parlé cy-apres, ce qu'on peut voir encor dans Nicephore, [a] & ailleurs, comme il est rapporté par Ioannes Lazicius, qui a traicté de leur Religion. Les Chazinzaires sont estimez vne secte ou branche des Armeniens, ou Iacobites; [b] on les a nommez Staurolatres, ou adorateurs de la Croix, ce que leur nom mesme porte, veu que Chasus parmy eux signifie la Croix.

LES MARONITES, anciens Heretiques, ainsi nommez de Maron leur Autheur ont eu les erreurs d'Eutyches, Dioscurus & autres, [c] esquelles ils perseuererent iusques en l'an 699. Emeric Patriarche d'Antioche presta obedience pour eux au sainct Siege l'an 1215 sous le Pape Innocēt 3; & leur Patriarche assista au Cōcile General. [d] Il en sera encor parlé en la descriptiō des Prouinces, où ils habitent.

LES GEORGIENS habitans en Armenie, Chrestiens separez de la Communion de l'Eglise Catholique Romaine, tiennent la doctrine des Grecs, & des Armeniens. Il en sera encor parlé dans leurs Prouinces.

LES GRECS florissans & renommez autresfois pour leur foy dans la primitiue Eglise ne recognoissent point auiourd'huy autre Superieur que leur Patriarche, croyent que les peines des pecheurs, ou la beatitude des Iustes ne commenceront qu'apres le dernier Iugement, ne mangent point choses suffoquées, nient la procession du sainct Esprit du Pere & du Fils, n'vsent au Sacrement de l'Eucharistie que du pain leué. [e] Communient sous les deux especes; condamnent les secondes nopces; separent les mariages à la volonté des parties, ne croyent point au Purgatoire, ny aux prieres & seruices faits pour les morts. La Religion des Grecs sera traictée en son lieu, auec les autres sectes & sortes de Chrestiens qui sont en Asie & en Afrique, sçauoir ceux de sainct Thomas, les Abyssins, Coptistes & Chrestiens des Indes, les Surians ou Samaritains, les Mozarabes & autres.

MAHOMET, Arabe de nation, de marchand deuint chef & Docteur Diabolique des Agareniens, ou Sarrasins, & commença l'an 630, sous l'Empereur Heraclius, le Pape Honoré, & le Roy Dagobert en France. Toutes les Heresies precedentes ont fondu en luy, ayant pris & tiré leur venin plus pestifere contre la personne sacrée de nostre Redempteur, ou les personnes de la Trinité indiuisible; niant la Trinité auec Sabellius; la nature diuine de Christ auec Arrius & Eunomius; alleguant auec Carpocrates, que Christ n'a esté qu'vn sainct Prophete; auec les Manicheens, qu'il n'a point esté crucifié, mais bien vn homme semblable à luy: auec les Antropomorphites, que Dieu est corporel; auec les Ebionites, que la Circoncision doit estre encor practiquée; auec les Tatians, que l'vsage du vin est illicite: & finalement rendant sa doctrine & Religion damnable, l'esgoust & la sentine qui a recueilly les opinions plus infames & derogeantes à l'honneur deu à vn seul & vray Dieu, & à Christ son fils, en qui gist le salut du monde. Plusieurs doctes & pieux personnages l'ont refuté, sçauoir Ricold, frere Prescheur, Pie 2 Pape, Bartholomæus Hungarus, Ioannes de Turrecremata, Guillaume Postel & autres. Sergius le faux Moyne déceut ou assista Mahomet, lequel déceut & perdit les Agareniens ou Sarrasins, [f] & fit que pour l'Euangile, auquel ils auoient creu, ils receurent l'Alcoran. Leur Religion est celle des Mahometans, laquelle sera plus amplement descrite és Estats du Turc en Europe.

LES ICONOCLASTES ou Iconomaches ont esté ceux qui l'an 719 sous l'Empereur Leon 3 dit Iconomache, & le Pape Gregoire 2 ont brisé les Images, qu'ils ont tiré des Temples & Eglises, soustenans qu'aucune adoration, ou culte ne leur estoit deu: A cause dequoy le 7 Synode assemblé à Nicée, où assisterent 350 Euesques ou Prelats, condamna ceste procedure comme Heretique & erronée, ordonnant que les Images de Iesus-Christ, de la Vierge Marie, & des Saincts seroient retenuës dans les Temples auec culte & adoration. [g] Plusieurs Empereurs de Constantinople, sçauoir Leon troisiesme, Constantin cinquiesme, Leon quatriesme & Constantin sixiesme ont soustenu & authorisé les Iconoclastes; & Felix sous Constantin sixiesme a enseigné la mesme chose, [h] l'an sept cens octante trois. Sainct Thomas fait mention [i] d'vne Heresie Felicienne, qui mettoit deux hypostases ou personnes subsistantes en Christ, qu'il croyoit n'estre que fils adoptif de Dieu, elle fut condamnée au Concile de Francfort. Adamin Chronic. Voy Cedren, Zonaras, Paul. Diac. sur les Iconoclastes.

a lib. 18. c. 53.
b Id. lib. 18. c. 54.
c Bernard. Lutzemburg. Catal. hæret.
d Id. Prateol. Elench. hær. omn.
e Guido Carmel.
f l'an 650.
g Photius.
h Platina in vita Adrian. 1. Papæ.
i 3. part. q. 2. art. 4.

LES BAIOLENSES sous l'Empereur Constantin 6 & le Pape Leon 3 l'an 796 ont eu diuers autres noms, & entre autres Heresies dont on les charge, celles d'establir deux principes, l'vn bon, l'autre mauuais, & de n'admettre aucun serment, leur sont attribuées.[a]

LES ALBANENSES ou ALBANOIS ont esté certains Heretiques du mesme temps que les precedens, & auec les mesmes erreurs. Antoninus[b] escrit qu'ils establissoient deux principes auec les anciens Heretiques dits Gnostiques, & autres dont a esté parlé; rejettans le vieil Testament, comme procedé du mauuais principe; &c. qu'ils ont creu la transmigration des ames auec Pythagoras; soustenu diuerses erreurs sur l'humanité de Iesus-Christ; nié la Resurrection des corps, auec l'enfer & ses peines; pesché contre le mariage, & enseigné que le monde estoit d'eternité, & n'auroit point de fin, &c.

BERENGARIVS, François de nation & Archidiacre d'Angers, en l'an 1048, sous l'Empereur Henry troisiesme & le Pape Leon neufiesme enseigna que le corps & le sang de Iesus-Christ n'estoient point au pain & au vin, apres les paroles de consecration; de sorte qu'en vn Concile tenu à Verceil sous le mesme Pape il fut anathematisé, auec tous ceux qui luy adheroient.[c] En autre Concile tenu à Tours sous le Pape Victor deuxiesme, & au Concile assemblé à Rome sous Nicolas deuxiesme, où assisterent 113 Euesques, il fut ouy, & se retracta, comme il est contenu au Volume du Decret.[d]

DVRAND de Waldach l'an 1117 sous l'Empereur Henry cinquiesme & le Pape Paschal deuxiesme publia ses erreurs contre le mariage, & autres, pour lesquelles Iacques Roy d'Arragon, & l'inquisition de Burgos, apres l'auoir condamné, l'enuoyerent au feu auec vn de ses compagnons.

MARSILE de PADOVE l'an 1117 sous l'Empereur Henry cinquiesme, selon Alphonse de Castro,[e] enseigna que les personnes Ecclesiastiques ne pouuoient auoir & posseder biens & richesses; que l'Euesque n'estoit point pardessus le Prestre; que le Pape deuoit subir le Iugement de l'Empereur, & qu'il n'estoit point le Vicaire de Christ en terre. Vide extrau *Licet iuxta doctrinam Ioannis 22.*

TANDEME,[f] selon Sigebert,[g] viuoit l'an 1124 sous l'Empereur Henry cinquiesme; & n'estant qu'homme lay, & sans charge en l'Eglise & ailleurs, s'ingera de parler contre tout l'Ordre Ecclesiastique, contre le Sacrement du corps & du sang de Iesus-Christ, auec autres erreurs qu'il publia; & se feit suiure quelque temps par grand nombre de gens armés dans le Pays-bas & ailleurs, iusqu'à ce qu'estant en voyage sur mer il fut tué par vn Prestre.

PIERRE de BRVIS du Languedoc ou Prouence fut en la mesme année, & entr'autres erreurs enseigna que le baptesme ne seruoit point aux petits enfãs destituez de raison, & incapables de croire à la parole de Dieu, croyant que sans la foy prealable ce Sacrement estoit de nul efficace.[h] Il fut bruslé à sainct Gilles, ayant persisté en ceste Heresie.

HENRY, François de nation & Tolosain, l'an 1128 sous l'Empereur Lothaire deuxiesme enseigna la mesme chose que Pierre de Bruys; & selon sainct Bernard,[i] qui viuoit de son temps, auoit quitté l'habit de Moyne, estoit homme de lettres, vicieux & desbordé.

PIERRE ABEILARD estoit François, & vesquit enuiron l'an 1141 sous l'Empereur Conrad troisiesme & le Roy Louys le Ieune. Pour les erreurs par luy enseignées il fut condamné en vn Concile assemblé à Sens sous le Pape Celestin deuxiesme, & vn liure par luy fait de la Trinité fut bruslé publiquement. Il s'enferma depuis dãs vn Monastere.[k] Sainct Bernard a escrit ses erreurs, ep. 190. & eut vne dispute auec luy, qu'õ dit auoir esté disciple de Roselin Brerõ, mentionné par les Historiens comme vn subtil Dialecticien.[l] Ce fut vn homme docte & de subtil esprit; l'histoire de sa vie inesgale & extrauagante a exercé les plumes du temps, & les plus curieuses du nostre.[m] Pierre de Clugny au l. 5. p. 3. & 20. parle de sa mort dãs l'habit de Moyne de Clugny; Guillaume de Nãgis, Robert d'Auxerre & autres l'õt mētiõné. ARNAVLD de BRESSE a esté sõ disciple, & fut condamné au Concile de Latran tenu l'an 1140 sous le Pape Innocent deuxiesme, auec Abeilard: Sainct Bernard parle d'eux conioinctement.[n] Arnauld & ses adherans sont excommuniez annuellement à Rome; les droits Ciuil & Canon les flestrissent.[o]

LES PAVVRES DE LION ou VAVDOIS sont de l'an 1160 sous l'Empereur Frideric premier dit Barberousse, & le Pape Alexandre troisiesme,

a Antonin. 4. part. summæ ii. I. c. 7.
b ibid.
c Lanfrancus. Guitmundus Bloud. de c. 2 lib. 3.
d De conse cr. distinct. 2. c. Ego Berengarius.
e lib. 2 adu. hæres. (Alphã. lib. 1. de piancta Eccles. ar. 86.
f Tanchelin ou Truchelin.
g In Chron.
h Pet. Abbas Cluniac.
i Ep. 148. ad Ildef. Com. S. Aegid.
k Platina de vit. Pontific.
l Otho Frisin. lib. c. 27.
m Pasquier. Facyn
n Ep. 190. & ad Epist. Constant. ad Guid. Leg.
o Gazaros C. de hæres. cap. excommunicamus. xt. de hæres.

appellez ainsi de P. Waldo bourgois de Lyon, homme sans lettres, de mesmes que ceux qui luy adherent.[a] Les points principaux de leur doctrine condamnée en vn Concile general tenu à Rome auant celuy de Latran, l'an 1170, se reduisent aux suiuants.[b] Ils ne recognoissoient point l'authorité du Pape, ne prioiẽt point pour les morts, ne gardoient point le Caresme, ne pratiquoiẽt point la Cõfession auriculaire, ny la Confirmation, qu'ils ne croyoient pas estre vn sacrement, ne mettoient point de differẽce entre les Prestres, n'vsoient point de la forme de consacrer, pratiquée en l'Eglise, n'attribuoiẽt point de merite au ieusne, & ne receuoient aucune distinction ou choix de viandes, ne vouloient point d'images dans les Temples ou Eglises, soit de Iesus-Christ, soit des Saincts, condamnoient les Indulgences, & disoiẽt qu'elles n'auoiẽt nulle vertu, soustenoient qu'il ne se faisoit point de vray miracle dans l'Eglise, condãnoient les Religions des Mẽdiants, n'admettoiẽt point le Purgatoire, ny l'Extreme Onction pour sacremẽt, ny l'inuocation des Saincts &c.

LES BOGOMILES sont venus quelque temps aprés, sçauoir l'an 1179 sous l'Empereur Frideric I, & Alexius Empereur de Constãtinople. Leur nom en langue Sarrazine signifie Criants misericorde. Selon Euthymius,[c] ils blasphemoient cõtre les Eglises, & les Sacrements; soustenants aussi que depuis la prise & ruine de Ierusalem, le Diable auoit habité dans le Temple de Salomon, & s'estoit aussi saisi de la grande Eglise de saincte Sophie à Constantinople.

L'ABBÉ IOACHIM en Calabre, qui viuoit l'an mil cent nonante-cinq sous l'Empereur Henry sixiesme & le Pape Innocent troisiesme, est rangé parmy les Heretiques, pour auoir escrit plusieurs vanités de predictiõs fausses de l'Empereur Frideric, & autres erreurs où il enseignoit & posoit trois estats de l'homme; le premier selon la chair depuis Adam iusques à Christ: le second, moyen entre la chair & l'esprit, & ce depuis Iesus-Christ iusques à sainct Benoist; & le troisiesme, tout en esprit, depuis sainct Benoist iusques à la fin du monde, adaptant à chacun de ces estats trois Ordres, sçauoir de mariés, de clercs & de moynes; auec les autres suites de ceste resuerie, qui ne meritẽt pas l'escrire, & qui ont esté refutées.[d] Il eut aussi ses erreurs contre l'essence & vnité de la Trinité,[e] & voulut escrire contre le liure que Pierre Lombard en auoit fait. PETRVS IOANNIS l'an 1199 fut son Disciple & sectateur, & adiousta de nouuelles erreurs & opinions fausses; entre autres que Nostre Seigneur auoit receu le coup de lãce, estant encor en vie; ce qui fut condamné au Concile tenu à Vienne, sous le Pape Clement V.[f]

LES ALBIGEOIS, ainsi nommez d'Albi, ville episcopale en Languedoc, Prouince de France, furent supportés par Raymond Comte de Toulouse, le Comte de Foix, le Vicomte de Besiers, & autres Seigneurs, qui leur adhererent; & s'estoient desia espandus par toutes leurs terres, particulierement és villes de Carcassonne, Albi, Besiers & autres, où ils estoient en tres-grand nombre, lors que Simon de Montfort assisté de tous les Euesques du Languedoc, de S. Dominique, & d'vne armée puissante de Croisez leur fit la guerre, qui fut cõmencée sous les Rois Philippes Auguste, & Louys huictiesme; reprise & finie sous le Roy S. Louys,[c] le Pape Innocent troisiesme & ses successeurs, depuis l'an 1208 ou enuiron iusques en l'an 1228, qu'ils furent entierement desfaits. Leur histoire particuliere appartenãt à celle de France, n'est point de ce lieu. Quant à leur doctrine & croyance cõtraire à celle de l'Eglise Catholique Apostolique & Romaine, les escrits qui en ont esté publiez, & les tesmoignages des Autheurs du temps en font foy suffisante, auec ce qui a esté dit des Vaudois ou Pauures de Lyon, dont les Albigeois ont esté les Disciples & ont ensuiuy la doctrine;[g] & y ont adiousté, selon le tesmoignage des Autheurs,[h] plusieurs autres opinions y mẽtionnées, niants entre autres choses la presence reelle du corps de Iesus-Christ au sacrement de l'Eucharistie. S. Antonin in summa Hist. les accuse d'auoir esté Manicheens.

ALMARIC, natif de Chartres & Docteur de Paris, fut en mesme temps que les Albigeois,[i] eut des erreurs non seulement sur l'Eucharistie, mais aussi sur la Resurrectiõ, le Paradis & l'Enfer qu'il nia; & autres, qui ont esté recueillis, au nombre de vingt, & dõt Gerson a fait mention; sa condamnatiõ est inserée és Decretales.[k] Il fut examiné par quelques Euesques & par les Theologiens de Paris, où il fut bruslé auec ses complices par Arrest de la Cour de Parlement.

GVILLAVME de S. AMOVR viuoit l'an 1250, sous Conrad 4. Empereur & le Pape Alexandre 4. Il enseigna que les moynes mẽdiants deuoient estre astraints à trauailler, & que la pauureté habituelle, qu'il appelloit vne disposition prompte

a Vid. Perpiniân. Ep. Cod Thuan. l. 6.
b Æn. syl. l. de Orig. Bohem. c. 31. & 35 Guido Carmelita. c. 9 de hær. Vald. Thuã. hist. l. 6.
c in Panopl. parte 2. tit. 3.
d Alphons. de Castro l. 3. adu. hæres.
e Can. 1. Cõc. Lateran. sub Innocent. 3.
f Clement. tit. de sũma Trin. & fide Cathol.
g Thuan. l. 6.
h Roger Hondeme. Iac Riberia in Colle. de Tholose Sand hær. 151. Prateol in verb. Albigẽs. Cæs. Cistei c. 51 dist. dial Guil. Nangis.
i Cæs. Distinct. 5. Dialo. 1204.
k Ex. de sũma Trin. & fide Cath. Cap. fin.

à quitter tous ses biẽs pour Christ, lors que la necessité nous y oblige, estoit licite, mais non l'actuelle, sans necessité, où l'on renonce aux biens, pour mieux seruir à Dieu.[a] Il fut condamné par le Pape Alexandre 4. Nous en auons parlé ailleurs.[b] Desiderius Longobardus a tenu la mesme chose,[c] en mesme temps.

a Prateolus.
b Religion & Ordres S. Dominique.
c D. Tom. lib. contra impug. Relig. c. 6.

RAYMOND LVLLE, natif de l'Isle de Maiorque Philosophe & Theologien, estoit l'an 1260 sous le Pape Vrbain 4. Bernard, de Lutzenburg l'accuse d'auoir escrit plusieurs liures impies & pleins d'erreurs, comme est celuy qu'il fit *de Dæmonum inuocatione*, & autres, en langage Catalan, qui luy estoit naturel.

LES FLAGELLANTS commencerent à paroistre l'an 1273 sous l'Empereur Rodolfe, & se renforcerent l'an 1313 sous le Pape Iean 22. C'estoient gens vagabonds & courants le monde, auec des croix sur leurs habits; qui se flagelloient & foüettoient iusqu'au sang, presumants d'obtenir & meriter la courõne de martyre par ce procedé, où ils espandoient volontairement leur sang. Ce qu'ils accompagnerent d'autres Heresies,[d] qu'ils publierent en Italie, en France & en Allemagne. Iean Gerson composa vn traicté contr'eux.

d Alphons. de Castro adu. hær. l. 3.

LES FRATICELLI en Italie commencerent l'an 1304 sous l'Empereur Albert 1. Herman Italien en est estimé le premier Autheur. Le Pape Boniface 8 condamna & poursuiuit ceste Heresie, que lon compare aucunement à celle des Anabaptistes. L'Extrau. de Iean 22e les descrit par leurs diuers noms, & actes damnables, sous l'habit & pretexte de Religiõ, à seduire & abuser des femmes en leurs assemblées. Boniface huictiesme fit deterrer le corps d'Hermannus à Ferrare l'an 1397. Voy Nauclerus generat. 44. & Ioan. de Turocrem. l. 4. Summæ p. 2. c. 37.

e Sancta Romana.

DVLCINVS & ses Disciples sont de l'an 1309 sous l'Empereur Henry septiesme & le Pape Clement cinquiesme. Il roda & courut les Alpes, auec sa troupe d'hommes & de femmes, qui se mesloient ensemble.[f] Le Pape Clement publia vne Croisade contre eux, les poursuiuit à main armée, & les extermina. On en veid toutesfois des restes dans les montagnes de Trente & ailleurs en Allemagne, quelque temps apres.

f Bernard. Luxenburg. Catal. hæret.

BARLAAM & ACYNDINVS furent condamnez comme Heretiques l'an 1313 sous le Pape Iean 22, en vn Concile tenu en presence de Michel Andronic Paleologue, Empereur de Constantinople. Leur Heresie ou blaspheme estoit cõtre la nature & essence diuine, en laquelle, non plus qu'en ses effects, ils n'establissoient point de difference.

LES BEGARDS & les BEGVINES sont estimés par aucuns les mesmes auec les Fraticelli d'Italie. Toutefois on les loge en la basse Allemagne, auec profession de vie Monastique, & les vœux ordinaires, exceptées les femmes, qui auoiēt liberté de se retirer. On les veid paroistre l'an 1314 sous le Pape Iean 22. ils auoient diuerses Heresies, & entr'autres, que l'homme pouuoit en ceste vie & en tout degré de perfectiõ, acquerir la beatitude eternelle. Bonouatus ou Bogonatus en Catalogne a esté vn de leurs Chefs principaux, & fut bruslé: Iacobus Iustus fut enfermé entre quatre murailles.[g] Voy Ioan. de Turocremata lib. 4. p. 2. c. 36.

g Bern. Lutxe.

IOANNES DE POLIACO Docteur de Paris, pour ses erreurs sur la confession auriculaire, & les freres Mendiants, fut condamné par le Pape Iean 22.[h]

h in Extrauag. cap. Vas Electionis.

IEAN WICLEFF, Anglois, Prestre seculier & professeur ez arts, florit l'an 1352 sous l'Empereur Charles 4. Il a escrit plusieurs liures en Anglois & en Latin, auec beaucoup de subtilité & d'eloquence. Les Articles principaux condamnés au Concile de Constance, aprés la mort de Wicleff, & qu'il estoit accusé d'auoir enseignés, sont les suiuants; que la substance du pain & du vin demeurent au sacrement de l'Eucharistie, mesme aprés la consecration, & que les accidents n'y pouuoient demeurer sans leur suiet, d'où s'ensuiuoit que le corps de Christ n'y estoit point reellement, & en propre presence corporelle: que Christ n'auoit point ordonné ou institué la Messe, par aucun fondement qu'on en puisse tirer de l'Euangile; les Mendiants doiuent estre obligés à gaigner leur vie par le labeur de leurs mains: l'excommunication du Pape, ou des Prelats, n'est point à craindre; le Pape n'est point Vicaire immediat de Christ & des Apostres: Il n'est point de necessité de salut de croire que l'Eglise Romaine soit Souueraine entre les autres Eglises, & c'est erreur d'entendre par elle l'Eglise vniuerselle: Les Indulgences du Pape & des Euesques ne seruent point. Ces Articles furent extraicts de ses Escrits, & comme les ayants soustenus, & dogmatisé fort auant sur tous les points de la Religion, & pour auoir particulierement contredit l'authorité du Pape, &

des Prelats de l'Eglife, & blafmé bien auāt l'inftitution de tous Ordres de Religiō & vie Monaftique, il fut procedé à fa condamnatiō, & ordonné que fes os feroient deterrés.[a] Armacanus, homme docte, & grand ennemy des Francifcains & autres Mendiants,[b] fut l'vn des Difciples de Wiclef l'an mil trois cens foixāte. Les Lollards font du mefme tēps, & Difciples du mefme Wiclef. Les Turelupins, que du Tillet[c] a mentionnés, fous l'an mil trois cens feptante deux, fous l'Empereur Charles quatriefme & le Pape Gregoire onziefme, furent bruflez & exterminez. Iean Gerfon les a condamnez en fes œuures.[d]

a 8. Seff. Concilij Conftant.
b Volater. 21 in Ord. Francifc.
c Chron. des Rois de Frāce.
d Serm. de D. Ludo. Franc. Rege. Exam. doctri. confi. 6.

IACOBEL de Mifne, homme docte & de belle reputation, l'an mil quatre cens dix fous l'Empereur Rupert & le Pape Alexandre cinquiefme, ayant pratiqué Pierre Drefenfis Allemand & Vaudois, adhera à fa doctrine de la communion fous les deux efpeces, & la prefcha publiquement.[e] Le Pape Iean vingt-troifiefme publia vne Croifade & des indulgēces dans la Boheme, où le menu peuple s'aigrit & cria contre luy. Les Thaborites s'efleuerēt auffi en Boheme en mefme temps, fous leur Prince & Chef determiné Ziska.[f] Ce qui dōna lieu au Concile de Conftance commencé l'an 1414, & qui tint quatre ans durant. Procopius fut auffi l'vn des Chefs & conducteurs des Bohemes, deputé pour eux au Concile de Bafle commencé l'an 1431.

e Æn. Sylu. de Orig. bohem. c. 35.
f Id. l. 4. de Orig. bohem.

IEAN HVS, Boheme, ayant adheré aux Vaudois & Wiclefiftes, y attira prefque toute la Boheme, & enfeigna les principaux articles qui fuiuent; que le Pape ou Euefque de Rome eft efgal aux autres Euefques; qu'il n'y a point de difference entre les Preftres; qu'il n'y a point de Purgatoire; que les Religions des Mendiants ont efté mal inftituées; qu'il faut neceffairement communier fous les deux efpeces; que les Saincts ne doiuent pas eftre inuoqués; & autres qui ont efté cy-deuant alleguez de Wiclef, aufquels il foufcriuoit. HIEROSME DE PRAGVE fut dans la mefme voye; & les deux pour auoir perfifté en leurs dogmes, contraires à la croyance de l'Eglife Catholique, Apoftolique & Romaine, par decret du Concile de Conftance furent condamnez au feu. Iean Hus fut executé le premier, Hierofme de Prague long-temps aprés, fçauoir l'an 1416, fous l'Empereur Sigifmond & le Pape Ieā 23. Voy la feff. 15. du Conc. de Conft. I. Cochl. & Æn. Syl. de orig. Bohem.

LES PICARDS venus du Pays-bas en mefme temps, ayants trauerfé le Rhin & penetré dans la Boheme,[g] y affemblerent grand nombre de perfonnes, hommes & femmes, & y apporterēt l'erreur des Adamites anciens, dōt nous auons parlé cy-deffus. Leur Chef s'eftoit defia faifi de certaine Ifle, où Ziska les alla exterminer, n'en referuant que deux, pour bien apprēdre ce qu'ils croyoient. Aucuns ont efcrit que les Picards ont efté Difciples de Valdo Lyonnois, lequel vint en la Picardie, & de là en Boheme.[h] LES OREBITES fous leur Chef Bedricus Moraue, felon Aeneas Syluius, furent vne autre fecte de l'an 1418, pareille aux Thaborites ia mētiōnez, cōtre lefquels le Pape Martin 5 decerna vne Croifade, mais ils fubfifterent quelques ānées. Ceux qu'on appella les Orphelins, aprés auoir perdu leurs Capitaines Ziska & Procopius, ioints auec les Thaborites, furent bruflez en vne grāge en Boheme, où ils furent attirez en tres-grand nombre par vn Capitaine du pays, & de contraire parti.[i]

g Æn. Sylu. de Orig. Bohem. c. 4. 1.
h Thuan. Hiftoriar. l. 6
i Id. c. 51.

MARTIN LVTHER ou LVDDER, natif d'Ifleb en Saxe, Religieux de l'Ordre des freres Hermites de S. Auguftin, commença de difputer publiquemēt contre les Indulgences du Pape Leō 10, auec Eckius Docteur Catholique, qui auoit defia commēcé d'en auoir auec Carloftad, fur les autres articles de la Religion; & dés l'an 1516 Luther auoit prefché fur le mefme fujet, fous l'Empereur Maximiliā. Les Articles principaux, qu'on recueille de fes efcrits, font ceux qui fuiuēt. Qu'vn Concile general, quoy qu'affemblé deüement, peut errer en la foy & és mœurs, & que celuy de Conftance a erré en condamnant Iean Hus: que la confeffion auriculaire n'eft point inftituée de Dieu: que la Confirmation n'eft point facrement: que toutes viandes font licites en tout temps: qu'en l'Euchariftie aprés la confecration demeure le mefme pain qui eftoit auant icelle, n'admettant point la Tranffubftantiation, & enfeignant que le corps de Chrift n'y eft reellement, qu'en l'vfage, lors que nous receuōs l'Euchariftie, & non points hors de la cōmunion: qu'il eft neceffaire de communier fous les deux efpeces: que nous ne fommes iuftifiés que par la feule foy, fans les œuures: que le ieufne n'eft d'aucun merite deuant Dieu: que l'homme n'a point fon franc arbitre: que la mendicité eft prohibée par la loy diuine: qu'il n'y a point de facrifice en la Meffe; que le Matiage n'est point Sacrement, non plus que l'Ordre: que les Saincts ne doiuent pas estre inuoqués Les autres poincts à desduire par le menu, sont exprimez en la Confession dresséeà Ausbourg l'an 1530. La mention des diuers peuples, qui ont embrassé sa doctrine, n'est point de ce lieu; il suffit de dire qu'ayāt abrogé toute authorité au Pape, Chef de l'Eglise Catholique, Apostolique & Romaine, & contredit les articles principaux, lesquels y sont receus, le dernier Cōcile vniuersel assemblé à Trente, a condamné sa doctine, conformement aux precedents. L'histoire plus particuliere de sa vie sous Charles cinquiesme Empereur, & George Duc de Saxe, qui l'authorisa dans ses Estats appartient ailleurs, & à la Religion de l'Alemagne. Ph. Melanchon est autheur de la Confession d'Ausbourg, en l'an 1630. & Matthias Flaccius Illyricus au contraire, a esté plus rigide. Voy Cochlæus de act. & script. Luth. Luther mourut l'an 1546. & Surius en l'hist. de l'an 1551.

HVLDRIC-ZVINGLE, Chanoine de Constance, auec Iean Oecolampade & André Carlostad l'an 1525 sous l'Empereur Charles 5, & le Pape Clement 7, a nié la presence reelle du corps de Iesus-Christ au Sacrement de l'Eucharistie, & a creu que le pain n'est que la figure du corps. C'est le principal article qui establit la difference de ses sectateurs d'auec les Lutheriens; Sa vie & doctrine plus particuliere auec sa mort, se peuuent voir dans Sleidan,[a] & autres Autheurs,[b] qui font Zuingle, Oecolampade & Carolstad, Chefs des Sacramentaires.

a l. 6.
b Stanisl. Hos. Lindan. Dubitant. dial. 2.

DAVID GEORGE, de Gand en Flandres, est vn imposteur insigne, qui l'an 1525 se porta à vne telle manie en Hollande & en Frise, que de se dire le Christ, auec plusieurs autres blasphemes horribles, qui ont fait croire que le Diable l'auoit extraordinairement suscité pour seduire les hommes, & qu'il ne peut auoir esté qu'vn magicien infame & vn faux Prophete sorti d'enfer. Ses opinions ou Heresies abominables ne doiuent point estre mises en auant, & se peuuent voir ailleurs.[c]

c Laur. Surij Apendix Chr. Nauclero adiecta.

LES ANABAPTISTES commencerent en Westphalie l'an 1534, & y occuperēt la ville de Munster, où ils establirent leur Chef Iean de Leyden, tailleur; & y furent finalement pris & accablés par le Landgraue de Hesse, aydé des Archeuesques de Cologne & de Treues, auec autres Princes. Leur histoire se peut voir dans Paradin & dans Sleidan,[d] Quant à leur croyance & Heresies, celle qu'ils ont de rebaptiser ceux qui ont esté baptisez en enfance, leur a donné nom. Ils n'approuuēt point le ministere public de la parole, ny la Magistrature, & les puissances mesmes legitimes: Ils veulēt la communion des biens, n'admettent aucun fermēt: & n'approuuent pas le glaiue du Magistrat, pour faire mourir aucun par la voye de la iustice: Ce sont leurs principales erreurs, ausquelles on en adiouste d'autres, & qu'ils sont diuisez entr'eux en plusieurs sectes & diuers noms, qui leur sont baillez. Leurs Autheurs principaux ont esté Thomas Munzerus, l'an 1525, & Balthasar Pacimōtanus,[e] & Bornaldes Rothmannus.

d l. 10

e Lindanus. Hosius.
f Religion de l'Europe & de France. Disc. general.

LES CALVINISTES, qui sont en France, aux Pays-bas, a Geneue, en Suisse & ailleurs, comme il sera dit en autre endroit,[f] sont leur nom, & suiuent la doctrine de Iean Caluin, natif de Noyon en Picardie, qui cōmença de paroistre l'an 1534 sous l'Empereur Charles 5, le Roy François I, & le Pape Paul 3. Ceux qu'il a eu pour cōpagnons & contemporains, & qui ont vescu peu auant, ou peu aprés luy, sçauoir Guillaume Farel, Pierre Viret, Theodore de Beze, Pierre Martyr, & autres qui ont esté des principaux, & d'vne mesme croyance tant à Geneue, qu'à Basle, Zurich, Strasbourg, Lausanne & ailleurs, sont rangez sous ce mesme nom, qu'on a changé en France en celuy de Huguenot, sans biē sçauoir d'où il a esté tiré; & que les Rois de Frāce dans leurs Edicts plusieurs fois renouuellés par vne grace particuliere, & vne marque illustre de leur bonté, & support d'vn pere commun enuers tous leurs subiets, quoy que differents en croyance, qualifiēt de la Religion pretenduë reformée. Les poincts de leur doctrine ont esté assez ramenez cy-deuant, en descriuant les opinions des Vaudois, de Wiclef & de Luther. On peut marquer vne differēce principale des Caluinistes auec les Lutheriens & Sacrementaires, sur le subiet du Sacrement de l'Eucharistie, auquel ils admettent la presence reelle du corps & du sang de Iesus-Christ, toutefois sacramentellement, par foy & en mystere, & nō en simple figure & signe representatif ou commemoratif, comme les Sacrementaires ont creu; ny aussi comme les Lutheriens, consubstantiellement, & auec vne subsistance des signes du pain & du vin, telle qu'auec eux le corps du Seigneur soit aussi pris reellement, & soit vn Christ impané, comme on a dit. Les autres differēces de leurs croyances entr'eux se peuuent voir dans leurs liures, & par la Confession des

Eglises Pretenduës Reformées de France, presentée au Roy François I, comme il sera dit ailleurs,[a] celle d'Ausbourg, & autres.

LES VBIQVETAIRES sont ceux qui enseignent que le corps de Christ est present par tout auec sa diuinité, non seulement au Sacrement, au Baptesme, en la predication & annonciation de sa parole, mais en toute assemblée faicte au nom de Dieu;[b] ce qu'ils ne disent pas estre en vertu, & Majesté seulement, comme est la diuinité, mais en nature & corporellement.

a Disc. gen. de France, Religion.

b Lindan. dial. à Dubitantij.

GENEALOGIE, OV SVITE DES AAGES DV MONDE.

Discours General.

NOus n'entreprenons pas icy vne Chronologie Generale & vniuerselle, année par année, parce que le discours en seroit trop long, & excederoit la mesure de cet ouurage. Nous sommes releuez de ceste couruée par l'exacte recherche de plusieurs Escriuains modernes, lesquels y ont heureusement trauaillé. Il nous suffira de donner vn Abbregé de ceste Chronologie, & de nous proposer certains temps & âges du monde, qui nous conduisent depuis sa creation iusques au iour present; declarans briefuement dans le cours de ces âges, la naissance des Monarchies principales, & leur fin. La supputation des années du monde, & sa durée iusques à la naissance de nostre Redempteur, rencontrent des opinions fort differentes & contraires, où il s'agit de plusieurs siecles d'interualle, ce que nous ne pretendons pas de concilier, ny de desduire mesmes les raisons des vns & des autres; renuoyans les Lecteurs curieux aux ouurages dressez sur ce subiet, où ils apprendront les opinions d'vn chacun, soit anciens, soit modernes, Iuifs ou Chrestiens leur adherans, & les sentimens particuliers de ceux qui auec vn trauail fort loüable, de nostre temps & en ce Royaume, ont estalé des Chronologies completes & fort courtes, chaque siecle ne remplissant qu'vne page;[c] auec leurs responses aux contredisans, gens de sçauoir & bien versez en toute literature.[d] Comme leurs fondemens & principes sont differens, & les voyes qu'ils prennent à courir vne durée si profonde, & vn Ocean si vaste de temps & d'Escriuains furieux, se trouuent contraires, il est mal aysé qu'ils soient iamais d'accord. Le compte qu'a fait le docte Ios. Scaliger, qui a amendé les temps, & entendu par excellence, les considerations exquises qui sont à faire sur ceste matiere, & ceux qui l'ont suiuy,[e] nous seruiront de guide, & peuuent satisfaire le Lecteur en ceste partie, qui doit clorre le Discours vniuersel entrepris & projetté par l'Autheur.

c Saincte Chronologie de la Peyre à Paris 1632.

d Denys Petau Iesuites, & autres.

e Seth Caluis. Heluicus.

Nous suiurons la plus commune opinion, qui diuise la durée du monde en six âges,[f] & n'en fait qu'vn seul de tout le temps qui a couru & doit estre depuis la bien-heureuse naissance de nostre Seigneur Iesus-Christ iusques à la fin du mõde. Les euenemens remarquables ausquels on fait commencer chacun de ces âges, ne pourront gueres estre mieux pris; & quoy qu'vn chacun lisant & considerant l'histoire vniuerselle, s'en puisse proposer d'autres que ceux-là, pourueu que dans le cours & enclos des Aages, nous marquions le commencement & la fin des Monarchies principales; & autres euenemens plus memorables, il doit suffire; puis que tout estant rapporté à son temps, nous accomplirons ce que nous auons promis, sçauoir de donner vn Abbregé de Chronologie generale. Sous la distinction de ces âges est enclose celle qui est encor plus generale, ce semble, & baille trois temps à ce monde vniuersel, sçauoir celuy qui a esté auant la Loy, & qu'on appelle de nature, celuy qui a esté sous la Loy, & le troisiesme sous la Grace, par la venuë de Iesus-Christ & la publication de l'Euangile.

f Beda.

Premier âge du Monde.

Ans du Monde.

Le premier âge du monde est depuis sa creation, iusques au Deluge, lequel arriua l'an du Monde 1656. Il comprend le temps qui se passa sous Adam nostre premier Pere, creé de la main de Dieu, & lequel vesquit neuf cens trente ans: & sous sa premiere posterité, en la generation des Patriarches mentionnez en la saincte Escriture, dont le liure de la Genese a pris son nom. Enos fils de Seth, & petit fils d'Adam, nasquit l'an du Monde deux cens trente-huict, & commença à inuoquer le nom de Dieu, formant l'Eglise & son Assemblée. Tout ce que le premier âge auoit produit d'hommes, & de bastimens, fut raclé & emporté de dessus la terre par le Deluge que causerent les pechez des hommes, attirans sur eux le iuste Iugement de Dieu. La seule famille de Noë, & le bastiment de l'Arche, qui nageoit sur les eaux, en furent exceptez par sa misericorde.

Second âge du Monde.

Le second âge comprend le temps qui s'est passé depuis le Deluge iusqu'à la naissance d'Abraham, qui fut l'an du monde 1948; de sorte qu'il n'est que de 292 ans. 1656;

La Monarchie des Assyriens commença sous cet âge, par Belus, premier Roy, qui peut auoir esté Nemrod arriere-petit fils de Noë, & petit-fils de Cham, qui bastit Babylone; [a] Ninus, & Semiramis. Icy les plus anciens Royaumes comme celuy des Sicyoniens, [b] & les plus anciennes villes [c] rapportent leur origine. La terre fut diuisée, & les langues confuses. Assyriens

a Ioseph. b Euseb. Scaliger. c Treues & autres.

Troisiesme âge du Monde.

Le troisiesme est depuis la naissance d'Abraham, Pere des Croyans, iusques à la premiere année du Roy Dauid, successeur de Saül, premier Roy d'Israël. Cet âge comprend depuis l'an du monde 1948 iusqu'à l'an 2889, qui sont 941 an. L'an 2023 Abraham âgé de septante cinq ans sortit d'Haran, & les 430 ans que durerent la peregrination, & la seruitude des enfans d'Israël en Egypte, [d] commencent icy. Le premier Royaume & Estat des Grecs, en Inachus Roy d'Argos, & ses successeurs iusques à Cadmus, [e] est de l'an 2090 sous cet âge, de mesme que les vrays Roys d'Egypte, recueillis de Manethon, ou de ses fragmens. [f] Le bastiment de la ville de Sparte, [g] & autres villes anciennes sont du Siecle suiuant; & la naissance de Moyse de l'an 2372; [h] de sorte qu'ayant esté appellé à la conduite du peuple de Dieu, par son ministere, & l'efficace des merueilles operées par luy, Pharao Roy d'Egypte fut submergé, & les Israëlites deliurez de seruitude l'an 2453. Et lors fut publiée la Loy au Mont de Sinai, [i] & le peuple voyagea durant quarante ans au desert. Il entra depuis en la terre de Canaan sous Iosué, & commença d'auoir des Iuges. L'Estat des Atheniens fondé par Cecrops leur Roy dés l'an 2390, [k] eut diuerses guerres auec ses voisins. La ville de Tyr fut bastie l'an 2691, [l] & la guerre de Troye commença l'an 2757, dont la ruine aduenuë dix ans apres a seruy d'vne epoche memorable aux Anciens. Pendant le cours de diuerses Monarchies ja fondées par les Assyriens, Sicyoniens, Atheniens, Lacedemoniens, Latins, & autres, Dieu donna des Roys à Israël; & l'an 2879 Saul fut oinct dix ans auant Dauid son successeur, auquel commence le

d Exod. 12. vers. 41. e Pausan. in Corinthiac. f Ioseph. g Euseb. h Exod. 7. vers. 7. i Exod. 20. k Euseb. l Ioseph.

Quatriesme âge du Monde.

Le quatriesme âge prend depuis l'onction du Roy Dauid iusques à la premiere année de la captiuité de Babylone, qui fut l'an du monde 3229; qui ne sont que 340 ans. Le premier Temple de Salomon est de l'an 2931, [m] sous Hiran Roy de Tyr; [n] & apres la mort de Salomon, le Royaume d'Israël fut diuisé & commencerent les Royaumes de Iuda & d'Israël. La ville de Carthage fut bastie l'an 3080, & [o] les Olympiades, Epoche celebre des Grecs, sont de l'an 3160.

La ville de Rome fut bastie par Romulus premier Roy, l'an du monde 3197; estant Ioatham Roy de Iuda, Pekah vsurpateur, Roy d'Israël, Tiglat-Pilneser, Roy des Assyriens, Numitor, Roy des Latins; & en l'Olympiade 7. L'an 3229 sous Ezechias Roy de Iuda tres-pie, Hosée Roy d'Israël, Salmanassar Roy d'Assyrie ayant pris & forcé la ville de Samarie, apres trois ans de siege, dix tribus furent emmenées captiues au Royaume de Babylone. [p] Rome

m 1. Rois c. 6. n 1. Rois c. 5. o Ioseph. Iustin. p 2. Rois c. 18.

Cinquiesme âge du Monde.

Le cinquiesme âge va depuis la premiere année de la captiuité de Babylone iusques à la naissance de nostre Seigneur Iesus-Christ, aduenuë l'an du monde 3948; qui sont 719 ans. Dans cet âge ceste premiere & puissante Monarchie des Assyriẽs a défailly, & a esté transferée aux Perses en la personne de Cyrus. Belus, qu'on a nommé aussi le Iupiter Babylonien, & que nous auõs dit estre le Nemrod de l'Escriture Saincte, fondateur de Babylone & de Niniue, [a] le premier puissant, & qui s'est porté pour Roy sur la terre, commença de regner l'an du Monde 1719. Ses successeurs vont iusques à l'an 3059, auquel la cheute de Sardanapale, la Monarchie fut diuisée & partagée aux Assyriens & aux Medes. Arbaces l'vn des vainqueurs de Sardanapale fonda l'Empire des Medes, dont le dernier Roy fut Astyages, desfait par Cyrus sõ petit-fils. Les Assyriẽs & Babyloniẽs ont eu leurs Roys, & sous eux les Royaumes d'Israël & de Iuda furent trauaillez, & Samarie prise, d'où s'ensuiuit la captiuité de Babylone ia mẽtiõnée. La ville de Hierusalem que Sẽnacherib Roy des Assyriens auoit tẽtée auec de tres-grandes forces, [b] fut prise, & le Temple ruiné l'ã du monde 3363, & 19 de Nabuchodonosor, [c] qu'on nomma l'Hercule Babylonien, fort celebre & renommé sur la terre. Belsasar fils d'Euilmerodach & petit fils de Nabuchodonosor, paruenu à ce redoutable Empire fut tué, & succeda Darius Medus, en qui le nom des Babyloniens, Medes & Assyriens auec leur Monarchie prit fin, par les victoires de Cyrus Roy des Perses, l'an du monde 4155. Toutefois on ne compte le premier an de ceste seconde Monarchie des Perses en Asie que l'an 4183, en mesme temps que par l'Edict de Cyrus le peuple d'Israël fut deliuré de la captiuité de Babylone, & reuint sous la conduite de Zorobabel. [d] Tarquinius Superbus regnoit alors sur les Romains, & en l'Olymp. 62, la Republique des Atheniẽs auoit ses Capitaines. [e] Le Gouuernement des Romains fut changé en Republique, sous deux Consuls creés annuellement, & en cet estat ils se rendirent apres formidables à toute la terre. Auant que cela fust, l'Empire des Perses apres auoir subsisté sous ses Roys consecutifs iusques à Darius Codomãnus l'an 4382, est destruit par la victoire d'Alexandre le Grand, fils & successeur de Philippes Roy de Macedoine, qui luy auoit preparé la voye à l'Empire vniuersel, ayãt desia esbranlé la liberté de la Grece & obtenu plusieurs victoires sur ses voisins. Si la domination des Perses a esté courte, n'ayant esté que de deux cens & tant d'années, celle des Grecs l'est encor plus, veu qu'elle n'a residé propremẽt qu'en la personne d'Alexandre, dont les Capitaines partagerent ses conquestes fondans diuers Royaumes, dõt les principaux furẽt celuy de Macedoine (qui estoit l'heritage d'Alexãdre,) de Syrie, & d'Egypte. La puissance Romaine s'esleua dans les diuerses conquestes des Consuls, par dessus tout obstacle, où Carthage se trouua ruinée l'an de Rome 610, apres trois guerres entreprises pour ce subiet. Elle deuint tãtost si grande, que l'an du Monde 3900, en l'Olympiade 182, & l'ã de la fondatiõ de Rome 703, toute la terre estant sousmise à ses loix, son propre faix vint à l'accabler; & ses Bourgeois, ou Capitaines, qui estoiẽt autant de Roys recognus sur la terre, & qui prenoient en leur protection & patronage les peuples entiers sous l'authorité du Senat, lequel disposoit des Royaumes, s'esleuerẽt les vns contre les autres, auec ce dessein formé ou couuert d'enuahir, la liberté de leur patrie, & de l'Estat qui les auoit nourris. Pompée le Grand auoit de sõ costé le Senat & les restes de la Republique, qui residoit plus veritablemẽt en la personne de Catõ, du peuple paisible & non partial; Iules Cesar l'emporta par son ambitiõ, & appetit de regner, par sa bõne fortune, sa valeur, ses legiõs, l'amour des soldats, & les forces des Gaulois aguerris. Sous la qualité de Dictateur perpetuel, & l'affectiõ du petit peuple il fõda l'Empire Romain, & marqua le logis à ses successeurs, qui ont en teste Cesar Auguste Empereur paisible, apres auoir vaincu M. Anthoine, & en luy tous ceux qui le pouuoiẽt empescher de regner. C'est sous luy que ce Grãd Dieu du Ciel & de la terre auoit desia ordõné que dãs vne paix vniuerselle l'an du monde 3948 naistroit nostre Seigneur Iesus-Christ, pour donner l'heureux commencement au sixiesme & dernier aage du monde.

Fin du Royaume des Assyriens.

Monarchie des Perses.

Monarchie des Grecs.

Monarchie des Romains.

a Genes. 10.
b 2. Roy. c. 19
c 2. Roy. c. 24.
d Esd. 2. v. 1.
e Miltiades.

Sixiesme âge du Monde.

Ans du monde. — Ans de grace.

Le sixiesme aage se compte depuis la naissance de Iesus-Christ iusques à la fin de ce monde, & c'est le temps de la Grace, succedãt à celuy de la Nature & de la Loy. 1.
Nostre Seigneur Iesus-Christ souffrit sous l'Empereur Tibere, & apres la mort
3945. du Chef de l'Eglise, les persecutions commencerent en ses membres, & furent renouuellées iusques à dix fois par diuers Empereurs Romains. Le grand Constantin, fils de Constantius l'an de Christ 309 donna le repos à l'Eglise, & l'an 328 feit tenir 309.
le premier Concile Oecumenique à [f] Nicée, où assisterent 318 Euesques. La diui- f Socrat.

Ans de Grace sion de l'Empire fut faite alors, celuy d'Orient ayant esté fondé, & son siege estably à Constantinople ancien *Byzantium*, nouuelle Rome, bastie par Constantin le Ans du Monde.
Grand. Les autres Conciles vniuersels furent assemblez, sçauoir le second à Constantinople, le troisiesme à Ephese, & le quatriesme à Calcedoine l'an de Grace
quatre cens cinquante deux.[a]

452. La Monarchie Françoise auoit esté fondée auparauant, sçauoir l'an 420, & du Monarchie des François.
a Marcell. Cedren b Genealogie de France. Monde, 4368, par Pharamond, premier Roy, & par l'étrée des Fráçois dans les Gaules, comme il sera dit ailleurs. [b] La ville de Rome auoit esté prise par Alaric Roy
des Goths dés l'an 410 de Christ, & 1162 de sa fondation, sous l'Empereur Theodose le Ieune. L'an 450 les Goths, les Huns, les Vandales & autres Nations du
Septentrion, qui auoient desia desbordé en Espagne, vindrent en Italie & s'y fon-
derent;[c] d'où s'ensuiuit la dissipation de l'Empire Romain, & par son desbris s'esle-
Theodoric. uerent en diuerses parties du monde, les Estats & Royaumes, qui s'y sont depuis
493. establis; où celuy des François est marqué pour le plus ancien & le plus noble, &
dont les Roys ont embrassé les premiers la foy Chrestienne. [d] Le dernier Empe-
d Clouis l'an 485. reur d'Occident, où le nom Romain ne fut plus cognu, est Augustulus, qu'O-
doacer Roy des Herules contraignit de se démettre de l'Empire l'an 475.

Les Arsacides auoient fondé le Royaume des Parthes, qui auoient resisté à la
puissance des Romains florissãts, & auoient desfait Crassus. Les Perses leur succede-
rent, apres la mort d'Artabanus, dernier des Arsacides, l'an 220 de Christ, & 4170
e Agathias. du monde.[e]

L'an 740 la premiere race des Roys de France fut déjettée & esteinte en Chil- Charlemagne.
800. deric, & Pepin fils de Charles Martel fut esleu Roy; dont nasquit Charles-Ma-
f Eginhart. gne en qui l'Empire Occidental fut renouuellé l'an 800; & y eut vn accord & partage des deux Empires entre luy & Nicephore Empereur de Constantinople.[f] La Empire transferé en Allemagne.
posterité de Charles-Magne possed a quelque temps l'Empire, qui fut depuis trãs-
porté en Allemagne, par l'eslection de Conrad Duc de Franconie l'an 950.

La troisiesme race des Roys de France, qui regne heureusement auiourd'huy, eut
986. commencement en Hugues Capet l'an de Christ 986.

1292. L'an de Christ 1292 l'Empire des Turcs Ottomans fut fondé, & les Caliphes 4936.
Sarrasins de Bagadad en Syrie prirent fin. Albert d'Austriche fut couronné Empereur l'an 1438.

1450. La ville de Constantinople ayãt esté prise l'an 1450 par Mahomet Empereur des Fin de l'Empire d'Orient.
g Chalcond. Turcs,[g] l'Empereur d'Orient, qui auoit fort longuement subsisté, depuis la diuisiõ
que nous auons mentionnée, parlans de Constantin le Grand, fut destruit. L'an
1504. 1504 Ismaël Sophy, Roy de Perse commença ses conquestes.

1520. Charles petit fils de Ferdinand Roy de Castille & d'Arragõ fut esleu Empereur
l'an 1520, estant Roy de France François 1. & Adrian 6 Pape; de sorte qu'en luy &
ses successeurs toutes les couronnes d'Espagne ont esté iointes, & l'Empire a cõti-
nué dans la maison d'Austriche, iusques à Ferdinand Empereur d'auiourd'huy, &
Philippe 4 Roy d'Espagne arriere-petit-fils de Charles; regnant en France Louys
1636. 13 le Iuste & victorieux & seãt le Pape Vrbain 8. Gustaue Adolphe fils de Charles,
Roy de Suede, estãt paruenu à la Courõne l'an 1617 en l'aage de 17 ans, eut guerre
contre le Roy de Danemarck, le Duc de Moscouie & le Roy de Pologne, & ayãt
fait auec eux, entra en Allemagne l'an 1630 & y fit en peu de temps des conquestes merueilleuses & extraordinaires iusques à sa mort aduenuë en la bataille de
Lutzen le seiziesme Nouembre de l'an 1632; & à present c'est Christine sa fille vnique, qui regne en Suede. Le reste des Princes de l'Europe, ou des autres parties
h Genealogie. du Monde, qui regnent auiourd'huy ou depuis peu de temps, sera dans la description des Estats, [h] ou le Lecteur le pourra voir.

Fin du Discours Vniuersel.

TABLE
DES MATIERES ET CHOSES
plus remarquables contenuës en ce Volume.

Table des Matieres.

Aymant.

Table des Matieres.

Table des Matieres.

Table des Matieres.

Table des Matieres.

Table des Matieres.

F

Table des Matieres.

L

Table des Matieres.

Table des Matieres.

Table des Matieres.

Table des Matieres.

Q

R

Table des Matieres.

Table des Matieres.

V

Table des Matieres.

FIN.

www.ingramcontent.com/pod-product-compliance
Ingram Content Group UK Ltd.
Pitfield, Milton Keynes, MK11 3LW, UK
UKHW031043260726
13965UKWH00006B/162

9 782012 857902